Análise Básica de Circuitos para Engenharia

Grupo Editorial Nacional

ɜEN | Grupo Editorial Nacional – maior plataforma editorial brasileira no segmento ıtífico, técnico e profissional – publica conteúdos nas áreas de ciências exatas, humanas, dicas, da saúde e sociais aplicadas, além de prover serviços direcionados à educação inuada e à preparação para concursos.

ditoras que integram o GEN, das mais respeitadas no mercado editorial, construíram ɔgos inigualáveis, com obras decisivas para a formação acadêmica e o aperfeiçoamento rias gerações de profissionais e estudantes, tendo se tornado sinônimo de qualidade edade.

são do GEN e dos núcleos de conteúdo que o compõem é prover a melhor informa-entífica e distribuí-la de maneira flexível e conveniente, a preços justos, gerando cios e servindo a autores, docentes, livreiros, funcionários, colaboradores e acionistas.

comportamento ético incondicional e nossa responsabilidade social e ambiental orçados pela natureza educacional de nossa atividade e dão sustentabilidade ao ıento contínuo e à rentabilidade do grupo.

Análise Básica de Circuitos para Engenharia

12ª edição

J. DAVID IRWIN
Auburn University

R. MARK NELMS
Auburn University

Tradução e Revisão Técnica
J. R. Souza, PhD
Professor Associado da
Universidade do Estado do Rio de Janeiro (UERJ)

gen | LTC

- Data do fechamento do livro: 30/06/2023

- **Atendimento ao cliente: (11) 5080-0751 | faleconosco@grupogen.com.br**
- Traduzido de
  BASIC ENGINEERING CIRCUIT ANALYSIS, TWELFTH EDITION
  Copyright © 2021, 2015, 2011, 2008, 2005 by John Wiley & Sons, Inc.
  All Rights Reserved. This translation published under license with the original publisher John Wiley & Sons, Inc.
  ISBN: 978-1-1195-7067-7
- Direitos exclusivos para a língua portuguesa
  Copyright © 2023 by
  LTC | Livros Técnicos e Científicos Editora Ltda.
  Uma editora componente do GEN | Grupo Editorial Nacional
  Travessa do Ouvidor, 11
  Rio de Janeiro – RJ – CEP 20040-040
  www.grupogen.com.br

- Capa: Wendy Lai
- Adaptação de Capa: Rejane Megale
- Imagem da capa: © Viaframe/Getty Images
- Editoração eletrônica: FQuatro Editoração
- Ficha catalográfica

CIP-BRASIL. CATALOGAÇÃO NA PUBLICAÇÃO
SINDICATO NACIONAL DOS EDITORES DE LIVROS, RJ

I72a
12. ed.

Irwin, J. David, 1939-
Análise básica de circuitos para engenharia / J. David Irwin, R. Mark Nelms ; tradução e revisão técnica J. R. Souza. - 12. ed. - Rio de Janeiro : LTC, 2023.

Tradução de: Basic engineering circuit analysis
Apêndice
Inclui índice
ISBN 978-85-216-3862-9

1. Engenharia elétrica. 2. Circuitos elétricos - Análise. I. Nelms, R. Mark. II. Souza, J. R. III. Título.

CDD: 621.3192
23-84331 CDU: 621.3

Meri Gleice Rodrigues de Souza - Bibliotecária - CRB-7/6439

Em memória amorosa de meu neto

Ryan Watson Frazier (1995-2015)

Aos meus pais

Robert e Elizabeth Nelms

Em memória carinhosa de meu irmão

Aos meus pais

SUMÁRIO GERAL

SUMÁRIO

Ao Estudante

A análise de circuitos não é fundamental apenas para toda a Engenharia Elétrica e de Computação – os conceitos estudados aqui se estendem muito além desses limites. Por isso, a análise de circuitos continua sendo o ponto de partida para futuros engenheiros eletricistas, eletrônicos e de computação. O texto e todos os materiais suplementares o ajudarão a atingir tal objetivo. Recomendamos que leia o Prefácio com atenção e conheça todos os recursos disponíveis para os estudantes. Um último conselho: aprender a analisar circuitos elétricos é como aprender a tocar um instrumento musical. A maioria das pessoas começa com aulas de música e adquire proficiência no instrumento por meio de prática, prática e mais prática. As lições sobre análise de circuitos são dadas por seu professor e por este livro. A proficiência na análise de circuitos pode ser alcançada apenas com a prática. Aproveite as muitas oportunidades apresentadas neste livro para praticar, praticar e praticar. No fim, você ficará satisfeito.

Ao Professor

A 12ª edição deste livro foi preparada com base em uma cuidadosa análise do *feedback* de professores e estudantes. Acreditamos que as revisões e alterações implementadas devem despertar o interesse de muitos professores. Temos ciência das significativas mudanças na maneira pela qual este material vem sendo ensinado e aprendido. Diante disso, os autores e a editora elaboraram uma grande variedade de recursos de aprendizagem, tradicionais e não tradicionais, para atender às necessidades de estudantes e professores de análise de circuitos elétricos modernos.

O livro conta com uma seção "Problemas" com acesso ao estudante, que é organizada por seção de cada capítulo. Estudantes dedicados encontrarão nesses problemas um excelente recurso para testar sua compreensão dos tópicos abordados em cada capítulo.

A aprendizagem invertida surgiu recentemente como um modo alternativo de ensino, que tenta ajudar o estudante a compreender o material mais rapidamente. Estudos divulgados até o momento mostram que essa abordagem também tende a minimizar o tempo de preparo de aulas pelo professor. Este livro, que oferece uma combinação de Avaliações da Aprendizagem e Vídeos de Resolução de Problemas (*Problem Solving Videos*, conteúdo em inglês), é um veículo ideal para este formato de ensino. Os recursos disponibilizados dão ao professor as ferramentas necessárias para modificar o formato de apresentação do conteúdo, a fim de favorecer a rápida compreensão do material pelo estudante.

Como nas edições anteriores, a obra contém muitos exemplos projetados para ajudar o estudante a compreender rapidamente os principais conceitos apresentados. Novos exemplos foram adicionados e, quando apropriado e para efeitos de comparação, MATLAB® foi empregado para produzir soluções numéricas rápidas e simples, assim como para verificar outras técnicas de solução. Exemplos de Aplicação e de Projeto retornaram nesta edição. Eles ajudam os estudantes a responder a perguntas como: "Por que isso é importante?" ou "Como vou usar o que aprendi neste curso?".

Destaques da 12ª Edição

- Um novo projeto gráfico, mais claro e simples, a fim de aprimorar, esclarecer e uniformizar o texto, bem como aumentar a acessibilidade para todos.
- A seção Problemas está no material *online* e foi substancialmente revisada e expandida. Esta 12ª edição apresenta, aproximadamente, 2.400 problemas, dos quais mais de 800 são novos! Problemas de múltipla escolha retirados do Exame de Fundamentos de Engenharia (FE)[1] também aparecem nesta seção.
- Foram produzidos Vídeos de Resolução de Problemas (*Problem Solving Videos*, conteúdo em inglês), mostrando aos estudantes o passo a passo para a resolução dos problemas de Avaliação da Aprendizagem dos capítulos. É um recurso especial, que deve melhorar significativamente a experiência de aprendizagem em cada subseção de um capítulo.
- As Estratégias para a Solução de Problemas foram mantidas nesta 12ª edição e são utilizadas como um guia para as soluções contidas nos vídeos de resolução de problemas.

Organização

Este texto é adequado para ser apresentado em cursos de um semestre e, também, para cursos sequenciais de dois ou três trimestres. Os primeiros sete capítulos são dedicados à análise de circuitos de corrente contínua (CC). Uma introdução aos amplificadores operacionais é apresentada no Capítulo 4. Esse capítulo pode ser omitido sem nenhuma perda de continuidade; alguns exemplos e problemas de capítulos posteriores devem ser ignorados também. Os Capítulos 8 a 12 abordam a análise de circuitos de corrente alternada (CA), iniciando com a análise de circuitos de apenas uma frequência (monofásicos e trifásicos) e terminando com a operação de circuitos de frequência variável. O cálculo de potência em circuitos CA

[1]N. T.: O Exame de Fundamentos de Engenharia (*Fundamentals of Engineering Exam*) é o primeiro de dois exames que engenheiros devem prestar nos Estados Unidos para obterem o certificado de Engenheiro Profissional, equivalente ao dos CREAs (Conselhos Regionais de Engenharia e Agronomia) no Brasil, que dispensam exames.

monofásicos e trifásicos também é apresentado. Importantes tópicos relativos à transformada de Laplace, à transformada de Fourier e a circuitos de duas portas são abordados nos Capítulos 13 a 16.

A organização do texto oferece máxima flexibilidade aos professores na elaboração de seus cursos. Um docente pode optar por abordar os primeiros sete capítulos em um único semestre, enquanto outro pode omitir o Capítulo 4 e cobrir os Capítulos 1 a 3 e 5 a 8. Ainda, outros podem optar por cobrir os Capítulos 1 a 3, 5 e 6 e as Seções 7.1 e 7.2 e, depois, os Capítulos 8 e 9. Os capítulos restantes podem ser estudados no segundo semestre de um curso sequencial.

Recursos Pedagógicos do Texto

Os recursos pedagógicos deste texto são ricos e variados, incluindo a parte impressa e o material *online*. Muito cuidado foi dedicado a seu uso integrado. Para um melhor aproveitamento desse aspecto pedagógico, o leitor deve considerar os seguintes elementos que constam na maioria dos capítulos deste livro.

Objetivos de Aprendizagem são apresentados no início de cada capítulo, na forma de uma lista de tópicos, que informa ao leitor o que é importante e o que será aprendido com o estudo do material do capítulo.

Exemplos são a base de qualquer texto sobre análise de circuitos, e a apresentação de inúmeros exemplos é uma tradição deste livro. Eles abordam problemas com níveis de dificuldade baixo, médio e alto. Além de exemplos comuns, vários **Exemplos de Aplicação** e **de Projeto** são fornecidos ao longo do texto.

As **Dicas** aparecem ao longo do texto e facilitam a compreensão dos tópicos em consideração, bem como servem como lembretes de conceitos importantes.

Avaliações da Aprendizagem constituem uma importante ferramenta de aprendizagem neste livro. Esses exercícios testam os conceitos estudados até aquele ponto em uma ou mais seções. Não apenas a resposta é fornecida, mas um vídeo de resolução de problemas também acompanha cada um desses exercícios, demonstrando detalhes da solução passo a passo. O estudante que dominar tais exercícios estará pronto para seguir adiante.

Estratégias para a Solução de Problemas são técnicas passo a passo de resolução de problemas que muitos estudantes consideram bastante úteis. Eles conseguem responder à pergunta recorrente: "por onde começo?". Quase todos os capítulos apresentam uma ou mais dessas estratégias, como uma espécie de resumo da resolução de problemas associados aos conceitos apresentados.

Os **Problemas**, agora no material *online*, passaram por extensa revisão para esta 12ª edição, que apresenta mais de 800 novos problemas de diferentes níveis de aprofundamento e dificuldade. Os professores encontrarão, para qualquer nível de aprofundamento e/ou dificuldade, vários problemas adequados. Há cerca de 2.400 problemas nesta 12ª edição! Além de problemas comuns, são apresentados Problemas Típicos de Exame de FE relativos a cada capítulo. Caso planeje fazer o Exame de FE, esses problemas se aproximam dos que encontrará nessa avaliação.

O rico material fornecido nesta edição oferece uma maneira inovadora e útil para a exploração dos exemplos e exercícios do livro a partir de diferentes técnicas de simulação.

AGRADECIMENTOS

Ao longo das mais de três décadas de existência deste livro, estimamos que mais de mil professores o usaram no ensino da análise de circuitos elétricos para centenas de milhares de estudantes. Como autores, não há recompensa maior do que ter nosso trabalho usado por tantas pessoas. Agradecemos a confiança depositada em nosso texto e as inúmeras avaliações e sugestões recebidas de docentes e de seus alunos ao longo dos anos. Esse retorno tem nos ajudado a melhorar continuamente a apresentação da obra. Nesta 12ª edição, agradecemos especialmente a Elizabeth Devore, Tanner Grider, Markus Kreitzer e Austin Taylor, da Auburn University.

Tivemos a felicidade de contar com um excelente grupo de professores que participaram de revisões, pesquisas e grupos focais para esta edição:

Jorge Aravena, *Louisiana State University*
Cindy Barnicki, *Milwaukee School of Engineering*
Kurt Becker, *Utah State University*
Yugal Behl, *CNM Community College*
Christopher Bise, *West Virginia University*
April Bryan, *Rose-Hulman*
James Conrad, *University of North Carolina–Charlotte*
Roy Craig, *University of Texas–Austin*
Janak Dave, *University of Cincinnati*
Richard DuBroff, *Missouri University of Science & Technology*
Kim Fitzgerald, *University of Illinois–Chicago*
Manfred Hampe, *TU Darmstadt*
Melinda Holtzman, *Portland State University*
Bill Hornfeck, *Lafayette College*
Paul King, *Vanderbilt University*
Steve Krause, *Arizona State University*
Gordon Lee, *San Diego State University*
Janice Margle, *Penn State University–Abington*
Maditumi Mitra, *University of Maryland*
Abhijit Nagchaudhuri, *University of Maryland–Eastern Shore*
Bahram Nassersharif, *University of Rhode Island*
Tokunbo Ogunfunmi, *Santa Clara University*
Michael Polis, *Oakland University*
Kanti Prasad, *University of Massachusetts–Lowell*
Robert Steker, *WCTC*
Yu Sun, *University of Toronto*
Nina Telang, *University of Texas–Austin*
Natalie VanTyne, *Colorado School of Mines*
Lale Yurttas, *Texas A&M University*
Tim Zeigler, *Southern Polytechnic State University*

A preparação deste livro e do seu material de apoio foi tratada com entusiasmo e muito cuidado. A combinação de sabedoria e liderança de nossos colegas da Wiley propiciou um grande esforço de equipe que direcionou todos os aspectos da apresentação. Esta equipe incluiu as seguintes pessoas:

Vice-Presidente e Editor Executivo, *Don Fowley*
Editor Sênior, *Jennifer Brady*
Desenvolvedor Sênior de Conteúdo de Curso, *Kimberly Eskin*
Gerente de Marketing, *Christie Lieske*
Especialista Sênior em Operações de Produção do Curso, *Ashley Patterson*
Líder de Projeto Criativo, *Jon Boylan*
Gerente Sênior de Conteúdo, *Valerie Zaborski*
Assistente Editorial, *Molly Geisinger*

Cada membro da equipe desempenhou um papel vital na preparação desta 12ª edição de *Análise Básica de Circuitos para Engenharia*. Somos muito gratos por suas diversas contribuições.

Como no passado, temos prazer em reconhecer o apoio recebido de inúmeras pessoas às edições anteriores deste livro. Nossos colegas de Auburn que nos ajudaram são:

Thomas A. Baginski
Travis Blalock
Henry Cobb
Elizabeth Devore
Bill Dillard
Zhi Ding
Kevin Driscoll
Brandon Eidson
E. R. Graf
Tanner Grider
L. L. Grigsby
Charles A. Gross
Stephen Haddock
David C. Hill
M. A. Honnell
R. C. Jaeger
Keith Jones
Betty Kelley
Ray Kirby
Markus Kreitzer
Matthew Langford
Aleck Leedy
George Lindsey
Jo Ann Loden
James L. Lowry
David Mack
Paulo R. Marino
M. S. Morse
Sung-Won Park
John Parr
Monty Rickles
C. L. Rogers
Tom Shumpert
Les Simonton
Austin Taylor
James Trivltayakhum
Susan Williamson
Jacinda Woodward

Vários amigos em diversos locais dos Estados Unidos, alguns já aposentados, também fizeram inúmeras sugestões para melhorar o livro:

Said Abushamleh, *University of Nebraska–Kearney*
David Anderson, *University of Iowa*
Jorge Aravena, *Louisiana State University*
Les Axelrod, *Illinois Institute of Technology*
Richard Baker, *UCLA*
Charles F. Bunting, *Oklahoma State University*
John Choma, *University of Southern California*
David Conner, *University of Alabama at Birmingham*
Alex da Rosa, *University of Brasília*
James L. Dodd, *Mississippi State University*
Kevin Donahue, *University of Kentucky*
John Durkin, *University of Akron*
Prasad Enjeti, *Texas A&M University*
Earl D. Eyman, *University of Iowa*
Arvin Grabel, *Northeastern University*
Paul Gray, *University of Wisconsin–Platteville*
Ashok Goel, *Michigan Technological University*

Walter Green, *University of Tennessee*
Paul Greiling, *UCLA*
Mohammad Habli, *University of New Orleans*
John Hadjilogiou, *Florida Institute of Technology*
Yasser Hegazy, *University of Waterloo*
Keith Holbert, *Arizona State University*
Aileen Honka, *The MOSIS Service–USC Information Sciences Institute*
Marty Kaliski, *Cal Poly, San Luis Obispo*
Ralph Kinney, *Louisiana State University*
Muhammad A. Khaliq, *Minnesota State University*
Robert Krueger, *University of Wisconsin*
K. S. P. Kumar, *University of Minnesota*
Jung Young Lee, *UC Berkeley (aluno)*
Aleck Leedy, *Murray State University*
Hongbin Li, *Stevens Institute of Technology*
James Luster, *Snow College*
Erik Luther, *National Instruments*
Ian McCausland, *University of Toronto*
Arthur C. Moeller, *Marquette University*
Darryl Morrell, *Arizona State University*
M. Paul Murray, *Mississippi State University*
Burks Oakley II, *University of Illinois at Champaign–Urbana*
John O'Malley, *University of Florida*
Arnost Neugroschel, *University of Florida*
William R. Parkhurst, *Wichita State University*
Peyton Peebles, *University of Florida*
Jian Peng, *Southeast Missouri State University*
Clifford Pollock, *Cornell University*
George Prans, *Manhattan College*
Mark Rabalais, *Louisiana State University*
Tom Robbins, *National Instruments*
Armando Rodriguez, *Arizona State University*
James Rowland, *University of Kansas*
Robert N. Sackett, *Normandale Community College*
Richard Sanford, *Clarkson University*
Peddapullaiah Sannuti, *Rutgers University*
Ronald Schulz, *Cleveland State University*
M. E. Shafeei, *Penn State University at Harrisburg*
Martha Sloan, *Michigan Technological University*
Scott F. Smith, *Boise State University*
Karen M. St. Germaine, *University of Nebraska*
Janusz Strazyk, *Ohio University*
Gene Stuffle, *Idaho State University*
Thomas M. Sullivan, *Carnegie Mellon University*
Saad Tabet, *Florida State University*
Val Tareski, *North Dakota State University*
Thomas Thomas, *University of South Alabama*
Leonard J. Tung, *Florida A&M University/Florida State University*
Marian Tzolov, *Lock Haven University*
Vichate Ungvichian, *Florida Atlantic University*
Darrell Vines, *Texas Tech University*
Carl Wells, *Washington State University*
Seth Wolpert, *University of Maine*

Finalmente, Dave Irwin deseja expressar sua profunda gratidão à sua esposa, Edie, que muito nos apoiou em nossos esforços para a realização desta obra. Mark Nelms gostaria de agradecer a seus pais, Robert e Elizabeth, por seu apoio e encorajamento.

J. David Irwin e R. Mark Nelms

MATERIAL SUPLEMENTAR

Este livro conta com os seguintes materiais suplementares:

Restrito a docentes:

- Respostas dos Problemas (conteúdo em inglês)

Material livre, mediante uso de PIN:

- Problemas
- Problem Solving Videos (conteúdo em inglês).

O acesso ao material suplementar é gratuito. Basta que o leitor se cadastre e faça seu *login* em nosso *site* (www.grupogen.com.br) e, após, clique em Ambiente de aprendizagem. Em seguida, insira no canto superior esquerdo o código PIN de acesso localizado na orelha deste livro.

O acesso ao material suplementar online fica disponível até seis meses após a edição do livro ser retirada do mercado.

Caso haja alguma mudança no sistema ou dificuldade de acesso, entre em contato conosco (gendigital@grupogen.com.br).

Análise Básica de Circuitos para Engenharia

CAPÍTULO 1

Conceitos Básicos

OBJETIVOS DE APRENDIZAGEM

Os objetivos de aprendizagem deste capítulo são tornar os estudantes capazes de:

- Usar unidades e prefixos padronizados adequados do Sistema Internacional (SI) no cálculo de tensões, correntes, resistências e potências.
- Explicar as relações entre grandezas elétricas básicas: tensão, corrente e potência.
- Usar símbolos apropriados para fontes de tensão e corrente independentes e dependentes.
- Calcular o valor das fontes dependentes ao analisar um circuito que contém fontes independentes e dependentes.
- Calcular a potência absorvida por um elemento de circuito usando a convenção passiva de sinais.

1.1 Sistema de Unidades

O sistema de unidades que empregamos é o Sistema Internacional de Unidades, ou *Système International d'unités*, a que normalmente nos referimos como sistema padrão SI. Esse sistema, constituído pelas unidades básicas metro (m), quilograma (kg), ampère (A), kelvin (K) e candela (cd), é definido em todos os textos modernos de física e, portanto, não o definiremos aqui.[1] Contudo, discutiremos as unidades com algum detalhe à medida que as encontrarmos em nossas análises.

Os prefixos padronizados empregados no SI são mostrados na **Fig. 1.1.** Observe a relação decimal entre esses prefixos, que serão empregados em todo o nosso estudo de circuitos elétricos.

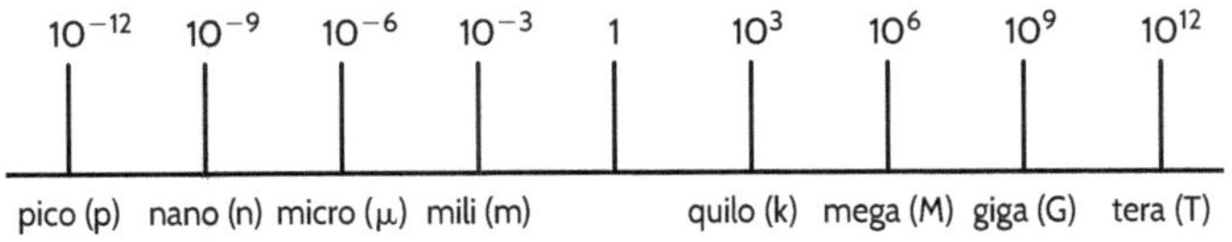

FIGURA 1.1 Prefixos padronizados do SI.

[1]N. T.: No Brasil, o Instituto Nacional de Metrologia, Qualidade e Tecnologia (Inmetro) gerencia o Sistema Internacional de Unidades e publica revisões/atualizações regularmente, incluindo revisão da grafia das unidades em português (https://www.gov.br/inmetro/pt-br/centrais-de-conteudo/publicacoes/documentos-tecnicos-em-metrologia/si_versao_final.pdf/view).

A tecnologia de circuitos tem se modificado drasticamente ao longo dos anos. Por exemplo, no início da década de 1960, o espaço em uma placa de circuito ocupado pela base de uma única válvula a vácuo tinha praticamente o mesmo tamanho de uma moeda de 25 centavos. Atualmente, o mesmo espaço pode ser ocupado por um *chip* de circuito integrado Intel Core i7 contendo 1,75 bilhão de transistores. Esses *chips* são o coração de uma variedade de equipamentos eletrônicos.

1.2 Grandezas Básicas

Antes de começar nossa análise de circuitos elétricos, devemos definir os termos que empregaremos. Entretanto, neste capítulo e ao longo de todo o livro, nossas definições e explicações serão as mais simples possíveis, buscando estimular a compreensão do uso do material. Nenhuma tentativa será feita para dar definições completas de muitas das grandezas, pois, além de desnecessárias nesse nível, tais definições podem dar origem à confusão. Embora a maioria de nós tenhamos uma concepção intuitiva do que representa um circuito, aqui, nos referiremos a um *circuito elétrico* como uma interconexão de componentes elétricos, cada um dos quais descreveremos por meio de um modelo matemático.

A grandeza mais elementar na análise de circuitos elétricos é a *carga* elétrica. Nosso interesse na carga elétrica é centrado em seu movimento, pois carga em movimento resulta em transferência de energia. De particular interesse são as situações em que o movimento é confinado a um percurso fechado definido.

Um circuito elétrico é essencialmente um duto que facilita a transferência de carga de um ponto a outro. A taxa de variação temporal de carga constitui uma *corrente* elétrica. Matematicamente, a relação é expressa como

$$i(t) = \frac{dq(t)}{dt} \qquad \text{ou} \qquad q(t) = \int_{-\infty}^{t} i(x)\,dx \qquad \textbf{1.1}$$

em que i e q representam, respectivamente, corrente e carga (letras minúsculas representam variação temporal; letras maiúsculas são reservadas a grandezas constantes). A unidade básica de corrente é ampère (A), e 1 ampère equivale a 1 coulomb (C) por segundo.

Embora saibamos que o fluxo de corrente em condutores metálicos resulta do movimento de elétrons, o fluxo de corrente universalmente adotado representa o movimento de cargas positivas. É importante que o leitor pense no fluxo de corrente como o movimento de cargas positivas, independentemente do fenômeno físico envolvido. O simbolismo que usaremos para representar fluxo de corrente é mostrado na **Fig. 1.2**. Na **Fig. 1.2a**, $I_1 = 2$ A indica que, em qualquer ponto do fio mostrado, 2 C de carga passam da esquerda para a direita a cada segundo. Na **Fig. 1.2b**, $I_2 = -3$ A indica que, em qualquer ponto do fio mostrado, 3 C de carga passam da direita para a esquerda a cada segundo. Portanto, é importante especificar não apenas a magnitude da variável que representa a corrente, mas também sua direção.

Os dois tipos de corrente que encontramos com frequência em nossa vida cotidiana, corrente alternada (CA) e corrente contínua (CC),[2] são mostrados como funções do tempo na **Fig. 1.3**. *Corrente alternada* é a corrente comum encontrada em todas as residências e usada para fazer funcionar a geladeira, a televisão, a máquina de lavar roupas etc. Baterias, usadas em automóveis e lanternas, são fontes de *corrente contínua*. Além desses dois tipos de correntes, que têm uma grande variedade de aplicações, podemos gerar vários outros. Examinaremos alguns desses outros tipos de corrente mais adiante no livro. Por ora, é interessante observar que, em elementos que nos são familiares, as magnitudes das correntes variam de minúsculas a gigantescas, como ilustrado na **Fig. 1.4**.

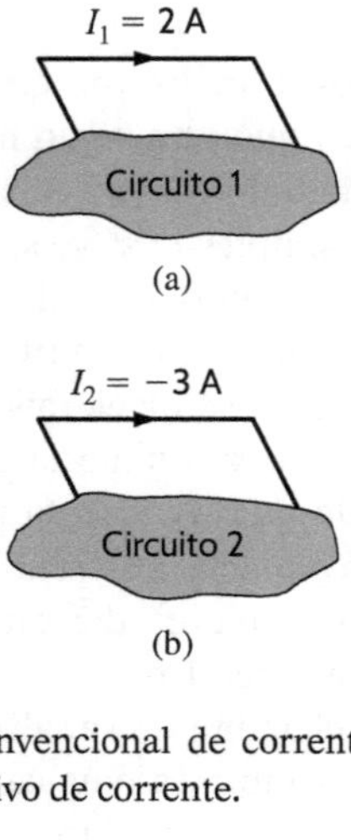

FIGURA 1.2 Fluxo convencional de corrente: (a) fluxo positivo de corrente; (b) fluxo negativo de corrente.

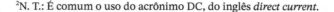

[2]N. T.: É comum o uso do acrônimo DC, do inglês *direct current*.

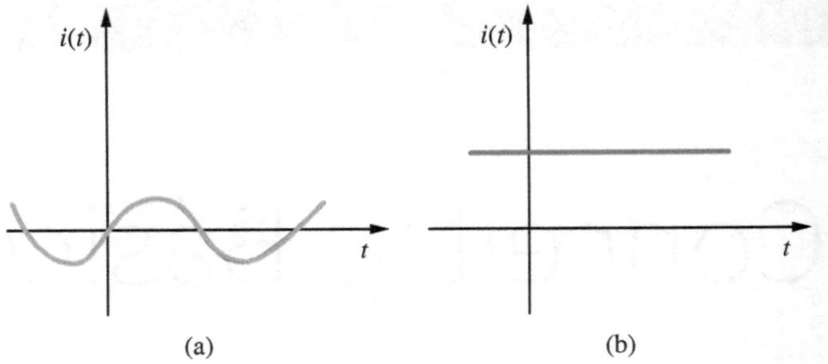

FIGURA 1.3 Dois tipos comuns de correntes: (a) corrente alternada (CA); (b) corrente contínua (CC).

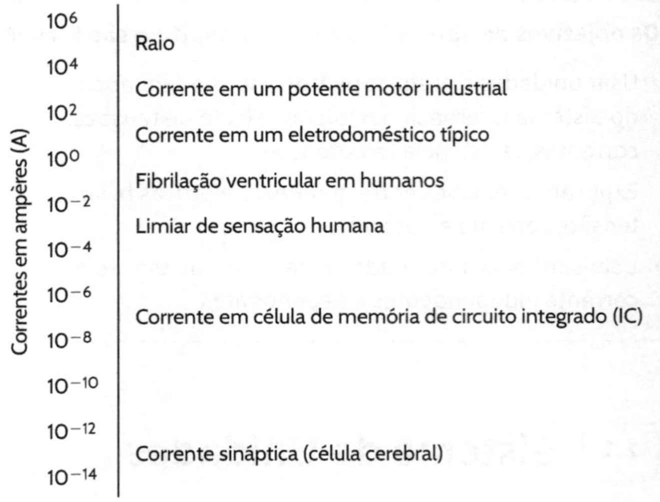

FIGURA 1.4 Valores típicos de magnitudes de correntes.

Indicamos que cargas em movimento promovem transferência de energia. Agora, definiremos a *tensão* (também, denominada *força eletromotriz* ou *potencial*) entre dois pontos em um circuito como a diferença entre os níveis de energia de cargas unitárias posicionadas em cada ponto. Tensão é similar a uma força gravitacional. Imaginemos uma bola de boliche caindo de uma escada em um tanque de água. Assim que a bola é solta, a força da gravidade a puxa para o fundo do tanque. A energia potencial da bola diminui à medida que se aproxima do fundo. A força gravitacional empurra a bola de boliche através da água. Pensemos na bola de boliche como uma carga e na tensão como a força que empurra a carga através de um circuito. Cargas em movimento representam uma corrente; assim, o movimento da bola de boliche pode ser visto como uma corrente. A água no tanque apresentará uma resistência ao movimento da bola de boliche. O movimento de cargas em um circuito elétrico também será sujeito a impedimento ou resistência. Para descrever esse efeito, apresentaremos o conceito de resistência no Capítulo 2.

Trabalho ou energia, $w(t)$ ou W, é medido em joules (J); 1 joule é 1 newton metro (N·m). Assim, a tensão [$v(t)$ ou V] é medida em volts (V), e 1 volt é 1 joule por coulomb; isto é, 1 volt = 1 joule por coulomb = 1 newton metro por coulomb. Se uma carga unitária positiva é movida entre dois pontos, a energia necessária para movê-la é a diferença no nível de energia entre os dois pontos e é a tensão definida. É extremamente importante que as variáveis utilizadas para representar a tensão entre dois pontos sejam definidas de forma que a solução nos permita determinar que ponto está em potencial mais elevado com relação ao outro.

Na **Fig. 1.5a**, a variável que representa a tensão entre os pontos A e B foi definida como V_1, e assumimos que o ponto A está em um potencial mais elevado do que o ponto B, como indicado pelos sinais + e – associados à variável e definidos na figura. Os sinais + e – definem uma direção de referência para V_1. Se $V_1 = 2$ V, a diferença de potencial entre os pontos A e B é 2 V, e o ponto A está no potencial mais alto. Uma carga positiva unitária movida através do circuito do ponto A para o ponto B cederá energia ao circuito e terá 2 J a menos de energia quando atingir o ponto B. Se uma carga positiva unitária for movida do ponto B para o ponto A, energia extra deve ser adicionada à carga pelo circuito e, portanto, a carga chegará ao ponto A com 2 J a mais de energia do que tinha no ponto B.

Para o circuito da **Fig. 1.5b**, $V_2 = -5$ V significa que o potencial entre os pontos A e B é de 5 V e o ponto B está no potencial mais elevado. A tensão na Fig. 1.5b pode ser expressa como mostrado na **Fig. 1.5c**. Neste caso equivalente, a diferença de potencial entre os pontos A e B é $V_2 = 5$ V, e o ponto B está no potencial mais alto.

Observe que é importante definir uma variável com uma direção de referência, de modo que a resposta possa ser interpretada para fornecer a situação física no circuito. Veremos que, em muitos casos, não é possível definir a variável para que a resposta seja positiva, mas veremos também que não é necessário fazê-lo.

Como ilustrado nas Figs. 1.5b e 1.5c, um número negativo para determinada variável, por exemplo, V_2 na Fig. 1.5b, fornece exatamente a mesma informação que um número positivo; isto é, V_2 na Fig. 1.5c, exceto que tem direção de referência oposta. Assim, quando definimos corrente ou tensão, é absolutamente necessário que especifiquemos magnitude e direção. Portanto, é incompleto dizer que a tensão entre dois pontos é 10 V ou a corrente em uma linha é 2 A, pois somente a magnitude das variáveis foi definida, mas não a direção.

A faixa de valores de magnitudes de tensão, equivalente àquela mostrada para correntes na Fig. 1.4, é apresentada na **Fig. 1.6**. Mais uma vez, observemos que esse intervalo abrange várias ordens de magnitude.

Até aqui, apresentamos as convenções que empregamos em nossas discussões sobre corrente e tensão. *Energia* é mais um termo de grande significância. Investiguemos as relações tensão-corrente para transferência de energia usando a lanterna mostrada na **Fig. 1.7**. Os elementos básicos de uma lanterna são uma bateria, um interruptor, uma lâmpada e fios de conexão. Com uma boa bateria, todos sabemos que a lâmpada acenderá quando o interruptor for ligado. Uma corrente flui neste circuito fechado à medida que as cargas saem do terminal positivo da bateria, passam pelo interruptor e pela lâmpada e voltam ao terminal negativo da bateria. A corrente aquece o filamento da lâmpada, fazendo com que brilhe e emita luz. A lâmpada converte energia elétrica em energia térmica; como resultado, as cargas que passam pela lâmpada perdem energia. Essas cargas adquirem energia enquanto passam pela bateria e energia química é convertida em energia elétrica. Um processo de conversão de energia ocorre na lanterna: energia química na bateria é convertida em energia elétrica, que é, então, convertida em energia térmica na lâmpada.

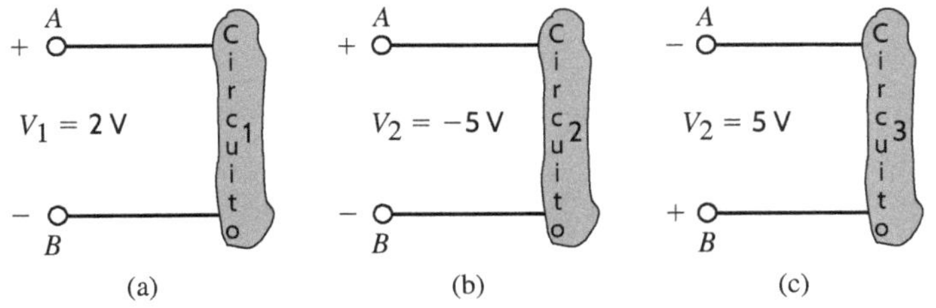

FIGURA 1.5 Representações de tensões.

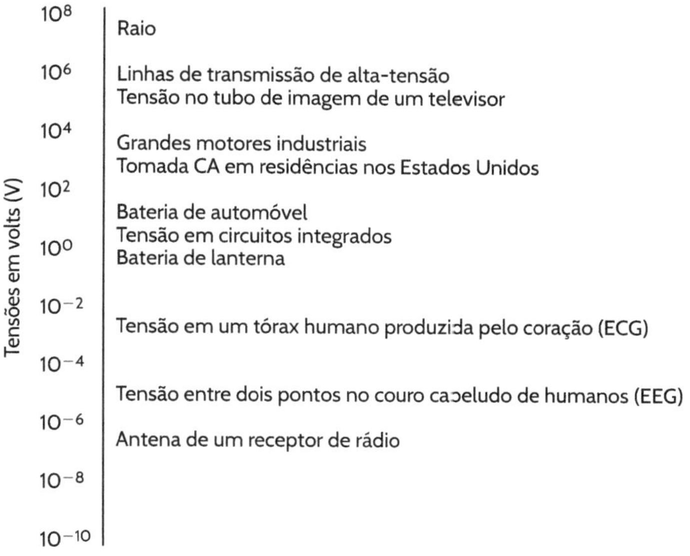

FIGURA 1.6 Valores típicos de magnitudes de tensão.

Redesenhemos a lanterna como mostrado na **Fig. 1.8**. Uma corrente I flui neste diagrama. Como sabemos que a lâmpada usa energia, as cargas saem da lâmpada com menos energia do que quando entraram. Em outras palavras, as cargas gastam energia enquanto passam pela lâmpada. Isso é indicado pela tensão marcada na lâmpada. As cargas ganham energia enquanto passam pela bateria, o que é indicado pela tensão na bateria. Observemos as relações tensão-corrente

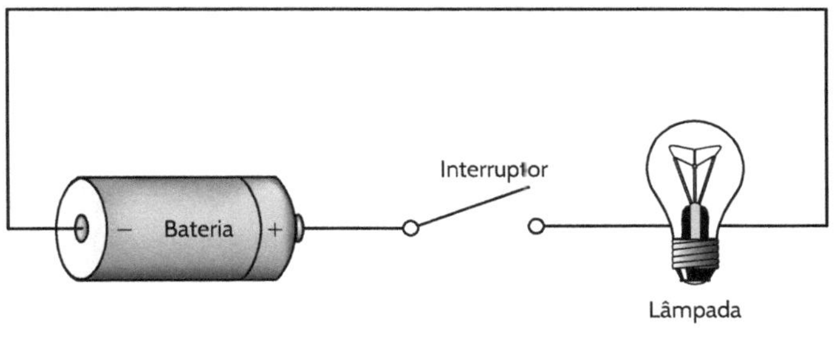

FIGURA 1.7 Circuito para a lanterna.

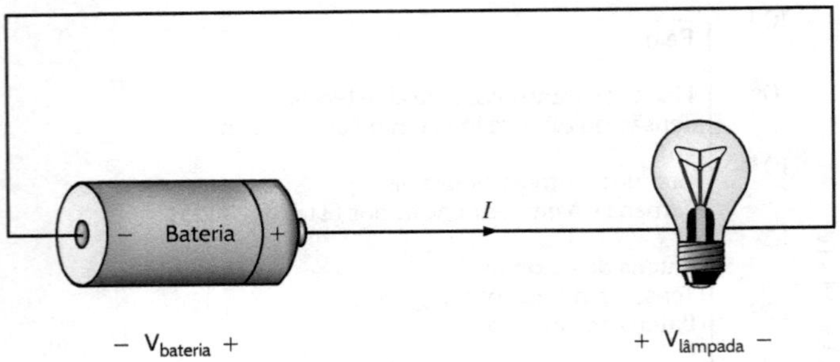

FIGURA 1.8 Circuito para a lanterna com tensões e corrente.

para a bateria e a lâmpada. Sabemos que a lâmpada absorve energia; a corrente entra no terminal positivo da tensão. Para a bateria, a corrente sai pelo terminal positivo, o que indica que a energia está sendo fornecida.

Isso é mais detalhado na **Fig. 1.9**, em que um elemento de circuito foi extraído de um circuito maior para análise. Na **Fig. 1.9a**, energia é fornecida *ao* elemento pelo que quer que esteja conectado aos terminais. Observemos que 2 A – ou seja, 2 C de carga – se movem do ponto *A* ao ponto *B* através do elemento a cada segundo. Cada coulomb perde 3 J de energia ao passar pelo elemento, do ponto *A* ao ponto *B*. Portanto, o elemento absorve 6 J de energia por segundo. Observemos que, quando o elemento *absorve* energia, uma corrente positiva entra no terminal positivo. Na **Fig. 1.9b**, a energia é fornecida *pelo* elemento ao que quer que esteja conectado aos terminais *A-B*. Neste caso, observemos que, quando o elemento *fornece* energia, uma corrente positiva entra no terminal negativo e sai pelo terminal positivo. Nesta convenção, uma corrente negativa em uma direção é equivalente a uma corrente positiva na direção oposta e vice-versa. Da mesma forma, uma tensão negativa em uma direção é equivalente a uma tensão positiva na direção oposta.

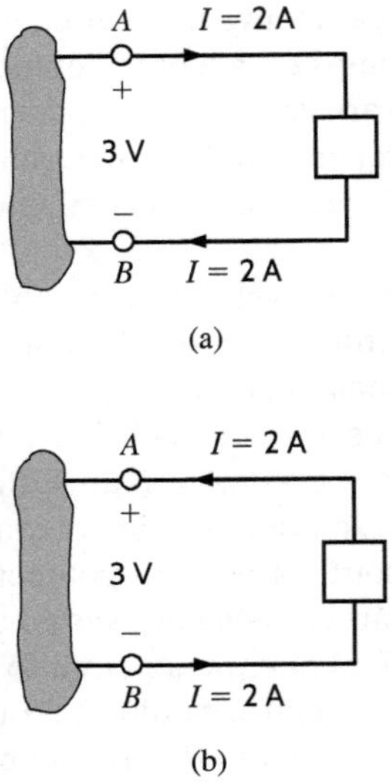

FIGURA 1.9 Relações tensão-corrente para (a) absorção de energia e (b) fornecimento de energia.

Definimos a tensão em joules por coulomb como a energia necessária para mover uma carga positiva de 1 C através de um elemento. Se assumirmos que estamos lidando com uma quantidade diferencial de carga e energia, então

$$v = \frac{dw}{dq} \qquad \textbf{1.2}$$

Multiplicando essa grandeza pela corrente no elemento, obtemos

$$vi = \frac{dw}{dq}\left(\frac{dq}{dt}\right) = \frac{dw}{dt} = p \qquad \textbf{1.3}$$

que é a taxa de variação temporal de energia, ou potência, medida em joules por segundo, ou watts (W). Como, em geral, v e i são funções do tempo, p também é uma grandeza variante no tempo. Portanto, a variação de energia entre

EXEMPLO 1.1

Suponha que não consiga dar partida a seu carro. Para determinar se a bateria está com defeito, você acende a luz interna e nota que está muito fraca, indicando que a bateria também está fraca. Você toma emprestado o carro de um amigo e um conjunto de cabos para fazer uma "chupeta" na bateria. No entanto, como você conecta a bateria do outro carro à do seu? O que deseja que a bateria do outro carro faça?

SOLUÇÃO Basicamente, a bateria do outro carro deve fornecer energia à do seu carro e, portanto, deve ser conectada como mostrado na **Fig. 1.10.** Observe que a corrente positiva sai do terminal positivo da bateria boa (que fornece energia) e entra no terminal positivo da bateria fraca (que absorve energia). Note que as mesmas conexões são usadas ao carregar uma bateria.

Em aplicações práticas, muitas vezes há outras considerações além das relações elétricas (por exemplo, segurança). Esse é o caso de dar partida a um automóvel. As baterias de automóveis produzem gases explosivos que podem se inflamar acidentalmente, causando ferimentos graves. Proteja-se – siga o procedimento descrito no manual do proprietário do automóvel.

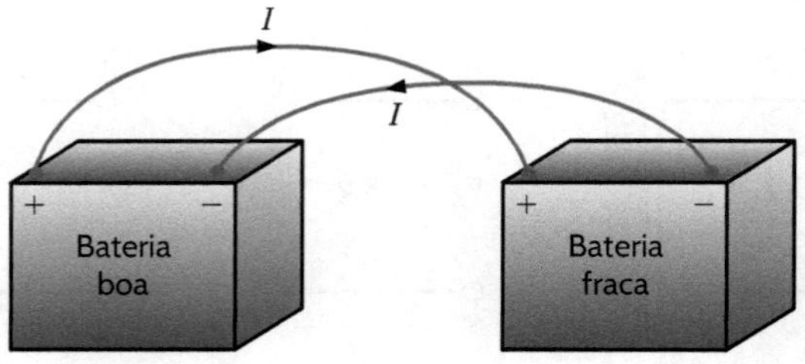

FIGURA 1.10 Diagrama para o Exemplo 1.1.

os instantes de tempo t_1 e t_2 pode ser obtida integrando a Eq. (1.3); ou seja,

$$\Delta w = \int_{t_1}^{t_2} p\,dt = \int_{t_1}^{t_2} v\,i\,dt \qquad \textbf{1.4}$$

Agora, resumiremos nossa convenção de sinais para potência. Para determinar o sinal de qualquer uma das grandezas envolvidas, as variáveis para corrente e tensão devem ser dispostas como mostrado na **Fig. 1.11**. A variável para a tensão $v(t)$ é definida como a tensão entre os terminais do elemento, com a referência positiva no mesmo terminal em que entra a variável de corrente $i(t)$. Essa convenção é chamada de *convenção passiva de sinais* e será observada ao longo deste livro. O produto de v e i, com seus respectivos sinais, determinará o módulo e o sinal da potência (ver **DICA 1.1**). Se o sinal da potência for positivo, a potência está sendo absorvida pelo elemento; se o sinal for negativo, a energia está sendo fornecida pelo elemento.

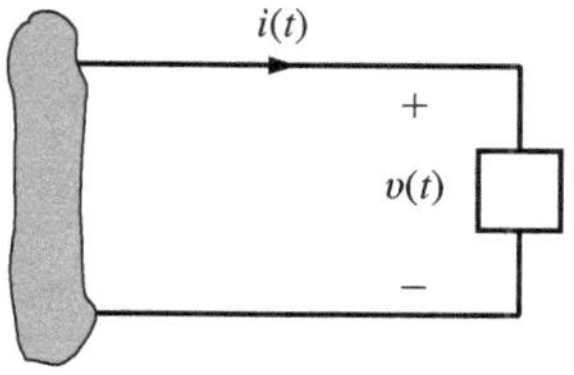

FIGURA 1.11 Convenção de sinais para potência.

DICA 1.1

A convenção passiva de sinais é usada para determinar se potência é absorvida ou fornecida.

EXEMPLO 1.2

Para os diagramas mostrados na **Fig. 1.12**, determine se o elemento absorve ou fornece potência e em que quantidade.

SOLUÇÃO Na **Fig. 1.12a**, a potência é $P = (2\text{ V})(-4\text{ A}) = -8$ W. Portanto, o elemento fornece potência. Na **Fig. 1.12b**, a potência é $P = (2\text{ V})(-2\text{ A}) = -4$ W. Portanto, o elemento fornece potência.

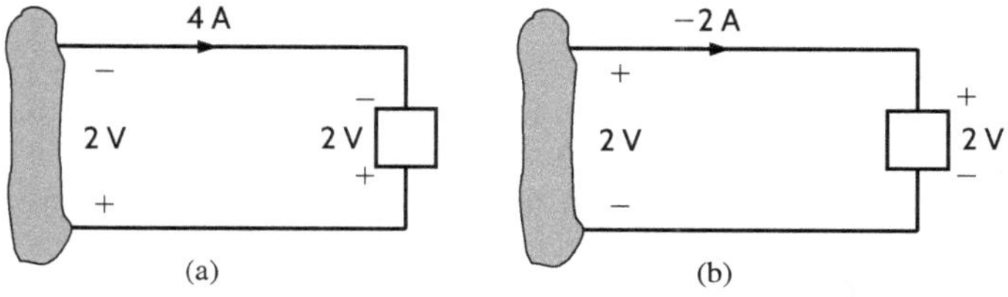

FIGURA 1.12 Elementos para o Exemplo 1.2.

Avaliação da Aprendizagem

E1.1 Determine a quantidade de potência absorvida ou fornecida pelos elementos na Fig. E1.1.

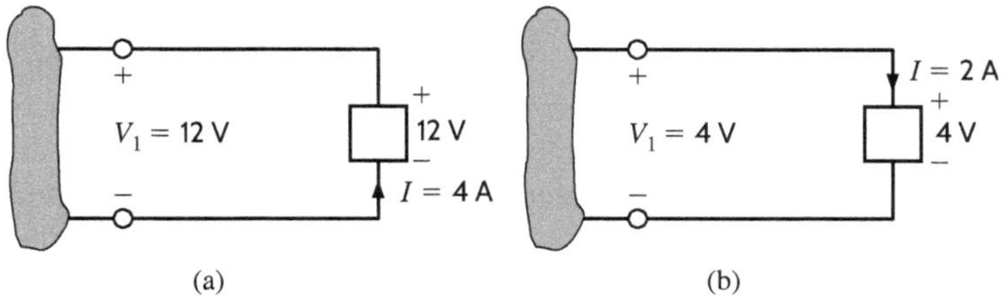

FIGURA E1.1

Resposta:

(a) $P = -48$ W;

(b) $P = 8$ W.

EXEMPLO 1.3

Calculemos a tensão ou corrente desconhecida na **Fig. 1.13**.

SOLUÇÃO Na **Fig. 1.13a**, uma potência de –20 W indica que o elemento fornece potência. Portanto, a corrente entra no terminal negativo (terminal A); da Eq. (1.3), a tensão é de 4 V. Assim, B é o terminal positivo, A é o terminal negativo e a tensão entre os dois é de 4 V.

Na **Fig. 1.13b**, uma potência de +40 W indica que o elemento absorve potência e, portanto, a corrente deve entrar no terminal positivo B. Assim, a corrente tem um valor de –8 A, como mostrado na figura.

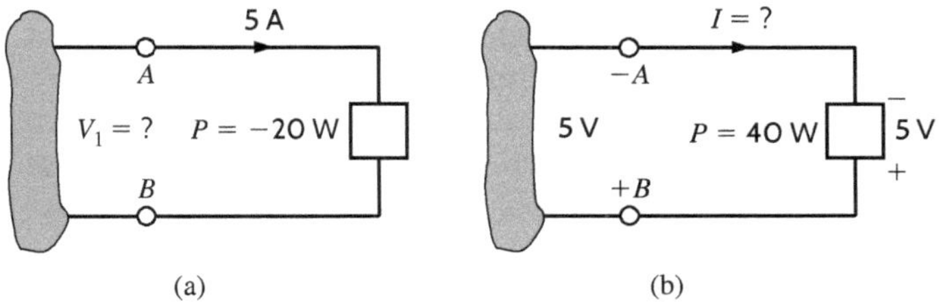

FIGURA 1.13 Elementos para o Exemplo 1.3.

Avaliação da Aprendizagem

E1.2 Determine as variáveis desconhecidas na Fig. E1.2.

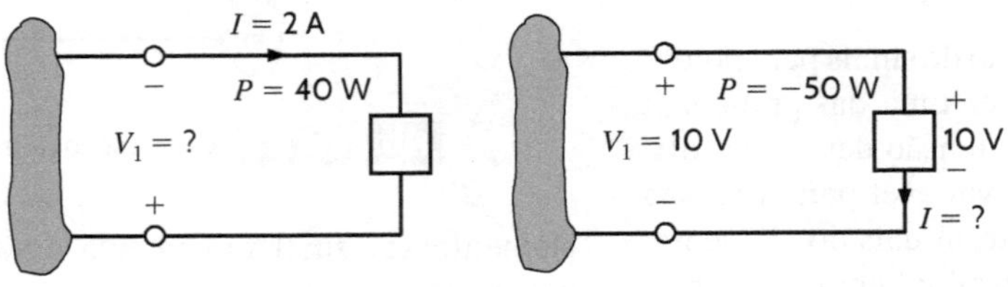

(a) (b)

FIGURA E1.2

Resposta:

(a) $V_1 = -20$ V;

(b) $I = -5$ A.

Por fim, é importante observar que os circuitos elétricos atendem ao princípio da conservação de energia. A partir da relação entre energia e potência, podemos inferir que a energia também é conservada em um circuito elétrico. Este resultado foi formalmente apresentado em 1952 por B. D. H. Tellegen e é conhecido como teorema de Tellegen – a soma das potências absorvidas por todos os elementos em um circuito elétrico é zero. Outro resultado desse teorema é que a potência fornecida em um circuito é exatamente igual à potência absorvida. Verificar se o teorema de Tellegen é satisfeito em um dado circuito constitui uma forma de confirmar se, na análise de circuitos elétricos, nossos cálculos estão corretos.

1.3 Elementos de Circuitos

Até agora, definimos tensão, corrente e potência. No restante deste capítulo, definiremos fontes de corrente e de tensão independentes e dependentes. Embora assumamos elementos ideais, tentaremos indicar as deficiências dessa hipótese à medida que avançamos na discussão.

Em geral, os elementos que definiremos são dispositivos terminais, completamente caracterizados por meio da corrente e/ou da tensão. Esses elementos, que empregaremos na construção de circuitos elétricos, serão classificados como ativos ou passivos. A distinção entre essas duas classificações depende essencialmente de um aspecto – se os elementos fornecem ou absorvem energia. Como as próprias palavras indicam, um elemento *ativo* é capaz de gerar energia, enquanto um elemento *passivo* não pode gerar energia.

No entanto, mostraremos mais adiante que alguns elementos passivos são capazes de armazenar energia. Elementos ativos típicos são baterias e geradores. Os três elementos passivos comuns são resistores, capacitores e indutores.

No Capítulo 2, iniciaremos a análise dos elementos passivos discutindo o resistor em detalhes. Antes de tratar desse elemento, apresentaremos alguns elementos ativos muito importantes.

1. Fonte de tensão independente
2. Fonte de corrente independente
3. Duas fontes de tensão dependentes
4. Duas fontes de corrente dependentes.

Fontes Independentes

Uma *fonte de tensão independente* é um elemento de dois terminais que mantém uma tensão especificada entre seus terminais, *independentemente da corrente que nele passa*, como ilustrado pelo gráfico *v-i* na **Fig. 1.14a**. O símbolo comum para uma fonte independente, um círculo, também é mostrado na Fig. 1.14a. Como a figura indica, o terminal A tem uma tensão positiva de $v(t)$ volts com relação ao terminal B.

Em contraste com uma fonte de tensão independente, uma *fonte de corrente independente* é um elemento de dois terminais que mantém uma corrente especificada *independentemente da tensão em seus terminais*, como ilustrado pelo gráfico *v-i* na **Fig. 1.14b**. O símbolo comum para uma fonte de corrente independente também é mostrado na Fig. 1.14b, em que $i(t)$ é a corrente especificada e a seta indica a direção positiva do fluxo de corrente.

No modo normal de operação, fontes independentes fornecem energia ao restante do circuito. No entanto, essas fontes também podem ser conectadas a um circuito de tal forma que absorvam energia. Um simples exemplo deste último caso é um circuito de carregamento de bateria, como no Exemplo 1.1.

É importante fazermos uma pausa para comentar uma deficiência comum de modelos. Em geral, modelos matemáticos aproximam sistemas físicos reais apenas sob certas condições. Raramente, um modelo representa com precisão um sistema físico em todas as situações. Para ilustrar esse ponto, consideremos o modelo para a fonte de tensão na Fig. 1.14a. Assumimos que a fonte de tensão fornece v volts independentemente do que está conectado a seus terminais. Teoricamente, poderíamos ajustar o circuito externo para que uma quantidade infinita de corrente flua e, portanto, a fonte de tensão forneça uma quantidade infinita de energia. Isto é, obviamente, fisicamente impossível. Um argumento semelhante pode ser feito para a fonte de corrente independente. Logo, deve-se ter em mente que modelos têm limitações e, portanto, são representações válidas de sistemas físicos apenas sob certas condições.

Por exemplo, uma fonte de tensão independente pode ser utilizada para modelar a bateria em um automóvel sob todas

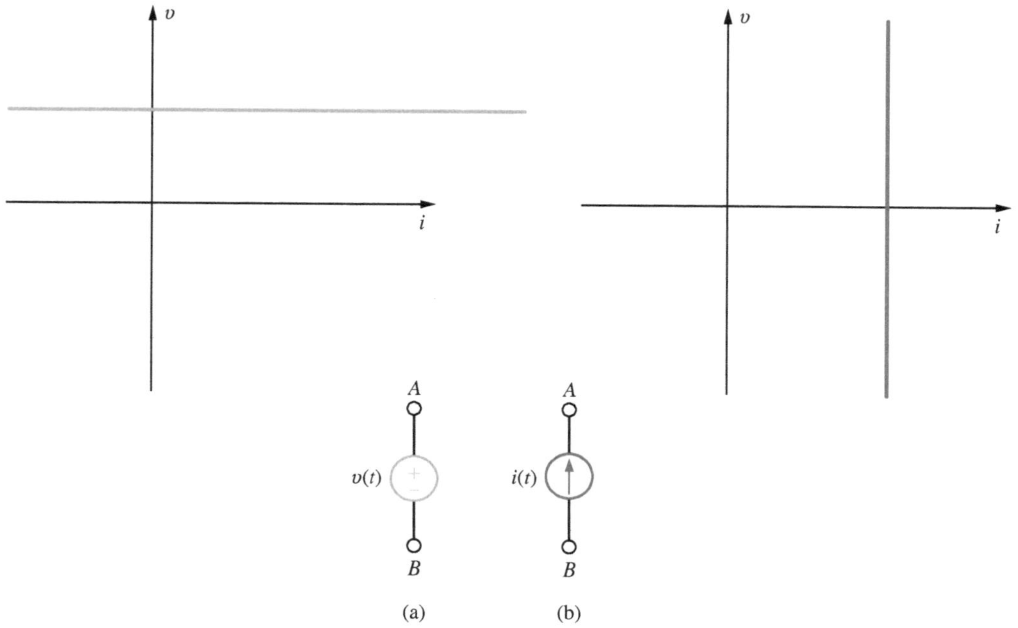

FIGURA 1.14 Símbolos para (a) fonte de tensão independente e (b) fonte de corrente independente.

as condições de operação? Com os faróis acesos, ligue o rádio. Os faróis perdem luminosidade com o rádio ligado? Provavelmente não, desde que o sistema de som do seu automóvel tenha sido instalado na fábrica. Se você tentar dar partida no seu carro com os faróis acesos, notará que as luzes perdem intensidade. O motor de partida do seu carro consome uma corrente considerável, fazendo com que a tensão nos terminais da bateria caia e reduza a luminosidade dos faróis. A fonte de tensão independente é um bom modelo para bateria com o rádio ligado; no entanto, é necessário um modelo mais aprimorado para que seja possível prever o desempenho da bateria sob condições de partida.

DICA 1.2

A mesma corrente flui por elementos conectados em série.

EXEMPLO 1.4

Determine a potência absorvida ou fornecida pelos elementos no circuito na **Fig. 1.15.**

SOLUÇÃO O fluxo de corrente sai do terminal positivo da fonte de 24 V e, portanto, esse elemento fornece (2)(24) = 48 W de potência. A corrente entra nos terminais positivos dos elementos 1 e 2 e, portanto, os elementos 1 e 2 absorvem (2)(6) = 12 W e (2)(18) = 36 W, respectivamente. Observe que a potência fornecida é igual à potência absorvida. Note também que a mesma corrente de 2 A flui por todos os elementos desse circuito (ver **DICA 1.2**).

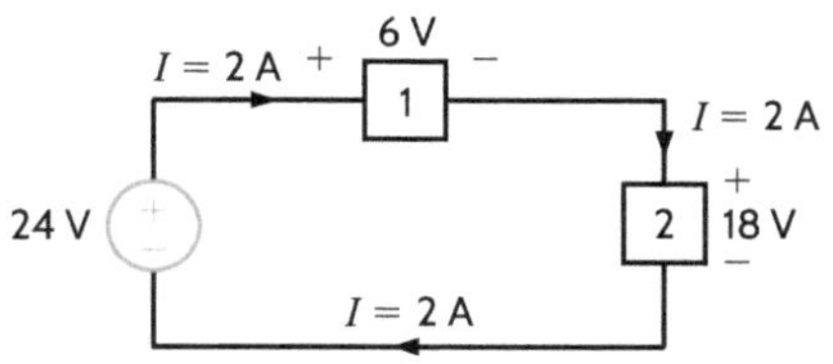

FIGURA 1.15 Circuito para o Exemplo 1.4.

Avaliação da Aprendizagem

E1.3 Determine a quantidade de potência absorvida ou fornecida pelo elemento na Fig. E1.3.

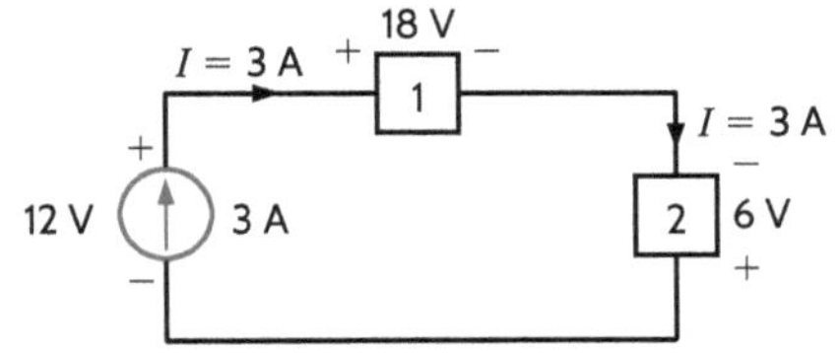

FIGURA E1.3

Resposta:

A fonte de corrente fornece 36 W, o elemento 1 absorve 54 W e o elemento 2 fornece 18 W.

Fontes Dependentes

Ao contrário das fontes independentes, que produzem determinada tensão ou corrente independentemente do que acontece no restante do circuito, fontes dependentes geram uma tensão ou corrente determinada por uma tensão ou corrente em um dado local no circuito. Essas fontes são muito importantes, pois são parte integrante de modelos matemáticos usados para descrever o comportamento de muitos elementos de circuitos eletrônicos.

Por exemplo, transistores de efeito de campo de semicondutor de óxido metálico (*metal-oxide semiconductor field-effect transistors* – MOSFETs) e transistores bipolares, ambos largamente encontrados em uma variedade de equipamentos eletrônicos, são modelados com fontes dependentes e, portanto, a análise de circuitos eletrônicos envolve o uso desses elementos controlados.

Em vez do círculo usado para representar fontes independentes, um losango é usado para representar uma fonte dependente ou controlada. A **Fig. 1.16** ilustra os quatro tipos de fontes dependentes. Os terminais de entrada à esquerda representam a tensão ou corrente que controla a fonte dependente, e os terminais de saída à direita representam a corrente ou tensão de saída da fonte controlada. Observemos que, nas **Figs. 1.16a** e **d**, as grandezas μ e β são constantes adimensionais, pois estamos transformando tensão em tensão e corrente em corrente. Este não é o caso nas **Figs. 1.16b** e **c**; portanto, quando, mais adiante, empregarmos esses elementos, descreveremos as unidades dos fatores r e g.

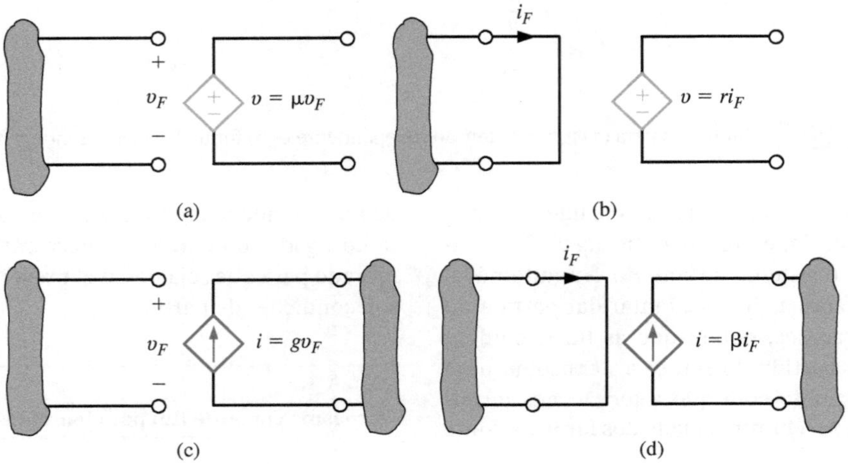

FIGURA 1.16 Quatro tipos diferentes de fontes dependentes.

EXEMPLO 1.5

Determinemos as saídas nos dois circuitos mostrados na **Fig. 1.17**.

SOLUÇÃO Na **Fig. 1.17a**, a tensão de saída é $V_s = \mu V_F$ ou $V_s = 20\ V_F = (20)(2\text{ V}) = 40\text{ V}$. Note que a tensão de saída foi amplificada de 2 V nos terminais de entrada a 40 V nos terminais de saída; ou seja, o circuito é um amplificador de tensão com fator de amplificação (ou ganho) de 20.

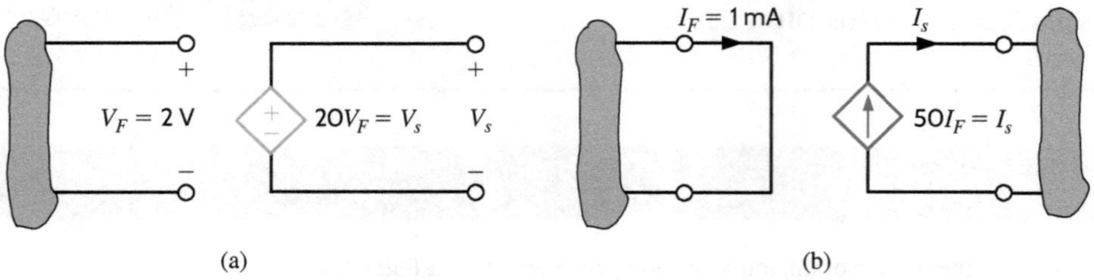

FIGURA 1.17 Circuitos para o Exemplo 1.5.

Na **Fig. 1.17b**, a corrente de saída é $I_s = \beta I_F = (50)(1\text{ mA}) = 50\text{ mA}$; ou seja, o circuito tem um ganho de corrente de 50, o que significa que a corrente de saída é 50 vezes maior do que a de entrada.

Avaliação da Aprendizagem

E1.4 Determine a potência fornecida pelas fontes dependentes na Fig. E1.4.

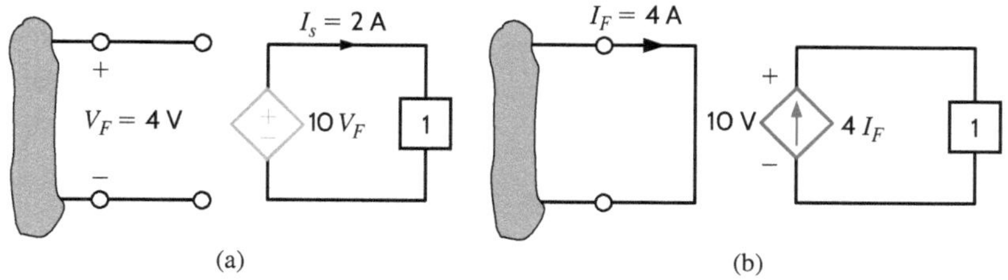

FIGURA E1.4

Resposta:

(a) Potência fornecida = 80 W;

(b) Potência fornecida = 160 W.

EXEMPLO 1.6

Calcule a potência absorvida por cada elemento no circuito da **Fig. 1.18**, e verifique se o teorema de Tellegen é satisfeito.

SOLUÇÃO Vamos calcular a potência absorvida por cada elemento usando a convenção de sinais para potência.

$$P_1 = (16)(1) = 16\text{ W}$$
$$P_2 = (4)(1) = 4\text{ W}$$
$$P_3 = (12)(1) = 12\text{ W}$$
$$P_4 = (8)(2) = 16\text{ W}$$
$$P_{12\text{V}} = (12)(2) = 24\text{ W}$$
$$P_{24\text{V}} = (24)(-3) = -72\text{ W}$$

Note que, para calcular a potência absorvida pela fonte de 24 V, a corrente de 3 A que flui para cima na fonte foi alterada para uma corrente de –3 A fluindo para baixo na fonte de 24 V.

Somemos as potências absorvidas por todos os elementos: $16 + 4 + 12 + 16 + 24 - 72 = 0$.

Essa soma é zero, confirmando que o teorema de Tellegen é satisfeito.

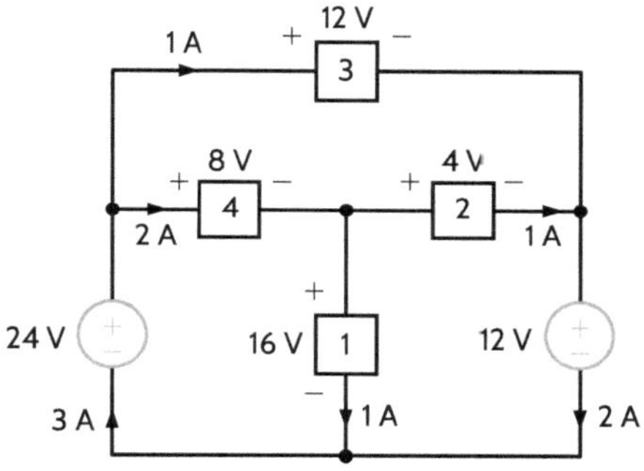

FIGURA 1.18 Circuito usado no Exemplo 1.6.

EXEMPLO 1.7

Use o teorema de Tellegen para determinar a corrente I_s no circuito da **Fig. 1.19**.

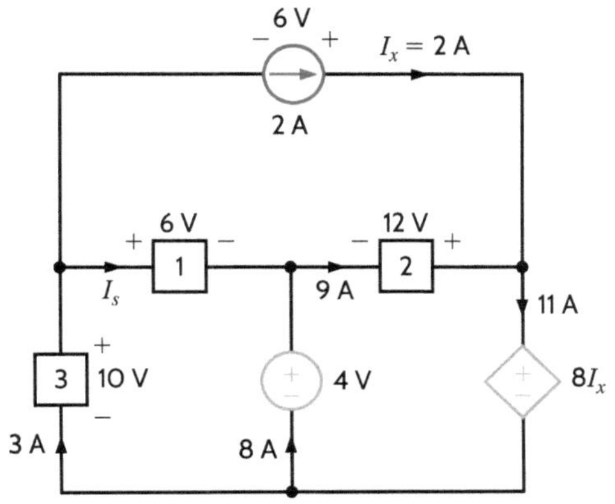

FIGURA 1.19 Circuito usado no Exemplo 1.7.

SOLUÇÃO Primeiro, devemos calcular a potência absorvida por cada elemento no circuito. Usando a convenção de sinais para potência, obtemos:

$$P_{2\text{A}} = (6)(-2) = -12\text{ W}$$
$$P_1 = (6)(I_s) = 6I_s\text{ W}$$
$$P_2 = (12)(-9) = -108\text{ W}$$
$$P_3 = (10)(-3) = -30\text{ W}$$
$$P_{4\text{V}} = (4)(-8) = -32\text{ W}$$
$$P_{FD} = (8I_x)(11) = (16)(11) = 176\text{ W}$$

Aplicando, agora, o teorema de Tellegen, temos:

$$-12 + 6I_s - 108 - 30 - 32 + 176 = 0$$

ou

$$6I_s + 176 = 12 + 108 + 30 + 32$$

Portanto,

$$I_s = 1\text{ A}$$

Avaliação da Aprendizagem

E1.5 Determine a potência absorvida ou fornecida pelos elementos do circuito na Fig. E1.5.

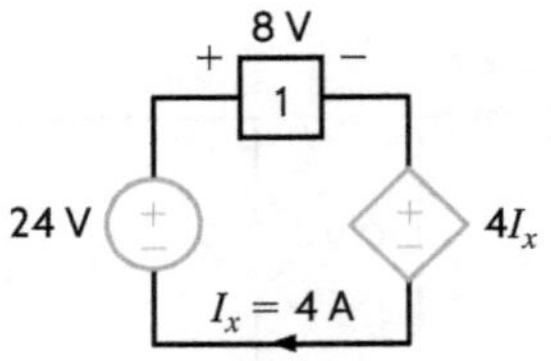

FIGURA E1.5

Resposta:
$P_{24\,V} = 96$ W fornecida;
$P_1 = 32$ W absorvida;
$P_{4I_x} = 64$ W absorvida.

E1.6 Determine a potência absorvida ou fornecida pelos elementos do circuito na Fig. E1.6.

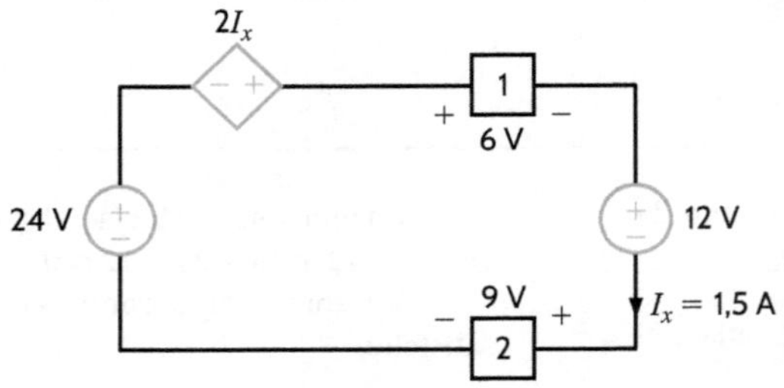

FIGURA E1.6

Resposta:
$P_{24\,V} = 36$ W fornecida;
$P_{12\,V} = 18$ W absorvida;
$P_{2I_x} = 4{,}5$ W fornecida;
$P_1 = 9$ W absorvida;
$P_2 = 13{,}5$ W absorvida.

E1.7 Determine I_x na Fig. E1.7 usando o teorema de Tellegen.

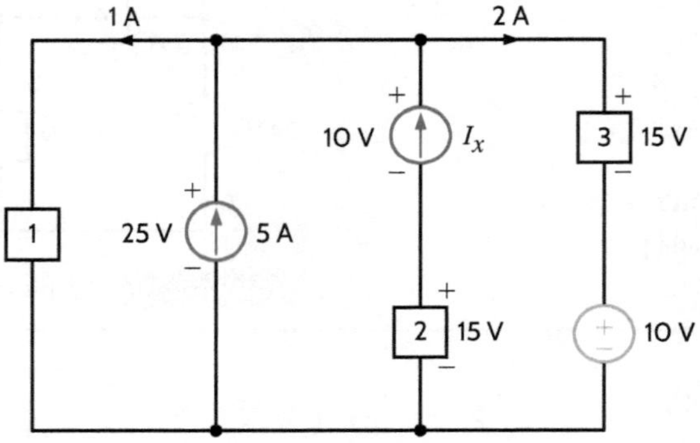

FIGURA E1.7

Resposta:
$I_x = -2$ A.

EXEMPLO 1.8

A carga que entra na CAIXA é mostrada na **Fig. 1.20**. Calcule e esboce um gráfico da corrente que entra na CAIXA e a correspondente potência absorvida entre 0 e 10 milissegundos.

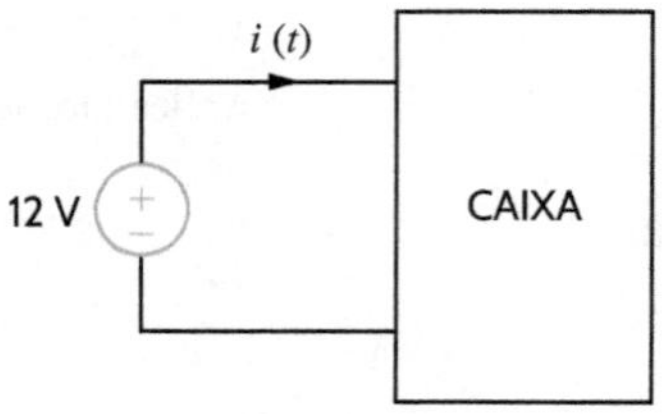

FIGURA 1.20 Diagramas para o Exemplo 1.8. (*continua*)

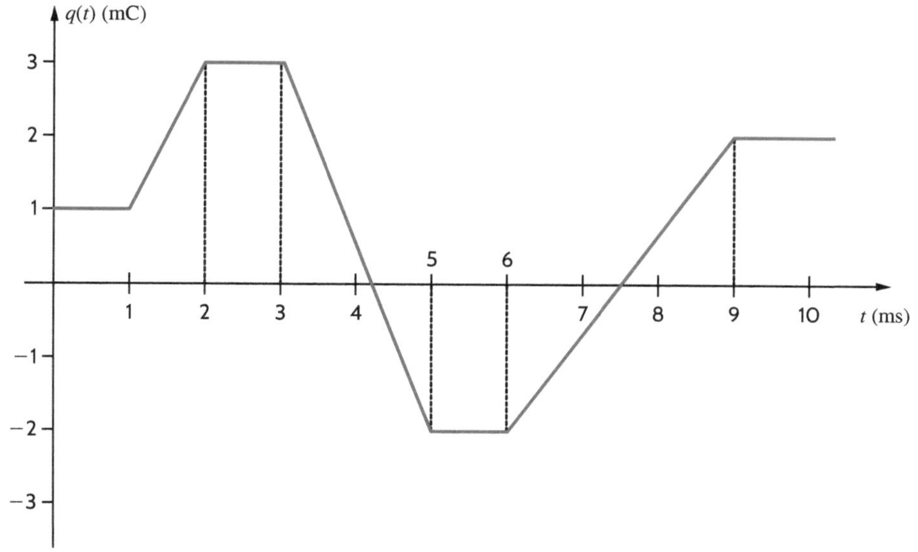

FIGURA 1.20 *(continuação)*

SOLUÇÃO Recorde que a corrente está relacionada com a carga por $i(t) = \frac{dq(t)}{dt}$. A corrente é a inclinação da forma de onda da carga.

$$i(t) = 0 \qquad 0 \leq t \leq 1 \text{ ms}$$

$$i(t) = \frac{3 \times 10^{-3} - 1 \times 10^{-3}}{2 \times 10^{-3} - 1 \times 10^{-3}} = 2 \text{ A} \qquad 1 \leq t \leq 2 \text{ ms}$$

$$i(t) = 0 \qquad 2 \leq t \leq 3 \text{ ms}$$

$$i(t) = \frac{-2 \times 10^{-3} - 3 \times 10^{-3}}{5 \times 10^{-3} - 3 \times 10^{-3}} = -2{,}5 \text{ A} \qquad 3 \leq t \leq 5 \text{ ms}$$

$$i(t) = 0 \qquad 5 \leq t \leq 6 \text{ ms}$$

$$i(t) = \frac{2 \times 10^{-3} - (-2 \times 10^{-3})}{9 \times 10^{-3} - 6 \times 10^{-3}} = 1{,}33 \text{ A} \qquad 6 \leq t \leq 9 \text{ ms}$$

$$i(t) = 0 \qquad t \geq 9 \text{ ms}$$

O gráfico da corrente é mostrado junto com a forma de onda da carga na **Fig. 1.21**. Note que a corrente é zero nos períodos em que a carga tem valor constante. Quando a carga aumenta, a corrente é positiva; quando a carga diminui, a corrente é negativa.

A potência absorvida pela CAIXA é $12 \times i(t)$.

$$p(t) = 12(0) = 0 \qquad 0 \leq t \leq 1 \text{ ms}$$

$$p(t) = 12(2) = 24 \text{ W} \qquad 1 \leq t \leq 2 \text{ ms}$$

$$p(t) = 12(0) = 0 \qquad 2 \leq t \leq 3 \text{ ms}$$

$$p(t) = 12(-2{,}5) = -30 \text{ W} \qquad 3 \leq t \leq 5 \text{ ms}$$

$$p(t) = 12(0) = 0 \qquad 5 \leq t \leq 6 \text{ ms}$$

$$p(t) = 12(1{,}33) = 16 \text{ W} \qquad 6 \leq t \leq 9 \text{ ms}$$

$$p(t) = 12(0) = 0 \qquad t \geq 9 \text{ ms}$$

O gráfico da potência absorvida pela CAIXA é mostrado na **Fig. 1.22**. Para os intervalos de tempo $1 \leq t \leq 2$ ms e $6 \leq t \leq 9$ ms, a CAIXA absorve potência. Durante o intervalo $3 \leq t \leq 5$ ms, a potência absorvida pela CAIXA é negativa, indicando que a CAIXA fornece potência à fonte de 12 V.

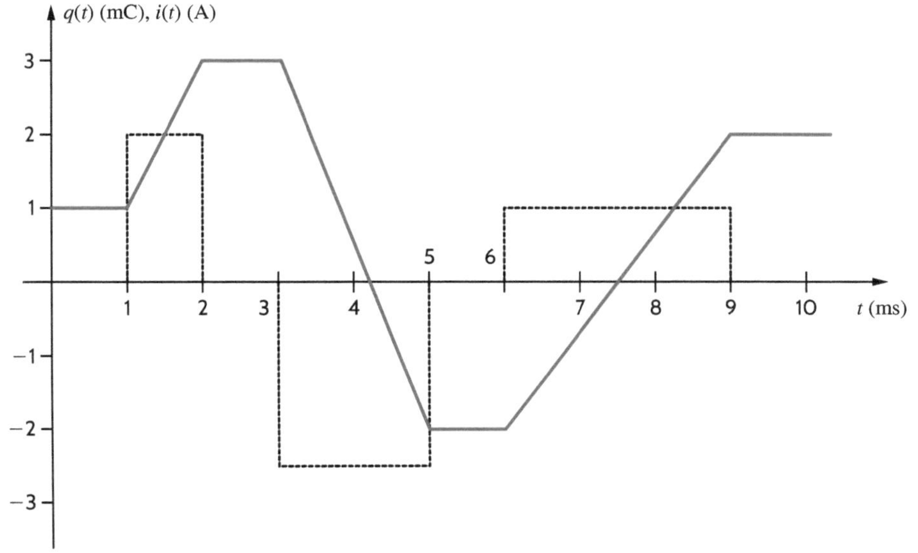

FIGURA 1.21 Formas de onda da carga e da corrente no Exemplo 1.8.

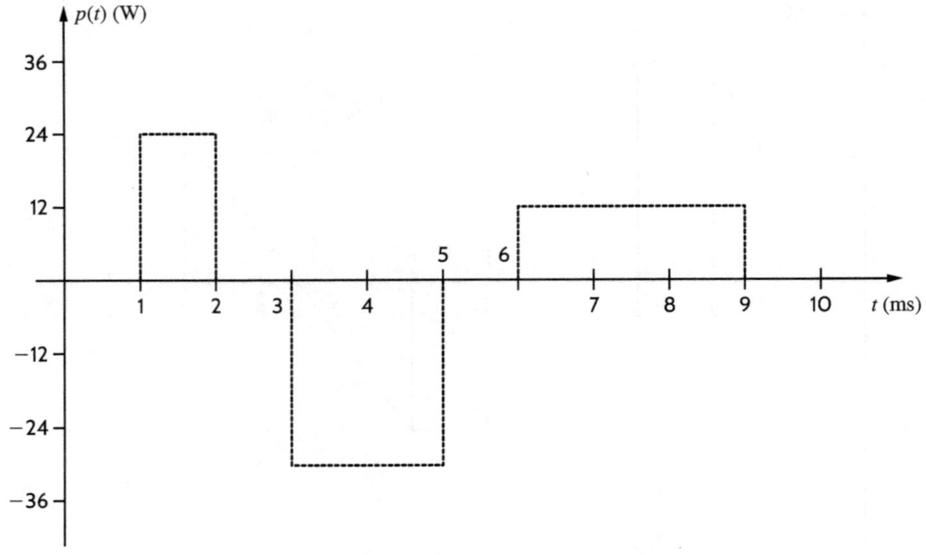

FIGURA 1.22 Forma de onda da potência no Exemplo 1.8.

Avaliação da Aprendizagem

E1.8 A potência absorvida pela CAIXA na Fig. E1.8 é $p(t) = 2{,}5e^{-4t}$ W. Calcule a energia e a carga entregues à CAIXA no intervalo $0 < t < 250$ ms.

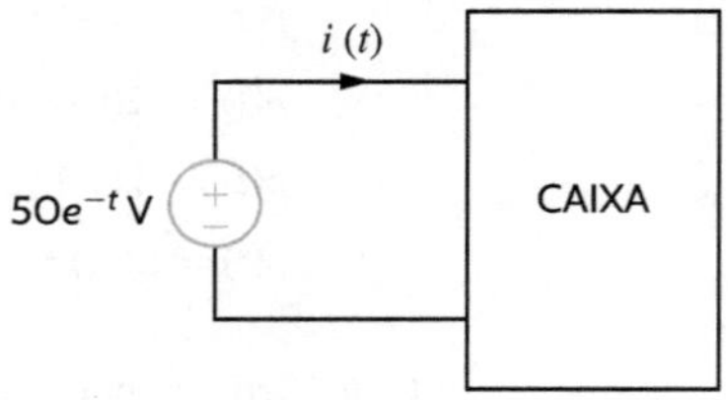

FIGURA E1.8

Resposta:

395,1 mJ; 8,8 mC.

E1.9 A energia absorvida pela CAIXA é mostrada na Fig. E1.9. Calcule e esboce um gráfico da corrente que entra na CAIXA. Calcule, ainda, a carga que entra na CAIXA entre 0 e 12 segundos.

Resposta:

$Q = 0$.

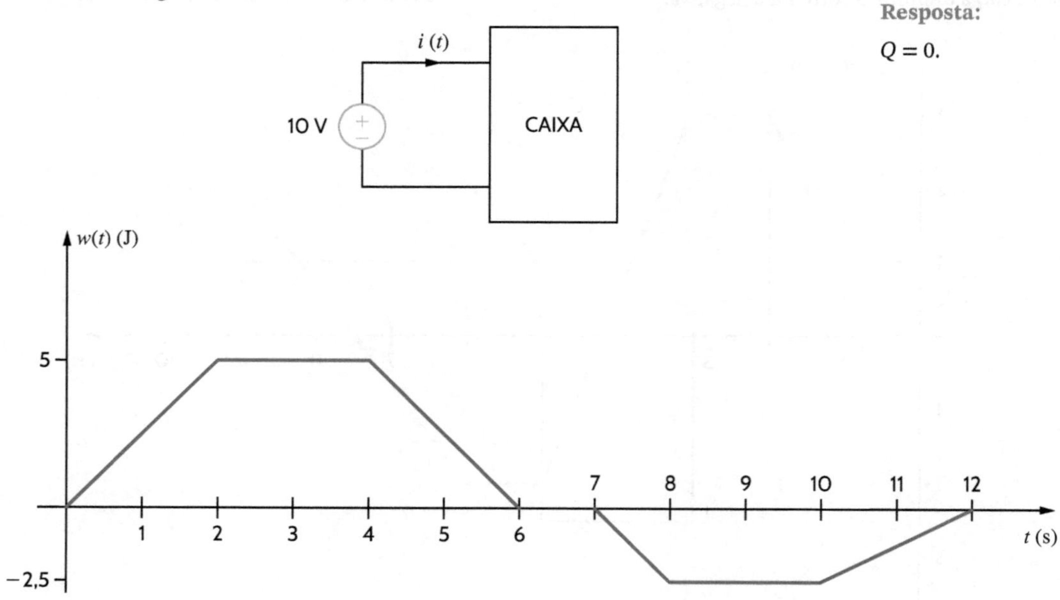

FIGURA E1.9 *(continua)*

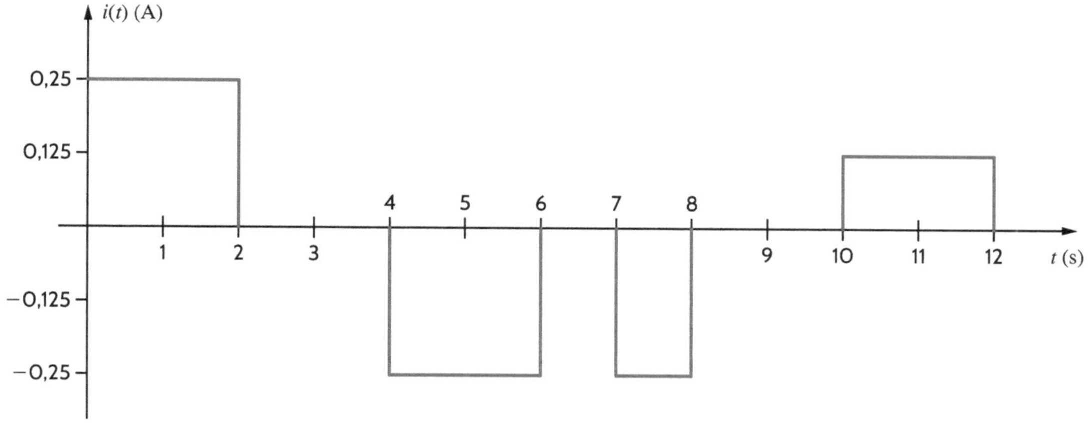

FIGURA E1.9 *(continuação)*

EXEMPLO 1.9

A ubíqua porta de barramento serial universal (USB) é comumente utilizada para carregar *smartphones*, como ilustrado na **Fig. 1.23**. Detalhes técnicos relativos às especificações de portas USB podem ser encontrados em www.usb.org. A quantidade de corrente que pode ser fornecida por meio de uma porta USB é definida nas especificações USB.

De acordo com o padrão USB 2.0, um dispositivo é classificado como de baixa potência se consumir 100 mA ou menos, e de alta potência se consumir entre 100 e 500 mA.

1. Uma bateria de íons de lítio de 1.000 mAh foi totalmente descarregada (ou seja, 0 mAh). Quanto tempo será necessário para recarregá-la por meio de uma porta USB que fornece uma corrente constante de 250 mA? Que quantidade de carga é armazenada na bateria quando totalmente carregada?

2. Uma bateria de íons de lítio de 1.000 mAh completamente carregada alimenta uma carga que demanda uma corrente constante de 200 mA por 4 horas. Que quantidade de carga resta na bateria no fim das 4 horas? Assumindo que a carga permaneça constante em 3,6 V, que quantidade de energia é absorvida pela carga em joules?

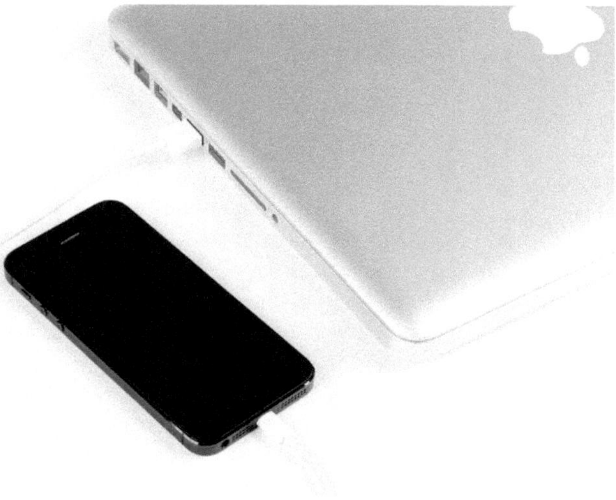

©abalcazar/iStockphoto

FIGURA 1.23 Carga de um Apple iPhone® por meio de uma porta USB.

SOLUÇÃO

1. Com uma corrente constante de 250 mA, o tempo necessário para recarregar a bateria é 1.000 mAh/250 mA = 4 h. A bateria tem capacidade de 1.000 mAh. Quando completamente carregada, a carga armazenada na bateria é 1.000 mAh × 1 A/1.000 mA × 3.600 s/h = 3.600 As = 3.600 C.

2. Uma corrente constante de 200 mA é puxada da bateria por 4 horas; portanto, 800 mAh × 1 A/1.000 mA × 3.600 s/h = 2.880 C são removidos da bateria. A carga restante na bateria é 3.600 − 2.880 = 720 C. A potência absorvida pela carga é 3,6 V × 0,2 A = 0,72 W. A energia absorvida pela carga é 0,72 W × 4 h × 3.600 s/h = 10.368 J.

Resumo

- ***Prefixos padronizados empregados***

$p = 10^{-12}$	$k = 10^3$
$n = 10^{-9}$	$M = 10^6$
$\mu = 10^{-6}$	$G = 10^9$
$m = 10^{-3}$	$T = 10^{12}$

- ***Relações entre corrente e carga***

$$i(t) = \frac{dq(t)}{dt} \quad \text{ou} \quad q(t) = \int_{-\infty}^{t} i(x)\,dx$$

- ***Relações entre potência, energia, corrente e tensão***

$$p = \frac{dw}{dt} = vi$$

$$\Delta w = \int_{t_1}^{t_2} p\,dt = \int_{t_1}^{t_2} vi\,dt$$

- ***Convenção passiva de sinais*** A convenção passiva de sinais afirma que, se a tensão e a corrente associadas a um elemento forem como as mostradas na Fig. 1.11, o produto de v e i, com seus respectivos sinais, determina a magnitude e o sinal da potência. Se o sinal for positivo, a energia é absorvida pelo elemento, e se o sinal for negativo, o elemento fornece energia.
- ***Fontes independentes e dependentes*** Uma fonte de tensão independente (corrente) ideal é um elemento de dois terminais que mantém uma tensão (corrente) especificada entre seus terminais, independentemente da corrente que passa no (tensão entre terminais do) elemento. Fontes dependentes ou controladas geram uma tensão ou corrente determinada por uma tensão ou corrente em um local especificado no circuito.
- ***Conservação de energia*** Os circuitos elétricos em estudo satisfazem ao princípio da conservação de energia.
- ***Teorema de Tellegen*** A soma das potências absorvidas por todos os elementos de um circuito elétrico é zero.

CAPÍTULO 2

Circuitos Resistivos

OBJETIVOS DE APRENDIZAGEM

Os objetivos de aprendizagem deste capítulo são tornar os estudantes capazes de:

- Usar a lei de Ohm para calcular tensões e correntes em circuitos elétricos.
- Aplicar a lei de Kirchhoff para correntes e a lei de Kirchhoff para tensões para determinar as tensões e correntes em um circuito elétrico.
- Analisar circuitos de malha única e de um único par de nós para determinar tensões e correntes em um circuito elétrico.
- Determinar a resistência equivalente de um circuito resistivo em que os resistores estão em série e em paralelo.
- Calcular tensões e correntes em um circuito elétrico simples usando divisão de tensão e de corrente.
- Transformar um circuito resistivo estrela em um circuito resistivo delta e vice-versa.
- Analisar circuitos elétricos para determinar tensões e correntes em circuitos elétricos que contêm fontes dependentes.

2.1 Lei de Ohm

A lei de Ohm recebeu esse nome em homenagem ao físico alemão Georg Simon Ohm, a quem é dado crédito por ter estabelecido a relação tensão-corrente para resistências. Por esse trabalho pioneiro, a unidade de resistência leva seu nome.

A lei de Ohm afirma que a tensão em uma resistência é diretamente proporcional à corrente que nela flui. A resistência, medida em ohms, é a constante de proporcionalidade entre a tensão e a corrente.

Um elemento de circuito cuja característica elétrica é principalmente resistiva é chamado de resistor e representado pelo símbolo mostrado na **Fig. 2.1a.** Um resistor é um dispositivo físico que pode ser comprado em lojas de material eletrônico em valores padronizados. Tais resistores, com uso em uma variedade de aplicações elétricas, são normalmente compostos de carbono ou de fios enrolados. Além disso, resistores podem ser fabricados usando filmes espessos de óxido ou filmes finos de metal para uso em circuitos híbridos, ou podem ser difundidos em circuitos integrados semicondutores. Algumas formas típicas de resistores discretos são mostradas na **Fig. 2.1b**.

A relação matemática da lei de Ohm é dada pela equação

$$v(t) = Ri(t), \text{ com } R \geqq 0 \qquad \textbf{2.1}$$

ou, de modo equivalente, pela característica tensão-corrente mostrada na **Fig. 2.2a.** Observe cuidadosamente a relação entre a polaridade da tensão e a direção da corrente (ver **DICA 2.1**). Além disso, note que assumimos tacitamente que o resistor tem um valor constante e, portanto, que a característica tensão-corrente é linear.

DICA 2.1

A convenção passiva de sinais será empregada conjuntamente com a lei de Ohm.

O símbolo Ω é usado para representar ohms e, portanto,

$$1\ \Omega = 1\ \text{V/A}$$

Embora, em nossa análise, sempre assumamos que os resistores sejam *lineares* e, portanto, descritos por uma característica tensão-corrente de uma reta que passa pela origem, é importante que os leitores saibam que existem alguns elementos muito úteis e práticos que exibem uma característica de resistência *não linear*; ou seja, a relação tensão-corrente não é uma reta.

A lâmpada da lanterna no Capítulo 1 é um exemplo de elemento que apresenta uma característica não linear. A característica típica de uma lâmpada é mostrada na **Fig. 2.2b.**

Como um resistor é um elemento passivo, a adequada relação corrente-tensão é ilustrada na Fig. 2.1a. A energia fornecida aos terminais é absorvida pelo resistor. Observemos que

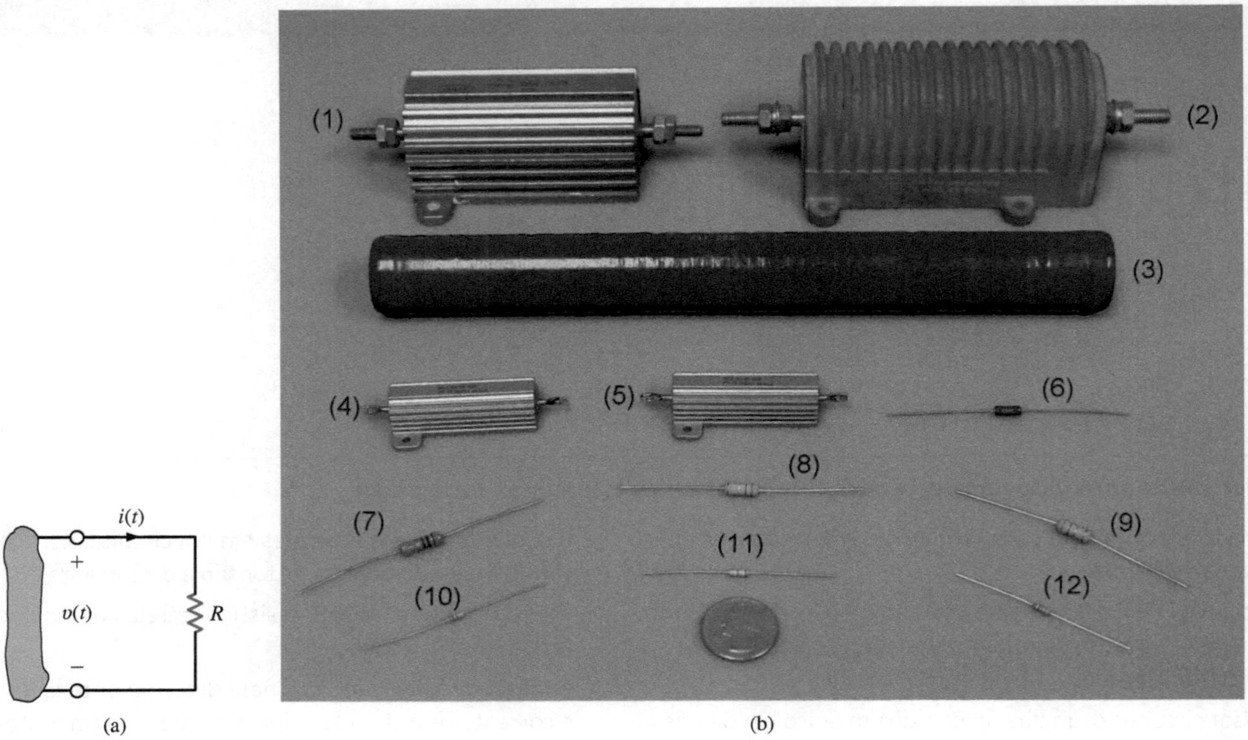

FIGURA 2.1 (a) Símbolo para um resistor; (b) alguns dispositivos práticos. (1), (2) e (3) são resistores de alta potência. (4) e (5) são resistores fixos de alta wattagem. (6) é um resistor de alta precisão. (7)-(12) são resistores fixos com diferentes graduações de potência. (Foto: cortesia de Mark Nelms e Jo Ann Loden.)

a carga se move do maior para o menor potencial à medida que passa pelo resistor e a energia absorvida é dissipada pelo resistor na forma de calor. Conforme indicado no Capítulo 1, a taxa de dissipação de energia é a potência instantânea e, portanto,

$$p(t) = v(t)i(t) \tag{2.2}$$

e, usando a Eq. (2.1), essa relação pode ser escrita como,

$$p(t) = Ri^2(t) = \frac{v^2(t)}{R} \tag{2.3}$$

Esta equação indica que a potência é uma função não linear da corrente ou da tensão e que sempre tem valor positivo.

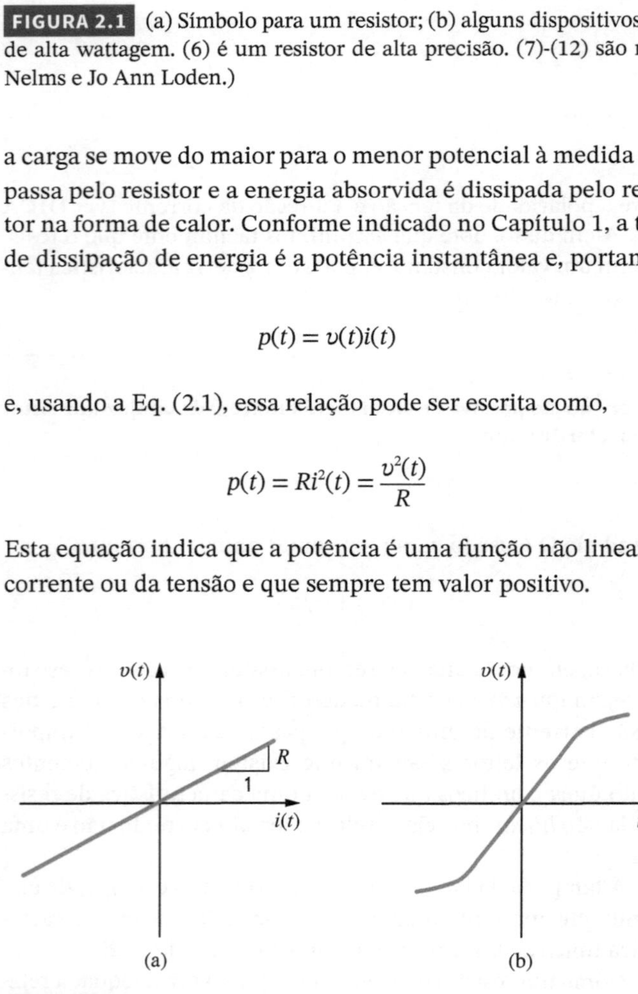

FIGURA 2.2 Representação gráfica da relação tensão-corrente para (a) um resistor linear e (b) uma lâmpada.

A condutância, representada pelo símbolo G, é outra grandeza com ampla aplicação na análise de circuitos. Por definição, a condutância é o recíproco da resistência; isto é,

$$G = \frac{1}{R} \tag{2.4}$$

A unidade de condutância é o siemen, e a relação entre unidades é

$$1 \text{ S} = 1 \text{ A/V}$$

Usando a Eq. (2.4), podemos escrever duas expressões adicionais,

$$i(t) = Gv(t) \tag{2.5}$$

e

$$p(t) = \frac{i^2(t)}{G} = Gv^2(t) \tag{2.6}$$

A Eq. (2.5) é outra expressão da lei de Ohm.

Dois valores específicos de resistência e, portanto, condutância, são muito importantes: $R = 0$ e $R = \infty$.

Para examinar os dois casos, consideremos o circuito na **Fig. 2.3a.** O símbolo de resistência variável é usado para descrever um resistor como o controle de volume em um aparelho de rádio ou televisão. Se a resistência diminuir continuamente, chegaremos a um ponto em que a resistência é zero e o circuito se reduz ao mostrado na **Fig. 2.3b**; ou seja, a resistência pode

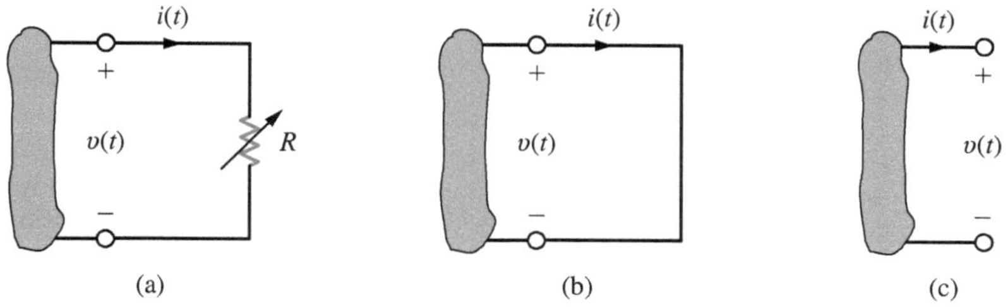

FIGURA 2.3 Descrições de curto-circuito e de circuito aberto.

ser substituída por um curto-circuito. Por outro lado, se a resistência aumentar continuamente, chegaremos a um ponto em que a resistência é essencialmente infinita e pode ser substituída por um circuito aberto, como mostrado na **Fig. 2.3c**. No caso de um curto-circuito, em que $R = 0$,

$$\begin{aligned} v(t) &= Ri(t) \\ &= 0 \end{aligned}$$

Portanto, $v(t) = 0$, embora, teoricamente, a corrente possa ter qualquer valor. No caso de circuito aberto, em que $R = \infty$,

$$\begin{aligned} i(t) &= v(t)/R \\ &= 0 \end{aligned}$$

Portanto, a corrente é zero, independentemente do valor da tensão entre os terminais.

EXEMPLO 2.1

No circuito na **Fig. 2.4a**, determine a corrente e a potência absorvida pelo resistor.

SOLUÇÃO Usando a Eq. (2.1), obtemos a corrente como

$$I = V/R = 12/2\text{k} = 6 \text{ mA}$$

Como muitos dos resistores que empregaremos em nossas análises são dados em kΩ, usaremos k no lugar de 1.000 nas equações.

A potência absorvida pelo resistor é dada pela Eq. (2.2) ou pela Eq. (2.3):

$$\begin{aligned} P &= VI = (12)(6 \times 10^{-3}) = 0{,}072 \text{ W} \\ &= I^2R = (6 \times 10^{-3})^2(2\text{k}) = 0{,}072 \text{ W} \\ &= V^2/R = (12)^2/2\text{k} = 0{,}072 \text{ W} \end{aligned}$$

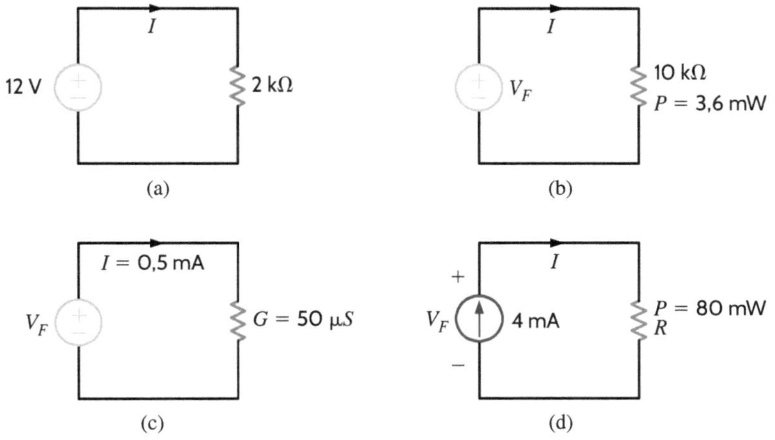

FIGURA 2.4 Circuitos para os Exemplos 2.1 a 2.4.

EXEMPLO 2.2

A potência absorvida pelo resistor de 10 kΩ na **Fig. 2.4b** é 3,6 mW. Determine a tensão e a corrente no circuito.

SOLUÇÃO Usando as relações de potência, podemos determinar as duas incógnitas:

$$V_F^2/R = P$$

$$V_F^2 = (3{,}6 \times 10^{-3})(10k)$$

$$V_F = 6\ V$$

e

$$I^2R = P$$

$$I^2 = (3{,}6 \times 10^{-3})/10k$$

$$I = 0{,}6\ mA$$

Uma vez que V_F tenha sido determinado, I pode ser obtida pela lei de Ohm; da mesma forma, uma vez que I seja conhecida, a lei de Ohm pode ser usada para calcular o valor de V_F. Observemos que as equações para a potência envolvem os termos I^2 e V_F^2. Portanto, $I = -0{,}6$ mA e $V_F = -6$ V também satisfazem às equações matemáticas e, nesse caso, os sentidos *da* tensão *e da* corrente seriam invertidos.

EXEMPLO 2.3

Para o circuito na **Fig. 2.4c**, determinemos o valor da fonte de tensão e a potência absorvida pela resistência.

SOLUÇÃO A tensão é

$$V_F = I/G = (0{,}5 \times 10^{-3})/(50 \times 10^{-6}) = 10\ V$$

Logo, a potência absorvida é

$$P = I^2/G = (0{,}5 \times 10^{-3})^2/(50 \times 10^{-6}) = 5\ mW$$

Poderíamos ter usado

$$R = 1/G = 20\ k\Omega$$

de modo que

$$V_F = IR = (0{,}5 \times 10^{-3})(20k) = 10\ V$$

e a potência pode ser determinada usando $P = I^2R = V_F^2/R = V_FI$.

EXEMPLO 2.4

Para o circuito na **Fig. 2.4d**, calcule os valores de R e de V_F.

SOLUÇÃO Usando a relação de potência, temos

$$R = P/I^2 = (80 \times 10^{-3})/(4 \times 10^{-3})^2 = 5\ k\Omega$$

A tensão pode, agora, ser obtida aplicando a lei de Ohm,

$$V_F = IR = (4 \times 10^{-3})(5k) = 20\ V$$

A tensão também pode ser obtida das outras relações de potência nas Eqs. (2.2) e (2.3).

Antes de encerrarmos esta discussão inicial de circuitos contendo fontes e um único resistor, é importante ressaltar um fenômeno que, mais adiante, veremos ser verdadeiro em circuitos contendo muitas fontes e resistores. A presença de uma fonte de tensão entre um par de terminais nos diz exatamente qual é a tensão entre os dois terminais, independentemente do que está acontecendo no equilíbrio do circuito. O que não conhecemos é o valor da corrente na fonte de tensão. Devemos analisar todo o circuito para determinar essa corrente. Da mesma forma, a presença de uma fonte de corrente conectada entre dois terminais especifica o valor exato da corrente através da fonte. Nesse caso, o que não conhecemos é o valor da tensão na fonte de corrente. Este valor deve ser calculado por meio da análise de todo o circuito. Além disso, vale ressaltar que, ao aplicar a lei de Ohm, a relação $V = IR$ especifica uma relação entre a tensão *entre os terminais de um* resistor R e a corrente *que flui* no resistor. A lei de Ohm não se aplica quando a tensão corresponde a uma parte do circuito e a corrente, a outra. Este é um erro comum cometido por estudantes que tentam aplicar $V = IR$ a um resistor R no meio do circuito enquanto usam V de algum outro ponto do circuito.

Avaliação da Aprendizagem

E2.1 Para os circuitos na Fig. E2.1, determine (a) a corrente I e a potência absorvida pelo resistor na Fig. E2.1a, e (b) a tensão entre os terminais na fonte de corrente e a potência fornecida pela fonte na Fig. E2.1b.

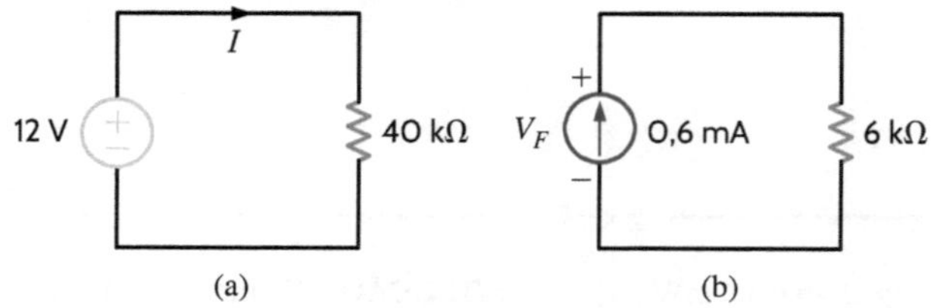

FIGURA E2.1

Resposta:

(a) $I = 0{,}3$ mA, $P = 3{,}6$ mW;

(b) $V_F = 3{,}6$ V, $P = 2{,}16$ mW.

E2.2 Para os circuitos na Fig. E2.2, determine (a) R e V_F no circuito na Fig. E2.2a, e (b) I e R no circuito na Fig. E2.2b.

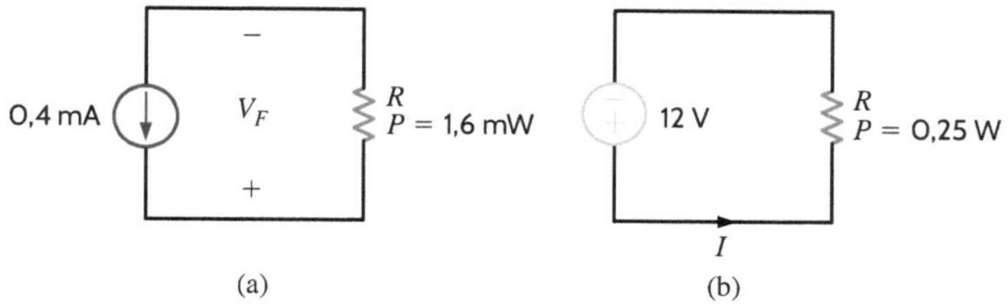

FIGURA E2.2

Resposta:

(a) $R = 10$ kΩ, $V_F = 4$ V;

(b) $I = 20,8$ mA, $R = 576$ Ω.

E2.3 A potência absorvida por G_x na Fig. E2.3 é de 50 mW. Determine G_x.

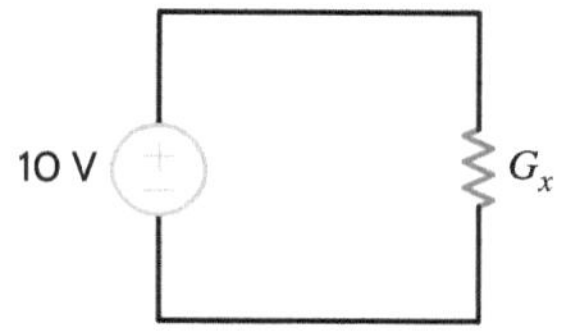

FIGURA E2.3

Resposta:

$G_x = 500$ μS.

2.2 Leis de Kirchhoff

Os circuitos que consideramos anteriormente continham um único resistor e os analisamos usando a lei de Ohm. Agora, começamos a expandir nossas capacidades para tratar de circuitos mais complicados, que resultam da interconexão de dois ou mais desses elementos simples. Assumiremos que a interconexão seja realizada por condutores (fios) de resistência zero – ou seja, condutores perfeitos. Como os fios têm resistência zero, a energia no circuito é essencialmente concentrada em cada elemento, e empregamos o termo *circuito de parâmetros concentrados* para descrever o circuito.

Para facilitar nossa discussão, definiremos uma série de termos que empregaremos em todas as análises que seguirão. Ao longo deste texto, sempre usaremos exemplos para ilustrar os conceitos e definir os termos apropriados. Por exemplo, o circuito mostrado na **Fig. 2.5a** será usado para descrever os termos *nó*, *malha* e *ramo*. Um nó é simplesmente um ponto de conexão de dois ou mais elementos de circuito. Alertamos o leitor de que, no caso de condutores perfeitos, embora um nó possa se espalhar, sempre será apenas um nó. Isso é ilustrado na **Fig. 2.5b**, em que o circuito foi redesenhado. O nó 5 consiste em todo o conector inferior do circuito.

Se começarmos em algum ponto do circuito e nos movermos ao longo de condutores perfeitos em qualquer direção até encontrarmos um elemento do circuito, o caminho total percorrido representará um único nó. Portanto, podemos ver um nó como uma extremidade de um elemento de circuito, juntamente com todos os condutores perfeitos a ele conectados. Examinando o circuito, notamos que existem vários percursos. Um *percurso fechado* qualquer do circuito em que nenhum nó é encontrado mais de uma vez constitui o que chamamos de *malha*. Por exemplo, a partir do nó 1, uma malha conteria os elementos R_1, v_2, R_4 e i_1; outra malha conteria R_2, v_1, v_2, R_4 e i_1, e assim por diante. Contudo, o percurso R_1, v_1, R_5, v_2, R_3 e i_1

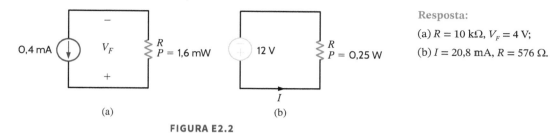

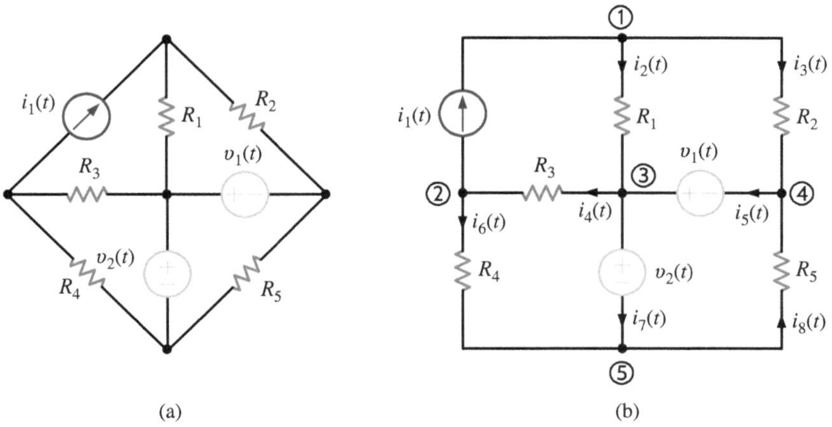

FIGURA 2.5 Circuito usado para ilustrar a LKC.

não é uma malha, pois o nó 3 é percorrido duas vezes. Por fim, um *ramo* é uma porção de um circuito que contém apenas um único elemento e os nós em cada extremidade do elemento. O circuito da Fig. 2.5 contém oito ramos.

Feitas as definições anteriores, podemos discutir as leis de Kirchhoff, assim denominadas em homenagem ao cientista alemão Gustav Robert Kirchhoff. São duas leis bastante simples, mas extremamente importantes. Não tentaremos prová-las, uma vez que as provas estão além do nosso atual nível de conhecimento. No entanto, demonstraremos a utilidade dessas leis e tentaremos ensinar o leitor a usá-las. A primeira é a *lei de Kirchhoff para correntes* (LKC), que afirma que *a soma algébrica das correntes que entram em qualquer nó é zero* (ver **DICA 2.2**). Na forma matemática, a lei aparece como

$$\sum_{j=1}^{N} i_j(t) = 0 \qquad \textbf{2.7}$$

em que $i_j(t)$ é a j-ésima corrente que entra no nó pelo ramo j e N é o número de ramos conectados ao nó. Para entender o uso desta lei, consideremos o nó 3 mostrado na Fig. 2.5. A aplicação da lei de Kirchhoff para correntes a este nó fornece

$$i_2(t) - i_4(t) + i_5(t) - i_7(t) = 0$$

Assumimos que os sinais algébricos das correntes que entram no nó são positivos e, em consequência, os sinais das correntes que saem do nó são negativos.

DICA 2.2

A LKC é uma lei extremamente importante e útil.

Se multiplicarmos a equação anterior por −1, obtemos a expressão

$$-i_2(t) + i_4(t) - i_5(t) + i_7(t) = 0$$

que simplesmente afirma que a *soma algébrica das correntes que saem de um nó é zero*. Alternativamente, podemos escrever a equação como

$$i_2(t) + i_5(t) = i_4(t) + i_7(t)$$

que afirma que *a soma das correntes que entram em um nó é igual à soma das correntes que saem do nó*. As duas expressões em itálico são formas alternativas da lei de Kirchhoff para correntes.

Mais uma vez, devemos enfatizar que a última afirmação significa que a soma das *variáveis* que foram definidas entrando no nó é igual à soma das *variáveis* que foram definidas saindo do nó, não as correntes reais. Por exemplo, $i_j(t)$ pode ser definida entrando no nó; mas, se seu verdadeiro valor for negativo, isso implica que cargas positivas deixam o nó.

Ressaltamos que a lei de Kirchhoff para correntes afirma que a soma *algébrica* das correntes que entram ou saem de um nó deve ser zero. Agora, começa a ficar claro por que, no Capítulo 1, dissemos que é extremamente importante especificar tanto a magnitude quanto a direção de uma corrente. Lembramos que corrente é carga em movimento. Com base em nossos conhecimentos de física, sabemos que cargas não podem ser armazenadas em um nó. Em outras palavras, se uma dada quantidade de cargas entra em um nó, uma igual quantidade deve sair desse mesmo nó. A lei de Kirchhoff para correntes é baseada neste princípio da conservação de carga.

Por fim, é possível generalizar a lei de Kirchhoff para correntes de modo a incluir uma superfície fechada. Por superfície fechada entendemos um conjunto de elementos interconectados e completamente contidos na superfície. Como a corrente que entra em cada elemento no interior da superfície é igual à que sai do elemento (ou seja, o elemento não armazena carga líquida), a corrente que entra em uma interconexão de elementos é igual à que sai da interconexão. Portanto, a lei de Kirchhoff para correntes também pode ser enunciada da seguinte forma: *a soma algébrica das correntes que entram em qualquer superfície fechada é zero.*

EXEMPLO 2.5

Escrevamos a LKC para cada nó do circuito na Fig. 2.5, supondo que as correntes que saem do nó sejam positivas.

SOLUÇÃO As equações da LKC para os nós 1 a 5 são

$$-i_1(t) + i_2(t) + i_3(t) = 0$$
$$i_1(t) - i_4(t) + i_6(t) = 0$$
$$-i_2(t) + i_4(t) - i_5(t) + i_7(t) = 0$$
$$-i_3(t) + i_5(t) - i_8(t) = 0$$
$$-i_6(t) - i_7(t) + i_8(t) = 0$$

Note que, se somarmos as quatro primeiras equações, obteremos a quinta. O que isso significa? Que esse conjunto de equações não é linearmente independente. Contudo, podemos mostrar que as primeiras quatro equações são linearmente independentes. Vale a pena registar essa ideia na memória, pois será muito importante quando, no capítulo seguinte, aprendermos a escrever as equações necessárias para calcular todas as correntes e tensões em um circuito.

EXEMPLO 2.6

O circuito na Fig. 2.5 é representado pelo diagrama topológico mostrado na **Fig. 2.6**. Desejamos calcular as correntes no circuito.

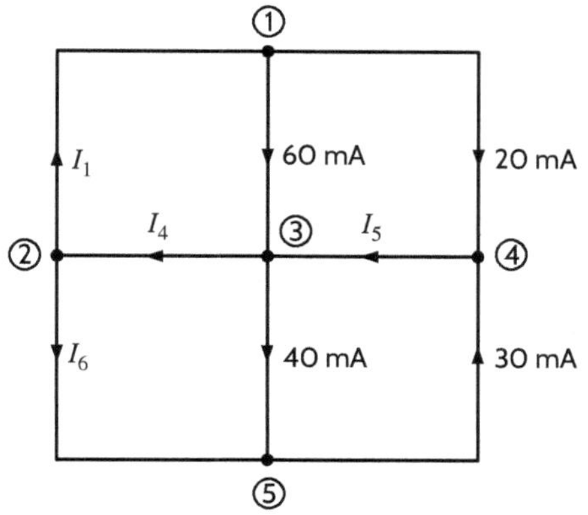

FIGURA 2.6 Diagrama topológico para o circuito na Fig. 2.5.

SOLUÇÃO Assumindo que as correntes que saem do nó são positivas, as equações LKC para os nós 1 a 4 são

$$-I_1 + 0{,}06 + 0{,}02 = 0$$
$$I_1 - I_4 + I_6 = 0$$
$$-0{,}06 + I_4 - I_5 + 0{,}04 = 0$$
$$-0{,}02 + I_5 - 0{,}03 = 0$$

A primeira equação fornece I_1 e a última, I_5. Conhecendo I_5, podemos obter I_4 imediatamente da terceira equação. Os valores de I_1 e I_4 fornecem, então, o valor de I_6 na segunda equação. Os resultados são I_1 = 80 mA, I_4 = 70 mA, I_5 = 50 mA e I_6 = −10 mA.

Como indicado anteriormente, fontes dependentes ou controladas são muito importantes, pois as encontramos ao analisar circuitos contendo elementos ativos, como transistores. O exemplo a seguir apresenta um circuito com uma fonte de corrente controlada por corrente.

EXEMPLO 2.7

Escrevamos as equações da LKC para o circuito mostrado na **Fig. 2.7.**

SOLUÇÃO As equações da LKC para os nós 1 a 4 são:

$$i_1(t) + i_2(t) - i_5(t) = 0$$
$$-i_2(t) + i_3(t) - 50i_2(t) = 0$$
$$-i_1(t) + 50i_2(t) + i_4(t) = 0$$
$$i_5(t) - i_3(t) - i_4(t) = 0$$

Se somarmos as três primeiras equações, obteremos o negativo da quarta. O que isso nos diz sobre o conjunto de equações?

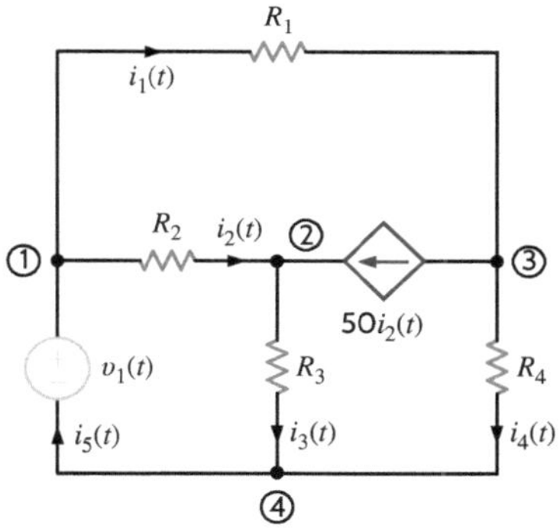

FIGURA 2.7 Circuito com uma fonte de corrente dependente.

A segunda lei de Kirchhoff, chamada de *lei de Kirchhoff para tensões* (LKT), afirma que *a soma algébrica das tensões ao longo de qualquer malha é zero*. Como no caso da lei de Kirchhoff para correntes, adiaremos a prova dessa lei e nos concentraremos em entender como aplicá-la. Mais uma vez, lembramos ao leitor que, aqui, lidamos somente com circuitos de parâmetros concentrados. Esses circuitos são conservativos, o que significa que o trabalho necessário para mover uma carga unitária ao longo de qualquer malha é zero.

No Capítulo 1, relacionamos a tensão à diferença nos níveis de energia em um circuito e comentamos o processo de conversão de energia em uma lanterna. Por causa dessa relação entre tensão e energia, a lei de Kirchhoff para tensões é baseada no princípio da conservação de energia.

Lembramos que, na lei de Kirchhoff para correntes, o sinal algébrico era necessário para controlar se as correntes entravam ou saíam de um nó. Na lei de Kirchhoff para tensões, o sinal algébrico é usado para representar a polaridade da tensão. Em outras palavras, à medida que percorremos o circuito, é necessário que a soma dos aumentos e das reduções no nível de energia seja zero. Assim, é importante que registremos se o nível de energia aumenta ou diminui à medida que passamos por cada elemento.

EXEMPLO 2.8

Calculemos I_4 e I_1 no circuito representado pelo diagrama topológico da Fig. 2.6.

SOLUÇÃO Este diagrama é redesenhado na **Fig. 2.8**; o nó 1 está incluído na superfície 1 e os nós 3 e 4, na superfície 2. Revendo o exemplo anterior, vemos que obtivemos um valor para I_4 a partir do valor de I_5. No entanto, agora, I_5 está completamente contida na superfície 2. Se aplicarmos a LKC à superfície 2, supondo que as correntes que saem da superfície sejam positivas, obtemos

$$I_4 - 0{,}06 - 0{,}02 - 0{,}03 + 0{,}04 = 0$$

ou

$$I_4 = 70 \text{ mA}$$

Obtivemos esse valor sem conhecermos I_5. Da mesma forma para a superfície 1, o que entra deve sair e, portanto, I_1 = 80 mA. O leitor é encorajado a dividir o circuito na Fig. 2.6 em duas partes arbitrárias e mostrar que a LKC será sempre satisfeita nas fronteiras entre as partes.

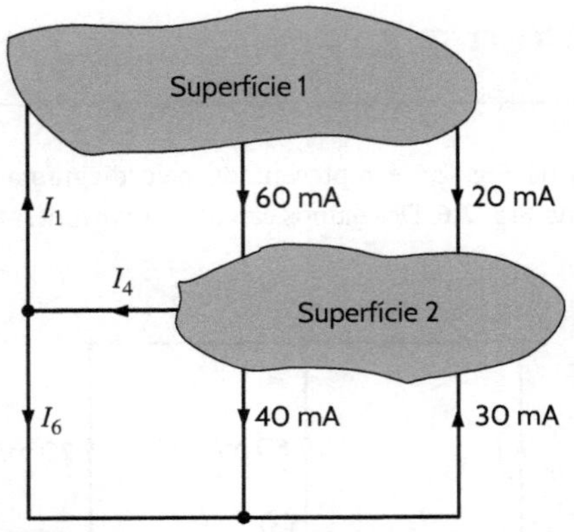

FIGURA 2.8 Diagrama para demonstrar a LKC para uma superfície.

Avaliação da Aprendizagem

E2.4 Para os circuitos na Fig. E2.3, determine (a) I_1 na Fig. E2.4a e (b) I_T na Fig. E2.4b.

Resposta:

(a) I_1 = –50 mA;

(b) I_T = 70 mA.

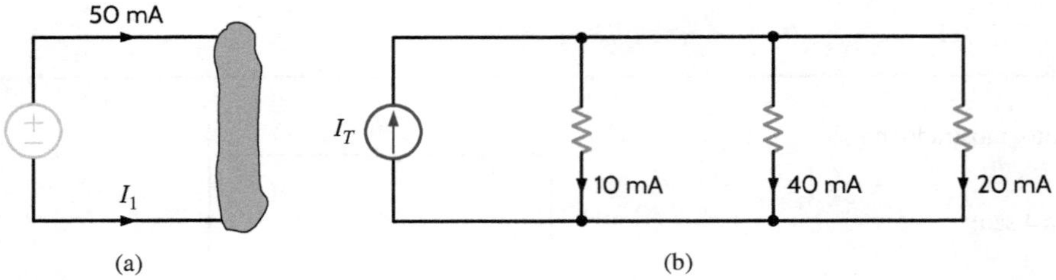

FIGURA E2.4

E2.5 Determine (a) I_1 no circuito na Fig. E2.5a e (b) I_1 e I_2 no circuito na Fig. E2.5b.

Resposta:

(a) I_1 = 6 mA;

(b) I_1 = 8 mA e I_2 = 5 mA.

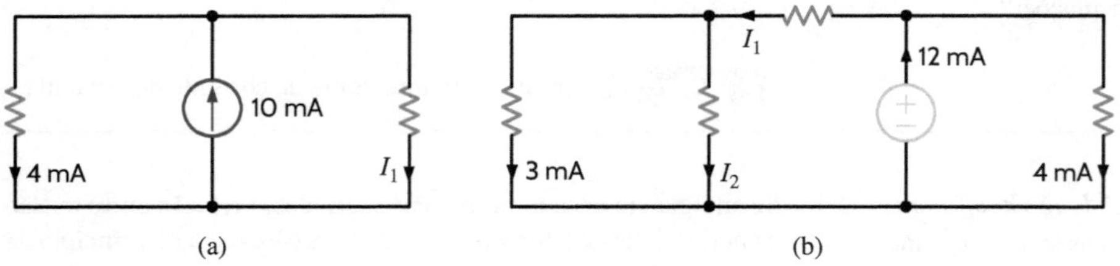

FIGURA E2.5

E2.6 Determine i_x nos circuitos na Fig. E2.6.

Resposta:

(a) i_x = 4 mA;

(b) i_x = 12 mA.

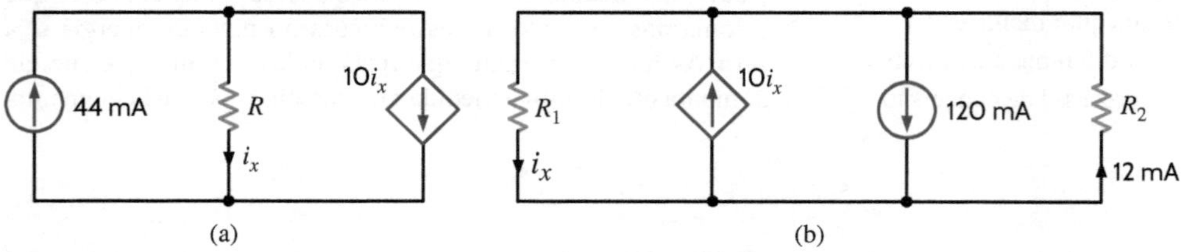

FIGURA E2.6

EXEMPLO 2.9

Consideremos o circuito mostrado na **Fig. 2.9**. Se V_{R_1} e V_{R_2} forem grandezas conhecidas, determinemos V_{R_3}.

SOLUÇÃO Começando no ponto *a* e percorrendo o circuito no sentido horário, obtemos a equação

$$+V_{R_1} - 5 + V_{R_2} - 15 + V_{R_3} - 30 = 0$$

que pode ser escrita como

$$\begin{aligned} +V_{R_1} + V_{R_2} + V_{R_3} &= 5 + 15 + 30 \\ &= 50 \end{aligned}$$

Agora, suponha que os valores de V_{R_1} e V_{R_2} sejam 18 e 12 V, respectivamente. Assim, $V_{R_3} = 20$ V.

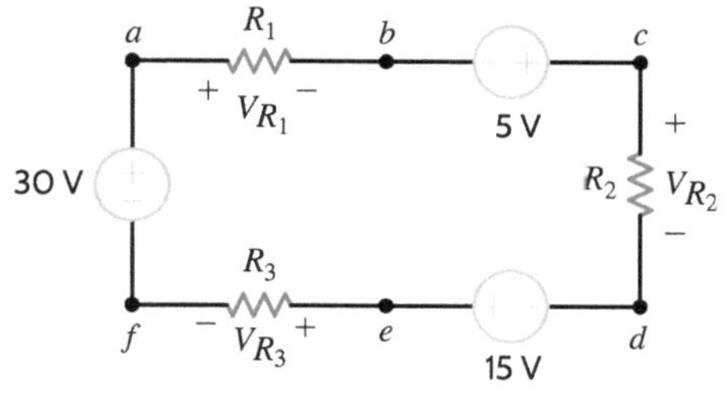

FIGURA 2.9 Circuito usado para ilustrar a LKT.

EXEMPLO 2.10

Considere o circuito na **Fig. 2.10**.

Demonstremos que apenas duas das três possíveis equações de malha são linearmente independentes.

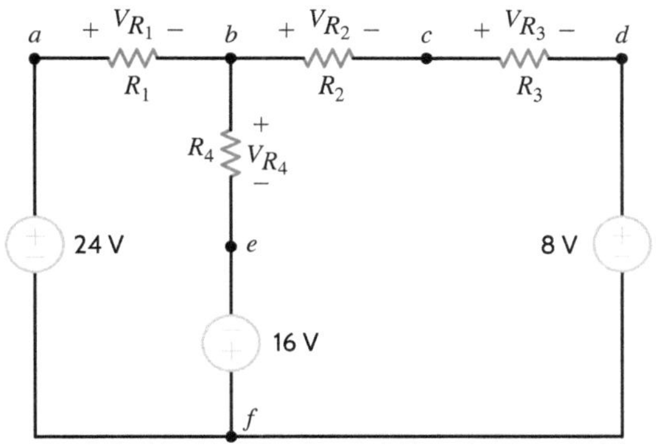

FIGURA 2.10 Circuito usado para explicar a LKT.

SOLUÇÃO Observe que esse circuito tem três percursos fechados: a malha esquerda, a malha direita e a malha externa. Aplicando nossa política para a escrita das equações da LKT e percorrendo a malha esquerda a partir do ponto *a*, obtemos

$$V_{R_1} + V_{R_4} - 16 - 24 = 0$$

A equação correspondente para a malha direita, começando no ponto *b*, é

$$V_{R_2} + V_{R_3} + 8 + 16 - V_{R_4} = 0$$

A equação para a malha externa, começando no ponto *a*, é

$$V_{R_1} + V_{R_2} + V_{R_3} + 8 - 24 = 0$$

Note que, se somarmos as duas primeiras equações, obteremos a terceira. Portanto, como indicamos no Exemplo 2.5, as três equações não são linearmente independentes. Abordaremos essa questão no próximo capítulo, e demonstraremos que precisamos apenas das duas primeiras equações para calcular as tensões no circuito.

Ao aplicar LKT, percorremos qualquer malha no circuito e somamos a zero os aumentos e diminuições no nível de energia. Agora, devemos tomar uma decisão. Consideramos uma diminuição no nível de energia como positiva ou negativa? Adotaremos a política de considerar uma diminuição do nível de energia como positiva e um aumento do nível de energia, como negativo. À medida que nos movemos ao longo de uma malha, encontramos o sinal de mais, primeiro, para uma diminuição no nível de energia e um sinal de menos, primeiro, para um aumento no nível de energia.

Aqui, empregamos a convenção V_{ab} para indicar a tensão do ponto *a* com relação à do ponto *b*; ou seja, a variável para a tensão entre o ponto *a* e o ponto *b*, com o ponto *a* considerado positivo com relação ao ponto *b*. Como o potencial é medido entre dois pontos, é conveniente usar uma seta entre os dois pontos, com a ponta da seta localizada no nó positivo. Observemos que as notações de duplo subscrito, de sinais + e − e de seta de ponta única são equivalentes se a seta apontar para o terminal positivo e para o primeiro subscrito na notação de duplo subscrito. Essas formas equivalentes de marcar tensões são mostradas na **Fig. 2.11**. A utilidade da notação de seta advém do fato de que podemos querer marcar a tensão entre dois pontos distantes em um circuito. Nesse caso, as outras notações podem causar confusão.

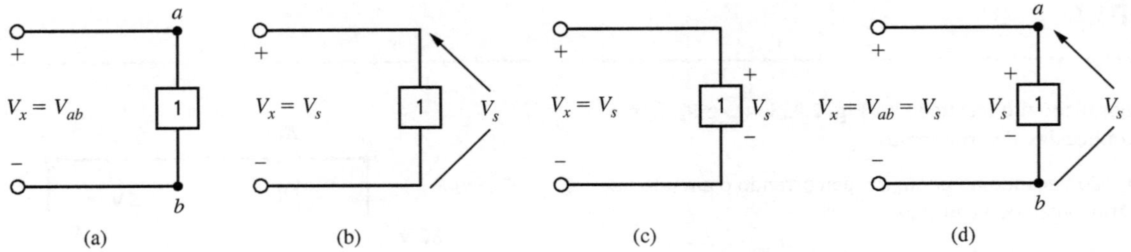

FIGURA 2.11 Formas equivalentes de marcar tensões.

EXEMPLO 2.11

Considere o circuito na **Fig. 2.12a**. Aplique a LKT para determinar a tensão entre dois pontos. Especificamente, usando a notação de duplo subscrito, determine V_{ae} e V_{ec}.

SOLUÇÃO O circuito é redesenhado na **Fig. 2.12b**. Como os pontos *a* e *e*, assim como *e* e *c*, não estão fisicamente próximos, a notação de seta é muito útil. Nossa abordagem para determinar a tensão desconhecida é aplicar LKT com a tensão desconhecida no percurso fechado. Portanto, para determinar V_{ae}, podemos usar o percurso *aefa* ou o percurso *abcdea*. As equações para os dois percursos em que V_{ae} é a única incógnita são

$$V_{ae} + 10 - 24 = 0$$

e

$$16 - 12 + 4 + 6 - V_{ae} = 0$$

Observe que as duas equações fornecem $V_{ae} = 14$ V. Mesmo antes de calcular V_{ae}, poderíamos calcular V_{ec} usando o percurso *cdec* ou o percurso *cefabc*. No entanto, como V_{ae} já é conhecido, também podemos usar o percurso *ceabc*. A LKT para cada um desses caminhos é escrita como

$$4 + 6 + V_{ec} = 0$$

$$-V_{ec} + 10 - 24 + 16 - 12 = 0$$

e

$$-V_{ec} - V_a + 16 - 12 = 0$$

Cada uma dessas equações fornece $V_{ec} = -10$ V.

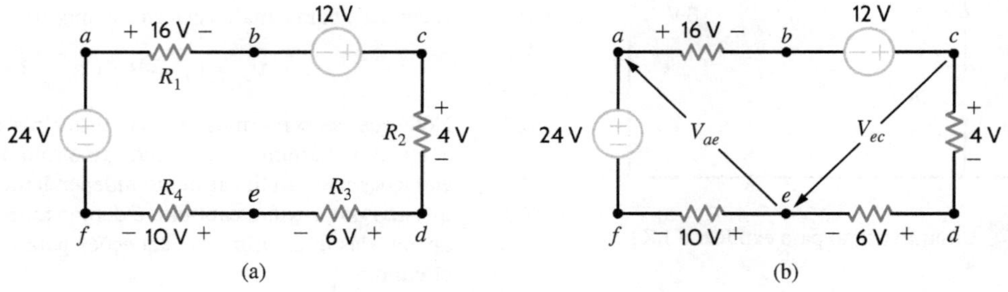

FIGURA 2.12 Circuito usado no Exemplo 2.11.

Em geral, a representação matemática da lei de Kirchhoff para tensões é

$$\sum_{j=1}^{N} v_j(t) = 0 \qquad \textbf{2.8}$$

em que $v_j(t)$ é a tensão no do *j*-ésimo ramo (com apropriada direção de referência) em uma malha contendo *N* tensões (ver **DICA 2.3**). Esta expressão é análoga à Eq. (2.7) para a lei de Kirchhoff para correntes.

DICA 2.3

A LKT é uma lei extremamente importante e útil.

EXEMPLO 2.12

Para o circuito na **Fig. 2.13**, que contém uma fonte dependente, escreva as equações da LKT para os dois percursos fechados *abda* e *bcdb*.

SOLUÇÃO As duas equações da LKT são

$$V_{R_1} + V_{R_2} - V_F = 0$$

$$20V_{R_1} + V_{R_3} - V_{R_2} = 0$$

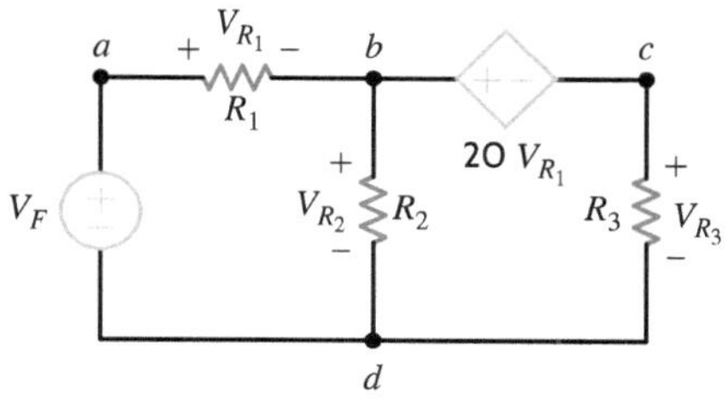

FIGURA 2.13 Circuito com uma fonte dependente.

Avaliação da Aprendizagem

E2.7 Determine I_x e I_1 na Fig. E2.7.

Resposta:
$I_x = 2$ mA;
$I_1 = 4$ mA.

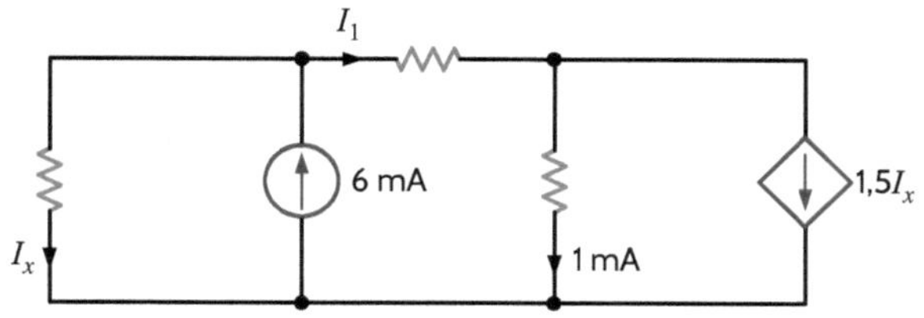

FIGURA E2.7

E2.8 Determine V_{ad} e V_{eb} na Fig. E2.8.

Resposta:
$V_{ad} = 26$ V;
$V_{eb} = 10$ V.

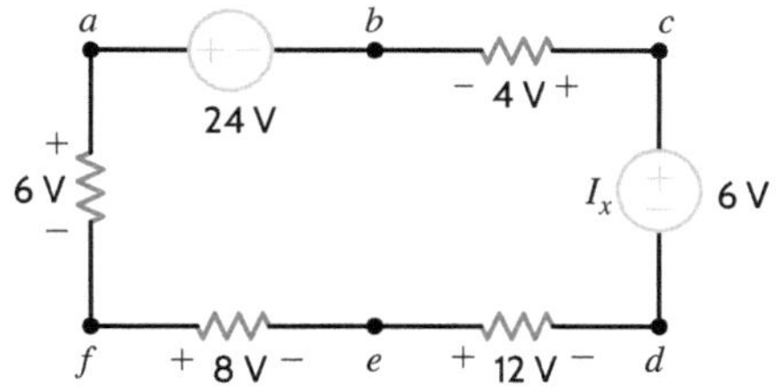

FIGURA E2.8

E2.9 Determine V_{bd} na Fig. E2.9.

Resposta:
$V_{bd} = 11$ V.

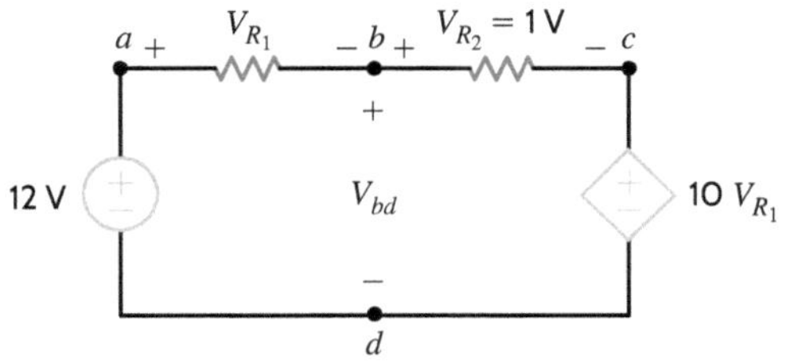

FIGURA E2.9

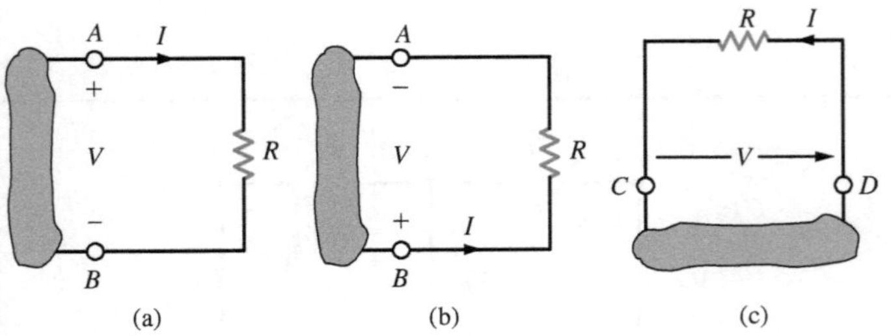

FIGURA 2.14 Circuitos usados para explicar a lei de Ohm.

Antes de prosseguirmos com a análise de circuitos simples, é extremamente importante enfatizar um ponto sutil, mas muito crítico (ver **DICA 2.4**). A lei de Ohm como definida pela equação $V = IR$ refere-se à relação entre tensão e corrente, como definido na **Fig. 2.14a**. Se a direção da corrente ou da tensão, mas não de ambas, fosse invertida, a relação entre a corrente e a tensão seria $V = -IR$. De maneira semelhante, para o circuito da **Fig. 2.14b**, se a polaridade da tensão entre os terminais A e B for especificada como mostrado, a direção da corrente I será do ponto B através de R para o ponto A. Da mesma forma, na **Fig. 2.14c**, se a direção da corrente for especificada como mostrado, a polaridade da tensão deve ser tal que o ponto D esteja em um potencial maior que o ponto C e, portanto, a seta que representa a tensão V irá do ponto C ao ponto D.

DICA 2.4

As sutilezas associadas à lei de Ohm, como descritas aqui, são importantes e devem ser respeitadas para garantir que as variáveis tenham o sinal adequado.

2.3 Circuitos de Malha Única

Divisão de Tensão

Agora, podemos começar a aplicar as leis apresentadas anteriormente para a análise de circuitos simples. Para começar, examinemos o que talvez seja o circuito mais simples um único caminho fechado, ou malha, de elementos.

A aplicação da LKC a cada nó em um circuito de malha única revela que a mesma corrente flui por todos os elementos. Dizemos que esses elementos estão conectados em série, pois por eles passa a mesma corrente. Aplicaremos a lei de Kirchhoff para tensões e a lei de Ohm ao circuito, de modo a determinar várias grandezas no circuito.

Nossa abordagem será começar com um circuito simples e depois generalizar a análise para circuitos mais complicados. O circuito mostrado na **Fig. 2.15** servirá de base para discussão. Este circuito consiste em uma fonte de tensão independente que está em série com dois resistores. Assumimos que a corrente flui no sentido horário. Se esta suposição estiver correta, a solução das equações para a corrente fornecerá um valor positivo. Se, na verdade, a corrente fluir na direção oposta, o valor da variável de corrente será negativo, indicando que a corrente flui em direção oposta à assumida. Assumimos, também, polaridades de tensão para v_{R_1} e v_{R_2}. As polaridades resultaram da convenção empregada em nossa discussão da lei de Ohm e de nossa escolha para a direção de $i(t)$ – ou seja, a convenção mostrada na Fig. 2.14a.

A aplicação da lei de Kirchhoff para tensões a este circuito fornece

$$-v(t) + v_{R_1} + v_{R_2} = 0$$

ou

$$v(t) = v_{R_1} + v_{R_2}$$

No entanto, pela lei de Ohm sabemos que

$$v_{R_1} = R_1 i(t)$$
$$v_{R_2} = R_2 i(t)$$

Portanto,

$$v(t) = R_1 i(t) + R_2 i(t)$$

Resolvendo a equação para $i(t)$, obtemos

$$i(t) = \frac{v(t)}{R_1 + R_2} \qquad 2.9$$

Conhecida a corrente, podemos aplicar a lei de Ohm e determinar a tensão em cada resistor:

$$\begin{aligned} v_{R_1} &= R_1 i(t) \\ &= R_1 \left[\frac{v(t)}{R_1 + R_2} \right] \\ &= \frac{R_1}{R_1 + R_2} v(t) \end{aligned} \qquad 2.10$$

Da mesma forma,

$$v_{R_2} = \frac{R_2}{R_1 + R_2} v(t) \qquad 2.11$$

Apesar de simples, as Eqs. (2.10) e (2.11) são muito importantes porque descrevem o funcionamento do que é chamado de *divisor de tensão*. Em outras palavras, a tensão da fonte $v(t)$ *é*

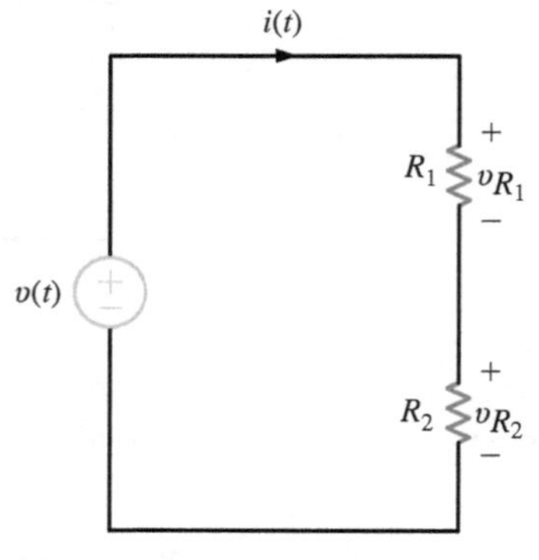

FIGURA 2.15 Circuito de malha única.

dividida entre os resistores R_1 e R_2 *na proporção direta de suas resistências* (ver **DICA 2.5**).

Essencialmente, se nosso interesse é a tensão no resistor R_1, ignoramos o cálculo da corrente $i(t)$ e simplesmente multiplicamos a tensão de entrada $v(t)$ pela razão

$$\frac{R_1}{R_1 + R_2}$$

Como ilustrado na Eq. (2.10), usamos a corrente no cálculo, mas não explicitamente.

As equações satisfazem a lei de Kirchhoff para tensões, pois

$$-v(t) + \frac{R_1}{R_1 + R_2}v(t) + \frac{R_2}{R_1 + R_2}v(t) = 0$$

DICA 2.5

Modo em que a tensão se divide entre dois resistores em série.

EXEMPLO 2.13

Consideremos o circuito mostrado na **Fig. 2.16**. O circuito é idêntico ao da Fig. 2.15, exceto que, agora, R_1 é um resistor variável, como o controle de volume de um aparelho de rádio ou televisão. Suponhamos que $V_F = 9$ V, $R_1 = 90$ kΩ e $R_2 = 30$ kΩ.

Examinemos a mudança na tensão em R_2 e na potência absorvida neste resistor quando R_1 é alterado de 90 kΩ para 15 kΩ.

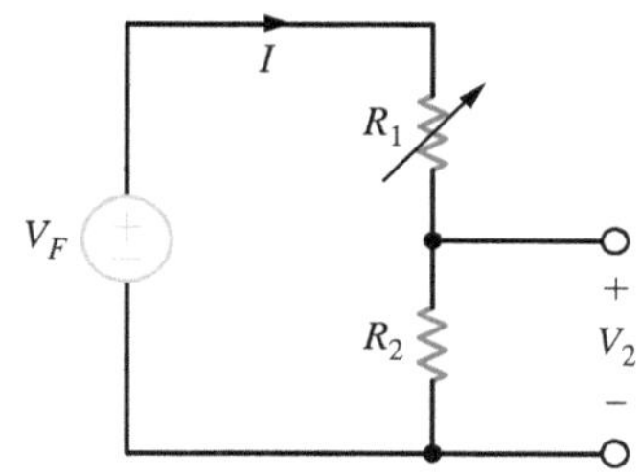

FIGURA 2.16 Circuito divisor de tensão.

SOLUÇÃO Como este é um circuito divisor de tensão, a tensão V_2 pode ser obtida diretamente como

$$V_2 = \left[\frac{R_2}{R_1 + R_2}\right]V_F$$

$$= \left[\frac{30\text{k}}{90\text{k} + 30\text{k}}\right](9)$$

$$= 2{,}25 \text{ V}$$

Supondo, agora, que o resistor variável seja alterado de 90 kΩ para 15 kΩ, temos:

$$V_2 = \left[\frac{30\text{k}}{30\text{k} + 15\text{k}}\right](9)$$

$$= 6 \text{ V}$$

O cálculo direto do divisor de tensão equivale a determinar a corrente I e, então, usar a lei de Ohm para obter V_2. A maior tensão ocorre na maior resistência. Esse conceito de divisor de tensão e o circuito simples que empregamos para descrevê-lo são muito úteis, pois, como veremos mais adiante, circuitos mais complicados podem ser reduzidos a essa forma.

Por fim, determinemos a potência instantânea absorvida pelo resistor R_2 nas duas condições, $R_1 = 90$ kΩ e $R_1 = 15$ kΩ. Para o caso $R_1 = 90$ kΩ, a potência absorvida por R_2 é

$$P_2 = I^2R_2 = \left(\frac{9}{120\text{k}}\right)^2(30\text{k})$$

$$= 0{,}169 \text{ mW}$$

No segundo caso,

$$P_2 = \left(\frac{9}{45\text{k}}\right)^2(30\text{k})$$

$$= 1{,}2 \text{ mW}$$

No primeiro caso, a corrente é de 75 μA e no segundo, de 200 μA. Como a potência é função do quadrado da corrente, as potências absorvidas nos dois casos são muito diferentes.

A seguir, demonstraremos a utilidade prática desse simples circuito divisor de tensão.

EXEMPLO 2.14

O circuito na **Fig. 2.17a** é uma aproximação para uma rede de transmissão de CC em alta-tensão. Assumimos que a parte inferior da linha de transmissão é um condutor perfeito; essa suposição será justificada no próximo capítulo. A carga pode ser representada por um resistor de 183,5 Ω. Portanto, um circuito equivalente é mostrado na **Fig. 2.17b**.

Determinemos a potência entregue à carga e, também, as perdas de potência na linha de transmissão.

SOLUÇÃO Usando a divisão de tensão, a tensão de carga é

$$V_{\text{carga}} = \left[\frac{183{,}5}{183{,}5 + 16{,}5}\right](400\text{k})$$

$$= 367 \text{ kV}$$

A potência de entrada é de 800 MW e a potência transmitida para a carga é

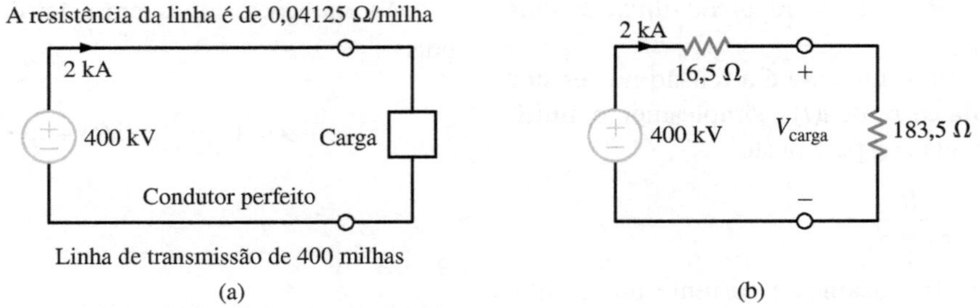

FIGURA 2.17 Um circuito para transmissão de CC em alta-tensão.

$$P_{carga} = I^2 R_{carga} = 734 \text{ MW}$$

Portanto, a perda de potência na linha de transmissão é

$$P_{linha} = P_{entrada} - P_{carga} = I^2 R_{linha} = 66 \text{ MW}$$

Como $P = VI$, suponhamos, agora, que a concessionária forneça energia a 200 kV e 4 kA. Que efeito isso terá em nosso circuito de transmissão? Sem fazer um único cálculo, sabemos que, como a potência é proporcional ao quadrado da corrente, haverá um grande aumento na perda de potência na linha e, portanto, a eficiência da transmissão diminuirá substancialmente. Por esse motivo, em geral, energia é transmitida em alta-tensão e baixa corrente.

Circuitos com Múltiplas Fontes e Múltiplos Resistores

Neste ponto, estenderemos nossa análise a circuitos com múltiplas fontes de tensão e múltiplos resistores. Por exemplo, consideremos o circuito mostrado na **Fig. 2.18a**. Aqui, assumimos que a corrente flui no sentido horário e definimos a variável $i(t)$ de modo que isso seja satisfeito. Este pode ou não ser o caso, dependendo dos valores das várias fontes de tensão. Para este circuito, a lei de Kirchhoff para tensões é escrita como

$$+v_{R_1} + v_2(t) - v_3(t) + v_{R_2} + v_4(t) + v_5(t) - v_1(t) = 0$$

ou, usando a lei de Ohm,

$$(R_1 + R_2)i(t) = v_1(t) - v_2(t) + v_3(t) - v_4(t) - v_5(t)$$

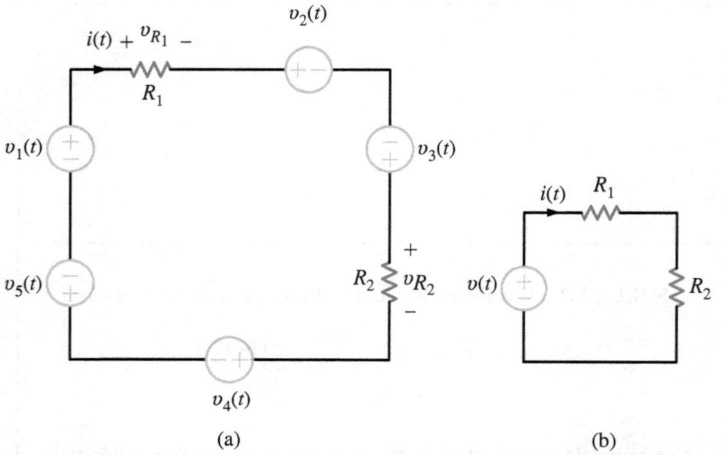

FIGURA 2.18 Circuitos equivalentes com múltiplas fontes.

que pode ser escrita como

$$(R_1 + R_2)i(t) = v(t)$$

em que

$$v(t) = v_1(t) + v_3(t) - [v_2(t) + v_4(t) + v_5(t)]$$

de modo que, com essas definições, a Fig. 2.18a é equivalente à **Fig. 2.18b**. Em outras palavras, a soma de várias fontes de tensão em série pode ser substituída por uma fonte cujo valor é a soma algébrica das fontes individuais. Esta análise pode, obviamente, ser generalizada para um circuito com N fontes em série.

Consideremos, agora, o circuito com N resistores em série, como mostrado na **Fig. 2.19a**. Aplicando a lei de Kirchhoff para tensões a este circuito, obtemos

$$\begin{aligned} v(t) &= v_{R_1} + v_{R_2} + \cdots + v_{R_N} \\ &= R_1 i(t) + R_2 i(t) + \cdots + R_N i(t) \end{aligned}$$

logo,

$$v(t) = R_S i(t) \quad \textbf{2.12}$$

em que

$$R_S = R_1 + R_2 + \cdots + R_N \quad \textbf{2.13}$$

Portanto,

$$i(t) = \frac{v(t)}{R_S} \quad \textbf{2.14}$$

Para qualquer resistor R_i no circuito, a tensão é dada pela expressão

$$v_{R_i} = \frac{R_i}{R_S} v(t) \quad \textbf{2.15}$$

que é a propriedade de divisão de tensão para vários resistores em série.

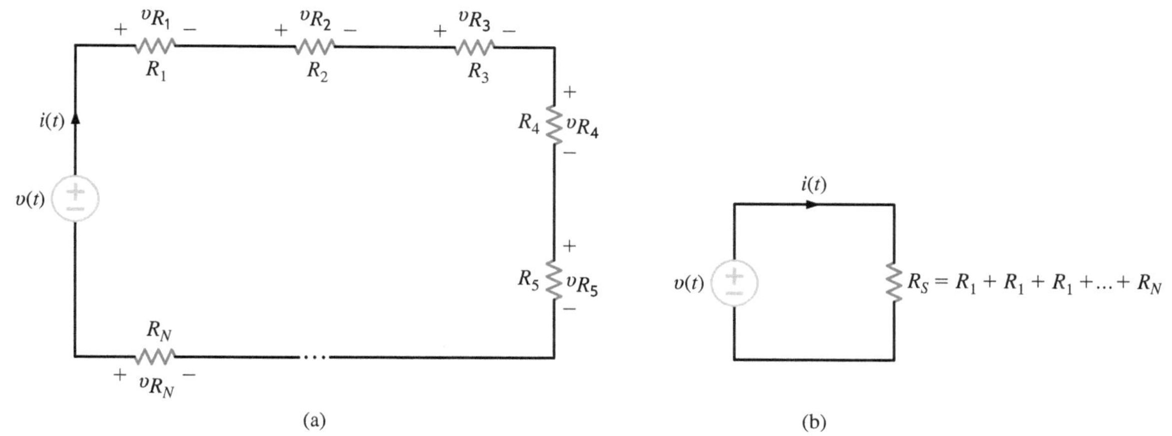

FIGURA 2.19 Circuitos equivalentes.

A Eq. (2.13) indica que a *resistência equivalente dos N resistores em série é simplesmente a soma das resistências individuais.* Assim, usando a Eq. (2.13), podemos desenhar o circuito na **Fig. 2.19b** como um circuito equivalente ao da Fig. 2.19a.

EXEMPLO 2.15

Para o circuito na **Fig. 2.20a**, calculemos I, V_{bd} e a potência absorvida pelo resistor de 30 kΩ. Em seguida, usemos a divisão de tensão para determinar V_{bc}.

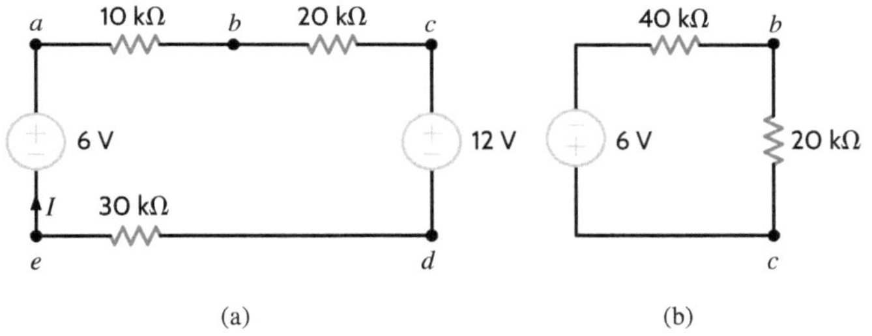

FIGURA 2.20 Circuito usado no Exemplo 2.15.

SOLUÇÃO Para esse circuito, a LKT fornece

$$10kI + 20kI + 12 + 30kI - 6 = 0$$
$$60kI = -6$$
$$I = -0{,}1 \text{ mA}$$

Portanto, a magnitude da corrente é de 0,1 mA, mas seu sentido é oposto ao assumido.

A tensão V_{bd} pode ser calculada usando qualquer um dos percursos fechados *abdea* ou *bcdb*. Para os dois casos, as equações são

$$10kI + V_{bd} + 30k - 6 = 0$$

e

$$20kI + 12 - V_{bd} = 0$$

Usando $I = -0{,}1$ mA em qualquer das equações, obtemos $V_{bd} = 10$ V. Por fim, a potência absorvida pelo resistor de 30 kΩ é

$$P = I^2R = 0{,}3 \text{ mW}$$

Agora, para determinar a tensão V_{bc}, podemos simplesmente somar as fontes, pois estão em série, e somar os resistores restantes, pois também estão em série; com isso, o circuito fica reduzido ao mostrado na **Fig. 2.20b**. Então,

$$V_{bc} = \frac{20k}{20k + 40k}(-6)$$
$$= -2 \text{ V}$$

EXEMPLO 2.16

Uma rede de transmissão de CC é modelada, aproximadamente, pelo circuito mostrado na **Fig. 2.21**. Se a tensão de carga for conhecida como $V_{carga} = 458{,}3$ kV, determine a tensão na extremidade de transmissão da linha e a perda de potência na linha.

SOLUÇÃO Conhecendo a tensão na carga e a resistência da carga, podemos obter a corrente na linha usando a lei de Ohm:

$$I_C = 458{,}3k/220$$
$$= 2{,}083 \text{ kA}$$

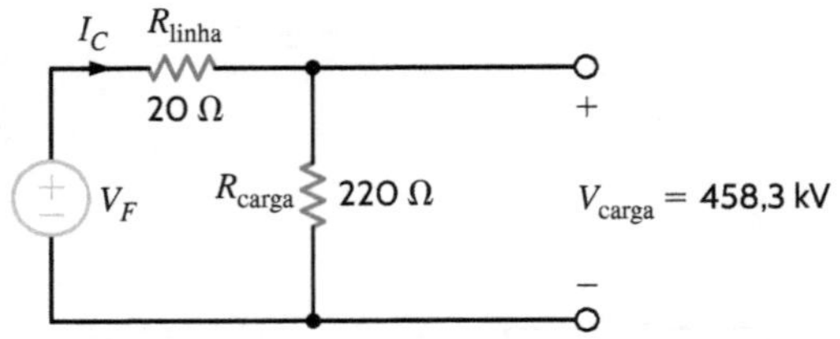

FIGURA 2.21 Circuito usado no Exemplo 2.16.

A queda de tensão na linha é

$$V_{linha} = (I_C)(R_{linha})$$
$$= 41{,}66 \text{ kV}$$

Agora, usando a LKT,

$$V_F = V_{linha} + V_{carga}$$
$$= 500 \text{ kV}$$

Como o circuito é um simples divisor de tensão, podemos obter V_F imediatamente a partir dos valores de R_{linha}, R_{carga} e V_{carga}. Ou seja,

$$V_{carga} = \left[\frac{R_{carga}}{R_{carga} + V_{linha}}\right] V_F$$

e V_F é a única incógnita nesta equação.

A potência absorvida pela linha é

$$P_{linha} = I_C^2 R_{linha}$$
$$= 86{,}79 \text{ MW}$$

Estratégia para a Solução de Problemas

Circuitos de Malha Única

PASSO 1 Definir uma corrente $i(t)$. A LKC garante que, em um circuito de malha única, existe apenas uma corrente. Supor que essa corrente flua no sentido horário ou anti-horário ao longo da malha.

PASSO 2 Usando a lei de Ohm, definir uma tensão em cada resistor em termos da corrente na malha.

PASSO 3 Aplicar LKT ao circuito de malha única.

PASSO 4 Resolver a única equação LKT para a corrente $i(t)$. Se $i(t)$ for positiva, a corrente flui na direção assumida; se não, a corrente flui na direção oposta.

Avaliação da Aprendizagem

E2.10 Determine I e V_{bd} no circuito na Fig. E2.10.

Resposta:
$I = -0{,}05$ mA;
$V_{bd} = 10$ V.

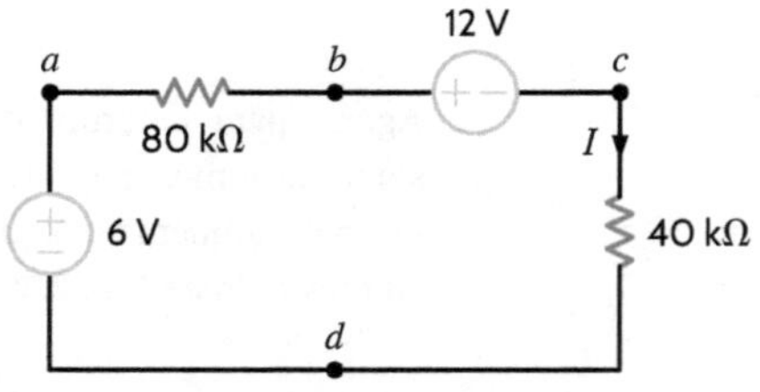

FIGURA E2.10

E2.11 No circuito na Fig. E2.11, com V_{ad} igual a 3 V, determine V_F.

Resposta:
$V_F = 9$ V.

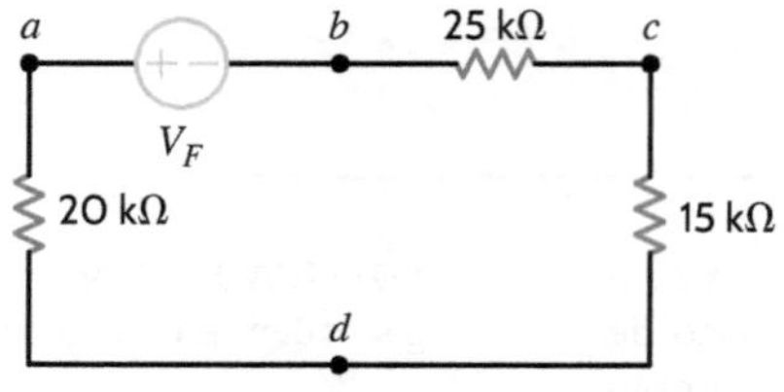

FIGURA E2.11

2.4 Circuitos com um Único Par de Nós

Divisão de Corrente

Um circuito importante é o circuito com um único par de nós. Se aplicarmos LKT a cada malha em um circuito com um único par de nós, veremos que todos os elementos têm a mesma tensão; portanto, dizemos que estão conectados em paralelo. No entanto, aplicaremos a lei de Kirchhoff para correntes e a lei de Ohm para determinar várias incógnitas no circuito.

Seguindo nossa abordagem com o circuito de malha única, começaremos com o caso mais simples e, em seguida, generalizaremos nossa análise. Consideremos o circuito mostrado na **Fig. 2.22**. Aqui, temos uma fonte de corrente independente em paralelo com dois resistores.

Como todos os elementos do circuito estão em paralelo, a tensão $v(t)$ aparece em cada um deles. Além disso, um exame do circuito indica que a corrente $i(t)$ entra no nó superior do circuito e as correntes $i_1(t)$ e $i_2(t)$ saem do nó. Como a LKC afirma essencialmente que o que entra deve sair, a questão que devemos responder é como $i_1(t)$ e $i_2(t)$ dividem a corrente de entrada $i(t)$.

Aplicando a lei de Kirchhoff para correntes ao nó superior, obtemos

$$i(t) = i_1(t) + i_2(t)$$

Aplicando a lei de Ohm, temos

$$\begin{aligned} i(t) &= \frac{v(t)}{R_1} + \frac{v(t)}{R_2} \\ &= \left(\frac{1}{R_1} + \frac{1}{R_2}\right) v(t) \\ &= \frac{v(t)}{R_p} \end{aligned}$$

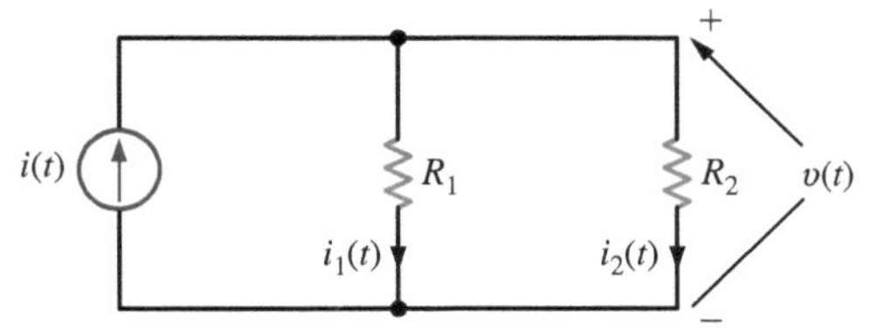

FIGURA 2.22 Circuito simples com resistores em paralelo.

em que

$$\frac{1}{R_p} = \frac{1}{R_1} + \frac{1}{R_2} \tag{2.16}$$

$$R_p = \frac{R_1 R_2}{R_1 + R_2} \tag{2.17}$$

Portanto, a resistência equivalente de dois resistores ligados em paralelo é igual ao produto de suas resistências dividido por sua soma (ver **DICA 2.6**). Observemos que essa resistência equivalente R_p é sempre menor que R_1 ou R_2. Portanto, ao conectar resistores em paralelo, reduzimos a resistência total. No caso especial em que $R_1 = R_2$, a resistência equivalente é igual à metade do valor dos resistores individuais.

DICA 2.6

Equação para resistores em paralelo.

A forma pela qual a corrente $i(t)$ da fonte se divide entre os dois ramos é chamada de *divisão de corrente* e pode ser encontrada nas expressões anteriores. Por exemplo,

$$\begin{aligned} v(t) &= R_p i(t) \\ &= \frac{R_1 R_2}{R_1 + R_2} i(t) \end{aligned} \tag{2.18}$$

e

$$\begin{aligned} i_1(t) &= \frac{v(t)}{R_1} \\ i_1(t) &= \frac{R_2}{R_1 + R_2} i(t) \end{aligned} \tag{2.19}$$

e

$$\begin{aligned} i_2(t) &= \frac{v(t)}{R_2} \\ &= \frac{R_1}{R_1 + R_2} i(t) \end{aligned} \tag{2.20}$$

As Eqs. (2.19) e (2.20) são afirmações matemáticas da regra de divisão de corrente (ver **DICA 2.7**).

DICA 2.7

Forma pela qual a corrente se divide entre dois resistores em paralelo.

EXEMPLO 2.17

Para o circuito na **Fig. 2.23a**, determinemos I_1, I_2 e V_s.

SOLUÇÃO Primeiro, é importante observar que a fonte de corrente alimenta dois ramos paralelos. Para enfatizar este ponto, o circuito é redesenhado como mostrado na **Fig. 2.23b**. Aplicando a divisão de corrente, obtemos

$$\begin{aligned} I_1 &= \left[\frac{40\text{k} + 80\text{k}}{60\text{k} + (40\text{k} + 80\text{k})}\right](0{,}9 \times 10^{-3}) \\ &= 0{,}6 \text{ mA} \end{aligned}$$

e

$$I_2 = \left[\frac{60k}{60k + (40k + 80k)}\right](0,9 \times 10^{-3})$$
$$= 0,3 \text{ mA}$$

Observe que a maior corrente flui no menor resistor e menor corrente, no maior resistor. Note, ainda, que, se as resistências dos dois ramos forem iguais, a corrente se dividirá igualmente entre os dois. A LKC é satisfeita, pois $I_1 + I_2 = 0,9$ mA.

Podemos determinar a tensão V_s aplicando a lei de Ohm:

$$V_s = 80kI_2$$
$$= 24 \text{ V}$$

O problema pode ser abordado de outra maneira: a resistência total vista pela fonte de corrente é de 40 kΩ; ou seja, 60 kΩ em paralelo com a associação em série de 40 e 80 kΩ, como mostrado na **Fig. 2.23c**. A tensão na fonte de corrente é, então, obtida como

$$V_1 = (0,9 \times 10^{-3})40k$$
$$= 36 \text{ V}$$

Agora que V_1 é conhecida, podemos aplicar a divisão de tensão para calcular V_s:

$$V_s = \left(\frac{80k}{80k + 40k}\right)V_1$$
$$= \left(\frac{80k}{120k}\right)36$$
$$= 24 \text{ V}$$

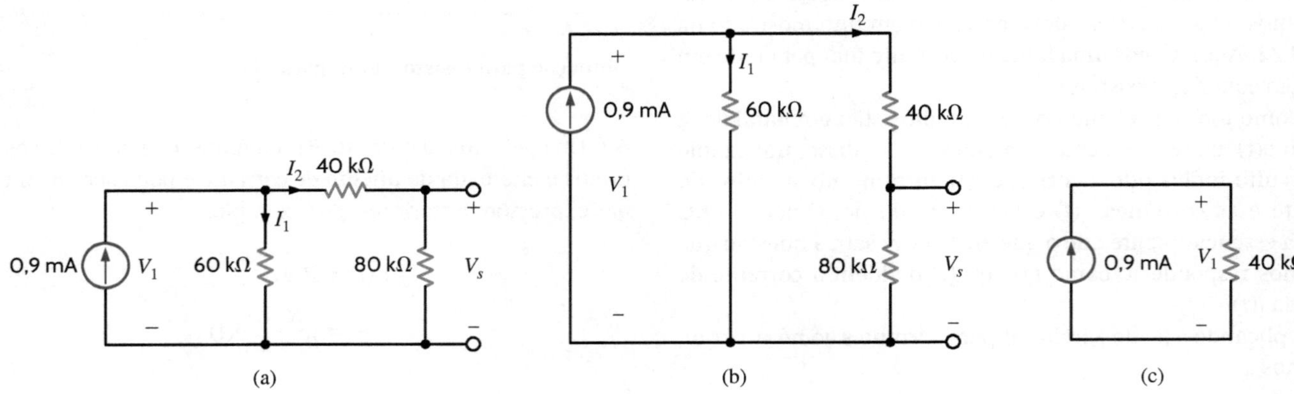

FIGURA 2.23 Circuitos usados no Exemplo 2.17.

EXEMPLO 2.18

Um típico rádio estéreo de um automóvel consiste em um amplificador de áudio de 2 W e dois alto-falantes representados pelo diagrama mostrado na **Fig. 2.24a**. O circuito de saída do amplificador de áudio é essencialmente uma fonte de corrente de 430 mA, e cada alto-falante tem uma resistência de 4 Ω. Determinemos a potência absorvida pelos alto-falantes.

SOLUÇÃO O sistema de áudio pode ser modelado como mostrado na **Fig. 2.24b**. Dado que os alto-falantes são dispositivos de 4 Ω, a corrente será dividida igualmente entre os dois, de modo que a potência absorvida por cada alto-falante é

$$P = I^2R$$
$$= (215 \times 10^{-3})^2(4)$$
$$= 184,9 \text{ mW}$$

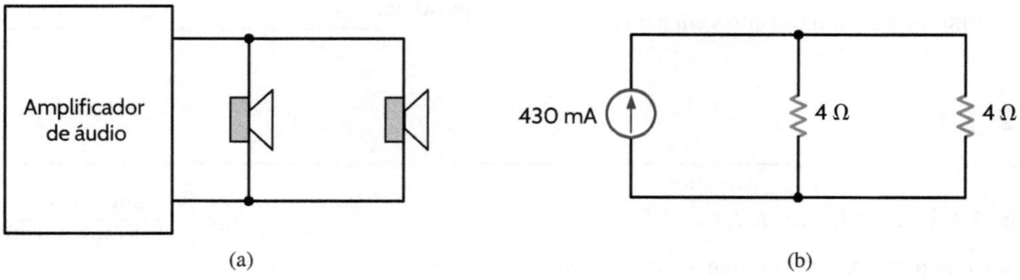

FIGURA 2.24 Circuitos usados no Exemplo 2.18.

Avaliação da Aprendizagem

E2.12 Determine as correntes I_1 e I_2 e a potência absorvida pelo resistor de 40 kΩ no circuito na Fig. E2.12.

Resposta:
$I_1 = 12$ mA,
$I_2 = -4$ mA e
$P_{40\,\text{k}\Omega} = 5{,}76$ W.

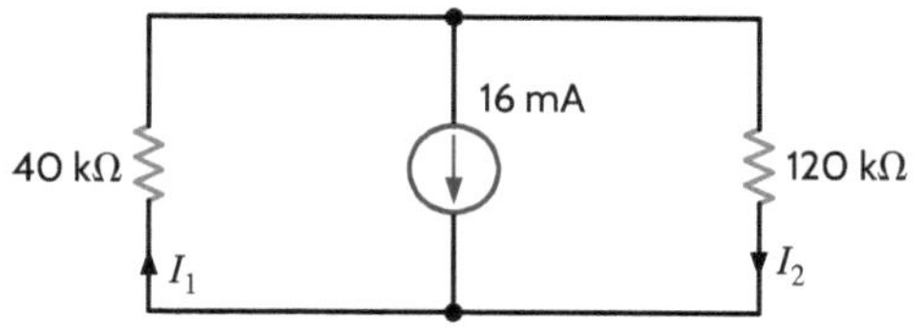

FIGURA E2.12

Circuitos com Múltiplas Fontes e Múltiplos Resistores

Estendamos, agora, nossa análise para incluir uma multiplicidade de fontes de corrente e de resistores em paralelo. Por exemplo, consideremos o circuito mostrado na **Fig. 2.25a**. Assumimos que o nó superior tem potencial positivo de $v(t)$ volts com relação ao nó inferior. Aplicando a lei de Kirchhoff para correntes ao nó superior, obtemos

$$i_1(t) - i_2(t) - i_3(t) + i_4(t) - i_5(t) - i_6(t) = 0$$

ou

$$i_1(t) - i_3(t) + i_4(t) - i_6(t) = i_2(t) + i_5(t)$$

Todos os termos do lado esquerdo da equação representam fontes, que podem ser combinadas algebricamente em uma única fonte:

$$i_o(t) = i_1(t) - i_3(t) + i_4(t) - i_6(t)$$

o que reduz o circuito na Fig. 2.25a ao da **Fig. 2.25b**. Obviamente, poderíamos generalizar essa análise para um circuito com N fontes de corrente. Usando a lei de Ohm, podemos expressar as correntes no lado direito da equação em termos de tensão e das resistências individuais, de modo que a equação LKC se reduz a

$$i_o(t) = \left(\frac{1}{R_1} + \frac{1}{R_2}\right)v(t)$$

Consideremos, agora, o circuito com N resistores em paralelo, como mostrado na **Fig. 2.26a**. Aplicando a lei de Kirchhoff para correntes ao nó superior, obtemos

$$i_o(t) = i_1(t) + i_2(t) + \cdots + i_N(t)$$

$$= \left(\frac{1}{R_1} + \frac{1}{R_2} + \cdots + \frac{1}{R_N}\right)v(t) \qquad \textbf{2.21}$$

ou

$$i_o(t) = \frac{v(t)}{R_p} \qquad \textbf{2.22}$$

em que

$$\frac{1}{R_p} = \sum_{i=1}^{N} \frac{1}{R_i} \qquad \textbf{2.23}$$

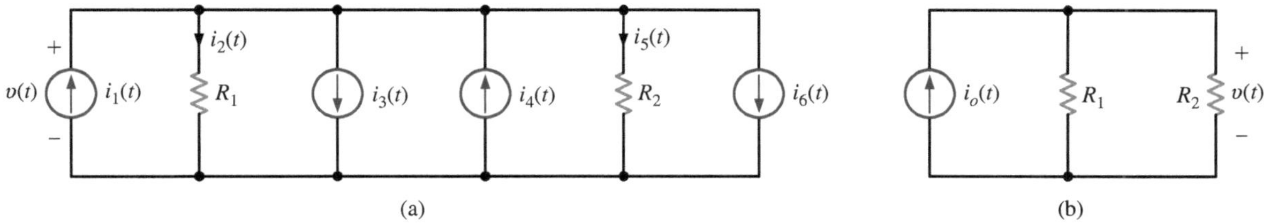

FIGURA 2.25 Circuitos equivalentes.

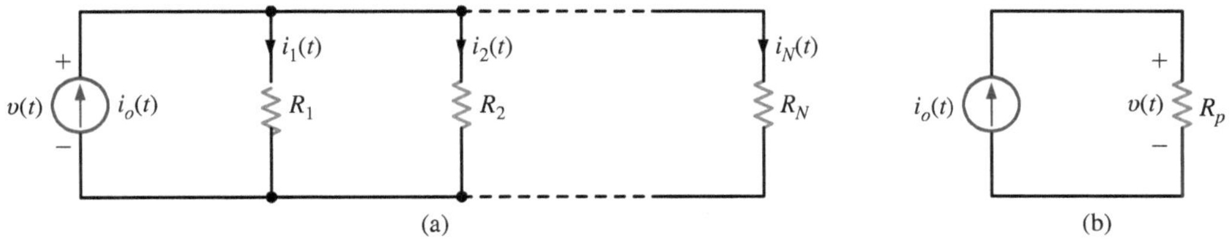

FIGURA 2.26 Circuitos equivalentes.

de modo que, no que diz respeito à fonte, a Fig. 2.26a pode ser reduzida a um circuito equivalente, como o mostrado na **Fig. 2.26b**.

A divisão de corrente para qualquer ramo pode ser calculada usando a lei de Ohm e as equações anteriores. Por exemplo, para o *j*-ésimo ramo no circuito na Fig. 2.26a,

$$i_j(t) = \frac{v(t)}{R_j}$$

Usando a Eq. (2.22), obtemos

$$i_j(t) = \frac{R_p}{R_j} i_o(t) \quad \textbf{2.24}$$

que define a regra de divisão de corrente para o caso geral.

EXEMPLO 2.19

Para o circuito da **Fig. 2.27a**, desejamos obter a corrente no resistor de carga de 12 kΩ.

SOLUÇÃO Para simplificar o circuito da Fig. 2.27a, somamos as fontes de corrente algebricamente e associamos os resistores em paralelo da seguinte forma:

$$\frac{1}{R_p} = \frac{1}{18k} + \frac{1}{9k} + \frac{1}{12k}$$

$$R_p = 4\ \text{k}\Omega$$

Usando esses valores, podemos reduzir o circuito da Fig. 2.27a ao mostrado na **Fig. 2.27b**. Agora, aplicando a divisão de corrente, obtemos

$$I_C = -\left[\frac{4k}{4k + 12k}\right](1 \times 10^{-3})$$
$$= -0{,}25\ \text{mA}$$

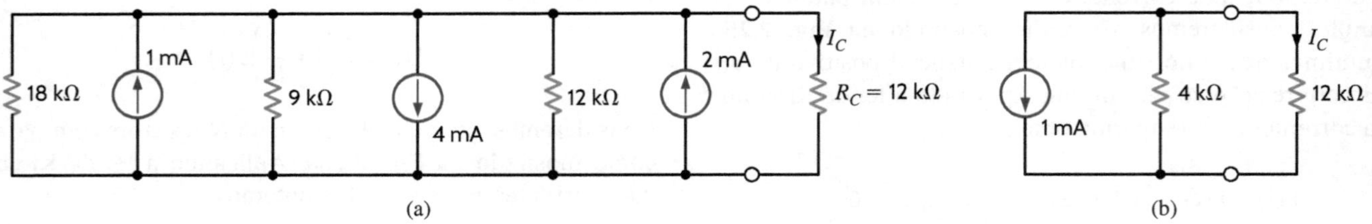

FIGURA 2.27 Circuitos usados no Exemplo 2.19.

Estratégia para a Solução de Problemas

Circuitos com um Único Par de Nós

PASSO 1 Definir uma tensão $v(t)$ entre os dois nós no circuito. A LKT garante que existe apenas uma tensão em um circuito com um único par de nós. Uma polaridade é atribuída à tensão de maneira que um dos nós esteja a um potencial mais alto que o outro, que é tomado como nó de referência.

PASSO 2 Usando a lei de Ohm, definir a corrente que flui em cada resistor em termos da tensão definida.

PASSO 3 Aplicar a LKC em um dos dois nós do circuito.

PASSO 4 Resolver a única equação LKC para $v(t)$. Se $v(t)$ for positivo, o nó de referência está em um potencial menor que o outro nó; se não, o nó de referência está em um potencial mais elevado que o outro nó.

Avaliação da Aprendizagem

E2.13 Determine a potência absorvida pelo resistor de 6 kΩ no circuito na Fig. E2.13.

Resposta:
$P = 2{,}67$ mW.

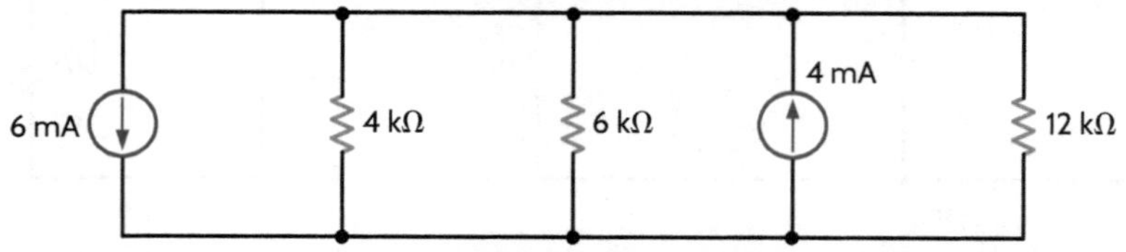

FIGURA E2.13

2.5 Combinações de Resistores em Série e em Paralelo

Mostramos em nossos desenvolvimentos anteriores que a resistência equivalente de N resistores em série é

$$R_S = R_1 + R_2 + \cdots + R_N \qquad \textbf{2.25}$$

e a resistência equivalente de N resistores em paralelo é obtida a partir de

$$\frac{1}{R_p} = \frac{1}{R_1} + \frac{1}{R_2} + \cdots + \frac{1}{R_N} \qquad \textbf{2.26}$$

Examinemos, agora, algumas combinações desses dois casos.

EXEMPLO 2.20

Determinemos a resistência nos terminais A-B no circuito na Fig. **2.28a**.

SOLUÇÃO Começando na extremidade oposta do circuito e combinando resistores como ilustrado pela sequência de circuitos na **Fig. 2.28**, obtemos que a resistência equivalente nos terminais é de 5 kΩ.

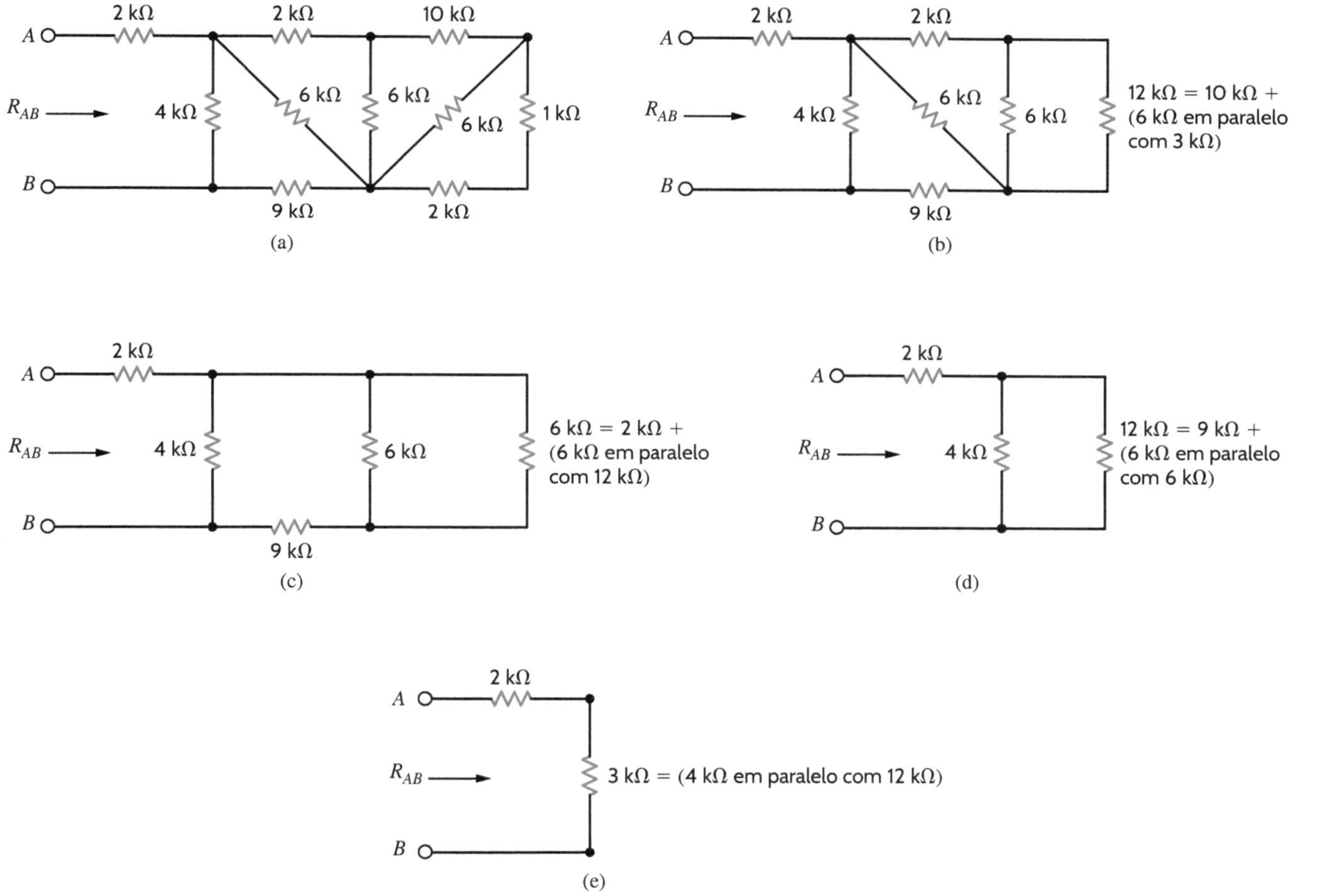

FIGURA 2.28 Simplificação de um circuito resistivo.

Avaliação da Aprendizagem

E2.14 Determine a resistência equivalente nos terminais *A-B* no circuito na Fig. E2.14.

Resposta:

$R_{AB} = 22\ k\Omega$.

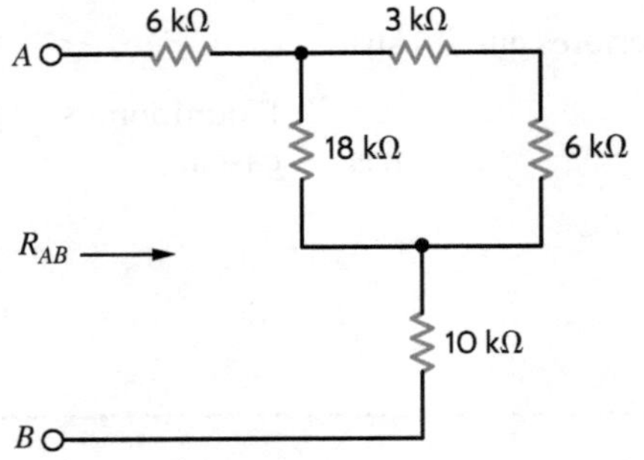

FIGURA E2.14

Estratégia para a Solução de Problemas

Simplificação de Combinações de Resistores

Para determinar a resistência equivalente em um par de terminais de um circuito composto pela interconexão de vários resistores, é recomendável que a análise comece na parte do circuito oposta aos terminais. Dois ou mais resistores são combinados para formar um único resistor, simplificando o circuito e reduzindo o número de componentes à medida que a análise avança em direção aos terminais de interesses. A simplificação envolve os seguintes passos:

PASSO 1 ***Resistores em série.*** Dois resistores R_1 e R_2 estão em série se estiverem conectados de modo que um terminal de um dos resistores esteja conectado diretamente a um terminal do outro resistor, e a mesma corrente flua pelos dois resistores. Assim, os resistores podem ser combinados em um único resistor R_S, com $R_S = R_1 + R_2$.

PASSO 2 ***Resistores em paralelo.*** Dois resistores R_1 e R_2 estão em paralelo se estiverem conectados aos mesmos dois nós do circuito e tiverem exatamente a mesma tensão em seus terminais. Os resistores podem, então, ser combinados em um único resistor R_p, com $R_p = R_1R_2/(R_1 + R_2)$.

Essas duas combinações ou associações são usadas repetidamente, segundo a necessidade, de modo que o circuito seja reduzido a um único resistor entre o par de terminais de interesse.

Avaliação da Aprendizagem

E2.15 Determine a resistência equivalente nos terminais *A-B* no circuito na Fig. E2.15.

Resposta:

$R_{AB} = 3\ k\Omega$.

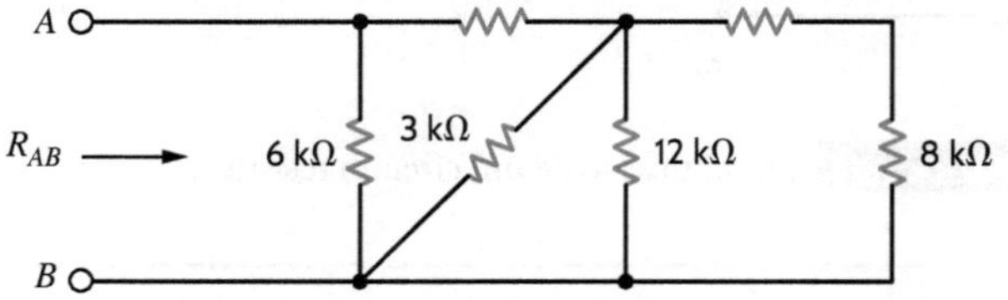

FIGURA E2.15

E2.16 Determine R_{AB} circuito na Fig. E2.16.

Resposta:

$R_{AB} = 12\ k\Omega$.

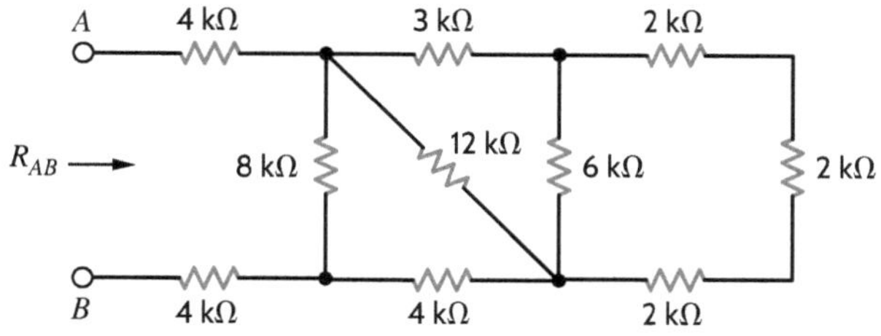

FIGURA E2.16

EXEMPLO 2.21

Uma fonte de alimentação típica com imitador de corrente CC mostrada na **Fig. 2.29a** fornece 0 a 18 V a 3 A para uma carga. Para limitar a corrente I, a queda de tensão V_R em um resistor R é usada como dispositivo sensor de corrente e realimentada à fonte de alimentação. Ou seja, se a carga for ajustada para que a corrente tente exceder 3 A, a fonte de alimentação atuará para limitar a corrente a esse valor. Geralmente, a tensão de realimentação V_R não deve exceder 600 mV.

Admitindo que dispomos de resistores padrões de 0,1 Ω, 5 W, determinemos a configuração desses resistores que produzirá V_R = 600 mV quando a corrente for 3 A.

SOLUÇÃO Usando a lei de Ohm, o valor da resistência R deve ser

$$R = \frac{V_R}{I} = \frac{0{,}6}{3} = 0{,}2\ \Omega$$

Portanto, dois resistores de 0,1 Ω conectados em série, como mostrado na **Fig. 2.29b**, produzirão a tensão de realimentação adequada. Suponhamos, no entanto, que a corrente da fonte de alimentação deva ser limitada a 9 A. Neste caso, a resistência necessária para produzir V_R = 600 mV é

$$R = \frac{0{,}6}{9} = 0{,}0667\ \Omega$$

Devemos, agora, determinar como conectar o resistor de 0,1 Ω para obter R = 0,0667 Ω. Como a resistência desejada é menor que as disponíveis (ou seja, 0,1 Ω), devemos conectar os resistores em algum tipo de configuração em paralelo. Como todos os resistores são de igual valor, três deles conectados em paralelo forneceriam uma resistência de um terço de seu valor, ou 0,0333 Ω. Portanto, duas dessas associações conectadas em série, como mostrado na **Fig. 2.29c**, produziriam a desejada resistência.

Por fim, devemos verificar que as configurações nas Figs. 2.29b e c não excedem a potência de dissipação nominal dos resistores. No primeiro caso, a corrente I = 3 A percorre cada um dos dois resistores em série. Portanto, a potência absorvida em cada resistor é

$$P = I^2R = (3)^2(0{,}1) = 0{,}9\ \text{W}$$

que está dentro da classificação de 5 W dos resistores.

No segundo caso, a corrente é I = 9 A, e a configuração do resistor para R é uma combinação em série de dois conjuntos de três resistores de igual valor em paralelos. Usando a divisão de corrente, sabemos que a corrente I será dividida igualmente entre os três ramos paralelos e, portanto, a corrente em cada resistor será de 3 A. Portanto, mais uma vez, a potência absorvida por cada resistor está abaixo da máxima potência dissipável.

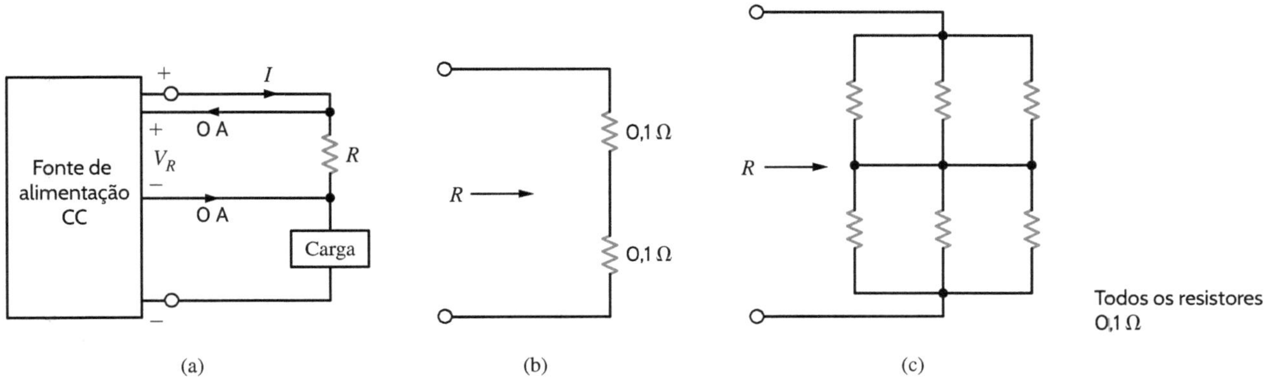

FIGURA 2.29 Circuitos usados no Exemplo 2.21.

Especificações de Resistores

Alguns parâmetros importantes usados para especificar resistores são o valor, a tolerância e a potência de dissipação nominal do resistor. Especificações de tolerância típicas para resistores são de 5 e 10%. Uma listagem de valores padrões de resistores e as correspondentes tolerâncias é apresentada na **Tabela 2.1**.

A potência de dissipação nominal de um resistor especifica a potência máxima que pode ser dissipada pelo resistor. Alguns valores típicos de potência de dissipação nominal para resistores são 1/4 W, 1/2 W, 1 W, 2 W e assim por diante, até valores muito altos adequados para aplicações de alta potência. Assim, ao selecionar um resistor para uma dada aplicação, um importante critério de seleção é a esperada dissipação de potência.

TABELA 2.1 **Valores de resistores padronizados para tolerâncias de 5 e 10% (os valores disponíveis com tolerância de 10% são mostrados em negrito)**

1,0	**10**	**100**	**1,0k**	**10k**	**100k**	**1,0M**	**10M**
1,1	11	110	1,1k	11k	110k	**1,1M**	11M
1,2	**12**	**120**	**1,2k**	**12k**	**120k**	**1,2M**	**12M**
1,3	13	130	1,3k	13k	130k	1,3M	13M
1,5	**15**	**150**	**1,5k**	**15k**	**150k**	**1,5M**	**15M**
1,6	16	160	1,6k	16k	160k	1,6M	16M
1,8	**18**	**180**	**1,8k**	**18k**	**180k**	**1,8M**	**18M**
2,0	20	200	2,0k	20k	200k	2,0M	20M
2,2	**22**	**220**	**2,2k**	**22k**	**220k**	**2,2M**	**22M**
2,4	24	240	2,4k	24k	240k	2,4M	
2,7	**27**	**270**	**2,7k**	**27k**	**270k**	**2,7M**	
3,0	30	300	3,0k	30k	300k	3,0M	
3,3	**33**	**330**	**3,3k**	**33k**	**330k**	**3,3M**	
3,6	36	360	3,6k	36k	360k	3,6M	
3,9	**39**	**390**	**3,9k**	**39k**	**390k**	**3,9M**	
4,3	43	430	4,3k	43k	430k	4,3M	
4,7	**47**	**470**	**4,7k**	**47k**	**470k**	**4,7M**	
5,1	51	510	5,1k	51k	510k	5,1M	
5,6	**56**	**560**	**5,6k**	**56k**	**560k**	**5,6M**	
6,2	62	620	6,2k	62k	620k	6,2M	
6,8	**68**	**680**	**6,8k**	**68k**	**680k**	**6,8M**	
7,5	75	750	7,5k	75k	750k	7,5M	
8,2	**82**	**820**	**8,2k**	**82k**	**820k**	**8,2M**	
9,1	91	910	9,1k	91k	910k	9,1M	

EXEMPLO 2.22

Para o circuito na **Fig. 2.30**, determinemos faixas de valores para a corrente e para a potência de dissipação no resistor R de 2,7 kΩ e tolerância de 10%.

SOLUÇÃO Usando as equações $I = V/R = 10/R$ e $P = V^2/R = 100/R$, obtemos os seguintes valores mínimos e máximos para o resistor, a corrente e a potência de dissipação:

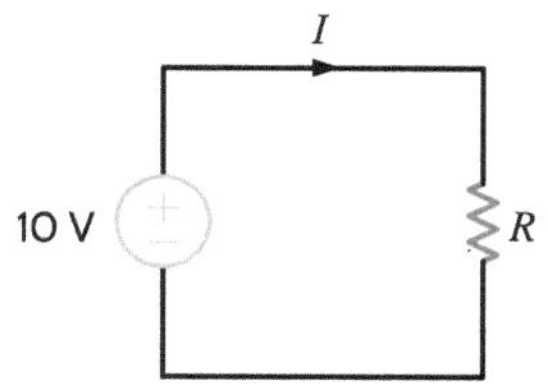

FIGURA 2.30 Circuito usado no Exemplo 2.22.

Mínimo valor do resistor = $R(1 - 0{,}1) = 0{,}9R = 2{,}43$ kΩ

Máximo valor do resistor = $R(1 + 0{,}1) = 1{,}1R = 2{,}97$ kΩ

Mínimo valor de corrente = 10/2.970 = 3,37 mA

Máximo valor de corrente = 10/2.430 = 4,12 mA

Mínimo valor de potência = 100/2.970 = 33,7 mW

Máximo valor de potência = 100/2.430 = 41,2 mW

Assim, as faixas de valores de corrente e potência são 3,37-4,12 mA e 33,7-41,2 mW, respectivamente.

EXEMPLO 2.23

Para o circuito mostrado na **Fig. 2.31**, (a) encontre o necessário valor para o resistor R; (b) use a Tabela 2.1 para selecionar um resistor com tolerância padrão de 10% para R; (c) usando o resistor selecionado em (b), determine a tensão no resistor de 3,9 kΩ; (d) calcule o erro percentual na tensão V_1 usando o resistor padrão selecionado em (b); e (e) determine a potência de dissipação para este resistor padrão.

SOLUÇÃO

a. Usando a LKT, a tensão em R é 19 V. Então, aplicando a lei de Ohm, a corrente no circuito é

$$I = 5/3{,}9\text{k} = 1{,}282 \text{ mA}$$

Portanto, o valor necessário de R é

$$R = 19/0{,}001282 = 14{,}82 \text{ k}\Omega$$

b. Como mostrado na Tabela 2.1, o resistor de tolerância padrão de 10% com valor mais próximo é o de 15 kΩ.

c. Com o resistor padrão de 15 kΩ, a corrente no circuito é obtida como

$$I = 24/18{,}9\text{k} = 1{,}2698 \text{ mA}$$

e a tensão no resistor de 3,9 kΩ, como

$$V = IR = (0{,}0012698)\,(3{,}9\text{k}) = 4{,}952 \text{ V}$$

d. O erro percentual decorrente do uso do resistor padrão é

$$\%\ \text{Erro} = (4{,}952 - 5)/5 \times 100 = -0{,}96\%$$

e. A potência absorvida pelo resistor R é

$$P = IR = (0{,}0012698)^2(15\text{k}) = 24{,}2 \text{ mW}$$

Portanto, um resistor de apenas um quarto de watt é adequado nesta aplicação.

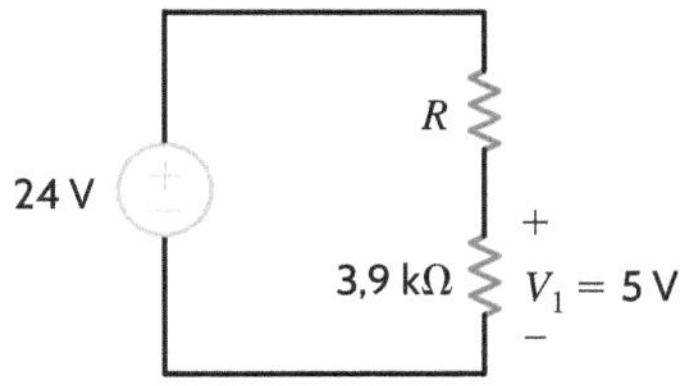

FIGURA 2.31 Circuito usado no Exemplo 2.23.

2.6 Circuitos com Combinações Série-Paralelo de Resistores

Até aqui, aprendemos muitas técnicas fundamentais à análise de circuitos elétricos. Agora, vamos aplicá-las e mostrar como podem ser usadas em conjunto para analisar circuitos. Ilustraremos a aplicação das técnicas com vários exemplos, que descreveremos com algum detalhe.

EXEMPLO 2.24

Determinemos todas as correntes e tensões indicadas no circuito em escada mostrado na **Fig. 2.32a.**

SOLUÇÃO Iniciamos a análise do circuito a partir da extremidade direita, e combinamos os resistores para determinar a resistência total vista pela fonte de 12 V. Isso nos permitirá calcular a corrente I_1. Em seguida, aplicando as leis de Kirchhoff para tensões e para correntes, a lei de Ohm e/ou a divisão de tensão e de corrente, poderemos calcular todas as correntes e tensões no circuito.

Na extremidade direita do circuito, os resistores de 9 e 3 kΩ estão em série e, portanto, podem ser combinados em um resistor equivalente de 12 kΩ. Esse resistor está em paralelo com o resistor de 4 kΩ, e sua combinação produz um resistor equivalente de 3 kΩ, mostrado na extremidade direita do circuito na **Fig. 2.32b**. Na Fig. 2.32b, os dois resistores de 3 kΩ estão em série e sua combinação está em paralelo com o resistor de 6 kΩ. A combinação das três resistências produz o circuito mostrado na **Fig. 2.32c.**

Aplicando a lei de Kirchhoff para tensões ao circuito na Fig. 2.32c, obtemos

$$I_1(9\text{k} + 3\text{k}) = 12$$
$$I_1 = 1 \text{ mA}$$

V_a pode ser calculada pela lei de Ohm:

$$V_a = I_1(3\text{k})$$
$$= 3 \text{ V}$$

ou usando a lei de Kirchhoff para tensões:

$$V_a = 12 - 9\text{k}I_1$$
$$= 12 - 9$$
$$= 3 \text{ V}$$

Conhecidos os valores de I_1 e de V_a, podemos, então, determinar todas as correntes e tensões na Fig. 2.32b. Como V_a = 3 V, a corrente I_2 pode ser obtida aplicando a lei de Ohm:

$$I_2 = \frac{3}{6\text{k}}$$
$$= \frac{1}{2} \text{ mA}$$

A seguir, usando a lei de Kirchhoff para correntes, temos:

$$I_1 = I_2 + I_3$$
$$1 \times 10^{-3} = \frac{1}{2} \times 10^{-3} + I_3$$
$$I_3 = \frac{1}{2} \text{ mA}$$

O valor de I_3 também pode ser calculado usando a lei de Ohm:

$$V_a = (3\text{k} + 3\text{k})I_3$$
$$I_3 = \frac{3}{6\text{k}}$$
$$= \frac{1}{2} \text{mA}$$

Aplicando a lei de Kirchhoff para tensões à malha da direita na Fig. 2.32b, obtemos:

$$V_a - V_b = 3\text{k}I_3$$
$$3 - V_b = \frac{3}{2}$$
$$V_b = \frac{3}{2} \text{ V}$$

ou, como V_b é a queda de tensão no resistor de 3 kΩ, poderíamos usar a lei de Ohm:

$$V_b = 3\text{k}I_3$$
$$= \frac{3}{2} \text{ V}$$

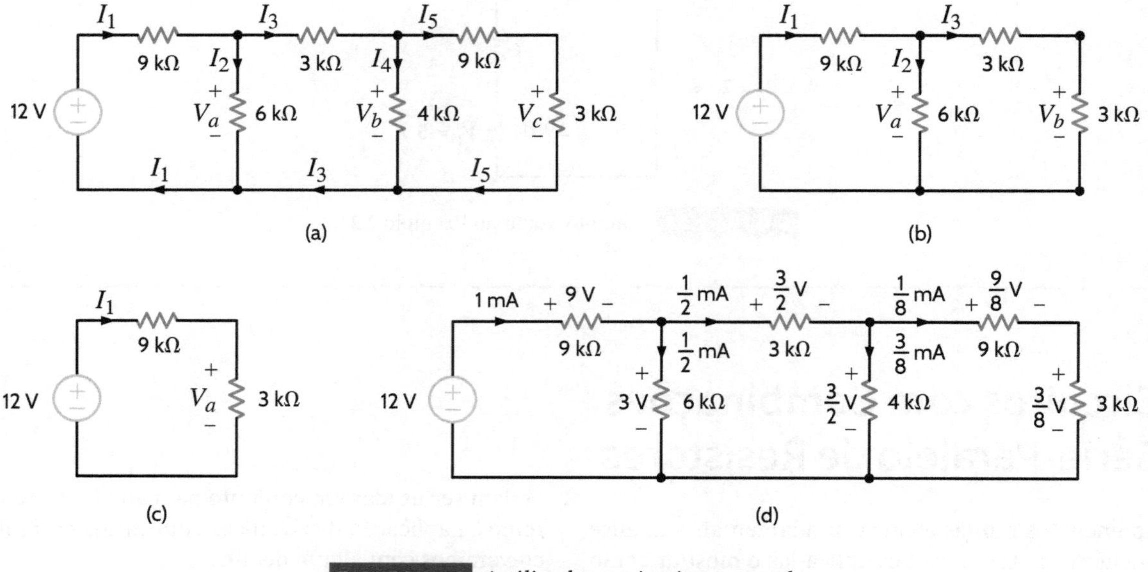

FIGURA 2.32 Análise de um circuito em escada.

Com isso, estamos em condições de calcular as restantes correntes e tensões desconhecidas na Fig. 2.32a. Conhecido o valor de V_b, podemos calcular I_4 usando a lei de Ohm:

$$V_b = 4kI_4$$

$$I_4 = \frac{\frac{3}{2}}{4\text{k}}$$

$$= \frac{3}{8}\text{ mA}$$

A lei de Kirchhoff para correntes fornece:

$$I_3 = I_4 + I_5$$

$$\frac{1}{2} \times 10^{-3} = \frac{3}{8} \times 10^{-3} + I_5$$

$$I_5 = \frac{1}{8}\text{ mA}$$

Poderíamos ter calculado I_5 usando a regra de divisão de corrente. Por exemplo,

$$I_5 = \frac{4\text{k}}{4\text{k} + (9\text{k} + 3\text{k})} I_3$$

$$= \frac{1}{8}\text{ mA}$$

Por fim, V_c é calculada como:

$$V_c = I_5(3\text{k})$$

$$= \frac{3}{8}\text{ V}$$

V_c também pode ser calculada usando a regra de divisão de tensão (ou seja, a tensão V_b será dividida entre os resistores de 9 kΩ e 3 kΩ). Portanto,

$$V_c = \left[\frac{3\text{k}}{3\text{k} + 9\text{k}}\right] V_b$$

$$= \frac{3}{8}\text{ V}$$

Observe que a lei de Kirchhoff para correntes é satisfeita em cada nó e a lei de Kirchhoff para tensões é satisfeita em cada malha, como mostrado na **Fig. 2.32d**.

O exemplo a seguir é, essencialmente, o inverso do anterior, pois a corrente em algum ramo da rede é conhecida e devemos determinar o valor da fonte de entrada.

EXEMPLO 2.25

Para o circuito na **Fig. 2.33**, com $I_4 = 1/2$ mA, determinemos a tensão da fonte V_s.

SOLUÇÃO Se $I_4 = 1/2$ mA, então, pela lei de Ohm, $V_b = 3$ V. Podemos, então, usar V_b para calcular $I_3 = 1$ mA. A lei de Kirchhoff para correntes aplicada ao nó y fornece

$$I_2 = I_3 + I_4$$

$$= 1{,}5\text{ mA}$$

Então, da lei de Ohm, temos:

$$V_a = (1{,}5 \times 10^{-3})(2\text{k})$$

$$= 3\text{ V}$$

Como já conhecemos $V_a + V_b$, calculamos I_5 como:

$$I_5 = \frac{V_a + V_b}{3\text{k} + 1\text{k}}$$

$$= 1{,}5\text{ mA}$$

Aplicando a lei de Kirchhoff para correntes ao nó x, obtemos:

$$I_1 = I_2 + I_5$$

$$= 3\text{ mA}$$

Agora, a aplicação da LKT a qualquer percurso fechado contendo V_s produzirá o valor da fonte de entrada. Por exemplo, se o percurso fechado for a malha externa, a LKT fornece

$$-V_s + 6\text{k}I_1 + 3\text{k}I_5 + 1\text{k}I_5 + 4\text{k}I_1 = 0$$

Como $I_1 = 3$ mA e $I_5 = 1{,}5$ mA,

$$V_s = 36\text{ V}$$

Se tivéssemos usado o percurso fechado que contém a fonte e os nós x, y e z, obteríamos:

$$-V_s + 6\text{k}I_1 + V_a + V_b + 4\text{k}I_1 = 0$$

Mais uma vez, esta equação fornece

$$V_s = 36\text{ V}$$

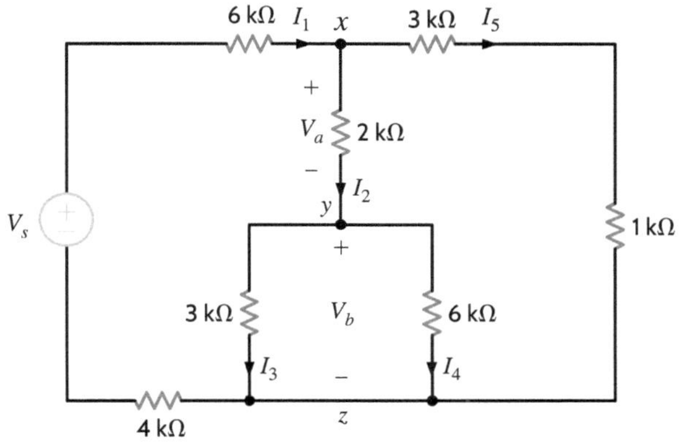

FIGURA 2.33 Exemplo de circuito para análise.

Estratégia para a Solução de Problemas

Análise de Circuitos com uma Única Fonte e uma Combinação Série-Paralela de Resistores

PASSO 1 Reduzir o circuito resistivo sistematicamente até que a resistência vista pela fonte seja representada por um único resistor.

PASSO 2 Determinar a corrente na fonte para uma fonte de tensão ou a tensão na fonte para uma fonte de corrente.

PASSO 3 Expandir o circuito, refazendo as etapas de simplificação e, para determinar todas as tensões e correntes no circuito, aplicar a lei de Ohm, as leis de Kirchhoff para tensões e para correntes e as regras de divisão de tensão e de corrente.

Avaliação da Aprendizagem

E2.17 Determine V_s no circuito na Fig. E2.17.

Resposta: $V_s = 2$ V.

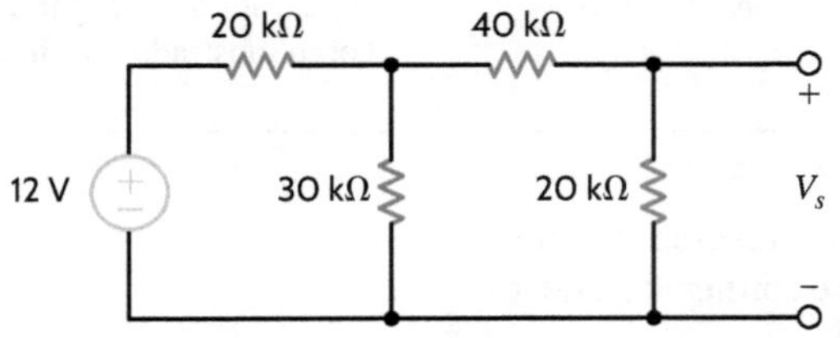

FIGURA E2.17

E2.18 Determine V_F no circuito na Fig. E2.18.

Resposta: $V_F = 9$ V.

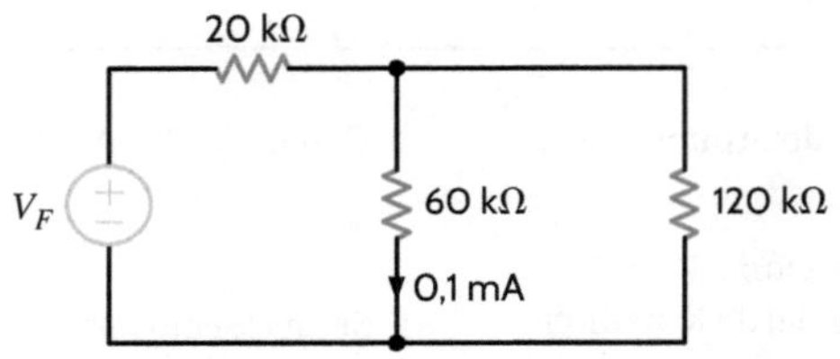

FIGURA E2.18

E2.19 Determine I_F no circuito na Fig. E2.19.

Resposta: $I_F = 0{,}3$ mA.

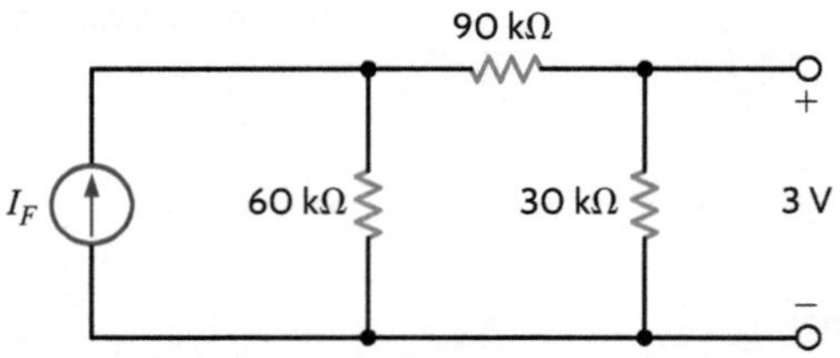

FIGURA E2.19

E2.20 Determine V_1 no circuito na Fig. E2.20.

Resposta: $V_1 = 12$ V.

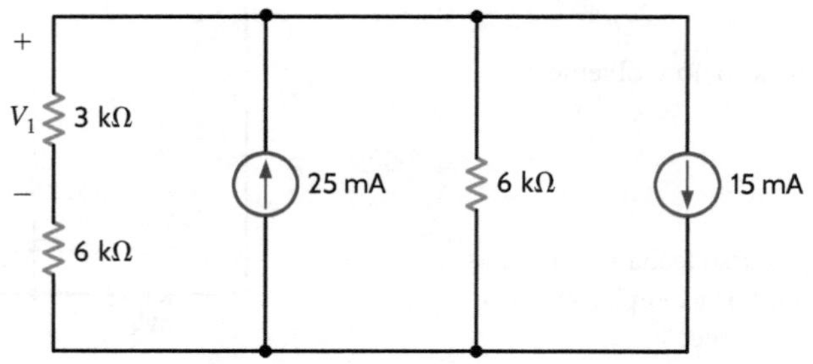

FIGURA E2.20

E2.21 Determine I_s no circuito na Fig. E2.21.

Resposta:

$I_s = -4$ mA.

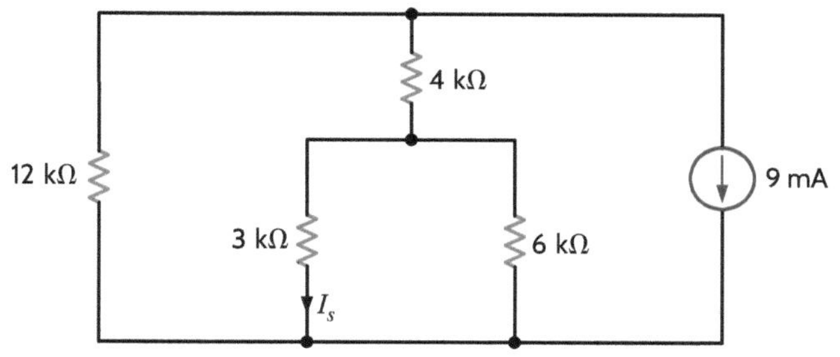

FIGURA E2.21

E2.22 Determine V_s, V_1 e V_2 no circuito na Fig. E2.22.

Resposta:

$V_s = 3{,}33$ V,

$V_1 = -4$ V e $V_2 = 4$ V.

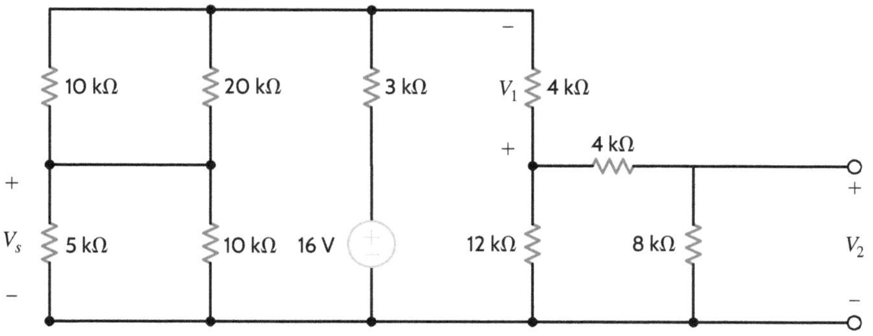

FIGURA E2.22

E2.23 Determine V_s e V_1 no circuito na Fig. E2.23.

Resposta:

$V_s = -60$ V;

$V_1 = 10$ V.

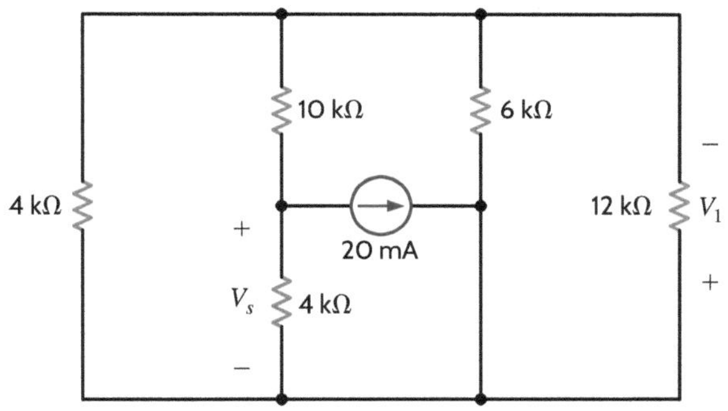

FIGURA E2.23

EXEMPLO 2.26

Considere o circuito na **Fig. 2.34a**. Dado que $V_{DE} = V_s = 4$ V, determine o valor da fonte de tensão V_F e a tensão V_{AD} na fonte de corrente.

Usando as leis de Kirchhoff e a lei de Ohm, podemos calcular as grandezas desejadas. Como $V_{DE} = 4$ V, da lei de Ohm, obtemos $I_8 = 2$ A. Aplicando a lei de Kirchhoff para correntes ao nó D, temos:

$$I_3 + I_7 = I_8$$

Resolvendo para I_7, obtemos:

$$I_7 = -1 \text{ A}$$

Então, como

$$\begin{aligned} V_{CE} &= V_{CD} + V_{DE} \\ &= 8 + 4 \\ &= 12 \text{ V} \end{aligned}$$

O valor de I_6 pode ser obtido da lei de Ohm como 4 A. Aplicação da lei de Kirchhoff para correntes ao nó E fornece

$$I_4 + I_6 + I_8 = 0$$

portanto, $I_4 = -6$ A. Então, como

$$\begin{aligned} V_{CB} &= V_{CE} + V_{EB} \\ &= 12 + (6)(1) \\ &= 18 \text{ V} \end{aligned}$$

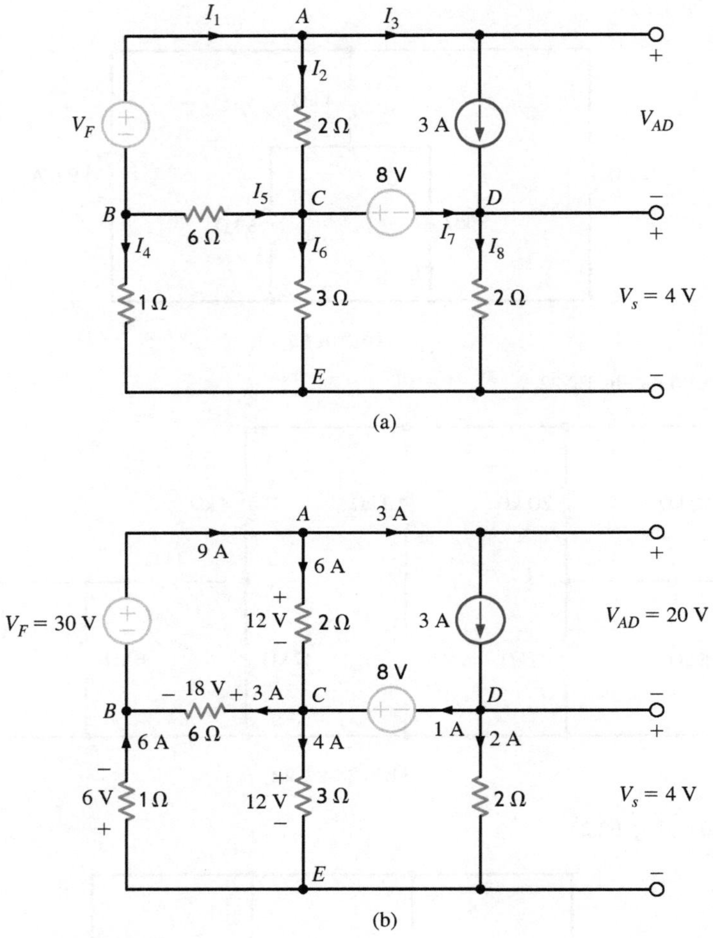

FIGURA 2.34 Exemplo de circuito com uma fonte de corrente.

a lei de Ohm fornece $I_5 = -3$ A. No nó C,

$$I_2 + I_5 = I_6 + I_7$$

Resolvendo essa equação para a única incógnita I_2, obtemos $I_2 =$ 6 A. Assim,

$$\begin{aligned} V_{AC} &= (6)(2) \\ &= 12\text{ V} \end{aligned}$$

A única corrente ainda desconhecida é I_1. No nó A

$$\begin{aligned} I_1 &= I_2 + I_3 \\ &= 9\text{ A} \end{aligned}$$

Agora, aplicando a lei de Kirchhoff para tensões à malha superior esquerda, temos:

$$V_F - V_{AC} - V_{CB} = 0$$

ou

$$V_F = 30\text{ V}$$

A aplicação da lei de Kirchhoff para tensões à malha superior direita fornece

$$V_{AC} - V_{AD} + 8 = 0$$

ou

$$V_{AD} = 20\text{ V}$$

O circuito com todas as tensões e correntes marcadas é mostrado na **Fig. 2.34b**. Podemos verificar que, de fato, a lei de Kirchhoff para correntes é satisfeita em cada nó e que a lei de Kirchhoff para tensões é satisfeita em cada malha.

2.7 Transformações Estrela ⇌ Delta

Como motivação para este tópico, consideremos o circuito na **Fig. 2.35**, que tem essencialmente o mesmo número de elementos que os circuitos nos exemplos anteriores. No entanto, quando tentamos reduzir esse circuito a um circuito equivalente que contém a fonte V_1 e um resistor equivalente R, vemos que não há nenhum resistor em série ou em paralelo com outro. Portanto, não podemos atacar o problema diretamente usando as técnicas que aprendemos até agora. Podemos, no entanto, substituir uma parte do circuito por um circuito equivalente, e essa conversão nos permitirá, com facilidade, reduzir a combinação de resistores a uma única resistência equivalente. Essa conversão é chamada de transformação estrela para delta[1] ou delta para estrela.

Considere os circuitos na **Fig. 2.36.** Os resistores na **Fig. 2.36a** formam um Δ (delta ou triângulo) e os resistores na **Fig. 2.36b** formam um Y (estrela). Se essas duas configurações estiverem conectadas a apenas três terminais *a*, *b* e *c*, seria muito útil se uma equivalência pudesse ser estabelecida entre elas. Na verdade, é possível relacionar as resistências em um circuito com as resistências no outro, de modo que suas características entre terminais sejam idênticas. Essa relação entre as duas configurações de circuitos é chamada de transformação Y-Δ.

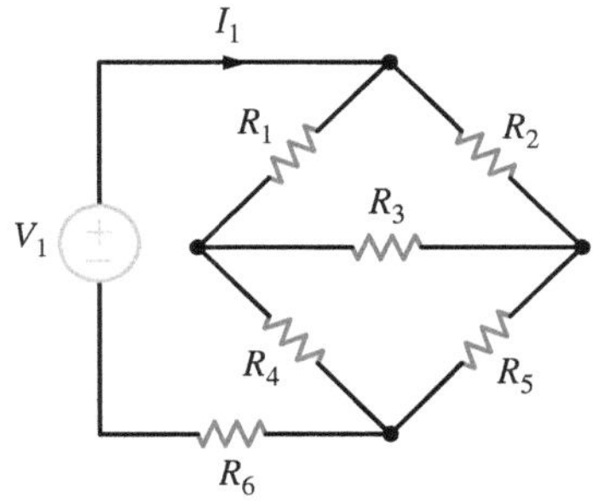

FIGURA 2.35 Circuito usado para ilustrar a necessidade da transformação estrela ⇌ delta.

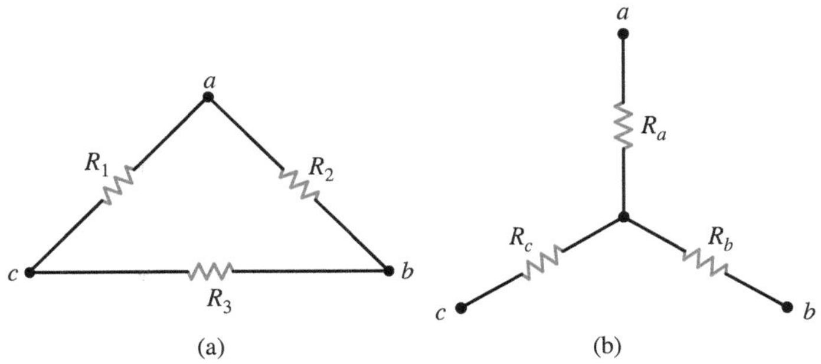

FIGURA 2.36 Circuitos resistivos delta e estrela.

[1]N. T.: Também referida como transformação estrela para triângulo. É comum representar a configuração estrela como Y e a do triângulo, como Δ.

A seguir, desenvolveremos a transformação que relaciona as resistências R_1, R_2 e R_3 com as resistências R_a, R_b e R_c. Para que os dois circuitos sejam equivalentes em cada correspondente par de terminais, é necessário que a resistência entre terminais correspondentes seja igual (por exemplo, a resistência entre terminais *a* e *b* com *c* em circuito aberto deve ser a mesma para os dois circuitos).

Portanto, se igualarmos as resistências para cada conjunto de terminais, obtemos as seguintes equações:

$$R_{ab} = R_a + R_b = \frac{R_2(R_1 + R_3)}{R_2 + R_1 + R_3}$$
$$R_{bc} = R_b + R_c = \frac{R_3(R_1 + R_2)}{R_3 + R_1 + R_2} \qquad \textbf{2.27}$$
$$R_{ca} = R_c + R_a = \frac{R_1(R_2 + R_3)}{R_1 + R_2 + R_3}$$

Resolvendo este conjunto de equações para R_a, R_b e R_c, temos:

$$R_a = \frac{R_1R_2}{R_1 + R_2 + R_3}$$
$$R_b = \frac{R_2R_3}{R_1 + R_2 + R_3} \qquad \textbf{2.28}$$
$$R_c = \frac{R_1R_3}{R_1 + R_2 + R_3}$$

Da mesma forma, resolvendo a Eq. (2.27) para R_1, R_2 e R_3, obtemos:

$$R_1 = \frac{R_aR_b + R_bR_c + R_aR_c}{R_b}$$
$$R_2 = \frac{R_aR_b + R_bR_c + R_aR_c}{R_c} \qquad \textbf{2.29}$$
$$R_3 = \frac{R_aR_b + R_bR_c + R_aR_c}{R_a}$$

As Eqs. (2.28) e (2.29) são relações gerais e se aplicam a qualquer conjunto de resistências conectadas em configuração Y ou Δ. Para o caso balanceado, em que $R_a = R_b = R_c$ e $R_1 = R_2 = R_3$, essas equações se reduzem a

$$R_Y = \frac{1}{3}R_\Delta \qquad \textbf{2.30}$$

e

$$R_\Delta = 3R_Y \qquad \textbf{2.31}$$

É importante notar que não é necessário memorizar as fórmulas nas Eqs. (2.28) e (2.29). Uma cuidadosa análise dessas equações e da Fig. 2.36 revela um padrão bem definido para as relações entre as duas configurações. Por exemplo, a resistência conectada ao ponto *a* na configuração Y (ou seja, R_a) é igual ao produto dos dois resistores na configuração Δ que estão conectados ao ponto *a* dividido pela soma de todas as resistências na configuração delta. R_b e R_c são determinados de maneira semelhante. Da mesma forma, existem padrões geométricos associados às equações para calcular os resistores na configuração delta em função dos resistores na configuração estrela.

Examinemos, agora, o uso da transformação delta ⇌ estrela na solução de um problema de circuito.

EXEMPLO 2.27

Para o circuito na **Fig. 2.37a**, determinemos a corrente I_F na fonte.

SOLUÇÃO Observe que, no circuito, não há resistores conectados em série ou em paralelo. No entanto, um exame cuidadoso do circuito indica que os resistores de 12, 6 e 18 kΩ, assim como os resistores de 4, 6 e 9 kΩ estão em configuração delta, que pode ser convertida em estrela. Além disso, os resistores de 12, 6 e 4 kΩ, assim como os resistores de 18, 6 e 9 kΩ estão em configuração estrela, que pode ser convertida em delta. Qualquer uma dessas conversões levará a uma solução. Transformaremos a configuração delta em estrela com os resistores de 12, 6 e 18 kΩ, o que nos leva ao circuito na **Fig. 2.37b**. Os resistores de 2 e 4 kΩ, como os resistores de 3 e 9 kΩ, estão em série e sua combinação em paralelo produz um resistor de 4 kΩ. Assim, a corrente da fonte é

$$I_F = 12/(6k + 4k)$$
$$= 1{,}2 \text{ mA}$$

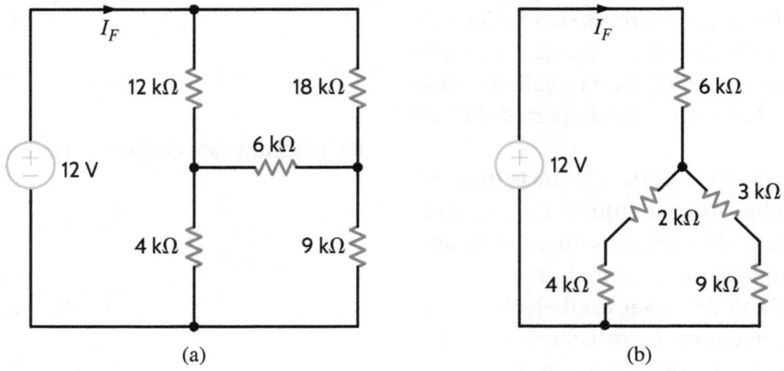

FIGURA 2.37 Circuitos usados no Exemplo 2.27.

EXEMPLO 2.28

Um circuito de ponte de Wheatstone é um dispositivo para medir resistências com precisão. Este circuito, mostrado na **Fig. 2.38**, é usado para medir o resistor desconhecido R_x. O ramo central do circuito contém um galvanômetro, um dispositivo muito sensível que pode ser usado para medir a corrente com valores da ordem de microamperes. Quando o resistor desconhecido é conectado à ponte, o resistor R_3 é ajustado até que a corrente no galvanômetro seja zero, situação em que a ponte está balanceada. Nesta condição de equilíbrio

$$\frac{R_1}{R_3} = \frac{R_2}{R_x}$$

de modo

$$R_x = \left(\frac{R_2}{R_1}\right) R_3$$

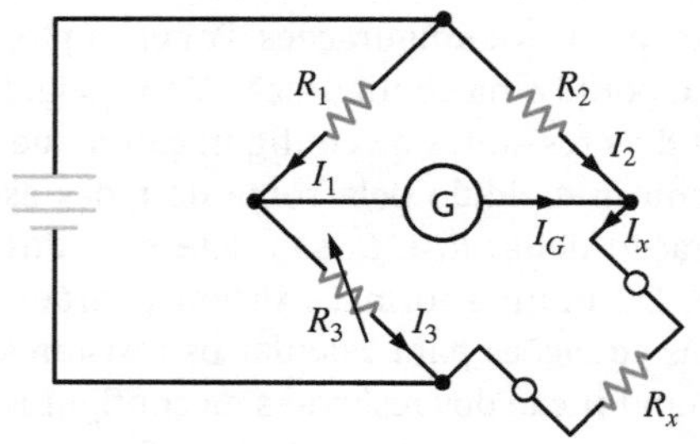

FIGURA 2.38 Circuito da ponte de Wheatstone.

Engenheiros também usam este circuito de ponte para medir deformação em material sólido. Por exemplo, um sistema usado para determinar o peso de um caminhão é mostrado na **Fig. 2.39a**. A plataforma é suportada por cilindros nos quais os extensômetros são montados. Extensômetros elétricos, que medem a deformação quando o cilindro sofre deflexão sob a carga, são conectados a uma ponte de Wheatstone, como mostrado na **Fig. 2.39b**. O extensômetro elétrico tem uma resistência de 120 Ω quando não está sujeito à carga; esse valor é alterado quando há carga. O resistor variável na ponte é um dispositivo de precisão calibrado.

O peso é determinado da seguinte maneira. A variação ΔR_3 no valor de R_3 necessária para equilibrar a ponte representa a variação na deformação, que, multiplicada pelo módulo de elasticidade, fornece a variação na deformação. O produto da variação na deformação pela área da seção transversal do cilindro fornece a variação na carga, que é usada para determinar o peso.

Determinemos o valor de R_3 sem carga, quando a ponte está equilibrada, e seu valor quando a resistência do extensômetro muda para 120,24 Ω sob carga.

SOLUÇÃO Usando a equação de equilíbrio para a ponte, o valor de R_3 sem carga é

$$R_3 = \left(\frac{R_1}{R_2}\right) R_x$$

$$= \left(\frac{100}{110}\right)(120)$$

$$= 109{,}0909\ \Omega$$

Sob carga, o valor de R_3 é

$$R_3 = \left(\frac{100}{110}\right)(120{,}24)$$

$$= 109{,}3091\ \Omega$$

Portanto, a variação ΔR_3 é

$$\Delta R_3 = 109{,}3091 - 109{,}0909$$

$$= 0{,}2182\ \Omega$$

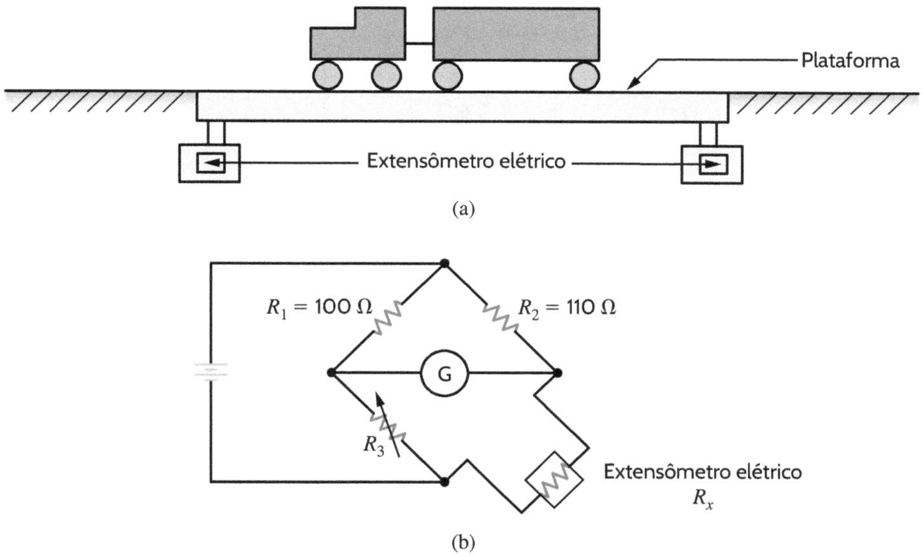

FIGURA 2.39 Diagramas usados no Exemplo 2.28.

Avaliação da Aprendizagem

E2.24 Determine a resistência total R_T no circuito na Fig. E2.24.

Resposta: $R_T = 34\ \text{k}\Omega$.

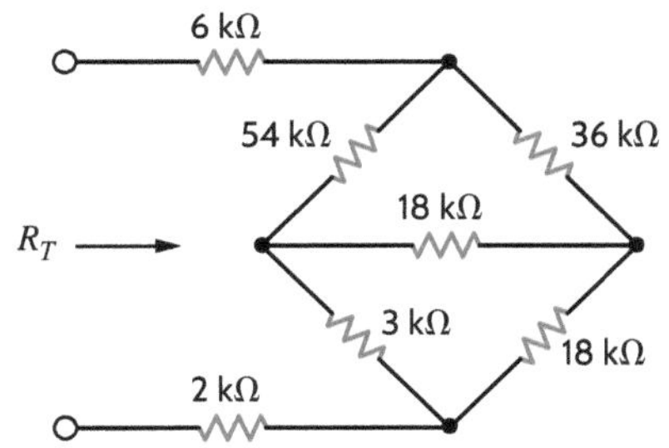

FIGURA E2.24

E2.25 Determine V_s no circuito na Fig. E2.25.

Resposta: $V_s = 24\ \text{V}$.

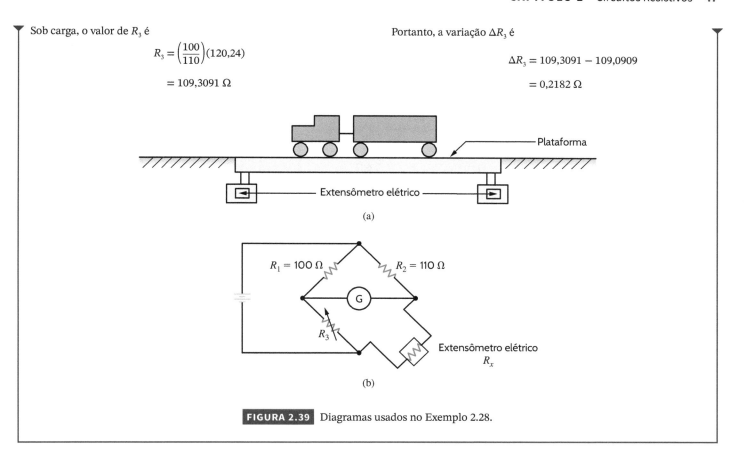

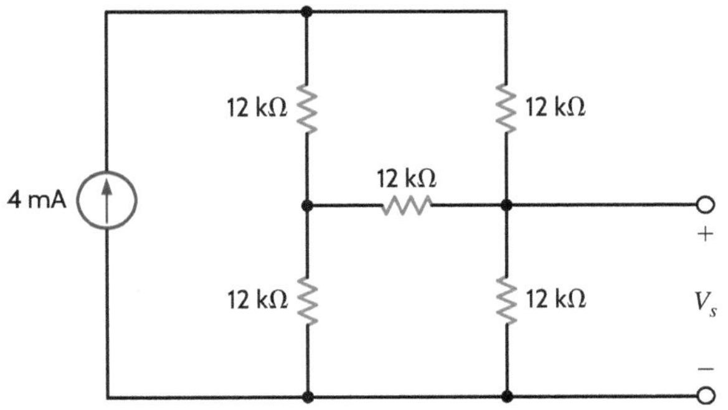

FIGURA E2.25

E2.26 Determine I_1 no circuito na Fig. E2.26.

Resposta:

$I_1 = -1{,}2$ A.

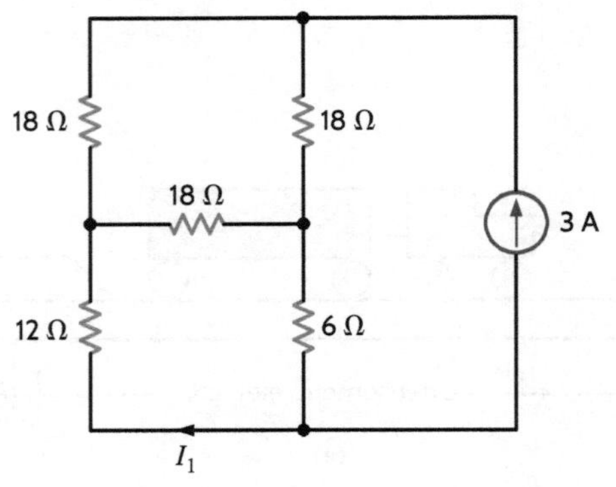

FIGURA E2.26

2.8 Circuitos com Fontes Dependentes

No Capítulo 1, descrevemos os diferentes tipos de fontes dependentes. Essas fontes controladas são extremamente importantes, pois são usadas para modelar dispositivos físicos, como transistores de junção bipolar *npn* e *pnp* (TJB)[2] e transistores de efeito de campo (FETs), que podem ser transistores de efeito de campo de metal-óxido-semicondutor (MOSFETs) ou transistores de efeito de campo de porta isolada (IGFETs). Essas estruturas básicas são, por sua vez, usadas para implementar dispositivos analógicos e digitais. Um dispositivo analógico típico é um amplificador operacional (amp-op). Este dispositivo é estudado no Capítulo 4. Dispositivos digitais típicos são memórias de acesso aleatório ou randômico (RAMs), memórias somente de leitura (ROMs) e microprocessadores. Mostraremos, a seguir, como analisar circuitos simples de malha única e um nó que contêm fontes dependentes. Apesar de serem bem simples, os exemplos que apresentaremos ilustram adequadamente os conceitos básicos.

Estratégia para a Solução de Problemas

Circuitos com Fontes Dependentes

PASSO 1 Ao escrever as equações da LKT e/ou da LKC para o circuito, tratar a fonte dependente como se fosse uma fonte independente.

PASSO 2 Escrever a equação que especifica a relação entre a fonte dependente e o parâmetro de controle.

PASSO 3 Resolver as equações para as incógnitas. Certificar-se de que o número de equações linearmente independentes corresponda exatamente ao número de incógnitas.

Os quatro exemplos a seguir ilustrarão cada um dos quatro tipos de fontes dependentes: fonte de tensão controlada por corrente, fonte de corrente controlada por corrente, fonte de corrente controlada por tensão e fonte de tensão controlada por tensão.

EXEMPLO 2.29

Determine a tensão V_s no circuito da **Fig. 2.40**.

SOLUÇÃO Aplicando a LKT, obtemos

$$-12 + 3kI_1 - V_A + 5kI_1 = 0$$

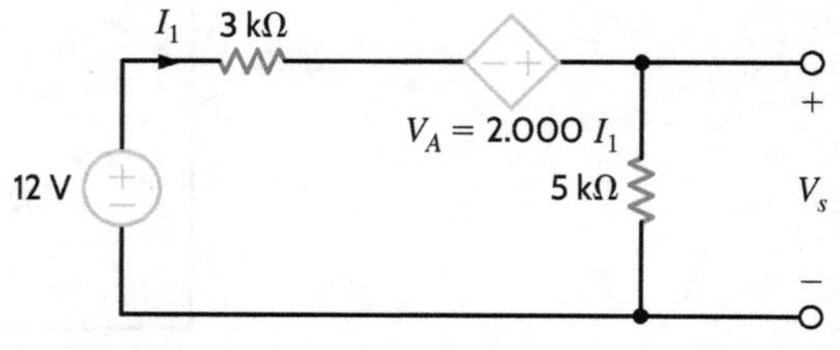

FIGURA 2.40 Circuito usado no Exemplo 2.29.

[2]N. T.: É comum, também, o uso do acrônimo BJT, do correspondente termo em inglês, *bipolar junction transistor*. Para os outros tipos de transistores, predomina, no Brasil, o emprego dos acrônimos provenientes dos termos correspondentes em inglês, o que é mantido nesta tradução.

em que

$$V_A = 2.000 I_1$$

e a unidade do multiplicador, 2.000, é ohm. Resolvendo essas equações, temos

$$I_1 = 2 \text{ mA}$$

Assim,

$$V_s = (5 \text{ k}) I_1$$
$$= 10 \text{ V}$$

EXEMPLO 2.30

Para o circuito na **Fig. 2.41**, que contém uma fonte de corrente controlada por corrente, determinemos a tensão V_s.

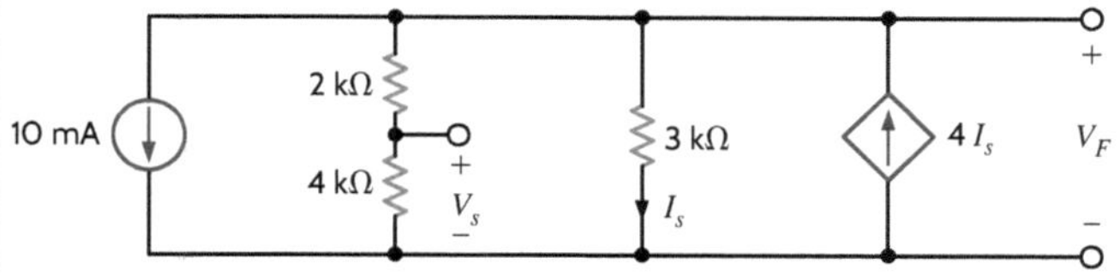

FIGURA 2.41 Circuito usado no Exemplo 2.30.

SOLUÇÃO Aplicando a LKC ao nó superior, obtemos

$$10 \times 10^{-3} + \frac{V_F}{2\text{k} + 4\text{k}} + \frac{V_F}{3\text{k}} - 4 I_s = 0$$

em que

$$I_s = \frac{V_F}{3\text{k}}$$

Substituindo esta expressão pela fonte controlada na equação da LKC, temos

$$10^{-2} + \frac{V_F}{6\text{k}} + \frac{V_F}{3\text{k}} - \frac{4V_F}{3\text{k}} = 0$$

Resolvendo esta equação para V_F, obtemos

$$V_F = 12 \text{ V}$$

A tensão V_s pode, agora, ser obtida usando um simples divisor de tensão:

$$V_s = \left[\frac{4\text{k}}{2\text{k} + 4\text{k}}\right] V_F$$
$$= 8 \text{ V}$$

EXEMPLO 2.31

O circuito na **Fig. 2.42** contém uma fonte de tensão controlada por tensão. Determinemos V_s neste circuito.

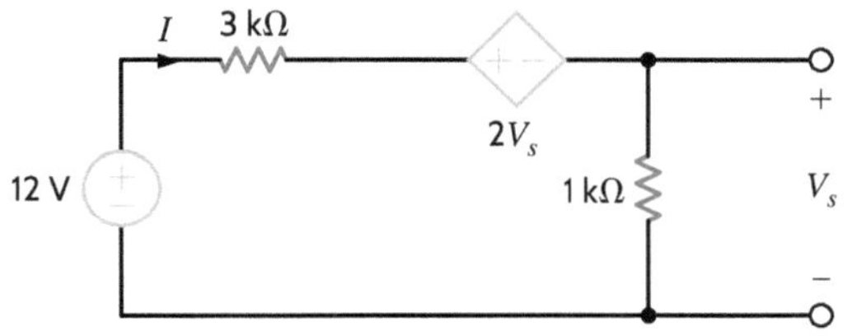

FIGURA 2.42 Circuito usado no Exemplo 2.31.

SOLUÇÃO Aplicando a LKT a esta rede, obtemos

$$-12 + 3\text{k}I + 2V_s + 1\text{k}I = 0$$

em que

$$V_s = 1\text{k}I$$

Assim, a equação da LKT pode ser escrita como

$$-12 + 3\text{k}I + 2\text{k}I + 1\text{k}I = 0$$

ou

$$I = 2 \text{ mA}$$

Portanto,

$$V_s = 1\text{k}I$$
$$= 2 \text{ V}$$

EXEMPLO 2.32

Um circuito equivalente para um amplificador FET fonte comum ou um amplificador TJB emissor comum pode ser modelado como mostrado na **Fig. 2.43a.** Desejamos determinar uma expressão para o ganho do amplificador, que é a razão entre as tensões de saída e de entrada.

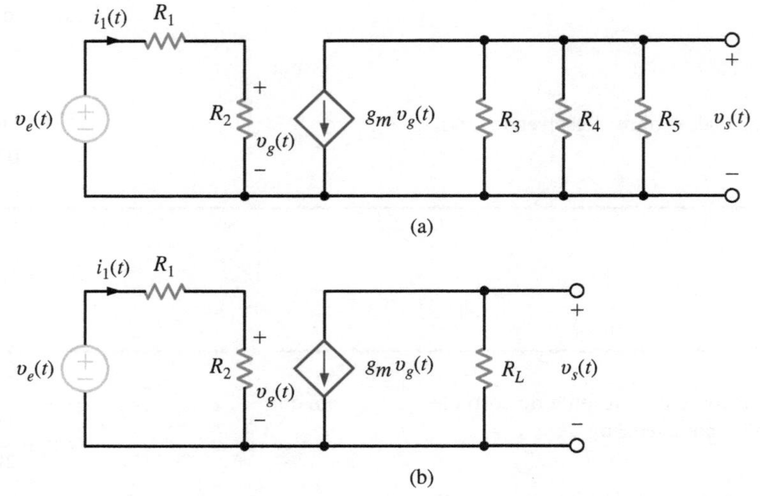

FIGURA 2.43 Exemplo de circuito contendo uma fonte de corrente controlada por tensão.

SOLUÇÃO Embora este circuito, que contém uma fonte de corrente controlada por tensão, pareça um pouco complicado, temos condições de resolvê-lo com as técnicas que estudamos até aqui. A malha à esquerda, entrada do amplificador, é essencialmente separada da porção de saída do amplificador à direita. A tensão em R_2 é $v_g(t)$, que controla a fonte de corrente dependente.

Para simplificar a análise, substituamos os resistores R_3, R_4 e R_5 por R_C tal que

$$\frac{1}{R_C} = \frac{1}{R_3} + \frac{1}{R_4} + \frac{1}{R_5}$$

Com isso, o circuito se reduz ao mostrado na **Fig. 2.43b**. Aplicando a lei de Kirchhoff para tensões à porção de entrada do amplificador, temos

$$v_e(t) = i_1(t)(R_1 + R_2)$$

e

$$v_g(t) = i_1(t)R_2$$

Resolvendo essas equações para $v_g(t)$, obtemos

$$v_g(t) = \frac{R_2}{R_1 + R_2} v_e(t)$$

A partir do circuito de saída, a tensão $v_s(t)$ é dada pela expressão

$$v_s(t) = -g_m v_g(t) R_C$$

Combinando esta equação com a anterior, temos

$$v_s(t) = \frac{-g_m R_C R_2}{R_1 + R_2} v_e(t)$$

Portanto, o ganho do amplificador, ou seja, a razão entre a tensão de saída e a tensão de entrada, é dado por

$$\frac{v_s(t)}{v_e(t)} = -\frac{g_m R_C R_2}{R_1 + R_2}$$

Valores razoáveis para os parâmetros do circuito na Fig. 2.43a são $R_1 = 100\ \Omega$, $R_2 = 1\ \text{k}\Omega$, $g_m = 0{,}04$ S, $R_3 = 50\ \text{k}\Omega$ e $R_4 = R_5 = 10\ \text{k}\Omega$. Com esses valores, o ganho do amplificador é

$$\frac{v_s(t)}{v_e(t)} = \frac{-(0{,}04)(4{,}545)(10^3)(1)(10^3)}{(1{,}1)(10^3)}$$
$$= -165{,}29$$

Portanto, a magnitude do ganho é 165,29.

Neste ponto, vale a pena ressaltar que, ao analisar circuitos com fontes dependentes, primeiro, tratamos a fonte dependente como se fosse uma fonte independente e escrevemos uma equação da lei de Kirchhoff para tensões ou para correntes. Em seguida, escrevemos a equação de controle que especifica a relação entre a fonte dependente e a variável desconhecida. Por exemplo, a primeira equação do Exemplo 2.30 trata a fonte dependente como uma fonte independente, enquanto a segunda equação no exemplo especifica a relação entre a fonte dependente e a tensão, que é a incógnita na primeira equação.

Avaliação da Aprendizagem

E2.27 Determine V_s no circuito na Fig. E2.27.

Resposta: $V_s = 12$ V.

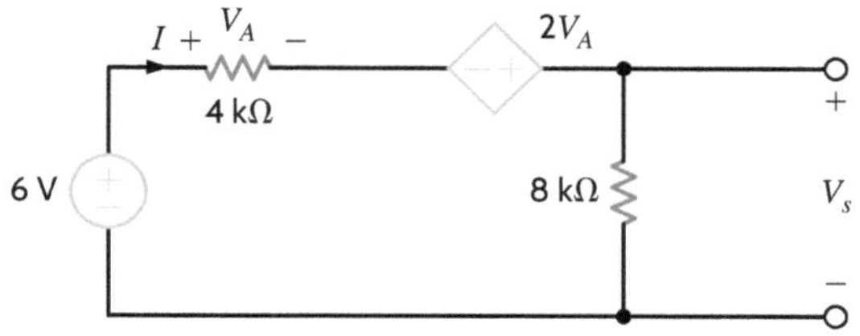

FIGURA E2.27

E2.28 Determine V_s no circuito na Fig. E2.28.

Resposta: $V_s = 8$ V.

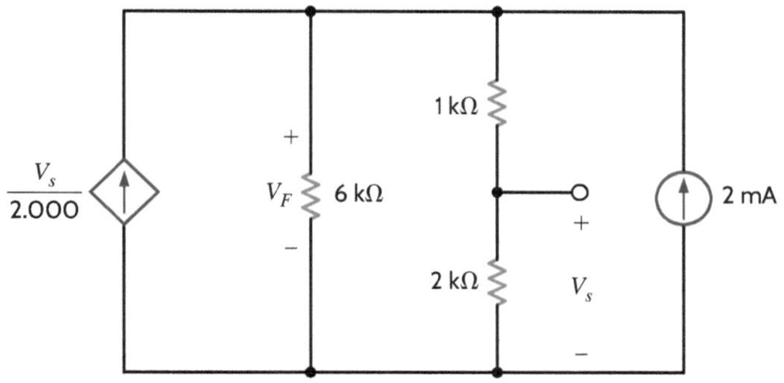

FIGURA E2.28

E2.29 Determine V_A no circuito na Fig. E2.29.

Resposta: $V_A = -12$ V.

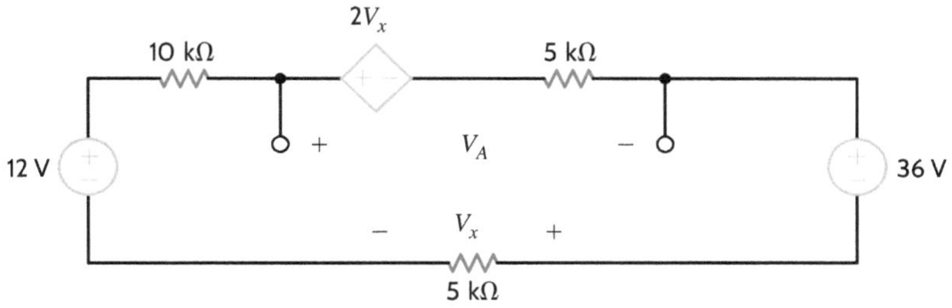

FIGURA E2.29

E2.30 Determine V_1 no circuito na Fig. E2.30.

Resposta: $V_1 = -32/3$ V.

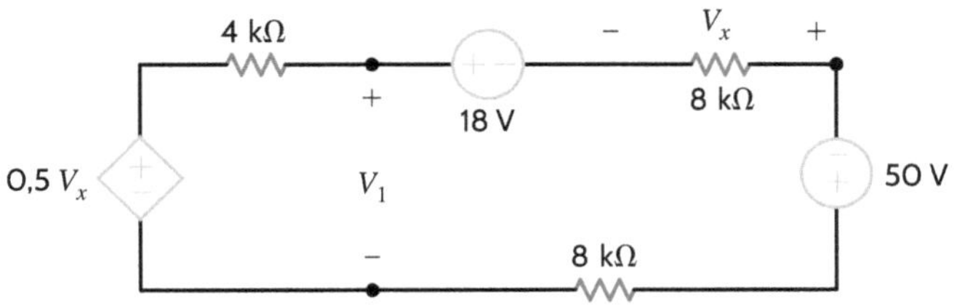

FIGURA E2.30

E2.31 Determine I_x no circuito na Fig. E2.31.

Resposta: $I_x = -1{,}5$ mA.

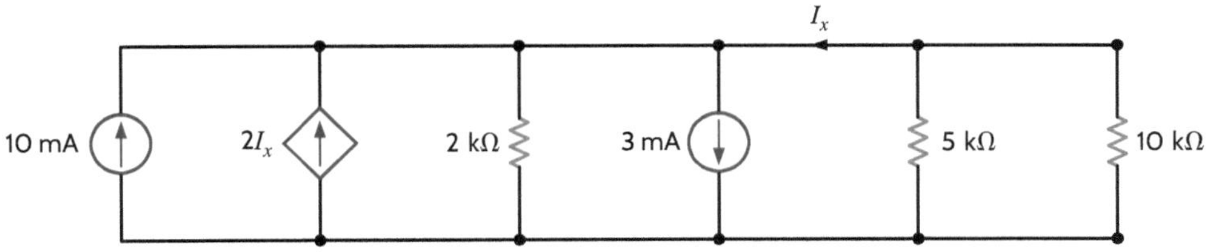

FIGURA E2.31

E2.32 Determine V_s no circuito na Fig. E2.32.

Resposta:

$V_s = 16$ V.

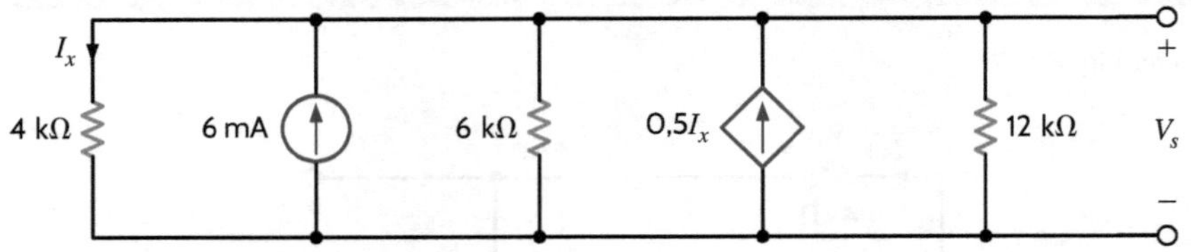

FIGURA E2.32

E2.33 A fonte de corrente de 3 A na Fig. E2.33 fornece uma potência de 12 W; determine V_F e a potência fornecida pela fonte de 10 V.

Resposta:

$V_F = 42$ V, −30 W.

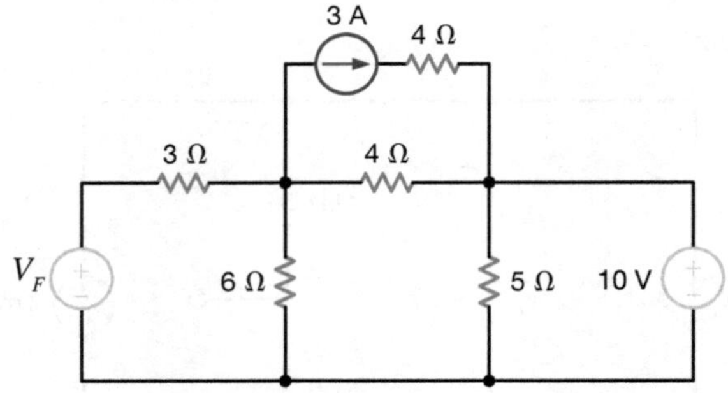

FIGURA E2.33

2.9 Tecnologias de Resistores para Fabricação Eletrônica

Além dos resistores mostrados na Fig. 2.1, três tipos são empregados na moderna indústria eletrônica: resistores de filme espesso, de filme fino e de silício difundido.

Resistores de Filme Espesso

Componentes com resistores de filme espesso são encontrados em todas as placas de circuito impresso modernas fabricadas com a tecnologia de montagem em superfície (SMT).[3] Tais resistores são disponíveis em uma variedade de formas, tamanhos e valores. Uma lista de tamanhos padrões para resistores de chip de filme espesso é mostrada na **Tabela 2.2**, e alguns exemplos de resistores de filme espesso de cerâmica montados em superfície são mostrados na **Fig. 2.44**.

Os resistores de filme espesso são considerados "*low-tech*", quando comparados aos componentes de filme fino e de silício difundido, pois são fabricados por um processo de serigrafia semelhante ao usado na impressão de camisetas. Entretanto, as telas utilizadas na fabricação de filmes espessos são de uma malha muito mais fina e, geralmente, feitas de aço inoxidável para vida útil mais longa. A pasta utilizada nos resistores de serigrafia consiste em uma mistura de óxidos de rutênio (RuO_2) e vidro.

TABELA 2.2 Tamanhos padronizados do resistor de chip de filme espesso

Código de Tamanho	Tamanho (mil)*	Potência de Dissipação (Watt)
0201	20 × 10	1/20
0402	40 × 20	1/16
0603	60 × 30	1/10
0805	80 × 50	1/8
1206	120 × 60	1/4
2010	200 × 100	1/2
2512	250 × 120	1

*N. T.: *mil* significa um milésimo de uma polegada ou 0,0254 mm.

Uma vez impressa pela tela, a pasta é queimada a temperaturas em torno de 850 °C, fazendo com que os ligantes orgânicos se vaporizem, permitindo que o vidro derreta, fixando o metal e o enchimento de vidro ao substrato. Em geral, os substratos são cerâmicos de alumina a 95%. Após a queima, os condutores são impressos por tela e queimados para formar os contatos usados para soldar os resistores. Uma segunda camada de vidro é impressa por tela e queimada para selar e proteger o resistor. A seção transversal de um típico resistor de filme espesso é mostrada na **Fig. 2.45**. Os condutores "envolvem" o substrato para permitir não só que sejam soldados por baixo ou por cima, mas também que a solda "se espalhe" pelos lados para formar um contato mecânico e elétrico mais confiável.

[3]N. T.: É comum o uso do acrônimo SMT, derivado do correspondente termo em inglês, *surface mount technology*.

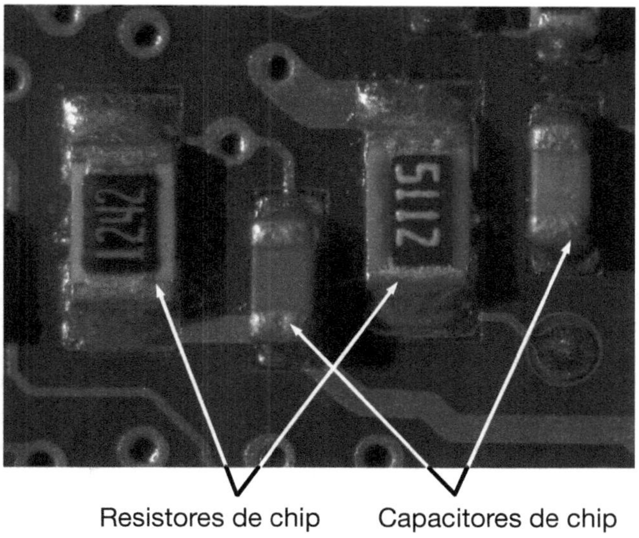

FIGURA 2.44 Uma placa de circuito impresso mostrando resistores de filme espesso de cerâmica montados na superfície. (Cortesia de Mike Palmer.)

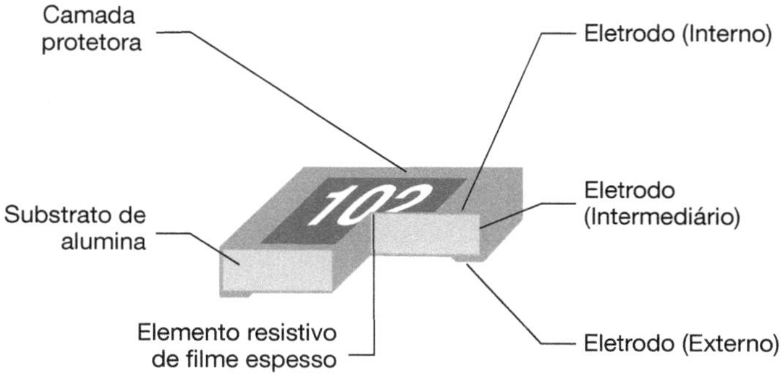

FIGURA 2.45 Seção transversal de um resistor de chip de filme espesso.

Resistores de filme espesso têm tolerâncias típicas "após queima" de +/− 10% a +/− 20%. Essas amplas faixas de tolerância devem-se ao fato de o processo de serigrafia não proporcionar boa transferência de geometria e tampouco boa consistência de espessura. Para obter uma melhor tolerância (ou seja, +/− 0,5% a +/− 1,0%), um *laser* YAG pode ser usado para remover uma parte do resistor e alterar seu valor. O resistor é constantemente medido durante esse processo para garantir que a resistência esteja dentro da tolerância especificada.

Resistores de Filme Fino

Resistores de filme fino são fabricados depositando uma fina camada (centenas de angstroms; um angstrom é um décimo de bilionésimo de um metro) de nitreto de tântalo (TaN) ou nicromo (NiCr) em um substrato de silício ou de cerâmica de alumina altamente polido. Por meio de um processo de fotolitografia, o filme de metal é modelado e gravado para formar a estrutura do resistor. Os metais de filme fino têm uma resistividade limitada (o recíproco da condutividade, uma medida da capacidade de um material de transportar corrente elétrica). Esta baixa resistividade limita a faixa prática de resistores de filme fino em razão das grandes áreas que são necessárias. O TaN e o NiCr têm características semelhantes, mas o TaN é mais resistente química e termicamente e suporta melhor ambientes extremos. Os filmes finos de metal pulverizado são contínuos e virtualmente livres de defeitos, o que faz deles componentes muito estáveis, de baixo ruído e, em comparação com materiais de filme espesso mais porosos, com desprezível não linearidade.

Resistores de filme fino estão disponíveis em pacotes padrões SMT e na forma de chips soldáveis por fio, que podem ser impressos diretamente em circuitos integrados. A seção transversal de um chip de filme fino em cerâmica ou silício é mostrada na **Fig. 2.46**. Em virtude da maior sofisticação no processo de fabricação, resistores de filme fino são mais caros do que resistores de filme espesso. No entanto, resistores de filme fino têm uma série de características importantes que os tornam os dispositivos preferenciais para diversas aplicações de micro-ondas. Como resistores de filme espesso, esses componentes também podem passar por ajustes com *laser* para obter um valor desejado de resistência com tolerância especificada. Como o filme de metal pulverizado

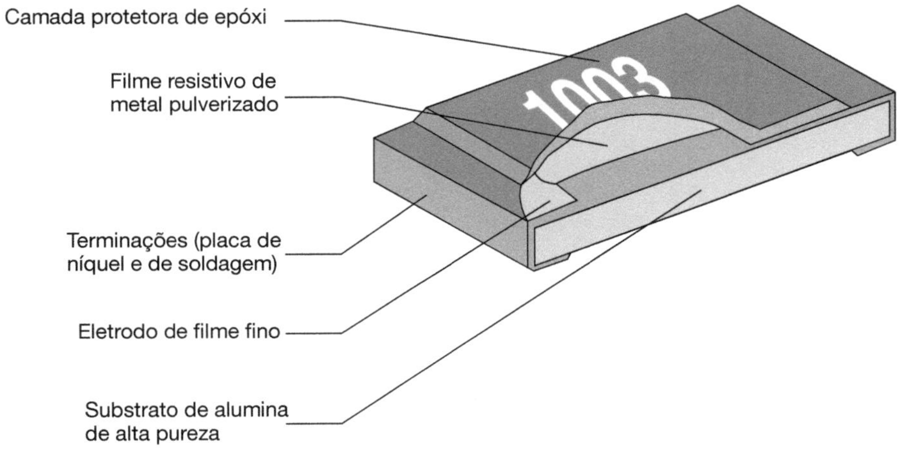

FIGURA 2.46 Seção transversal de resistor de chip de filme fino.

é extremamente fino, o requisito de energia para o *laser* é muito baixo, o que, por sua vez, possibilita de ocorrência de mínimas microfraturas, consequentemente, um maior nível de estabilidade.

Resistores de Silício Difuso

Resistores de silício difuso são empregados em praticamente todos os circuitos integrados (ICs). Esses resistores são dispositivos passivos implementados para assegurar ou aprimorar as características de dispositivos ativos, como transistores e diodos. Dispositivos passivos e ativos são fabricados simultaneamente usando a mesma tecnologia (por exemplo, a tecnologia de semicondutor complementar de óxido metálico – CMOS).[4] Os resistores são fabricados com a difusão a alta temperatura de um dopante, como boro ou fósforo, em um substrato de silício. Este processo é muito dispendioso e, por essa razão, resistores de silício difuso são mais caros do que os de filme fino ou de filme espesso. Uma fotografia de um resistor de silício integrado é mostrada na **Fig. 2.47**. O resistor está completamente integrado a um circuito maior, pois a fabricação de resistores discretos de silício difuso não é economicamente viável. Na **Tabela 2.3**, comparamos algumas das características de resistores de filme espesso, de filme fino e de silício difuso.

Resistores de silício apresentam valores de resistências na faixa de 5 a 6 kΩ/quad. O termo "ohms por quad" significa uma área quadrada adimensional de material resistivo com um valor ôhmico igual à resistividade da lâmina do material. Por exemplo, um material com resistividade de lâmina de 10 Ω constituiria um resistor de 10 ohms se o material tivesse área de 1 mil por 1 mil ou de 1 polegada por 1 polegada. Dividimos o comprimento do resistor por sua largura para obter o número de quadrados, e multiplicamos o número de quadrados pela resistência da lâmina para ter o valor da resistência. O alto custo da área de silício limita os valores de resistências totais que podem ser obtidos, mas existem outras técnicas de projeto de circuitos para implementação de resistores de altos valores com o uso criterioso de transistores. Resistores de silício difuso são sujeitos a grandes variações de valores com a temperatura e a alguma variação com a tensão aplicada. Por conta dessas características pobres, em aplicações críticas, resistores difusos são substituídos por resistores de filme fino montados sobre superfície de silício.

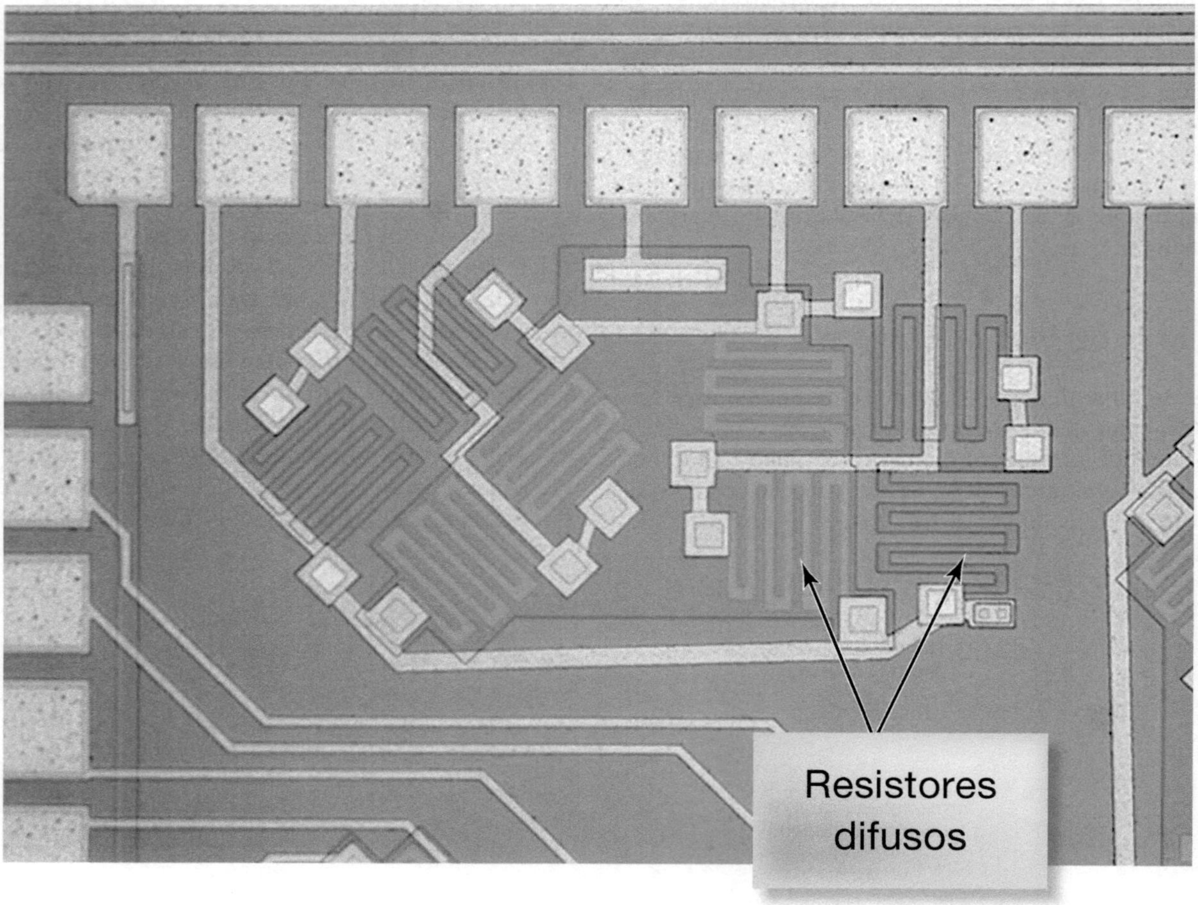

FIGURA 2.47 Resistores de silício difuso.

[4]N. T.: Acrônimo derivado do termo correspondente em inglês, *complementary metal-oxide semiconductor*.

TABELA 2.3 Características de tipos de resistores

Característica	Filme Espesso	Filme Fino	Silício Difuso
Resistência da lâmina	5-500k Ω/quad	25-300 Ω/quad	5-6k Ω/quad
Tolerância da lâmina (após a queima)	+/−20%	+/−10%	+/−2%
Tolerância da lâmina (final)	+/−1%	+/−1%	Não disponível
Custo relativo	**Baixo**	**Alto**	**Mais alto**

2.10 Exemplos de Aplicação

Ao longo deste livro, procuramos apresentar uma ampla variedade de exemplos que demonstram a utilidade do material estudado em situações práticas. Para enriquecer a apresentação de aspectos práticos de análise e projeto de circuitos, inserimos seções dedicadas, como esta, na maioria dos capítulos, com o específico propósito de apresentar exemplos adicionais orientados a aplicações.

EXEMPLO DE APLICAÇÃO 2.33

Os queimadores de um fogão elétrico são, frequentemente, feitos de fitas resistivas de nicromo. A operação do queimador é bastante simples. Uma corrente percorre o elemento de aquecimento fazendo com que dissipe energia na forma de calor. Além disso, uma chave seletora de quatro posições, mostrada na **Fig. 2.48**, controla a energia (calor) de saída. Neste exemplo, o queimador consiste em duas fitas de nicromo modeladas pelos resistores R_1 e R_2, com $R_1 < R_2$.

1. Como as posições *A*, *B*, *C* e *D* da chave devem ser identificadas para indicar as seleções alto, médio, baixo e desligado?
2. Se desejarmos que as seleções alto e médio correspondam, respectivamente, a 2.000 e 1.200 W de potência de dissipação, quais devem ser os valores de R_1 e R_2?
3. Qual é a potência de dissipação na seleção baixo?

SOLUÇÃO A posição *A* é a seleção desligado, pois nenhuma corrente flui para os elementos do aquecedor. Na posição *B*, a corrente flui apenas por R_2, enquanto na posição *C* a corrente flui apenas por R_1. Como $R_1 < R_2$, mais potência será dissipada quando a chave estiver na posição *C*. Assim, a posição *C* é a seleção médio, *B* é a seleção baixo e, por eliminação, a posição *D* é a seleção alto.

Quando a chave está na posição médio, apenas R_1 dissipa energia e podemos escrever R_1 como

$$R_1 = \frac{V_F^2}{P_1} = \frac{230^2}{1.200}$$

ou

$$R_1 = 44,08\ \Omega$$

Na posição alto, 2.000 W de potência total são fornecidos a R_1 e R_2. Como R_1 dissipa 1.200 W, R_2 deve dissipar os 800 W restantes. Portanto, R_2 é

$$R_2 = \frac{V_F^2}{P_2} = \frac{230^2}{800}$$

ou

$$R_2 = 66,13$$

Finalmente, na posição baixo, apenas R_2 está conectado à fonte de tensão; assim, a correspondente potência de dissipação é de 800 W.

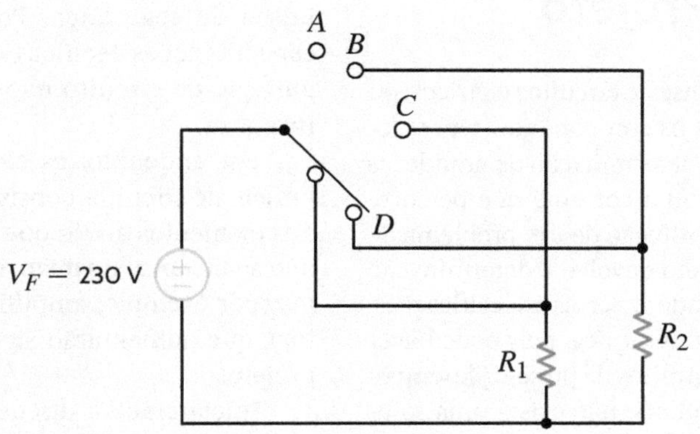

FIGURA 2.48 Circuito seletor simples para um aquecedor resistivo.

EXEMPLO DE APLICAÇÃO 2.34

Você já deu a partida em seu carro com os faróis acesos? Você já deve ter percebido que, enquanto o motor de arranque aciona o motor, a luminosidade dos faróis diminui e volta ao normal quando o motor passa a funcionar sozinho. Será que podemos desenvolver um modelo para prever esse fenômeno?

SOLUÇÃO Sim, podemos. Consideremos o circuito conceitual na **Fig. 2.49a** e o modelo de circuito na **Fig. 2.49b**, que considera apenas a bateria, os faróis e o motor de arranque. O resistor R_{bat} foi incluído para modelar mecanismos de perda de potência que podem ocorrer entre a bateria e as cargas, ou seja, faróis e motor de arranque. Primeiro, os processos químicos no interior da própria bateria, que não são 100% eficientes. Segundo, as conexões elétricas nos dois polos da bateria e nas cargas. Terceiro, a fiação tem alguma resistência, embora, em geral, seja tão pequena que pode ser desprezada. A soma dessas perdas é modelada por R_{bat}, e esperamos que seu valor seja pequeno. Um valor razoável é 25 mΩ.

Em seguida, abordamos o motor de arranque. Quando energizado, um típico motor de arranque de automóvel puxa uma corrente com valor entre 90 e 120 A. Neste exemplo, usaremos o valor de 100 A. Por fim, os faróis puxam uma corrente muito menor – talvez de apenas 1 A. Agora, temos valores para usar em nosso circuito modelo.

Suponhamos, primeiro, que o motor de arranque esteja desligado. Aplicando a LKC ao nó V_C, vemos que a tensão aplicada aos faróis pode ser escrita como

$$V_C = V_{bat} - I_{farol}\, R_{bat}$$

Substituindo os valores de modelo nesta equação, obtemos V_C = 11,75 V, muito próximo de 12 V. A seguir, ligue o motor de arranque e aplique a LKC novamente:

$$V_C = V_{bat} - (I_{farol} + I_{partida})\, R_{bat}$$

Agora, a tensão nos faróis é de apenas 9,25 V. Não é de admirar que os faróis percam luminosidade! Como corrosão ou conexões frouxas nos terminais da bateria mudariam a situação? Nesse caso, esperaríamos uma redução na qualidade da conexão da bateria à carga, o que aumentaria o valor de R_{bat}, agravando o problema de perda de luminosidade dos faróis.

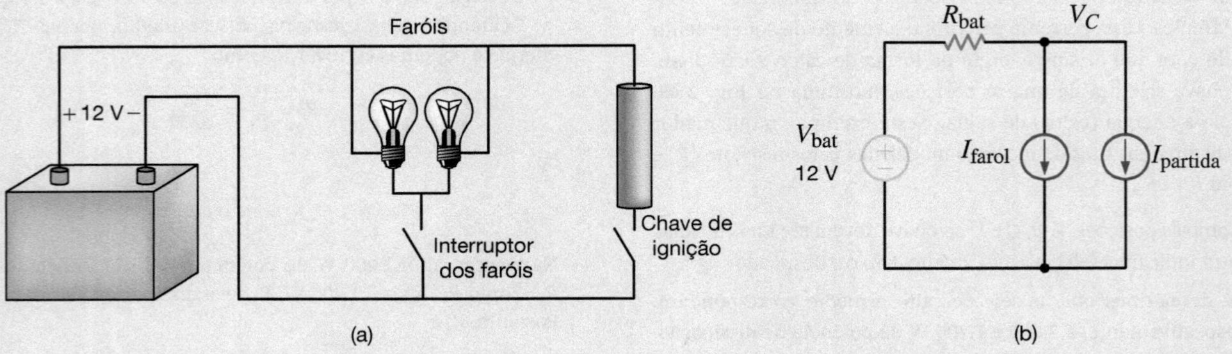

FIGURA 2.49 Um modelo conceitual (a) e circuito (b) para examinar o efeito da corrente de partida na intensidade dos faróis.

2.11 Exemplos de Projeto

A maior parte deste texto trata da análise de circuitos elétricos; ou seja, dado um circuito no qual todos os componentes têm valores especificados, a análise envolve a determinação de grandezas como a tensão em algum elemento ou a corrente que percorre algum outro. Além disso, em geral, a solução de um problema de análise é única. Em contraste, o projeto envolve a determinação da configuração do circuito que atende a certas especificações. Entretanto, agora, a solução pode não ser única, pois pode haver diferentes formas de satisfazer aos requisitos de projeto/desempenho do circuito. É igualmente possível que não exista uma solução que atenda aos critérios de projeto do circuito.

Além de atender a determinadas especificações técnicas, projetos de circuito normalmente devem satisfazer critérios adicionais, como restrições econômicas, ambientais e de segurança. Por exemplo, mesmo que atenda às especificações técnicas e tenha mérito técnico, uma configuração de circuito não será viável se for muito custosa ou insegura.

Por enquanto, os elementos que podemos empregar no projeto de circuitos consistem, basicamente, no resistor linear e nos elementos ativos que apresentamos. No entanto, à medida que avançamos no texto, introduziremos vários outros elementos (por exemplo, amplificador operacional, capacitor e indutor), que aumentarão significativamente nossa capacidade de projeto.

Iniciaremos a discussão de projeto de circuitos considerando alguns exemplos simples para mostrar como escolher componentes específicos que satisfaçam às especificações do circuito.

EXEMPLO DE PROJETO 2.35

Um entusiasta da eletrônica construiu seu próprio amplificador estéreo e, para dar uma aparência profissional a seu aparelho, deseja adicionar um painel luminoso. Seu projeto de painel requer sete lâmpadas – duas operando a 12 V/15 mA e cinco a 9 V/5 mA. Seu amplificador estéreo já dispõe de uma fonte de 12 V CC de qualidade, mas não de uma fonte de 9 V. Em vez de construir uma nova fonte de alimentação CC, usaremos o circuito mais barato mostrado na **Fig. 2.50a** para projetar um conversor de 12 V para 9 V com a restrição de que a variação em V_2 não seja superior a ±5%. Em particular, devemos determinar os necessários valores de R_1 e R_2.

SOLUÇÃO Primeiro, as lâmpadas L_1 e L_2 não têm nenhum efeito sobre V_2. Segundo, quando as lâmpadas L_3 e L_7 estão acesas, cada uma tem uma resistência equivalente de

$$R_{eq} = \frac{V_2}{I} = \frac{9}{0{,}005} = 1{,}8\ \text{k}\Omega$$

Enquanto V_2 permanecer razoavelmente constante, a resistência da lâmpada também permanecerá constante. Assim, o modelo de circuito necessário ao nosso projeto é mostrado na **Fig. 2.50b**. A tensão V_2 atingirá seu valor máximo de 9 + 5% = 9,45 V quando L_3 e L_7 estiverem todas desligadas. Neste caso, R_1 e R_2 estão em série, e V_2 pode ser expressa por simples divisão de tensão como

$$V_2 = 9{,}45 = 12\left[\frac{R_2}{R_1 + R_2}\right]$$

Reorganizando essa equação, obtemos

$$\frac{R_1}{R_2} = 0{,}27$$

Uma segunda expressão envolvendo R_1 e R_2 pode ser desenvolvida considerando o caso em que L_3 e L_7 estão acesas, o que faz com que V_2 atinja seu valor mínimo de 9 – 5%, ou 8,55 V. Agora, a resistência efetiva das lâmpadas é a de cinco resistores de 1,8 kΩ em paralelo, ou 360 Ω. A correspondente expressão para V_2 é

$$V_2 = 8{,}55 = 12\left[\frac{R_2//360}{R_1 + (R_2//360)}\right]$$

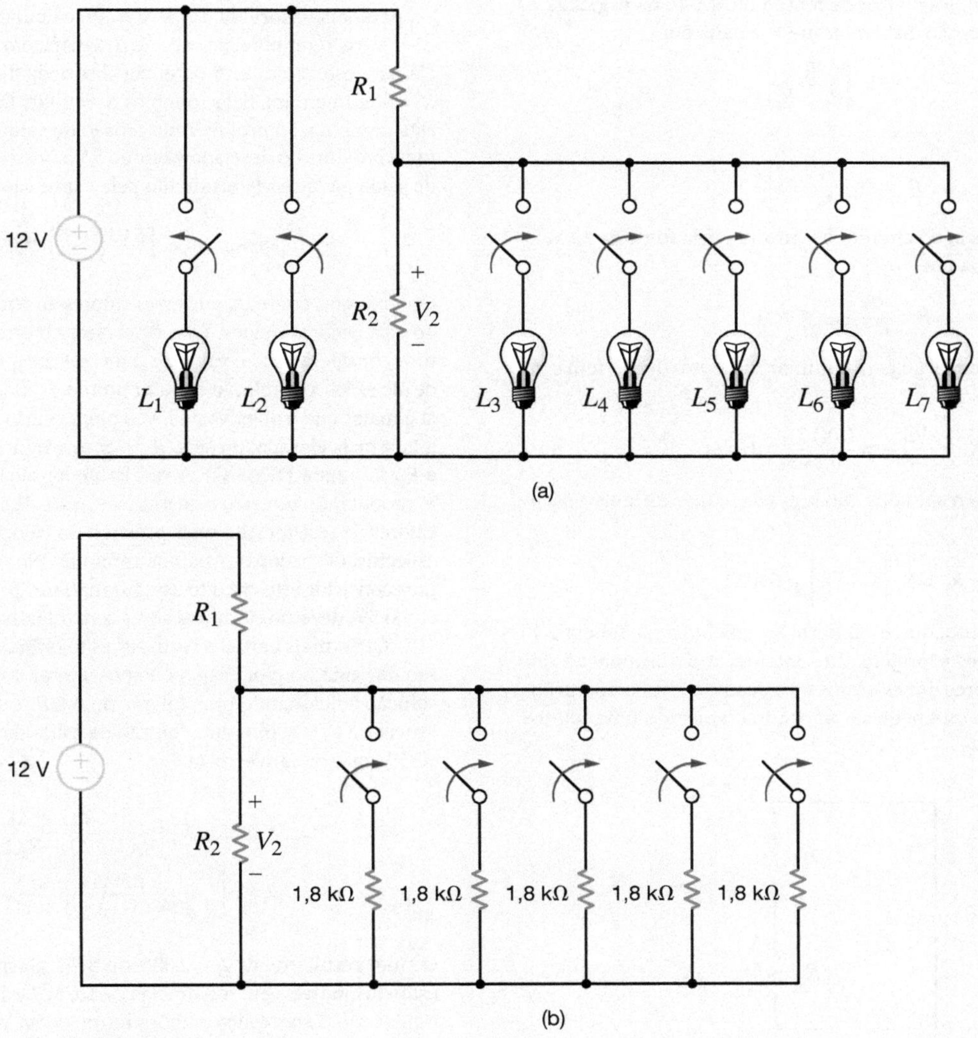

FIGURA 2.50 Circuito conversor de 12 para 9 V para alimentar a iluminação do painel.

que pode ser reescrita como

$$\frac{\frac{360R_1}{R_2} + 360 + R_1}{360} = \frac{12}{8,55} = 1,4$$

Substituindo o valor determinado para R_1/R_2 na equação anterior, obtemos

$$R_1 = 360[1,4 - 1 - 0,27]$$

ou

$$R_1 = 48,1\ \Omega$$

e para R_2

$$R_2 = 178,3\ \Omega$$

EXEMPLO DE PROJETO 2.36

Projetemos um circuito que produza uma saída de 5 V a partir de uma entrada de 12 V. Fixaremos arbitrariamente a potência consumida pelo circuito em 240 mW. Ao final, escolheremos os melhores valores de resistores padrões entre os listados na Tabela 2.1 e calcularemos o erro percentual na tensão de saída resultante dessa escolha.

SOLUÇÃO O simples divisor de tensão mostrado na **Fig. 2.51** é ideal para esta aplicação. Sabemos que V_s é dada por

$$V_s = V_e\left[\frac{R_2}{R_1 + R_2}\right]$$

o que pode ser escrito como

$$R_1 = R_2\left[\frac{V_e}{V_s} - 1\right]$$

Como toda a potência do circuito é fornecida pela fonte de 12 V, a potência total é dada por

$$P = \frac{V_e^2}{R_1 + R_2} \leq 0,24$$

Usando a segunda equação para eliminar R_1, vemos que R_2 tem um limite inferior de

$$R_2 \geq \frac{V_s V_e}{P} = \frac{(5)(12)}{0,24} = 250\ \Omega$$

Substituindo esses resultados na segunda equação, obtemos o limite inferior de R_1:

$$R_1 = R_2\left[\frac{V_e}{V_s} - 1\right] \geq 350\ \Omega$$

Verificamos, portanto, que uma parte significativa da Tabela 2.1 não é aplicável a este projeto. No entanto, a determinação do melhor par de valores de resistores é basicamente uma operação de tentativa e erro, que pode ser aprimorada usando uma planilha do Excel, como mostrado na **Tabela 2.4**. Os valores padrões de resistores da Tabela 2.1 foram inseridos na Coluna A da planilha para R_2, e os valores teóricos para R_1 foram calculados usando $R_1 = [12/5 - 1]\ R_2 = 1,4 \cdot R_2$. Um valor-padrão de resistor foi selecionado da Tabela 2.1 para R_1 com base no cálculo teórico na Coluna B. V_s foi calculada usando a equação de divisão de tensão, e a potência absorvida por R_1 e R_2 foi calculada na Coluna E.

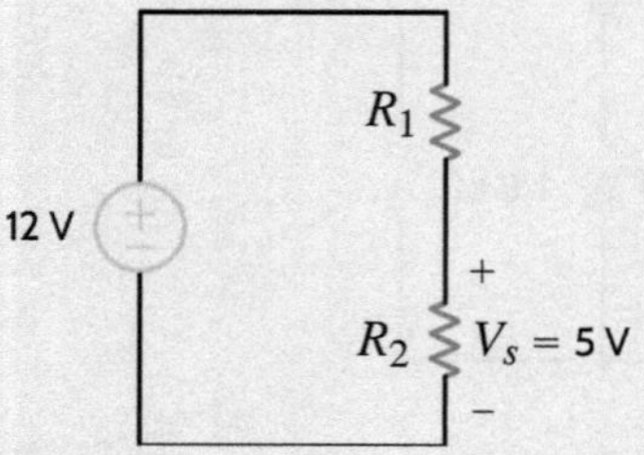

FIGURA 2.51 Um simples divisor de tensão.

Várias combinações de R_1 e R_2 satisfazem à restrição de potência para este circuito. A potência absorvida diminui à medida que R_1 e R_2 aumentam. Selecionemos $R_1 = 1.800\ \Omega$ e $R_2 = 1.300\ \Omega$, pois esta combinação produz uma tensão de saída de 5,032 V, que é a mais próxima do desejado valor de 5 V. O erro resultante na tensão de saída pode ser determinado pela expressão

$$\text{Erro percentual} = \left[\frac{5,032 - 5}{5}\right] 100\% = 0,64\%$$

Observemos, contudo, que esses valores de resistores são nominais, ou seja, valores típicos. Para determinar o erro do pior caso, devemos considerar que o valor de cada resistor que comparamos varia de até ± 5% com relação ao valor nominal. Nesta aplicação, como V_s já é maior que o objetivo de 5 V, o pior cenário ocorre quando V_s for ainda mais elevada; ou seja, R_1 tiver um valor 5% menor (1.710 Ω) e R_2, 5% maior (1.365 Ω). A resultante tensão de saída será de 5,32 V, produzindo um erro percentual de 6,4%. Em geral, a maioria dos valores de resistor está mais próximo do valor nominal do que dos especificados valores máximos/mínimos. No entanto, se pretendemos construir este circuito assegurando um pequeno erro de saída, como 5%, devemos usar resistores com tolerâncias mais baixas.

Quão mais baixas devem ser as tolerâncias? Para obter a tensão de saída no pior caso, podemos alterar a primeira equação da solução adicionando uma tolerância Δ a R_2 e subtraindo essa tolerância de R_1. Escolha uma tensão de saída de pior caso de $V_{smáx}$ = 5,25 V, ou seja, um erro de 5%:

$$V_{smáx} = 5,25 = V_e\left[\frac{R_2(1 + \Delta)}{R_1(1 - \Delta) + R_2(1 + \Delta)}\right] =$$

$$= 12\left[\frac{1.300(1 + \Delta)}{1.800(1 - \Delta) + 1.300(1 + \Delta)}\right]$$

O valor resultante de Δ é 0,037, ou 3,7%. Resistores padronizados estão disponíveis em tolerâncias de 10, 5, 2 e 1%. Tolerâncias mais rígidas são disponíveis, embora muito caras. Assim, com base em valores nominais de 1.300 e 1.800 Ω, devemos utilizar resistores de 2% para garantir um erro de tensão de saída menor que 5%.

TABELA 2.4 **Planilha de cálculos para o simples divisor de tensão**

	A	B	C	D	E
1	R2	R1 teórico	R1	Vs	Pabs
2	300	420	430	4,932	0,197
3	330	462	470	4,950	0,180
4	360	504	510	4,966	0,166
5	390	546	560	4,926	0,152
6	430	602	620	4,914	0,137
7	470	658	680	4,904	0,125
8	510	714	750	4,857	0,114
9	560	784	750	5,130	0,110
10	620	868	910	4,863	0,094
11	680	952	910	5,132	0,091
12	750	1050	1000	5,143	0,082
13	820	1148	1100	5,125	0,075
14	910	1274	1300	4,941	0,065
15	1000	1400	1300	5,217	0,063
16	1100	1540	1500	5,077	0,055
17	1200	1680	1600	5,143	0,051
18	1300	1820	1800	5,032	0,046
19	1500	2100	2000	5,143	0,041
20	1600	2240	2200	5,053	0,038
21	1800	2520	2400	5,143	0,034
22	2000	2800	2700	5,106	0,031
23	2200	3080	3000	5,077	0,028
24	2400	3360	3300	5,053	0,025

EXEMPLO DE PROJETO 2.37

Em instrumentos utilizados em fábricas, parâmetros de processos, como pressão e vazão, são medidos, convertidos em sinais elétricos e enviados por alguma distância a um controlador eletrônico. O controlador, então, decide que ações devem ser tomadas. Uma das principais preocupações nesses sistemas é a distância física entre o sensor e o controlador. Um formato-padrão da indústria para codificar o valor medido é denominado padrão 4–20 mA, em que a faixa de valores do parâmetro é linearmente distribuída de 4 a 20 mA. Por exemplo, um sensor de pressão de 100 psi produziria corrente de 4 mA se a pressão fosse 0 psi, de 20 mA a 100 psi e de 12 mA a 50 psi. Entretanto, a maioria dos instrumentos de medida é baseada em tensões entre 0 e 5 V, e não em correntes.

Portanto, projetemos um conversor de corrente para tensão que produza 5 V quando o sinal de corrente for de 20 mA.

SOLUÇÃO O circuito da **Fig. 2.52a** é um modelo bastante preciso para essa aplicação. Os fios condutores entre a unidade do sensor e o controlador apresenta alguma resistência, R_{cond}. Se a saída do sensor for uma tensão proporcional à pressão, a queda de tensão na linha causará um erro de medição, ainda que a saída do sensor seja uma fonte de tensão ideal. Entretanto, como os dados estão contidos no valor da corrente, a resistência R_{cond} não afeta a precisão no controlador, desde que o sensor atue como uma fonte de corrente ideal.

O conversor de corrente para tensão é extremamente simples – um resistor. Para 5 V a 20 mA, empregamos a lei de Ohm e obtemos

$$R = \frac{5}{0{,}02} = 250\ \Omega$$

O resultante conversor é incorporado ao sistema na **Fig. 2.52b**, em que assumimos tacitamente que o controlador não carrega a parte restante do circuito.

Observemos que o modelo indica que a distância entre o sensor e o controlador pode ser infinita. Intuitivamente, essa situação parece irracional, e é. Perdas que ocorram ao longo da distância podem ser contabilizadas com um modelo mais preciso para o sensor, como mostrado na **Fig. 2.53**. O efeito deste novo modelo de sensor pode ser entendido a partir das equações que descrevem o circuito. As equações do modelo são escritas como

$$I_F = \frac{V_F}{R_F} + \frac{V_F}{R_{cond} + 250}$$

e

$$I_{sinal} = \frac{V_F}{R_{cond} + 250}$$

A combinação dessas equações fornece

$$\frac{I_{sinal}}{I_F} = \frac{1}{1 + \dfrac{R_{cond} + 250}{R_F}}$$

Assim, vemos que é o valor de R_F com relação a (R_{cond} + 250 Ω) que determina a precisão do sinal no controlador. Portanto, o valor de R_F deve ser o maior possível. A máxima tensão de saída e resistência de saída, R_F, são especificadas pelo fabricante do sensor.

Revisitaremos este conversor de corrente para tensão no Capítulo 4.

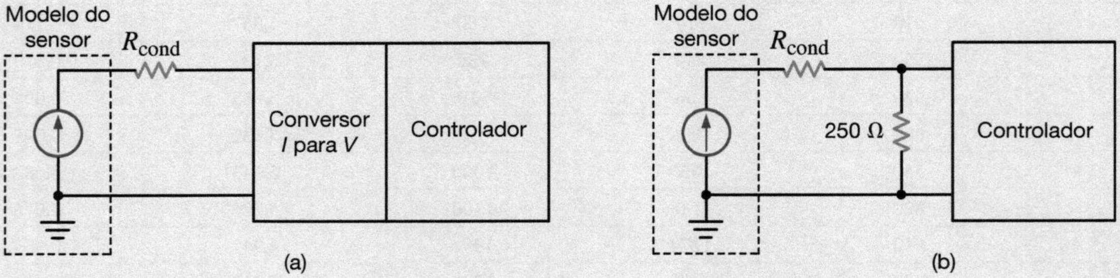

FIGURA 2.52 Malha de controle de 4 a 20 mA. (a) Diagrama de blocos (b) com o conversor de corrente para tensão.

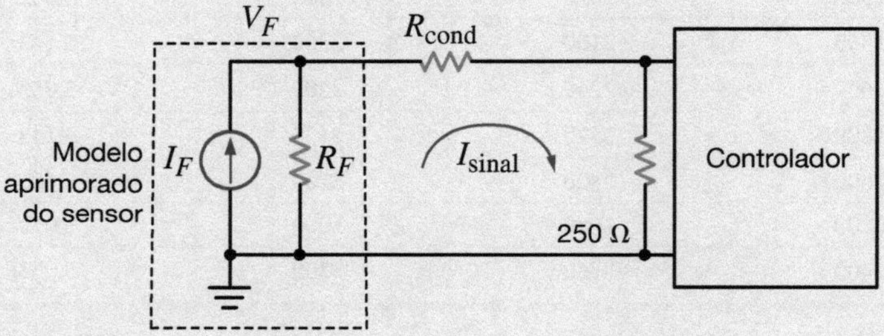

FIGURA 2.53 Modelo mais preciso para a malha de controle de 4 a 20 mA.

EXEMPLO DE PROJETO 2.38

O circuito na **Fig. 2.54** é um circuito equivalente para um amplificador transistorizado empregado em um pré-amplificador estéreo. O circuito de entrada, composto por uma fonte de 2 mV em série com um resistor de 500 Ω, modela a saída de um tocador de CD. A fonte dependente e os resistores R_e e R_s modelam o transistor, que amplifica o sinal e o envia ao amplificador de potência. O resistor de carga de 10 kΩ modela a entrada do amplificador de potência, que realmente aciona os alto-falantes. Projetemos um amplificador transistorizado, como mostrado na **Fig. 2.54**, que tenha um ganho geral de −200. Na prática, não variamos os parâmetros do dispositivo para obter o ganho desejado; em vez disso, selecionamos um transistor da lista de produtos do fabricante que atenda à necessária especificação. A seguir, listamos valores dos parâmetros do circuito equivalente para três diferentes transistores:

Valores dos parâmetros de transistores fornecidos pelo fabricante

Número do Componente	R_e (kΩ)	R_s (kΩ)	g_m (mA/V)
1	1,0	50	50
2	2,0	75	30
3	8,0	80	20

Projete o amplificador escolhendo o transistor que produza o ganho mais próximo do desejado e determinemos o erro percentual na escolha.

SOLUÇÃO A tensão de saída pode ser escrita como

$$V_s = -g_m V(R_s // R_C)$$

Aplicando a divisão de tensão na entrada, calculamos V:

$$V = V_F \left(\frac{R_e}{R_e + R_F} \right)$$

Combinando essas duas expressões, podemos resolver o ganho como:

$$A_V = \frac{V_s}{V_F} = -g_m \left(\frac{R_e}{R_e + R_F} \right) (R_s // R_C)$$

Usando os valores dos parâmetros para os três transistores, concluímos que a melhor alternativa é o transistor número 2, que tem o seguinte erro percentual para o ganho:

$$\text{Erro percentual} = \left(\frac{211{,}8 - 200}{200} \right) \times 100\% = 5{,}9\%$$

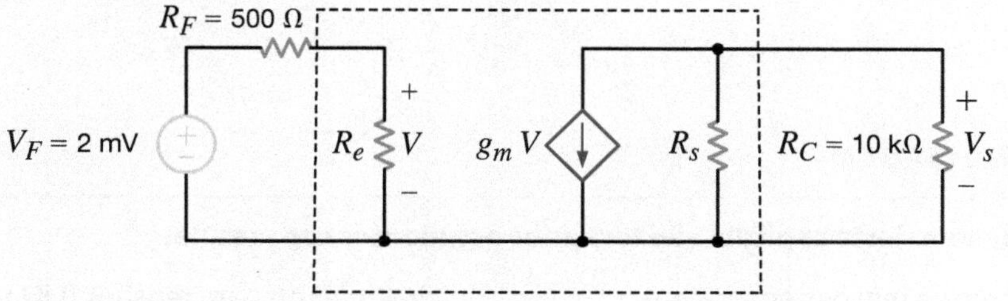

FIGURA 2.54 Circuito equivalente para o amplificador transistorizado.

Resumo

- ***Lei de Ohm*** $V = IR$
- ***Convenção passiva de sinal com a lei de Ohm*** A corrente entra no terminal do resistor com a tensão de referência positiva.
- ***Lei de Kirchhoff para correntes (LKC)*** A soma algébrica das correntes que saem (entram) em um nó é zero.
- ***Lei de Kirchhoff para tensões (LKT)*** A soma algébrica das tensões ao longo de qualquer percurso fechado é zero.
- ***Resolução de um circuito de malha única*** Determinar a corrente na malha aplicando a LKT e a lei de Ohm.
- ***Resolução de um circuito com um único par de nós*** Determinar a tensão entre o par de nós aplicando a LKC e a lei de Ohm.
- ***Regra de divisão de tensão*** A tensão é dividida entre dois resistores em série em proporção direta às resistências.
- ***Regra de divisão de corrente*** A corrente é dividida entre dois resistores paralelos em proporção inversa às resistências.
- ***Resistência equivalente de um circuito resistivo*** Combinar resistores em série somando as resistências. Combinar resistores em paralelo somando as condutâncias. As transformações estrela-delta e delta-estrela também ajudam a reduzir a complexidade de um circuito.
- ***Curto-circuito*** Resistência zero, tensão zero; a corrente no curto é determinada pelo restante do circuito.
- ***Circuito aberto*** Condutância zero, corrente zero; a tensão entre os terminais abertos é determinada pelo restante do circuito.

CAPÍTULO 3

Técnicas de Análise Nodal e de Malhas

OBJETIVOS DE APRENDIZAGEM

Os objetivos de aprendizagem deste capítulo são tornar os estudantes capazes de:

- Calcular correntes em ramos e tensões em nós em circuitos com vários nós aplicando a lei de Kirchhoff para correntes (LKC) e a lei de Ohm na análise nodal.
- Calcular correntes na malha e quedas e elevações de tensão em circuitos com múltiplas malhas aplicando a lei de Kirchhoff para tensões (LKT) e a lei de Ohm na análise de malhas.
- Identificar a técnica de análise mais apropriada à solução de um dado problema.

3.1 Análise Nodal

Na análise nodal, selecionamos as tensões nodais como as variáveis no circuito. Essas tensões são definidas com relação a um ponto comum no circuito, ou seja, um nó é selecionado como referência e todas as outras tensões são definidas com relação a ele. Muitas vezes, esse nó é aquele em que é conectado o maior número de ramos do circuito. Esse nó de referência é, em geral, chamado de *terra* e consideramos que está no potencial zero; por vezes, representa o chassi ou a linha de terra em um circuito prático.

Selecionaremos nossas variáveis como positivas com relação ao nó de referência; se uma ou mais tensões nodais forem, na verdade, negativas com relação ao nó de referência, a análise indicará isso.

Para ressaltar o valor de conhecermos todas as tensões nodais em um circuito, consideremos novamente o circuito na Fig. 2.32, redesenhado na **Fig. 3.1**. As tensões, V_F, V_a, V_b e V_c são medidas com relação ao nó inferior, que é selecionado como referência e marcado com o símbolo de terra ⏚. Portanto, a tensão no nó 1 é $V_F = 12$ V com relação ao nó de referência 5; a tensão no nó 2 é $V_a = 3$ V com relação ao nó de referência 5 e assim por diante. Uma vez que essas tensões nodais sejam conhecidas, podemos calcular imediatamente qualquer corrente de ramo ou a potência fornecida ou absorvida por qualquer elemento, pois conhecemos a tensão em todos os elementos do circuito. Por exemplo, a tensão V_1 no resistor de 9 kΩ mais à esquerda é a diferença de potencial entre as duas extremidades do resistor, ou seja,

$$\begin{aligned} V_1 &= V_F - V_a \\ &= 12 - 3 \\ &= 9 \text{ V} \end{aligned}$$

Esta equação nada mais é do que uma aplicação da LKT ao longo da malha mais à esquerda:

$$-V_F + V_1 + V_a = 0$$

De mesmo modo, obtemos

$$V_3 = V_a - V_b$$

e

$$V_5 = V_b - V_c$$

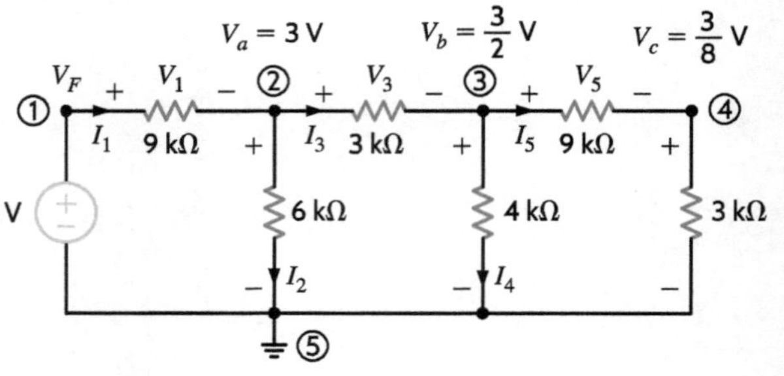

FIGURA 3.1 Circuito com tensões nodais conhecidas.

Portanto, as correntes nos resistores são determinadas como

$$I_1 = \frac{V_1}{9k} = \frac{V_F - V_a}{9k}$$

$$I_3 = \frac{V_3}{3k} = \frac{V_a - V_b}{3k}$$

$$I_5 = \frac{V_5}{9k} = \frac{V_b - V_c}{9k}$$

Além disso,

$$I_2 = \frac{V_a - 0}{6k}$$

$$I_4 = \frac{V_b - 0}{4k}$$

uma vez que o nó de referência 5 está no potencial zero.

Assim, como regra geral, se conhecermos as tensões nodais no circuito, podemos aplicar a lei de Ohm e calcular a corrente em qualquer elemento resistivo:

$$I = \frac{(V_m - V_n)}{R} \qquad \textbf{3.1}$$

como ilustrado na **Fig. 3.2a**. Observemos que as tensões V_m e V_n são medidas com relação ao mesmo ponto, ou seja, o nó de terra. Na análise nodal, esse conceito é fundamental para escrever as equações necessárias à determinação de todas as tensões nodais. Consideremos, por exemplo, o circuito na **Fig. 3.2b**, em que V_1, V_2, V_3 e V_4 representam as tensões nesses nós com relação ao nó de terra. Podemos, então, escrever as seguintes equações da LKT como:

$$-V_2 + I_1R_1 + V_1 = 0$$
$$-V_1 + I_2R_2 + V_4 = 0$$
$$-V_3 + I_3R_3 + V_2 = 0$$

obtendo as seguintes equações para as correntes:

$$I_1 = \frac{(V_2 - V_1)}{R_1}$$

$$I_2 = \frac{(V_1 - V_4)}{R_2}$$

$$I_3 = \frac{(V_3 - V_2)}{R_3}$$

Além disso, a equação da LKT

$$-V_1 + V_A + V_3 = 0$$

indica que $V_1 - V_3 = V_A$. Por fim, a lei de Ohm fornece $I_5 = V_2/R_5$.

Agora que demonstramos a importância de conhecermos todas as tensões nodais em um circuito, mostraremos como calculá-las. Na análise nodal, aplicamos a LKC de modo que as incógnitas nas equações sejam as tensões nodais que desejamos calcular. Como indicamos, um dos nós em um circuito de *N* nós é selecionado como o de referência, e as tensões em todos os restantes *N* – 1 nós são medidas com relação a este nó de referência. Usando topologia de circuitos, podemos mostrar que exatamente *N* – 1 equações da LKC linearmente independentes são necessárias para determinar as *N* – 1 tensões nodais desconhecidas. Portanto, teoricamente, uma vez que um dos nós do circuito de *N* nós foi selecionado como o de referência, nossa tarefa consiste em identificar os *N* – 1 nós restantes e escrever uma equação da LKC para cada um deles.

Em um circuito de múltiplos nós, esse processo resulta em um conjunto de *N* – 1 equações linearmente independentes simultâneas em que as variáveis são as *N* – 1 tensões nodais desconhecidas. Para fixarmos essa ideia, consideremos novamente o Exemplo 2.5. Observemos que, neste circuito, apenas quatro (ou seja, quaisquer quatro) das cinco equações da LKC, uma para cada um dos cinco nós do circuito, são linearmente independentes. Além disso, muitas das correntes de ramo neste exemplo (as que não são contidas em uma fonte) podem ser escritas em termos das tensões nodais, como ilustrado na **Fig. 3.2a**, e expressas na Eq. (3.1). É desta forma que obtemos equações da LKC para as tensões nodais desconhecidas, como mostraremos nas seções seguintes.

Para explorar a análise nodal, examinaremos diferentes tipos de circuitos, ilustrando as principais características de cada um. Comecemos com o caso mais simples. No entanto, como introdução à discussão dos detalhes da análise nodal, vale a pena divagarmos por um momento para garantir que o conceito de tensão nodal seja claramente entendido.

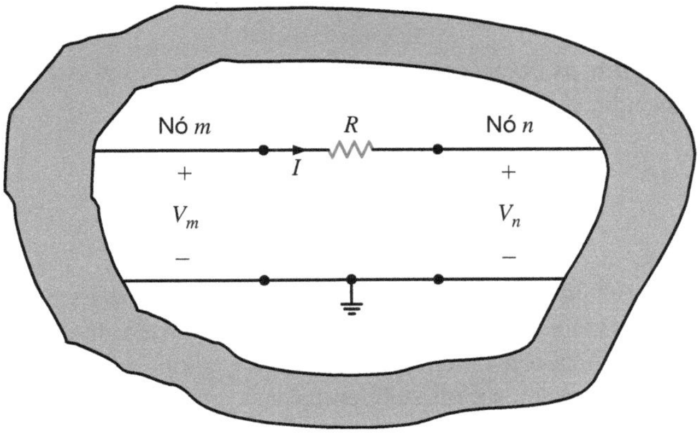

(a)

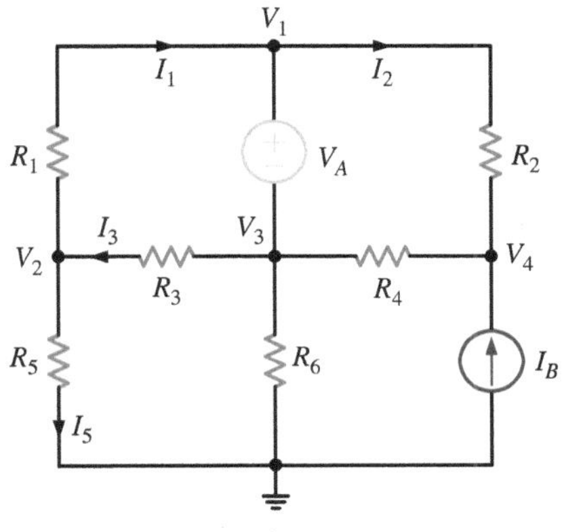

(b)

FIGURA 3.2 Circuito usado para ilustrar a lei de Ohm em um circuito de múltiplos nós.

Para começar, é necessário especificar uma referência. Por exemplo, dizer que a tensão no nó A é 12 V nada significa, a menos que indiquemos um ponto de referência; ou seja, a tensão no nó A é 12 V com relação a quê? O circuito na **Fig. 3.3** ilustra uma parte de um circuito de três nós, um dos quais como o nó de referência.

A tensão $V_1 = 4$ V é a tensão no nó 1 com relação ao nó de referência 3. Da mesma forma, a tensão $V_2 = -2$ V é a tensão no nó 2 com relação ao nó 3. Contudo, a tensão no nó 1 com relação ao nó 2 é +6 V, e a tensão no nó 2 com relação ao nó 1 é −6 V. Além disso, como a corrente flui do nó de maior potencial para o nó de menor potencial, a corrente em R_1 é de cima para baixo, a corrente em R_2 é da esquerda para a direita e a corrente em R_3, de baixo para cima.

Esses conceitos têm importantes reflexos em nossas vidas cotidianas. Se uma pessoa estivesse pendurada no ar com uma das mãos em uma linha de transmissão e a outra em uma segunda linha, e se as tensões CC nas duas linhas fossem exatamente iguais, a diferença de potencial no coração da pessoa seria zero e ela estaria a salvo. Se, no entanto, ela soltasse uma linha e deixasse seus pés tocarem o chão, haveria uma tensão CC entre a mão e os pés, com o coração no meio. A pessoa provavelmente morreria no instante em que seu pé tocasse o chão.

Em outra situação, um jovem tentou recuperar seu pássaro que havia escapado da gaiola e estava empoleirado em uma linha de energia. O jovem subiu em uma escada de metal e, com uma vara também de metal, alcançou o pássaro; quando a vara de metal tocou a linha de energia, o jovem teve morte instantânea. A energia elétrica é vital para nosso estilo de vida, mas também muito perigosa. O material neste livro *não qualifica* o leitor a manuseá-la com segurança. Portanto, devemos sempre ser extremamente cuidadosos ao lidar com circuitos elétricos.

Ao iniciarmos a discussão de análise nodal, começaremos com casos simples e prosseguiremos de modo sistemático para casos mais desafiadores. Recorreremos a diversos exemplos para demonstrar cada faceta desta abordagem. No fim desta seção, apresentaremos uma estratégia para resolver qualquer circuito usando a análise nodal.

Circuitos Contendo Apenas Fontes de Corrente Independentes

Consideremos o circuito mostrado na **Fig. 3.4**, que contém três nós; portanto, sabemos que precisaremos de exatamente $N - 1 = 3 - 1 = 2$ equações da LKC linearmente independentes

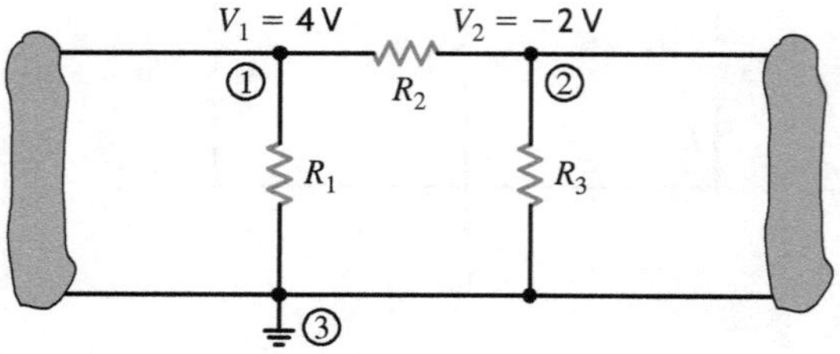

FIGURA 3.3 Ilustração de tensões nodais.

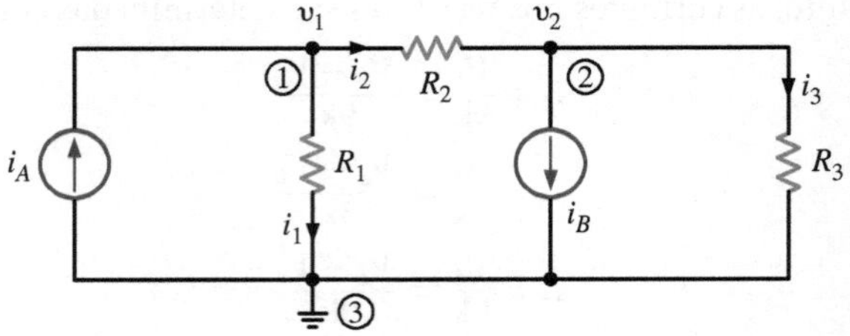

FIGURA 3.4 Um circuito de três nós.

para determinar as $N - 1 = 2$ tensões nodais desconhecidas. Primeiro, selecionamos o nó inferior como o nó de referência e, em seguida, as tensões nos dois nós restantes, marcadas como v_1 e v_2, serão medidas com relação a esse nó.

Assumimos que as correntes de ramo fluam nas direções indicadas nas figuras. Se, na verdade, uma ou mais correntes fluírem em direção oposta à assumida, a análise simplesmente produzirá correntes negativas.

A aplicação da LKC ao nó 1 fornece

$$-i_A + i_1 + i_2 = 0$$

Usando a lei de Ohm ($i = Gv$), a **DICA 3.1** e notando que o nó de referência está no potencial zero, obtemos

$$-i_A + G_1(v_1 - 0) + G_2(v_1 - v_2) = 0$$

ou

$$(G_1 + G_2)v_1 - G_2v_2 = i_A$$

A aplicação da LKC ao nó 2 fornece

$$-i_2 + i_B + i_3 = 0$$

ou

$$-G_2(v_1 - v_2) + i_B + G_3(v_2 - 0) = 0$$

que pode ser expressa como

$$-G_2v_1 + (G_2 + G_3)v_2 = -i_B$$

Portanto, as duas equações para as duas tensões nodais desconhecidas v_1 e v_2 são

$$(G_1 + G_2)v_1 - G_2v_2 = i_A$$
$$-G_2v_1 + (G_2 + G_3)v_2 = -i_B \qquad \textbf{3.2}$$

Observe que a análise resultou em duas equações simultâneas para as incógnitas v_1 e v_2, que podem ser resolvidas usando qualquer técnica conveniente; calculadoras e computadores pessoais são instrumentos muito eficientes para este tipo de cálculo.

DICA 3.1

Empregar a convenção passiva de sinais.

A seguir, demonstraremos três técnicas para a solução de equações simultâneas linearmente independentes: eliminação de Gauss, análise de matrizes e o pacote de *software* matemático MATLAB. O uso do *software* MATLAB é simples, e o demonstraremos nos exemplos.

A aplicação da LKC aos nós 1 e 2 resultou em duas equações simultâneas linearmente independentes:

$$-i_A + i_1 + i_2 = 0$$
$$-i_2 + i_B + i_3 = 0$$

A equação da LKC para o terceiro nó (referência) é

$$+i_A - i_1 - i_B - i_3 = 0$$

Se somarmos as duas primeiras equações, obteremos a terceira. Além disso, quaisquer duas das equações podem ser usadas para derivar a equação restante. Portanto, neste circuito de $N = 3$ nós, apenas $N - 1 = 2$ das equações são linearmente independentes e necessárias para determinar as $N - 1 = 2$ tensões nodais desconhecidas.

A análise nodal emprega a LKC em conjunto com a lei de Ohm. Depois de *assumirmos* a direção das correntes de ramo, a lei de Ohm, como ilustrado pela Fig. 3.2 e denotado pela Eq. (3.1), é usada para expressar as correntes de ramo em termos de tensões nodais desconhecidas. Podemos assumir uma direção qualquer para as correntes. Contudo, uma vez escolhida uma direção, devemos ter muito cuidado para escrever as correntes corretamente em termos das tensões nodais usando a lei de Ohm.

EXEMPLO 3.1

Para o circuito na **Fig. 3.4**, considere os seguintes valores para os parâmetros: $I_A = 1$ mA, $R_1 = 12$ kΩ, $R_2 = 6$ kΩ, $I_B = 4$ mA e $R_3 = 6$ kΩ. Determinemos todas as tensões nodais e correntes de ramo.

SOLUÇÃO Resolveremos este problema usando eliminação de Gauss, análise de matrizes e MATLAB. Com os valores dos parâmetros, a Eq. (3.2) fornece

$$V_1\left[\frac{1}{12\text{k}} + \frac{1}{6\text{k}}\right] - V_2\left[\frac{1}{6\text{k}}\right] = 1 \times 10^{-3}$$
$$-V_1\left[\frac{1}{6\text{k}}\right] + V_2\left[\frac{1}{6\text{k}} + \frac{1}{6\text{k}}\right] = -4 \times 10^{-3}$$

em que empregamos letras maiúsculas, pois as tensões são constantes. As equações podem ser escritas como

$$\frac{V_1}{4\text{k}} - \frac{V_2}{6\text{k}} = 1 \times 10^{-3}$$
$$-\frac{V_1}{6\text{k}} + \frac{V_2}{3\text{k}} = -4 \times 10^{-3}$$

Na eliminação de Gauss, resolvemos a primeira equação para V_1 em termos de V_2:

$$V_1 = V_2\left(\frac{2}{3}\right) + 4$$

Este valor é, então, substituído na segunda equação:

$$\frac{-1}{6\text{k}}\left(\frac{2}{3}V_2 + 4\right) + \frac{V_2}{3\text{k}} = -4 \times 10^{-3}$$

ou

$$V_2 = -15 \text{ V}$$

Este valor para V_2 é substituído de volta na equação para V_1 em termos de V_2, resultando em

$$V_1 = \frac{2}{3}V_2 + 4$$
$$= -6 \text{ V}$$

As equações do circuito também podem ser resolvidas usando análise matricial. A forma geral da equação matricial é

$$\mathbf{GV} = \mathbf{I}$$

em que

$$\mathbf{G} = \begin{bmatrix} \frac{1}{4\text{k}} & -\frac{1}{6\text{k}} \\ -\frac{1}{6\text{k}} & \frac{1}{3\text{k}} \end{bmatrix}, \mathbf{V} = \begin{bmatrix} V_1 \\ V_2 \end{bmatrix} \text{ e } \mathbf{I} = \begin{bmatrix} 1 \times 10^{-3} \\ -4 \times 10^{-3} \end{bmatrix}$$

A solução da equação matricial é

$$\mathbf{V} = \mathbf{G}^{-1}\mathbf{I}$$

e, portanto,

$$\begin{bmatrix} V_1 \\ V_2 \end{bmatrix} = \begin{bmatrix} \frac{1}{4\text{k}} & \frac{-1}{6\text{k}} \\ \frac{-1}{6\text{k}} & \frac{1}{3\text{k}} \end{bmatrix}^{-1} \begin{bmatrix} 1 \times 10^{-3} \\ -4 \times 10^{-3} \end{bmatrix}$$

Para calcular a inversa de **G**, precisamos determinar a matriz adjunta e o determinante. A matriz adjunta é

$$\text{Adj } \mathbf{G} = \begin{bmatrix} \frac{1}{3\text{k}} & \frac{1}{6\text{k}} \\ \frac{1}{6\text{k}} & \frac{1}{4\text{k}} \end{bmatrix}$$

e o determinante,

$$|\mathbf{G}| = \left(\frac{1}{3\text{k}}\right)\left(\frac{1}{4\text{k}}\right) - \left(\frac{-1}{6\text{k}}\right)\left(\frac{-1}{6\text{k}}\right)$$
$$= \frac{1}{18\text{k}^2}$$

Logo,

$$\begin{bmatrix} V_1 \\ V_2 \end{bmatrix} = 18\text{k}^2 \begin{bmatrix} \frac{1}{3\text{k}} & \frac{1}{6\text{k}} \\ \frac{1}{6\text{k}} & \frac{1}{4\text{k}} \end{bmatrix} \begin{bmatrix} 1 \times 10^{-3} \\ -4 \times 10^{-3} \end{bmatrix}$$
$$= 18\text{k}^2 \begin{bmatrix} \frac{1}{3\text{k}^2} - \frac{4}{6\text{k}^2} \\ \frac{1}{6\text{k}^2} - \frac{1}{\text{k}^2} \end{bmatrix}$$
$$= \begin{bmatrix} -6 \\ -15 \end{bmatrix}$$

Na solução com MATLAB, simplificamos a forma das equações multiplicando-as por 12k:

$$3V_1 - 2V_2 = 12$$
$$-2V_1 + 4V_2 = -48$$

Na forma matricial, a equação é escrita como:

$$\begin{bmatrix} 3 & -2 \\ -2 & 4 \end{bmatrix} \begin{bmatrix} V_1 \\ V_2 \end{bmatrix} = \begin{bmatrix} 12 \\ -48 \end{bmatrix}$$

Com isso, a entrada de dados e a solução usando MATLAB são:

```
>> G = [3 -2; -2 4]
   G =
        3  -2
       -2   4
>> I = [12; -48]
   I =
        12
       -48
>> V = inv(G)*I
   V =
       -6.0000
      -15.0000
```

Conhecidas as tensões nodais, podemos determinar todas as correntes usando a lei de Ohm:

$$I_1 = \frac{V_1}{R_1} = \frac{-6}{12\text{k}} = -\frac{1}{2} \text{ mA}$$

$$I_2 = \frac{V_1 - V_2}{6\text{k}} = \frac{-6 - (-15)}{6\text{k}} = \frac{3}{2} \text{ mA}$$

e

$$I_3 = \frac{V_2}{6\text{k}} = \frac{-15}{6\text{k}} = -\frac{5}{2} \text{ mA}$$

A **Fig. 3.5** ilustra os resultados dos cálculos. Observe que a LKC é satisfeita em cada nó.

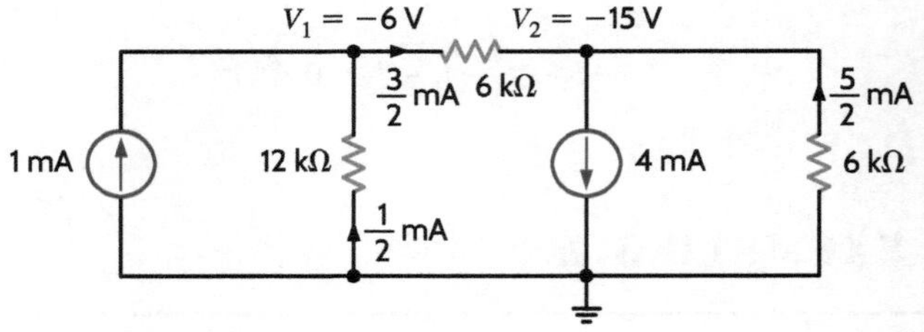

FIGURA 3.5 Circuito usado no Exemplo 3.1.

Examinemos, agora, o circuito na **Fig. 3.6**. As direções assumidas para as correntes são mostradas na figura.

O circuito tem quatro nós. O nó na parte inferior do circuito é selecionado como o nó de referência e marcado com o símbolo de terra. Como $N = 4$, $N - 1 = 3$ equações da LKC linearmente independentes serão necessárias para determinar as três tensões nodais desconhecidas, v_1, v_2 e v_3.

Aplicando a LKC ao nó 1, fornece:

$$i_1 - i_A + i_2 - i_3 = 0$$

ou

$$\frac{v_1}{R_1} - i_A + \frac{v_1 - v_2}{R_2} - \frac{v_3 - v_1}{R_3} = 0$$

$$v_1\left(\frac{1}{R_1} + \frac{1}{R_2} + \frac{1}{R_3}\right) - v_2\frac{1}{R_2} - v_3\frac{1}{R_3} = i_A$$

Aplicada ao nó 2, a LKC resulta em

$$-i_2 + i_4 - i_5 = 0$$

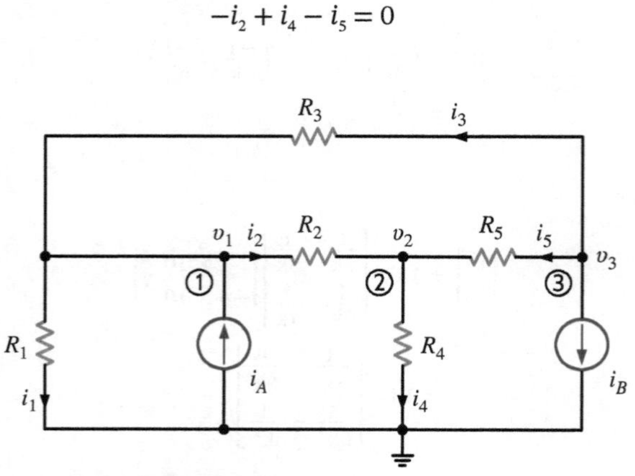

FIGURA 3.6 Um circuito de quatro nós.

ou

$$-\frac{v_1 - v_2}{R_2} + \frac{v_2}{R_4} - \frac{v_3 - v_2}{R_5} = 0$$

$$-v_1\frac{1}{R_2} + v_2\left(\frac{1}{R_2} + \frac{1}{R_4} + \frac{1}{R_5}\right) - v_3\frac{1}{R_5} = 0$$

Para o nó 3, a equação é

$$i_3 + i_5 + i_B = 0$$

ou

$$\frac{v_3 - v_1}{R_3} + \frac{v_3 - v_2}{R_5} + i_B = 0$$

$$-v_1\frac{1}{R_3} - v_2\frac{1}{R_5} + v_3\left(\frac{1}{R_3} + \frac{1}{R_5}\right) = -i_B$$

Agrupando as equações nodais, obtemos

$$\begin{aligned} v_1\left(\frac{1}{R_1} + \frac{1}{R_2} + \frac{1}{R_3}\right) - v_2\frac{1}{R_2} - v_3\frac{1}{R_3} &= i_A \\ -v_1\frac{1}{R_2} + v_2\left(\frac{1}{R_2} + \frac{1}{R_4} + \frac{1}{R_5}\right) - v_3\frac{1}{R_5} &= 0 \\ -v_1\frac{1}{R_3} - v_2\frac{1}{R_5} + v_3\left(\frac{1}{R_3} + \frac{1}{R_5}\right) &= -i_B \end{aligned} \quad \textbf{3.3}$$

A análise produziu três equações simultâneas para as três tensões nodais desconhecidas, v_1, v_2 e v_3. As equações também podem ser escritas na forma matricial como

$$\begin{bmatrix} \frac{1}{R_1} + \frac{1}{R_2} + \frac{1}{R_3} & -\frac{1}{R_2} & -\frac{1}{R_3} \\ -\frac{1}{R_2} & \frac{1}{R_2} + \frac{1}{R_4} + \frac{1}{R_5} & -\frac{1}{R_5} \\ -\frac{1}{R_3} & -\frac{1}{R_5} & \frac{1}{R_3} + \frac{1}{R_5} \end{bmatrix} \begin{bmatrix} v_1 \\ v_2 \\ v_3 \end{bmatrix} = \begin{bmatrix} i_A \\ 0 \\ -i_B \end{bmatrix} \quad \textbf{3.4}$$

É importante observarmos a forma simétrica das equações que descrevem os dois circuitos anteriores. As Eqs. (3.2) e (3.3) apresentam o mesmo tipo de simetria. Para cada circuito, a matriz **G** é uma matriz simétrica. Essa simetria não é acidental. As equações nodais para circuitos com apenas resistores e fontes de corrente independentes sempre podem ser escritas nesta forma simétrica. Podemos aproveitar esse fato e aprender a escrever as equações por simples inspeção. Na primeira equação de (3.2), o coeficiente de v_1 é a soma de todas as condutâncias conectadas ao nó 1, e o coeficiente de v_2 é o negativo das condutâncias conectadas entre o nó 1 e o nó 2. O lado direito da equação nodal é a soma das correntes que entram no nó 1 pelas fontes de corrente. Esta equação resulta da LKC aplicada ao nó 1. Na segunda equação em (3.2), o coeficiente de v_2 é a soma de todas as condutâncias conectadas ao nó 2, o coeficiente de v_1 é o negativo da condutância conectada entre o nó 2 e o nó 1, e o lado direito da equação é a soma das correntes que entram no nó 2 pelas fontes de corrente. Esta equação resulta da LKC aplicada ao nó 2. Da mesma forma, na primeira equação em (3.3), o coeficiente de v_1 é a soma das condutâncias conectadas ao nó 1, o coeficiente de v_2 é o negativo da condutância conectada entre o nó 1 e o nó 2, o coeficiente de v_3 é o negativo da condutância conectada entre o nó 1 e o nó 3, e o lado direito da equação é a soma das correntes que entram no nó 1 pelas fontes de corrente. As outras duas equações em (3.3) são obtidas de maneira semelhante.

Em geral, se a LKC é aplicada ao nó j com tensão nodal v_j, o coeficiente de v_j é a soma de todas as condutâncias conectadas ao nó j e os coeficientes das outras tensões nodais (por exemplo, v_{j-1}, v_{j+1}) são o negativo da soma das condutâncias conectadas diretamente entre esses nós e o nó j. O lado direito da equação é igual à soma das correntes que entram no nó pelas fontes de corrente. Portanto, o lado esquerdo da equação representa a soma das correntes que saem do nó j, e o lado direito da equação representa as correntes que entram no nó j.

EXEMPLO 3.2

Apliquemos o que acabamos de aprender e escrevamos as equações para o circuito na **Fig. 3.7** diretamente por inspeção. Dados os seguintes valores dos parâmetros, determinaremos as tensões nodais usando o MATLAB:
$R_1 = R_2 = 2\ \text{k}\Omega$, $R_3 = R_4 = 4\ \text{k}\Omega$, $R_5 = 1\ \text{k}\Omega$, $i_A = 4$ mA e $i_B = 2$ mA.

SOLUÇÃO As equações são

$$v_1\left(\frac{1}{R_1}+\frac{1}{R_2}\right) - v_2(0) - v_3\left(\frac{1}{R_1}\right) = -i_A$$
$$-v_1(0) + v_2\left(\frac{1}{R_3}+\frac{1}{R_4}\right) - v_3\left(\frac{1}{R_4}\right) = i_A - i_B$$
$$-v_1\left(\frac{1}{R_1}\right) - v_2\left(\frac{1}{R_4}\right) + v_3\left(\frac{1}{R_1}+\frac{1}{R_4}+\frac{1}{R_5}\right) = 0$$

que também podem ser escritas diretamente na forma matricial como

$$\begin{bmatrix} \frac{1}{R_1}+\frac{1}{R_2} & 0 & -\frac{1}{R_1} \\ 0 & \frac{1}{R_3}+\frac{1}{R_4} & -\frac{1}{R_4} \\ -\frac{1}{R_1} & -\frac{1}{R_4} & \frac{1}{R_1}+\frac{1}{R_4}+\frac{1}{R_5} \end{bmatrix} \begin{bmatrix} v_1 \\ v_2 \\ v_3 \end{bmatrix} = \begin{bmatrix} -i_A \\ i_A - i_B \\ 0 \end{bmatrix}$$

As equações e a matriz **G** apresentam a simetria que sempre ocorre para circuitos que contêm apenas resistores e fontes de corrente.

Usando os valores dos componentes, a equação matricial passa a

$$\begin{bmatrix} \frac{1}{2\text{k}}+\frac{1}{2\text{k}} & 0 & -\frac{1}{2\text{k}} \\ 0 & \frac{1}{4\text{k}}+\frac{1}{4\text{k}} & -\frac{1}{4\text{k}} \\ -\frac{1}{2\text{k}} & -\frac{1}{4\text{k}} & \frac{1}{2\text{k}}+\frac{1}{4\text{k}}+\frac{1}{1\text{k}} \end{bmatrix} \begin{bmatrix} v_1 \\ v_2 \\ v_3 \end{bmatrix} = \begin{bmatrix} -0{,}004 \\ 0{,}002 \\ 0 \end{bmatrix}$$

Multiplicando a equação matricial por 4k, obtemos

$$\begin{bmatrix} 4 & 0 & -2 \\ 0 & 2 & -1 \\ -2 & -1 & 7 \end{bmatrix} \begin{bmatrix} v_1 \\ v_2 \\ v_3 \end{bmatrix} = \begin{bmatrix} -16 \\ 8 \\ 0 \end{bmatrix}$$

A solução via MATLAB é dada como

```
>> G = [4 0 -2; 0 2 -1; -2 -1 7]
   G =
        4        0       -2
        0        2       -1
       -2       -1        7
>> I = [-16;8;0]
   I =
      -16
        8
        0
>> V = inv(G)*I
   V =
      -4.3636
       3.6364
      -0.7273
```

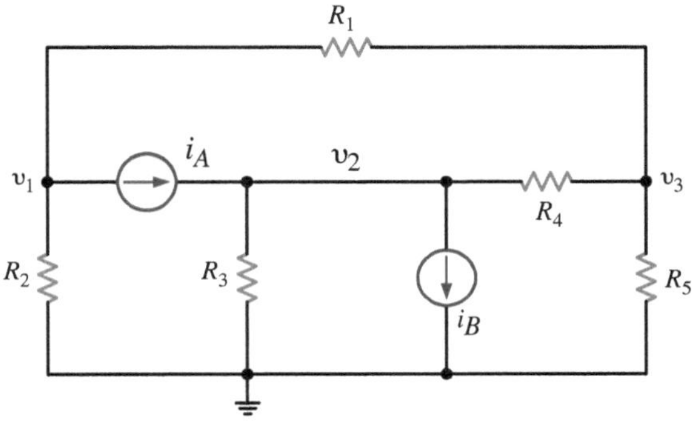

FIGURA 3.7 Circuito usado no Exemplo 3.2.

Avaliação da Aprendizagem

E3.1 Escreva as equações nodais para o circuito na Fig. E3.1.

Resposta:

$$\frac{1}{4k}V_1 - \frac{1}{12k}V_2 = 4 \times 10^3,$$

$$\frac{-1}{12k}V_1 + \frac{1}{4k}V_2 = -2 \times 10^{-3}.$$

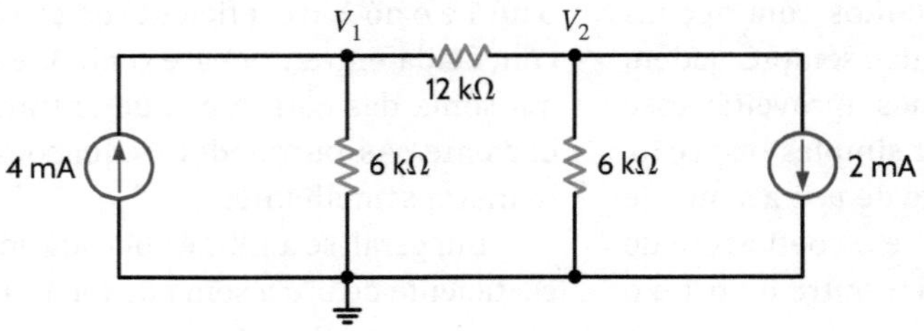

FIGURA E3.1

E3.2 Usando MATLAB, determine todas as tensões nodais para o circuito na Fig. E3.2.

Resposta:

V_1 = 5,4286 V,

V_2 = 2,000 V,

V_3 = 3,1429 V.

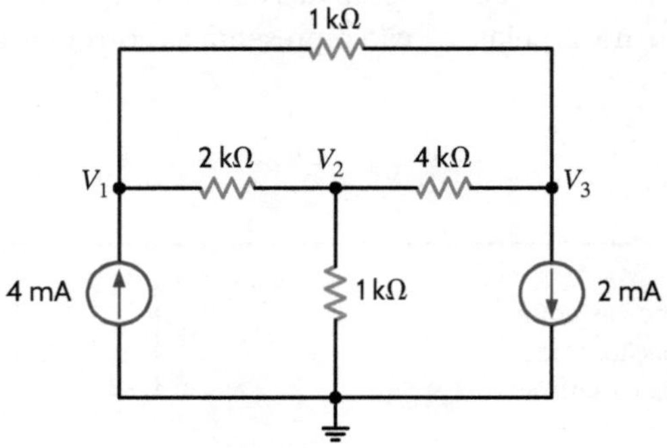

FIGURA E3.2

E3.3 Use análise nodal e determine V_s na Fig. E3.3.

Resposta:

V_s = 2,79 V.

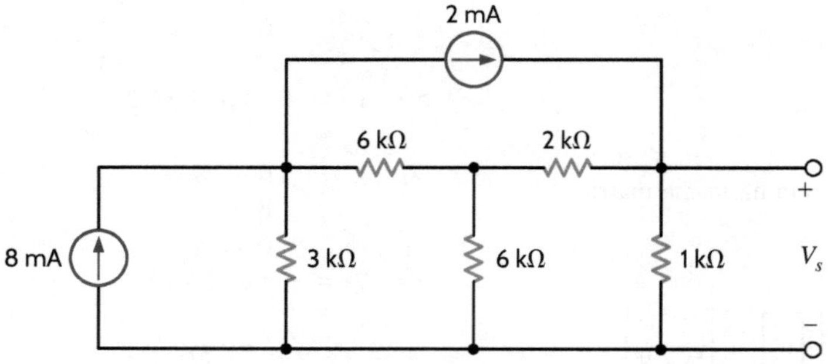

FIGURA E3.3

Circuitos Contendo Fontes de Corrente Dependentes

A presença de uma fonte dependente pode destruir a simetria das equações nodais que descrevem o circuito. Consideremos o circuito mostrado na **Fig. 3.8**, que contém uma fonte de corrente controlada por corrente. As equações da LKC para os nós que não são referência são escritas como

$$\beta i_s + \frac{v_1}{R_1} + \frac{v_1 - v_2}{R_2} = 0$$

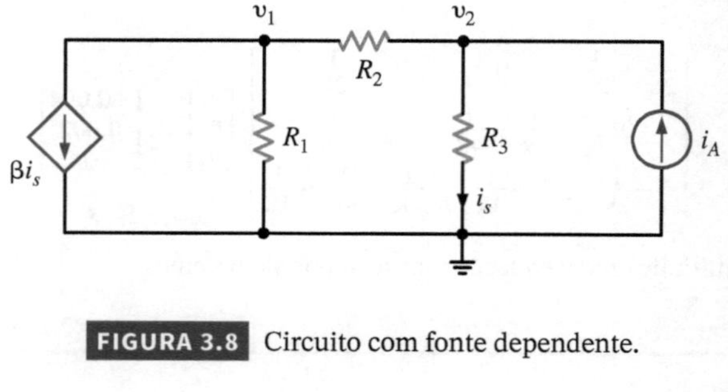

FIGURA 3.8 Circuito com fonte dependente.

e

$$\frac{v_2 - v_1}{R_2} + i_s - i_A = 0$$

em que $i_s = v_2/R_3$. Simplificando as equações, obtemos

$$(G_1 + G_2)v_1 - (G_2 - \beta G_3)v_2 = 0$$
$$-G_2 v_1 + (G_2 + G_3)v_2 = i_A$$

ou, na forma matricial,

$$\begin{bmatrix} (G_1 + G_2) & (-G_2 - \beta G_3) \\ -G_2 & (G_2 + G_3) \end{bmatrix} \begin{bmatrix} v_1 \\ v_2 \end{bmatrix} = \begin{bmatrix} 0 \\ i_A \end{bmatrix}$$

Observe que a presença da fonte dependente destruiu a natureza simétrica das equações nodais.

EXEMPLO 3.3

Determinemos as tensões nodais para o circuito na **Fig. 3.8**, dados os seguintes valores dos parâmetros:

$$\beta = 2 \qquad R_2 = 6\text{ k}\Omega \qquad i_A = 2\text{ mA}$$
$$R_1 = 12\text{ k}\Omega \qquad R_3 = 3\text{ k}\Omega$$

SOLUÇÃO Usando esses valores nas equações do circuito, temos:

$$\frac{1}{4\text{k}}V_1 + \frac{1}{2\text{k}}V_2 = 0$$

$$-\frac{1}{6\text{k}}V_1 + \frac{1}{2\text{k}}V_2 = 2 \times 10^{-3}$$

Multiplicando as equações por 12k:

$$\begin{bmatrix} 3 & 6 \\ -2 & 6 \end{bmatrix} \begin{bmatrix} V_1 \\ V_2 \end{bmatrix} = \begin{bmatrix} 0 \\ 24 \end{bmatrix}$$

A solução com MATLAB é, então, obtida como:

```
>> G = [3 6; -2 6]
   G =
         3   6
        -2   6
>> I = [0;24]
   I =
         0
        24
>> V = inv(G)*I
   V =
        -4.8000
         2.4000
```

Podemos confirmar essas respostas determinando as correntes de ramo no circuito e, em seguida, usando essa informação para testar a LKC nos nós. Por exemplo, a corrente que percorre R_3 de cima para baixo é

$$I_s = \frac{V_2}{R_3} = \frac{12/5}{3\text{k}} = \frac{4}{5\text{k}}\text{A}$$

Da mesma forma, a corrente que percorre R_2 da direita para a esquerda é

$$I_2 = \frac{V_2 - V_1}{R_2} = \frac{12/5 - (-24/5)}{6\text{k}} = \frac{6}{5\text{k}}\text{A}$$

Todos os resultados são mostrados na **Fig. 3.9**. Observe que a LKC é satisfeita em cada nó.

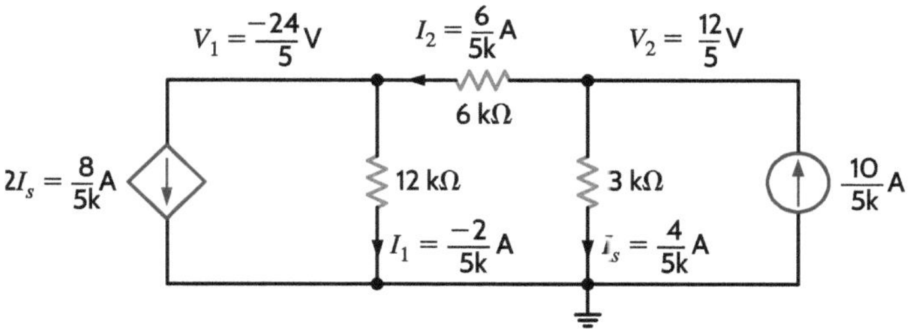

FIGURA 3.9 Circuito usado no Exemplo 3.3.

EXEMPLO 3.4

Determinemos o conjunto de equações linearmente independentes que, quando resolvidas, fornecem as tensões nodais para o circuito na **Fig. 3.10**. Então, com os seguintes valores de componentes, calculemos as tensões nodais usando MATLAB: $R_1 = 1\text{ k}\Omega$, $R_2 = R_3 = 2\text{ k}\Omega$, $R_4 = 4\text{ k}\Omega$, $i_A = 2\text{ mA}$, $i_B = 4\text{ mA}$ e $\alpha = 0{,}002$.

Aplicação da LKC a cada um dos nós que não são de referência fornece as equações

$$G_3\, v_1 + G_1(v_1 - v_2) - i_A = 0$$
$$i_A + G_1(v_2 - v_1) + \alpha v_x + G_2(v_2 - v_3) = 0$$
$$G_2(v_3 - v_2) + G_4 v_3 - i_B = 0$$

em que $v_x = v_2 - v_3$. Simplificando essas equações, obtemos

$$(G_1 + G_3)v_1 - G_1 v_2 = i_A$$
$$-G_1 v_1 + (G_1 + \alpha + G_2)v_2 - (\alpha + G_2)v_3 = -i_A$$
$$-G_2 v_2 + (G_2 + G_4)v_3 = i_B$$

Com os valores dos componentes, as equações passam a

$$\begin{bmatrix} \frac{1}{1\text{k}} + \frac{1}{2\text{k}} & -\frac{1}{\text{k}} & 0 \\ -\frac{1}{\text{k}} & \frac{1}{\text{k}} + \frac{2}{\text{k}} + \frac{1}{2\text{k}} & -\left(\frac{2}{\text{k}} + \frac{1}{2\text{k}}\right) \\ 0 & -\frac{1}{2\text{k}} & \frac{1}{2\text{k}} + \frac{1}{4\text{k}} \end{bmatrix} \begin{bmatrix} v_1 \\ v_2 \\ v_3 \end{bmatrix} = \begin{bmatrix} 0{,}002 \\ -0{,}002 \\ 0{,}004 \end{bmatrix}$$

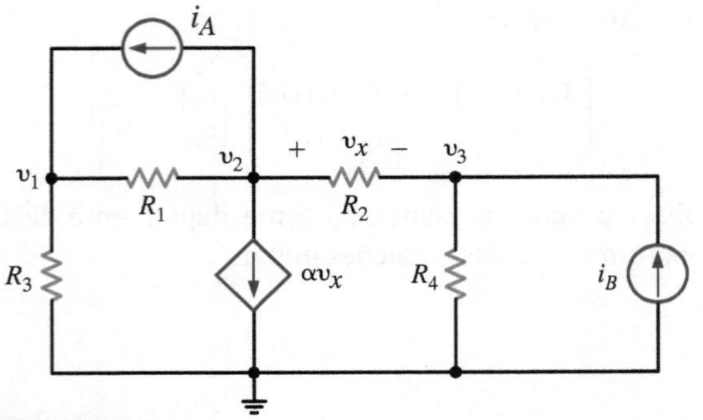

FIGURA 3.10 Circuito contendo uma fonte de corrente controlada por tensão.

Multiplicando as equações por 4k, obtemos

$$\begin{bmatrix} 6 & -4 & 0 \\ -4 & 14 & -10 \\ 0 & -2 & 3 \end{bmatrix} \begin{bmatrix} V_1 \\ V_2 \\ V_3 \end{bmatrix} = \begin{bmatrix} 8 \\ -8 \\ 16 \end{bmatrix}$$

A solução com MATLAB é dada por

```
>> G = [6 -4 0;-4 14 -10;0 -2 3]
   G =
       6    -4     0
      -4    14   -10
       0    -2     3
>> I = [8;-8;16]
   I =
       8
      -8
      16
>> V = inv(G)*I
   V =
       8.5714
      10.8571
      12.5714
```

Avaliação da Aprendizagem

E3.4 Determine as tensões nodais no circuito na Fig. E3.4.

Resposta: $V_1 = 16$ V, $V_2 = -8$ V.

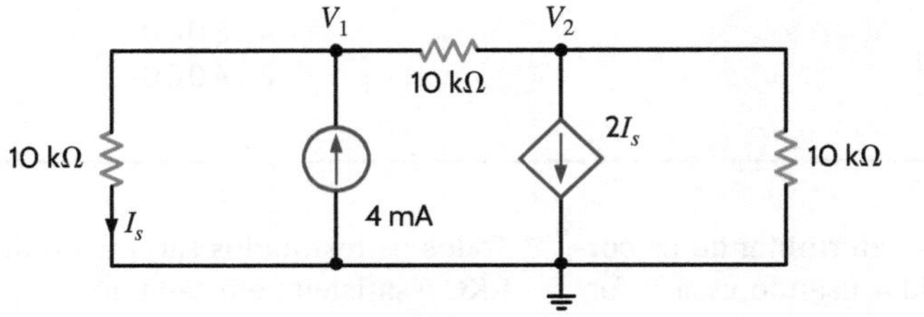

FIGURA E3.4

E3.5 Determine a tensão V_s no circuito na Fig. E3.5.

Resposta: $V_s = 4$ V.

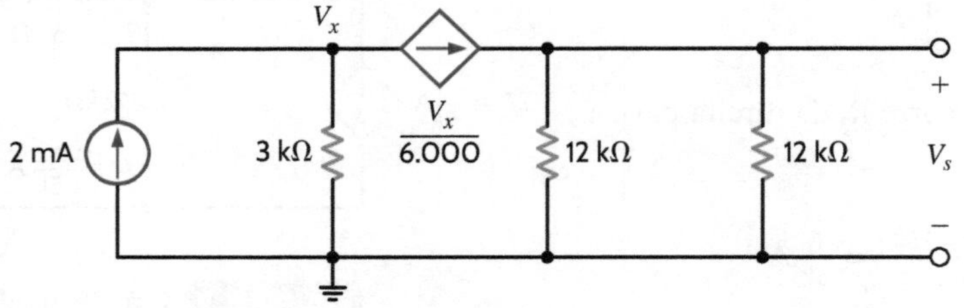

FIGURA E3.5

E3.6 Usando análise nodal, determine a tensão V_s no circuito na Fig. E3.6.

Resposta: $V_s = 0{,}952$ V.

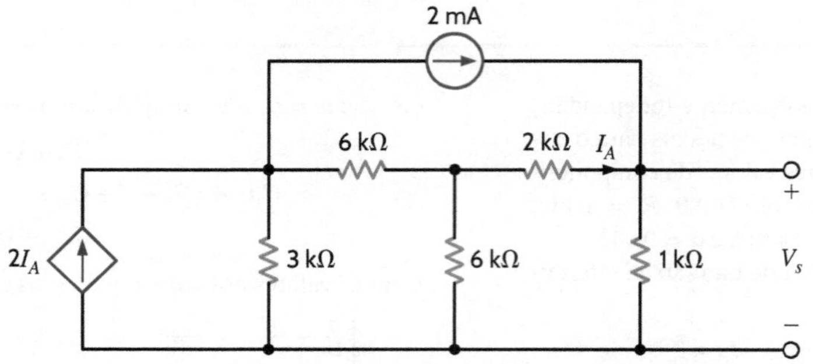

FIGURA E3.6

Circuitos Contendo Fontes de Tensão Independentes

Como é nosso hábito, na discussão deste tópico, iremos do caso mais simples para os casos mais complicados. O caso mais simples é o de um circuito com uma fonte de tensão independente conectada ao nó de referência. O exemplo a seguir ilustra esse caso.

EXEMPLO 3.5

Considere o circuito mostrado na **Fig. 3.11a**. Determinemos todas as tensões nodais e correntes de ramo.

SOLUÇÃO Este circuito tem três nós que não são de referência, cujas tensões nodais são V_1, V_2 e V_3. Com base em nossas discussões anteriores, assumiríamos que, para determinar todas as tensões nodais, precisaríamos escrever uma equação de LKC para cada um dos nós que não são de referência. As três equações simultâneas linearmente independentes resultantes forneceriam as tensões nodais desconhecidas. No entanto, observe que V_1 e V_3 são grandezas conhecidas, pois uma fonte de tensão independente é conectada diretamente entre o nó de referência e cada um desses nós. Portanto, $V_1 = 12$ V e $V_3 = -6$ V. Além disso, notemos que a corrente que percorre o resistor de 9 kΩ é $[12 - (-6)]/9\text{k} = 2$ mA, da esquerda para a direita. Não conhecemos V_2 nem a corrente nos resistores restantes. Entretanto, como apenas uma tensão nodal é desconhecida, basta uma equação nodal. A aplicação da LKC a esse nó central fornece

$$\frac{V_2 - V_1}{12\text{k}} + \frac{V_2 - 0}{6\text{k}} + \frac{V_2 - V_3}{12\text{k}} = 0 \quad \text{ou} \quad \frac{V_2 - 12}{12\text{k}} + \frac{V_2}{6\text{k}} + \frac{V_2 - (-6)}{12\text{k}} = 0$$

de onde obtemos

$$V_2 = \frac{3}{2}\text{ V}$$

Com todas as tensões nodais conhecidas, podemos aplicar a lei de Ohm para determinar as correntes de ramo mostradas na **Fig. 3.11b**. O diagrama mostra que a LKC é satisfeita em cada nó.

A presença de fontes de tensão neste exemplo simplificou a análise, pois duas das três equações lineares independentes são $V_1 = 12$ V e $V_3 = -6$ V [ver **DICA 3.2**].

Veremos que, como regra geral, sempre que houver fontes de tensão entre os nós, as equações de tensão nodais que descrevem o circuito serão mais simples.

DICA 3.2

Sempre que uma fonte de tensão independente é conectada entre o nó de referência e um nó que não é de referência, a tensão nesse nó é conhecida.

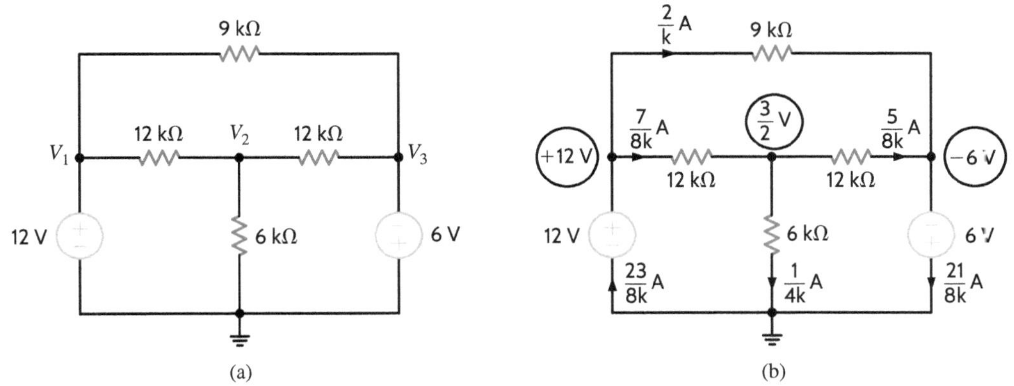

FIGURA 3.11 Circuito usado no Exemplo 3.5.

Avaliação da Aprendizagem

E3.7 Usando análise nodal, determine a corrente I_s no circuito na Fig. E3.7.

Resposta:

$I_s = \frac{3}{4}$mA.

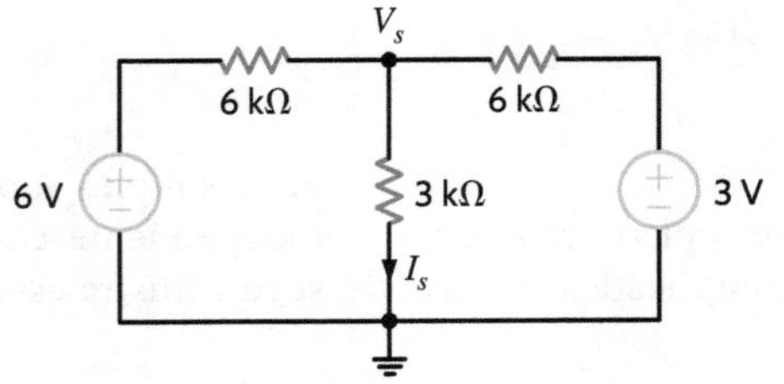

FIGURA E3.7

E3.8 Usando análise nodal, determine V_s no circuito na Fig. E3.8.

Resposta:
$V_s = 3{,}89$ V

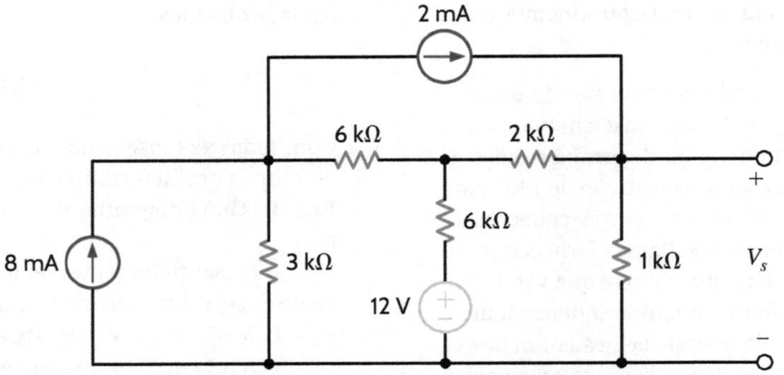

FIGURA E3.8

A seguir, consideraremos o caso de uma fonte de tensão independente conectada entre dois nós que não são de referência.

EXEMPLO 3.6

Determine as correntes nos dois resistores do circuito na **Fig. 3.12a.**

SOLUÇÃO Se tentarmos resolver esse problema pela força bruta, imediatamente nos depararemos com uma dificuldade. Até agora, correntes de ramo ou eram de fontes de valores conhecidos ou podiam ser expressas como a razão entre a tensão e a resistência no ramo. Contudo, neste exemplo, a corrente na fonte de 6 V não é conhecida e tampouco pode ser expressa diretamente pela lei de Ohm. É claro que podemos dar um nome a essa corrente e usá-la para escrever as equações da LKC para os dois nós. Entretanto, essa abordagem não é adequada, pois resulta em *duas* equações simultâneas linearmente independentes que incluem *três* incógnitas: as duas tensões nodais e a corrente na fonte de tensão.

Para resolver esse dilema, lembramos que $N - 1$ equações linearmente independentes são necessárias para determinar as $N - 1$ tensões nodais em um circuito de N nós. O circuito em consideração tem três nós, de modo que precisamos de duas equações linearmente independentes. Agora, observemos que, se de alguma forma, uma das tensões nodais for conhecida, podemos determinar a outra imediatamente: se V_1 for conhecida, então, $V_2 = V_1 - 6$; se V_2 for conhecido, $V_1 = V_2 + 6$. Portanto, a diferença de potencial entre os dois nós é *restringida* pela fonte de tensão, ou seja:

$$V_1 - V_2 = 6$$

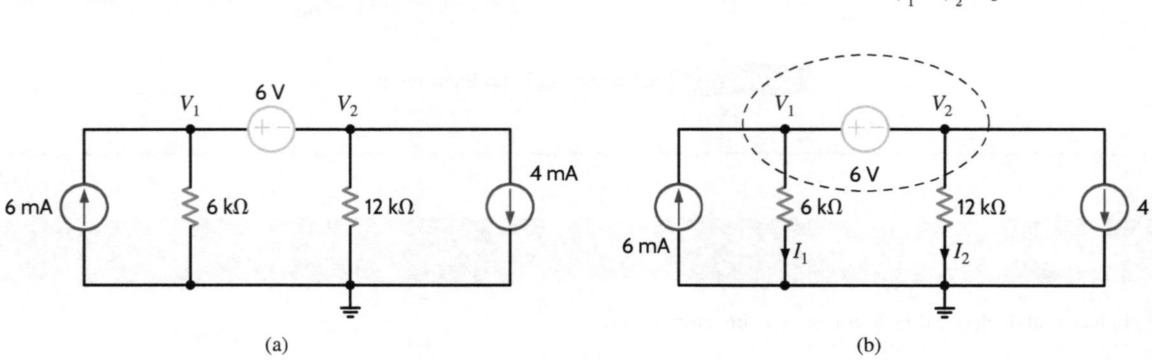

FIGURA 3.12 Circuitos usados no Exemplo 3.6.

Essa equação de restrição é uma das duas equações linearmente independentes necessárias para determinar as tensões nodais.

Consideremos, agora, o circuito na **Fig. 3.12b**, em que a fonte de 6 V está completamente contida no interior da superfície tracejada. A equação de restrição governa esta porção tracejada do circuito. A equação restante é obtida aplicando a LKC a esta superfície tracejada, comumente chamada de *supernó*. Recordemos que, no Capítulo 2, demonstramos que a LKC deve valer para uma superfície; portanto, esta técnica elimina o problema de lidar com uma corrente em uma fonte de tensão. A aplicação da LKC ao supernó resulta em

$$-6 \times 10^{-3} + \frac{V_1}{6k} + \frac{V_2}{12k} + 4 \times 10^{-3} = 0$$

Resolvendo essas equações, obtemos $V_1 = 10$ V e $V_2 = 4$ V e, consequentemente, $I_1 = 5/3$ mA e $I_2 = 1/3$ mA. Uma verificação rápida confirma que a LKC é satisfeita em cada nó.

Observe que a aplicação da LKC ao nó de referência produz a mesma equação que sua aplicação ao supernó. O estudante pode pensar que a aplicação da LKC ao nó de referência evita que tenhamos de lidar com supernós. Contudo, ressaltamos que não aplicamos a LKC a qualquer nó – nem mesmo o de referência – que contenha uma fonte de tensão independente. Essa ideia será ilustrada com o circuito do próximo exemplo.

EXEMPLO 3.7

Determinemos a corrente I_s no circuito na **Fig. 3.13a**.

SOLUÇÃO Examinando o circuito, notamos que as tensões nodais V_2 e V_4 são conhecidas e que as tensões nodais V_1 e V_3 são restringidas pela equação

$$V_1 - V_3 = 12$$

O circuito é redesenhado na **Fig. 3.13b**.

Como queremos determinar a corrente I_s, V_1 (no supernó que contém V_1 e V_3) é escrita como $V_3 + 12$. Com isso, a equação da LKC para o supernó é escrita como

$$\frac{V_3 + 12 - (-6)}{2k} + \frac{V_3 + 12 - 12}{2k} + \frac{V_3 - (-6)}{1k} + \frac{V_3 - 12}{1k} + \frac{V_3}{2k} = 0$$

Resolvendo a equação para V_3, obtemos

$$V_3 = -\frac{6}{7}\text{ V}$$

I_s pode, agora, ser calculada:

$$I_s = \frac{-\frac{6}{7}}{2k} = -\frac{3}{7}\text{ mA}$$

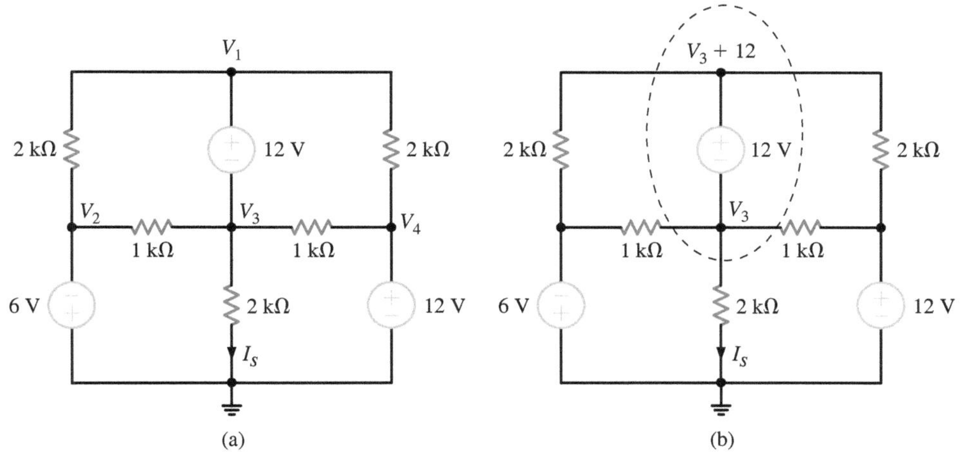

FIGURA 3.13 Exemplo de circuito com supernós.

Avaliação da Aprendizagem

E3.9 Usando análise nodal, determine a corrente I_s no circuito na Fig. E3.9.

Resposta:

$I_s = 3{,}8$ mA.

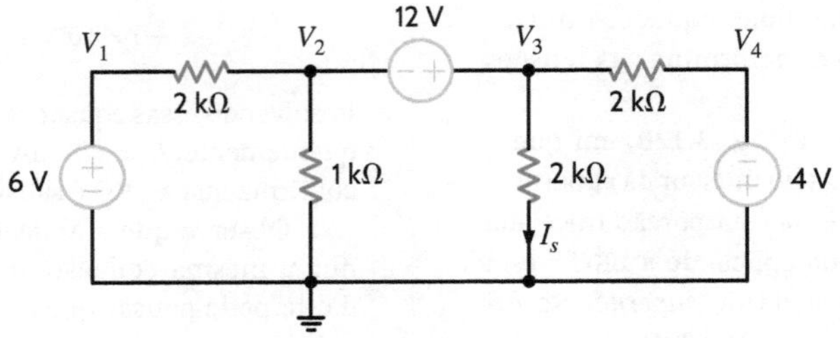

FIGURA E3.9

E3.10 Usando análise nodal, determine a corrente V_s no circuito na Fig. E3.10.

Resposta:

$V_s = 5{,}6$ V.

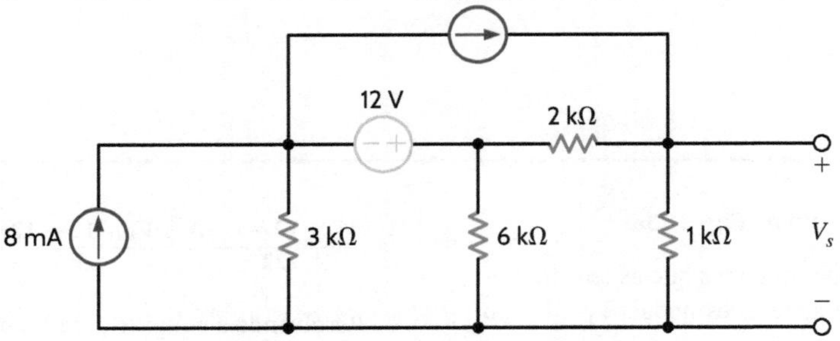

FIGURA E3.10

Circuitos Contendo Fontes de Tensão Dependentes

Nos exemplos seguintes, veremos que circuitos que contêm fontes dependentes (controladas) são tratados da mesma maneira descrita anteriormente.

EXEMPLO 3.8

Determinemos a corrente I_s no circuito na **Fig. 3.14.**

SOLUÇÃO Como a fonte de tensão dependente está conectada entre o nó V_1 e o nó de referência,

$$V_1 = 2\text{k}I_x$$

A aplicação da LKC ao nó V_2 fornece

$$\frac{V_2 - V_1}{2\text{k}} - \frac{4}{\text{k}} + \frac{V_2}{1\text{k}} = 0$$

em que

$$I_x = \frac{V_2}{1\text{k}}$$

Resolvendo essas equações, obtemos: $V_2 = 8$ V e $V_1 = 16$ V. Portanto,

$$I_s = \frac{V_1 - V_2}{2\text{k}}$$
$$= 4 \text{ mA}$$

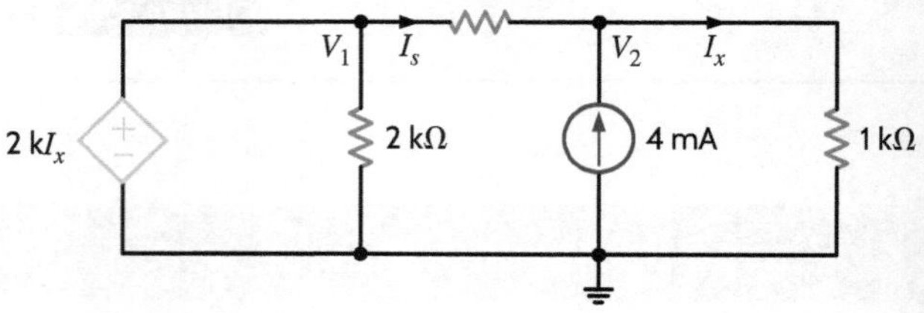

FIGURA 3.14 Circuitos usados no Exemplo 3.8.

EXEMPLO 3.9

Determinemos a corrente I_s no circuito na **Fig. 3.15.**

SOLUÇÃO Este circuito contém uma fonte de tensão independente e uma fonte de tensão controlada por tensão. Observamos que $V_3 = 6$ V, $V_2 = V_x$ e que existe um supernó entre os nós V_1 e V_2.

Aplicando a LKC ao supernó, obtemos

$$\frac{V_1 - V_3}{6k} + \frac{V_1}{12k} + \frac{V_2}{6k} + \frac{V_2 - V_3}{12k} = 0$$

A equação de restrição para o supernó é

$$V_1 - V_2 = 2V_x$$

Assim, a equação final é escrita como

$$V_3 = 6$$

Resolvendo essas equações, temos

$$V_1 = \frac{9}{2}\text{V}$$

e, portanto,

$$I_s = \frac{V_1}{12k} = \frac{3}{8}\text{mA}$$

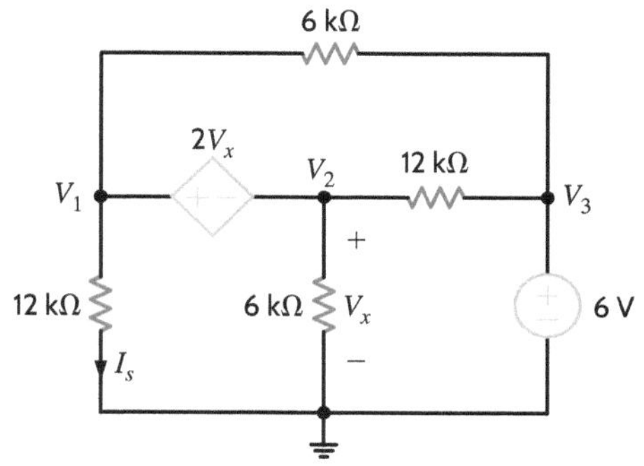

FIGURA 3.15 Circuito usado no Exemplo 3.9.

Por fim, consideraremos dois outros circuitos e, com o propósito de comparar técnicas de análise, usaremos mais de uma na solução dos circuitos.

EXEMPLO 3.10

Determinemos V_s no circuito na **Fig. 3.16a.** Observe que o circuito contém duas fontes de tensão, uma das quais é uma fonte controlada, e duas fontes de corrente independentes. O circuito é redesenhado na **Fig. 3.16b**, com a identificação dos nós e do supernó ao redor da fonte controlada. Em face da presença da fonte de tensão independente, sabemos que a tensão no nó 4 é de 4 V. Usaremos esse conhecimento para escrever as equações dos nós para o circuito.

Como o circuito tem cinco nós, quatro equações lineares independentes são necessárias para determinar todas as tensões nodais. A equação de restrição para o supernó é escrita como

$$V_1 - V_2 = 2V_x$$

em que

$$V_2 = V_x$$

Logo,

$$V_1 = 3V_x$$

Além disso, sabemos que uma equação adicional é

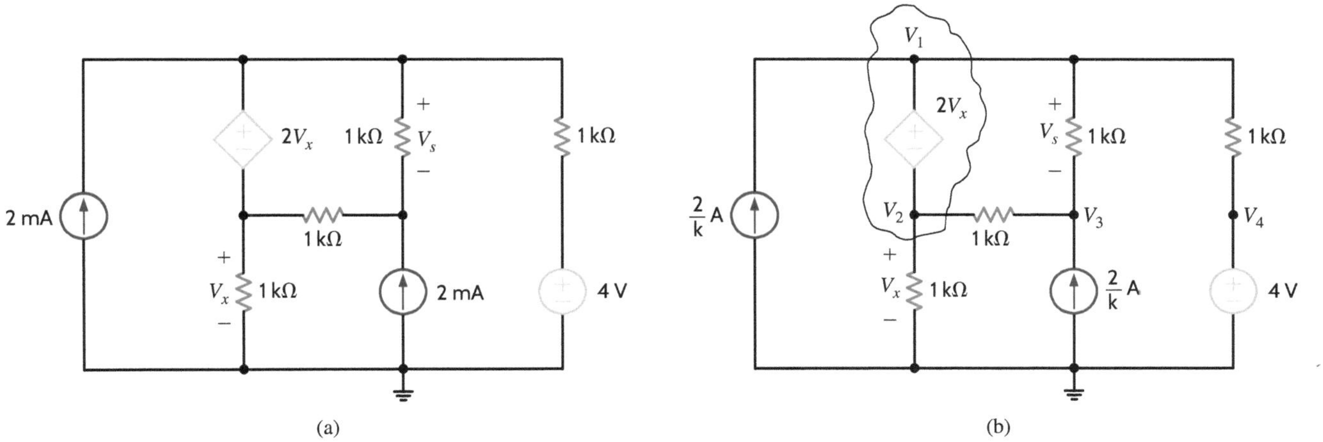

FIGURA 3.16 Circuito usado no Exemplo 3.10.

$$V_4 = 4$$

Assim, dadas essas duas equações, precisamos de mais duas equações para determinar as tensões nodais desconhecidas. Essas equações adicionais resultam da aplicação da LKC ao superno e ao nó V_3. As equações são:

$$-\frac{2}{k} + \frac{V_x}{1k} + \frac{V_x - V_3}{1k} + \frac{3V_x - V_3}{1k} + \frac{3V_x - 4}{1k} = 0$$

$$\frac{V_3 - 3V_x}{1k} + \frac{V_3 - V_x}{1k} = \frac{2}{k}$$

A combinação dessas equações fornece as duas equações necessárias:

$$8V_x - 2V_3 = 6$$
$$-4V_x + 2V_3 = 2$$

Resolvendo essas equações, obtemos

$$V_x = 2\text{ V} \quad \text{e} \quad V_3 = 5\text{ V}$$
$$V_s = 3V_x - V_3 = 1\text{ V}$$

EXEMPLO 3.11

Determinemos I_s no circuito na **Fig. 3.17a**. Observe que este circuito contém três fontes de tensão, uma das quais é uma fonte controlada e a outra, uma fonte controlada de corrente. Como duas das fontes de tensão estão conectadas ao nó de referência, uma tensão nodal é conhecida diretamente e a outra é especificada pela fonte dependente. Além disso, a diferença de potencial entre dois nós é definida pela fonte independente de 6 V.

O circuito é redesenhado na **Fig. 3.17b**, identificando os nós e o supernó. Como o circuito tem seis nós, cinco equações lineares independentes são necessárias para determinar as tensões nodais desconhecidas.

As duas equações para o supernó são

$$V_1 - V_4 = -6$$

$$\frac{V_1 - 12}{1k} + \frac{V_1 - V_3}{1k} + 2I_x + \frac{V_4 - V_3}{1k} + \frac{V_4}{1k} + \frac{V_4 - V_5}{1k} = 0$$

As três equações restantes são

$$V_2 = 12$$
$$V_3 = 2V_x$$
$$\frac{V_5 - V_4}{1k} + \frac{V_5}{1k} = 2I_x$$

As equações para os parâmetros de controle são

$$V_x = V_1 - 12$$
$$I_x = \frac{V_4}{1k}$$

A combinação dessas equações resulta no seguinte conjunto de equações:

$$-2V_1 + 5V_4 - V_5 = -36$$
$$V_1 - V_4 = -6$$
$$-3V_4 + 2V_5 = 0$$

Na forma matricial, as equações são escritas como:

$$\begin{bmatrix} -2 & 5 & -1 \\ 1 & -1 & 0 \\ 0 & -3 & 2 \end{bmatrix} \begin{bmatrix} V_1 \\ V_2 \\ V_3 \end{bmatrix} = \begin{bmatrix} -36 \\ -6 \\ 0 \end{bmatrix}$$

A solução com MATLAB é obtida como:

```
>> G = [-2 5 -1;1 -1 0;0 -3 2]
   G =
       -2    5   -1
        1   -1    0
        0   -3    2
>> I = [-36;-6;0]
   I =
     -36
      -6
       0
>> V = inv(G)*I
   V =
      -38.0000
      -32.0000
      -48.0000
```

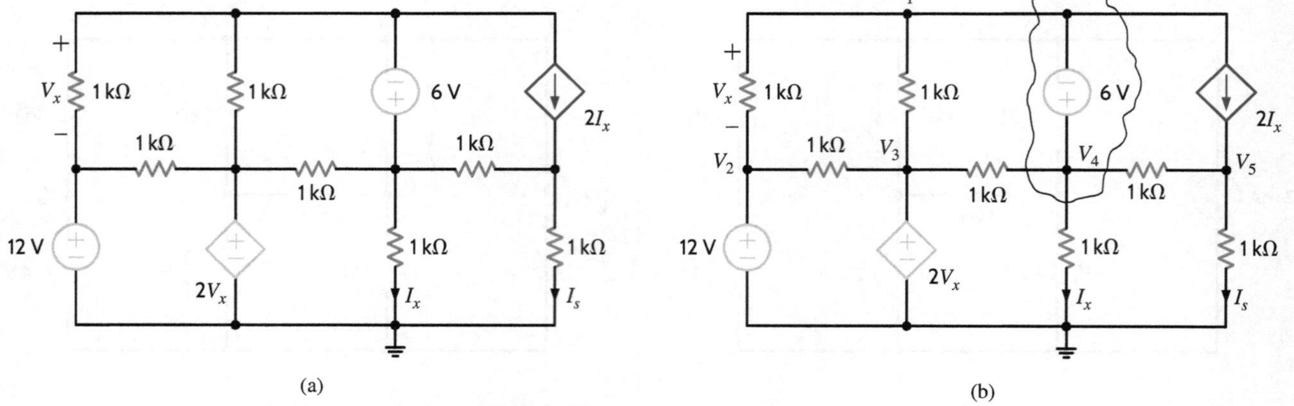

FIGURA 3.17 Circuito usado no Exemplo 3.11.

Portanto, como $V_3 = 2V_x$, $V_3 = -100$ V. I_s é -48 mA. O leitor é encorajado a verificar se a LKC é satisfeita em cada nó.

Estratégia para a Solução de Problemas

Análise Nodal

PASSO 1 Determinar o número de nós no circuito. Selecionar um nó como o de referência. Atribuir uma tensão nodal entre cada nó e o nó de referência. Todas as tensões nodais são consideradas positivas com relação ao nó de referência. Para um circuito de N nós, existem $N - 1$ tensões nodais. Em consequência, $N - 1$ equações linearmente independentes devem ser escritas para a determinação das tensões nodais.

PASSO 2 Usar a LKT para escrever uma equação de restrição para cada fonte de tensão – independente ou dependente – no circuito em termos das tensões nodais que foram atribuídas. Cada equação de restrição representa uma das necessárias equações linearmente independentes: N_υ fontes de tensão produzem N_υ equações linearmente independentes. Para cada fonte de tensão dependente, expressar a variável de controle da fonte em termos das tensões nodais. Uma fonte de tensão – independente ou dependente – pode ser conectada entre um nó e o nó de referência ou entre dois nós comuns. Um supernó é formado por uma fonte de tensão e seus dois nós que não são de referência.

PASSO 3 Usar a LKC para escrever as restantes $N - 1 - N_\upsilon$ equações linearmente independentes. Primeiro, aplicar a LKC a cada nó (que não seja de referência) não conectado a uma fonte de tensão. Segundo, aplicar a LKC a cada supernó. Tratar as fontes de corrente dependentes como fontes de corrente independentes ao formular as equações da LKC. Para cada fonte de corrente dependente, expressar a variável de controle em termos das tensões nodais.

Avaliação da Aprendizagem

E3.11 Usando a análise nodal, determine I_s no circuito na Fig. E3.11.

Resposta: $I_s = \frac{4}{3}$ mA.

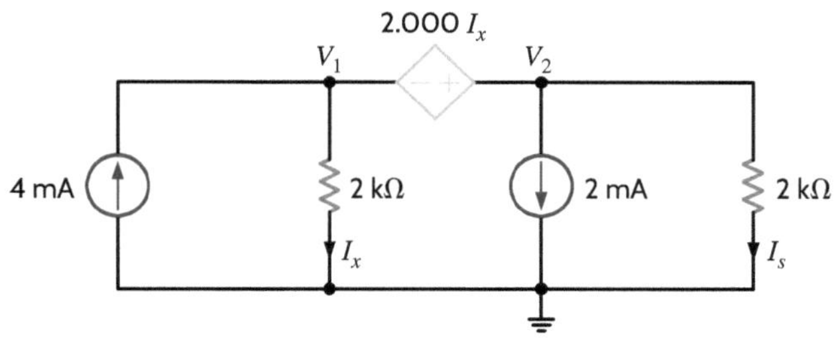

FIGURA E3.11

E3.12 Usando a análise nodal, determine V_s no circuito na Fig. E3.12.

Resposta: $V_s = 6{,}29$ V.

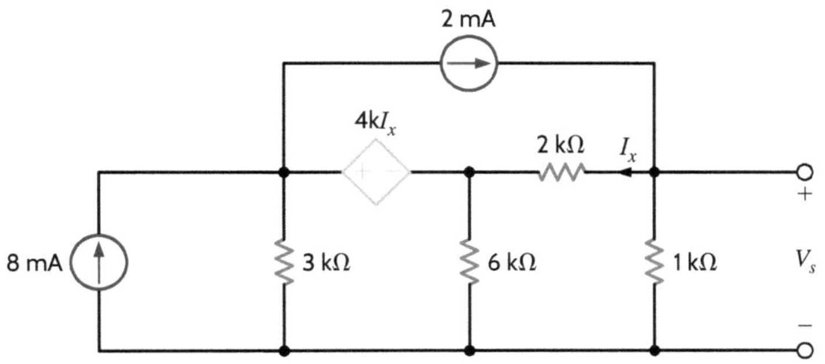

FIGURA E3.12

3.2 Análise de Malhas

Vimos que, em uma análise nodal, os parâmetros desconhecidos são as tensões nodais e empregamos a LKC para determiná-los. Uma vez que essas tensões nodais sejam conhecidas, todas as correntes de ramo no circuito podem ser facilmente calculadas usando a lei de Ohm. Uma análise de malhas, por sua vez, usa a LKT para determinar um conjunto de correntes de malha no circuito. Uma vez que essas correntes de malha sejam conhecidas, a lei de Ohm pode ser usada para calcular quaisquer tensões no circuito.

Por meio de topologia de circuito, podemos mostrar que, em geral, para um circuito com B ramos e N nós, existem exatamente $B - N + 1$ equações da LKT linearmente independentes. Por exemplo, se examinarmos novamente o circuito na Fig. 2.5, veremos que há oito ramos e cinco nós. Assim, o necessário número de equações da LKT linearmente independentes para a determinação de todas as correntes no circuito é $B - N + 1 = 8 - 5 + 1 = 4$. O circuito na Fig. 2.5 é redesenhado na **Fig. 3.18**, identificando as quatro correntes de malha. As correntes de ramo são então determinadas como

$$
\begin{aligned}
i_1(t) &= i_A(t) \\
i_2(t) &= i_A(t) - i_B(t) \\
i_3(t) &= i_B(t) \\
i_4(t) &= i_A(t) - i_C(t) \\
i_5(t) &= i_B(t) - i_D(t) \\
i_6(t) &= -i_C(t) \\
i_7(t) &= i_C(t) - i_D(t) \\
i_8(t) &= -i_D(t)
\end{aligned}
$$

Todos os circuitos que examinaremos neste texto são *planos*, o que significa simplesmente que podemos desenhar o circuito em uma folha de papel de forma que nenhum condutor cruze outro condutor. Em circuitos planos, as malhas são mais facilmente identificáveis. Por exemplo, vimos, no Capítulo 2, que uma única equação era suficiente para determinar a corrente em um circuito de malha única. Se o circuito tiver N malhas independentes, mostraremos (e a fórmula topológica geral $B - N + 1$ pode ser usada para verificação) que N equações simultâneas linearmente independentes serão necessárias para descrever o circuito.

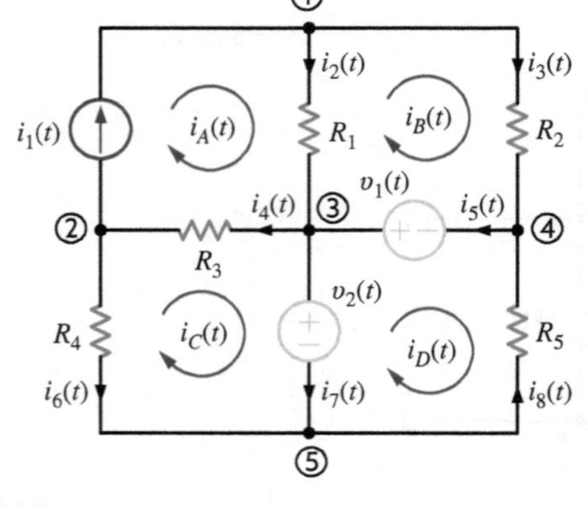

FIGURA 3.18 Figura 2.5 redesenhada para mostrar as correntes de malha.

Na análise de malhas, repetiremos a abordagem que adotamos na análise nodal (ou seja, começaremos com casos simples e prosseguiremos sistematicamente para casos mais difíceis). Então, no fim desta seção, delinearemos uma estratégia geral para empregar a análise de malhas.

Circuitos Contendo Apenas Fontes de Tensão Independentes

Para iniciar nossa análise, consideremos o circuito mostrado na **Fig. 3.19**. Notamos que este circuito tem sete ramos e seis nós e, portanto, o número de equações da LKT linearmente independentes necessárias para determinar todas as correntes no circuito é $B - N + 1 = 7 - 6 + 1 = 2$. Como duas equações da LKT linearmente independentes são necessários, identificamos duas malhas independentes, *A-B-E-F-A* e *B-C-D-E-B*. Agora, definimos um novo conjunto de variáveis de corrente, as *correntes de malha*, que podem ser usadas para determinar as correntes físicas no circuito. Assumiremos que a corrente i_1 flui na primeira malha e corrente i_2, na segunda malha. Assim, a corrente do ramo que flui de B para E por R_3 é $i_1 - i_2$. Portanto, assumimos as direções das correntes. Como na análise nodal, se as direções das correntes reais não forem as assumidas, os valores calculados serão negativos.

Aplicando a LKT à primeira malha, obtemos

$$+v_1 + v_3 + v_2 - v_{F1} = 0$$

Aplicando a LKT à segunda malha, fornece

$$+v_{F2} + v_4 + v_5 - v_3 = 0$$

em que $v_1 = i_1R_1$, $v_2 = i_1R_2$, $v_3 = (i_1 - i_2)R_3$, $v_4 = i_2R_4$ e $v_5 = i_2R_5$ [ver **DICA 3.3**].

DICA 3.3

As equações empregam a convenção passiva de sinais.

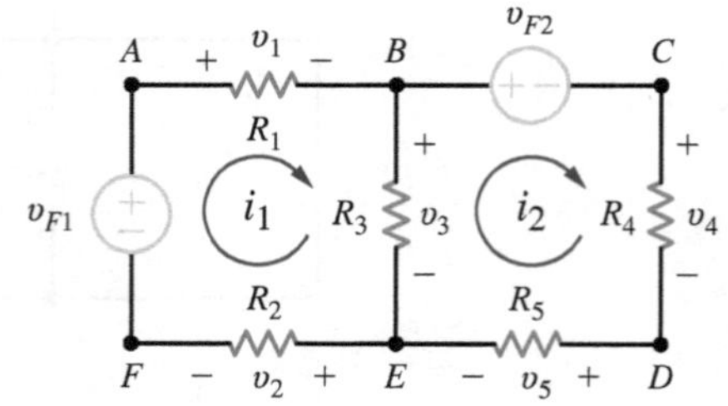

FIGURA 3.19 Circuito com duas malhas.

A substituição desses valores nas duas equações da LKT resulta nas duas equações simultâneas necessárias para determinar as duas correntes de malha:

$$i_1(R_1 + R_2 + R_3) - i_2(R_3) = v_{F1}$$
$$-i_1(R_3) + i_2(R_3 + R_4 + R_5) = -v_{F2}$$

ou, na forma matricial,

$$\begin{bmatrix} R_1 + R_2 + R_3 & -R_3 \\ -R_3 & R_3 + R_4 + R_5 \end{bmatrix} \begin{bmatrix} i_1 \\ i_2 \end{bmatrix} = \begin{bmatrix} v_{F1} \\ -v_{F2} \end{bmatrix}$$

Neste ponto, é importante definir o que chamamos de *malha simples*: é um tipo especial de malha que não contém nenhuma outra malha. Portanto, à medida que percorremos uma malha simples, não circundamos nenhum elemento do circuito. Por exemplo, o circuito na Fig. 3.19 contém duas malhas simples, definidas pelos percursos *A-B-E-F-A* e *B-C-D-E-B*. O percurso *A-B-C-D-E-F-A* é uma malha, mas não uma malha simples. Como a maior parte das análises que faremos nesta seção requererá a escrita de equações das LKT para malhas, nos referiremos às correntes como correntes de malha e à análise, como *análise de malhas*.

EXEMPLO 3.12

Determine a corrente I_s circuito na **Fig. 3.20a**.

SOLUÇÃO Começaremos a análise escrevendo equações de malha. Observe que não há sinais + e – nos resistores. No entanto, esses sinais não são necessários, pois aplicaremos a lei de Ohm a cada elemento resistivo enquanto escrevemos as equações da LKT. A equação para a primeira malha é

$$-12 + 6kI_1 + 6k(I_1 - I_2) = 0$$

A equação da LKT para a segunda malha é escrita como

$$6k(I_2 - I_1) + 3kI_2 + 3 = 0$$

em que $I_s = I_1 - I_2$.

Resolvendo as duas equações simultâneas, obtemos $I_1 = 5/4$ mA e $I_2 = 1/2$ mA. Portanto, $I_s = 3/4$ mA. Todas as tensões e correntes no circuito são mostradas na **Fig. 3.20b**. Recordemos da análise nodal que, uma vez que as tensões nodais sejam conhecidas, podemos confirmar nossa análise aplicando a LKC aos nós. Nesse caso, conhecemos as correntes de ramo e podemos usar a LKT ao longo de qualquer percurso fechado para confirmar a correção dos resultados. Por exemplo, aplicando a LKT à malha externa, obtemos

$$-12 + \frac{15}{2} + \frac{3}{2} + 3 = 0$$
$$0 = 0$$

Como desejamos calcular a corrente I_s, podemos aplicar a análise de malhas, como mostrado na **Fig. 3.20c**. Notemos que a corrente de malha I_1 percorre o ramo central do circuito e, portanto, $I_1 = I_s$. As duas equações de malha neste caso são:

$$-12 + 6k(I_1 + I_2) + 6kI_1 = 0$$

e

$$-12 + 6k(I_1 + I_2) + 3kI_2 + 3 = 0$$

Resolvendo essas equações, obtemos $I_1 = 3/4$ mA e $I_2 = 1/2$ mA. Como a corrente na fonte de 12 V é $I_1 + I_2 = 5/4$ mA, esse resultado está de acordo com a análise de malhas.

Por fim, para efeitos de comparação, determinaremos I_s pela análise nodal. A presença das duas fontes de tensão indica que

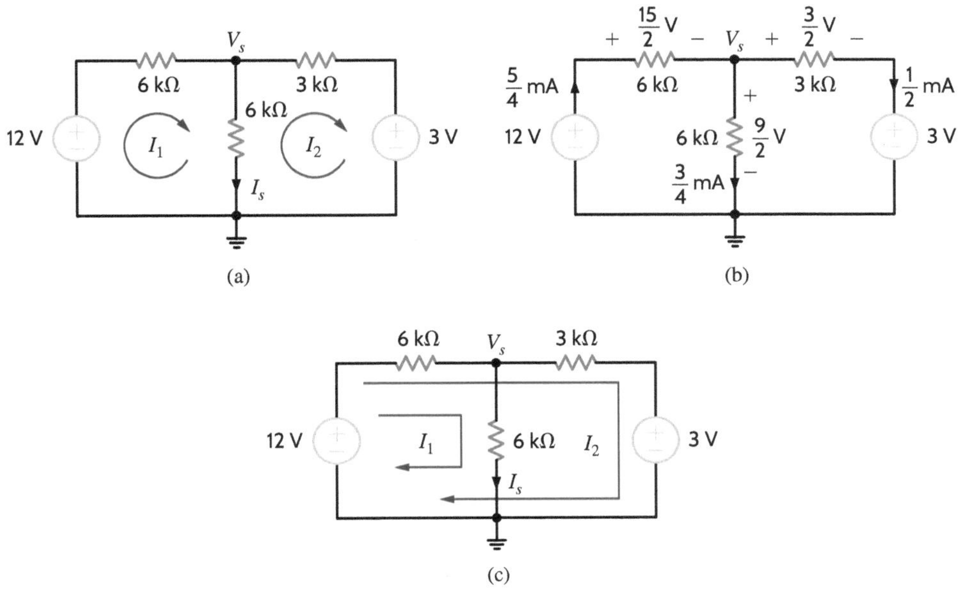

FIGURA 3.20 Circuitos usados no Exemplo 3.12.

esta abordagem é viável. Aplicando a LKC ao nó central superior, obtemos:

$$\frac{V_s - 12}{6k} + \frac{V_s}{6k} + \frac{V_s - 3}{3k} = 0$$

e, portanto,

$$V_s = \frac{9}{2}\text{V}$$

Assim,

$$I_s = \frac{V_s}{6k} = \frac{3}{4}\text{ mA}$$

Observemos que essa abordagem requer a solução de apenas uma equação, em vez das duas anteriores.

Novamente, notamos a forma simétrica das equações de malha que descrevem o circuito na Fig. 3.19. Observemos que a matriz de coeficientes para este circuito é simétrica.

Como essa simetria geralmente ocorre em circuitos com resistores e fontes de tensão independentes, podemos aprender a escrever as equações de malha por simples inspeção. Na primeira equação, o coeficiente de i_1 é a soma das resistências pelas quais flui a corrente de malha 1, e o coeficiente de i_2 é o negativo da soma das resistências comuns à corrente de malha 1 e à corrente de malha 2. O lado direito da equação é a soma algébrica das fontes de tensão na malha 1. O sinal da fonte de tensão é positivo se a fonte auxilia o fluxo de corrente na direção assumida, e negativo se a fonte se opõe ao fluxo de corrente. A primeira equação é a LKT para malha 1. Na segunda equação, o coeficiente de i_2 é a soma de todas as resistências na malha 2, o coeficiente de i_1 é o negativo da soma das resistências comuns à malha 1 e à malha 2, e o lado direito da equação é a soma algébrica das fontes de tensão na malha 2. Em geral, se assumirmos que todas as correntes de malha estão na mesma direção (sentido horário ou anti-horário), se a LKT for aplicada à malha *j*, cuja corrente de malha é i_j, o coeficiente de i_j é a soma das resistências na malha *j* e os coeficientes das outras correntes de malha (por exemplo, i_{j-1}, i_{j+1}) são os negativos das resistências comuns a essas malhas e à malha *j*. O lado direito da equação é igual à soma algébrica das fontes de tensão na malha *j*. Essas fontes de tensão têm sinal positivo se auxiliam o fluxo de corrente i_j e sinal negativo, caso se oponham ao fluxo dessa corrente.

EXEMPLO 3.13

Para o circuito na **Fig. 3.21**, escrevamos as equações de malha por inspeção. Em seguida, usemos o MATLAB para resolver as correntes de malha.

SOLUÇÃO As três equações simultâneas linearmente independentes são

$$(4k + 6k)I_1 - (0)I_2 - (6k)I_3 = -6$$
$$-(0)I_1 + (9k + 3k)I_2 - (3k)I_3 = 6$$
$$-(6k)I_1 - (3k)I_2 + (3k + 6k + 12k)I_3 = 0$$

ou, na forma matricial,

$$\begin{bmatrix} 10k & 0 & -6k \\ 0 & 12k & -3k \\ -6k & -3k & 21k \end{bmatrix} \begin{bmatrix} I_1 \\ I_2 \\ I_3 \end{bmatrix} = \begin{bmatrix} -6 \\ 6 \\ 0 \end{bmatrix}$$

Note a simetria das equações.

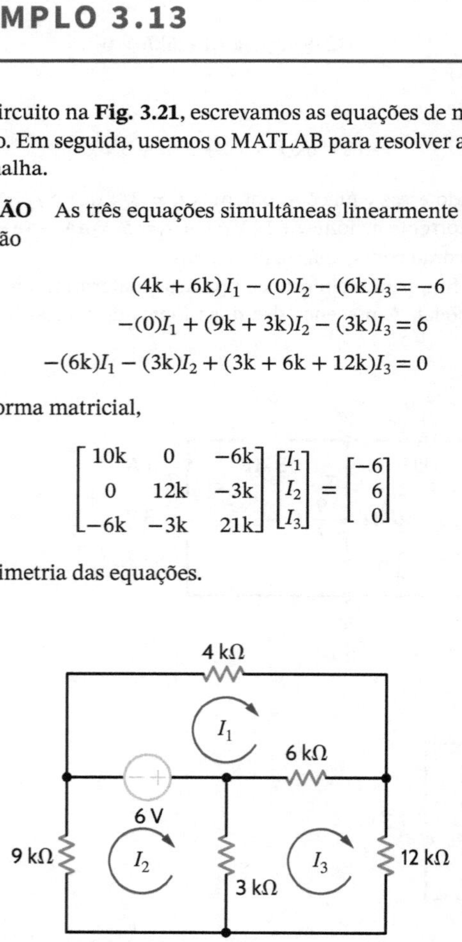

FIGURA 3.21 Circuito usado no Exemplo 3.13.

Dividindo a equação por 1.000, reescrevemos a matriz como

$$\begin{bmatrix} 10 & 0 & -6 \\ 0 & 12 & -3 \\ 0 & -3 & 21 \end{bmatrix} \begin{bmatrix} I_1 \\ I_2 \\ I_3 \end{bmatrix} = \begin{bmatrix} -0{,}006 \\ 0{,}006 \\ 0 \end{bmatrix}$$

A solução com MATLAB é, então, obtida como

```
>> R = [10 0 -6;0 12 -3;-6 -3 21]
   R =
         10    0   -6
          0   12   -3
         -6   -3   21
>> V = [-0.006;0.006;0]
   V =
        -0.0060
         0.0060
              0
>> I = inv(R)*V
   I =
        1.0e-003*
          -0.6757
           0.4685
          -0.1261
```

ou

$I_1 = -0{,}6757$ mA

$I_2 = 0{,}4685$ mA

$I_3 = -0{,}1261$ mA

Circuitos Contendo Fontes de Corrente Independentes

Da mesma forma que a presença de uma fonte de tensão em um circuito simplificou a análise nodal, a presença de uma fonte de corrente simplifica a análise de malhas. Os exemplos a seguir ilustram esse ponto.

Avaliação da Aprendizagem

E3.13 Usando a análise de malhas, determine V_s no circuito na Fig. E3.13.

Resposta: $V_s = \frac{33}{5}$ V.

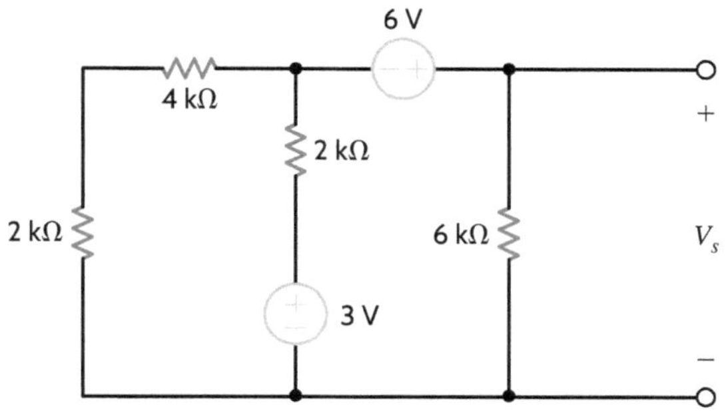

FIGURA E3.13

E3.14 Usando a análise de malhas, determine V_s no circuito na Fig. E3.14.

Resposta: V_s = 8,96 V.

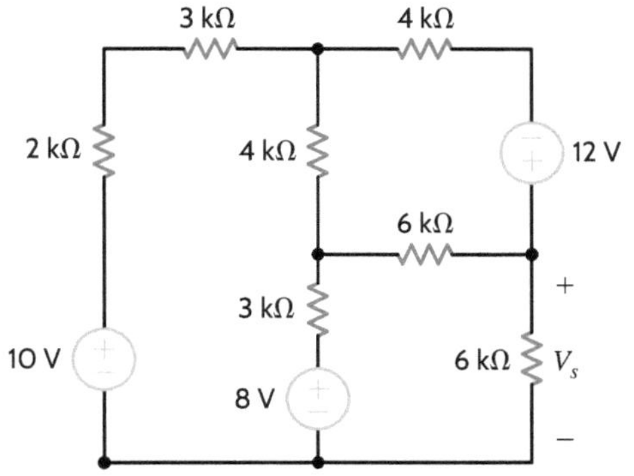

FIGURA E3.14

EXEMPLO 3.14

Determinemos V_s e V_1 no circuito da **Fig. 3.22.**

SOLUÇÃO Embora pareça haver duas correntes de malha desconhecidas, a corrente I_1 passa diretamente pela fonte de corrente e, portanto, I_1 é limitado a 2 mA. Portanto, apenas a corrente I_2 é desconhecida. Aplicando a LKT à malha mais à direita, obtemos

$$2k(I_2 - I_1) - 2 + 6kI_2 = 0$$

Logo,

$$I_1 = 2 \times 10^{-3}$$

Essas equações podem ser escritas como

$$-2kI_1 + 8kI_2 = 2$$
$$I_1 = 2/k$$

Resolvendo essas equações para I_2, obtemos $I_2 = 3/4$ kA e, portanto,

$$V_s = 6kI_2 = \frac{9}{2}\text{ V}$$

Para obter V_1, aplicamos a LKT ao longo de qualquer percurso fechado. Se usarmos a malha externa, a equação da LKT é escrita como

$$-V_1 + 4kI_1 - 2 + 6kI_2 = 0$$

E, portanto,

$$V_1 = \frac{21}{2}\text{ V}$$

Como a corrente I_1 é conhecida, o resistor de 4 kΩ não entrou na equação para o cálculo de V_s. No entanto, esse resistor aparece em cada malha que contém a fonte de corrente e, portanto, é usado para a determinação de V_1.

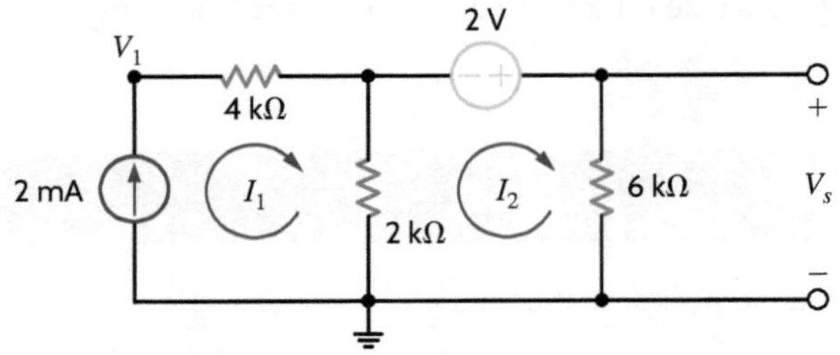

FIGURA 3.22 Circuito usado no Exemplo 3.14.

EXEMPLO 3.15

Determinemos V_s no circuito na **Fig. 3.23**.

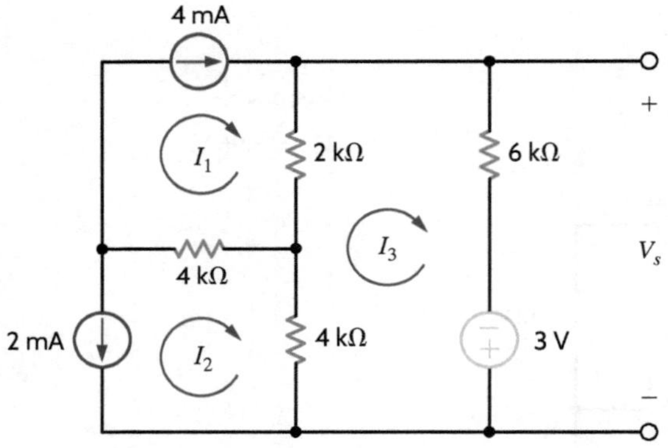

FIGURA 3.23 Circuito usado no Exemplo 3.15.

SOLUÇÃO Como as correntes I_1 e I_2 passam diretamente por uma fonte de corrente, duas das três equações necessárias são

$$I_1 = 4 \times 10^{-3}$$
$$I_2 = -2 \times 10^{-3}$$

A terceira equação é a LKT para a malha que contém a fonte de tensão:

$$4k(I_3 - I_2) + 2k(I_3 - I_1) + 6kI_3 - 3 = 0$$

Essas equações fornecem

$$I_3 = \frac{1}{4}\text{ mA}$$

e, portanto,

$$V_s = 6kI_3 - 3 = \frac{-3}{2}\text{ V}$$

O exemplo anterior ilustra a abordagem geral para lidar com fontes de corrente independentes quando escrevemos equações da LKT; ou seja, usamos uma malha através de cada fonte de corrente. O número de "janelas" no circuito nos diz de quantas equações precisamos. Equações adicionais da LKT são escritas para incluir os elementos restantes do circuito no circuito. O próximo exemplo ilustra essa abordagem.

EXEMPLO 3.16

Determinemos I_s no circuito na **Fig. 3.24a**.

SOLUÇÃO Primeiro, selecionamos duas correntes de malha I_1 e I_2 de modo que I_1 passe diretamente pela fonte de 2 mA e I_2 passe diretamente pela fonte de 4 mA, como mostrado na **Fig. 3.24b**. Portanto, duas de nossas três equações linearmente independentes são

$$I_1 = 2 \times 10^{-3}$$
$$I_2 = 4 \times 10^{-3}$$

A corrente de malha restante I_3 deve passar pelos elementos do circuito não incluídos nas duas equações anteriores e, obviamente, não pode passar pelas fontes de corrente [ver **DICA 3.4**]. O percurso para esta corrente de malha restante pode ser obtido abrindo o circuito nas fontes de corrente, como mostrado na **Fig. 3.24c**. Com todas as correntes marcadas no circuito original, a equação da LKT para esta última malha é formulada como mostrado na **Fig. 3.24d**:

$$-6 + 1kI_3 + 2k(I_2 + I_3) + 2k(I_3 + I_2 - I_1) + 1k(I_3 - I_1) = 0$$

DICA 3.4

Neste caso, a fonte de corrente de 4 mA está localizada na fronteira entre duas malhas. Demonstraremos, então, duas técnicas para lidar com tal situação. A primeira é uma técnica de malha especial e a outra é conhecida como abordagem de supermalha.

Resolvendo as equações, obtemos

$$I_3 = \frac{-2}{3} \text{ mA}$$

Logo,

$$I_s = I_1 - I_2 - I_3 = \frac{-4}{3} \text{ mA}$$

Em seguida, consideremos a técnica de supermalha. Nesse caso, as três correntes de malha são especificadas como mostrado na **Fig. 3.24e**; como a tensão na fonte de corrente de 4 mA é desconhecida, a denotamos como V_x. As correntes de malha restringidas pelas fontes de corrente são

$$I_1 = 2 \times 10^{-3}$$
$$I_2 - I_3 = 4 \times 10^{-3}$$

As equações da LKT para as malhas 2 e 3 são, respectivamente,

$$2kI_2 + 2k(I_2 - I_1) - V_x = 0$$
$$-6 + 1kI_3 + V_x + 1k(I_3 - I_1) = 0$$

Somando as duas últimas equações, temos

$$-6 + 1kI_3 + 2kI_2 + 2k(I_2 - I_1) + 1k(I_3 - I_1) = 0$$

Note que a tensão desconhecida V_x foi eliminada. As duas equações de restrição, juntamente com esta última equação, produzem o resultado desejado.

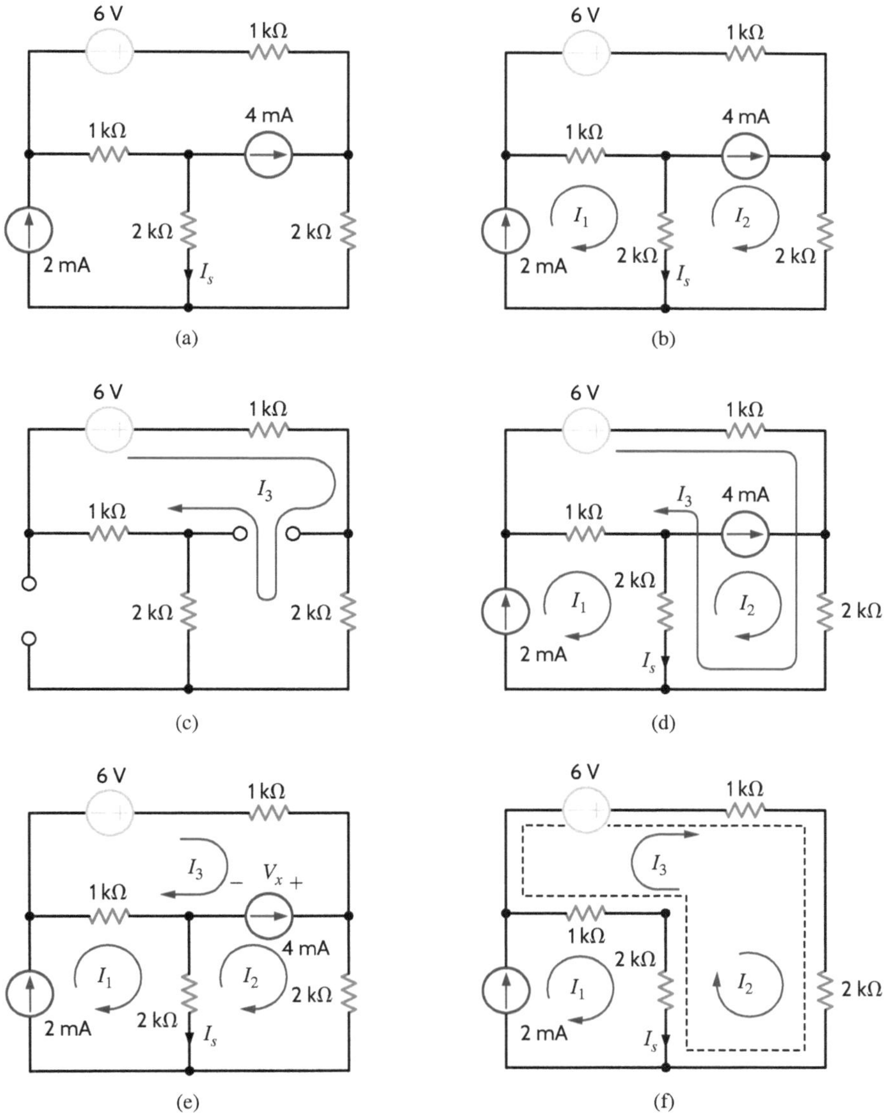

FIGURA 3.24 Circuitos usados no Exemplo 3.16.

O objetivo da abordagem de supermalha é evitar a introdução da tensão desconhecida V_x. A supermalha é criada removendo mentalmente a fonte de corrente de 4 mA, como mostrado na **Fig. 3.24f**. Em seguida, escrevendo a equação da LKT ao longo do percurso pontilhado, que define a supermalha, usando as correntes de malha originais, como mostrado na **Fig. 3.24e**, obtemos

$$-6 + 1kI_3 + 2kI_2 + 2k(I_2 - I_1) + 1k(I_3 - I_1) = 0$$

Observe que essa equação da supermalha é a mesma obtida anteriormente quando introduzimos a tensão V_x.

Avaliação da Aprendizagem

E3.15 Determine V_s no circuito na Fig. E3.15.

Resposta: $V_s = \frac{33}{5}$ V.

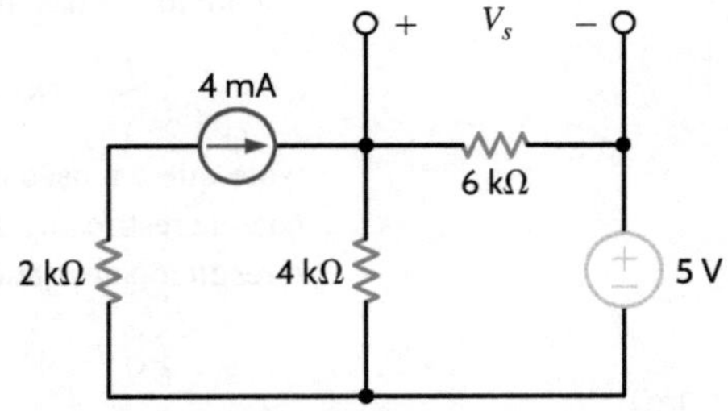

FIGURA E3.15

E3.16 Determine V_s no circuito na Fig. E3.16.

Resposta: $V_s = \frac{32}{5}$ V.

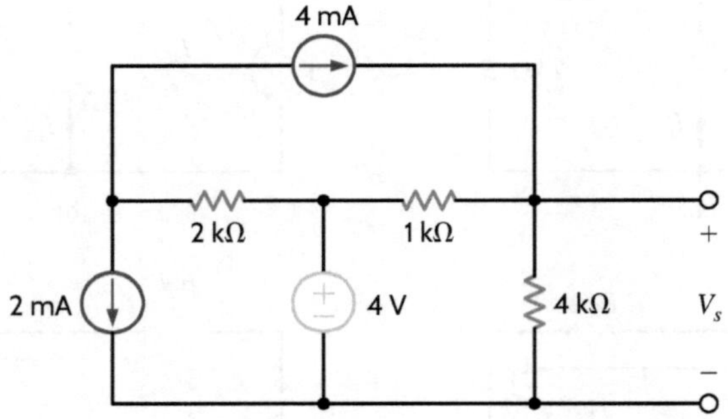

FIGURA E3.16

E3.17 Usando análise de malhas, determine V_s na Fig. E3.17.

Resposta: $V_s = 9{,}71$ V.

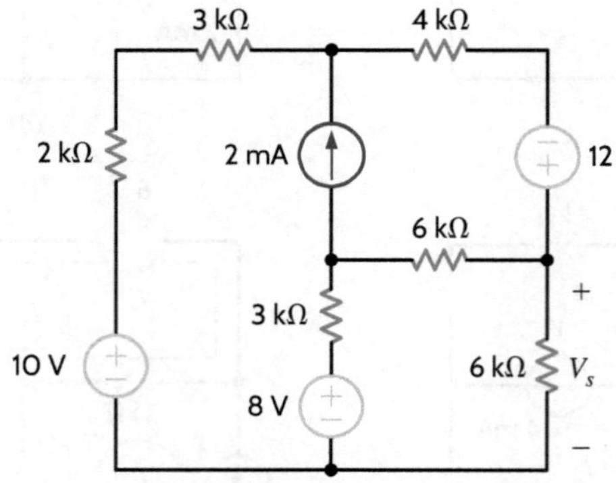

FIGURA E3.17

E3.18 Encontre V_s na Fig. E3.17 usando análise de malha simples.

Resposta: $V_s = 9{,}71$ V.

Circuitos Contendo Fontes Dependentes

Tratamos de circuitos contendo fontes dependentes da mesma forma que fizemos anteriormente. Primeiro, para escrever as equações da LKT, consideramos a fonte dependente como se fosse independente. Em seguida, escrevemos a equação de controle para a fonte dependente. Os exemplos a seguir ilustram essa abordagem.

EXEMPLO 3.17

Determinemos V_s no circuito na **Fig. 3.25**, que contém uma fonte de tensão controlada por tensão.

SOLUÇÃO As equações para as correntes de malha mostradas na figura são

$$-2V_x + 2\text{k}(I_1 + I_2) + 4\text{k}I_1 = 0$$
$$-2V_x + 2\text{k}(I_1 + I_2) - 3 + 6\text{k}I_2 = 0$$

em que

$$V_x = 4\text{k}I_1$$

Essas equações podem ser combinadas, fornecendo

$$-2\text{k}I_1 + 2\text{k}I_2 = 0$$
$$-6\text{k}I_1 + 8\text{k}I_2 = 3$$

Na forma matricial, as equações são

$$\begin{bmatrix} -2.000 & 2.000 \\ -6.000 & 8.000 \end{bmatrix} \begin{bmatrix} I_1 \\ I_2 \end{bmatrix} = \begin{bmatrix} 0 \\ 3 \end{bmatrix}$$

A solução com MATLAB é, então, obtida como

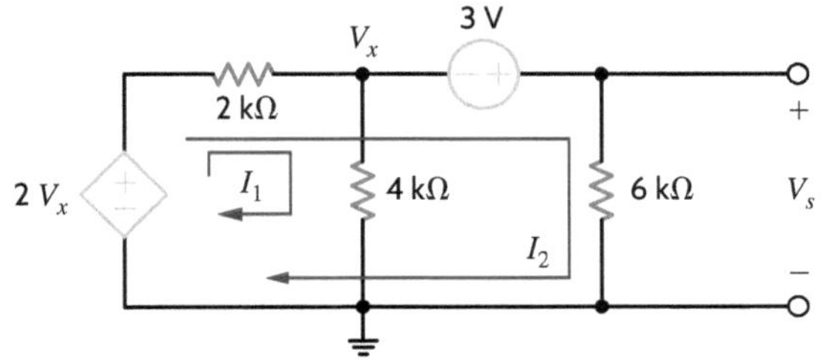

FIGURA 3.25 Circuito usado no Exemplo 3.17.

```
>> R = [-2000 2000;-6000 8000]
   R =
       -2000     2000
       -6000     8000
>> V = [0;3]
   V =
       0
       3
>> I = inv(R)*V
   I =
       0.0015
       0.0015
```

ou

$I_1 = 1{,}5$ mA
$I_2 = 1{,}5$ mA

Logo,

$$V_s = 6\text{k}I_2 = 9\text{ V}$$

Para comparação, resolvamos o problema usando análise nodal. A presença das fontes de tensão indica que este método poderia ser mais simples. Tratando a fonte de 3 V e seus nós de conexão como um supernó e escrevendo a equação da LKC para esse supernó, obtemos

$$\frac{V_x - 2V_x}{2\text{k}} + \frac{V_x}{4\text{k}} + \frac{V_x + 3}{6\text{k}} = 0$$

em que

$$V_s = V_x + 3$$

Essas equações também produzem $V_s = 9$ V.

EXEMPLO 3.18

Determinemos V_s no circuito na **Fig. 3.26**, que contém uma fonte de corrente controlada por tensão.

SOLUÇÃO As correntes I_1 e I_2 são extraídas das fontes de corrente. Portanto, duas das equações necessárias são:

$$I_1 = \frac{V_x}{2.000}$$

$$I_2 = 2 \times 10^{-3}$$

A equação da LKT para a terceira malha é

$$-3 + 2\text{k}(I_3 - I_1) + 6\text{k}I_3 = 0$$

em que

$$V_x = 4\text{k}\,(I_1 - I_2)$$

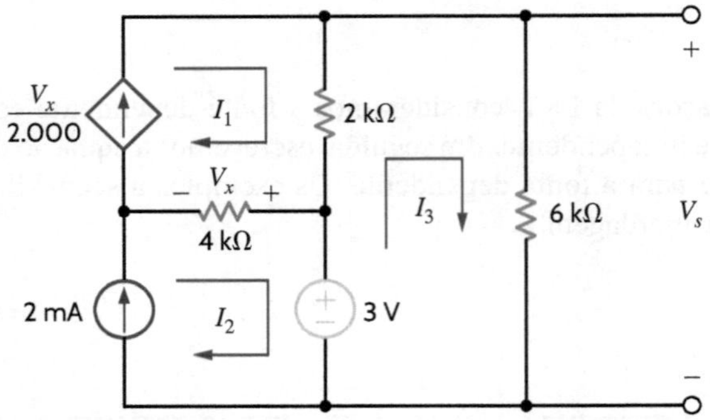

FIGURA 3.26 Circuito usado no Exemplo 3.18.

A combinação dessas equações resulta em

$$-I_1 + 2I_2 = 0$$
$$I_2 = 2/\text{k}$$
$$-2\text{k}I_2 + 8\text{k}I_3 = 3$$

Na forma matricial, as equações são escritas como

$$\begin{bmatrix} -1 & 2 & 0 \\ 0 & 1 & 0 \\ -2.000 & 0 & 8.000 \end{bmatrix} \begin{bmatrix} I_1 \\ I_2 \\ I_3 \end{bmatrix} = \begin{bmatrix} 0 \\ 0{,}002 \\ 3 \end{bmatrix}$$

A solução com MATLAB é, então, obtida como

```
>> R = [-1 2 0;0 1 0;-2000 0 8000]
   R =
        -1     2     0
         0     1     0
     -2000     0  8000
>> V = [0;0.002;3]
   V =
          0
     0.0020
     3.0000
>> I = inv(R)*V
   I =
     0.0040
     0.0020
     0.0014
```

Os valores corretos são I_1 = 4,0 mA, I_2 = 2,0 mA e I_3 = 1,375 mA; MATLAB arredonda o valor de I_3.

E, portanto, V_s = 8,25 V.

EXEMPLO 3.19

O circuito na **Fig. 3.27** contém uma fonte de tensão controlada por corrente e uma fonte de corrente controlada por tensão. Usemos MATLAB para determinar as correntes de malha.

SOLUÇÃO As equações para as correntes de malha mostradas na figura são formuladas como

$$I_1 = \frac{4}{\text{k}}$$
$$I_2 = \frac{V_x}{2\text{k}}$$
$$-1\text{k}I_x + 2\text{k}(I_3 - I_1) + 1\text{k}(I_3 - I_4) = 0$$
$$1\text{k}(I_4 - I_3) + 1\text{k}(I_4 - I_2) + 12 = 0$$

em que

$$V_x = 2\text{k}(I_3 - I_1)$$
$$I_x = I_4 - I_2$$

A combinação dessas equações resulta em

$$I_1 = \frac{4}{\text{k}}$$
$$I_1 + I_2 - I_3 = 0$$
$$1\text{k}I_2 + 3\text{k}I_3 - 2\text{k}I_4 = 8$$
$$1\text{k}I_2 + 1\text{k}I_3 - 2\text{k}I_4 = 12$$

Na forma matricial, as equações são escritas como

$$\begin{bmatrix} 1 & 0 & 0 & 0 \\ 1 & 1 & -1 & 0 \\ 0 & 1.000 & 3.000 & -2.000 \\ 0 & 1.000 & 1.000 & -2.000 \end{bmatrix} \begin{bmatrix} I_1 \\ I_2 \\ I_3 \\ I_4 \end{bmatrix} = \begin{bmatrix} 0{,}004 \\ 0 \\ 8 \\ 12 \end{bmatrix}$$

A solução com MATLAB é, então, obtida como

```
>> R = [1 0 0 0;1 1 -1 0;0 1000 3000
-2000;0 1000 1000 -2000]
   R =
        1      0      0      0
        1      1     -1      0
        0   1000   3000  -2000
        0   1000   1000  -2000
>> V = [0.004;0;8;12]
   V =
       0.0040
            0
       8.0000
      12.0000
>> I = inv(R)*V
   I =
       0.0040
      -0.0060
      -0.0020
      -0.0100
```

ou

$I_1 = 4{,}0$ mA
$I_2 = 6{,}0$ mA
$I_3 = -2{,}0$ mA
$I_4 = -1{,}0$ mA

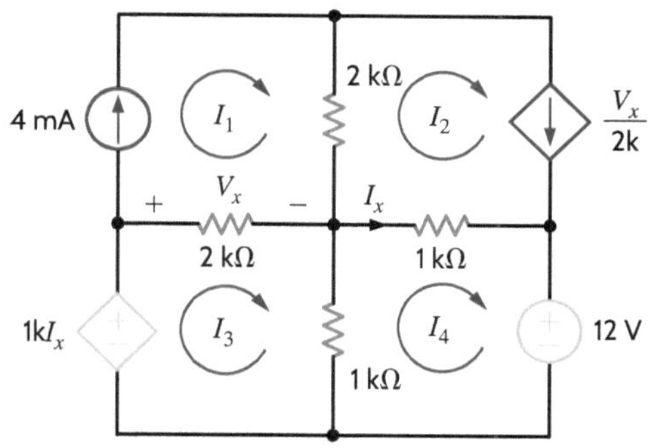

FIGURA 3.27 Circuito usado no Exemplo 3.19.

EXEMPLO 3.20

Neste ponto, examinemos novamente o circuito do Exemplo 3.10 e o analisemos usando equações de malha. Recordemos que, como o circuito possui duas fontes de tensão, a análise nodal foi simplificada. De maneira semelhante, a presença das fontes de corrente deve simplificar a análise de malha.

O circuito tem quatro malhas e, portanto, quatro equações linearmente independentes são necessárias para determinar as correntes de malha. O circuito é redesenhado na **Fig. 3.28**, em que as correntes de malha são identificadas, e desenhamos uma corrente através de cada uma das fontes de corrente independentes. Essa escolha de correntes simplifica a análise, pois duas das quatro equações são

$$I_1 = 2/\text{k}$$
$$I_3 = -2/\text{k}$$

As duas equações da LKT para correntes de malha I_2 e I_4 são

$$-2V_x + 1\text{k}I_2 + (I_2 - I_3)1\text{k} = 0$$
$$(I_4 + I_3 - I_1)1\text{k} - 2V_x + 1\text{k}I_4 + 4 = 0$$

em que

$$V_x = 1\text{k}(I_1 - I_3 - I_4)$$

Substituindo as equações para I_1 e I_3 nas duas equações da LKT,

$$2\text{k}I_2 + 2\text{k}I_4 = 6$$

$$4\text{k}I_4 = 8$$

Resolvendo essas equações para I_2 e I_4, temos

$$I_4 = 2 \text{ mA}$$
$$I_2 = 1 \text{ mA}$$

Logo,

$$V_s = 1\text{V}$$

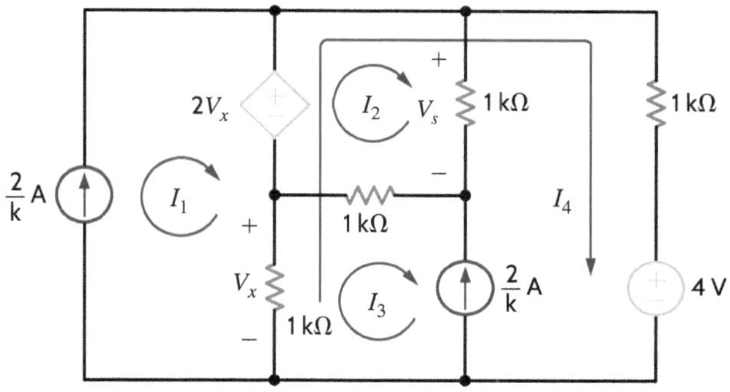

FIGURA 3.28 Circuito usado no Exemplo 3.20.

EXEMPLO 3.21

Consideremos, mais uma vez, o Exemplo 3.11. Agora, examinaremos o circuito usando a análise de malhas. Há quatro fontes: duas são fontes dependentes e apenas uma é fonte de corrente. Assim, desde já, esperamos que uma análise de malhas seja mais trabalhosa do que uma análise nodal. Vemos que o circuito contém seis malhas. Assim, seis equações linearmente independentes são necessárias para resolver todas as correntes desconhecidas.

O circuito é redesenhado na **Fig. 3.29**, na qual as malhas são especificadas. As seis equações da LKT que descrevem o circuito são escritas como:

$$1\text{k}I_1 + 1\text{k}(I_1 - I_2) + 1\text{k}(I_1 - I_4) = 0$$
$$1\text{k}(I_2 - I_1) - 6 + 1\text{k}(I_1 - I_5) = 0$$
$$I_3 = 2I_x$$

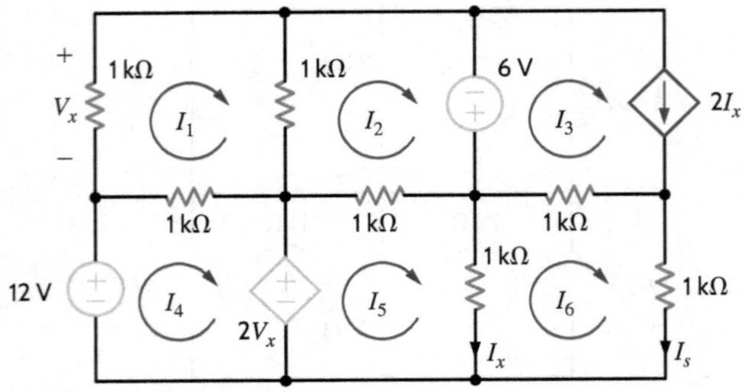

FIGURA 3.29 Circuito usado no Exemplo 3.21.

$$-12 + 1k(I_4 - I_1) + 2V_x = 0$$
$$-2V_x + 1k(I_5 - I_2) + 1k(I_5 - I_s) = 0$$
$$1k(I_s - I_5) + 1k(I_s - I_3) + 1kI_s = 0$$

As variáveis de controle para as duas fontes dependentes são

$$V_x = -1kI_1$$
$$I_x = I_5 - I_s$$

Substituindo os parâmetros de controle nas seis equações da LKT, obtemos

$$\begin{array}{ccccccl} 3I_1 & -I_2 & 0 & -I_4 & 0 & 0 & = 0 \\ -I_1 & +2I_2 & 0 & 0 & -I_5 & 0 & = 6/k \\ 0 & 0 & I_3 & 0 & -2I_5 & +2I_s & = 0 \\ -3I_1 & 0 & 0 & +I_4 & 0 & 0 & = 12/k \\ 2I_1 & -I_2 & 0 & 0 & +2I_5 & -I_s & = 0 \\ 0 & 0 & 0 & 0 & -3I_5 & +5I_s & = 0 \end{array}$$

Na forma matricial, as equações são reescritas como

$$\begin{bmatrix} 3 & -1 & 0 & -1 & 0 & 0 \\ -1 & 2 & 0 & 0 & -1 & 0 \\ 0 & 0 & 1 & 0 & -2 & 2 \\ -3 & 0 & 0 & 1 & 0 & 0 \\ 2 & -1 & 0 & 0 & 2 & -1 \\ 0 & 0 & 0 & 0 & -3 & 5 \end{bmatrix} \begin{bmatrix} I_1 \\ I_2 \\ I_3 \\ I_4 \\ I_5 \\ I_6 \end{bmatrix} = \begin{bmatrix} 0 \\ 0{,}006 \\ 0 \\ 0{,}012 \\ 0 \\ 0 \end{bmatrix}$$

A solução com MATLAB é obtida como:

```
>> R = [3 -1 0 -1 0 0;-1 2 0 0 -1 0;0 0
1 0 -2 2;
-3 0 0 1 0 0;2 -1 0 0 2 -1;0 0 0 0 -3
5]
   R =
         3    -1     0    -1     0     0
        -1     2     0     0    -1     0
         0     0     1     0    -2     2
        -3     0     0     1     0     0
         2    -1     0     0     2    -1
         0     0     0     0    -3     5
>> V = [0;0.006;0;0.012;0;0]
   V =
              0
         0.0060
              0
         0.0120
              0
              0
>> I = inv(R)*V
   I =
          0.0500
         -0.0120
         -0.0640
          0.1620
         -0.0800
         -0.0480
```

ou

$I_1 = 50{,}0$ mA

$I_2 = -12{,}0$ mA

$I_3 = -64{,}0$ mA

$I_4 = 162{,}0$ mA

$I_5 = -80{,}0$ mA

$I_6 = -48{,}0$ mA

Como observação final, ressaltamos a importância de examinar cuidadosamente o circuito antes de selecionar uma abordagem de análise. Um método pode ser muito mais simples que outro, e gastar um pouco de tempo em uma análise inicial pode economizar muito tempo no longo prazo. Para um circuito com N nós, $N - 1$ equações linearmente independentes devem ser formuladas para resolver $N - 1$ tensões nodais. Um circuito de N malhas requer a formulação de N equações linearmente independentes. Na escolha de um método de solução, devemos ter em mente o número de equações linearmente independentes que devem ser formuladas. O mesmo circuito foi resolvido no Exemplo 3.10 com análise nodal e no Exemplo 3.20, com análise de malhas. O circuito da Fig. 3.16 tem quatro tensões nodais desconhecidas. Em consequência, são necessárias quatro equações linearmente independentes. Como existem duas fontes de tensão, são necessárias duas equações de restrição. Vimos no Exemplo 3.20 que esse mesmo circuito tem quatro malhas, o que requer quatro equações linearmente independentes. As duas fontes de corrente fornecem duas equações de restrição.

Para esse circuito, as análises nodal e de malha requerem esforços semelhantes. No entanto, isso não é verdade para muitos circuitos. Consideremos o circuito da **Fig. 3.30**, que tem oito malhas. Se selecionarmos as correntes de malha de forma que apenas uma flua pela fonte de corrente independente, restarão sete correntes de malha desconhecidas. Como este circuito tem

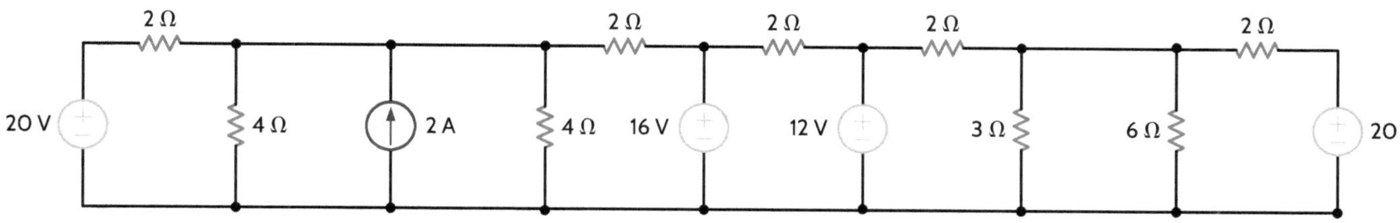

FIGURA 3.30 Circuito utilizado na discussão sobre a seleção de técnicas de análise.

sete nós, há seis tensões nodais e, portanto, devemos formular seis equações linearmente independentes. Com a criteriosa escolha do nó inferior como o nó de referência, quatro das tensões nodais ficam conhecidas, deixando apenas duas tensões nodais desconhecidas: a tensão nodal na fonte de corrente e a tensão nodal nos resistores de 3 e 6 Ω. A aplicação da LKC a esses dois nós fornece duas equações que podem ser resolvidas para as duas tensões nodais desconhecidas. Seja com o emprego de uma moderna calculadora ou de um pacote de *software* como o MATLAB, a solução de duas equações simultâneas requer menos esforço do que a solução das sete equações simultâneas que a análise de malhas exigiria.

Estratégia para a Solução de Problemas

Análise de Malhas

PASSO 1 Determinar o número de malhas independentes no circuito. Atribuir uma corrente de malha a cada malha independente. Para um circuito de N malhas, há N correntes de malha. Em consequência, N equações linearmente independentes devem ser escritas para determinar as correntes de malha.

Se fontes de corrente estiverem presentes no circuito, qualquer uma das duas técnicas pode ser empregada. No primeiro caso, uma corrente de malha é selecionada para passar por uma das fontes de corrente. As correntes de malha restantes são determinadas abrindo o circuito nas fontes de corrente e usando este circuito modificado para selecioná-las. No segundo caso, uma corrente é atribuída a cada malha do circuito.

PASSO 2 Usar a LKC para escrever uma equação de restrição para cada fonte de corrente (independente ou dependente) no circuito em termos da corrente de malha especificada. Cada equação de restrição representa uma das necessárias equações linearmente independentes, e N_I fontes de corrente produzem N_I equações linearmente independentes. Para cada fonte de corrente dependente, expressar a variável de controle para essa fonte em termos de correntes de malha.

PASSO 3 Usar a LKT para formular as $N - N_I$ equações linearmente independentes restantes. Tratar as fontes de tensão dependentes como fontes de tensão independentes ao formular as equações da LKT. Para cada fonte de tensão dependente, expressar a variável de controle em termos das correntes do circuito.

Avaliação da Aprendizagem

E3.19 Usando análise de malhas, determine V_s no circuito na Fig. E3.19.

Resposta:

$V_s = 12$ V.

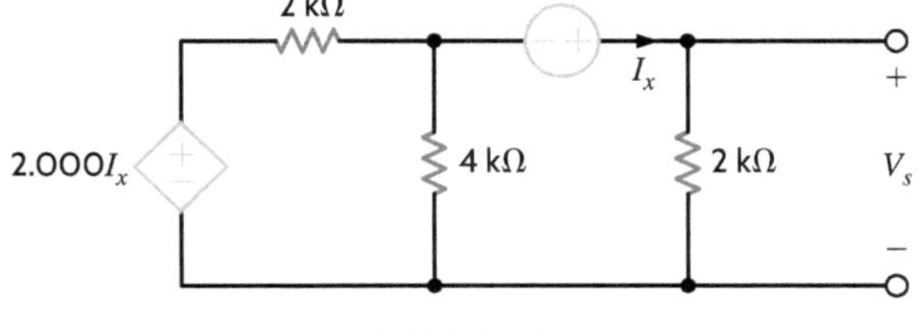

FIGURA E3.19

E3.20 Usando análise de malhas, resolva o circuito do Exemplo 3.5 e compare o tempo e o esforço envolvidos nas duas estratégias de solução.

E3.21 Usando análise nodal, resolva o circuito do Exemplo 3.15 e compare o tempo e o esforço envolvidos nas duas estratégias de solução.

E3.22 Usando análise de malhas, determine V_s no circuito na Fig. E3.22.

Resposta:

$V_s = 6{,}97$ V.

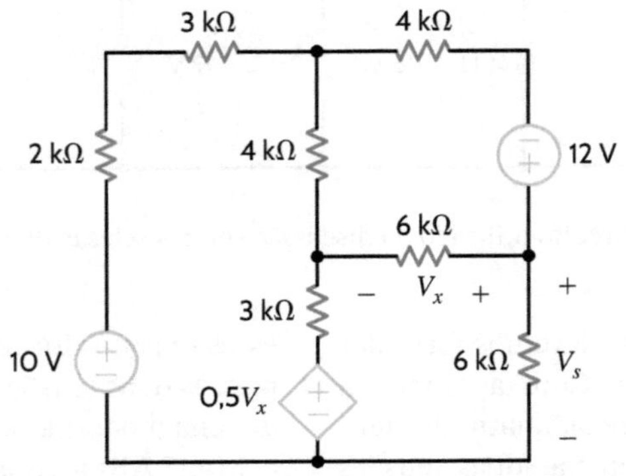

FIGURA E3.22

E3.23 Usando análise de malhas, determine V_s no circuito na Fig. E3.23.

Resposta:

$V_s = 9$ V.

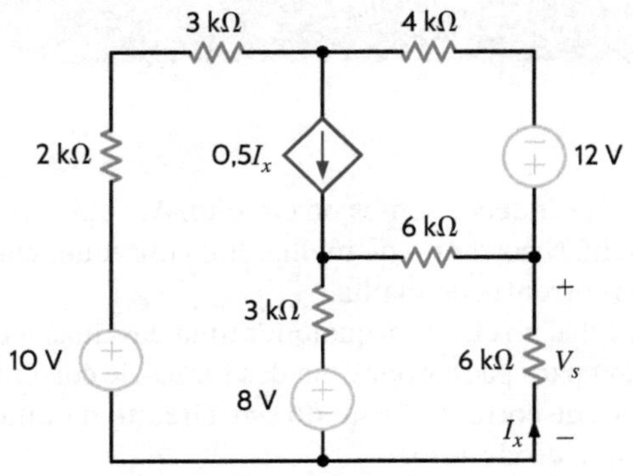

FIGURA E3.23

3.3 Exemplo de Aplicação

EXEMPLO DE APLICAÇÃO 3.22

Um circuito conceitual para ajuste manual da velocidade de um motor elétrico CC é mostrado na **Fig. 3.31a**. Os resistores R_1 e R_2 estão no interior de um componente chamado potenciômetro, que é simplesmente um resistor ajustável, por exemplo, utilizado para controlar o volume em um rádio. Ao girar o botão, alteramos a relação $\alpha = R_2/(R_1 + R_2)$, mas a resistência total, $R_{pot} = R_1 + R_2$, permanece inalterada. Assim, o potenciômetro forma um divisor de tensão que define a tensão V_{veloc}. A saída do amplificador de potência, V_M, é quatro vezes V_{veloc}. Amplificadores de potência podem produzir as altas correntes necessárias para acionar o motor. Por fim, a velocidade do motor CC é proporcional a V_M; ou seja, a velocidade em rpm é uma constante k vezes a tensão V. Sem conhecer os detalhes do amplificador de potência, seremos capazes de analisar este sistema? Em particular, será que conseguimos obter uma relação entre a velocidade do motor em rpm e α?

SOLUÇÃO Como a tensão de saída do amplificador de potência é proporcional à sua entrada, podemos modelar o amplificador como uma simples fonte dependente. O diagrama de circuito resultante é mostrado na **Fig. 3.31b**. Agora, podemos desenvolver uma relação entre a velocidade do motor e a posição do potenciômetro, α. As equações que governam a operação do motor, amplificador de potência e divisor de tensão são

$$\text{velocidade (rpm)} = K_M V_M$$

$$V_M = 4V_{\text{veloc}}$$

$$V_{\text{veloc}} = 5\frac{R_2}{R_1 + R_2} = 5\left[\frac{R_2}{R_{\text{pot}}}\right] = 5\alpha$$

$$R_2 = \alpha R_{pot} \qquad R_1 = (1 - \alpha)R_{pot}$$

Combinando equações para eliminar a V_{veloc}, obtemos uma relação entre a velocidade do motor (rpm) e α; isto é, rpm = 20α. Se, por exemplo, a constante do motor K_M for 50 rpm/V, teremos

$$\text{rpm} = 1.000\alpha$$

Esta relação mostra que a velocidade do motor é proporcional à posição do botão do potenciômetro. Como o valor máximo de α é 1, a velocidade do motor varia de 0 a 1.000 rpm.

Observe que, em nosso modelo, o amplificador de potência, modelado pela fonte dependente, é capaz de fornecer *qualquer* valor de corrente que o motor demande. Na verdade, isso não é possível, mas o exemplo demonstra algumas das vantagens/limitações associadas à modelagem de problemas. Ao escolher um modelo simples, conseguimos desenvolver rapidamente o relacionamento necessário. No entanto, outras características de um amplificador de potência real foram omitidas neste modelo.

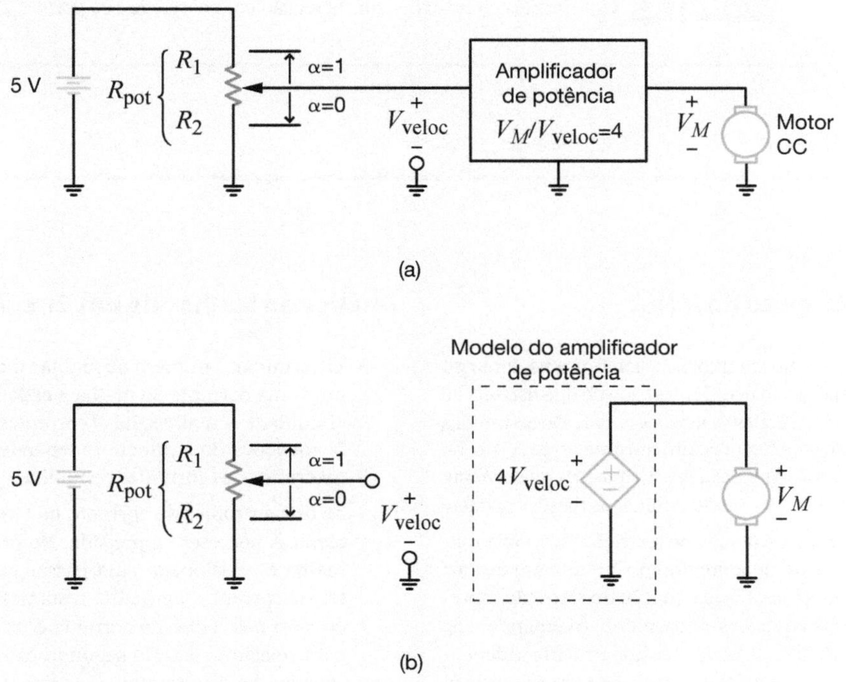

FIGURA 3.31 (a) Um simples acionador de motor CC e (b) o modelo do circuito usado para analisá-lo.

3.4 Exemplo de Projeto

EXEMPLO DE PROJETO 3.23

Uma fonte de 8 V e dois resistores padrões devem ser utilizados no projeto de um divisor de tensão que produza 5 V quando conectado a uma carga de 100 μA. Mantendo a potência consumida o mais baixa possível, minimizemos o erro entre a saída real e os necessários 5 V.

SOLUÇÃO O divisor de tensão pode ser modelado como mostrado na **Fig. 3.32**. Aplicando a LKC ao nó de saída, obtemos:

$$\frac{V_F - V_s}{R_1} = \frac{V_s}{R_2} + I_s$$

Usando os valores especificados para a tensão de entrada, a desejada tensão de saída e a fonte de corrente, temos

$$R_1 = \frac{3R_2}{5 + (100\mu)R_2}$$

Por tentativa e erro, concluímos que excelentes valores para os dois resistores padrões são R_1 = 10 kΩ e R_2 = 27 kΩ. Para minimizar o consumo de potência, usamos resistores de grandes valores. Com esta seleção de resistores, a tensão de saída é de 5,11 V, o que representa um erro de apenas 2,15%.

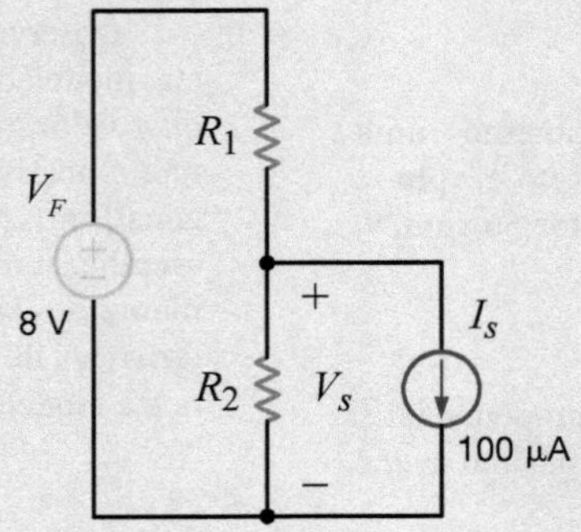

FIGURA 3.32 Um simples circuito divisor de tensão com carga de 100 μA.

Resumo

Análise Nodal de um Circuito de *N* Nós

- Determinar o número de nós no circuito. Selecionar um nó como nó de referência. Atribuir uma tensão nodal entre cada nó que não seja de referência e o nó de referência. Todas as tensões nodais são assumidas positivas com relação ao nó de referência. Em um circuito de N nós, há $N - 1$ tensões nodais. Em consequência, $N - 1$ equações linearmente independentes devem ser escritas para determinar as tensões nodais.
- Usar a LKT para escrever uma equação de restrição para cada fonte de tensão (independente ou dependente) no circuito em termos das tensões nodais estabelecidas. Cada equação de restrição representa uma das necessárias equações linearmente independentes, e N_υ fontes de tensão produzem N_υ equações linearmente independentes. Para cada fonte de tensão dependente, expressar a variável de controle para essa fonte em termos das tensões nodais.
- Uma fonte de tensão (independente ou dependente) pode ser conectada entre um nó que não seja de referência e o nó de referência ou entre dois nós que não sejam de referência. Um supernó é formado por uma fonte de tensão e seus dois nós de conexão (que não sejam de referência).
- Usar a LKC para formular as restantes $N - 1 - N_\upsilon$ equações linearmente independentes. Primeiro, aplicar a LKC a cada nó que não seja de referência e que não esteja conectado a uma fonte de tensão. Segundo, aplicar a LKC a cada supernó. Ao formular as equações da LKC, tratar fontes de corrente dependentes como fontes de corrente independentes. Para cada fonte de corrente dependente, expressar a variável de controle em termos das tensões nodais.

Análise de Malhas de um Circuito de *N* Malhas

- Determinar o número de malhas independentes no circuito. Atribuir uma corrente de malha a cada malha independente. Em um circuito de N malhas, há N correntes de malha. Em consequência, N equações linearmente independentes devem ser escritas para determinar as correntes de malha.
- Se houver fontes de corrente no circuito, qualquer uma das duas técnicas pode ser empregada. No primeiro caso, uma corrente de malha é selecionada para passar por uma das fontes de corrente. As correntes de malha restantes são determinadas abrindo o circuito nas fontes de corrente e usando este circuito modificado para selecioná-las. No segundo caso, uma corrente é atribuída a cada malha do circuito.
- Usar a LKC para escrever uma equação de restrição para cada fonte de corrente (independente ou dependente) no circuito em termos das correntes de malha especificadas. Cada equação de restrição representa uma das necessárias equações linearmente independentes, e as N_I fontes de corrente produzem N_I equações linearmente independentes. Para cada fonte de corrente dependente, expressar a variável de controle da fonte em termos das correntes de malha.
- Usar a LKT para formular as restantes $N - N_I$ equações linearmente independentes. Ao escrever as equações da LKT, tratar as fontes de tensão dependentes como fontes de tensão independentes. Para cada fonte de tensão dependente, expressar a variável de controle em termos das correntes de malha.

CAPÍTULO 4

Amplificadores Operacionais

OBJETIVOS DE APRENDIZAGEM

Os objetivos de aprendizagem deste capítulo são tornar os estudantes capazes de:

- Aplicar o modelo de um amplificador operacional (amp-op) para determinar correntes e tensões em um circuito.
- Analisar uma variedade de circuitos que empregam amplificadores operacionais.
- Usar o modelo de amplificador operacional em aplicações práticas para determinar a tensão e/ou corrente de saída em termos da(s) tensão(ões) e corrente(s) de entrada.

4.1 Introdução

Amplificadores operacionais, ou amp-ops, como comumente conhecidos, são considerados o circuito integrado mais importante no projeto de circuitos analógicos. Um amp-op é uma interconexão versátil de transistores e resistores que aumenta consideravelmente nossa capacidade do projeto de circuitos, abrangendo de sistemas de controle de motores a telefones celulares. Os primeiros amp-ops eram construídos com válvulas a vácuo, o que os tornava volumosos e grandes consumidores de potência. A invenção do transistor no Bell Labs, em 1947, permitiu que engenheiros produzissem amplificadores operacionais muito menores e mais eficientes. Ainda assim, o próprio amplificador operacional consistia em transistores e resistores individuais interconectados em uma placa de circuito impresso (PCI). O desenvolvimento do processo de fabricação de circuitos integrados (CIs), por volta de 1970, permitiu que os engenheiros pudessem posicionar todos os transistores e resistores do amplificador operacional em um único chip de CI. Hoje, é comum encontrar até quatro amplificadores operacionais de alta qualidade em um único CI, com custo bastante reduzido, da ordem de 40 centavos de dólar. Uma amostra de amplificadores operacionais comerciais é apresentada na **Fig. 4.1**.

Por que esses dispositivos são chamados de amplificadores operacionais? Originalmente, amp-ops foram projetados para efetuar operações matemáticas como adição, subtração, diferenciação e integração. Com a incorporação de circuitos simples ao amplificador operacional, podemos criar esses "blocos de construção" e, também, realizar ganho de tensão, conversão de corrente para tensão e várias outras operações mais complexas.

4.2 Modelos de Amp-Ops

Com conhecimento limitado a fontes e resistores, como podemos entender o desempenho de amp-ops? A resposta reside na modelagem. Deixando de lado detalhes específicos, um amplificador operacional é apenas um bom amplificador de tensão. Em outras palavras, a tensão de saída é uma réplica amplificada da tensão de entrada. Os modernos amp-ops são tão bons amplificadores que facilitam o desenvolvimento de modelos de primeira ordem precisos. Como mencionado anteriormente, amp-ops são muito populares e extensamente utilizados em todos os níveis de projeto de circuitos. Não deve ser surpresa que amp-ops estejam disponíveis para todos os tipos de aplicações – baixa-tensão, alta-tensão, micropotência, alta velocidade, alta corrente e assim por diante. Felizmente, a topologia de nosso modelo independe dessas questões.

Iniciaremos nosso estudo com o amp-op de uso geral LM324 quad (quatro em um dispositivo) da National Semiconductor, mostrado no canto superior direito da **Fig. 4.1a**. A pinagem do LM324 é mostrada na **Fig. 4.2** para um dispositivo DIP (*Dual Inline Pack*), com dimensões em polegadas. Verificamos que há quatro amp-ops idênticos no dispositivo, e nos concentraremos no amplificador 1. Os pinos 3 e 2 são pinos de entrada, $E1_+$ e $E1_-$, chamados de entradas não inversora e inversora, respectivamente. A saída está no pino 1. A relação entre as tensões de saída e de entrada é escrita como:

$$V_s = A_o(E1_+ - E1_-) \qquad \textbf{4.1}$$

em que todas as tensões são medidas com relação ao terra e A_o é o ganho do amp-op. (A localização do terminal de terra será discutida em breve.) Da Eq. (4.1), vemos que, quando $E1_+$ aumenta, V_s também aumenta. No entanto, se $E1_-$ aumentar, V_s diminuirá, o que justifica as denominações de entradas não inversora e inversora. Mencionamos anteriormente que os amp-ops são amplificadores de tensão muito bons. Quão bons? Valores típicos de A_o ocorrem na faixa de 10.000 a 1.000.000!

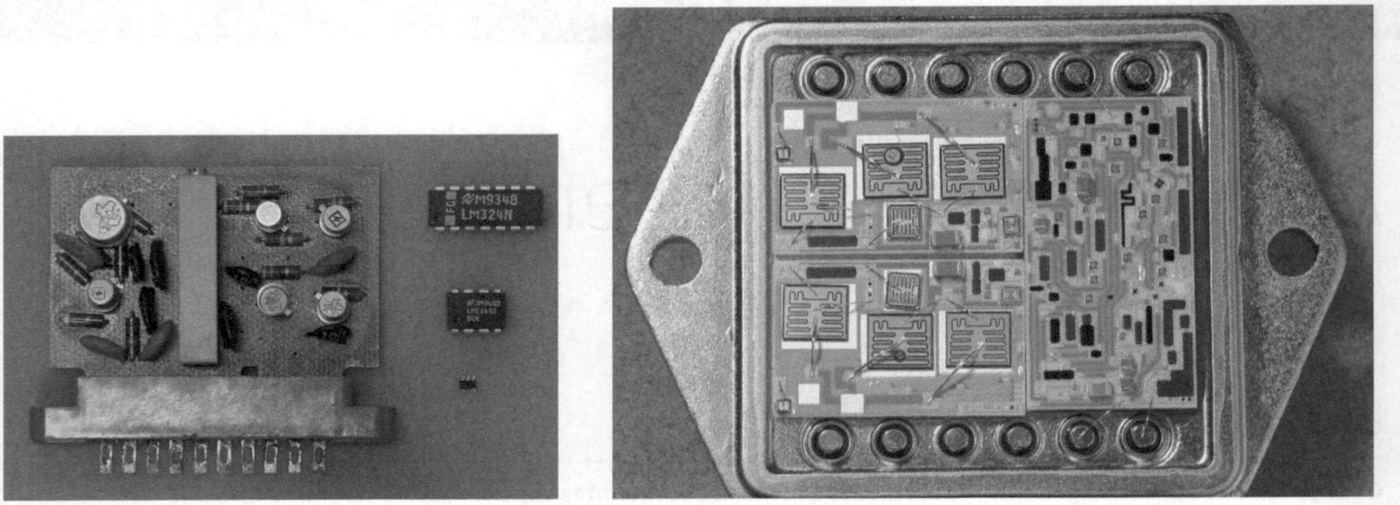

(a) (b)

FIGURA 4.1 Exemplos de amplificadores operacionais. (a) Lado esquerdo: um amplificador operacional discreto montado em uma placa de circuito impresso (PCI); lado direito, de cima para baixo: modelos de amp-ops LM324 DIP, LMC6492 DIP e AX4240 em uma montagem SO-5 (*small outline/5 pins*); (b) amp-op modelo PA03, da Apex Microtechnology, com a tampa removida para mostrar transistores e resistores individuais. (*Esquerda*, cortesia de Mark Nelms e Jo Ann Loden; *direita*, cortesia de Apex Microtechnology Corp.)

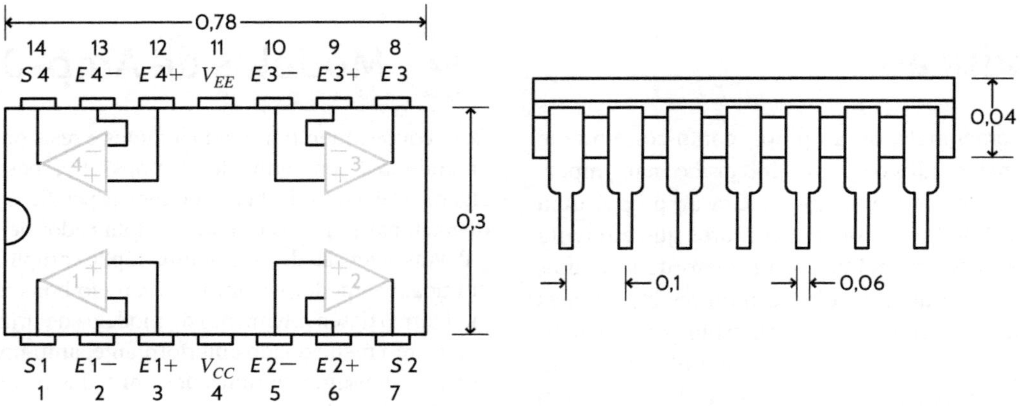

(a) (b)

FIGURA 4.2 Pinagem (a) e diagrama dimensional (b) do amp-op LM324. O espaçamento entre pinos é de 0,1 polegada, padrão para dispositivos DIP.

A amplificação exige que potência seja fornecida pelas fontes de tensão CC conectadas aos pinos 4 e 11, chamadas V_{CC} e V_{EE}, respectivamente. A **Fig. 4.3** mostra como fontes de alimentação são conectadas em aplicações com uma ou duas fontes e a definição do nó de terra, ao qual todas as tensões de entrada e saída são referenciadas. Tradicionalmente, V_{CC} é uma tensão CC positiva com relação ao terra e V_{EE}, uma tensão negativa ou o próprio terra. Valores práticos para essas fontes de alimentação podem variar muito, dependendo da aplicação: de apenas um volt a várias centenas de volts.

Como podemos modelar o amplificador operacional? Uma fonte de tensão dependente pode fornecer V_s! E quanto às correntes de entrada e saída dos terminais do amp-op (pinos 3, 2 e 1)? Felizmente, as correntes são, geralmente, proporcionais às tensões nos pinos. Isso soa como a lei de Ohm. Assim, modelamos o desempenho *I-V* com dois resistores, um nos terminais de entrada (R_e) e outro na saída (R_s). O circuito da **Fig. 4.4** ilustra esse modelo.

Que valores podemos esperar para A_o, R_e e R_s? Podemos analisar essa questão com a ajuda da **Fig. 4.5**, que mostra uma equivalência ao circuito que aciona os nós de entrada e modela o circuito conectado à saída com um único resistor, R_C. Como o amp-op deve ser um ótimo amplificador de tensão, iremos escrever uma equação para o ganho geral do circuito V_s/V_F. Usando a divisão de tensão na entrada e novamente na saída, produzimos rapidamente a expressão

$$\frac{V_s}{V_F} = \left[\frac{R_e}{R_e + R_{\text{Th1}}}\right] A_o \left[\frac{R_C}{R_s + R_C}\right]$$

Para maximizar o ganho independentemente dos valores de R_{Th1} e de R_C, tornamos as relações de divisão de tensão o mais próximo possível da unidade. O cenário ideal requer que A_o

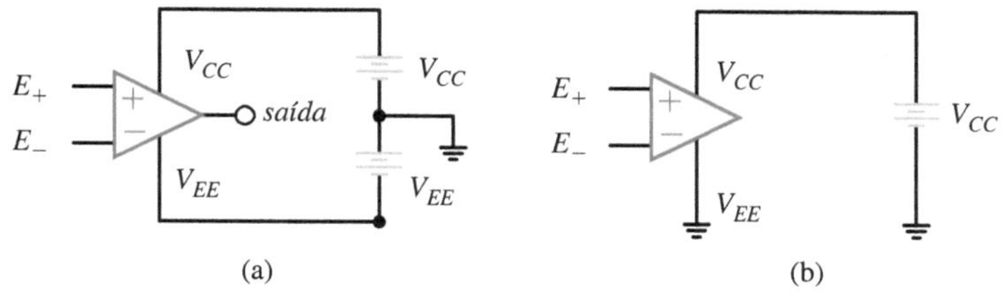

FIGURA 4.3 Diagramas ilustrando a conexão de fontes de alimentação e localização do terra em aplicações com (a) duas e (b) uma fonte.

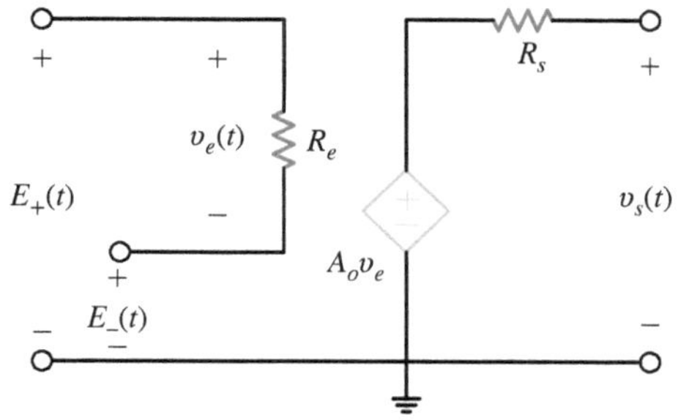

FIGURA 4.4 Modelo simples para a característica de ganho de um amp-op.

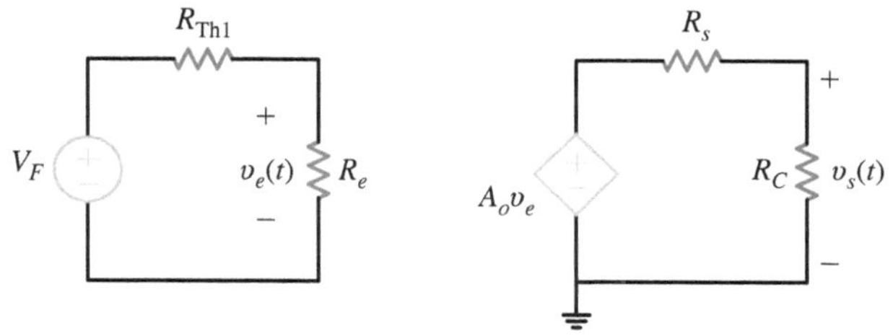

FIGURA 4.5 Ilustração do circuito de um amp-op. V_F e R_{Th1} modelam o circuito de acionamento e R_C, a carga. O circuito na Fig. 4.4 é o modelo do amp-op.

TABELA 4.1 **Alguns amp-ops comerciais e os valores correspondentes de parâmetros do modelo**

Fabricante	Código do componente	A_o (V/V)	R_e (MΩ)	R_s (Ω)	Comentários
National	LM324	100.000	1,0	20	Uso geral, alimentação de até ±16 V, muito barato.
National	LMC6492	50.000	10^7	150	Entradas e saídas *rail-to-rail* de baixa-tensão.†
Maxim	MAX4240	20.000	45	160	Micropotência (alimentação de 1,8 V @ 10 μA), entradas e saídas *rail-to-rail*.
Apex Microtechnology	PA03	125.000	10^5	2	Alta-tensão, ±75 V, e alta capacidade de corrente de saída, 30 A. Potência da ordem de 2 kW!

†*Rail-to-rail* é uma marca registrada da Motorola Corporation. Esse recurso será discutido nos parágrafos seguintes.

e R_e sejam infinitos e que R_s seja zero, gerando um elevado ganho total A_o. A **Tabela 4.1** mostra valores reais de A_o, R_e e R_s para modelos de amplificadores operacionais comerciais destinados a aplicações diferentes. Embora não tenham os valores ideais, A_o, R_e e R_s seguem as tendências corretas.

As fontes de alimentação afetam o desempenho de duas maneiras. Primeira, para operação adequada, a potência fornecida a cada amp-op deve estar em uma dada faixa de valores mínimo e máximo. Segunda, para funcionamento apropriado, as tensões de entrada e de saída não devem exceder as tensões de alimentação.[1] Caso possam alcançar algumas dezenas de milivolts das tensões das fontes, as tensões de entradas/saídas são chamadas de *rail-to-rail*. Caso contrário, os limites para as tensões de entrada/saída são mais severos, geralmente, uma diferença da ordem de volt com relação aos valores de alimentação. Combinando o modelo na Fig. 4.4, os valores na Tabela 4.1 e essas limitações de entrada/saída, traçamos o gráfico na **Fig. 4.6**, que mostra a relação saída-entrada para cada amp-op na Tabela 4.1. Desse gráfico, vemos que os amp-ops LMC6492 e MAX4240 possuem saídas *rail-to-rail* e os amp-ops LM324 e PA03, não.

Embora um amp-op funcione na faixa de valores mínimo e máximo da tensão de alimentação, um aumento na tensão de entrada pode não resultar em um correspondente aumento na tensão de saída, em função da configuração do circuito. Neste caso, dizemos que o amp-op está em saturação. O exemplo a seguir trata desse problema.

[1]Existem amp-ops comerciais com valores de tensão de entrada e/ou superiores aos de alimentação. Contudo, esses dispositivos constituem uma parcela muito pequena do mercado de amp-ops e não os discutiremos neste texto.

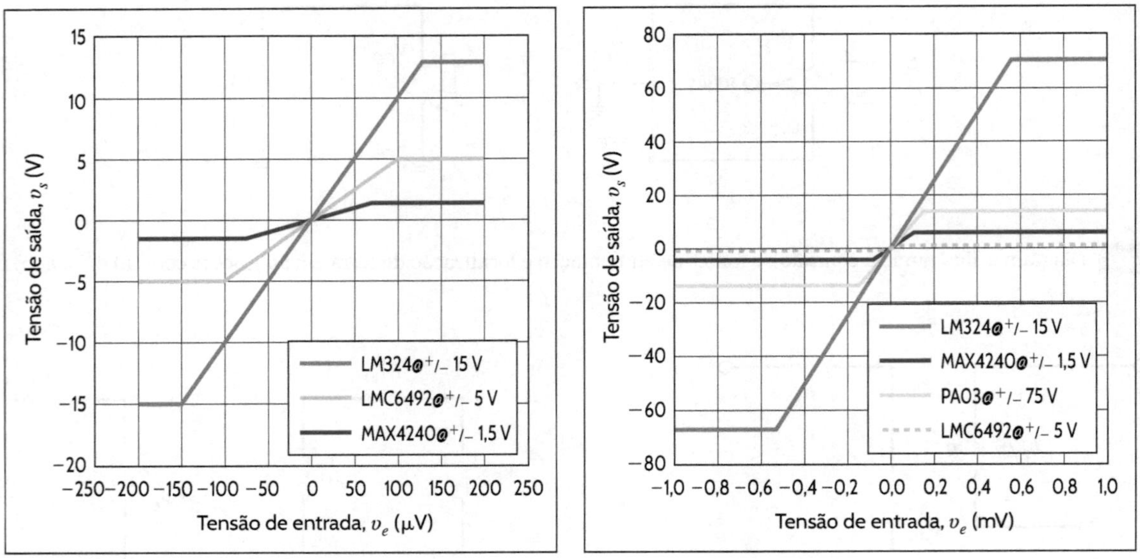

FIGURA 4.6 Curvas características dos amp-ops listados na Tabela 4.1. As tensões de alimentação estão relacionadas nas legendas do gráfico. Os amp-ops LMC6492 e MAX4240 possuem saídas *rail-to-rail* (valores da tensão de saída não excedem os da fonte de alimentação) e os amp-ops LM324 e PA03, não.

EXEMPLO 4.1

Os sinais de entrada e de saída para um circuito amp-op são mostrados na **Fig. 4.7**. Determinemos (a) se o circuito do amp-op é linear e (b) o ganho do circuito.

SOLUÇÃO

a. Em um circuito linear, a saída deve ser linearmente relacionada com a entrada, ou seja, proporcional à entrada. Um exame das formas de onda de entrada e de saída na Fig. 4.7 indica claramente que a saída é constante nos intervalos 1,25 ms $\leq t \leq$ 2,5 ms e 4 ms $\leq t \leq$ 6 ms, embora a entrada varie continuamente. Nesses intervalos, o circuito do amp-op está em saturação e, portanto, não é linear.

b. Na região em que a saída é proporcional à entrada, ou seja, $0 \leq t \leq 1$ ms, a entrada varia de 1 V e a saída, de 3,3 V. Portanto, o ganho do circuito é 3,3.

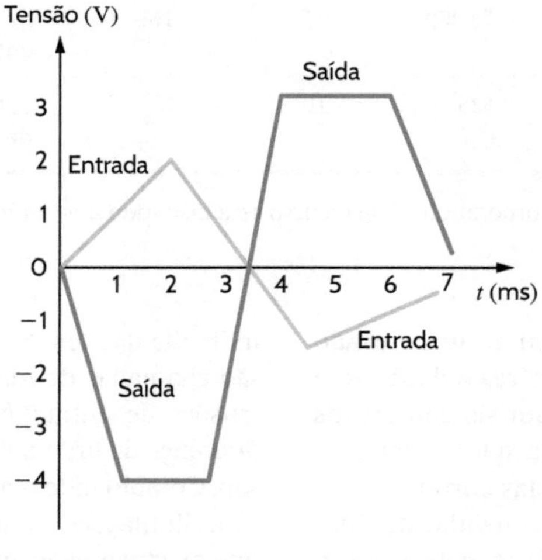

FIGURA 4.7 Característica de entrada-saída de um amp-op.

Para apresentar a operação de um amp-op em um circuito prático, consideremos o circuito na **Fig. 4.8a**. Esse circuito é denominado *buffer* de ganho unitário. Observemos que o símbolo esquemático do amp-op inclui as fontes de alimentação. Empregando o modelo na Fig. 4.4, obtemos o circuito na **Fig. 4.8b**, que contém apenas resistores e fontes, o que facilita a análise. Escrevendo as equações de malha, temos

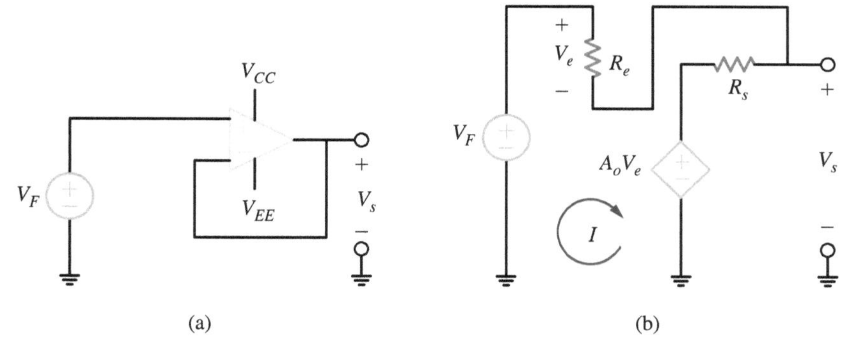

FIGURA 4.8 Circuito (a) e modelo (b) para um *buffer* de ganho unitário.

$$V_F = IR_e + IR_s + A_oV_e$$
$$V_s = IR_s + A_oV_e$$
$$V_e = IR_e$$

Resolvendo esta equação para o ganho, V_s/V_F, obtemos

$$\frac{V_s}{V_F} = \frac{1}{1 + \dfrac{R_e}{R_s + A_o R_e}}$$

Para $R_s << R_e$, temos

$$\frac{V_s}{V_F} \approx \frac{1}{1 + \dfrac{1}{A_o}}$$

Se $A_o >> 1$,

$$\frac{V_s}{V_F} \approx 1$$

Esse resultado justifica a denominação *buffer de ganho unitário*. A **Tabela 4.2** apresenta uma lista de valores reais de ganho para $V_F = 1$ V, com os amp-ops listados na Tabela 4.1. Observemos que o ganho, de fato, é muito próximo da unidade e que a tensão e a corrente de entrada têm valores muito baixos. Esses resultados nos levam a simplificar significativamente o amp-op da Fig. 4.4, de modo que introduzimos o *modelo de um amp-op ideal*, em que A_o e R_e são infinitos e R_s é zero. Isso origina dois importantes resultados para a análise circuitos de amplificadores operacionais, que são listados na **Tabela 4.3**.

TABELA 4.2 Desempenho do *buffer* de ganho unitário para os amp-ops listados na Tabela 4.1

Amp-op	Ganho	V_e (mV)	I (pA)
LM324	0,999990	9,9999	9,9998
LMC6492	0,999980	19,999	$1{,}9999 \times 10^{-6}$
MAX4240	0,999950	49,998	1,1111
PA03	0,999992	7,9999	$7{,}9999 \times 10^{-5}$

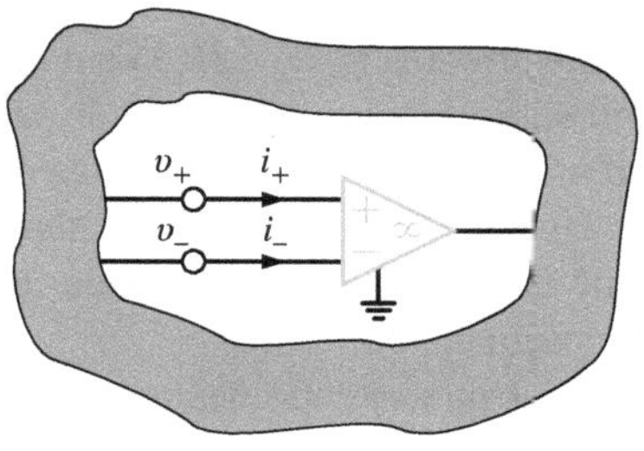

FIGURA 4.9 Modelo de um amp-op ideal. Parâmetros do modelo: $i_+ = i_- = 0$, $v_+ = v_-$.

A partir da Tabela 4.3, produzimos o modelo de um amp-op ideal mostrado na **Fig. 4.9**. As principais características desse modelo são: (1) como R_e é extremamente grande, as correntes de entrada são aproximadamente zero (ou seja, $i_+ \approx i_- \approx 0$); e (2) para que tensão de saída permaneça limitada, à medida que o ganho aumenta e se aproxima do infinito, a tensão nos terminais de entrada deve se tornar infinitesimalmente pequena, ou seja, quando $A_o \to \infty$, $v_+ - v_- \to 0$ (ou seja, $v_+ - v_- = 0$ ou $v_+ = v$). A diferença entre as tensões de entrada é frequentemente denominada *sinal de erro* para o amp-op (ou seja, $v_+ - v_- = v_e$).

O terminal de terra ⏚ mostrado no amp-op é necessário para o retorno da corrente do sinal e garante que a lei de Kirchhoff para correntes seja satisfeita no amp-op e no nó de terra do circuito.

Em resumo, o modelo para o amp-op ideal é descrito pelas seguintes condições:

$$i_+ = i_- = 0$$
$$v_+ = v_- \qquad \textbf{4.2}$$

TABELA 4.3 Consequências do modelo de amp-op ideal nos valores de I/V no terminal de entrada

Hipótese	Implicação
$A_o \to \infty$	tensão na entrada $\to$ 0 V
$R_e \to \infty$	corrente na entrada $\to$ 0 A

Essas condições simples são extremamente importantes, pois formam a base para a análise de circuitos de amplificadores operacionais.

Usemos o modelo ideal para reexaminar o *buffer* de ganho unitário, desenhado novamente na **Fig. 4.10**, em que a tensão e as correntes de entrada são mostradas como zero. Dado que V_e é zero, a tensão nas duas entradas do amp-op é V_F. Como a entrada inversora está fisicamente conectada à saída, V_s também é igual a V_F, resultando em ganho unitário!

Empregando o modelo de amp-op ideal, alteremos o circuito na Fig. 4.10 um pouco, como mostrado na **Fig. 4.11**, em que V_F e R_F são equivalentes ao circuito que aciona os modelos de *buffer* e R_C, ao circuito conectado à saída. Há três pontos principais aqui. Primeiro, o ganho ainda é unitário. Segundo, o amp-op não demanda corrente do circuito de acionamento. Terceiro, a corrente de saída ($I_s = V_s/R_C$) vem das fontes de alimentação, por meio do amp-op e do pino de saída. Em outras palavras, a corrente de carga vem das fontes de alimentação, que têm muita capacidade de corrente, e não do circuito de acionamento, que pode ter baixa capacidade. Este isolamento de corrente é denominado *buffering*.

Uma pergunta óbvia neste momento é esta: se $V_s = V_F$, por que não conectar V_F a V_s por meio de dois fios de conexão paralela; por que precisamos de um amp-op entre essas tensões? A resposta a esta pergunta é fundamental e nos ajudará a entender melhor a questão, facilitando a análise e projeto de circuitos.

Consideremos o circuito mostrado na **Fig. 4.12a**. Neste caso, V_s não é igual a V_F em função da queda de tensão em R_F:

$$V_s = V_F - IR_F$$

Contudo, na **Fig. 4.12b**, a corrente de entrada para o amp-op é zero e, portanto, V_F aparece na entrada do amp-op. Como o ganho do amplificador operacional é 1, $V_s = V_F$. Na Fig. 4.12a, a interação do circuito resistivo com a fonte fez com que a tensão V_s ficasse abaixo de V_F. Em outras palavras, o circuito resistivo carrega a tensão da fonte. Entretanto, na Fig. 4.12b, o amp-op isola a fonte do circuito resistivo. O seguidor de tensão é denominado *buffer amplificador* justamente porque pode ser usado para isolar um circuito de outro. A potência fornecida ao circuito resistivo vem, no primeiro caso, da fonte V_F e, no segundo, das fontes de potência que alimentam o amplificador, de modo que pouca ou nenhuma potência é extraída de V_F.

4.3 Circuitos Básicos que Utilizam Amp-Ops

Como regra geral, na análise de circuitos com amp-ops, escrevemos equações nodais nos terminais de entrada do amplificador usando as condições do modelo de amp-op ideal. Assim, a técnica é de simples implementação.

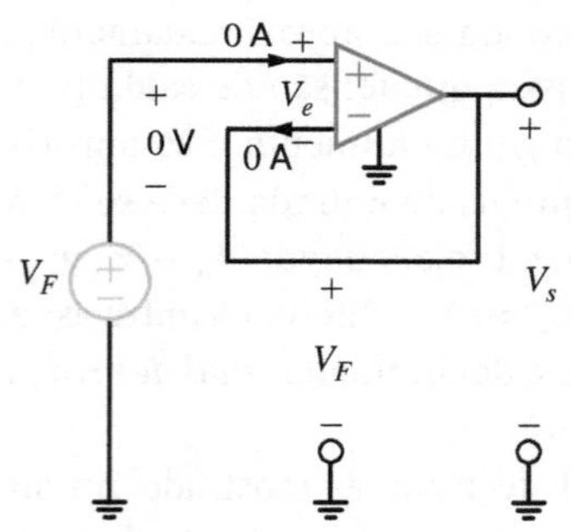

FIGURA 4.10 Um amp-op ideal configurado como um *buffer* de ganho unitário.

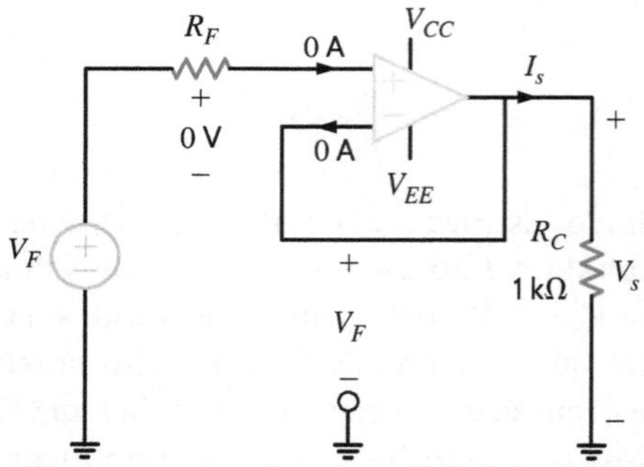

FIGURA 4.11 Um *buffer* de ganho unitário com um resistor de carga.

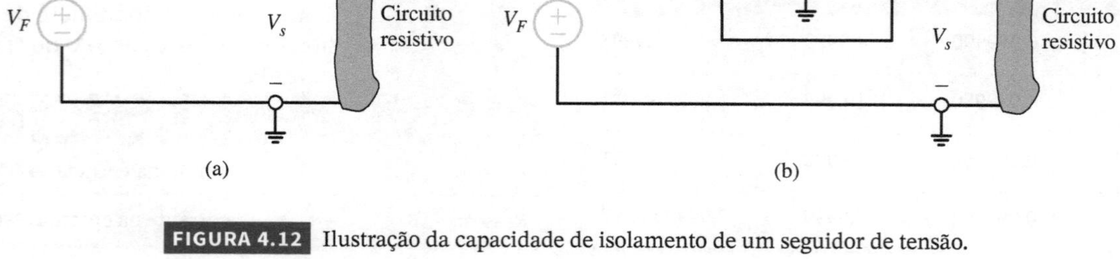

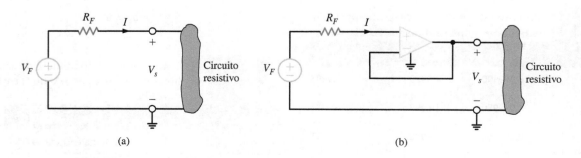

FIGURA 4.12 Ilustração da capacidade de isolamento de um seguidor de tensão.

EXEMPLO 4.2

Usemos os modelos não ideal e ideal para determinar o ganho da configuração básica de amp-op inversor mostrada na **Fig. 4.13a**.

SOLUÇÃO O modelo para o amp-op é mostrado genericamente na **Fig. 4.13b** e, especificamente em termos dos parâmetros R_e, A e R_s na **Fig. 4.13c**. Inserindo o modelo no circuito na Fig. 4.13a, obtemos o circuito mostrado na **Fig. 4.13d**, que pode ser redesenhado como na **Fig. 4.13e**.

As equações nodais para o circuito são

$$\frac{v_1 - v_F}{R_1} + \frac{v_1}{R_e} + \frac{v_1 - v_s}{R_2} = 0$$

$$\frac{v_s - v_1}{R_2} + \frac{v_s - Av_e}{R_s} = 0$$

em que $v_e = -v_1$. As equações podem ser escritas na forma matricial:

$$\begin{bmatrix} \frac{1}{R_1} + \frac{1}{R_e} + \frac{1}{R_2} & -\left(\frac{1}{R_2}\right) \\ -\left(\frac{1}{R_2} - \frac{A}{R_s}\right) & \frac{1}{R_2} + \frac{1}{R_s} \end{bmatrix} \begin{bmatrix} v_1 \\ v_s \end{bmatrix} = \begin{bmatrix} \frac{v_F}{R_1} \\ 0 \end{bmatrix}$$

Resolvendo para as tensões nodais, obtemos

$$\begin{bmatrix} v_1 \\ v_s \end{bmatrix} = \frac{1}{\Delta} \begin{bmatrix} \frac{1}{R_2} + \frac{1}{R_s} & \frac{1}{R_2} \\ \frac{1}{R_2} - \frac{A}{R_s} & \frac{1}{R_1} + \frac{1}{R_e} + \frac{1}{R_s} \end{bmatrix} \begin{bmatrix} \frac{v_F}{R_1} \\ 0 \end{bmatrix}$$

em que

$$\Delta = \left(\frac{1}{R_1} + \frac{1}{R_e} + \frac{1}{R_2}\right)\left(\frac{1}{R_2} + \frac{1}{R_s}\right) - \left(\frac{1}{R_2}\right)\left(\frac{1}{R_2} - \frac{A}{R_s}\right)$$

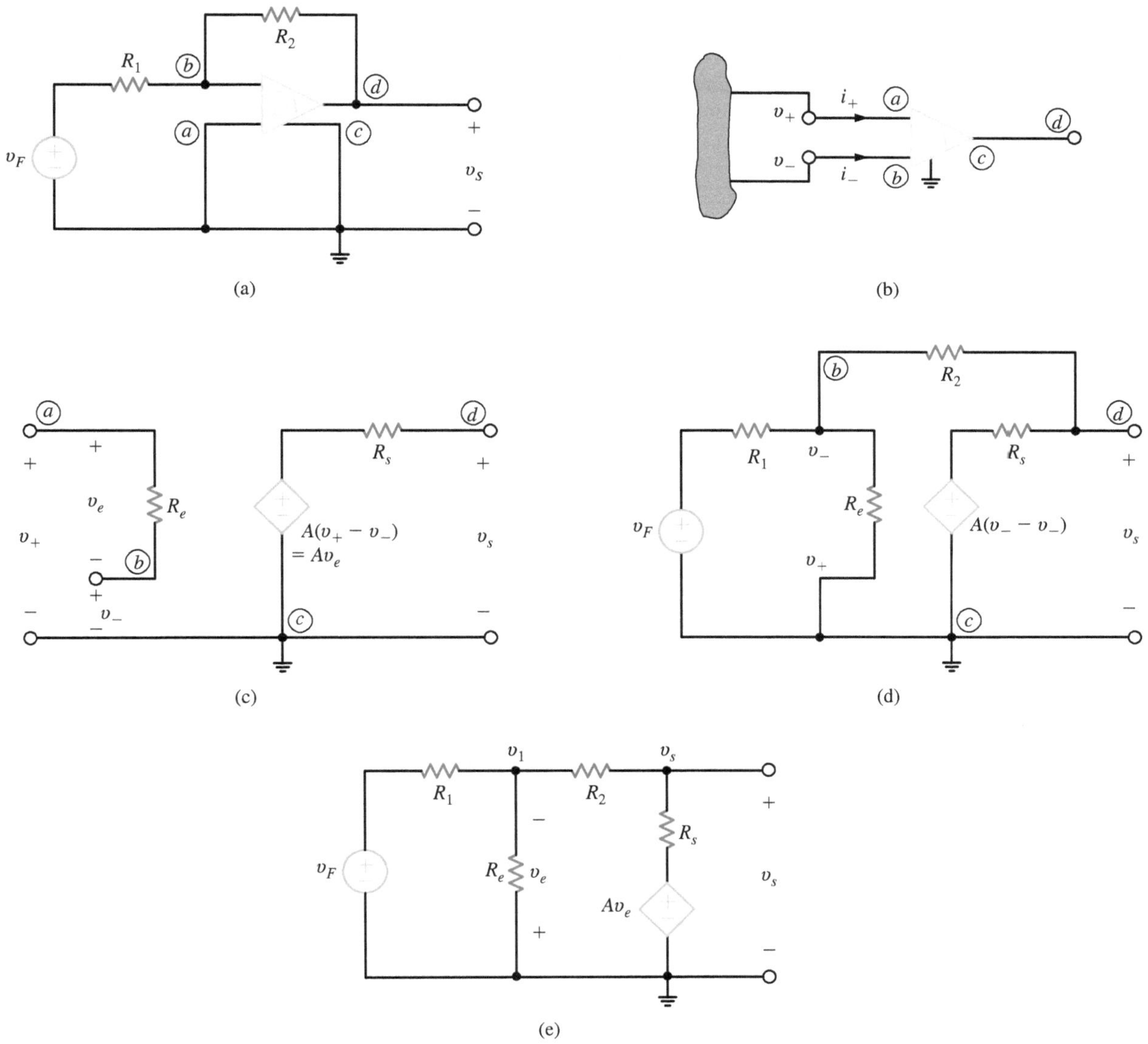

FIGURA 4.13 Circuito do amp-op.

Logo,

$$v_s = \frac{\left(\frac{1}{R_2} - \frac{A}{R_s}\right)\left(\frac{v_F}{R_1}\right)}{\left(\frac{1}{R_1} + \frac{1}{R_e} + \frac{1}{R_2}\right)\left(\frac{1}{R_2} + \frac{1}{R_s}\right) - \left(\frac{1}{R_2}\right)\left(\frac{1}{R_2} - \frac{A}{R_s}\right)}$$

que pode ser escrito como

$$\frac{v_s}{v_F} = \frac{-(R_2/R_1)}{1 - \left(\frac{1}{R_1} + \frac{1}{R_e} + \frac{1}{R_2}\right)\left(\frac{1}{R_2} + \frac{1}{R_s}\right) \Big/ \left(\frac{1}{R_2}\right)\left(\frac{1}{R_2} - \frac{A}{R_s}\right)}$$

Usando, agora, valores típicos para os parâmetros do circuito (por exemplo, $A = 10^5$, $R_e = 10^8\ \Omega$, $R_s = 10\ \Omega$, $R_1 = 1\ \text{k}\Omega$ e $R_2 = 5\ \text{k}\Omega$), o ganho de tensão do circuito é

$$\frac{v_s}{v_F} = -4{,}9996994 \approx -5{,}000$$

Entretanto, o amp-op ideal tem ganho infinito. Portanto, calculando o limite da equação de ganho quando $A \to \infty$, obtemos

$$\lim_{A\to\infty}\left(\frac{v_s}{v_F}\right) = -\frac{R_2}{R_1} = -5{,}000$$

Note que, com o modelo de amp-op ideal, obtivemos um resultado com precisão de quatro algarismos significativos com relação à solução exata de um típico modelo de amp-op. Resultados dessa ordem são facilmente obtidos para a uma grande variedade de circuitos práticos com amp-ops.

A seguir, analisemos o circuito na Fig. 4.13a usando o modelo de amp-op ideal. Neste modelo,

$$i_+ = i_- = 0$$

$$v_+ = v_-$$

Como mostrado na Fig. 4.13a, $v_+ = 0$ e, portanto, $v_- = 0$. Escrevendo uma equação nodal para o terminal negativo do amp-op, obtemos

$$\frac{v_F - 0}{R_1} + \frac{v_s - 0}{R_2} = 0$$

ou

$$\frac{v_s}{v_F} = -\frac{R_2}{R_1}$$

e reproduzimos os resultados obtidos anteriormente.

Observe que o ganho é uma simples razão entre resistores, o que torna o amplificador muito versátil: podemos controlar o ganho com precisão e alterar seu valor apenas modificando um resistor. Além disso, o ganho independe essencialmente dos parâmetros do amp-op. Como os valores de A_o, R_e e R_s são sensíveis a fatores como temperatura, radiação e idade, a eliminação desses parâmetros resulta em um ganho estável, independentemente do ambiente em que o circuito opera. Como é muito mais fácil empregar o modelo de amp-op ideal do que o modelo não ideal, a menos que seja especificado de outra forma, usaremos o modelo de amp-op ideal para analisar circuitos que contêm amplificadores operacionais.

Estratégia para a Solução de Problemas

Circuitos com Amp-Ops

PASSO 1 Usar o modelo de amp-op ideal: $A_o = \infty$, $R_e = \infty$, $R_s = 0$.
- $i_+ = i_- = 0$
- $v_+ = v_-$

PASSO 2 Aplicar a análise nodal ao circuito resultante.

PASSO 3 Resolver equações nodais para expressar a tensão de saída em termos dos sinais de entrada do amp-op.

EXEMPLO 4.3

Determinemos, agora, o ganho da configuração básica do amp-op não inversor mostrada na **Fig. 4.14**.

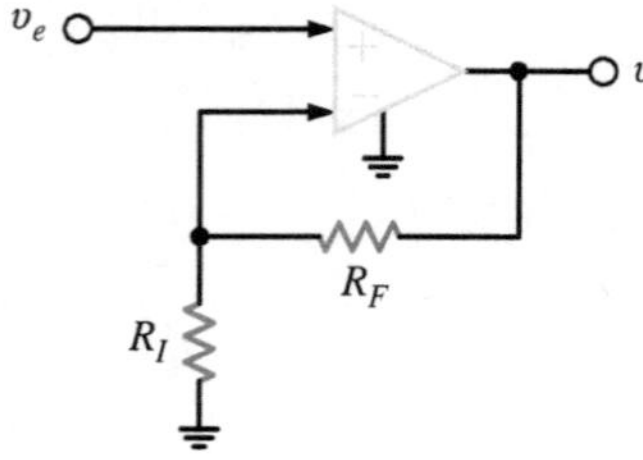

FIGURA 4.14 Configuração do amp-op não inversor.

SOLUÇÃO Mais uma vez, empregamos as condições do modelo de amp-op ideal: $v_- = v_+$ e $i_- = i_+$. Usando o fato de que $i_- = 0$ e $v_- = v_e$ e aplicando a LKC ao terminal negativo do amp-op, obtemos

$$\frac{v_e}{R_I} = \frac{v_s - v_e}{R_F}$$

ou

$$v_e\left(\frac{1}{R_I} + \frac{1}{R_F}\right) = \frac{v_s}{R_F}$$

Logo,

$$\frac{v_s}{v_e} = 1 + \frac{R_F}{R_I}$$

Note a semelhança deste caso com o do amp-op inversor do exemplo anterior. Vimos que, nesta configuração, o ganho também é controlado por uma simples razão entre resistores, mas que não é invertida; ou seja, o ganho é positivo.

Os exemplos seguintes, embora sejam um pouco mais elaborados, serão analisados exatamente da mesma forma que os anteriores.

EXEMPLO 4.4

O erro de ganho (EG) em um amplificador é definido como

$$EG = \left[\frac{\text{ganho real} - \text{ganho ideal}}{\text{ganho ideal}}\right] \times 100\%$$

Mostremos que, para uma configuração não inversora padrão com ganho finito A_o, o erro de ganho é

$$EG = \frac{-100\%}{1 + A_o\beta}$$

em que $\beta = R_1/(R_1 + R_2)$.

SOLUÇÃO A configuração padrão não inversora e seu circuito equivalente são mostrados nas **Figs. 4.15a** e **b**, respectivamente. As equações para o circuito na Fig. 4.15b são

$$v_F = v_e + v_1, \qquad v_e = \frac{v_s}{A_o} \quad \text{e} \quad v_1 = \frac{R_1}{R_1 + R_2} v_s = \beta v_s$$

A relação entre entrada e saída é expressa como

$$v_F = v_s\left[\frac{1}{A_o} + \beta\right] = v_s\left[\frac{1 + A_o\beta}{A_o}\right]$$

Assim, o ganho real é

$$\frac{v_s}{v_F} = \frac{A_o}{1 + A_o\beta}$$

Recorde que o ganho ideal para este circuito é $(R_1 + R_2)/R_1 = 1/\beta$. Portanto, o erro de ganho é

$$EG = \left[\frac{\frac{A_o}{1 + A_o\beta} - \frac{1}{\beta}}{1/\beta}\right]100\%$$

que, quando simplificado, é escrito como:

$$EG = \frac{-100\%}{1 + A_o\beta}$$

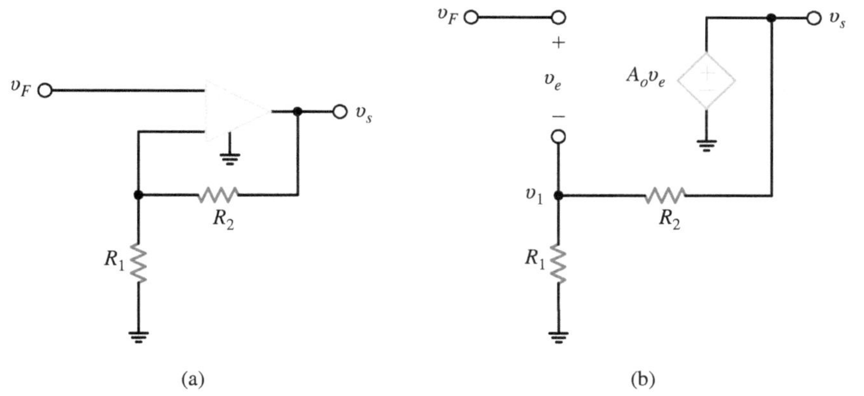

FIGURA 4.15 Circuitos usados no Exemplo 4.4.

EXEMPLO 4.5

Considere o circuito amp-op mostrado na **Fig. 4.16**. Determinemos uma expressão para a tensão de saída.

SOLUÇÃO A equação de nó para o terminal inversor é

$$\frac{v_1 - v_-}{R_1} + \frac{v_s - v_-}{R_2} = i_-$$

No terminal não inversor, a LKC fornece

$$\frac{v_2 - v_+}{R_3} = \frac{v_+}{R_4} + i_+$$

No entanto, $i_+ = i_- = 0$ e $v_+ = v_-$. Substituindo esses valores nas duas equações anteriores, obtemos

$$\frac{v_1 - v_-}{R_1} + \frac{v_s - v_-}{R_2} = 0$$

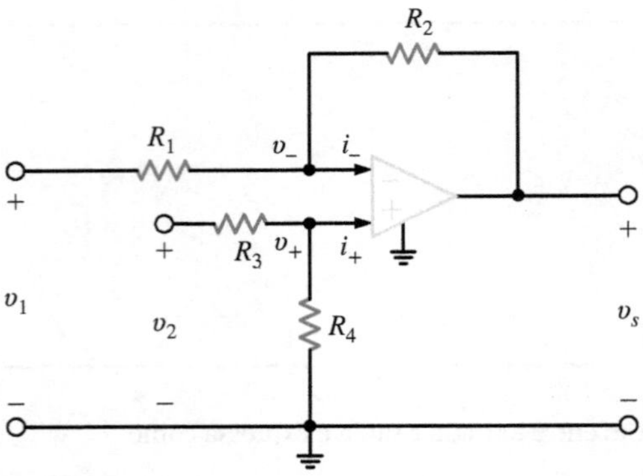

FIGURA 4.16 Circuito amplificador diferencial com amp-op.

e

$$\frac{v_2 - v_-}{R_3} = \frac{v_-}{R_4}$$

A solução dessas duas equações para v_s resulta na expressão

$$v_s = \frac{R_2}{R_1}\left(1 + \frac{R_1}{R_2}\right)\frac{R_4}{R_3 + R_4}v_2 - \frac{R_2}{R_1}v_1$$

Observemos que, se $R_4 = R_2$ e $R_3 = R_1$, a expressão anterior se reduz a

$$v_s = \frac{R_2}{R_1}(v_2 - v_1)$$

Portanto, esse amplificador operacional pode ser empregado para obter a diferença entre duas tensões de entrada.

EXEMPLO 4.6

O circuito mostrado na **Fig. 4.17a** descreve um dispositivo de ganho de tensão diferencial de precisão. Esse circuito é usado para fornecer uma entrada de terminação única para um conversor analógico-digital. Determinemos uma expressão para a saída do circuito em termos das duas entradas.

SOLUÇÃO Para isso, desenhamos o circuito equivalente mostrado na **Fig. 4.17b**. Lembre-se de que a tensão nos terminais de entrada do amp-op é aproximadamente zero e que as correntes que entram também são aproximadamente zero. Podemos escrever equações para as tensões nodais v_1 e v_2 em termos de v_s e v_a. Como buscamos uma expressão para v_s em termos das tensões v_1 e v_2, simplesmente eliminamos os termos v_a das duas equações nodais, que são escritas como:

$$\frac{v_1 - v_s}{R_2} + \frac{v_1 - v_a}{R_1} + \frac{v_1 - v_2}{R_G} = 0$$

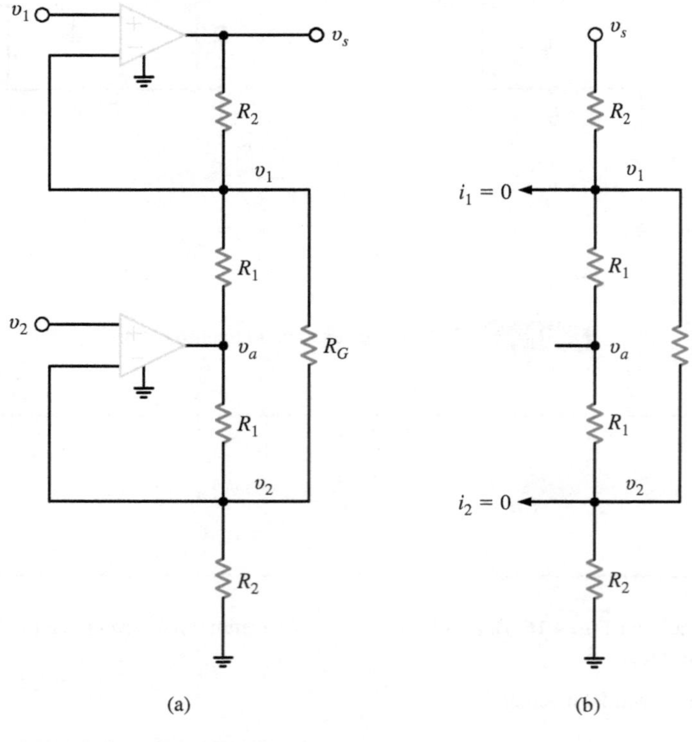

FIGURA 4.17 Circuito amplificador empregado em instrumentação.

$$\frac{v_2 - v_a}{R_1} + \frac{v_2 - v_1}{R_G} + \frac{v_2}{R_2} = 0$$

Combinando as duas equações para eliminar v_a e escrevendo v_s em termos de v_1 e v_2, obtemos

$$v_s = (v_1 - v_2)\left(1 + \frac{R_2}{R_1} + \frac{2R_2}{R_G}\right)$$

Avaliação da Aprendizagem

E4.1 Determine I_s no circuito na Fig. E4.1.

Resposta:

$I_s = 8{,}4$ mA.

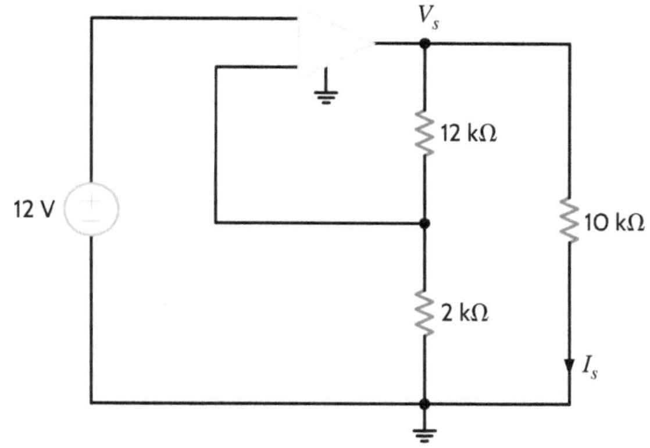

FIGURA E4.1

E4.2 Determine o ganho do circuito amp-op na Fig. E4.2.

Resposta:

$\frac{V_s}{V_F} = 1 + \frac{R_2}{R_1}$.

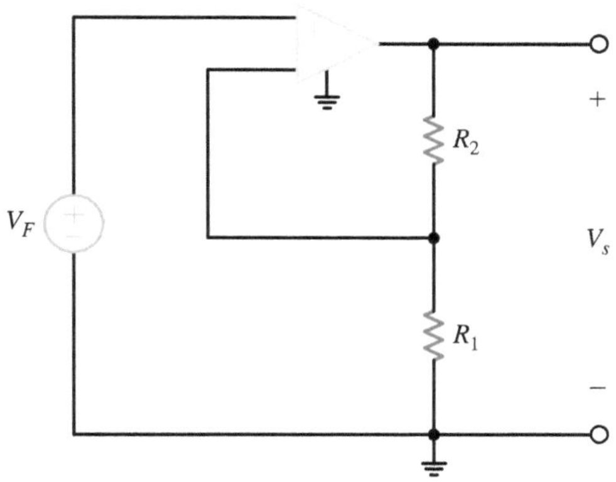

FIGURA E4.2

E4.3 Determine o ganho e a tensão de saída da configuração de amp-op mostrada na Fig. E4.3.

Resposta:

$V_s = 0{,}101$ V;
ganho = 101.

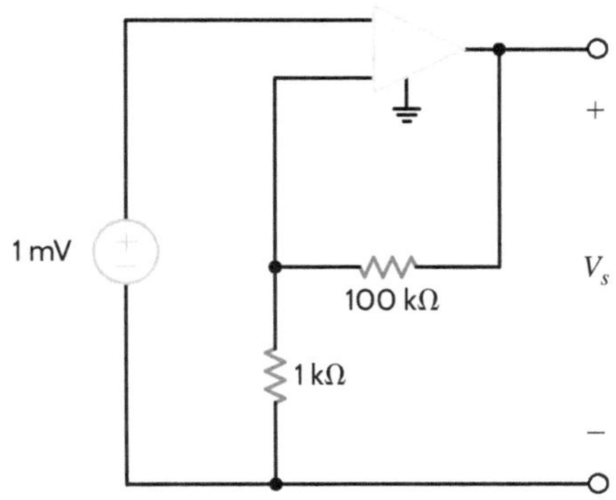

FIGURA E4.3

E4.4 Determine I_1, I_2, I_3 e I_4 na Fig. E4.4.

Resposta:

$I_1 = 0$, $I_2 = 1{,}25$ mA, $I_3 = -0{,}5$ mA e $I_4 = 0{,}75$ mA.

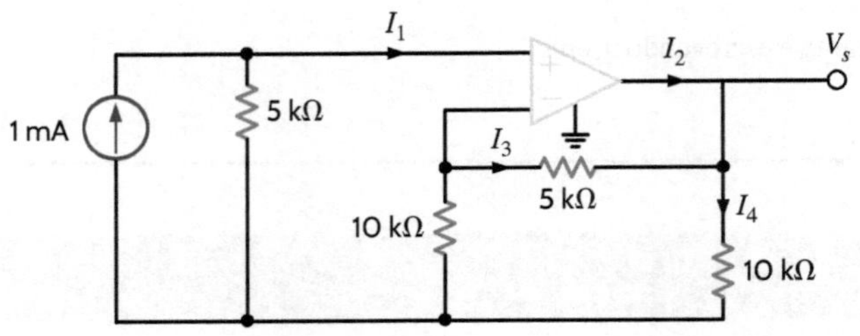

FIGURA E4.4

E4.5 Calcule V_s em termos de V_1 e V_2 na Fig. E4.5. Para $V_1 = V_2 = 4$ V, determine o valor de V_s. Se as fontes de alimentação do amp-op forem ±15 V e $V_2 = 2$ V, qual é a faixa de valores possíveis para V_1?

Resposta:

$V_s = -2\,V_1 + 3{,}5\,V_2$;
6 V; $-4\text{ V} \le V_1 \le 11$ V.

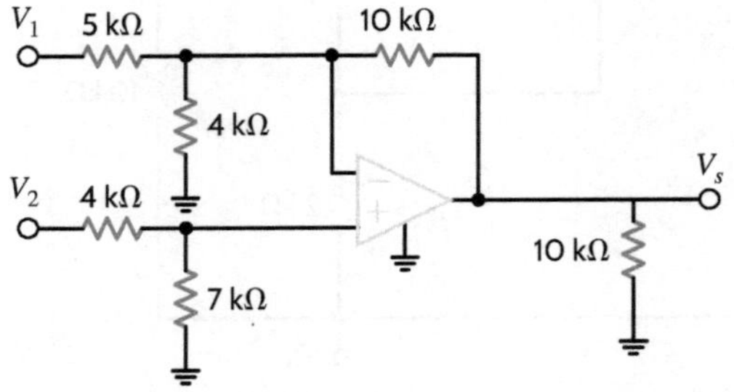

FIGURA E4.5

E4.6 Determine V_s e V_3 na Fig. E4.6.

Resposta:

$V_s = -9$ V;
$V_3 = -4{,}8$ V.

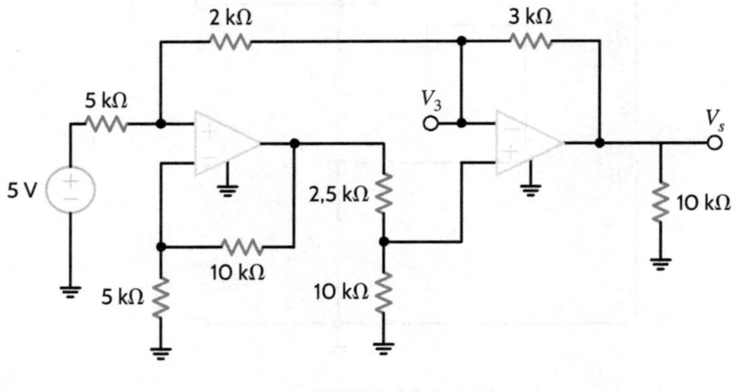

FIGURA E4.6

E4.7 Determine V_s na Fig. E4.7.

Resposta:

$$V_s = \left[\left(\frac{R_3}{R_2} + \frac{R_3}{R_4} + 1\right)\left(1 + \frac{R_2}{R_1}\right) - \frac{R_3}{R_2}\right] V_1$$

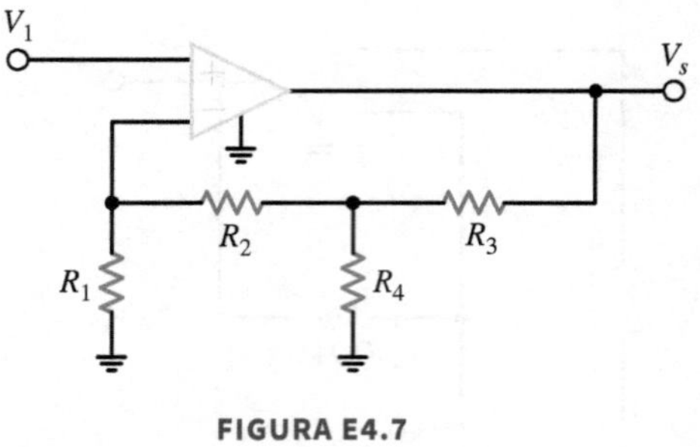

FIGURA E4.7

EXEMPLO 4.7

Os dois circuitos com amp-op mostrados na **Fig. 4.18** produzem uma saída dada pela equação

$$V_s = 8V_1 - 4V_2$$

em que

$$1\text{ V} \leq V_1 \leq 2\text{ V} \quad \text{e} \quad 2\text{ V} \leq V_2 \leq 3\text{ V}$$

Determinemos (a) a faixa de valores para V_s e (b) se os dois circuitos serão capazes de produzir toda a faixa de valores de V_s caso as fontes de CC sejam de ±10 V.

SOLUÇÃO

a. Dado que $V_s = 8V_1 - 4V_2$ e as faixas de valores para V_1 e V_2 são $1\text{ V} \leq V_1 \leq 2\text{ V}$ e $2\text{ V} \leq V_2 \leq 3\text{ V}$, concluímos que

$$V_{s\,\text{máx}} = 8(2) - 4(2) = 8\text{ V} \quad \text{e} \quad V_{s\,\text{mín}} = 8(1) - 4(3) = -4\text{ V}$$

Portanto, a faixa de valores de V_s é de −4 a +8 V.

b. Consideremos, primeiro, o circuito na **Fig. 4.18a.** O sinal em V_x, que pode ser derivado usando o circuito no Exemplo 4.5, é dado pela equação $V_x = 2V_1 - V_2$. V_x é máximo quando $V_1 = 2$ V e $V_2 = 2$ V; ou seja, $V_{x\,\text{máx}} = 2(2) - 2 = 2$ V. O valor mínimo de V_x ocorre quando $V_1 = 1$ V e $V_2 = 3$ V; ou seja, $V_{x\,\text{mín}} = 2(1) - 3 = -1$ V. Como os valores máximo e mínimo estão dentro da faixa de alimentação de ±10 V, o primeiro amp-op na Fig. 4.18a não saturará. A saída do segundo amplificador operacional neste circuito é dada pela expressão $V_s = 4\,V_x$. Portanto, a faixa de valores de V_s é $-4\text{ V} \leq V_s \leq 8$ V. Como essa faixa também está dentro da faixa de valores das tensões da fonte de alimentação, o segundo amp-op não saturará; logo, esse circuito produzirá toda a faixa de valores de V_s.

Agora, consideremos o circuito na **Fig. 4.18b**. O sinal V_y é de $-8\,V_1$ e, portanto, a faixa de valores de V_y é $-16\text{ V} \leq V_y \leq -8$ V e está fora dos limites da fonte de alimentação. Este circuito saturará e não produzirá toda a faixa de V_s.

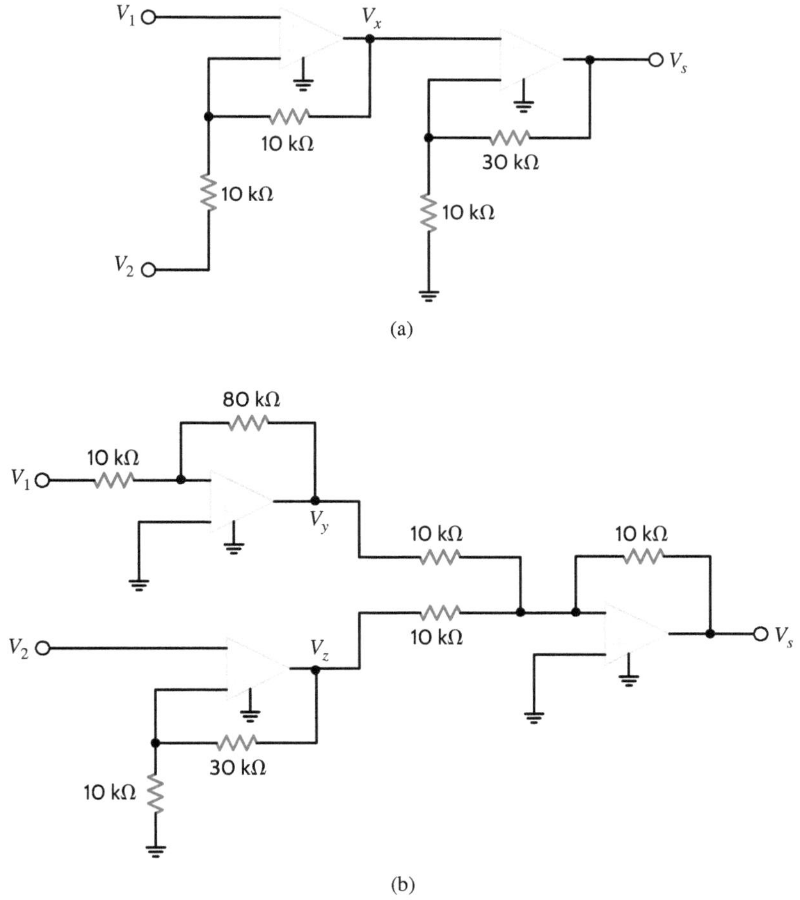

FIGURA 4.18 Circuitos usados no Exemplo 4.7.

4.4 Comparadores

Um comparador, que é uma variante de amp-op, é projetado para comparar as tensões de entrada não inversora e inversora. Como mostrado na **Fig. 4.19**, quando a tensão de entrada não inversora é a maior das duas, a saída atinge seu mais alto valor possível, igual ou próximo a V_{cc}. Por outro lado, quando a tensão de entrada inversora é a maior, a saída atingirá seu mais baixo valor possível, igual ou próximo a V_{EE}. Um amp-op ideal é capaz de fazer a mesma coisa, ou seja, produzir a máxima variação possível na tensão de saída. No entanto, amp-ops não são projetados para operar com saídas saturadas, enquanto os comparadores o são. Em consequência, comparadores são mais rápidos e mais baratos do que amp-ops.

Apresentaremos dois comparadores quad bem distintos: os modelos LM339, da National Semiconductor, e MAX917, da Maxim. Observemos que o modelo LM339 requer um resistor, denominado resistor de parada (ou resistor *pull-up*), conectado entre o pino de saída e V_{cc}. As principais características desses produtos estão listadas na **Tabela 4.4**. A partir da Tabela 4.4, concluímos que o dispositivo LM339 é um comparador de uso geral, enquanto MAX917 é destinado a aplicações de baixa potência, como em produtos portáteis.

Uma aplicação comum de comparador é o detector de cruzamento do zero mostrado na **Fig. 4.20a**, que utiliza um LM339 com alimentação de ±5 V. Como visto na **Fig. 4.20b**, quando V_F é positivo, V_s deve estar próximo de +5; quando V_F é negativo, V_s deve estar próximo de −5 V. A saída muda de valor a cada cruzamento de zero!

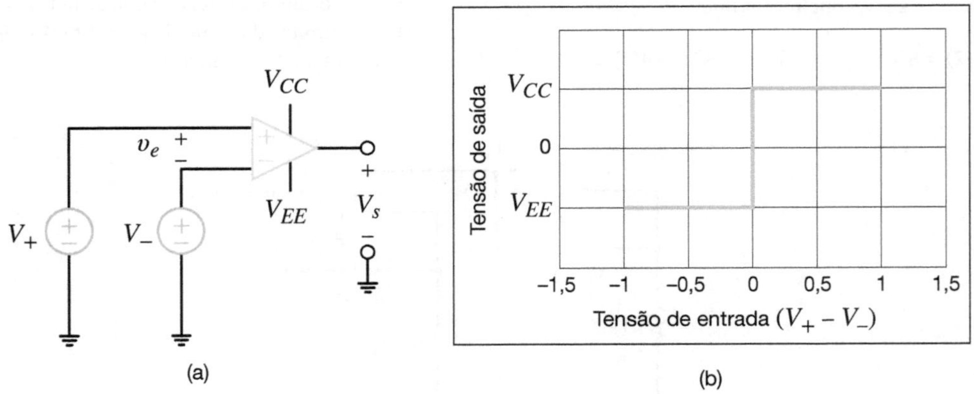

FIGURA 4.19 (a) Um comparador ideal e (b) sua curva de transferência.

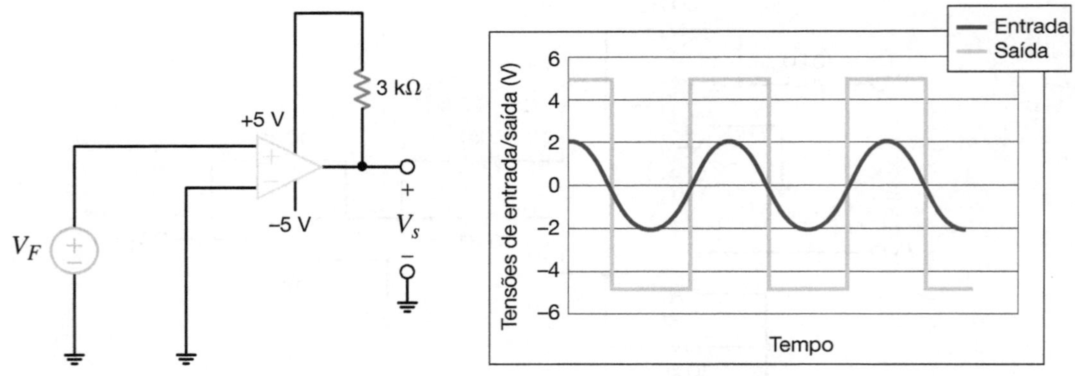

FIGURA 4.20 (a) Um detector de cruzamento do zero e (b) as correspondentes formas de onda de entrada/saída.

TABELA 4.4 Algumas das características dos comparadores LM339 e MAX917

Produto	Alimentação Mínima	Alimentação Máxima	Corrente de Alimentação	Corrente de Saída Máxima	Valor Típico de R_{parada}
LM339	2 V	36 V	3 mA	50 mA	3 kΩ
MAX919	2,8 V	5,5 V	0,8 μA	8 mA	NA

4.5 Exemplos de Aplicação

Neste ponto, temos um novo componente, o amp-op, que podemos empregar em aplicações práticas e projetos de circuitos. Este dispositivo é um elemento extremamente útil, e expande muito nossa capacidade de trabalho nessas áreas. Em face de sua natureza onipresente, a adição do amp-op a nosso banco de elementos de circuito nos permite explorar uma grande variedade de circuitos práticos. Por conseguinte, vamos utilizá-lo ao longo de todo o texto.

EXEMPLO DE APLICAÇÃO 4.8

Em um medidor de intensidade de luz, um sensor produz uma corrente proporcional à intensidade da radiação incidente. Desejamos obter uma tensão proporcional à intensidade da luz usando o circuito na **Fig. 4.21**. Para isso, selecionemos um valor de R que produza uma tensão de saída de 1 V para cada 10 μA de corrente no sensor. Admitamos que o sensor tenha resistência zero.

SOLUÇÃO Aplicando a LKC à entrada do amp-op, temos

$$I = V_s/R$$

Como V_s/I é 10^5, o valor do resistor é

$$R = 100\ \text{k}\Omega$$

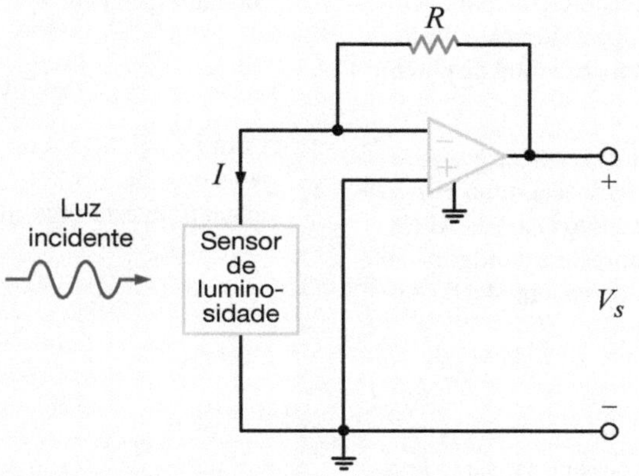

FIGURA 4.21 Conversor de intensidade de luz em tensão.

EXEMPLO DE APLICAÇÃO 4.9

O circuito na **Fig. 4.22** é um amperímetro eletrônico que funciona da seguinte forma: a corrente desconhecida, I, que passa em R_I, origina uma tensão V_I, que é amplificada pelo amp-op de modo a produzir uma tensão V_s proporcional a I. A tensão de saída é

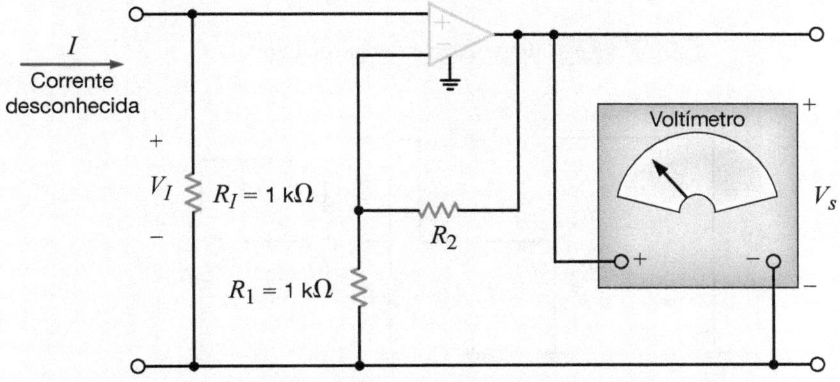

FIGURA 4.22 Amperímetro eletrônico.

medida com um simples voltímetro. Determine o valor de R_2 para que 10 V apareçam em V_s para cada miliampère de corrente no sensor.

SOLUÇÃO Como a corrente que entra no terminal positivo (+) do amp-op é zero, a relação entre V_I e I é escrita como:

$$V_I = IR_I$$

A relação entre as tensões de entrada e de saída é

$$V_s = V_I\left(1 + \frac{R_2}{R_1}\right)$$

Resolvendo a equação para V_s/I, obtemos

$$\frac{V_s}{I} = R_I\left(1 + \frac{R_2}{R_1}\right)$$

Usando a requerida razão V_s/I de 10^4 e os valores de resistores na Fig. 4.22, obtemos:

$$R_2 = 9\ \text{k}\Omega$$

EXEMPLO DE APLICAÇÃO 4.10

Retornemos ao exemplo de controle do motor CC no Capítulo 3 (Exemplo 3.22). Definamos uma configuração do amplificador de potência que leia o sinal de controle de velocidade, V_{veloc}, e forneça a tensão de saída do motor CC com corrente suficiente para acionar o motor, como mostrado na **Fig. 4.23**. A configuração selecionada deve satisfazer à condição de que a dissipação total de potência no amplificador não exceda 100 mW.

SOLUÇÃO Na Tabela 4.1, vemos que, para essa aplicação, o único amp-op com tensão de saída suficiente – ou seja, uma tensão de saída máxima de (4)(5) = 20 V – é o dispositivo PA03 da APEX. Como o ganho necessário é +4, podemos empregar a configuração padrão do amplificador não inversor mostrada na **Fig. 4.24**. Considerando o amp-op PA03 como ideal, temos

$$V_M = V_{\text{veloc}}\left[1 + \frac{R_B}{R_A}\right] = 4V_{\text{veloc}}$$

Existe, obviamente, uma infinidade de soluções que satisfaz a essa equação.

Para a seleção de valores razoáveis de resistores, consideremos a possibilidade de altas correntes em R_A e R_B quando V_M está em seu valor de pico de 20 V. Supondo que o valor de R_e para o amp-op PA03 seja muito maior que o de R_A, as correntes em R_B e R_A praticamente determinam a potência total dissipada. A potência total dissipada em R_B e R_A é

$$P_{\text{total}} = \frac{V_M^2}{R_A + R_B} \leq \frac{20^2}{R_A + R_B} = \frac{400}{R_A + R_B}$$

Como a potência total não deve exceder 100 mW, podemos usar resistores de 1/4 W – um resistor padrão de baixo custo – com folga. Com esta especificação de potência, temos

$$R_A + R_B = \frac{V_M^2}{P_{\text{total}}} = \frac{400}{0{,}1} = 4.000$$

E, como,

$$1 + \frac{R_B}{R_A} = 4$$

então, $R_B = 3R_A$. Combinando este resultado com a especificação de potência, obtemos $R_A = 1\ \text{k}\Omega$ e $R_B = 3\ \text{k}\Omega$. Esses dois resistores têm tolerância padrão de 5%.

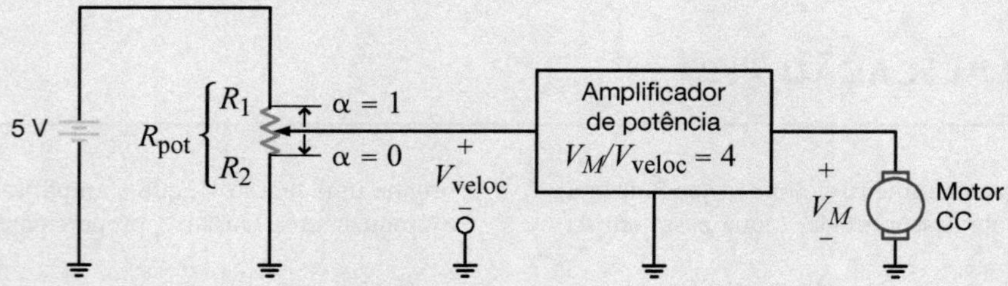

FIGURA 4.23 Motor CC do exemplo do Capítulo 3.

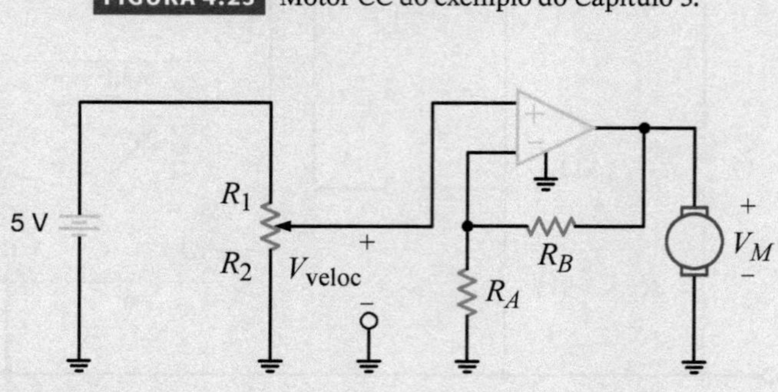

FIGURA 4.24 Configuração do amplificador de potência usando o amp-op PA03.

EXEMPLO DE APLICAÇÃO 4.11

Para um amplificador para uso em instrumentação, foi sugerida a forma mostrada na **Fig. 4.25.** Este amplificador deve ter alta resistência de entrada, atingir um ganho de tensão $V_s/(V_1 - V_2)$ de 10, empregar o amp-op MAX4240 listado na Tabela 4.1 e operar com duas baterias AA de 1,5 V em série. Vamos analisar este circuito, selecionar os valores do resistor e explorar a validade dessa configuração.

SOLUÇÃO Como vemos, o amp-op do lado direito do circuito é conectado na configuração tradicional de amplificador diferencial. O Exemplo 4.5 indica que o ganho de tensão para esta porção do circuito é:

$$V_s = (V_x - V_y)\left[\frac{R_B}{R_A}\right]$$

Se $R_A = R_B$, a equação se reduz a

$$V_s = V_x - V_y$$

Se expressarmos V_x e V_y em termos de V_1 e V_2, podemos obter uma equação para a tensão total. Aplicação da LKC ao nó A fornece

$$\frac{V_1 - V_2}{R} = \frac{V_x - V_1}{R_1}$$

ou

$$V_x = V_1\left[1 + \frac{R_1}{R}\right] - V_2\left[\frac{R_1}{R}\right]$$

De modo similar, para nó B, temos

$$\frac{V_1 - V_2}{R} = \frac{V_2 - V_y}{R_2}$$

ou

$$V_y = -V_1\left[\frac{R_2}{R}\right] + V_2\left[1 + \frac{R_2}{R}\right]$$

Combinando essas equações, conseguimos expressar a tensão de saída como

$$V_s = V_x - V_y = V_1\left[1 + \frac{R_1}{R}\right] - V_2\left[\frac{R_1}{R}\right] + V_1\left[\frac{R_2}{R}\right] - V_2\left[1 + \frac{R_2}{R}\right]$$

Selecionando os resistores de modo que $R_1 = R_2$, o ganho de tensão fica dado por

$$\frac{V_s}{V_1 - V_2} = 1 + \frac{2R_1}{R}$$

Para um ganho de +10, fixamos $R_1 = 4{,}5\ R$. Para manter baixa potência, usaremos valores razoavelmente elevados para esses resistores. Escolhemos arbitrariamente $R = 100$ kΩ e $R_1 = R_2 = 450$ kΩ. Podemos, também, usar resistores de 100 kΩ no estágio do amplificador diferencial.

Note que o ganho de tensão do amplificador para uso em instrumentação é essencialmente igual ao de um amplificador diferencial genérico. Assim, cabe a pergunta: por que acrescentar o custo de mais dois amp-ops ao projeto? Nesta configuração, as entradas V_1 e V_2 são conectadas diretamente aos terminais de entrada do amp-op; portanto, a resistência de entrada do amplificador de instrumentação é extremamente grande. Na Tabela 4.1, vemos que R_e para o amp-op MAX4240 é de 45 kΩ. Este não é o caso do amplificador diferencial tradicional, no qual o resistor externo pode diminuir significativamente a resistência de entrada.

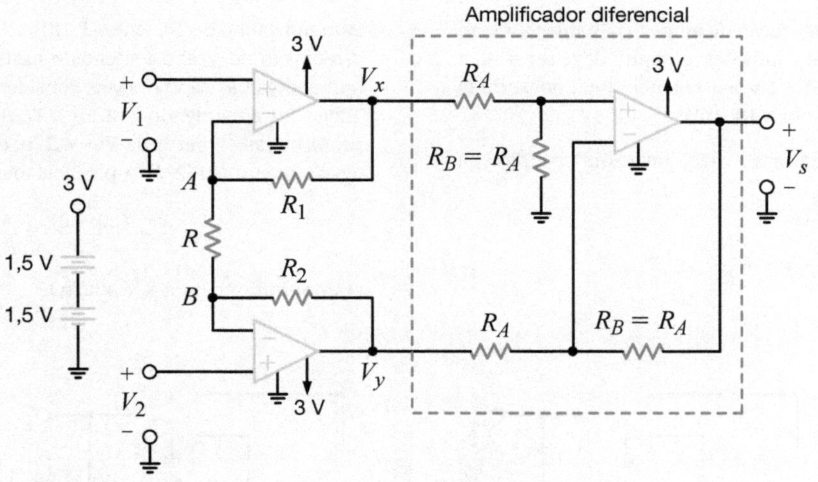

FIGURA 4.25 Amplificador com o amp-op MAX4240 para uso em instrumentação.

4.6 Exemplos de Projeto

EXEMPLO DE PROJETO 4.12

Devemos construir um amplificador que reduza uma tensão de entrada muito grande (por exemplo, V_e na faixa de ±680 V) a uma baixa-tensão de saída, na faixa de ∓5 V. Usando apenas dois resistores, projete o melhor amplificador possível.

SOLUÇÃO Como devemos reduzir +680 V a −5 V, o uso de um amplificador inversor parece ser apropriado. A relação de entrada/saída para o circuito mostrado na Fig. **4.26** é

$$\frac{V_s}{V_e} = -\frac{R_2}{R_1}$$

Para que o circuito possa reduzir a tensão, R_1 deve ser muito maior que R_2. Por tentativa e erro, uma excelente escolha para o par de resistores, selecionados dos valores padrões na Tabela 2.1, é R_1 = 27 kΩ e R_2 = 200 Ω. Para V_e = 680 V, a tensão de saída resultante é de 5,037 V, acarretando um erro percentual de apenas 0,74%.

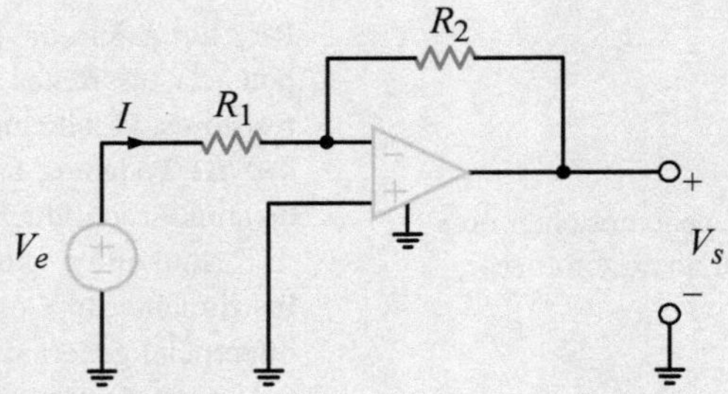

FIGURA 4.26 Um estágio amplificador inversor padrão.

EXEMPLO DE PROJETO 4.13

Devemos projetar uma configuração de amp-op não inversor com dois resistores, nas seguintes condições: o ganho deve ser +10, a faixa de valores de entrada é ±2 V e a potência total consumida pelos resistores deve ser inferior a 100 mW.

SOLUÇÃO Para a configuração não inversora padrão na **Fig. 4.27a**, o ganho é

$$\frac{V_s}{V_e} = 1 + \frac{R_2}{R_1}$$

Para um ganho de 10, temos $R_2/R_1 = 9$. Se R_1 = 3 kΩ e R_2 = 27 kΩ, o requisito de ganho é atendido exatamente. Obviamente, várias outras escolhas são possíveis considerando os valores padrões na Tabela 2.1 e mantendo a razão 3/27. A limitação de potência pode ser formulada a partir da **Fig. 4.27b**, em que é aplicada a máxima tensão de entrada (2 V). A potência total dissipada pelos resistores é

$$P_R = \frac{2^2}{R_1} + \frac{(20-2)^2}{R_2} = \frac{4}{R_1} + \frac{324}{9R_1} < 0{,}1$$

O valor mínimo para R_1 é 400 kΩ.

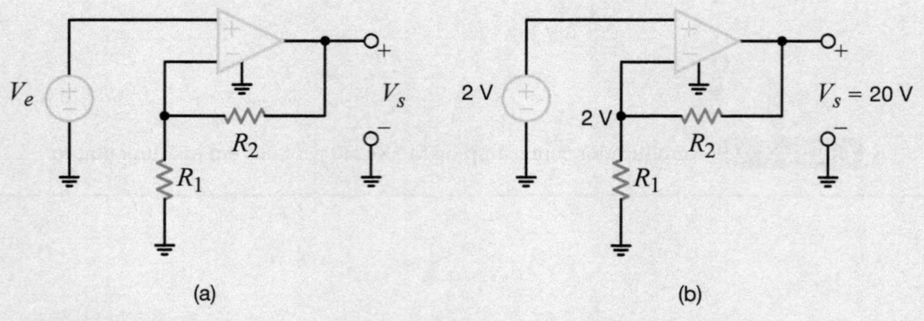

FIGURA 4.27 Configuração do amp-op não inversor empregada no Exemplo 4.13.

EXEMPLO DE PROJETO 4.14

Projetemos um circuito somador ponderado que produza a saída

$$V_s = -0{,}9V_1 - 0{,}1V_2$$

As especificações do projeto exigem o uso de um amp-op e não mais do que três resistores. Além disso, para minimizar a potência, devem ser usados resistores que não excedam 10 kΩ.

SOLUÇÃO Uma configuração padrão de somador ponderado é mostrada na **Fig. 4.28**. Nosso problema consiste, basicamente, em determinar valores para os três resistores no circuito.

Usando a LKC, podemos escrever

$$I_1 + I_2 = -\frac{V_s}{R}$$

em que

$$I_1 = \frac{V_1}{R_1} \quad \text{e} \quad I_2 = \frac{V_2}{R_2}$$

Combinando essas relações, obtemos

$$V_s = -\left[\frac{R}{R_1}\right]V_1 - \left[\frac{R}{R_2}\right]V_2$$

Portanto, precisamos de

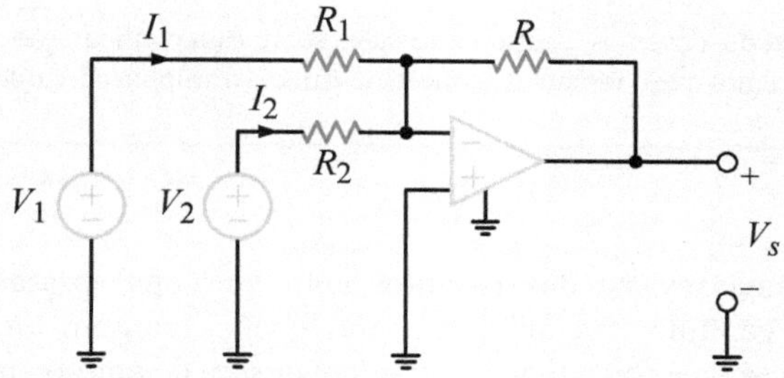

FIGURA 4.28 Configuração padrão de somador ponderado.

$$\frac{R}{R_1} = 0{,}9 \quad \text{e} \quad \frac{R}{R_2} = 0{,}1$$

A partir desses requisitos, vemos que o maior resistor é R_2 e o menor, R. Além disso, vemos que a razão R/R_1 pode ser expressa como 27/30. Por fim, para minimizar a potência, devemos usar os maiores valores possíveis para os resistores. Com base nessas observações, os melhores valores para os resistores são $R = 270\ \Omega$, $R_1 = 300\ \Omega$ e $R_2 = 2{,}7\ \text{k}\Omega$, que produzem exatamente o desempenho desejado.

EXEMPLO DE PROJETO 4.15

No Exemplo 2.37, um resistor de 250 Ω foi usado para converter uma corrente na faixa de 4 a 20 mA em uma tensão, de modo que uma entrada de 20 mA produzisse uma saída de 5 V. Nesse caso, a corrente mínima (4 mA) produz uma tensão de 1 V no resistor. Infelizmente, muitos sistemas de controle operam em uma faixa de 0 a 5 V e não na faixa de 1 a 5 V. Projetemos um novo conversor que produza 0 V a 4 mA e 5 V a 20 mA.

SOLUÇÃO O simples circuito resistivo que projetamos no Exemplo 2.37 é um bom começo. No entanto, a faixa de valores de tensão é de apenas 4 V em vez dos necessários 5 V, e o valor mínimo não é zero. Esses fatos implicam o uso de um novo valor de resistor e a redução da tensão de saída, para que o valor mínimo seja zero. Comecemos calculando o novo valor do resistor:

$$R = \frac{V_{\text{máx}} - V_{\text{mín}}}{I_{\text{máx}} - I_{\text{mín}}} = \frac{5 - 0}{0{,}02 - 0{,}004} = 312{,}5\ \Omega$$

Agora, a tensão do resistor variará de (0,004)(312,5) a (0,02)(312,5), ou seja, de 1,25 a 6,25 V. A seguir, devemos projetar um circuito que desloque esses níveis de tensão para a faixa de 0 a 5 V. Uma opção para o circuito de mudança de nível é o amplificador diferencial mostrado na **Fig. 4.29**. Recordemos de que a tensão de saída deste dispositivo é

$$V_s = (V_I - V_{\text{deslocamento}})\frac{R_2}{R_1}$$

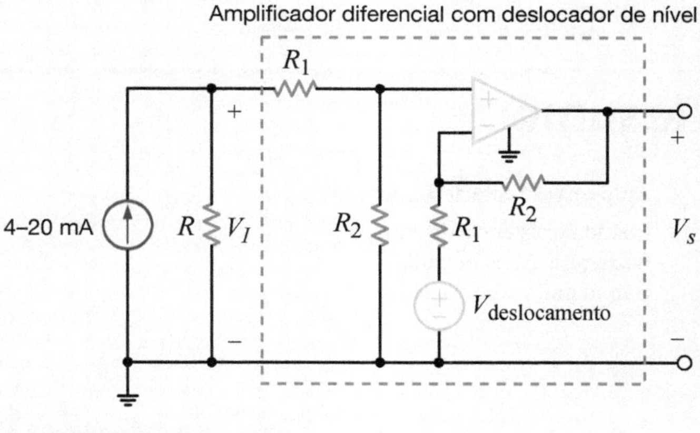

FIGURA 4.29 Um circuito conversor de 4-20 mA para 0-5 V.

Como já escolhemos R para um intervalo de tensão de 5 V, o ganho do amplificador deve ser 1 (ou seja, $R_1 = R_2$). Fica claro que o necessário valor da tensão de deslocamento é 1,25 V. Podemos verificar esse valor inserindo os valores mínimos nesta última equação

$$0 = [(312{,}5)(0{,}004) - V_{\text{deslocamento}}]\frac{R_2}{R_1}$$

e obtemos

$$V_{deslocamento} = (312,5)(0,004) = 1,25 \text{ V}$$

Contudo, devemos fazer uma ressalva sobre essa configuração. Não queremos que o resistor do conversor, R, afete o amplificador diferencial ou vice-versa. Isso significa que a maior parte da corrente de 4-20 mA deve fluir inteiramente por R e não pelos resistores do amplificador diferencial. Se escolhermos R_1 e $R_2 \gg R$, esse requisito será atendido. Portanto, podemos selecionar $R_1 = R_2 = 100 \text{ k}\Omega$, de modo que os valores de suas resistências sejam mais de 300 vezes o de R.

Uma revisão dos circuitos com amp-ops apresentados neste capítulo revelará uma característica comum de todos eles: a saída é conectada à entrada inversora do amp-op por um circuito resistivo. Esta conexão, em que uma parte da tensão de saída é realimentada à entrada inversora, é denominada realimentação negativa. Recordemos que, no modelo de um amp-op ideal, a tensão de saída é proporcional à diferença entre as tensões nos terminais de entrada. A realimentação da tensão de saída ao terminal de entrada negativo mantém essa diferença de tensão próxima de zero para permitir a operação linear do amp-op. Em consequência, a realimentação negativa é necessária para a operação adequada de quase todos os circuitos com amp-ops. Nossa análise de circuitos com amp-ops é baseada na suposição de que a diferença de tensão entre os terminais de entrada é zero.

Quase todos os circuitos com amp-ops utilizam realimentação negativa. Entretanto, realimentação positiva é utilizada em circuitos osciladores, no gatilho (ou disparador) de Schmitt e no comparador. Consideremos, agora, o circuito na **Fig. 4.30**. Este circuito é muito semelhante àquele na Fig. 4.13a. No entanto, existe uma diferença muito importante. Na Fig. 4.30, o resistor R_2 é conectado ao terminal de entrada positivo do amp-op e não ao negativo. A conexão do terminal de saída ao terminal de entrada positivo resulta em realimentação positiva, fazendo com que o valor de saída deste circuito amp-op tenha dois valores possíveis, V_{CC} ou V_{EE}. Entretanto, a análise deste circuito com o modelo de amp-op ideal não prevê este resultado. É importante lembrar que o modelo de amp-op ideal só pode ser utilizado quando houver realimentação negativa no circuito com amp-op.

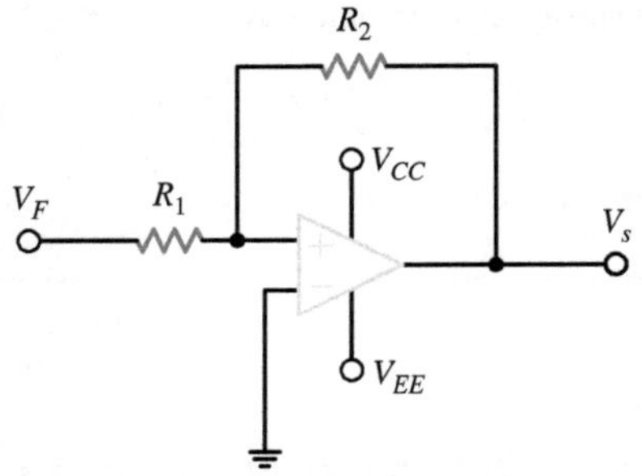

FIGURA 4.30 Circuito com amp-op e realimentação positiva.

Resumo

- Amp-ops são caracterizados por:

  Elevada resistência de entrada
  Baixa resistência de saída
  Ganho muito alto

- O amp-op é modelado com

$$i_+ = i_- = 0$$
$$v_+ = v_-$$

- Circuitos com amp-ops são normalmente analisados com a escrita de equações nodais para os terminais de entrada do amp-op.

CAPÍTULO 5

Técnicas Adicionais de Análise

OBJETIVOS DE APRENDIZAGEM

Os objetivos de aprendizagem deste capítulo são tornar os estudantes capazes de:

- Descrever os conceitos de linearidade e equivalência.
- Analisar circuitos elétricos usando o princípio da superposição.
- Calcular o circuito equivalente de Thévenin para um circuito linear.
- Calcular o circuito equivalente de Norton para um circuito linear.
- Aplicar a transformação de fonte de forma adequada.
- Aplicar o teorema de máxima transferência de potência para determinar a resistência de carga ideal para um dado circuito.
- Usar PSpice, um pacote de *software* para análise de circuitos, para calcular as tensões nodais e correntes de ramo em circuitos elétricos.

5.1 Introdução

Antes de introduzirmos técnicas adicionais de análise, revisemos alguns dos tópicos que usamos, explícita ou implicitamente, nas análises feitas até aqui.

Equivalência

A **Tabela 5.1** lista alguns dos circuitos equivalentes que empregamos nas análises. Esta listagem serve como uma rápida revisão, antes de começarmos a analisar outras técnicas que podem ser usadas para determinar uma dada tensão ou corrente em algum lugar de um circuito e fornecer informações adicionais sobre a operação do circuito. Além das formas contidas na tabela, é importante observar que a conexão de fontes de corrente em série ou a conexão de fontes de tensão em paralelo é proibida, a menos que as fontes tenham a mesma orientação e exatamente os mesmos valores.

Linearidade

Todos os circuitos que analisamos até agora eram circuitos lineares, ou seja, descritos por um conjunto de equações algébricas lineares. A maioria dos circuitos que analisaremos no restante do livro também é linear; qualquer circuito que não seja desse tipo será especificamente identificado como tal.

A linearidade requer aditividade e homogeneidade (proporcionalidade). Podemos mostrar que os circuitos que analisamos satisfazem a essa importante propriedade. O Exemplo 5.1 ilustra uma forma de uso dessa propriedade.

EXEMPLO 5.1

Determine a tensão de saída $V_{saída}$ no circuito mostrado na **Fig. 5.1**. Contudo, em vez de abordar o problema de maneira direta e calcular I_e, I_1, I_2 e assim por diante, usaremos a linearidade e, simplesmente, assumiremos que a tensão de saída é $V_{saída} = 1$ V. Essa hipótese resultará em certo valor para a tensão da fonte. A seguir, empregaremos o verdadeiro valor da tensão da fonte e a linearidade para calcular o real valor de $V_{saída}$.

SOLUÇÃO Assumindo $V_{saída} = V_2 = 1$ V, temos

$$I_2 = \frac{V_2}{2k} = 0{,}5 \text{ mA}$$

Com isso, V_1 é calculado como

$$V_1 = 4kI_2 + V_2$$
$$= 3 \text{ V}$$

Logo,

$$I_1 = \frac{V_1}{3k} = 1 \text{ mA}$$

Agora, aplicando a LKC, obtemos

$$I_e = I_1 + I_2 = 1{,}5 \text{ mA}$$

Então,

$$V_e = 2kI_e + V_1$$
$$= 6 \text{ V}$$

Portanto, a hipótese de que $V_{\text{saída}} = 1$ V resultou em uma tensão de fonte de 6 V. No entanto, como o real valor da fonte é de 12 V, o correto valor da tensão de saída é de 1 V(12/6) = 2 V.

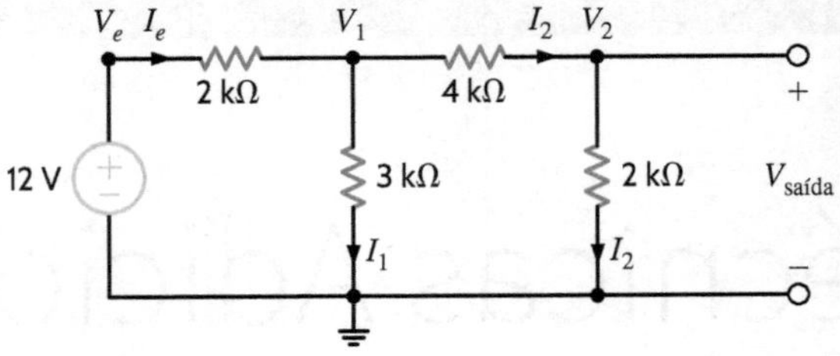

FIGURA 5.1 Circuito usado no Exemplo 5.1.

TABELA 5.1 **Formas de circuitos equivalentes**

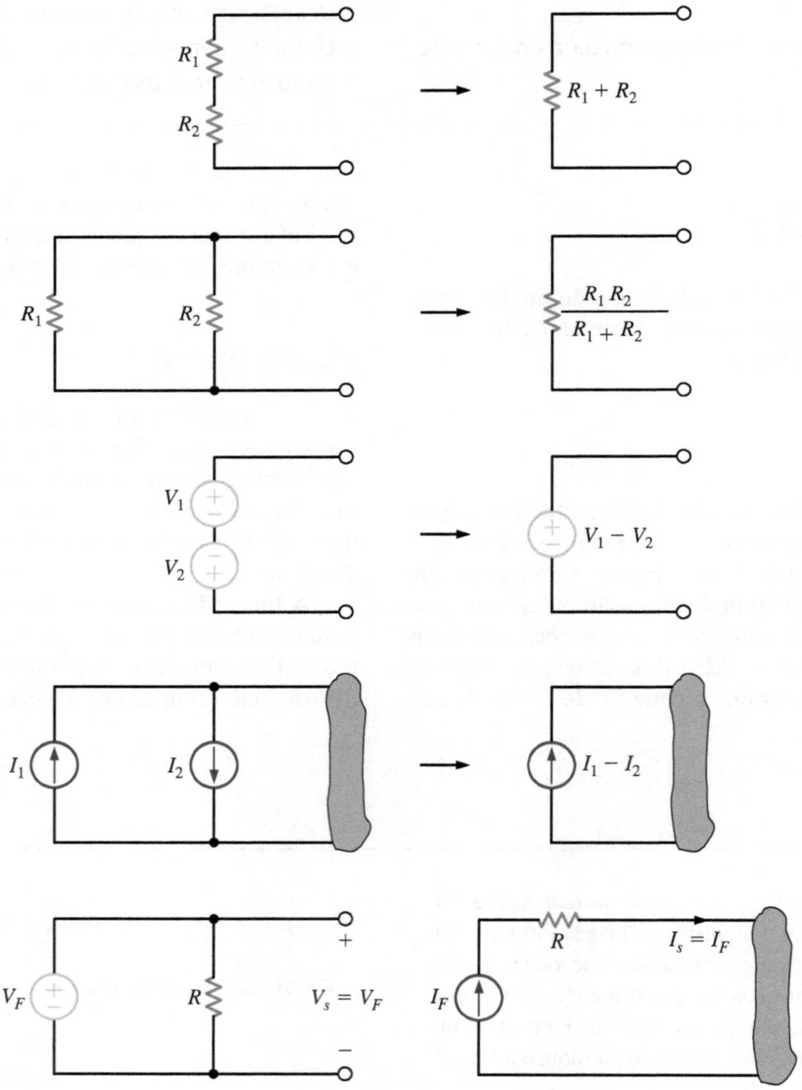

Avaliação da Aprendizagem

E5.1 Use linearidade e a hipótese de que $I_s = 1$ mA e calcule o correto valor da corrente I_s no circuito na Fig. E5.1 para $I = 6$ mA.

Resposta:

$I_s = 3$ mA.

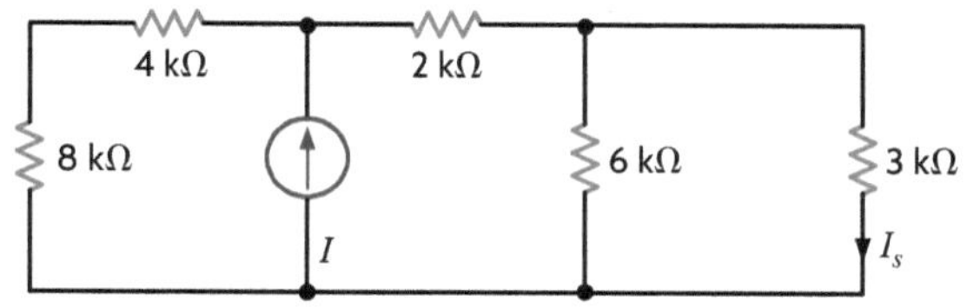

FIGURA E5.1

E5.2 Determine V_s na Fig. E5.2 usando linearidade e supondo que $V_s = 1$ V.

Resposta:

$V_s = 5/3$ V.

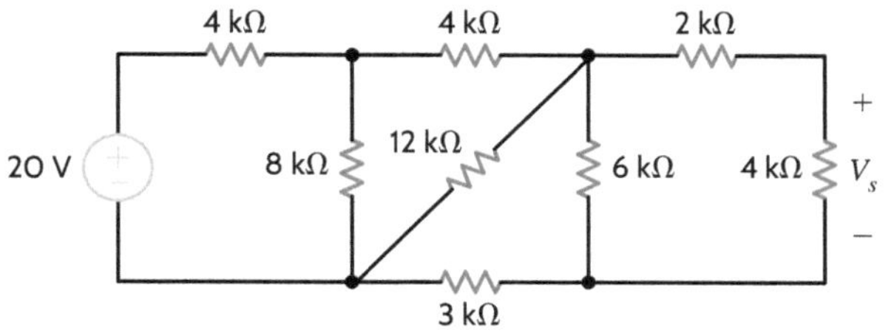

FIGURA E5.2

5.2 Superposição

EXEMPLO 5.2

Para motivar o estudo desse tema, analisemos o circuito simples na **Fig. 5.2a**, em que duas fontes contribuem para a corrente no circuito. Os reais valores das fontes não são especificados para que possamos explorar o conceito de superposição.

SOLUÇÃO As equações de malha para este circuito são

$$6\text{k}i_1(t) - 3\text{k}i_2(t) = v_1(t)$$
$$-3\text{k}i_1(t) + 9\text{k}i_2(t) = -v_2(t)$$

Resolvendo essas equações para $i_1(t)$, obtemos

$$i_1(t) = \frac{v_1(t)}{5\text{k}} - \frac{v_2(t)}{15\text{k}}$$

Em outras palavras, a corrente $i_1(t)$ tem uma componente em razão de $v_1(t)$ e outra em função de $v_2(t)$. Tendo em vista que $i_1(t)$ tem duas componentes, cada uma relacionada com uma das fontes independentes, é interessante examinar como cada fonte contribui para $i_1(t)$ se atuar isoladamente. Para que a fonte $v_1(t)$ atue sozinha, $v_2(t)$ deve ser zero. Como vimos no Capítulo 2, $v_2(t) = 0$ significa que a fonte $v_2(t)$ foi substituída por um curto-circuito. Portanto, para determinar o valor de $i_1(t)$ resultante apenas de $v_1(t)$, empregaremos o circuito na **Fig. 5.2b** e nos referiremos a esse valor de $i_1(t)$ como $i'_1(t)$.

$$i'_1(t) = \frac{v_1(t)}{3\text{k} + \dfrac{(3\text{k})(6\text{k})}{3\text{k} + 6\text{k}}} = \frac{v_1(t)}{5\text{k}}$$

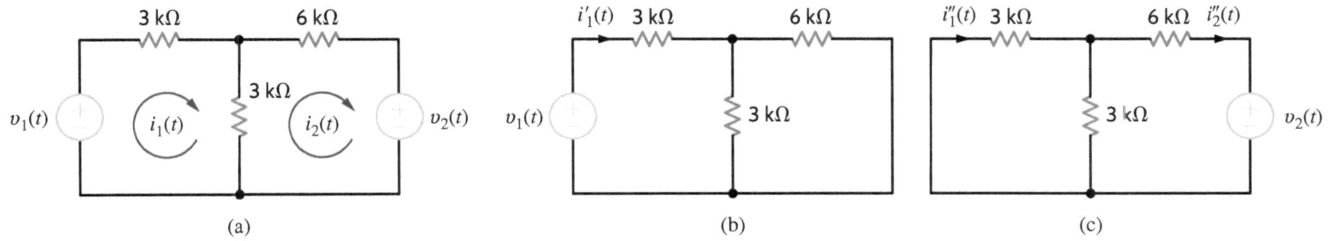

FIGURA 5.2 Circuitos usados para ilustrar o princípio da superposição.

Determinemos, agora, o valor de $i_1(t)$ resultante da ação isolada da fonte $v_2(t)$; nos referiremos a este valor como $i''_1(t)$. Usando o circuito na **Fig. 5.2c**, temos

$$i''_2(t) = -\frac{v_2(t)}{6\text{k} + \frac{(3\text{k})(3\text{k})}{3\text{k} + 3\text{k}}} = \frac{-2v_2(t)}{15\text{k}}$$

Usando a divisão de correntes, temos

$$i''_1(t) = \frac{-2v_2(t)}{15\text{k}}\left(\frac{3\text{k}}{3\text{k} + 3\text{k}}\right) = \frac{-v_2(t)}{15\text{k}}$$

A soma dos valores de $i'_1(t)$ e $i''_1(t)$ resulta no mesmo valor de $i_1(t)$ que seria obtido com o cálculo direto, ou seja,

$$i_1(t) = i'_1(t) + i''_1(t) = \frac{v_1(t)}{5\text{k}} - \frac{v_2(t)}{15\text{k}}$$

Portanto, para determinar a corrente desconhecida, *sobrepomos* o valor de $i'_1(t)$ ao de $i''_1(t)$ ou vice-versa.

O que demonstramos no Exemplo 5.2 é válido para todo circuito linear e é um resultado direto da propriedade de linearidade. O *princípio da superposição* nos permite reduzir um problema complicado a vários problemas mais simples – cada um contendo uma única fonte independente. Isso significa que

Em todo circuito linear que contém múltiplas fontes independentes, a corrente ou tensão em qualquer ponto do circuito pode ser calculada como a soma algébrica das contribuições individuais das fontes, ou seja, quando cada uma atua isoladamente.

Ao determinar a contribuição resultante de uma fonte independente, as fontes de tensão restantes são zeradas, isto é, substituídas por curtos-circuitos, e as fontes de corrente restantes são zeradas, substituídas por circuitos abertos.

Embora também possa ser usada em circuitos lineares que contêm fontes dependentes, a superposição não é útil neste caso, pois a fonte dependente não pode ser zerada.

Como o exemplo anterior indica, a superposição fornece algumas dicas de como determinar a contribuição de cada fonte para a variável sob investigação.

Agora, iremos demonstrar o princípio da superposição com dois exemplos e, em seguida, apresentar uma estratégia de resolução de problemas com o uso dessa técnica. Para efeitos de comparação, também resolveremos os circuitos usando as análises nodal e de malhas. Além disso, empregaremos esses mesmos circuitos na demonstração de técnicas subsequentes, quando aplicável.

EXEMPLO 5.3

Usemos superposição para determinar V_s circuito na **Fig. 5.3a**.

SOLUÇÃO No circuito na **Fig. 5.3b**, a contribuição da fonte de 2 mA para a tensão de saída é determinada usando a divisão de correntes:

$$I_s = (2 \times 10^{-3})\left(\frac{1\text{k} + 2\text{k}}{1\text{k} + 2\text{k} + 6\text{k}}\right) = \frac{2}{3}\text{ mA}$$

e

$$V'_s = I_s\,(6\text{k}) = 4\text{ V}$$

A contribuição da fonte de 3 V para a tensão de saída é determinada com o circuito na **Fig. 5.3c**. Usando a divisão de tensão:

$$V''_s = 3\left(\frac{6\text{k}}{1\text{k} + 2\text{k} + 6\text{k}}\right)$$

$$= 2\text{ V}$$

Portanto,

$$V_s = V'_s + V''_s = 6\text{ V}$$

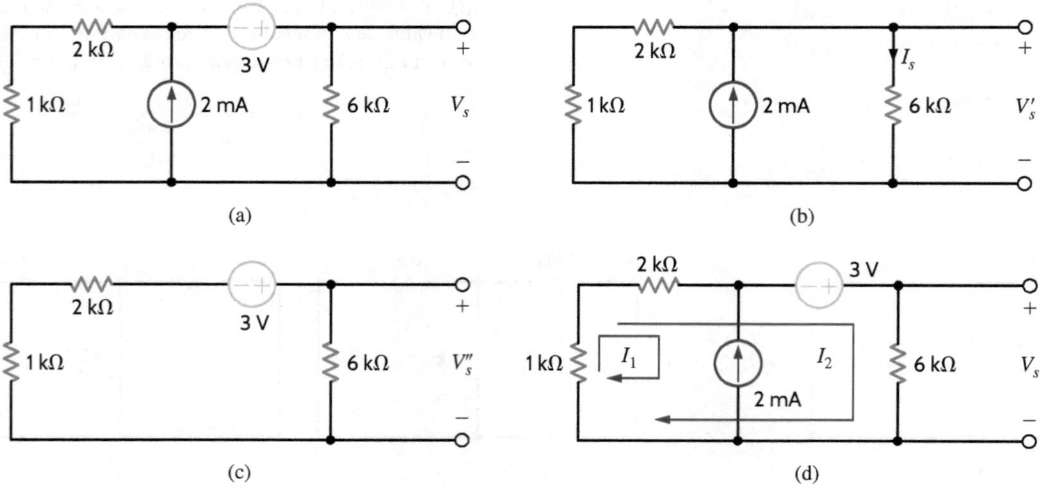

FIGURA 5.3 Circuitos usados no Exemplo 5.3.

Apesar de ter sido necessário usar dois circuitos separados para resolver o problema, ambos eram muito simples.

Usando a análise nodal e a Fig. 5.3a para calcular V_s, e notando que a fonte de 3 V e seus nós de conexão formam um supernó, podemos determinar V_s a partir da equação nodal

$$\frac{V_s - 3}{1\text{k} + 2\text{k}} - 2 \times 10^{-3} + \frac{V_s}{6\text{k}} = 0$$

e obtemos $V_s = 6$ V. Por sua vez, a análise de malhas aplicada como mostrado na **Fig. 5.3d** fornece as seguintes equações

$$I_1 = -2 \times 10^{-3}$$

e

$$3\text{k}(I_1 + I_2) - 3 + 6\text{k}I_2 = 0$$

das quais calculamos $I_2 = 1$ mA e, portanto, $V_s = 6$ V.

EXEMPLO 5.4

Considere, agora, o circuito na **Fig. 5.4a.** Usemos superposição para determinar o valor de V_s.

SOLUÇÃO Para determinar a contribuição da fonte de 6 V para V_s, usaremos o circuito na **Fig. 5.4b**, redesenhada na **Fig. 5.4c**. A

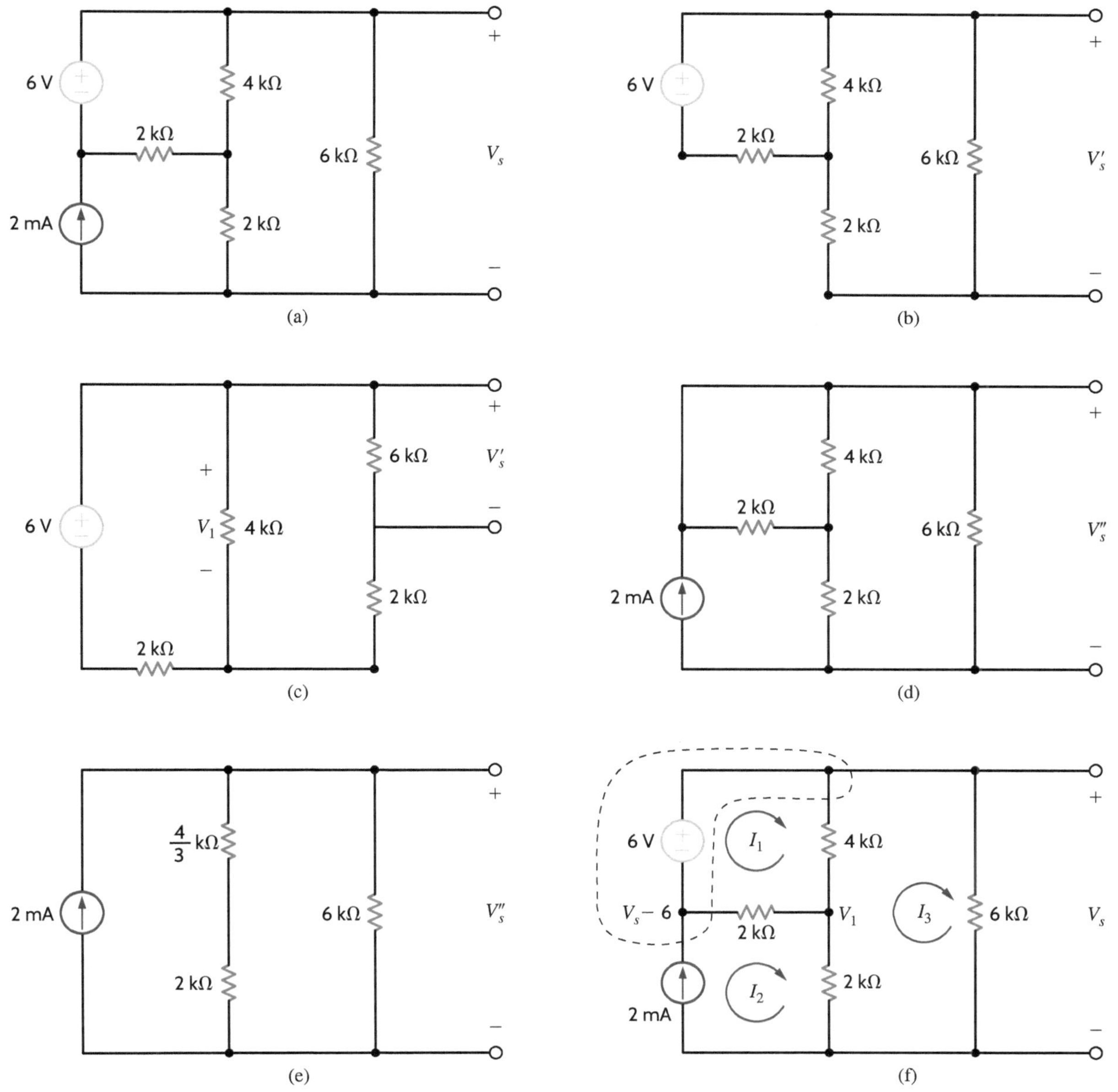

FIGURA 5.4 Circuitos usados no Exemplo 5.4.

combinação dos resistores de 2 kΩ + 6 kΩ = 8 kΩ e de 4 kΩ, que estão em paralelo, resulta em um resistor de 8/3 kΩ. Usando a divisão de tensão, obtemos

$$V_1 = 6\left(\frac{\frac{8}{3}\text{k}}{\frac{8}{3}\text{k} + 2\text{k}}\right) = \frac{24}{7}\text{ V}$$

Aplicando novamente a divisão de tensão:

$$V_s' = V_1\left(\frac{6\text{k}}{6\text{k} + 2\text{k}}\right) = \frac{18}{7}\text{ V}$$

A contribuição da fonte de 2 mA é determinada a partir da **Fig. 5.4d**, redesenhada na **Fig. 5.4e**. V_s'' é simplesmente igual ao produto da fonte de corrente pela combinação em paralelo dos resistores, ou seja:

$$V_s'' = (2 \times 10^{-3})\left(\frac{10}{3}\text{k}//6\text{k}\right) = \frac{30}{7}\text{ V}$$

Logo,

$$V_s = V_s' + V_s'' = \frac{48}{7}\text{ V}$$

Para uma análise nodal do circuito, usemos a **Fig. 5.4f**. A equação para o supernó é:

$$-2 \times 10^{-3} + \frac{(V_s - 6) - V_1}{2\text{k}} + \frac{V_s - V_1}{4\text{k}} + \frac{V_s}{6\text{k}} = 0$$

A equação para o nó V_1 é

$$\frac{V_1 - V_s}{4\text{k}} + \frac{V_1 - (V_s - 6)}{2\text{k}} + \frac{V_1}{2\text{k}} = 0$$

Resolvendo essas duas equações, que incluem a equação de restrição para o supernó, obtemos $V_s = 48/7$ V.

Usando, novamente, a Fig. 5.4f, as equações de malha para o circuito são escritas como:

$$-6 + 4\text{k}(I_1 - I_3) + 2\text{k}(I_1 - I_2) = 0$$
$$I_2 = 2 \times 10^{-3}$$
$$2\text{k}(I_3 - I_2) + 4\text{k}(I_3 - I_1) + 6\text{k}I_3 = 0$$

Resolvendo essas equações, obtemos $I_3 = 8/7$ mA e, portanto, $V_s = 48/7$ V.

Estratégia para a Solução de Problemas

Uso da Superposição

PASSO 1 Em um circuito que contém múltiplas fontes independentes, cada fonte pode ser aplicada independentemente com as fontes restantes desligadas.

PASSO 2 Uma fonte de tensão é desligada substituindo-a por um curto-circuito; uma fonte de corrente é desligada substituindo-a por um circuito aberto.

PASSO 3 Quando as fontes individuais são aplicadas ao circuito, todas as leis e técnicas de análise de circuito que aprendemos, ou aprenderemos em breve, podem ser aplicadas para obter uma solução.

PASSO 4 Os resultados obtidos pela aplicação de cada fonte independentemente são então somados algebricamente para obter a solução final.

A superposição pode ser aplicada a um circuito com qualquer número de fontes dependentes e independentes. Na verdade, a superposição pode ser aplicada a um circuito de diferentes formas. Por exemplo, um circuito com três fontes independentes pode ser resolvido considerando que cada fonte aja sozinha, como acabamos de demonstrar, ou podemos supor duas fontes atuantes e somar o resultado com o obtido com a terceira atuando sozinha. Além disso, as fontes independentes não precisam assumir seu valor real ou zero. No entanto, é obrigatório que a soma dos diferentes valores escolhidos seja igual ao valor total da fonte.

A superposição é uma propriedade fundamental de equações lineares e, portanto, pode ser aplicada a qualquer efeito linearmente relacionado com sua causa. É importante ressaltar que, embora se aplique à corrente e à tensão em um circuito linear, a superposição não pode ser usada para determinar a potência, pois potência é uma função não linear.

Avaliação da Aprendizagem

E5.3 Calcule o valor de V_s no circuito da Fig. E5.3 usando superposição.

Resposta:

$V_s = \frac{4}{3}$ V.

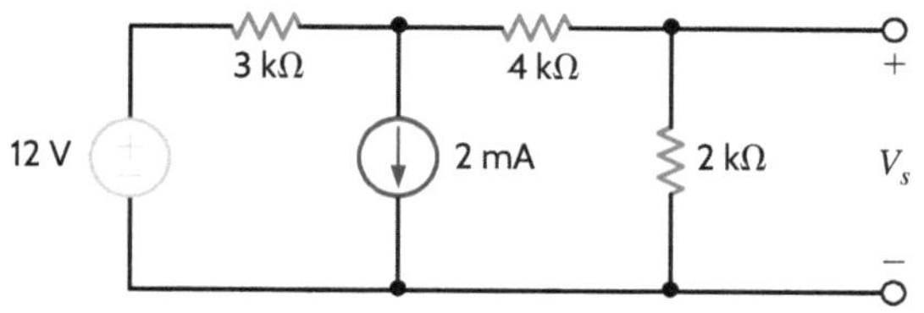

FIGURA E5.3

E5.4 Calcule o valor de V_s no circuito da Fig. E5.4 usando superposição.

Resposta:

$V_s = 5{,}6$ V.

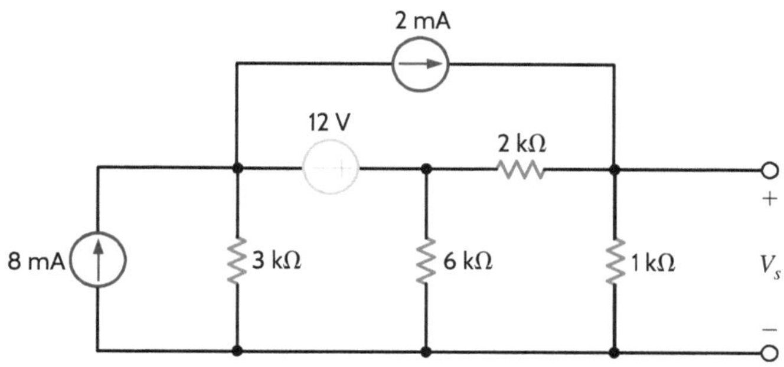

FIGURA E5.4

E5.5 Calcule o valor de I_s no circuito da Fig. E5.5 usando superposição.

Resposta:

$I_s = -2/3$ mA.

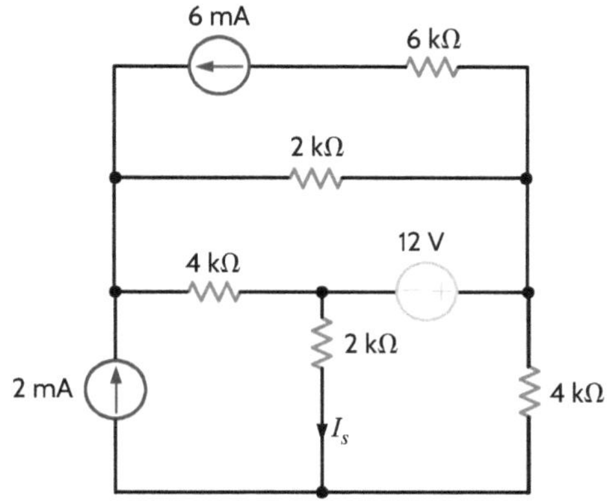

FIGURA E5.5

5.3 Teoremas de Thévenin e de Norton

Até agora, apresentamos uma série de técnicas para análise de circuitos. Neste ponto, adicionaremos dois extremamente úteis teoremas à nossa caixa de ferramentas. Os teoremas recebem os nomes de seus autores, M. L. Thévenin, um engenheiro francês, e E. L. Norton, um cientista que trabalhou anteriormente na Bell Telephone Laboratories.

Suponha que, para um dado circuito, precisamos determinar a corrente, tensão ou potência fornecida a algum resistor do circuito, que chamaremos de carga. O *teorema de Thévenin* nos diz que podemos substituir toda o circuito, excluindo a carga, por um circuito equivalente que contém apenas uma fonte de tensão independente em série com um resistor, de tal forma que a relação corrente-tensão na carga permaneça inalterada. O *teorema de Norton* tem enunciado similar, exceto que o circuito equivalente é uma fonte de corrente independente em paralelo com um resistor.

Este resultado é muito importante, pois garante que, se examinarmos qualquer circuito a partir de um par de terminais, sabemos que, com relação a esses terminais, todo o circuito é equivalente a um circuito simples composto por uma fonte de tensão independente em série com um resistor ou uma fonte de corrente independente em paralelo com um resistor.

Na apresentação desses teoremas, admitiremos que o circuito mostrado na **Fig. 5.5a** pode ser dividido em duas partes, como mostrado na **Fig. 5.5b**. Em geral, o circuito *B* é a carga, e pode ser linear ou não linear. O circuito *A* representa o circuito original excluindo a carga, e deve ser linear. Portanto, o circuito A pode conter fontes independentes, fontes dependentes e resistores ou qualquer outro elemento linear. Contudo, é necessário que uma fonte dependente e sua variável de controle apareçam nesse circuito.

O circuito A fornece uma corrente i ao circuito B e produz uma tensão v_s nos terminais de entrada do circuito B. Do ponto de vista das relações terminais do circuito A, podemos substituir o circuito B por uma fonte de tensão de v_s volts (com a adequada polaridade), como mostrado na **Fig. 5.5c**. Uma vez que a tensão terminal e o circuito A permanecem inalterados, a corrente terminal i também permanece inalterada.

Aplicando o princípio da superposição ao circuito mostrado na Fig. 5.5c, a corrente total i indicada na figura é a soma das correntes produzidas por todas as fontes no circuito A e pela fonte v_s que acabamos de adicionar. Portanto, pelo princípio da superposição, a corrente i pode ser escrita

$$i = i_s + i_{cc} \tag{5.1}$$

em que i_s é a corrente em razão de v_s com todas as fontes independentes no circuito A desativadas (ou seja, fontes de tensão substituídas por curtos-circuitos e fontes de corrente, por circuitos abertos), e i_{cc} é a corrente de curto-circuito resultante da ação de todas as fontes no circuito A com v_s substituído por um curto-circuito.

Os termos i_s e v_s estão relacionados pela equação

$$i_s = \frac{-v_s}{R_{Th}} \tag{5.2}$$

em que R_{Th} é a resistência equivalente obtida quando olhamos para o circuito A a partir dos terminais A-B, com todas as fontes independentes no circuito A desativadas.

Substituindo a Eq. (5.2) na Eq. (5.1), temos

$$i = -\frac{v_s}{R_{Th}} + i_{cc} \tag{5.3}$$

Esta é uma relação geral e, portanto, deve valer para qualquer condição específica nos terminais A-B. Como um caso específico, admitamos que os terminais estejam em circuito aberto. Para esta condição, $i = 0$ e v_s é igual à tensão de circuito aberto v_{ca}. Assim, a Eq. (5.3) passa a:

$$i = 0 = \frac{-v_{ca}}{R_{Th}} + i_{cc} \tag{5.4}$$

Consequentemente,

$$v_{ca} = R_{Th} i_{cc} \tag{5.5}$$

Esta equação mostra que a tensão de circuito aberto é igual à corrente de curto-circuito vezes a resistência equivalente olhando para o circuito A com todas as fontes independentes desativadas. Referimo-nos a R_{Th} como a resistência equivalente de Thévenin.

Substituindo a Eq. (5.5) na Eq. (5.3), temos

$$i = \frac{-v_s}{R_{Th}} + \frac{v_{ca}}{R_{Th}}$$

ou

$$v_s = v_{ca} - R_{Th} i \tag{5.6}$$

Analisemos, agora, os circuitos descritos por essas equações. O circuito representado pela Eq. (5.6) é mostrado na **Fig. 5.6a**. O fato de este circuito ser equivalente, nos terminais A-B, ao circuito A na Fig. 5.5 é resultado do *teorema de Thévenin*. O circuito representado pela Eq. (5.3) é mostrado na Fig. 5.6b. O fato de este circuito ser equivalente, nos terminais A-B, ao circuito A na Fig. 5.5 é resultado do *teorema de Norton*.

Tendo demonstrado que existe uma relação inerente entre o circuito equivalente de Thévenin e o circuito equivalente de Norton, a seguir, aplicaremos esses dois importantes e úteis teoremas. A forma com que aplicamos esses teoremas depende da estrutura original do circuito sob análise. Por exemplo, se apenas fontes independentes estiverem presentes, podemos calcular a tensão de circuito aberto ou corrente de curto-circuito e a resistência equivalente de Thévenin. No entanto, se fontes dependentes também estiverem presentes, o equivalente de Thévenin será determinado com o cálculo de v_{ca} e i_{cc}, pois esta é, em geral, a melhor abordagem para determinar R_{Th} em um circuito com fontes dependentes. Finalmente, se o circuito A não contiver fontes *independentes*, então v_{ca} e i_{cc} serão necessariamente zero. (Por quê?) Neste caso, não podemos determinar R_{Th} como v_{ca}/i_{cc}, pois essa razão é indeterminada. Devemos, então, buscar outra abordagem. Observemos que, se $v_{ca} = 0$, o circuito equivalente é meramente a resistência desconhecida R_{Th}. Se aplicarmos uma fonte externa ao circuito A – uma fonte de teste v_t – e determinarmos a corrente, i_t, que flui para o circuito A

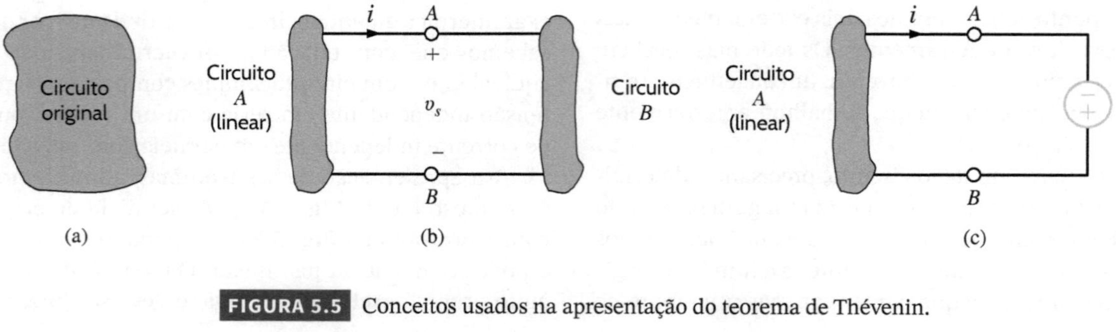

FIGURA 5.5 Conceitos usados na apresentação do teorema de Thévenin.

a partir de v_t, poderemos obter R_{Th} como $R_{Th} = v_t/i_t$. Embora não seja necessário especificar o valor numérico de v_t, podemos usar $v_t = 1$ V e, então, $R_{Th} = 1/i_t$. Alternativamente, poderíamos usar uma fonte de corrente como fonte de teste e dar-lhe valor $i_t = 1$ A; assim, $v_t = (1)\, R_{Th}$.

Antes de passarmos à análise de vários exemplos que demonstrarão a utilidade desses teoremas, note que esses teoremas não apenas oferecem outra abordagem de análise, mas, muitas vezes, permitem que resolvamos vários pequenos problemas em vez de um grande problema. Os teoremas nos permitem substituir um circuito *entre um par de terminais*, independentemente de sua complexidade, por um circuito equivalente de Thévenin ou de Norton. Na verdade, com um dos circuitos equivalentes, podemos representar toda a rede elétrica de um país com um simples par de terminais. Feito isso, podemos analisar rapidamente o efeito de diferentes cargas na rede. Assim, esses teoremas nos fornecem informações adicionais sobre a operação de um dado circuito.

Circuitos Contendo Apenas Fontes Independentes

Consideremos algumas características importantes deste exemplo. Observemos que, na aplicação dos teoremas, não faz sentido abrir o circuito à esquerda da fonte de 3 V, pois os resistores em paralelo com a fonte de corrente já constituem um equivalente de Norton. Além disso, uma vez que o circuito tenha sido simplificado usando um equivalente de Thévenin ou de Norton, simplesmente temos um novo circuito ao qual podemos aplicar os teoremas novamente. O exemplo a seguir ilustra essa abordagem.

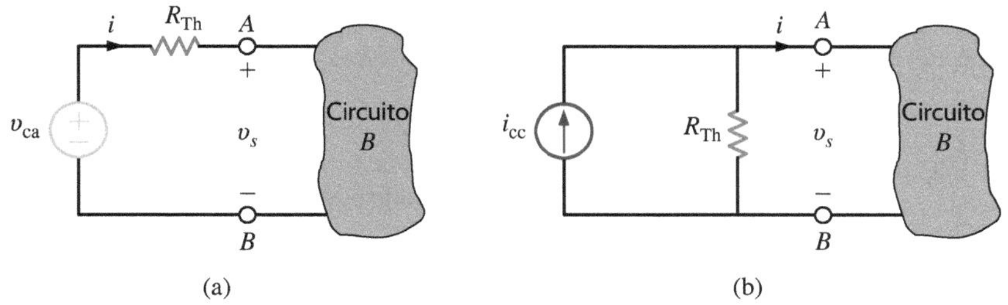

FIGURA 5.6 (a) Circuitos equivalentes de Thévenin e (b) Norton.

EXEMPLO 5.5

Aplique os teoremas de Thévenin e de Norton para determinar V_s no circuito do Exemplo 5.3.

SOLUÇÃO O circuito é redesenhado na **Fig. 5.7a**. Para determinar o equivalente de Thévenin, abrimos o circuito na carga de 6 kΩ, como mostrado na **Fig. 5.7b**. A LKT indica que a tensão de circuito aberto, V_{ca}, é igual a 3 V mais a tensão V_1, que é a tensão na fonte de corrente. Os 2 mA da fonte de corrente fluem pelos dois resistores (aonde mais poderia ir!) e, portanto, $V_1 = (2 \times 10^{-3})(1k + 2k) = 6$ V.

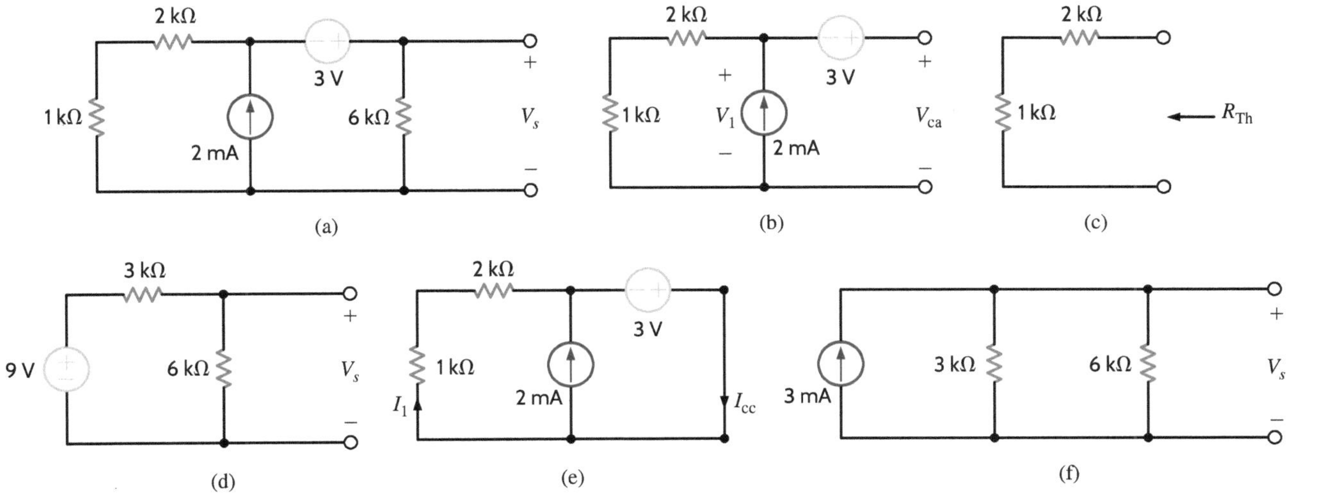

FIGURA 5.7 Circuitos usados no Exemplo 5.5.

Portanto, $V_{ca} = 9$ V. Desativando as duas fontes, podemos determinar a resistência equivalente de Thévenin, R_{Th}, a partir do circuito na **Fig. 5.7c**. Obviamente, $R_{Th} = 3$ kΩ. Agora, nosso circuito equivalente de Thévenin, consistindo em V_{ca} e R_{Th}, está conectado novamente aos terminais originais da carga, como mostrado na **Fig. 5.7d**. Usando um simples divisor de tensão, obtemos $V_s = 6$ V.

Para determinar o circuito equivalente de Norton nos terminais da carga, devemos determinar a corrente de curto-circuito, como mostrado na **Fig. 5.7e**. Note que o curto-circuito faz com que a fonte de 3 V seja aplicada diretamente (ou seja, em paralelo) aos resistores e à fonte de corrente. Portanto, $I_1 = 3/(1\text{k} + 2\text{k}) = 1$ mA. Então, usando a LKC, $I_{cc} = 3$ mA. Já determinamos R_{Th} e, portanto, a conexão do equivalente de Norton à carga resulta no circuito na **Fig. 5.7f**. Assim, V_s é igual à corrente da fonte multiplicada pela combinação dos resistores em paralelo, ou seja, 6 V.

EXEMPLO 5.6

Aplique o teorema de Thévenin para determinar V_s no circuito na **Fig. 5.8a**.

SOLUÇÃO Abrindo o circuito à esquerda da fonte de corrente, a tensão de circuito aberto V_{ca_1} é mostrada na **Fig. 5.8b**. Como não há corrente no resistor de 2 kΩ e, portanto, não há tensão, V_{ca_1} é igual à tensão no resistor de 6 kΩ, que pode ser determinada pela divisão de tensão como

$$V_{ca_1} = 12\left(\frac{6\text{k}}{6\text{k} + 3\text{k}}\right) = 8 \text{ V}$$

A resistência equivalente de Thévenin, R_{Th_1}, é determinada a partir da **Fig. 5.8c** como

$$R_{Th_1} = 2\text{k} + \frac{(3\text{k})(6\text{k})}{3\text{k} + 6\text{k}} = 4 \text{ k}\Omega$$

Conectando este equivalente de Thévenin ao circuito original, obtemos o circuito mostrado na **Fig. 5.8d**. Podemos, agora, aplicar o teorema de Thévenin novamente e, desta vez, abrimos o circuito à direita da fonte de corrente, como mostrado na **Fig. 5.8e**. Neste caso, V_{ca_2} é

$$V_{ca_2} = (2 \times 10^{-3})(4\text{k}) + 8 = 16 \text{ V}$$

e R_{Th_2} é obtido da **Fig. 5.8f** como 4 kΩ. A conexão deste equivalente de Thévenin ao restante do circuito resulta no circuito mostrado na **Fig. 5.8g**. Aplicando uma simples divisão de tensão a este circuito, obtemos $V_s = 8$ V. O teorema de Norton pode ser aplicado de maneira semelhante para resolver este problema; no entanto, deixamos essa solução como um exercício.

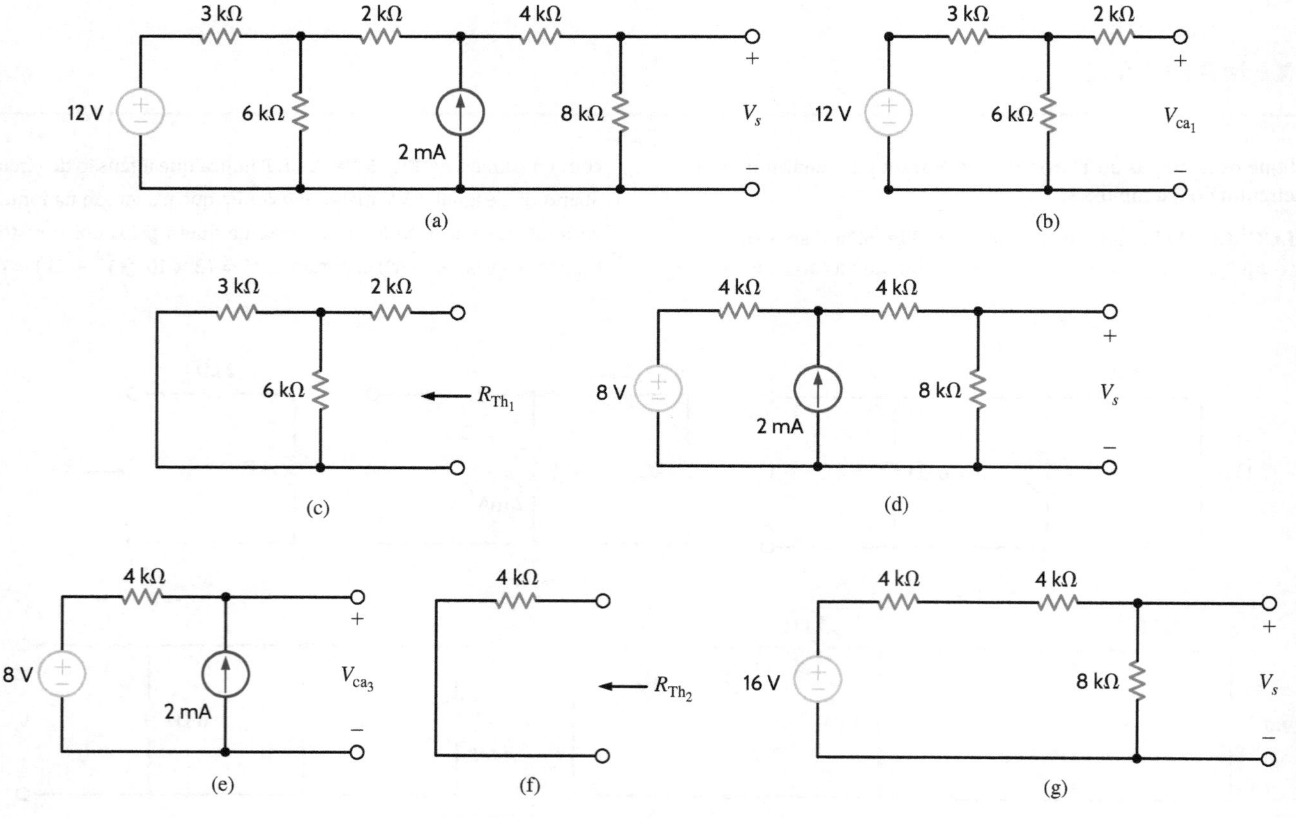

FIGURA 5.8 Circuitos usados no Exemplo 5.6.

EXEMPLO 5.7

Apliquemos os teoremas de Thévenin e Norton na solução do circuito na Fig. 5.4a, que é redesenhado na **Fig. 5.9a**.

SOLUÇÃO Abrindo o circuito na carga de 6 kΩ, a tensão de circuito aberto é determinada na **Fig. 5.9b**. As equações para as correntes das malhas são escritas como

$$-6 + 4kI_1 + 2k(I_1 - I_2) = 0$$

e

$$I_2 = 2 \times 10^{-3}$$

das quais obtemos $I_1 = 5/3$ mA. Usando a LKT, V_{ca} é calculada como

$$V_{ca} = 4kI_1 + 2kI_2$$

$$= 4k\left(\frac{5}{3} \times 10^{-3}\right) + 2k(2 \times 10^{-3})$$

$$= \frac{32}{3} \text{ V}$$

R_{Th} é calculada da **Fig. 5.9c** como

$$R_{Th} = (2k//4k) + 2k = \frac{10}{3} \text{ k}\Omega$$

A conexão do equivalente de Thévenin à carga produz o circuito na **Fig. 5.9d**. Agora, usando a divisão de tensão, obtemos

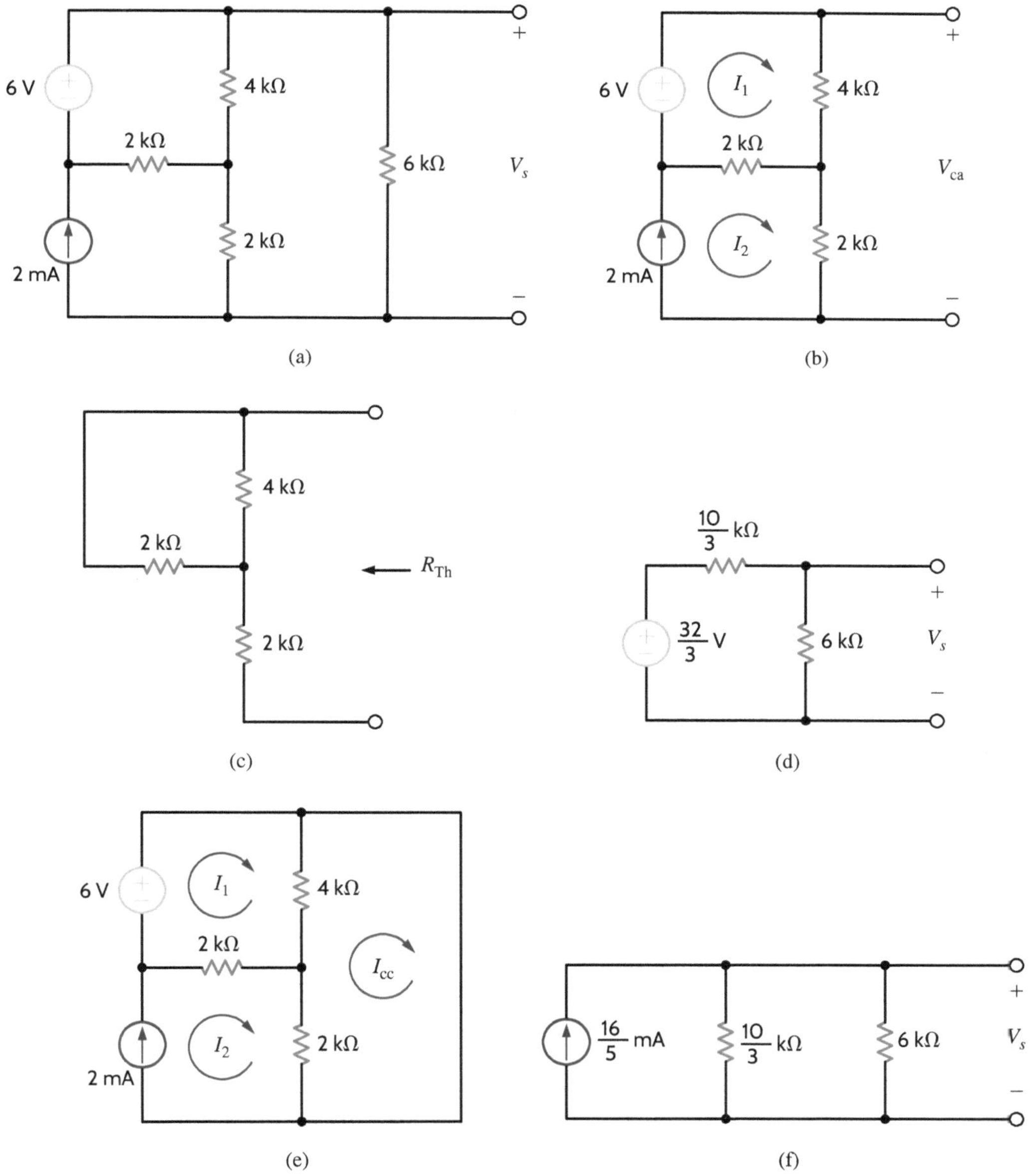

FIGURA 5.9 Circuitos usados no Exemplo 5.7.

$$V_s = \frac{32}{3}\left(\frac{6\text{k}}{6\text{k} + \frac{10}{3}\text{k}}\right)$$

$$= \frac{48}{7}\text{ V}$$

Para aplicar o teorema de Norton a este problema, devemos determinar a corrente de curto-circuito mostrada na **Fig. 5.9e**. Neste ponto, o leitor de raciocínio rápido para imediatamente! Três equações de malha aplicadas ao circuito original levarão facilmente à solução, mas as três equações de malha para o circuito na Fig. 5.9e fornecerão apenas parte da resposta, especificamente a corrente de curto-circuito. Por vezes, o uso dos teoremas é mais complicado do que um ataque direto via análise nodal ou de malhas. Esta parece ser uma dessas situações. Curiosamente, não é. Podemos calcular I_{cc} no circuito na Fig. 5.9e sem recorrer às equações de malha. A técnica é simples, mas um pouco complicada e, por isso, a deixaremos de lado por ora. Tendo dito isso, terminemos o que começamos. As equações de malha para a rede na Fig. 5.9e são escritas como

$$-6 + 4\text{k}(I_1 - I_{cc}) + 2\text{k}(I_1 - 2 \times 10^{-3}) = 0$$

$$2\text{k}(I_{cc} - 2 \times 10^{-3}) + 4\text{k}(I_{cc} - I_1) = 0$$

em que usamos $I_2 = 2 \times 10^{-3}$ A. A solução dessas equações fornece $I_{cc} = 16/5$ mA. R_{Th} já foi determinada na análise de Thévenin. A conexão do equivalente Norton à carga resulta no circuito na **Fig. 5.9f**. Resolvendo este circuito, obtemos $V_s = 48/7$ V.

Avaliação da Aprendizagem

E5.6 Use o teorema de Thévenin para determinar V_s no circuito na Fig. E5.6.

Resposta: $V_s = -3$ V.

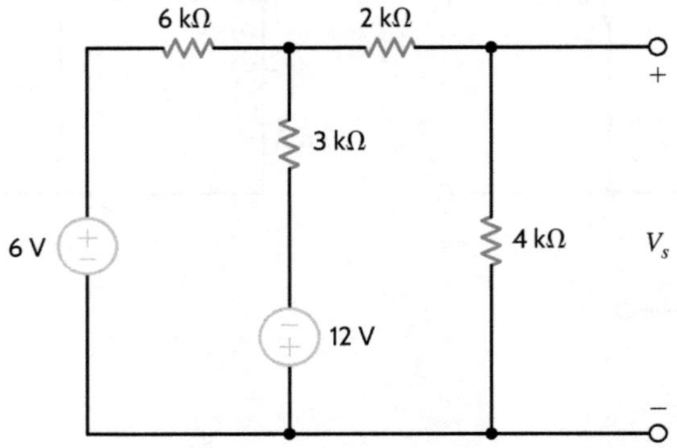

FIGURA E5.6

E5.7 Use os teoremas de Thévenin e de Norton para determinar V_s no circuito na Fig. E5.3. Para obter o circuito equivalente de Norton, abra o circuito dado à esquerda do resistor de 4 kΩ. Por quê?

Resposta: $V_s = \frac{4}{3}$ V.

E5.8 Use o teorema de Thévenin para determinar V_s no circuito na Fig. E5.8.

Resposta: $V_s = 3{,}88$ V.

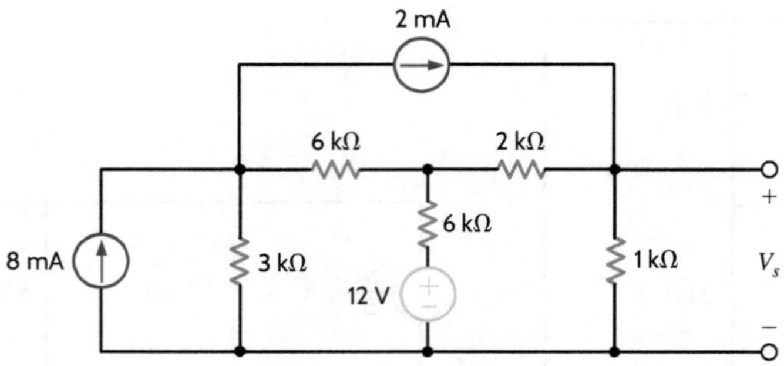

FIGURA E5.8

E5.9 Use o teorema de Norton para determinar I_s na Fig. E5.9.

Resposta: $I_s = -0{,}857$ mA.

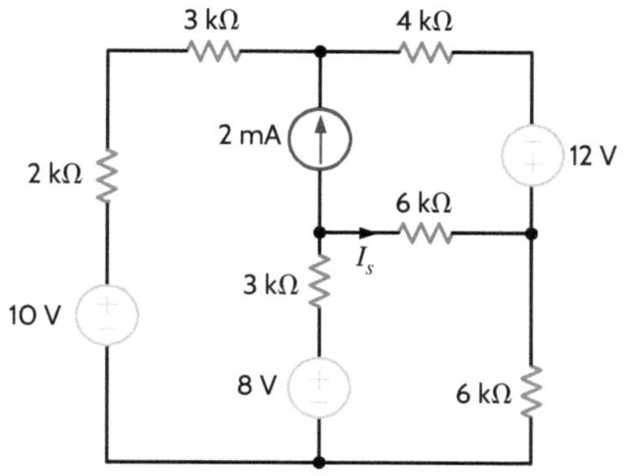

FIGURA E5.9

Circuitos Contendo Apenas Fontes Dependentes

Como dito anteriormente, para um circuito que contém somente fontes dependentes, o equivalente de Thévenin ou de Norton é R_{Th}. Os exemplos a seguir ilustram a determinação da resistência equivalente de Thévenin.

EXEMPLO 5.8

Determine o equivalente de Thévenin, nos terminais *A-B*, para o circuito na **Fig. 5.10a**.

SOLUÇÃO Para resolver este problema, primeiro, conectaremos uma fonte de 1 V aos terminais *A-B*, como mostrado na **Fig. 5.10b**, e, então, calcularemos a corrente I_s e $R_{Th} = 1/I_s$.

As equações para o circuito na Fig. 5.10b são escritas a seguir. Começamos aplicando a LKT à malha externa:

$$V_1 + V_x = 1$$

Aplicando a LKC ao nó V_1, obtemos:

$$\frac{V_1}{1k} + \frac{V_1 - 2V_x}{2k} + \frac{V_1 - 1}{1k} = 0$$

Resolvendo as equações para V_x, temos $V_x = 3/7$ V. Após calcular V_x, podemos determinar as correntes I_1, I_2 e I_3:

$$I_1 = \frac{V_x}{1k} = \frac{3}{7} \text{ mA}$$

$$I_2 = \frac{1 - 2V_x}{1k} = \frac{1}{7} \text{ mA}$$

$$I_3 = \frac{1}{2k} = \frac{1}{2} \text{ mA}$$

Portanto,

$$I_s = I_1 + I_2 + I_3$$
$$= \frac{15}{14} \text{ mA}$$

e

$$R_{Th} = \frac{1}{I_s}$$
$$= \frac{14}{15} \text{ k}\Omega$$

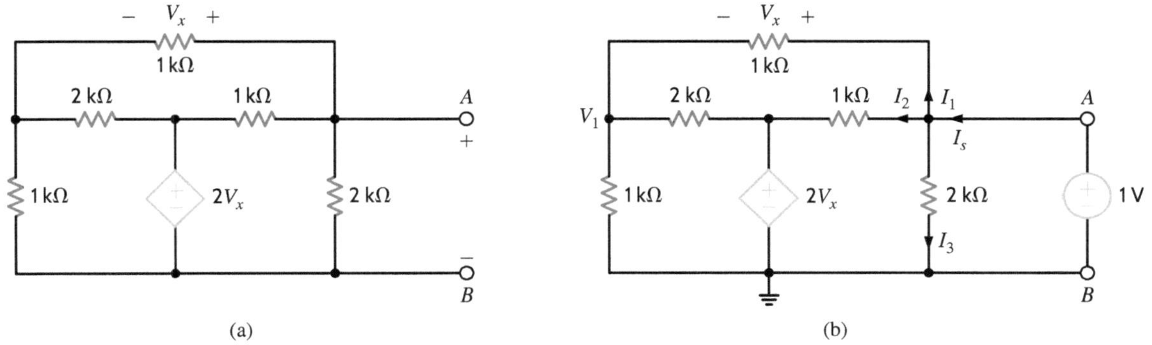

FIGURA 5.10 Circuitos usados no Exemplo 5.8.

EXEMPLO 5.9

Determine R_{Th} nos terminais *A-B* para o circuito na **Fig. 5.11a**.

SOLUÇÃO Para resolver este problema, primeiro, conectaremos uma fonte de corrente de 1 mA aos terminais *A-B* e, então, calcularemos a tensão terminal V_2, como mostrado na **Fig. 5.11b**. Assim, $R_{Th} = V_2/0{,}001$.

As equações nodais para o circuito são escritas como:

$$\frac{V_1 - 2.000I_x}{2k} + \frac{V_1}{1k} + \frac{V_1 - V_2}{3k} = 0$$

$$\frac{V_2 - V_1}{3k} + \frac{V_2}{2k} = 1 \times 10^{-3}$$

e

$$I_x = \frac{V_1}{1k}$$

Resolvendo essas equações, obtemos:

$$V_2 = \frac{10}{7}\text{ V}$$

e, portanto,

$$R_{Th} = \frac{V_2}{1 \times 10^{-3}} = \frac{10}{7}\text{ k}\Omega$$

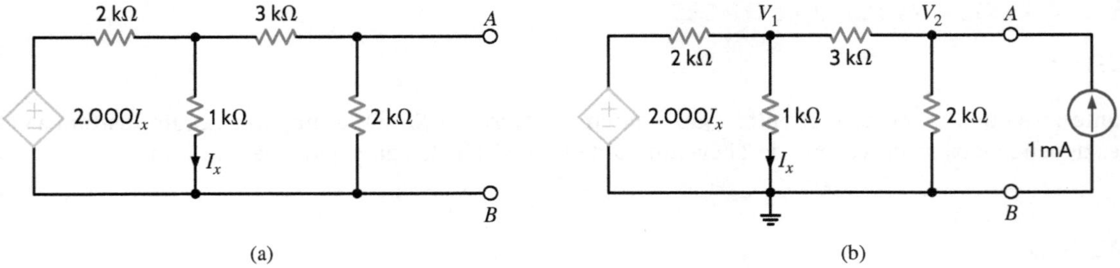

FIGURA 5.11 Circuitos usados no Exemplo 5.9.

Circuitos Contendo Fontes Independentes e Dependentes

Nesses circuitos, para determinar a resistência equivalente de Thévenin, devemos calcular a tensão de circuito aberto e a corrente de curto-circuito. Além disso, lembre-se de que, quando abrimos o circuito para obter o equivalente de Thévenin ou de Norton, não podemos separar a fonte dependente de sua variável de controle.

Agora, ilustremos essa técnica com um circuito que contém uma fonte de tensão controlada por corrente.

EXEMPLO 5.10

Use o teorema de Thévenin para determinar V_s no circuito na **Fig. 5.12a**.

SOLUÇÃO Para começar, abrimos o circuito nos pontos *A-B*. Poderíamos abri-lo à direita da fonte de 12 V? Não! Por quê? A tensão de circuito aberto é calculada a partir do circuito na **Fig. 5.12b.** Usamos a fonte $2.000I'_x$ porque este circuito é diferente daquele na Fig. 5.12a. Aplicando a LKC ao supernó em torno da fonte de 12 V, obtemos

$$\frac{(V_{ca} + 12) - (-2.000I'_x)}{1k} + \frac{V_{ca} + 12}{2k} + \frac{V_{ca}}{2k} = 0$$

em que

$$I'_x = \frac{V_{ca}}{2k}$$

Portanto, $V_{ca} = -6$ V.

I_{cc} pode ser calculada a partir do circuito na **Fig. 5.12c.** A presença do curto-circuito anula I''_x, de modo que o circuito fica reduzido ao mostrado na **Fig. 5.12d.**

Logo,

$$I_{cc} = \frac{-12}{\frac{2}{3}k} = -18\text{ mA}$$

Com isso,

$$R_{Th} = \frac{V_{ca}}{I_{cc}} = \frac{1}{3}\text{ k}\Omega$$

Conectar o circuito equivalente de Thévenin ao restante do circuito nos terminais *A-B*, obtemos o circuito na **Fig. 5.12e**. Uma simples divisão de tensão fornece

$$V_s = (-6)\left(\frac{1k}{1k + 1k + \frac{1}{3}k}\right) = \frac{-18}{7}\text{ V}$$

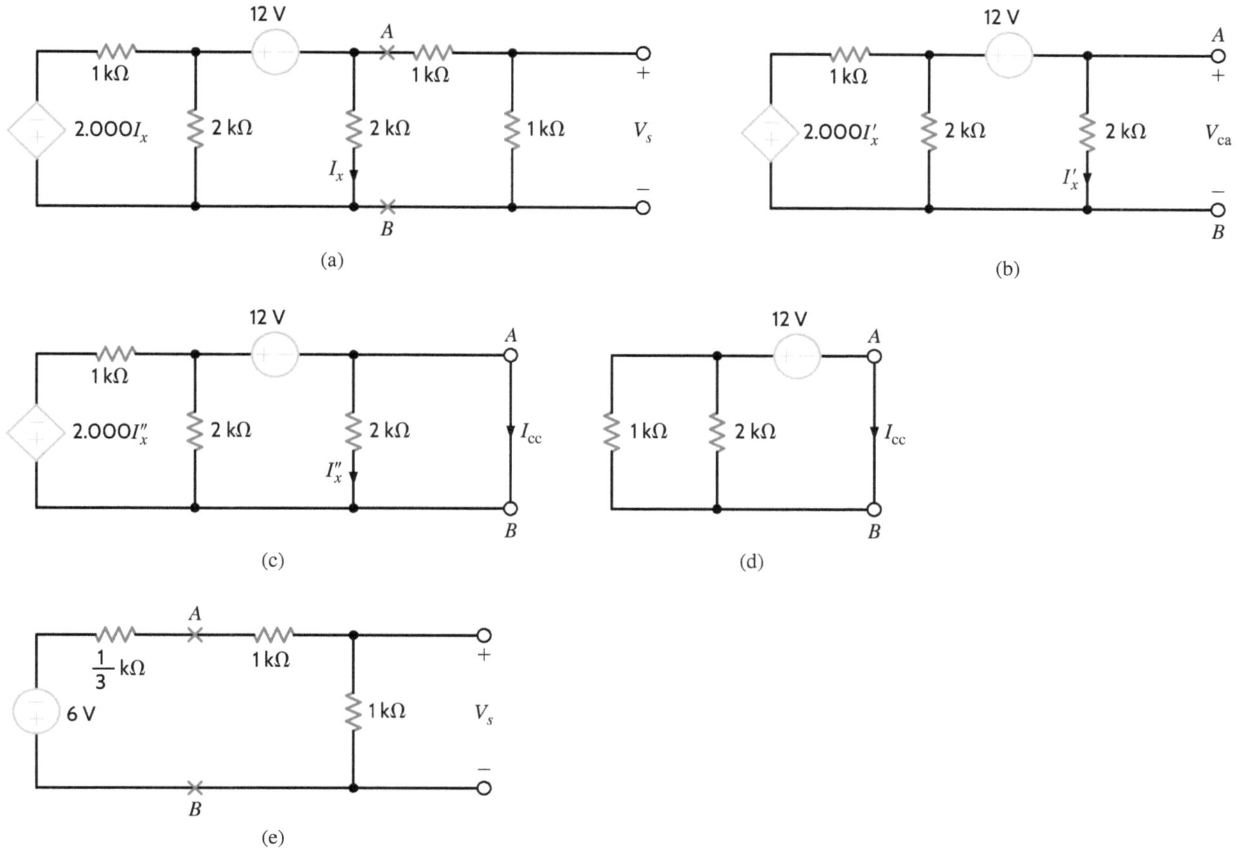

FIGURA 5.12 Circuitos usados no Exemplo 5.10.

EXEMPLO 5.11

Determine a corrente I_s no circuito na **Fig. 5.13a** usando o teorema de Thévenin.

SOLUÇÃO V_{ca} é determinada a partir do circuito mostrado na **Fig. 5.13b**. A existência de três malhas indica que três equações são necessárias, juntamente com a equação de restrição para a fonte dependente. Como duas das correntes passam diretamente pelas fontes de corrente, duas das equações necessárias são

$$I_1 = \frac{4}{k}$$

$$I_3 = 2I'_x$$

A terceira equação é obtida aplicando a LKT ao longo das duas malhas superiores:

$$1k(I_1 + I_2) + 12 + 1k(I_2 - I_3) + 1k(I_1 + I_2 - I_3) = 0$$

E a equação de restrição para a fonte dependente é

$$I'_x = I_2 - 2I'_x$$

Resolvendo essas equações, temos

$$I_2 = -\frac{12}{k}\text{ A}$$

$$I_3 = -\frac{8}{k}\text{ A}$$

Então, V_{ca} pode ser determinada a partir da equação da LKT:

$$-6 + 1k(I_3 - I_2 - I_1) + V_{ca} = 0$$

ou seja, $V_{ca} = 6$ V.

Em razão da presença da fonte dependente, R_{Th} deve ser determinada a partir da equação

$$R_{Th} = \frac{V_{ca}}{I_{cc}}$$

I_{cc} é calculada a partir do circuito na **Fig. 5.13c**. A equação nodal para o supernó é

$$\frac{(V_1 - 6)}{1k} + \frac{4}{k} + \frac{(V_1 - 12)}{1k} + \frac{2(V_1 - 12)}{1k} = 0$$

Portanto, $V_1 = 19/2$ V; como $V_2 = V_1 - 12$, $V_2 = -5/2$ V. Agora, aplicando a LKT ao nó central, temos

$$\frac{6}{1k}+\frac{4}{k}=\frac{5}{2k}+I_{cc}$$

Ou seja, I_{cc} = 15/2k A; como $R_{Th} = V_{ca}/I_{cc}$, R_{Th} = 12k/15 ohms. Finalmente, formando o circuito equivalente de Thévenin e conectando o resistor de 1k ohm, obtemos o circuito na **Fig. 5.13d**. A corrente I_s é, então, calculada como:

$$I_s=\frac{6}{\left(\frac{12}{15}+1\right)k}=\frac{10}{3k}\text{ A}$$

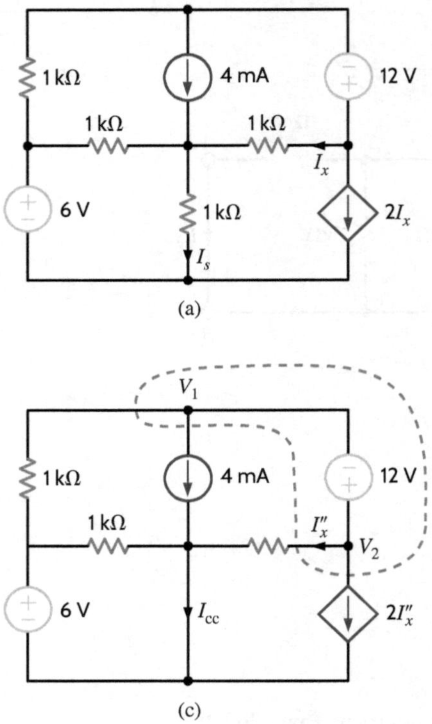

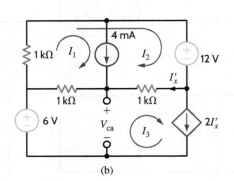

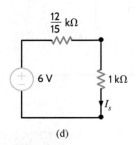

FIGURA 5.13 Circuitos usados no Exemplo 5.11.

EXEMPLO 5.12

Reexaminemos, agora, um problema resolvido anteriormente usando análises nodal e de malhas. O circuito usado nos Exemplos 3.10 e 3.20 é redesenhado na **Fig. 5.14a.** Como o circuito contém uma fonte dependente, a aplicação do teorema de Thévenin para o cálculo da tensão de saída V_s requer que determinemos a tensão de circuito aberto e a corrente de curto-circuito.

SOLUÇÃO Ao iniciarmos a análise, notamos que o circuito pode ser simplificado se obtivermos, primeiro, um equivalente de Thévenin para os ramos mais à esquerda e mais à direita. Esses dois ramos estão em paralelo e nenhum deles contém a variável de controle. Assim, podemos usar o teorema de Thévenin para simplificar o circuito, reduzindo esses dois ramos a apenas um. Para o circuito mostrado na **Fig. 5.14b**, a tensão de circuito aberto é

$$V_{ca_1}=\frac{2}{k}(1k)+4=6\text{ V}$$

A resistência equivalente de Thévenin nos terminais, obtida olhando para os terminais com as fontes desativadas, é calculada como

$$R_{Th_1}=1\text{ k}\Omega$$

O resultante circuito equivalente de Thévenin é, então, conectado à parte restante do circuito, produzindo o circuito na **Fig. 5.14c**.

Agora, para determinar a tensão de circuito aberto V_{ca_2}, abrimos o circuito na Fig. 5.14c nos terminais de saída, como mostrado na **Fig. 5.14d.** Em virtude da presença das fontes de tensão, para determinar a tensão de circuito aberto, usaremos uma análise nodal com a ajuda de um supernó. As equações nodais para esse circuito são escrita como:

$$V_1=3V'_x$$

$$\frac{V_1-6}{1k}+\frac{V_1-2V'_x}{1k}=\frac{2}{k}$$

Logo, V'_x = 2 V e V_1 = 6 V. A tensão de circuito aberto, obtida usando a equação da LKT:

$$-2V'_x+V_{ca_2}+\frac{2}{k}(1k)=0$$

é

$$V_{ca_2}=2\text{ V}$$

A corrente de curto-circuito é determinada a partir do circuito mostrado na **Fig. 5.14e**. Mais uma vez, empregamos o supernó, e as equações do circuito são escritas como:

$$V_2 = 3V_x''$$

$$\frac{V_2 - 6}{1\text{k}} + \frac{V_2 - 2V_x''}{1\text{k}} = \frac{2}{\text{k}}$$

As tensões nodais obtidas a partir dessas equações são $V_x'' = 2$ V e $V_2 = 6$ V. O diagrama de linhas na **Fig. 5.14f** mostra as resultantes tensões

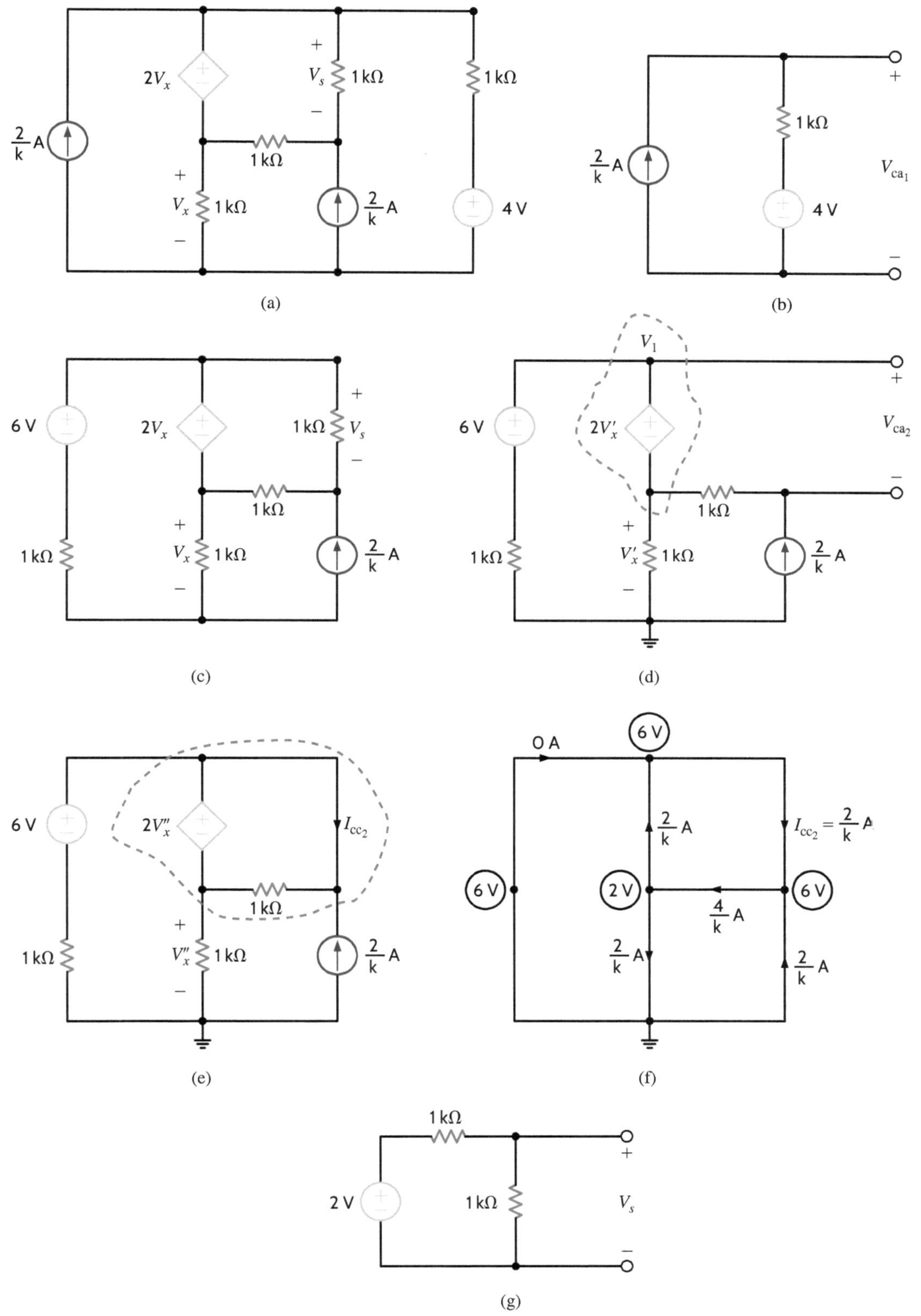

FIGURA 5.14 Circuitos usados no Exemplo 5.12.

nodais e as correntes nos ramos. (As tensões nodais são mostradas nos círculos e as correntes nos ramos são identificadas com setas.) As tensões nodais e os resistores são usados para calcular as correntes nos resistores, enquanto as correntes restantes são obtidas por meio da LKC. Conforme indicado na figura, a corrente de curto-circuito é

$$I_{cc_2} = 2 \text{ mA}$$

A resistência equivalente de Thévenin é calculada como:

$$R_{Th_2} = \frac{V_{ca_2}}{I_{cc_2}} = 1 \text{ k}\Omega$$

Agora, o circuito equivalente de Thévenin consiste em uma fonte de 2 V em série com um resistor de 1 kΩ. Conectando este circuito equivalente de Thévenin ao resistor de carga, obtemos o circuito mostrado na **Fig. 5.14g**. Uma simples divisão de tensão fornece $V_s = 1$ V.

Estratégia para a Solução de Problemas

Aplicação do Teorema de Thévenin

PASSO 1 Remover a carga e determinar a tensão nos terminais de circuito aberto, V_{ca}. Todas as técnicas de análise de circuitos apresentadas aqui podem ser usadas para calcular essa tensão.

PASSO 2 Determinar a resistência equivalente de Thévenin nos terminais abertos com a carga removida. Três diferentes tipos de circuitos podem ser encontrados na determinação da resistência, R_{Th}.

a. Se o circuito contiver apenas fontes independentes, estas devem ser desativadas: substituir as fontes de tensão por curtos-circuitos e as fontes de corrente, por circuitos abertos. Obter R_{Th} calculando a resistência nos terminais abertos do circuito puramente resistivo.

b. Se o circuito contiver apenas fontes dependentes, uma fonte de tensão ou corrente independente deve ser aplicada nos terminais abertos e a correspondente corrente ou tensão nesses terminais, medida. A relação tensão/corrente nos terminais é a resistência equivalente de Thévenin. Como, nesse caso, não há fonte de energia, a tensão de circuito aberto é zero.

c. Se o circuito contiver fontes independentes e dependentes, os terminais de circuito aberto devem ser curto-circuitados e a corrente de curto-circuito, determinada. A razão entre a tensão de circuito aberto e a corrente de curto-circuito é a resistência R_{Th}.

PASSO 3 Conectar a carga ao circuito equivalente de Thévenin, composto por V_{ca} em série com R_{Th}, para obtenção da solução desejada.

A estratégia para a solução de problemas com aplicação do teorema de Norton é essencialmente a mesma que para o teorema de Thévenin, exceto pelo uso da corrente de curto-circuito em vez da tensão de circuito aberto.

Avaliação da Aprendizagem

E5.10 Use o teorema de Thévenin para determinar V_s no circuito na Fig. E5.10.

Resposta:

$V_s = \frac{36}{13}$ V.

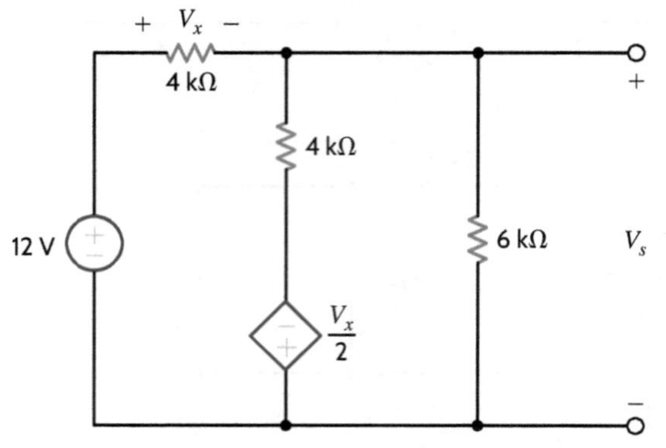

FIGURA E5.10

E5.11 Use o teorema de Thévenin para determinar V_s no circuito na Fig. E5.11.

Resposta:

$V_s = 6{,}29$ V.

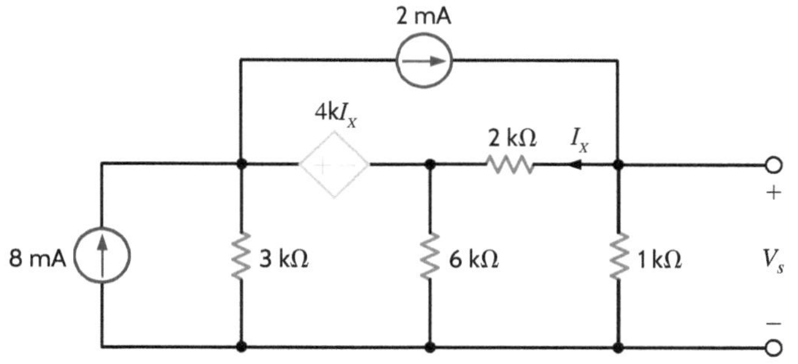

FIGURA E5.11

E5.12 **Use** o teorema de Thévenin para determinar a potência fornecida pela fonte de 12 V na Fig. E5.12.

Resposta:

8,73 mW.

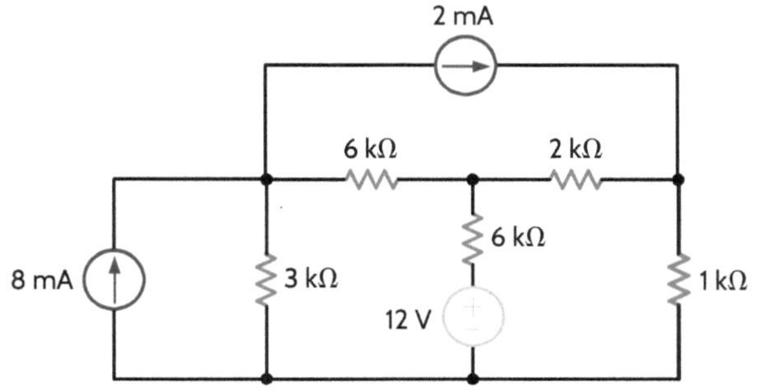

FIGURA E5.12

E5.13 Determine o equivalente de Thévenin nos terminais A–B do circuito na Fig. E5.13.

Resposta:

$R_{\text{Th}} = 1.619\ \Omega$.

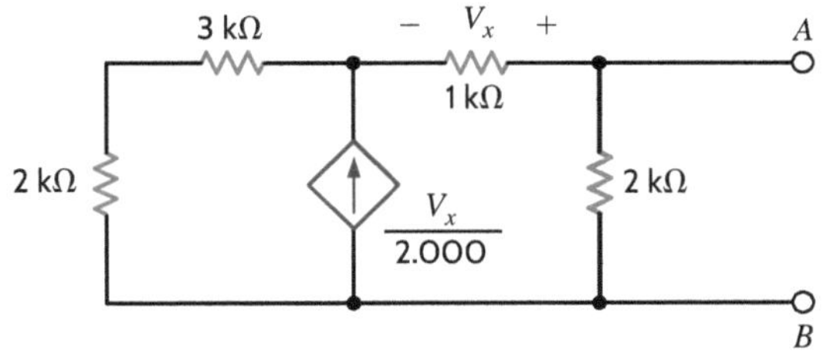

FIGURA E5.13

Depois de explorarmos o uso dos teoremas de Thévenin e de Norton em vários tipos de circuitos, examinemos outro aspecto desses teoremas, muito útil na análise e projeto de circuitos. Este aspecto adicional pode ser percebido a partir dos circuitos equivalentes de Thévenin e de Norton.

As relações especificadas na Fig. 5.6 e na Eq. (5.5) têm especial significância, pois representam o que é conhecido como *transformação de fonte* ou *troca de fonte*. Essas relações nos dizem que, em um circuito que inclui uma fonte de corrente i em paralelo com um resistor R, essa combinação pode ser substituída por uma fonte de tensão de valor $v = iR$ em série com o resistor R. O recíproco também é verdadeiro: uma fonte de tensão v em série com um resistor R pode ser substituída por uma fonte de corrente de valor $i = v/R$ em paralelo com o resistor R. Parâmetros do circuito (por exemplo, uma tensão de saída) não são alterados por essas transformações.

Devemos enfatizar que os dois circuitos equivalentes na Fig. 5.6 *são equivalentes apenas nos dois nós externos*. Por exemplo, nos dois circuitos na Fig. 5.6, se desconectarmos o circuito B, o circuito equivalente da Fig. 5.6b dissipará potência e o da Fig. 5.6a, não.

EXEMPLO 5.13

Demonstre a determinação de V_s no circuito da **Fig. 5.15a** aplicando repetidas transformações de fonte.

SOLUÇÃO Começando na extremidade esquerda do circuito na Fig. 5.15a, a combinação em série da fonte de 12 V e do resistor de 3 kΩ é convertida em uma fonte de corrente de 4 mA em paralelo com o resistor de 3 kΩ. Combinando esse resistor de 3 kΩ com o de 6 kΩ, obtemos o circuito na **Fig. 5.15b**. Ou seja, eliminamos um elemento do circuito. Prosseguindo com a redução, convertemos a fonte de 4 mA e o resistor de 2 kΩ em uma fonte de 8 V em série com este mesmo resistor de 2 kΩ. Agora, combinamos os dois resistores de 2 kΩ que estão em série, obtendo o circuito na **Fig. 5.15c**. A seguir, convertemos a combinação da fonte de 8 V e do resistor de 4 kΩ em uma fonte de 2 mA em paralelo com o resistor de 4 kΩ, e combinamos a resultante fonte de corrente com a outra fonte de 2 mA, formando o circuito mostrado na **Fig. 5.15d**. Neste ponto, basta aplicarmos uma divisão de corrente aos dois ramos resistivos em paralelos para obter

$$I_s = (4 \times 10^{-3}) \left(\frac{4\text{k}}{4\text{k} + 4\text{k} + 8\text{k}} \right) = 1 \text{ mA}$$

e, portanto,

$$V_s = (1 \times 10^{-3})(8\text{k}) = 8 \text{ V}$$

Encorajamos o leitor a explorar a solução deste problema usando qualquer uma das outras técnicas apresentadas até aqui.

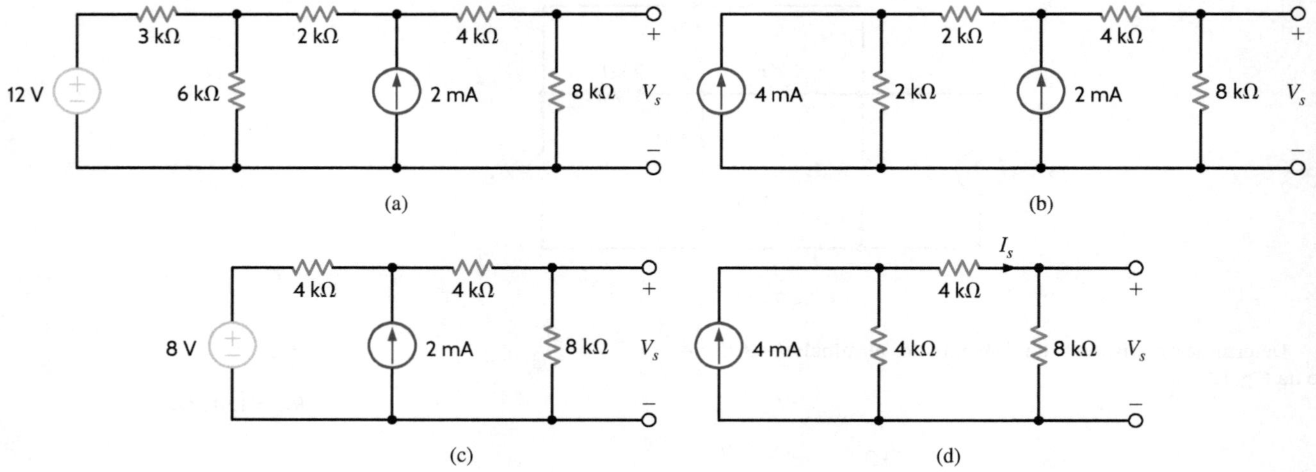

FIGURA 5.15 Circuitos usados no Exemplo 5.13.

Essa sistemática (por vezes, tediosa) transformação nos permite reduzir um circuito a uma forma equivalente mais simples com relação a algum outro elemento do circuito. No entanto, ressaltamos que esta técnica é inútil para circuitos da forma mostrada na Fig. 5.4. Além disso, embora aplicável a circuitos que contêm fontes dependentes, esta técnica não é tão útil quanto outras, e devemos ter o cuidado de não transformar a parte do circuito que contém as variáveis de controle.

Avaliação da Aprendizagem

E5.14 Determine V_s no circuito na Fig. E5.3 usando troca de fonte.

Resposta:

$V_s = \frac{4}{3}$ V.

E5.15 Determine I_s na Fig. E5.15 usando transformações de fonte.

Resposta:

$I_s = -1{,}94$ mA.

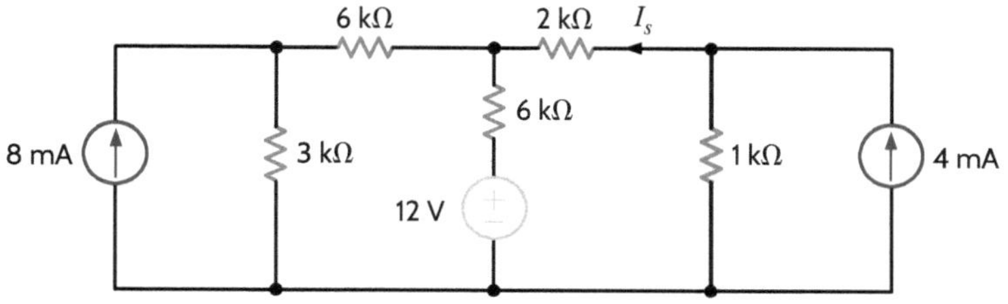

FIGURA E5.15

Neste ponto, façamos uma pausa para refletir sobre o que aprendemos; isto é, vamos comparar o uso da análise nodal ou de malhas com o dos teoremas discutidos neste capítulo. Na análise de um circuito, uma das primeiras providências é a contagem do número de nós e de malhas. Em seguida, a contagem do número de fontes. Por exemplo, quantas fontes de tensão ou de corrente há no circuito? Todos esses dados, juntamente com as informações que esperamos obter do circuito, fornecem uma base para que possamos selecionar a abordagem mais simples. Com a alta capacidade de cálculo dos atuais computadores pessoais, podemos resolver as equações nodais ou de malha para um circuito em um piscar de olhos.

Com relação aos teoremas, vimos que, em alguns casos, não simplificam necessariamente o problema e a solução direta por análise nodal ou de malha pode ser mais eficiente. Este é um ponto válido, desde que nosso interesse seja a determinação de uma tensão ou corrente específica. Entretanto, o verdadeiro valor dos teoremas reside na compreensão que eles proporcionam sobre a natureza física do circuito. Por exemplo, a superposição nos informa a contribuição de cada fonte para a grandeza sob investigação. Por outro lado, uma solução das equações nodais ou de malha em computador nada nos informa sobre o efeito de alterar valores de certos parâmetros no circuito. Esse tipo de solução não nos ajuda a entender o conceito de carregamento de um circuito ou as implicações de interconexões de circuitos ou a ideia de casar um circuito para máxima transferência de potência. Os teoremas nos ajudam a entender o efeito de usar um transdutor na entrada de um amplificador com determinada resistência de entrada, assim como a explicar o efeito de uma carga, como um alto-falante, na saída de um amplificador. Não conseguimos obter esse tipo de informação a partir de uma análise nodal ou de malha. Como um exemplo simples, admitamos que, em um específico par de terminais, um circuito tenha um circuito equivalente de Thévenin consistindo em uma fonte de tensão em série com um resistor de 2 kΩ. Se conectarmos um resistor de 2 Ω ao circuito nesses terminais, a tensão no resistor de 2 Ω será essencialmente nula. Este resultado é bastante óbvio quando aplicamos o teorema de Thévenin; no entanto, uma análise nodal ou de malha não nos dá nenhuma pista de por que ou como foi obtido este resultado.

Estudamos circuitos contendo apenas fontes dependentes porque este é um tópico muito importante: todos os dispositivos eletrônicos, como transistores, são modelados dessa forma. Motores em sistemas de potência também são modelados dessa maneira. Usamos esses dispositivos de amplificação em diferentes aplicações; por exemplo, no controle de velocidade de automóveis.

Além disso, é interessante notar que, quando empregamos a transformação de fonte, como no Exemplo 5.13, simplesmente convertemos em um ou outro sentido, ou seja, de circuito equivalente de Thévenin para um circuito equivalente de Norton e vice-versa.

Temos à nossa disposição, também, uma poderosa ferramenta que pode ser usada para fornecer informação e entendimento adicionais para análise e projeto de circuitos. Essa ferramenta é o Microsoft Excel, que nos permite estudar os efeitos da variação de certos parâmetros em um circuito. O exemplo a seguir ilustra a simplicidade dessa abordagem.

EXEMPLO 5.14

Use Microsoft Excel para traçar gráficos da variação dos parâmetros V_{ca} e R_{Th} do equivalente de Thévenin para o circuito da **Fig. 5.16** quando R_x assume valores na faixa de 0 a 10 kΩ.

SOLUÇÃO A resistência de Thévenin é facilmente calculada substituindo as fontes de tensão por curtos-circuitos. O resultado é

$$R_{Th} = 4//R_x = \frac{4R_x}{4 + R_x} \quad \textbf{5.7}$$

em que os valores de R_x e R_{Th} são dados em kΩ. Podemos usar superposição para determinar V_{ca}. Substituindo a fonte de 12 V por um curto-circuito, temos

$$V_{ca_1} = -6\left[\frac{R_x}{R_x + 4}\right]$$

Aplicando este mesmo procedimento à fonte de 6 V:

$$V_{ca_2} = 12$$

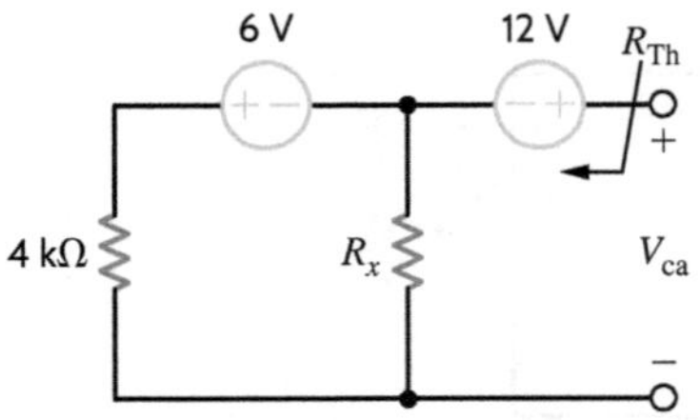

FIGURA 5.16 Circuito usado no Exemplo 5.14.

e a tensão total de circuito aberto é calculada como

$$V_{ca} = 12 - 6\left[\frac{R_x}{R_x + 4}\right] \qquad 5.8$$

Use Excel para (1) variar R_x entre 0 e 10 kΩ, (2) calcular R_{Th} e V_{ca} para cada valor de R_x e (3) traçar gráficos de V_{ca} e R_{Th} em função de R_x. Em Excel, digite os títulos das colunas, como mostrado na **Fig. 5.17a**. Em seguida, digitamos um zero na primeira célula da coluna R_x, na posição coluna-linha A4. Para preencher a coluna automaticamente com valores, no menu Editar (Edit), selecionamos Preencher/Séries (Fill/Series) para abrir a janela mostrada na **Fig. 5.17b**, já devidamente editada para 101 pontos de dados. O resultado é uma série de valores de R_x, de 0 a 10 kΩ, em passos de 100 Ω. Para entrar com a Eq. (5.8), vamos à posição B4 (logo abaixo do título V_{ca}) e digitamos o seguinte texto, sem esquecer o sinal de igual:

```
=12-6*A4/(A4+4)
```

Esta é a Eq. (5.8) com R_x substituído por seu primeiro valor, que está na posição coluna-linha A4. Da mesma forma, para R_{Th}, digitamos a seguinte expressão na posição C4:

```
=4*A4/(A4+4)
```

Para replicar a expressão na célula B4 para todos os valores de R_x, selecionamos a célula B4 e clicamos em seu canto inferior direito, mantemos pressionado o botão do mouse e o arrastamos para baixo até a célula B104, e liberamos o botão do mouse. Repetimos para R_{Th} replicando a célula C4.

Para traçar os gráficos, primeiro, arrastamos o cursor por todas as células entre A4 e C104. Em seguida, no menu Inserir (Insert), selecionamos Gráfico (Chart). Recomendamos fortemente a escolha do tipo de gráfico como XY (Scatter). O Excel nos guia passo a passo para a formatação básica do gráfico; após algumas manipulações, o gráfico pode ficar semelhante ao mostrado na **Fig. 5.17c**.

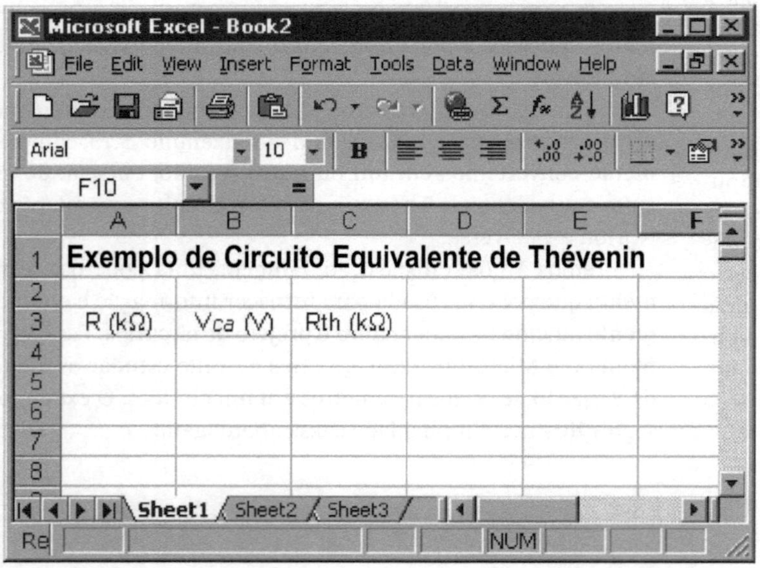

(a)

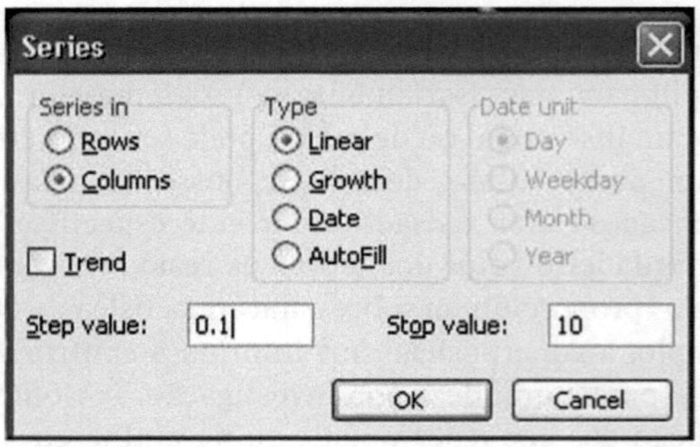

(b)

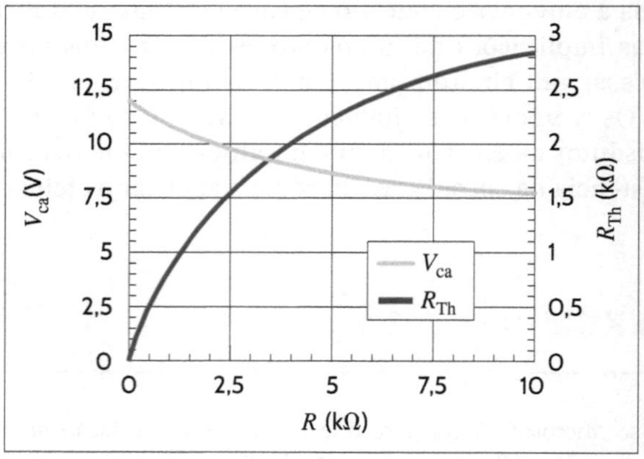

(c)

FIGURA 5.17 (a) A planilha Excel para o Exemplo 5.14 mostrando os títulos das colunas usadas. (b) A janela Preencher/Série editada para variar R_x e (c) gráfico final de V_{ca} e R_{Th}.

5.4 Máxima Transferência de Potência

Antes de iniciarmos a discussão de máxima transferência de potência, vejamos o que é conhecido como *reta de carga*. Esta técnica gráfica é utilizada em circuitos eletrônicos (não lineares) para determinar o ponto de operação do circuito. Consideremos, por exemplo, o circuito na **Fig. 5.18a**. A reta de carga é utilizada para representar a relação entre tensão e corrente na porção linear do circuito; no caso em questão, essa porção corresponde à fonte de 12 V e ao resistor de 2 kΩ. A reta de carga, mostrada na **Fig. 5.18b**, é definida pelos dois pontos ao longo dos eixos. A carga, que pode ser linear ou não linear, tem uma curva característica que define sua relação tensão/corrente. Se a carga for um resistor de 4 kΩ, como na **Fig. 5.18c**, sua curva característica será como a mostrada na Fig. 5.18b. O ponto de operação é definido como o ponto em que a curva característica cruza a reta de carga, pois os parâmetros de tensão e corrente para cada circuito coincidem neste ponto. Assim, neste exemplo, o ponto de operação corresponde a $V_s = 8$ V e $I_s = 2$ mA. Em circuitos não lineares, como aqueles em que a carga é um diodo, a curva característica não é uma linha reta, e esta técnica fornece um procedimento útil para a determinação gráfica do ponto de operação do circuito.

Em algumas situações no projeto de circuitos, desejamos selecionar uma carga de modo que seja possível transferir a ela a máxima potência. O teorema de Thévenin nos permite determinar a máxima potência que um circuito é capaz de fornecer e a forma com que podemos ajustar a carga para realizar a transferência dessa máxima potência.

Na análise de circuitos, ocasionalmente, estamos interessados em determinar a máxima potência que pode ser fornecida a uma carga. Empregando o teorema de Thévenin, podemos encontrar a máxima potência que um circuito pode fornecer e a forma com que podemos ajustar a carga para efetuar a máxima transferência de potência.

Considere o circuito mostrado na **Fig. 5.19**. A potência fornecida à carga é dada pela expressão

$$P_{\text{carga}} = i^2 R_C = \left(\frac{v}{R + R_C}\right)^2 R_C$$

Determine o valor de R_C que maximiza essa quantidade. Para isso, derivamos essa expressão com relação a R_C e igualamos a derivada a zero:

$$\frac{dP_{\text{carga}}}{dR_C} = \frac{(R + R_C)^2 v^2 - 2v^2 R_C (R + R_C)}{(R + R_C)^4} = 0$$

obtemos

$$R_C = R$$

Em outras palavras, a máxima transferência de potência ocorre com a resistência de carga $R_C = R$. Embora seja muito importante, este resultado foi obtido para o simples circuito na Fig. 5.19. No entanto, observemos que v e R na Fig. 5.19 podem representar o circuito equivalente de Thévenin para qualquer circuito linear.

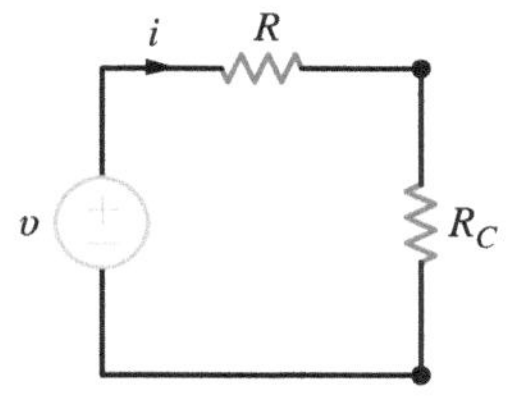

FIGURA 5.19 Circuito equivalente para análise da máxima transferência de potência.

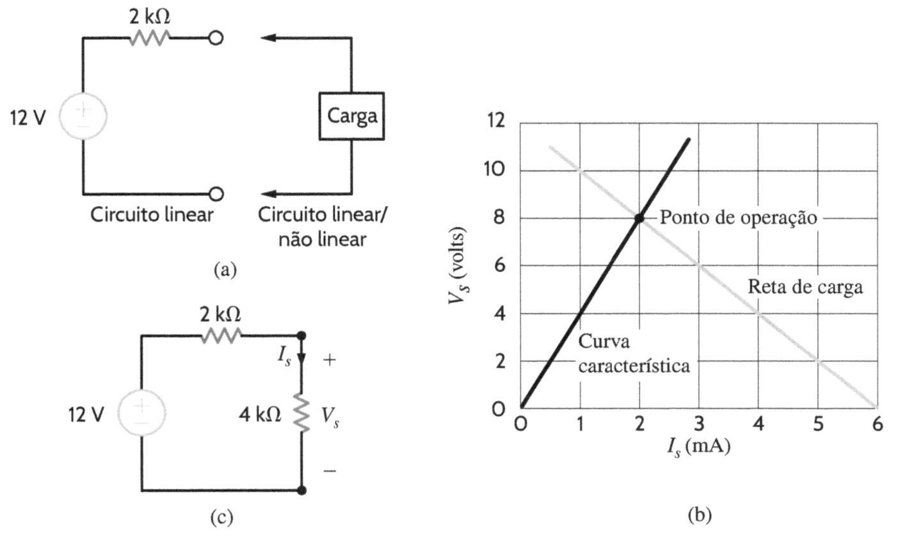

FIGURA 5.18 Análise da reta de carga.

EXEMPLO 5.15

Determine o valor de R_C no circuito na **Fig. 5.20a** para a máxima transferência de potência e a máxima potência que pode ser transferida para essa carga.

SOLUÇÃO Primeiro, devemos determinar o circuito equivalente de Thévenin para o circuito dado, excluída a carga. Podemos calcular V_{ca} a partir do circuito na **Fig. 5.20b**. As equações de malha para esse circuito são escritas como

$$I_1 = 2 \times 10^{-3}$$

$$3k(I_2 - I_1) + 6kI_2 + 3 = 0$$

Resolvendo essas equações, obtemos $I_2 = 1/3$ mA; com isso,

$$V_{ca} = 4kI_1 + 6kI_2$$
$$= 10 \text{ V}$$

R_{Th}, mostrada na **Fig. 5.20c**, é 6 kΩ; portanto, $R_C = R_{Th} = 6$ kΩ para máxima transferência de potência. A máxima potência que pode ser transferida para a carga na **Fig. 5.20d** é

$$P_{carga} = \left(\frac{10}{12k}\right)^2 (6k) = \frac{25}{6} \text{ mW}$$

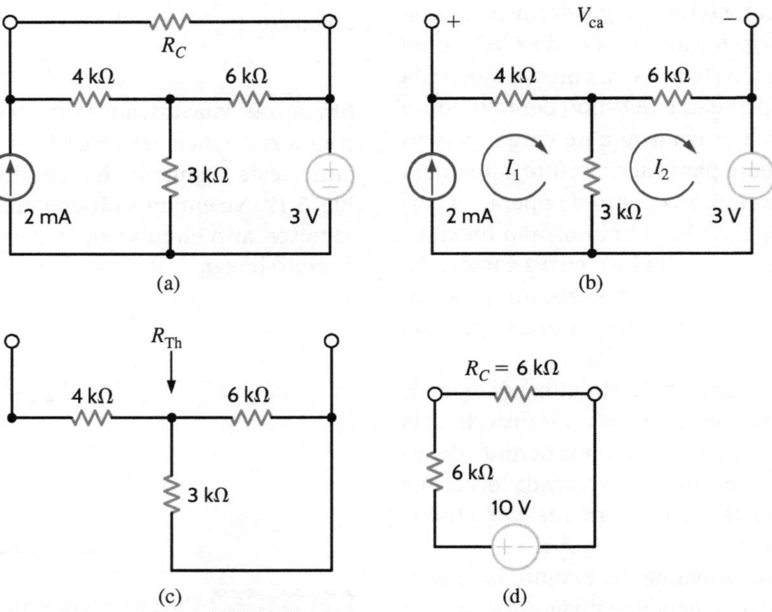

FIGURA 5.20 Circuitos usados no Exemplo 5.15.

EXEMPLO 5.16

Determine o valor de R_C no circuito na **Fig. 5.21a** para máxima transferência de potência e a máxima potência que pode ser transferida para essa carga.

SOLUÇÃO Desejamos reduzir o circuito à forma mostrada na Fig. 5.19. Poderíamos formar o circuito equivalente de Thévenin abrindo o circuito na carga. No entanto, um minucioso exame do circuito indica que a análise será mais simples se abrirmos o circuito à esquerda do resistor de 4 kΩ. Entretanto, devemos perceber que, nesse caso, a máxima transferência de potência ocorrerá com $R_C = R_{Th} + 4$ kΩ. Podemos determinar V_{ca} a partir do circuito na **Fig. 5.21b**. Formando um supernó em torno da fonte dependente e de seus nós de conexão, a equação da LKC para este supernó é escrita como:

$$\frac{V_{ca} - 2.000I_x'}{1k + 3k} + (-4 \times 10^{-3}) + \frac{V_{ca}}{2k} = 0$$

em que

$$I_x' = \frac{V_{ca}}{2k}$$

Dessas equações, obtemos $V_{ca} = 8$ V. A corrente de curto-circuito pode ser encontrada a partir do circuito na **Fig. 5.21c**. Nesse ponto, fica aparente a vantagem de abrir o circuito à esquerda do resistor de 4 kΩ. O curto-circuito coloca o resistor de 2 kΩ em curto, o que implica em $I_x'' = 0$. Assim, o circuito é reduzido ao mostrado na **Fig. 5.21d**, do qual obtemos $I_{cc} = 4$ mA. Logo,

$$R_{Th} = \frac{V_{ca}}{I_{cc}} = 2 \text{ k}\Omega$$

A conexão do equivalente de Thévenin ao restante do circuito original resulta no circuito na **Fig. 5.21e**. Para máxima transferência de potência, $R_C = R_{Th} + 4\ k\Omega = 6\ k\Omega$, e a máxima potência que pode ser transferida é

$$P_{carga} = \left(\frac{8}{12k}\right)^2 (6k) = \frac{8}{3}\ \text{mW}$$

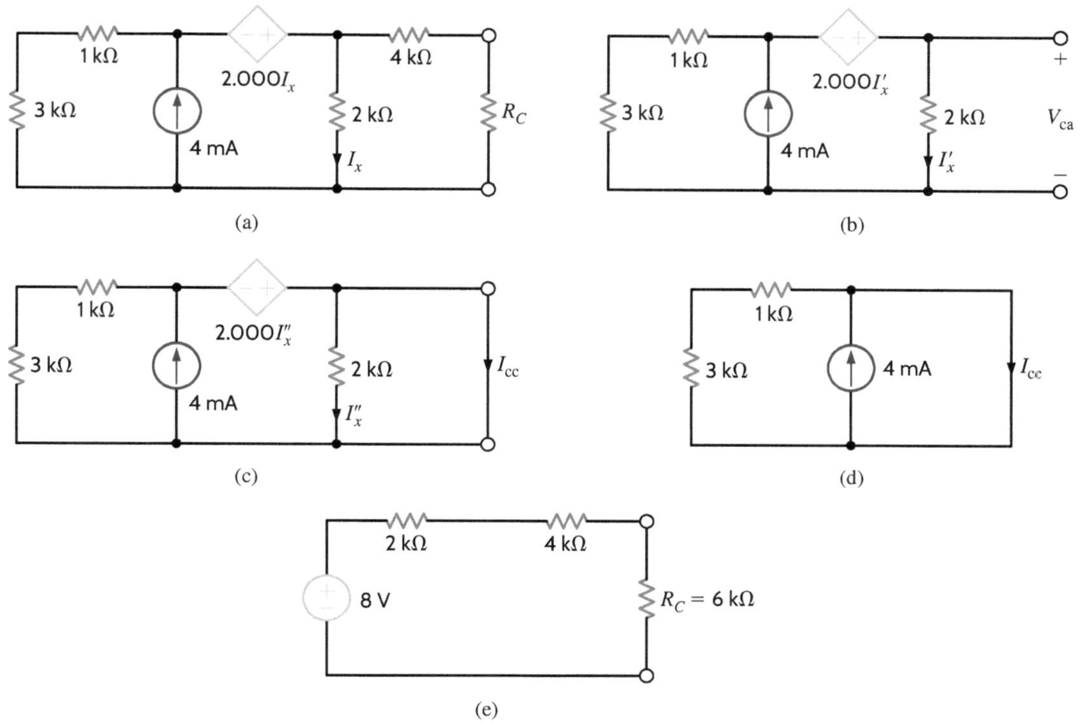

FIGURA 5.21 Circuitos usados no Exemplo 5.16.

Avaliação da Aprendizagem

E5.16 Para o circuito da Fig. E5.16, determine R_C para a máxima transferência de potência e a máxima potência transferida.

Resposta:

$R_C = 6\ k\Omega$;

$P_{carga} = \frac{2}{3}$ mW.

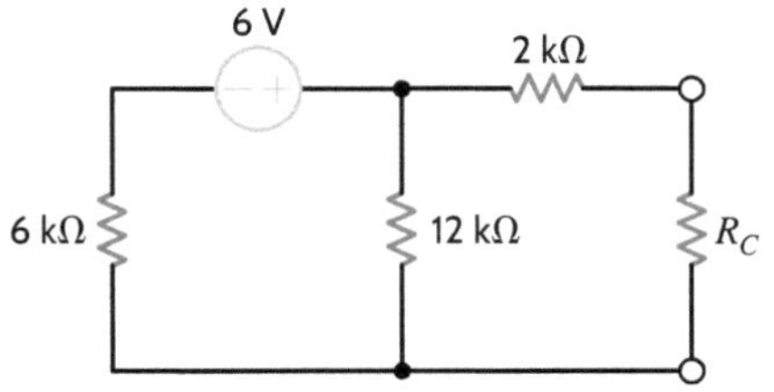

FIGURA E5.16

E5.17 Para o circuito da Fig. E5.17, determine R_C para a máxima transferência de potência e a máxima potência transferida.

Resposta:

14/9 kΩ;

2/7 mW.

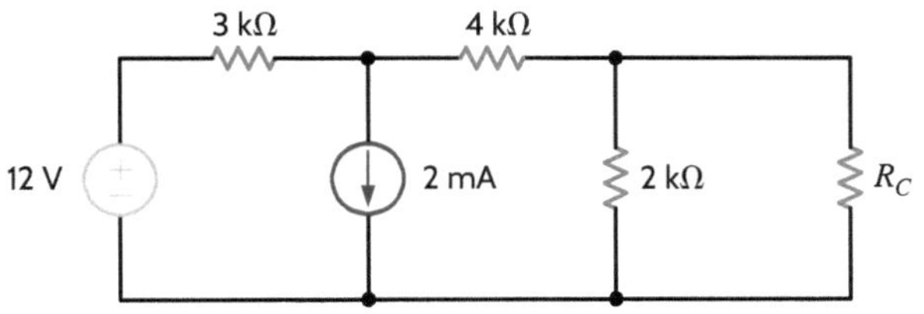

FIGURA E5.17

E5.18 Para o circuito da Fig. E5.18, determine R_C para a máxima transferência de potência e a máxima potência transferida.

Resposta:

24/13 kΩ; 27/26 mW.

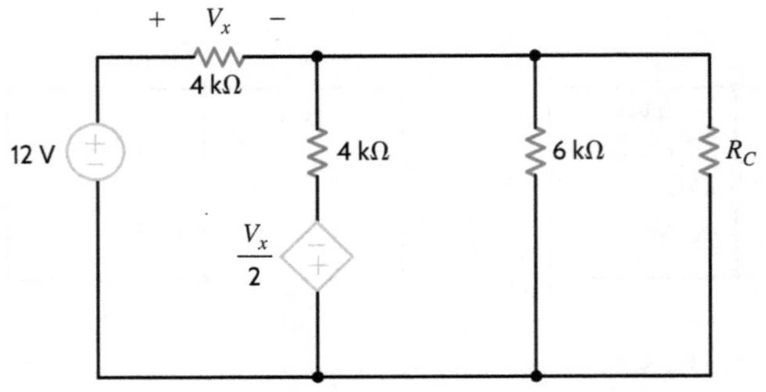

FIGURA E5.18

EXEMPLO 5.17

Para o circuito na **Fig. 5.22**, com $V_e = 5$ V e $R_1 = 2\ \Omega$, examinemos alguns aspectos da máxima transferência de potência traçando gráficos da variação dos parâmetros V_s, I, P_s, P_e e da eficiência = P_s/P_e em função da razão entre resistores R_2/R_1.

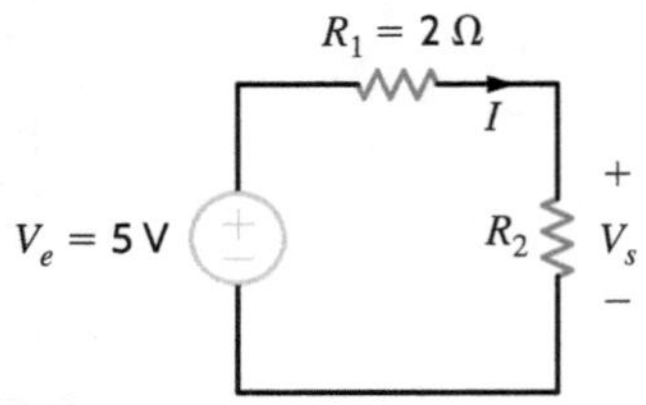

FIGURA 5.22 Circuito utilizado na análise da máxima transferência de potência.

SOLUÇÃO Os parâmetros de interesse podem ser determinados por simples técnicas de análise de circuitos. Usando divisão de tensão, temos

$$V_s = \left[\frac{R_2}{R_1 + R_2}\right] V_e = \left[\frac{R_2}{2 + R_2}\right](5)$$

Da lei de Ohm:

$$I = \frac{V_e}{R_1 + R_2} = \frac{5}{2 + R_2}$$

As potências de entrada (P_e) e de saída (P_s) são dadas por:

$$P_e = IV_e = \frac{V_e^2}{R_1 + R_2} = \frac{25}{2 + R_2} \quad P_s = IV_s = R_2\left[\frac{V_e}{R_1 + R_2}\right]^2 = R_2\left[\frac{5}{2 + R_2}\right]^2$$

Por fim, a eficiência é calculada como:

$$\text{eficiência} = \frac{P_s}{P_e} = \frac{R_2}{R_1 + R_2} = \frac{R_2}{2 + R_2}$$

Os gráficos resultantes para a variação dos diversos parâmetros são mostrados na **Fig. 5.23**, com R_2 variando de $0{,}1R_1$ a $10R_1$.

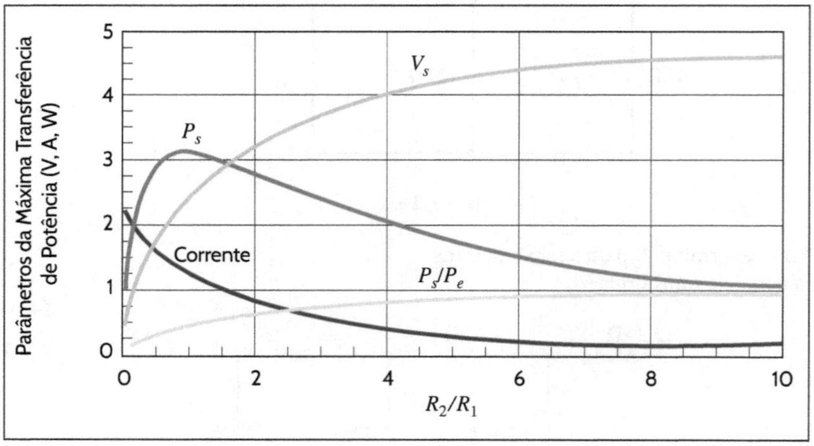

FIGURA 5.23 Gráficos da variação de parâmetros associados à máxima transferência de potência para o circuito na Fig. 5.22. (As unidades para tensão, corrente e potência são volt, ampère e watt, respectivamente.)

Note que, à medida que R_2 aumenta, V_s aumenta em direção a V_e (5 V), como ditado pela divisão de tensão, e a corrente diminui, de acordo com a lei de Ohm. Assim, para pequenos valores de R_2, o valor de V_s também é baixo; quando o valor de R_2 é alto, o de I é baixo. Em consequência, a potência de saída (o produto desses dois parâmetros) assume seu valor máximo com $R_2/R_1 = 1$, como previsto pela teoria da máxima transferência de potência.

A máxima potência não corresponde à situação de máxima tensão, corrente ou eficiência de saída. Na verdade, na máxima transferência de potência, a eficiência é sempre 0,5 ou 50%. Será que uma concessionária de energia elétrica, que fornece energia aos clientes, desejará operar com a máxima transferência de potência? A resposta a esta pergunta é um óbvio "não", pois a eficiência seria de apenas 50%. A concessionária poderia cobrar de seus clientes apenas a metade da energia produzida. Não é incomum que uma grande concessionária de energia gaste bilhões de dólares todos os anos para produzir eletricidade. A concessionária de energia elétrica está mais interessada em operar com máxima eficiência.

5.5 Exemplo de Aplicação

EXEMPLO DE APLICAÇÃO 5.18

Na tarde de uma segunda-feira, Connie se lembra de que tem um dever de casa para ser entregue na manhã seguinte. Quando se senta ao computador para começar a digitar, ela percebe que o mouse não funciona. Após desmontá-lo e inspecioná-lo, ela nota que o mouse tem uma placa de circuito impresso alimentada por uma fonte de 5 V instalada no gabinete do computador. Além disso, a placa contém vários resistores, alguns amplificadores operacionais e um dispositivo não identificável, que é conectado diretamente à alimentação de 5 V do computador, como mostrado na **Fig. 5.24a**. Usando um voltímetro para medir as tensões nodais, Connie confirma que todos os resistores e amplificadores operacionais estão funcionando normalmente, e que a tensão da fonte de alimentação chega à placa do mouse. No entanto, sem conhecer a função do misterioso dispositivo no circuito, ela não consegue determinar seu estado de funcionamento. Um telefonema para o fabricante revela que o dispositivo é, de fato, linear, mas também exclusivo do fabricante. O representante do fabricante concorda, por fim, que, se Connie puder determinar o circuito equivalente de Thévenin para o elemento nos nós *A*-*B* com o computador ligado, ele informará se o misterioso dispositivo está funcionando corretamente. Munida de um único resistor de 1 kΩ e de um voltímetro, Connie ataca o problema.

SOLUÇÃO Para determinar o equivalente de Thévenin para o dispositivo desconhecido, juntamente com a fonte de 5 V, Connie, primeiro, isola os nós *A* e *B* do restante dos dispositivos da placa para medir a tensão de circuito aberto. A leitura do voltímetro é $V_{AB} = 2{,}4$ V. Assim, a tensão equivalente de Thévenin é 2,4 V. Connie, então, conecta o resistor de 1 kΩ aos nós *A*-*B*, como mostrado na **Fig. 5.24b**. A leitura do voltímetro agora é $V_{AB} = 0{,}8$ V. Usando a divisão de tensão para expressar V_{AB} em termos de V_{Th}, R_{Th} e R_{teste} na Fig. 5.24b, ela obtém:

$$0{,}8 = V_{\text{Th}}\left(\frac{1\text{k}}{1\text{k} + R_{\text{Th}}}\right)$$

Resolvendo as equações para R_{Th}:

$$R_{\text{Th}} = 2{,}0 \text{ k}\Omega$$

Portanto, o dispositivo desconhecido e a fonte de 5 V podem ser representados nos terminais *A*-*B* pelo circuito equivalente de Thévenin mostrado na **Fig. 5.24c**. Quando Connie telefona para o fabricante com os dados, o representante informa que o dispositivo não está funcionando como devia.

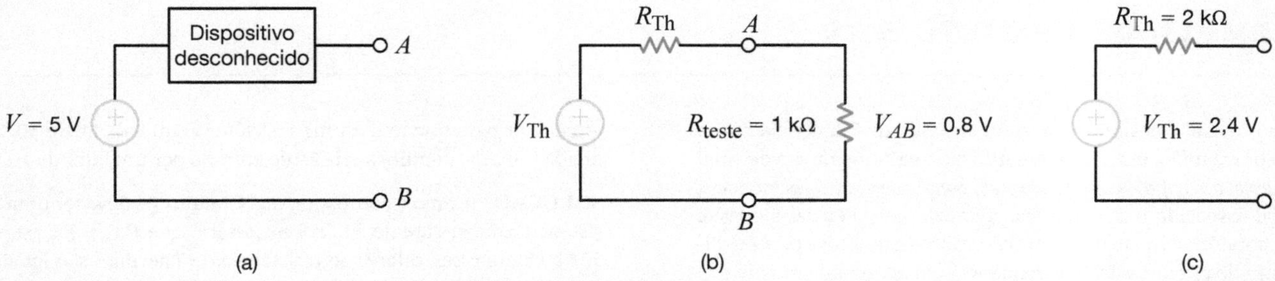

FIGURA 5.24 Circuito usado no Exemplo 5.18.

5.6 Exemplos de Projeto

EXEMPLO DE PROJETO 5.19

No uso de equipamentos eletrônicos, muitas vezes, há necessidade de ajustar alguma grandeza, como tensão, frequência, contraste etc. Para ajustes muito precisos, é mais conveniente que uma sintonia grossa inicial e uma sintonia fina complementar possam ser feitas separadamente. Projetemos, então, um circuito em que duas entradas (ou seja, tensões grossa e fina) são combinadas para produzir uma nova tensão da forma

$$V_{\text{ajuste}} = \left[\frac{1}{2}\right]V_{\text{grossa}} + \left[\frac{1}{20}\right]V_{\text{fina}}$$

SOLUÇÃO Como a equação a ser implementada é a soma de dois termos, a solução parece ser uma excelente aplicação para superposição. Dado que os fatores de ganho na equação (ou seja, 1/2 e 1/20) são menores que a unidade, um divisor de tensão com duas entradas parece ser uma escolha lógica. Um típico circuito para esta aplicação é mostrado na **Fig. 5.25a**. Os dois subcircuitos de superposição são mostrados nas Figs. 5.25b e c. Empregando a divisão de tensão no circuito na **Fig. 5.25b**, temos

$$\frac{V_{\text{ajuste\_C}}}{V_{\text{grossa}}} = \left[\frac{R//R_2}{(R//R_2) + R_1}\right] = \frac{1}{2}$$

e, portanto,

$$R//R_2 = R_1$$

De maneira semelhante, encontramos que

$$\frac{V_{\text{ajuste\_F}}}{V_{\text{fina}}} = \left[\frac{R//R_1}{(R//R_1) + R_2}\right] = \frac{1}{20}$$

o que requer

$$R_2 = 19(R//R_1)$$

Note que as duas equações de restrição para os resistores têm três incógnitas: R, R_1 e R_2. Assim, devemos escolher o valor de um resistor e, depois, calcular os dois valores restantes. Se selecionarmos arbitrariamente $R = 1$ kΩ, obtemos $R_1 = 900$ Ω e $R_2 = 9$ kΩ. Isso completa o projeto do circuito. Este exemplo mostra que a superposição não é uma ferramenta útil apenas para análise, mas também para projeto, pois permite maior entendimento do funcionamento de circuitos.

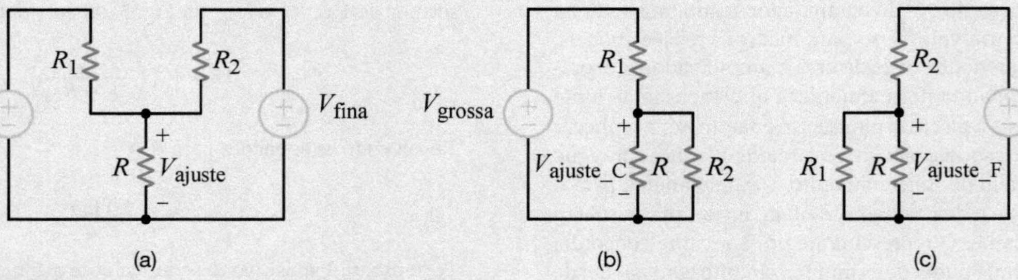

FIGURA 5.25 (a) Circuito de ajuste grosso/fino, (b) com V_{fino} ajustado para zero e (c) com V_{grosso} ajustado para zero.

EXEMPLO DE PROJETO 5.20

O cabo coaxial é bastante usado em sistemas de frequência muito alta. Por exemplo, é comumente utilizado na transmissão de sinal de televisão a cabo. Nesses sistemas, o casamento de resistências, do tipo associado à máxima transferência de potência, é crítico. Em laboratório, um aparelho muito usado em pesquisa e desenvolvimento de circuitos de alta frequência é o atenuador resistivo. O atenuador é, basicamente, um divisor de tensão, mas a resistência equivalente nas duas portas de entrada é cuidadosamente projetada para o casamento de resistência. Para o circuito na **Fig. 5.26**, em que uma fonte, modelada por V_F e R_F (50 Ω), aciona um atenuador resistivo, conectado a uma carga equivalente, projete o atenuador para que tenha uma resistência equivalente de 50 Ω e divida (ou seja, atenue) a tensão de entrada por um fator de 10.

SOLUÇÃO Como o atenuador, ou "Circuito T", deve ter uma resistência equivalente de 50 Ω, é necessário que $R_{\text{Th-}e}$ e $R_{\text{Th-}s}$ sejam 50 Ω. Como esses valores de resistência de Thévenin são iguais e o circuito é simétrico, podemos usar a designação R_2 duas vezes, para indicar que esses resistores terão o mesmo valor.

$$R_{\text{Th-}e} = R_2 + [R_1//(R_2 + 50)] = 50$$

$$R_{\text{Th-}s} = R_2 + [R_1//(R_2 + 50)] = 50$$

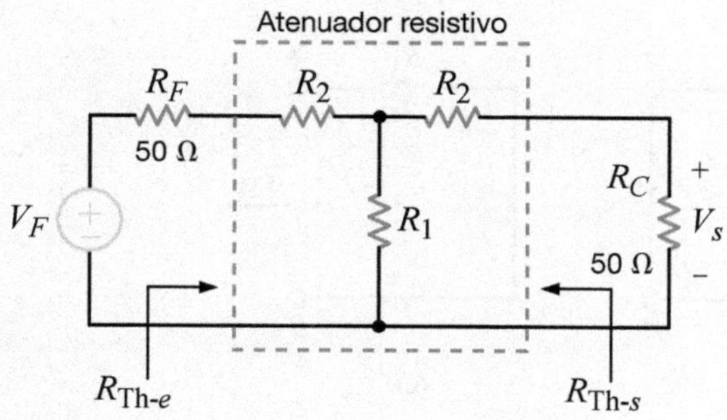

FIGURA 5.26 Modelo de circuito para o projeto do atenuador.

Como as equações são idênticas, identificaremos as duas resistências equivalentes de Thévenin simplesmente como R'_{Th}. A tensão equivalente de Thévenin, V'_{Th}, pode ser facilmente obtida do circuito na **Fig. 5.27a** usando a divisão de tensão:

$$V_{Th} = V_F\left[\frac{R_1}{R_1 + R_2 + 50}\right]$$

Do circuito equivalente de Thévenin na **Fig. 5.27b**, temos

$$V_s = V_{Th}\left[\frac{50}{R_{Th} + 50}\right] = \frac{V_{Th}}{2}$$

Combinando essas equações, obtemos a atenuação de V_F para V_s

$$\frac{V_s}{V_F} = \left[\frac{V_s}{V_{Th}}\right]\left[\frac{V_{Th}}{V_F}\right] = \frac{1}{2}\left[\frac{R_1}{R_1 + R_2 + 50}\right] = \frac{1}{10}$$

A equação da resistência equivalente de Thévenin e esta equação de atenuação nos fornecem duas equações para as duas incógnitas R_1 e R'_2. A solução dessas equações fornece R_1 = 20,83 Ω e R_2 = 33,33 Ω. Para um perfeito casamento de resistências, os valores desses resistores devem ser calculados com grande precisão.

Com valores tão baixos para os resistores, a dissipação de energia pode se tornar significativa à medida que V_F aumenta. Por exemplo, se V_F = 10 V, V_s = 1 V e a potência dissipada no resistor R_2 conectado à fonte de entrada é de 333 mW. Para manter sua temperatura em níveis razoáveis, esse resistor deve ser capaz de dissipar não menos que 0,5 W.

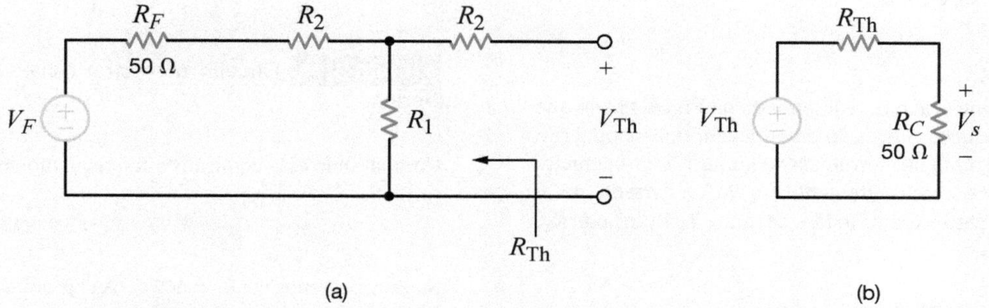

FIGURA 5.27 (a) Circuito usado na determinação de V_{Th} e (b) modelo resultante.

EXEMPLO DE PROJETO 5.21

Projete um circuito que realize a seguinte equação:

$$V_s = -3V_F - 2.000I_F$$

SOLUÇÃO Um exame desta equação indica que precisamos adicionar dois termos, um dos quais corresponde a uma fonte de tensão e o outro, a uma fonte de corrente. Como os termos têm sinais negativos, parece que o uso de um estágio de amplificador operacional inversor seria útil aqui. Assim, um possível circuito para esta aplicação parece ser o mostrado na **Fig. 5.28**.

O circuito equivalente do Norton nos terminais *A-B* fornece uma visão composta da entrada do amplificador operacional. Para simplificar a análise, podemos aplicar a superposição em conjunto com o equivalente de Norton. Usando o circuito na **Fig. 5.29a**, podemos determinar a contribuição de V_F para a corrente de curto-circuito, I'_{cc}, que denominaremos I_{cc_1}.

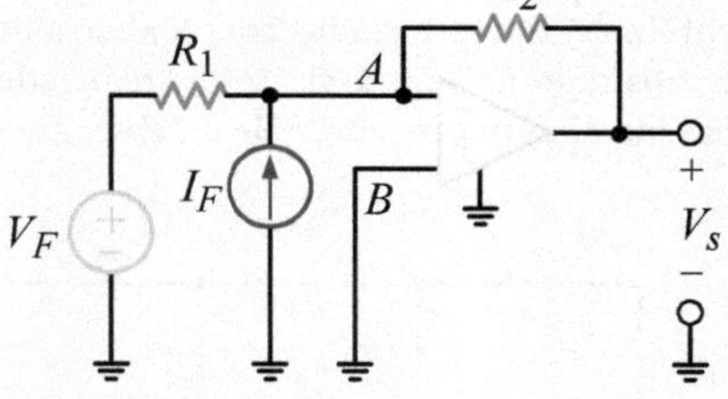

FIGURA 5.28 Circuito usado no Exemplo 5.21.

$$I_{cc_1} = \frac{V_F}{R_1}$$

De maneira semelhante, usando a **Fig. 5.29b**, calculamos a contribuição de I_F para a corrente de curto-circuito como

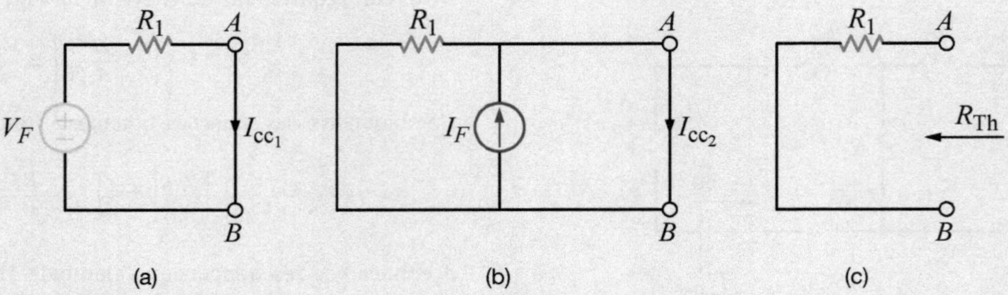

FIGURA 5.29 Circuitos usados na obtenção de um circuito equivalente de Norton.

$$I_{cc_2} = I_F$$

Empregando a superposição e somando essas duas correntes, obtemos a real corrente de curto-circuito:

$$I_{cc} = \frac{V_F}{R_1} + I_F$$

A resistência equivalente de Thévenin nos terminais *A-B* é obtida do circuito na **Fig. 5.29c** como

$$R_{Th} = R_1$$

O circuito equivalente é, agora, redesenhado na **Fig. 5.30**, em que empregamos as condições ideais do amplificador operacional (ou seja, $V_e = 0$), e a corrente nos terminais do amplificador operacional é zero. Como V_e ocorre diretamente em R_{Th}', a corrente neste resistor também é zero. Assim, toda a corrente I_{cc} fluirá por R_2', produzindo a tensão

$$V_s = -R_2\left[\frac{V_F}{R_1} + I_F\right] = -\frac{R_2}{R_1}V_F - I_F' R_2$$

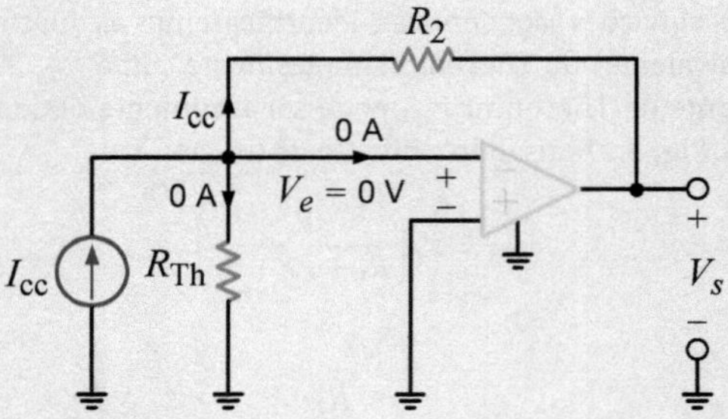

FIGURA 5.30 Circuito necessário contendo o equivalente de Norton.

Comparando essa equação com o requisito de projeto, temos

$$\frac{R_2}{R_1} = 3 \quad \text{e} \quad R_2 = 2.000\ \Omega$$

ou seja, devemos ter $R_1 = 667\ \Omega$. A combinação de um resistor de 1 kΩ e um de 2 kΩ em paralelo produz exatamente os necessários 667 Ω.

EXEMPLO DE PROJETO 5.22

Ventoinhas são comumente utilizadas para manter circuitos eletrônicos resfriados, e variam em tamanho, requisito de potência, tensão de entrada e vazão de ar. Em uma dada aplicação, três ventoinhas são conectadas em paralelo a uma fonte de 24 V, como mostrado na **Fig. 5.31**. Testes realizados com essa configuração mostraram que vazão de ar, corrente e tensão de entrada na ventoinha estão relacionadas pelas seguintes equações:

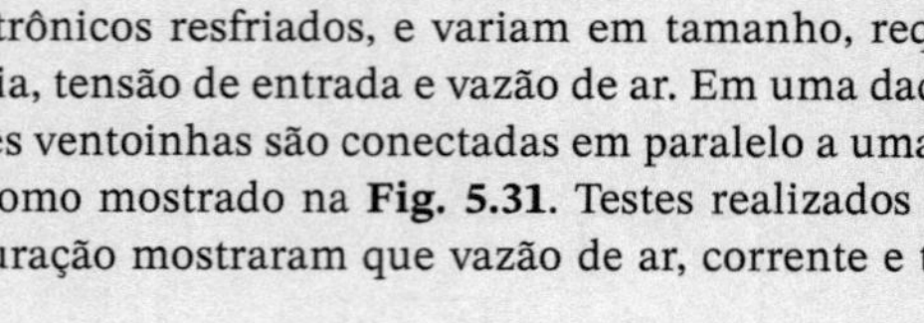

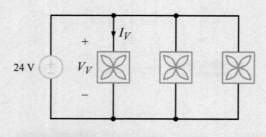

FIGURA 5.31 Trio de ventoinhas de 24 V.

$$F_{PCM} = 200 I_V \qquad V_V = 100 I_V$$

em que F_{PCM} é a vazão de ar em pés cúbicos por minuto, V_V é a tensão na ventoinha em volts e I_V, a corrente na ventoinha em ampères. A corrente está relacionada com a velocidade da ventoinha e esta, por sua vez, está relacionado com a vazão de ar. Um método popular e barato para monitorar correntes em aplicações que não requerem alta precisão consiste em conectar um resistor-sensor de baixo valor em série com a ventoinha e "sentir" a corrente medindo a tensão nesse resistor.

Projete um circuito que meça a vazão de ar neste sistema de três ventoinhas. Especificamente,

a. determinemos o valor do resistor-sensor, conectado em série com cada ventoinha, de modo que a tensão no resistor corresponda a 2% da tensão nominal de 24 V da ventoinha, e especifiquemos um componente específico de 1% que possa ser obtido no *site* da Digikey Corporation (www.digikey.com).

b. projetemos um circuito de amplificador operacional que produza uma tensão de saída proporcional à vazão ar total, de modo que 1 V corresponda a 50 pés cúbicos por minuto (PCM).

SOLUÇÃO A relação tensão-corrente das ventoinhas especifica que cada uma tem uma resistência de 100 Ω. Como a tensão no resistor-sensor deve ser 2% de 24 V, ou 0,48 V, a corrente na ventoinha, calculada a partir do circuito na **Fig. 5.32**, é

$$I_V = \frac{24 - 0{,}48}{100} = 235{,}2 \text{ mA}$$

e o necessário valor do resistor-sensor é

$$R_{\text{sensor}} = \frac{0{,}48}{0{,}2352} = 2{,}04\ \Omega$$

A potência dissipada nesse resistor é dada por

$$P_{\text{sensor}} = I_V^{2'} R_{\text{sensor}} = 0{,}11 \text{ W}$$

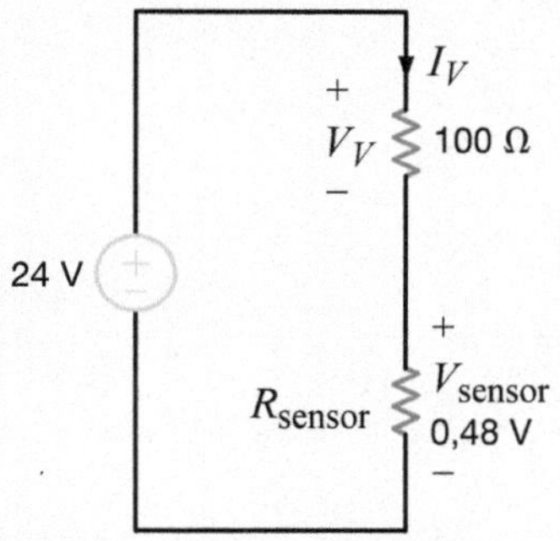

FIGURA 5.32 Circuito equivalente para uma ventoinha e seu resistor-sensor.

Portanto, as especificações serão satisfeitas com um resistor padrão de 2 Ω e 1/4 W.

O circuito do amp-op deve ser capaz de somar as contribuições de vazão de ar das três ventoinhas e produzir o resultado de modo que 1 V corresponda a 50 PCM. Um circuito de amp-op somador parece ser uma escolha lógica e, portanto, selecionamos o circuito mostrado na **Fig. 5.33**, em que o segundo estágio é simplesmente um inversor que corrige o sinal negativo resultante da saída do somador. Para determinar o ganho do somador, calculamos a razão volts/PCM nos resistores-sensores. Para uma única ventoinha, a vazão de ar é obtida como:

$$F_{\text{PCM}} = 200 I_V = 47{,}04 \text{ PCM}$$

Assim, a razão volts/PCM na entrada do somador é calculada como:

$$\frac{0{,}48 \text{ V}}{47{,}04 \text{ PCM}} = 0{,}0102 \text{ V/PCM}$$

Portanto, o ganho do amp-op somador deve ser

$$\frac{V_s}{V_{\text{sensor}}} = \frac{1 \text{ V}/50 \text{ PCM}}{0{,}0102 \text{ V/PCM}} = 1{,}96 \text{ V/V}$$

Este é um ganho próximo de 2 e, por conseguinte, usaremos resistores que produzam uma razão de 2:1, ou seja, um valor muito próximo de 1,96. Neste ponto, façamos uma observação adicional: os resistores na entrada do somador são, essencialmente, conectados em paralelo com os resistores-sensores. Para garantir que toda a corrente da ventoinha flua nos resistores-sensores selecionamos valores muito altos para os resistores do amp-op. Escolhendo $R_1 = R_2 = R_3 = 100$ kΩ; com isso, $R_4 = 200$ kΩ.

Por fim, os valores de R_5 e R_6 podem ser arbitrários, desde que sejam iguais. Se escolhermos um valor de 100 kΩ, apenas dois valores diferentes de resistores serão necessários para todo o circuito do amp-op.

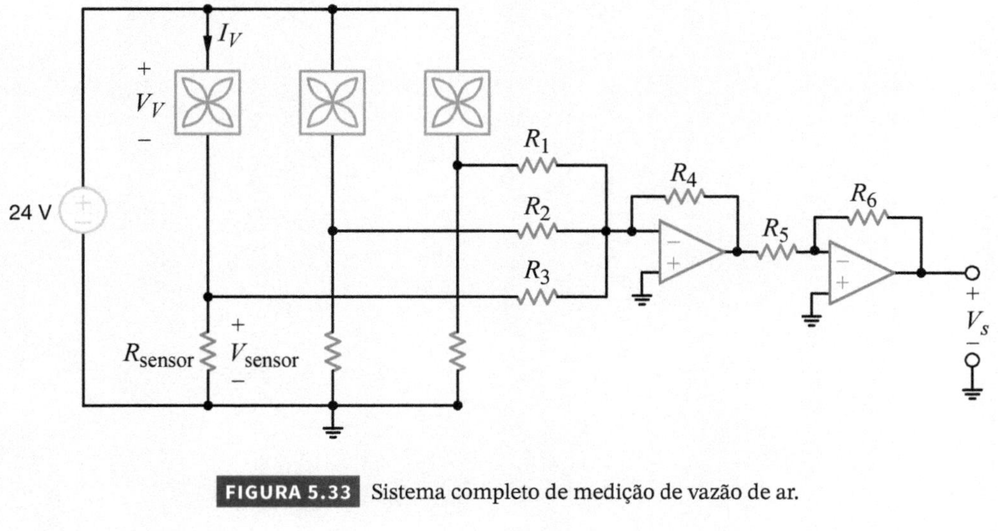

FIGURA 5.33 Sistema completo de medição de vazão de ar.

Resumo

- Linearidade: esta propriedade requer aditividade e homogeneidade. Usando esta propriedade, podemos determinar a tensão ou corrente em algum ponto de um circuito assumindo um valor específico para a variável e, então, calculando o necessário valor de fonte para produzi-lo. Podemos obter uma solução usando a razão entre o valor especificado da fonte e o calculado a partir do valor assumido para a variável, juntamente com o valor assumido para a variável.
- Em um circuito linear que contém múltiplas fontes independentes, o princípio da superposição nos permite calcular qualquer corrente ou tensão no circuito como a soma algébrica das contribuições individuais de cada fonte agindo sozinha.
- A superposição é uma propriedade linear e não se aplica a funções não lineares, como potência.
- Usando o teorema de Thévenin, podemos substituir uma parte de um circuito em um par de terminais por uma fonte de tensão V_{ca} em série com um resistor R_{Th}. V_{ca} é a tensão de circuito aberto nos terminais e R_{Th}, a resistência equivalente de Thévenin vista nos terminais, com todas as fontes independentes desativadas.
- Usando o teorema de Norton, podemos substituir uma parte de um circuito em um par de terminais por uma fonte de corrente I_{cc} em paralelo com um resistor R_{Th}. I_{cc} é a corrente de curto-circuito nos terminais e R_{Th}, a resistência equivalente de Thévenin.
- A transformação da fonte nos permite substituir uma fonte de tensão V em série com uma resistência R por uma fonte de corrente $I = V/R$ em paralelo com a resistência R. A recíproca também é verdadeira. Esta relação corresponde ao intercâmbio entre os circuitos equivalentes de Thévenin e Norton.
- A máxima transferência de potência pode ser alcançada selecionando a carga R_C igual à resistência equivalente R_{Th} obtida ao examinar o circuito a partir dos terminais de carga.

CAPÍTULO 6

Capacitância e Indutância

OBJETIVOS DE APRENDIZAGEM

Os objetivos de aprendizagem deste capítulo são tornar os estudantes capazes de:

- Usar modelos de circuito para indutores e capacitores para calcular tensões, correntes e potências.
- Determinar a energia armazenada em capacitores e indutores.
- Aplicar os conceitos de continuidade de corrente para um indutor e continuidade de tensão para um capacitor.
- Calcular as tensões e correntes para capacitores e indutores em circuitos elétricos com fontes CC.
- Determinar a capacitância equivalente para capacitores em série e paralelo.
- Determinar a indutância equivalente para indutores em série e paralelo.

6.1 Capacitores

Um *capacitor* é um elemento de circuito que consiste em duas superfícies condutoras separadas por um material não condutor ou *dielétrico*. Um modelo simplificado e o correspondente símbolo elétrico de um capacitor são mostrados na **Fig. 6.1** (ver **DICA 6.1**).

DICA 6.1

A convenção passiva de sinais é usada aqui.

Existem diferentes tipos de capacitores, categorizados pelo tipo de material dielétrico usado entre as placas condutoras. Embora qualquer bom isolante possa servir como dielétrico, cada tipo possui características que o tornam mais adequado para determinadas aplicações.

Para aplicações gerais em circuitos eletrônicos (por exemplo, acoplamento entre estágios de amplificação), o material dielétrico pode ser papel impregnado com óleo ou cera, mylar,[1] poliestireno, mica, vidro ou cerâmica.

Capacitores com dielétricos cerâmicos à base de titanatos de bário apresentam grande relação capacitância-volume em face da alta constante dielétrica. Capacitores dielétricos de mica, vidro e cerâmica funcionam satisfatoriamente em altas frequências.

Capacitores eletrolíticos de alumínio, que consistem em duas placas de alumínio separadas por uma pasta eletrolítica à base de bórax, oferecem altos valores de capacitância em pequenos volumes. Esses capacitores são normalmente empregados em operações de filtragem, desvio e acoplamento, e em aplicações de fontes de alimentação e motores de partida. Capacitores eletrolíticos de tântalo têm menores perdas e características mais estáveis do que capacitores eletrolíticos de alumínio. A **Fig. 6.2** mostra alguns típicos capacitores discretos.

Além desses capacitores, que empregamos propositalmente em circuitos para aplicações específicas, existe outro tipo que está presente sempre que há uma diferença de potencial entre dois materiais condutores separados por um dielétrico, originando o que denominamos capacitância parasita. Como esse capacitor parasita pode causar acoplamento indesejado entre circuitos, devemos ter extremo cuidado na disposição de sistemas eletrônicos em placas de circuitos impressos.

A capacitância é medida em coulombs por volt ou farads. A denominação dessa unidade, *farad* (F), é uma homenagem a Michael Faraday, famoso físico inglês. Capacitores podem ser fixos ou variáveis, com valores a partir de milhares de microfarads (μF) até alguns picofarads (pF).

A tecnologia de fabricação de capacitores, inicialmente impulsionada pelo interesse em veículos elétricos, evolui rapidamente. Por exemplo, o capacitor à esquerda na fotografia da **Fig. 6.3** é um capacitor de dupla camada, com capacitância nominal de 100 F, para operação a 2,5 V. Um capacitor eletrolítico de alumínio, com capacitância nominal de 68.000 μF, para

[1] N. T.: Mylar é um filme de poliéster feito de polietileno tereftalato (PET) estirado e, entre outras características, apresenta alta resistência à tração, estabilidades química e dimensional, transparência, refletividade e propriedades de isolamentos térmico e elétrico. "Mylar" é uma marca registrada da DuPont Teijin Corporation.

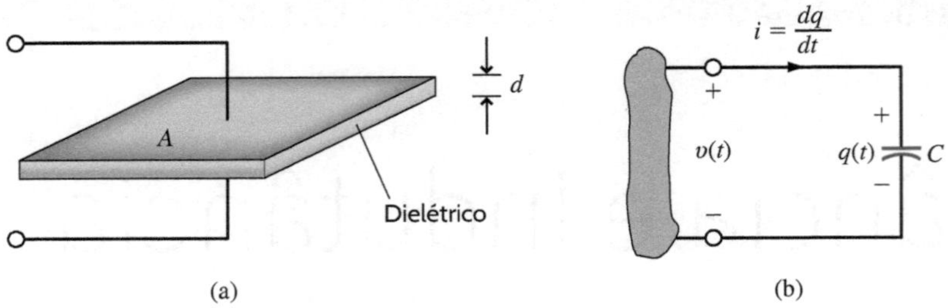

FIGURA 6.1 Modelo simplificado de capacitor e seu símbolo elétrico.

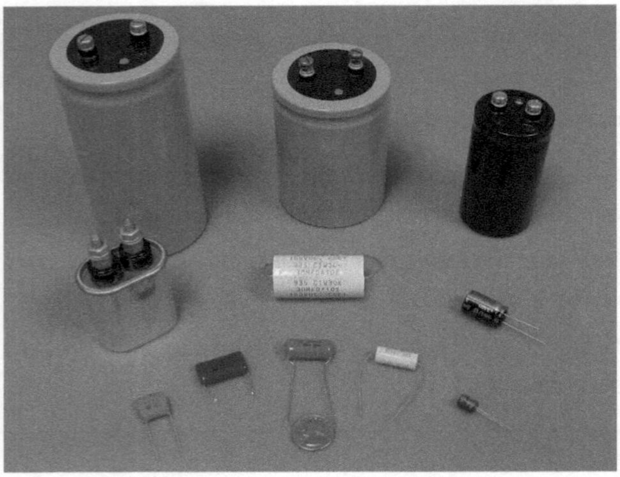

FIGURA 6.2 Alguns capacitores típicos (cortesia de Mark Nelms e Jo Ann Loden).

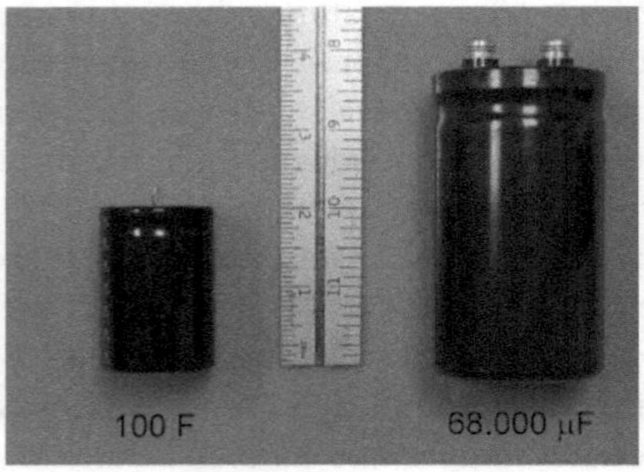

FIGURA 6.3 Um capacitor de dupla camada de 100 F e um capacitor eletrolítico de 68.000 μF (cortesia de Mark Nelms e Jo Ann Loden).

operação a 25 V, é mostrado à direita nesta fotografia. O capacitor eletrolítico é capaz de armazenar $0{,}5 * 6{,}8 * 10^{-2} * 25^2 = 21{,}25$ joules (J). O capacitor de dupla camada pode armazenar $0{,}5 * 100 * 2{,}5^2 = 312{,}5$ J. Conectando 10 capacitores de 100 F em série, obtemos um capacitor equivalente para 25 V. A energia armazenada neste capacitor equivalente é 3.125 J. Precisaríamos conectar 147 capacitores eletrolíticos em paralelo para armazenar tal quantidade de energia.

Um cálculo ilustrativo refere-se ao das dimensões de um capacitor equivalente simples consistindo em duas placas paralelas, cada uma de área A, separadas por uma distância d, como mostrado na Fig. 6.1. Aprendemos em física básica que a capacitância de duas placas paralelas de área A, separadas pela distância d, é

$$C = \frac{\varepsilon_o A}{d}$$

em que ε_o, a permissividade do espaço livre, $\varepsilon_o = 8{,}85 \times 10^{-12}$ F/m. Assumindo que a separação entre as placas seja igual à espessura de uma folha de papel impregnado de óleo, que é cerca de $1{,}016 \times 10^{-4}$ m, então

$$100\text{ F} = \frac{(8{,}85 \times 10^{-12})A}{1{,}016 \times 10^{-4}}$$

$$A = 1{,}148 \times 10^9 \text{ m}^2$$

Como 1 milha quadrada equivale a $2{,}59 \times 10^6$ metros quadrados, a área é $2{,}59 \times 10^6$

$$A \approx 443 \text{ milhas quadradas}$$

que é a área de uma cidade de tamanho médio! O capacitor de dupla camada na fotografia parece ser muito mais impressionante do que poderíamos imaginar. Este capacitor é construído usando um material com superfície de grande área, como carbono triturado e agregado a uma lâmina metálica. Milhões de partículas de carbono são empregadas para obter a área de superfície necessária.

Conectemos, agora, uma fonte ao capacitor mostrado na Fig. 6.1; cargas positivas serão transferidas para uma placa e cargas negativas, para a outra. A carga no capacitor é proporcional à tensão entre as placas, na forma

$$q = Cv \qquad \textbf{6.1}$$

em que o fator de proporcionalidade C é conhecido como a capacitância do elemento, em farads.

O diferencial de carga entre as placas gera um campo elétrico que armazena energia. Em virtude da presença do dielétrico, a corrente de condução que flui nos fios que conectam o capacitor ao restante do circuito não pode fluir internamente entre as placas. No entanto, a partir da teoria de campo eletromagnético, podemos mostrar que esta corrente de condução é igual à corrente de deslocamento que flui entre as placas do capacitor e está presente sempre que um campo elétrico ou uma tensão varia no tempo.

Nosso interesse principal são as características corrente-tensão nos terminais do capacitor. Uma vez que a corrente é

$$i = \frac{dq}{dt}$$

para um capacitor, temos

$$i = \frac{d}{dt}(Cv)$$

Portanto, para capacitância constante:

$$i = C\frac{dv}{dt} \tag{6.2}$$

A Eq. (6.2) pode ser reescrita como

$$dv = \frac{1}{C}i\,dt$$

Integrando esta expressão de $t = -\infty$ a algum tempo t e assumindo que $v(-\infty) = 0$, obtemos:

$$v(t) = \frac{1}{C}\int_{-\infty}^{t} i(x)\,dx \tag{6.3}$$

em que $v(t)$ indica a dependência temporal da tensão. A Eq. (6.3) pode ser expressa como duas integrais:

$$\begin{aligned} v(t) &= \frac{1}{C}\int_{-\infty}^{t_0} i(x)\,dx + \frac{1}{C}\int_{t_0}^{t} i(x)\,dx \\ &= v(t_0) + \frac{1}{C}\int_{t_0}^{t} i(x)\,dx \end{aligned} \tag{6.4}$$

em que $v(t_0)$ é a tensão correspondente ao acúmulo de carga no capacitor desde o instante $t = -\infty$ até o instante $t = t_0$.

A energia armazenada no capacitor pode ser calculada a partir da potência fornecida ao elemento, dada pela expressão

$$p(t) = v(t)i(t) = Cv(t)\frac{dv(t)}{dt} \tag{6.5}$$

Portanto, a energia armazenada no campo elétrico é calculada como:

$$\begin{aligned} w_C(t) &= \int_{-\infty}^{t} Cv(x)\frac{dv(x)}{dx}\,dx = C\int_{-\infty}^{t} v(x)\frac{dv(x)}{dx}\,dx \\ &= C\int_{v(-\infty)}^{v(t)} v(x)\,dv(x) = \frac{1}{2}Cv^2(x)\Big|_{v(-\infty)}^{v(t)} \\ &= \frac{1}{2}Cv^2(t)\text{ J} \end{aligned} \tag{6.6}$$

pois $v(t = -\infty) = 0$. A expressão para a energia também pode ser escrita usando a Eq. (6.1):

$$w_C(t) = \frac{1}{2}\frac{q^2(t)}{C} \tag{6.7}$$

As Eqs. (6.6) e (6.7) representam a energia armazenada pelo capacitor, que, por sua vez, representa o trabalho realizado pela fonte para carregar o capacitor.

Consideremos, agora, o caso de uma tensão CC aplicada a um capacitor. Da Eq. (6.2), vemos que a corrente que flui pelo capacitor é diretamente proporcional à taxa de variação temporal da tensão no capacitor. Uma tensão CC não varia com o tempo; portanto, a corrente que flui pelo capacitor é zero. Podemos dizer que um capacitor é "um circuito aberto para sinais CC" ou que "bloqueia sinais CC". Capacitores são frequentemente utilizados para remover ou filtrar uma indesejada tensão CC. Ao analisar um circuito que contém fontes de tensão CC e capacitores, podemos substituir os capacitores por um circuito aberto e calcular tensões e correntes no circuito usando nossas várias ferramentas de análise.

A potência absorvida por um capacitor, dada pela Eq. (6.5), é diretamente proporcional à taxa de variação temporal da tensão no capacitor. O que ocorreria no caso de uma mudança instantânea na tensão do capacitor? Isso corresponderia a $dv/dt = \infty$ e potência infinita. No Capítulo 1, descartamos qualquer possibilidade de existência de uma fonte de potência infinita. Uma vez que fontes de potência reais são capazes de fornecer apenas potências finitas, a tensão em um capacitor não pode variar instantaneamente. Este resultado será particularmente útil no próximo capítulo, quando trataremos de circuitos que contêm chaves. A "continuidade de tensão" em um capacitor nos diz que a tensão no capacitor imediatamente após o fechamento de uma chave é igual à tensão no capacitor imediatamente antes do fechamento dessa chave.

A polaridade da tensão em um capacitor sendo carregado é mostrada na Fig. 6.1b. Idealmente, se a fonte for removida, o capacitor manterá a carga indefinidamente. Se, em algum momento posterior, um dispositivo de absorção de energia (por exemplo, o *flash* de uma câmera fotográfica) for conectado ao capacitor, uma corrente de descarga fluirá do capacitor e, portanto, o capacitor fornecerá sua energia armazenada ao dispositivo.

EXEMPLO 6.1

A carga acumulada em dois condutores paralelos carregados com 12 V é 600 pC. Qual é a capacitância dos condutores paralelos?

SOLUÇÃO Usando a Eq. (6.1), temos

$$C = \frac{Q}{V} = \frac{(600)(10^{-12})}{12} = 50\text{ pF}$$

EXEMPLO 6.2

A tensão em um capacitor de 5 μF tem a forma de onda mostrada na **Fig. 6.4a**. Determine a forma de onda da corrente.

SOLUÇÃO Observe que

$$\begin{aligned} v(t) &= \frac{24}{6 \times 10^{-3}}t & 0 \le t \le 6\text{ ms} \\ &= \frac{-24}{2 \times 10^{-3}}t + 96 & 6 \le t < 8\text{ ms} \\ &= 0 & 8\text{ ms} \le t \end{aligned}$$

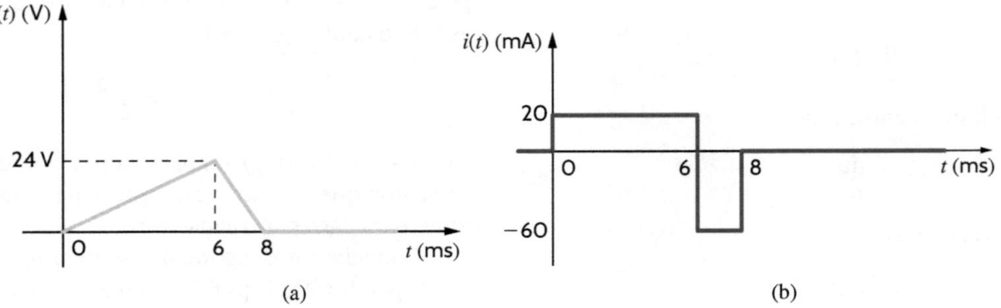

FIGURA 6.4 Formas de onda de tensão e corrente em um capacitor de 5 μF.

Usando a Eq. (6.2), temos

$$\begin{aligned} i(t) &= C\frac{dv(t)}{dt} \\ &= 5\times 10^{-6}(4\times 10^{3}) && 0 \le t \le 6 \text{ ms} \\ &= 20 \text{ mA} && 0 \le t \le 6 \text{ ms} \\ i(t) &= 5\times 10^{-6}(-12\times 10^{3}) && 6 \le t \le 8 \text{ ms} \\ &= -60 \text{ mA} && 6 \le t < 8 \text{ ms} \end{aligned}$$

e

$$i(t) = 0 \quad 8 \text{ ms} \le t$$

Portanto, a forma de onda da corrente é mostrada na **Fig. 6.4b**, e $i(t) = 0$ para $t > 8$ ms.

EXEMPLO 6.3

Determine a energia armazenada no campo elétrico do capacitor do Exemplo 6.2 em $t = 6$ ms.

SOLUÇÃO Usando a Eq. (6.6), temos

$$w(t) = \frac{1}{2}Cv^2(t)$$

Em $t = 6$ ms,

$$\begin{aligned} w(6 \text{ ms}) &= \frac{1}{2}(5\times 10^{-6})(24)^2 \\ &= 1.440 \text{ μJ} \end{aligned}$$

Avaliação da Aprendizagem

E6.1 Um capacitor de 10 μF tem uma carga acumulada de 500 nC. Determine a tensão no capacitor.

Resposta:
0,05 V.

EXEMPLO 6.4

A corrente em um capacitor de 4 μF inicialmente descarregado é mostrada na **Fig. 6.5a.** Determinemos as formas de onda para a tensão, potência e energia, e calculemos a energia armazenada no campo elétrico do capacitor em $t = 2$ ms.

SOLUÇÃO As equações para a forma de onda da corrente nos intervalos de tempo especificados são:

$$\begin{aligned} i(t) &= \frac{16\times 10^{-6}t}{2\times 10^{-3}} && 0 \le t \le 2 \text{ ms} \\ &= -8\times 10^{-6} && 2 \text{ ms} \le t \le 4 \text{ ms} \\ &= 0 && 4 \text{ ms} < t \end{aligned}$$

Como $v(0) = 0$, a equação para $v(t)$ no intervalo de tempo $0 \le t \le 2$ ms é

$$v(t) = \frac{1}{(4)(10^{-6})}\int_0^t 8(10^{-3})x\,dx = 10^3 t^2$$

Portanto,

$$v(2 \text{ ms}) = 10^3(2\times 10^{-3})^2 = 4 \text{ mV}$$

No intervalo de tempo 2 ms $\leq t \leq$ 4 ms,

$$v(t) = \frac{1}{(4)(10^{-6})}\int_{2(10^{-3})}^{t} -(8)(10^{-6})\,dx + (4)(10^{-3})$$
$$= -2t + 8 \times 10^{-3}$$

A forma de onda para a tensão é mostrada na **Fig. 6.5b**.

Como a potência é $p(t) = v(t)i(t)$, a expressão para a potência no intervalo de tempo $0 \leq t \leq 2$ ms é $p(t) = 8t^3$. No intervalo de tempo 2 ms $\leq t \leq$ 4 ms, a equação para a potência é

$$p(t) = -(8)(10^{-6})(-2t + 8 \times 10^{-3})$$
$$= 16(10^{-6})t - 64(10^{-9})$$

A forma de onda de potência é mostrada na **Fig. 6.5c**. Observe que, durante o intervalo de tempo $0 \leq t \leq 2$ ms, o capacitor absorve energia e, durante o intervalo 2 ms $\leq t \leq$ 4 ms, fornece energia.

A energia é dada pela expressão

$$w(t) = \int_{t_0}^{t} p(x)\,dx + w(t_0)$$

No intervalo de tempo $0 \leq t \leq 2$ ms,

$$w(t) = \int_{0}^{t} 8x^3\,dx = 2t^4$$

Logo,

$$w(2\text{ ms}) = 32\text{ pJ}$$

No intervalo de tempo 2 ms $\leq t \leq$ 4 ms,

$$w(t) = \int_{2\times10^{-3}}^{t} [(16 \times 10^{-6})x - (64 \times 10^{-9})]\,dx + 32 \times 10^{-12}$$
$$= [(8 \times 10^{-6})x^2 - (64 \times 10^{-9})x]_{2\times10^{-3}}^{t} + 32 \times 10^{-12}$$
$$= (8 \times 10^{-6})t^2 - (64 \times 10^{-9})t + 128 \times 10^{-12}$$

A partir desta expressão, obtemos $w(2\text{ ms}) = 32$ pJ e $w(4\text{ ms}) = 0$. A forma de onda de energia é mostrada na **Fig. 6.5d**.

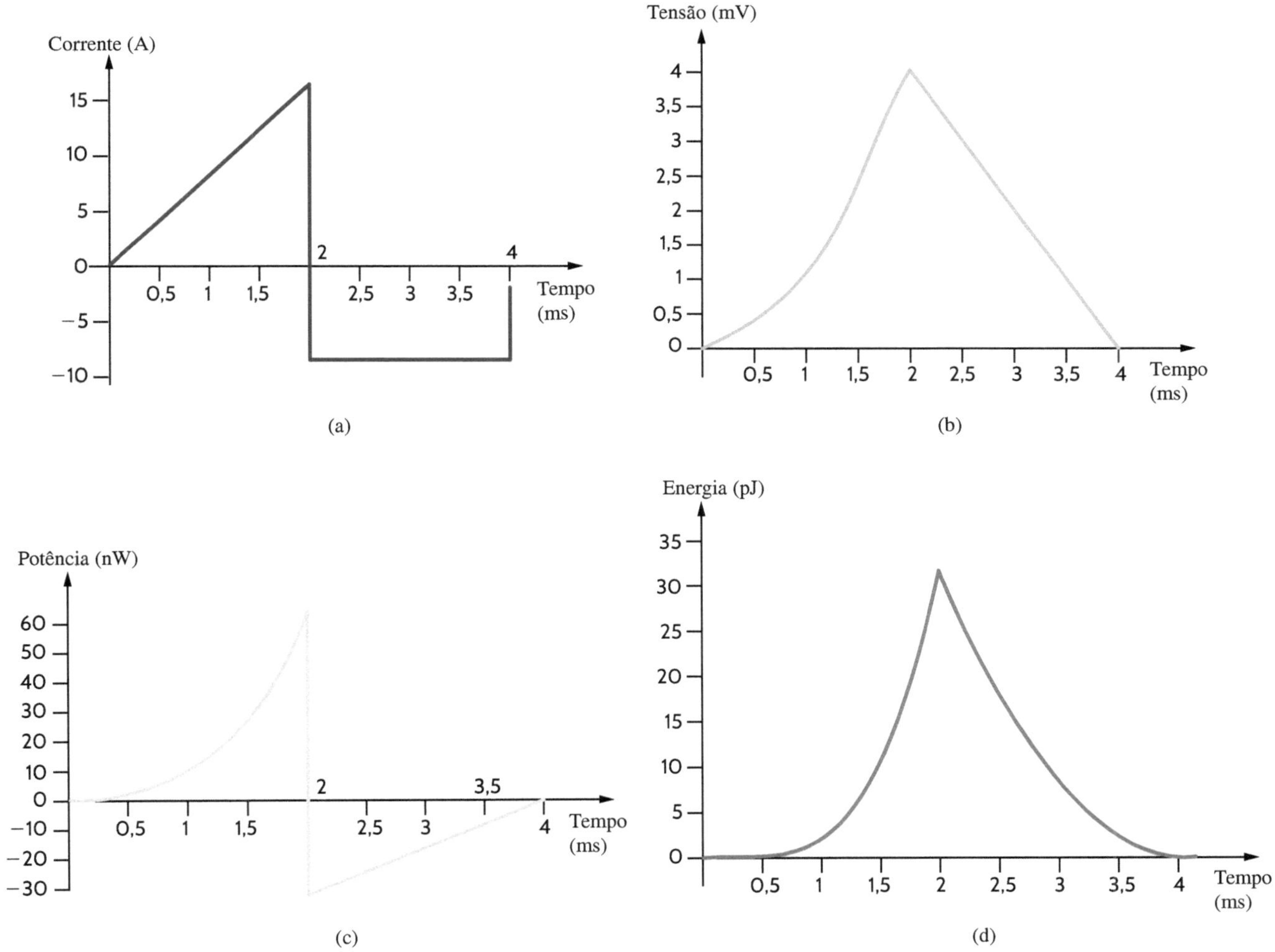

FIGURA 6.5 Formas de onda usadas no Exemplo 6.4.

Avaliação da Aprendizagem

E6.2 A tensão em um capacitor de 2 μF é mostrada na Fig. E6.2. Determine a forma de onda para a corrente do capacitor.

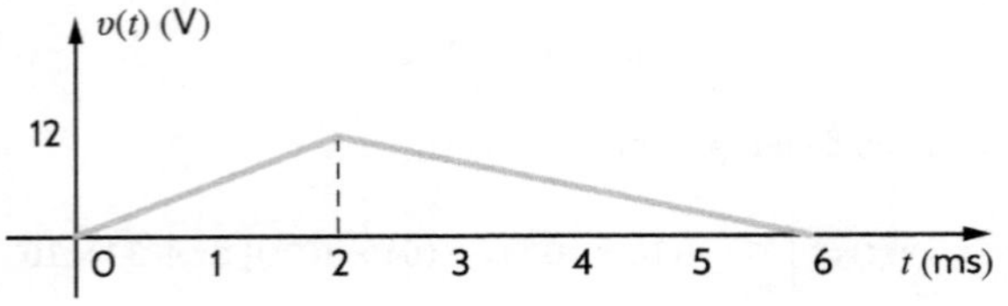

FIGURA E6.2

Resposta:

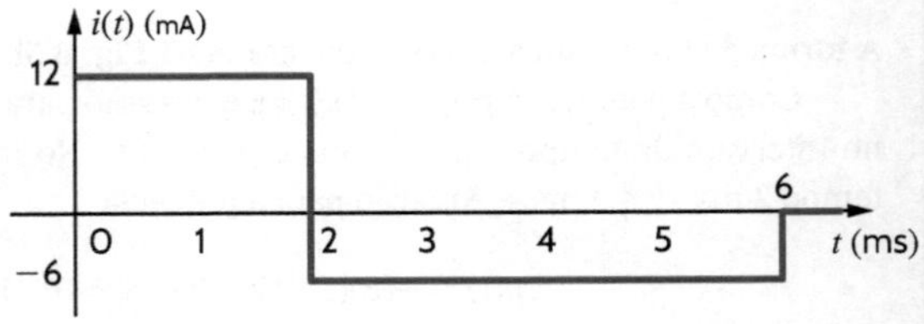

E6.3 Calcule a energia armazenada no campo elétrico do capacitor na Avaliação da Aprendizagem E6.2 em $t = 2$ ms.

Resposta:

$w = 144$ μJ.

E6.4 A tensão em um capacitor de 5 μF é mostrada na Fig. E6.4. Determine a forma de onda para a corrente no capacitor. Que quantidade de energia é armazenada no capacitor em $t = 4$ ms?

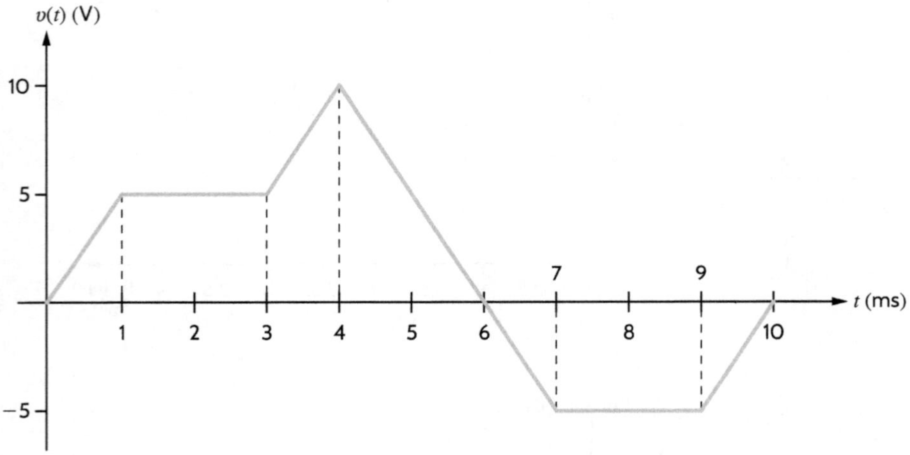

FIGURA E6.4

Resposta:

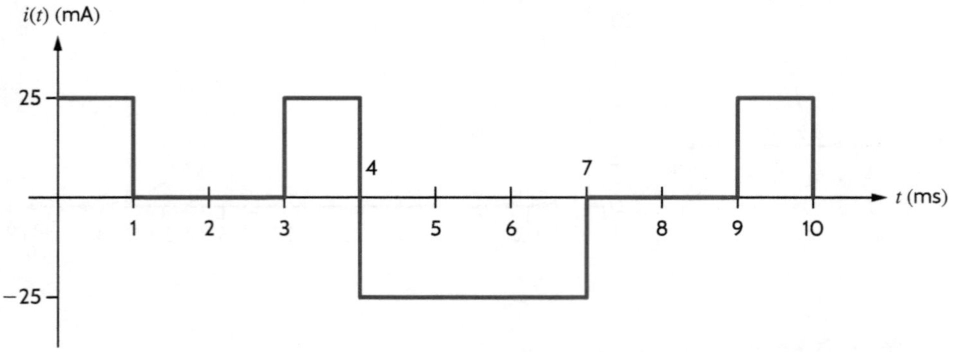

250 μJ.

E6.5 A forma de onda para a corrente em um capacitor de 1 nF é mostrada na Fig. E6.5. Determine a forma de onda da tensão do capacitor para uma tensão inicial de −5 V. Que quantidade de energia é armazenada no capacitor em $t = 6$ ms?

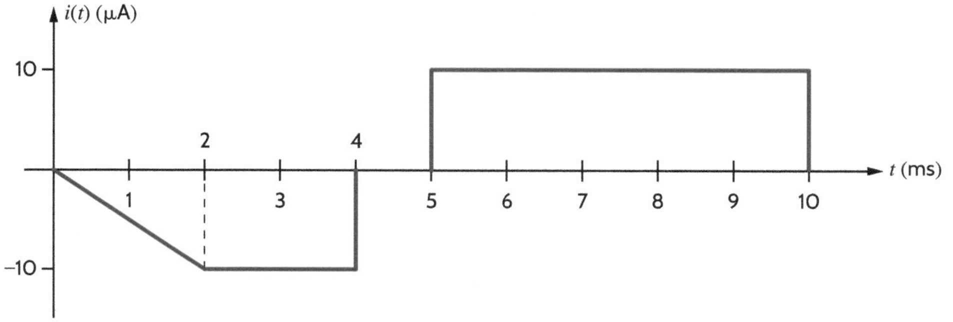

FIGURA E6.5

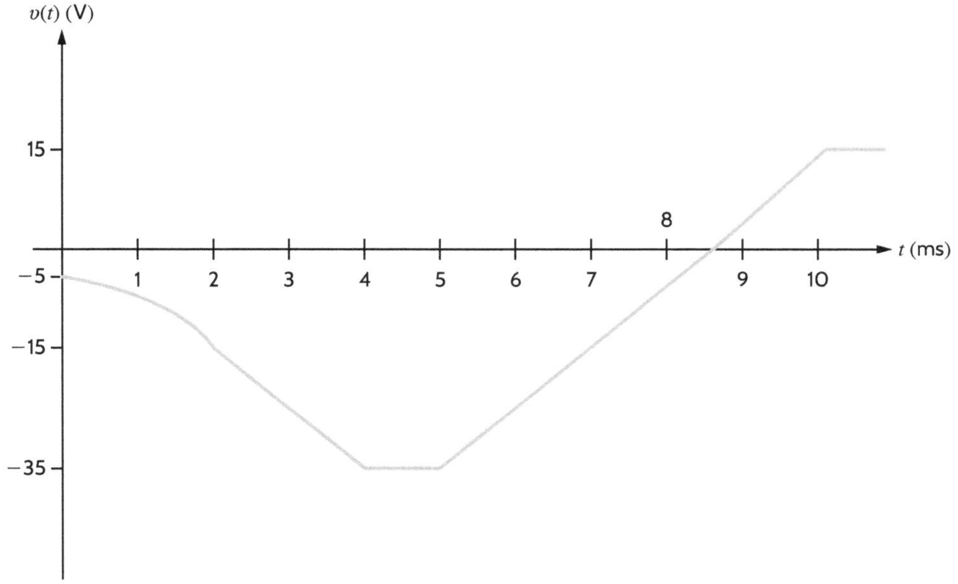

Resposta:

312,5 nJ.

6.2 Indutores

Um *indutor* é um elemento de circuito que consiste em um fio condutor que, geralmente, tem a forma de uma bobina. Dois indutores típicos e seus símbolos elétricos são mostrados na **Fig. 6.6**. Indutores são normalmente classificados pelo tipo de núcleo do enrolamento. Por exemplo, o material do núcleo pode ser ar ou qualquer material não magnético, ferro ou ferrite. Indutores feitos com ar ou materiais não magnéticos são amplamente utilizados em circuitos de aparelhos de rádio, televisão e de filtros. Indutores com núcleo de ferro são usa-

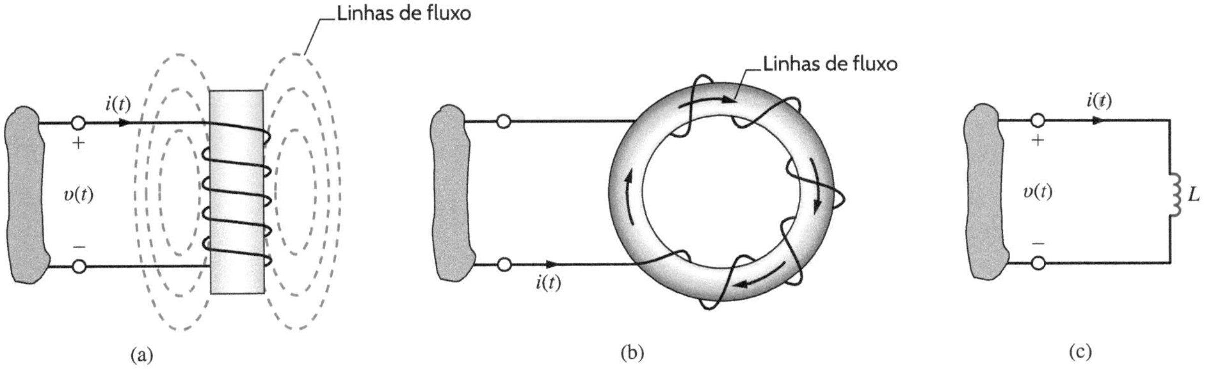

FIGURA 6.6 Dois indutores e seu símbolo elétrico.

dos em fontes de alimentação elétrica e em filtros. Indutores com núcleo de ferrite são amplamente utilizados em aplicações de alta frequência. Em indutores não magnéticos, as linhas de fluxo se estendem além do próprio indutor, como indicado na **Fig. 6.6a**; indutores com núcleo magnético, por sua vez, confinam o fluxo, como mostrado na **Fig. 6.6b**. Assim como há capacitâncias parasitas, uma indutância parasita pode resultar de qualquer elemento que conduza corrente e esteja envolto por linhas de fluxo. A **Fig. 6.7** mostra alguns exemplos de indutores típicos.

Descreveremos a seguir, do ponto de vista histórico, os desenvolvimentos que levaram ao modelo matemático empregado para representar indutores. Inicialmente, foi demonstrado que um condutor de corrente produzia um campo magnético. Mais tarde, foi observado que havia uma relação linear entre o campo magnético e a corrente que o produzia. Por fim, foi mostrado que um campo magnético variante no tempo originava uma tensão proporcional à taxa de variação temporal da corrente que produziu o campo magnético; isto é,

$$v(t) = L\frac{di(t)}{dt} \tag{6.8}$$

A constante de proporcionalidade L é denominada indutância e medida na unidade *henry*, em homenagem ao inventor norte-americano Joseph Henry, descobridor dessa relação. Como visto na Eq. (6.8), 1 henry (H) é dimensionalmente igual a 1 volt-segundo por ampère.

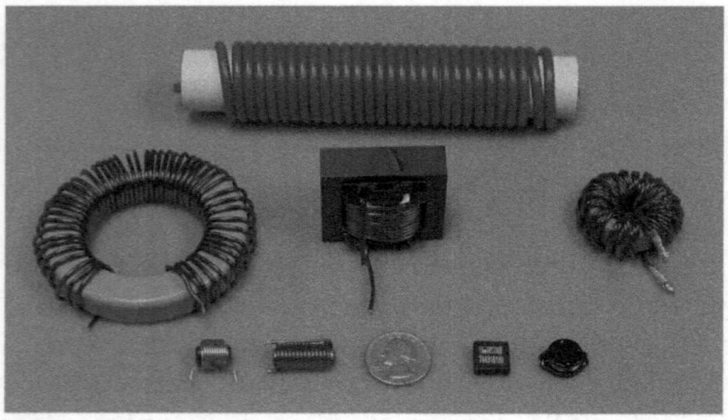

FIGURA 6.7 Exemplos de indutores típicos (cortesia de Mark Nelms e Jo Ann Loden).

Seguindo o desenvolvimento das equações matemáticas para o capacitor, obtemos a expressão para a corrente em um indutor como:

$$i(t) = \frac{1}{L}\int_{-\infty}^{t} v(x)\, dx \tag{6.9}$$

que também pode ser escrita como

$$i(t) = i(t_0) + \frac{1}{L}\int_{t_0}^{t} v(x)\, dx \tag{6.10}$$

A potência fornecida ao indutor pode ser usada para determinar a energia armazenada no elemento. Esta potência é dada por:

$$\begin{aligned} p(t) &= v(t)i(t) \\ &= \left[L\frac{di(t)}{dt}\right]i(t) \end{aligned} \tag{6.11}$$

Portanto, a energia armazenada no campo magnético é

$$w_L(t) = \int_{-\infty}^{t}\left[L\frac{di(x)}{dx}\right]i(x)\, dx$$

Seguindo o desenvolvimento de obtenção da Eq. (6.6), temos

$$w_L(t) = \frac{1}{2}Li^2(t)\text{ J} \tag{6.12}$$

Consideremos, agora, o fluxo de uma corrente CC por um indutor. Da Eq. (6.8), vemos que a tensão no indutor é diretamente proporcional à taxa de variação temporal da corrente que flui pelo indutor. Uma corrente CC não varia com o tempo; logo, a tensão no indutor é zero. Podemos, então, dizer que um indutor é "um curto-circuito para CC". Ao analisar um circuito contendo fontes CC e indutores, podemos substituir os indutores por curtos-circuitos e calcular tensões e correntes no circuito usando nossas várias ferramentas de análise.

A Eq. (6.11) indica que uma mudança instantânea na corrente do indutor exigiria uma potência infinita. Como não temos fontes de potência infinita, a corrente que flui por um indutor não pode variar instantaneamente. Este resultado será particularmente útil no próximo capítulo, quando tratarmos de circuitos que contêm chaves. A "continuidade de corrente" em um indutor nos diz que a corrente que flui por um indutor logo após o fechamento de uma chave é igual à corrente que flui pelo indutor imediatamente antes do fechamento da chave.

EXEMPLO 6.5

Calcule a energia total armazenada no circuito da **Fig. 6.8a**.

SOLUÇÃO Este circuito contém apenas fontes CC. Com base nas discussões anteriores sobre capacitores, indutores e fontes constantes, podemos substituir os capacitores por circuitos abertos e os indutores por curtos-circuitos. O circuito resultante é mostrado na **Fig. 6.8b**.

Podemos, então, resolver esse circuito resistivo usando qualquer uma das técnicas expostas nos capítulos anteriores. Se aplicarmos LKC ao nó A, obtemos

$$I_{L2} = I_{L1} + 3$$

Aplicando LKT à malha externa do circuito, temos

$$6I_{L1} + 3I_{L2} + 6I_{L2} = 9$$

A solução dessas equações fornece $I_{L1} = -1{,}2$ A e $I_{L2} = 1{,}8$ A. As tensões V_{C1} e V_{C2} podem ser calculadas a partir das correntes:

$$V_{C1} = -6I_{L1} + 9 = 16{,}2\text{ V}$$
$$V_{C2} = 6I_{L2} = 6(1{,}8) = 10{,}8\text{ V}$$

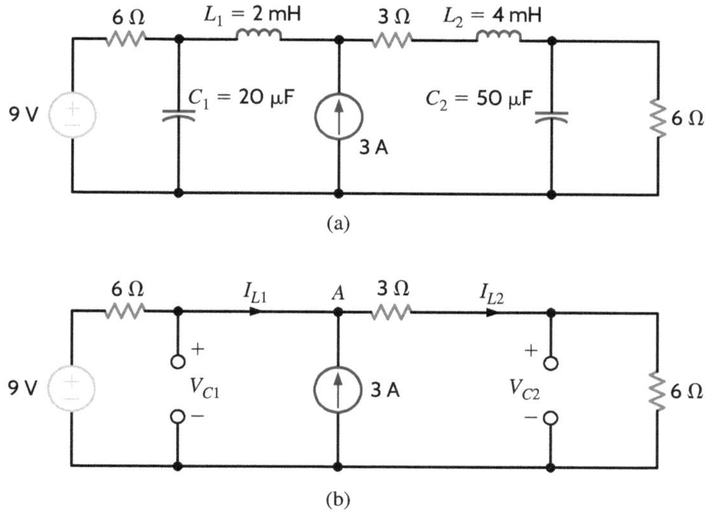

FIGURA 6.8 Circuitos usados no Exemplo 6.5.

A energia total armazenada no circuito é a soma da energia armazenada nos dois indutores e dois capacitores:

$$w_{L1} = \frac{1}{2}(2 \times 10^{-3})(-1{,}2)^2 = 1{,}44 \text{ mJ}$$

$$w_{L2} = \frac{1}{2}(4 \times 10^{-3})(1{,}8)^2 = 6{,}48 \text{ mJ}$$

$$w_{C1} = \frac{1}{2}(20 \times 10^{-6})(16{,}2)^2 = 2{,}62 \text{ mJ}$$

$$w_{C2} = \frac{1}{2}(50 \times 10^{-6})(10{,}8)^2 = 2{,}92 \text{ mJ}$$

A energia total armazenada é de 13,46 mJ.

Um indutor, como um resistor e um capacitor, é um elemento passivo. A polaridade da tensão em um indutor é mostrada na Fig. 6.6c.

Indutores práticos têm indutâncias com valores de alguns microhenrys a dezenas de henrys. Do ponto de vista do projeto de circuito, é importante notar que indutores não podem ser fabricados em um chip de circuito integrado com facilidade e, em consequência, projetos de chips normalmente empregam apenas dispositivos eletrônicos ativos, resistores e capacitores, que podem ser fabricados com facilidade na forma de microcircuitos.

EXEMPLO 6.6

A corrente em um indutor de 10 mH tem a forma de onda mostrada na **Fig. 6.9a**. Determine a forma de onda da tensão.

SOLUÇÃO Usando a Eq. (6.8) e observando que

$$i(t) = \frac{20 \times 10^{-3} t}{2 \times 10^{-3}} \qquad 0 \le t \le 2 \text{ ms}$$

$$i(t) = \frac{-20 \times 10^{-3} t}{2 \times 10^{-3}} + 40 \times 10^{-3} \quad 2 \le t \le 4 \text{ ms}$$

e

$$i(t) = 0 \quad 4 \text{ ms} < t$$

obtemos

$$v(t) = (10 \times 10^{-3}) \frac{20 \times 10^{-3}}{2 \times 10^{-3}} \quad 0 \le t \le 2 \text{ ms}$$
$$= 100 \text{ mV}$$

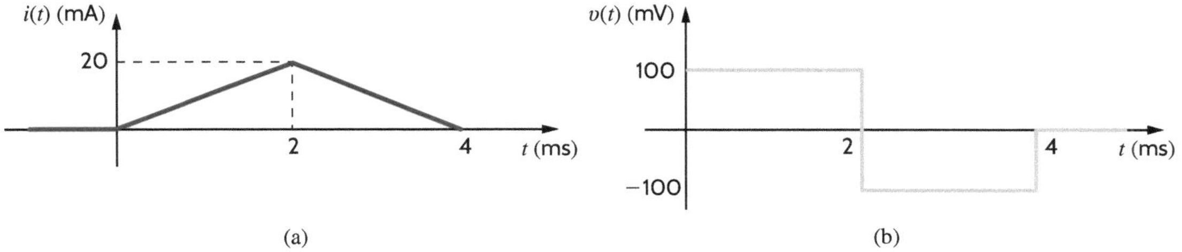

FIGURA 6.9 Formas de onda de corrente e tensão para um indutor de 10 mH.

e

$$v(t) = (10 \times 10^{-3}) \frac{-20 \times 10^{-3}}{2 \times 10^{-3}} \quad 2 \le t \le 4 \text{ ms}$$
$$= -100 \text{ mV}$$

e $v(t) = 0$ para $t > 4$ ms. A forma de onda da tensão é mostrada na **Fig. 6.9b**.

EXEMPLO 6.7

A corrente em um indutor de 2 mH é

$$i(t) = 2 \text{ sen } 377t \text{ A}$$

Determine a tensão no indutor e a energia armazenada no indutor.

SOLUÇÃO Da Eq. (6.8), temos

$$v(t) = L \frac{di(t)}{dt}$$
$$= (2 \times 10^{-3}) \frac{d}{dt} (2 \text{ sen } 377t)$$
$$= 1{,}508 \cos 377t \text{ V}$$

e da Eq. (6.12),

$$w_L(t) = \frac{1}{2} Li^2(t)$$
$$= \frac{1}{2} (2 \times 10^{-3})(2 \text{ sen } 377t)^2$$
$$= 0{,}004 \text{ sen}^2 \, 377t \text{ J}$$

EXEMPLO 6.8

A tensão em um indutor de 200 mH é dada pela expressão

$$v(t) = (1 - 3t)e^{-3t} \text{ mV} \qquad t \ge 0$$
$$= 0 \qquad t < 0$$

SOLUÇÃO Determinemos as formas de onda para corrente, energia e potência.

A forma de onda para a tensão é mostrada na **Fig. 6.10a**. A corrente é derivada da Eq. (6.10) como

$$i(t) = \frac{10^3}{200} \int_0^t (1 - 3x)e^{-3x} \, dx$$
$$= 5\left\{ \int_0^t e^{-3x} dx - 3 \int_0^t x e^{-3x} dx \right\}$$
$$= 5\left\{ \frac{e^{-3x}}{-3} \bigg|_0^t - 3\left[-\frac{e^{-3x}}{9}(3x + 1) \right]_0^t \right\}$$
$$= 5te^{-3t} \text{ mA} \qquad t \ge 0$$
$$= 0 \qquad t < 0$$

Um gráfico da forma de onda da corrente é mostrado na **Fig. 6.10b**.

A potência é dada pela expressão

$$p(t) = v(t)i(t)$$
$$= 5t(1 - 3t)e^{-6t} \, \mu\text{W} \qquad t \ge 0$$
$$= 0 \qquad t < 0$$

A equação para a potência está representada no gráfico na **Fig. 6.10c**.

A expressão para a energia é

$$w(t) = \frac{1}{2} Li^2(t)$$
$$= 2{,}5t^2 e^{-6t} \, \mu\text{J} \qquad t \ge 0$$
$$= 0 \qquad t < 0$$

Um gráfico dessa equação é mostrado na **Fig. 6.10d**.

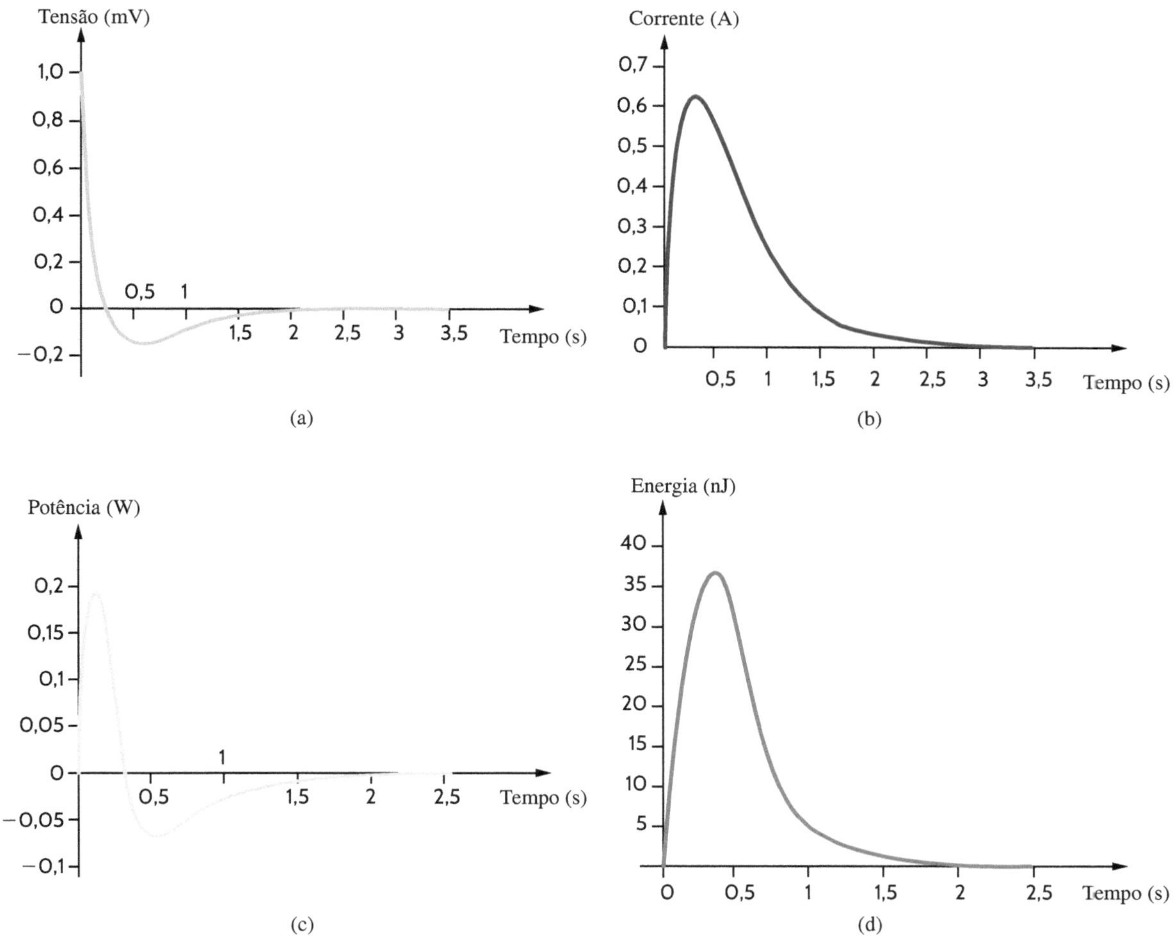

FIGURA 6.10 Formas de onda usadas no Exemplo 6.8.

Avaliação da Aprendizagem

E6.6 A corrente em um indutor de 5 mH tem a forma de onda mostrada na Fig. E6.6. Calcule a forma de onda para a tensão do indutor.

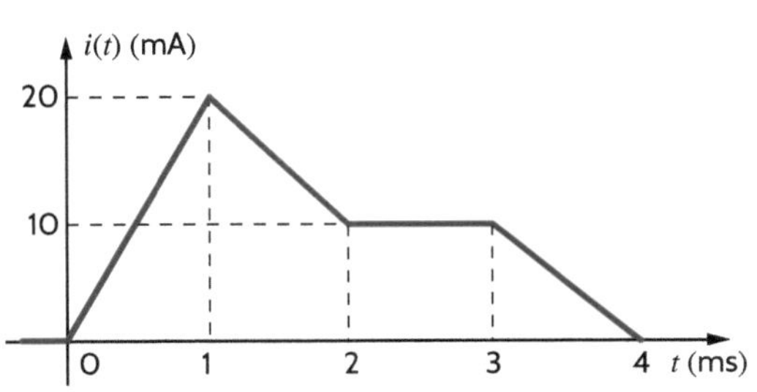

FIGURA E6.6

Resposta:

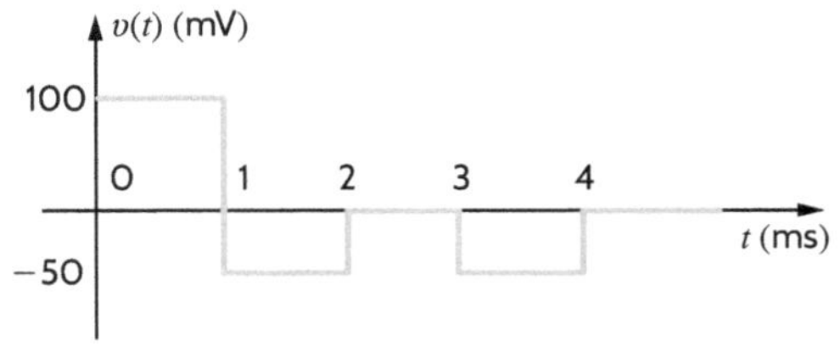

E6.7 Calcule a energia armazenada no campo magnético do indutor na Avaliação da Aprendizagem E6.6 em $t = 1{,}5$ ms.

Resposta:

$W = 562{,}5$ nJ.

E6.8 A corrente em um indutor 2 H é mostrada na Fig. E6.8. Determine a forma de onda para a tensão do indutor. Que quantidade de energia é armazenada no indutor em $t = 3$ ms?

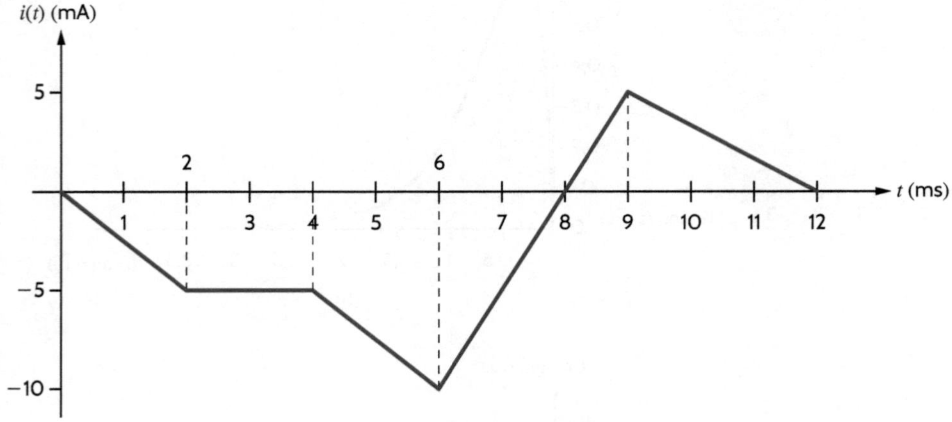

FIGURA E6.8

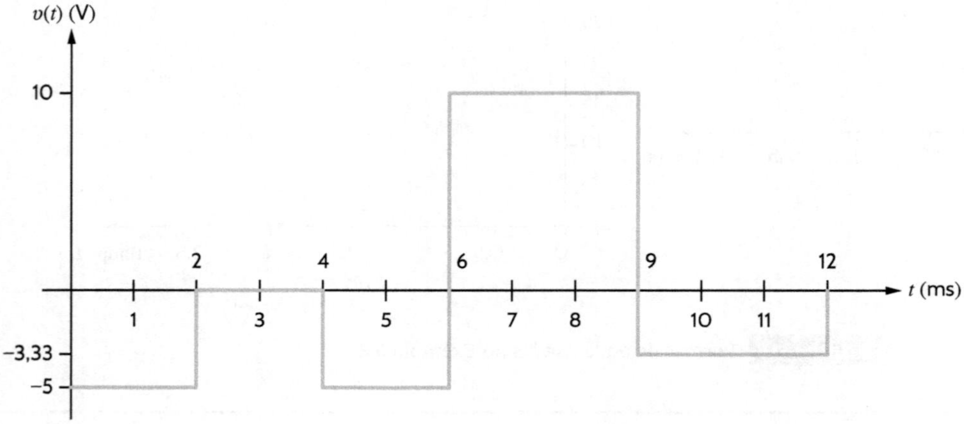

Resposta:

25 μJ.

E6.9 A tensão em um indutor de 0,1 H é mostrada na Fig. E6.9. Calcule a forma de onda para a corrente no indutor para $i(0) = 0,1$ A. Que quantidade de energia é armazenada no indutor em $t = 7$ ms?

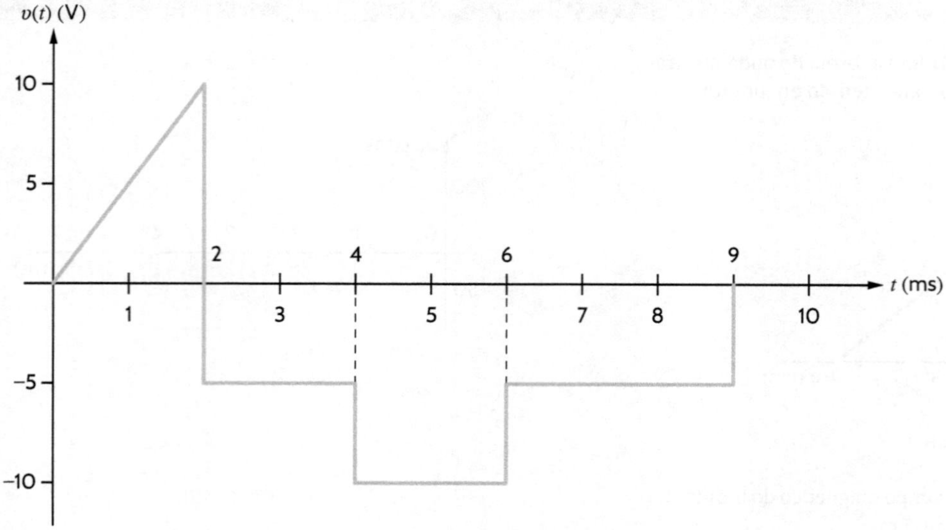

FIGURA E6.9

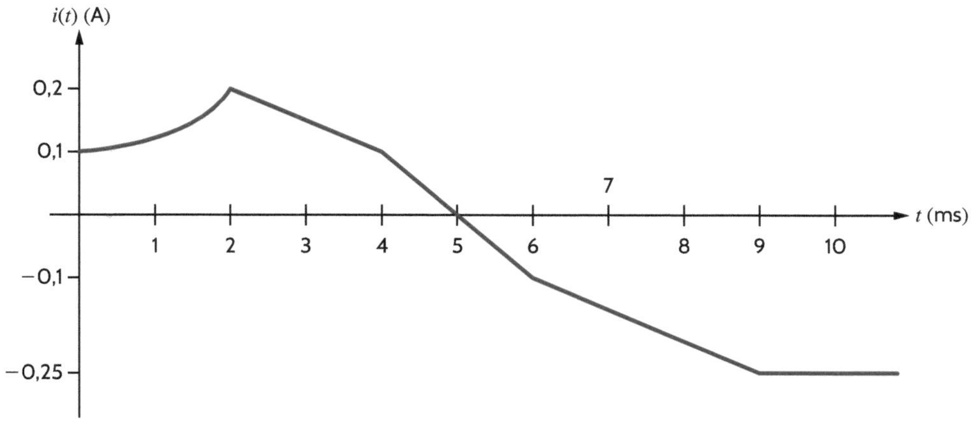

Resposta:

1,125 mJ.

E6.10 Calcule a energia armazenada no capacitor e no indutor na Fig. E6.10.

Resposta:

0,72 μJ; 0,5 μJ.

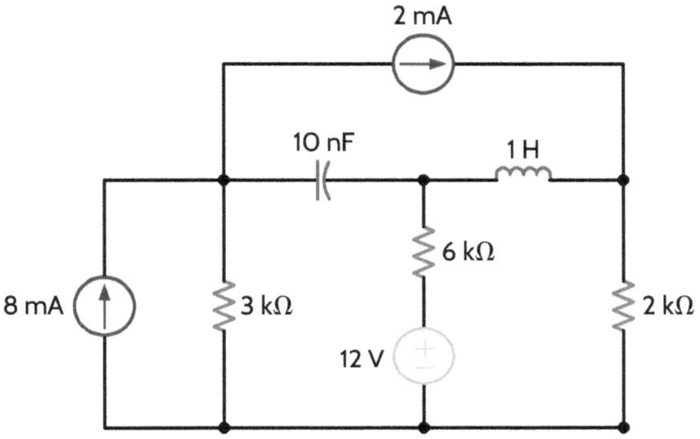

FIGURA E6.10

EXEMPLO 6.9

Determinemos a faixa de possíveis valores de capacitância para um capacitor de 51 mF com tolerância de 20%.

SOLUÇÃO O valor mínimo do capacitor é $0{,}8C = 40{,}8$ mF, e o valor máximo do capacitor é $1{,}2C = 61{,}2$ mF.

EXEMPLO 6.10

O capacitor na **Fig. 6.11a** é um capacitor de 100 nF com tolerância de 20%. Para a forma de onda da tensão mostrada na **Fig. 6.11b**, representemos graficamente a forma de onda da corrente para os valores mínimo e máximo do capacitor.

SOLUÇÃO O valor máximo do capacitor é $1{,}2C = 120$ nF, e o valor mínimo do capacitor é $0{,}8C = 80$ nF. As correntes máxima e mínima do capacitor, obtidas a partir da equação

$$i(t) = C\frac{dv(t)}{dt}$$

são mostradas na **Fig. 6.11c**.

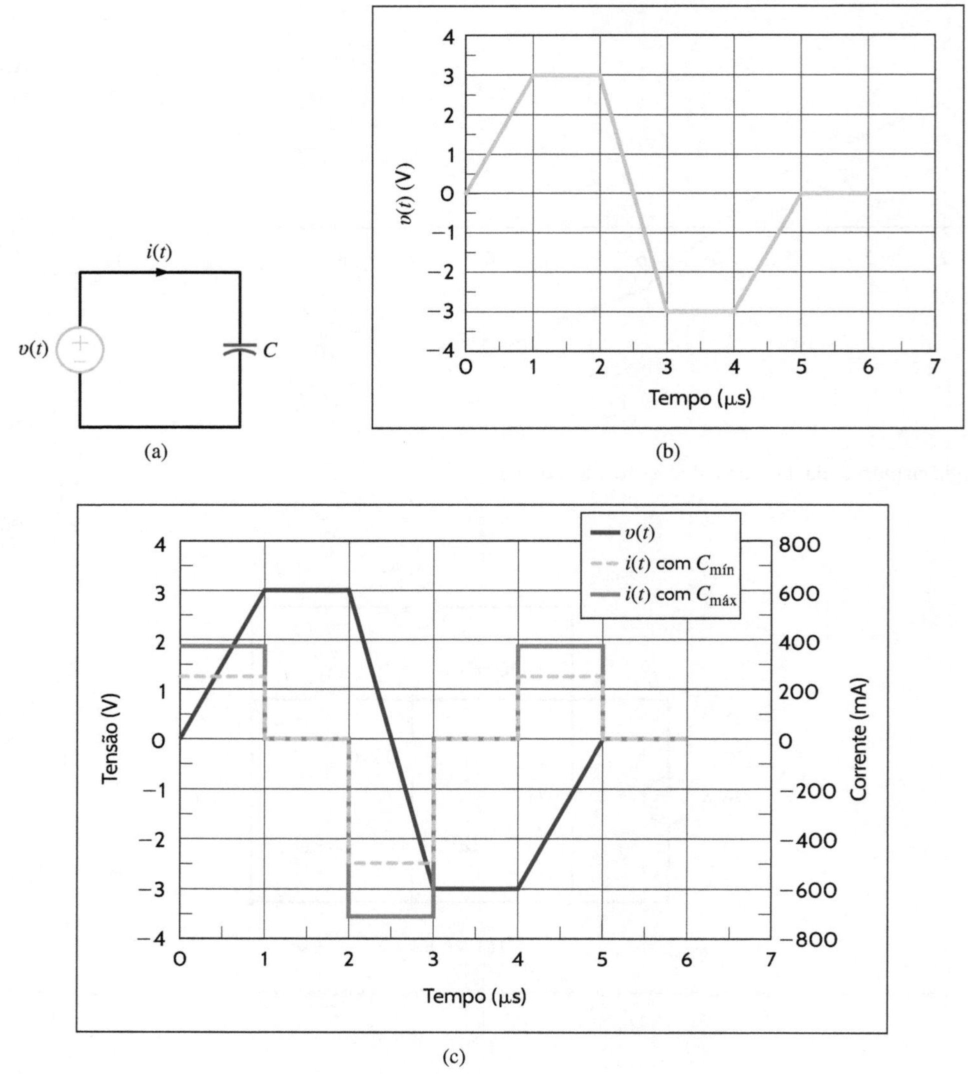

FIGURA 6.11 Circuito e gráficos usados no Exemplo 6.10.

EXEMPLO 6.11

O indutor na **Fig. 6.12a** é um indutor de 100 μH com tolerância de 10%. Para a forma de onda da corrente mostrada na **Fig. 6.12b**, representemos graficamente a forma de onda de tensão para os valores mínimo e máximo do indutor.

SOLUÇÃO O valor máximo do indutor é $1{,}1L = 110$ μH, e o valor mínimo do indutor é $0{,}9L = 90$ μH. As tensões máxima e mínima do indutor, obtidas a partir da equação

$$v(t) = L\frac{di(t)}{dt}$$

são mostradas na **Fig. 6.12c**.

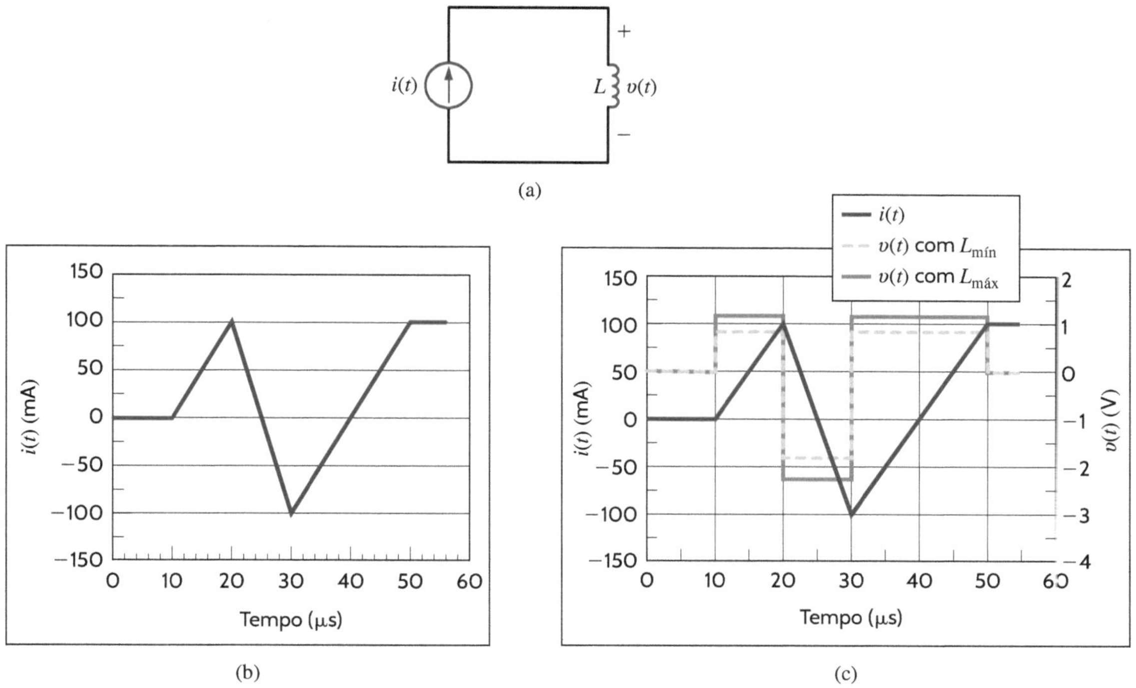

FIGURA 6.12 Circuito e gráficos usados no Exemplo 6.11.

6.3 Combinações de Capacitores e Indutores

Capacitores em Série

Se vários capacitores estiverem conectados em série, a capacitância equivalente pode ser calculada usando a LKT. Consideremos o circuito mostrado na **Fig. 6.13a**. Para este circuito,

$$v(t) = v_1(t) + v_2(t) + v_3(t) + \cdots + v_N(t) \qquad 6.13$$

mas

$$v_i(t) = \frac{1}{C_i}\int_{t^0}^{t} i(t)dt + v_i(t_0) \qquad 6.14$$

Usando a Eq. (6.14), a Eq. (6.13) pode ser escrita como se segue:

$$v(t) = \left(\sum_{i=1}^{N}\frac{1}{C_i}\right)\int_{t_0}^{t} i(t)dt + \sum_{i=1}^{N} v_i(t_0) \qquad 6.15$$

$$= \frac{1}{C_S}\int_{t_0}^{t} i(t)dt + v(t_0) \qquad 6.16$$

em que

$$v(t_0) = \sum_{i=1}^{N} v_i(t_0)$$

e

$$\frac{1}{C_S} = \sum_{i=1}^{N}\frac{1}{C_i} = \frac{1}{C_1} + \frac{1}{C_2} + \cdots + \frac{1}{C_N} \qquad 6.17$$

Portanto, nas condições consideradas anteriormente, o circuito da **Fig. 6.13b** é equivalente ao da Fig. 6.13a (ver **DICA 6.2**).

> DICA 6.2
>
> **Capacitores em série são combinados da mesma forma que resistores em paralelo.**

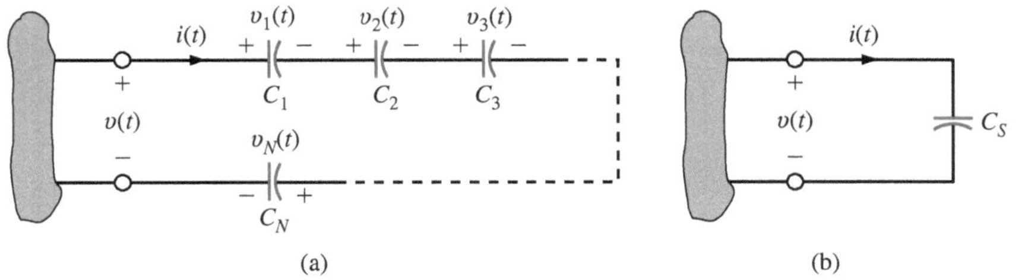

FIGURA 6.13 Circuito equivalente para N capacitores conectados em série.

Como a mesma corrente flui em cada um dos capacitores em série, é importante notar que, em um dado intervalo de tempo, todos os capacitores acumulam a mesma carga. A tensão em cada capacitor dependerá dessa carga e da capacitância do elemento.

EXEMPLO 6.12

Determine a capacitância equivalente e a tensão inicial para o circuito mostrado na **Fig. 6.14**.

SOLUÇÃO Observe que esses capacitores devem ter sido carregados antes de serem conectados em série, caso contrário, a carga seria a mesma em todos os capacitores e as tensões seriam no mesmo sentido.

A capacitância equivalente é dada por

$$\frac{1}{C_S} = \frac{1}{2} + \frac{1}{3} + \frac{1}{6}$$

em que todos os valores de capacitância estão em microfarads.

Portanto, $C_S = 1\ \mu\text{F}$ e, como visto na figura, $v(t_0) = -3$ V. A energia total armazenada no circuito é

$$w(t_0) = \frac{1}{2}[2 \times 10^{-6}(2)^2 + 3 \times 10^{-6}(-4)^2 + 6 \times 10^{-6}(-1)^2]$$

$$= 31\ \mu\text{J}$$

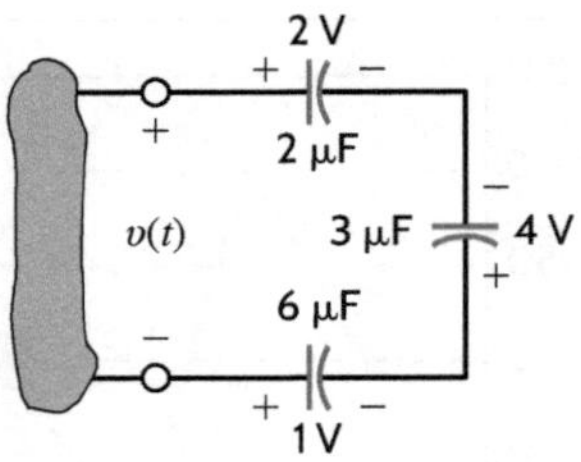

FIGURA 6.14 Circuito contendo múltiplos capacitores com tensões iniciais.

Entretanto, a energia recuperável nos terminais é

$$w_C(t_0) = \frac{1}{2}C_S v^2(t)$$

$$= \frac{1}{2}[1 \times 10^{-6}(-3)^2]$$

$$= 4{,}5\ \mu\text{J}$$

EXEMPLO 6.13

Dois capacitores previamente descarregados são conectados em série e, então, carregados com uma fonte de 12 V. Um capacitor é de 30 μF e o outro, desconhecido. Com uma tensão de 8 V no capacitor de 30 μF, determine a capacitância do capacitor desconhecido.

SOLUÇÃO A carga no capacitor de 30 μF é

$$Q = CV = (30\ \mu\text{F})(8\ \text{V}) = 240\ \mu\text{C}$$

Como a mesma corrente flui nos dois capacitores em série, em um dado intervalo de tempo, os dois acumulam igual quantidade de carga:

$$C = \frac{Q}{V} = \frac{240\ \mu\text{C}}{4\ \text{V}} = 60\ \mu\text{F}$$

Capacitores em Paralelo

Para determinar a capacitância equivalente de N capacitores conectados em paralelo, empregamos a LKC. Da **Fig. 6.15**, podemos escrever:

$$i(t) = i_1(t) + i_2(t) + i_3(t) + \cdots + i_N(t) \quad \textbf{6.18}$$

$$= C_1\frac{dv(t)}{dt} + C_2\frac{dv(t)}{dt} + C_3\frac{dv(t)}{dt} + \cdots + C_N\frac{dv(t)}{dt}$$

$$= \left(\sum_{i=1}^{N} C_i\right)\frac{dv(t)}{dt}$$

$$= C_p\frac{dv(t)}{dt} \quad \textbf{6.19}$$

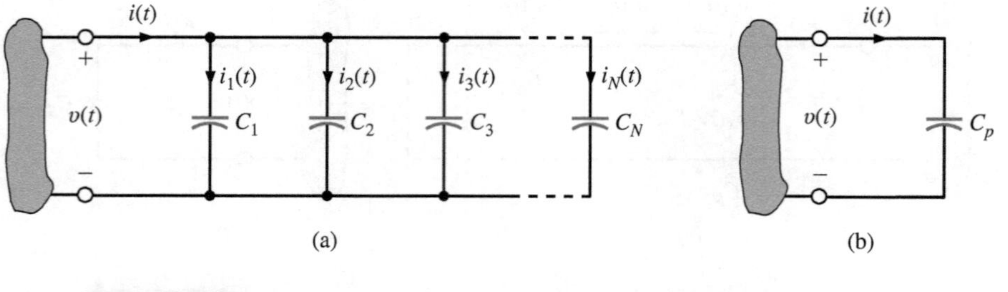

FIGURA 6.15 Circuito equivalente para N capacitores conectados em paralelo.

em que (ver **DICA 6.3**)

$$C_p = C_1 + C_2 + C_3 + \cdots + C_N \qquad 6.20$$

DICA 6.3

Capacitores em paralelo são combinados da mesma forma que resistores em série.

EXEMPLO 6.14

Determine a capacitância equivalente nos terminais *A-B* do circuito mostrado na **Fig. 6.16**.

SOLUÇÃO

$$C_p = 15 \ \mu\text{F}$$

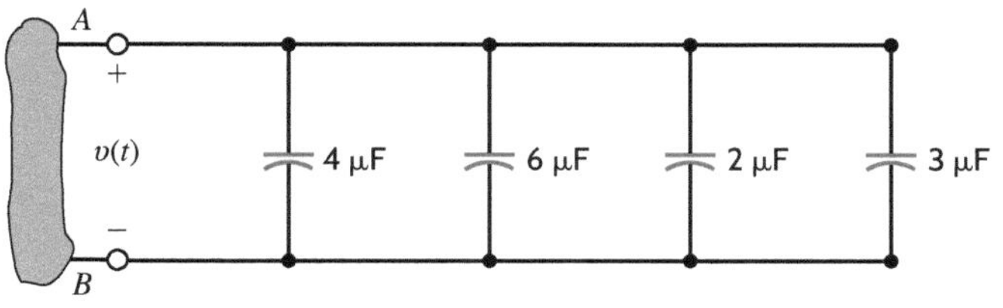

FIGURA 6.16 Circuito contendo vários capacitores em paralelo.

Avaliação da Aprendizagem

E6.11 Dois capacitores inicialmente descarregados são conectados como mostrado na Fig. E6.11. Após um dado intervalo de tempo, a tensão atinge o valor mostrado. Determine o valor de C_1.

Resposta:

4 μF.

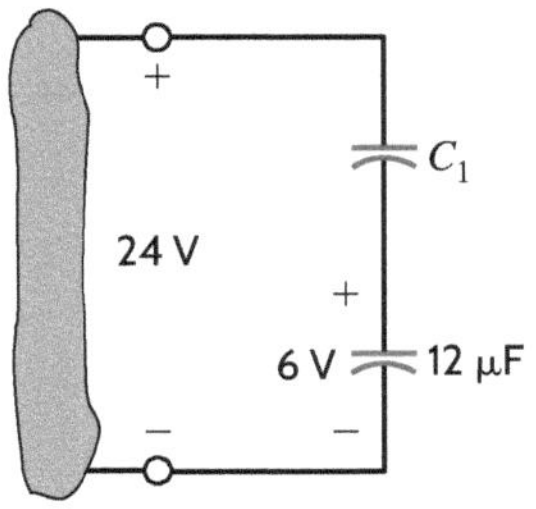

FIGURA E6.11

E6.12 Calcule a capacitância equivalente no circuito na Fig. E6.12.

Resposta:

1,5 μF.

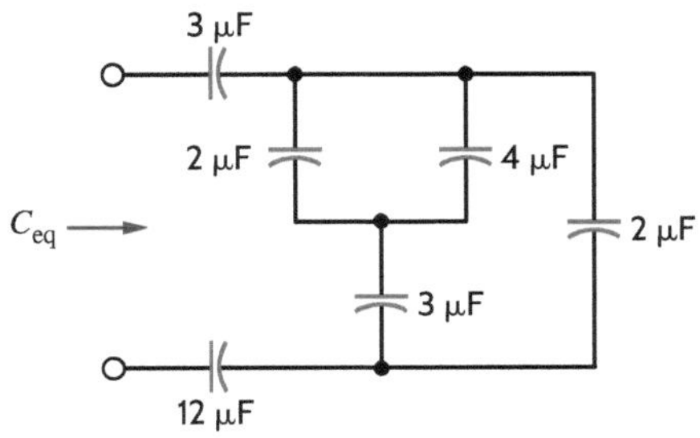

FIGURA E6.12

E6.13 Determine C_T na Fig. E6.13.

Resposta: 1,667 μF.

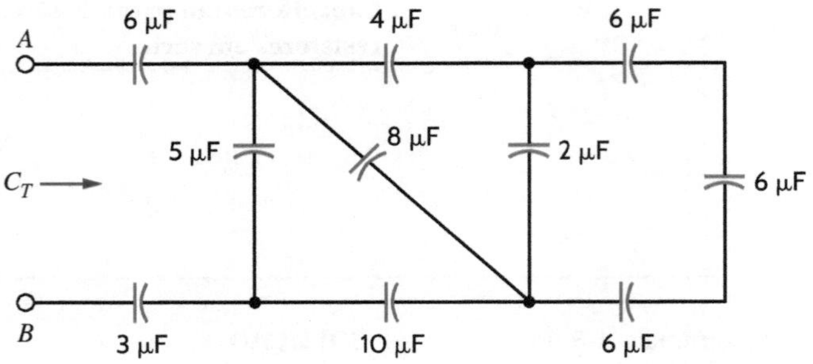

FIGURA E6.13

Indutores em Série

Para N indutores conectados em série, a indutância equivalente da combinação pode ser determinada como mostramos a seguir. A partir da **Fig. 6.17a** e usando a LKT, temos

$$v(t) = v_1(t) + v_2(t) + v_3(t) + \cdots + v_N(t) \quad \textbf{6.21}$$

e, portanto,

$$v(t) = L_1\frac{di(t)}{dt} + L_2\frac{di(t)}{dt} + L_3\frac{di(t)}{dt} + \cdots + L_N\frac{di(t)}{dt} \quad \textbf{6.22}$$

$$= \left(\sum_{i=1}^{N} L_i\right)\frac{di(t)}{dt}$$

$$= L_S\frac{di(t)}{dt} \quad \textbf{6.23}$$

em que

$$L_S = \sum_{i=1}^{N} L_i = L_1 + L_2 + \cdots + L_N \quad \textbf{6.24}$$

Portanto, o circuito na **Fig. 6.17b** é equivalente àquele da Fig. 6.17a (ver **DICA 6.4**).

DICA 6.4

Indutores em série são combinados da mesma forma que resistores em série.

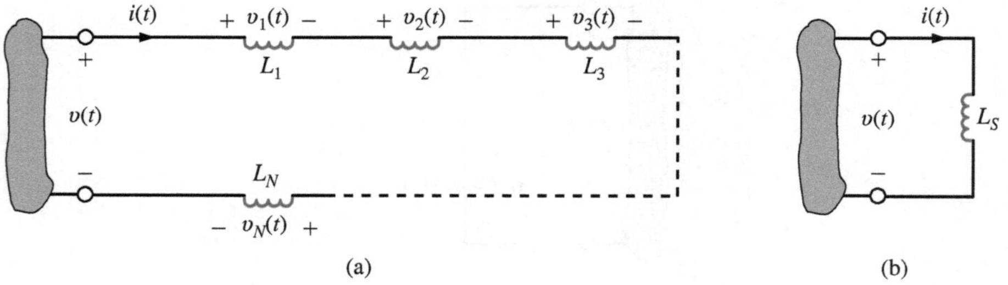

FIGURA 6.17 Circuito equivalente para N indutores conectados em série.

EXEMPLO 6.15

Determine a indutância equivalente do circuito mostrado na **Fig. 6.18.**

SOLUÇÃO A indutância equivalente do circuito mostrado na Fig. 6.18 é

$$L_S = 1\text{ H} + 2\text{ H} + 4\text{ H}$$
$$= 7\text{ H}$$

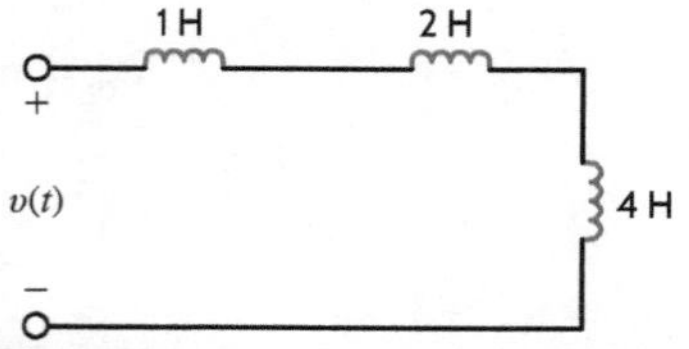

FIGURA 6.18 Circuito com múltiplos indutores.

Indutores em Paralelo

Considere o circuito mostrado na **Fig. 6.19a**, que contém N indutores em paralelo. Usando a LKC, podemos escrever

$$i(t) = i_1(t) + i_2(t) + i_3(t) + \cdots + i_N(t) \qquad \textbf{6.25}$$

Entretanto,

$$i_j(t) = \frac{1}{L_j}\int_{t_0}^{t} v(x)\,dx + i_j(t_0) \qquad \textbf{6.26}$$

Substituindo esta expressão na Eq. (6.25), temos

$$i(t) = \left(\sum_{j=1}^{N}\frac{1}{L_j}\right)\int_{t_0}^{t} v(x)\,dx + \sum_{j=1}^{N} i_j(t_0) \qquad \textbf{6.27}$$

$$= \frac{1}{L_p}\int_{t_0}^{t} v(x)\,dx + i(t_0) \qquad \textbf{6.28}$$

em que

$$\frac{1}{L_p} = \frac{1}{L_1} + \frac{1}{L_2} + \frac{1}{L_3} + \cdots + \frac{1}{L_N} \qquad \textbf{6.29}$$

e $i(t_0)$ é igual à corrente em L_p em $t = t_0$. Assim, o circuito na **Fig. 6.19b** é equivalente àquele da Fig. 6.19a, nas condições indicadas anteriormente (ver **DICA 6.5**).

DICA 6.5

Indutores em paralelo são combinados da mesma forma que resistores em paralelo.

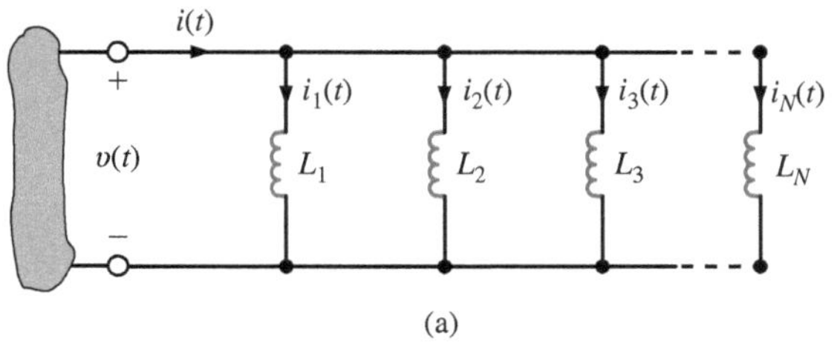

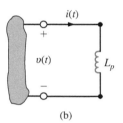

FIGURA 6.19 Circuito equivalente para N indutores conectados em paralelo.

EXEMPLO 6.16

Determine a indutância equivalente e a corrente inicial para o circuito mostrado na **Fig. 6.20**.

SOLUÇÃO A indutância equivalente é

$$\frac{1}{L_p} = \frac{1}{12} + \frac{1}{6} + \frac{1}{4}$$

em que todos os valores de indutância estão em mili-henrys:

$$L_p = 2 \text{ mH}$$

e a corrente inicial é $i(t_0) = -1$ A.

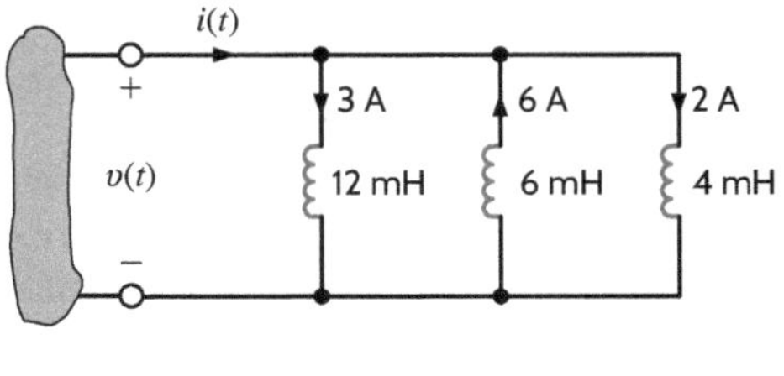

FIGURA 6.20 Circuito contendo múltiplos indutores com correntes iniciais.

O material anterior indica que os capacitores se combinam como as condutâncias, enquanto os indutores se combinam como as resistências.

Avaliação da Aprendizagem

E6.14 Determine a indutância equivalente do circuito na Fig. E6.14, em que todos os indutores são 6 mH.

Resposta:

9,429 mH.

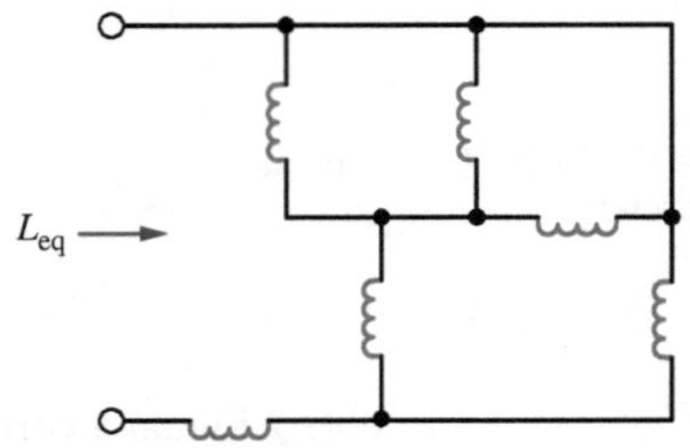

FIGURA E6.14

E6.15 Determine L_T na Fig. E6.15.

Resposta:

5 mH.

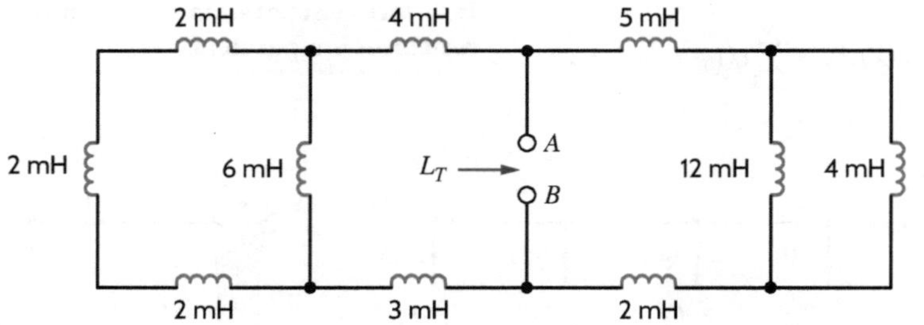

FIGURA E6.15

Capacitores de Chip

No Capítulo 2, discorremos brevemente sobre resistores usados na moderna fabricação eletrônica. Alguns exemplos de resistores de filme espesso de cerâmica montados em superfície foram mostrados na Fig. 2.44, juntamente com alguns típicos capacitores de chip. Como veremos a seguir, a eletrônica moderna emprega principalmente resistores e capacitores, evitando, sempre que possível, o uso de indutores.

Capacitores de chip montados em superfície representam a maioria dos capacitores usados atualmente em projetos eletrônicos. Tais capacitores são disponíveis em uma grande variedade de tamanhos, com lados na faixa de 10 a 250 mils. Todos os capacitores de chip cerâmico consistem em uma camada dielétrica cerâmica entre placas de metal. As propriedades das camadas cerâmicas e metálicas determinam o tipo de capacitor, sua capacitância e confiabilidade. A seção reta de um capacitor de chip padrão é mostrada na **Fig. 6.21**. Os eletrodos de metal internos são conectados alternadamente aos lados opostos do chip, aos quais são adicionados terminais metálicos. Esses terminais não apenas fazem a conexão com os eletrodos internos, mas também fornecem uma base de solda para conexão de chips às placas de circuito impresso. O número de camadas alternadas, o espaçamento entre elas e a constante dielétrica do material cerâmico determinam o valor da capacitância.

Indicamos anteriormente que resistores em geral são fabricados em tamanhos padronizados, com potências nominais específicas. Capacitores de chip também são fabricados dessa maneira, e a **Tabela 6.1** fornece uma lista parcial desses dispositivos e de seus tamanhos padronizados.

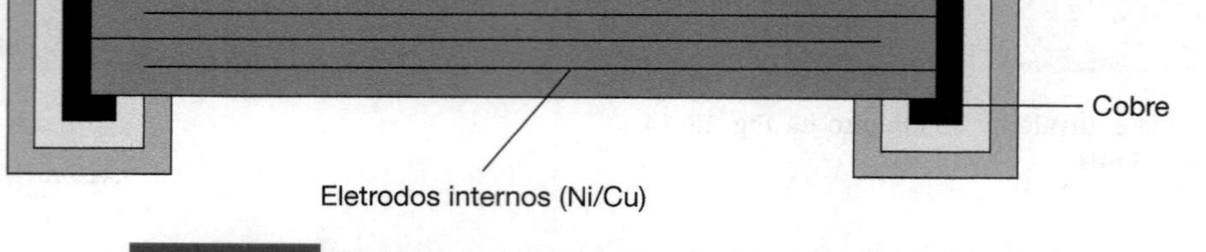

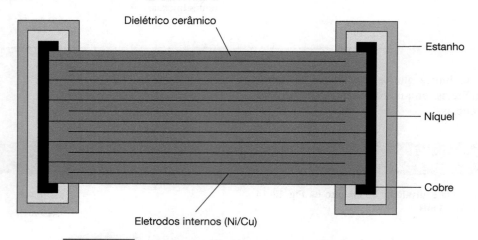

FIGURA 6.21 Seção reta de um capacitor de chip cerâmico multicamada.

TABELA 6.1 Tamanhos-padrão de capacitores de chip cerâmico

Código de Tamanho	Tamanho (Mils)	Potência Nominal (Watts)
0201	20 × 10	1/20
0402	40 × 20	1/16
0603	60 × 30	1/10
0805	80 × 50	1/8
1206	120 × 60	1/4
2010	200 × 100	1/2
2512	250 × 120	1

Indutores de Chip

Um indutor de chip consiste em um substrato cerâmico miniaturizado em torno do qual é enrolado um fio ou sobre o qual é formada uma bobina por deposição de filme fino. Tais chips podem ser encapsulados ou moldados com um material para resguardar o condutor do ambiente ou simplesmente deixados desprotegidos. Os indutores de chip são fornecidos em diferentes tipos e valores, mas há três tipos típicos que se conformam ao pacote padronizado de "chip" largamente empregado na indústria de placas de circuito impresso (PCI).

O primeiro tipo é o indutor de chip de precisão, no qual cobre é depositado na cerâmica e modelado para formar uma bobina, como mostrado na **Fig. 6.22**.

O segundo tipo é um indutor de chip de ferrite, que usa uma série de bobinas empilhadas entre camadas de ferrite, formando uma bobina de múltiplas camadas, como mostrado na **Fig. 6.23**.

O terceiro tipo é uma estrutura aberta que consiste em um fio enrolado em torno de um substrato cerâmico para formar a bobina indutora. A estrutura completa é mostrada na **Fig. 6.24**.

Cada tipo apresenta características próprias, sendo que o de fio enrolado fornece os maiores valores de indutância (10 nH-4,7 uH) e tolerâncias razoáveis (1-2%).

O indutor de chip de ferrite fornece uma ampla faixa de valores de indutância (47 nH-33 uH), com tolerâncias da ordem de 5%. O indutor de chip de precisão apresenta baixos valores de indutância (1-100 nH) e tolerâncias muito boas (+/−0,1 nH).

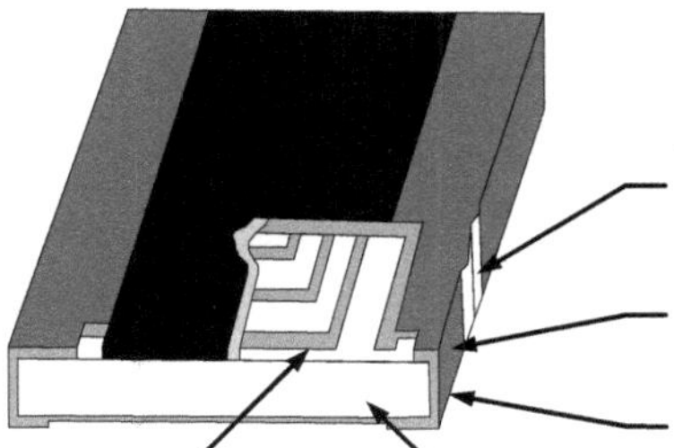

FIGURA 6.22 Seção transversal do indutor de chip de precisão.

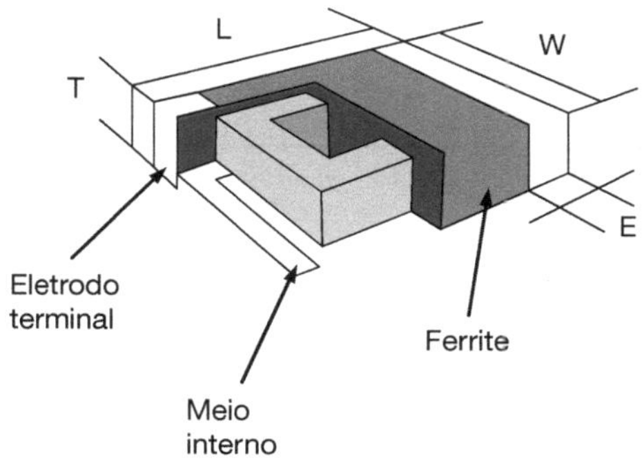

FIGURA 6.23 Seção transversal do indutor do chip de ferrite.

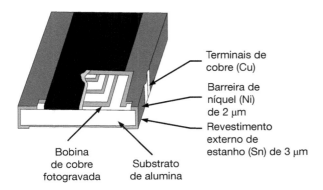

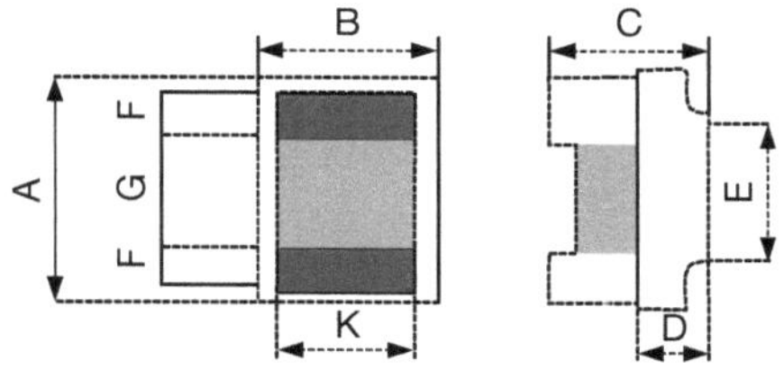

FIGURA 6.24 Seção transversal do indutor de chip de fio enrolado.

6.4 Circuitos Amplificadores Operacionais *RC*

Dois importantes circuitos de amp-op *RC* são o diferenciador e o integrador, derivados do circuito de um amp-op inversor: para o diferenciador, o resistor R_1 é substituído por um capacitor; para o integrador, o resistor R_2 é substituído por um capacitor. Consideremos, por exemplo, o circuito mostrado na **Fig. 6.25a**. As equações do circuito são

$$C_1\frac{d}{dt}(v_1 - v_-) + \frac{v_s - v_-}{R_2} = i_-$$

Entretanto, $v_- = 0$ e $i_- = 0$ (ver **DICA 6.6**). Portanto,

$$v_s(t) = -R_2C_1\frac{dv_1(t)}{dt} \qquad 6.30$$

DICA 6.6

As propriedades do amp-op ideal são $v_+ = v$ e $i_+ = i_- = 0$.

Assim, a saída do circuito amp-op é proporcional à derivada do sinal de entrada.

As equações do circuito para a configuração do amplificador operacional na **Fig. 6.25b** são

$$\frac{v_1 - v_-}{R_1} + C_2\frac{d}{dt}(v_s - v_-) = i_-$$

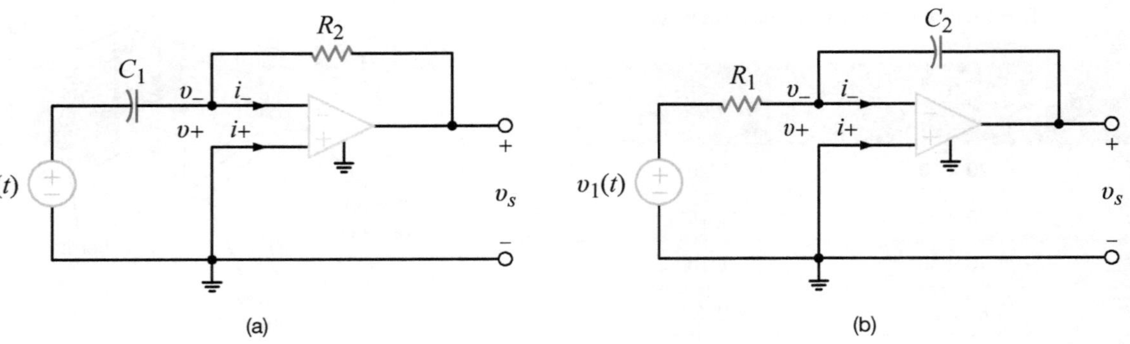

FIGURA 6.25 Circuitos amplificadores operacionais diferenciador e integrador.

mas, como $v_- = 0$ e $i_- = 0$, a equação se reduz a

$$\frac{v_1}{R_1} = -C_2\frac{dv_s}{dt}$$

ou

$$v_s(t) = \frac{-1}{R_1C_2}\int_{-\infty}^{t} v_1(x)\,dx$$

$$= \frac{-1}{R_1C_2}\int_{0}^{t} v_1(x)\,dx + v_s(0) \qquad \textbf{6.31}$$

Se o capacitor estiver inicialmente descarregado, $v_s(0) = 0$; consequentemente,

$$v_s(t) = \frac{-1}{R_1C_2}\int_{0}^{t} v_1(x)\,dx \qquad \textbf{6.32}$$

Portanto, a tensão de saída do circuito do amp-op é proporcional à integral da tensão de entrada.

EXEMPLO 6.17

A forma de onda da **Fig. 6.26a** é aplicada na entrada do circuito diferenciador mostrado na Fig. 6.25a. Com $R_2 = 1\ \text{k}\Omega$ e $C_1 = 2\ \mu\text{F}$, determine a forma de onda na saída do amp-op.

SOLUÇÃO Usando a Eq. (6.30), vemos que a saída do amp-op é

$$v_s(t) = -R_2C_1\frac{dv_1(t)}{dt}$$
$$= -(2)10^{-3}\frac{dv_1(t)}{dt}$$

Para $0 \le t < 5$ ms, $dv_1(t)/dt = (2)10^3$; portanto,

$$v_s(t) = -4\ \text{V} \quad 0 \le t < 5\ \text{ms}$$

Para $5 \le t < 10$ ms, $dv_1(t)/dt = -(2)10^3$; logo:

$$v_s(t) = 4\ \text{V} \quad 5 \le t < 10\ \text{ms}$$

Com isso, a forma de onda de saída do diferenciador é mostrada na **Fig. 6.26b**.

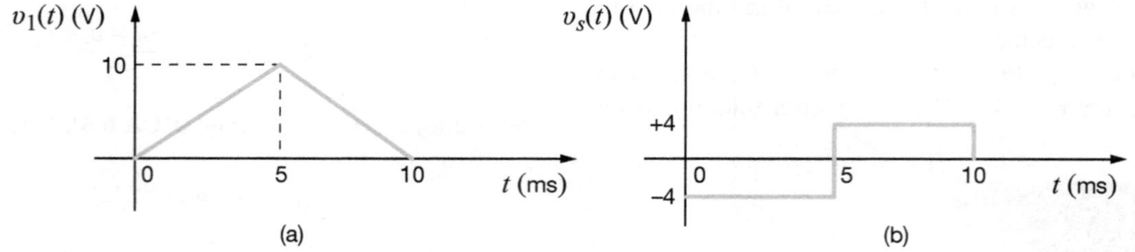

FIGURA 6.26 Formas de onda de entrada e saída para um circuito diferenciador.

EXEMPLO 6.18

Para o integrador mostrado na Fig. 6.25b, com parâmetros $R_1 = 5\ \text{k}\Omega$ e $C_2 = 0{,}2\ \mu\text{F}$, determine a forma de onda na saída do amp-op para a forma de onda de entrada dada na **Fig. 6.27a** e o capacitor inicialmente descarregado.

SOLUÇÃO A saída do integrador é dada pela expressão

$$v_s(t) = \frac{-1}{R_1C_2}\int_0^t v_1(x)\,dx$$

que, com os dados parâmetros de circuito, passa a

$$v_s(t) = -10^3\int_0^t v_1(x)\,dx$$

No intervalo $0 \le t < 0{,}1$ s, $v_1(t) = 20$ mV. Consequentemente,

$$v_s(t) = -10^3(20)10^{-3}t \quad 0 \le t < 0{,}1 \text{ s}$$
$$= -20t$$

Em $t = 0{,}1$ s, $v_s(t) = -2$ V. No intervalo de 0,1 a 0,2 s, o integrador produz uma saída com inclinação positiva de $20t$ de $v_s(0{,}1) = -2$ V a $v_s(0{,}2) = 0$ V. Esta forma de onda de $t = 0$ a $t = 0{,}2$ s é repetida no intervalo de $t = 0{,}2$ a $t = 0{,}4$ s e, portanto, a correspondente forma de onda de saída é mostrada na **Fig. 6.27b**.

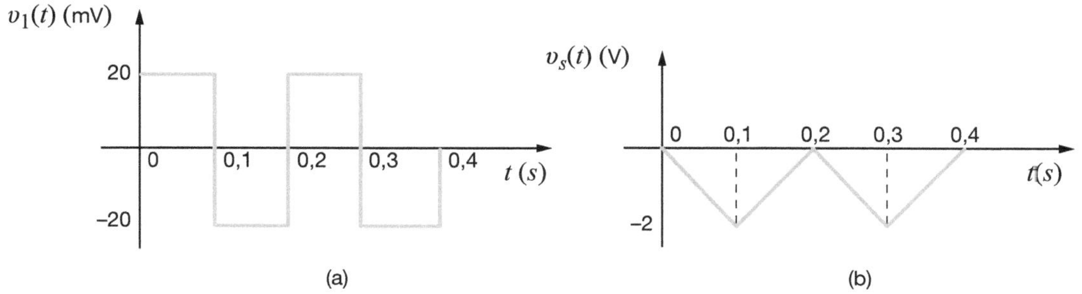

FIGURA 6.27 Formas de onda de entrada e saída para um circuito integrador.

Avaliação da Aprendizagem

E6.16 A forma de onda na Fig. E6.16 é aplicada aos terminais de entrada do circuito amp-op diferenciador e os parâmetros do circuito são $C_1 = 2$ F e $R_2 = 2\ \Omega$. Determine a forma de onda de saída do diferenciador.

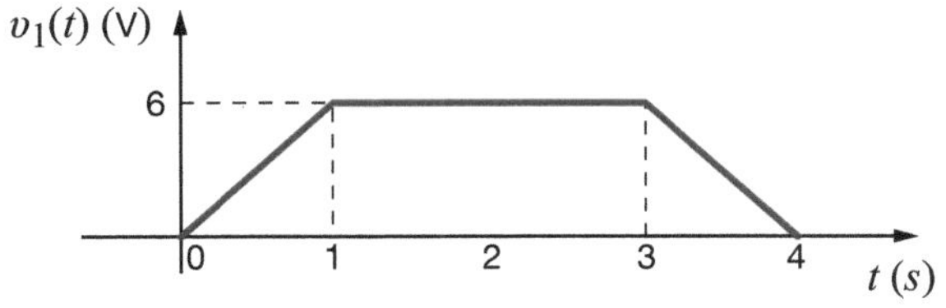

FIGURA E6.16

Resposta:

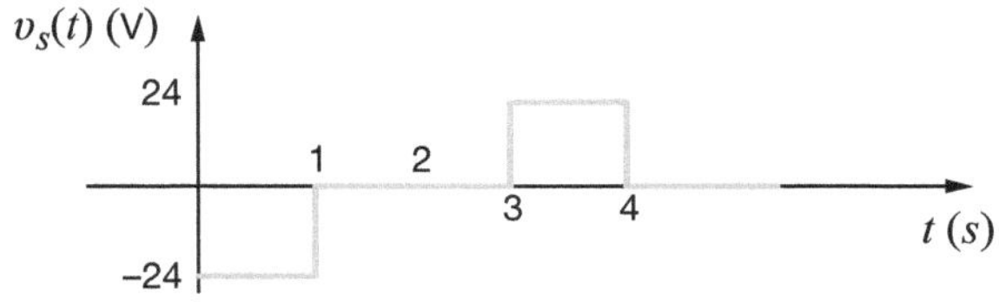

6.5 Exemplos de Aplicação

EXEMPLO DE APLICAÇÃO 6.19

Em circuitos integrados, condutores que transportam sinais de alta velocidade guardam pequeno espaçamento, como mostrado pela micrografia na **Fig. 6.28**. Em consequência, um sinal em um condutor pode aparecer "misteriosamente" em um outro condutor. Esse fenômeno é denominado *diafonia* (ou *crosstalk*). Examinemos essa condição e proponhamos alguns métodos para reduzi-la.

SOLUÇÃO A origem da diafonia é a capacitância. Em particular, a capacitância indesejada, comumente denominada *capacitância parasita*, que existe entre condutores que guardam pequeno espaçamento. O modelo simples da **Fig. 6.29** pode ser usado para investigar a diafonia entre dois longos condutores paralelos. Um sinal é aplicado ao condutor 1. As capacitâncias C_1 e C_2 são

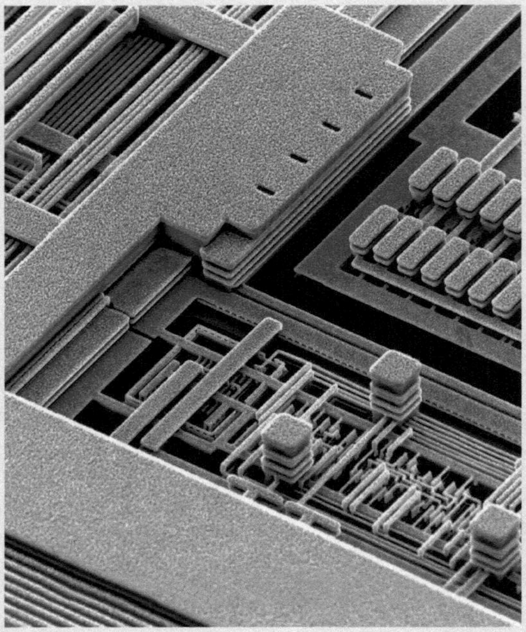

FIGURA 6.28 Imagem MEV (Tom Way/Ginger Conly. Cortesia da International Business Machines Corporation. Uso não autorizado não é permitido).

as capacitâncias parasitas dos condutores com relação ao terra, enquanto C_{12} é a capacitância entre os condutores. Recordemos que um capacitor foi descrito como duas placas condutoras muito próximas. Se esticarmos essas placas até que se tornem condutores finos, certamente a geometria dos condutores mudaria e, portanto, o valor da capacitância. Contudo, ainda devemos esperar que exista alguma capacitância entre os condutores.

Para quantificar o nível de diafonia, devemos determinar que parcela da tensão no condutor 1 aparece no condutor 2. Aplicando a análise nodal ao condutor 2, temos

$$i_{12}(t) = C_{12}\left[\frac{dv_1(t)}{dt} - \frac{dv_2(t)}{dt}\right] = i_2(t) = C_2\left[\frac{dv_2(t)}{dt}\right]$$

Resolvendo para $dv_2(t)/dt$, obtemos

$$\frac{dv_2(t)}{dt} = \left[\frac{C_{12}}{C_{12}+C_2}\right]\frac{dv_1(t)}{dt}$$

Integrando ambos os lados desta equação:

$$v_2(t) = \left[\frac{C_{12}}{C_{12}+C_2}\right]v_1(t)$$

Portanto, uma simples razão de capacitância é que determina que parcela de $v_1(t)$ é "acoplada" ao condutor 2. Fica claro que, para controlar a diafonia, devemos garantir que C_{12} seja muito menor que C_2. Como isso é feito? Primeiro, podemos fazer C_{12} tão pequena quanto possível aumentando o espaçamento entre os condutores. Segundo, podemos aumentar C_2 aproximando mais o condutor 2 do aterramento. Infelizmente, a primeira opção demanda mais espaço e a segunda diminui a velocidade dos sinais de tensão no condutor 1. Neste ponto, parece que estamos diante de um típico dilema de engenharia: para melhorar um quesito, ou seja, diminuir a diafonia, devemos sacrificar outro, espaço ou velocidade. Uma forma de resolver o problema de espaço consistiria em inserir uma conexão de aterramento entre os condutores que transportam sinais, como mostrado na **Fig. 6.30**. No entanto, qualquer vantagem obtida com o emprego de condutores aterrados deve ser comparada com a maior demanda por espaço, pois a inserção de condutores aterrados entre condutores adjacentes praticamente dobraria a largura original do dispositivo.

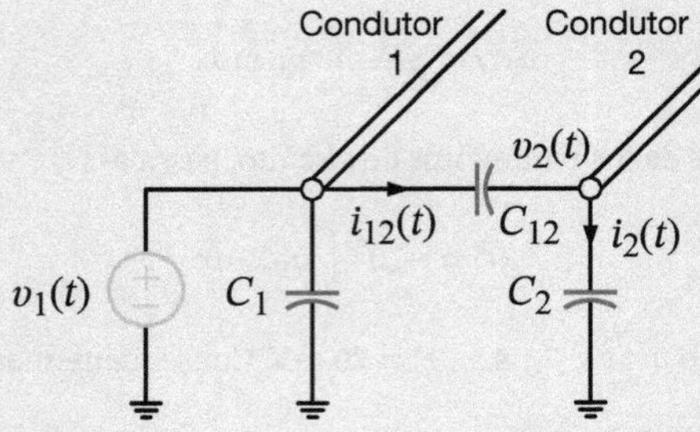

FIGURA 6.29 Um modelo simples para análise de diafonia.

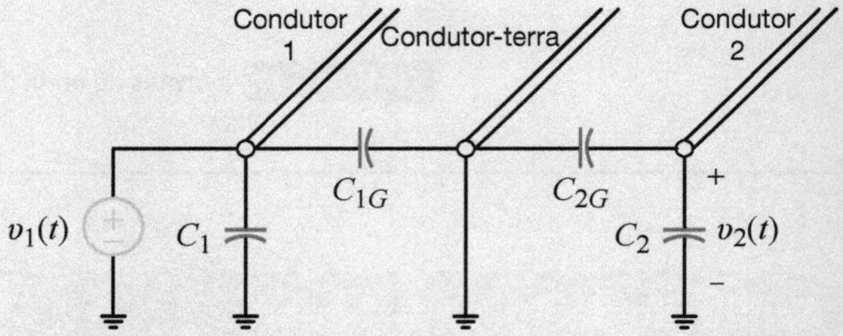

FIGURA 6.30 Uso de condutor-terra no modelo de diafonia.

Redesenhando o circuito como na **Fig. 6.31**, vemos imediatamente que, agora, os condutores 1 e 2 estão eletricamente isolados e não deve haver nenhum tipo de diafonia – uma situação altamente improvável. Assim, cabe a pergunta: "esse modelo é suficientemente preciso para descrever a diafonia?" Um modelo mais preciso para o esquema de redução de diafonia é mostrado na **Fig. 6.32**, em que a capacitância entre os condutores de sinais 1 e 2 não é mais ignorada. Novamente, determinaremos o nível de diafonia analisando a razão $v_2(t)/v_1(t)$. Aplicando a análise nodal ao condutor 2 no circuito na **Fig. 6.33**, temos

$$i_{12}(t) = C_{12}\left[\frac{dv_1(t)}{dt} - \frac{dv_2(t)}{dt}\right] = i_2(t) = (C_2 + C_{2G})\left[\frac{dv_2(t)}{dt}\right]$$

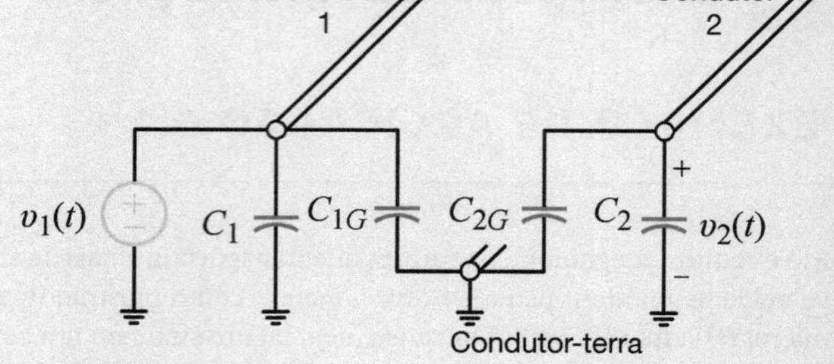

FIGURA 6.31 Isolamento elétrico com inserção de um condutor-terra no modelo de diafonia.

Resolvendo a equação para $dv_2(t)/dt$, obtemos

$$\frac{dv_2(t)}{dt} = \left[\frac{C_{12}}{C_{12} + C_2 + C_{2G}}\right]\frac{dv_1(t)}{dt}$$

Integrando os dois lados desta equação, temos

$$v_2(t) = \left[\frac{C_{12}}{C_{12} + C_2 + C_{2G}}\right]v_1(t)$$

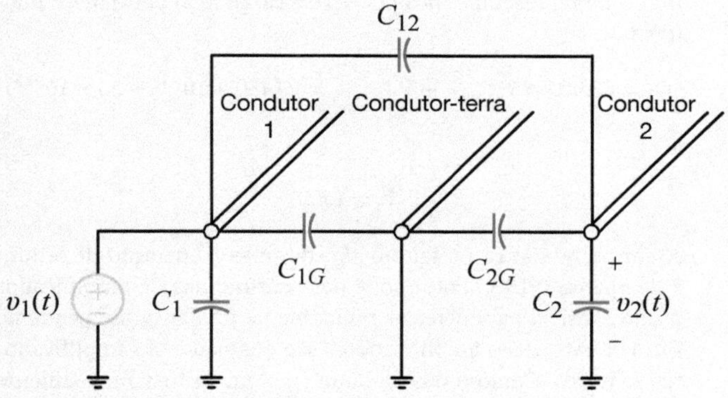

FIGURA 6.32 Um modelo mais preciso para a diafonia.

Esse resultado é muito semelhante ao anterior, apenas com a adição do termo C_{2G}. Dois aspectos desta solução reduzem a diafonia. Primeiro, C_{12} é menor, pois a adição do condutor-terra afasta os condutores 1 e 2. Segundo, C_{2G} aumenta o denominador da equação de diafonia. Se assumirmos que $C_{2G} = C_2$ e que o espaçamento extra reduziu C_{12} pela metade, podemos esperar que a diafonia seja reduzida por um fator da ordem de 4.

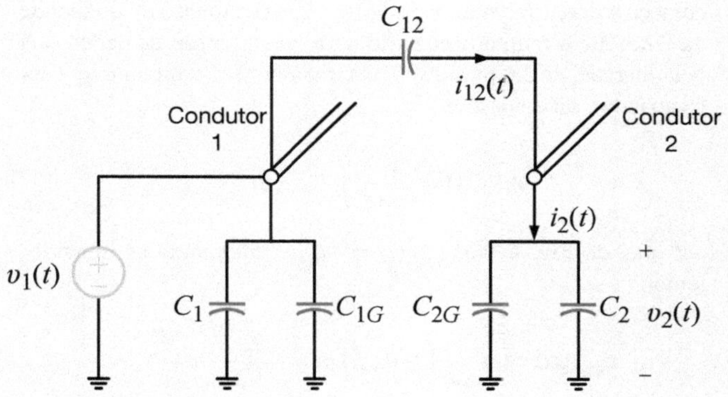

FIGURA 6.33 Uma versão redesenhada do modelo mais preciso de diafonia.

EXEMPLO DE APLICAÇÃO 6.20

Um excelente exemplo de operação do capacitor é a memória de um computador pessoal. Essa memória, denominada memória de acesso dinâmico randômico (ou aleatório) (*dynamic random access memory* – DRAM), contém até 4 bilhões de áreas de armazenamento de dados, chamadas de células (por volta de 2007). É esperado que esse número praticamente dobre a cada dois anos durante as próximas duas décadas. Analisemos a operação de uma célula DRAM.

SOLUÇÃO A **Fig. 6.34a** mostra um modelo simples para uma célula DRAM. Os dados são armazenados no capacitor da célula no formato verdadeiro/falso (ou 1/0), em que uma elevada tensão de capacitor representa uma condição verdadeira e uma baixa-tensão, uma condição falsa. A chave é fechada para permitir acesso do processador à célula DRAM. A fonte de corrente I_{fuga} representa uma corrente não intencional, ou parasita, que modela a fuga de carga do capacitor. Outro elemento parasita do modelo é a capacitância, $C_{saída}$, a capacitância dos condutores conectados ao lado de saída da célula. Tanto I_{fuga} quanto $C_{saída}$ têm grandes impactos no desempenho e no projeto da DRAM.

Considere o armazenamento de uma condição verdadeira na célula. Uma alta-tensão de 3,0 V é aplicada ao nó E/S e a chave é fechada, fazendo com que a tensão em $C_{célula}$ suba rapidamente para 3,0 V. A chave é aberta e a informação, armazenada. Durante

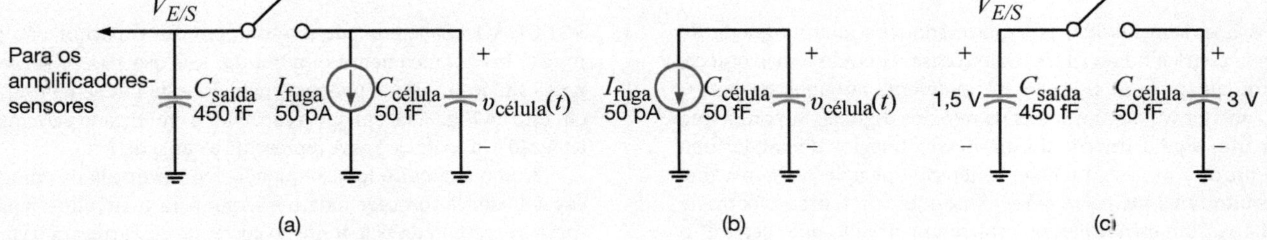

FIGURA 6.34 Um modelo simples de circuito mostrando (a) a célula de memória DRAM, (b) o efeito de fuga de carga do capacitor da célula e (c) as condições da célula no início de uma operação de leitura.

a operação de armazenamento, a carga, a energia e o número de elétrons, n, usados são dados por

$$Q = CV = (50 \times 10^{-15})(3) = 150 \text{ fC}$$

$$W = \frac{1}{2}CV^2 = (0{,}5)(50 \times 10^{-15})(3^2) = 225 \text{ fJ}$$

$$n = Q/q = 150 \times 10^{-15}/(1{,}6 \times 10^{-19}) = 937.500 \text{ elétrons}$$

Uma vez gravada a informação, a chave é aberta e o capacitor começa a descarregar através de I_{fuga}. Um parâmetro de qualidade da DRAM é o tempo necessário para que a tensão de dados caia pela metade, de 3,0 para 1,5 V. Chamemos esse tempo de t_M. Para o capacitor, sabemos que

$$v_{\text{célula}}(t) = \frac{1}{C_{\text{célula}}}\int i_{\text{célula}}\, dt \text{ V}$$

em que, da **Fig. 6.34b**, $i_{\text{célula}}(t) = -I_{fuga}$. Calculando as integrais, temos

$$v_{\text{célula}}(t) = \frac{1}{C_{\text{célula}}}\int (-I_{fuga})\, dt = -\frac{I_{fuga}}{C_{\text{célula}}}t + K$$

Sabemos que, em $t = 0$, $v_{\text{célula}} = 3$ V. Assim, $K = 3$ e a tensão na célula é

$$v_{\text{célula}}(t) = 3 - \frac{I_{fuga}}{C_{\text{célula}}}t \text{ V} \qquad \textbf{6.33}$$

Substituindo $t = t_M$ e $v_{\text{célula}}(t_M) = 1{,}5$ V na Eq. (6.33) e resolvendo para t_M, obtemos $t_M = 15$ ms. Assim, os dados da célula desaparecem em apenas alguns milissegundos! A solução é reescrever os dados antes que desapareçam. Essa técnica, chamada de *atualização*, é obrigatória para todas as DRAMs que usam esse tipo de célula de um transistor.

Para examinar o efeito de $C_{\text{saída}}$, consideremos a leitura de uma condição verdadeira, ou seja, com capacitor totalmente carregado ($v_{\text{célula}} = 3{,}0$ V). A linha E/S geralmente é pré-carregada com a metade da tensão de dados. Neste exemplo, isso corresponde a 1,5 V, como na **Fig. 6.34c**. (Para isolar o efeito de $C_{\text{saída}}$, removemos a fuga de cargas.) Em seguida, a chave é fechada. O que ocorre é mais bem entendido como a conservação de carga. Pouco antes do fechamento da chave, a carga total armazenada no circuito é

$$Q_T = Q_{\text{saída}} + Q_{\text{célula}} = V_{E/S}C_{\text{saída}} + V_{\text{célula}}C_{\text{célula}}$$

$$Q_T = (1{,}5)(450 \times 10^{-15}) + (3)(50 \times 10^{-15}) = 825 \text{ fC}$$

Quando a chave é fechada, as tensões dos capacitores são as mesmas (que representaremos por V_s) e a carga total permanece inalterada:

$$Q_T = 825 \text{ fC} = V_s C_{\text{saída}} + V_s C_{\text{célula}} = V_s(450 \times 10^{-15} + 50 \times 10^{-15})$$

e

$$V_s = 1{,}65 \text{ V}$$

Assim, a mudança na tensão $V_{E/S}$ durante a operação de leitura é de apenas 0,15 V. Portanto, é necessário o uso de amplificador muito sensível para detectar rapidamente mudança tão pequena. Em DRAMs, esses amplificadores são chamados de amplificadores-sensores. Como é possível que $v_{\text{célula}}$ mude instantaneamente quando a chave é fechada? Não é possível. Em uma célula DRAM real, um transistor, que apresenta uma pequena resistência equivalente, atua como chave. A resultante constante de tempo RC é muito pequena, indicando um circuito muito rápido. Vale ressaltar que não estamos analisando a velocidade da célula – apenas o valor final da tensão, V_s. Enquanto a potência perdida na chave for pequena em comparação com a energia do capacitor, podemos desprezar a resistência da chave. A propósito, na leitura de uma condição falsa (zero volt), V_s cairia de seu valor pré-carregado de 1,5 V para 1,35 V – uma variação negativa de 0,15 V. Essa mudança simétrica de tensão é o motivo da pré-carga do nó E/S com a metade da tensão de dados. Revise os efeitos de I_{fuga} e $C_{\text{saída}}$. Você verá que eliminá-los simplificaria muito o requisito de atualização e melhoraria a oscilação da tensão no nó E/S na leitura de dados. Projetistas de DRAMs ganham bom salário tentando fazer exatamente isso.

6.6 Exemplos de Projeto

EXEMPLO DE PROJETO 6.21

Todos nós, sem dúvida, já experimentamos alguma queda de energia elétrica no escritório ou em casa. Quando isso acontece, mesmo que por um segundo, normalmente notamos ser necessário acertar a hora em todos os relógios digitais. Suponha que o circuito digital interno de um desses relógios demande uma corrente de 1 mA em um nível de tensão típico de 3,0 V, mas que o circuito funcione corretamente mesmo com tensão menor, de até 2,4 V. Com essa hipótese, projete um circuito que "segure" o nível de tensão por um curto intervalo de tempo, por exemplo, 1 segundo.

SOLUÇÃO Sabemos que a tensão em um capacitor não pode mudar instantaneamente e, portanto, seu uso parece ser viável nessa situação. Assim, podemos modelar este problema usando o circuito na **Fig. 6.35**, em que o capacitor é empregado para manter a tensão, e a fonte de 1 mA representa a carga de 1 mA.

Como o circuito indica, quando ocorrer queda de energia, o capacitor deve fornecer toda a energia para o circuito digital. A carga, representada pela fonte de corrente, descarregará o capacitor linearmente de acordo com a expressão

$$v(t) = 3{,}0 - \frac{1}{C}\int i(t)\, dt$$

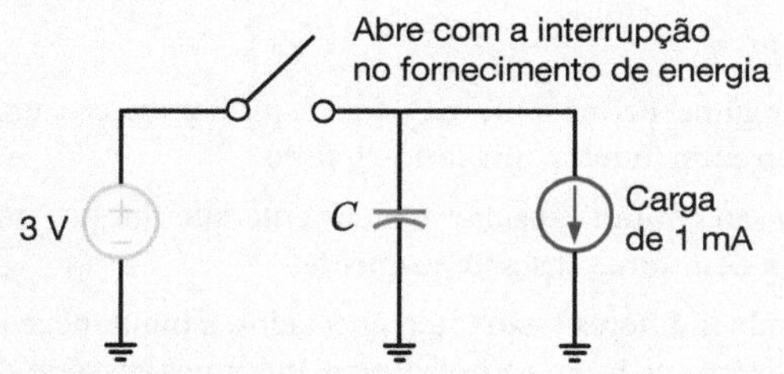

FIGURA 6.35 Um modelo simples para um circuito compensador de queda de energia.

Após 1 segundo, $v(t)$ deve ser de pelo menos 2,4 V, que é a tensão mínima de funcionamento; portanto,

$$2{,}4 = 3{,}0 - \frac{1}{C}\int_o^1 (0{,}001)\, dt$$

Resolvendo esta equação para C, temos:

$$C = 1.670\ \mu\text{F}$$

A conexão de três capacitores de 560 μF em paralelo produz 1.680 μF. Embora três capacitores de 560 μF em paralelo satisfaçam aos requisitos de projeto, esta solução pode exigir mais espaço do que o disponível. Uma solução alternativa envolve o uso de capacitores de "dupla camada", também conhecidos como supercapacitores ou supercaps. Uma pesquisa sobre esse tópico na internet indicará que a empresa Elna America, Inc. é um importante fornecedor de capacitores de dupla camada. Um exame de sua lista de produtos indica que a série DCK de pequenos supercaps em forma de moeda é uma alternativa viável nessa situação. Em particular, o supercap DCK3R3E224 é um capacitor de 220 mF a 3,3 V, com diâmetro de 7 mm, ou cerca de 1/4 de polegada, e espessura de 2,1 mm. Como apenas um desses supercaps é necessário, do ponto de vista do espaço, esta é uma solução muito compacta. No entanto, há ainda outro importante fator a ser considerado: o custo. Para minimizar o custo, talvez seja necessário buscar outras soluções.

EXEMPLO DE PROJETO 6.22

Projete um circuito de amp-op no qual a relação entre a tensão de saída e duas tensões de entradas seja

$$v_s(t) = 5\int v_1(t)\, dt - 2v_2(t)$$

SOLUÇÃO Para satisfazer à equação da tensão de saída, devemos somar duas entradas, uma das quais deve ser integrada. Assim, a equação de projeto exige um integrador e um somador, como mostrado na **Fig. 6.36**.

Usando as equações conhecidas para o integrador e o somador, podemos expressar a tensão de saída como

$$v_s(t) = -v_2(t)\left[\frac{R_4}{R_3}\right] - \left[\frac{R_4}{R_2}\right]\left\{-\frac{1}{R_1 C}\int v_1(t)\, dt\right\}$$

$$= \frac{R_4}{R_1 R_2 C}\int v_1(t)\, dt - \left[\frac{R_4}{R_3}\right]v_2(t)$$

Comparando essa equação com o requisito de projeto, vemos que as seguintes igualdades devem ser válidas:

$$\frac{R_4}{R_1 R_2 C} = 5 \qquad \frac{R_4}{R_3} = 2$$

Temos cinco variáveis e duas equações de restrição. Portanto, temos alguma flexibilidade na escolha dos componentes. Primeiro, selecionamos $C = 2\ \mu$F, um valor nem grande nem pequeno. Escolhendo, arbitrariamente, $R_4 = 20$ kΩ, então, R_3 deve ser 10 kΩ e, além disso,

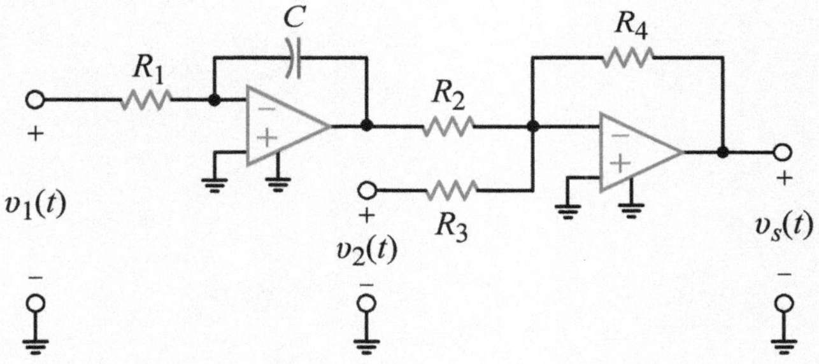

FIGURA 6.36 Circuito de amp-op com integrador e somador.

$$R_1 R_2 = 210^9$$

Escolhendo R_1 = 100 kΩ, teremos R_2 = 20 kΩ. Se empregarmos amp-ops padrões com tensões de alimentação de aproximadamente ±10 V, todas as correntes serão inferiores a 1 mA, que são valores razoáveis.

Resumo

- As importantes relações (duais) para capacitores e indutores são:

$$q = Cv$$

$$i(t) = C\frac{dv(t)}{dt} \qquad v(t) = L\frac{di(t)}{dt}$$

$$v(t) = \frac{1}{C}\int_{-\infty}^{t} i(x)\,dx \qquad i(t) = \frac{1}{L}\int_{-\infty}^{t} v(x)\,dx$$

$$p(t) = Cv(t)\frac{dv(t)}{dt} \qquad p(t) = Li(t)\frac{di(t)}{dt}$$

$$w_C(t) = \frac{1}{2}Cv^2(t) \qquad w_L(t) = \frac{1}{2}Li^2(t)$$

- A convenção passiva de sinais é usada com capacitores e indutores.
- Em regime permanente CC, um capacitor parece um circuito aberto e um indutor, um curto-circuito.
- A tensão em um capacitor e a corrente que flui por um indutor não podem variar instantaneamente.
- Quando indutores estão interconectados, a indutância equivalente é determinada da seguinte forma: indutores em série são combinados como resistores em série, e indutores em paralelo são combinados como resistores em paralelo.
- Quando capacitores estão interconectados, a capacitância equivalente é determinada da seguinte forma: capacitores em série são combinados como resistores em paralelo, e capacitores em paralelo são combinados como resistores em série.

CAPÍTULO 7

Circuitos Transientes de Primeira e de Segunda Ordens

OBJETIVOS DE APRENDIZAGEM

Os objetivos de aprendizagem deste capítulo são tornar os estudantes capazes de:

- Calcular valores iniciais para correntes de indutores e tensões de capacitores em circuitos transientes.
- Determinar tensões e correntes em circuitos transientes de primeira ordem.
- Determinar tensões e correntes em circuitos transientes de segunda ordem.
- Usar o *software* PSpice para determinar tensões e correntes em circuitos transientes de primeira e de segunda ordens.

7.1 Introdução

Neste capítulo, estudaremos a chamada análise transiente. Começaremos com circuitos de primeira ordem – ou seja, aqueles que contêm apenas um único elemento de armazenamento. Circuitos com um único elemento de armazenamento podem ser descritos por uma equação diferencial de primeira ordem.

A análise transiente envolve exame e descrição do comportamento de um circuito em função do tempo após a ocorrência de uma repentina alteração no circuito decorrente de abertura ou fechamento de chaves. Com a presença de um ou mais elementos de armazenamento, quando ocorre uma alteração repentina, a resposta do circuito passa por um período de transição até se estabilizar em um valor de estado estacionário. Esse período de transição é o foco da análise transiente.

Um dos importantes parâmetros que examinaremos na análise transiente é a constante de tempo do circuito. Este parâmetro é muito importante porque nos diz com que rapidez o circuito responde às mudanças. Podemos ter uma ideia do significado desse parâmetro comparando dois sistemas muito diferentes. Por exemplo, consideremos o modelo para um sistema de ar-condicionado doméstico e o modelo para um estágio amplificador de um único transistor em um chip de computador. Se alterarmos a configuração do ar-condicionado de 28 para 22 °C, a unidade será ligada e o ambiente começará a esfriar. Entretanto, a temperatura local medida por um termômetro cairá muito lentamente; ou seja, o tempo necessário para alcançar a temperatura desejada é longo. Contudo, se enviarmos um sinal a um transistor para mudar de estado, a ação pode levar apenas alguns nanossegundos. Esses dois sistemas têm constantes de tempo muito diferentes.

Iniciaremos a análise de circuitos de primeira ordem apresentando duas técnicas para realização da análise transiente: a abordagem de equação diferencial, na qual uma equação diferencial é escrita e resolvida para cada circuito, e uma abordagem passo a passo, que, em cada caso, tira proveito da conhecida forma de solução. Circuitos de segunda ordem contêm um indutor e um capacitor, e são descritos por uma equação diferencial de segunda ordem. Embora sejam mais complicados do que circuitos de primeira ordem, com um único elemento de armazenamento, circuitos *RLC* serão analisados por desenvolvimento semelhante ao usado para circuitos de primeira ordem.

Na apresentação a seguir, trataremos apenas de circuitos muito simples, pois a análise pode se tornar rapidamente complicada para circuitos que contêm mais de uma malha ou mais de um nó que não seja de referência. Mais adiante neste livro, quando abordarmos a transformada de Laplace, demonstraremos um método muito mais simples para lidar com tais circuitos. Analisaremos vários circuitos para os quais parâmetros foram escolhidos de modo a ilustrar diferentes tipos de resposta.

Começamos nossa discussão lembrando que, no Capítulo 6, aprendemos que capacitores e indutores eram capazes de armazenar energia elétrica. No caso de um capacitor carregado, a energia é armazenada no campo elétrico que existe entre as placas carregadas positiva e negativamente. Essa energia armazenada pode ser liberada se um circuito estiver conectado de alguma forma ao capacitor, que fornece um caminho por meio do qual as cargas negativas se movem em direção às cargas positivas. Como sabemos, esse movimento de carga constitui uma corrente. A taxa com que a energia é descarregada depende diretamente de parâmetros do circuito conectado às placas do capacitor.

Como exemplo, consideremos o circuito do *flash* de uma câmera. Do ponto de vista do usuário, a operação do circuito do *flash* consiste em pressionar o botão da câmera que aciona o obturador e o *flash*, e aguardar alguns segundos antes de repetir o processo para tirar a próxima foto. Esta operação pode ser modelada usando o circuito da **Fig. 7.1a**. A fonte de tensão e o resistor R_F modelam as baterias que alimentam a câmera e o *flash*. O capacitor modela o armazenamento de energia, o interruptor ou chave modela o botão de pressão e, finalmente, o resistor R modela a lâmpada de xenônio do *flash*. Assim, se o capacitor estiver carregado, quando a chave é fechada, a tensão do capacitor cai e a energia é liberada pela lâmpada de xenônio, produzindo o clarão de luz. Na prática, essa liberação de energia leva cerca de um milissegundo, e o tempo de descarga é função dos elementos do circuito. Quando o botão de disparo é liberado e a chave aberta, a bateria começa a recarregar o capacitor. Mais uma vez, o tempo necessário para carregar o capacitor é função dos elementos do circuito. Os ciclos de descarga e carga são ilustrados graficamente na **Fig. 7.1b**. Embora o tempo de descarga seja muito rápido, não é instantâneo. Para melhorar o entendimento desse fenômeno, consideremos o que poderíamos chamar de *diagrama de corpo livre* na metade direita do circuito na Fig. 7.1a, como mostrado na **Fig. 7.1c** (ou seja, um capacitor carregado que é descarregado por meio de um resistor). Quando a chave é fechada, a LKC para o circuito é escrita como

$$C\frac{dv_C(t)}{dt} + \frac{v_C(t)}{R} = 0$$

ou

$$\frac{dv_C(t)}{dt} + \frac{1}{RC}v_C(t) = 0$$

Na próxima seção, veremos que a solução desta equação é dada por

$$v_C(t) = V_s e^{-t/RC}$$

Esta função é uma exponencial decrescente e a taxa de decaimento é função dos valores de R e C. O produto RC é um parâmetro muito importante, e receberá uma denominação especial nas discussões a seguir.

7.2 Circuitos de Primeira Ordem

Forma Geral das Equações de Resposta

No estudo de circuitos transientes de primeira ordem, mostraremos que a solução desses circuitos (ou seja, a determinação de uma tensão ou corrente) requer a resolução de uma equação diferencial de primeira ordem da forma

$$\frac{dx(t)}{dt} + ax(t) = f(t) \qquad \textbf{7.1}$$

Embora diferentes técnicas possam ser usadas para resolver uma equação desse tipo, obteremos uma solução geral e a empregaremos em duas abordagens distintas para a análise transiente.

Um teorema fundamental de equações diferenciais afirma que, se $x(t) = x_p(t)$ for uma solução qualquer da Eq. (7.1), e se $x(t) = x_c(t)$ for qualquer solução da equação homogênea

$$\frac{dx(t)}{dt} + ax(t) = 0 \qquad \textbf{7.2}$$

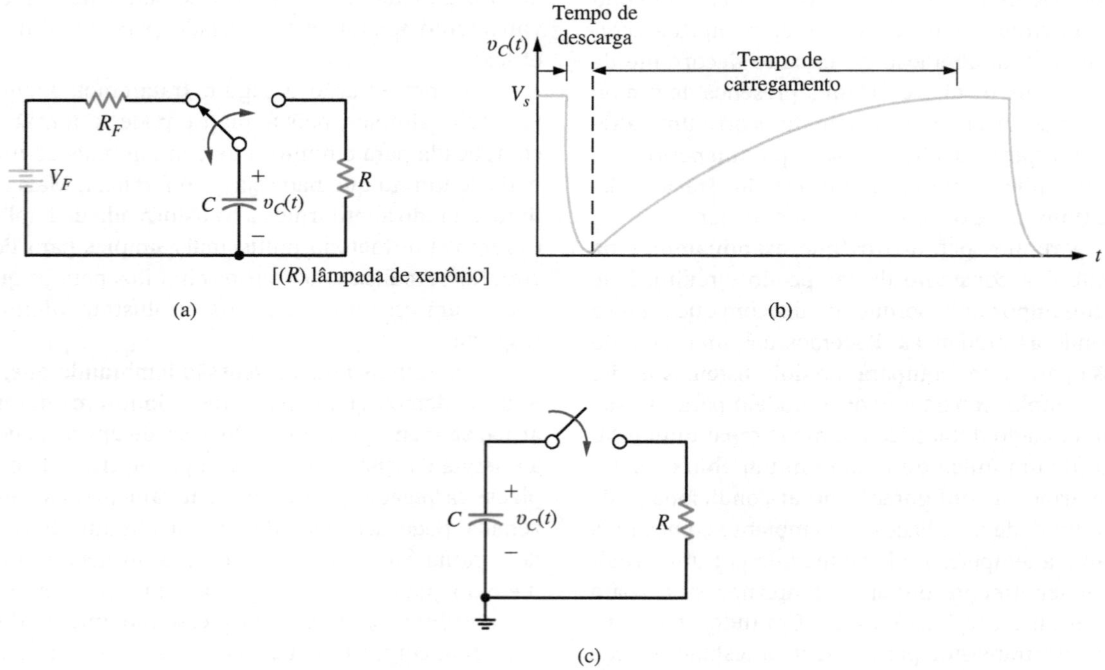

FIGURA 7.1 Diagramas usados para descrever o circuito do *flash* de uma câmera fotográfica.

então,

$$x(t) = x_p(t) + x_c(t) \quad \textbf{7.3}$$

será uma solução para a Eq. (7.1) original. O termo $x_p(t)$ é chamado de *solução integral particular*, ou resposta forçada, e $x_c(t)$ é chamado de *solução complementar*, ou resposta natural.

Por ora, nos limitamos à situação em que $f(t) = A$ (ou seja, alguma constante). A solução geral da equação diferencial consiste, então, em duas partes obtidas resolvendo as duas equações

$$\frac{dx_p(t)}{dt} + ax_p(t) = A \quad \textbf{7.4}$$

$$\frac{dx_c(t)}{dt} + ax_c(t) = 0 \quad \textbf{7.5}$$

Como o lado direito da Eq. (7.4) é uma constante, é razoável supor que a solução $x_p(t)$ também seja uma constante. Portanto, assumimos que

$$x_p(t) = K_1 \quad \textbf{7.6}$$

Substituindo essa constante na Eq. (7.4), temos:

$$K_1 = \frac{A}{a} \quad \textbf{7.7}$$

Examinando a Eq. (7.5), notamos que

$$\frac{dx_c(t)/dt}{x_c(t)} = -a \quad \textbf{7.8}$$

Esta equação é equivalente a

$$\frac{d}{dt}[\ln x_c(t)] = -a$$

Consequentemente,

$$\ln x_c(t) = -at + c$$

e, portanto,

$$x_c(t) = K_2 e^{-at} \quad \textbf{7.9}$$

Assim, uma solução da Eq. (7.1) é

$$\begin{aligned} x(t) &= x_p(t) + x_c(t) \\ &= \frac{A}{a} + K_2 e^{-at} \end{aligned} \quad \textbf{7.10}$$

A constante K_2 pode ser determinada se o valor da variável independente $x(t)$ for conhecido em algum instante de tempo.

A Eq. (7.10) pode ser expressa na forma

$$x(t) = K_1 + K_2 e^{-t/\tau} \quad \textbf{7.11}$$

Uma vez obtida a solução na Eq. (7.11), certos elementos da equação recebem nomes comumente empregados em engenharia elétrica. Por exemplo, o termo K_1 é referido como *solução de estado estacionário* ou *solução de regime permanente*: é o valor da variável $x(t)$ quando $t \to \infty$ e o segundo termo se torna desprezível. A constante τ é chamada de *constante de tempo* do circuito. O segundo termo da Eq. (7.11) é uma exponencial decrescente que, para $\tau > 0$, tem valor K_2 em $t = 0$, e vale 0 em $t = \infty$. A taxa de decaimento dessa exponencial é determinada pela constante de tempo τ. Uma representação gráfica deste efeito é mostrada na **Fig. 7.2a**. Como pode ser visto na figura, em uma constante de tempo, o valor de $x_c(t)$ cai de K_2 para $0{,}368K_2$, uma queda de 63,2%. Em duas constantes de tempo, o valor de $x_c(t)$ cai para $0{,}135K_2$, uma queda de 63,2% com relação ao valor no tempo $t = \tau$. Isso significa que o valor na curva cai 63,2% a cada constante de tempo. Por fim, após cinco constantes de tempo, $x_c(t) = 0{,}0067K_2$, o que é menor que 1% de K_2.

Uma interessante propriedade da função exponencial mostrada na Fig. 7.2a é que a inclinação inicial da curva intercepta o eixo do tempo no valor $t = \tau$. Na verdade, podemos determinar a constante de tempo partindo de qualquer ponto na curva, não apenas o valor inicial, e medir o tempo correspondente a uma queda de 63,2% do valor no ponto de partida. Por fim, a diferença entre uma pequena constante de tempo (isto é, resposta rápida) e uma grande constante de tempo (isto é, resposta lenta) é mostrada na **Fig. 7.2b**. Essas curvas indicam que, se o circuito tiver uma constante de tempo pequena, ele se estabilizará rapidamente em um valor de estado estacionário. Por outro lado, se a constante de tempo for grande, mais tempo será necessário para o circuito se estabilizar ou atingir o estado estacionário. Em qualquer caso, a resposta do circuito essencialmente atinge o estado estacionário em até de cinco constantes de tempo (ou seja, 5τ).

A discussão anterior foi muito geral, no sentido de que nenhuma forma particular do circuito foi assumida – apenas que o circuito resulta em uma equação diferencial de primeira ordem.

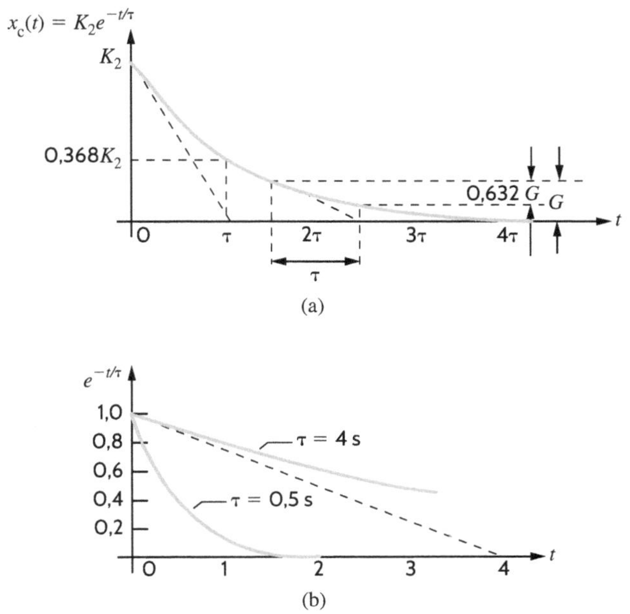

FIGURA 7.2 Ilustrações de constantes de tempo.

Técnicas de Análise: Equações Diferenciais

A Eq. (7.11) define a forma geral da solução de circuitos transientes de primeira ordem; ou seja, representa a solução da equação diferencial que descreve uma corrente ou tensão desconhecida em *qualquer ponto do circuito*. Uma das maneiras pela qual podemos chegar a essa solução consiste em resolver as equações que descrevem o comportamento do circuito usando a técnica conhecida como *abordagem de variável de estado*. Nesta técnica, escrevemos a equação para a tensão no capacitor e/ou a equação para a corrente no indutor. Recordemos do Capítulo 6 que essas grandezas não podem mudar instantaneamente. Primeiro, ilustraremos esta técnica no sentido geral e, em seguida, examinaremos dois exemplos específicos.

Consideremos o circuito mostrado na **Fig. 7.3a.** No instante $t = 0$, a chave é fechada. A equação da LKC que descreve a tensão do capacitor para tempos $t > 0$ é escrita como

$$C\frac{dv(t)}{dt} + \frac{v(t) - V_F}{R} = 0$$

ou

$$\frac{dv(t)}{dt} + \frac{v(t)}{RC} = \frac{V_F}{RC}$$

Do desenvolvimento anterior, assumimos que a solução desta equação diferencial de primeira ordem tenha a forma

$$v(t) = K_1 + K_2 e^{-t/\tau}$$

Substituindo esta solução na equação diferencial, temos

$$-\frac{K_2}{\tau}e^{-t/\tau} + \frac{K_1}{RC} + \frac{K_2}{RC}e^{-t/\tau} = \frac{V_F}{RC}$$

Igualando os termos constante e exponencial, obtemos

$$K_1 = V_F$$
$$\tau = RC$$

Portanto,

$$v(t) = V_F + K_2 e^{-t/RC}$$

em que V_F é o valor de estado estacionário e RC, a constante de tempo do circuito. K_2 é determinado pela condição inicial do capacitor. Por exemplo, se o capacitor estiver inicialmente descarregado (ou seja, a tensão no capacitor é zero em $t = 0$), então

$$0 = V_F + K_2$$

ou

$$K_2 = -V_F$$

Portanto, a solução completa para a tensão $v(t)$ é

$$v(t) = V_F - V_F e^{-t/RC}$$

O circuito da **Fig. 7.3b** pode ser analisado de maneira semelhante. A equação da LKT que descreve a corrente do indutor para $t > 0$ é escrita como

$$L\frac{di(t)}{dt} + Ri(t) = V_F$$

Um desenvolvimento idêntico ao que acabamos de usar fornece

$$i(t) = \frac{V_F}{R} + K_2 e^{-\left(\frac{R}{L}\right)t}$$

em que V_F/R é o valor de estado estacionário e L/R, a constante de tempo do circuito. Se não houver corrente inicial no indutor, então, em $t = 0$

$$0 = \frac{V_F}{R} + K_2$$

e

$$K_2 = \frac{-V_F}{R}$$

Portanto,

$$i(t) = \frac{V_F}{R} - \frac{V_F}{R}e^{-\frac{R}{L}t}$$

é a solução completa. Se quisermos calcular a tensão no resistor, então

$$v_R(t) = R_i(t)$$
$$= V_F\left(1 - e^{-\frac{R}{L}t}\right)$$

Vemos, então, que a tensão no capacitor no circuito RC e a tensão no resistor no circuito RL têm a mesma forma geral. Um gráfico dessas funções é mostrado na **Fig. 7.3c.**

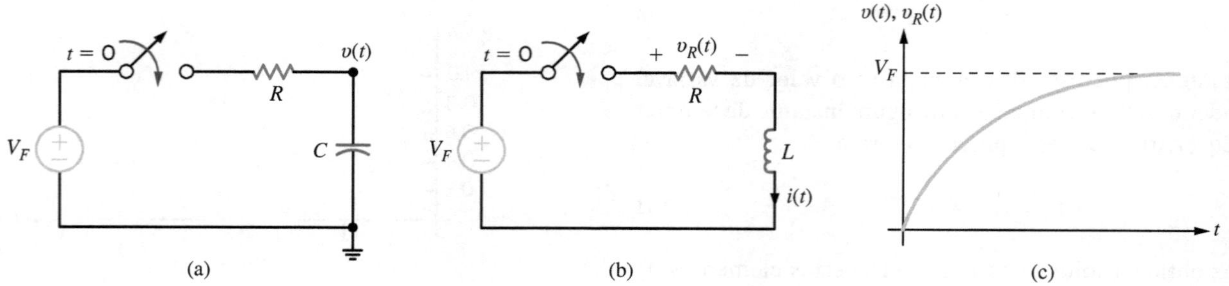

FIGURA 7.3 (a) Circuito *RC*, (b) circuito *RL* e (c) gráfico da tensão no capacitor em (a) e da tensão no resistor em (b).

EXEMPLO 7.1

Considere o circuito mostrado na **Fig. 7.4a**. A chave esteve na posição 1 por um longo tempo e, em $t = 0$, é movida para a posição 2. Calculemos a corrente $i(t)$ para $t > 0$.

SOLUÇÃO Em $t = 0-$, o capacitor está totalmente carregado e não conduz corrente, pois o capacitor atua como um circuito aberto para CC. A tensão inicial no capacitor pode ser calculada usando a divisão de tensão. Como mostrado na **Fig. 7.4b**,

$$v_C(0-) = 12\left(\frac{3\text{k}}{6\text{k} + 3\text{k}}\right) = 4\text{ V}$$

O circuito para $t > 0$ é mostrado na **Fig. 7.4c**. A equação da LKC para a tensão no capacitor é

$$\frac{v(t)}{R_1} + C\frac{dv(t)}{dt} + \frac{v(t)}{R_2} = 0$$

Usando os valores dos componentes, a equação passa a

$$\frac{dv(t)}{dt} + 5v(t) = 0$$

A forma da solução desta equação homogênea é

$$v(t) = K_2 e^{-t/\tau}$$

Substituindo essa solução na equação diferencial, obtemos $\tau =$ 0,2 s. Logo,

$$v(t) = K_2 e^{-t/0,2}\text{ V}$$

Usando a condição inicial $v_C(0-) = v_C(0+) = 4$ V, vemos que a solução completa é dada por

$$v(t) = 4e^{-t/0,2}\text{ V}$$

Portanto, $i(t)$ é simplesmente

$$i(t) = \frac{v(t)}{R_2}$$

ou

$$i(t) = \frac{4}{3}e^{-t/0,2}\text{ mA}$$

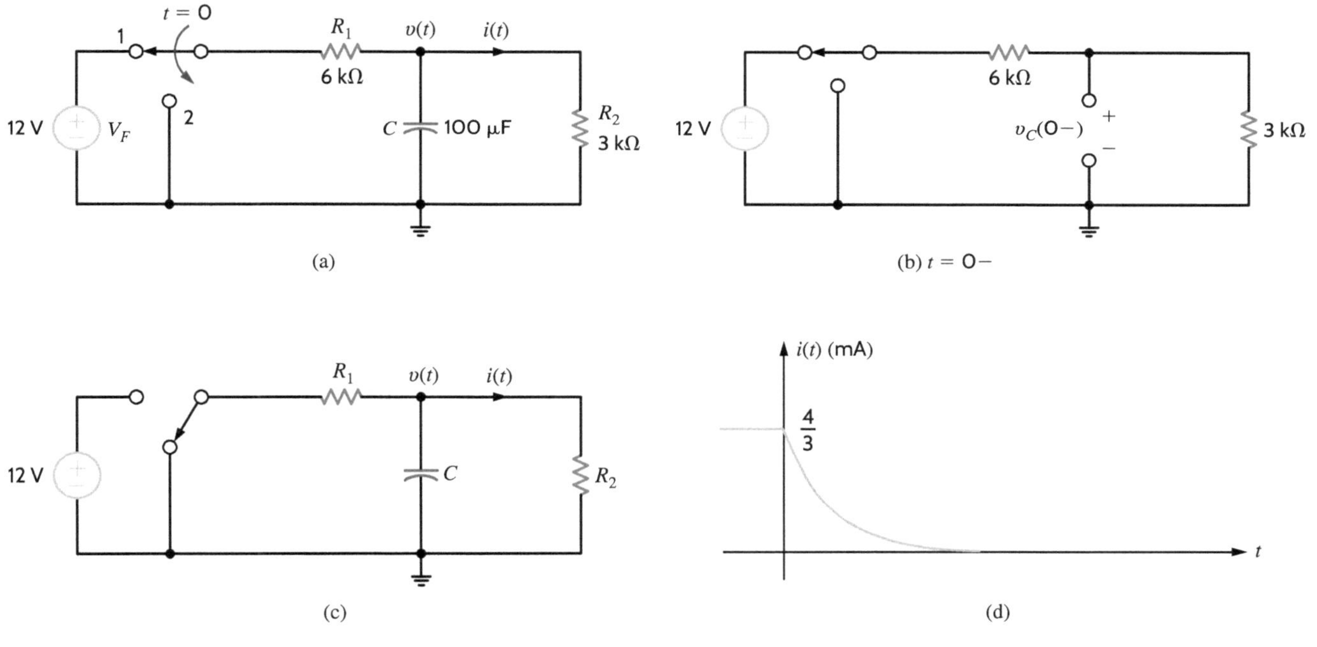

FIGURA 7.4 Análise de um circuito *RC*.

EXEMPLO 7.2

A chave no circuito na **Fig. 7.5a** abre em $t = 0$. Calcule a tensão de saída $v_s(t)$ para $t > 0$.

SOLUÇÃO Em $t = 0-$, o circuito está em regime permanente e o indutor funciona como um curto-circuito. A corrente inicial no indutor pode ser determinada de diferentes maneiras. Escolhemos usar um equivalente Thévenin para a parte do circuito à esquerda do indutor, como mostrado na **Fig. 7.5b**. A partir deste circuito, determinamos $I_1 = 4$ A e $V_{ca} = 4$ V. Além disso, $R_{Th} = 1\ \Omega$. Portanto, $i_L(0-)$ obtido da **Fig. 7.5c** é $i_L(0-) = 4/3$ A.

O circuito para $t > 0$ é mostrado na **Fig. 7.5d**. A fonte independente de 4 V e o resistor de 2 ohms em série com ela não têm mais impacto no circuito resultante. A equação da LKT para o circuito é

$$-V_{F_1} + R_1 i(t) + L\frac{di(t)}{dt} + R_3 i(t) = 0$$

Com os valores dos componentes, essa equação passa a

$$\frac{di(t)}{dt} + 2i(t) = 6$$

cuja solução é da forma

$$i(t) = K_1 + K_2 e^{-t/\tau}$$

Substituindo essa solução na equação diferencial, temos

$$K_1 = 3$$

$$\tau = \frac{1}{2}$$

Portanto,

$$i(t) = (3 + K_2 e^{-2t})\,\text{A}$$

O valor desta função na condição inicial é

$$i_L(0-) = i_L(0+) = i(0) = \frac{4}{3}\,\text{A}$$

o que nos permite obter

$$K_2 = \frac{-5}{3}$$

Logo,

$$i(t) = \left(3 - \frac{5}{3}\,\text{e}^{-2t}\right)\,\text{A}$$

e, então,

$$v_s(t) = 6 - \frac{10}{3}\,e^{-2t}\,\text{V}$$

Um gráfico da tensão $v_s(t)$ é mostrado na **Fig. 7.5e**.

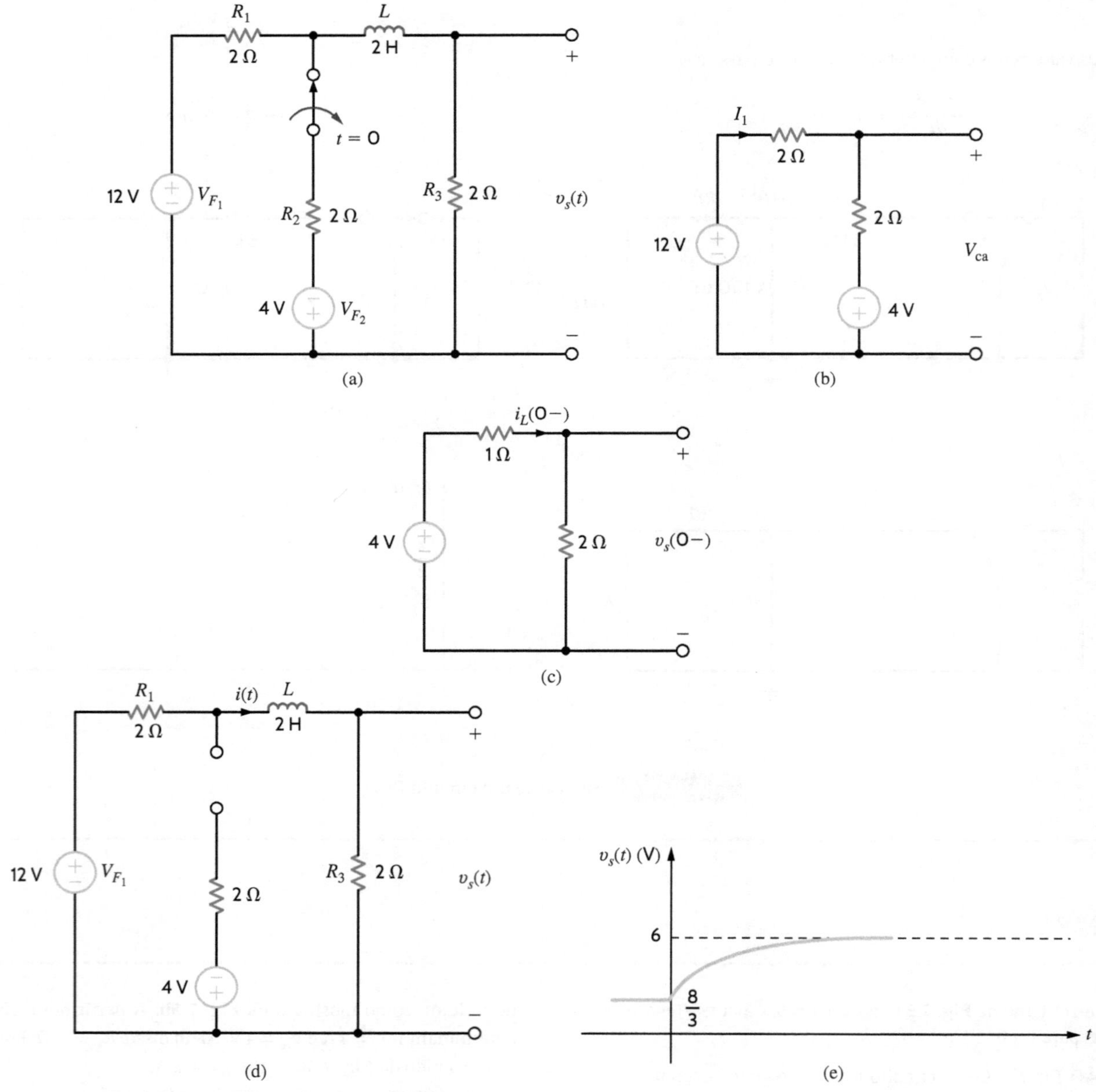

FIGURA 7.5 Análise de um circuito *RL*.

Avaliação da Aprendizagem

E7.1 Determine $v_C(t)$ para $t > 0$ no circuito mostrado na Fig. E7.1.

Resposta:

$v_C(t) = 8e^{-t/0,6}$ V.

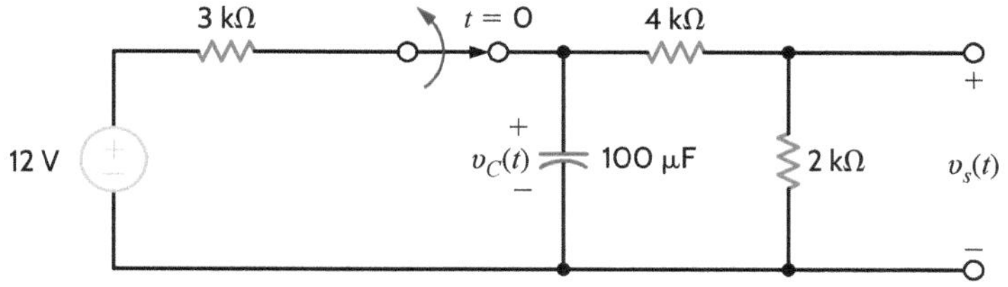

FIGURA E7.1

E7.2 Use a abordagem de equação diferencial para calcular $v_s(t)$ para $t > 0$ na Fig. E7.2. Desenhe um gráfico da resposta.

Resposta:

$v_s(t) = 12 - 5e^{-t/0,015}$ V.

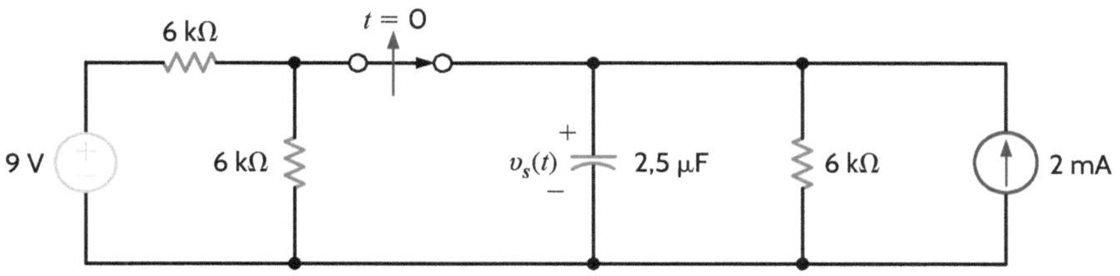

FIGURA E7.2

E7.3 No circuito mostrado na Fig. E7.3, a chave é aberta em $t = 0$. Determine $i_1(t)$ para $t > 0$.

Resposta:

$i_1(t) = 1e^{-9t}$ A.

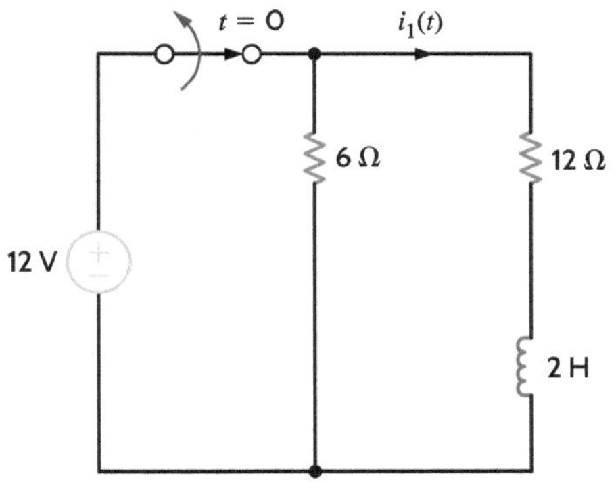

FIGURA E7.3

E7.4 Use a abordagem de equação diferencial para calcular $i(t)$ para $t > 0$ na Fig. E7.4.

Resposta:

$i(t) = -2 + 6e^{-t/5\times10^{-6}}$ mA.

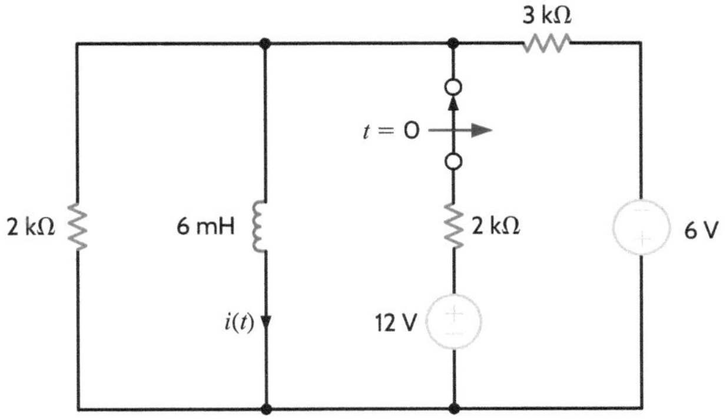

FIGURA E7.4

Técnicas de Análise: Passo a Passo

Na técnica de análise anterior, deduzimos a equação diferencial para a tensão no capacitor ou corrente no indutor, resolvemos a equação diferencial e usamos a solução para determinar a variável incógnita no circuito. Na técnica muito metódica que descreveremos agora, usaremos o fato de a Eq. (7.11) ser a forma da solução e empregaremos análise de circuitos para determinar as constantes K_1, K_2 e τ.

Da Eq. (7.11), notamos que, quando $t \to \infty$, $e^{-at} \to 0$ e $x(t) = K_1$. Portanto, se o circuito for resolvido para a variável $x(t)$ em regime permanente (ou seja, $t \to \infty$) com o capacitor substituído por um circuito aberto [v é constante e, portanto, $i = C(dv/dt) = 0$] ou o indutor substituído por um curto-circuito [i é constante e, assim, $v = L(di/dt) = 0$], a solução será $x(t) = K_1$. Com a remoção do capacitor ou do indutor, o circuito se reduz a um circuito CC com fontes e resistores constantes; logo, apenas a análise CC é necessária para obtenção da solução de estado estacionário.

A constante K_2 na Eq. (7.11) também pode ser obtida da solução de um circuito CC em que um capacitor é substituído por uma fonte de tensão ou um indutor é substituído por uma fonte de corrente. O valor da fonte de tensão para o capacitor ou da fonte de corrente para o indutor é um valor conhecido em um instante de tempo. Em geral, usamos o valor da condição inicial, geralmente conhecido, embora possamos usar o valor em qualquer instante de tempo. Esse valor pode ser obtido de diversas maneiras e, muitas vezes, é listado como dado de entrada em uma especificação do problema. No entanto, uma situação mais provável é a resultante do acionamento de uma chave no circuito, e o valor inicial da tensão no capacitor ou corrente no indutor é determinado a partir do circuito anterior (ou seja, antes de a chave ser acionada). Normalmente, assumimos que o circuito anterior alcançou o estado estacionário e, portanto, a tensão no capacitor ou a corrente no indutor pode ser obtida exatamente da mesma forma usada para determinar K_1.

Por fim, o valor da constante de tempo pode ser calculado determinando a resistência equivalente de Thévenin nos terminais do elemento de armazenamento. Assim, $\tau = R_{Th}C$, para um circuito RC, e $\tau = L/R_{Th}$, para um circuito RL.

A seguir, apresentaremos este procedimento em um roteiro passo a passo.

Estratégia para a Solução de Problemas

Uso da Abordagem Passo a Passo

PASSO 1 Assumir uma solução para a variável $x(t)$ na forma $x(t) = K_1 + K_2e^{-t/\tau}$.

PASSO 2 Assumindo que o circuito original alcançou o estado estacionário antes de uma chave ser acionada (produzindo, assim, um novo circuito), desenhar este circuito anterior com o capacitor substituído por um circuito aberto ou o indutor substituído por um curto-circuito. Calcular a tensão no capacitor, $v_C(0-)$, ou a corrente no indutor, $i_L(0-)$, antes do acionamento da chave.

PASSO 3 Lembrar do Capítulo 6 que a tensão em um capacitor e a corrente que flui por um indutor não podem sofrer alteração em tempo zero. Desenhar o circuito válido para $t = 0+$ com as chaves em suas novas posições. Substituir um capacitor por uma fonte de tensão $v_C(0+) = v_C(0-)$, ou um indutor por uma fonte de corrente de valor $i_L(0+) = i_L(0-)$. Calcular o valor inicial da variável $x(0+)$.

PASSO 4 Assumindo que o estado estacionário tenha sido alcançado após o acionamento das chaves, desenhar o circuito equivalente, válido para $t > 5\tau$, substituindo o capacitor por um circuito aberto ou o indutor por um curto-circuito. Calcular para o valor de estado estacionário da variável.

$$x(t)|_{t > 5\tau} \doteq x(\infty)$$

PASSO 5 Como será a mesma para todas as tensões e correntes no circuito, a constante de tempo pode ser obtida reduzindo todo o circuito a um simples circuito em série, com uma fonte de tensão, um resistor e um elemento de armazenamento (isto é, capacitor ou indutor), e formando um circuito equivalente de Thévenin nos terminais do elemento de armazenamento. Este circuito equivalente de Thévenin é obtido olhando para circuito a partir dos terminais do elemento de armazenamento. A constante de tempo de um circuito com um capacitor é $\tau = R_{Th}C$, e de um circuito com um indutor, $\tau = L/R_{Th}$.

PASSO 6 Usando os resultados dos passos 3, 4 e 5, avaliar as constantes no passo 1 como

$$x(0+) = K_1 + K_2$$
$$x(\infty) = K_1$$

Portanto, $K_1 = x(\infty)$, $K_2 = x(0+) - x(\infty)$, e a solução é dada como

$$x(t) = x(\infty) + [x(0+) - x(\infty)]e^{-t/\tau}$$

Ter em mente que esta forma de solução se aplica apenas a um circuito de primeira ordem com fontes CC. Se as fontes não forem CC, a resposta forçada será diferente. Geralmente, a resposta forçada tem a mesma forma das funções forçantes (fontes) e suas derivadas.

EXEMPLO 7.3

Considere o circuito mostrado na **Fig. 7.6a**, que se encontra em regime permanente antes do tempo $t = 0$, instante em que a chave é fechada. Calcule a corrente $i(t)$ para $t > 0$.

SOLUÇÃO

PASSO 1 $i(t)$ é da forma $K_1 + K_2e^{-t/\tau}$.

PASSO 2 A tensão inicial no capacitor é calculada da **Fig. 7.6b** como

$$v_C(0-) = 36 - (2)(2)$$
$$= 32\text{ V}$$

PASSO 3 O novo circuito, válido apenas para $t = 0+$, é mostrado na **Fig. 7.6c**. O valor da fonte de tensão que substitui o capacitor é $v_C(0-) = v_C(0+) = 32$ V. Portanto,

$$i(0+) = \frac{32}{6\text{k}}$$
$$= \frac{16}{3}\text{ mA}$$

PASSO 4 O circuito equivalente, válido para $t > 5\tau$, é mostrado na **Fig. 7.6d**. A corrente $i(\infty)$ produzida pela fonte de 36 V é

$$i(\infty) = \frac{36}{2\text{k} + 6\text{k}}$$
$$= \frac{9}{2}\text{ mA}$$

PASSO 5 A resistência equivalente de Thévenin, obtida olhando para os terminais do capacitor em circuito aberto na **Fig. 7.6e**, é

$$R_{\text{Th}} = \frac{(2\text{k})(6\text{k})}{2\text{k} + 6\text{k}} = \frac{3}{2}\text{ k}\Omega$$

Assim, a constante de tempo do circuito é

$$\tau = R_{\text{Th}}C$$
$$= \left(\frac{3}{2}\right)(10^3)(100)(10^{-6})$$
$$= 0{,}15\text{ s}$$

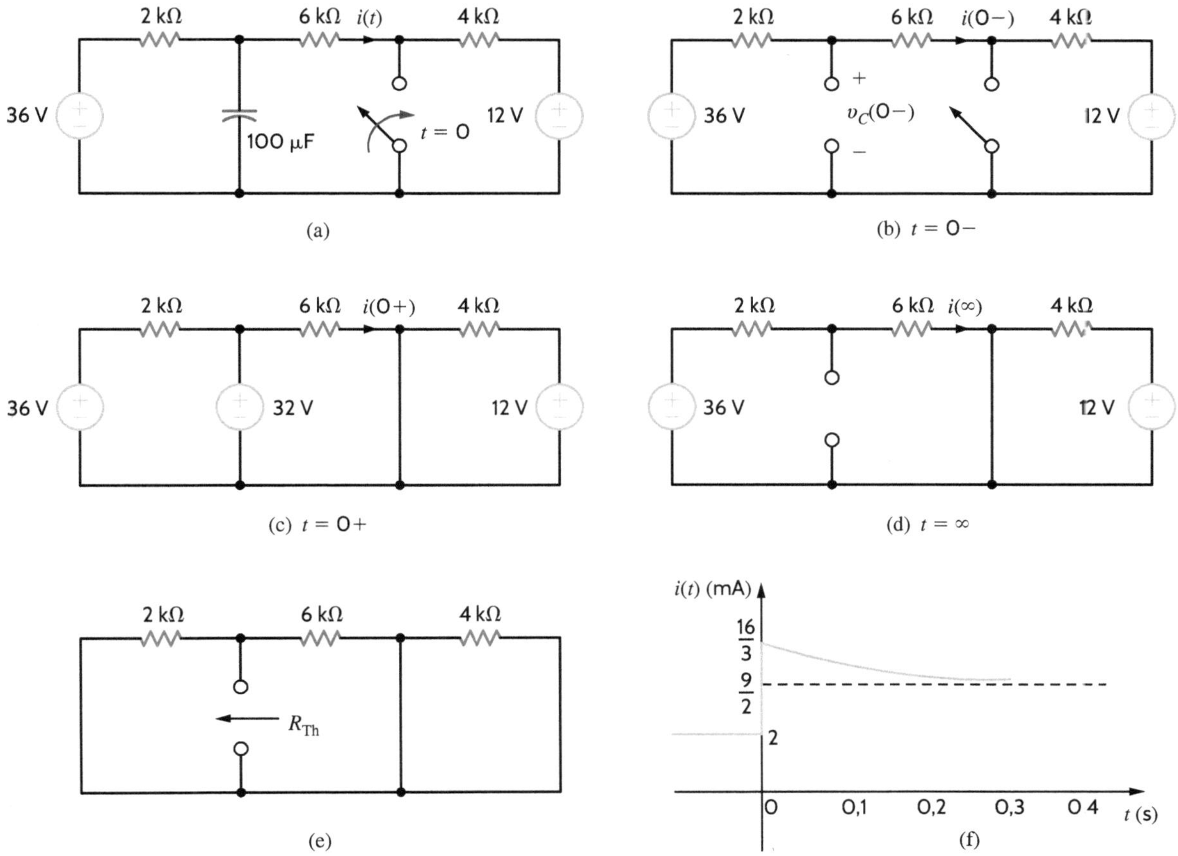

FIGURA 7.6 Análise de um circuito transiente RC com função forçante constante.

PASSO 6

$$K_1 = i(\infty) = \frac{9}{2}\text{ mA}$$

$$K_2 = i(0+) - i(\infty) = i(0+) - K_1$$

$$= \frac{16}{3} - \frac{9}{2}$$

$$= \frac{5}{6}\text{ mA}$$

Portanto,

$$i(t) = \frac{36}{8} + \frac{5}{6}e^{-t/0{,}15}\text{ mA}$$

O gráfico resultante é mostrado na **Fig. 7.7** e pode ser comparado ao esboço na **Fig. 7.6f**. Um exame da Fig. 7.6f indica mais uma vez que, embora a tensão no capacitor seja contínua em $t = 0$, a corrente $i(t)$ no resistor de 6 kΩ salta de 2 mA para 5 1/3 mA em $t = 0$ e, finalmente, decai para 4 1/2 mA.

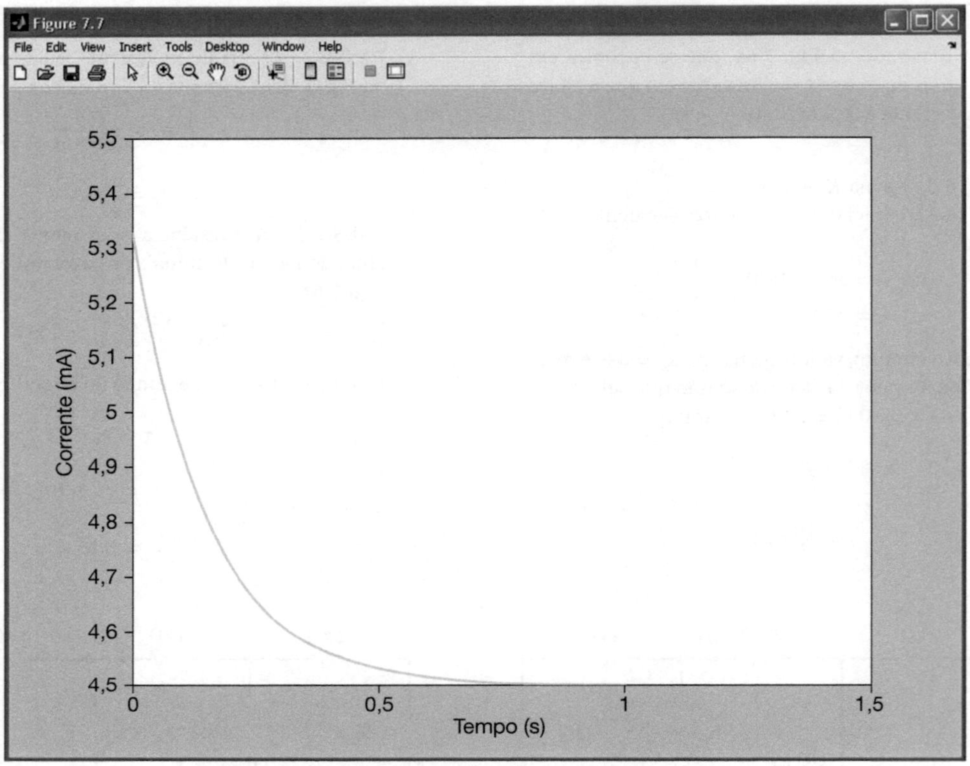

FIGURA 7.7 Gráfico do Exemplo 7.3.

EXEMPLO 7.4

Admitindo que o circuito mostrado na **Fig. 7.8a** estivesse em condição de regime permanente antes do fechamento da chave em $t = 0$, calcule a tensão $v(t)$ para $t > 0$.

SOLUÇÃO

PASSO 1 $v(t)$ é da forma $K_1 + K_2e^{-t/\tau}$.

PASSO 2 Na **Fig. 7.8b**, vemos que

$$i_L(0-) = \frac{24}{4 + \frac{(6)(3)}{6+3}}\left(\frac{6}{6+3}\right)$$

$$= \frac{8}{3}\text{ A}$$

PASSO 3 O novo circuito, válido apenas para $t = 0+$, é mostrado na **Fig. 7.8c**, que é equivalente ao circuito na **Fig. 7.8d**. O valor da fonte de corrente que substitui o indutor é $i_L(0-) = i_L(0+) = 8/3$ A. A tensão de nó $v_1(0+)$ pode ser determinada a partir do circuito na Fig. 7.8d usando a equação de um único nó, e $v(0+)$ é igual à diferença entre a tensão da fonte e $v_1(0+)$. A equação para $v_1(0+)$ é

$$\frac{v_1(0+) - 24}{4} + \frac{v_1(0+)}{6} + \frac{8}{3} + \frac{v_1(0+)}{12} = 0$$

ou

$$v_1(0+) = \frac{20}{3}\text{ V}$$

Então,

$$v(0+) = 24 - v_1(0+)$$

$$= \frac{52}{3}\text{ V}$$

PASSO 4 O circuito equivalente para a condição de regime permanente após o fechamento da chave é mostrado na **Fig. 7.8e**. Os resistores de 6, 12, 1 e 2 Ω estão em curto, de modo que $v(\infty) = 24$ V.

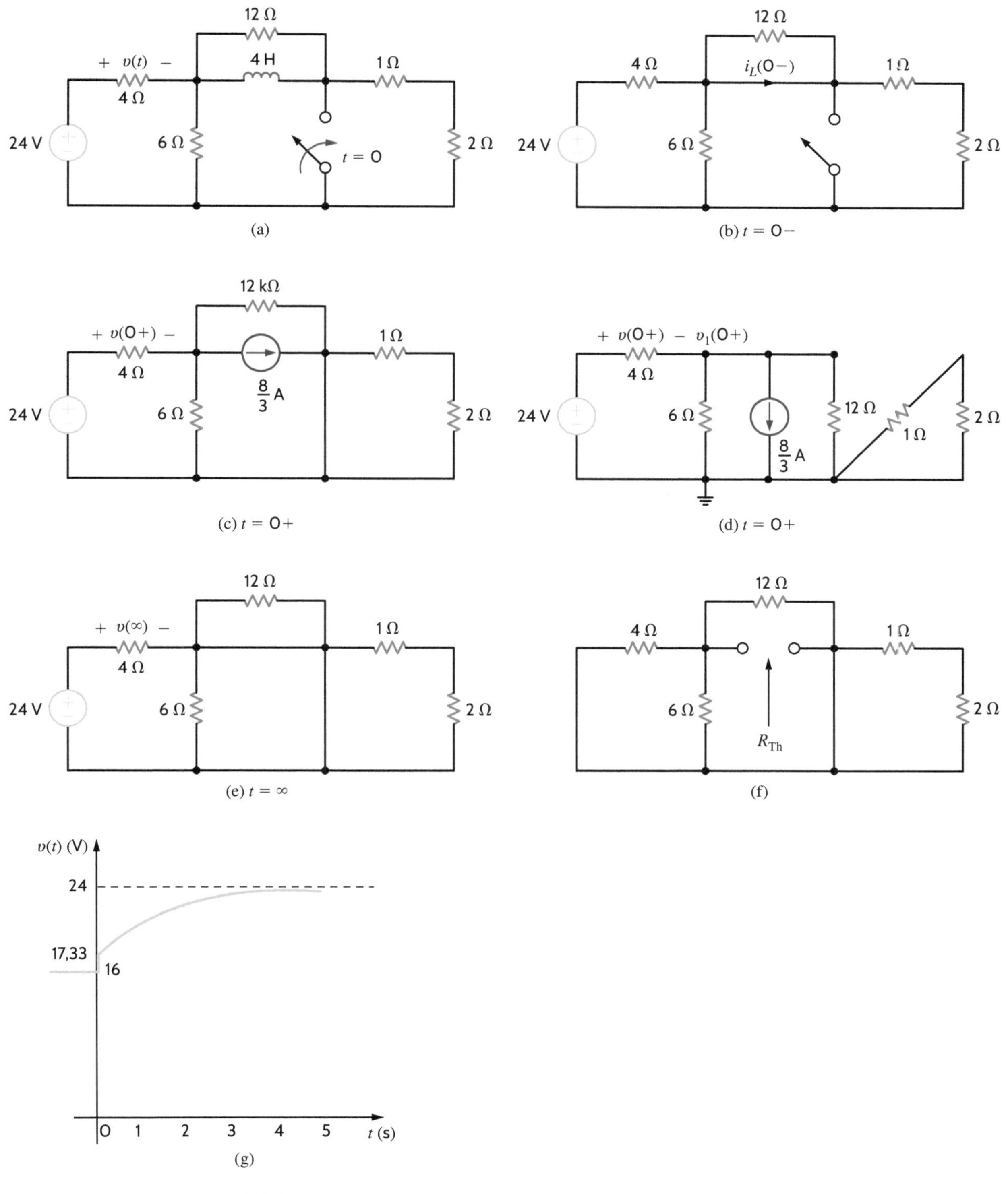

FIGURA 7.8 Análise de um circuito transiente *RL* com função forçante constante.

PASSO 5 A resistência equivalente de Thévenin é obtida olhando para o circuito a partir dos terminais do indutor. Este circuito é mostrado na **Fig. 7.8f**. Vemos que R_{Th} é igual à combinação dos resistores de 4, 6 e 12 Ω em paralelo. Logo, $R_{Th} =$ 2 Ω; com isso, a constante de tempo do circuito é

$$\tau = \frac{L}{R_{Th}} = \frac{4}{2} = 2 \text{ s}$$

PASSO 6 Da análise anterior, temos

$$K_1 = v(\infty) = 24$$
$$K_2 = v(0+) - v(\infty) = -\frac{20}{3}$$

logo:

$$v(t) = 24 - \frac{20}{3} e^{-t/2} \text{V}$$

Na **Fig. 7.8g**, vemos que o valor de $v(t)$ antes do fechamento da chave é 16 V. Esse valor salta para 17,33 V em $t = 0$. Um gráfico desta função para $t > 0$ é mostrado na **Fig. 7.9**.

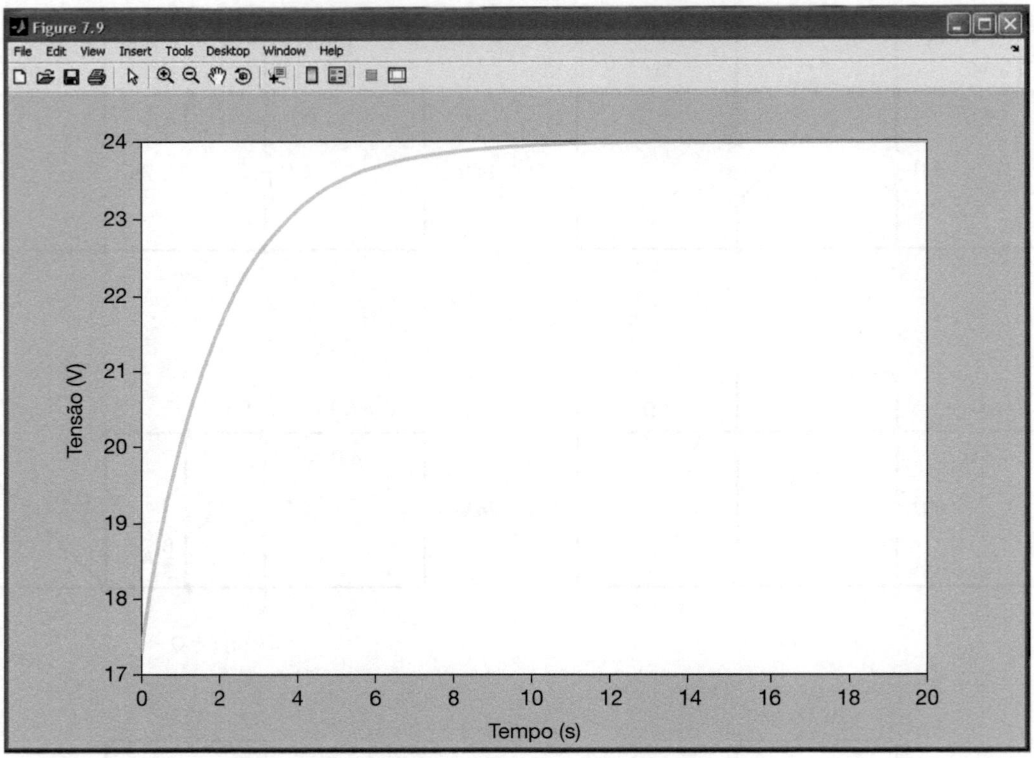

FIGURA 7.9 Gráfico para o Exemplo 7.4.

Avaliação da Aprendizagem

E7.5 Considere o circuito na Fig. E7.5. A chave é aberta em $t = 0$. Determine $v_s(t)$ para $t > 0$.

Resposta:

$$v_s(t) = \frac{24}{5} + \frac{1}{5}e^{-(5/8)t}\ \text{V}.$$

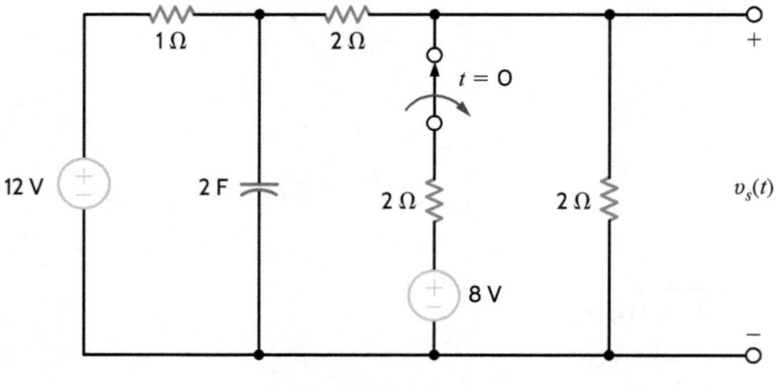

FIGURA E7.5

E7.6 Considere o circuito na Fig. E7.6, no qual a chave é aberta em $t = 0$. Determine a tensão de saída $v_s(t)$ para $t > 0$.

Resposta:

$$v_s(t) = 6 - \frac{10}{3}e^{-2t}\ \text{V}.$$

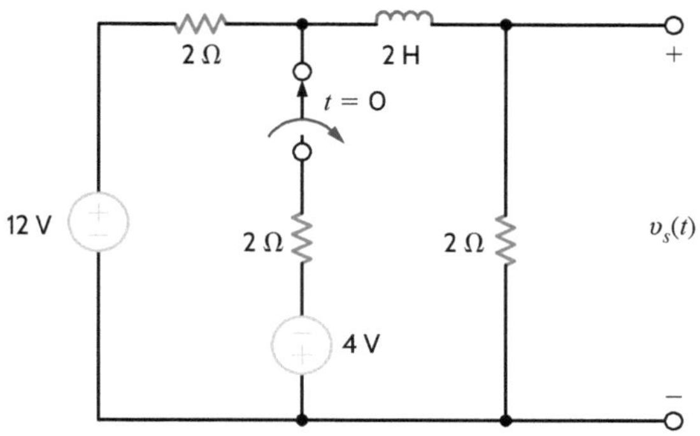

FIGURA E7.6

E7.7 Usando o método passo a passo, determine $v_s(t)$ para $t > 0$ na Fig. E7.7.

Resposta:

$v_s(t) = -3{,}33e^{-t/0{,}06}$ V.

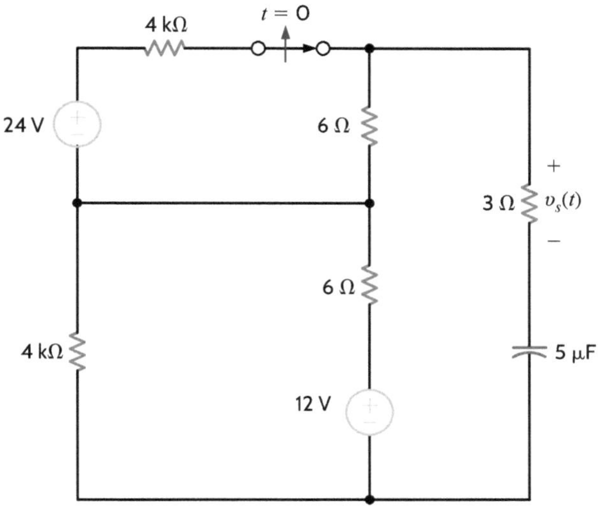

FIGURA E7.7

E7.8 Usando o método passo a passo, determine $i_s(t)$ para $t > 0$ na Fig. E7.8.

Resposta:

$i_s(t) = 2{,}1 - 0{,}6e^{-t/0{,}001}$ A.

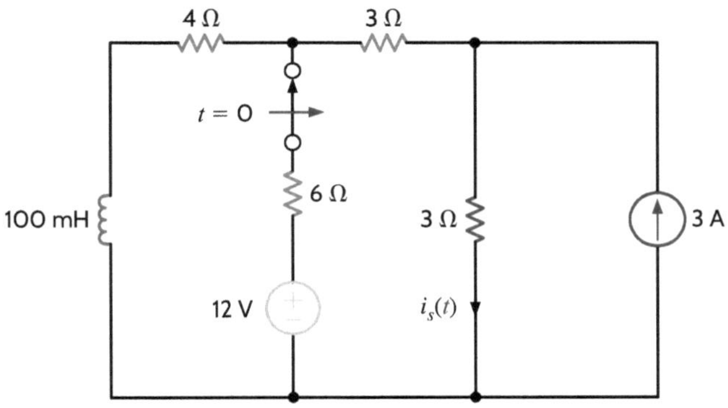

FIGURA E7.8

EXEMPLO 7.5

O circuito mostrado na **Fig. 7.10a** atingiu o estado estacionário com a chave na posição 1. No instante $t = 0$, a chave é movida da posição 1 para a posição 2. Calcule $v_s(t)$ para $t > 0$.

SOLUÇÃO

PASSO 1 $v_s(t)$ é da forma $K_1 + K_2e^{-t/\tau}$.

PASSO 2 Usando o circuito na **Fig. 7.10b**, podemos calcular $i_L(0-)$:

$$i_A = \frac{12}{4} = 3 \text{ A}$$

Então,

$$i_L(0-) = \frac{12 + 2i_A}{6} = \frac{18}{6} = 3 \text{ A}$$

PASSO 3 O novo circuito, válido apenas para $t = 0+$, é mostrado na **Fig. 7.10c**. O valor da fonte de corrente que substitui o indutor é $i_L(0-) = i_L(0+) = 3$ A. Em razão da fonte de corrente,

$$v_s(0+) = (3)(6) = 18 \text{ V}$$

PASSO 4 O circuito equivalente para a condição de regime permanente após o fechamento da chave é mostrado na **Fig. 7.10d.** Usando as tensões e correntes definidas na figura, podemos calcular $v_s(\infty)$ de diferentes formas. Por exemplo, usando equações nodais, podemos calcular $v_s(\infty)$ de

$$\frac{v_B - 36}{2} + \frac{v_B}{4} + \frac{v_B + 2i'_A}{6} = 0$$

$$i'_A = \frac{v_B}{4}$$

$$v_s(\infty) = v_B + 2i'_A$$

ou, usando equações de malha,

$$36 = 2(i_1 + i_2) + 4i_1$$

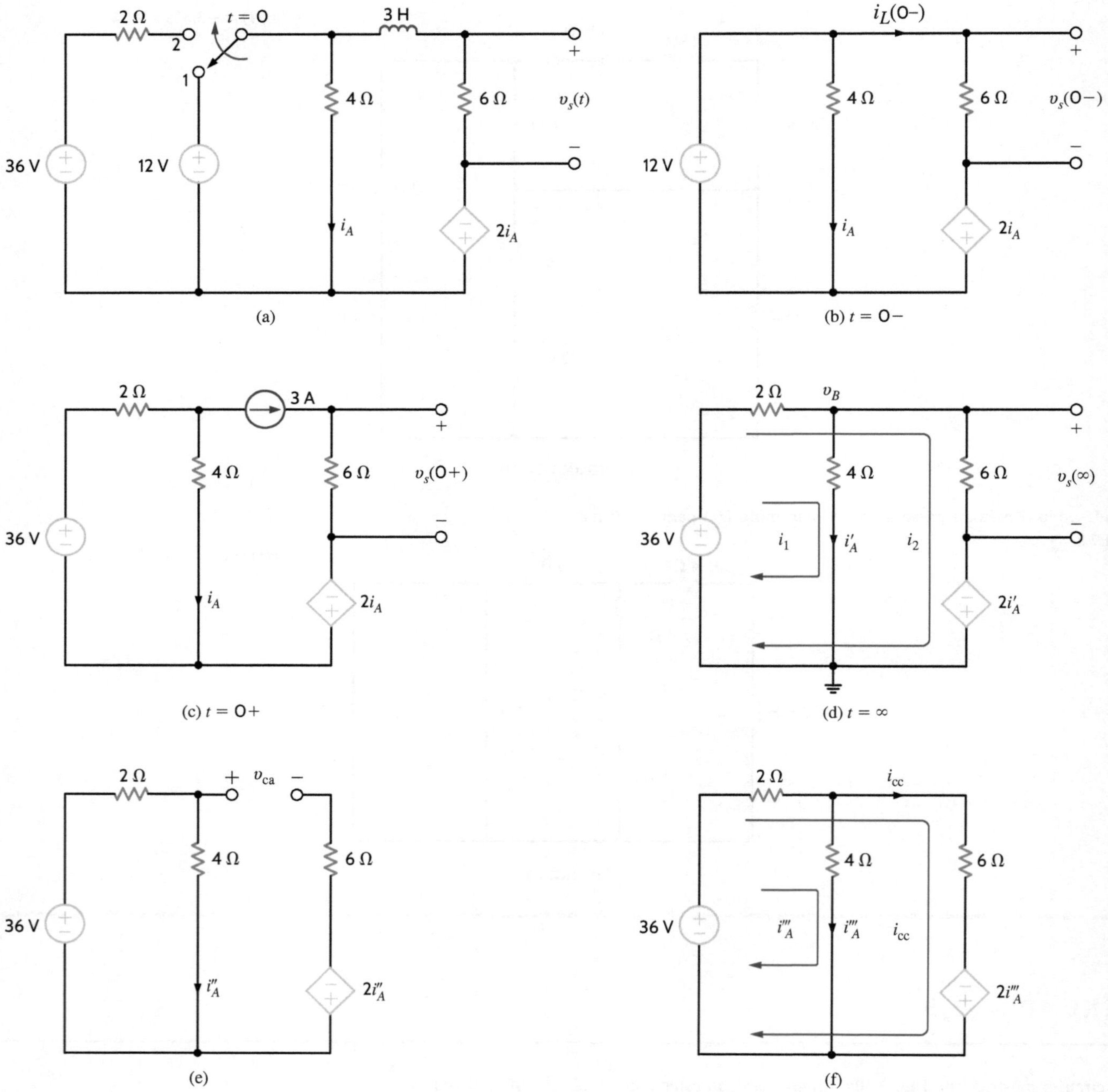

FIGURA 7.10 Análise de um circuito transiente *RL* contendo uma fonte dependente.

$$36 = 2(i_1 + i_2) + 6i_2 - 2i_1$$
$$v_s(\infty) = 6i_2$$

Usando qualquer uma das abordagens, obtemos $v_s(\infty) = 27$ V.

PASSO 5 A resistência equivalente de Thévenin pode ser obtida de v_{ca} e i_{cc} em função da presença da fonte dependente. Da **Fig. 7.10e**, vemos que

$$i''_A = \frac{36}{2+4} = 6 \text{ A}$$

Portanto,

$$v_{ca} = (4)(6) + 2(6)$$
$$= 36 \text{ V}$$

Da **Fig. 7.10f**, podemos escrever as seguintes equações de malha (idênticas às do passo 4):

$$36 = 2(i'''_A + i_{cc}) + 4i'''_A$$
$$36 = 2(i'''_A + i_{cc}) + 6i_{cc} - 2i'''_A$$

Resolvendo essas equações para i_{cc}, temos

$$i_{cc} = \frac{9}{2} \text{ A}$$

Portanto,

$$R_{Th} = \frac{v_{ca}}{i_{cc}} = \frac{36}{9/2} = 8 \ \Omega$$

Com isso, a constante de tempo do circuito é

$$\tau = \frac{L}{R_{Th}} = \frac{3}{8} \text{ s}$$

PASSO 6 Usando as informações que acabamos de obter, podemos deduzir a equação final para $v_s(t)$:

$$K_1 = v_s(\infty) = 27$$
$$K_2 = v_s(0+) - v_s(\infty) = 18 - 27 = -9$$

Logo,

$$v_s(t) = 27 - 9e^{-t/(3/8)} \text{ V}$$

Avaliação da Aprendizagem

E7.9 A chave na Fig. E7.9 é fechada em $t = 0$; determine $v_s(t)$ para $t > 0$.

Resposta:

$v_s(t) = 24 + 36e^{-(t/12)}$ V.

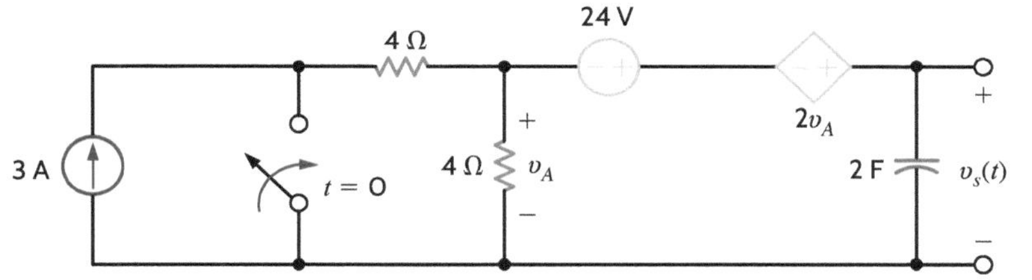

FIGURA E7.9

E7.10 Usando o método passo a passo, determine $i_s(t)$ para $t > 0$ na Fig. E7.10.

Resposta:

$i_s(t) = 1{,}5 + 0{,}2143\, e^{-(t/0{,}7)}$ mA.

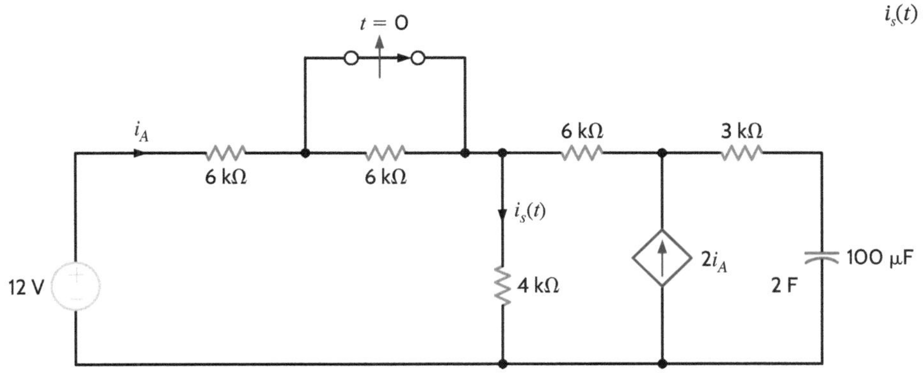

FIGURA E7.10

Neste ponto, vale ressaltar que nem todos os acionamentos de chaves ocorrerão no tempo $t = 0$; podem ocorrer a qualquer instante t_0. Neste caso, os resultados da análise passo a passo produzem as seguintes equações:

$$x(t_0) = K_1 + K_2$$

$$x(\infty) = K_1$$

e

$$x(t) = x(\infty) + [x(t_0) - x(\infty)]e^{-(t - t_0)/\tau} \quad t > t_0$$

A função é basicamente deslocada de t_0 segundos no tempo.

Por fim, observemos que, para obter a resposta total quando o circuito contém mais de uma fonte independente, podemos simplesmente empregar a superposição.

Resposta ao Pulso

Até aqui, examinamos circuitos aos quais uma fonte de tensão ou corrente é aplicada repentinamente. Em resposta à repentina aplicação de uma fonte, tensões ou correntes no circuito sofrem mudança abrupta. Uma função forçante cujo valor muda de forma descontínua ou tem uma derivada descontínua é chamada de *função singular*. Duas funções singulares muito importantes na análise de circuitos são a função impulso unitário e a função degrau unitário. Iremos adiar a discussão da função impulso unitário para um capítulo posterior e nos concentrar na função degrau unitário.

A *função degrau unitário* é definida pela seguinte relação matemática:

$$u(t) = \begin{cases} 0 & t < 0 \\ 1 & t > 0 \end{cases}$$

Em outras palavras, esta função, que é adimensional, é igual a zero para valores negativos do argumento e igual a 1 para valores positivos do argumento. A função é indefinida para o argumento zero, onde é descontínua. Um gráfico do degrau unitário é mostrado na **Fig. 7.11a**.

O degrau unitário é adimensional e, portanto, um degrau de tensão de V_o volts ou um degrau de corrente de I_o ampères é escrito como $V_o u(t)$ ou $I_o u(t)$, respectivamente. Circuitos equivalentes para um degrau de tensão são mostrados nas **Figs. 7.11b** e **c**. Circuitos equivalentes para um degrau de corrente são mostrados nas **Figs. 7.11d** e **e**. Usando a definição de degrau unitário, podemos generalizar essa função substituindo o argumento t por $t - t_0$. Nesse caso,

$$u(t - t_0) = \begin{cases} 0 & t < t_0 \\ 1 & t > t_0 \end{cases}$$

Um gráfico desta função é mostrado na **Fig. 7.11f**. Vemos que $u(t - t_0)$ equivale a atrasar $u(t)$ em t_0 segundos, de modo que a mudança abrupta ocorra no instante $t = t_0$.

As funções degrau podem ser usadas para construir um ou mais pulsos. Por exemplo, o pulso de tensão mostrado na **Fig. 7.12a** pode ser formulado iniciando um degrau unitário em $t = 0$ e subtraindo um degrau que começa em $t = T$, como mostrado na **Fig. 7.12b**. A equação do pulso é

$$v(t) = A[u(t) - u(t - T)]$$

Para um pulso que começa em $t = t_0$ e tem largura T, a equação passa a:

$$v(t) = A\{u(t - t_0) - u[t - (t_0 + T)]\}$$

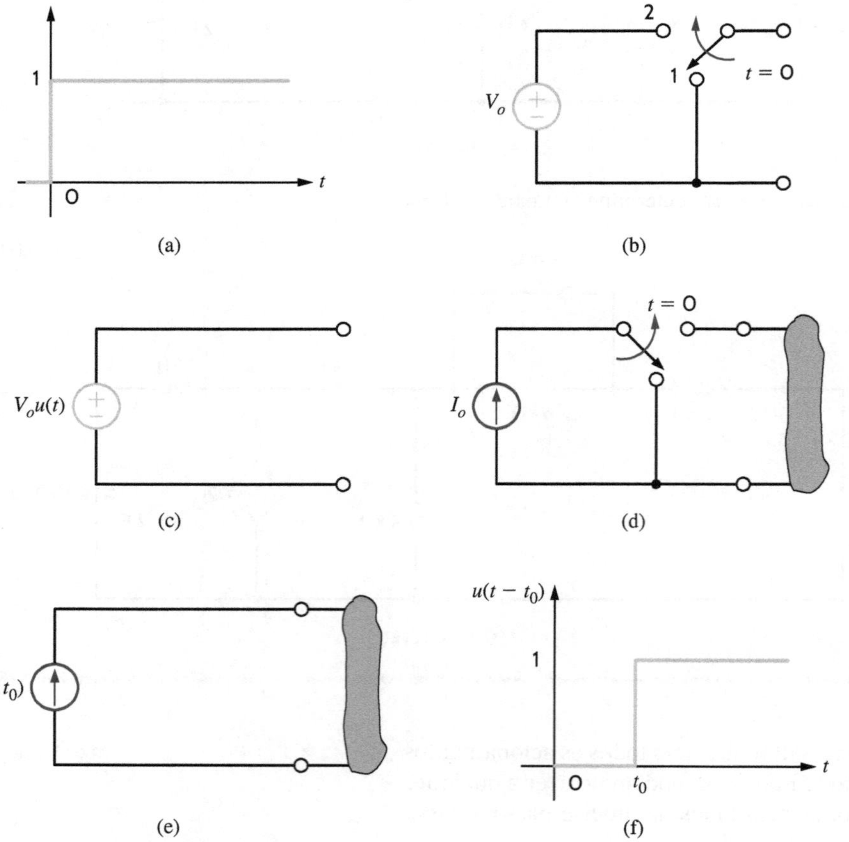

FIGURA 7.11 Gráficos e modelos da função degrau unitário.

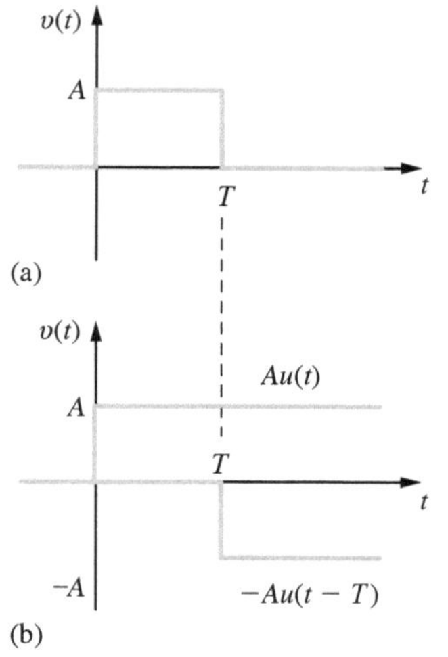

FIGURA 7.12 Construção de um pulso com duas funções degrau.

Com essa abordagem, podemos escrever a equação para um pulso que começa em um instante de tempo arbitrário e termina em outro instante de tempo arbitrário. Da mesma forma, usando essa abordagem, podemos escrever a equação para uma série de pulsos, chamada *trem de pulsos*, simplesmente formando um somatório de pulsos, cada um construído como ilustrado.

O exemplo a seguir ilustra muitos dos conceitos que acabamos de apresentar.

EXEMPLO 7.6

Considere o circuito mostrado na **Fig. 7.13a**. A função de entrada é o pulso de tensão mostrado na **Fig. 7.13b**. Como a fonte é zero para todo tempo negativo, as condições iniciais para o circuito são zero [isto é, v_C (0−) = 0]. A resposta $v_s(t)$ para $0 < t < 0{,}3$ s é resultado da aplicação da fonte constante em $t = 0$ e não é influenciada por qualquer mudança de fonte que ocorra posteriormente. Em $t = 0{,}3$ s, a função forçante torna-se zero e, portanto, $v_s(t)$ para $t > 0{,}3$ s é a resposta sem fonte ou resposta natural do circuito.

Determine a expressão para a tensão $v_s(t)$.

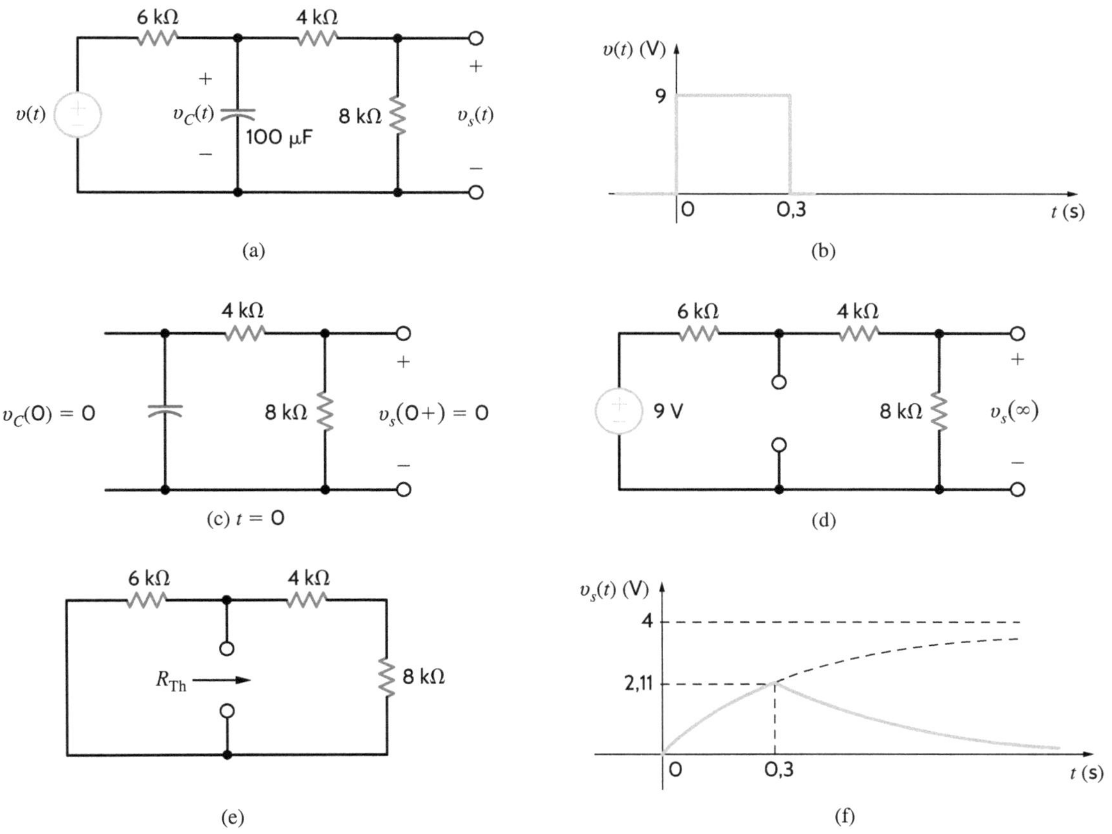

FIGURA 7.13 Resposta de um circuito a um pulso.

SOLUÇÃO Como a tensão de saída $v_s(t)$ é uma divisão de tensão da tensão no capacitor, e a tensão inicial no capacitor é zero, sabemos que $v_s(0+) = 0$, como mostrado na **Fig. 7.13c.**

Se a fonte não sofresse nenhuma mudança após $t = 0$, o valor de estado estacionário de $v_s(t)$ [isto é, $v_s(\infty)$] resultante da aplicação do degrau unitário em $t = 0$ seria

$$\begin{aligned} v_s(\infty) &= \frac{9}{6\text{k} + 4\text{k} + 8\text{k}}(8\text{k}) \\ &= 4\ \text{V} \end{aligned}$$

como mostrado na **Fig. 7.13d.**

A resistência equivalente de Thévenin é

$$\begin{aligned} R_{\text{Th}} &= \frac{(6\text{k})(12\text{k})}{6\text{k} + 12\text{k}} \\ &= 4\ \text{k}\Omega \end{aligned}$$

como ilustrado na **Fig. 7.13e.**

A constante de tempo do circuito τ é

$$\begin{aligned} \tau &= R_{\text{Th}}C \\ &= (4)(10^3)(100)(10^{-6}) \\ &= 0{,}4\ \text{s} \end{aligned}$$

Portanto, a resposta $v_s(t)$ para o período $0 < t < 0{,}3$ s é

$$v_s(t) = 4 - 4e^{-t/0{,}4}\ \text{V} \qquad 0 < t < 0{,}3\ \text{s}$$

A tensão no capacitor pode ser calculada a partir da divisão de tensão, $v_s(t) = 2/3\ v_C(t)$:

$$v_C(t) = \frac{3}{2}(4 - 4e^{-t/0{,}4})\ \text{V}$$

Como a tensão do capacitor é contínua,

$$v_C(0{,}3-) = v_C(0{,}3+)$$

então,

$$\begin{aligned} v_s(0{,}3+) &= \frac{2}{3}v_C(0{,}3-) \\ &= 4(1 - e^{-0{,}3/0{,}4}) \\ &= 2{,}11\ \text{V} \end{aligned}$$

Como a fonte é zero para $t > 0{,}3$ s, o valor final para $v_s(t)$ quando $t \to \infty$ é zero. Assim, a expressão para $v_s(t)$ para $t > 0{,}3$ s é

$$v_s(t) = 2{,}11e^{-(t-0{,}3)/0{,}4}\ \text{V} \qquad t > 0{,}3\ \text{s}$$

O termo $e^{-(t-0{,}3)/0{,}4}$ indica que o decaimento exponencial começa em $t = 0{,}3$ s. A solução completa pode ser escrita por superposição:

$$v_s(t) = 4(1 - e^{-t/0{,}4})u(t) - 4(1 - e^{-(t-0{,}3)/0{,}4})u(t - 0{,}3)\ \text{V}$$

ou, equivalentemente, a solução completa é

$$v_s(t) = \begin{cases} 0 & t < 0 \\ 4(1 - e^{-t/0{,}4})\ \text{V} & 0 < t < 0{,}3\ \text{s} \\ 2{,}11e^{-(t-0{,}3)/0{,}4}\ \text{V} & 0{,}3\ \text{s} < t \end{cases}$$

Na forma matemática, essa solução é escrita como:

$$v_s(t) = 4(1 - \text{e}^{-t/0{,}4})[u(t) - u(t - 0{,}3)] + 2{,}11e^{-(t-0{,}3)/0{,}4}u(t - 0{,}3)\ \text{V}$$

O termo $[u(t) - u(t - 0{,}3)]$ age como uma função de porta que captura apenas a parte da resposta ao degrau que existe no intervalo de tempo $0 < t < 0{,}3$ s. A saída em função do tempo é mostrada na **Fig. 7.13f.**

Avaliação da Aprendizagem

E7.11 A fonte de tensão no circuito na Fig. E7.11a é mostrada na Fig. E7.11b. A corrente inicial no indutor deve ser zero. (Por quê?) Determine a tensão de saída $v_s(t)$ para $t > 0$.

Resposta:

$v_s(t) = 0$ para $t < 0$, $4(1 - e^{-(3/2)t})$ V para $0 \leqq t \leqq 1$ s, e $3{,}11e^{-(3/2)(t-1)}$ V para $t > 1$ s.

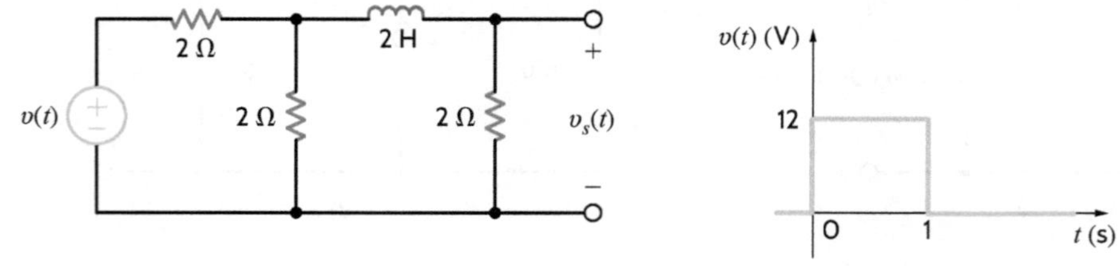

(a) (b)

FIGURA E7.11

7.3 Circuitos de Segunda Ordem

Equação Básica do Circuito

Inicialmente, consideremos os dois circuitos *RLC* básicos mostrados na **Fig. 7.14**. Assumimos que a energia pode ser inicialmente armazenada tanto no indutor quanto no capacitor. A equação nodal para o circuito *RLC* paralelo é

$$\frac{v}{R} + \frac{1}{L}\int_{t_0}^{t} v(x)\,dx + i_L(t_0) + C\frac{dv}{dt} = i_F(t)$$

Da mesma forma, a equação de malha para o circuito *RLC* série é

$$Ri + \frac{1}{C}\int_{t_0}^{t} i(x)\,dx + v_C(t_0) + L\frac{di}{dt} = v_F(t)$$

A equação para a tensão nodal no circuito paralelo tem a mesma forma que a equação para a corrente de malha no circuito em série. Portanto, a solução desses dois circuitos depende da solução de apenas uma equação. Derivando as duas equações com relação ao tempo, obtemos

$$C\frac{d^2v}{dt^2} + \frac{1}{R}\frac{dv}{dt} + \frac{v}{L} = \frac{di_F}{dt}$$

e

$$L\frac{d^2i}{dt^2} + R\frac{di}{dt} + \frac{i}{C} = \frac{dv_F}{dt}$$

Como os dois circuitos levam a uma equação diferencial de segunda ordem com coeficientes constantes, concentraremos nossa análise neste tipo de equação.

Equações de Resposta

De acordo com o desenvolvimento anterior da solução da equação diferencial de primeira ordem que resulta da análise de um circuito *RL* ou *RC*, empregaremos a mesma abordagem para obter a solução da equação diferencial de segunda ordem que resulta da análise de circuitos *RLC*. Como regra geral, para este caso, nos deparamos com uma equação da forma

$$\frac{d^2x(t)}{dt^2} + a_1\frac{dx(t)}{dt} + a_2x(t) = f(t) \qquad \textbf{7.12}$$

Mais uma vez, usamos o fato de que, se $x(t) = x_p(t)$ for uma solução da Eq. (7.12), e se $x(t) = x_c(t)$ for uma solução para a equação homogênea

$$\frac{d^2x(t)}{dt^2} + a_1\frac{dx(t)}{dt} + a_2x(t) = 0$$

então,

$$x(t) = x_p(t) + x_c(t)$$

é uma solução da Eq. (7.12). Se, novamente, nos limitarmos a uma função forçante constante [isto é, $f(t) = A$], o desenvolvimento no início deste capítulo mostra que a solução da Eq. (7.12) terá a forma

$$x(t) = \frac{A}{a_2} + x_c(t) \qquad \textbf{7.13}$$

Voltemos a atenção para a solução da equação homogênea

$$\frac{d^2x(t)}{dt^2} + a_1\frac{dx(t)}{dt} + a_2x(t) = 0$$

em que a_1 e a_2 são constantes. Para simplificar, vamos reescrever a equação na forma

$$\frac{d^2x(t)}{dt^2} + 2\zeta\omega_0\frac{dx(t)}{dt} + \omega_0^2x(t) = 0 \qquad \textbf{7.14}$$

em que fizemos as seguintes substituições para as constantes $a_1 = 2\zeta\omega_0$ e $a_2 = \omega_0^2$.

Seguindo o desenvolvimento anterior de uma solução para a equação diferencial homogênea de primeira ordem, a solução da Eq. (7.14) deve ser uma função cujas derivadas de primeira e de segunda ordens têm a mesma forma, de modo que o lado esquerdo da Eq. (7.14) se tornará identicamente zero para todo *t*. Novamente, assumimos que

$$x(t) = Ke^{st}$$

Substituindo esta expressão na Eq. (7.14), temos

$$s^2Ke^{st} + 2\zeta\omega_0 sKe^{st} + \omega_0^2Ke^{st} = 0$$

Dividindo os dois lados da equação por Ke^{st}, obtemos:

$$s^2 + 2\zeta\omega_0 s + \omega_0^2 = 0 \qquad \textbf{7.15}$$

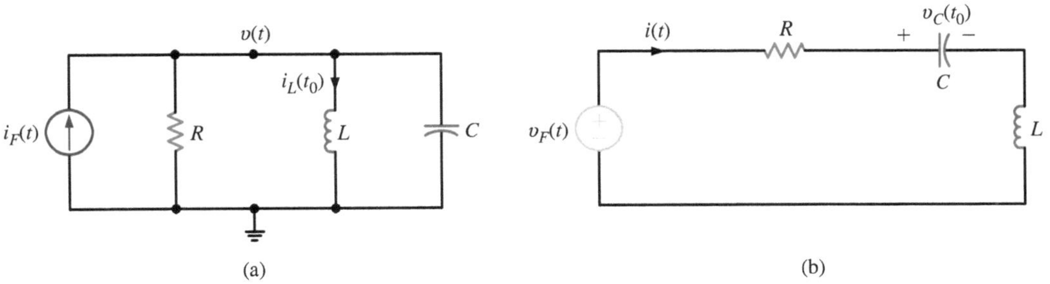

FIGURA 7.14 Circuitos *RLC* paralelo e série.

Essa equação é conhecida como *equação característica*: ζ é a *taxa de decaimento* exponencial e ω_0, a *frequência natural não amortecida*. A importância desta terminologia ficará clara à medida que prosseguirmos com o desenvolvimento. Se esta equação for satisfeita, a solução $x(t) = Ke^{st}$ que assumimos está correta. Empregando a fórmula quadrática, vemos que a Eq. (7.15) é satisfeita se

$$s = \frac{-2\zeta\omega_0 \pm \sqrt{4\zeta^2\omega_0^2 - 4\omega_0^2}}{2}$$

$$= -\zeta\omega_0 \pm \omega_0\sqrt{\zeta^2 - 1} \qquad \textbf{7.16}$$

Portanto, os dois valores de s que satisfazem a Eq. (7.15) são:

$$s_1 = -\zeta\omega_0 + \omega_0\sqrt{\zeta^2 - 1}$$
$$s_2 = -\zeta\omega_0 - \omega_0\sqrt{\zeta^2 - 1} \qquad \textbf{7.17}$$

Em geral, então, a solução complementar da Eq. (7.14) é da forma

$$x_c(t) = K_1 e^{s_1 t} + K_2 e^{s_2 t} \qquad \textbf{7.18}$$

K_1 e K_2 são constantes que podem ser calculadas a partir das condições iniciais $x(0)$ e $dx(0)/dt$. Por exemplo, como

$$x(t) = K_1 e^{s_1 t} + K_2 e^{s_2 t}$$

então,

$$x(0) = K_1 + K_2$$

e

$$\left.\frac{dx(t)}{dt}\right|_{t=0} = \frac{dx(0)}{dt} = s_1 K_1 + s_2 K_2$$

Assim, $x(0)$ e $dx(0)/dt$ produzem duas equações simultâneas, cuja solução fornece os valores das constantes K_1 e K_2.

Um exame das Eqs. (7.17) e (7.18) indica que a forma da solução da equação homogênea depende de ζ. Por exemplo, se $\zeta > 1$, as raízes da equação característica, s_1 e s_2, também chamadas de *frequências naturais* porque determinam a resposta natural (não forçada) do circuito, são reais e distintas; se $\zeta < 1$, as raízes são números complexos; por fim, se $\zeta = 1$, as raízes são reais e iguais.

Consideremos, agora, as três formas distintas da resposta não forçada – isto é, a resposta em virtude de uma tensão inicial no capacitor ou corrente inicial no indutor.

Caso 1, $\zeta > 1$. Este caso é chamado de *superamortecido*. As frequências naturais s_1 e s_2 são reais e distintas; portanto, a resposta natural do circuito descrita pela equação diferencial de segunda ordem tem a forma

$$x_c(t) = K_1 e^{-(\zeta\omega_0 - \omega_0\sqrt{\zeta^2-1})t} + K_2 e^{-(\zeta\omega_0 + \omega_0\sqrt{\zeta^2-1})t} \qquad \textbf{7.19}$$

em que K_1 e K_2 são obtidos a partir das condições iniciais. Isso indica que a resposta natural é a soma de duas exponenciais decrescentes.

Caso 2, $\zeta < 1$. Este caso é chamado de *subamortecido*. Como $\zeta < 1$, as raízes da equação característica dadas pela Eq. (7.17) podem ser escritas como

$$s_1 = -\zeta\omega_0 + j\omega_0\sqrt{1 - \zeta^2} = -\sigma + j\omega_d$$
$$s_2 = -\zeta\omega_0 - j\omega_0\sqrt{1 - \zeta^2} = -\sigma - j\omega_d$$

em que $j = \sqrt{-1}$, $\sigma = \zeta\omega_0$, e $\omega_d = \omega_0\sqrt{1 - \zeta^2}$. Assim, as frequências naturais são números complexos (discutidos brevemente no Apêndice). A resposta natural tem forma

$$x_c(t) = e^{-\zeta\omega_0 t}\left(A_1 \cos \omega_0 \sqrt{1 - \zeta^2 t} + A_2 \operatorname{sen} \omega_0 \sqrt{1 - \zeta^2 t}\right) \qquad \textbf{7.20}$$

em que A_1 e A_2, como K_1 e K_2, são constantes e calculadas a partir das condições iniciais $x(0)$ e $dx(0)/dt$. Isso mostra que a resposta natural é uma resposta oscilatória amortecida exponencialmente.

Caso 3, $\zeta = 1$. Este caso, chamado de *criticamente amortecido*, resulta em

$$s_1 = s_2 = -\zeta\omega_0$$

Quando a equação característica tem raízes repetidas, a solução geral tem forma

$$x_c(t) = B_1 e^{-\zeta\omega_0 t} + B_2 t e^{-\zeta\omega_0 t} \qquad \textbf{7.21}$$

em que B_1 e B_2 são constantes obtidas das condições iniciais.

É interessante esboçar gráficos da resposta natural para os três casos que discutimos: superamortecido, Eq. (7.19); subamortecido, Eq. (7.20); e criticamente amortecido, Eq. (7.21). A **Fig. 7.15** mostra gráficos para os três casos, com $x_c(0) = 0$.

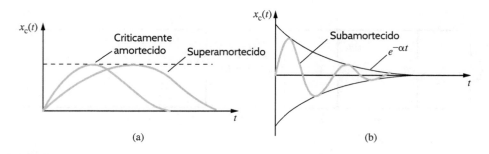

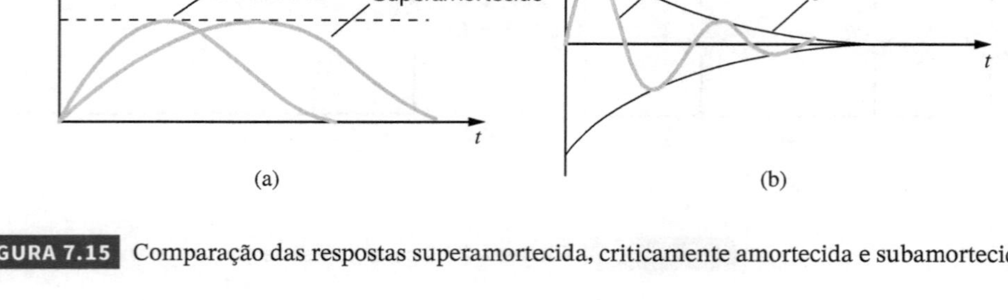

FIGURA 7.15 Comparação das respostas superamortecida, criticamente amortecida e subamortecida.

Vemos que a resposta criticamente amortecida atinge um pico e decai mais rapidamente do que a resposta superamortecida. A resposta subamortecida é uma senoide exponencialmente amortecida cuja taxa de decaimento depende do fator ζ. Na verdade, os termos $\pm e^{-\zeta\omega_0 t}$ definem o chamado *envelope* da resposta, e as oscilações amortecidas (ou seja, as oscilações de amplitude decrescente) exibidas pela forma de onda na **Fig. 7.15b** são chamadas de *ringing*.[1]

Avaliação da Aprendizagem

E7.12 Um circuito *RLC* paralelo tem os seguintes parâmetros: $R = 1\ \Omega$, $L = 2$ H e $C = 2$ F. Calcule a taxa de amortecimento e a frequência natural não amortecida do circuito.

Resposta:
$\zeta = 0{,}5$;
$\omega_0 = 0{,}5$ rad/s.

E7.13 Um circuito *RLC* série consiste em $R = 2\ \Omega$, $L = 1$ H e um capacitor. Determine o tipo de resposta do circuito para (a) $C = 1/2$ F, (b) $C = 1$ F e (c) $C = 2$ F.

Resposta:
(a) subamortecido;
(b) criticamente amortecido;
(c) superamortecido.

Resposta do Circuito

Analisaremos, a seguir, alguns circuitos *RLC* simples sujeitos a condições iniciais diferentes de zero e funções forçantes constantes. Consideraremos circuitos com respostas superamortecida, subamortecida e criticamente amortecida.

Estratégia para a Solução de Problemas

Circuitos Transientes de Segunda Ordem

PASSO 1 Escrever a equação diferencial que descreve o circuito.

PASSO 2 Deduzir a equação característica, que pode ser escrita na forma $s^2 + 2\zeta\omega_0 s + \omega_0{}^2 = 0$, em que ζ é a taxa de amortecimento e ω_0, a frequência natural não amortecida.

PASSO 3 As duas raízes da equação característica determinam o tipo de resposta. Se as raízes forem reais e desiguais (ou seja, $\zeta > 1$), a resposta do circuito é superamortecida. Se as raízes forem reais e iguais (ou seja, $\zeta = 1$), a resposta do circuito é criticamente amortecida. Se as raízes forem complexas (ou seja, $\zeta < 1$), a resposta do circuito é subamortecida.

PASSO 4 As condições de amortecimento e as respostas correspondentes aos três casos aqui mencionados são as seguintes:

Superamortecida: $x(t) = K_1 e^{-(\zeta\omega_0 - \omega_0\sqrt{\zeta^2-1})t} + K_2 e^{-(\zeta\omega_0 + \omega_0\sqrt{\zeta^2-1})t}$

Criticamente amortecida: $x(t) = B_1 e^{-\zeta\omega_0 t} + B_2 t e^{-\zeta\omega_0 t}$

Subamortecida: $x(t) = e^{-\sigma t}(A_1 \cos \omega_d t + A_2 \operatorname{sen} \omega_d t)$, em que $\sigma = \zeta\omega_0$, e $\omega_d = \omega_0\sqrt{1-\zeta^2}$

PASSO 5 Duas condições iniciais, dadas ou deduzidas, são necessárias para determinação dos dois coeficientes desconhecidos na equação de resposta.

Os exemplos a seguir demonstram as técnicas de análise.

[1] N. T.: Esse termo em inglês é parte do jargão em português para oscilações amortecidas.

EXEMPLO 7.7

Considere o circuito *RLC* paralelo mostrado na **Fig. 7.16**. A equação diferencial de segunda ordem que descreve a tensão $v(t)$ é

$$\frac{d^2v}{dt^2} + \frac{1}{RC}\frac{dv}{dt} + \frac{v}{LC} = 0$$

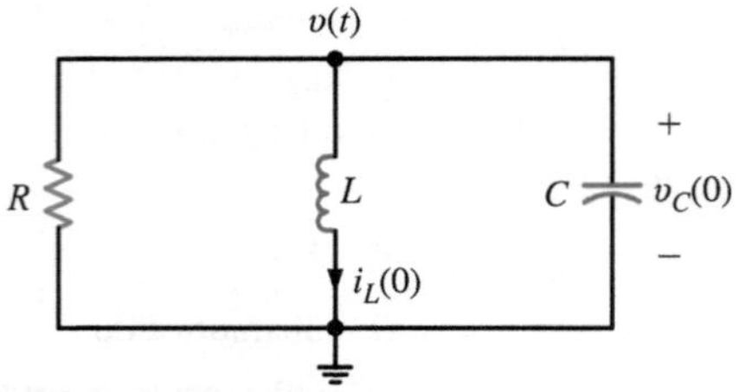

FIGURA 7.16 Circuito *RLC* paralelo.

Uma comparação desta equação com as Eqs. (7.14) e (7.15) indica que, para o circuito *RLC* paralelo, o termo de amortecimento é 1/2 *RC* e a frequência natural não amortecida é $1/\sqrt{LC}$. Usando os seguintes valores para os parâmetros do circuito $R = 2\ \Omega$, $C = 1/5$ F e $L = 5$ H, a equação passa a:

$$\frac{d^2v}{dt^2} + 2{,}5\frac{dv}{dt} + v = 0$$

Assumindo que as condições iniciais nos elementos de armazenamento sejam $i_L(0) = -1$ A e $v_C(0) = 4$ V, determinemos a tensão nodal $v(t)$ e a corrente no indutor.

SOLUÇÃO A equação característica para o circuito é

$$s^2 + 2{,}5s + 1 = 0$$

e as raízes são

$$s_1 = -0{,}5$$
$$s_2 = -2$$

Como as raízes são reais e distintas, o circuito é superamortecido, e $v(t)$ é da forma

$$v(t) = K_1e^{-2t} + K_2e^{-0{,}5t}$$

As condições iniciais são, agora, empregadas para a determinação das constantes K_1 e K_2. Como $v(t) = v_C(t)$,

$$v_C(0) = v(0) = 4 = K_1 + K_2$$

A segunda equação necessária para o cálculo de K_1 e K_2 é normalmente obtida da expressão

$$\frac{dv(t)}{dt} = -2K_1e^{-2t} - 0{,}5K_2e^{-0{,}5t}$$

No entanto, a segunda condição inicial não é $dv(0)/dt$. Se fosse esse o caso, simplesmente calcularíamos a equação em $t = 0$. Isso produziria uma segunda equação nas incógnitas K_1 e K_2. Podemos, no entanto, contornar esse problema observando que a equação nodal para o circuito pode ser escrita como

$$C\frac{dv(t)}{dt} + \frac{v(t)}{R} + i_L(t) = 0$$

ou

$$\frac{dv(t)}{dt} = \frac{-1}{RC}v(t) - \frac{i_L(t)}{C}$$

Em $t = 0$,

$$\frac{dv(0)}{dt} = \frac{-1}{RC}v(0) - \frac{1}{C}i_L(0)$$
$$= -2{,}5(4) - 5(-1)$$
$$= -5$$

No entanto, como

$$\frac{dv(t)}{dt} = -2K_1e^{-2t} - 0{,}5K_2e^{-0{,}5t}$$

Logo, em $t = 0$,

$$-5 = -2K_1 - 0{,}5K_2$$

Esta equação e a relação

$$4 = K_1 + K_2$$

fornecem os valores das constantes $K_1 = 2$ e $K_2 = 2$. Portanto, a equação final para a tensão é

$$v(t) = 2e^{-2t} + 2e^{-0{,}5t}\,\text{V}$$

Essa equação para a tensão satisfaz a condição inicial $v(0) = 4$ V. A curva de resposta para esta tensão $v(t)$ é mostrada na **Fig. 7.17.**

A corrente no indutor está relacionada com $v(t)$ pela equação

$$i_L(t) = \frac{1}{L}\int v(t)\,dt$$

Substituindo a expressão de $v(t)$, obtemos

$$i_L(t) = \frac{1}{5}\int [2e^{-2t} + 2e^{-0{,}5t}]\,dt$$

ou

$$i_L(t) = -\frac{1}{5}e^{-2t} - \frac{4}{5}e^{-0{,}5t}\,\text{A}$$

Em comparação com circuitos *RL* e *RC*, a resposta deste circuito *RLC* é controlada por duas constantes de tempo. O primeiro termo tem uma constante de tempo de 1/2 s e o segundo termo, uma constante de tempo de 2 s.

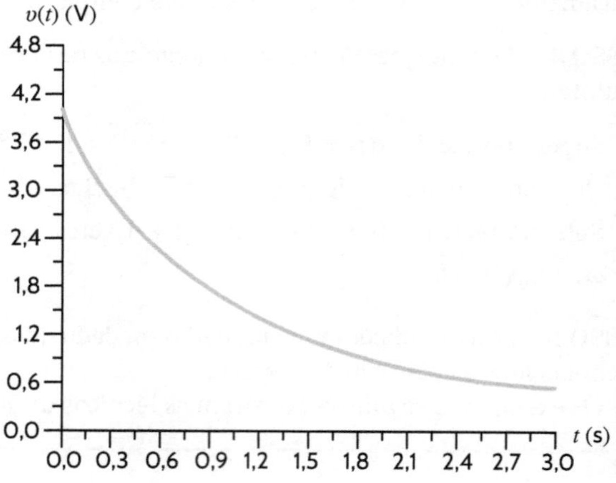

FIGURA 7.17 Resposta superamortecida.

EXEMPLO 7.8

O circuito *RLC* série mostrado na **Fig. 7.18** tem os seguintes parâmetros: $C = 0{,}04$ F, $L = 1$ H, $R = 6\ \Omega$, $i_L(0) = 4$ A e $v_C(0) = -4$ V. A equação para a corrente no circuito é dada pela expressão

$$\frac{d^2i}{dt^2} + \frac{R}{L}\frac{di}{dt} + \frac{i}{LC} = 0$$

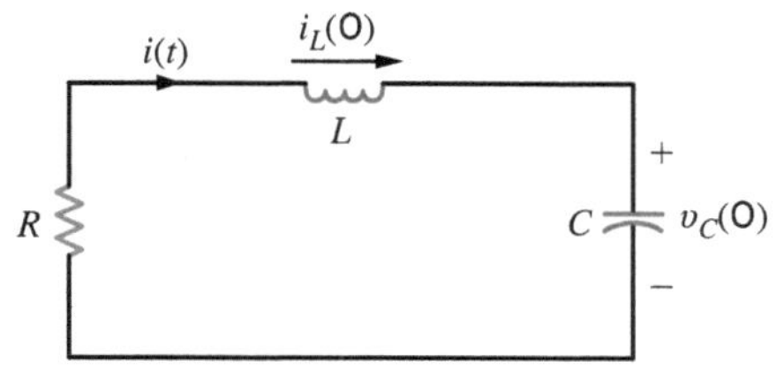

FIGURA 7.18 Circuito *RLC* série.

Uma comparação desta equação com as Eqs. (7.14) e (7.15) mostra que, para um circuito *RLC* série, o termo de amortecimento é $R/2L$ e a frequência natural não amortecida, $1/\sqrt{LC}$. Substituindo os valores dos elementos do circuito na equação anterior, temos:

$$\frac{d^2i}{dt^2} + 6\frac{di}{dt} + 25i = 0$$

Determine as expressões para a corrente e a tensão no capacitor.

SOLUÇÃO A equação característica é dada por:

$$s^2 + 6s + 25 = 0$$

e as raízes, por

$$s_1 = -3 + j4$$
$$s_2 = -3 - j4$$

Como as raízes são complexas, o circuito é subamortecido, e a expressão para $i(t)$ é

$$i(t) = K_1e^{-3t}\cos 4t + K_2e^{-3t}\,\text{sen}\,4t$$

Usando as condições iniciais, obtemos

$$i(0) = 4 = K_1$$

e

$$\frac{di}{dt} = -4K_1e^{-3t}\,\text{sen}\,4t - 3K_1e^{-3t}\cos 4t + 4K_2e^{-3t}\cos 4t - 3K_2e^{-3t}\,\text{sen}\,4t$$

Portanto,

$$\frac{di(0)}{dt} = -3K_1 + 4K_2$$

Embora não conheçamos $di(0)/dt$, podemos calcular esse valor aplicando a LKT. Para esse circuito,

$$Ri(0) + L\frac{di(0)}{dt} + v_C(0) = 0$$

ou

$$\frac{di(0)}{dt} = -\frac{R}{L}i(0) - \frac{v_C(0)}{L}$$
$$= -\frac{6}{1}(4) + \frac{4}{1}$$
$$= -20$$

Logo,

$$-3K_1 + 4K_2 = -20$$

Dado que $K_1 = 4$, $K_2 = -2$, a expressão para $i(t)$ é escrita como:

$$i(t) = 4e^{-3t}\cos 4t - 2e^{-3t}\,\text{sen}\,4t \text{ A}$$

Esta expressão satisfaz a condição inicial $i(0) = 4$. A tensão no capacitor pode ser determinada usando esta corrente na LKT:

$$Ri(t) + L\frac{di(t)}{dt} + v_C(t) = 0$$

ou

$$v_C(t) = -Ri(t) - L\frac{di(t)}{dt}$$

Substituindo a expressão anterior para $i(t)$, obtemos:

$$v_C(t) = -4e^{-3t}\cos 4t + 22e^{-3t}\,\text{sen}\,4t \text{ V}$$

Esta expressão satisfaz a condição inicial $v_C(0) = -4$ V.

Um gráfico da função $v(t)$ é mostrado na **Fig. 7.19**.

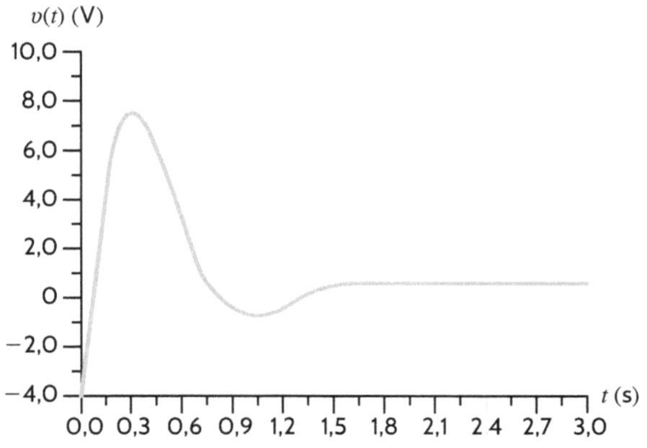

FIGURA 7.19 Resposta subamortecida.

EXEMPLO 7.9

Analise o circuito na **Fig. 7.20**, um pouco mais complicado do que os dois que já consideramos.

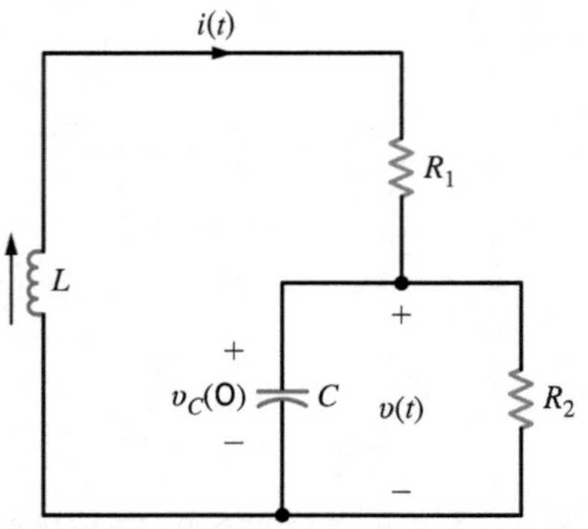

FIGURA 7.20 Circuito *RLC* série-paralelo.

SOLUÇÃO As duas equações que descrevem o circuito são

$$L\frac{di(t)}{dt} + R_1 i(t) + v(t) = 0$$

$$i(t) = C\frac{dv(t)}{dt} + \frac{v(t)}{R_2}$$

Substituindo a segunda equação na primeira, temos

$$\frac{d^2v}{dt^2} + \left(\frac{1}{R_2C} + \frac{R_1}{L}\right)\frac{dv}{dt} + \frac{R_1 + R_2}{R_2LC}v = 0$$

Usando os seguintes valores para os parâmetros do circuito e as condições iniciais

$$R_1 = 10\ \Omega \qquad C = \tfrac{1}{8}\ \text{F} \qquad v_C(0) = 1\ \text{V}$$
$$R_2 = 8\ \Omega \qquad L = 2\ \text{H} \qquad i_L(0) = \tfrac{1}{2}\ \text{A}$$

a equação diferencial passa a

$$\frac{d^2v}{dt^2} + 6\frac{dv}{dt} + 9v = 0$$

Determinemos expressões para a corrente $i(t)$ e para a tensão $v(t)$.

A equação característica é escrita como

$$s^2 + 6s + 9 = 0$$

e, portanto, as raízes são

$$s_1 = -3$$
$$s_2 = -3$$

Como as raízes são reais e iguais, o circuito é criticamente amortecido. O termo $v(t)$ é, então, dado pela expressão

$$v(t) = K_1e^{-3t} + K_2te^{-3t}$$

Como $v(t) = v_C(t)$,

$$v(0) = v_C(0) = 1 = K_1$$

Além disso,

$$\frac{dv(t)}{dt} = -3K_1e^{-3t} + K_2e^{-3t} - 3K_2te^{-3t}$$

Contudo,

$$\frac{dv(t)}{dt} = \frac{i(t)}{C} - \frac{v(t)}{R_2C}$$

Igualando essas duas expressões e calculando o valor da equação resultante em $t = 0$, temos:

$$\frac{1/2}{1/8} - \frac{1}{1} = -3K_1 + K_2$$
$$3 = -3K_1 + K_2$$

$K_1 = 1$, $K_2 = 6$, e a expressão para $v(t)$ é escrita como:

$$v(t) = e^{-3t} + 6te^{-3t}\ \text{V}$$

Essa expressão satisfaz a condição inicial $v(0) = 1$.

A corrente $i(t)$ pode ser determinada a partir da equação de análise nodal em $v(t)$:

$$i(t) = C\frac{dv(t)}{dt} + \frac{v(t)}{R_2}$$

Substituindo expressão de $v(t)$, temos

$$i(t) = \tfrac{1}{8}[-3e^{-3t} + 6e^{-3t} - 18te^{-3t}] + \tfrac{1}{8}[e^{-3t} + 6te^{-3t}]$$

ou

$$i(t) = \tfrac{1}{2}e^{-3t} - \tfrac{3}{2}te^{-3t}\ \text{A}$$

Usando esta expressão para a corrente na equação do circuito,

$$v(t) = -L\frac{di(t)}{dt} - R_1 i(t)$$

obtemos

$$v(t) = e^{-3t} + 6te^{-3t}\ \text{V}$$

que é idêntica à expressão deduzida anteriormente.

Um gráfico desta função $v(t)$ criticamente amortecida é mostrado na **Fig. 7.21**.

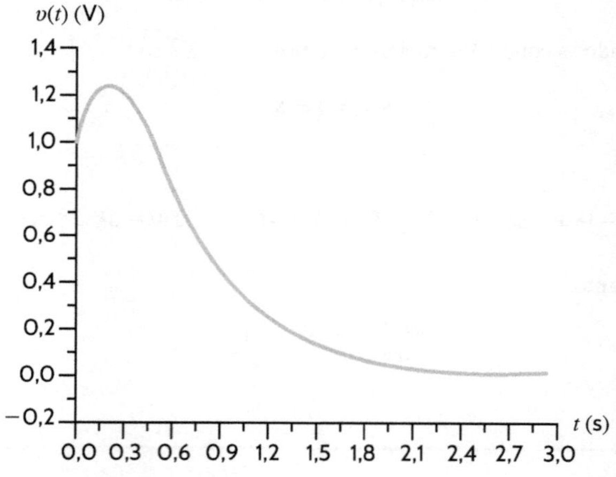

FIGURA 7.21 Resposta criticamente amortecida.

Avaliação da Aprendizagem

E7.14 A chave no circuito na Fig. E7.14 é aberta em $t = 0$. Determine $i(t)$ para $t > 0$.

Resposta: $i(t) = -2e^{-t/2} + 4e^{-t}$ A.

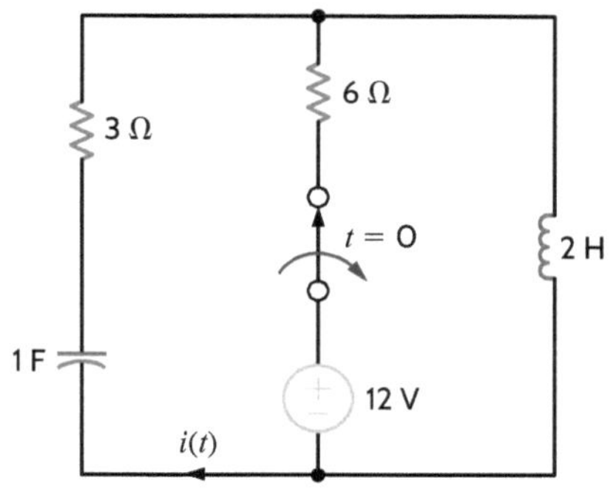

FIGURA E7.14

E7.15 A chave no circuito na Fig. E7.15 é movida da posição 1 para a posição 2 em $t = 0$. Determine $v_s(t)$ para $t > 0$.

Resposta: $v_s(t) = 2(e^{-t} - 3e^{-3t})$ V.

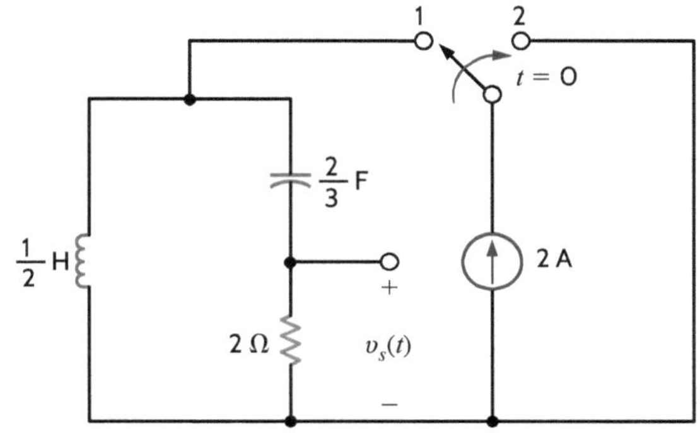

FIGURA E7.15

E7.16 Determine $v_C(t)$ para $t > 0$ na Fig. E7.16.

Resposta: $v_C(t) = -2e^{-2t}\cos t - 1{,}5e^{-2t}\,\text{sen}\,t + 24$ V.

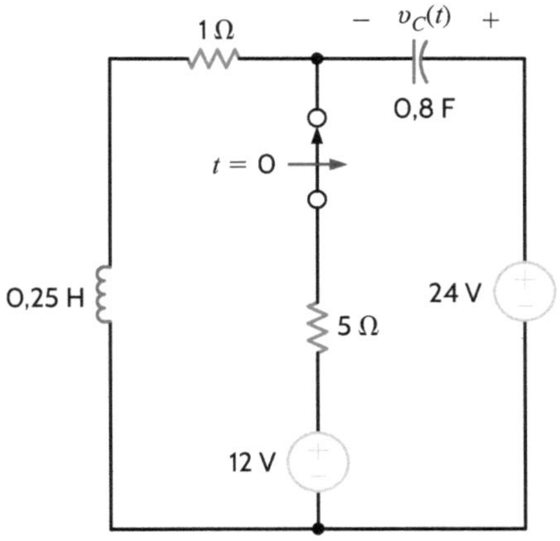

FIGURA E7.16

EXEMPLO 7.10

Considere o circuito mostrado na **Fig. 7.22.** Este circuito é semelhante ao analisado no Exemplo 7.8, exceto que, agora, uma função forçante constante está presente. Os parâmetros do circuito são os mesmos usados no Exemplo 7.8:

$C = 0{,}04$ F $\quad i_L(0) = 4$ A

$L = 1$ H $\quad v_C(0) = -4$ V

$R = 6\ \Omega$

Determine uma expressão para $v_C(t)$ para $t > 0$.

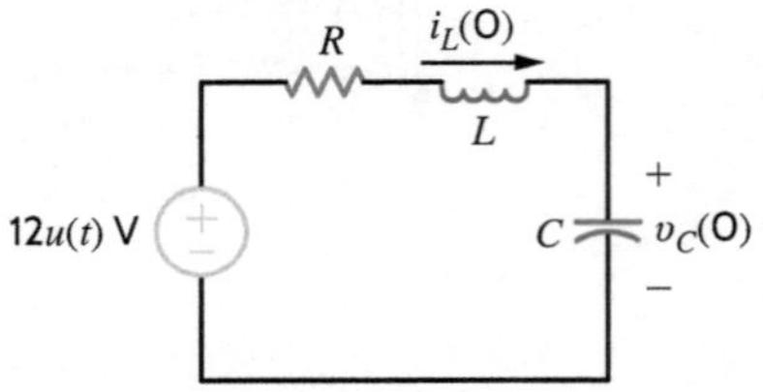

FIGURA 7.22 Circuito *RLC* série com uma entrada de função degrau.

SOLUÇÃO Do desenvolvimento matemático feito anteriormente, sabemos que a solução geral deste problema consistirá em dois termos: uma solução particular e uma solução complementar. Do Exemplo 7.8, sabemos que a solução complementar é da forma $K_3e^{-3t}\cos 4t + K_4e^{-3t}\text{sen } 4t$. A solução particular é uma constante, pois a entrada é uma constante e, portanto, a solução geral é

$$v_C(t) = K_3e^{-3t}\cos 4t + K_4e^{-3t}\text{sen } 4t + K_5$$

Um exame do circuito revela que, em regime permanente, o valor final de $v_C(t)$ é 12 V, pois, em regime permanente, o indutor é um curto-circuito e o capacitor, um circuito aberto. Assim, $K_5 = 12$. O valor de regime permanente também pode ser calculado imediatamente a partir da equação diferencial. A forma da solução geral, então, é

$$v_C(t) = K_3e^{-3t}\cos 4t + K_4e^{-3t}\text{sen } 4t + 12$$

As condições iniciais podem, agora, ser usadas para o cálculo das constantes K_3 e K_4:

$$v_C(0) = -4 = K_3 + 12$$
$$-16 = K_3$$

Como a derivada de uma constante é zero, os resultados do Exemplo 7.8 mostram que

$$\frac{dv_C(0)}{dt} = \frac{i(0)}{C} = 100 = -3K_3 + 4K_4$$

e, como $K_3 = -16$, $K_4 = 13$. Portanto, a solução geral para $v_C(t)$ é

$$v_C(t) = 12 - 16e^{-3t}\cos 4t + 13e^{-3t}\text{sen } 4t \text{ V}$$

Esta equação satisfaz à condição inicial $v_C(0) = -4$ e à condição final $v_C(\infty) = 12$ V.

EXEMPLO 7.11

Analise o circuito mostrado na **Fig. 7.23**. Um exame minucioso desse circuito revela que ele é idêntico ao usado no Exemplo 7.9, exceto pela presença de uma função forçante constante. O circuito está em estado estacionário em $t = 0-$. As equações que descrevem o circuito para $t > 0$ são

$$L\frac{di(t)}{dt} + R_1 i(t) + v(t) = 24$$

$$i(t) = C\frac{dv(t)}{dt} + \frac{v(t)}{R_2}$$

Combinando essas equações, obtemos

$$\frac{d^2v(t)}{dt^2} + \left(\frac{1}{R_2C} + \frac{R_1}{\text{L}}\right)\frac{dv(t)}{dt} + \frac{R_1 + R_2}{R_2LC}v(t) = \frac{24}{LC}$$

Os parâmetros do circuito são: $R_1 = 10\ \Omega$, $R_2 = 2\ \Omega$, $L = 2$ H e $C = 1/4$ F. Assim, a equação diferencial para a tensão de saída passa a:

$$\frac{d^2v(t)}{dt^2} + 7\frac{dv(t)}{dt} + 12v(t) = 48$$

Determinemos a tensão de saída $v(t)$.

A equação característica é

$$s^2 + 7s + 12 = 0$$

e, portanto, as raízes são

$$s_1 = -3$$
$$s_2 = -4$$

A resposta do circuito é superamortecida, logo, a solução geral é da forma

$$v(t) = K_1e^{-3t} + K_2e^{-4t} + K_3$$

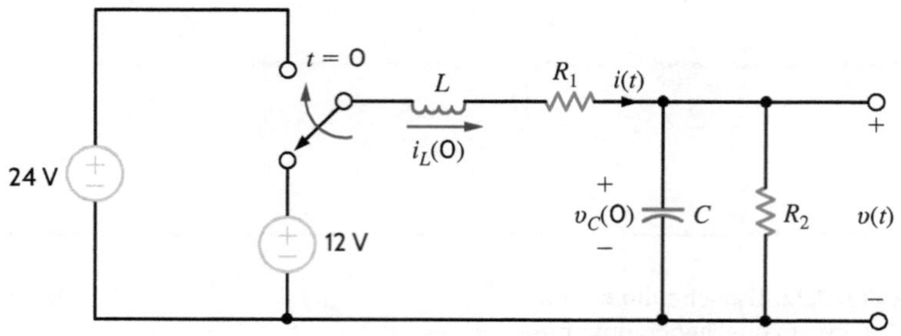

FIGURA 7.23 Circuito *RLC* série-paralelo com função forçante constante.

O valor de estado estacionário da tensão, K_3, pode ser calculado a partir da **Fig. 7.24a**. Vemos que

$$v(\infty) = 4\text{ V} = K_3$$

As condições iniciais podem ser calculadas a partir das **Figs. 7.24b** e **c**, que são válidas em $t = 0-$ e $t = 0+$, respectivamente. Observemos que $v(0+) = 2$ V e, portanto, da equação de resposta, temos:

$$v(0+) = 2\text{ V} = K_1 + K_2 + 4$$
$$-2 = K_1 + K_2$$

A Fig. 7.24c mostra que $i(0+) = 1$. Da equação de resposta, vemos que

$$\frac{dv(0)}{dt} = -3K_1 - 4K_2$$

Como

$$\frac{dv(0)}{dt} = \frac{i(0)}{C} - \frac{v(0)}{R_2C}$$
$$= 4 - 4$$
$$= 0$$

então,

$$0 = -3K_1 - 4K_2$$

Resolvendo as duas equações para K_1 e K_2, obtemos $K_1 = -8$ e $K_2 = 6$. Portanto, a solução geral para a resposta de tensão é

$$v(t) = 4 - 8e^{-3t} + 6e^{-4t}\text{ V}$$

Esta equação satisfaz aos valores inicial e final de $v(t)$.

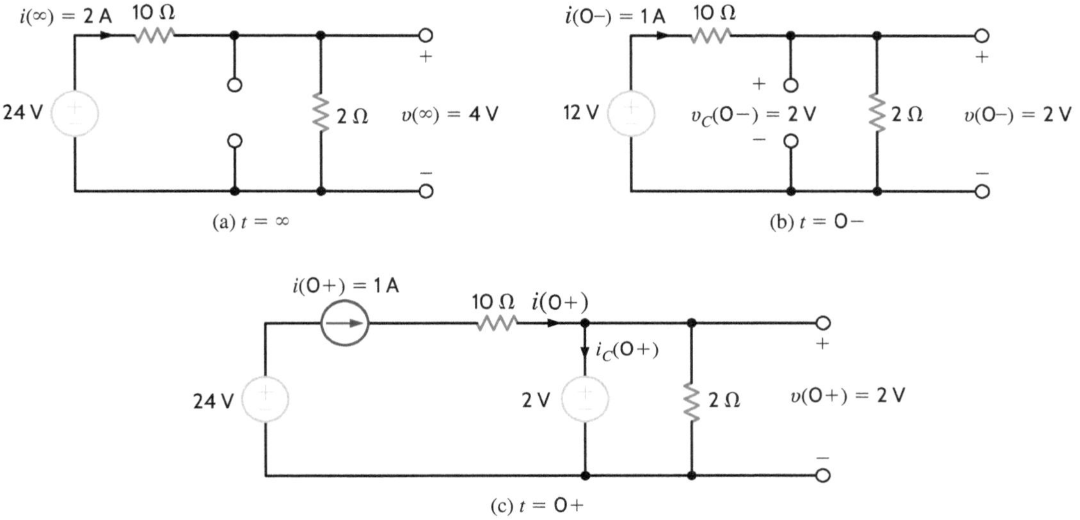

FIGURA 7.24 Circuitos equivalentes para o circuito da Fig. 7.23 em $t = \infty$, $t = 0-$ e $t = 0+$.

Avaliação da Aprendizagem

E7.17 A chave no circuito na Fig. E7.17 é movida da posição 1 para a posição 2 em $t = 0$. Calcule $i_s(t)$ para $t > 0$ e use esta corrente para determinar $v_s(t)$ para $t > 0$.

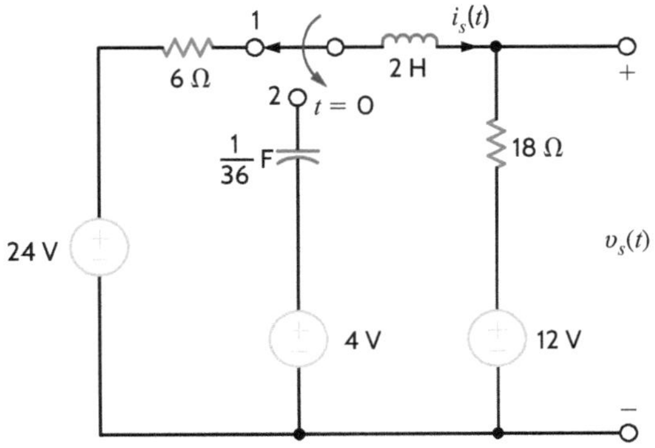

FIGURA E7.17

Resposta:

$i_s(t) = -\frac{11}{6}e^{-3t} + \frac{14}{6}e^{-6t}$A;

$v_s(t) = 12 + 18i_s(t)$ V.

E7.18 Determine $i(t)$ para $t > 0$ na Fig. E7.18.

Resposta:

$i(t) = 0{,}4144e^{-17{,}07t} - 2{,}414e^{-2{,}93t} + 3$ A.

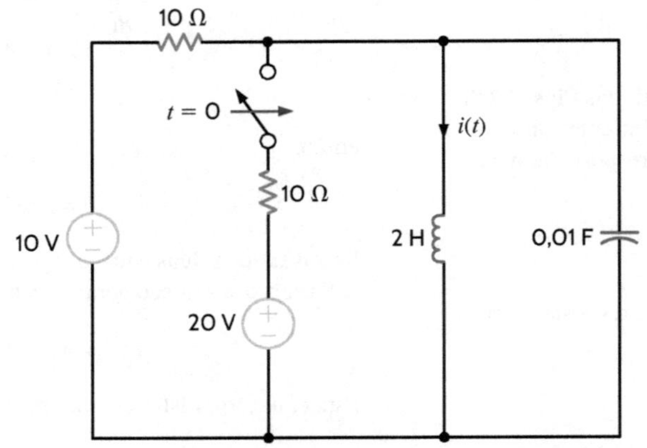

FIGURA E7.18

7.4 Exemplos de Aplicação

Há uma grande variedade de aplicações para circuitos transientes. Os exemplos a seguir demonstram algumas delas.

EXEMPLO DE APLICAÇÃO 7.12

Voltemos ao circuito do *flash* de uma câmera fotográfica discutido na introdução deste capítulo e redesenhado na **Fig. 7.25**. A lâmpada de xenônio tem as seguintes especificações:

Tensão necessária para funcionamento adequado do *flash*: { valor mínimo 50 V; valor máximo 70 V

Resistência equivalente: 80 Ω

Para esta aplicação específica, é necessária uma constante de tempo de 1 ms para operação do *flash*. Além disso, para minimizar o tamanho físico do circuito, a potência de pico dissipada pelo resistor R_1 não deve ultrapassar 100 mW. Determinemos os valores de V_e, C_F e R_1. Determinemos, também, o tempo de recarga, as tensão, corrente e potência na lâmpada do *flash*, e a energia total dissipada durante o *flash*.

SOLUÇÃO Começamos selecionando a tensão da fonte, V_e. Como o capacitor é aplicado diretamente à lâmpada de xenônio durante o *flash*, e como são necessários pelo menos 50 V para disparar o *flash*, devemos especificar V_e maior do que 50 V. Iremos escolher, arbitrariamente, a média dos necessários valores máximo e mínimo para a tensão na lâmpada e especificar 60 V para V_e.

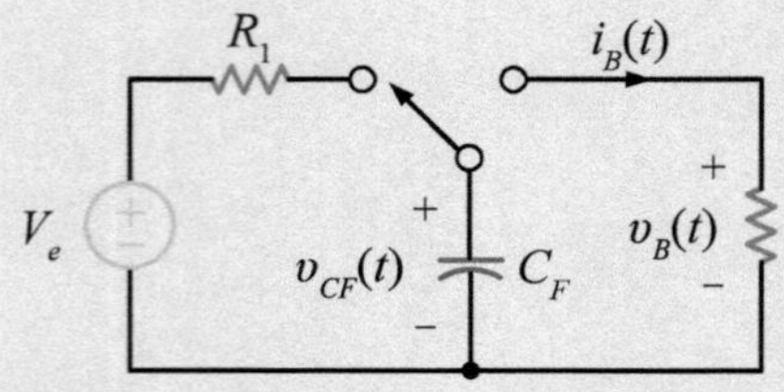

FIGURA 7.25 Um modelo para um circuito de carregamento do *flash* de uma câmera fotográfica.

Consideremos, agora, a constante de tempo durante o *flash*. Da Fig. 7.25, durante o *flash*, a constante de tempo é simplesmente

$$\tau_F = R_B C_F \qquad 7.22$$

Com $t_F = 1$ ms e $R_B = 80\ \Omega$, obtemos $C_F = 12{,}5\ \mu$F.

Em seguida, busquemos o valor de R_1. No início do período de carga, a tensão no capacitor é zero, e a corrente e a potência em R_1 estão em seus valores máximos. Ajustando a potência para o valor máximo permitido de 100 mW, podemos escrever

$$P_{R\text{máx}} = \frac{V_e^2}{R_1} = \frac{3.600}{R_1} = 0{,}1 \qquad 7.23$$

e obtemos $R_1 = 36$ kΩ. O tempo de recarga é o tempo necessário para o capacitor carregar de zero até pelo menos 50 V. Nesse ponto, o *flash* pode ser descarregado com sucesso. Definamos $t = 0$ como o ponto em que a chave é movida da lâmpada para R_1. Em $t = 0$, a tensão no capacitor é zero e em $t = \infty$, a tensão no capacitor é 60 V; a constante de tempo é simplesmente R_1C_F. A resultante equação para a tensão no capacitor durante a recarga é

$$v_{CF}(t) = K_1 + K_2 e^{-t/\tau} = 60 - 60e^{-t/R_1C_F}\ \text{V} \qquad 7.24$$

Em $t = t_{\text{carga}}$, $v_{CF}(t) = 50$ V. Substituindo essa tensão e os valores de R_1 e C_F na Eq. (7.24), determinamos um tempo de carga $t_{\text{carga}} = 806$ ms – pouco menos de um segundo. Como ponto de interesse, reconsideraremos a escolha de V_e. O que acontece se V_e for reduzido para apenas 51 V? Primeiro, da Eq. (7.23), R_1

muda para 26,01 kΩ. Segundo, da Eq. (7.24), o tempo de carga aumenta apenas ligeiramente para 1,28 s. Portanto, parece que a seleção de V_e não tem grandes efeitos no desempenho da unidade de *flash*, de modo que há alguma flexibilidade para seu projeto.

Por fim, consideremos as formas de onda da própria lâmpada de *flash*. A tensão na lâmpada e no capacitor são as mesmas durante o *flash* e dadas pela função exponencial decrescente

$$v_B(t) = 60e^{-1.000t}\ \text{V} \qquad \textbf{7.25}$$

em que a constante de tempo é definida na Eq. (7.22), e assumimos que o capacitor pode carregar totalmente até V_e (ou seja, 60 V).

Como a resistência equivalente da lâmpada é de 80 Ω, a corrente na lâmpada deve ser

$$i_B(t) = \frac{60e^{-1.000t}}{80} = 750e^{-1.000t}\ \text{mA} \qquad \textbf{7.26}$$

Como sempre, a potência é o produto *v-i*:

$$p_B(t) = v_B(t)\, i_B(t) = 45e^{-2.000t}\ \text{W} \qquad \textbf{7.27}$$

Por último, a energia total consumida pela lâmpada durante o *flash* é apenas

$$w_B(t) = \int_0^\infty p_B(t)\, dt = \int_0^\infty 45\, e^{-2.000t} dt = \frac{45}{2.000} e^{-2.000t}\Big|_\infty^0 = \frac{45}{2.000} = 22{,}5\ \text{mJ} \qquad \textbf{7.28}$$

EXEMPLO DE APLICAÇÃO 7.13

Uma aplicação muito comum para indutores é o armazenamento de energia para liberação futura. Esta energia está na forma de um campo magnético, e a corrente é necessária para manter o campo. Em uma situação análoga, o capacitor armazena energia em um campo elétrico, e uma tensão no capacitor é necessária para mantê-lo. Como uma aplicação da capacidade de armazenamento de energia do indutor, consideremos o circuito gerador de pulso de alta-tensão mostrado na **Fig. 7.26**. Este circuito é capaz de produzir pulsos de alta-tensão a partir de uma pequena tensão CC. Investiguemos se este circuito consegue produzir um pico de tensão de saída de 500 V a cada 2 ms, ou seja, 500 vezes por segundo.

SOLUÇÃO No centro deste circuito está uma chave comutadora unipolar, ou seja, uma única chave (polo único) com duas posições eletricamente conectadas (posições 1 e 2). Como mostrado na **Fig. 7.27a**, quando na posição 1, a corrente no indutor cresce linearmente de acordo com a equação

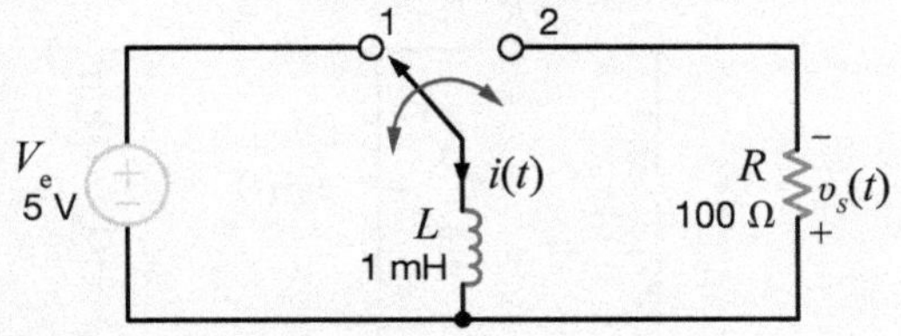

FIGURA 7.26 Um simples gerador de pulsos de alta-tensão.

$$i(t) = \frac{1}{L}\int_0^{T_1} V_e\, dt$$

A chave é movida da posição 1 para a posição 2 no tempo T_1. A corrente de pico no indutor é

$$i_p(t) = \frac{V_e T_1}{L}$$

Enquanto na posição 1, o resistor é isolado eletricamente e, portanto, sua tensão é zero.

No tempo $t > T_1$, quando a chave está na posição 2, como mostrado na **Fig. 7.27b**, a corrente no indutor flui para o resistor produzindo a tensão

$$v_s(t - T_1) = i(t - T_1)R \quad t > T_1$$

Neste ponto, sabemos que a forma da tensão $v_s(t)$ no intervalo de tempo $t > T_1$ é

$$v_s(t) = Ke^{-(t-T_1)/\tau} \quad t > T_1$$

E $\tau = L/R$. O valor inicial de $v_s(t)$ no intervalo de tempo $t > T_1$ é K, pois no tempo T_1 o termo exponencial é 1. De acordo com as especificações de projeto, este valor inicial é 500; logo, $K = 500$.

Como essa tensão é produzida pela corrente de pico do indutor I_p fluindo em R,

$$K = 500 = (V_e T_1 R)/L = 5\, T_1 (100)/10^{-3}$$

e, assim, T_1 é 1 ms e I_p, 5 A.

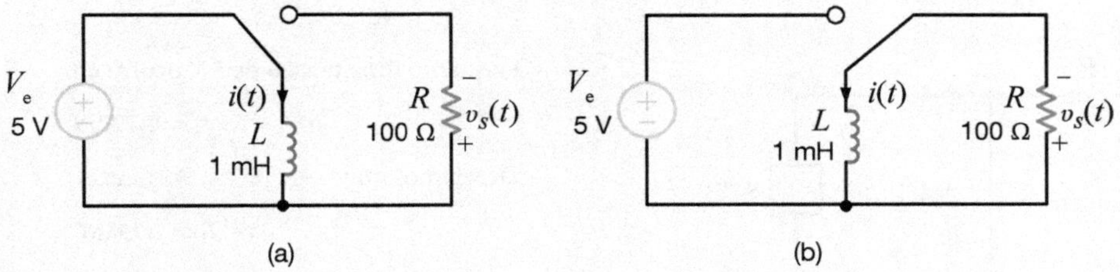

FIGURA 7.27 (a) Gerador de pulso com chave na posição 1. Indutor energizado. (b) Chave na posição 2. À medida que a energia é drenada do indutor, a tensão e a corrente diminuem para zero.

A equação para a tensão no intervalo de tempo $t > T_1$, ou $t > 1$ ms, é

$$v_s(t - 1\text{ ms}) = 500e^{-100.000(t-1\text{ ms})}\text{ V}$$

No final do período de 2 ms, ou seja, em t = 2 ms, a tensão é $500e^{-100}$, ou seja, essencialmente zero. A forma de onda completa para a tensão é mostrada na **Fig. 7.28**.

Vale a pena analisar as especificações dos vários componentes usados neste circuito gerador de pulsos. Primeiro, 500 V é uma tensão bastante alta e, portanto, a especificação de tensão de cada componente deve ser de pelo menos 600 V, para deixar alguma margem de segurança. Segundo, a corrente de pico do indutor deve ser de pelo menos 6 A. Por fim, na corrente de pico, as perdas de potência no resistor são de 2.500 W! Esse resistor terá que ser fisicamente grande para suportar essa carga de energia sem se aquecer demasiadamente. Felizmente, a potência do resistor é pulsada, em vez de ser contínua; assim, um resistor de menor potência funcionará bem: talvez um de 500 W. Em capítulos posteriores, abordaremos a questão da potência de forma mais detalhada.

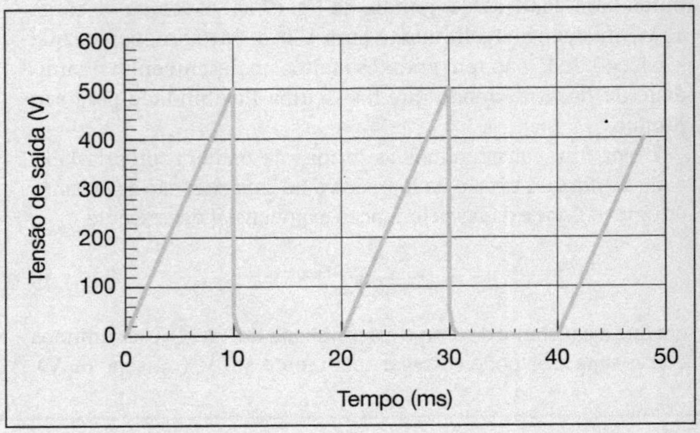

FIGURA 7.28 Tensão de saída do gerador de pulsos.

EXEMPLO DE APLICAÇÃO 7.14

Um circuito marca-passo cardíaco é mostrado na **Fig. 7.29**. Um retificador controlado de silício (*silicon-controlled rectifier* – SCR) é um dispositivo de estado sólido que possui dois modos distintos de operação. Quando a tensão no SCR aumenta, mas inferior a 5 V, o SCR se comporta como um circuito aberto, como mostrado na **Fig. 7.30a**. Quando a tensão no SCR atinge 5 V, o dispositivo funciona como uma fonte de corrente, como mostrado na **Fig. 7.30b**. Esse comportamento se mantém enquanto a tensão no SCR permanecer acima de 0,2 V. Nessa tensão, o SCR desliga e, novamente, se comporta como um circuito aberto.

Assuma que, em t = 0, $v_C(t)$ seja 0 V, e o capacitor de 1 μF comece a se carregar até a tensão da fonte de 6 V. Determine o valor do resistor para que $v_C(t)$ seja igual a 5 V (a tensão de disparo do SCR) em 1 s. Em t = 1 s, o SCR dispara e começa a descarregar o capacitor. Calculemos o tempo necessário para $v_C(t)$ cair de 5 V para 0,2 V. Por fim, desenhemos gráficos de $v_C(t)$ para os três ciclos.

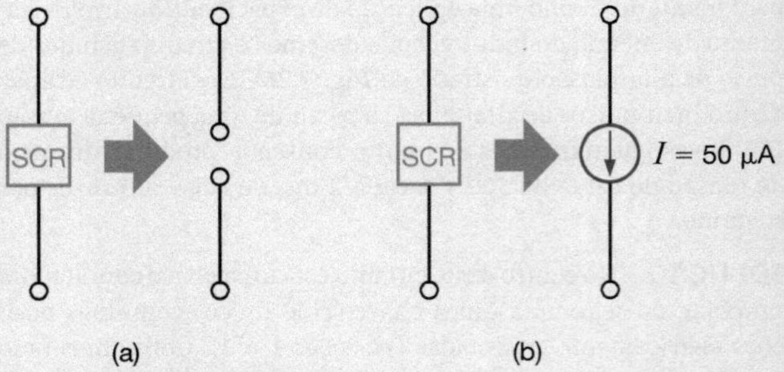

FIGURA 7.30 Circuitos equivalentes para um SCR.

SOLUÇÃO Para $t < 1$ s, o circuito equivalente para o marca-passo é mostrado na **Fig. 7.31**. Como indicado anteriormente, a tensão no capacitor tem a forma

$$v_c(t) = 6 - 6e^{-t/RC}\text{ V}$$

Uma tensão de 0,2 V ocorre em

$$t_1 = 0{,}034RC$$

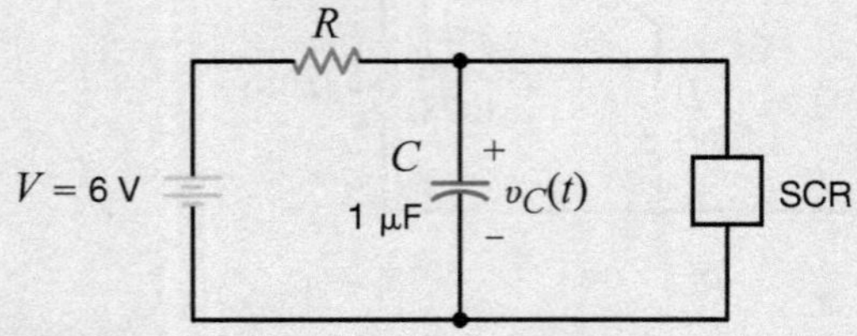

FIGURA 7.29 Circuito equivalente de um marca-passo cardíaco.

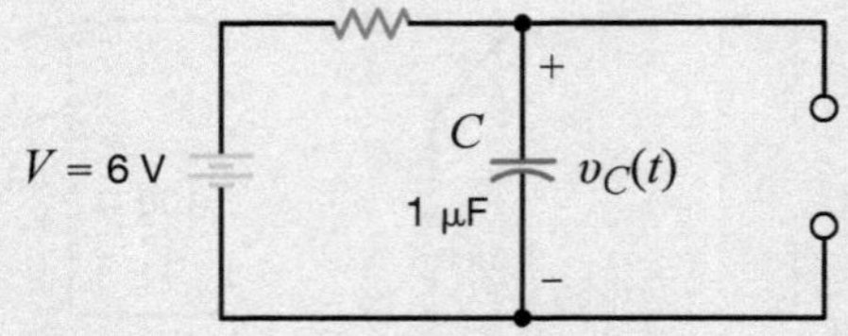

FIGURA 7.31 Circuito equivalente de um marca-passo cardíaco durante o ciclo de carga do capacitor.

enquanto uma tensão de 5 V ocorre em

$$t_2 = 1{,}792RC$$

Desejamos que $t_2 - t_1 = 1$ s. Portanto,

$$t_2 - t_1 = 1{,}758RC = 1\text{ s}$$

e

$$RC = 0{,}569\text{ s e } R = 569\text{ K}\Omega$$

Em $t = 1$ s, o SCR dispara e o marca-passo é modelado pelo circuito na **Fig. 7.32**. A forma da onda de descarga é

$$v(t) = K_1 + K_2 e^{-(t-1)/RC}$$

O termo $(t - 1)$ aparece na exponencial para deslocar a função em 1 s, pois, durante esse tempo, o capacitor estava carregando. Logo após o SCR disparar em $t = 1^+$ s, $v_C(t)$ ainda é 5 V, enquanto em $t = \infty$, $v_C(t) = 6 - IR$. Portanto,

$$K_1 + K_2 = 5 \text{ e } K_1 = 6 - IR$$

Nossa solução, então, é da forma

$$v_c(t) = 6 - IR + (IR - 1)\, e^{-(t-1)/RC}$$

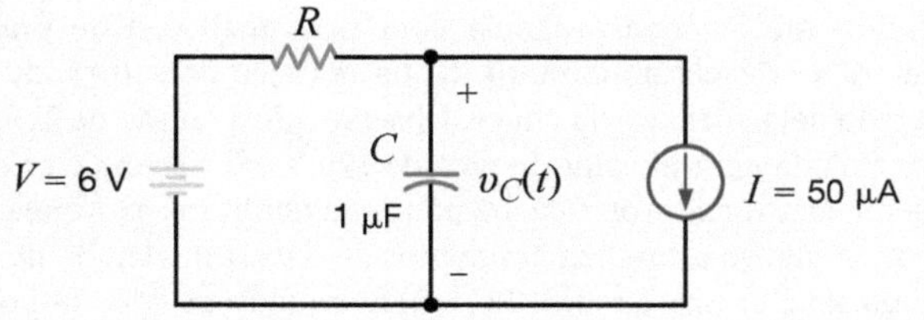

FIGURA 7.32 Circuito equivalente de marca-passo cardíaco durante o ciclo de descarga do capacitor.

Seja T o tempo além de 1 s necessário para que $v(t)$ caia a 0,2 V. Escrevemos

$$v_c(T + 1) = 6 - IR + (IR - 1)e^{-T/RC} = 0{,}2$$

Substituindo os valores de I, R e C, temos

$$T = 0{,}11 \text{ s}$$

A forma de onda de saída é mostrada na **Fig. 7.33**.

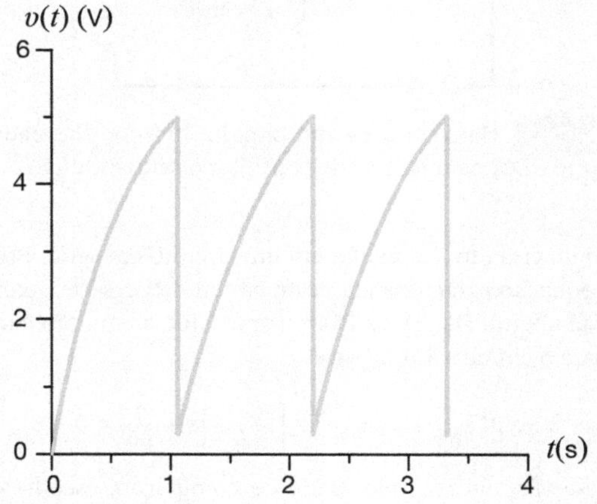

FIGURA 7.33 Forma de onda da tensão de saída do marca-passo cardíaco.

EXEMPLO DE APLICAÇÃO 7.15

Considere o simples circuito RL mostrado na **Fig. 7.34**, que forma a base de praticamente toda fonte de potência CC que existe. A chave é aberta em $t = 0$. V_F e R foram escolhidos de modo a produzir uma corrente de 1 A no indutor antes do acionamento da chave. Determine a tensão de pico no indutor e na chave.

SOLUÇÃO Iniciemos a análise com uma expressão para a corrente do indutor. Em $t = 0$, a corrente do indutor é 1 A. Em $t = \infty$, a corrente é 0. A constante de tempo é simplesmente L/R; mas quando a chave é aberta, R se torna infinita e a constante de tempo, zero! Como resultado, a corrente no indutor é

$$i_L(t) = 1e^{-\alpha t} \text{ A} \qquad \textbf{7.29}$$

em que α é infinito. A resultante tensão no indutor é

$$v_L(t) = L\frac{di_L(t)}{dt} = -\alpha e^{-\alpha t} \qquad \textbf{7.30}$$

Em $t = 0$, a tensão de pico no indutor é infinita e negativa! Este nível de tensão é causado pela tentativa de interromper a corrente no indutor instantaneamente, levando di/dt às alturas. Empregando a LKT, a tensão de pico na chave deve ser infinita e positiva (independentemente da tensão de alimentação). Este fenômeno é chamado de *salto indutivo*, e é a dor de cabeça dos projetistas de fontes de potência.

Diante dessa situação, geralmente, buscamos uma forma de reduzir esta tensão excessiva e, mais importante, prevê-la e controlá-la. Vejamos o que temos e o que sabemos. Temos uma tensão transiente que cresce muito rapidamente de forma ilimitada. Temos, também, uma corrente inicial no indutor que deve fluir para algum lugar. Sabemos que tensões em capacitores não podem mudar rapidamente e que resistores consomem energia. Portanto, iremos adicionar um circuito RC em torno da chave, como mostrado na **Fig. 7.35**, e examinar o efeito dessa alteração.

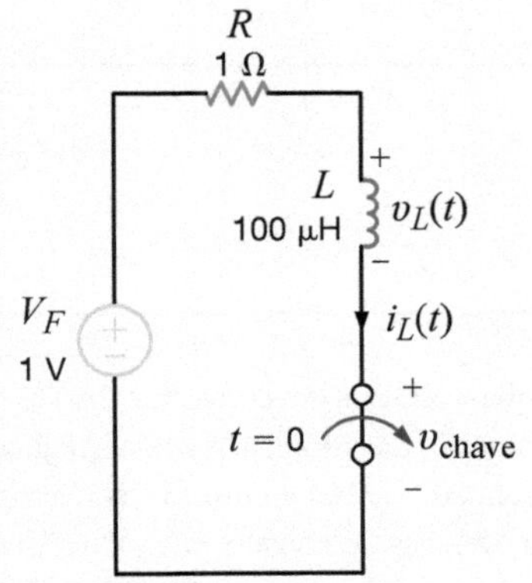

FIGURA 7.34 Circuito indutor chaveado, base das modernas fontes de potência.

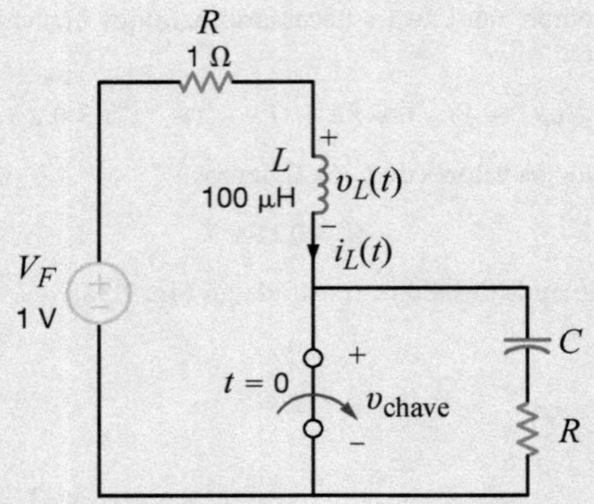

FIGURA 7.35 Conversão de um circuito indutor chaveado em um circuito *RLC*, na tentativa de controlar o salto indutivo.

A adição do circuito *RC* resulta em um circuito em série. Precisamos da equação característica deste circuito *RLC* série quando a chave está aberta. Da Eq. (7.15), sabemos que a equação característica para o circuito *RLC* série é

$$s^2 + 2\zeta\omega_0 s + \omega_0^2 = s^2 + \left[\frac{R+1}{L}\right]s + \frac{1}{LC} = 0 \qquad 7.31$$

Para preservar alguma velocidade de comutação, escolheremos arbitrariamente um sistema criticamente amortecido, com $\zeta = 1$ e $\omega_0 = 10^6$ rad/s. Esta escolha para ω_0 deve permitir que o sistema se estabilize em alguns microssegundos. Da Eq. (7.31), podemos escrever expressões para *C* e *R*:

$$\omega_0^2 = 10^{12} = \frac{1}{LC} = \frac{1}{10^{-4}C} \qquad 2\zeta\omega_0 = 2 \times 10^6 = \frac{R+1}{L} = \frac{R+1}{10^{-4}} \qquad 7.32$$

A resolução dessas equações fornece os valores dos parâmetros $C = 10$ nF e $R = 199\ \Omega$. Agora, podemos nos concentrar na tensão de pico na chave. Quando a chave é aberta, a corrente no indutor, ajustada em 1 A pela fonte CC e pelo resistor de 1 – Ω, flui pelo circuito *RC*. Como o capacitor foi previamente descarregado pela chave fechada, sua tensão não pode mudar imediatamente e permanece zero por um instante. A tensão no resistor é simplesmente $I_L R$, em que I_L é a corrente inicial no indutor. Com os dados valores de I_L e *R*, a tensão no resistor logo após a abertura da chave é de 199 V. A tensão da chave é, então, apenas a soma das tensões no capacitor e no resistor (ou seja, 199 V). Esta é uma grande melhoria com relação ao primeiro cenário!

O gráfico da tensão na chave, mostrado na **Fig. 7.36**, está claramente em concordância com essa análise. Este gráfico ilustra a eficácia do circuito *RC* na redução do salto indutivo gerado pela abertura da chave. Observe que a tensão na chave é controlada em um valor de pico de 199 V e o sistema é criticamente amortecido; ou seja, há pouca ou nenhuma extrapolação, e o sistema se estabiliza em menos de 5 μs. Em virtude de sua importância, este circuito *RC* é denominado *snubber* (amortecedor) e é a solução preferencial de engenheiros para controlar o salto indutivo.

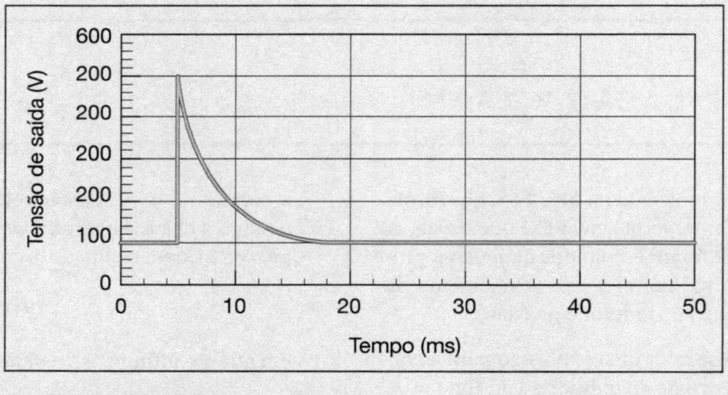

FIGURA 7.36 Gráfico da tensão na chave quando o circuito *snubber* é empregado para reduzir o salto indutivo.

EXEMPLO DE APLICAÇÃO 7.16

Um dos subcircuitos mais comuns e necessários a uma grande variedade de sistemas eletrônicos – por exemplo, aparelhos de som, TVs, rádios e computadores – é uma fonte de tensão CC de qualidade ou fonte de potência. O soquete padrão de eletricidade fornece uma tensão variante no tempo (CA), cuja forma de onda é mostrada na **Fig. 7.37a**. A **Fig. 7.37b** ilustra como essa tensão CA pode ser convertida em um desejado nível CC. A forma de onda CA é convertida em uma tensão quase CC por um conversor CA-CC de baixo custo, cuja saída contém restos da entrada CA e não é regulada. Uma saída CC de maior qualidade é obtida com um conversor CC-CC chaveado. Das várias versões de conversores CC-CC, consideraremos uma topologia chamada de conversor elevador de tensão, mostrada na **Fig. 7.38**. Desenvolva uma equação relacionando a tensão de saída com as características do chaveamento (ou comutação).

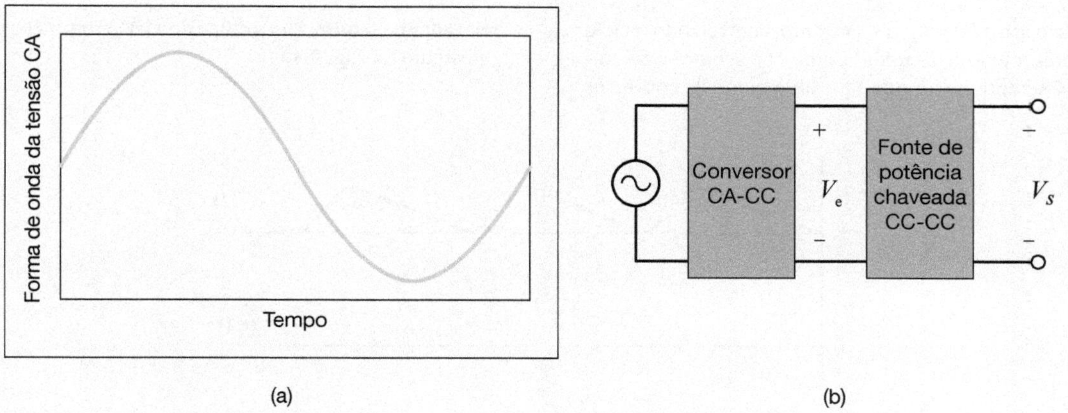

FIGURA 7.37 (a) Forma de onda da tensão CA em soquete padrão de eletricidade e (b) um diagrama de blocos de uma fonte de alimentação CC moderna.

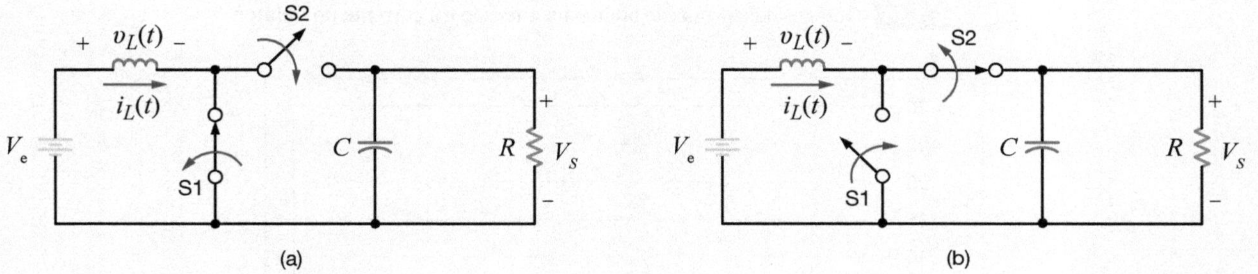

FIGURA 7.38 Conversor elevador de tensão com chaves configuradas para intervalos de tempo (a) t_{lig} e (b) t_{deslig}.

SOLUÇÃO Considere o conversor elevador de tensão na **Fig. 7.38a**, em que a chave 1 (S1) está fechada e a chave S2 está aberta durante um intervalo de tempo t_{lig}. Isso isola o indutor do capacitor, originando dois subcircuitos que podem ser analisados independentemente. Observe que, durante t_{lig}, a corrente no indutor e a energia nele armazenada estão aumentando, enquanto, no nó de saída, a tensão no capacitor descarrega exponencialmente na carga. Se a constante de tempo do capacitor ($\tau = RC$) for grande, a tensão de saída diminuirá lentamente. Assim, durante t_{lig}, a energia é armazenada no indutor, e o capacitor fornece energia para a carga.

Em seguida, mudamos as posições das duas chaves, de modo que, durante um intervalo de tempo t_{deslig}, S1 fique aberta e S2, fechada, como mostrado na **Fig. 7.38b**. Como a corrente no indutor não pode mudar instantaneamente, a corrente flui no capacitor e na carga, recarregando o capacitor. Durante t_{deslig}, a energia que foi adicionada ao indutor durante t_{lig} é usada para recarregar o capacitor e acionar a carga. Ao final do período t_{deslig}, o ciclo se repete.

Observe que a energia adicionada ao indutor durante t_{lig} deve ir para o capacitor e para a carga durante t_{deslig}; caso contrário, a energia do indutor aumentaria até o ponto em que o indutor falharia. Isso requer que a energia armazenada no indutor seja a mesma no final de cada ciclo de chaveamento. Lembrando que a energia no indutor está relacionada com a corrente por

$$\omega(t) = \frac{1}{2}Li^2(t)$$

podemos afirmar que a corrente no indutor também deve ser a mesma ao final de cada ciclo de chaveamento, como mostrado na **Fig. 7.39**. A corrente no indutor durante t_{lig} e t_{deslig} pode ser escrita como

$$i_L(t) = \frac{1}{L}\int_0^{t_{\text{lig}}} v_L(t)\,dt = \frac{1}{L}\int_0^{t_{\text{lig}}} V_e\;dt$$
$$= \left[\frac{V_e}{L}\right]t_{\text{lig}} + I_s \qquad 0 < t < t_{\text{lig}}$$

7.33

$$i_L(t) = \frac{1}{L}\int_{t_{\text{lig}}}^{t_{\text{lig}}+t_{\text{deslig}}} v_L(t)\,dt = \frac{1}{L}\int_{t_{\text{lig}}}^{t_{\text{lig}}+t_{\text{deslig}}} (V_e - V_s)\,dt$$
$$= \left[\frac{V_e - V_s}{L}\right]t_{\text{deslig}} + I_s \qquad t_{\text{lig}} < t < t_{\text{deslig}}$$

em que I_s é a corrente inicial no início de cada ciclo de comutação. Se a corrente no indutor for a mesma no início e no final de cada ciclo de comutação, a soma das integrais na Eq. (7.33) deve ser zero. Ou seja,

$$V_e t_{\text{lig}} = (V_s - V_e)t_{\text{deslig}} = (V_s - V_e)(T - t_{\text{lig}})$$

em que T é o período ($T = t_{\text{lig}} + t_{\text{deslig}}$). Resolvendo para V_s, temos

$$V_s = V_e\left[\frac{T}{T - t_{\text{lig}}}\right] = V_e\left[\frac{1}{(T - t_{\text{lig}})/T}\right] = V_e\left[\frac{1}{(T - t_{\text{lig}})/T}\right] = V_e\left[\frac{1}{1 - D}\right]$$

em que D é o ciclo ativo ($D = t_{lig}/T$). Portanto, controlando o ciclo ativo, controlamos a tensão de saída. Como D é sempre uma fração positiva, V_s é sempre maior que V_e – daí o nome de conversor elevador de tensão. Um gráfico de V_s/V_e em função do ciclo ativo é mostrado na **Fig. 7.40**.

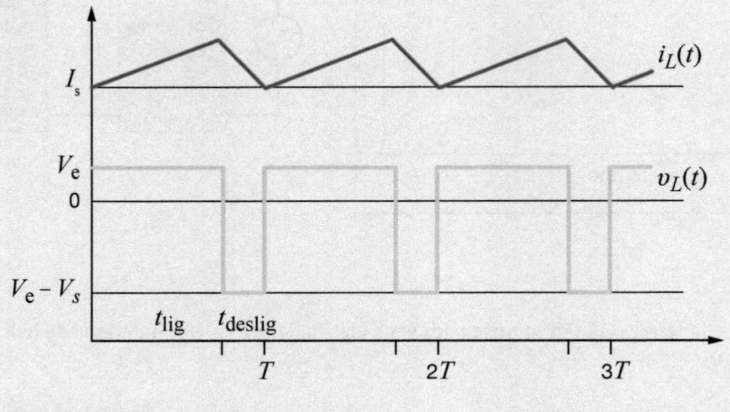

FIGURA 7.39 Gráficos das formas de onda para a tensão e a corrente no indutor.

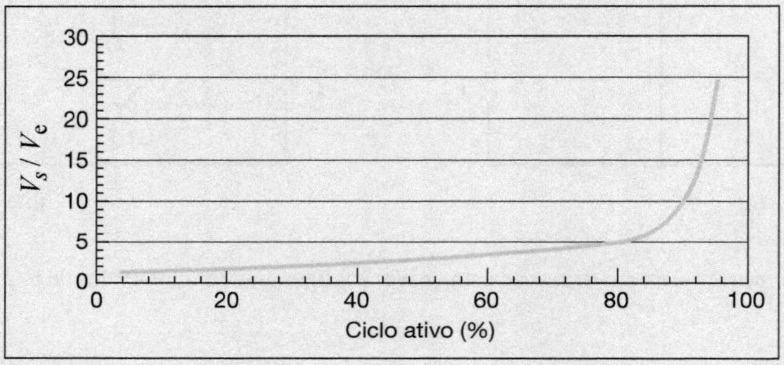

FIGURA 7.40 Efeito do ciclo ativo no ganho do conversor elevador de tensão.

EXEMPLO DE APLICAÇÃO 7.17

Um esquema experimental para um canhão eletromagnético é mostrado na **Fig. 7.41**. Com a chave S2 aberta, a chave S1 é fechada e a fonte de alimentação carrega o banco de capacitores a 10 kV. Nesse ponto, a chave S1 é aberta. O canhão é disparado fechando a chave S2. Quando o capacitor descarrega, a corrente faz com que a lâmina na extremidade da arma exploda, criando um plasma quente que é acelerado ao longo do tubo. A queda de tensão na vaporização da lâmina é desprezível e, portanto, mais de 95% da energia permanece disponível para acelerar o plasma. O fluxo de corrente gera um campo magnético, e a força no plasma causada pelo campo magnético, que é proporcional ao quadrado da corrente em qualquer instante de tempo, acelera o plasma. Uma tensão inicial mais alta resultará em maior aceleração.

O diagrama para o circuito de descarga é mostrado na **Fig. 7.42**. A resistência do barramento (um condutor pesado) inclui a resistência da chave. As resistências da lâmina e do resultante plasma são desprezíveis; portanto, a corrente que flui entre os condutores superior e inferior depende dos restantes componentes do circuito no caminho fechado, como especificado na Fig. 7.41.

A equação diferencial para a resposta natural da corrente é

$$\frac{d^2 i(t)}{dt^2} + \frac{R_{barramento}}{L_{barramento}} \frac{di(t)}{dt} + \frac{i(t)}{L_{barramento} C} = 0$$

Use a equação característica para descrever a forma de onda da corrente.

SOLUÇÃO Para os dados valores do circuito, a equação característica é

$$s^2 + 37{,}5 \times 10^4 s + 58{,}3 \times 10^{10} = 0$$

e as raízes da equação são

$$s_1, s_2 = (-\,18{,}75 \pm j74) \times 10^4$$

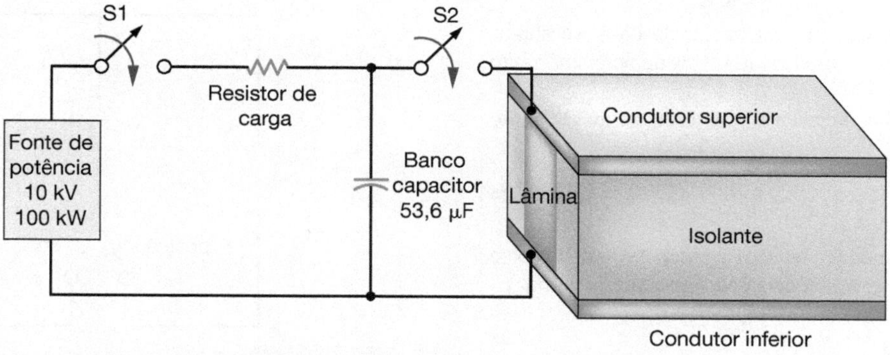

FIGURA 7.41 Esquema experimental de um canhão eletromagnético.

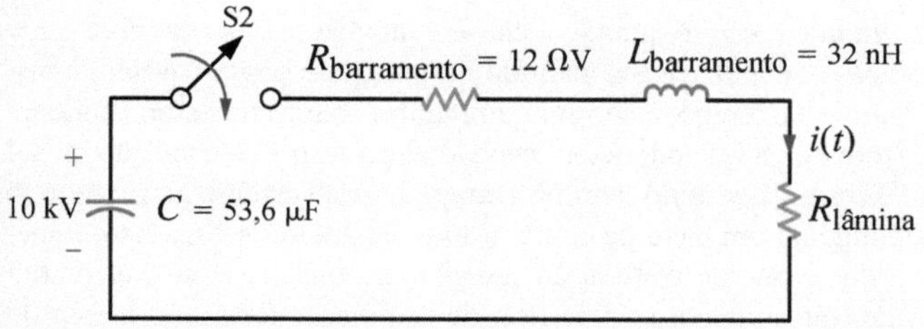

FIGURA 7.42 Circuito de descarga do canhão eletromagnético.

Portanto, o circuito é subamortecido.

As raízes da equação característica revelam que a frequência ressonante amortecida é

$$\omega_d = 740 \text{ krad/s}$$

Logo,

$$f_d = 118 \text{ kHz}$$

e o período da forma de onda é

$$T = \frac{1}{f_d} = 8{,}5 \text{ μs}$$

Um gráfico da corrente é mostrado na **Fig. 7.43**, e confirma que o período da resposta amortecida é, de fato, de 8,5 μs.

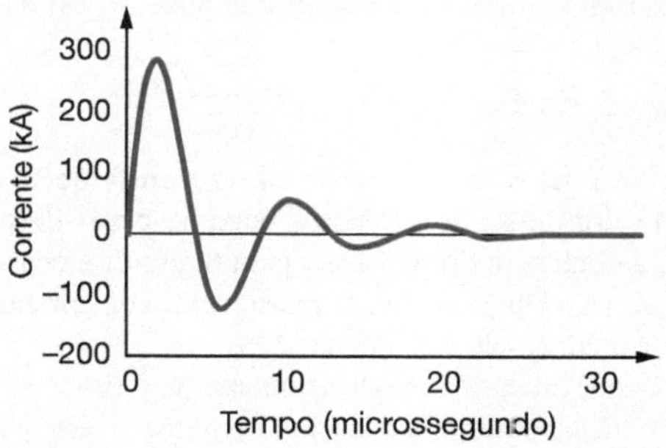

FIGURA 7.43 Corrente na carga com banco capacitor carregado a 10 kV.

7.5 Exemplos de Projeto

EXEMPLO DE PROJETO 7.18

Projetemos um aquecedor elétrico eficiente que opere com uma fonte de 24 V CC e gere calor acionando um elemento de aquecimento resistivo de 1 Ω. Para a faixa de temperatura de interesse, a potência absorvida pelo elemento de aquecimento deve estar entre 100 e 400 W. Um experiente engenheiro sugeriu que duas técnicas bem diferentes fossem exploradas como possíveis soluções: um simples divisor de tensão e um circuito indutor chaveado.

SOLUÇÃO Para o primeiro caso, o necessário circuito é mostrado na **Fig. 7.44**. O elemento de resistência variável é chamado de reostato. Potenciômetros são resistores variáveis que se destinam

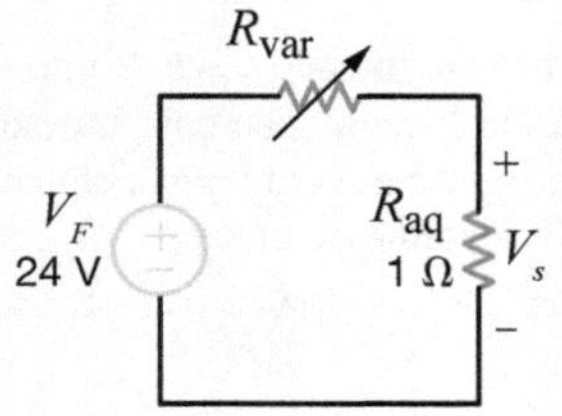

FIGURA 7.44 Circuito simples para variar a temperatura de um elemento de aquecimento.

à operação de baixa potência (ou seja, abaixo de 1 W). Reostatos, por sua vez, são dispositivos usados em níveis de potência muito mais altos.

Sabemos de trabalhos anteriores que a tensão no elemento de aquecimento é

$$V_s = V_F \frac{R_{aq}}{R_{aq} + R_{var}} \qquad 7.34$$

Uma alteração em R_{var} mudará a tensão e a potência dissipada pelo elemento de aquecimento. A potência pode ser expressa como

$$p_s = \frac{V_s^2}{R_{aq}} = V_F^2 \frac{R_{aq}}{(R_{aq} + R_{var})^2} \qquad 7.35$$

Substituindo os valores máximo e mínimo da potência de saída na Eq. (7.35), podemos determinar a necessária faixa de valores de resistência para o reostato:

$$R_{var,\,mín} = \sqrt{\frac{V_F^2 R_{aq}}{P_{s,\,máx}}} - R_{aq} = \sqrt{\frac{(24^2)(1)}{400}} - 1 = 0{,}2\ \Omega$$
$$R_{var,\,máx} = \sqrt{\frac{V_F^2 R_{aq}}{P_{s,\,mín}}} - R_{aq} = \sqrt{\frac{(24^2)(1)}{100}} - 1 = 1{,}4\ \Omega \qquad 7.36$$

Portanto, um reostato de 2 Ω deve funcionar bem. Mas o que podemos dizer sobre a eficiência dessa solução? Quanta energia é perdida no reostato? A potência no reostato pode ser expressa como

$$P_{var} = \frac{(V_F - V_s)^2}{R_{var}} = V_F^2 \frac{R_{var}}{(R_{aq} + R_{var})^2} \qquad 7.37$$

Sabemos de nossos estudos de máxima transferência de potência que o valor de R_{var} que causa a máxima perda de potência e, portanto, a eficiência do pior caso para o circuito, ocorre quando $R_{var} = R_{aq} = 1\ \Omega$. Obviamente, as resistências consomem a mesma potência, e a eficiência é de apenas 50%.

Agora que entendemos o funcionamento dessa técnica do divisor de tensão, exploremos a solução alternativa. Neste ponto, o uso de um indutor comutado parece ser uma alternativa viável, dado que este elemento não consome potência. Então, se conseguíssemos estabelecer uma corrente em um indutor, chaveá-la para o elemento de aquecimento e repetir esta operação de modo suficientemente rápido, o elemento de aquecimento responderia à potência média a ele entregue e manteria uma temperatura constante.

Consideremos o circuito na **Fig. 7.45**, em que a chave se move entre as duas posições, energizando o indutor com corrente e, então, direcionando essa corrente para o elemento de aquecimento. Examinemos esse modelo para determinar sua eficácia. Começamos assumindo que a corrente do indutor é zero e a chave acabou de ser movida para a posição 1. A corrente do indutor começará a crescer *linearmente* de acordo com a equação fundamental

$$i_L(t) = \frac{1}{L}\int v_L(t)\, dt = \frac{1}{L}\int V_F\, dt = \frac{V_F}{L} t \qquad 7.38$$

A inclinação do crescimento linear é V_F/L. Como V_F é ajustado em 24 V, podemos controlar a inclinação com a escolha do valor de L. A corrente do indutor aumenta até que a chave seja movida no tempo $t = t_1$, quando a corrente de pico é

$$I_{pico} = \frac{V_F}{L} t_1 \qquad 7.39$$

Esta corrente no indutor se descarregará exponencialmente no elemento de aquecimento de acordo com a equação

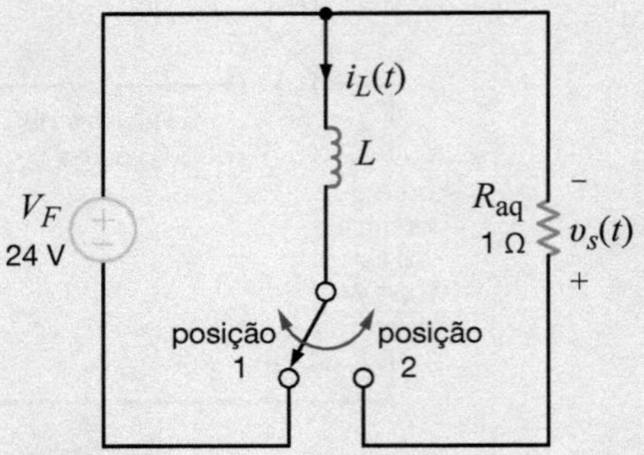

FIGURA 7.45 Uma solução de indutor comutado para variar a temperatura do elemento de aquecimento.

$$i_L(t') = I_{pico} e^{-t'/\tau} \qquad 7.40$$

em que t' é zero quando a chave é movida para a posição 2 e $\tau = L/R_{aq}$. Se a chave for mantida na posição 2 por cerca de 5 constantes de tempo, a corrente do indutor se tornará essencialmente zero e a chave poderá ser devolvida à posição 1 na condição inicial – corrente zero no indutor. Um gráfico da corrente no indutor ao longo de um ciclo de comutação é mostrado na **Fig. 7.46**. Repetidos ciclos de comutação transferem potência para o elemento de aquecimento. Se o período de comutação for muito menor do que a constante de tempo térmica do elemento – uma medida da rapidez com que o elemento se aquece – a temperatura do elemento será determinada pela potência média. Este é um conceito que ainda não exploramos. No Capítulo 9, discutiremos a Potência Média, e este exemplo é uma motivação para tal estudo. Contudo, devemos considerar dois aspectos: a corrente de carga é apenas a porção exponencial de decaimento da corrente no indutor, e o valor inicial da exponencial é I_{pico}, como definido na Eq. (7.39). Um aumento de I_{pico} acarretará um aumento da potência e da temperatura do elemento. Como a Eq. (7.39) indica, isso é feito com facilidade controlando t_1! É impossível prosseguir com esse projeto até que possamos prever com precisão a potência média na carga.

Voltando à nossa preocupação original, conseguimos melhorar a eficiência? Observemos que, além do próprio elemento de aquecimento, não há componentes consumidores de energia no novo circuito. Portanto, ignorando a resistência no indutor e na chave, vemos que essa solução é 100% eficiente! Na realidade, eficiências próximas a 95% podem ser alcançadas. Esta é uma drástica melhoria com relação à outra alternativa, que emprega um reostato.

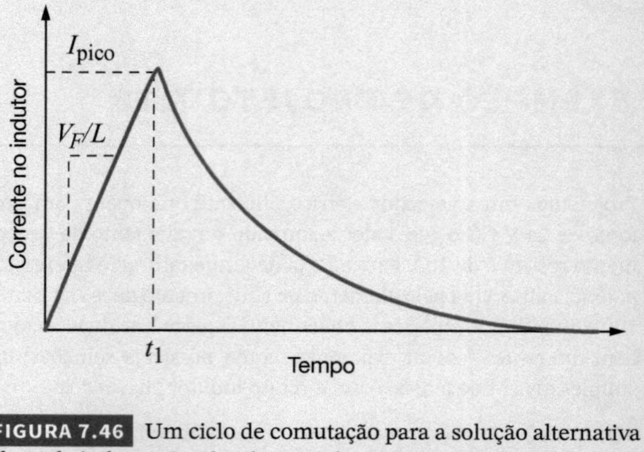

FIGURA 7.46 Um ciclo de comutação para a solução alternativa à base de indutor. O valor de I_{pico} é diretamente proporcional a t_1.

EXEMPLO DE PROJETO 7.19

Considere o circuito na **Fig. 7.47a**, em que uma fonte de potência CC, normalmente alimentada a partir de um soquete comum de eletricidade, é modelada como uma fonte de tensão CC em série com um resistor R_F. A carga demanda uma corrente constante e é modelada como uma fonte de corrente. Projete o circuito mais simples possível que isole o dispositivo de carga de perturbações na tensão de alimentação. Portanto, nossa tarefa consiste em melhorar o desempenho da fonte de alimentação com reduzido custo adicional.

Uma solução padrão para este problema envolve o uso de um capacitor C_D, como mostrado na **Fig. 7.47b**. As duas fontes de tensão e a chave unipolar de duas posições modelam a perturbação de entrada representada graficamente na **Fig. 7.47c**. Engenheiros chamam C_D de *capacitor de desacoplamento*, pois desacopla perturbações na tensão de entrada da tensão de saída. Em circuitos eletrônicos típicos, capacitores de desacoplamento são largamente usados. Assim, nossa tarefa consiste em desenvolver uma equação de projeto para C_D em termos de R_F, V_F, V_s, ΔV_F, ΔV_s e t'. O resultado que obteremos será aplicável a qualquer caso que possa ser modelado pelo circuito na Fig. 7.47b.

SOLUÇÃO A tensão em C_D pode ser expressa na forma padrão como

$$v_s(t) = K_1 + K_2 e^{-t/\tau} \qquad \textbf{7.41}$$

Circuitos equivalentes para $t = 0$ e $t = \infty$ são mostrados nas **Figs. 7.48a** e **b**, respectivamente. Nesses dois valores extremos de tempo, temos

$$\begin{aligned} v_s(0) &= K_1 + K_2 = V_F - I_L R_F \\ v_s(\infty) &= K_1 = V_F + \Delta V_F - I_L R_F \end{aligned} \qquad \textbf{7.42}$$

Para determinar a resistência equivalente para a constante de tempo, voltamos ao circuito na Fig. 7.48b, reduzimos todas as fontes independentes a zero e olhamos para o circuito resultante a partir dos terminais do capacitor. É fácil ver que a constante de tempo é simplesmente $R_F C_D$. Assim,

$$v_s(t) = V_F + \Delta V_F - I_L R_F - \Delta V_F e^{-t/R_F C_D} \qquad \textbf{7.43}$$

Exatamente em $t = t'$, a tensão de saída é igual a seu valor original, $V_s(0) + \Delta V_s$. Substituindo esta condição na Eq. (7.43), temos

$$v_s(t') = V_F - I_L R_F + \Delta V_s = V_F + \Delta V_F - I_L R_F - \Delta V_F e^{-t'/R_F C_D}$$

que pode ser reduzida à expressão

$$\Delta V_F - \Delta V_s = \Delta V_F e^{-t'/R_F C_D} \qquad \textbf{7.44}$$

Observe que o valor de C_D não depende das tensões de entrada e saída, mas depende de *mudanças* nessas tensões! Isso torna a

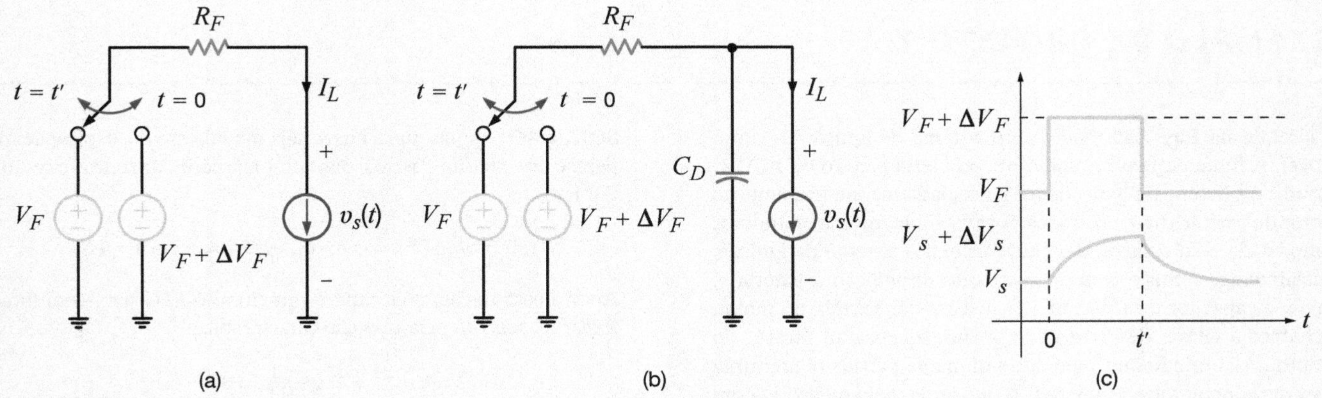

FIGURA 7.47 (a) Um simples circuito CC para modelar perturbações na tensão da fonte. (b) Uso de um capacitor de desacoplamento para reduzir perturbações na tensão de carga. (c) Definições das perturbações de tensão de entrada e saída.

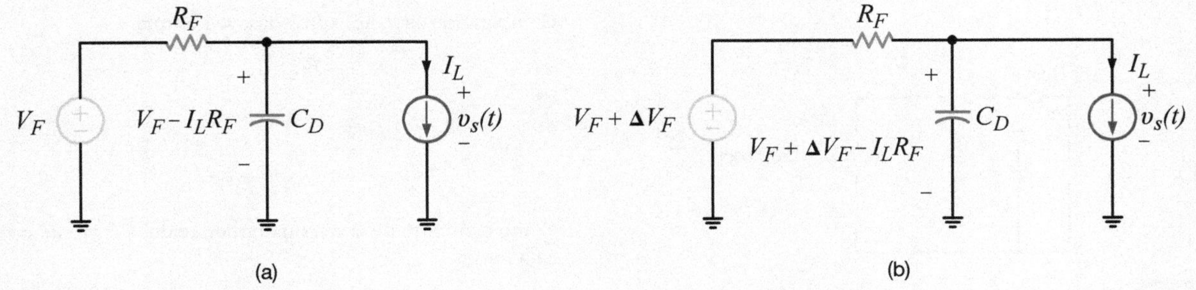

FIGURA 7.48 (a) Representação do circuito na Fig. 7.47b em $t = 0$, logo após o movimento da chave. (b) O mesmo circuito em $t = \infty$.

Eq. (7.44) extremamente versátil. Uma simples manipulação algébrica da Eq. (7.44) produz a equação de projeto para C_D:

$$C_D = \frac{t'}{R_F \ln\left[\frac{\Delta V_F}{\Delta V_F - \Delta V_s}\right]} \quad \textbf{7.45}$$

Examinando esta expressão, vemos que C_D depende diretamente de t' e do inverso de R_F. Se dobramos o valor de t' ou se reduzirmos o valor de R_F à metade, o valor de C_D será dobrado. Este resultado não é muito surpreendente. A dependência de C_D com relação às mudanças de tensão é mais complexa. Isole este termo e o expresse como

$$f = \frac{1}{\ln\left[\frac{\Delta V_F}{\Delta V_F - \Delta V_s}\right]} = \frac{1}{\ln\left[\frac{1}{1 - \Delta V_s/\Delta V_F}\right]} = \frac{-1}{\ln\left[1 - \frac{\Delta V_s}{\Delta V_F}\right]} \quad \textbf{7.46}$$

A **Fig. 7.49** mostra um gráfico deste termo em função da razão $\Delta V_s/\Delta V_F$. Observe que, para ΔV_s muito pequeno (ou seja, um grande grau de desacoplamento), esse termo é muito grande. Como esse termo é multiplicado por t' na Eq. (7.45), vemos que o preço de um excelente desacoplamento é uma capacitância muito grande.

Por fim, como exemplo, considere o caso em que v_f é 5 V, R_F é 20 Ω e a perturbação de entrada é caracterizada por $\Delta V_F = 1$ V e $t' = 0{,}5$ ms. Se as mudanças de saída forem limitadas a apenas 0,2 V, a capacitância necessária será $C_D = 112{,}0$ μF. Um capacitor com esse valor e classificado para operação em até 16 V custa menos de R$ 1,00 e deve ser um pouco menor do que uma moeda de um centavo de real.

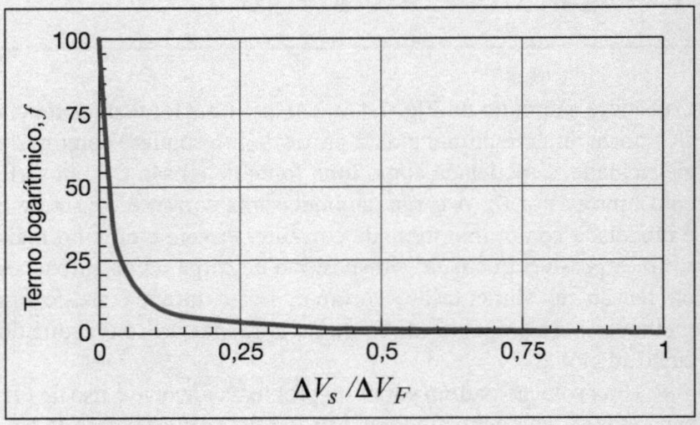

FIGURA 7.49 Gráfico da função f *versus* a razão $\Delta V_s/\Delta V_F$.

Este exemplo muito simples, mas muito importante, demonstra como um engenheiro pode empregar suas habilidades básicas de análise de circuitos para desenvolver e descrever uma aplicação prática de forma que o resultado seja amplamente utilizável. Observemos que o cerne de todo este exercício é a criação de um modelo de circuito para o cenário de desacoplamento.

EXEMPLO DE PROJETO 7.20

O circuito na **Fig. 7.50** modela um sistema de ignição de automóvel. A fonte de tensão representa a bateria padrão de 12 V. O indutor é a bobina de ignição, que é acoplada magneticamente ao motor de partida (não mostrado). A resistência interna do indutor é modelada pelo resistor, e a chave aciona o sistema de ignição. Inicialmente, a chave conecta o circuito de ignição à bateria e, então, o capacitor é carregado a 12 V. Para dar partida no motor, fechamos a chave, descarregando, assim, o capacitor através do indutor. Assumindo que a operação ótima da partida requer uma resposta superamortecida para $i_L(t)$ que atinja pelo menos 1 A em 100 ms após o fechamento da chave e permaneça acima de 1 A entre 1 e 1,5 s, determine um valor para o capacitor que produza tal forma de onda para a corrente. Além disso, esboce um gráfico da resposta, incluindo o intervalo de tempo imediatamente antes de mover a chave, e verifique a correção do projeto.

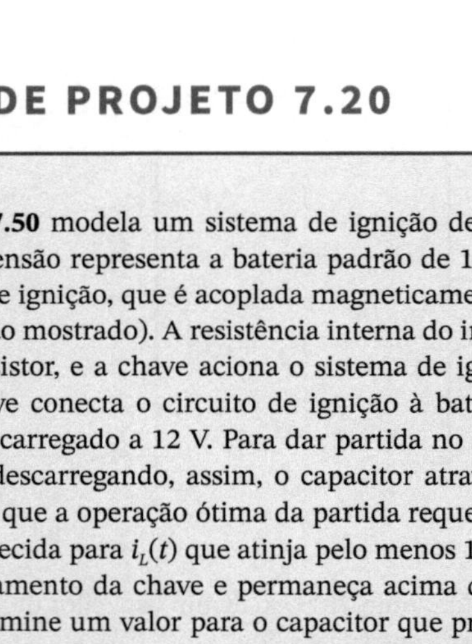

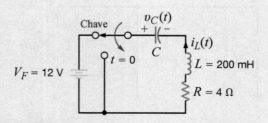

FIGURA 7.50 Modelo de circuito para um sistema de ignição de automóvel.

SOLUÇÃO Antes que a chave seja movida em $t = 0$, o capacitor parece um circuito aberto e o indutor age como um curto-circuito. Por isso,

$$i_L(0^-) = i_L(0^+) = 0 \text{ A} \quad \text{e} \quad v_c(0^-) = v_c(0^+) = 12 \text{ V}$$

Após a comutação, o circuito é um circuito *RLC* série sem força forçante, descrito pela equação característica

$$s^2 + \frac{R}{L}s + \frac{1}{LC} = 0$$

com raízes representadas como $s = -s_1$ e $-s_2$. Com isso, a equação característica toma a forma

$$(s + s_1)(s + s_2) = s^2 + (s + s_2)s + s_1 s_2 = 0$$

Comparando as duas expressões, vemos que

$$\frac{R}{L} = s_1 + s_2 = 20$$

e

$$\frac{1}{LC} = s_1 s_2$$

Como o circuito deve ser superamortecido, a corrente no indutor é da forma

$$i_L(t) = K_1 e^{-s_1 t} + K_2 e^{-s_2 t}$$

Logo após a mudança de posição da chave,

$$i_L(0^+) = K_1 + K_2 = 0$$

ou

$$K_2 = -K_1$$

Além disso, em $t = 0^+$, a tensão no indutor é igual à tensão no capacitor, $i_L = 0$ e, portanto, $i_L R = 0$. Assim, podemos escrever

$$v_L(0^+) = L\frac{di_L(0^+)}{dt} \Rightarrow -s_1K_1 + s_2K_1 = \frac{12}{L}$$

ou

$$K_1 = \frac{60}{s_2 - s_1}$$

Neste ponto, escolha arbitrariamente $s_1 = 3$ e $s_2 = 17$, satisfazendo à condição $s_1 + s_2 = 20$ e, além disso,

$$K_1 = \frac{60}{s_2 - s_1} = \frac{60}{14} = 4{,}29$$
$$C = \frac{1}{Ls_1s_2} = \frac{1}{(0{,}2)\,(3)\,(17)} = 98 \text{ mF}$$

Portanto, $i_L(t)$ é obtida como

$$i_L(t) = 4{,}29\left[e^{-3t} - e^{-17t}\right]\text{A}$$

A **Fig. 7.51a** mostra um gráfico de $i_L(t)$. Em 100 ms, a corrente aumentou para 2,39 A, o que atende aos requisitos iniciais de magnitude. No entanto, 1 segundo depois, em $t = 1{,}1$ s, $i_L(t)$ cai para apenas 0,16 A – bem abaixo do requisito de variação temporal da magnitude. Simplificando, a corrente cai muito rapidamente. Para uma estimativa fundamentada dos valores de s_1 e s_2, cabe investigar o efeito das raízes na forma de onda da corrente quando $s_2 > s_1$.

Como $s_2 > s_1$, a exponencial associada a s_2 cairá a zero mais rapidamente do que a exponencial associada a s_1. Isso faz com que $i_L(t)$ aumente – quanto maior o valor de s_2, mais rápido é esse aumento. Após decorridos $5(1/s_2)$ segundos, a exponencial associada a s_2 é aproximadamente zero e $i_L(t)$ diminui exponencialmente com uma constante de tempo de $\tau = 1/s_1$. Assim, para retardar a queda de $i_L(t)$, devemos reduzir o valor de s_1. Portanto, escolhamos $s_1 = 1$. Como $s_1 + s_2$ deve ser igual a 20, $s_2 = 19$. Com esses valores,

$$C = \frac{1}{Ls_1s_2} = \frac{1}{(0{,}2)\,(1)(19)} = 263 \text{ mF}$$

e

$$K_1 = \frac{60}{s_2 - s_1} = \frac{60}{18} = 3{,}33$$

Assim, a corrente no indutor fica dada por

$$i_L(t) = 3{,}33\left[e^{-t} - e^{-9t}\right]\text{ A}$$

Um gráfico dessa corrente é mostrado na **Fig. 7.51b**. Em 100 ms, a corrente é de 2,52 A. Além disso, em $t = 1{,}1$ s, a corrente é de 1,11 A – acima do requisito de 1 A. Portanto, a escolha de $C = 263$ mF atende a todas as especificações do sistema de ignição.

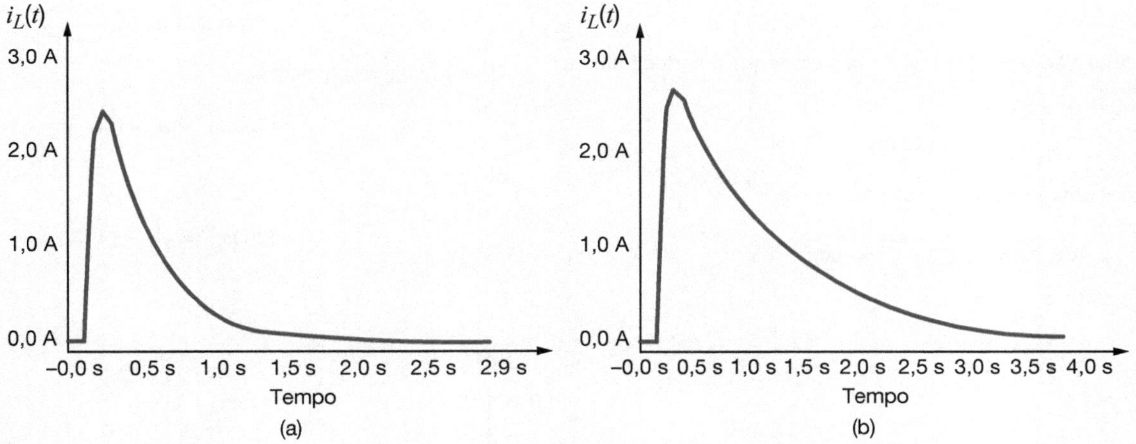

FIGURA 7.51 Corrente de ignição em função do tempo.

EXEMPLO DE PROJETO 7.21

Um desfibrilador é um dispositivo usado para interromper fibrilações cardíacas – tremores erráticos e descoordenados das fibras musculares do coração – por meio de um choque elétrico no coração. O desfibrilador Lown foi desenvolvido pelo Dr. Bernard Lown, em 1962. Sua principal característica, mostrada na **Fig. 7.52a**, é a forma de onda de tensão. Um diagrama simplificado de um circuito simplificado capaz de produzir a forma de onda Lown é mostrado na **Fig. 7.52b**. Determine os valores necessários para o indutor e o capacitor.

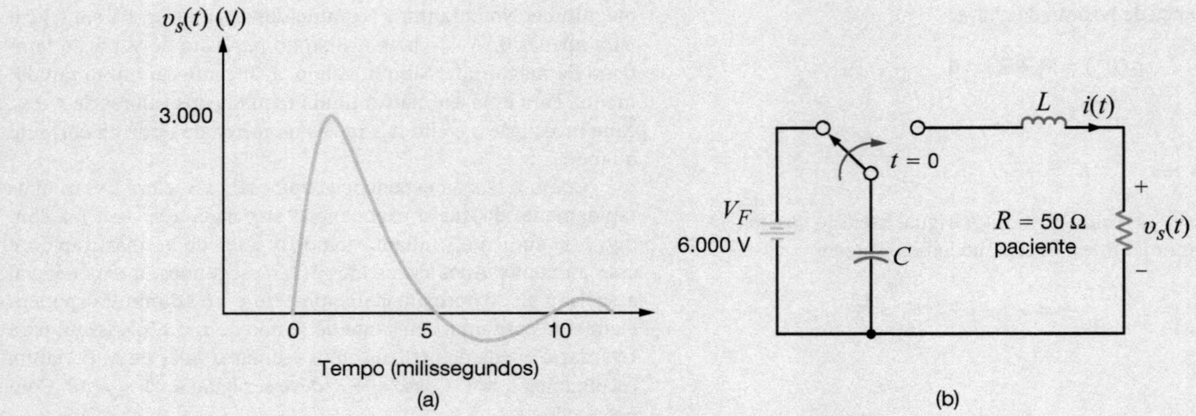

FIGURA 7.52 Forma de onda do desfibrilador Lown e circuito simplificado. Reimpresso com permissão de John Wiley & Sons, Inc., *Introduction to Biomedical Equipment Technology*.

SOLUÇÃO Como a forma de onda Lown é oscilatória por natureza, sabemos que o circuito é subamortecido ($\zeta < 1$) e que a tensão aplicada ao paciente é da forma

$$v_s(t) = K_1 e^{-\zeta\omega_o t} \text{ sen}[\omega t]$$

em que

$$\zeta\omega_o = \frac{R}{2L}$$

$$\omega = \omega_o\sqrt{1-\zeta^2}$$

e

$$\omega_o = \frac{1}{\sqrt{LC}}$$

para o circuito *RLC* série. Da Fig. 7.52a, vemos que o período da função seno é

$$T = 10 \text{ ms}$$

Assim, temos uma expressão envolvendo ω_o e ζ

$$\omega = \frac{2\pi}{T} = \omega_o\sqrt{1-\zeta^2} = 200\pi \text{ rad/s}$$

Uma segunda expressão pode ser obtida calculando a razão entre $v_s(t)$ em $t = T/4$ e em $t = 3T/4$. Nesses dois instantes de tempo, a função seno é igual a +1 e −1, respectivamente. Usando os valores na Fig. 7.52a, podemos escrever

$$\frac{v_s(t/4)}{-v_s(3T/4)} = \frac{K_1 e^{-\zeta\omega_o(T/4)}}{K_1 e^{-\zeta\omega_o(3T/4)}} = e^{\zeta\omega_o(T/2)} \approx \frac{3.000}{250} = 12$$

ou

$$\zeta\omega_o = 497{,}0$$

Para $R = 50\ \Omega$, o necessário valor do indutor é

$$L = 50{,}3 \text{ mH}$$

Usando a expressão para ω,

$$\omega^2 = (200\pi)^2 = \omega_o^2 - (\zeta\omega_o)^2$$

ou

$$= (200\pi)^2 = \frac{1}{LC} - (497{,}0)^2$$

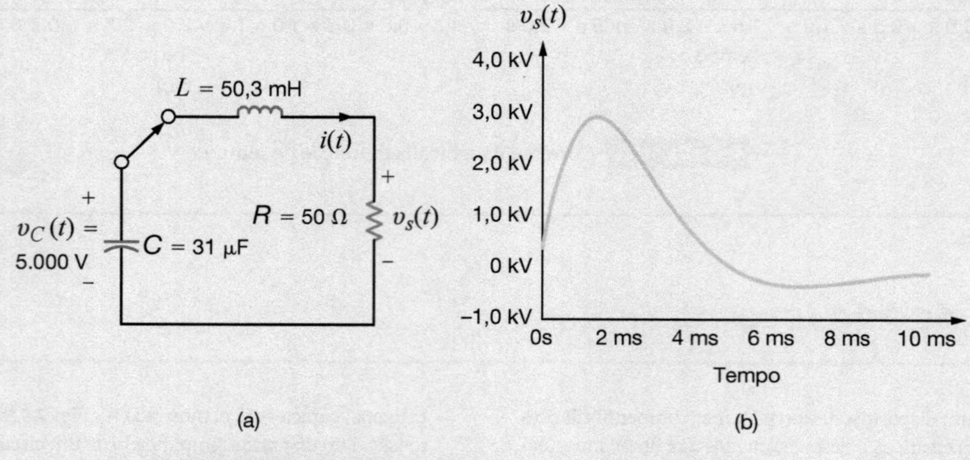

FIGURA 7.53 Circuito e gráfico de saída para o desfibrilador Lown.

Resolvendo para o valor do capacitor, encontramos

$$C = 31,0\ \mu\text{F}$$

Verifique a correção desse projeto usando o circuito mostrado na **Fig. 7.53a**. O gráfico da tensão de saída mostrado na **Fig. 7.53b** corresponde à forma de onda Lown na Fig. 7.52a; assim, podemos considerar o projeto um sucesso.

Embora esta solução seja viável, não é a única. Não é incomum que, para um problema de projeto, existam diferentes formas de atender às especificações.

Resumo

Circuitos de Primeira Ordem

- Um circuito transiente *RC* ou *RL* é considerado de primeira ordem se contiver apenas um único capacitor ou um único indutor. A tensão ou corrente em qualquer ponto do circuito pode ser obtida resolvendo uma equação diferencial de primeira ordem.
- A forma de uma equação diferencial de primeira ordem com uma função forçante constante é

$$\frac{dx(t)}{dt} + \frac{x(t)}{\tau} = A$$

cuja a solução é

$$x(t) = A\tau + K_2 e^{-t/\tau}$$

em que $A\tau$ é denominado solução de estado estacionário e τ, constante de tempo.

- A função $e^{-t/\tau}$ decai a um valor menor que 1% de seu valor inicial após um intervalo de 5τ. Portanto, a constante de tempo, τ, determina o tempo necessário para o circuito atingir o estado estacionário.
- A constante de tempo para um circuito *RC* é $R_{Th}C$ e para um circuito *RL*, L/R_{Th}, em que R_{Th} é a resistência equivalente de Thévenin olhando para o circuito a partir dos terminais do elemento de armazenamento (ou seja, capacitor ou indutor).
- As duas abordagens propostas para resolver circuitos transitórios de primeira ordem são a abordagem da equação diferencial e o método passo a passo. No primeiro caso, a equação diferencial que descreve o comportamento dinâmico do circuito é resolvida para determinar a solução desejada. No segundo caso, as condições iniciais e o valor de estado estacionário da tensão no capacitor ou corrente no indutor são usados em conjunto com a constante de tempo do circuito e a forma conhecida da variável desejada para obter uma solução.
- A resposta de um circuito transiente de primeira ordem a um pulso de entrada pode ser obtida tratando o pulso como uma combinação de duas entradas de função degrau.

Circuitos de Segunda Ordem

- A tensão ou corrente em um circuito transiente *RLC* pode ser descrita por uma equação diferencial de coeficiente constante da forma

$$\frac{d^2x(t)}{dt^2} + 2\zeta\omega_0\frac{dx(t)}{dt} + \omega_0^2 x(t) = f(t)$$

em que $f(t)$ é a função forçante do circuito.

- A equação característica para um circuito de segunda ordem é $s^2 + 2\zeta\omega_0 s + \omega_0{}^2 = 0$, em que ζ é a taxa de amortecimento e ω_0, a frequência natural não amortecida.
- Se as duas raízes da equação característica forem
  - reais e diferentes, então $\zeta > 1$ e a resposta do circuito é superamortecida.
  - reais e iguais, então $\zeta = 1$ e a resposta do circuito é criticamente amortecida.
  - complexos conjugados, então $\zeta < 1$ e a resposta do circuito é subamortecida.
- Os três tipos de amortecimento juntamente com a correspondente resposta do circuito são os seguintes:

  1. Superamortecido: $x(t) = K_1 e^{-(\zeta\omega_0 - \omega_0\sqrt{\zeta^2-1})t} + K_2 e^{-(\zeta\omega_0 + \omega_0\sqrt{\zeta^2-1})t}$
  2. Criticamente amortecido: $x(t) = B_1 e^{-\zeta\omega_0 t} + B_2 t e^{-\zeta\omega_0 t}$
  3. Subamortecido: $x(t) = e^{-\sigma t}(A_1 \cos \omega_d t + A_2 \operatorname{sen} \omega_d t)$, em que $\sigma = \zeta\omega_0$ e $\omega_d = \omega_0\sqrt{1-\zeta^2}$

- Duas condições iniciais são necessárias para o cálculo dos dois coeficientes desconhecidos nas equações de resposta do circuito.

CAPÍTULO 8

Análise de Estado Estacionário CA

OBJETIVOS DE APRENDIZAGEM

Os objetivos de aprendizagem deste capítulo são tornar os estudantes capazes de:

- Descrever as características básicas de funções senoidais.
- Efetuar transformações fasoriais diretas e inversas.
- Desenhar diagramas fasoriais.
- Calcular impedância e admitância de elementos básicos do circuito: *R*, *L*, *C*.
- Determinar a impedância equivalente de elementos básicos do circuito conectados em série e paralelo.
- Determinar a admitância equivalente de elementos básicos do circuito conectados em série e em paralelo.
- Redesenhar no domínio da frequência um dado circuito que contém uma fonte senoidal.
- Aplicar as técnicas de análise de circuitos no domínio da frequência.
- Usar o *software* PSpice para analisar circuitos em estado estacionário CA.

8.1 Senoides

Iniciemos a discussão de funções senoidais considerando a onda senoidal:

$$x(t) = X_M \operatorname{sen} \omega t \qquad \mathbf{8.1}$$

em que $x(t)$ pode representar $v(t)$ ou $i(t)$. X_M é a *amplitude*, *valor máximo* ou valor de pico; ω é a *frequência angular*; e ωt é o *argumento* da função seno. Um gráfico da senoide na Eq. (8.1) em função do argumento é mostrado na **Fig. 8.1a**. Obviamente, a função se repete a cada 2π radianos. Esta condição é descrita matematicamente como $x(\omega t + 2\pi) = x(\omega t)$, ou, em geral, para um período T, como

$$x[\omega(t + T)] = x(\omega t) \qquad \mathbf{8.2}$$

significando que a função tem o mesmo valor nos tempos $t + T$ e t.

A forma de onda também pode ser plotada em função do tempo, como mostrado na **Fig. 8.1b**. Esta função passa por um período a cada T segundos. Em outras palavras, em 1 segundo, a função passa por $1/T$ períodos ou ciclos. O número de ciclos por segundo, denominado Hertz, é a frequência f [ver **DICA 8.1**], em que

$$f = \frac{1}{T} \qquad \mathbf{8.3}$$

DICA 8.1

Relação entre frequência e período.

Dado que $\omega T = 2\pi$, como mostrado na Fig. 8.1a, temos

$$\omega = \frac{2\pi}{T} = 2\pi f \qquad \mathbf{8.4}$$

que, obviamente, é a relação geral entre período em segundos, frequência em Hertz e frequência angular [ver **DICA 8.2**].

DICA 8.2

Relação entre frequência, período e frequência angular.

Agora que discutimos algumas das propriedades básicas de uma onda senoidal, consideremos a seguinte expressão geral para uma função senoidal:

$$x(t) = X_M \operatorname{sen}(\omega t + \theta) \qquad \mathbf{8.5}$$

Neste caso, $(\omega t + \theta)$ é o argumento da função seno, e θ é chamado de *ângulo de fase*. Um gráfico desta função é mostrado na **Fig. 8.2**, juntamente com a função original na Eq. (8.1) para comparação. Em função da presença do ângulo de fase, qualquer ponto na forma de onda $X_M \operatorname{sen}(\omega t + \theta)$ ocorre θ radianos antes do ponto correspondente na forma de onda $X_M \operatorname{sen} \omega t$. Portanto, dizemos que $X_M \operatorname{sen} \omega t$ está *atrasado* de θ radianos com relação a $X_M \operatorname{sen}(\omega t + \theta)$ [ver **DICA 8.3**]. Em uma situação mais geral, com

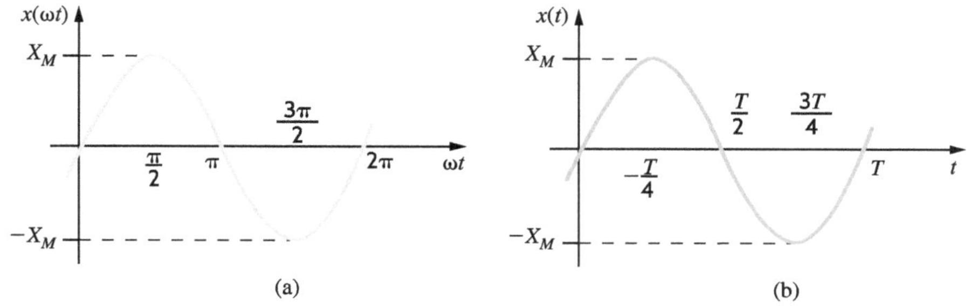

FIGURA 8.1 Gráficos de uma forma de onda senoidal em função de ωt e de t.

DICA 8.3

Definição de atraso de fase.

$$x_1(t) = X_{M_1}\,\text{sen}(\omega t + \theta)$$

e

$$x_2(t) = X_{M_2}\,\text{sen}(\omega t + \phi)$$

dizemos que $x_1(t)$ está *adiantado* de $\theta - \phi$ radianos com relação a $x_2(t)$ e que $x_2(t)$ está atrasado de $\theta - \phi$ radianos com relação a $x_1(t)$ [ver **DICA 8.4**]. Se $\theta = \phi$, as formas de onda são idênticas e dizemos que as funções estão *em fase*. Se $\theta \neq \phi$, as funções estão *defasadas* [ver **DICA 8.5**].

DICA 8.4

Adiantamento de fase ilustrado graficamente.

DICA 8.5

Definição para funções em fase e defasadas.

O ângulo de fase é normalmente expresso em graus e não em radianos. Portanto, neste ponto, deixamos claro que usaremos as duas formas de modo intercambiável; isto é,

$$x(t) = X_M\,\text{sen}\left(\omega t + \frac{\pi}{2}\right) = X_M\,\text{sen}(\omega t + 90°) \qquad \textbf{8.6}$$

Rigorosamente falando, como ωt é dado em radianos, o ângulo de fase também deve ser dado em radianos. No entanto, é prática comum e conveniente usar graus para fase; portanto, neste texto, adotaremos essa prática [ver **DICA 8.6**].

DICA 8.6

Observação importante sobre os ângulos de fase.

Além disso, devemos notar que a adição de múltiplos inteiros de 2π radianos ou de 360° ao argumento da senoide não altera a função original. Isso pode ser mostrado matematicamente com facilidade, e fica evidente quando examinamos o gráfico da forma de onda, como na Fig. 8.2.

Embora nossa discussão tenha se centrado na função seno, poderíamos igualmente ter usado a função cosseno, já que as duas formas de onda diferem apenas por um ângulo de fase; isto é,

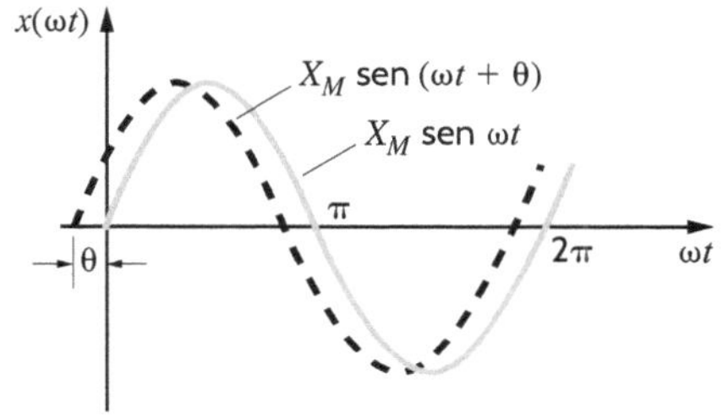

FIGURA 8.2 Ilustração gráfica de $X_M\text{sen}(\omega t + \theta)$ adiantado de θ radianos com relação a $X_M\text{sen}\omega t$.

$$\cos\omega t = \text{sen}\left(\omega t + \frac{\pi}{2}\right) \qquad \textbf{8.7}$$

$$\text{sen}\,\omega t = \cos\left(\omega t - \frac{\pi}{2}\right) \qquad \textbf{8.8}$$

Muitas vezes, estamos interessados na diferença de fase entre duas funções senoidais [ver **DICA 8.7**]. Três condições devem ser satisfeitas para que possamos determinar uma diferença de fase: (1) a frequência das duas senoides deve ser a mesma, (2) a amplitude das duas senoides deve ser positiva e (3) as duas senoides devem ser escritas como ondas senoidais ou cossenoides. Neste formato, o ângulo de fase entre as funções pode ser calculado como descrito anteriormente. Duas outras identidades trigonométricas úteis na determinação do ângulo de fase são

$$-\cos(\omega t) = \cos(\omega t \pm 180°) \qquad \textbf{8.9}$$

$$-\text{sen}(\omega t) = \text{sen}(\omega t \pm 180°) \qquad \textbf{8.10}$$

DICA 8.7

Algumas identidades trigonométricas úteis em cálculos de ângulos de fase.

Por fim, as relações para senos e cossenos de soma de ângulos e de diferença de ângulos podem ser úteis na manipulação de funções senoidais. Essas relações são

$$\begin{aligned}
\text{sen}(\alpha + \beta) &= \text{sen}\,\alpha\cos\beta + \cos\alpha\,\text{sen}\,\beta\\
\cos(\alpha + \beta) &= \cos\alpha\cos\beta - \text{sen}\,\alpha\,\text{sen}\,\beta\\
\text{sen}(\alpha - \beta) &= \text{sen}\,\alpha\cos\beta - \cos\alpha\,\text{sen}\,\beta\\
\cos(\alpha - \beta) &= \cos\alpha\cos\beta + \text{sen}\,\alpha\,\text{sen}\,\beta
\end{aligned} \qquad \textbf{8.11}$$

EXEMPLO 8.1

Desenhe gráficos para as formas de onda para as seguintes funções:

a. $v(t) = 1\cos(\omega t + 45°)$,

b. $v(t) = 1\cos(\omega t + 225°)$ e

c. $v(t) = 1\cos(\omega t - 315°)$.

SOLUÇÃO A **Fig. 8.3a** mostra um gráfico da função $v(t) = 1\cos\omega t$. Na **Fig. 8.3b**, está um gráfico da função $v(t) = 1\cos(\omega t + 45°)$ e na **Fig. 8.3c**, da função $v(t) = 1\cos(\omega t + 225°)$. Observemos que, como

$$v(t) = 1\cos(\omega t + 225°) = 1\cos(\omega t + 45° + 180°)$$

esta forma de onda está defasada de 180° com relação à forma de onda na Fig. 8.3b; ou seja, $\cos(\omega t + 225°) = -\cos(\omega t + 45°)$, e a curva na Fig. 8.3c é o negativo da curva na Fig. 8.3b. Por fim, como a função

$$v(t) = 1\cos(\omega t - 315°) = 1\cos(\omega t - 315° + 360°) = 1\cos(\omega t + 45°)$$

seu gráfico é idêntico ao mostrado na Fig. 8.3b.

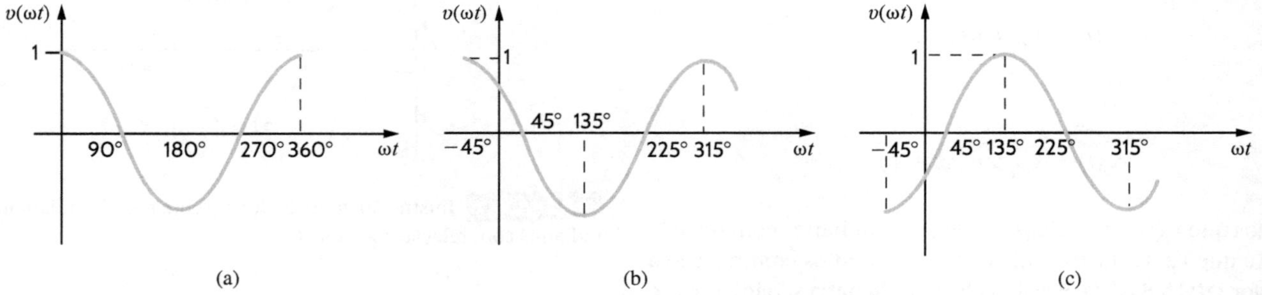

FIGURA 8.3 Formas de onda cosseno com diferentes ângulos de fase.

EXEMPLO 8.2

Determine a frequência das duas tensões $v_1(t) = 12\,\text{sen}\,(1.000t + 60°)$ V e $v_2(t) = -6\cos(1.000t + 30°)$ V e a defasagem entre elas.

SOLUÇÃO A frequência em hertz (Hz) é dada pela expressão

$$f = \frac{\omega}{2\pi} = \frac{1.000}{2\pi} = 159{,}2 \text{ Hz}$$

Usando a Eq. (8.9), $v_2(t)$ pode ser escrita como

$$v_2(t) = -6\cos(\omega t + 30°) = 6\cos(\omega t + 210°) \text{ V}$$

Em seguida, empregando a Eq. (8.7), obtemos

$$6\,\text{sen}(\omega t + 300°) \text{ V} = 6\,\text{sen}(\omega t - 60°) \text{ V}$$

Agora que as duas tensões de mesma frequência foram expressas como ondas senoidais com amplitudes positivas, o ângulo de fase entre $v_1(t)$ e $v_2(t)$ é $60° - (-60°) = 120°$; isto é, $v_1(t)$ está adiantada de 120° com relação a $v_2(t)$ ou $v_2(t)$ está atrasada de 120° com relação a $v_1(t)$.

Avaliação da Aprendizagem

E8.1 Dada a tensão $v(t) = 120\cos(314t + \pi/4)$ V, determine a frequência em hertz e o ângulo de fase em graus.

Resposta:
$f = 50$ Hz;
$\theta = 45°$.

E8.2 Três correntes de ramo em um circuito são dadas por:

$$i_1(t) = 2\,\text{sen}(377t + 45°) \text{ A}$$
$$i_2(t) = 0{,}5\cos(377t + 10°) \text{ A}$$
$$i_3(t) = -0{,}25\,\text{sen}(377t + 60°) \text{ A}$$

Determine as defasagens entre $i_1(t)$ e $i_2(t)$ e entre $i_1(t)$ e $i_3(t)$.

Resposta:
i_1 adiantada de −55° com relação a i_2.
i_1 adiantada de 165° com relação a i_3.

8.2 Funções Forçantes Senoidais e Complexas

Nos capítulos anteriores, aplicamos uma função forçante constante a um circuito e observamos que a resposta em regime permanente também era constante.

De modo semelhante, se aplicarmos uma função forçante senoidal a um circuito linear, tensões e correntes em regime permanente no circuito também serão senoidais. Isso também deve ficar claro das equações das LKT e LKC. Por exemplo, na aplicação da LKT ao longo de um percurso fechado qualquer, se uma tensão de ramo for uma senoide de uma dada frequência, as outras tensões de ramo devem ser senoides de igual frequência. Isso significa que soluções das equações diferenciais que descrevem um circuito com uma função forçante senoidal são funções senoidais do tempo. Por exemplo, se assumirmos que a função de entrada seja uma tensão $v(t)$ e a resposta de saída uma corrente $i(t)$, como mostrado na **Fig. 8.4**, para $v(t) = A\,\text{sen}\,(\omega t + \theta)$, $i(t)$ será da forma $i(t) = B\,\text{sen}\,(\omega t + \phi)$. O ponto crítico aqui é que conhecemos a forma da resposta de saída e, portanto, a solução consiste simplesmente na determinação dos valores dos dois parâmetros B e ϕ.

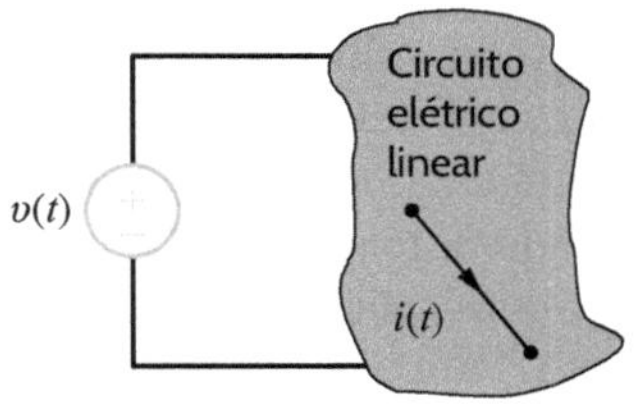

FIGURA 8.4 Corrente de resposta a uma tensão aplicada a um circuito elétrico.

EXEMPLO 8.3

Considere o circuito na **Fig. 8.5**. Determine a expressão para a corrente.

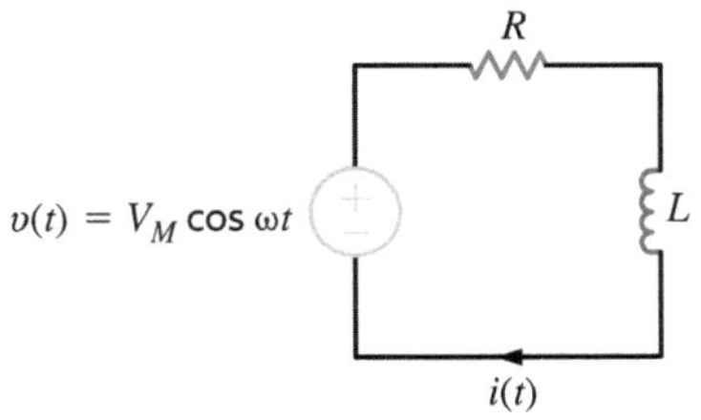

FIGURA 8.5 Um simples circuito *RL*.

SOLUÇÃO A equação da LKT para este circuito é

$$L\frac{di(t)}{dt} + Ri(t) = V_M \cos \omega t$$

Como a função forçante de entrada é $V_M \cos \omega t$, assumimos que o componente de resposta forçada da corrente $i(t)$ seja da forma

$$i(t) = A \cos(\omega t + \phi)$$

que, usando a Eq. (8.11), pode ser reescrita como

$$\begin{aligned} i(t) &= A \cos \phi \cos \omega t - A\,\text{sen}\,\phi\,\text{sen}\,\omega t \\ &= A_1 \cos \omega t + A_2\,\text{sen}\,\omega t \end{aligned}$$

Como vimos no Capítulo 7, essa resposta consiste na função forçante $\cos \omega t$ e em sua derivada $\text{sen}\,\omega t$. Substituindo esta forma para $i(t)$ na equação diferencial anterior, obtemos

$$L\frac{d}{dt}(A_1 \cos \omega t + A_2\,\text{sen}\,\omega t) + R(A_1 \cos \omega t + A_2\,\text{sen}\,\omega t) = V_M \cos \omega t$$

Calculando a derivada indicada:

$$-A_1\omega L\,\text{sen}\,\omega t + A_2\omega L \cos \omega t + RA_1 \cos \omega t + RA_2\,\text{sen}\,\omega t = V_M \cos \omega t$$

Igualando os coeficientes das funções seno e cosseno, temos

$$-A_1\omega L + A_2 R = 0$$

$$A_1 R + A_2 \omega L = V_M$$

ou seja, duas equações simultâneas nas incógnitas A_1 e A_2. Resolvendo essas duas equações para A_1 e A_2, temos

$$A_1 = \frac{RV_M}{R^2 + \omega^2 L^2}$$

$$A_2 = \frac{\omega L V_M}{R^2 + \omega^2 L^2}$$

Portanto,

$$i(t) = \frac{RV_M}{R^2 + \omega^2 L^2} \cos \omega t + \frac{\omega L V_M}{R^2 + \omega^2 L^2}\,\text{sen}\,\omega t$$

Usando a última identidade da Eq. (8.11), podemos reescrever esse resultado como:

$$i(t) = A \cos(\omega t + \phi)$$

em que A e ϕ são calculados como:

$$A \cos \phi = \frac{RV_M}{R^2 + \omega^2 L^2}$$

$$A\,\text{sen}\,\phi = \frac{-\omega L V_M}{R^2 + \omega^2 L^2}$$

Consequentemente,

$$\tan \phi = \frac{A\,\text{sen}\,\phi}{A \cos \phi} = -\frac{\omega L}{R}$$

logo,

$$\phi = -\tan^{-1} \frac{\omega L}{R}$$

Contudo,

$$(A \cos \phi)^2 + (A\,\text{sen}\,\phi)^2 = A^2(\cos^2 \phi + \text{sen}^2 \phi) = A^2$$

$$A^2 = \frac{R^2 V_M^2}{(R^2 + \omega^2 L^2)^2} + \frac{(\omega L)^2 V_M^2}{(R^2 + \omega^2 L^2)^2}$$

$$= \frac{V_M^2}{R^2 + \omega^2 L^2}$$

$$A = \frac{V_M}{\sqrt{R^2 + \omega^2 L^2}}$$

Portanto, a expressão final para $i(t)$ é

$$i(t) = \frac{V_M}{\sqrt{R^2 + \omega^2 L^2}} \cos\left(\omega t - \tan^{-1}\frac{\omega L}{R}\right)$$

Essa análise indica que ϕ é zero se $L = 0$ e, nesse caso, $i(t)$ está em fase com $v(t)$. Se $R = 0$, $\phi = -90°$; ou seja, a corrente está atrasada de 90° com relação à tensão. Quando L e R estão presentes, a corrente está atrasada com relação à tensão de algum ângulo entre 0° e 90°.

Este exemplo ilustra um ponto importante: a solução de um simples circuito com um resistor e um indutor é mais complexa do que a de um circuito com apenas dois resistores. Imaginemos, por um momento, quão trabalhosa seria a solução de um circuito mais complicado usando o procedimento apresentado no Exemplo 8.3. Para contornar essa dificuldade, estabeleceremos uma correspondência entre funções temporais senoidais e números complexos. Mostraremos que essa relação leva a um conjunto de equações algébricas para correntes e tensões em um circuito (por exemplo, correntes de malha ou tensões nodais) em que os coeficientes das variáveis são números complexos. Assim, mais uma vez, veremos que correntes ou tensões em um circuito podem ser determinadas com a solução de um conjunto de equações algébricas. Contudo, agora, a solução é complicada pelo fato de as variáveis nas equações terem coeficientes complexos e não reais.

O meio que empregaremos para estabelecer uma relação entre funções senoidais variantes no tempo e números complexos é a equação de Euler, que, para nossos propósitos, é escrita como

$$e^{j\omega t} = \cos \omega t + j \operatorname{sen} \omega t \qquad \textbf{8.12}$$

Esta função complexa tem uma parte real e uma parte imaginária:

$$\begin{aligned} \operatorname{Re}(e^{j\omega t}) &= \cos \omega t \\ \operatorname{Im}(e^{j\omega t}) &= \operatorname{sen} \omega t \end{aligned} \qquad \textbf{8.13}$$

em que $\operatorname{Re}(\cdot)$ e $\operatorname{Im}(\cdot)$ representam as partes real e imaginária, respectivamente, da função entre parênteses. Recordemos que $j = \sqrt{-1}$.

Agora, selecionemos como função forçante na Fig. 8.4 a tensão não realizável

$$v(t) = V_M e^{j\omega t} \qquad \textbf{8.14}$$

que, pela identidade de Euler, pode ser escrita como

$$v(t) = V_M \cos \omega t + jV_M \operatorname{sen} \omega t \qquad \textbf{8.15}$$

As partes real e imaginária desta função são realizáveis. Vejamos esta função forçante complexa como duas funções forçantes, uma real e uma imaginária. Em consequência da linearidade, o princípio da superposição se aplica e, portanto, a corrente de resposta pode ser escrita como

$$i(t) = I_M \cos(\omega t + \phi) + jI_M \operatorname{sen}(\omega t + \phi) \qquad \textbf{8.16}$$

em que $I_M\cos(\omega t + \phi)$ é a resposta a $V_M\cos\omega t$ e $jI_M\operatorname{sen}(\omega t + \phi)$, a resposta a $jV_M\operatorname{sen}\omega t$. Esta expressão para a corrente com um termo real e um termo imaginário pode ser escrita pela equação de Euler como

$$i(t) = I_M e^{j(\omega t + \phi)} \qquad \textbf{8.17}$$

Em razão das relações anteriores, vemos que, em vez de aplicar a função forçante $V_M\cos\omega t$ e calcular a resposta $I_M\cos(\omega t + \phi)$ podemos aplicar a função forçante complexa $V_M e^{j\omega t}$ e calcular a resposta $I_M e^{j(\omega t + \phi)}$, cuja parte real é a resposta desejada $I_M\cos(\omega t + \phi)$. Embora, à primeira vista, este procedimento possa parecer mais complicado, na verdade, não é. Essa técnica nos permite converter a equação diferencial em uma equação algébrica de solução muito mais fácil.

EXEMPLO 8.4

Determine, novamente, a corrente no circuito *RL* examinado no Exemplo 8.3. No entanto, em vez de aplicar $V_M\cos\omega t$, aplique $V_M e^{j\omega t}$.

SOLUÇÃO A resposta forçada será da forma

$$i(t) = I_M e^{j(\omega t + \phi)}$$

em que apenas I_M e ϕ são desconhecidos. Substituindo $v(t)$ e $i(t)$ na equação diferencial do circuito, temos

$$RI_M e^{j(\omega t + \phi)} + L\frac{d}{dt}\left(I_M e^{j(\omega t + \phi)}\right) = V_M e^{j\omega t}$$

Calculando a derivada indicada, obtemos

$$RI_M e^{j(\omega t + \phi)} + j\omega L I_M e^{j(\omega t + \phi)} = V_M e^{j\omega t}$$

Dividindo cada termo da equação pelo fator comum $e^{j\omega t}$:[1]

$$RI_M e^{j\phi} + j\omega L I_M e^{j\phi} = V_M$$

que é uma equação algébrica com coeficientes complexos. Esta equação pode ser escrita como

$$I_M e^{j\phi} = \frac{V_M}{R + j\omega L}$$

[1]N. T.: A fórmula de Euler garante que $e^{j\omega t}$ é sempre diferente de zero, o que permite essa divisão pelo fator comum.

Escrevendo o número complexo no lado direito da equação na forma exponencial ou polar, obtemos

$$I_M e^{j\phi} = \frac{V_M}{\sqrt{R^2 + \omega^2 L^2}} e^{j[-\tan^{-1}(\omega L/R)]}$$

Uma rápida revisão de números complexos é apresentada no Apêndice para leitores que precisam aprimorar suas habilidades nesta área [ver **DICA 8.8**]. A expressão anterior indica claramente que a magnitude e a fase da corrente resultante são, respectivamente:

$$I_M = \frac{V_M}{\sqrt{R^2 + \omega^2 L^2}}$$

e

$$\phi = -\tan^{-1}\frac{\omega L}{R}$$

No entanto, como a verdadeira função forçante é $V_M \cos \omega t$ e não $V_M e^{j\omega t}$, a resposta procurada é a parte real da resposta complexa:

$$i(t) = I_M \cos(\omega t + \phi)$$

$$= \frac{V_M}{\sqrt{R^2 + \omega^2 L^2}} \cos\left(\omega t - \tan^{-1}\frac{\omega L}{R}\right)$$

Esse resultado é idêntico ao obtido no exemplo anterior resolvendo a equação diferencial para a corrente $i(t)$.

DICA 8.8

Resumo de relações para números complexos:

$$x + jy = re^{j\theta}$$

$$r = \sqrt{x^2 + y^2}$$

$$\theta = \tan^{-1}\frac{y}{x}$$

$$x = r\cos\theta$$

$$y = r \operatorname{sen}\theta$$

$$\frac{1}{e^{j\theta}} = e^{-j\theta}$$

8.3 Fasores

Consideremos, novamente, que a função forçante para um circuito linear seja da forma

$$v(t) = V_M e^{j\omega t}$$

Então, qualquer tensão ou corrente em regime permanente no circuito terá a mesma forma e a mesma frequência ω; por exemplo, uma corrente $i(t)$ será da forma $i(t) = I_M e^{j(\omega t + \phi)}$.

À medida que avançamos na análise de circuitos, passaremos a anotar apenas a frequência e deixaremos de lado o fator $e^{j\omega t}$ por ser comum a todos os termos nas equações que descrevem os circuitos. A eliminação do termo $e^{j\omega t}$ indica que toda tensão ou corrente pode ser totalmente descrita por uma amplitude e uma fase. Por exemplo, uma tensão $v(t)$ pode ser escrita na forma exponencial como

$$v(t) = V_M \cos(\omega t + \theta) = \text{Re}[V_M e^{j(\omega t + \theta)}] \quad \textbf{8.18}$$

ou como um número complexo

$$v(t) = \text{Re}(V_M \angle \theta \; e^{j\omega t}) \quad \textbf{8.19}$$

Como admitimos uma função forçante complexa, cuja parte real é a resposta desejada, e cada termo da equação conterá $e^{j\omega t}$, podemos eliminar Re(·) e $e^{j\omega t}$ e trabalhar apenas com o número complexo $V_M\angle\theta$. Essa representação complexa é comumente chamada de *fasor*. Para diferenciá-los, fasores serão escritos em negrito. De modo semelhante, uma tensão $v(t) = V_M\cos(\omega t + \theta) = \text{Re}[V_M e^{j(\omega t + \theta)}]$ e uma corrente $i(t) = I_M\cos(\omega t + \phi) = \text{Re}[I_M e^{j(\omega t + \phi)}]$ são escritos em notação fasorial como $\mathbf{V} = V_M\angle\theta$. e $\mathbf{I} = I_M\angle\phi$, respectivamente. É prática comum expressar fasores com magnitudes positivas [ver **DICA 8.9**].

DICA 8.9

Se $v(t) = V_M\cos(\omega t + \theta)$ e $i(t) = I_M\cos(\omega t + \phi)$, em notação fasorial, $V = V_M\angle\theta$ e $I = I_M\angle\phi$.

EXEMPLO 8.5

Novamente, consideramos o circuito *RL* no Exemplo 8.3. Vamos usar fasores para determinar a expressão para a corrente.

SOLUÇÃO A equação diferencial é

$$L\frac{di(t)}{dt} + Ri(t) = V_M \cos \omega t$$

A função forçante pode ser substituída por uma função forçante complexa, escrita como $\mathbf{V}e^{j\omega t}$ com fasor $\mathbf{V} = V_M\angle\theta°$. Do mesmo modo, o componente de resposta forçada da corrente $i(t)$ pode ser substituído por uma função complexa, escrita como $\mathbf{I}e^{j\omega t}$ com fasor $\mathbf{I} = I_M\angle\phi$. Das discussões anteriores, lembramos que a solução da equação diferencial é a parte real dessa corrente.

Usando a função forçante complexa, a equação diferencial fica escrita como

$$L\frac{d}{dt}(\mathbf{I}e^{j\omega t}) + R\mathbf{I}e^{j\omega t} = \mathbf{V}e^{j\omega t}$$

$$j\omega L\mathbf{I}e^{j\omega t} + R\mathbf{I}e^{j\omega t} = \mathbf{V}e^{j\omega t}$$

Como já visto, $e^{j\omega t}$ é um fator comum e pode ser eliminado, restando os fasores [ver **DICA 8.10**]:

$$j\omega L\mathbf{I} + R\mathbf{I} = \mathbf{V}$$

Portanto,

$$\mathbf{I} = \frac{\mathbf{V}}{R + j\omega L} = I_M\underline{/\phi} = \frac{V_M}{\sqrt{R^2 + \omega^2 L^2}}\underline{/-\tan^{-1}\frac{\omega L}{R}}$$

Portanto,

$$i(t) = \frac{V_M}{\sqrt{R^2 + \omega^2 L^2}}\cos\left(\omega t - \tan^{-1}\frac{\omega L}{R}\right)$$

que reproduz o resultado obtido anteriormente.

DICA 8.10

A equação diferencial é reduzida a uma equação fasorial.

As relações entre fasores após a eliminação do termo $e^{j\omega t}$ são referidas como "análise fasorial ou análise no domínio da frequência". Assim, transformamos um conjunto de equações diferenciais no domínio do tempo com funções forçantes senoidais em um conjunto de equações algébricas no domínio da frequência que contêm números complexos. Com isso, o trabalho fica reduzido à solução de um conjunto de equações algébricas para os fasores desconhecidos. Os fasores são, então, transformados de volta ao domínio do tempo para produzir a solução do conjunto original de equações diferenciais. A análise de circuitos senoidais em regime permanente seria relativamente simples se pudéssemos escrever a equação fasorial diretamente da descrição do circuito. Na Seção 8.4, estabeleceremos as bases para essa abordagem.

Nas discussões anteriores, representamos as funções senoidais como fasores baseados na função cosseno acrescida de um ângulo de fase. Portanto, se funções seno forem necessárias, o ângulo de fase adequado é obtido da relação na Eq. (8.7).

Em resumo, $v(t)$ representa uma tensão no domínio do tempo e o fasor **V** a representa no domínio da frequência. O fasor contém apenas informações de magnitude e fase; a frequência fica implícita nesta representação. A transformação do domínio do tempo para o domínio da frequência e a transformação inversa são apresentadas na **Tabela 8.1.** Recordemos que o ângulo de fase é baseado em uma função cosseno e, portanto, se uma função seno estiver envolvida, basta adicionar uma defasagem de 90°, como mostrado na tabela.

TABELA 8.1 **Representação fasorial**

Domínio de Tempo	Domínio de Frequência
$A\cos(\omega t \pm \theta)$	$A\underline{/\pm\theta}$
$A\,\text{sen}\,(\omega t \pm \theta)$	$A\underline{/\pm\theta - 90°}$

Estratégia para a Solução de Problemas

Análise Fasorial

PASSO 1 Usando fasores, transformar um conjunto de equações diferenciais no domínio do tempo em um conjunto de equações algébricas no domínio da frequência.

PASSO 2 Resolver as equações algébricas para os fasores desconhecidos.

PASSO 3 Transformar os agora conhecidos fasores de volta ao domínio do tempo.

No entanto, se um circuito contiver apenas fontes senoidais, não há necessidade de aplicar a defasagem de 90°. Basta efetuar a análise fasorial normal e, ao final, a resposta desejada é obtida da parte *imaginária* da solução complexa variável no tempo. Simplificando, fontes na forma de cosseno geram respostas em cosseno e fontes na forma de seno geram respostas em seno.

Avaliação da Aprendizagem

E8.3 Converta as seguintes funções de tensão em fasores:

$$v_1(t) = 12\cos(377t - 425°)\text{ V}$$
$$v_2(t) = 18\,\text{sen}\,(2.513t + 4{,}2°)\text{ V}$$

Resposta:

$\mathbf{V}_1 = 12\underline{/-425°}$ V;

$\mathbf{V}_2 = 18\underline{/-85{,}8°}$ V.

E8.4 Converta os seguintes fasores para o domínio do tempo, para uma frequência de 400 Hz.

$$\mathbf{V}_1 = 10\underline{/20°}\text{ V}$$
$$\mathbf{V}_2 = 12\underline{/-60°}\text{ V}$$

Resposta:

$v_1(t) = 10\cos(800\pi t + 20°)$ V;

$v_2(t) = 12\cos(800\pi t - 60°)$ V.

8.4 Relações Fasoriais para Elementos de Circuito

Em mais um passo para o desenvolvimento de técnicas para análise de circuitos no estado estacionário (ou regime permanente) senoidal, agora, estabeleceremos as relações fasoriais entre tensão e corrente para os três elementos passivos *R*, *L* e *C*.

No caso de um resistor, como mostrado na **Fig. 8.6a**, a relação tensão-corrente é

$$v(t) = Ri(t) \qquad 8.20$$

A aplicação de uma tensão complexa $V_M e^{j(\omega t + \theta_v)}$ resulta na corrente complexa $I_M e^{j(\omega t + \theta_i)}$ e, portanto, a Eq. (8.20) passa a

$$V_M e^{j(\omega t + \theta_v)} = RI_M e^{j(\omega t + \theta_i)}$$

que pode ser reescrita como

$$V_M e^{j\theta_v} = RI_M e^{j\theta_i} \qquad 8.21$$

A Eq. (8.21) é escrita na forma fasorial como

$$\mathbf{V} = R\mathbf{I} \qquad 8.22$$

em que

$$\mathbf{V} = V_M e^{j\theta_v} = V_M \underline{/\theta_v} \quad \text{e} \quad \mathbf{I} = I_M e^{j\theta} = I_M \underline{/\theta_i}$$

Essa relação é ilustrada na **Fig. 8.6b**. Da Eq. (8.21) vemos que $\theta_v = \theta_i$ e, portanto, a corrente e a tensão para este circuito estão *em fase* [ver **DICA 8.11**].

DICA 8.11

A corrente e a tensão estão em fase.

Números complexos são, também, representados como pontos em um plano cujo eixo *x* representa o eixo real e o eixo *y*, o eixo imaginário. O segmento de reta que une a origem ao ponto fornece uma representação conveniente para a magnitude e para o ângulo de fase quando o número complexo é escrito na forma polar. Uma consulta ao Apêndice revela como números complexos ou segmentos de reta podem ser somados, subtraídos e assim por diante. Como os fasores são números complexos, é conveniente representar a tensão e a corrente do fasor graficamente como segmentos de reta. A representação gráfica de segmentos de reta que representam fasores é denominada *diagrama fasorial.* Esta representação gráfica de fasores fornece informações imediatas sobre a amplitude relativa de um fasor com relação a outro, a defasagem entre dois fasores e a posição de um fasor com relação a outro (ou seja, se está adiantado ou atrasado). Um diagrama fasorial e as formas de onda senoidais para um resistor são mostrados nas **Figs. 8.6c** e **d**, respectivamente. Um diagrama fasorial será desenhado para cada um dos outros elementos de circuito no restante desta seção.

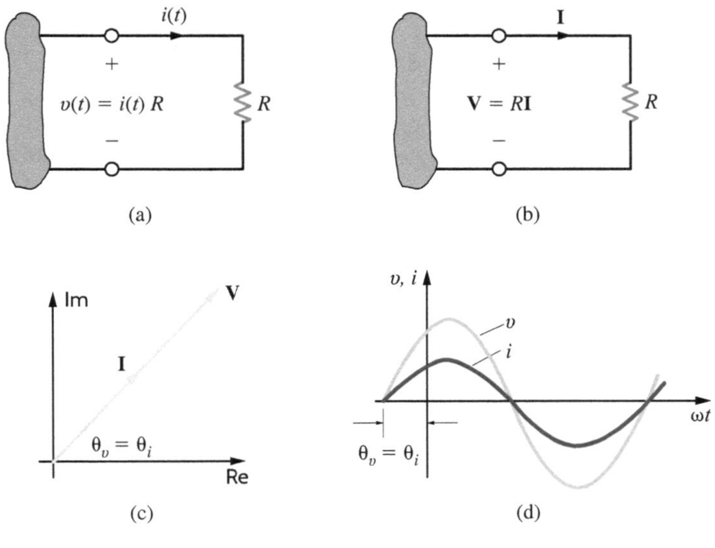

FIGURA 8.6 Relações tensão-corrente para um resistor.

EXEMPLO 8.6

Com uma tensão $v(t) = 24 \cos(377t + 75°)$ V aplicada a um resistor de 6 Ω, como mostrado na Fig. 8.6a, determine a corrente resultante.

SOLUÇÃO Como o fasor de tensão é

$$\mathbf{V} = 24 \underline{/75°} \text{ V}$$

O fasor de corrente é obtido da Eq. (8.22):

$$\mathbf{I} = \frac{24\underline{/75^\circ}}{6} = 4\underline{/75^\circ} \text{ A}$$

que, no domínio do tempo, corresponde a

$$i(t) = 4\cos(377t + 75^\circ) \text{ A}$$

Avaliação da Aprendizagem

E8.5 Sabendo que a corrente em um resistor de 4 Ω é $\mathbf{I} = 12\underline{/60^\circ}$ A, expresse a tensão no resistor como uma função de tempo; a frequência da corrente é de 4 kHz.

Resposta:

$v_1(t) = 48\cos(8.000\pi t + 60^\circ)$ V.

A relação tensão-corrente para um indutor, como mostrado na **Fig. 8.7a**, é

$$v(t) = L\frac{di(t)}{dt} \qquad \textbf{8.23}$$

Substituindo a tensão e a corrente complexas nesta equação, obtemos

$$V_M e^{j(\omega t + \theta_v)} = L\frac{d}{dt} I_M e^{j(\omega t + \theta_i)}$$

que se reduz a

$$V_M e^{j\theta_v} = j\omega L I_M e^{j\theta_i} \qquad \textbf{8.24}$$

A Eq. (8.24) em notação fasorial é escrita como

$$\mathbf{V} = j\omega L\mathbf{I} \qquad \textbf{8.25}$$

A equação diferencial no domínio do tempo (8.23) foi convertida em uma equação algébrica com coeficientes complexos no domínio da frequência [ver **DICA 8.12**].

Essa relação é mostrada na **Fig. 8.7b**. Como a unidade imaginária é $j = 1e^{j90^\circ} = 1\underline{/90^\circ} = \sqrt{-1}$, a Eq. (8.24) pode ser reescrita como

$$V_M e^{j\theta_v} = \omega L I_M e^{j(\theta_i + 90^\circ)} \qquad \textbf{8.26}$$

DICA 8.12

O processo de derivada produz uma função dependente da frequência.

Portanto, a tensão e a corrente estão *defasadas de 90°* e, em particular, a tensão está adiantada de 90° com relação à corrente ou a corrente está atrasada de 90° com relação à tensão [ver **DICA 8.13**]. O diagrama fasorial e as formas de onda senoidais para o circuito indutor são mostrados nas **Figs. 8.7c** e **d**, respectivamente.

DICA 8.13

A tensão está adiantada com relação à corrente ou a corrente está atrasada com relação à tensão.

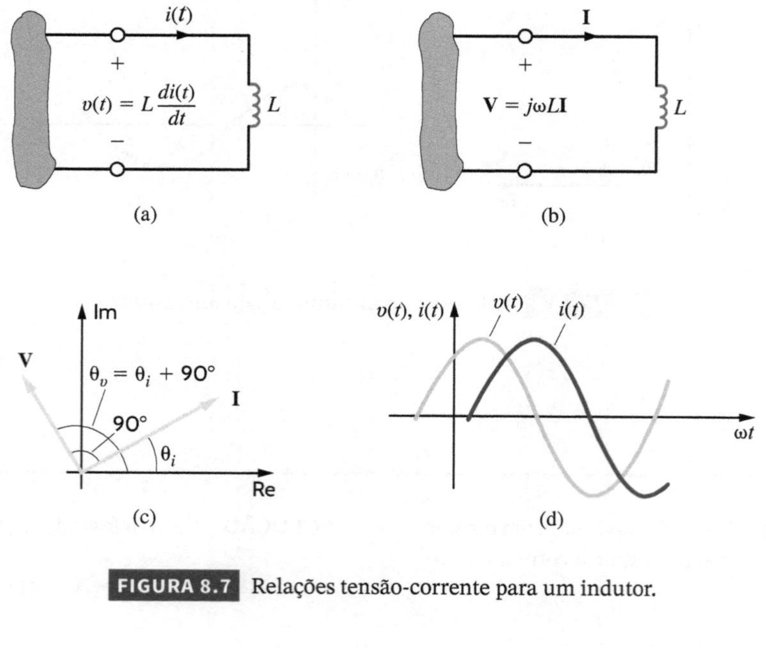

FIGURA 8.7 Relações tensão-corrente para um indutor.

EXEMPLO 8.7

A tensão $v(t) = 12\cos(377t + 20°)$ V é aplicada a um indutor de 20 mH, como mostrado na Fig. 8.7a. Determinemos a corrente resultante [ver **DICA 8.14**].

DICA 8.14

Aplicando $\mathbf{V} = j\omega L\mathbf{I}$

$$\frac{x_1\angle\theta_1}{x_2\angle\theta_2} = \frac{x_1}{x_2}\angle\theta_1 - \theta_2$$

SOLUÇÃO O fasor de corrente é

$$\mathbf{I} = \frac{\mathbf{V}}{j\omega L} = \frac{12\angle 20°}{\omega L\angle 90°}$$
$$= \frac{12\angle 20°}{(377)(20\times 10^{-3})\angle 90°}$$
$$= 1{,}59\angle -70°\ \text{A}$$

ou

$$i(t) = 1{,}59\cos(377t - 70°)\ \text{A}$$

Avaliação da Aprendizagem

E8.6 A corrente em um indutor de 0,05 H é $\mathbf{I} = 4\angle -30°$ A. Para corrente com frequência de 60 Hz, determine a tensão no indutor.

Resposta:

$v_L(t) = 75{,}4\cos(377t + 60°)$ V.

A relação tensão-corrente para o último elemento passivo, o capacitor, como mostrado na **Fig. 8.8a**, é

$$i(t) = C\frac{dv(t)}{dt} \tag{8.27}$$

Mais uma vez, empregando a tensão e corrente complexas, obtemos

$$I_M e^{j(\omega t + \theta_i)} = C\frac{d}{dt}V_M e^{j(\omega t + \theta_v)}$$

que se reduz a

$$I_M e^{j\theta_i} = j\omega C V_M e^{j\theta_v} \tag{8.28}$$

Em notação fasorial, esta equação fica escrita como

$$\mathbf{I} = j\omega C\mathbf{V} \tag{8.29}$$

A Eq. (8.27), uma equação diferencial no domínio do tempo, foi transformada na Eq. (8.29), uma equação algébrica com coeficientes complexos no domínio da frequência. A relação fasorial é mostrada na **Fig. 8.8b**. Substituindo $j = 1e^{j90°}$ na Eq. (8.28), temos:

$$I_M e^{j\theta_i} = \omega C V_M e^{j(\theta_v + 90°)} \tag{8.30}$$

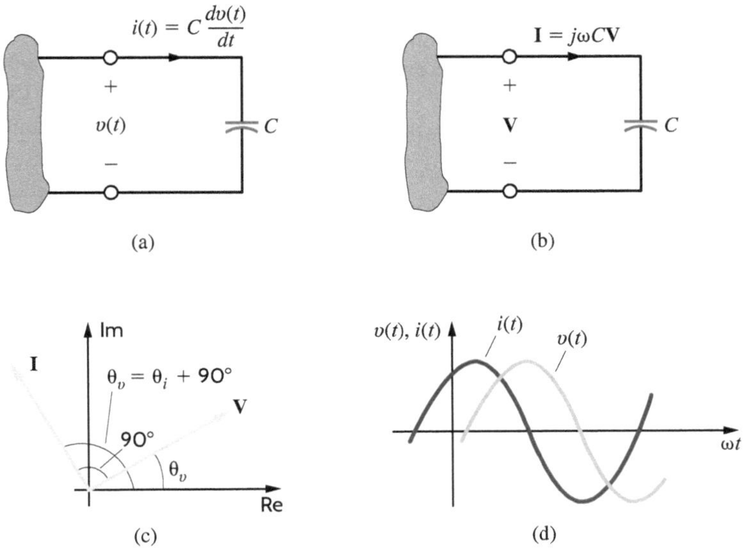

FIGURA 8.8 Relações tensão-corrente para um capacitor.

A tensão e a corrente estão *defasadas de 90°*. A Eq. (8.30) indica que a corrente está adiantada de 90° com relação à tensão ou a tensão está atrasada de 90° com relação à corrente [ver **DICA 8.15**]. O diagrama fasorial e as formas de onda senoidais para o circuito do capacitor são mostrados nas **Figs. 8.8c** e **d**, respectivamente.

DICA 8.15

A corrente está adiantada com relação à tensão ou a tensão está atrasada com relação à corrente.

EXEMPLO 8.8

A tensão $v(t) = 100 \cos(314t + 15°)$ V é aplicada a um capacitor de 100 μF, como mostrado na **Fig. 8.8a**. Determine a corrente [ver **DICA 8.16**].

DICA 8.16

Aplicação de $\mathbf{I} = j\omega C\mathbf{V}$

SOLUÇÃO O fasor de corrente é

$$\begin{aligned}\mathbf{I} &= j\omega C(100\,\underline{/15°})\\ &= (314)(100 \times 10^{-6}\,\underline{/90°})(100\,\underline{/15°})\\ &= 3{,}14\,\underline{/105°}\text{ A}\end{aligned}$$

Portanto, a corrente como uma função de tempo é escrita como:

$$i(t) = 3{,}14\cos(314t + 105°)\text{ A}$$

Avaliação da Aprendizagem

E8.7 A corrente em um capacitor de 150 μF é $\mathbf{I} = 3{,}6\,\underline{/-145°}$ A. Para corrente com frequência de 60 Hz, determine a tensão no capacitor.

Resposta:

$v_C(t) = 63{,}66\cos(377t - 235°)$ V.

8.5 Impedância e Admitância

Já examinamos individualmente cada um dos elementos de circuito no domínio da frequência. Agora, trataremos esses elementos de circuitos passivos de forma mais geral. Definimos a *impedância* de entrada de dois terminais **Z**, exatamente como definimos a resistência anteriormente. Mais adiante, examinaremos outro tipo de impedância, chamada impedância de transferência.

A impedância é definida como a razão entre o fasor de tensão **V** e o fasor de corrente **I**:

$$\mathbf{Z} = \frac{\mathbf{V}}{\mathbf{I}} \tag{8.31}$$

entre os dois terminais do elemento, aos quais é aplicada a convenção passiva de sinais, como ilustrado na **Fig. 8.9**. Como **V** e **I** são números complexos, a impedância **Z** também é um número complexo:

$$\mathbf{Z} = \frac{V_M\,\underline{/\theta_v}}{I_M\,\underline{/\theta_i}} = \frac{V_M}{I_M}\,\underline{/\theta_v - \theta_i} = Z\,\underline{/\theta_z} \tag{8.32}$$

Como **Z** é a razão entre **V** e **I**, a unidade de **Z** é ohm. Assim, a impedância em um circuito CA é análoga à resistência em um circuito CC. Na forma retangular, a impedância é expressa como

$$\mathbf{Z}(\omega) = R(\omega) + jX(\omega) \tag{8.33}$$

em que $R(\omega)$ é o componente real ou resistivo e $X(\omega)$, o componente imaginário ou reativo. Em geral, simplesmente nos referimos a R como resistência e X como reatância. É importante notar que R e X são funções reais de ω e, portanto, $\mathbf{Z}(\omega)$ depende da frequência. A Eq. (8.33) indica claramente que **Z** é um número complexo; entretanto, não é um fasor, pois fasores representam funções senoidais.

As Eqs. (8.32) e (8.33) indicam que

$$Z\,\underline{/\theta_z} = R + jX \tag{8.34}$$

Portanto,

$$\begin{aligned}Z &= \sqrt{R^2 + X^2}\\ \theta_z &= \tan^{-1}\frac{X}{R}\end{aligned} \tag{8.35}$$

em que

$$\begin{aligned}R &= Z\cos\theta_z\\ X &= Z\,\text{sen}\,\theta_z\end{aligned}$$

Para cada elemento passivo, a impedância é listada na **Tabela 8.2**. Contudo, assim como era interessante saber determinar a resistência equivalente em circuitos CC, é igualmente interessante saber determinar a impedância equivalente em circuitos CA.

As leis de Kirchhoff (LKC e LKT) continuam válidas no domínio da frequência. Podemos usar esse fato, como fizemos no Capítulo 2 para resistores, para mostrar que impedâncias podem ser combinadas usando as mesmas regras estabelecidas para combinações de resistores. Isto é, quando $\mathbf{Z}_1, \mathbf{Z}_2, \mathbf{Z}_3, \cdots, \mathbf{Z}_n$ estão conectadas em série, a impedância equivalente $\mathbf{Z}_s$ é

$$\mathbf{Z}_s = \mathbf{Z}_1 + \mathbf{Z}_2 + \mathbf{Z}_3 + \cdots + \mathbf{Z}_n \qquad 8.36$$

e quando $\mathbf{Z}_1, \mathbf{Z}_2, \mathbf{Z}_3, \cdots, \mathbf{Z}_n$ estão conectadas em paralelo, a impedância equivalente é dada por

$$\frac{1}{\mathbf{Z}_p} = \frac{1}{\mathbf{Z}_1} + \frac{1}{\mathbf{Z}_2} + \frac{1}{\mathbf{Z}_3} + \cdots + \frac{1}{\mathbf{Z}_n} \qquad 8.37$$

TABELA 8.2 Impedâncias de elementos passivos

Elemento Passivo	Impedância
R	$\mathbf{Z} = R$
L	$\mathbf{Z} = j\omega L = jX_L, X_L = \omega L$
C	$\mathbf{Z} = \frac{1}{j\omega C} = -\frac{j}{\omega C} = -jX_C, X_C = \frac{1}{\omega C}$

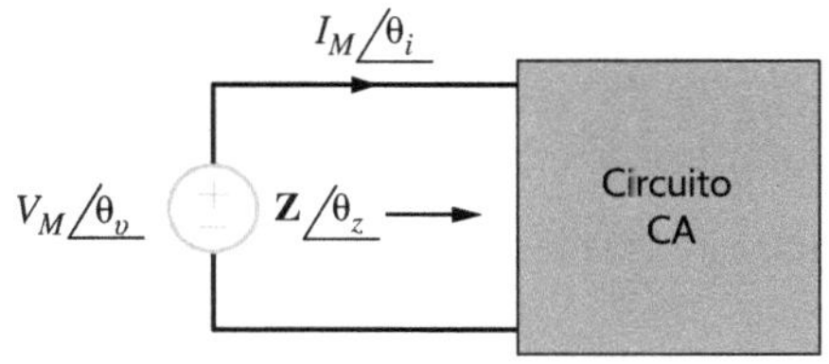

FIGURA 8.9 Relação geral de impedância.

EXEMPLO 8.9

Determine a impedância equivalente do circuito mostrado na **Fig. 8.10** para a frequência $f = 60$ Hz. Em seguida, calcule a corrente $i(t)$ com uma fonte de tensão para $v(t) = 50 \cos(\omega t + 30°)$ V. Por fim, calcule a impedância equivalente para a frequência $f = 400$ Hz.

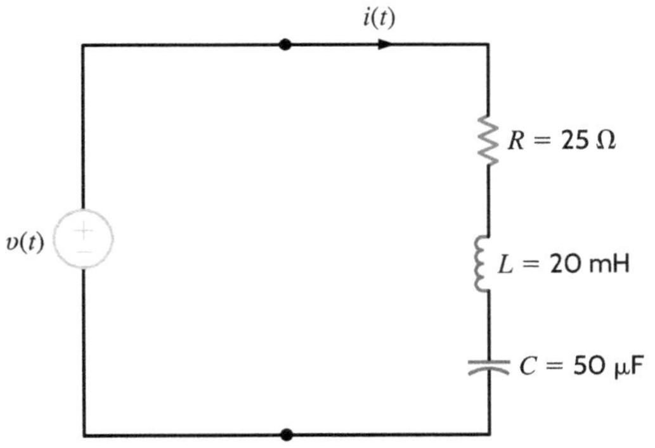

FIGURA 8.10 Circuito CA série.

SOLUÇÃO As impedâncias dos elementos em 60 Hz são

$$\mathbf{Z}_R = 25\ \Omega$$
$$\mathbf{Z}_L = j\omega L = j(2\pi \times 60)(20 \times 10^{-3}) = j7{,}54\ \Omega$$
$$\mathbf{Z}_C = \frac{-j}{\omega C} = \frac{-j}{(2\pi \times 60)(50 \times 10^{-6})} = -j53{,}05\ \Omega$$

Como os elementos estão em série,

$$\mathbf{Z} = \mathbf{Z}_R + \mathbf{Z}_L + \mathbf{Z}_C$$
$$= 25 - j45{,}51\ \Omega$$

A corrente no circuito é dada por

$$\mathbf{I} = \frac{\mathbf{V}}{\mathbf{Z}} = \frac{50\angle 30°}{25 - j45{,}51} = \frac{50\angle 30°}{51{,}93\angle -61{,}22°} = 0{,}96\angle 91{,}22°\ \text{A}$$

ou, no domínio do tempo, $i(t) = 0{,}96 \cos(377t + 91{,}22°)$ A.

Para a frequência de 400 Hz, as impedâncias dos elementos são:

$$\mathbf{Z}_R = 25\ \Omega$$
$$\mathbf{Z}_L = j\omega L = j50{,}27\ \Omega$$
$$\mathbf{Z}_C = \frac{-j}{\omega C} = -j7{,}96\ \Omega$$

Logo, a impedância total é

$$\mathbf{Z} = 25 + j42{,}31 = 49{,}14\angle 59{,}42°\ \Omega$$

Na frequência $f = 60$ Hz, a reatância do circuito é capacitiva; isto é, se a impedância for escrita como $R + jX$, $X < 0$. Em $f = 400$ Hz, a reatância é indutiva, pois $X > 0$.

Estratégia para a Solução de Problemas

Análise Básica CA

PASSO 1 Expressar $v(t)$ como um fasor e determinar a impedância de cada elemento passivo.

PASSO 2 Combinar as impedâncias e calcular o fasor **I**.

PASSO 3 Converter o fasor **I** em $i(t)$.

Avaliação da Aprendizagem

E8.8 Determine a corrente $i(t)$ no circuito na Fig. E8.8.

Resposta:

$i(t) = 3{,}88 \cos(377t - 39{,}2°)$ A.

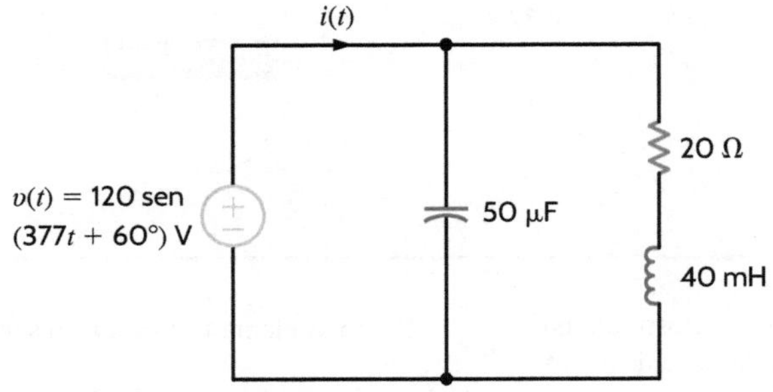

FIGURA E8.8

Outra grandeza muito útil na análise de circuitos CA é a *admitância* de entrada de dois terminais, que é o recíproco da impedância; ou seja,

$$\mathbf{Y} = \frac{1}{\mathbf{Z}} = \frac{\mathbf{I}}{\mathbf{V}} \qquad 8.38$$

A unidade de **Y** é siemen, e essa grandeza é análoga à condutância em circuitos CC resistivos. Como **Z** é um número complexo, **Y** também é um número complexo.

$$\mathbf{Y} = Y_M \angle \theta_y \qquad 8.39$$

que, na forma retangular, fica escrito como

$$\mathbf{Y} = G + jB \qquad 8.40$$

em que G e B são denominados *condutância* e *susceptância*, respectivamente. Em razão da relação entre **Y** e **Z**, podemos expressar os componentes de uma grandeza em função dos componentes da outra. Da expressão

$$G + jB = \frac{1}{R + jX} \qquad 8.41$$

podemos mostrar que

$$G = \frac{R}{R^2 + X^2}, \quad B = \frac{-X}{R^2 + X^2} \qquad 8.42$$

e, de modo semelhante, podemos mostrar que

$$R = \frac{G}{G^2 + B^2}, \quad X = \frac{-B}{G^2 + B^2} \qquad 8.43$$

É muito importante notar que, em geral, R e G *não* são recíprocos um do outro [ver **DICA 8.17**]. O mesmo se aplica a X e B. O caso puramente resistivo é uma exceção, e as grandezas são o recíproco negativo uma da outra.

DICA 8.17

Técnica para tomar o recíproco:

$$\frac{1}{R + jX} = \frac{R - jX}{(R + jX)(R - jX)} = \frac{R - jX}{R^2 + X^2}$$

As admitâncias dos elementos passivos são:

$$\mathbf{Y}_R = \frac{1}{R} = G$$

$$\mathbf{Y}_L = \frac{1}{j\omega L} = \frac{-j}{\omega L} \qquad 8.44$$

$$\mathbf{Y}_C = j\omega C$$

Mais uma vez, como as leis de Kirchhoff são válidas no domínio da frequência, usando a mesma abordagem descrita no Capítulo 2 para condutância em circuitos resistivos, vemos que as regras para combinar admitâncias são as mesmas que para combinar condutâncias; isto é, com $\mathbf{Y}_1, \mathbf{Y}_2, \mathbf{Y}_3, ..., \mathbf{Y}_n$ conectadas em paralelo, a admitância equivalente é

$$\mathbf{Y}_p = \mathbf{Y}_1 + \mathbf{Y}_2 + \cdots + \mathbf{Y}_n \qquad 8.45$$

Com $\mathbf{Y}_1, \mathbf{Y}_2, \mathbf{Y}_3, ..., \mathbf{Y}_n$ conectadas em série, a admitância equivalente é

$$\frac{1}{\mathbf{Y}_S} = \frac{1}{\mathbf{Y}_1} + \frac{1}{\mathbf{Y}_2} + \cdots + \frac{1}{\mathbf{Y}_n} \qquad 8.46$$

EXEMPLO 8.10

Calcule a admitância equivalente $\mathbf{Y}_p$ para o circuito na **Fig. 8.11** e use-a para determinar a corrente **I** com $\mathbf{V}_F = 60\underline{/45°}$ V [ver **DICA 8.18**].

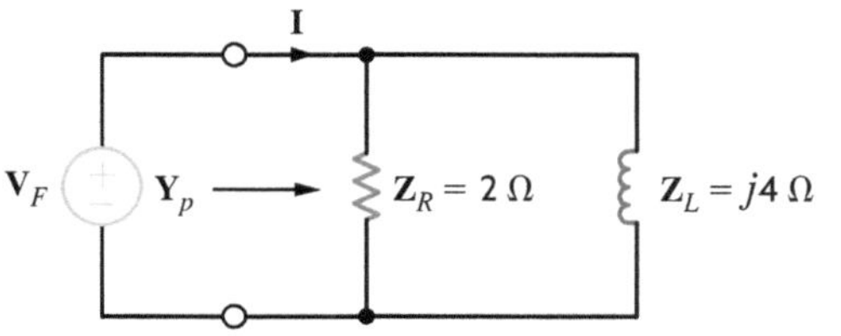

FIGURA 8.11 Exemplo de circuito paralelo.

DICA 8.18

Admitâncias em paralelo são adicionadas.

SOLUÇÃO Da Fig. 8.11, temos

$$\mathbf{Y}_R = \frac{1}{\mathbf{Z}_R} = \frac{1}{2}\ \text{S}$$

$$\mathbf{Y}_L = \frac{1}{\mathbf{Z}_L} = \frac{-j}{4}\ \text{S}$$

Portanto,

$$\mathbf{Y}_p = \frac{1}{2} - j\frac{1}{4}\ \text{S}$$

Logo,

$$\mathbf{I} = \mathbf{Y}_p\mathbf{V}_F$$

$$= \left(\frac{1}{2} - j\frac{1}{4}\right)(60\underline{/45°})$$

$$= 33{,}5\underline{/18{,}43°}\ \text{A}$$

Avaliação da Aprendizagem

E8.9 Determine a corrente **I** no circuito na Fig. E8.9.

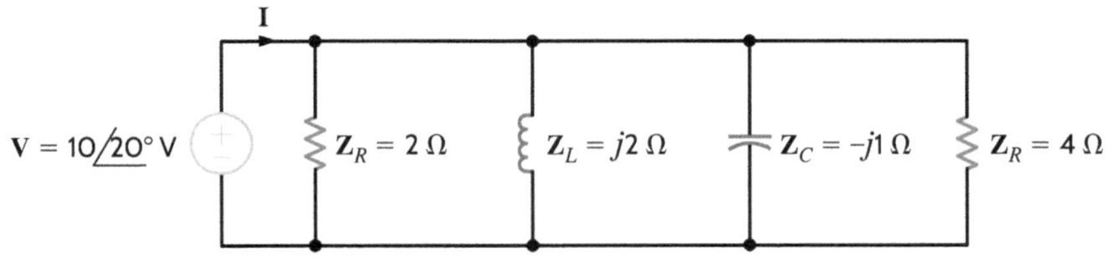

FIGURA E8.9

Resposta:
$\mathbf{I} = 9{,}01\underline{/53{,}7°}$ A.

Como introdução à análise de circuitos CA mais gerais, examinemos as técnicas de cálculo de impedância ou admitância de circuitos com vários elementos passivos interconectados. O exemplo a seguir mostra que a técnica é análoga à aplicada anteriormente para o cálculo de resistência equivalente.

EXEMPLO 8.11

Considere o circuito mostrado na **Fig. 8.12a.** A impedância de cada elemento é dada na figura. Calcule a impedância equivalente do circuito nos terminais A–B, $\mathbf{Z}_{eq}$.

SOLUÇÃO A impedância equivalente $\mathbf{Z}_{eq}$ pode ser calculada de várias maneiras; podemos usar apenas impedâncias ou apenas admitâncias ou uma combinação das duas. Usemos uma combina-

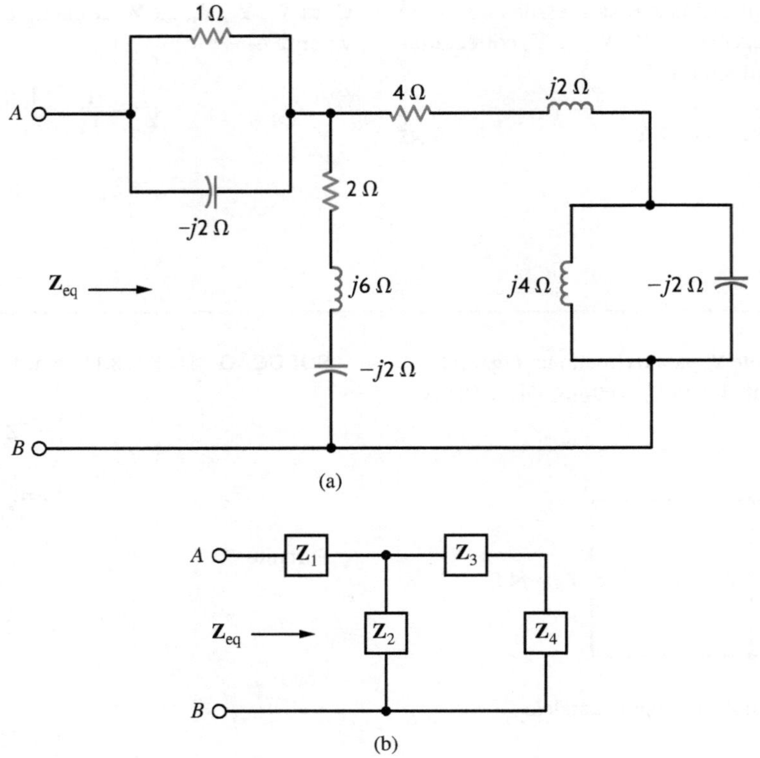

FIGURA 8.12 Exemplo de circuito para o cálculo da impedância equivalente em duas etapas.

ção das duas. Primeiro, vemos que o circuito na Fig. 8.12a pode ser representado pelo circuito na **Fig. 8.12b**, e que:

$$\mathbf{Y}_4 = \mathbf{Y}_L + \mathbf{Y}_C$$
$$= \frac{1}{j4} + \frac{1}{-j2}$$
$$= j\frac{1}{4}\ \text{S}$$

Portanto,

$$\mathbf{Z}_4 = -j4\ \Omega$$

Agora

$$\mathbf{Z}_{34} = \mathbf{Z}_3 + \mathbf{Z}_4$$
$$= (4 + j2) + (-j4)$$
$$= 4 - j2\ \Omega$$

logo,

$$\mathbf{Y}_{34} = \frac{1}{\mathbf{Z}_{34}}$$
$$= \frac{1}{4 - j2}$$
$$= 0{,}20 + j0{,}10\ \text{S}$$

Como

$$\mathbf{Z}_2 = 2 + j6 - j2$$
$$= 2 + j4\ \Omega$$

então,

$$\mathbf{Y}_2 = \frac{1}{2 + j4}$$
$$= 0{,}10 - j0{,}20\ \text{S}$$

$$\mathbf{Y}_{234} = \mathbf{Y}_2 + \mathbf{Y}_{34}$$
$$= 0{,}30 - j0{,}10\ \text{S}$$

Observemos essa abordagem cuidadosamente: adicionamos impedâncias em série e adicionamos admitâncias em paralelo.

De $\mathbf{Y}_{234}$, podemos calcular $\mathbf{Z}_{234}$ como

$$\mathbf{Z}_{234} = \frac{1}{\mathbf{Y}_{234}}$$
$$= \frac{1}{0{,}30 - j0{,}10}$$
$$= 3 + j1\ \Omega$$

Mas,

$$\mathbf{Y}_1 = \mathbf{Y}_R + \mathbf{Y}_C$$
$$= \frac{1}{1} + \frac{1}{-j2}$$
$$= 1 + j\frac{1}{2}\ \text{S}$$

logo,

$$\mathbf{Z}_1 = \frac{1}{1 + j\frac{1}{2}}$$
$$= 0{,}8 - j0{,}4\ \Omega$$

Por fim,

$$\mathbf{Z}_{eq} = \mathbf{Z}_1 + \mathbf{Z}_{234}$$
$$= 0{,}8 - j0{,}4 + 3 + j1$$
$$= 3{,}8 + j0{,}6\ \Omega$$

Estratégia para a Solução de Problemas

Combinações de Impedâncias e Admitâncias

PASSO 1 Somar admitâncias de elementos em paralelo.

PASSO 2 Somar impedâncias de elementos em série.

PASSO 3 Converter admitância em impedância e vice-versa para combinar elementos vizinhos.

Avaliação da Aprendizagem

E8.10 Calcule a impedância Z_T no circuito na Fig. E8.10.

Resposta:

$\mathbf{Z}_T = 3{,}38 + j1{,}08\ \Omega$.

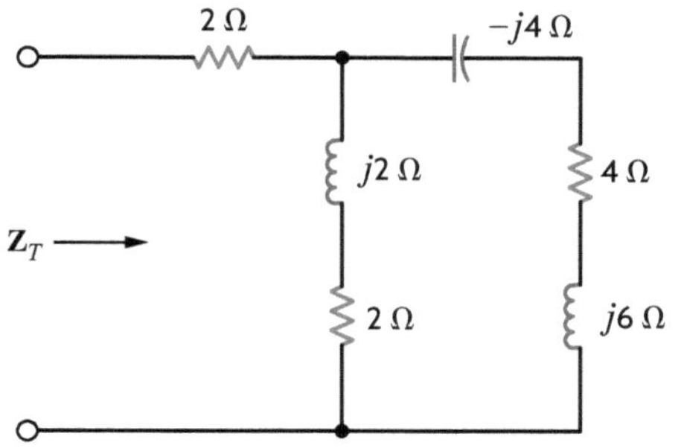

FIGURA E8.10

E8.11 Determine Z na Fig. E8.11.

Resposta:

$\mathbf{Z} = 1{,}95 + j0{,}29\ \Omega$.

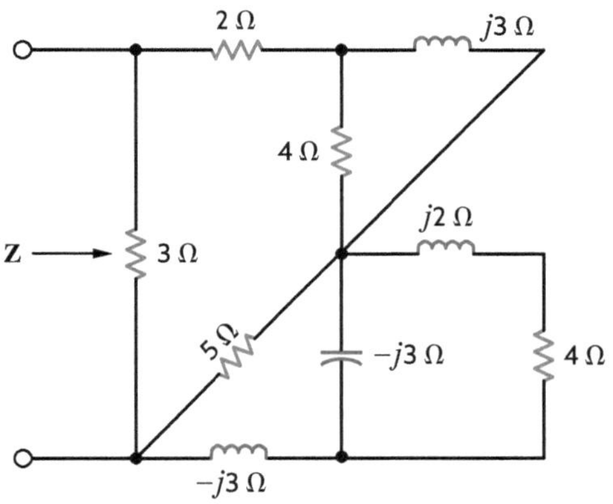

FIGURA E8.11

8.6 Diagramas Fasoriais

Impedância e admitância são funções da frequência e, portanto, seus valores mudam à medida que a frequência muda. Essas mudanças em **Z** e **Y** afetam as relações corrente-tensão em um circuito. O impacto de alterações na frequência nos parâmetros de um circuito pode ser avaliado com facilidade por meio de um diagrama fasorial. Os exemplos a seguir ilustram esse ponto.

EXEMPLO 8.12

Esboce o diagrama fasorial para o circuito mostrado na **Fig. 8.13**.

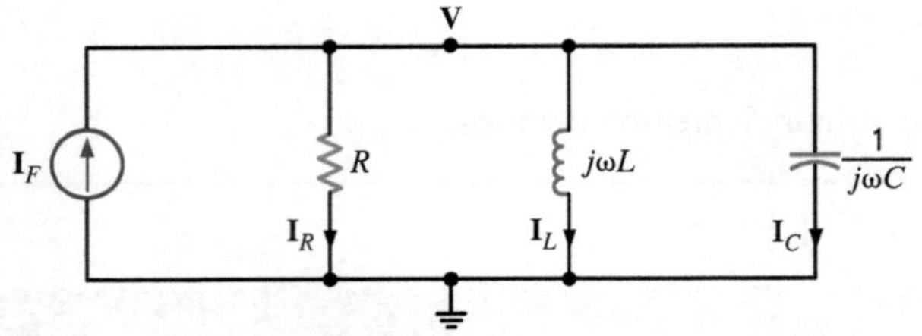

FIGURA 8.13 Exemplo de circuito paralelo.

SOLUÇÃO As variáveis pertinentes estão identificadas na figura. Na formação de um diagrama fasorial, por conveniência, selecionamos **V** como um fasor de referência, ao qual, arbitrariamente, atribuímos um ângulo de fase de 0°. Todas as correntes serão, portanto, medidas com relação a este fasor. Não há nenhuma perda de generalidade ao atribuirmos a **V** um ângulo de fase de 0°. Por exemplo, se o verdadeiro valor da fase for de 30°, basta girar todo o diagrama fasorial de 30°, pois todas as correntes são medidas com relação a esse fasor.

Aplicação da LKC ao nó superior do circuito resulta em:

$$\mathbf{I}_F = \mathbf{I}_R + \mathbf{I}_L + \mathbf{I}_C = \frac{\mathbf{V}}{R} + \frac{\mathbf{V}}{j\omega L} + \frac{\mathbf{V}}{1/j\omega C}$$

Como $\mathbf{V} = V_M\underline{/0°}$,

$$\mathbf{I}_F = \frac{V_M \underline{/0°}}{R} + \frac{V_M \underline{/-90°}}{\omega L} + V_M\omega C\underline{/90°}$$

O diagrama fasorial que ilustra as relações de fase entre **V**, $\mathbf{I}_R$, $\mathbf{I}_L$ e $\mathbf{I}_C$ é mostrado na **Fig. 8.14a** [ver **DICA 8.19**]. Para pequenos valores de ω, para os quais a magnitude de $\mathbf{I}_L$ é maior do que a de $\mathbf{I}_C$, o diagrama fasorial para as correntes é mostrado na **Fig. 8.14b**. No caso de grandes valores de ω – para os quais a amplitude de $\mathbf{I}_C$ é maior do que a de $\mathbf{I}_L$ – o diagrama fasorial para as correntes é mostrado na **Fig. 8.14c**. À medida que ω aumenta, o fasor $\mathbf{I}_F$ se move de $\mathbf{I}_{F1}$ para $\mathbf{I}_{Fn}$ ao longo do lugar geométrico especificado pela linha tracejada na **Fig. 8.14d**.

DICA 8.19

Do ponto de vista gráfico, fasores podem ser tratados como vetores.

$\mathbf{I}_F$ está em fase com V quando $\mathbf{I}_C = \mathbf{I}_L$ ou, em outras palavras, quando $\omega L = 1/\omega C$. Portanto, a tensão nodal **V** está em fase com a fonte de corrente $\mathbf{I}_F$ quando

$$\omega = \frac{1}{\sqrt{LC}}$$

Isso também pode ser visto a partir da equação da LKC.

$$\mathbf{I} = \left[\frac{1}{R} + j\left(\omega C - \frac{1}{\omega L}\right)\right]\mathbf{V}$$

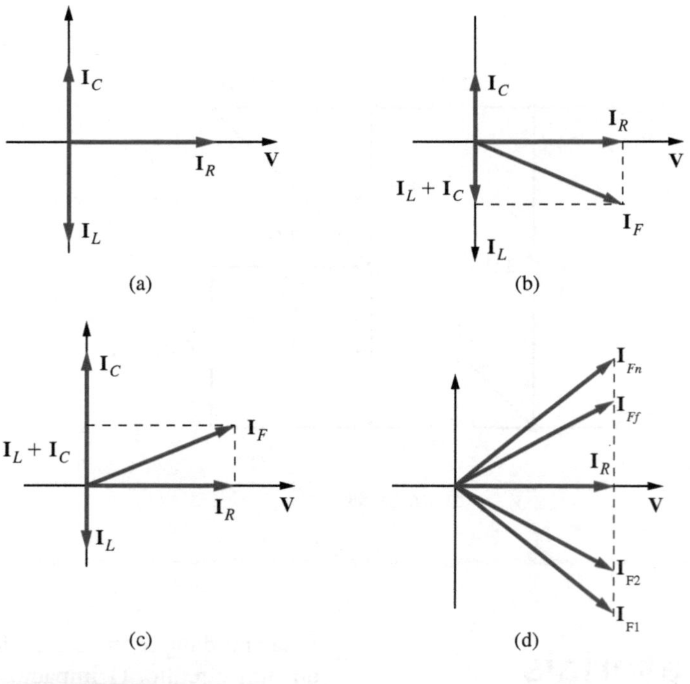

FIGURA 8.14 Diagramas fasoriais para o circuito na Fig. 8.13.

EXEMPLO 8.13

Determine o diagrama fasorial para o circuito em série mostrado na **Fig. 8.15a**.

SOLUÇÃO A solução da LKT para este circuito é escrita como:

$$\mathbf{V}_F = \mathbf{V}_R + \mathbf{V}_L + \mathbf{V}_C$$
$$= \mathbf{I}R + \omega L\mathbf{I}\,\underline{/90^\circ} + \frac{\mathbf{I}}{\omega C}\,\underline{/-90^\circ}$$

Selecionando **I** como um fasor de referência, com $\mathbf{I} = I_M\,\underline{/0^\circ}$, se $\omega L I_M > I_M/\omega C$, o diagrama fasorial terá a forma mostrada na **Fig. 8.15b**. Especificamente, com $\omega = 377$ rad/s (isto é, $f = 60$ Hz), $\omega L = 6$ e $1/\omega C = 2$. Nestas condições, o diagrama fasorial é como mostrado na **Fig. 8.15c**. Selecionando, agora, $\mathbf{V}_F$ como referência, com, por exemplo,

$$v_F(t) = 12\sqrt{2}\cos(377t + 90^\circ)\text{ V}$$

obtemos,

$$\mathbf{I} = \frac{\mathbf{V}}{\mathbf{Z}} = \frac{12\sqrt{2}\,\underline{/90^\circ}}{4 + j6 - j2}$$
$$= \frac{12\sqrt{2}\,\underline{/90^\circ}}{4\sqrt{2}\,\underline{/45^\circ}}$$
$$= 3\,\underline{/45^\circ}\text{ A}$$

e todo o diagrama fasorial, como mostrado nas Figs. 8.15b e c, é girado de 45°, como mostrado na **Fig. 8.15d**.

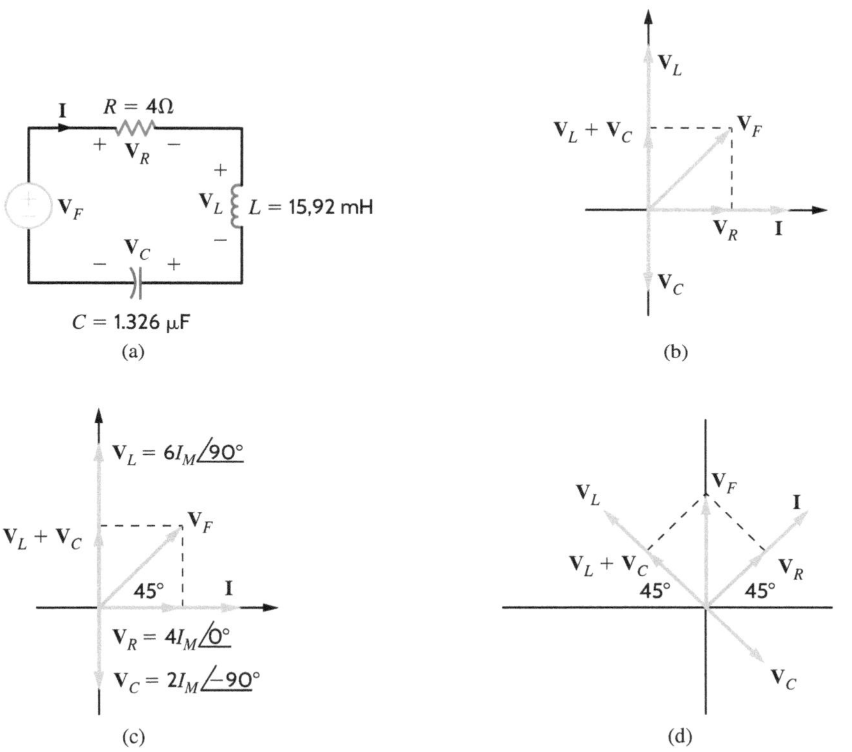

FIGURA 8.15 Circuito em série e alguns diagramas fasoriais específicos (os gráficos não foram desenhados em escala).

Avaliação da Aprendizagem

E8.12 Desenhe um diagrama fasorial para ilustrar todas as correntes e tensões para o circuito na Fig. E8.12.

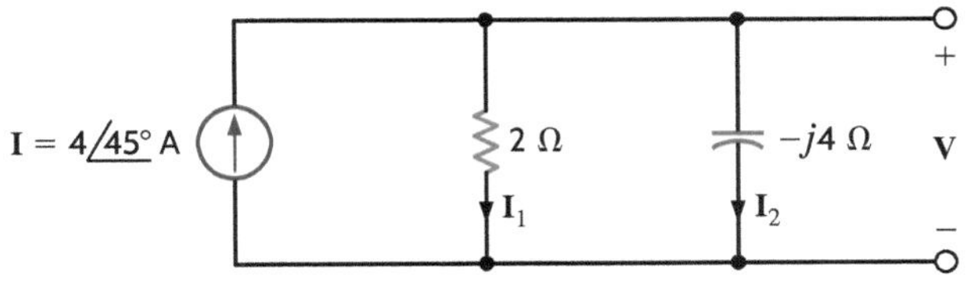

FIGURA E8.12

Resposta:

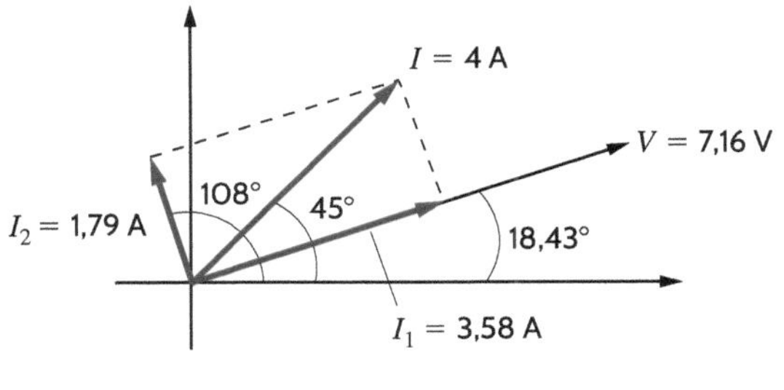

E8.13 Calcule o valor de C para que, na Fig. E8.13, $v(t)$ e $i(t)$ estejam em fase.

Resposta:

$C = 400\ \mu F$.

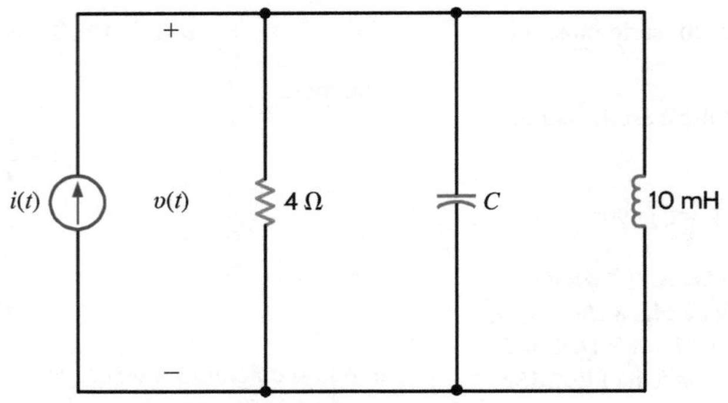

FIGURA E8.13

8.7 Análise Básica Usando as Leis de Kirchhoff

As leis de Kirchhoff, como vimos, se aplicam no domínio da frequência e, portanto, podem ser usadas para calcular tensões e correntes em regime permanente (estado estacionário) em circuitos CA. Nessa abordagem, tensões e correntes são expressas como fasores e a análise de regime permanente CA, baseada em equações fasoriais, é realizada da mesma forma que a análise CC de circuitos resistivos. A álgebra de números complexos é usada para a manipulação matemática das equações fasoriais, que, obviamente, têm coeficientes complexos. Inicialmente, mostraremos que as técnicas de análise de circuitos resistivos CC também são válidas para circuitos CA – a única diferença é que, na análise de circuitos CA em regime permanente, as equações fasoriais algébricas têm coeficientes complexos.

Estratégia para a Solução de Problemas

Análise de Regime Permanente CA

- Para circuitos relativamente simples (por exemplo, aqueles com uma única fonte), usar:
  - A lei de Ohm para análise CA – isto é, $\mathbf{V} = \mathbf{IZ}$
  - As regras de combinações para $\mathbf{Z}_s$ e $\mathbf{Y}_p$
  - As leis de Kirchhoff (LKC e LKT)
  - As divisões de corrente e de tensão
- Para circuitos mais complicados com múltiplas fontes, usar
  - A análise nodal
  - A análise de malhas
  - Superposição
  - A substituição de fontes
  - Os teoremas de Thévenin e de Norton

Neste ponto, é importante ressaltar que, por uma questão de simplificação, na manipulação de equações fasoriais algébricas com coeficientes complexos, normalmente manteremos apenas duas casas decimais. Em consequência, introduziremos erros de arredondamento nos cálculos. Esses erros ficam mais evidentes quando duas ou mais abordagens são usadas para resolver um mesmo problema, como no exemplo a seguir.

EXEMPLO 8.14

Calcule todas as tensões e correntes no circuito mostrado na **Fig. 8.16a**.

SOLUÇÃO Adotaremos a seguinte abordagem [ver **DICA 8.20**]: calcularemos a impedância total vista pela fonte $\mathbf{V}_F$, e a usaremos para determinar $\mathbf{I}_1$. Uma vez determinado o valor de $\mathbf{I}_1$, aplicaremos a LKT para calcular $\mathbf{V}_1$, o que nos permitirá calcular $\mathbf{I}_2$ e $\mathbf{I}_3$, e assim por diante.

DICA 8.20

Técnica de solução:
1. Calcule $\mathbf{I}_1$.

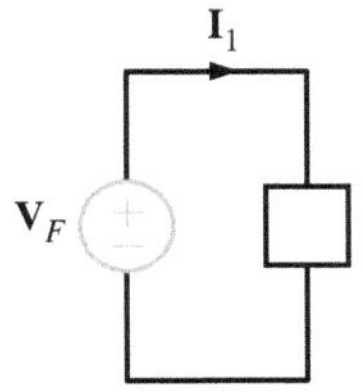

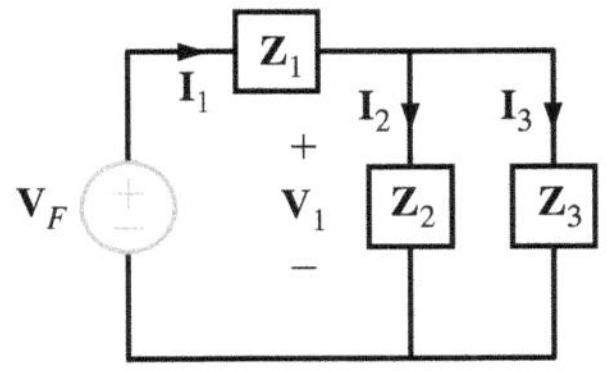

2. Determine $\mathbf{V}_1 = \mathbf{V}_F - \mathbf{I}_1\mathbf{Z}_1$

Então, $\mathbf{I}_2 = \dfrac{\mathbf{V}_1}{\mathbf{Z}_2}$ **e** $\mathbf{I}_3 = \dfrac{\mathbf{V}_1}{\mathbf{Z}_3}$

Divisão de corrente e de tensão também são aplicáveis.

A impedância total vista pela fonte $\mathbf{V}_F$ é

$$\mathbf{Z}_{eq} = 4 + \frac{(j6)(8 - j4)}{j6 + 8 - j4}$$
$$= 4 + \frac{24 + j48}{8 + j2}$$
$$= 4 + 4{,}24 + j4{,}94$$
$$= 9{,}61\,\underline{/30{,}94°}\,\Omega$$

Então

$$\mathbf{I}_1 = \frac{\mathbf{V}_F}{\mathbf{Z}_{eq}} = \frac{24\,\underline{/60°}}{9{,}61\,\underline{/30{,}94°}}$$
$$= 2{,}5\,\underline{/29{,}06°}\text{ A}$$

$\mathbf{V}_1$ pode ser determinada com aplicação da LKT:

$$\mathbf{V}_1 = \mathbf{V}_F - 4\mathbf{I}_1$$
$$= 24\,\underline{/60°} - 10\,\underline{/29{,}06°}$$
$$= 3{,}26 + j15{,}93$$
$$= 16{,}26\,\underline{/78{,}43°}\text{ V}$$

$\mathbf{V}_1$ também pode ser calculada via divisão de tensão:

$$\mathbf{V}_1 = \frac{\mathbf{V}_F \dfrac{(j6)(8 - j4)}{j6 + 8 - j4}}{4 + \dfrac{(j6)(8 - j4)}{j6 + 8 - 4}}\text{ V}$$

Usando os valores conhecidos, temos:

$$\mathbf{V}_1 = \frac{(24\,\underline{/60°})(6{,}51\,\underline{/49{,}36°})}{9{,}61\,\underline{/30{,}94°}}$$
$$= 16{,}26\,\underline{/78{,}42°}\text{ V}$$

Conhecido o valor de $\mathbf{V}_1$, podemos calcular $\mathbf{I}_2$ e $\mathbf{I}_3$:

$$\mathbf{I}_2 = \frac{\mathbf{V}_1}{j6} = \frac{16{,}26\,\underline{/78{,}43°}}{6\,\underline{/90°}}$$
$$= 2{,}71\,\underline{/-11{,}58°}\text{ A}$$

e

$$\mathbf{I}_3 = \frac{\mathbf{V}_1}{8 - j4}$$
$$= 1{,}82\,\underline{/105°}\text{ A}$$

$\mathbf{I}_2$ e $\mathbf{I}_3$ poderiam ter sido calculadas via divisão de corrente. Por exemplo, $\mathbf{I}_2$ poderia ser calculada como:

$$\mathbf{I}_2 = \frac{\mathbf{I}_1\,(8 - j4)}{8 - j4 + j6}$$
$$= \frac{(2{,}5\,\underline{/29{,}06°})(8{,}94\,\underline{/-26{,}57°})}{8 + j2}$$
$$= 2{,}71\,\underline{/-11{,}55°}\text{ A}$$

Por fim, $\mathbf{V}_2$ pode ser calculada como

$$\mathbf{V}_2 = \mathbf{I}_3\,(-j4)$$
$$= 7{,}28\,\underline{/15°}\text{ V}$$

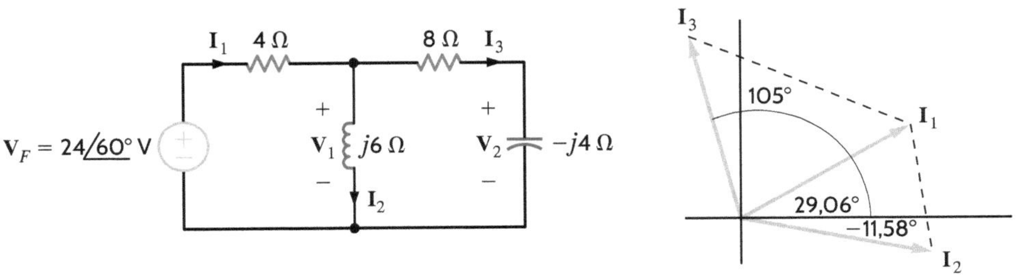

(a) (b)

FIGURA 8.16 (a) Exemplo de circuito CA, (b) diagrama fasorial para as correntes (os gráficos não são desenhados em escala).

Este valor também pode ter sido calculado via divisão de tensão. O diagrama fasorial para as correntes $\mathbf{I}_1$, $\mathbf{I}_2$ e $\mathbf{I}_3$ é mostrado na **Fig. 8.16b**, e é uma ilustração da LKC.

Finalmente, o leitor é encorajado a resolver o problema de trás para a frente; ou seja, dada $\mathbf{V}_2$, determinar $\mathbf{V}_F$. Observemos que, se $\mathbf{V}_2$ for conhecida, $\mathbf{I}_3$ pode ser calculada imediatamente usando a impedância do capacitor. Com isto, $\mathbf{V}_2 + \mathbf{I}_3$ (8) fornece $\mathbf{V}_1$. Conhecendo $\mathbf{V}_1$, podemos calcular $\mathbf{I}_2$. Então, $\mathbf{I}_2 + \mathbf{I}_3 = \mathbf{I}_1$ e assim por diante. Esta análise, que é o tema da Avaliação da Aprendizagem E8.16, consiste basicamente em sucessivas aplicações das leis de Ohm, LKC e LKT.

Avaliação da Aprendizagem

E8.14 Determine $v_A(t)$ na Fig. E8.14.

Resposta:

$v_A(t) = 95{,}83 \cos(50t + 24{,}1°)$ V.

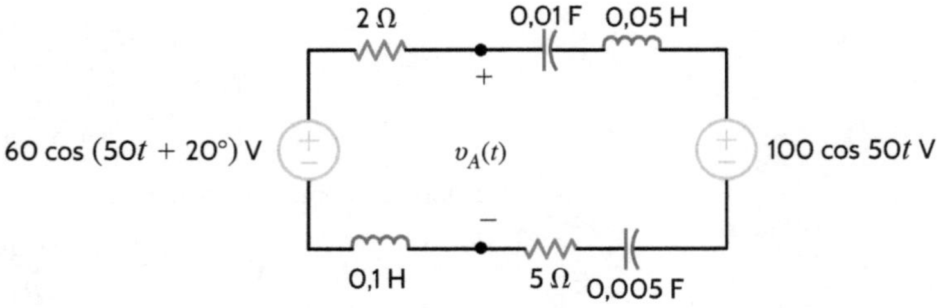

FIGURA E8.14

E8.15 Determine $\mathbf{V}_s$ na Fig. E8.15.

Resposta:

$\mathbf{V}_s = 2{,}98 \angle -153{,}43°$ V.

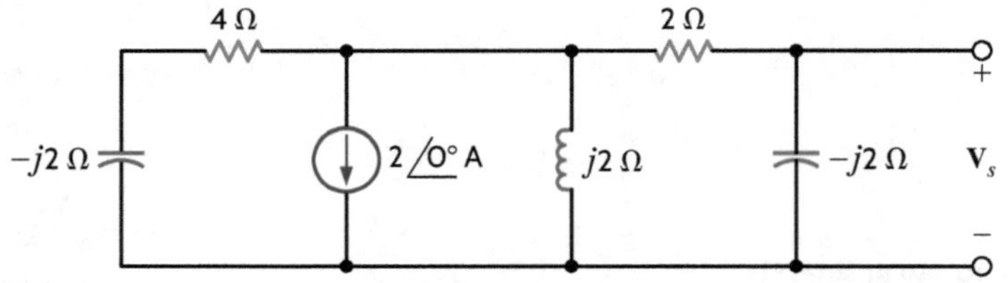

FIGURA E8.15

E8.16 No circuito na Fig. E8.16, $\mathbf{V}_s = 8 \angle 45°$ V. Determine $\mathbf{V}_F$.

Resposta:

$\mathbf{V}_F = 17{,}89 \angle -18{,}43°$ V.

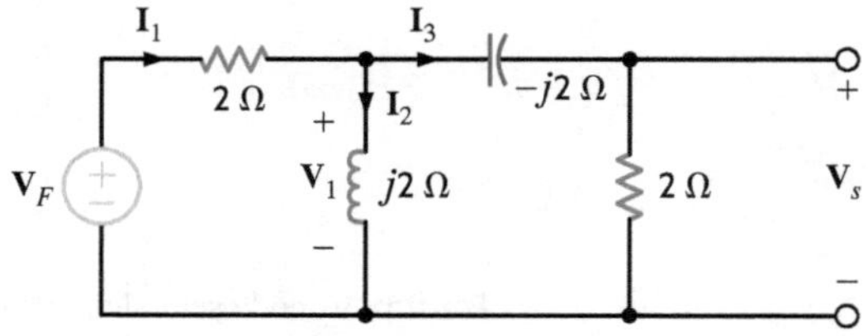

FIGURA E8.16

8.8 Técnicas de Análise

Nesta seção, revisitaremos os métodos de análise de circuitos aplicados com sucesso a circuitos CC, e ilustraremos sua aplicabilidade a circuitos CA em regime permanente. Apresentaremos essas técnicas a partir de exemplos em que todos os teoremas, juntamente com a análise nodal e a análise de malhas, são usados para obter uma solução.

EXEMPLO 8.15

Determine a corrente $\mathbf{I}_s$ no circuito na **Fig. 8.17a** usando análise nodal, análise de malha, superposição, substituição de fontes, teorema de Thévenin e teorema de Norton.

SOLUÇÃO

1. ***Análise Nodal*** Começamos com a análise nodal do circuito [ver **DICA 8.21**]. A equação LKC para o supernó que inclui a fonte de tensão é

$$\frac{\mathbf{V}_1}{1+j} - 2\underline{/0^\circ} + \frac{\mathbf{V}_2}{1} + \frac{\mathbf{V}_2}{1-j} = 0$$

e a associada equação de restrição da LKT é

$$\mathbf{V}_1 + 6\underline{/0^\circ} = \mathbf{V}_2$$

DICA 8.21

Somando correntes, deixando o supernó. Correntes que saem têm sinal positivo.

Na forma matricial, as duas equações são escritas como:

$$\begin{pmatrix} 0{,}5 - 0{,}5j & 1{,}5 + 0{,}5j \\ 1 & -1 \end{pmatrix} \begin{pmatrix} \mathbf{V}_1 \\ \mathbf{V}_2 \end{pmatrix} = \begin{pmatrix} 2 \\ -6 \end{pmatrix}$$

A solução MATLAB é:

```
>> Y = [0.5-0.5j  1.5+0.5j;  1  -1]
   Y =
        0.5000-0.5000i      1.5000+0.5000i
         1.0000            -1.0000
>> I = [2; -6]
   I =
          2
         -6
>> V = inv(Y)*I
   V =
         -3.5000-1.5000i
          2.5000-1.5000i
>> abs (V)
          3.8079
          2.9155
>> 180*phase(V)/pi
     Ans =
        -156.8014
         -30.9638
```

Como $\mathbf{I}_s = \mathbf{V}_2/1$, $\mathbf{I}_s = 2{,}9155\underline{/-30{,}9638^\circ}$ A

2. ***Análise de Malha*** O circuito da **Fig. 8.17b** é usado para a análise de malha [ver **DICA 8.22**], para a qual selecionamos uma corrente de malha que passa pela fonte de corrente independente. As três equações de malha são:

$$\mathbf{I}_1 = -2\underline{/0^\circ}$$

$$1(\mathbf{I}_1 + \mathbf{I}_2) + j1(\mathbf{I}_1 + \mathbf{I}_2) - 6\underline{/0^\circ} + 1(\mathbf{I}_2 + \mathbf{I}_3) - j1(\mathbf{I}_2 + \mathbf{I}_3) = 0$$

$$1\mathbf{I}_3 + 1(\mathbf{I}_2 + \mathbf{I}_3) - j1(\mathbf{I}_2 + \mathbf{I}_3) = 0$$

DICA 8.22

Como em uma análise CC, as equações de malha assumem que uma redução no nível de potencial é + e um aumento, –.

Combinando as duas primeiras equações, temos:

$$\mathbf{I}_2(2) + \mathbf{I}_3(1-j) = 8 + 2j$$

A terceira equação de malha pode ser simplificada como:

$$\mathbf{I}_2(1-j) + \mathbf{I}_3(2-j) = 0$$

A forma matricial dessas equações é:

$$\begin{bmatrix} 2 & 1-j \\ 1-j & 2-j \end{bmatrix} \begin{bmatrix} \mathbf{I}_2 \\ \mathbf{I}_3 \end{bmatrix} = \begin{bmatrix} \mathbf{I}_2 \\ \mathbf{I}_3 \end{bmatrix} \begin{bmatrix} 8+2j \\ 0 \end{bmatrix}$$

A solução MATLAB é obtida como:

```
>> Z = [2 1-j; 1-j 2-j]
   Z =
        2.0000              1.0000 - 1.0000i
        1.0000 - 1.0000i    2.0000 - 1.0000i
>> V = [8+2*j; 0]
   V =
          8.0000 + 2.0000i
                0
  >> I = inv(Z)*V
     I =
```

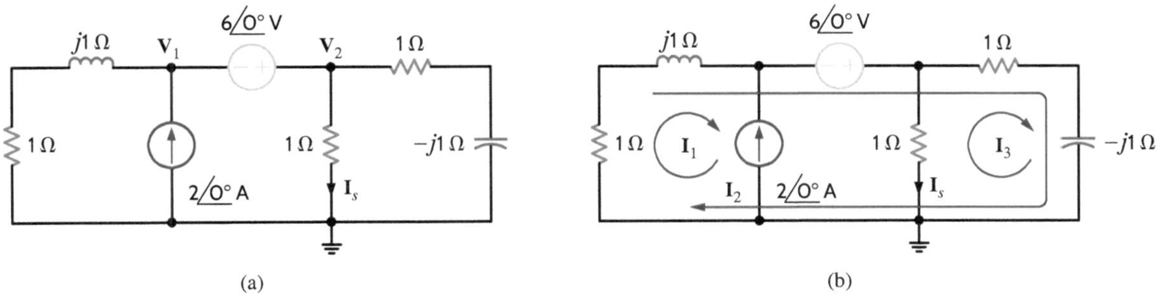

FIGURA 8.17 Circuitos usados no Exemplo 8.15 para análises nodal e de malha.

```
         4.5000  -  1.0000i
        -2.5000  +  1.5000i
>>  abs  (I)
    ans  =
         4.6098
         2.9155
>>  180*phase(I)/pi
    ans  =
          -12.5288
          149.0362
```

Portanto, $\mathbf{I}_3 = 2{,}9155\underline{/149{,}0362°}$ e $\mathbf{I}_s = -\mathbf{I}_3 = 2{,}9155\underline{/-30{,}9638°}$ A.

3. ***Superposição*** Para aplicar a superposição, consideramos uma fonte independente de cada vez [ver **DICA 8.23**]. O circuito em que a fonte de corrente atua sozinha é mostrado na **Fig. 8.18a**. Combinando as duas impedâncias paralelas em cada extremidade do circuito, obtemos o circuito da **Fig. 8.18b**, no qual

$$\mathbf{Z}' = \frac{(1+j)(1-j)}{(1+j)+(1-j)} = 1\ \Omega$$

DICA 8.23

Para aplicar a superposição, cada fonte é considerada independentemente, e os resultados são somados para obter a solução.

Usando a divisão de corrente,

$$\mathbf{I}_s' = 1\ \underline{/0°}\ \text{A}$$

O circuito no qual a fonte de tensão atua sozinha é mostrado na **Fig. 8.18c**. A tensão $\mathbf{V}_1''$ obtida usando a divisão de tensão é

$$\mathbf{V}_1'' = \frac{(6\underline{/0°})\left[\dfrac{1(1-j)}{1+1-j}\right]}{1+j+\left[\dfrac{1(1-j)}{1+1-j}\right]} = \frac{6(1-j)}{4}\ \text{V}$$

e, portanto,

$$\mathbf{I}_s'' = \frac{6}{4}(1-j)\ \text{A}$$

Com isso,

$$\mathbf{I}_s = \mathbf{I}_s' + \mathbf{I}_s'' = 1 + \frac{6}{4}(1-j) = 2{,}9155\underline{/-30{,}9638°}\ \text{A}.$$

4. ***Substituição de Fontes*** Como primeiro passo na abordagem de substituição de fontes, substituímos a fonte de corrente e a impedância paralela por uma fonte de tensão em série com a impedância, como mostrado na **Fig. 8.19a** [ver **DICA 8.24**].

DICA 8.24

Na substituição de fontes, uma fonte de tensão em série com uma impedância pode ser substituída por uma fonte de corrente em paralelo com a impedância e vice-versa. Substituições sucessivas reduzem sistematicamente o número de elementos no circuito.

As duas fontes de tensão são somadas e, juntamente com impedância em série, são substituídas por uma fonte de corrente em paralelo com essa impedância; o circuito resultante é mostrado na **Fig. 8.19b**. Combinando as duas impedâncias que estão em paralelo com o resistor de 1 Ω, obtemos o circuito na **Fig. 8.19c**, no qual

$$\mathbf{Z} = \frac{(1+j)(1-j)}{1+j+1-j} = 1\ \Omega$$

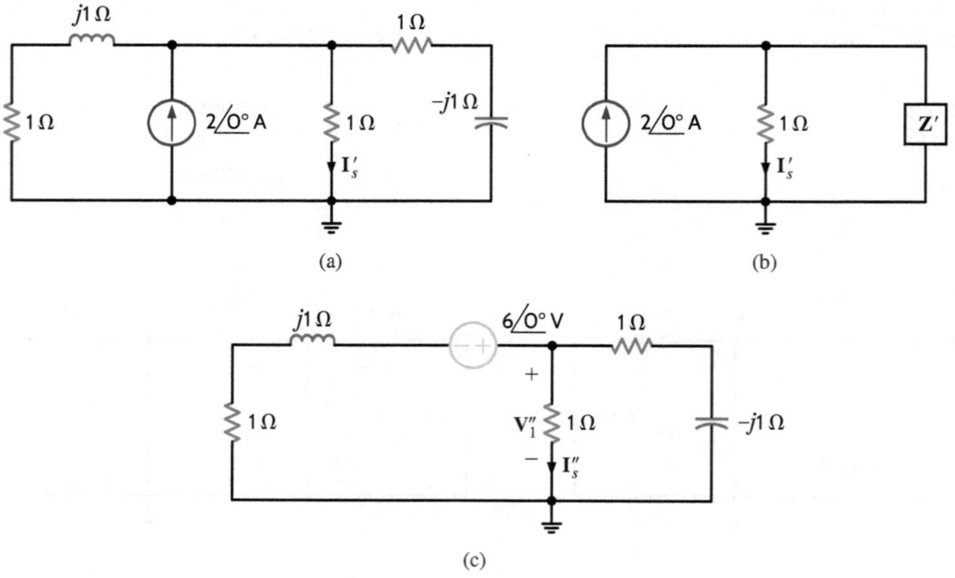

FIGURA 8.18 Circuitos usados no Exemplo 8.15 para análise com uso de superposição.

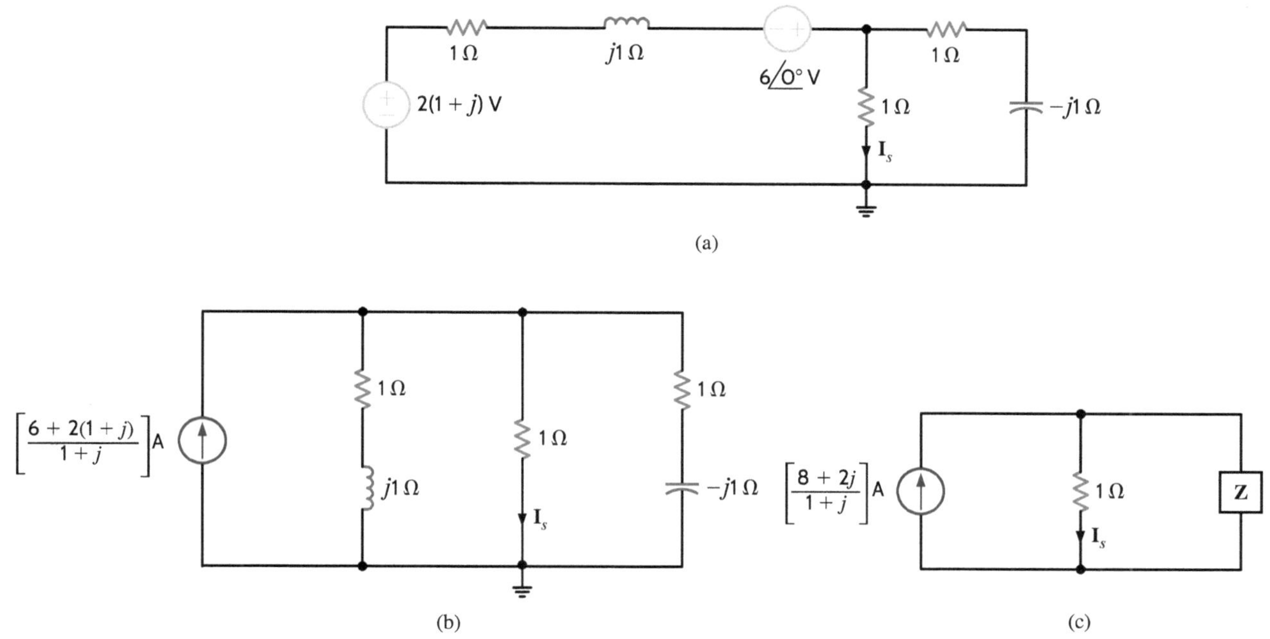

FIGURA 8.19 Circuitos usados no Exemplo 8.15 para análise com substituição de fontes.

Usando, agora, a divisão de corrente, temos

$$\mathbf{I}_s = \left(\frac{8+2j}{1+j}\right)\left(\frac{1}{2}\right) = \frac{4+j}{1+j}$$
$$= 2{,}9155\underline{/-30{,}9638^\circ}\text{ A}$$

5. ***Análise de Thévenin*** Para aplicar o teorema de Thévenin ao circuito da Fig. 8.17a, primeiro determinamos a tensão de circuito aberto, $\mathbf{V}_{ca}$, como mostrado na **Fig. 8.20a** [ver **DICA 8.25**]. Para simplificar a análise, realizamos uma substituição de fontes na extremidade esquerda do circuito, obtendo o circuito na **Fig. 8.20b**. Usando, agora, a divisão de tensão,

$$\mathbf{V}_{ca} = [6 + 2(1+j)]\left[\frac{1-j}{1-j+1+j}\right]$$

ou

$$\mathbf{V}_{ca} = (5 - 3j)\text{ V}$$

DICA 8.25

Para análise de Thévenin,

1. **Remover a carga de 1 Ω e determinar a tensão nos terminais abertos, $\mathbf{V}_{ca}$.**
2. **Determinar a impedância $\mathbf{Z}_{Th}$ nos terminais abertos, com todas as fontes desativadas.**
3. **Montar o circuito a seguir e determinar $\mathbf{I}_s$.**

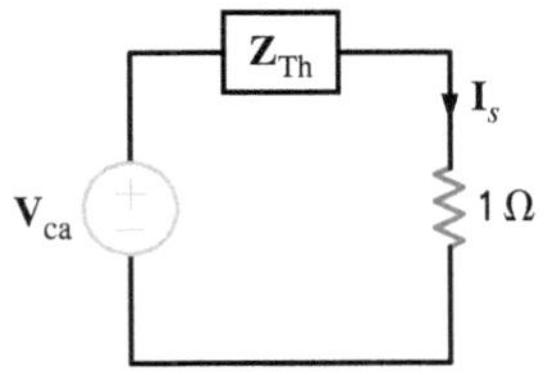

A impedância equivalente de Thévenin, $\mathbf{Z}_{Th}$, obtida nos terminais abertos do circuito quando a fonte de corrente é substituída por um circuito aberto e a fonte de tensão por um curto-circuito, é mostrada na **Fig. 8.20c** e calculada como

$$\mathbf{Z}_{Th} = \frac{(1+j)(1-j)}{1+j+1-j} = 1\ \Omega$$

Conectando o circuito equivalente de Thévenin ao resistor de 1 Ω pelo qual $\mathbf{I}_s$ flui no circuito original, obtemos o circuito na **Fig. 8.20d**. A corrente $\mathbf{I}_s$ é, então, calculada como

$$\mathbf{I}_s = 2{,}9155\underline{/-30{,}9638^\circ}\text{ A}$$

6. ***Análise de Norton*** Por fim, para aplicar o teorema de Norton ao circuito da Fig. 8.17a, calculamos a corrente de curto-circuito, $\mathbf{I}_{cc}$, usando o circuito na **Fig. 8.21a** [ver **DICA 8.26**]. Em razão do curto-circuito, a fonte de tensão está conectada diretamente à impedância no ramo mais à esquerda.

$$\mathbf{I}_1 = \frac{6\underline{/0^\circ}}{1+j}$$

DICA 8.26

Para análise de Norton,

1. **Remover a carga de 1 Ω e determinar a corrente $\mathbf{I}_{cc}$ que flui nos terminais em curto-circuito.**
2. **Determinar a impedância $\mathbf{Z}_{Th}$ nos terminais de carga abertos com todas as fontes desativadas.**
3. **Montar o circuito a seguir e determinar $\mathbf{I}_s$.**

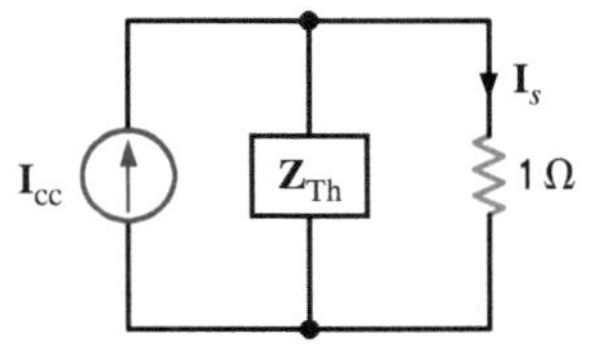

Usando a LKC, temos

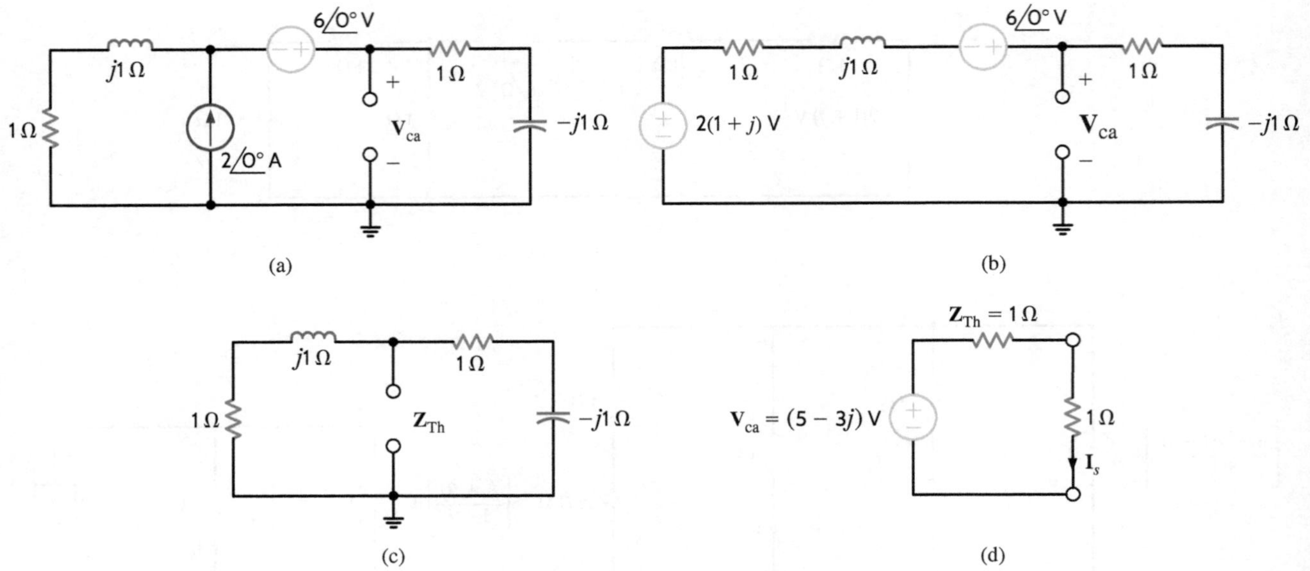

FIGURA 8.20 Circuitos usados no Exemplo 8.15 para análise de Thévenin.

$$\mathbf{I}_{cc} = \mathbf{I}_1 + 2\underline{/0^\circ} = 2 + \frac{6}{1+j}$$

$$= \left(\frac{8+2j}{1+j}\right) \text{A}$$

Sabemos que a impedância equivalente de Thévenin, $\mathbf{Z}_{Th}$, é de 1 Ω; conectando o equivalente de Norton ao resistor de 1 Ω pelo qual $\mathbf{I}_s$ flui no circuito original, obtemos o circuito na **Fig. 8.21b**. Usando divisão de corrente, calculamos

$$\mathbf{I}_s = \frac{1}{2}\left(\frac{8+2j}{1+j}\right)$$

$$= 2{,}9155\underline{/-30{,}9638^\circ} \text{ A}$$

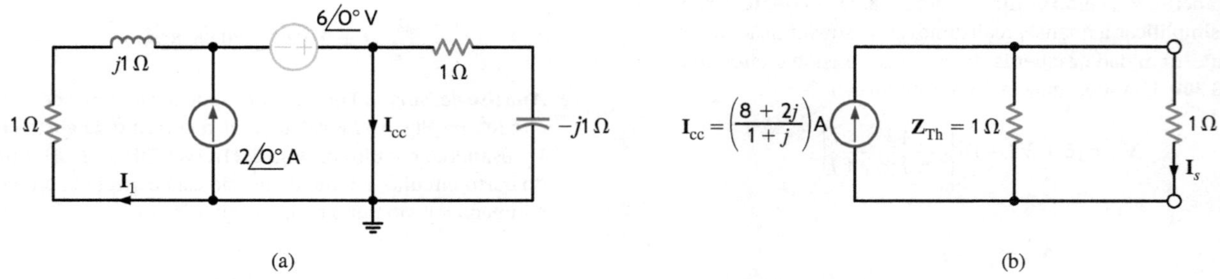

FIGURA 8.21 Circuitos usados no Exemplo 8.15 para análise de Norton.

Consideremos, agora, um exemplo contendo uma fonte dependente.

EXEMPLO 8.16

Determine a tensão $\mathbf{V}_s$ no circuito na **Fig. 8.22a**. Neste exemplo, usaremos equações nodais, equações de malha e os teoremas de Thévenin e de Norton. Omitiremos as técnicas de superposição e de substituição de fontes [ver **DICA 8.27**].

DICA 8.27

Como a presença de uma fonte dependente afeta a superposição e a substituição de fontes?

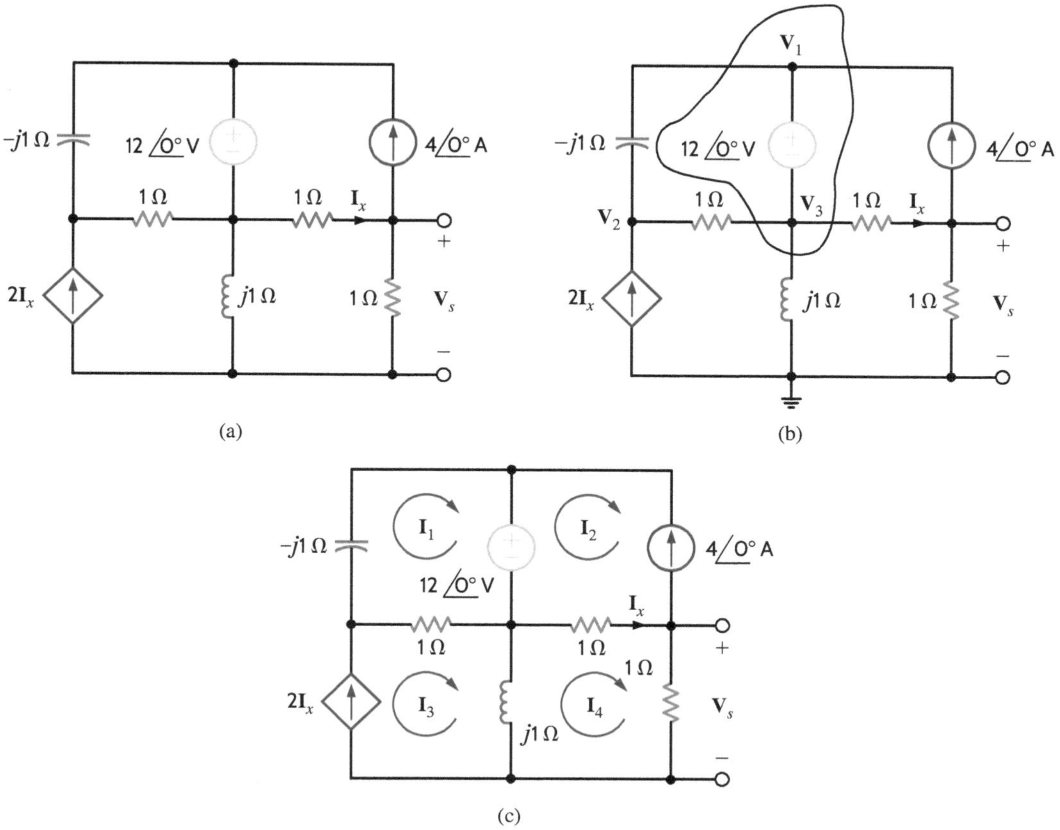

FIGURA 8.22 Circuitos usados no Exemplo 8.16 para análise nodal e de malha.

SOLUÇÃO

1. ***Análise Nodal*** Para análise nodal, identificamos as tensões nodais e o supernó, como mostrado na **Fig. 8.22b**. A equação de restrição para o supernó é

$$\mathbf{V}_3 + 12\underline{/0^\circ} = \mathbf{V}_1$$

e as equações da LCK para os nós do circuito são

$$\frac{\mathbf{V}_1 - \mathbf{V}_2}{-j1} + \frac{\mathbf{V}_3 - \mathbf{V}_2}{1} - 4\underline{/0^\circ} + \frac{\mathbf{V}_3 - \mathbf{V}_s}{1} + \frac{\mathbf{V}_3}{j1} = 0$$

$$\frac{\mathbf{V}_2 - \mathbf{V}_1}{-j1} + \frac{\mathbf{V}_2 - \mathbf{V}_3}{1} - 2\left(\frac{\mathbf{V}_3 - \mathbf{V}_s}{1}\right) = 0$$

$$4\underline{/0^\circ} + \frac{\mathbf{V}_s - \mathbf{V}_3}{1} + \frac{\mathbf{V}_s}{1} = 0$$

A correspondente equação matricial é

$$\begin{bmatrix} -1 & 0 & 1 & 0 \\ j & -(1+j) & 2-j & -1 \\ -j & 1+j & -3 & 2 \\ 0 & 0 & -1 & 2 \end{bmatrix} \begin{bmatrix} \mathbf{V}_1 \\ \mathbf{V}_2 \\ \mathbf{V}_3 \\ \mathbf{V}_s \end{bmatrix} = \begin{bmatrix} -12 \\ 4 \\ 0 \\ -4 \end{bmatrix}$$

A solução MATLAB é obtida como:

```
>> Y = [-1 0 1 0; j -(1+j) 2-j -1; -j 1+j -3 2;0 0 -1 2]
   Y =
        -1.0000                  0                  1.0000                  0
              0 + 1.0000i   -1.0000 - 1.0000i   2.0000 - 1.0000i    -1.0000
              0 - 1.0000i    1.0000 + 1.0000i  -3.0000               2.0000
              0                  0             -1.0000               2.0000
>> I = [-12; 4; 0; -4]
   I =
         -12
           4
           0
          -4

>> V = inv(Y)*I
   V =
        9.6000 +  4.8000i
        6.8000 + 12.4000i
       -2.4000 +  4.8000i
       -3.2000 +  2.4000i

>> abs (V)
   ans =
        10.7331
        14.1421
         5.3666
         4.0000

>> 180*phase(V)/pi
   ans =
         26.5651
         61.2602
        116.5651
        143.1301
```

Portanto,

$$\mathbf{V}_s = 4\underline{/143{,}13^\circ}\,\text{V}$$

2. ***Análise de Malha*** As correntes de malha para o circuito são definidas na **Fig. 8.22c**. As equações de restrição para o circuito são

$$\mathbf{I}_2 = -4\underline{/0^\circ}$$
$$\mathbf{I}_x = \mathbf{I}_4 - \mathbf{I}_2 = \mathbf{I}_4 + 4\underline{/0^\circ}$$
$$\mathbf{I}_3 = 2\mathbf{I}_x = 2\mathbf{I}_4 + 8\underline{/0^\circ}$$

As equações da LKT para malha 1 e malha 4 são

$$-j1\mathbf{I}_1 + 1(\mathbf{I}_1 - \mathbf{I}_3) = -12\underline{/0^\circ}$$
$$j1(\mathbf{I}_4 - \mathbf{I}_3) + 1(\mathbf{I}_4 - \mathbf{I}_2) + 1\mathbf{I}_4 = 0$$

Se as equações de restrição forem substituídas na segunda equação da LKT, a única incógnita na equação será $\mathbf{I}_4$. Essa substituição fornece

$$\mathbf{I}_4 = 4\underline{/143{,}13^\circ}\,\text{A}$$

Com isso,

$$\mathbf{V}_s = 4\underline{/143{,}13^\circ}\,\text{V}$$

3. ***Teorema de Thévenin*** Aplicando o teorema de Thévenin, determinamos a tensão de circuito aberto e, então, a impedância equivalente de Thévenin usando uma fonte de teste nos terminais de circuito aberto. Poderíamos determinar a impedância equivalente de Thévenin calculando a corrente de curto-circuito; no entanto, determinaremos essa corrente quando aplicarmos o teorema de Norton.

A tensão de circuito aberto é determinada do circuito na **Fig. 8.23a**. Vemos que $\mathbf{I}_x' = 4\underline{/0^\circ}$ A e como $2\mathbf{I}_x'$ flui pelo indutor, a tensão de circuito aberto $\mathbf{V}_{ca}$ é dada por

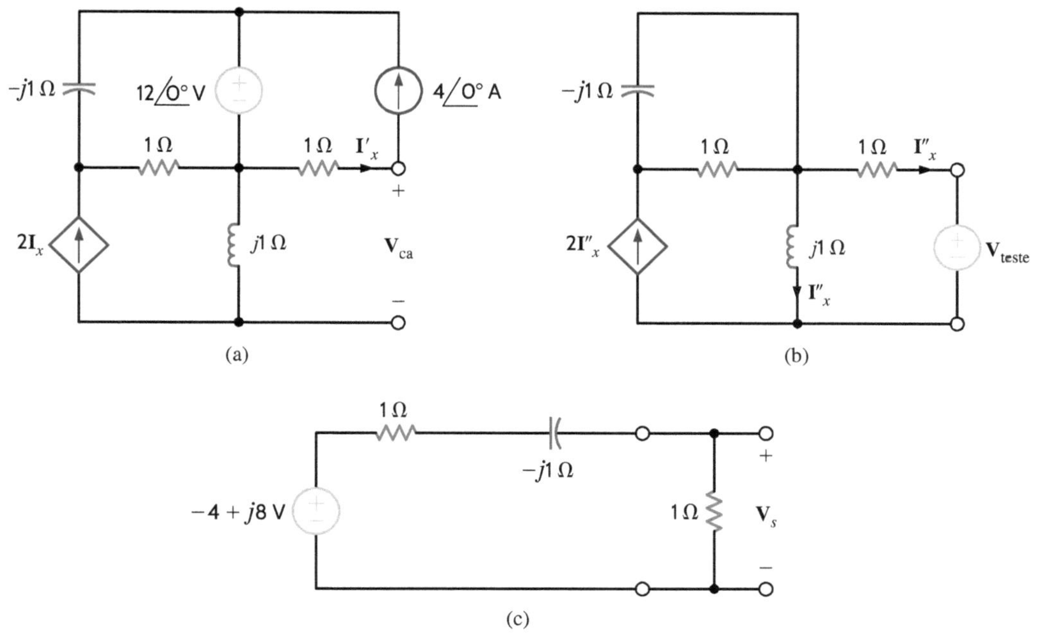

FIGURA 8.23 Circuitos usados no Exemplo 8.16 para aplicação do teorema de Thévenin.

$$\mathbf{V}_{ca} = -1(4\angle 0°) + j1(2\mathbf{I}'_x)$$
$$= -4 + j8 \text{ V}$$

Para determinar a impedância equivalente de Thévenin, desativamos as fontes independentes, aplicamos uma fonte de tensão de teste aos terminais de saída e calculamos a corrente que sai da fonte de teste. Como mostrado na **Fig. 8.23b**, uma vez que $\mathbf{I}''_x$ flui na fonte de teste, a LKC requer que a corrente no indutor também seja $\mathbf{I}''_x$. A LKT aplicada ao longo da malha que contém a fonte de teste indica que

$$j1\mathbf{I}''_x - 1\mathbf{I}''_x - \mathbf{V}_{teste} = 0$$

Portanto,

$$\mathbf{I}''_x = \frac{-\mathbf{V}_{teste}}{1 - j}$$

Logo,

$$\mathbf{Z}_{Th} = \frac{\mathbf{V}_{teste}}{-\mathbf{I}''_x}$$
$$= 1 - j\Omega$$

Conectando o circuito equivalente de Thévenin à carga, como mostrado na **Fig. 8.23c**, a tensão de saída $\mathbf{V}_s$ é calculada como

$$\mathbf{V}_s = \frac{-4 + 8j}{2 - j1}(1)$$
$$= 4\angle 143{,}13° \text{ V}$$

4. ***Teorema de Norton*** Aplicando o teorema de Norton, determinamos a corrente de curto-circuito no circuito na **Fig. 8.24a**. Mais uma vez, usando o supernó, as equações de restrição e da LKC são

$$\mathbf{V}_3 + 12\angle 0° = \mathbf{V}_1$$

$$\frac{\mathbf{V}_2 - \mathbf{V}_1}{-j1} + \frac{\mathbf{V}_2 - \mathbf{V}_3}{1} - 2\mathbf{I}'''_x = 0$$

$$\frac{\mathbf{V}_1 - \mathbf{V}_2}{-j1} + \frac{\mathbf{V}_3 - \mathbf{V}_2}{1} - 4\angle 0° + \frac{\mathbf{V}_3}{j1} + \mathbf{I}'''_x = 0$$

$$\mathbf{I}'''_x = \frac{\mathbf{V}_3}{1}$$

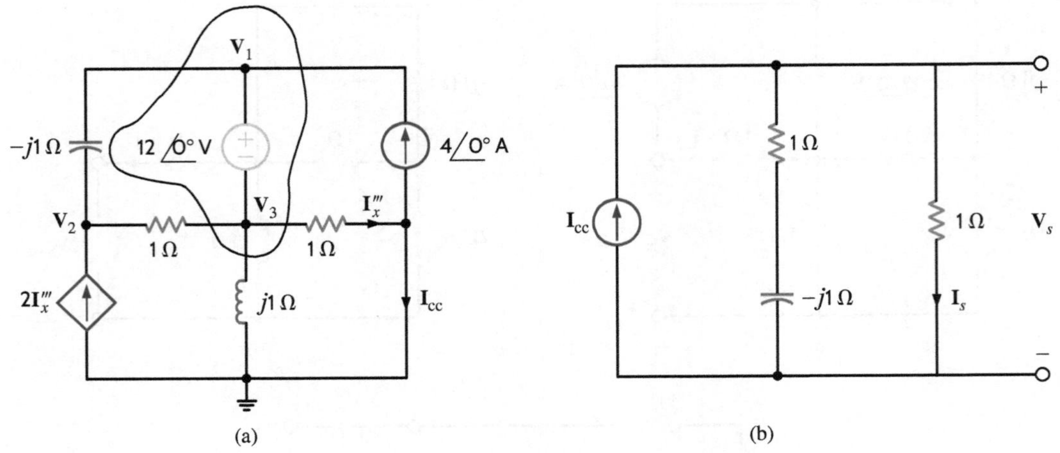

FIGURA 8.24 Circuitos usados no Exemplo 8.16 para aplicação do teorema de Norton.

A equação matricial correspondente é

$$\begin{bmatrix} -1 & 0 & 1 & 0 \\ -j & (1+j) & -1 & -2 \\ j & -(1+j) & 1-j & 1 \\ 0 & 0 & -1 & 1 \end{bmatrix} \begin{bmatrix} \mathbf{V}_1 \\ \mathbf{V}_2 \\ \mathbf{V}_3 \\ \mathbf{I}_x''' \end{bmatrix} = \begin{bmatrix} -12 \\ 0 \\ 4 \\ 0 \end{bmatrix}$$

A solução MATLAB é obtida como

```
>> Y = [-1 0 1 0; -j 1+j -1 -2; j -(1+j) 1-j 1; 0 0 -1 1]
   Y =
        -1.0000                    0                 1.0000                 0
              0 - 1.0000i     1.0000 + 1.0000i     -1.0000           -2.0000
              0 + 1.0000i    -1.0000 - 1.0000i      1.0000 - 1.0000i  1.0000
              0                    0                -1.0000            1.0000
>> I = [-12; 0; 4; 0]
   I =
          -12
            0
            4
            0
>> V = inv(Y)*I
   V =
       10.0000 +  2.0000i
        4.0000 + 12.0000i
       -2.0000 +  2.0000i
       -2.0000 +  2.0000i
>> abs (V)
   ans =
        10.1980
        12.6491
         2.8284
         2.8284
>> 180*phase(V)/pi
   ans =
         11.3099
         71.5651
        135.0000
        135.0000
```

ou

$$\mathbf{I}_x''' = 2{,}8284\underline{/135°}\text{ A}$$

A equação resultante da aplicação da LKC ao nó mais à direita no circuito na Fig. 8.24a é

$$\mathbf{I}_x''' = 4\underline{/0°} + \mathbf{I}_{cc}$$

Resolvendo para $\mathbf{I}_{cc}$, obtemos

$$\mathbf{I}_{cc} = 6{,}3245\underline{/161{,}57°}\text{ A}$$

A impedância equivalente de Thévenin foi calculada anteriormente como

$$\mathbf{Z}_{Th} = 1 - j\ \Omega$$

Usando o circuito equivalente de Norton, o circuito original é reduzido ao mostrado na **Fig. 8.24b**. A tensão $\mathbf{V}_s$ é, então, dada por

$$\begin{aligned}\mathbf{V}_s &= \mathbf{I}_{cc}\{(1)(1-j)/(1+1-j)\}\text{ V}\\ &= 4\underline{/143{,}13°}\text{ V}\end{aligned}$$

Avaliação da Aprendizagem

E8.17 Usando análise nodal, determine $\mathbf{V}_s$ no circuito na Fig. E8.17.

Resposta:

$\mathbf{V}_s = 2{,}2\underline{/75°}$ V.

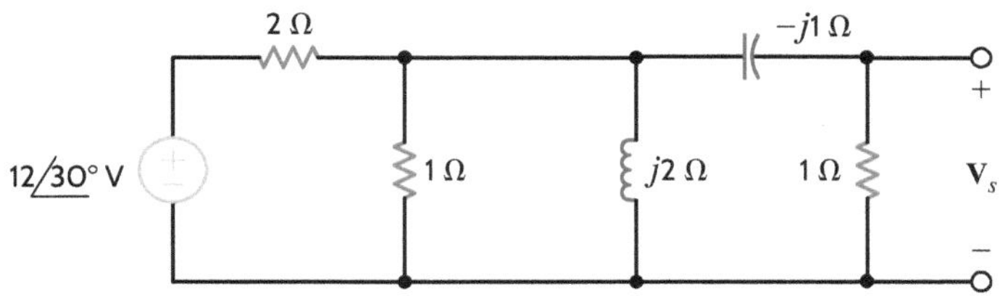

FIGURA E8.17

E8.18 Usando análise nodal, determine $\mathbf{I}_1$ na Fig. E8.18.

Resposta:

$\mathbf{I}_1 = 0{,}7781\underline{/-161{,}9°}$ A.

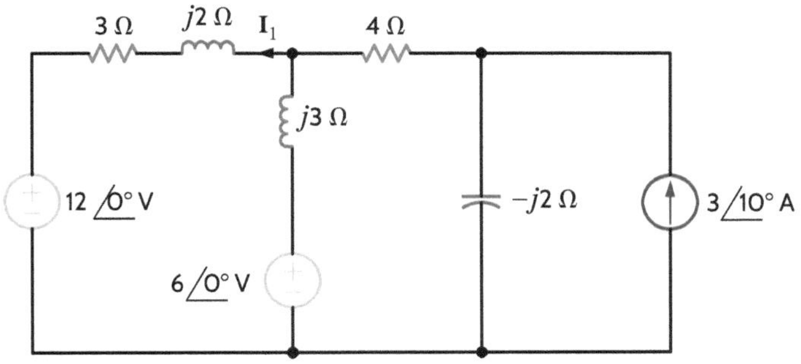

FIGURA E8.18

E8.19 Determine $\mathbf{V}_x$ na Fig. E8.19 usando (a) análise nodal e (b) análise de malha.

Resposta:

$\mathbf{V}_x = 17{,}4\underline{/-21{,}62°}$ V.

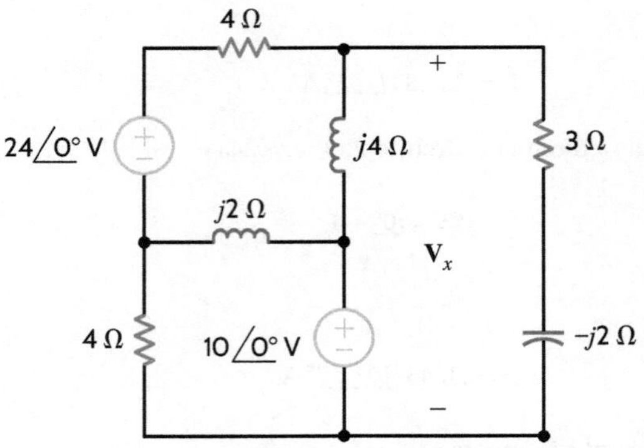

FIGURA E8.19

E8.20 Usando (a) equações de malha e (b) o teorema de Thévenin, determine V_s no circuito na Fig. E8.20.

Resposta:

$V_s = 10,88 \angle 36°$ V.

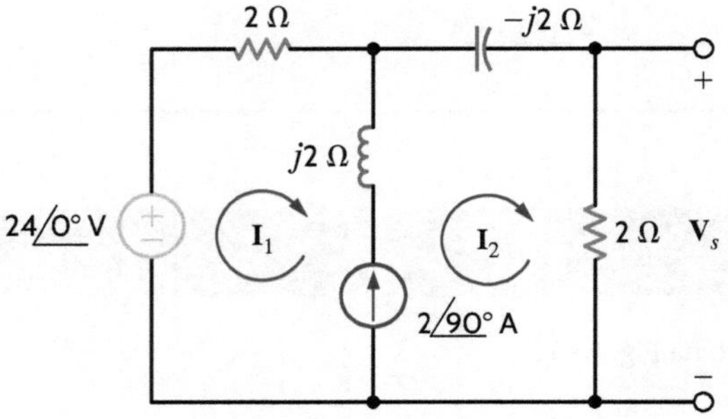

FIGURA E8.20

E8.21 Usando análise de malha, determine V_s na Fig. E8.21.

Resposta:

$V_s = 1,4654 \angle -12,34°$ V.

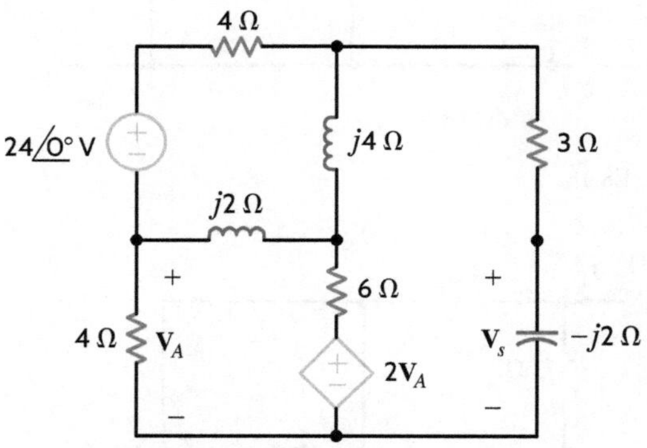

FIGURA E8.21

E8.22 Usando superposição, determine I_1 na Fig. E8.22.

Resposta:

$I_1 = 0,7781 \angle -161,9°$ V.

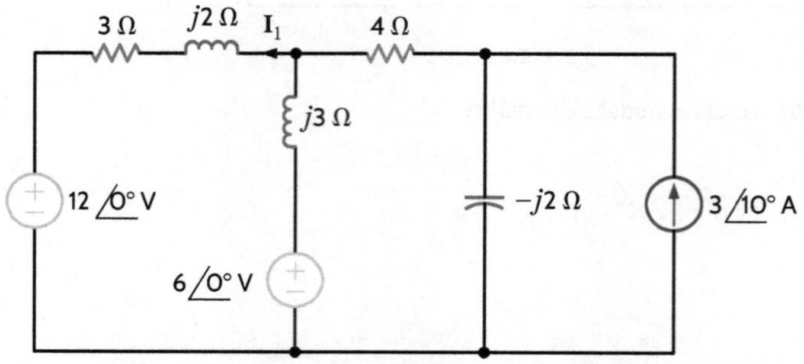

FIGURA E8.22

E8.23 Usando (a) superposição, (b) substituição de fonte e (c) o teorema de Norton, determine $\mathbf{V}_s$ na rede na Fig. E8.23.

Resposta:

$\mathbf{V}_s = 12\angle 90°$ V.

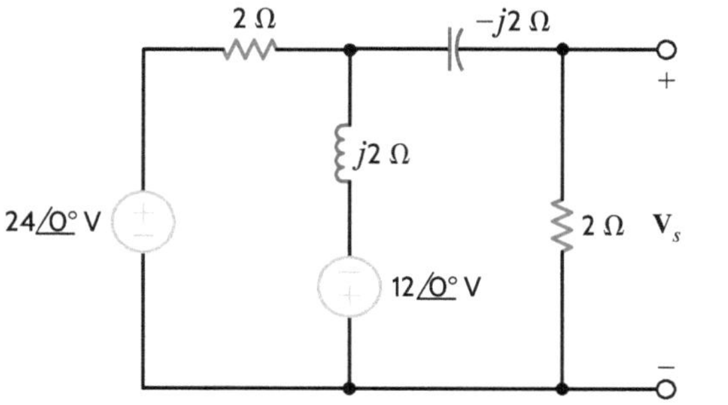

FIGURA E8.23

E8.24 Usando o teorema de Thévenin, determine $\mathbf{V}_s$ na Fig. E8.24.

Resposta:

$\mathbf{V}_s = 1{,}4654\angle -12{,}34°$ V.

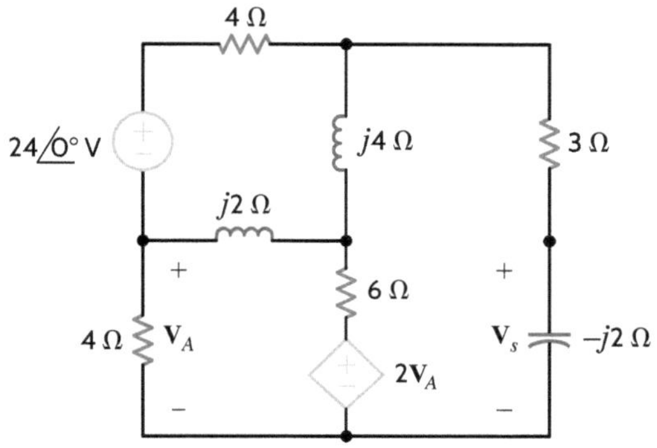

FIGURA E8.24

EXEMPLO 8.17

Calcule a corrente $i(t)$ no circuito na **Fig. 8.25**. À primeira vista, este parece ser um simples circuito de malha única. Uma observação mais detalhada revela que as duas fontes operam em frequências diferentes. A frequência angular para a fonte à esquerda é de 10 rad/s e para a fonte à direita, 20 rad/s. Se desenharmos um circuito no domínio da frequência, que frequência usaremos? Como podemos resolver este problema?

SOLUÇÃO Recordemos que o princípio de superposição nos diz que podemos analisar o circuito com cada fonte operando isoladamente. As respostas do circuito para cada fonte são, então, somadas para fornecer a resposta com as duas fontes ativas. Usaremos o princípio de superposição para resolver este problema. Primeiro, calculemos a resposta $i'(t)$ da fonte à esquerda usando o circuito mostrado na **Fig. 8.26a**. Agora, podemos desenhar um circuito no domínio da frequência para $\omega = 10$ rad/s, como mostrado na **Fig. 8.26b**.

Assim, $\mathbf{I}' = \dfrac{100\angle 0°}{10 + j10} = 7{,}07\angle -45°$ A. Portanto, $i'(t) = 7{,}07\cos(10t - 45°)$ A.

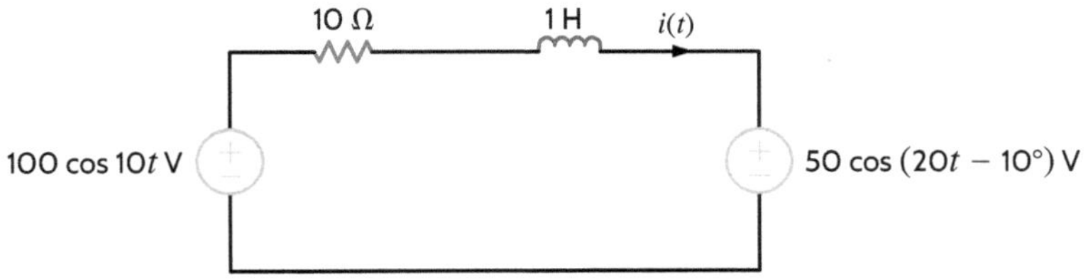

FIGURA 8.25 Circuito usado no Exemplo 8.17.

A resposta em função da fonte à direita pode ser determinada usando o circuito na **Fig. 8.27a**. A corrente $i''(t)$ é definida na direção oposta à de $i(t)$ no circuito original. O circuito no domínio da frequência para $\omega = 20$ rad/s também é mostrado na **Fig. 8.27b**.

Assim, obtemos $\mathbf{I}'' = \dfrac{50\angle -10^\circ}{10 + j20} = 2{,}24\angle -73{,}43^\circ$ A. Logo, $i''(t) = 2{,}24\cos(20t - 73{,}43^\circ)$ A.

A corrente $i(t)$ é, então, calculada como $i'(t) - i''(t) = 7{,}07\cos(10t - 45^\circ) - 2{,}24\cos(20t - 73{,}43^\circ)$ A.

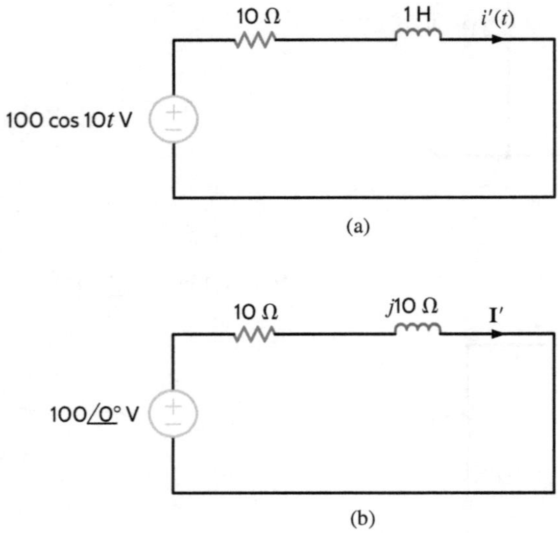

FIGURA 8.26 Circuitos usados para ilustrar a superposição.

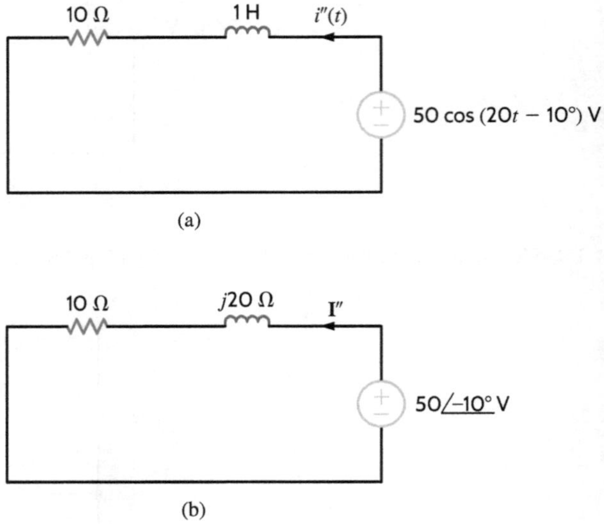

FIGURA 8.27 Circuitos usados para ilustrar a superposição.

8.9 Exemplos de Aplicação

EXEMPLO DE APLICAÇÃO 8.18

O circuito na **Fig. 8.28** modela uma situação desagradável muito comum. O nó A, que é a tensão $v_e(t)$ na saída de um sensor de temperatura, "captou" uma tensão de alta frequência, $v_{\text{ruído}}(t)$, induzida por uma estação de rádio AM próxima. A frequência de ruído é de 700 kHz. Nesse cenário específico, a tensão no sensor, assim como a temperatura, tende a variar lentamente. Nossa tarefa consiste, então, em modificar o circuito para reduzir o ruído na saída, sem perturbar o sinal desejado, $v_e(t)$.

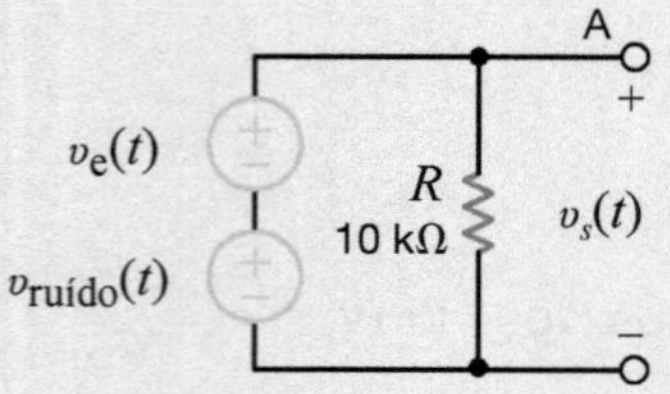

FIGURA 8.28 Modelo para a captação de ruído de radiofrequência.

SOLUÇÃO Consideremos o circuito na **Fig. 8.29a**. Se o componente X tiver uma alta impedância – isto é, muito maior que R em 700 kHz e uma impedância zero em CC – devemos ser capazes de reduzir o problema. Usando a divisão de tensão para calcular $\mathbf{V}_s$ na **Fig. 8.29b**, obtemos

$$\mathbf{V}_s = \left[\frac{R}{R + j\omega L}\right]\mathbf{V}_1$$

em que $\mathbf{V}_1$ e ω são $\mathbf{V}_e$ e 0, ou $\mathbf{V}_{\text{ruído}}$ e 2π (700 × 10³). Em CC, $\omega = 0$, a impedância do indutor é zero, a razão de divisão de tensão é unitária, $\mathbf{V}_1$ é $\mathbf{V}_e$ e $\mathbf{V}_s$ igual a $\mathbf{V}_e$. Mas em 700 kHz, $\mathbf{V}_1$ é $\mathbf{V}_{\text{ruído}}$ e a desejada razão de divisão de tensão deve ser muito pequena; ou seja, a impedância do indutor deve ser muito maior do que R, de modo que $\mathbf{V}_s$ se torne quase zero. Se optarmos por reduzir o ruído na saída em 90%, teremos

$$\left|\frac{R}{R + j\omega L}\right| = \frac{1}{10} \quad \text{em } f = 700 \text{ kHz}$$

Resolvendo esta equação, obtemos $L = 22{,}6$ mH, que está próximo de um valor-padrão de indutor.

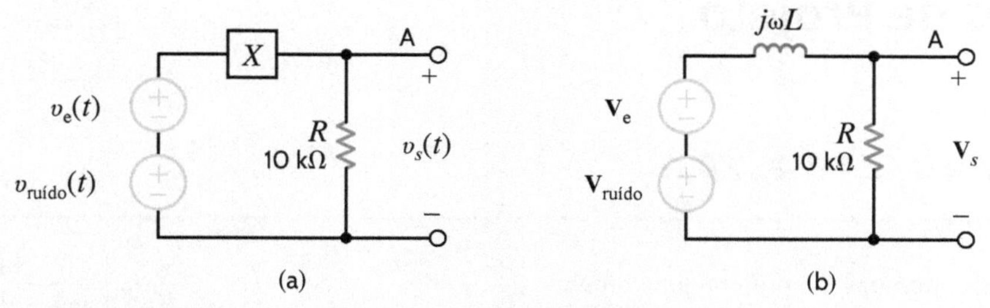

FIGURA 8.29 (a) Modelo usado para bloquear $\mathbf{V}_{ruído}$ e (b) o componente necessário.

EXEMPLO DE APLICAÇÃO 8.19

O circuito na **Fig. 8.30** é chamado de Conversor Geral de Impedância (CGI).[2] Desenvolva uma expressão para a impedância $\mathbf{Z}_{eq}$ em termos de $\mathbf{Z}_1$, $\mathbf{Z}_2$, $\mathbf{Z}_3$, $\mathbf{Z}_4$ e $\mathbf{Z}_5$ e, então, usando resistores de igual valor e um capacitor de 1 μF, obtenha uma indutância equivalente a 1 H.

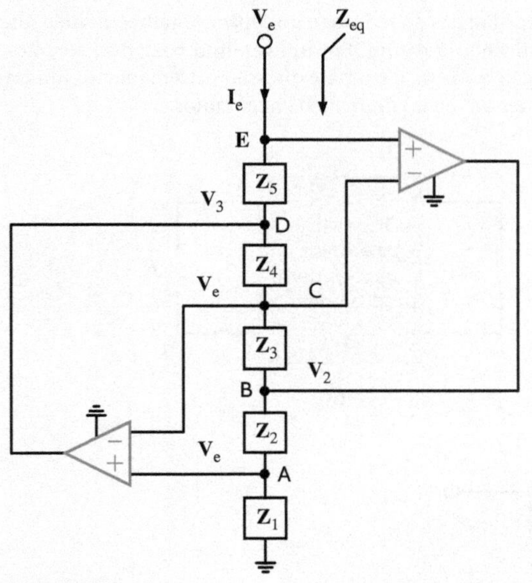

FIGURA 8.30 Circuito conversor geral de impedância.

SOLUÇÃO Empreguemos as propriedades de amp-op ideal; ou seja, não há corrente em nenhuma entrada do amp-op e a tensão nos terminais de entrada de qualquer amp-op é zero. Em consequência, as tensões nos nós A e C são $\mathbf{V}_e$. Em seguida, apliquemos a LKC em cada entrada de amp-op. No nó A, temos

$$\frac{\mathbf{V}_2 - \mathbf{V}_e}{\mathbf{Z}_2} = \frac{\mathbf{V}_e}{\mathbf{Z}_1}$$

Com isso,

$$\mathbf{V}_2 = \mathbf{V}_e\left[1 + \frac{\mathbf{Z}\mathbf{v}_2}{\mathbf{Z}_1}\right] \qquad \textbf{8.47}$$

No nó C, temos

$$\frac{\mathbf{V}_3 - \mathbf{V}_e}{\mathbf{Z}_4} = \frac{\mathbf{V}_e - \mathbf{V}_2}{\mathbf{Z}_3}$$

Resolvendo para $\mathbf{V}_3$:

$$\mathbf{V}_3 = \mathbf{V}_e\left[1 + \frac{\mathbf{Z}_4}{\mathbf{Z}_3}\right] - \mathbf{V}_2\left[\frac{\mathbf{Z}_4}{\mathbf{Z}_3}\right]$$

Substituindo o resultado da Eq. (8.47), podemos expressar $\mathbf{V}_3$ como

$$\mathbf{V}_3 = \mathbf{V}_e\left[1 - \frac{\mathbf{Z}_2\mathbf{Z}_4}{\mathbf{Z}_1\mathbf{Z}_3}\right] \qquad \textbf{8.48}$$

No nó E, escrevemos

$$\mathbf{I}_e = \frac{\mathbf{V}_e - \mathbf{V}_3}{\mathbf{Z}_5}$$

Usando, agora, a expressão para $\mathbf{V}_3$ na Eq. (8.48), obtemos

$$\mathbf{I}_e = \mathbf{V}_e\left[\frac{\mathbf{Z}_2\mathbf{Z}_4}{\mathbf{Z}_1\mathbf{Z}_3\mathbf{Z}_5}\right]$$

Por fim, a impedância de interesse é calculada como

$$\mathbf{Z}_{eq} = \frac{\mathbf{V}_e}{\mathbf{I}_e} = \left[\frac{\mathbf{Z}_1\mathbf{Z}_3\mathbf{Z}_5}{\mathbf{Z}_2\mathbf{Z}_4}\right] \qquad \textbf{8.49}$$

Agora, com $\mathbf{Z}_1 = \mathbf{Z}_3 = \mathbf{Z}_5 = \mathbf{Z}_2 = R$ e $\mathbf{Z}_4 = 1/j\omega C$, $\mathbf{Z}_{eq}$ passa a:

$$\mathbf{Z}_{eq} = j\omega CR^2 = j\omega L_{eq}$$

Assim, o necessário valor de R para produzir uma indutância de 1 H é 1.000 Ω. Neste ponto, cabe a pergunta: por que todo esse trabalho para implementar uma indutância? A resposta é tamanho e peso. Um indutor de 1 H seria muito grande e pesado. O CGI é facilmente montado com componentes de circuitos integrados, requer pouco espaço e pesa apenas alguns gramas!

[2]N. T.: Não existe uma denominação-padrão para esse circuito em português, sendo empregadas diferentes traduções do correspondente termo em inglês, *General Impedance Converter*, por exemplo, "conversor de impedância generalizada", "conversor generalizado de impedância", "conversor de impedância geral".

8.10 Exemplos de Projeto

EXEMPLO DE PROJETO 8.20

No Capítulo 4, vimos que amp-ops permitiam uma implementação simples e eficaz de ganho de tensão controlável. Tal estudo nos leva a esperar que esses dispositivos "ativos" produzam ganho em uma configuração como a mostrada na **Fig. 8.31a**. Entretanto, um experiente engenheiro sugeriu que algum ganho poderia ser obtido com uma adequada configuração de elementos "passivos", como ilustrado na **Fig. 8.31b**, e propôs o circuito da **Fig. 8.31c**. Usemos, então, esta configuração e tentemos projetar um ganho de 10 em 1 kHz, com uma carga de 100 Ω.

SOLUÇÃO O ganho de tensão do circuito na Fig. 8.31c pode ser expresso como

$$\frac{\mathbf{V}_s}{\mathbf{V}_e} = \left[\frac{\mathbf{Z}}{\mathbf{Z} + \frac{1}{j\omega C}}\right]$$

em que

$$\mathbf{Z} = \frac{(j\omega L)\,R}{j\omega L + R}$$

Combinando essas duas equações e reorganizando os termos, obtemos a expressão

$$\frac{\mathbf{V}_s}{\mathbf{V}_e} = \left[\frac{j\omega L}{j[\omega L - \frac{1}{\omega C}] + \frac{L}{CR}}\right]$$

Sabemos que, para obter amplificação, o denominador deve ser menor que o numerador. Além disso, o denominador será reduzido se as reatâncias do indutor e do capacitor forem iguais em magnitude, pois são de sinais opostos. Assim, selecionando os parâmetros tais que $\omega^2 LC = 1$, a reatância do indutor cancelará a do capacitor. Nesta condição, a expressão do ganho é reduzida para

$$\frac{\mathbf{V}_s}{\mathbf{V}_e} = j\omega RC$$

Para os desejados valores de carga e frequência, um capacitor de 15,9 μF fornecerá o ganho necessário. O valor do indutor pode, então, ser obtido a partir da condição

$$\omega^2 LC = 1$$

que fornece $L = 1{,}59$ mH. Note que, se a frequência for alterada, as impedâncias do indutor e do capacitor também serão alteradas, modificando o ganho. Em um capítulo posterior, veremos que a equação $\omega^2 LC = 1$ é uma expressão extremamente importante e pode ter um efeito dramático em circuitos.

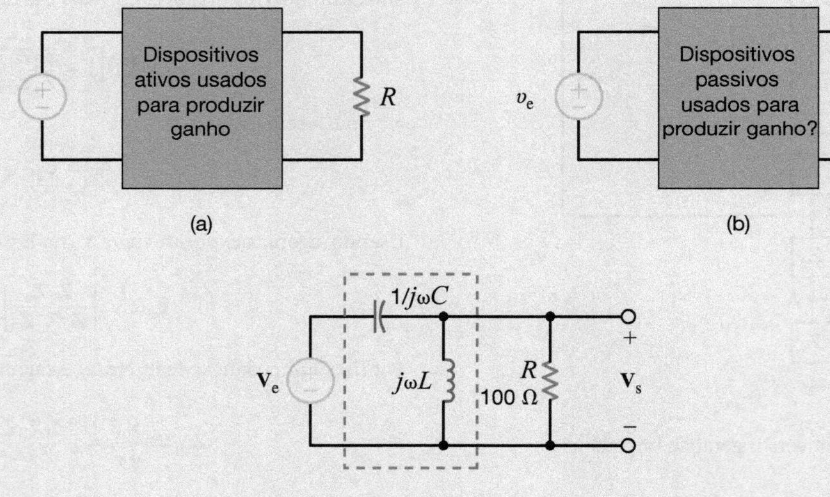

FIGURA 8.31 Configurações de circuito usadas no Exemplo 8.20.

EXEMPLO DE PROJETO 8.21

Um sinal senoidal $v_1(t) = 2{,}5 \cos(\omega t)$ somado a um nível CC $V_2 =$ 2,5 V fornece um sinal de relógio (sinal de *clock*) de 0 a 5 V, usado para controlar um microprocessador. Projetemos o circuito apropriado para uma frequência de oscilação do sinal de 1 GHz.

SOLUÇÃO Como vimos no Capítulo 4, esta aplicação parece ser uma aplicação natural para um amp-op somador. Entretanto, a frequência de oscilação (1 GHz) é muito maior do que a frequência máxima que a maioria dos amp-ops pode suportar – normalmente, abaixo de 200 MHz. Como nenhuma amplificação é necessária neste caso, podemos projetar um somador sem amp-op que, embora não seja preciso, deve funcionar.

Considere o circuito na **Fig. 8.32a**, em que as entradas $v_1(t)$ e V_2 são conectadas para produzir a saída $v_s(t)$. Para esta aplicação, o componente A deve impedir que qualquer componente CC em $v_1(t)$ chegue à saída, mas deve permitir que o sinal de 1 GHz passe direto. Da mesma forma, o componente B deve deixar passar V_2 e bloquear qualquer sinal de alta frequência. Assim, a impedância do componente A deve ser infinita em CC, e muito baixa em 1 GHz. E a impedância do componente B deve ser zero em CC, e muito alta em alta frequência. Estudos anteriores indicam que o componente A deve ser um capacitor e o componente B, um indutor. O circuito resultante, conhecido como *bias T*, é mostrado na **Fig. 8.32b**.

Os valores para C e L dependem da frequência do sinal e da precisão necessária na operação de soma, e podem ser facilmente examinados usando a superposição para investigar a contribuição de cada entrada para a saída $v_s(t)$. Na **Fig. 8.33a**, a tensão CC V_2 foi reduzida a zero e um circuito CA foi desenhado a uma frequência de 1 GHz – isto é, a frequência de $v_1(t)$. Usando divisão de tensão, podemos expressar a tensão de saída como

$$\mathbf{V}_{s1} = \left[\frac{j\omega L}{j\omega L - \frac{j}{\omega C}}\right]\mathbf{V}_1 = \left[\frac{\omega^2 LC}{\omega^2 LC - 1}\right]\mathbf{V}_1 \qquad \textbf{8.50}$$

Para obtermos um perfeito somador, a razão de divisão de tensão deve ser unitária. Contudo, isto requer a impraticável condição $\omega^2 LC$ igual a infinito.

Alternativamente, abordemos o problema escolhendo valores para as reatâncias indutivas e capacitivas. Como dito anteriormente, a reatância capacitiva deve ser pequena; escolhamos 1 Ω. E a reatância indutiva deve ser grande – digamos, 10 kΩ. Os correspondentes valores de L e C são

$$C = \frac{1}{\omega X_C} = \frac{1}{2\pi \times 10^9} = 159 \text{ pF}$$

e

$$L = \frac{X_L}{\omega} = 1{,}59\ \mu\text{H}$$

Agora, consideremos V_2. Na **Fig. 8.33b**, $v_1(t)$ foi reduzido a zero e um circuito CA foi desenhado em CC – a frequência de V_2. Novamente, a divisão de tensão pode ser usada para expressar a tensão de saída. No entanto, vemos que as impedâncias

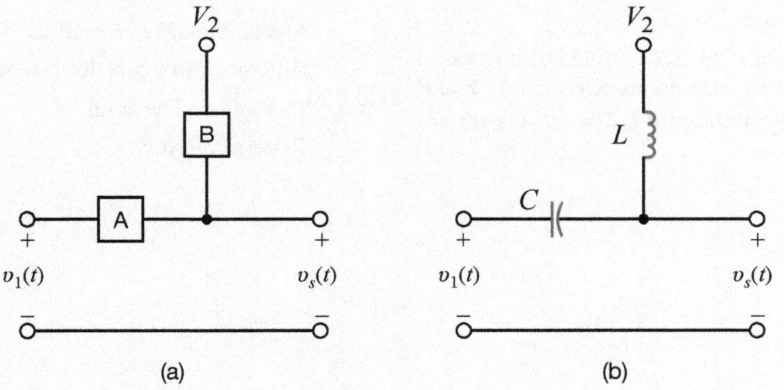

FIGURA 8.32 (a) Um circuito somador passivo simples; (b) uma solução – circuito *bias T*.

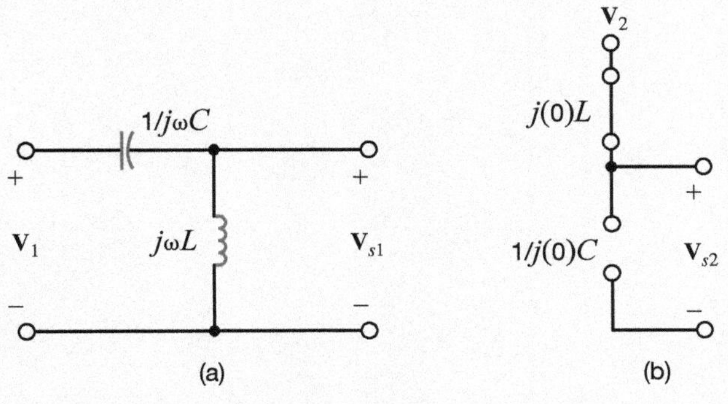

FIGURA 8.33 Explorando o circuito *bias T* por superposição em regime permanente CA, com (a) $\mathbf{V}_2 = 0$ e (b) $v_1(t) = 0$.

do capacitor e do indutor são infinitas e unitárias, respectivamente. Em consequência, a saída é *exatamente* igual a V_2, independentemente dos valores de C e L! Assim, a tensão de saída consiste em duas tensões - uma em CC e outra em 1 GHz. A componente CC é apenas $V_2 = 2{,}5$ V. Da Eq. (8.50), a componente CA em 1 GHz é

$$\mathbf{V}_{s1} = \left[\frac{j10.000}{j10.000 - j1}\right] 2{,}5\angle 0° = 2{,}50025\angle 0° \text{ V}$$

Retornando ao domínio do tempo, a tensão de saída, com três algarismos significativos, fica dada por:

$$v_s(t) = 2{,}5 + 2{,}5\cos\left[2\pi\left(10^9\right)t\right] \text{ V}$$

Resumo

- ***Definição da função senoidal*** A função senoidal $x(t) = X_M\,\text{sen}(\omega t + \theta)$ tem amplitude X_M, frequência angular ω, período $2\pi/\omega$ e ângulo de fase de θ.
- ***Definições de adiantamento e atraso de fase*** Se $x_1(t) = X_{M1}\text{sen}(\omega t + \theta)$ e $x_2(t) = X_{M2}\text{sen}(\omega t + \phi)$, $x_1(t)$ está adiantado de $\theta - \phi$ radianos com relação a $x_2(t)$, e $x_2(t)$ está atrasado de $\theta - \phi$ radianos com relação a $x_1(t)$.
- ***Definição do fasor*** A tensão senoidal $v(t) = V_M\cos(\omega t + \theta)$ pode ser escrita na forma exponencial como $v(t) = \text{Re}\left[V_M e^{j(\omega t + \theta)}\right]$ e na forma fasorial como $\mathbf{V} = V_M\angle\theta$.
- ***Relação de fase entre θ_v e θ_i para os elementos R, L e C*** Se θ_v e θ_i representam, respectivamente, os ângulos de fase da tensão e da corrente em um elemento de circuito, então $\theta_i = \theta_v$ se o elemento for um resistor, θ_i está atrasado de 90° com relação a θ_v em se o elemento for um indutor, e θ_i está adiantado de 90° com relação a θ_v se o elemento for um capacitor.
- ***Impedâncias de R, L e C*** Impedância, **Z**, é definida como a razão entre a tensão do fasor, **V**, e a corrente do fasor, **I**, em que $\mathbf{Z} = R$ para um resistor, $\mathbf{Z} = j\omega L$ para um indutor e $\mathbf{Z} = 1/j\omega C$ para um capacitor.
- ***Diagramas fasoriais*** Diagramas fasoriais podem ser usados para exibir as relações de magnitude e fase de várias tensões e correntes em um circuito.
- ***Análise no domínio de frequência***
  1. Representar todas as tensões, $v_i(t)$, e todas as correntes, $i_j(t)$, como fasores e representar todos os elementos passivos por sua impedância ou admitância.
  2. Calcular os fasores desconhecidos no domínio da frequência (ω).
  3. Transformar os fasores agora conhecidos de volta ao domínio do tempo.
- ***Técnicas de solução para problemas em regime permanente CA***

  Lei de Ohm

  Leis de Kirchhoff (LKC e LKT)

  Análises nodal e de malhas

  Superposição e substituição de fontes

  Teorema de Thévenin

  Teorema de Norton

CAPÍTULO 9

Análise de Potência em Regime Permanente

OBJETIVOS DE APRENDIZAGEM

Os objetivos de aprendizagem deste capítulo são tornar os estudantes capazes de:

- Analisar um circuito para determinar as potências instantânea e média em circuitos CA.
- Calcular a transferência de máxima potência média para uma carga em um circuito CA.
- Calcular o valor eficaz ou rms para uma forma de onda periódica e, vice-versa, calcular a magnitude de uma forma de onda periódica a partir de seu valor rms.
- Calcular as potências real, reativa e complexa, e o fator de potência em circuitos CA.
- Corrigir o fator de potência em circuitos CA.
- Entender a importância da segurança para dispositivos de armazenamento de energia e circuitos CA, e as consequências de práticas inseguras em aplicações de potência.

9.1 Potência Instantânea

Empregando a convenção de sinais adotada nos capítulos anteriores, a potência instantânea fornecida ou absorvida por qualquer dispositivo pode ser calculada como o produto da tensão e da corrente instantâneas no dispositivo.

Consideremos o circuito mostrado na **Fig. 9.1**. Em geral, a tensão e a corrente em regime permanente para o circuito podem ser escritas como

$$v(t) = V_M \cos(\omega t + \theta_v) \qquad 9.1$$

$$i(t) = I_M \cos(\omega t + \theta_i) \qquad 9.2$$

A potência instantânea é calculada como:

$$\begin{aligned} p(t) &= v(t)i(t) \\ &= V_M I_M \cos(\omega t + \theta_v)\cos(\omega t + \theta_i) \end{aligned} \qquad 9.3$$

Empregando a seguinte identidade trigonométrica,

$$\cos\phi_1 \cos\phi_2 = \frac{1}{2}[\cos(\phi_1 - \phi_2) + \cos(\phi_1 + \phi_2)] \qquad 9.4$$

vemos que a potência instantânea pode ser escrita como

$$p(t) = \frac{V_M I_M}{2}[\cos(\theta_v - \theta_i) + \cos(2\omega t - \theta_v + \theta_i)] \qquad 9.5$$

A potência instantânea consiste em dois termos. O primeiro é uma constante (ou seja, independe do tempo), e o segundo é uma onda cosseno cuja frequência é o dobro da frequência de excitação. Examinaremos essa equação de forma mais detalhada na Seção 9.2.

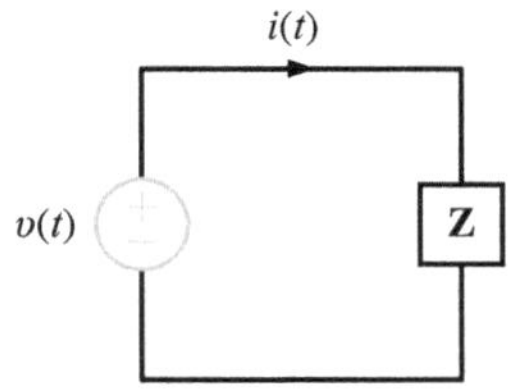

FIGURA 9.1 Circuito CA simples.

EXEMPLO 9.1

O circuito na Fig. 9.1 tem os seguintes parâmetros: $v(t) = 4\cos(\omega t + 60°)$ V e $\mathbf{Z} = 2\angle 30°\ \Omega$. Determine equações para a corrente e para a potência instantâneas em função do tempo e plote essas funções e a tensão em um único gráfico, para comparação.

SOLUÇÃO

Como

$$\mathbf{I} = \frac{4\underline{/60^\circ}}{2\underline{/30^\circ}} = 2\underline{/30^\circ}\text{ A}$$

então

$$i(t) = 2\cos(\omega t + 30^\circ)\text{ A}$$

Da Eq. (9.5),

$$p(t) = 4[\cos(30^\circ) + \cos(2\omega t + 90^\circ)] = 3{,}46 + 4\cos(2\omega t + 90^\circ)\text{ W}$$

Um gráfico desta função, juntamente com gráficos de tensão e corrente, é mostrado na **Fig. 9.2**. Como podemos ver nesta figura, a potência instantânea tem um termo CC ou constante e um segundo termo cuja frequência é o dobro da frequência da tensão ou da corrente (ver **DICA 9.1**).

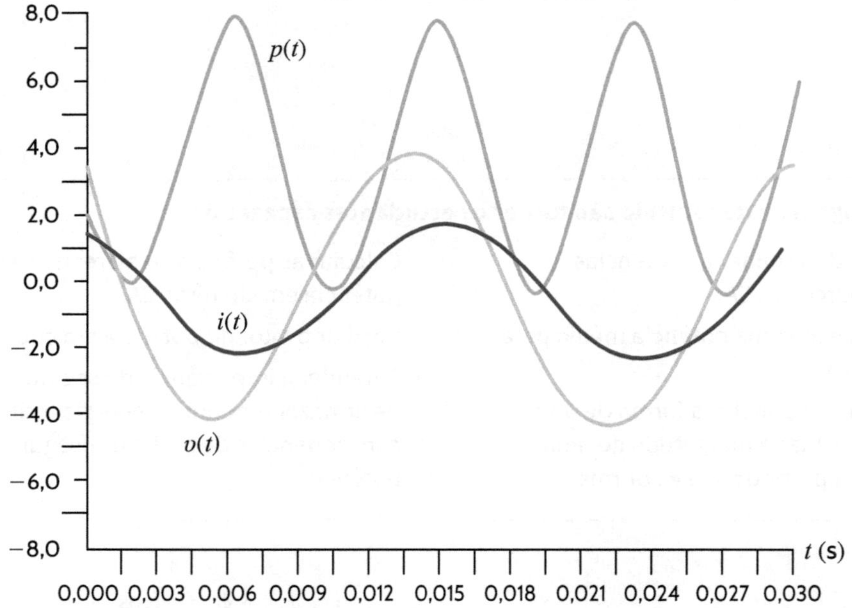

FIGURA 9.2 Gráficos de $v(t)$, $i(t)$ e $p(t)$ para o circuito no Exemplo 9.1, com $f = 60$ Hz.

DICA 9.1

Observe que $p(t)$ contém um termo CC e uma onda cosseno cuja frequência é o dobro da frequência de $v(t)$ e $i(t)$.

9.2 Potência Média

O valor médio de qualquer forma de onda periódica (por exemplo, uma função senoidal) pode ser calculado integrando a função ao longo de um período completo e dividindo esse resultado pelo período. Portanto, se a tensão e a corrente são dadas pelas Eqs. (9.1) e (9.2), respectivamente, a potência média é dada por

$$P = \frac{1}{T}\int_{t_0}^{t_0+T} p(t)\,dt = \frac{1}{T}\int_{t_0}^{t_0+T} V_M I_M \cos(\omega t + \theta_v)\cos(\omega t + \theta_i)\,dt \qquad 9.6$$

em que t_0 é arbitrário, $T = 2\pi/\omega$ é o período da tensão ou corrente e P é medida em watts. Na verdade, podemos calcular o valor médio da forma de onda em número inteiro qualquer de períodos, ou seja, a Eq. (9.6) também pode ser escrita como

$$P = \frac{1}{nT}\int_{t_0}^{t_0+nT} V_M I_M \cos(\omega t + \theta_v)\cos(\omega t + \theta_i)\,dt \qquad 9.7$$

em que n é um inteiro positivo.

Empregando a Eq. (9.5) na expressão em (9.6), obtemos

$$P = \frac{1}{T}\int_{t_0}^{t_0+T} \frac{V_M I_M}{2}[\cos(\theta_v - \theta_i) + \cos(2\omega t + \theta_v + \theta_i)]\,dt \qquad 9.8$$

Poderíamos, é claro, efetuar a trabalhosa integração indicada; no entanto, com um pouco de raciocínio, podemos determinar o resultado por inspeção. O primeiro termo independe de t e, portanto, é uma constante na integração. Integrar a constante ao longo do período e dividir pelo período resulta simplesmente na constante original. O segundo termo é uma onda cosseno. É sabido que o valor médio de uma onda cosseno ao longo de um período completo ou um número inteiro de períodos é zero e, portanto, o segundo termo na Eq. (9.8) desaparece. Assim, a Eq. (9.8) se reduz a (ver **DICA 9.2**)

DICA 9.2

Uma equação frequentemente usada para calcular a potência média.

$$P = \frac{1}{2} V_M I_M \cos(\theta_v - \theta_i) \qquad 9.9$$

Dado que cos (−θ) = cos (θ), o argumento para a função cosseno pode ser $\theta_v - \theta_i$ ou $\theta_i - \theta_v$. Além disso, notemos que $\theta_v - \theta_i$ é o ângulo de fase da impedância do circuito, como mostrado na Fig. 9.1. Portanto, para um *circuito puramente resistivo*,

$$P = \frac{1}{2} V_M I_M \qquad 9.10$$

e para um *circuito puramente reativo*,

$$P = \frac{1}{2} V_M I_M \cos(90°)$$
$$= 0$$

Como impedâncias puramente reativas não absorvem potência média, são frequentemente chamadas de *elementos sem perdas*. Um circuito puramente reativo opera armazenando energia em uma parte do período e a liberando em outra.

EXEMPLO 9.2

Determinemos a potência média absorvida pela impedância mostrada na **Fig. 9.3**.

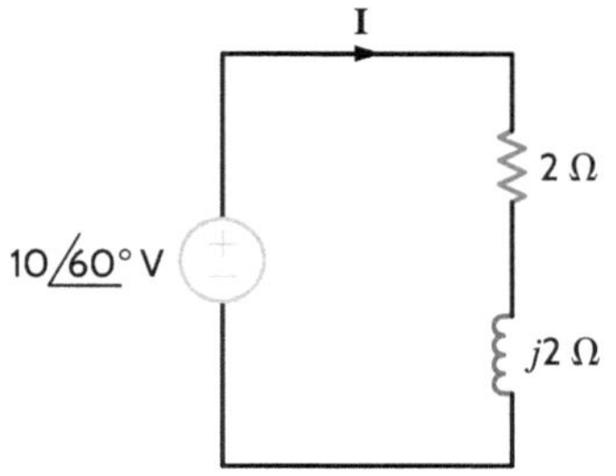

FIGURA 9.3 Exemplo de circuito *RL*.

SOLUÇÃO Da figura, vemos que

$$\mathbf{I} = \frac{\mathbf{V}}{\mathbf{Z}} = \frac{V_M \angle \theta_v}{2 + j2} = \frac{10\angle 60°}{2{,}83\angle 45°} = 3{,}53\angle 15° \text{ A}$$

Portanto,

$$I_M = 3{,}53 \text{ A} \quad \text{e} \quad \theta_i = 15°$$

Assim,

$$P = \frac{1}{2} V_M I_M \cos(\theta_v - \theta_i)$$
$$= \frac{1}{2}(10)(3{,}53)\cos(60° - 15°)$$
$$= 12{,}5 \text{ W}$$

Como o indutor não absorve potência, podemos empregar a Eq. (9.10), com V_M representando a tensão no resistor. Usando divisão de tensão, obtemos

$$\mathbf{V}_R = \frac{(10\angle 60°)(2)}{2 + j2} = 7{,}07\angle 15° \text{ V}$$

logo,

$$P = \frac{1}{2}(7{,}07)(3{,}53)$$
$$= 12{,}5 \text{ W}$$

Usando a lei de Ohm, também poderíamos empregar as expressões

$$P = \frac{1}{2}\frac{V_M^2}{R}$$

ou

$$P = \frac{1}{2} I_M^2 R$$

em que, mais uma vez, devemos cuidar para que, nessas equações, V_M e I_M representem a tensão e a corrente no resistor, respectivamente.

EXEMPLO 9.3

Para o circuito mostrado na **Fig. 9.4**, determine a potência média total absorvida e a potência média total fornecida.

SOLUÇÃO Da figura, vemos que

$$\mathbf{I}_1 = \frac{12\angle 45°}{4} = 3\angle 45° \text{ A}$$

$$\mathbf{I}_2 = \frac{12\angle 45°}{2 - j1} = \frac{12\angle 45°}{2{,}24\angle -26{,}57°} = 5{,}36\angle 71{,}57° \text{ A}$$

e, portanto,

$$\mathbf{I} = \mathbf{I}_1 + \mathbf{I}_2$$
$$= 3\angle 45° + 5{,}36\angle 71{,}57°$$
$$= 8{,}15\angle 62{,}10° \text{ A}$$

A potência média absorvida no resistor de 4 Ω é

$$P_4 = \frac{1}{2} V_M I_M = \frac{1}{2}(12)(3) = 18 \text{ W}$$

A potência média absorvida no resistor de 2 Ω é

$$P_2 = \frac{1}{2} I_M^2 R = \frac{1}{2}(5{,}34)^2(2) = 28{,}7 \text{ W}$$

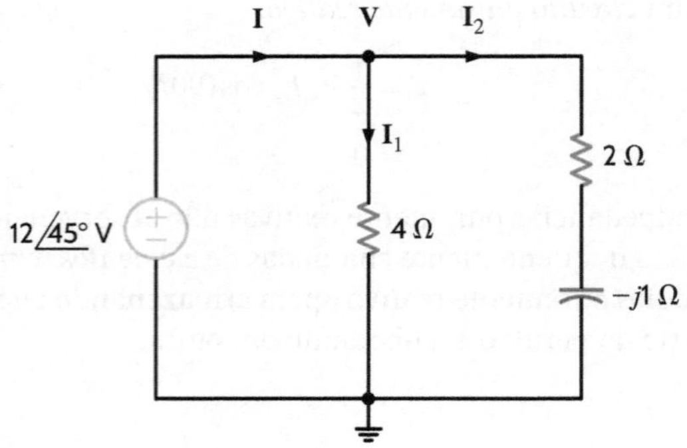

FIGURA 9.4 Circuito para ilustrar o balanço de potência.

Portanto, a potência média total absorvida é

$$P_A = 18 + 28{,}7 = 46{,}7 \text{ W}$$

Poderíamos ter calculado a potência absorvida no resistor de 2 Ω usando $1/2\ V_M^2/R$, se tivéssemos calculado primeiro a tensão no resistor de 2 Ω.

A potência média total fornecida pela fonte é

$$\begin{aligned} P_S &= \frac{1}{2} V_M I_M \cos(\theta_v - \theta_i) \\ &= \frac{1}{2}(12)(8{,}15)\cos(45° - 62{,}10°) \\ &= 46{,}7 \text{ W} \end{aligned}$$

A potência média total fornecida é, obviamente, igual à potência média total absorvida.

Avaliação da Aprendizagem

E9.1 Determine a potência média absorvida por cada resistor no circuito na Fig. E9.1.

Resposta:

$P_{2\Omega} = 7{,}20$ W; $P_{4\Omega} = 7{,}20$ W.

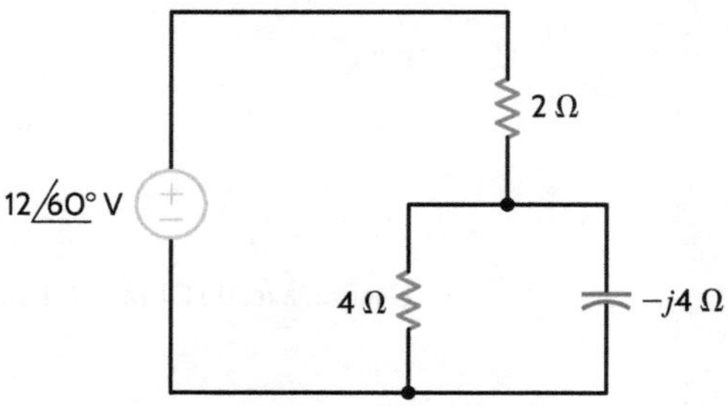

FIGURA E9.1

E9.2 Dado o circuito na Fig. E9.2, calcule a potência média absorvida por cada elemento passivo do circuito e a potência média total fornecida pela fonte de corrente.

Resposta:

$P_{3\Omega} = 56{,}60$ W;

$P_{4\Omega} = 33{,}96$ W;

$P_L = 0$; $P_{FC} = 90{,}50$ W.

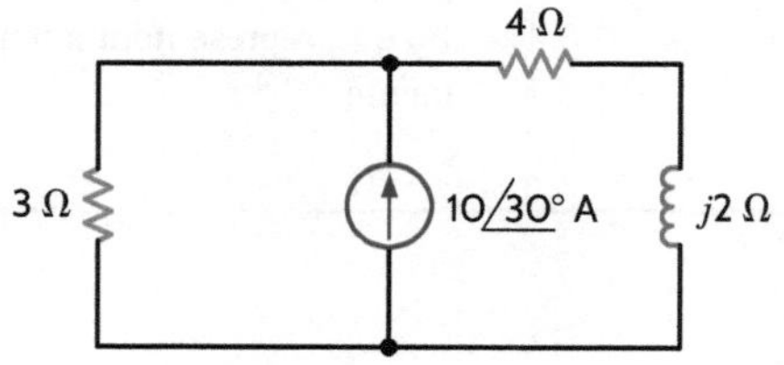

FIGURA E9.2

E9.3 Calcule a potência fornecida e a potência absorvida por cada elemento na Fig. E9.3.

Resposta:

$P_C = 0$ W; $P_L = 0$ W;

$P_{4\Omega} = 1{,}78$ W; $P_{2\Omega} = 2{,}22$ W;

$P_{FC} = -4$ W.

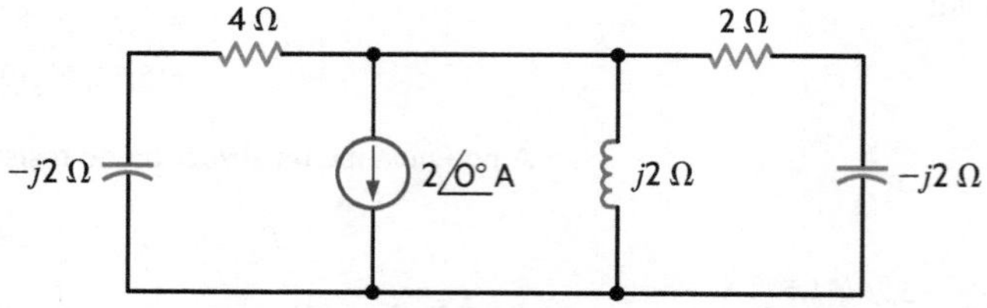

FIGURA E9.3

No cálculo da potência média, se mais de uma fonte estiver presente em um circuito, podemos usar qualquer uma das técnicas de análise de circuitos para determinar a tensão e/ou a corrente necessária. Entretanto, devemos lembrar que, em geral, não podemos aplicar a superposição em cálculos de potência (ver **DICA 9.3**).

DICA 9.3

A superposição não é aplicável em cálculos de potência. Por que não?

EXEMPLO 9.4

Considere o circuito mostrado na **Fig. 9.5**. Determine a potência média total absorvida e fornecida por cada elemento.

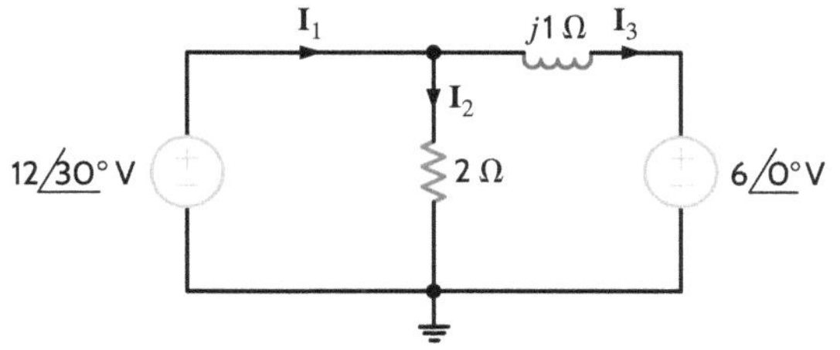

FIGURA 9.5 Circuito *RL* com duas fontes.

SOLUÇÃO Da figura, vemos que

$$\mathbf{I}_2 = \frac{12\angle 30°}{2} = 6\angle 30°\ \text{A}$$

e

$$\mathbf{I}_3 = \frac{12\angle 30° - 6\angle 0°}{j1} = \frac{4{,}39 + j6}{j1} = 7{,}44\angle -36{,}21°\ \text{A}$$

A potência absorvida pelo resistor de 2 Ω é

$$P_2 = \frac{1}{2}V_M I_M = \frac{1}{2}(12)(6) = 36\ \text{W}$$

Pela direção de $\mathbf{I}_3$, a fonte de $6\angle 0°$ V está absorvendo potência. A potência absorvida é dada por

$$\begin{aligned} P_{6\angle 0°} &= \frac{1}{2}V_M I_M \cos(\theta_v - \theta_i) \\ &= \frac{1}{2}(6)(7{,}44)\cos[0° - (-36{,}21°)] \\ &= 18\ \text{W} \end{aligned}$$

Neste ponto, surge uma pergunta óbvia: como sabemos se a fonte de $6\angle 0°$ V está fornecendo energia para o restante da rede ou absorvendo-a? A resposta a esta pergunta é realmente simples. Se empregarmos a convenção passiva de sinais adotada nos capítulos anteriores – isto é, se a direção de referência da corrente entra no terminal positivo da fonte e a resposta é positiva – a fonte está absorvendo energia (ver **DICA 9.4**). Se a resposta for negativa, a fonte está fornecendo energia para o restante do circuito. Uma convenção de sinais para geradores poderia ter sido usada e, nesta situação, a interpretação do sinal da resposta seria invertida. Uma vez que a convenção de sinais é adotada e usada, o sinal para a potência média será negativo somente se a diferença entre ângulos de fase for maior que 90° (ou seja, $|\theta_v - \theta_i| > 90°$).

DICA 9.4

Na seguinte condição:

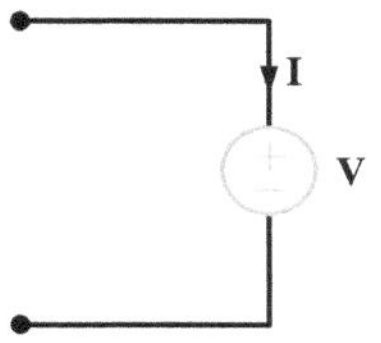

Se *P* = VI for positivo, potência está sendo absorvida.
Se *P* = VI for negativo, potência está sendo gerada.

Para obter a potência fornecida ao circuito, calculamos $\mathbf{I}_1$:

$$\begin{aligned} \mathbf{I}_1 &= \mathbf{I}_2 + \mathbf{I}_3 \\ &= 6\angle 30° + 7{,}44\angle -36{,}21° \\ &= 11{,}29\angle -7{,}10°\ \text{A} \end{aligned}$$

Portanto, a potência fornecida pela fonte de $12\angle 30°$ V usando a convenção de sinal para geradores é

$$\begin{aligned} P_S &= \frac{1}{2}(12)(11{,}29)\cos(30° + 7{,}10°) \\ &= 54\ \text{W} \end{aligned}$$

ou seja, a potência absorvida é igual à potência fornecida.

Avaliação da Aprendizagem

E9.4 Determine a potência média total absorvida e fornecida por cada elemento no circuito na Fig. E9.4.

Resposta:

$P_{FC} = -69{,}4$ W;
$P_{FT} = 19{,}8$ W;
$P_{4\Omega} = 49{,}6$ W; $P_C = 0$.

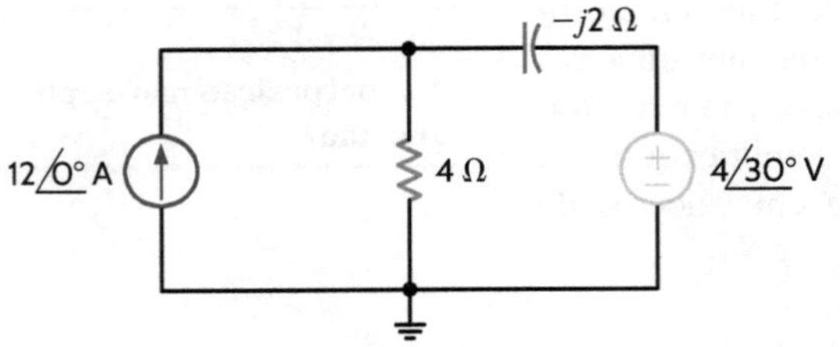

FIGURA E9.4

E9.5 Para o circuito na Fig. E9.5, determine a potência média total absorvida ou fornecida por cada elemento.

Resposta:
$P_{24\angle 0°} = -55{,}4$ W;
$P_{12\angle 0°} = 5{,}5$ W;
$P_{2\Omega} = 22{,}2$ W;
$P_{4\Omega} = 27{,}7$ W;
$P_L = 0$.

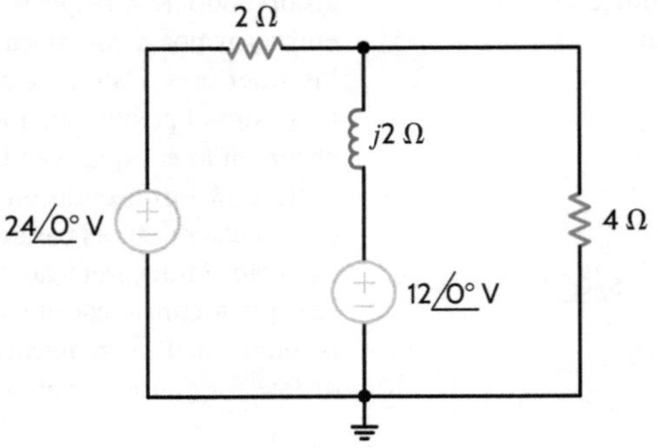

FIGURA E9.5

E9.6 Determine a potência média absorvida pelos resistores de 4 Ω e 3 Ω na Fig. E9.6.

Resposta:
$P_{4\Omega} = 9{,}86$ W;
$P_{3\Omega} = 0{,}91$ W.

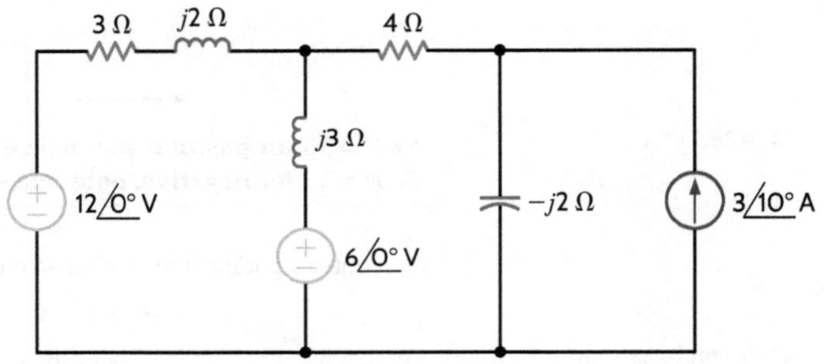

FIGURA E9.6

9.3 Máxima Transferência de Potência Média

No estudo de circuitos resistivos, abordamos o problema da máxima transferência de potência para uma carga resistiva. Mostramos que, se o circuito, excluindo a carga, fosse representado por um circuito equivalente de Thévenin, ocorreria máxima transferência de potência se o valor do resistor de carga fosse igual à resistência equivalente de Thévenin (ou seja, $R_L = R_{Th}$). Reexaminemos esta questão no contexto atual e, para o circuito mostrado na **Fig. 9.6**, determinemos a impedância de carga $\mathbf{Z}_L$ que permite absorção da máxima potência média (ver **DICA 9.5**).

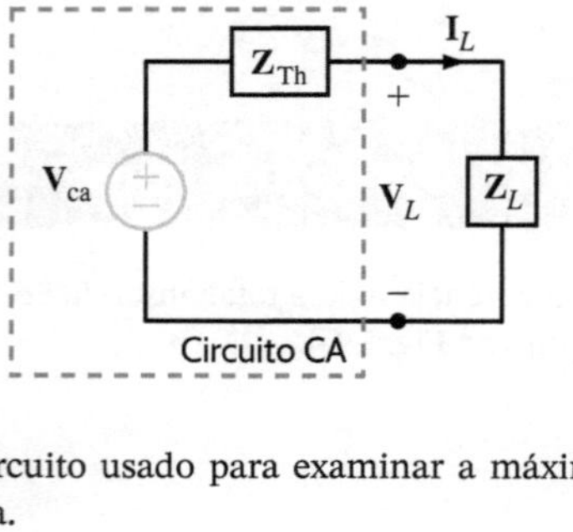

FIGURA 9.6 Circuito usado para examinar a máxima transferência de potência média.

DICA 9.5

Este conceito de casamento de impedância é uma importante questão no projeto de placas-mãe e chips de computador de alta velocidade. Para os atuais chips de alta velocidade, com clocks internos rodando em torno de 3 GHz e placas-mãe com velocidade de barramento acima de 1 GHz, o casamento de impedância é necessário para obter a requerida velocidade de propagação do sinal. Embora linhas de transmissão de alta velocidade sejam baseadas em circuitos distribuídos (discutidos posteriormente em cursos de Engenharia Elétrica), a técnica de casamento de impedância para tais linhas de transmissão é a mesma usada em circuitos de parâmetros concentrados para máxima transferência de potência média.

A equação para a potência média na carga é

$$P_L = \frac{1}{2} V_L I_L \cos(\theta_{v_L} - \theta_{i_L}) \quad 9.11$$

Os fasores de corrente e de tensão na carga são dados pelas expressões

$$\mathbf{I}_L = \frac{\mathbf{V}_{ca}}{\mathbf{Z}_{Th} + \mathbf{Z}_L} \quad 9.12$$

$$\mathbf{V}_L = \frac{\mathbf{V}_{ca}\mathbf{Z}_L}{\mathbf{Z}_{Th} + \mathbf{Z}_L} \quad 9.13$$

em que

$$\mathbf{Z}_{Th} = R_{Th} + jX_{Th} \quad 9.14$$

e

$$\mathbf{Z}_L = R_L + jX_L \quad 9.15$$

As magnitudes dos fasores de corrente e de tensão são dadas pelas expressões

$$I_L = \frac{V_{ca}}{[(R_{Th} + R_L)^2 + (X_{Th} + X_L)^2]^{1/2}} \quad 9.16$$

$$V_L = \frac{V_{ca}(R_L^2 + X_L^2)^{1/2}}{[(R_{Th} + R_L)^2 + (X_{Th} + X_L)^2]^{1/2}} \quad 9.17$$

Os ângulos de fase para os fasores de corrente e de tensão aparecem no termo $(\theta_{v_L} - \theta_{i_L})$. Note que $\theta_{v_L} - \theta_{i_L} = \theta_{\mathbf{Z}_L}$ e, além disso,

$$\cos \theta_{ZL} = \frac{R_L}{(R_L^2 + X_L^2)^{1/2}} \quad 9.18$$

Substituindo as Eqs. (9.16) a (9.18) na Eq. (9.11), obtemos

$$P_L = \frac{1}{2} \frac{V_{ca}^2 R_L}{(R_{Th} + R_L)^2 + (X_{Th} + X_L)^2} \quad 9.19$$

Este resultado poderia ser obtido diretamente da Eq. (9.16) usando $P_L = \frac{1}{2} I_L^2 R_L$. Novamente, um pouco de raciocínio pode nos poupar algum trabalho. Do ponto de vista da maximização de P_L, V_{ca} é uma constante. O termo $(X_{Th} + X_L)$ não absorve potência e, portanto, qualquer valor diferente de zero serve apenas para reduzir P_L. Assim, podemos eliminar este termo selecionando $X_L = -X_{Th}$. O problema, então, se reduz à maximização de

$$P_L = \frac{1}{2} \frac{V_{ca}^2 R_L}{(R_L + R_{Th})^2} \quad 9.20$$

Entretanto, esta é a mesma grandeza que maximizamos no caso puramente resistivo, quando selecionamos $R_L = R_{Th}$. Assim, para máxima transferência de potência média para a carga mostrada na Fig. 9.6, $\mathbf{Z}_L$ deve ser escolhido de modo que

$$\mathbf{Z}_L = R_L + jX_L = R_{Th} - jX_{Th} = \mathbf{Z}_{Th}^* \quad 9.21$$

Por fim, se a impedância de carga for puramente resistiva (ou seja, $X_L = 0$), a condição para máxima transferência de potência média pode ser obtida da expressão

$$\frac{dP_L}{dR_L} = 0$$

em que P_L é a expressão na Eq. (9.19) com $X_L = 0$. *O valor de R_L que maximiza P_L sob a condição $X_L = 0$ é*

$$R_L = \sqrt{R_{Th}^2 + X_{Th}^2} \quad 9.22$$

Estratégia para a Solução de Problemas

Máxima Transferência de Potência Média

PASSO 1 Remover a carga $\mathbf{Z}_L$ e determinar o equivalente de Thévenin para o restante do circuito.

PASSO 2 Montar o circuito mostrado na Fig. 9.6.

PASSO 3 Selecionar $\mathbf{Z}_L = \mathbf{Z}_{Th}^* = R_{Th} - jX_{Th}$ e, então, $\mathbf{I}_L = \mathbf{V}_{ca}/2R_{Th}$ e a máxima transferência de potência média $= \frac{1}{2}\mathbf{I}_L^2 R_{Th} = \mathbf{V}_{ca}^2/8R_{Th}$.

EXEMPLO 9.5

Dado o circuito na **Fig. 9.7a**, determine o valor de $\mathbf{Z}_L$ para a máxima transferência de potência média. Além disso, calcule o valor da máxima potência média entregue à carga (ver **DICA 9.6**).

DICA 9.6

Na análise de Thévenin:

1. **Remover $\mathbf{Z}_L$ e calcular a tensão nos terminais abertos, $\mathbf{V}_{ca}$.**
2. **Determinar a impedância $\mathbf{Z}_{Th}$ nos terminais abertos, com todas as fontes independentes desativadas.**
3. **Montar o circuito a seguir e determinar I e P_L:**

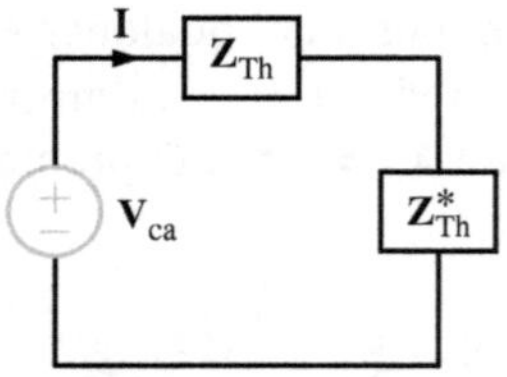

SOLUÇÃO Para resolver o problema, formamos um equivalente de Thévenin na carga. O circuito na **Fig. 9.7b** é usado para calcular a tensão de circuito aberto

$$\mathbf{V}_{ca} = \frac{4\angle 0°(2)}{6 + j1}(4) = 5{,}26\angle -9{,}46° \text{ V}$$

A impedância equivalente de Thévenin pode ser obtida do circuito na **Fig. 9.7c**. Como mostrado nesta figura,

$$\mathbf{Z}_{Th} = \frac{4(2 + j1)}{6 + j1} = 1{,}41 + j0{,}43\ \Omega$$

Portanto, o valor de $\mathbf{Z}_L$ para máxima transferência de potência média é

$$\mathbf{Z}_L = 1{,}41 - j0{,}43\ \Omega$$

Conhecido o valor $\mathbf{Z}_L$, a corrente na carga é calculada como

$$\mathbf{I} = \frac{5{,}26\angle -9{,}46°}{2{,}82} = 1{,}87\angle -9{,}46° \text{ A}$$

Portanto, a máxima potência média transferida para a carga é

$$P_L = \frac{1}{2} I_M^2 R_L = \frac{1}{2}(1{,}87)^2(1{,}41) = 2{,}47 \text{ W}$$

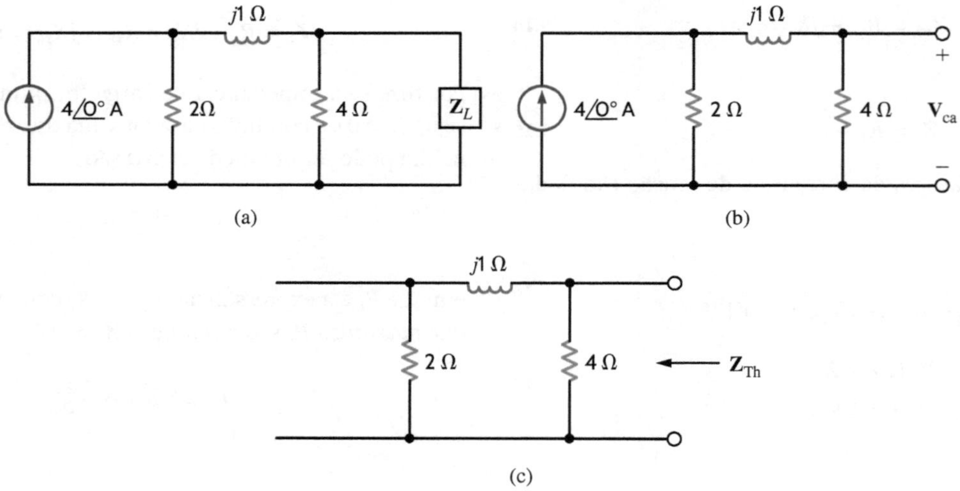

FIGURA 9.7 Circuitos para ilustrar a máxima transferência de potência média.

EXEMPLO 9.6

Para o circuito mostrado na **Fig. 9.8a**, calcule o valor de $\mathbf{Z}_L$ para a máxima transferência de potência média. Calcule, ainda, o valor da máxima potência média entregue à carga.

SOLUÇÃO Primeiro, reduzamos o circuito, com exceção da carga, a um circuito equivalente de Thévenin (ver **DICA 9.7**). A tensão de circuito aberto pode ser calculada a partir da **Fig. 9.8b**. As equações para o circuito são

$$\mathbf{V}'_x + 4 = (2 + j4)\mathbf{I}_1$$
$$\mathbf{V}'_x = -2\mathbf{I}_1$$

DICA 9.7

Quando há uma fonte dependente, $\mathbf{V}_{ca}$ e $\mathbf{I}_{cc}$ devem ser determinados, e $\mathbf{Z}_{Th}$ calculado da equação

$$\mathbf{Z}_{Th} = \frac{\mathbf{V}_{ca}}{\mathbf{I}_{cc}}$$

Resolvendo para $\mathbf{I}_1$, obtemos

$$\mathbf{I}_1 = \frac{1\underline{/-45^\circ}}{\sqrt{2}}$$

A tensão de circuito aberto é, então, calculada como

$$\begin{aligned}\mathbf{V}_{ca} &= 2\mathbf{I}_1 - 4\underline{/0^\circ}\\ &= \sqrt{2}\,\underline{/-45^\circ} - 4\underline{/0^\circ}\\ &= -3 - j1\\ &= +3{,}16\underline{/-161{,}57^\circ}\text{ V}\end{aligned}$$

A corrente de curto-circuito pode ser calculada da **Fig. 9.8c**. As equações para este circuito são

$$\begin{aligned}\mathbf{V}''_x + 4 &= (2 + j4)\mathbf{I} - 2\mathbf{I}_{cc}\\ -4 &= -2\mathbf{I} + (2 - j2)\mathbf{I}_{cc}\\ \mathbf{V}''_x &= -2(\mathbf{I} - \mathbf{I}_{cc})\end{aligned}$$

Resolvendo essas equações para $\mathbf{I}_{cc}$, temos

$$\mathbf{I}_{cc} = -(1 + j2)\text{ A}$$

A impedância equivalente de Thévenin é, então, calculada como:

$$\mathbf{Z}_{Th} = \frac{\mathbf{V}_{ca}}{\mathbf{I}_{cc}} = \frac{3 + j1}{1 + j2} = 1 - j1\ \Omega$$

Portanto, para máxima transferência de potência média, a impedância de carga deve ser

$$\mathbf{Z}_L = 1 + j1\ \Omega$$

A corrente nesta carga $\mathbf{Z}_L$ é:

$$\mathbf{I}_L = \frac{\mathbf{V}_{ca}}{\mathbf{Z}_{Th} + \mathbf{Z}_L} = \frac{-3 - j1}{2} = 1{,}58\underline{/-161{,}57^\circ}\text{ A}$$

Por fim, a máxima potência média transferida para a carga é

$$\begin{aligned}P_L &= \frac{1}{2}(1{,}58)^2(1)\\ &= 1{,}25\text{ W}\end{aligned}$$

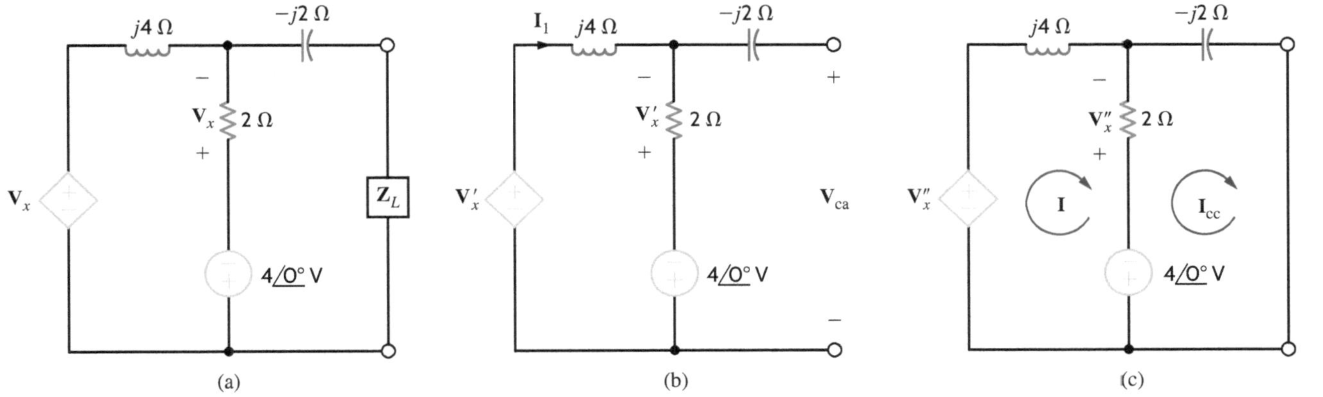

FIGURA 9.8 Circuitos para ilustrar a máxima transferência de potência média.

Avaliação da Aprendizagem

E9.7 Para o circuito na Fig. E9.7, determine $\mathbf{Z}_L$ para a máxima transferência de potência média e a máxima potência média transferida para a carga.

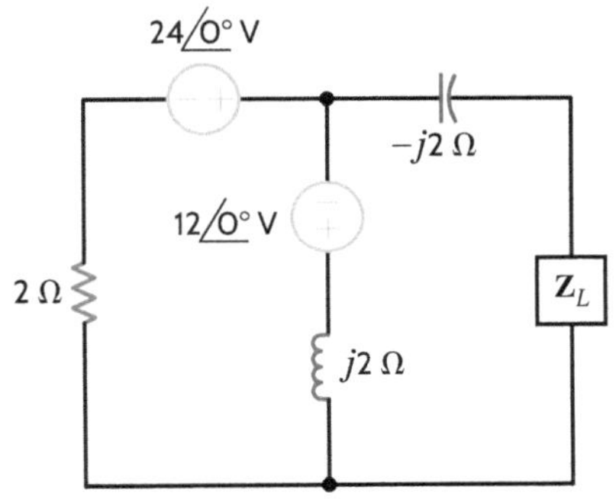

FIGURA E9.7

Resposta:

$\mathbf{Z}_L = 1 + j1\ \Omega$;
$P_L = 45$ W.

E9.8 Determine Z_L para a máxima transferência de potência média e a máxima potência média transferida para a carga no circuito na Fig. E9.8.

Resposta:
$\mathbf{Z}_L = 2 - j2\ \Omega$;
$P_L = 45$ W.

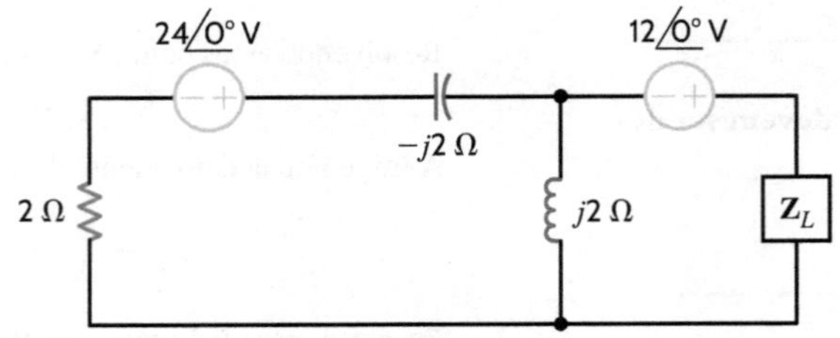

FIGURA E9.8

E9.9 Determine Z_L para máxima transferência de potência média e o valor da máxima potência média transferida para Z_L na Fig. E9.9.

Resposta:
$\mathbf{Z}_L = 4{,}79 - j1{,}68\ \Omega$;
$P_L = 14{,}26$ W.

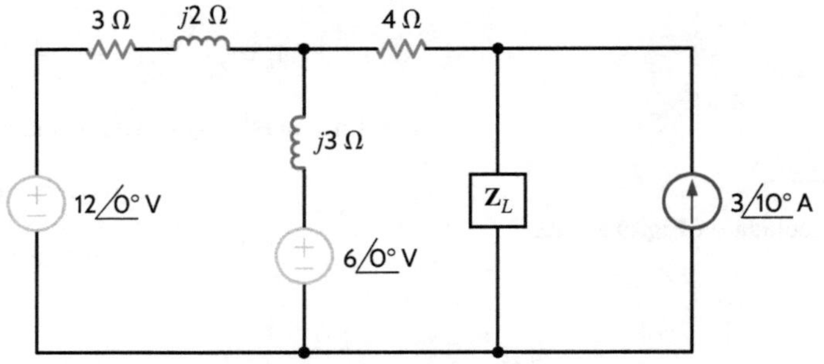

FIGURA E9.9

E9.10 Determine $\mathbf{Z}_L$ para máxima transferência de potência média e o valor da máxima potência média transferida para $\mathbf{Z}_L$ na Fig. E9.10.

Resposta:
$\mathbf{Z}_L = 5{,}67 - j2{,}2\ \Omega$;
$P_L = 9{,}29$ W.

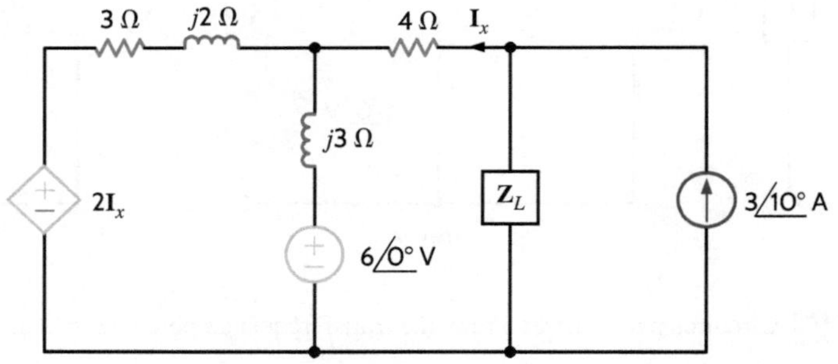

FIGURA E9.10

9.4 Valores Eficazes ou rms

Nas seções anteriores deste capítulo, mostramos que a potência média absorvida por uma carga resistiva depende diretamente do(s) tipo(s) de fontes que fornecem potência à carga. Por exemplo, com uma fonte CC, a potência média absorvida é I^2R; com uma fonte senoidal, a potência média é $1/2\ I_M^2 R$. Embora esses dois tipos de formas de onda sejam extremamente importantes, não são, de maneira alguma, os únicos que encontraremos na análise de circuitos. Portanto, uma técnica que nos permitisse comparar a *eficiência* de diferentes fontes no fornecimento de potência a uma carga resistiva seria bastante útil.

Para realizar tal comparação, definimos o *valor eficaz de uma forma de onda periódica* que representa tensão ou corrente. Embora tensão ou corrente possa ser usada na definição desse parâmetro, empregaremos a corrente. Assim, definimos o valor eficaz de uma corrente periódica como um valor constante ou CC de uma corrente que forneceria a mesma potência média a um resistor R. Representaremos essa corrente constante por I_{ef}. A potência média que essa corrente forneceria a um resistor é dada por:

$$P = I_{ef}^2 R$$

De modo similar, a potência média fornecida a um resistor por uma corrente periódica $i(t)$ é

$$P = \frac{1}{T}\int_{t_0}^{t_0+T} i^2(t)R\, dt$$

Igualando essas duas expressões, temos

$$I_{ef} = \sqrt{\frac{1}{T}\int_{t_0}^{t_0+T} i^2(t)\,dt} \qquad \textbf{9.23}$$

Para calcular o valor eficaz, primeiro, determinamos o *quadrado* da corrente, o valor *médio* e, por fim, extraímos a *raiz* quadrada. Com a Eq. (9.23), calculamos a raiz do valor quadrático médio (também referido como valor médio quadrático), que abreviaremos como rms (*root mean square)* e, portanto, representaremos I_{ef} como I_{rms}.

Como um sinal CC é uma constante, o valor eficaz CC é simplesmente o valor constante. Determinemos, agora, o valor rms de outras formas de onda. A forma de onda mais importante é a senoidal, tema do exemplo a seguir.

EXEMPLO 9.7

Calcule o valor rms da forma de onda $i(t) = I_M \cos(\omega t - \theta)$, que tem um período de $T = 2\pi/\omega$.

SOLUÇÃO Substituindo essas expressões na Eq. (9.23), temos

$$I_{rms} = \left[\frac{1}{T}\int_0^T I_M^2 \cos^2(\omega t - \theta)\,dt\right]^{1/2}$$

Usando a identidade trigonométrica

$$\cos^2\phi = \frac{1}{2} + \frac{1}{2}\cos 2\phi$$

vemos que a equação anterior pode ser expressa como

$$I_{rms} = I_M\left\{\frac{\omega}{2\pi}\int_0^{2\pi/\omega}\left[\frac{1}{2} + \frac{1}{2}\cos(2\omega t - 2\theta)\right]dt\right\}^{1/2}$$

Como sabemos que o valor médio de uma onda cosseno é zero,

$$I_{rms} = I_M\left(\frac{\omega}{2\pi}\int_0^{2\pi/\omega}\frac{1}{2}\,dt\right)^{1/2}$$

$$= I_M\left[\frac{\omega}{2\pi}\left(\frac{t}{2}\right)\Bigg|_0^{2\pi/\omega}\right]^{1/2} = \frac{I_M}{\sqrt{2}} \qquad \textbf{9.24}$$

Portanto, o valor eficaz de uma senoide é igual a seu valor máximo dividido por $\sqrt{2}$. Assim, uma corrente senoidal com um valor máximo I_M fornece a mesma potência média a um resistor R que uma corrente CC com um valor $I_M/\sqrt{2}$. Recordemos que, para uma onda senoidal da forma $X_M\cos(\omega t + \theta)$, definimos um fasor **X** como $X_M\angle\theta$. Este fasor também pode ser representado como $X_M/\sqrt{2}\angle\theta$ se as unidades forem dadas em rms. Por exemplo, $120\angle 30°$ V rms é equivalente a $170\angle 30°$ V.

Empregando valores rms para tensão e corrente, a potência média pode, em geral, ser escrita como

$$P = V_{rms}I_{rms}\cos(\theta_v - \theta_i) \qquad \textbf{9.25}$$

E a potência absorvida por um resistor R, como

$$P = I_{rms}^2 R = \frac{V_{rms}^2}{R} \qquad \textbf{9.26}$$

Em aplicações elétricas, é importante saber se os valores citados para tensões e correntes são valores máximos, médios, rms ou outra coisa. Estamos familiarizados com as tomadas elétricas de 120 V CA em nossa residência. Neste caso, 120 V é o valor rms da tensão. O valor máximo ou valor de pico dessa tensão é $120\sqrt{2} = 170$ V. Portanto, a tensão em tomadas elétricas residenciais pode ser escrita como 170 cos 377t V. O valor máximo ou de pico deve ser dado quando a tensão é escrita nesta forma. Não deve restar dúvida de que este é o valor de pico. É prática comum especificar a tensão nominal de dispositivos elétricos CA em termos da tensão rms. Por exemplo, as especificações de lâmpadas incandescentes indicam uma tensão nominal de 120 V, que é o valor rms. Para indicar que valores rms são usados nos cálculos, adicionaremos um rms às tensões e correntes.

EXEMPLO 9.8

Determine o valor rms da forma de onda de corrente na **Fig. 9.9** e use esse valor para calcular a potência média fornecida a um resistor de 2 Ω pelo qual flui esta corrente.

SOLUÇÃO A forma de onda da corrente é periódica, com período $T = 4$ s. O valor rms é

$$I_{rms} = \left\{\frac{1}{4}\left[\int_0^2 (4)^2\,dt + \int_2^4 (-4)^2\,dt\right]\right\}^{1/2}$$

$$= \left[\frac{1}{4}\left(16t\Big|_0^2 + 16t\Big|_2^4\right)\right]^{1/2}$$

$$= 4\text{ A}$$

A potência média fornecida a um resistor de 2 Ω com esta corrente é

$$P = I_{rms}^2 R = (4)^2(2) = 32\text{ W}$$

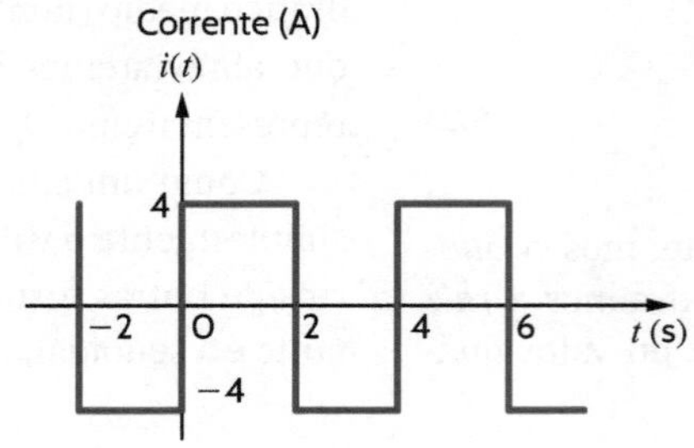

FIGURA 9.9 Forma de onda usada para ilustrar o valor rms.

EXEMPLO 9.9

Calcule o valor rms da forma de onda de tensão mostrada na **Fig. 9.10**.

SOLUÇÃO A forma de onda é periódica, com período $T = 3$ s. A equação para a tensão no intervalo de tempo $0 \leq t \leq 3$ s é

$$v(t) = \begin{cases} 4t \text{ V} & 0 < t \leq 1 \text{ s} \\ 0 \text{ V} & 1 < t \leq 2 \text{ s} \\ -4t + 8 \text{ V} & 2 < t \leq 3 \text{ s} \end{cases}$$

O valor rms é

$$V_{\text{rms}} = \left\{ \frac{1}{3} \left[\int_0^1 (4t)^2\, dt + \int_1^2 (0)^2\, dt + \int_2^3 (8 - 4t)^2\, dt \right] \right\}^{1/2}$$

$$= \left[\frac{1}{3} \left(\frac{16t^3}{3} \bigg|_0^1 + \left(64t - \frac{64t^2}{2} + \frac{16t^3}{3} \right) \bigg|_2^3 \right) \right]^{1/2}$$

$$= 1{,}89 \text{ V}$$

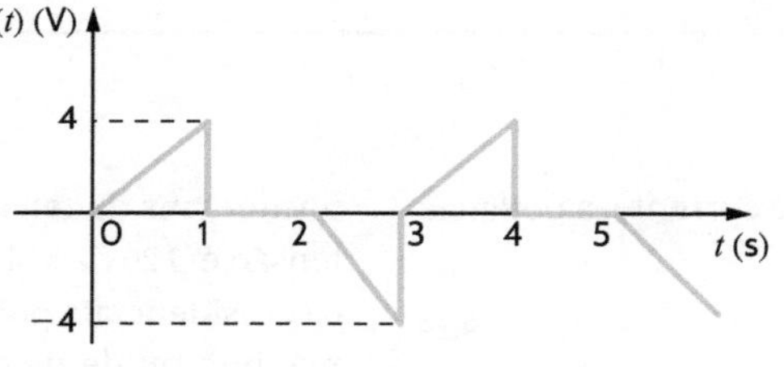

FIGURA 9.10 Forma de onda usada para ilustrar o valor rms.

Avaliação da Aprendizagem

E9.11 A forma de onda de corrente na Fig. E9.11 flui por um resistor de 4 Ω. Calcule a potência média fornecida ao resistor.

Resposta:
$P = 32$ W.

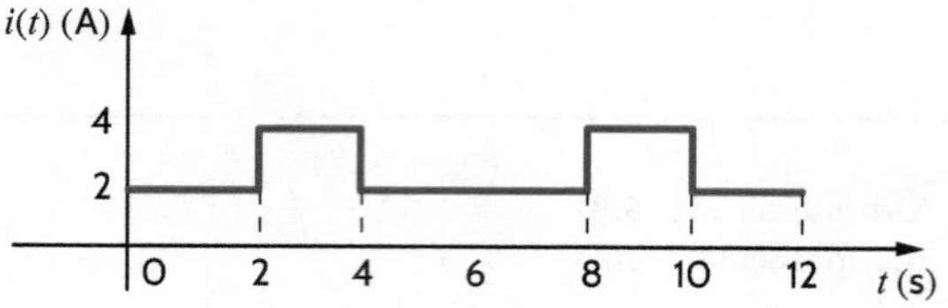

FIGURA E9.11

E9.12 A forma de onda de corrente na Fig. E9.12 flui por um resistor de 10 Ω. Determine a potência média fornecida ao resistor.

Resposta:
$P = 80$ W.

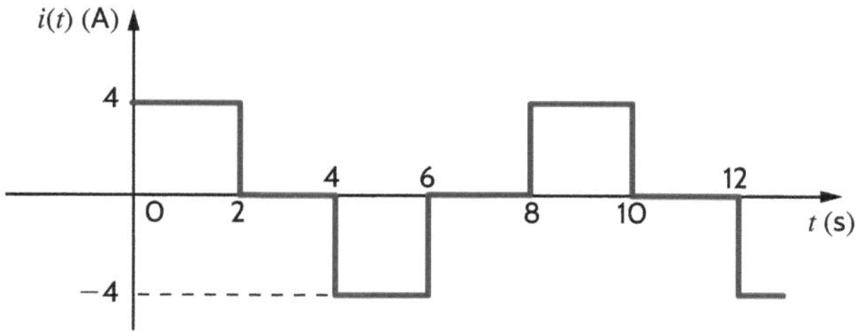

FIGURA E9.12

E9.13 A tensão em um resistor de 2 Ω é dada pela forma de onda na Fig. E9.13. Calcule a potência média absorvida pelo resistor.

Resposta:
$P = 38{,}22$ W.

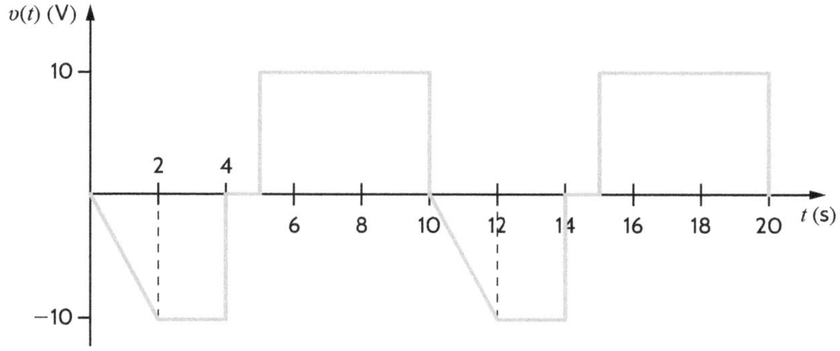

FIGURA E9.13

E9.14 Calcule o valor rms da forma de onda de tensão mostrada na Fig. E9.14.

Resposta:
$V_{rms} = 1{,}633$ V.

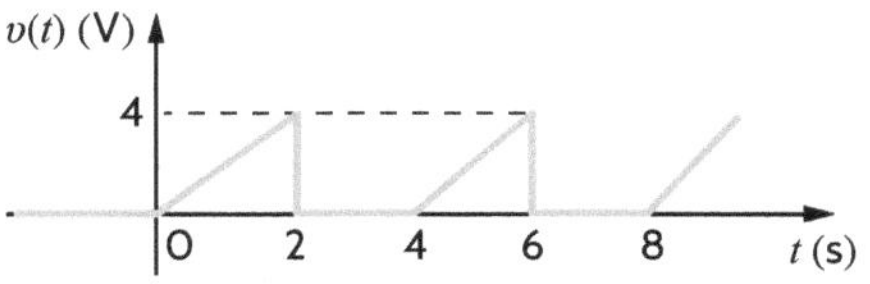

FIGURA E9.14

9.5 Fator de Potência

Fator de potência é uma grandeza muito importante, em parte, em função de seu impacto econômico sobre usuários industriais que demandam muita potência. Nesta seção, definimos esse termo cuidadosamente e, em seguida, ilustramos seu significado por meio de alguns exemplos práticos.

Na Seção 9.4, mostramos que, operando em regime permanente CA, uma carga fornece uma potência média de

$$P = V_{rms} I_{rms} \cos(\theta_v - \theta_i)$$

Vamos definir, agora, os termos nesta importante equação de forma mais detalhada. O produto $V_{rms}I_{rms}$ é referido como *potência aparente*. Embora o termo $\cos(\theta_v - \theta_i)$ seja uma quantidade adimensional e a unidade de P seja watt, a potência aparente é normalmente expressa em volt-ampère (VA) ou kilovolt-ampère[1] (kVA) para distingui-la da potência média.

Agora, definimos o *fator de potência* (FP) como a razão entre a potência média e a potência aparente:

$$\text{FP} = \frac{P}{V_{rms} I_{rms}} = \cos(\theta_v - \theta_i) \qquad \textbf{9.27}$$

em que

$$\cos(\theta_v - \theta_i) = \cos\theta_{\mathbf{Z}_L} \qquad \textbf{9.28}$$

O ângulo $\theta_v - \theta_i = \cos\theta_{\mathbf{Z}_L}$ é o ângulo de fase da impedância de carga, comumente referido como *ângulo do fator de potência*. Os dois valores extremos para este ângulo estão associados a

[1]N. T.: A grafia *quilovolt* também é permitida; veja o *site* do INMETRO: https://www.gov.br/inmetro/pt-br/centrais-de-conteudo/publicacoes/documentos-tecnicos-em-metrologia/quadro-geral-de-unidades-de-medida-no-brasil.pdf/view.

uma carga puramente resistiva, para a qual e $\theta_{\mathbf{Z}_L} = 0$ e FP = 1, e uma carga puramente reativa, para a qual $\theta_{\mathbf{Z}_L} = \pm 90°$ e FP = 0. É possível obter um FP unitário para uma carga que contenha elementos *R*, *L* e *C* se os valores dos elementos do circuito forem tais que um ângulo de fase zero seja obtido na dada frequência de operação.

O ângulo do fator de potência pode, obviamente, assumir valores em toda a faixa entre ±90° e 0°. Se a carga for uma combinação *RC* equivalente, o ângulo do FP estará entre os limites $-90° < \theta_{\mathbf{Z}_L} < 0°$. Se a carga for uma combinação *RL* equivalente, o ângulo do FP estará entre os limites $0 < \theta_{\mathbf{Z}_L} < 90°$. É possível haver confusão na identificação do tipo de carga, pelo fato de que $\cos\theta_{\mathbf{Z}_L} = \cos(-\theta_{\mathbf{Z}_L})$. Para contornar esse problema, dizemos que FP está *adiantado* ou *atrasado*, sendo que esses dois termos se referem à *fase da corrente com relação à da tensão*. Como a corrente está adiantada com relação à tensão em uma carga *RC*, a carga tem um FP adiantado. De maneira semelhante, uma carga *RL* tem um FP atrasado; portanto, impedâncias de carga de $\mathbf{Z}_L = 1 - j1\ \Omega$ e $\mathbf{Z}_L = 2 + j1\ \Omega$ têm fatores de potência de cos (–45°) = 0,707 adiantado e cos (26,57°) = 0,894 atrasado, respectivamente.

EXEMPLO 9.10

Uma carga industrial consome 88 kW de uma linha de 480 V rms com um FP de 0,707 atrasado. A resistência da linha de transmissão entre o transformador da empresa de energia elétrica e a usina (carga) é de 0,08 Ω. Determinemos a potência que deve ser fornecida pela empresa de energia elétrica (a) nas condições dadas e (b) se o FP for, de alguma forma, alterado para 0,90 atrasado. (É economicamente vantajoso ter um fator de potência o mais próximo possível da unidade.)

SOLUÇÃO

a. O circuito equivalente para essas condições é mostrado na **Fig. 9.11** (ver **DICA 9.8**). Usando a Eq. (9.27), calculamos a magnitude da corrente rms na usina como:

DICA 9.8

Técnica

1. **Dados P_L, FP e V_{rms}, determinar I_{rms}.**
2. **Com isso, $P_F = P_L + I^2_{rms} R_{linha}$, em que R_{linha} é a resistência da linha de transmissão.**

$$I_{rms} = \frac{P_L}{(\text{FP})(V_{rms})} = \frac{(88)(10^3)}{(0{,}707)(480)} = 259{,}3 \text{ A rms}$$

A energia que deve ser fornecida pela empresa de energia elétrica é

$$\begin{aligned} P_F &= P_L + (0{,}08)I^2_{rms} \\ &= 88.000 + (0{,}08)(259{,}3)^2 \\ &= 93{,}38 \text{ kW} \end{aligned}$$

b. Admitindo que o FP seja, de alguma forma, alterado para 0,90 atrasado, mantendo a tensão constante em 480 V. Nestas condições, a corrente rms na carga é

$$I_{rms} = \frac{P_L}{(\text{FP})(V_{rms})} = \frac{(88)(10^3)}{(0{,}90)(480)} = 203{,}7 \text{ A rms}$$

e a empresa de energia elétrica deve gerar

$$\begin{aligned} P_F &= P_L + (0{,}08)I^2_{rms} \\ &= 88.000 + (0{,}08)(203{,}7)^2 \\ &= 91{,}32 \text{ kW} \end{aligned}$$

Observe a diferença entre os dois casos. Uma simples mudança no FP da carga de 0,707 atrasado para 0,90 atrasado teve um efeito interessante. No primeiro caso, a empresa de energia elétrica deve gerar 93,38 kW para suprir a usina com 88 kW de potência, pois o baixo fator de potência indica que as perdas na linha de transmissão serão altas – 5,38 kW. No entanto, no segundo caso, a empresa de energia elétrica precisa gerar apenas 91,32 kW para fornecer a necessária energia à usina, e as correspondentes perdas de linha de transmissão são de apenas 3,32 kW.

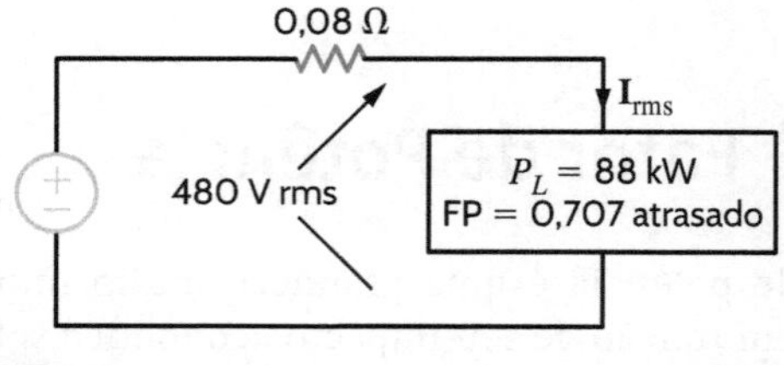

FIGURA 9.11 Exemplo de circuito para analisar mudanças no fator de potência.

O Exemplo 9.10 deixa bem evidente o impacto econômico do fator de potência da carga. O custo de produção de eletricidade em uma grande concessionária de energia elétrica pode facilmente chegar a bilhões de reais. Um baixo fator de potência na carga significa que os geradores da concessionária devem ser capazes de transportar mais corrente em tensão constante e, também, de fornecer potência para compensar perdas na linha de transmissão $I^2_{rms} R_{linha}$ maiores do que seriam se o fator de potência da carga fosse alto. Como as perdas na linha representam energia gasta em calor e não beneficiam ninguém, a concessionária insistirá que a usina (carga) mantenha um FP alto, normalmente 0,9 atrasado, e ajuste a taxa que cobra de um cliente que não esteja em conformidade com tal requisito. Em uma seção mais adiante, demonstraremos uma técnica simples e econômica para obter essa correção do fator de potência.

Avaliação da Aprendizagem

E9.15 Uma carga industrial consome 100 kW com FP 0,707 atrasado. Na carga, a tensão na linha de transmissão de 60 Hz é de 480 $\underline{/0°}$ V rms. A resistência da linha de transmissão entre o transformador da concessionária e a carga é de 0,1 Ω. Determine a economia de potência que pode ser obtida se o FP for alterado para 0,94 atrasado.

Resposta:

A potência economizada é de 3,771 kW.

9.6 Potência Complexa

No estudo de potência em regime permanente CA, é conveniente introduzirmos uma outra grandeza, comumente chamada de *potência complexa*. Para obter a relação entre esta grandeza e outras apresentadas em seções anteriores, consideremos o circuito mostrado na **Fig. 9.12**.

A potência complexa é definida como

$$\mathbf{S} = \mathbf{V}_{rms}\mathbf{I}^*_{rms} \qquad \textbf{9.29}$$

em que $\mathbf{I}^*_{rms}$ se refere ao complexo conjugado de $\mathbf{I}_{rms}$. Se $\mathbf{I}_{rms} = I_{rms}\underline{/\theta_i} = I_R + jI_I$, $\mathbf{I}^*_{rms} = I_{rms}\underline{/-\theta_i} = I_R - jI_I$. A potência complexa é dada por:

$$\mathbf{S} = V_{rms}\underline{/\theta_v}\, I_{rms}\underline{/-\theta_i} = V_{rms}I_{rms}\underline{/\theta_v - \theta_i} \qquad \textbf{9.30}$$

ou

$$\mathbf{S} = V_{rms}I_{rms}\cos(\theta_v - \theta_i) + jV_{rms}I_{rms}\,\mathrm{sen}(\theta_v - \theta_i) \qquad \textbf{9.31}$$

em que $\theta_v - \theta_i = \theta_Z$. Notamos da Eq. (9.31) que a parte real da potência complexa é simplesmente a *potência real* ou *potência média*. A parte imaginária de **S** é denominada *potência reativa* ou *de quadratura*. Portanto, a potência complexa pode ser expressa na forma

$$\mathbf{S} = P + jQ \qquad \textbf{9.32}$$

em que

$$P = \mathrm{Re}(\mathbf{S}) = V_{rms}I_{rms}\cos(\theta_v - \theta_i) \qquad \textbf{9.33}$$

$$Q = \mathrm{Im}(\mathbf{S}) = V_{rms}I_{rms}\,\mathrm{sen}(\theta_v - \theta_i) \qquad \textbf{9.34}$$

Como dado na Eq. (9.31), a magnitude da potência complexa é o que anteriormente chamamos de *potência aparente*, e o ângulo de fase da potência complexa é simplesmente o ângulo do fator de potência. A potência complexa, assim como a potência aparente, é medida em volt-ampère, e a potência real, em watt. Para evitar confusão com outras grandezas dadas na mesma unidade, Q é medida em volt-ampère reativo, ou var.

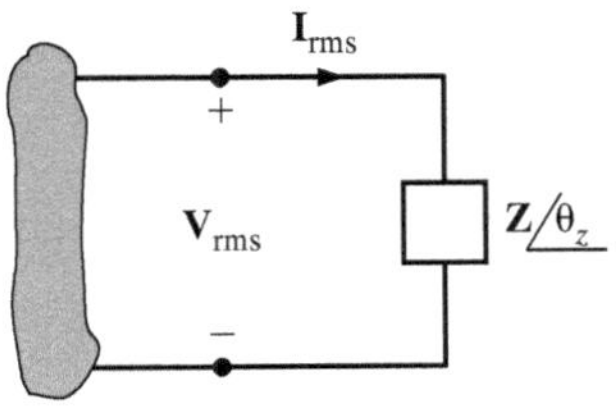

FIGURA 9.12 Circuito utilizado para explicar relações de potência.

Examinemos, agora, mais detalhadamente as expressões nas Eqs. (9.33) e (9.34) para os três elementos básicos de circuito: R, L e C. Para um resistor, $\theta_v - \theta_i = 0°$, $\cos(\theta_v - \theta_i) = 1$, e $\mathrm{sen}(\theta_v - \theta_i) = 0$. Em consequência, um resistor absorve potência real ($P > 0$), mas não absorve nenhuma potência reativa ($Q = 0$). Para um indutor, $\theta_v - \theta_i = 90°$ e

$$P = V_{rms}I_{rms}\cos(90°) = 0$$
$$Q = V_{rms}I_{rms}\,\mathrm{sen}(90°) > 0$$

Um indutor absorve potência reativa, mas não absorve potência real. Repetindo para um capacitor, obtemos $\theta_v - \theta_i = -90°$ e

$$P = V_{rms}I_{rms}\cos(-90°) = 0$$
$$Q = V_{rms}I_{rms}\,\mathrm{sen}(-90°) < 0$$

Um capacitor não absorve potência real; no entanto, a potência reativa, agora, é negativa. Como interpretamos uma potência reativa negativa? Olhando a Fig. 9.12, vemos que a tensão e a corrente são especificadas de modo que satisfaçam à convenção passiva de sinais. Neste caso, o produto da tensão pela corrente nos dá a potência absorvida pela impedância. Se a potência reativa absorvida pelo capacitor for negativa, então o capacitor deve estar fornecendo potência reativa. O fato de capacitores serem uma fonte de potência reativa será utilizado na próxima seção, quando trataremos da correção do fator de potência.

Vemos que resistores absorvem apenas potência real, enquanto indutores e capacitores absorvem apenas potência reativa. Qual é a diferença fundamental entre esses elementos? Resistores apenas absorvem potência. Por outro lado, capacitores e indutores armazenam energia e podem, então, devolvê-la ao circuito. Como indutores e capacitores absorvem apenas potência reativa, e não potência real, concluímos que a potência reativa está associada ao armazenamento de energia nesses elementos.

Vamos substituir, agora, $\mathbf{V}_{rms} = \mathbf{I}_{rms} * \mathbf{Z}$ na Eq. (9.29). Multiplicando $\mathbf{I}_{rms} * \mathbf{I}^*_{rms} = I_{rms}\underline{/\theta_i} * I_{rms}\underline{/-\theta_i}$, obtemos I^2_{rms}. A potência complexa absorvida por uma impedância pode, então, ser obtida multiplicando o quadrado da magnitude rms da corrente pela impedância.

$$\begin{aligned}\mathbf{S} &= \mathbf{V}_{rms}\mathbf{I}^*_{rms} = (\mathbf{I}_{rms}\mathbf{Z})\mathbf{I}^*_{rms} = \mathbf{I}_{rms}\mathbf{I}^*_{rms}\mathbf{Z} = I^2_{rms}\mathbf{Z} \\ &= I^2_{rms}(R + jX) = P + jQ\end{aligned} \qquad \textbf{9.35}$$

Em vez de substituir $\mathbf{V}_{rms}$ na Eq. (9.29), vamos substituir $\mathbf{I}_{rms}$:

$$\mathbf{S} = \mathbf{V}_{rms}\mathbf{I}^*_{rms} = \mathbf{V}_{rms}\left(\frac{\mathbf{V}_{rms}}{\mathbf{Z}}\right)^* = \frac{V^2_{rms}}{\mathbf{Z}^*} = V^2_{rms}\mathbf{Y}^*$$
$$= V^2_{rms}(G + jB)^* = P + jQ \qquad \textbf{9.36}$$

Essa expressão mostra que podemos calcular a potência complexa absorvida por uma admitância multiplicando o quadrado da magnitude rms da tensão na admitância pelo conjugado da admitância. Admitamos que a caixa na Fig. 9.12 contenha um capacitor. A admitância de um capacitor é $j\omega C$. Substituindo esse valor na Eq. (9.36), temos:

$$\mathbf{S} = V^2_{rms}(j\omega C)^* = -j\omega C V^2_{rms} \qquad \textbf{9.37}$$

Note o sinal negativo na potência complexa. Isso está de acordo com a afirmação anterior de que um capacitor não absorve potência real, mas é uma fonte de potência reativa.

Os diagramas na **Fig. 9.13** explicam melhor as relações entre as várias grandezas de potência. Como mostrado na **Fig. 9.13a**, o fasor de corrente pode ser dividido em duas componentes: uma em fase com $\mathbf{V}_{rms}$ e outra defasada de 90° com relação a $\mathbf{V}_{rms}$. As Eqs. (9.33) e (9.34) ilustram que a componente em fase produz a potência real, e a componente defasada de 90°, chamada de *componente em quadratura*, produz a potência reativa ou em quadratura. Além disso, as Eqs. (9.33) e (9.34) indicam que

$$\tan(\theta_v - \theta_i) = \frac{Q}{P} \qquad \textbf{9.38}$$

expressão que relaciona o ângulo do FP a P e Q no chamado *triângulo de potências*.

As relações entre **S**, P e Q podem ser expressas por meio dos diagramas mostrados nas **Figs. 9.13b** e **c**. Na Fig. 9.13b, observamos as seguintes condições: se Q for positivo, a carga é indutiva, o fator de potência está atrasado e o número complexo **S** está no primeiro quadrante; se Q for negativo, a carga é capacitiva, o fator de potência está adiantado e o número complexo **S** está no quarto quadrante; se Q for zero, a carga é resistiva, o fator de potência é unitário e o número complexo **S** está ao longo do eixo real positivo. A Fig. 9.13c ilustra as relações expressas pelas Eqs. (9.35) a (9.37) para uma carga indutiva.

No Capítulo 1, apresentamos o teorema de Tellegen, que afirma que a soma das potências absorvidas por todos os elementos de um circuito elétrico é zero. Com base nesse teorema, também podemos afirmar que a potência complexa é conservada em um circuito CA – a potência complexa total entregue a qualquer número de cargas individuais é igual à soma das potências complexas entregues às cargas, independentemente de como as cargas estão interconectadas.

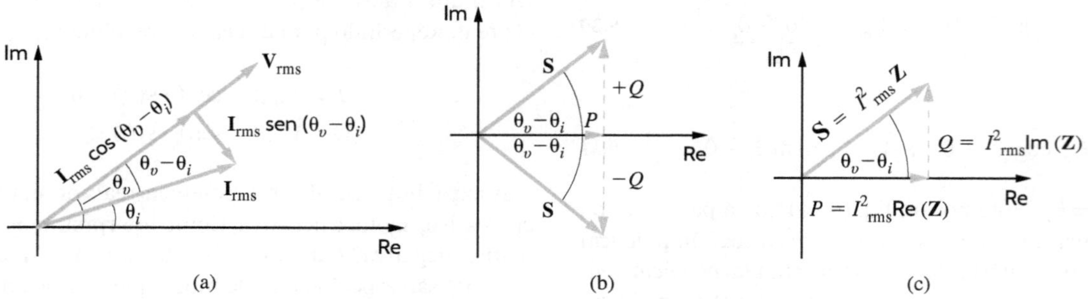

FIGURA 9.13 Diagrama para ilustrar relações de potências.

Estratégia para a Solução de Problemas

Determinação de P ou S

Se $v(t)$ e $i(t)$ são conhecidos, e é necessário determinar P para dada uma impedância $\mathbf{Z}\angle\theta = R + jX$, duas abordagens viáveis são as seguintes:

PASSO 1 Determinar **V** e **I** e, então, calcular

$$P = V_{rms}I_{rms}\cos\theta \quad \text{ou} \quad P = V_{rms}I_{rms}\cos(\theta_v - \theta_i)$$

PASSO 2 Usar **I** para calcular a parte real de **S** – ou seja,

$$P = R_e(\mathbf{S}) = I^2R$$

O último método pode ser mais fácil de calcular do que o primeiro. No entanto, se a parte imaginária da impedância, X, não for zero, então

$$P \neq \frac{V^2}{R}$$

que é um erro comum. Além disso, as parcelas P e Q de **S** estão diretamente relacionadas com $Z\,\underline{/\theta}$ e fornecem uma forma conveniente de relacionar potência, corrente e impedância. Ou seja,

$$\tan\theta = \frac{Q}{P}$$
$$\mathbf{S} = I^2\mathbf{Z}$$

O exemplo a seguir ilustra a utilidade de **S**.

EXEMPLO 9.11

Uma carga opera a 20 kW, com FP 0,8 atrasado. A tensão na carga é de 220 $\underline{/0°}$ V rms a 60 Hz. A impedância da linha é 0,09 + j0,3 Ω. Determinemos a tensão e o fator de potência na entrada da linha (ver **DICA 9.9**).

DICA 9.9

1. **Usar os valores dados de P_L, cosθ e V_L rms para obter S_L e I_L com base nas Eqs. (9.33) e (9.29), respectivamente.**
2. **Usar $\mathbf{I}_L$ e $\mathbf{Z}_{linha}$ para obter $\mathbf{S}_{linha}$ da Eq. (9.35).**
3. **Usar $\mathbf{S}_F = \mathbf{S}_{linha} + \mathbf{S}_L$.**
4. **$\mathbf{V}_F = \mathbf{S}_F/\mathbf{I}_L^*$ fornece V_F e θ_v. Como $\mathbf{V}_F = V_F\,\underline{/\theta_v}$ e θ_i é a fase de $\mathbf{I}_L$, FP = cos ($\theta_v - \theta_i$).**

SOLUÇÃO O diagrama de circuito para este problema é mostrado na **Fig. 9.14**. Como ilustrado na Fig. 9.13,

$$S = \frac{P}{\cos\theta} = \frac{P}{\text{FP}} = \frac{20.000}{0{,}8} = 25.000 \text{ VA}$$

Portanto, na carga

$$\mathbf{S}_L = 25.000\,\underline{/\theta} = 25.000\,\underline{/36{,}87°} = 20.000 + j15.000 \text{ VA}$$

Como $\mathbf{S}_L = \mathbf{V}_L\mathbf{I}_L^*$,

$$\mathbf{I}_L = \left[\frac{25.000\,\underline{/36{,}87°}}{220\,\underline{/0°}}\right]^*$$
$$= 113{,}64\,\underline{/-36{,}87°} \text{ A rms}$$

A perda de potência complexa na linha é calculada como:

$$\mathbf{S}_{linha} = I_L^2\,\mathbf{Z}_{linha}$$
$$= (113{,}64)^2(0{,}09 + j0{,}3)$$
$$= 1.162{,}26 + j3.874{,}21 \text{ VA}$$

Como afirmado anteriormente, a potência complexa é conservada e, portanto, a potência complexa no gerador é

$$\mathbf{S}_F = \mathbf{S}_L + \mathbf{S}_{linha}$$
$$= 21.162{,}26 + j18.874{,}21$$
$$= 28.356{,}25\,\underline{/41{,}73°} \text{VA}$$

Assim, a tensão no gerador é

$$V_F = \frac{|S_F|}{I_L} = \frac{28.356{,}25}{113{,}64}$$
$$= 249{,}53 \text{ V rms}$$

e o fator de potência do gerador,

$$\cos(41{,}73°) = 0{,}75 \text{ atrasado}$$

Poderíamos ter resolvido este problema usando a LKT. Por exemplo, calculamos a corrente de carga como

$$\mathbf{I}_L = 113{,}64\,\underline{/-36{,}87°} \text{A rms}$$

Assim, a queda de tensão na linha de transmissão é

$$\mathbf{V}_{linha} = (113{,}64\,\underline{/-36{,}87°})(0{,}09 + j0{,}3)$$
$$= 35{,}59\,\underline{/36{,}43°} \text{V rms}$$

Portanto, a tensão no gerador é

$$\mathbf{V}_F = 220\,\underline{/0°} + 35{,}59\,\underline{/36{,}43°}$$
$$= 249{,}53\,\underline{/4{,}86°} \text{V rms}$$

Logo, a tensão no gerador é 249,53 V rms. Além disso,

$$\theta_v - \theta_i = 4{,}86° - (-36{,}87°) = 41{,}73°$$

e, portanto,

$$\text{FP} = \cos(41{,}73°) = 0{,}75 \text{ atrasado}$$

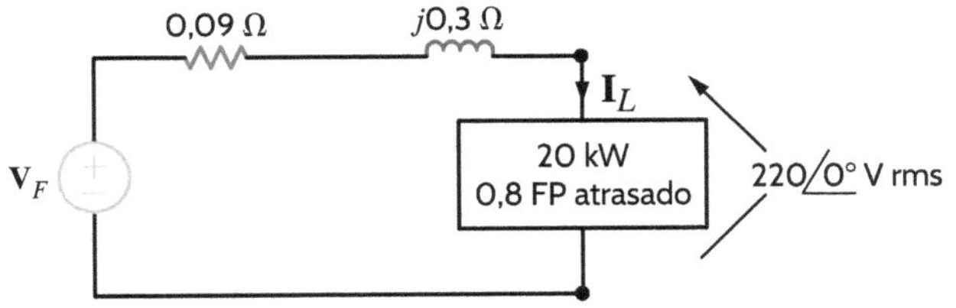

FIGURA 9.14 Circuito para exemplo de análise de potência.

EXEMPLO 9.12

Dois circuitos, A e B, são conectados por dois condutores com impedância líquida $\mathbf{Z} = 0 + j1\ \Omega$, como mostrado na **Fig. 9.15**. As tensões nos terminais dos circuitos são $\mathbf{V}_A = 120\underline{/30^\circ}$ V rms e $\mathbf{V}_B = 120\underline{/0^\circ}$ V rms. Determine o fluxo médio de potência entre os circuitos e identifique qual é a fonte e qual é a carga.

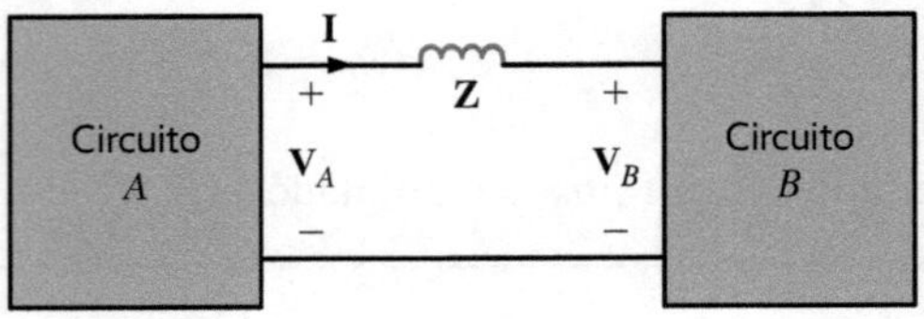

FIGURA 9.15 Circuito usado no Exemplo 9.12.

SOLUÇÃO Como mostrado na Fig. 9.15,

$$\mathbf{I} = \frac{\mathbf{V}_A - \mathbf{V}_B}{\mathbf{Z}}$$

$$= \frac{120\underline{/30^\circ} - 120\underline{/0^\circ}}{j1}$$

$$= 62{,}12\underline{/15^\circ}\text{ A rms}$$

A potência fornecida pelo circuito A é

$$P_A = |\mathbf{V}_A|\,|\mathbf{I}|\cos(\theta_{\mathbf{V}_A} - \theta_{\mathbf{I}})$$

$$= (120)(62{,}12)\cos(30^\circ - 15^\circ)$$

$$= 7.200{,}4\text{ W}$$

A potência absorvida pelo circuito B é

$$P_B = |\mathbf{V}_B|\,|\mathbf{I}|\cos(\theta_{\mathbf{V}_B} - \theta_{\mathbf{I}})$$

$$= (120)(62{,}12)\cos(0^\circ - 15^\circ)$$

$$= 7.200{,}4\text{ W}$$

Se o fluxo de potência fosse do circuito B para o circuito A, os sinais em P_A e P_B teriam sido negativos.

Avaliação da Aprendizagem

E9.16 Uma carga industrial requer 40 kW com FP 0,84 atrasado. A tensão de carga é $220\underline{/0^\circ}$ V rms a 60 Hz. A impedância da linha de transmissão é $0{,}1 + j0{,}25\ \Omega$. Determine as perdas de potência real e reativa na linha e as potências real e reativa necessárias na entrada da linha de transmissão.

Resposta:
$P_{\text{linha}} = 4{,}685$ kW;
$Q_{\text{linha}} = 11{,}713$ kvar;
$P_F = 44{,}685$ kW;
$Q_F = 37{,}55$ kvar.

E9.17 Uma carga requer 60 kW com FP 0,85 atrasado. A tensão na linha de transmissão de 60 Hz na carga é $220\underline{/0^\circ}$ V rms. Se a impedância da linha de transmissão for $0{,}12 + j0{,}18\ \Omega$, determine a tensão da linha e o fator de potência na entrada.

Resposta:
$\mathbf{V}_{\text{entrada}} = 284{,}6\underline{/5{,}8^\circ}$ V rms;
$\text{FP}_{\text{entrada}} = 0{,}792$ atrasado.

E9.18 A fonte na Fig. E9.18 fornece 40 kW com fator de potência de 0,9 atrasado. As perdas real e reativa do gerador na linha de transmissão são 1,6 kW e 2,1 kvar, respectivamente. Calcule a tensão na carga e as potências real e reativa absorvidas pela carga.

Resposta:
$\mathbf{V}_L = 416{,}83\underline{/-162^\circ}$ V;
$P_L = 38{,}4$ kW;
$Q_L = 17{,}27$ kvar.

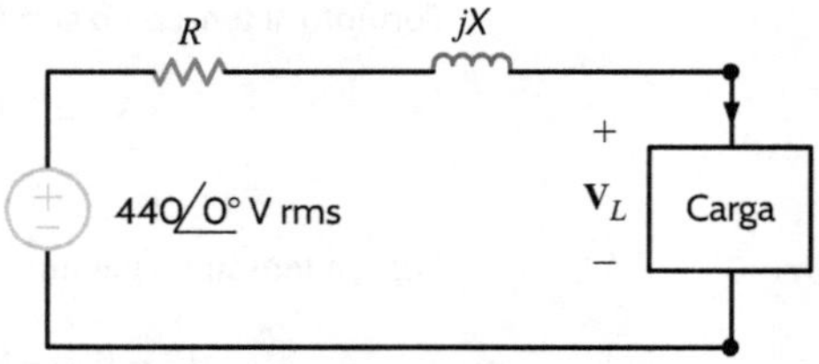

FIGURA E9.18

E9.19 Calcule o fator de potência da fonte e $v_F(t)$ na Fig. E9.19 para $f = 60$ Hz.

Resposta:
$\text{FP}_{\text{entrada}} = 0{,}9457$ atrasado; $v_F(t) = 765{,}94\cos(377t - 7{,}77^\circ)$ V.

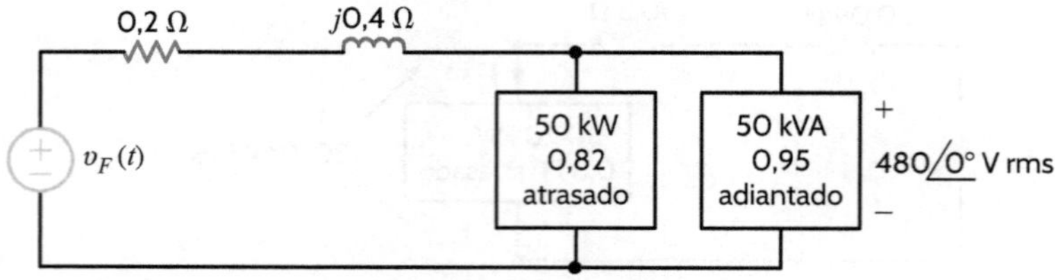

FIGURA E9.19

9.7 Correção do Fator de Potência

Instalações industriais que requerem grandes quantidades de potência apresentam uma variedade de cargas. Entretanto, por natureza, as cargas geralmente têm fator de potência atrasado. Com base nos resultados obtidos no Exemplo 9.10, somos levados a perguntar se existe alguma técnica conveniente para aumentar o fator de potência de uma carga. Uma vez que uma carga típica pode ser um banco de motores de indução ou outros equipamentos caros, para que seja viável, a técnica para elevar o FP deve ser econômica.

Para responder a essa pergunta, consideremos o diagrama na **Fig. 9.16**. Uma carga industrial típica com FP atrasado é alimentada por uma fonte elétrica. Também é mostrado o triângulo de potência para a carga. O FP da carga é cos (θ_{antigo}). Se quisermos melhorar o fator de potência, precisamos reduzir o ângulo mostrado no triângulo de potência na Fig. 9.16. Da Eq. (9.38), sabemos que a tangente desse ângulo é igual à razão entre Q e P. Poderíamos diminuir o ângulo aumentando P. Esta não é uma solução economicamente atraente, pois o aumento no consumo de potência tornaria a conta mensal da energia elétrica do usuário mais cara.

A outra opção que temos para reduzir esse ângulo é diminuir Q. Como podemos diminuir Q? Vimos em uma seção anterior que um capacitor é uma fonte de potência reativa e não absorve potência real. Consideremos a conexão de um capacitor em paralelo com a carga industrial, como mostrado na **Fig. 9.17**. Os triângulos de potência correspondentes para este diagrama também são mostrados na Fig. 9.17. Vamos definir:

$$\mathbf{S}_{antigo} = P_{antigo} + jQ_{antigo} = |\mathbf{S}_{antigo}|\underline{/\theta_{antigo}}$$

e

$$\mathbf{S}_{novo} = P_{antigo} + jQ_{novo} = |\mathbf{S}_{novo}|\underline{/\theta_{novo}}$$

a adição do capacitor,

$$\mathbf{S}_{novo} = \mathbf{S}_{antigo} + \mathbf{S}_{capacitor}$$

Portanto,

$$\begin{aligned}\mathbf{S}_{capacitor} &= \mathbf{S}_{novo} - \mathbf{S}_{antigo}\\ &= (P_{novo} - jQ_{novo}) - (P_{antigo} + jQ_{antigo})\\ &= j(Q_{novo} - Q_{antigo})\\ &= j(Q_{capacitor})\end{aligned}$$

As Eqs. (9.36) e (9.37) mostram que, em geral,

$$\mathbf{S} = V_{rms}^2/\mathbf{Z}^*$$

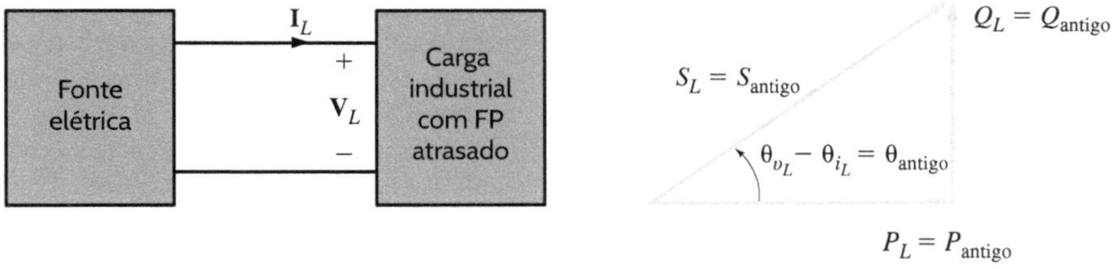

FIGURA 9.16 Diagrama para correção do fator de potência.

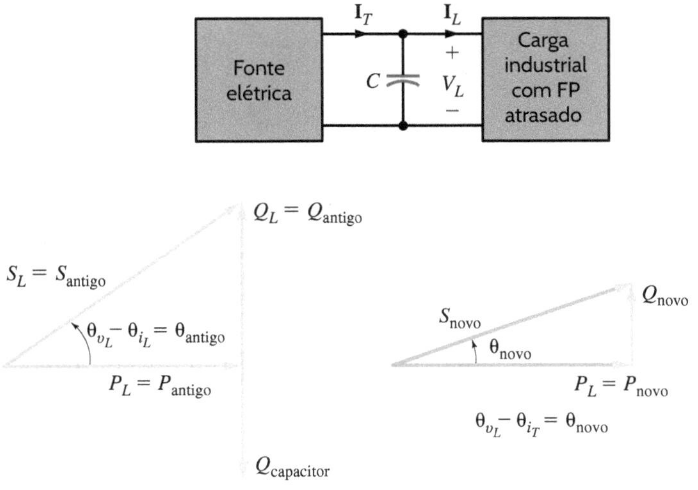

FIGURA 9.17 Diagrama de correção do fator de potência incluindo capacitor.

e para um capacitor

$$\mathbf{Z}^* = -1/j\omega C$$

Logo,

$$\mathbf{S}_{\text{capacitor}} = Q_{\text{capacitor}} = -j\omega C V_{\text{rms}}^2$$

Esta equação pode ser usada para determinar o necessário valor de C para obter o especificado novo fator de potência, definido pelo novo ângulo do fator de potência ilustrado na Fig. 9.17.

Assim, podemos obter determinado fator de potência para a carga total (carga industrial e capacitor) simplesmente selecionando criteriosamente um capacitor e conectando-o em paralelo com a carga original. Em geral, é desejado que o fator de potência seja elevado e, portanto, o ângulo do fator de potência deve ser pequeno [ou seja, quanto maior o fator de potência desejado, menor o ângulo $(\theta_{v_L} - \theta_{i_T})$].

EXEMPLO 9.13

Todos os meses, a concessionária de energia elétrica nos envia uma fatura referente à quantidade de energia elétrica consumida. A tarifa é, geralmente, expressa em centavos por kWh e consiste em pelo menos dois componentes: (1) a tarifa de demanda, que cobre o custo de linhas de transmissão, postes, transformadores e assim por diante, e (2) a tarifa de energia, que cobre o custo de produção de energia elétrica em usinas. A cobrança de energia é objeto da desregulamentação do setor de concessionárias de energia elétrica onde você, como cliente, escolhe seu fornecedor de energia.[2]

É comum que uma instalação industrial que opere com baixo fator de potência seja cobrada mais pela concessionária de energia elétrica. Consideremos uma instalação industrial que opera a 277 V rms e consome 500 kW com fator de potência de 0,75 atrasado. Admitamos uma tarifa de 2 centavos de dólar por kWh e uma cobrança de demanda de $3,50 por kW por mês, para fator de potência entre 0,9 atrasado e a unidade, e $5,0 por kVA por mês, para fator de potência inferior a 0,9 atrasado.

A cobrança mensal de energia é de 500 × 24 × 30 × $0,02 = $7.200. Calculemos a cobrança de demanda mensal com o fator de potência atrasado de 0,75. A potência complexa absorvida pela instalação industrial é

$$\mathbf{S}_{\text{antigo}} = \frac{500}{0{,}75}\underline{/\cos^{-1}(0{,}75)} = 666{,}67\underline{/41{,}4^\circ} = 500 + j441 \text{ kVA}$$

A cobrança de demanda mensal é de 666,67 × $5 = $3.333,35. Neste caso, a fatura total cobrada pelo fornecedor de energia elétrica é de $7.200 + $3.333,35 = $10.533,35 por mês.

Considere, agora, a instalação de um banco de capacitores, como mostrado na **Fig. 9.18**, para corrigir o fator de potência e reduzir a conta de demanda. Para isso, basta corrigir o fator de potência para 0,9 atrasado, pois a cobrança de demanda mensal será a mesma se o fator de potência for corrigido para 0,9 ou para a unidade. A potência complexa absorvida pela instalação industrial com banco de capacitores será

$$\mathbf{S}_{\text{novo}} = \frac{500}{0{,}9}\underline{/\cos^{-1}(0{,}9)} = 555{,}6\underline{/25{,}84^\circ} = 500 + j242{,}2 \text{ kVA}$$

A conta mensal de demanda para a instalação industrial com o banco de capacitores é de 500 × $3,50 = $1.750,00 por mês. A potência média absorvida pelo banco de capacitores é insignificante em comparação com a potência média absorvida pela instalação industrial, de modo que a cobrança mensal de energia permanece $7.200 por mês. Com o banco de capacitores instalado, a conta total cobrada pelo fornecedor de energia é de $7.200 + $1.750 = $8.950 por mês.

Quantos kvar de capacitância são necessários para corrigir o fator de potência para 0,9 atrasado?

$$\mathbf{S}_{\text{novo}} - \mathbf{S}_{\text{antigo}} = \mathbf{S}_{\text{capacitor}} = (500 + j242{,}2) - (500 + j441) = -j198{,}8 \text{ kvar}$$

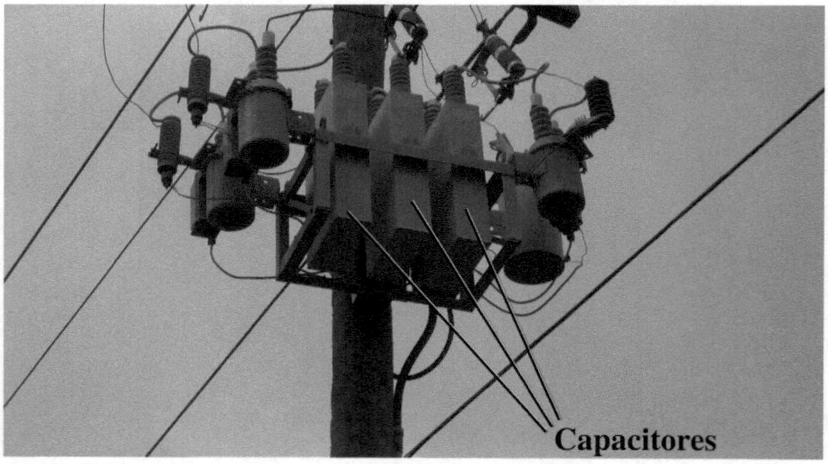

FIGURA 9.18 Banco de capacitores (cortesia de Jeremy Nelms, Talquin Electric Cooperative, Inc.).

[2]N. T.: O autor se refere, obviamente, ao cenário nos Estados Unidos. Na tradução deste exemplo, foram mantidos os valores de tarifas usados no texto em inglês.

Vamos admitir que custe \$100 por kvar para instalar o banco de capacitores na instalação industrial, resultando em um custo de instalação de \$19.880,00. Quanto tempo levará para que o custo de instalação do capacitor banco seja recuperado? A diferença na cobrança de demanda mensal sem o banco e com o banco de capacitores é \$3.333,35 − \$1.750,00 = \$1.583,35. Dividindo esse valor no custo de instalação do banco de capacitores, obtemos \$19.880,00/\$1.583,35 = 12,56 meses.

EXEMPLO 9.14

Caiaques de plástico são fabricados usando um processo chamado rotomoldagem, ilustrado na **Fig. 9.19**. O plástico derretido é injetado em um molde, que é girado em torno do eixo maior do caiaque, até que o plástico esfrie, resultando em uma peça oca. Vamos supor que os motores de indução usados para girar os moldes consumam 50 kW com FP de 0,8 atrasado por meio de uma linha de transmissão de $220\angle 0°$ V rms, 60 Hz. Aumentemos o FP para 0,95 atrasado conectando um banco de capacitores em paralelo com a carga.

SOLUÇÃO O diagrama de circuito para este problema é mostrado na **Fig. 9.20**. P_L = 50 kW e, como $\cos^{-1} 0{,}8 = 36{,}87°$, $\theta_{\text{antigo}} = 36{,}87°$. Portanto,

$$Q_{\text{antigo}} = P_{\text{antigo}} \tan \theta_{\text{antigo}} = (50)(10^3)(0{,}75) = 37{,}5 \text{ kvar}$$

Logo,

$$\mathbf{S}_{\text{antigo}} = P_{\text{antigo}} + jQ_{\text{antigo}} = 50.000 + j37.500$$

e

$$\mathbf{S}_{\text{capacitor}} = 0 + jQ_{\text{capacitor}}$$

Como o fator de potência necessário é 0,95,

$$\theta_{\text{novo}} = \cos^{-1}(\text{FP}_{\text{novo}}) = \cos^{-1}(0{,}95) = 18{,}19°$$

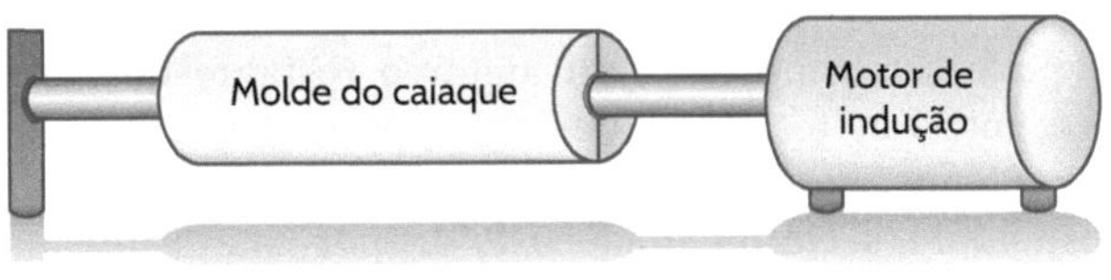

FIGURA 9.19 Processo de fabricação por rotomoldagem.

Logo,

$$Q_{\text{novo}} = P_{\text{antigo}} \tan \theta_{\text{novo}} = 50.000 \tan(18{,}19°) = 16.430 \text{ var}$$

Com isso,

$$Q_{\text{novo}} - Q_{\text{antigo}} = Q_{\text{capacitor}} = -\omega C V^2_{\text{rms}}$$
$$16.430 - 37.500 = -\omega C V^2_{\text{rms}}$$

Resolvendo a equação para C, temos:

$$C = \frac{21.070}{(377)(220)^2} = 1.155\ \mu\text{F}$$

O emprego de um capacitor de tal valor em paralelo com a carga produz, do ponto de vista da concessionária, uma carga com FP 0,95 atrasado. Contudo, os parâmetros da carga original permanecem inalterados. Nessas condições, a corrente fornecida pela concessionária ao fabricante do caiaque é menor, o que permite o uso de condutores de menor calibre para a mesma quantidade de potência. Ou, se o calibre do condutor for fixo, as perdas na linha serão menores, pois essas perdas variam com o quadrado da corrente.

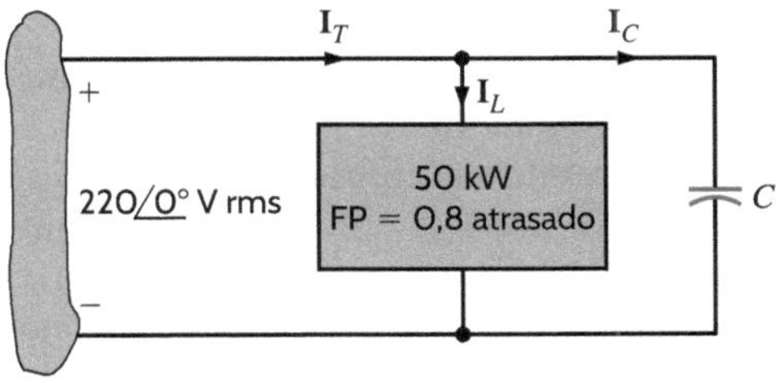

FIGURA 9.20 Circuito para o exemplo de correção do fator de potência.

Estratégia para a Solução de Problemas

Correção do Fator de Potência

PASSO 1 Determinar Q_{antigo} a partir de P_L e θ_{antigo}, ou do correspondente FP_{antigo}.

PASSO 2 Determinar θ_{novo} a partir do desejado FP_{novo}.

PASSO 3 Determinar $Q_{novo} = P_{antigo} \tan \theta_{novo}$.

PASSO 4 $Q_{novo} - Q_{antigo} = Q_{capacitor} = -\omega C V^2$ rms.

Avaliação da Aprendizagem

E9.20 Calcule o valor da capacitância necessária para alterar o fator de potência na Avaliação da Aprendizagem E9.16 para 0,95 atrasado.

Resposta:

$C = 773\ \mu F$.

E9.21 Calcule o valor da capacitância a ser conectada em paralelo com a carga na Fig. E9.21 para tornar o fator de potência da fonte 0,95 adiantado, com $f = 60$ Hz.

Resposta:

$C = 546{,}2\ \mu F$.

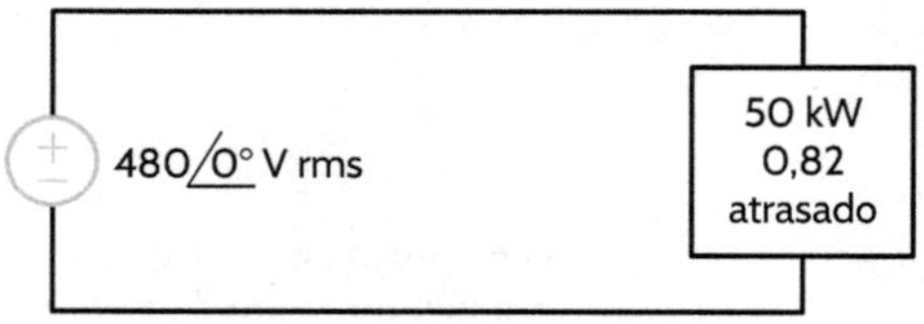

FIGURA E9.21

9.8 Circuitos Monofásicos com Três Condutores

O circuito CA monofásico de três condutores mostrado na **Fig. 9.21** é um tópico importante, pois representa a típica rede de potência CA em residências. Observe que as fontes de tensão são iguais; ou seja, $\mathbf{V}_{an} = \mathbf{V}_{nb} = \mathbf{V}$. Assim, as magnitudes são iguais e, também, as fases são iguais (monofásica). A tensão linha a linha $\mathbf{V}_{ab} = 2\mathbf{V}_{an} = 2\mathbf{V}_{nb} = 2\mathbf{V}$. Dentro de uma residência, luminárias e pequenos aparelhos são conectados de uma linha ao *neutro n*, enquanto grandes aparelhos, como aquecedores de água e condicionadores de ar, são conectados linha a linha. Luminárias operam a cerca de 120 V rms e os grandes aparelhos, a aproximadamente 240 V rms.

Conectemos, agora, duas cargas idênticas ao sistema de tensão monofásico de três condutores usando condutores perfeitos, como mostrado na **Fig. 9.21b**, da qual vemos que

$$\mathbf{I}_{aA} = \frac{\mathbf{V}}{\mathbf{Z}_L}$$

e

$$\mathbf{I}_{bB} = -\frac{\mathbf{V}}{\mathbf{Z}_L}$$

A aplicação da LKC no ponto N fornece

$$\begin{aligned}\mathbf{I}_{nN} &= -(\mathbf{I}_{aA} + \mathbf{I}_{bB}) \\ &= -\left(\frac{\mathbf{V}}{\mathbf{Z}_L} - \frac{\mathbf{V}}{\mathbf{Z}_L}\right) \\ &= 0\end{aligned}$$

Observe que não há corrente no fio neutro e, portanto, este pode ser removido sem afetar o restante do sistema; isto é, todas as tensões e correntes permaneceriam inalteradas. Somos, naturalmente, levados a questionar até onde se estenderá a simplicidade exibida por este sistema. Por exemplo, o que aconteceria se cada linha tivesse uma impedância, se o condutor neutro tivesse uma impedância associada a ele e se houvesse uma carga ligada de linha a linha? Para explorar essas questões, consideremos o circuito da **Fig. 9.21c**. Embora possamos analisar esse circuito usando muitas das técnicas vistas em capítulos anteriores, a simetria sugere do circuito que, talvez, a superposição possa nos levar a algumas conclusões sem que tenhamos de recorrer à força bruta. Para empregar a superposição, considere os dois circuitos nas **Figs. 9.21d** e **e**. As correntes na Fig. 9.21d são identificadas arbitrariamente. Em face da relação simétrica entre as Figs. 9.21d e e, as correntes na Fig. 9.21e corres-

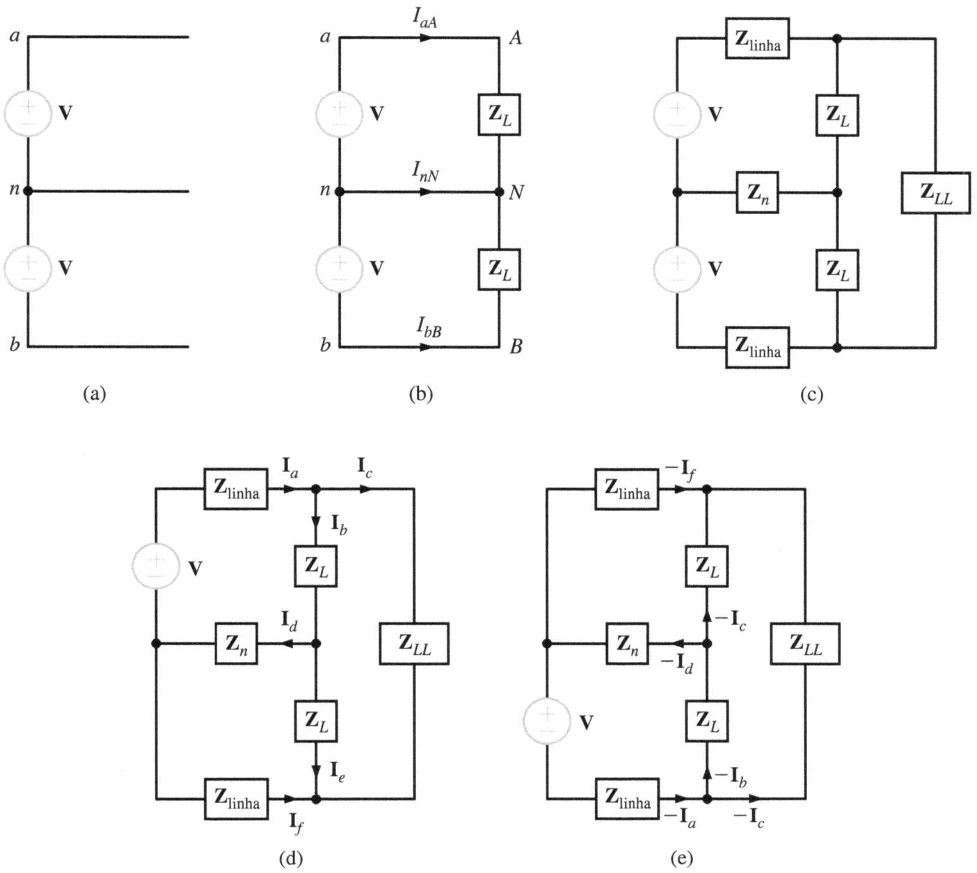

FIGURA 9.21 Sistema monofásico de três condutores.

pondem diretamente àquelas na Fig. 9.21d. Se somarmos os dois *fasores* de correntes em cada ramo, descobriremos que a corrente de neutro é novamente zero. A corrente de neutro zero é resultado direto da natureza simétrica do circuito. Se as impedâncias de linha $\mathbf{Z}_{\text{linha}}$ ou as impedâncias de carga $\mathbf{Z}_L$ forem diferentes, a corrente de neutro será diferente de zero. Utilizaremos esses conceitos quando estudarmos circuitos trifásicos no Capítulo 11.

EXEMPLO 9.15

Um circuito residencial monofásico de três condutores é mostrado na **Fig. 9.22a**. O uso das luminárias (L), um aparelho estéreo (S) e um fogão elétrico (R) por um período de 24 horas é descrito na **Fig. 9.22b**. Calcule o consumo de potência ao longo de 24 horas em quilowatt-hora. Admitindo que isso represente um dia típico e que a tarifa de energia elétrica seja de $0,08/kWh, estime o valor da conta para um mês de 30 dias.

SOLUÇÃO Aplicando a análise nodal à Fig. 9.22a, temos:

$$\mathbf{I}_{aA} = \mathbf{I}_L + \mathbf{I}_R$$
$$\mathbf{I}_{bB} = -\mathbf{I}_S - \mathbf{I}_R$$
$$\mathbf{I}_{nN} = \mathbf{I}_S - \mathbf{I}_L$$

As magnitudes de corrente nas cargas podem ser determinadas a partir dos correspondentes níveis de potência:

$$I_L = \frac{P_L}{V_{an}} = \frac{120}{120} = 1 \text{ A rms}$$

$$I_S = \frac{P_S}{V_{nb}} = \frac{24}{120} = 0{,}2 \text{ A rms}$$
$$I_R = \frac{P_R}{V_{ab}} = \frac{7.200}{240} = 30 \text{ A rms}$$

A energia utilizada é simplesmente a integral da potência fornecida pelas duas fontes durante o período de 24 horas. Como as magnitudes das tensões são constantes, a energia fornecida pelas fontes pode ser expressa como:

$$E_{an} = V_{an} \int I_{aA}\, dt$$
$$E_{nb} = V_{nb} \int -I_{bB}\, dt$$

As integrais de I_{aA} e I_{bB} podem ser determinadas graficamente a partir da Fig. 9.22b.

$$\int_{\text{meia-noite}}^{\text{meia-noite}} I_{aA}\, dt = 4I_R + 15I_L = 135$$

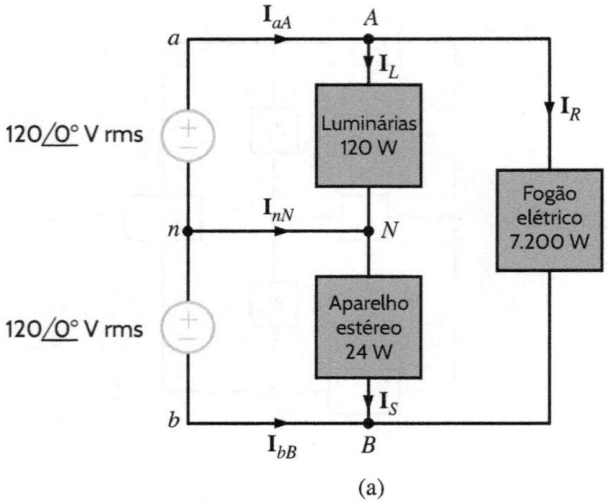

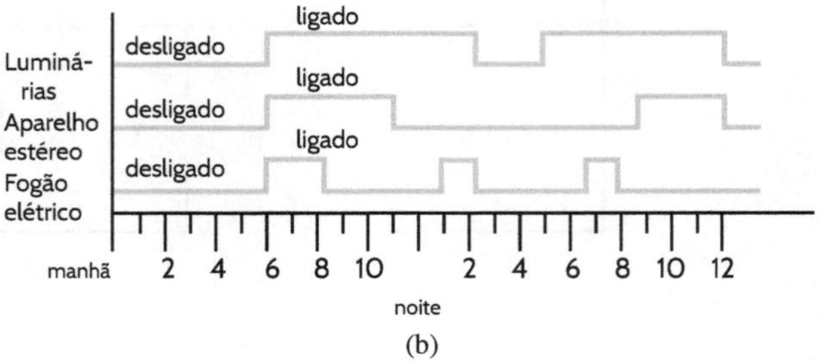

FIGURA 9.22 Circuito residencial de três condutores e uso de eletrodomésticos.

$$\int_{\text{meia-noite}}^{\text{meia-noite}} -I_{bB}\,dt = 8I_S + 4I_R = 121{,}6$$

Portanto, a energia diária para cada fonte e a energia total são:

$$E_{an} = 16{,}2 \text{ kWh}$$
$$E_{nb} = 14{,}6 \text{ kWh}$$
$$E_{\text{total}} = 30{,}8 \text{ kWh}$$

Durante um mês de 30 dias, uma tarifa de energia elétrica de \$0,08/kWh resulta em uma conta de

$$\text{Custo} = (30{,}8)(30)(0{,}08) = \$73{,}92$$

O consumo de energia é, em geral, mensurado por medidores como os mostrados na **Fig. 9.23**, que são algo familiar em residências.

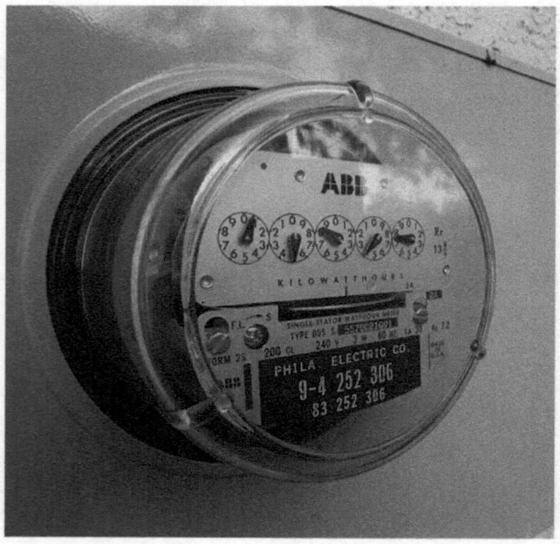

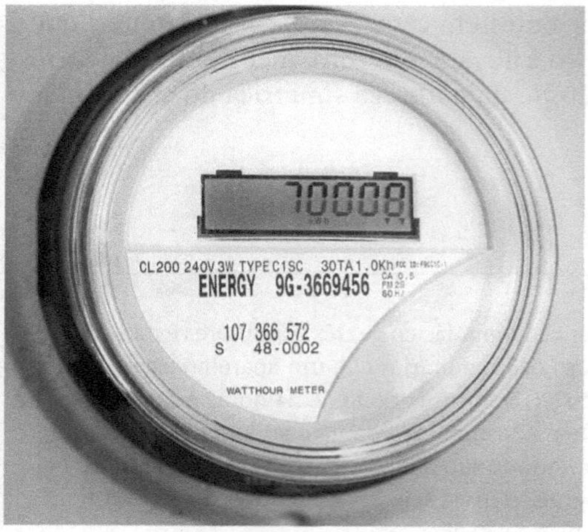

FIGURA 9.23 Medidores usados para medir o consumo de energia elétrica residencial (*à esquerda*, Comstock/Punchstock; *à direita*, Robert Llewllyn/Photolibrary/Getty Images).

9.9 Considerações de Segurança

Embora este livro seja voltado, principalmente, para a teoria da análise de circuitos, reconhecemos que, neste ponto, a maioria dos estudantes já começou a associar a teoria aos dispositivos e sistemas elétricos que encontram no mundo ao seu redor. Assim, vamos nos afastar brevemente da teoria e discutir a importante questão da segurança. A segurança elétrica é um tópico muito amplo e diversificado que exigiria vários volumes para um tratamento abrangente. Aqui, limitaremos a discussão a alguns conceitos básicos, que ilustraremos com exemplos.

É difícil imaginar que alguém chegue à adolescência sem ter sofrido algum tipo de choque elétrico. Seja o choque causado por uma inofensiva descarga eletrostática ou pelo contato acidental com um circuito elétrico energizado. A resposta ao choque é comum a todos: uma reação muscular imediata e involuntária. Nessas situações, a causa da reação é a corrente que flui pelo corpo. A gravidade do choque depende de vários fatores, sendo os mais importantes a magnitude, a duração e o percurso da corrente pelo corpo.

O efeito do choque elétrico varia muito de pessoa para pessoa. A **Fig. 9.24** mostra reações gerais que ocorrem em resultado do fluxo de corrente alternada de 60 Hz pelo corpo humano, de mão a mão, passando pelo coração. Observe que existe uma faixa intermediária de valores de corrente, entre 0,1 e 0,2 A, com maior probabilidade de ser fatal. Os níveis de corrente nesta faixa são capazes de produzir fibrilação ventricular, uma interrupção das contrações ordenadas do músculo cardíaco. A recuperação do batimento cardíaco geralmente não ocorre sem intervenção médica imediata. Níveis de corrente acima dessa faixa fatal tendem a fazer com que o músculo cardíaco se contraia severamente e, se o choque for removido rapidamente, o coração pode voltar a bater por conta própria.

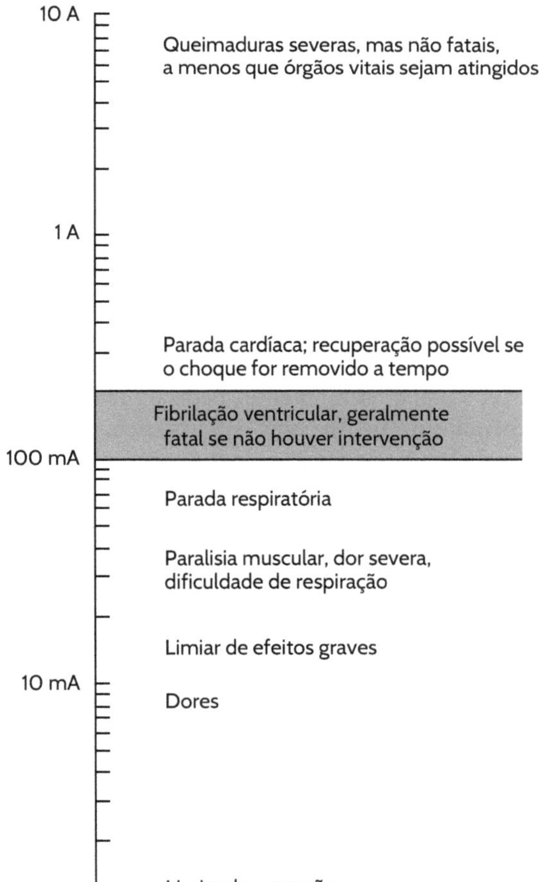

FIGURA 9.24 Efeitos de choque elétrico. (De C. F. Dalziel e W. R. Lee, "Lethal Electric Currents", *IEEE Spectrum*, fevereiro de 1969, p. 44-50; e C. F. Dalziel, "Electric Shock Hazard", *IEEE Spectrum*, fevereiro de 1972, p. 41-50.)

A tensão necessária para produzir determinada corrente depende da qualidade do contato com o corpo humano e da impedância do corpo entre os pontos de contato. A tensão eletrostática, como a que pode ser produzida ao deslizarmos no banco de um carro em um dia seco de inverno, pode ser da ordem de 20.000 a 40.000 V, e o pico de corrente ao tocar a maçaneta da porta, da ordem de 40 A. Contudo, a corrente flui principalmente pela superfície do corpo, e sua duração é de apenas alguns microssegundos. Embora tal choque possa ser desastroso para alguns componentes eletrônicos, não causa nada além de um leve desconforto e aborrecimento a uma pessoa.

Aparelhos eletrodomésticos, em geral, requerem uma tensão de 120 ou 240 V rms para operação. Embora o nível de tensão seja pequeno em comparação com o de um choque eletrostático, a potencialidade de dano ao indivíduo e à propriedade é muito maior. O contato acidental tende a resultar em fluxo de corrente de mão para mão ou de mão para pé e, em qualquer das situações, o coração sofrerá choques. Além disso, a corrente de 60 Hz, de oscilação relativamente lenta (baixa frequência), tende a penetrar mais profundamente no corpo, em vez de permanecer na superfície, como seria o caso de uma corrente de oscilação rápida (alta frequência). Ademais, a fonte de energia tem a capacidade de sustentar um fluxo de corrente sem redução de intensidade. Assim, a discussão subsequente será voltada, principalmente, aos perigos associados ao sistema de potência CA de 60 Hz.

O sistema monofásico de três condutores apresentado anteriormente é de uso comum na distribuição de energia elétrica em residências, mas tem outras aplicações. Dois importantes aspectos relacionados com a segurança – deste ou de qualquer sistema – ainda não foram considerados: fusíveis e aterramento do circuito.

Cada circuito de derivação, independentemente do tipo de carga, é protegido contra fluxo excessivo de corrente por disjuntores ou fusíveis. Os circuitos de tomadas são geralmente limitados a 20 ampères e os circuitos de iluminação, a 15 ampères. Estes circuitos, obviamente, não protegem as pessoas de choque letal. O principal objetivo de dispositivos limitadores de corrente é proteger o equipamento.

O condutor neutro do sistema de potência é conectado ao solo (terra) em vários pontos do sistema e, em particular, na entrada de serviço da residência. A ligação ao terra pode ser por meio de uma haste de aterramento ou por contato com uma tubulação hidráulica metálica de água fria enterrada. Os circuitos de derivação de 120 V que partem do painel de distribuição (caixa de fusíveis), em geral, consistem em três condutores em vez de apenas dois, como mostrado na Fig. 9.21. O terceiro condutor é o fio terra, como mostrado na **Fig. 9.25**.

O condutor de aterramento pode parecer redundante, pois não desempenha nenhum papel na operação normal de uma carga conectada à tomada. Seu papel é ilustrado pelo Exemplo 9.16.

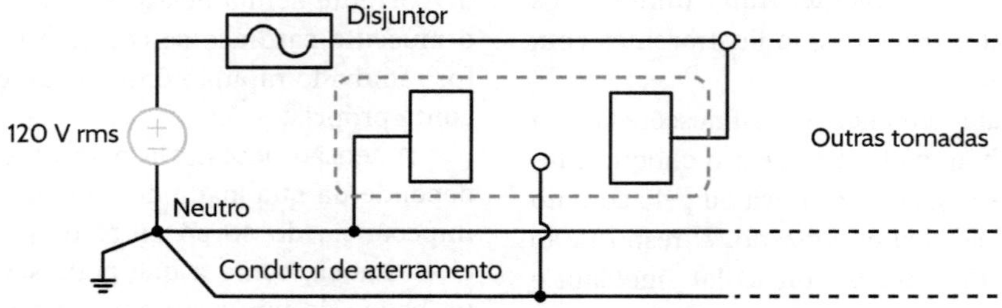

FIGURA 9.25 Uma tomada elétrica doméstica.

EXEMPLO 9.16

João tem uma oficina no porão de sua casa, onde usa diversas ferramentas elétricas, como furadeiras, serras e lixadeiras. O piso do porão é de concreto e, por estar abaixo do nível da rua, geralmente é úmido. O concreto úmido é um condutor relativamente bom. Sem que João tenha percebido, o isolamento de um fio em sua furadeira elétrica se partiu e ficou em contato (ou em curto) com a caixa de metal da furadeira, como mostrado na **Fig. 9.26**. João corre algum risco ao usar a furadeira?

SOLUÇÃO Sem o condutor de aterramento conectado à caixa de metal da ferramenta, João receberia um choque severo, talvez fatal, quando tentasse usar a furadeira. A voltagem entre sua mão e seus pés seria de 120 V, e a corrente em seu corpo seria limitada pelas resistências do corpo e do piso de concreto. Normalmente, os disjuntores não funcionariam. No entanto, se o condutor de aterramento estiver presente e conectado corretamente à caixa da furadeira, a caixa permanece no potencial de terra, a fonte de 120 V entra em curto com o terra, o disjuntor funciona e João segue vivo para fazer outros furos.

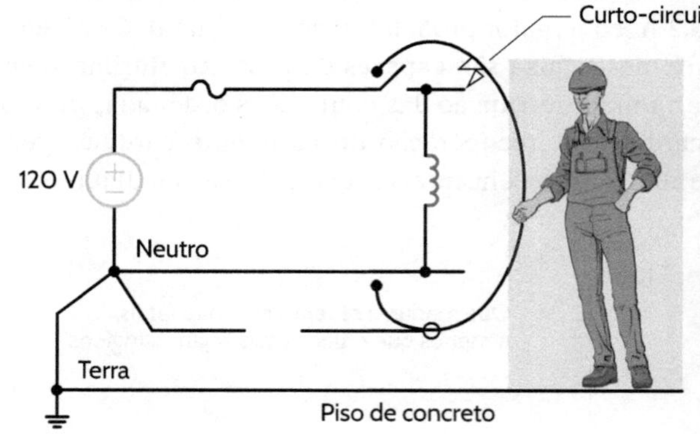

FIGURA 9.26 Circuito defeituoso, quando a caixa de ferramentas não é aterrada por meio do cabo de alimentação.

Foi mencionado anteriormente que o disjuntor ou fusível não fornece proteção eficaz contra choques elétricos. Existe, no entanto, um tipo especial de dispositivo chamado interruptor de falha de aterramento (*ground-fault interrupter* – GFI) para a proteção de pessoas. Este dispositivo detecta o fluxo de corrente fora do circuito normal. Consideremos o circuito na Fig. 9.26. Em condições normais de operação segura, a corrente no condutor neutro deve ser a mesma que no condutor de linha. Se, a qualquer momento, a corrente na linha não for igual à corrente no neutro, um percurso secundário de corrente é estabelecido de alguma forma, originando uma condição insegura. Este percurso secundário é chamado de falha. Por exemplo, o percurso da falha na Fig. 9.26 passa por João e pelo piso de concreto. O GFI detecta essa falha e, em resposta, abre o circuito. Seu princípio de funcionamento é ilustrado no exemplo a seguir.

EXEMPLO 9.17

Vamos descrever o funcionamento de um GFI.

SOLUÇÃO Considere a ação do circuito magnético na **Fig. 9.27**. Em condições normais de operação, i_1 e i_2 são iguais e, se as bobinas nos condutores neutro e de linha forem idênticas, como nos ensina a física básica, o fluxo magnético no núcleo será zero. Consequentemente, nenhuma tensão será induzida na bobina sensora.

Se ocorrer uma falha na carga, a corrente fluirá no condutor de aterramento e, talvez, no terra; assim, i_1 e i_2 deixarão de ser iguais, o fluxo magnético não será zero e uma tensão será induzida na bobina sensora. Essa tensão pode ser usada para ativar um disjuntor. Esta é a essência do funcionamento de um dispositivo GFI.

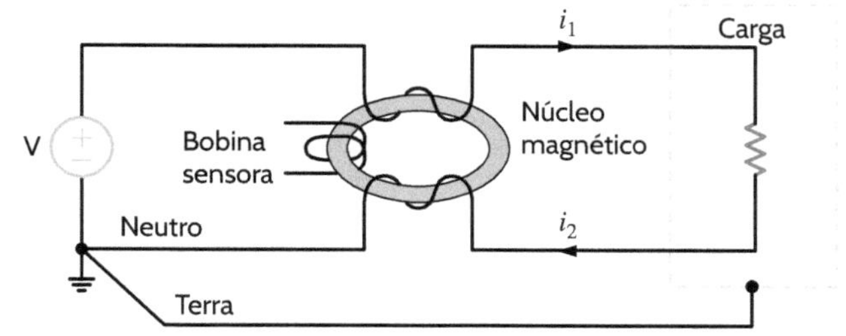

FIGURA 9.27 Circuito interruptor de falha de aterramento.

Interruptores de falha de aterramento estão disponíveis na forma de disjuntores e, também, na forma de tomadas elétricas. Tais dispositivos são necessários em circuitos de distribuição que alimentam tomadas em áreas como banheiros, porões, garagens e locais ao ar livre. Esses dispositivos entram em operação para correntes de falha de aterramento da ordem de alguns miliampères. Infelizmente, o GFI é um dispositivo relativamente recente e, em muitos países, as normas do setor elétrico não são retroativas. Assim, seu uso em residências mais antigas não é muito comum.

As normas para instalação e manutenção de sistemas elétricos são meticulosamente definidas por vários códigos, estabelecidos para oferecer proteção a pessoas e a bens materiais. Instalação, alteração e/ou reparo de dispositivos e sistemas elétricos devem ser realizados apenas por pessoal qualificado. O assunto estudado em análise de circuitos elétricos não provê essa qualificação.

Os exemplos a seguir ilustram os perigos que podem ocorrer em várias situações cotidianas. Começamos revisitando uma situação descrita em um exemplo anterior.

EXEMPLO 9.18

Um homem está trabalhando no telhado de um trailer com uma furadeira manual. É cedo, o homem está descalço e o orvalho cobre o trailer. O pino de aterramento no plugue elétrico da furadeira foi removido. O homem sofrerá um choque se a linha elétrica "viva" entrar em curto com a caixa da furadeira?

SOLUÇÃO Para analisar este problema, devemos construir um modelo que represente adequadamente a situação descrita. Em seu livro *Medical Instrumentation* (Boston: Houghton Mifflin, 1978), John G. Webster sugere os seguintes valores para a resistência do corpo humano: R_{pele}(seca) = 15 kΩ, R_{pele}(molhada) = 150 Ω, R_{membro}(braço ou perna) = 100 Ω, R_{tronco} = 200 Ω.

O modelo de circuito é mostrado na **Fig. 9.28**. Observemos que, como a linha de aterramento está em circuito aberto, existe um caminho fechado que percorre o fio vivo, o curto-circuito, o corpo humano, o trailer e o aterramento. Para as condições indicadas anteriormente, assumimos que as resistências de contato com a superfície R_{cc1} e R_{cc2} sejam ambas de 150 Ω. A resistência do corpo, R_{corpo}, englobando braço, tronco e perna, é de 400 Ω. A resistência do trailer é assumida como zero, e a resistência de terra, R_{terra}, entre o aterramento do trailer e o verdadeiro terra da fonte, é assumida como 1 Ω. Portanto, a magnitude da corrente no corpo, da mão para o pé, fica dada por:

$$\mathbf{I}_{corpo} = \frac{120}{R_{cc_1} + R_{corpo} + R_{cc_2} + R_{terra}}$$

$$= \frac{120}{701}$$

$$= 171 \text{ mA}$$

É bem possível que corrente dessa magnitude cause parada cardíaca.

Proteção adicional poderia ser obtida se o disjuntor fosse um interruptor de falha de aterramento.

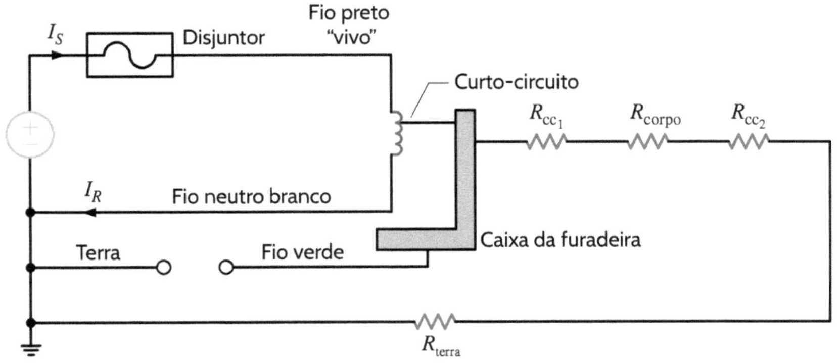

FIGURA 9.28 Modelo para o Exemplo 9.18.

EXEMPLO 9.19

Dois meninos jogam basquete no quintal de casa. Para se refrescarem, decidem pular na piscina. A piscina tem um forro de vinil para isolar eletricamente a água do terra. Sem que os meninos saibam, há uma falha de aterramento em uma das lâmpadas da piscina. Um menino pula e, enquanto está de pé na piscina com água até o peito, estende a mão para puxar o outro menino, que está segurando um corrimão aterrado, como mostrado na **Fig. 9.29a**. O que resulta desta ação?

SOLUÇÃO A ação na Fig. 9.29a é modelada como mostrado na **Fig. 9.29b**. Observe que, como ocorreu uma falha de aterramento, existe um percurso de corrente pelos dois meninos. Assumindo que as resistências da falha, da piscina e da grade sejam aproximadamente zero, a magnitude da corrente que passa pelos meninos seria

$$\mathbf{I} = \frac{120}{(3R_{\text{braço}}) + 3(3R_{\text{contato molhado}}) + R_{\text{tronco}}}$$

$$= \frac{120}{950}$$

$$= 126 \text{ mA}$$

Tal intensidade de corrente causaria choque severo nos dois meninos. O menino do lado de fora da piscina poderia sofrer uma parada cardíaca.

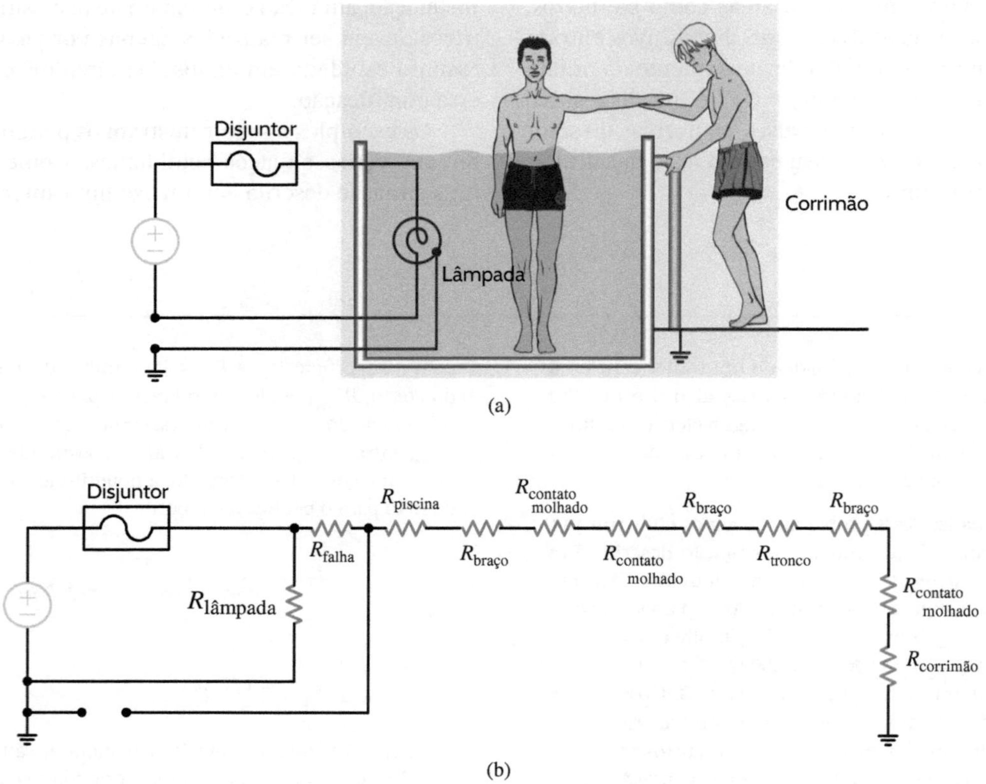

FIGURA 9.29 Diagramas usados no Exemplo 9.19.

EXEMPLO 9.20

Uma paciente em uma clínica médica tem um estimulador muscular ligado ao antebraço esquerdo. Sua frequência cardíaca é monitorada por um aparelho de eletrocardiograma, com dois eletrodos diferenciais sobre o coração e o eletrodo terra conectado ao tornozelo direito. Essa situação é ilustrada na **Fig. 9.30a**. O estimulador atua como uma fonte de corrente que injeta 150 mA do eletrodo ativo para o eletrodo passivo, por meio do músculo. Se, para obter um aterramento comum, o técnico da clínica erroneamente conectar o eletrodo passivo do estimulador ao eletrodo de aterramento do sistema de eletrocardiograma, haverá algum risco?

SOLUÇÃO Quando o eletrodo passivo do estimulador é conectado ao eletrodo terra do sistema de ECG, o circuito equivalente para os dois percursos para a corrente do estimulador é ilustrado na **Fig. 9.30b**: um pelo braço e outro por meio de meio braço e o corpo. Usando divisão de corrente, a corrente do corpo é

$$\mathbf{I}_{corpo} = \frac{(150)(10^{-3})(50)}{50 + 50 + 200 + 100}$$
$$= 19 \text{ mA}$$

Portanto, um nível perigosamente alto de corrente fluirá do estimulador muscular para o terra do sistema de ECG, pelo corpo da paciente.

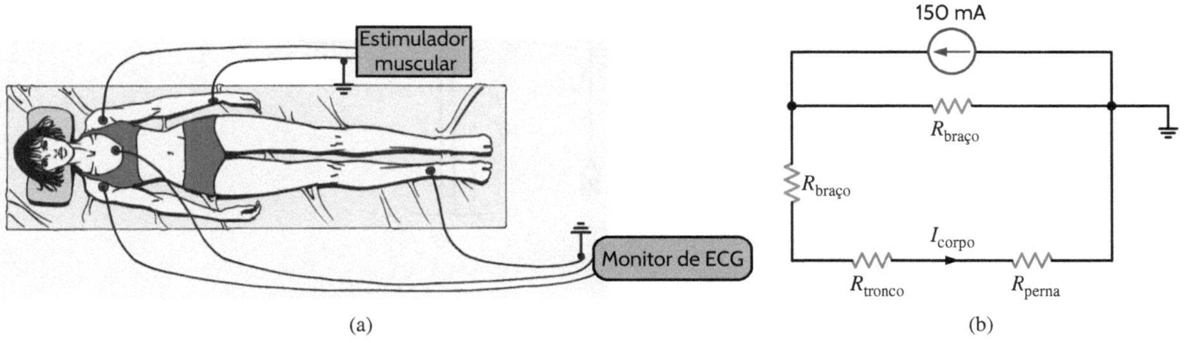

FIGURA 9.30 Diagramas usados no Exemplo 9.20.

EXEMPLO 9.21

Um paciente cardíaco com um eletrodo marca-passo ignorou as regras do hospital e está ouvindo um aparelho de som barato. O estéreo tem um zumbido amplificado de 60 Hz que é muito irritante. O paciente decide desmontar parcialmente o estéreo na tentativa de eliminar o zumbido. Nesse processo, enquanto segura um dos fios do alto-falante, o outro fio toca o eletrodo marca-passo. Quais são os riscos nesta situação?

SOLUÇÃO Suponha que a pele do paciente esteja úmida e que a tensão de 60 Hz nos fios do alto-falante seja de apenas 10 mV. O modelo do circuito neste caso é como mostrado na **Fig. 9.31**.

A corrente através do coração é dada por:

$$I = \frac{(10)(10^{-3})}{150 + 100 + 200}$$
$$= 22{,}2\ \mu\text{A}$$

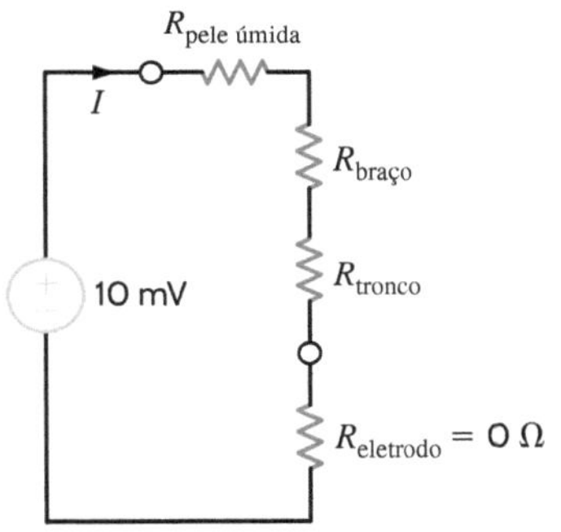

FIGURA 9.31 Modelo de circuito para o Exemplo 9.21.

Sabemos que uma corrente de 10 μA injetada diretamente no coração é potencialmente letal.

EXEMPLO 9.22

Ao manobrar em uma área lamacenta, um operador de guindaste acidentalmente tocou uma linha de alta-tensão com a haste do guindaste, como ilustrado na **Fig. 9.32a**. O potencial na linha é de 7.200 V. O condutor neutro foi aterrado no poste. Quando o operador do guindaste percebeu o que havia acontecido, pulou do guindaste e correu em direção ao poste, que estava a aproximadamente 10 m de distância. Ele foi eletrocutado enquanto corria. Como explicar este acidente tão trágico?

SOLUÇÃO As condições representadas na Fig. 9.32a podem ser modeladas como mostrado na **Fig. 9.32b**. O guindaste estava a uma tensão de 7.200 V com relação ao terra. Portanto, existia um gradiente de 720 V/m ao longo do terra entre o guindaste e o poste de energia. Este pedaço de terra entre o guindaste e o poste é modelado como uma resistência. Se o passo do homem for de cerca de 1 m, a diferença de potencial entre os pés é de aproximadamente 720 V. Um homem parado na mesma área com os pés juntos nada sofreria.

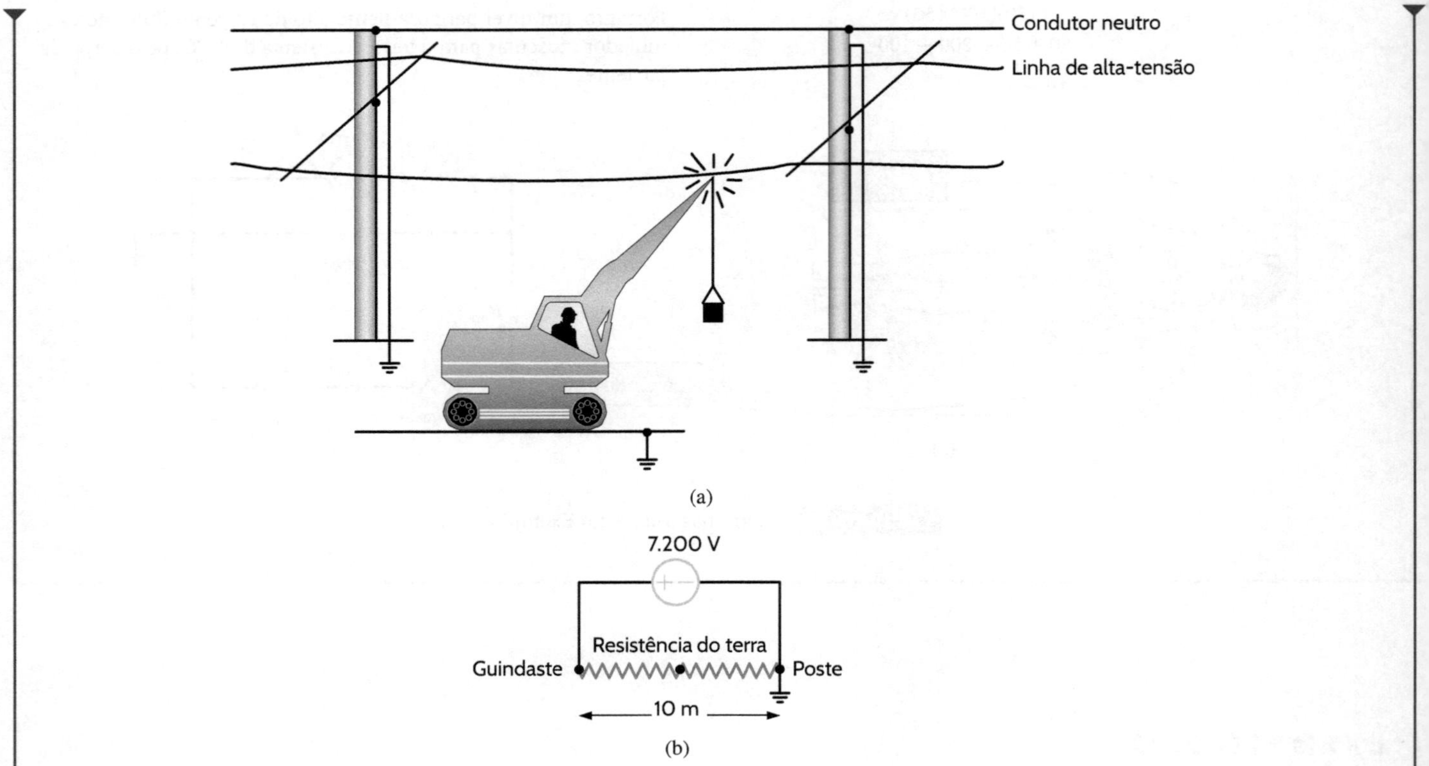

FIGURA 9.32 Ilustrações usadas no Exemplo 9.22.

Os exemplos desta seção foram apresentados na tentativa de ilustrar alguns dos perigos em potencial que existem ao trabalhar ou lidar com energia elétrica. Na pior das hipóteses, a falha em evitar um acidente elétrico pode resultar em morte. No entanto, mesmo contatos elétricos não letais podem causar queimaduras ou quedas. Por isso, devemos estar sempre atentos para garantir não só a nossa própria segurança, mas também a dos outros que trabalham conosco (ver **DICA 9.10**).

DICA 9.10

Orientações de segurança.

As diretrizes a seguir ajudam a minimizar as chances de lesões:

1. Evitar trabalhar com sistemas elétricos energizados.
2. Sempre presumir que um sistema elétrico esteja energizado, a menos que seja possível verificar com segurança que não esteja.
3. Nunca fazer reparos ou alterações que não estejam em conformidade com as normas vigentes do setor elétrico.
4. Não trabalhar sozinho em sistemas elétricos potencialmente perigosos.
5. Se outra pessoa estiver "congelada" em um circuito elétrico energizado, desenergizar o circuito, se possível. Se isso não puder ser feito, usar material não condutor, como tábuas de madeira secas, bastões, cintos e peças de roupa para separar o corpo do contato. Agir rapidamente, mas tomar cuidado para autoproteção.
6. Ao manusear equipamentos metálicos longos ao ar livre, como escadas, antenas etc., estar sempre atento às linhas de energia elétrica suspensas e evitar qualquer possibilidade de contato com elas.

Avaliação da Aprendizagem

E9.22 Uma mulher dirige seu carro em uma violenta tempestade. Enquanto aguarda em um cruzamento, um fio elétrico cai em seu carro e faz contato. A tensão na linha de alimentação é de 7.200 V.

a. Supondo que a resistência do carro seja desprezível, qual é a corrente no corpo da motorista se, enquanto segura a maçaneta da porta com a mão seca, ela pisa no chão molhado?

b. Se a motorista permanecesse no carro, o que aconteceria?

Resposta:

a. $I = 463$ mA, extremamente perigoso;

b. A motorista estaria segura.

A segurança ao trabalhar com energia elétrica deve ser sempre uma consideração primordial. Independentemente de quão eficiente ou conveniente seja uma rede elétrica para uma aplicação específica, a rede é inútil se apresentar riscos para a vida humana.

O dispositivo de segurança mostrado na **Fig. 9.33**, também usado para detecção de falhas, é um sensor de proximidade que indica se um circuito está energizado pelo simples contato com o condutor na parte externa do isolamento. Este dispositivo é muito usado por eletricistas e de grande utilidade em trabalhos com circuitos elétricos.

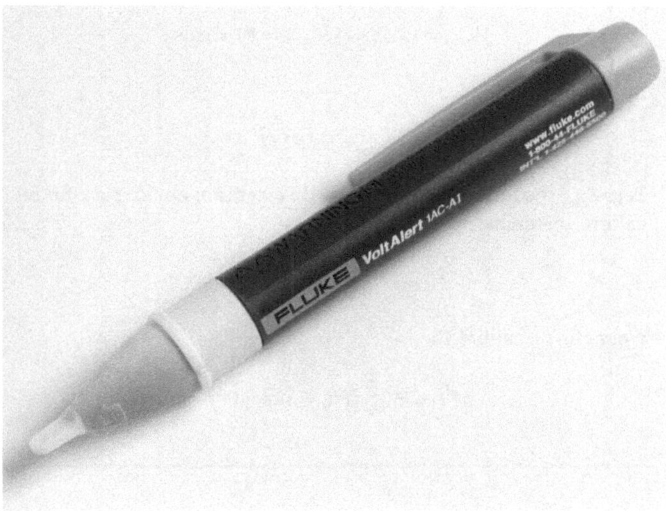

FIGURA 9.33 Um moderno dispositivo de segurança ou detecção de falhas. (Reproduzida com permissão, Fluke Corporation.)

Além das inúmeras mortes que ocorrem a cada ano em consequência de acidentes elétricos, os danos causados por incêndios resultantes do uso inadequado de fiação elétrica e equipamentos de distribuição chegam a milhões de reais por ano.

Para evitar a perda de vidas e danos à propriedade, foram estabelecidos procedimentos e normas muito detalhados para a construção e operação seguras de sistemas elétricos. O código elétrico americano *National Electrical Code*® – ANSI C1 (*American National Standards Institute* – ANSI) é o principal guia. Entretanto, existem outros códigos: por exemplo, o código americano de segurança elétrica *National Electrical Safety Code*® (ANSI C2), que trata dos requisitos de segurança para equipamentos elétricos de utilidade pública.

O laboratório de certificação americano *Underwriters Laboratory*® (UL) testa todos os tipos de dispositivos e sistemas para garantir que sejam seguros para uso do público em geral. A etiqueta UL pode ser encontrada em todos os tipos de equipamentos elétricos usados em residências, como eletrodomésticos e cabos de extensão.

A energia elétrica tem um papel central em nossas vidas. É extremamente importante para a nossa saúde geral e bem-estar. No entanto, se não for usada corretamente, pode ser letal.

9.10 Exemplos de Aplicação

Os exemplos a seguir ilustram aplicações práticas do assunto estudado neste capítulo.

EXEMPLO DE APLICAÇÃO 9.23

Por questões de segurança, o código elétrico americano – *National Electrical Code*® – restringe em 20 A a corrente em um disjuntor de um circuito de distribuição de iluminação doméstica de 120 V. Além disso, o código requer uma margem de segurança de 25% para cargas de iluminação contínua. Nestas condições, determine o número de lâmpadas de 100 W que podem ser instaladas em um ramo do circuito.

SOLUÇÃO O modelo para o ramo do circuito é mostrado na **Fig. 9.34**. A corrente em cada lâmpada de 100 W é

$$I_{\text{lâmpada}} = 100/120 = 0{,}833 \text{ A rms}$$

Usando a recomendação de margem de segurança, o valor estimado de corrente por cada lâmpada é 25% maior,

$$I_{\text{lâmpada}} = (1{,}25)(0{,}83) = 1{,}04 \text{ A rms}$$

Portanto, o máximo número de luminárias em um disjuntor é

$$n = 20/1{,}04 = 19 \text{ luminárias}$$

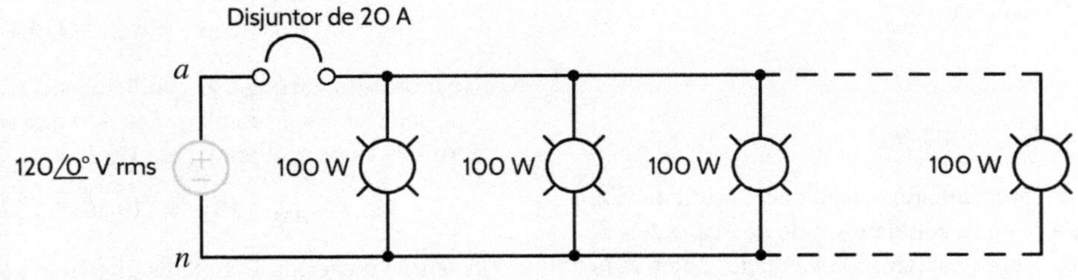

FIGURA 9.34 Circuito de derivação de 20 A para iluminação doméstica.

EXEMPLO DE APLICAÇÃO 9.24

Um cortador de grama elétrico requer 12 A rms a 120 V rms, mas funciona bem com até 110 V rms. A 110 V rms, o consumo de corrente é de 13,1 A rms, como mostrado na **Fig. 9.35**. Determine o comprimento máximo do cabo de extensão que pode ser usado com uma fonte de alimentação de 120 V rms para cabo de extensão feito de

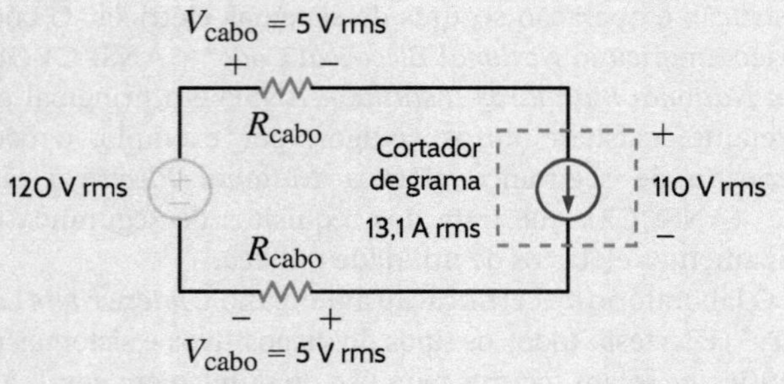

FIGURA 9.35 Modelo de circuito para o Exemplo 9.24.

1. Fio de calibre 16 (4 mΩ/pés)

2. Fio de calibre 14 (2,5 mΩ/pés)

SOLUÇÃO A queda de tensão no cabo de extensão é

$$V_{cabo} = (2)(13{,}1)\, R_{cabo} = 10 \text{ V rms}$$

ou

$$R_{cabo} = 0{,}382\ \Omega$$

Seja ℓ_{cabo} o comprimento do cabo de extensão; então, para fio de calibre 16, temos:

$$\ell_{cabo} = \frac{R_{cabo}}{0{,}004} = 95{,}5 \text{ pés}$$

e para fio de calibre 14,

$$\ell_{cabo} = \frac{R_{cabo}}{0{,}0025} = 152{,}8 \text{ pés}$$

EXEMPLO DE APLICAÇÃO 9.25

Quando estamos em casa lendo um livro, toda vez que o ar-condicionado é ligado, percebemos que as luzes se apagam momentaneamente. Investiguemos esse fenômeno usando o circuito monofásico de três condutores mostrado na **Fig. 9.36a** e, também, alguns típicos requisitos de corrente para um condicionador de ar de 10.000 Btu/h, assumindo uma resistência de linha de 0,5 Ω (ver **DICA 9.11**).

DICA 9.11

Técnica

1. **Determinar a resistência da lâmpada.**
2. **Usar uma fonte de alta corrente para representar a corrente transiente do ar-condicionado e uma fonte de baixa corrente para representar a corrente de regime permanente.**
3. **Determinar a queda de tensão na lâmpada durante as operações em regimes transiente e permanente.**

SOLUÇÃO Uma lâmpada de 60 W pode ser modelada aproximadamente por sua resistência equivalente:

$$P_{lâmpada} = \frac{V_{an}^2}{R_{lâmpada}}$$

ou

$$R_{lâmpada} = 240\ \Omega$$

Quando a unidade de ar-condicionado é ligada pela primeira vez, a demanda de corrente é de 40 A, como mostrado na **Fig. 9.36b**. À medida que o motor do compressor ganha velocidade, a demanda de corrente cai rapidamente para um valor de regime permanente de 10 A, como mostrado na **Fig. 9.36c**. Comparemos os valores da tensão na lâmpada, V_{AN}, no instante em que o ar-condicionado é ligado e no estado estacionário.

Usando superposição, primeiro, determinemos a parcela de V_{AN} causada pelas fontes de tensão. O circuito apropriado é mostrado na **Fig. 9.36d**. Usando divisão de tensão, obtemos

$$V_{AN1} = V_{AN}\left(\frac{R_{lâmpada}}{R_{lâmpada} + 2R_L}\right)$$

ou

$$V_{AN1} = 119{,}50 \text{ V rms}$$

A **Fig. 9.36e** permite o cálculo da parcela de V_{AN} causada pela corrente de estado estacionário de 10 A. Usando divisão de corrente para calcular a corrente que flui na lâmpada, temos

$$V_{AN2} = -\left\{ I_{AB}\left(\frac{R_L}{R_{lâmpada} + 2R_L}\right)\right\} R_{lâmpada}$$

ou

$$V_{AN2} = -4{,}98 \text{ V rms}$$

Portanto, o valor de estado estacionário de V_{AN} é

$$V_{AN} = V_{AN1} + V_{AN2} = 114{,}52 \text{ V rms}$$

No momento em que o ar-condicionado é ligado, a expressão para V_{AN2} pode ser usada com I_{AB} = 40 A, o que resulta em V_{AN2} = −19,92 V rms. O valor resultante para V_{AN} é

$$V_{AN} = V_{AN1} + V_{AN2} = 119{,}50 - 19{,}92 = 99{,}58 \text{ V rms}$$

A tensão fornecida à lâmpada quando o ar-condicionado é ligado é 13% menor do que o valor de estado estacionário, resultando em um momentâneo escurecimento das luzes.

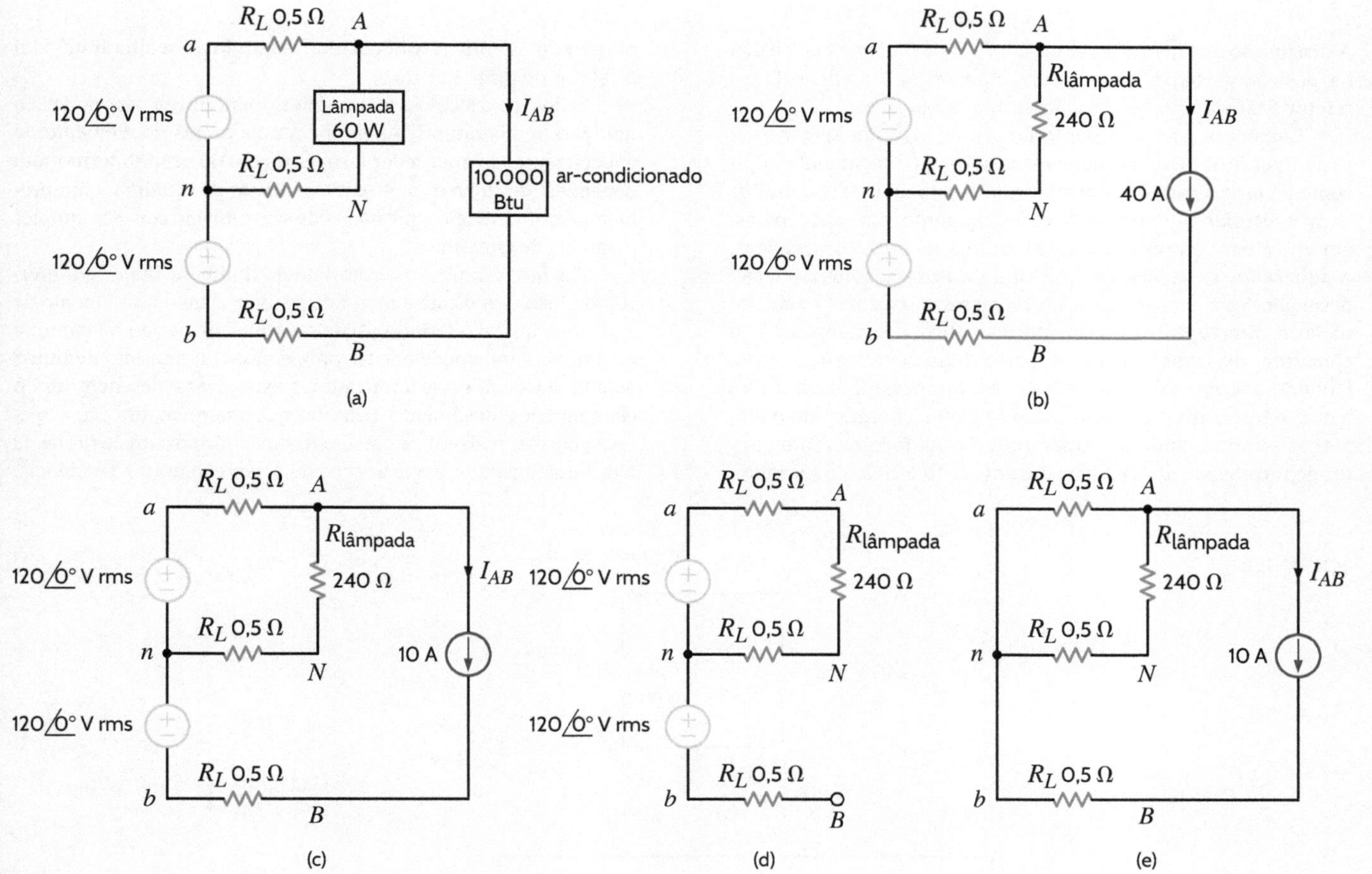

FIGURA 9.36 Circuitos usados no Exemplo 9.25.

EXEMPLO DE APLICAÇÃO 9.26

A maioria das secadoras de roupas funciona a 240 V rms, e tem várias configurações de temperatura, como baixa, média e alta. Examine a forma com que a secadora gera calor para a secagem e como regula a temperatura.

SOLUÇÃO Primeiro, considere o calor. Um modelo simples para a geração de calor é mostrado na **Fig. 9.37a**, em que um elemento de aquecimento resistivo é conectado à fonte de 240 V rms. Para uma dada secadora, a resistência do elemento é de aproximadamente 11 Ω. A corrente neste elemento é

$$I_{\text{elemento}} = \frac{240}{11} = 21{,}81 \text{ A rms} \qquad \textbf{9.39}$$

Como o elemento é resistivo, a tensão e a corrente estão em fase. A dissipação de potência é

$$P_{\text{elemento}} = I^2_{\text{elemento}} R_{\text{elemento}} = (21{,}81)^2(11) = 5.236 \text{ W}$$

Esse valor, mais de 5 kW, corresponde a uma potência muito alta! Observe, no entanto, que esta é a potência dissipada supondo que o elemento resistivo esteja conectado à fonte de 240 V rms 100% do tempo. Se pudermos controlar a porcentagem do tempo que o elemento é energizado, poderemos controlar a potência média e, portanto, a temperatura média.

Um método muito comum para controle de temperatura é mostrado esquematicamente na **Fig. 9.37b**, na qual um serviço residencial monofásico padrão de três condutores energiza o elemento de aquecimento a 240 V rms e o circuito de controle, a 120 V rms. O seletor de temperatura está conectado a três resistores. Cada nível de temperatura produz uma corrente diferente no aquecedor termostático, que é apenas mais um resistor. Cada posição do seletor alterará a temperatura do aquecedor termostático que controla o ponto de ajuste de temperatura. Podemos calcular a potência dissipada no aquecedor termostático para cada configuração de temperatura. Seja R_{ch} a resistência que corresponde ao ajuste da chave seletora; então,

$$P_{\text{termostato}} = I^2_{\text{termostato}} R_{\text{termostato}} =$$

$$= \left(\frac{120}{R_{\text{termostato}} + R_{\text{ch}}}\right)^2 R_{\text{termostato}} \begin{cases} = 1{,}3 \text{ W} & \text{baixa temperatura} \\ = 1{,}79 \text{ W} & \text{média temperatura} \\ = 4{,}1 \text{ W} & \text{alta temperatura} \end{cases} \qquad \textbf{9.40}$$

A dissipação de energia do aquecedor termostático é mais baixa na posição de baixa temperatura e aumenta à medida que o seletor é movido para a posição de alta temperatura.

Considere, agora, o ponto crítico no sistema de controle de temperatura. O aquecedor termostático é fisicamente adjacente ao termostato de controle (muito semelhante aos usados para controlar aquecimento e resfriamento em residências, em que a temperatura é ajustada manualmente). Na secadora, o aquecedor termostático funciona de acordo com a seleção desejada. Se a temperatura no termostato exceder a selecionada, o interruptor do termostato se abre, desenergizando o elemento de aquecimento e permitindo seu resfriamento. Quando o termostato determina que a temperatura está muito baixa, o interruptor do termostato se fecha, energizando o elemento e aumentando a temperatura. Dessa forma, o interruptor do termostato abre e fecha durante todo o ciclo de secagem, mantendo a temperatura correta, segundo a escolha feita com o seletor de temperatura.

Todos os cálculos foram feitos para níveis de potência, não para temperaturas. As temperaturas exatas do elemento de aquecimento, do aquecedor termostático e do próprio termostato dependem de como o calor se move dentro da secadora – um problema termodinâmico que não pode ser resolvido com um simples diagrama de circuito.

Por fim, examine o termostato de limite de alta e seu interruptor. Este termostato é montado muito próximo ao elemento de aquecimento. Se o termostato de controle falhar, não há controle de temperatura e podemos ter problemas. O termostato de limite de alta detectará essas temperaturas excessivas e desenergizará o elemento de aquecimento. Uma vez que a temperatura cai, a operação normal pode ser retomada. Assim, o termostato de limite de alta é usado para proteger a secadora e, por extensão, a residência.

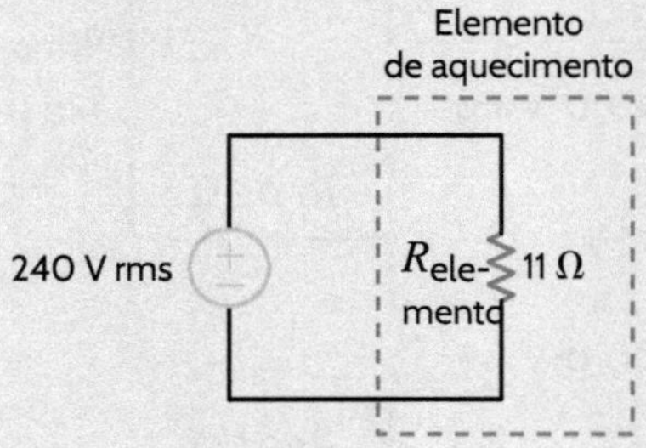

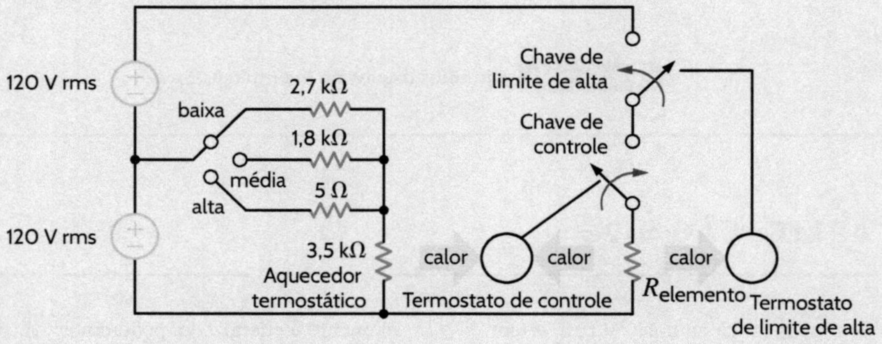

FIGURA 9.37 Esquemas parciais de uma secadora de roupas residencial: (a) elemento de aquecimento e (b) sistema de controle.

9.11 Exemplos de Projeto

Os exemplos a seguir ilustram aplicações práticas do assunto estudado neste capítulo.

EXEMPLO DE PROJETO 9.27

Um circuito comercial monofásico de três condutores a 60 Hz de baixa potência é usado com cargas relativas à iluminação, aquecimento e motores, como mostrado na **Fig. 9.38a**. As cargas de iluminação e aquecimento são, essencialmente, puras resistências e, portanto, têm FP unitário; cargas de motores, por sua vez, têm FP atrasado.

Projete uma configuração balanceada para o circuito e determine sua viabilidade econômica usando o seguinte procedimento:

a. Calcule as correntes de fase e de neutro, a potência complexa e o FP para cada fonte.

b. Em seguida, mova a carga de aquecimento (painel A) para a fase *b*, como mostrado na **Fig. 9.38b**. Tal procedimento corresponde a "balancear" a carga. Repita a análise de (a).

c. Admita que as resistências dos condutores de fase e de neutro sejam ambas de 0,05 Ω e tenham efeito desprezível nos resultados de (a). Avalie as perdas de linha do sistema para (a) e (b). Se as cargas em questão operarem 24 horas por 365 dias a $0,08/kWh, quanta energia (e dinheiro) é economizada se elas forem balanceadas?

SOLUÇÃO **a.** As magnitudes das correntes rms são

$$I_B = I_A = \frac{P}{V} = \frac{5.000}{120} = 41{,}67 \text{ A rms}$$

e

$$I_m = \frac{10.000}{240} = 41{,}67 \text{ A rms}$$

Além disso,

$$\theta_m = \cos^{-1}(0{,}8) = -36{,}9°$$

Portanto,

$$\begin{aligned}\mathbf{I}_a &= \mathbf{I}_B + \mathbf{I}_A + \mathbf{I}_m \\ &= 41{,}67\underline{/0°} + 41{,}67\underline{/0°} + 41{,}67\underline{/-36{,}9°} \\ &= 119{,}4\underline{/-12{,}1°} \text{ A rms}\end{aligned}$$

As correntes nas linhas de neutro e fase *b* são

$$\mathbf{I}_n = \mathbf{I}_B + \mathbf{I}_A = 83{,}34\underline{/0°} \text{ A rms}$$

$$\mathbf{I}_b = 41{,}67\underline{/-36{,}9°} \text{ A rms}$$

A potência complexa e o fator de potência para cada fonte são

$$\mathbf{S}_a = \mathbf{V}_{an}\mathbf{I}_a^* = (120\underline{/0°})(119{,}4\underline{/+12{,}1°}) = 14 + j3 \text{ kVA}$$

$$\text{FP}_a = \cos(12{,}1°) = 0{,}9778 \text{ atrasado}$$

e, da mesma maneira,

$$\mathbf{S}_b = \mathbf{V}_{bn}\mathbf{I}_b^* = 4 + j3 \text{ kVA}$$

$$\text{FP}_b = 0{,}8 \text{ atrasado}$$

b. Sob a condição balanceada:

$$\begin{aligned}\mathbf{I}_a = \mathbf{I}_B + \mathbf{I}_m &= 41{,}67\underline{/0°} + 41{,}67\underline{/-36{,}9°} \\ &= 79{,}06\underline{/-18{,}4°} \text{ A rms}\end{aligned}$$

e

$$\mathbf{I}_b = 79{,}06\underline{/-18{,}4°} \text{ A rms}$$

$$\mathbf{I}_n = 0$$

Portanto,

$$\mathbf{S}_a = \mathbf{V}_{na}\mathbf{I}_a^* = 9 + j3 \text{ kVA}$$

$$\text{FP}_a = 0{,}9487 \text{ atrasado}$$

e

$$\mathbf{S}_b = \mathbf{V}_{bn}\mathbf{I}_b^* = 9 + j3 \text{ kVA}$$

$$\text{FP}_b = 0{,}9487 \text{ atrasado}$$

c. A perda de potência nas linhas, em kW, é

$$\begin{aligned}P_{\text{perda}} &= R_a I_a^2 + R_b I_b^2 + R_n I_c^2 \\ &= 0{,}05(I_a^2 + I_b^2 + I_n^2)/1.000\end{aligned}$$

A perda total de energia em um ano é

$$W_{\text{perda}} = (24)(365)P_{\text{perda}} = 8.760 P_{\text{perda}}$$

e o custo anual é

$$\text{Custo} = \$0{,}08\, W_{\text{perda}}$$

Uma comparação dos casos desbalanceado e balanceado é mostrada na **Tabela 9.1**.

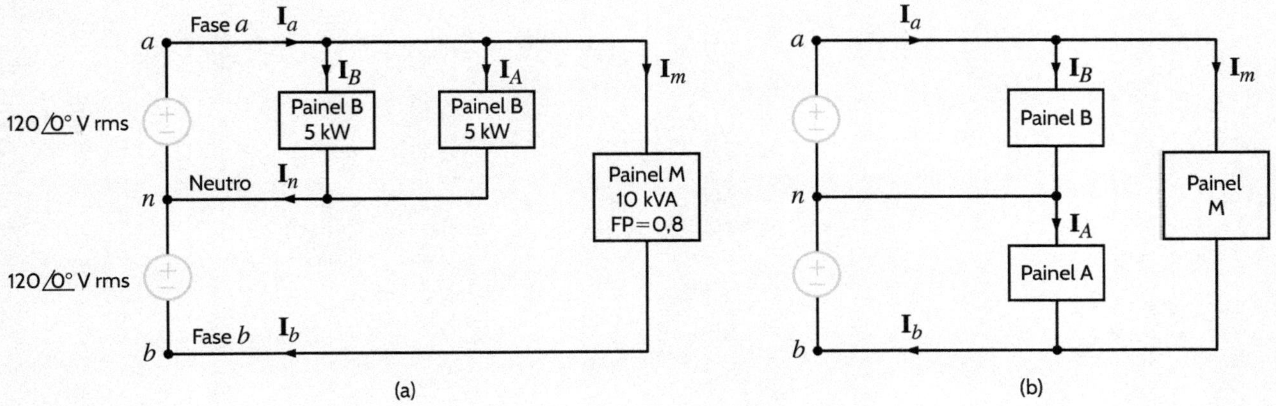

FIGURA 9.38 Sistema monofásico de distribuição de energia com três condutores.

TABELA 9.1 Perda de potência, perda de energia e custo para os casos balanceados e desbalanceados

	Caso desbalanceado	Caso balanceado
P_{perda}(kW)	1,147	0,625
W_{perda}(kWh)	10.034	5.475
Custo($)	804	438

Portanto, a economia anual obtida com a configuração balanceada é:

$$\text{Economia anual de energia} = 10.048 - 5.475 = 4.573 \text{ kWh}$$

$$\text{Economia anual de custo} = 804 - 438 = \$366$$

Resumo

- ***Potência instantânea*** Se corrente e tensão forem funções senoidais do tempo, a potência instantânea é igual a um valor médio independente do tempo mais um termo senoidal cuja frequência é o dobro da frequência da tensão ou corrente.
- ***Potência média*** $P = 1/2\ VI \cos(\theta_v - \theta_i) = 1/2\ VI \cos \theta$, em que θ é a fase da impedância.
- ***Carga resistiva*** $P = 1/2\ I^2R = 1/2\ VI$, pois V e I estão em fase.
- ***Carga reativa*** $P = 1/2\ VI \cos(\pm 90°) = 0$
- ***Máxima transferência de potência média*** Para haver máxima transferência de potência média para uma carga, a impedância da carga deve ser escolhida igual ao complexo conjugado da impedância equivalente de Thévenin que representa o restante do circuito.
- ***rms ou valor eficaz de uma forma de onda periódica*** O valor eficaz, ou rms, de uma forma de onda periódica foi apresentado como uma maneira de medir a eficiência com que uma fonte fornece energia a uma carga resistiva. O valor eficaz de uma forma de onda periódica é obtido determinando a raiz do valor quadrático médio da forma de onda. O valor eficaz de uma função senoidal é igual ao máximo valor da senoide dividido por $\sqrt{2}$.
- ***Fator de potência*** A potência aparente é definida como o produto $V_{\text{rms}}I_{\text{rms}}$. O fator de potência é definido como a razão entre a potência média e a potência aparente, e definido como adiantado quando a fase da corrente está atrasada com relação à da tensão, e atrasado quando a fase da corrente está atrasada com relação à da tensão. O fator de potência atrasado de uma carga pode ser corrigido conectando um capacitor em paralelo com a carga.
- ***Potência complexa*** A potência complexa, **S**, é definida como o produto $\mathbf{V}_{\text{rms}}\mathbf{I}^*_{\text{rms}}$. A potência complexa **S** pode ser escrita como $\mathbf{S} = P + jQ$, em que P é a potência real ou média e Q, a potência imaginária ou em quadratura.

$$\mathbf{S} = I^2\mathbf{Z} = I^2R + jI^2X$$

- ***Circuito monofásico de três condutores*** O circuito monofásico de três condutores é o comumente usado em residências. Aparelhos de maior potência são conectados entre fases, e aparelhos de menor potência e lâmpadas são conectados entre linha e neutro.
- ***Segurança*** A segurança deve ser a principal preocupação no projeto e uso de qualquer circuito elétrico. O código elétrico americano – *National Electrical Code*® – é o principal guia para a construção e operação de sistemas elétricos.

CAPÍTULO 10

Circuitos Magneticamente Acoplados

OBJETIVOS DE APRENDIZAGEM

Os objetivos de aprendizagem deste capítulo são tornar os estudantes capazes de:

- Compreender os conceitos de indutância mútua, coeficiente de acoplamento e razão de espiras mediante a análise de circuitos que contêm componentes magneticamente acoplados.
- Analisar circuitos que contêm indutância mútua para determinar tensões e correntes.
- Calcular tensões e correntes em circuitos que contêm transformadores ideais.

10.1 Indutância Mútua

Na apresentação deste assunto, lembramos ao leitor, mais uma vez, que assumimos elementos "ideais" nas análises realizadas neste livro. Por exemplo, ignoramos a resistência da bobina usada para fazer um indutor, assim como qualquer capacitância parasita. Essa abordagem é especialmente importante nesta discussão de indutância mútua, pois uma análise exata desse tópico é bastante complexa. Como sempre, trataremos o assunto de maneira direta e ignoraremos questões que fogem ao escopo deste livro e servem apenas para tornar a apresentação mais trabalhosa.

Para iniciar a discussão de indutância mútua, recordemos duas leis importantes: a lei de Ampère e a lei de Faraday. A lei de Ampère estabelece que o fluxo de corrente elétrica gera um campo magnético. Se o campo magnético for acoplado a um circuito elétrico e variar no tempo (formando um enlace de fluxo), a lei de Faraday estabelece que uma tensão será gerada no circuito acoplado. Embora esse fenômeno ocorra, com alguma intensidade, em todos os circuitos, seu efeito é amplificado em bobinas, pois a geometria do circuito amplifica o efeito do acoplamento. Com base nessas ideias, consideremos a situação ideal ilustrada na **Fig. 10.1**, em que uma corrente i flui em uma bobina de N espiras e produz um campo magnético, representado pelo fluxo magnético ϕ. O enlace de fluxo para esta bobina é dado por

$$\lambda = N\phi \qquad \textbf{10.1}$$

Para os sistemas lineares estudados neste livro, o enlace de fluxo e a corrente estão relacionados por

$$\lambda = Li \qquad \textbf{10.2}$$

A constante de proporcionalidade entre o enlace de fluxo e a corrente é a indutância, estudada no Capítulo 6. As Eqs. (10.1) e (10.2) podem ser utilizadas para expressar o fluxo magnético em termos da corrente:

$$\phi = \frac{L}{N} i \qquad \textbf{10.3}$$

De acordo com a lei de Faraday, a tensão induzida na bobina está relacionada com a taxa de variação temporal do enlace de fluxo λ:

$$v = \frac{d\lambda}{dt} \qquad \textbf{10.4}$$

Vamos substituir a Eq. (10.2) na Eq. (10.4) e usar a regra da cadeia para calcular a derivada:

$$v = \frac{d\lambda}{dt} = \frac{d}{dt}(Li) = L\,\frac{di}{dt} + i\,\frac{dL}{dt} \qquad \textbf{10.5}$$

As indutâncias consideradas aqui não variam com o tempo; então, a Eq. (10.5) se reduz à equação de definição do indutor ideal, como mostrado na **Fig. 10.2**.

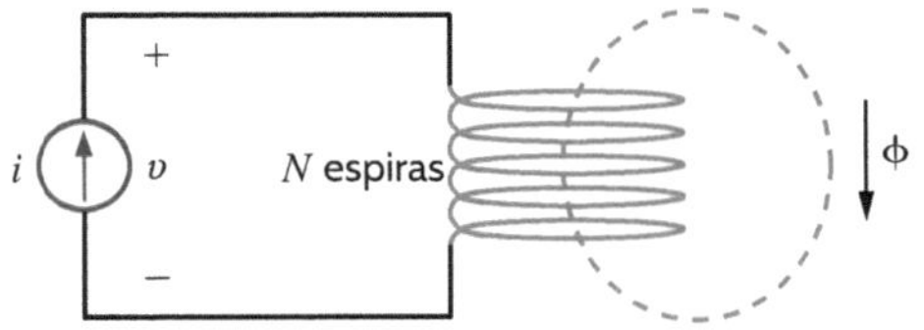

FIGURA 10.1 Enlace de fluxo magnético ϕ em uma bobina de N espiras.

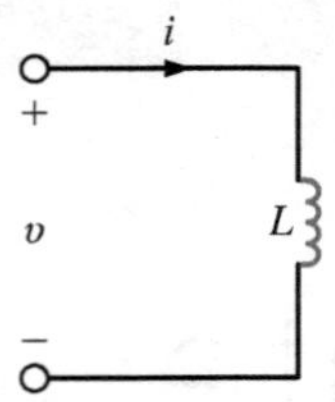

FIGURA 10.2 Um indutor ideal.

$$v = L\frac{di}{dt} \quad \textbf{10.6}$$

Observe que, nesta figura, tensão e corrente satisfazem à convenção passiva de sinais. A Eq. (10.6) nos diz que uma corrente i que flui por uma bobina produz uma tensão v nos terminais da bobina.

Considere que uma segunda bobina com N_2 espiras seja posicionada a uma distância suficientemente pequena de uma bobina com N_1 espiras, de modo que o fluxo magnético produzido pela corrente i_1 enlace a segunda bobina. Nenhuma corrente flui na segunda bobina, como mostrado na **Fig. 10.3**. Pela lei de Faraday, uma tensão v_2 será induzida, pois o fluxo magnético ϕ enlaça a segunda bobina. O enlace de fluxo para a bobina 1 é

$$\lambda_i = N_1\phi = L_1 i_1 \quad \textbf{10.7}$$

A corrente que flui na bobina 1 produz uma tensão $v_1 = \frac{d\lambda_1}{dt} = L_1\frac{di_1}{dt}$. Nos referimos a L_1 como a indutância. Em sistemas de múltiplas bobinas, nos referiremos a L_1 como a autoindutância da bobina 1. O enlace de fluxo para a bobina 2 é $\lambda_2 = N_2\phi$; pela lei de Faraday, a tensão v_2 é dada como

$$v_2 = \frac{d\lambda_2}{dt} = \frac{d}{dt}(N_2\phi) = \frac{d}{dt}\left(N_2\left(\frac{L_1}{N_1}i_1\right)\right) = \frac{N_2}{N_1}L_1\frac{di_1}{dt} = L_{21}\frac{di_1}{dt} \quad \textbf{10.8}$$

Observe que a tensão v_2 é diretamente proporcional à taxa de variação temporal de i_1. A constante de proporcionalidade, L_{21}, é definida como a indutância mútua e medida em henrys. Dizemos que as bobinas na Fig. 10.3 são magneticamente acopladas.

Conectemos, agora, uma fonte de corrente aos terminais da bobina 2, como mostrado na **Fig. 10.4**. As duas correntes contribuem para o fluxo magnético ϕ. Para a configuração da bobina e direções de corrente mostradas nesta figura, os enlaces de fluxo para as bobinas são dados por

$$\lambda_1 = L_1 i_1 + L_{12} i_2 \quad \textbf{10.9}$$

$$\lambda_2 = L_{21} i_1 + L_2 i_2 \quad \textbf{10.10}$$

Aplicando a lei de Faraday,

$$v_1 = \frac{d\lambda_1}{dt} = L_1\frac{di_1}{dt} + L_{12}\frac{di_2}{dt} \quad \textbf{10.11}$$

$$v_2 = \frac{d\lambda_2}{dt} = L_{21}\frac{di_1}{dt} + L_2\frac{di_2}{dt} \quad \textbf{10.12}$$

Como limitamos nosso estudo a sistemas lineares, $L_{12} = L_{21} = M$, sendo M o símbolo de indutância mútua. Das Eqs. (10.11) e (10.12), vemos que a tensão em cada bobina é composta de dois termos: um "termo próprio", resultado da corrente que flui na própria bobina, e um "termo mútuo", resultado da corrente que flui na outra bobina.

Se a direção de i_2 na Fig. 10.4 for invertida, as Eqs. (10.9) a (10.12) passam a:

$$\lambda_1 = L_1 i_1 - M i_2 \quad \textbf{10.13}$$

$$\lambda_2 = -M i_1 + L_2 i_2 \quad \textbf{10.14}$$

$$v_1 = \frac{d\lambda_1}{dt} = L_1\frac{di_1}{dt} - M\frac{di_2}{dt} \quad \textbf{10.15}$$

$$v_2 = \frac{d\lambda_2}{dt} = -M\frac{di_1}{dt} + L_2\frac{di_2}{dt} \quad \textbf{10.16}$$

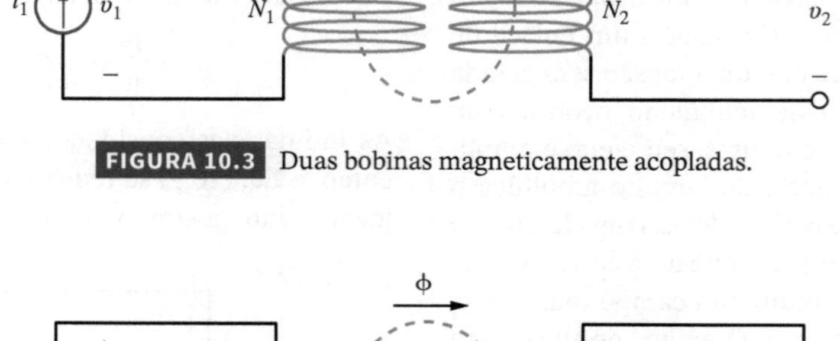

FIGURA 10.3 Duas bobinas magneticamente acopladas.

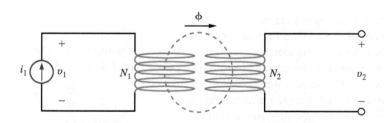

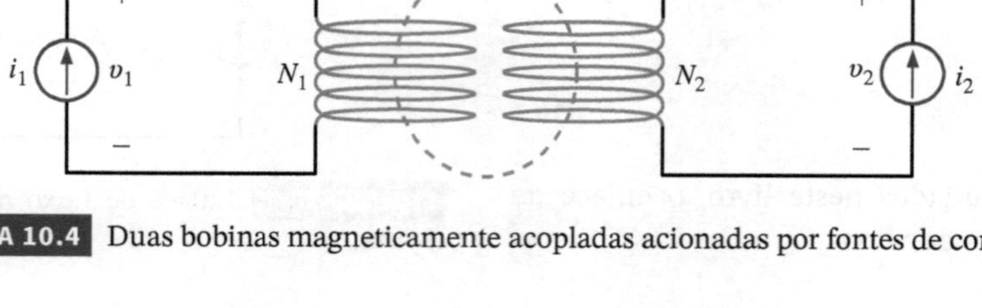

FIGURA 10.4 Duas bobinas magneticamente acopladas acionadas por fontes de corrente.

As Eqs. (10.13) a (10.16) também podem ser obtidas a partir do circuito na **Fig. 10.5**. Observe que, nesta figura, a bobina 2 tem uma configuração de enrolamento diferente em comparação com a bobina 2 na Fig. 10.4.

Os diagramas de circuitos se tornarão bastante complexos se detalhes da configuração do enrolamento forem incluídos. A convenção de pontos nos permite manter esses detalhes e, ao mesmo tempo, simplificar os diagramas de circuitos. A **Fig. 10.6a** é o diagrama de circuito para as bobinas magneticamente acopladas da Fig. 10.4. As bobinas são representadas por dois indutores acoplados, com autoindutâncias L_1 e L_2 e indutância mútua M. A tensão em cada bobina consiste em dois termos: um termo próprio, resultante da corrente que flui na própria bobina, e um termo mútuo, resultante da corrente que flui na outra bobina. O termo próprio é a tensão que discutimos em um capítulo anterior. O termo mútuo resulta do fluxo de corrente na outra bobina acoplada.

Na Fig. 10.6a, os termos mútuos são positivos quando as duas correntes entram nos pontos. O oposto se torna verdadeiro quando uma corrente entra em um ponto e a outra sai de um ponto, como mostrado na **Fig. 10.6b**. Usaremos essa observação no desenvolvimento de um procedimento geral para a escrita de equações de circuito para indutores magneticamente acoplados. A **Fig. 10.7a** é o mesmo diagrama da Fig. 10.6a, exceto que a tensão nos indutores é dividida nos termos próprios e mútuos. A polaridade dos termos próprios – $L_1 di_1/dt$ e $L_2 di_2/dt$ – é dada pela convenção passiva de sinais usada extensivamente ao longo deste texto. Esses termos estariam presentes mesmo se bobinas não fossem magneticamente acopladas. Os termos mútuos na Fig. 10.7a têm a mesma polaridade dos termos próprios. Note que as duas correntes estão entrando nos pontos da Fig. 10.7a. O oposto é verdadeiro na **Fig. 10.7b**. Os termos próprios têm a mesma polaridade de antes; entretanto, as polaridades para os termos mútuos são diferentes daquelas na Fig. 10.7a. Podemos, agora, fazer uma asserção geral:

Uma corrente definida para entrar no terminal com ponto de uma bobina produz uma tensão na bobina acoplada, que é positiva no terminal com ponto. Da mesma forma, uma corrente definida para entrar no terminal sem ponto de uma bobina produz uma tensão na bobina acoplada, que é positiva no terminal sem ponto.

Ilustraremos o uso desta asserção com alguns exemplos.

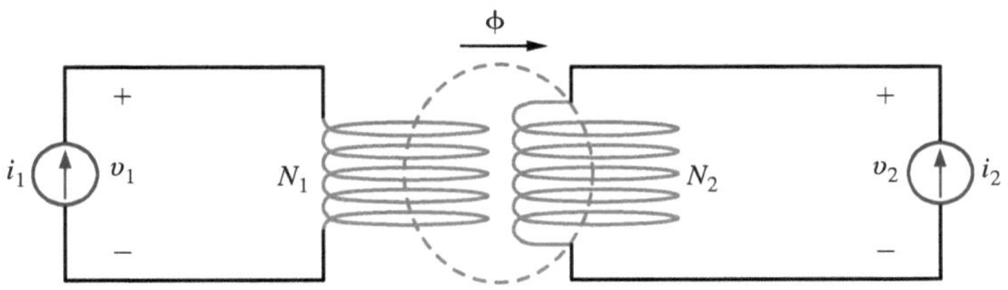

FIGURA 10.5 Bobinas magneticamente acopladas com diferentes configurações de enrolamento.

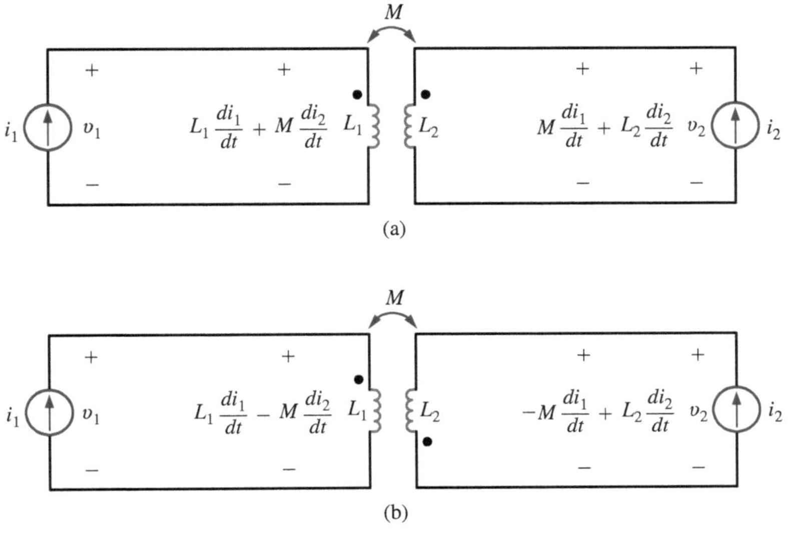

FIGURA 10.6 Diagramas de circuito para bobinas magneticamente acopladas.

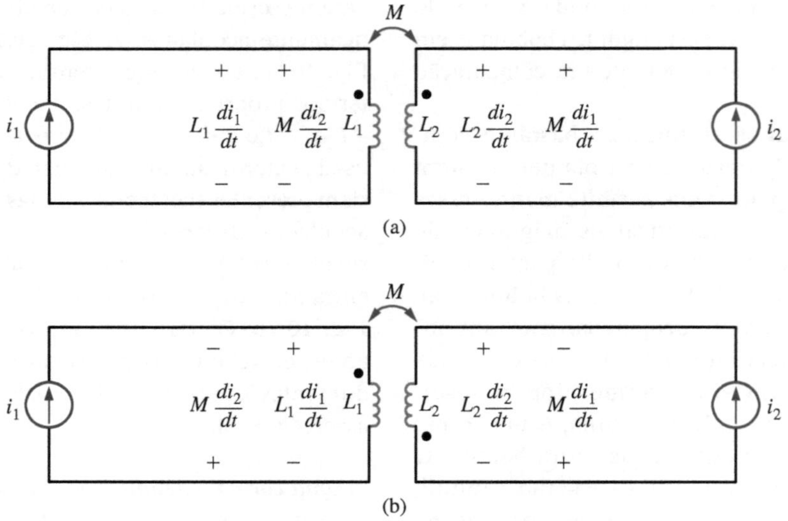

FIGURA 10.7 Diagramas de circuito para bobinas magneticamente acopladas, mostrando termos de tensões própria e mútua.

Estratégia para a Solução de Problemas

Indutores Magneticamente Acoplados

PASSO 1 Atribuir correntes de malha. Geralmente é muito mais fácil escrever equações de malha para um circuito que contém indutores magneticamente acoplados do que equações nodais.

PASSO 2 Escrever equações de malha aplicando a LKT. Uma corrente definida para entrar no terminal com ponto de uma bobina produz uma tensão na outra bobina, que é positiva no terminal com ponto. Uma corrente definida para entrar no terminal sem ponto em uma bobina produz uma tensão na outra bobina, que é positiva no terminal sem ponto.

PASSO 3 Resolver as correntes de malha.

EXEMPLO 10.1

Determine as equações para $v_1(t)$ e $v_2(t)$ no circuito mostrado na **Fig. 10.8a**.

SOLUÇÃO Os diferentes termos de tensão para o circuito são mostrados no diagrama de circuito na **Fig. 10.8b**. A polaridade dos termos próprios é dada pela convenção passiva de sinais. Para as duas bobinas, as correntes indicadas entram nos terminais sem ponto das bobinas. Como resultado, a polaridade das tensões produzidas por cada uma dessas correntes é positiva no terminal sem ponto da outra bobina. As equações para $v_1(t)$ e $v_2(t)$ são

$$v_1(t) = -L_1\frac{di_1}{dt} - M\frac{di_2}{dt}$$

$$v_2(t) = L_2\frac{di_2}{dt} + M\frac{di_1}{dt}$$

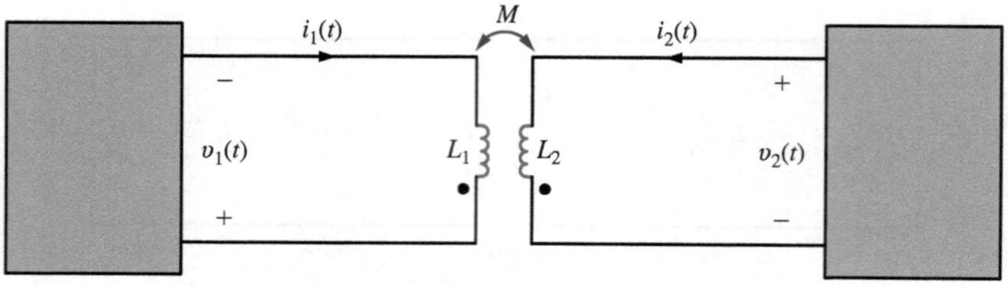

FIGURA 10.8a Circuito usado no Exemplo 10.1.

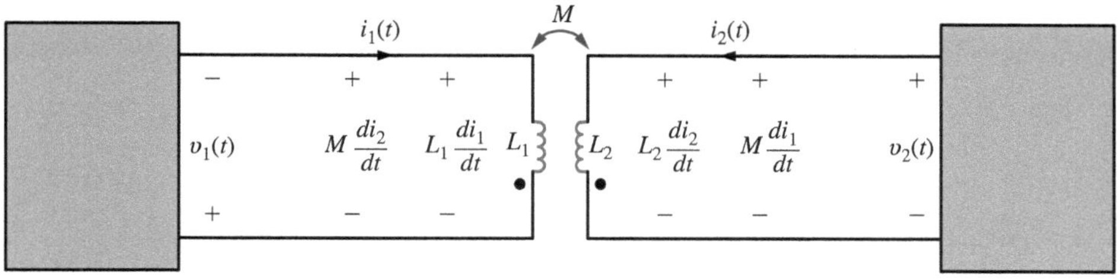

FIGURA 10.8b Circuito mostrando termos de tensões própria e mútua.

EXEMPLO 10.2

Escreva equações de malha para o circuito na **Fig. 10.9a** usando as correntes de malha indicadas.

SOLUÇÃO O circuito na **Fig. 10.9b** mostra os termos de tensão para a malha 1. A polaridade dos termos próprios para L_1 e L_2 é determinada pela convenção passiva de sinais. A corrente $(i_2 - i_1)$ entra no terminal com ponto do indutor L_2. Esta corrente produz o termo mútuo mostrado junto ao indutor L_1. A corrente i_1 entra no terminal de L_1 com ponto e produz uma tensão em L_2 que é positiva em seu terminal com ponto. A equação para esta malha é

$$v_1(t) = R_1 i_1(t) + L_1\frac{di_1}{dt} + M\frac{d}{dt}(i_2 - i_1) + L_2\frac{d}{dt}(i_1 - i_2) - M\frac{di_1}{dt}$$

Os termos de tensão para a segunda malha são mostrados na **Fig. 10.9c**. A equação para a malha 2 é

$$R_2 i_2(t) + L_2\frac{d}{dt}(i_2 - i_1) + M\frac{di_1}{dt} = 0$$

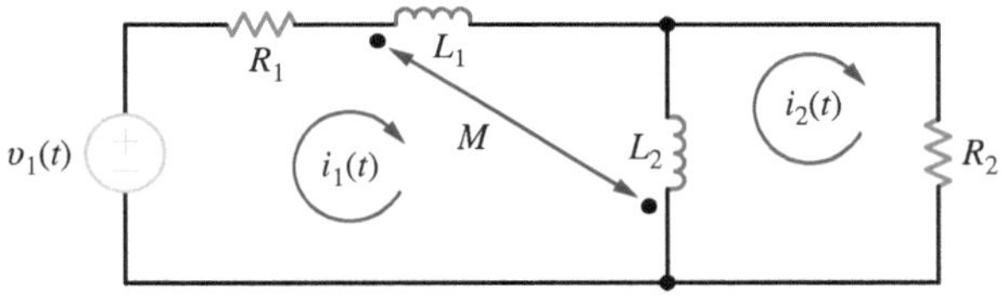

FIGURA 10.9a Circuito usado no Exemplo 10.2.

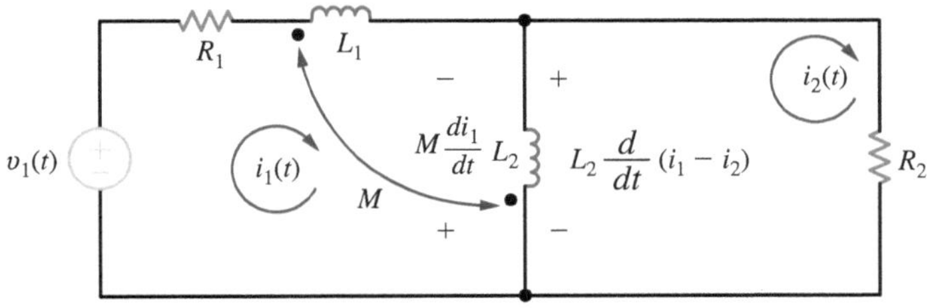

FIGURA 10.9b Circuito mostrando termos de tensão para a malha 1.

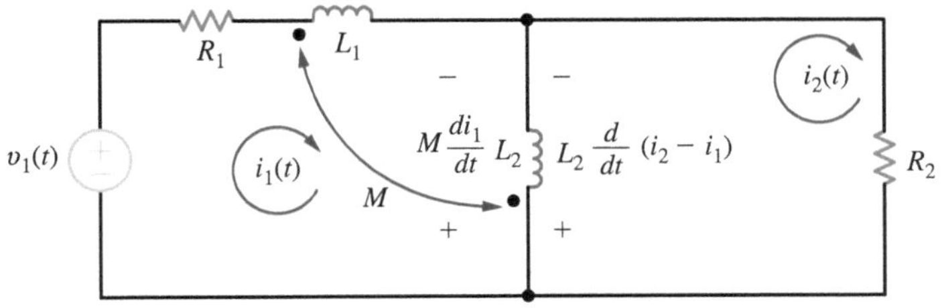

FIGURA 10.9c Circuito mostrando termos de tensão para a malha 2.

Avaliação da Aprendizagem

E10.1 Escreva as equações para $v_1(t)$ e $v_2(t)$ no circuito na Fig. E10.1.

Resposta:

$$v_1(t) = L_1\frac{di_1(t)}{dt} + M\frac{di_2(t)}{dt},$$

$$v_2(t) = -L_2\frac{di_2(t)}{dt} - M\frac{di_1(t)}{dt}.$$

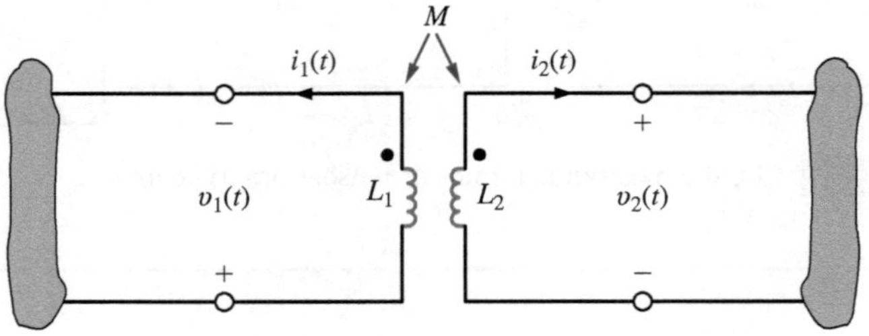

FIGURA E10.1

Vamos admitir que o circuito acoplado na **Fig. 10.10** seja excitado por uma fonte senoidal. As tensões serão da forma $\mathbf{V}_1e^{j\omega t}$ e $\mathbf{V}_2e^{j\omega t}$, e as correntes da forma $\mathbf{I}_1e^{j\omega t}$ e $\mathbf{I}_2e^{j\omega t}$, em que $\mathbf{V}_1$, $\mathbf{V}_2$, $\mathbf{I}_1$ e $\mathbf{I}_2$ são fasores. Substituindo essas tensões e correntes nas Eqs. (10.11) e (10.12), e usando o fato de que $L_{12} = L_{21} = M$, obtemos

$$\mathbf{V}_1 = j\omega L_1\mathbf{I}_1 + j\omega M\mathbf{I}_2$$
$$\mathbf{V}_2 = j\omega L_2\mathbf{I}_2 + j\omega M\mathbf{I}_1 \qquad \textbf{10.17}$$

O modelo do circuito acoplado no domínio da frequência é idêntico àquele no domínio do tempo, exceto pela forma como os elementos e variáveis são representados. O sinal nos termos mútuos é tratado da mesma maneira que no domínio do tempo.

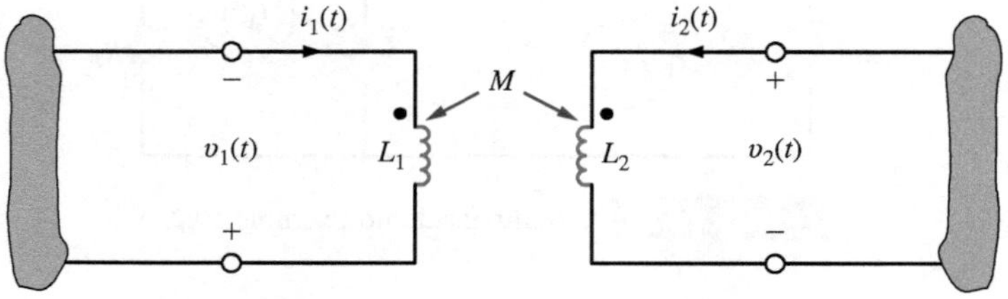

FIGURA 10.10 Bobinas mutuamente acopladas.

EXEMPLO 10.3

As duas bobinas mutuamente acopladas na **Fig. 10.11a** podem ser interconectadas de quatro maneiras possíveis. Desejamos determinar a indutância equivalente de cada uma das quatro possíveis formas de interconexão.

SOLUÇÃO O caso 1 é mostrado na **Fig. 10.11b**, para o qual

$$\mathbf{V} = j\omega L_1\mathbf{I} + j\omega M\mathbf{I} + j\omega L_2\mathbf{I} + j\omega M\mathbf{I}$$
$$= j\omega L_{eq}\mathbf{I}$$

em que $L_{eq} = L_1 + L_2 + 2M$.

O caso 2 é mostrado na **Fig. 10.11c**. Usando a LKT, obtemos

$$\mathbf{V} = j\omega L_1\mathbf{I} - j\omega M\mathbf{I} + j\omega L_2\mathbf{I} - j\omega M\mathbf{I}$$
$$= j\omega L_{eq}\mathbf{I}$$

em que $L_{eq} = L_1 + L_2 - 2M$.

O caso 3 é mostrado na **Fig. 10.11d** e redesenhado na **Fig. 10.11e**. As duas equações da LKT são

$$\mathbf{V} = j\omega L_1\mathbf{I}_1 + j\omega M\mathbf{I}_2$$

$$\mathbf{V} = j\omega M\mathbf{I}_1 + j\omega L_2\mathbf{I}_2$$

Resolvendo essas equações para I_1 e I_2, temos:

$$\mathbf{I}_1 = \frac{\mathbf{V}(L_2 - M)}{j\omega(L_1L_2 - M^2)}$$

$$\mathbf{I}_2 = \frac{\mathbf{V}(L_1 - M)}{j\omega(L_1L_2 - M^2)}$$

Usando a LKC, obtemos

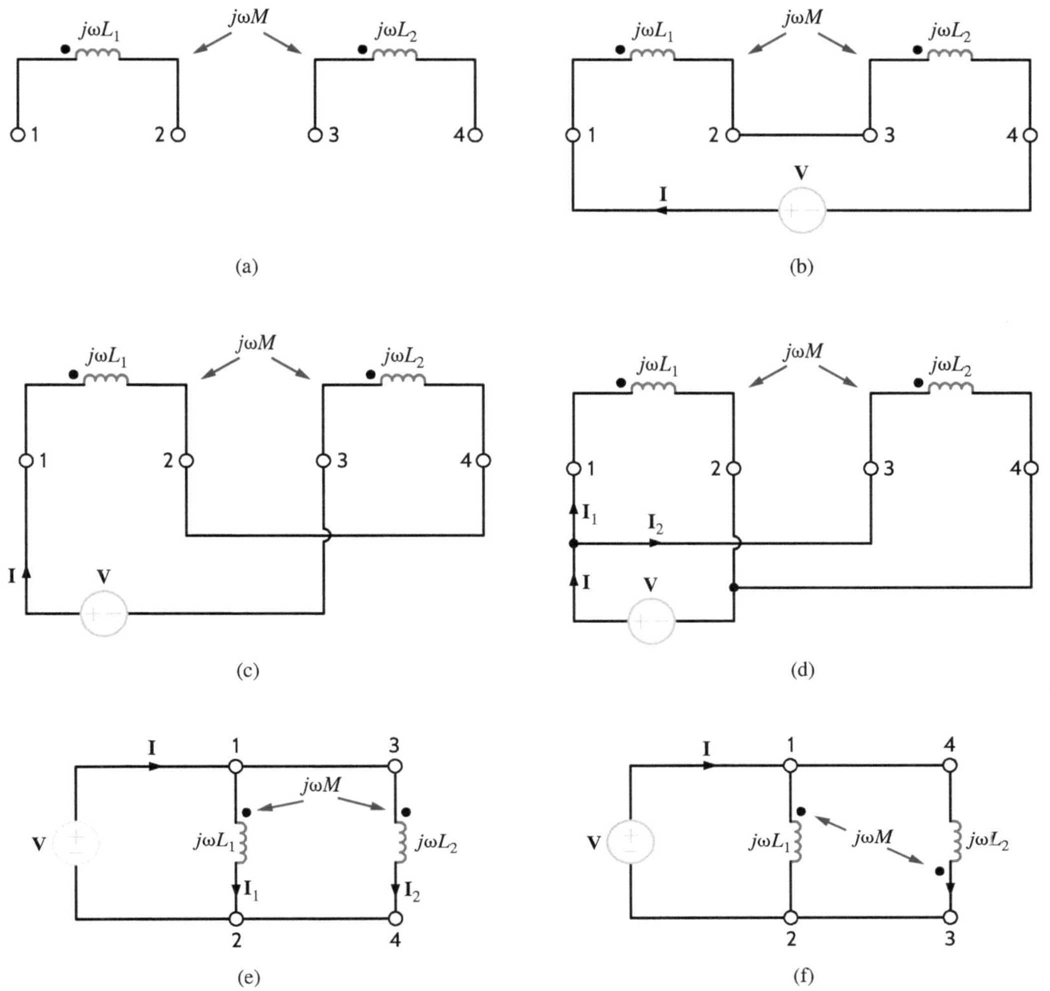

FIGURA 10.11 Circuitos usados no Exemplo 10.3.

$$\mathbf{I} = \mathbf{I}_1 + \mathbf{I}_2 = \frac{\mathbf{V}(L_1 + L_2 - 2M)}{j\omega(L_1L_2 - M^2)} = \frac{\mathbf{V}}{j\omega L_{eq}}$$

em que

$$L_{eq} = \frac{L_1L_2 - M^2}{L_1 + L_2 - 2M}$$

O caso 4 é mostrado na **Fig. 10.11f**. As equações de tensão neste caso são as mesmas do caso 3, exceto que os sinais dos termos mútuos são negativos. Portanto,

$$L_{eq} = \frac{L_1L_2 - M^2}{L_1 + L_2 + 2M}$$

EXEMPLO 10.4

Determine a tensão de saída $\mathbf{V}_s$ no circuito na **Fig. 10.12**.

SOLUÇÃO As duas equações da LKT para o circuito são

$$(2 + j4)\mathbf{I}_1 - j2\mathbf{I}_2 = 24\underline{/30^\circ}$$

$$-j2\mathbf{I}_1 + (2 + j6 - j2)\mathbf{I}_2 = 0$$

Resolvendo as equações, obtemos:

$$\mathbf{I}_2 = 2{,}68\underline{/3{,}43^\circ}\text{ A}$$

Portanto,

$$\mathbf{V}_s = 2\mathbf{I}_2$$
$$= 5{,}36\underline{/3{,}43^\circ}\text{ V}$$

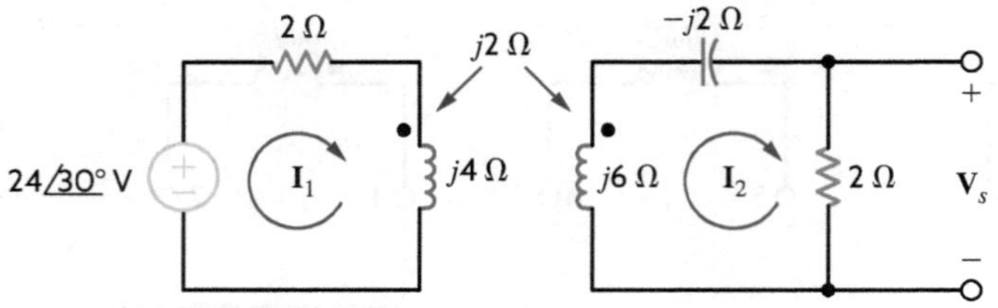

FIGURA 10.12 Exemplo de um circuito magneticamente acoplado.

Veja, agora, um exemplo mais complicado envolvendo indutância mútua.

EXEMPLO 10.5

Considere o circuito na **Fig. 10.13.** Escreva as equações de malha para esta rede.

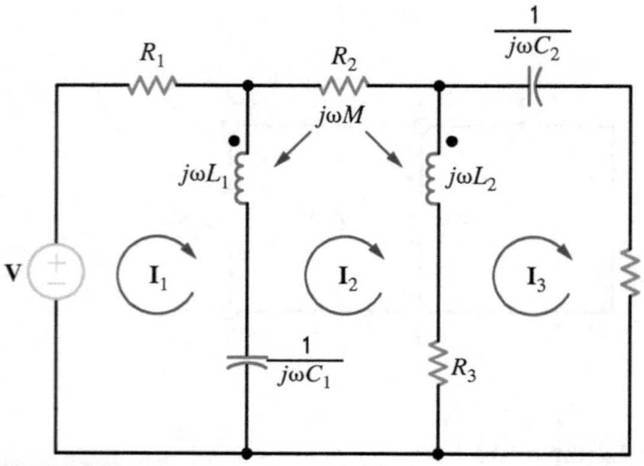

FIGURA 10.13 Exemplo de um circuito magneticamente acoplado.

SOLUÇÃO Como há múltiplas correntes presentes nos indutores acoplados, devemos ter muito cuidado ao escrever as equações do circuito.

As equações de malha para o circuito fasorial são

$$\mathbf{I}_1R_1 + j\omega L_1(\mathbf{I}_1 - \mathbf{I}_2) + j\omega M(\mathbf{I}_2 - \mathbf{I}_3) + \frac{1}{j\omega C_1}(\mathbf{I}_1 - \mathbf{I}_2) = \mathbf{V}$$

$$\frac{1}{j\omega C_1}(\mathbf{I}_2 - \mathbf{I}_1) + j\omega L_1(\mathbf{I}_2 - \mathbf{I}_1) + j\omega M(\mathbf{I}_3 - \mathbf{I}_2) + R_2\mathbf{I}_2$$
$$+ j\omega L_2(\mathbf{I}_2 - \mathbf{I}_3) + j\omega M(\mathbf{I}_1 - \mathbf{I}_2) + R_3(\mathbf{I}_2 - \mathbf{I}_3) = 0$$

$$R_3(\mathbf{I}_3 - \mathbf{I}_2) + j\omega L_2(\mathbf{I}_3 - \mathbf{I}_2) + j\omega M(\mathbf{I}_2 - \mathbf{I}_1)$$
$$+ \frac{1}{j\omega C_2}\mathbf{I}_3 + R_4\mathbf{I}_3 = 0$$

e podem ser reescritas como

$$\left(R_1 + j\omega L_1 + \frac{1}{j\omega C_1}\right)\mathbf{I}_1 - \left(j\omega L_1 + \frac{1}{j\omega C_1} - j\omega M\right)\mathbf{I}_2 - j\omega M\mathbf{I}_3 = \mathbf{V}$$

$$-\left(j\omega L_1 + \frac{1}{j\omega C_1} - j\omega M\right)\mathbf{I}_1$$
$$+\left(\frac{1}{j\omega C_1} + j\omega L_1 + R_2 + j\omega L_2 + R_3 - j_2\omega M\right)\mathbf{I}_2$$
$$-(j\omega L_2 + R_3 - j\omega M)\mathbf{I}_3 = 0$$

$$-j\omega M\mathbf{I}_1 - (R_3 + j\omega L_2 - j\omega M)\mathbf{I}_2$$
$$+\left(R_3 + j\omega L_2 + \frac{1}{j\omega C_2} + R_4\right)\mathbf{I}_3 = 0$$

Observe a forma simétrica dessas equações.

Avaliação da Aprendizagem

E10.2 Determine as correntes I_1 e I_2 e a tensão de saída V_s no circuito na Fig. E10.2.

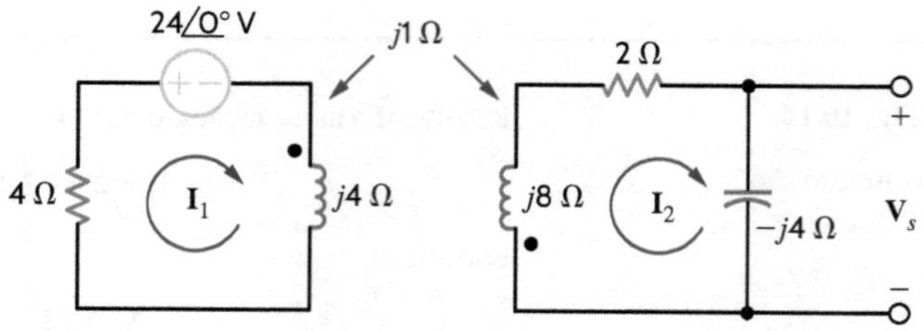

FIGURA E10.2

Resposta:

$\mathbf{I}_1 = +4{,}29\,\underline{/137{,}2°}$ A;

$\mathbf{I}_2 = 0{,}96\,\underline{/-16{,}26°}$ A;

$\mathbf{V}_s = 3{,}84\,\underline{/-106{,}26°}$ V.

E10.3 Escreva as equações da LKT na forma padrão para o circuito na Fig. E10.3.

Resposta:

$$(R_1 + j\omega L_1 + R_2)\mathbf{I}_1 - (R_2 + j\omega M)\mathbf{I}_2 = -\mathbf{V}_1;$$
$$-(R_2 + j\omega M)\mathbf{I}_1 + (R_2 + j\omega L_2 + R_3)\mathbf{I}_2 = \mathbf{V}_1.$$

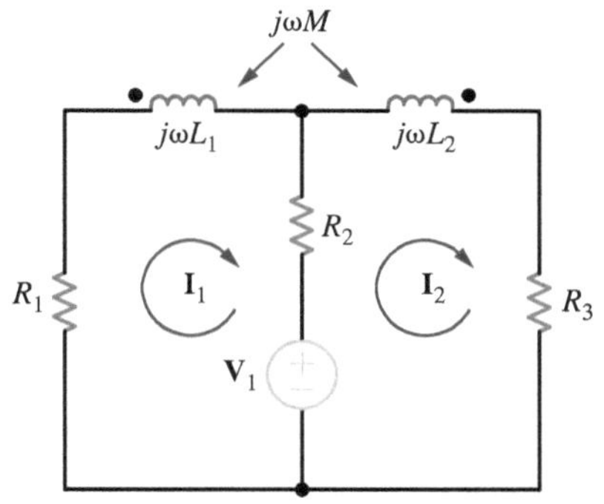

FIGURA E10.3

E10.4 Determine $\mathbf{V}_s$ na Fig. E10.4.

Resposta:

$\mathbf{V}_s = 11{,}2\underline{/53{,}5°}$ V.

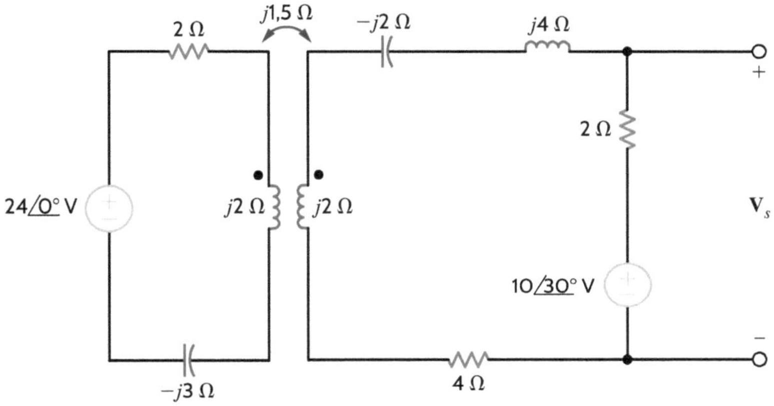

FIGURA E10.4

E10.5 Determine $\mathbf{V}_s$ na Fig. E10.5.

Resposta:

$\mathbf{V}_s = 32{,}8\underline{/-12{,}14°}$ V.

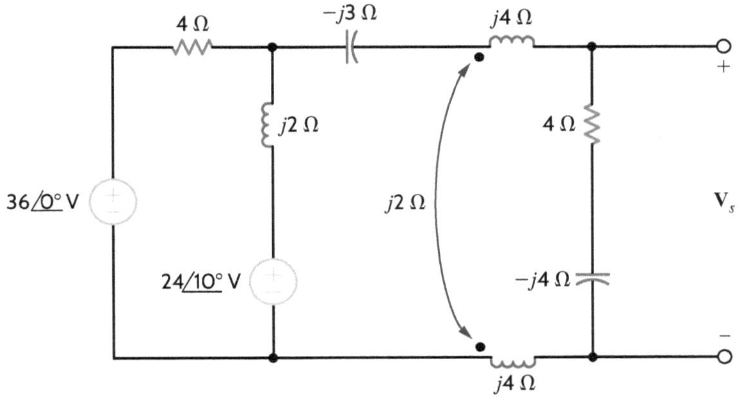

FIGURA E10.5

E10.6 Determine $\mathbf{V}_s$ na Fig. E10.6.

Resposta:

$\mathbf{V}_s = 11{,}4\underline{/0{,}334°}$ V.

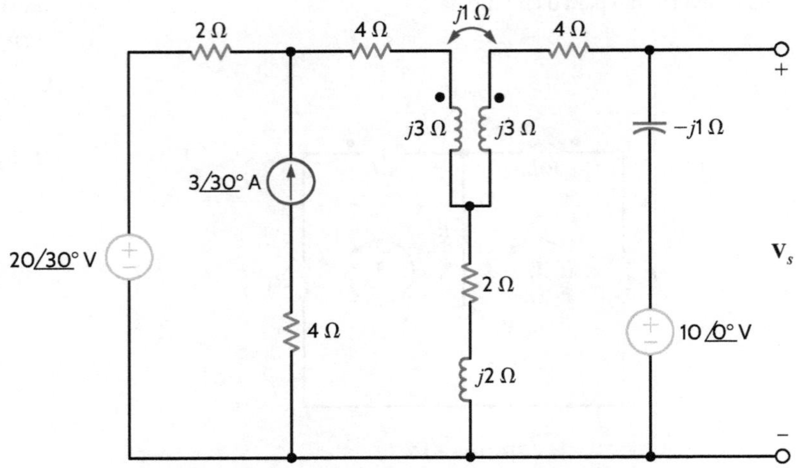

FIGURA E10.6

EXEMPLO 10.6

Dado o circuito na **Fig. 10.14** com parâmetros $\mathbf{Z}_F = 3 + j1\ \Omega$, $j\omega L_1 = j2\ \Omega$, $j\omega L_2 = j2\ \Omega$, $j\omega M = j1\ \Omega$ e $\mathbf{Z}_L = 1 - j1\ \Omega$, determine a impedância vista pela fonte $\mathbf{V}_F$.

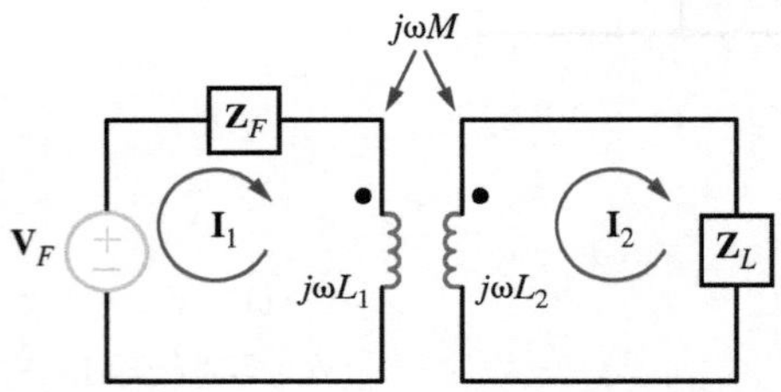

FIGURA 10.14 Circuito empregado no Exemplo 10.6.

SOLUÇÃO As equações de malha para o circuito são

$$\mathbf{V}_F = (\mathbf{Z}_F + j\omega L_1)\mathbf{I}_1 - j\omega M\mathbf{I}_2$$
$$0 = -j\omega M\mathbf{I}_1 + (j\omega L_2 + \mathbf{Z}_L)\mathbf{I}_2$$

Definindo, agora, $\mathbf{Z}_{11} = \mathbf{Z}_F + j\omega L_1$ e $\mathbf{Z}_{22} = j\omega L_2 + \mathbf{Z}_L$, a segunda equação fornece

$$\mathbf{I}_2 = \frac{j\omega M}{\mathbf{Z}_{22}}\mathbf{I}_1$$

Substituindo esta equação para a malha secundária na equação para a malha principal, obtemos

$$\mathbf{V}_F = \mathbf{Z}_{11}\mathbf{I}_1 + \frac{\omega^2 M^2}{\mathbf{Z}_{22}}\mathbf{I}_1$$

Logo,

$$\frac{\mathbf{V}_F}{\mathbf{I}_1} = \mathbf{Z}_{11} + \frac{\omega^2 M^2}{\mathbf{Z}_{22}}$$

que é a impedância vista por $\mathbf{V}_F$. Observe que o termo mútuo é elevado ao quadrado e, portanto, a impedância independe da localização dos pontos.

Usando os valores dos parâmetros do circuito, temos

$$\frac{\mathbf{V}_F}{\mathbf{I}_1} = (3 + j1 + j2) + \frac{1}{j2 + 1 - j1}$$
$$= 3 + j3 + 0{,}5 - j0{,}5$$
$$= 3{,}5 + j2{,}5\ \Omega$$

Avaliação da Aprendizagem

E10.7 Determine a impedância vista pela fonte no circuito na Fig. E10.7.

Resposta:

$\mathbf{Z}_F = 2{,}25\ \underline{/20{,}9°}\ \Omega$.

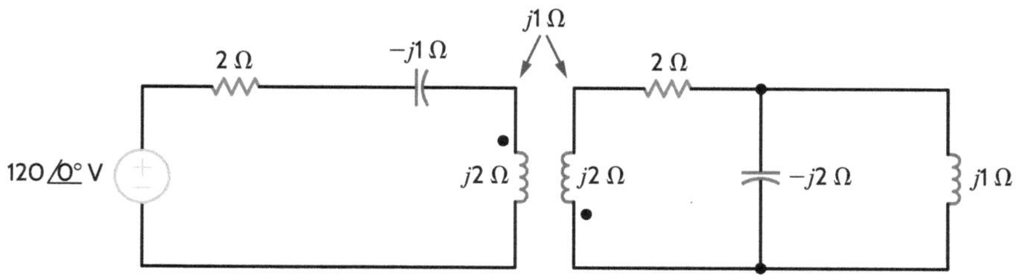

FIGURA E10.7

10.2 Análise de Energia

Vamos desenvolver, agora, uma análise de energia em um par de indutores mutuamente acoplados. Com esta análise, obteremos algumas relações interessantes para os elementos do circuito. A análise é baseada na realização de um experimento com o circuito mostrado na **Fig. 10.15**. Antes de iniciar o experimento, todas as tensões e correntes no circuito são feitas iguais a zero. Com o circuito em condição de repouso, começamos a aumentar a corrente $i_1(t)$ até um valor I_1 com os terminais do lado direito abertos. Como os terminais do lado direito estão abertos, $i_2(t) = 0$ e, portanto, a potência que entra nesses terminais é zero. A potência instantânea que entra nos terminais do lado esquerdo é

$$p(t) = \upsilon_1(t)i_1(t) = \left[L_1 \frac{di_1(t)}{dt}\right] i_1(t)$$

A energia armazenada no circuito acoplado no instante t_1 quando $i_1(t) = I_1$ é dada por:

$$\int_0^{t_1} \upsilon_1(t)i_1(t)\, dt = \int_0^{I_1} L_1 i_1(t)\, di_1(t) = \frac{1}{2}L_1 I_1^2$$

Prosseguindo com o experimento, começando no tempo t_1, aumentamos a corrente $i_2(t)$ a partir de zero até um valor I_2, no tempo t_2, enquanto mantemos $i_1(t)$ constante com o valor I_1. A energia fornecida pelos terminais do lado direito é

$$\int_{t_1}^{t_2} \upsilon_2(t)i_2(t)\, dt = \int_0^{I_2} L_2 i_2(t)\, di_2(t) = \frac{1}{2}L_2 I_2^2$$

No entanto, durante o intervalo de tempo de t_1 a t_2, a tensão $\upsilon_1(t)$ é dada por

$$\upsilon_1(t) = L_1 \frac{di_1(t)}{dt} + M\frac{di_2(t)}{dt}$$

Como $i_1(t)$ é constante, com valor I_1, a energia fornecida pelos terminais do lado esquerdo é

$$\int_{t_1}^{t_2} \upsilon_1(t)i_1(t)\, dt = \int_{t_1}^{t_2} M\frac{di_2(t)}{dt} I_1\, dt = MI_1 \int_0^{I_2} di_2(t)$$

$$= MI_1I_2$$

Portanto, a energia total armazenada no circuito para $t > t_2$ é

$$w = \frac{1}{2}L_1I_1^2 + \frac{1}{2}L_2I_2^2 + MI_1I_2 \qquad \textbf{10.18}$$

Poderíamos, é claro, repetir todo o experimento com o ponto em L_1 ou em L_2 invertido, mas não nos dois simultaneamente; neste caso, o sinal no termo de indutância mútua seria negativo, resultando em

$$w = \frac{1}{2}L_1I_1^2 + \frac{1}{2}L_2I_2^2 - MI_1I_2$$

É muito importante que o leitor perceba que, na dedução da equação anterior, por meio do experimento, os valores I_1 e I_2 são arbitrários; portanto, em qualquer instante de tempo, a energia armazenada nos indutores magneticamente acoplados é dada pela expressão

$$w(t) = \frac{1}{2}L_1[i_1(t)]^2 + \frac{1}{2}L_2[i_2(t)]^2 \pm Mi_1(t)i_2(t) \qquad \textbf{10.19}$$

Os dois indutores acoplados representam um circuito passivo e, portanto, a energia nele armazenada deve ser não negativa para quaisquer valores de indutâncias e correntes.

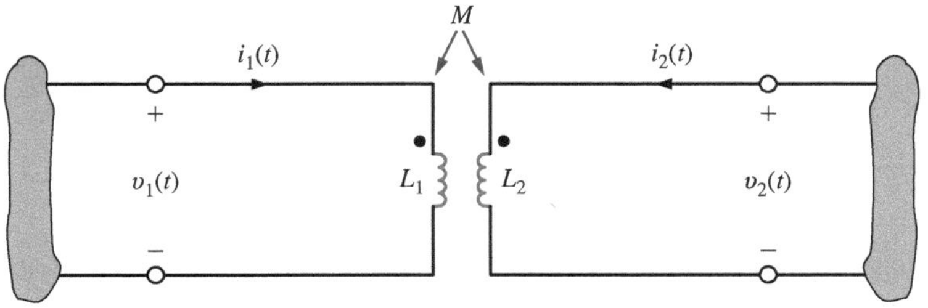

FIGURA 10.15 Circuito magneticamente acoplado.

A equação para a energia instantânea armazenada no circuito magnético pode ser escrita como

$$w(t) = \frac{1}{2}L_1 i_1^2 + \frac{1}{2}L_2 i_2^2 \pm M i_1 i_2$$

Adicionando e subtraindo o termo $1/2(M^2/L_2)i_1^2$ e reorganizando a equação, obtemos

$$w(t) = \frac{1}{2}\left(L_1 - \frac{M^2}{L_2}\right)i_1^2 + \frac{1}{2}L_2\left(i_2 + \frac{M}{L_2}i_1\right)^2$$

A partir desta expressão, verificamos que a energia instantânea armazenada será não negativa se

$$M \leq \sqrt{L_1 L_2} \qquad \textbf{10.20}$$

Esta equação especifica um limite superior para o valor da indutância mútua.

Definimos o coeficiente de acoplamento entre os dois indutores L_1 e L_2 como

$$k = \frac{M}{\sqrt{L_1 L_2}} \qquad \textbf{10.21}$$

e notamos da Eq. (10.20) que seu intervalo de valores é

$$0 \leq k \leq 1 \qquad \textbf{10.22}$$

Este coeficiente é uma indicação que parcela do fluxo em uma bobina enlaça a outra bobina; ou seja, se todo o fluxo em uma bobina enlaçar a outra, haverá 100% de acoplamento e $k = 1$. Para grandes valores de k ($k > 0{,}5$), os indutores são ditos rigidamente acoplados, e para pequenos valores de k ($k \leq 0{,}5$), diz-se que as bobinas estão fracamente acopladas. Se não houver acoplamento, $k = 0$. As equações anteriores indicam que o valor da indutância mútua está confinado à faixa

$$0 \leq M \leq \sqrt{L_1 L_2} \qquad \textbf{10.23}$$

e que o limite superior é a média geométrica das indutâncias L_1 e L_2.

EXEMPLO 10.7

O circuito acoplado mostrado na **Fig. 10.16a** tem um coeficiente de acoplamento unitário (ou seja, $k = 1$). Determine a energia armazenada nos indutores mutuamente acoplados no tempo t = 5 ms. L_1 = 2,653 mH e L_2 = 10,61 mH.

SOLUÇÃO A partir dos dados, a indutância mútua é

$$M = \sqrt{L_1 L_2} = 5{,}31 \text{ mH}$$

O circuito equivalente no domínio da frequência é mostrado na **Fig. 10.16b**; os valores de impedância para X_{L_1}, X_{L_2} e X_M são 1, 4 e 2 Ω, respectivamente. As equações de malha para o circuito são escritas como:

$$(2 + j1)\mathbf{I}_1 - j2\mathbf{I}_2 = 24\underline{/0°}$$
$$-j2\mathbf{I}_1 + (4 + j4)\mathbf{I}_2 = 0$$

Resolvendo essas equações para as duas correntes de malha, temos

$$\mathbf{I}_1 = 9{,}41\underline{/-11{,}31°} \text{ A} \quad \text{e} \quad \mathbf{I}_2 = 3{,}33\underline{/+33{,}69°} \text{ A}$$

e, portanto,

$$i_1(t) = 9{,}41 \cos(377t - 11{,}31°) \text{ A}$$
$$i_2(t) = 3{,}33 \cos(377t + 33{,}69°) \text{ A}$$

Em t = 5 ms, $377t$ = 1,885 radiano ou 108°; logo,

$$i_1(t = 5 \text{ ms}) = 9{,}41 \cos(108° - 11{,}31°) = -1{,}10 \text{ A}$$
$$i_2(t = 5 \text{ ms}) = 3{,}33 \cos(108° + 33{,}69°) = -2{,}61 \text{ A}$$

Assim, a energia armazenada nos indutores acoplados em t = 5 ms é calculada como:

$$\begin{aligned} w(t)|_{t=0{,}005\text{ s}} &= \frac{1}{2}(2{,}653)(10^{-3})(-1{,}10)^2 + \frac{1}{2}(10{,}61)(10^{-3})(-2{,}61)^2 \\ &\quad - (5{,}31)(10^{-3})(-1{,}10)(-2{,}61) \\ &= (1{,}61)(10^{-3}) + (36{,}14)(10^{-3}) - (15{,}25)(10^{-3}) \\ &= 22{,}5 \text{ mJ} \end{aligned}$$

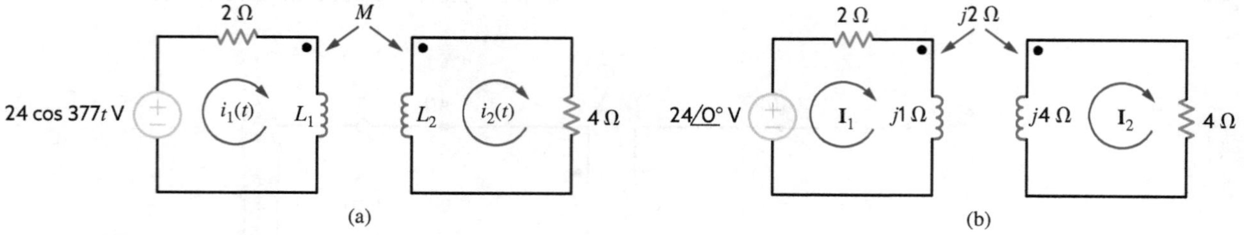

FIGURA 10.16 Exemplo de um circuito magneticamente acoplado representado nos domínios do tempo e da frequência.

Avaliação da Aprendizagem

E10.8 O circuito na Fig. E10.8 opera a 60 Hz. Calcule a energia armazenada nos indutores mutuamente acoplados no tempo $t = 10$ ms.

Resposta:

$w(10 \text{ ms}) = 39$ mJ.

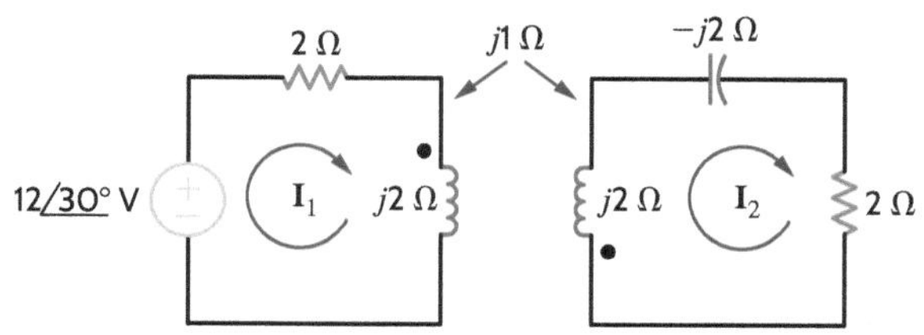

FIGURA E10.8

10.3 Transformador Ideal

Considere a situação ilustrada na **Fig. 10.17**, mostrando duas bobinas de fio enroladas em torno de um único núcleo magnético fechado. Vamos admitir que um fluxo ϕ no núcleo enlace todas as espiras das duas bobinas. No caso ideal, também desprezamos a resistência do fio. Examine, agora, as equações de acoplamento quando o mesmo fluxo passa por cada enrolamento; assim

$$v_1(t) = N_1 \frac{d\phi}{dt}$$

e

$$v_2(t) = N_2 \frac{d\phi}{dt}$$

logo,

$$\frac{v_1}{v_2} = \frac{N_1}{N_2} \frac{\frac{d\phi}{dt}}{\frac{d\phi}{dt}} = \frac{N_1}{N_2} \qquad \textbf{10.24}$$

A lei de Ampère estabelece que

$$\oint H \cdot dl = i_{\text{enlaçada}} = N_1 i_1 + N_2 i_2 \qquad \textbf{10.25}$$

em que H é a intensidade magnética e a integral é feita em um caminho fechado percorrido pelo fluxo em torno do núcleo do transformador. Se $H = 0$, que é o caso de um núcleo magnético ideal com permeabilidade infinita, então

$$N_1 i_1 + N_2 i_2 = 0 \qquad \textbf{10.26}$$

ou

$$\frac{i_1}{i_2} = -\frac{N_2}{N_1} \qquad \textbf{10.27}$$

Se dividirmos a Eq. (10.26) por N_1 e a multiplicarmos por v_1, obtemos

$$v_1 i_1 + \frac{N_2}{N_1} v_1 i_2 = 0$$

No entanto, como $v_1 = (N_1/N_2)v_2$,

$$v_1 i_1 + v_2 i_2 = 0$$

Portanto, a potência total no dispositivo é zero, o que significa que um transformador ideal não tem perdas.

O símbolo que empregamos para o transformador ideal é mostrado na **Fig. 10.18a**, e as correspondentes equações são

$$\frac{v_1}{v_2} = \frac{N_1}{N_2}$$
$$N_1 i_1 + N_2 i_2 = 0 \qquad \textbf{10.28}$$

O fluxo normal de potência em um transformador se dá a partir de uma corrente de entrada (i_1) no circuito primário para uma corrente de saída (i_2) no circuito secundário. Esta situação é mostrada na **Fig. 10.18b**, e as equações correspondentes são

$$\frac{v_1}{v_2} = \frac{N_1}{N_2}$$
$$N_1 i_1 = N_2 i_2 \qquad \textbf{10.29}$$

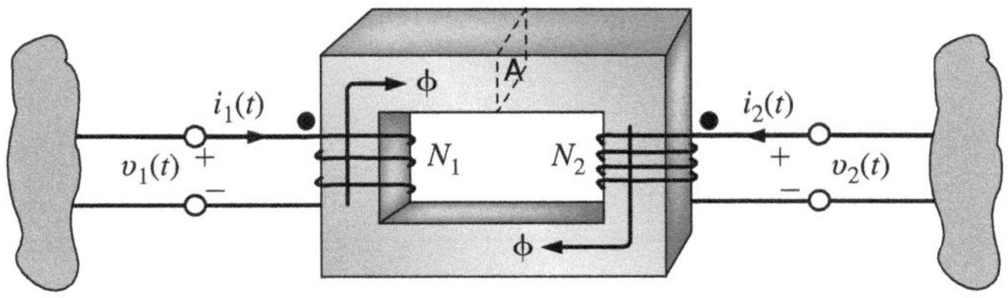

FIGURA 10.17 Transformador com núcleo magnético.

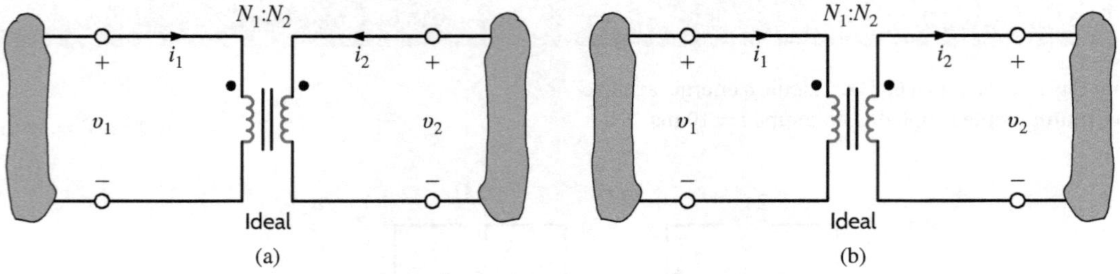

FIGURA 10.18 Símbolo para um transformador ideal: (a) correntes primária e secundária entrando nos pontos; (b) corrente primária entrando em um ponto e corrente secundária saindo do outro.

Embora os níveis de tensão, corrente e impedância mudem nos lados de um transformador, os níveis de potência não mudam. As linhas verticais entre as bobinas, mostradas nas figuras, representam o núcleo magnético. Na prática, em vez de pontos, são usadas marcações para transformadores especificadas pela *National Electrical Manufacturers Association* (NEMA), dos Estados Unidos, que são conceitualmente equivalentes aos pontos.

Assim, o modelo para o transformador ideal é especificado pelo circuito na Fig. 10.18a e pela Eq. (10.28), ou alternativamente, pelo circuito na Fig. 10.18b, juntamente com a Eq. (10.29). É importante ressaltar que o modelo especifica as equações, assim como a relação entre as tensões, correntes e as posições dos pontos. Em outras palavras, as equações são válidas apenas para o correspondente diagrama de circuito. Em uma analogia direta com a discussão das equações de indutância mútua e seu circuito, se mudarmos a direção da corrente ou da tensão ou as posições dos pontos, devemos fazer uma alteração correspondente nas equações. O material a seguir esclarecerá essa importante questão.

Considere, agora, o circuito mostrado na **Fig. 10.19**. Se compararmos este circuito com o da Fig. 10.18b, veremos que a direção das correntes e das tensões é a mesma. Portanto, as equações para o circuito são

$$\frac{\mathbf{V}_1}{\mathbf{V}_2} = \frac{N_1}{N_2}$$

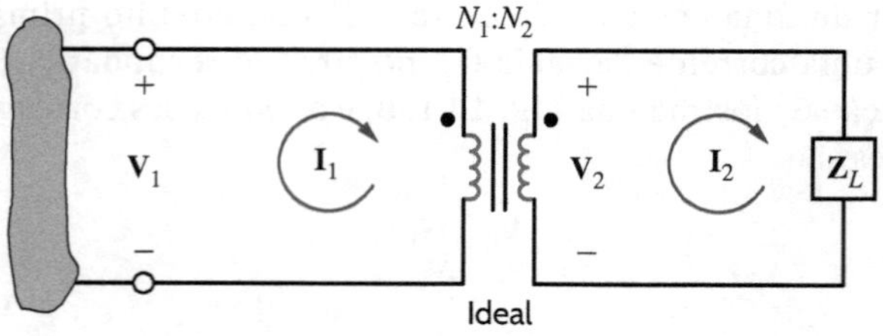

FIGURA 10.19 Circuito de transformador ideal usado para ilustrar impedância de entrada.

e

$$\frac{\mathbf{I}_1}{\mathbf{I}_2} = \frac{N_2}{N_1}$$

Essas equações podem ser escritas como

$$\mathbf{V}_1 = \frac{N_1}{N_2}\mathbf{V}_2 \qquad \textbf{10.30}$$

$$\mathbf{I}_1 = \frac{N_2}{N_1}\mathbf{I}_2$$

Temos, ainda:

$$\mathbf{Z}_L = \frac{\mathbf{V}_2}{\mathbf{I}_2}$$

Portanto, a impedância de entrada é

$$\mathbf{Z}_1 = \frac{\mathbf{V}_1}{\mathbf{I}_1} = \left(\frac{N_1}{N_2}\right)^2 \mathbf{Z}_L \qquad \textbf{10.31}$$

em que $\mathbf{Z}_L$ é refletida no lado primário pela razão de espiras. Definindo, agora, a razão de espiras como

$$n = \frac{N_2}{N_1} \qquad \textbf{10.32}$$

as equações que definem o *transformador ideal* nesta configuração são

$$\mathbf{V}_1 = \frac{\mathbf{V}_2}{n}$$

$$\mathbf{I}_1 = n\mathbf{I}_2 \qquad \textbf{10.33}$$

$$\mathbf{Z}_1 = \frac{\mathbf{Z}_L}{n^2}$$

O uso dessas equações requer cuidado, pois os sinais das tensões e correntes dependem das referências empregadas e da relação destas com os pontos.

EXEMPLO 10.8

Dado o circuito mostrado na **Fig. 10.20**, determine todas as tensões e correntes indicadas.

SOLUÇÃO Por conta das relações entre pontos, correntes e tensões, as equações do transformador são

$$\mathbf{V}_1 = -\frac{\mathbf{V}_2}{n} \quad \text{e} \quad \mathbf{I}_1 = -n\mathbf{I}_2$$

em que $n = 1/4$. A impedância refletida na entrada do transformador é

$$\mathbf{Z}_1 = 4^2\mathbf{Z}_L = 16(2 + j1) = 32 + j16\ \Omega$$

Portanto, a corrente na fonte é

$$\mathbf{I}_1 = \frac{120\underline{/0^\circ}}{18 - j4 + 32 + j16} = 2{,}33\underline{/-13{,}5^\circ}\ \text{A}$$

A tensão na entrada do transformador é, então,

$$\begin{aligned}\mathbf{V}_1 &= \mathbf{I}_1\mathbf{Z}_1\\ &= (2{,}33\underline{/-13{,}5^\circ})(32 + j16)\\ &= 83{,}49\underline{/13{,}07^\circ}\text{V}\end{aligned}$$

Logo, $\mathbf{V}_2$ é

$$\begin{aligned}\mathbf{V}_2 &= -n\mathbf{V}_1\\ &= -\frac{1}{4}(83{,}49\underline{/13{,}07^\circ})\\ &= 20{,}87\underline{/193{,}07^\circ}\text{V}\end{aligned}$$

e a corrente $\mathbf{I}_2$ é

$$\begin{aligned}\mathbf{I}_2 &= -\frac{\mathbf{I}_1}{n}\\ &= -4(2{,}33\underline{/-13{,}5^\circ})\\ &= 9{,}33\underline{/166{,}50^\circ}\ \text{A}\end{aligned}$$

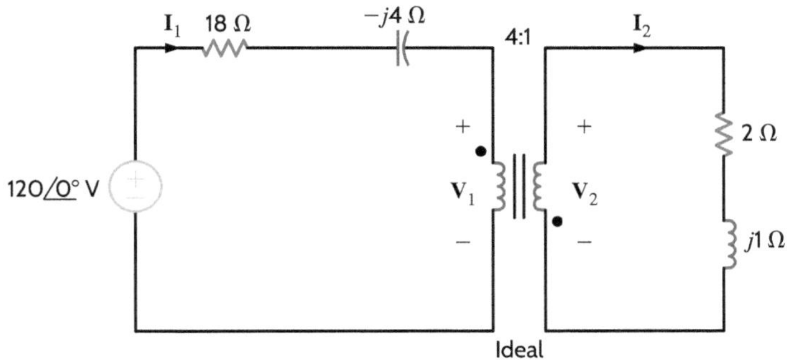

FIGURA 10.20 Circuito do transformador ideal.

Avaliação da Aprendizagem

E10.9 Calcule a corrente $\mathbf{I}_1$ no circuito na Fig. E10.9.

Resposta:

$\mathbf{I}_1 = 3{,}07\underline{/39{,}81^\circ}$ A.

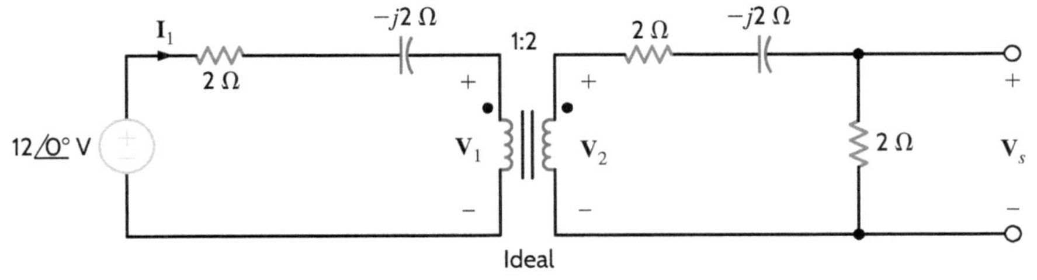

FIGURA E10.9

E10.10 Determine $\mathbf{V}_s$ no circuito na Fig. E10.9.

Resposta:

$\mathbf{V}_s = 3{,}07\underline{/39{,}81^\circ}$V.

E10.11 Determine $\mathbf{I}_1$, $\mathbf{I}_2$, $\mathbf{V}_1$ e $\mathbf{V}_2$ na Fig. E10.11.

Resposta:

$\mathbf{I}_1 = 2{,}12\underline{/-25{,}6^\circ}$A;

$\mathbf{I}_2 = 8{,}49\underline{/154{,}42^\circ}$A;

$\mathbf{V}_1 = 64{,}16\underline{/44{,}1^\circ}$V;

$\mathbf{V}_2 = 16{,}04\underline{/-135{,}9^\circ}$V.

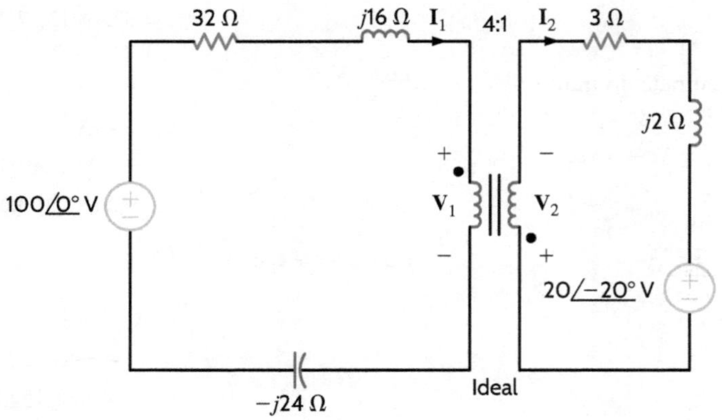

FIGURA E10.11

E10.12 Determine $\mathbf{V}_s$ na Fig. E10.12.

Resposta:
$\mathbf{V}_s = 24{,}95\,\underline{/-62{,}65°}$ V.

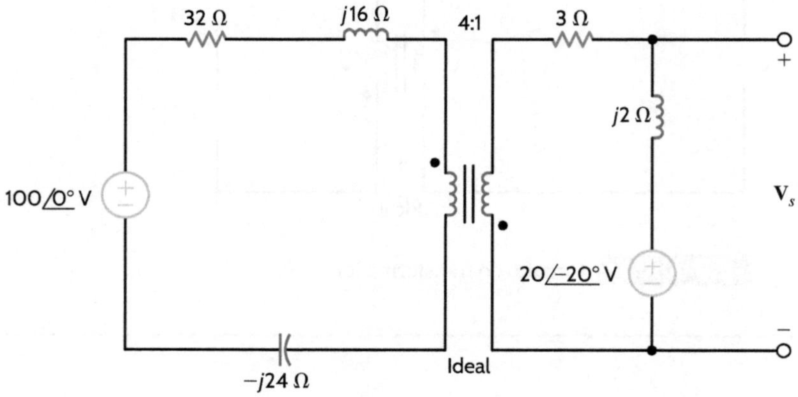

FIGURA E10.12

E10.13 Determine $\mathbf{V}_s$ na Fig. E10.13.

Resposta:
$\mathbf{V}_s = 93{,}68\,\underline{/-83°}$ V.

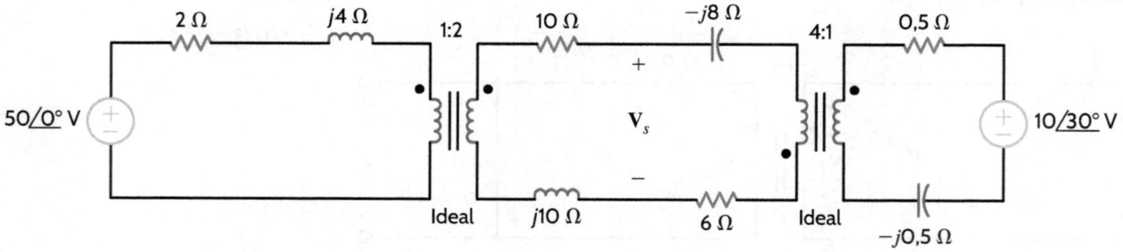

FIGURA E10.13

E10.14 Determine $\mathbf{V}_F$ na Fig. E10.14 para $\mathbf{V}_s = 10\,\underline{/30°}$ V.

Resposta:
$\mathbf{V}_F = 32{,}34\,\underline{/-125{,}3°}$ V.

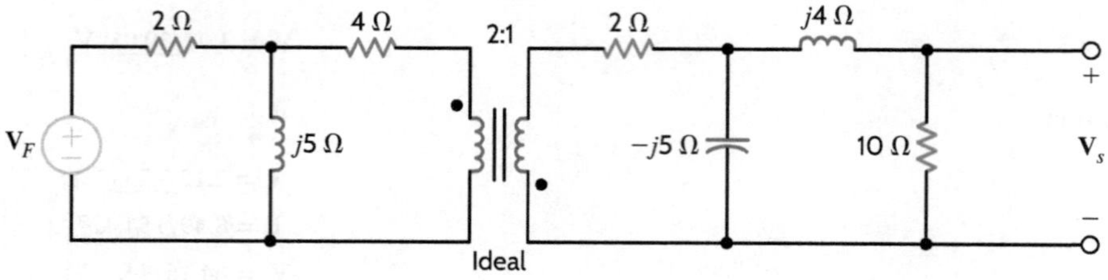

FIGURA E10.14

Outra técnica para simplificar a análise de circuitos que contêm um transformador ideal requer o uso do teorema de Thévenin ou de Norton para obter um circuito equivalente que substitua o transformador e o circuito primário ou secundário. Entretanto, esta técnica geralmente é mais trabalhosa do que a abordagem apresentada até agora. Demonstremos essa técnica empregando o teorema de Thévenin para obter um circuito equivalente para o transformador e o circuito primário do circuito mostrada na **Fig. 10.21a**. As equações para o transformador em função do sentido das correntes e tensões e das posições dos pontos são

$$\mathbf{I}_1 = n\mathbf{I}_2$$

$$\mathbf{V}_1 = \frac{\mathbf{V}_2}{n}$$

Formando um equivalente de Thévenin nos terminais do circuito secundário 2 = 2′, como mostrado na **Fig. 10.21b**, notamos que $\mathbf{I}_2 = 0$ e, portanto, $\mathbf{I}_1 = 0$. Portanto,

$$\mathbf{V}_{ca} = \mathbf{V}_2 = n\mathbf{V}_1 = n\mathbf{V}_{F_1}$$

A impedância equivalente de Thévenin obtida olhando para os terminais do circuito aberto com $\mathbf{V}_{F_1}$ substituído por um curto-circuito é $\mathbf{Z}_1$, que, quando refletida no secundário pela relação de espiras, é dada por

$$\mathbf{Z}_{Th} = n^2\mathbf{Z}_1$$

Portanto, um dos circuitos equivalentes resultantes para o circuito na Fig. 10.21a é mostrado na **Fig. 10.21c**. De modo semelhante, podemos demonstrar que a substituição do transformador e seu circuito secundário por um circuito equivalente resulta na rede mostrada na **Fig. 10.21d**.

Podemos comprovar que, em geral, ao desenvolver um circuito equivalente para o transformador e seu circuito primário, cada tensão primária é multiplicada por n, cada corrente primária é dividida por n e cada impedância primária é multiplicada por n^2. Da mesma forma, ao desenvolver um circuito equivalente para o transformador e seu circuito secundário, cada tensão secundária é dividida por n, cada corrente secundária é multiplicada por n e cada impedância secundária é dividida por n^2. As potências são as mesmas, sejam calculadas no lado primário ou no secundário.

Recordemos da análise anterior que, se qualquer ponto no transformador for invertido, n será substituído por $-n$ nos circuitos equivalentes. Além disso, observe que o desenvolvimento desses circuitos equivalentes é baseado na suposição de que a remoção do transformador dividirá o circuito em duas partes; ou seja, não há conexões entre o primário e o secundário além do transformador. Se existir alguma conexão externa, a técnica de circuito equivalente não pode, em geral, ser usada. Por fim, destacamos que, se os circuitos primários ou secundários forem mais complicados do que os mostrados na Fig. 10.21a, o teorema de Thévenin pode ser aplicado para reduzir o circuito original àquele na Fig. 10.21a. Ademais, podemos simplesmente refletir os componentes do complicado circuito de um lado para o outro do transformador.

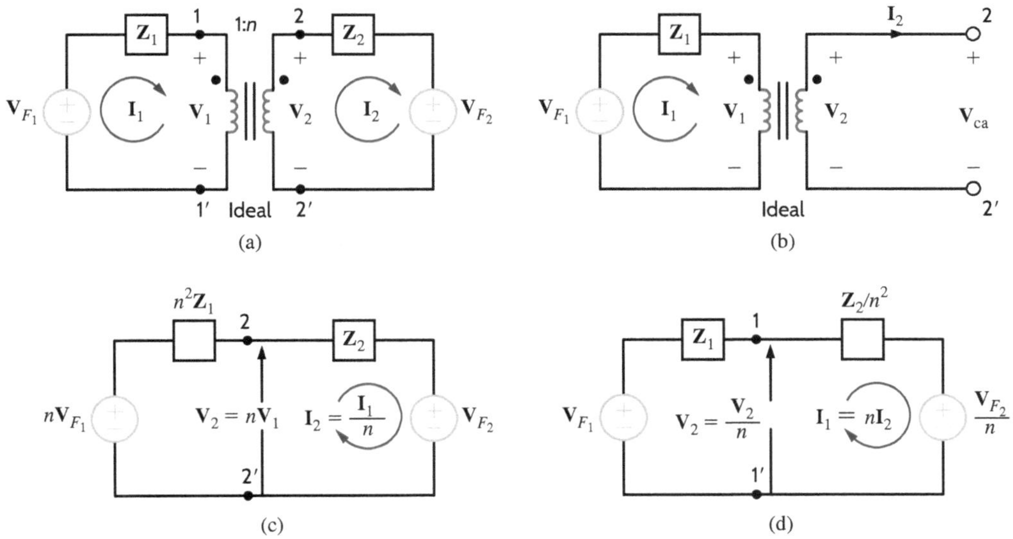

FIGURA 10.21 Circuito com um transformador ideal e alguns de seus circuitos equivalentes.

EXEMPLO 10.9

Dado o circuito da **Fig. 10.22a**, desenhe os dois circuitos obtidos substituindo o transformador e o primário, e o transformador e o secundário, por circuitos equivalentes.

SOLUÇÃO Em face da relação entre as correntes e tensões indicadas e as localizações dos pontos, o circuito com um circuito equivalente para o primário e o circuito com um circuito equivalente para o secundário são mostrados nas **Figs. 10.22b** e **c**, respectivamente. O leitor deve observar cuidadosamente a polaridade das fontes de tensão nos circuitos equivalentes.

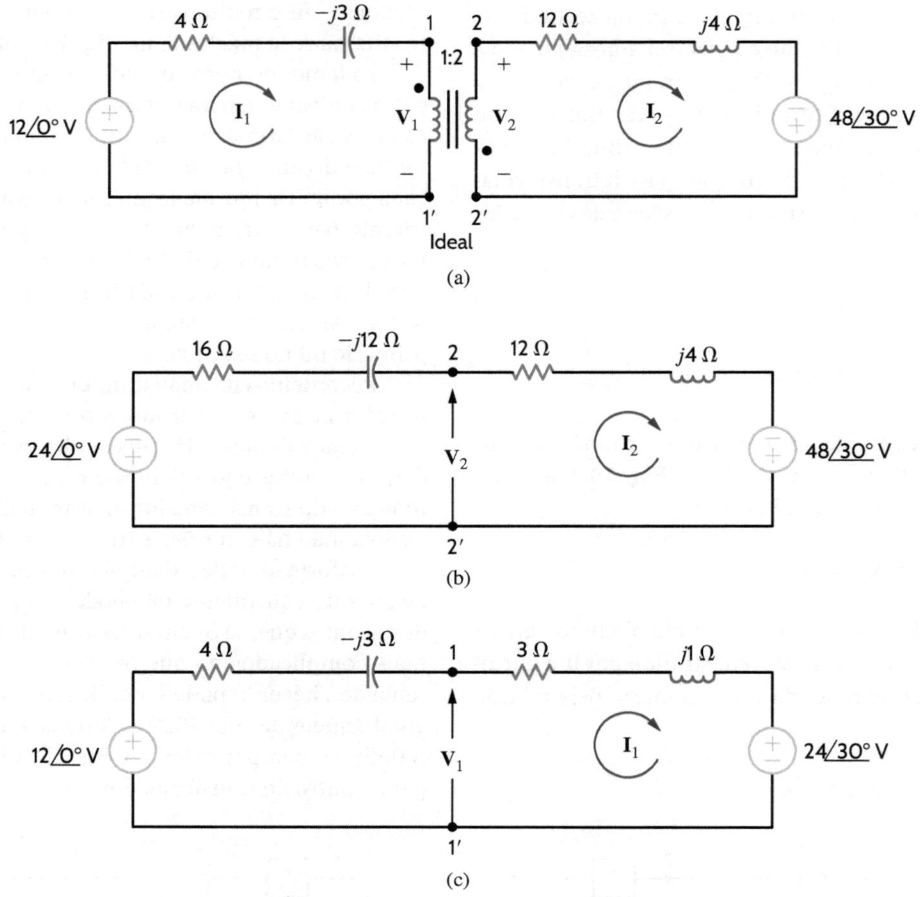

FIGURA 10.22 Circuito de exemplo e dois circuitos equivalentes.

Estratégia para a Solução de Problemas

Circuitos que Contêm Transformadores Ideais

PASSO 1 Examinar cuidadosamente o diagrama de circuito para determinar as polaridades das tensões indicadas e direções das correntes com relação aos pontos do transformador.

- Se as duas tensões forem referenciadas como positivas nos terminais com ponto ou nos terminais sem ponto, $v_1/v_2 = N_1/N_2$. Se isso não for verdade, então, $v_1/v_2 = -N_1/N_2$.
- Se uma corrente for definida como entrando em um terminal com ponto e a outra for definida como saindo de um terminal com ponto, então $N_1 i_1 = N_2 i_2$. Se esta condição não for satisfeita, então $N_1 i_1 = -N_2 i_2$.

PASSO 2 Se não houver conexões elétricas entre dois enrolamentos do transformador, refletir todos os componentes do circuito de um lado do transformador para o outro, eliminando o transformador ideal. Ao refletir componentes através do transformador, ter cuidado ao aplicar as asserções feitas no Passo 1. Lembrar que impedâncias são alteradas apenas em magnitude. Aplicar técnicas de análise de circuito ao circuito que resulta da eliminação de todos os transformadores ideais. Feita esta análise, refletir tensões e correntes de volta para os apropriados transformadores ideais para obter a resposta final.

PASSO 3 Como uma abordagem alternativa, usar o teorema de Thévenin ou de Norton para simplificar o circuito. Normalmente, o cálculo do circuito equivalente elimina o transformador ideal. Resolver o circuito simplificado.

PASSO 4 Se houver conexões elétricas entre dois enrolamentos do transformador, usar análise nodal ou análise de malha para escrever as equações para os circuitos. Resolver as equações usando relações adequadas entre tensões e correntes do transformador ideal.

EXEMPLO 10.10

Determine a tensão de saída $\mathbf{V}_s$ no circuito da **Fig. 10.23a**.

SOLUÇÃO Iniciamos a solução formando um equivalente de Thévenin para o circuito primário. Da **Fig. 10.23b**, podemos verificar que a tensão de circuito aberto é

$$\mathbf{V}_{ca} = \frac{24\angle 0^\circ}{4 - j4}(-j4) - 4\angle -90^\circ$$
$$= 12 - j8 = 14{,}42\angle -33{,}69^\circ \text{ V}$$

A impedância equivalente de Thévenin vista pelos terminais do circuito aberto com as fontes de tensão substituídas por curto-circuito é obtida como

$$\mathbf{Z}_{Th} = \frac{(4)(-j4)}{4 - j4} + 2$$
$$= 4 - j2\ \Omega$$

O circuito na Fig. 10.23a fica, assim, reduzido ao mostrado na **Fig. 10.23c**. A formação de um circuito equivalente para o transformador e o circuito primário resulta no circuito mostrado na **Fig. 10.23d**.

Portanto, a tensão $\mathbf{V}_s$ é

$$\mathbf{V}_s = \frac{-28{,}84\angle -33{,}69^\circ}{20 - j5}(2)$$
$$= 2{,}80\angle 160{,}35^\circ \text{ V}$$

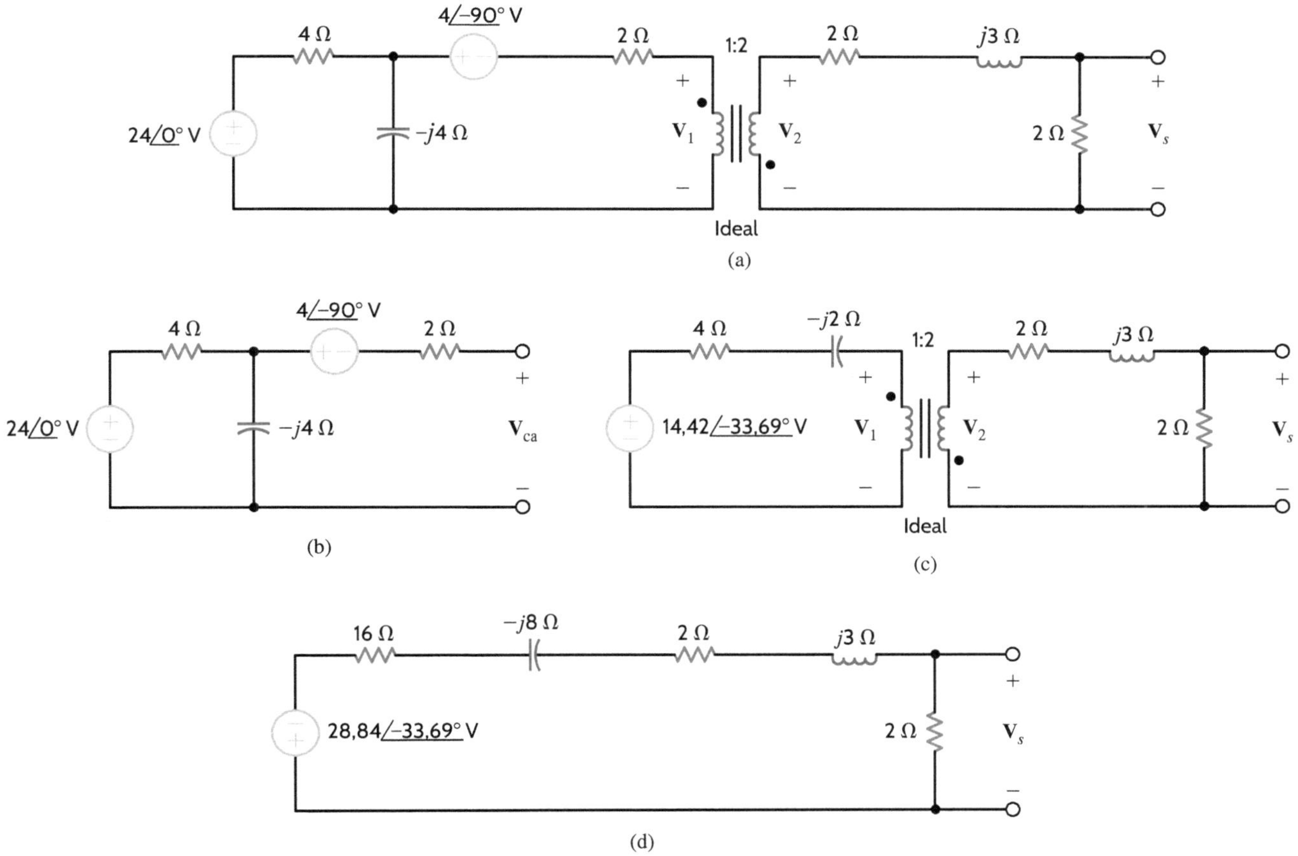

FIGURA 10.23 Circuito de exemplo e outros circuitos usados para obter um circuito equivalente.

Avaliação da Aprendizagem

E10.15 Dado o circuito na Fig. E10.15, forme um circuito equivalente para o transformador e o circuito secundário e use o circuito resultante para calcular $\mathbf{I}_1$.

Resposta:

$\mathbf{I}_1 = 13{,}12\angle 38{,}66^\circ$ A.

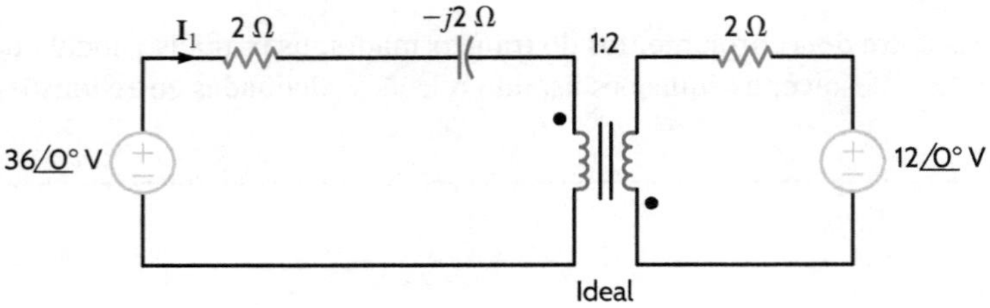

FIGURA E10.15

E10.16 Dado o circuito na Fig. E10.16, forme um circuito equivalente para o transformador e o circuito primário e use o circuito resultante para calcular $\mathbf{V}_s$.

Resposta:

$\mathbf{V}_s = 3{,}12\,\underline{/38{,}66°}$ V.

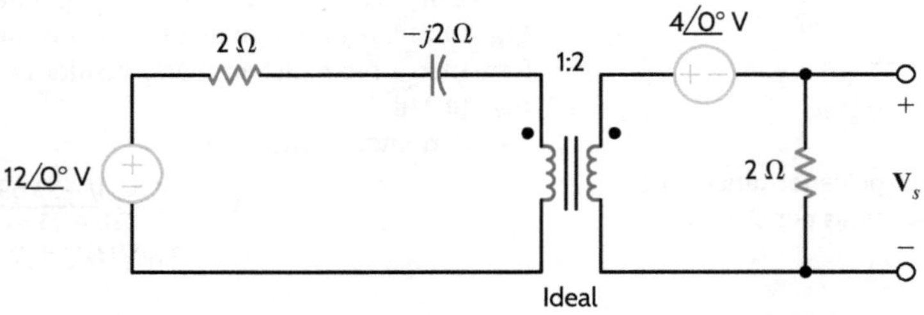

FIGURA E10.16

EXEMPLO 10.11

Determine $\mathbf{I}_1$, $\mathbf{I}_2$, $\mathbf{V}_1$ e $\mathbf{V}_2$ no circuito na **Fig. 10.24**.

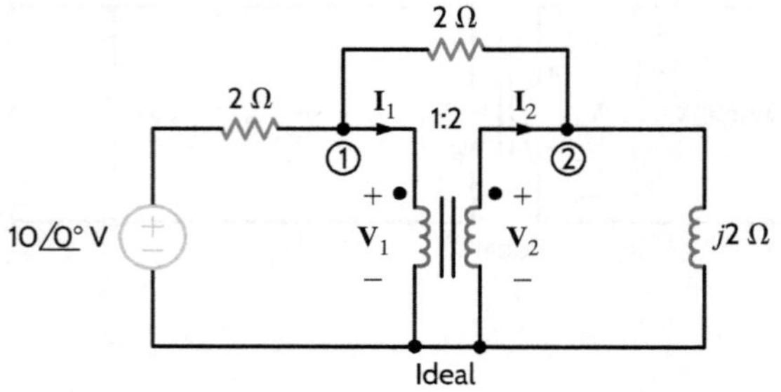

FIGURA 10.24 Circuito usado no Exemplo 10.11.

SOLUÇÃO As equações nodais para os nós 1 e 2 são

$$\frac{10 - \mathbf{V}_1}{2} = \frac{\mathbf{V}_1 - \mathbf{V}_2}{2} + \mathbf{I}_1$$

$$\mathbf{I}_2 + \frac{\mathbf{V}_1 - \mathbf{V}_2}{2} = \frac{\mathbf{V}_2}{2j}$$

As relações do transformador são $\mathbf{V}_2 = 2\mathbf{V}_1$ e $\mathbf{I}_1 = 2\mathbf{I}_2$. A primeira equação nodal fornece $\mathbf{I}_1 = 5$ A e, portanto, $\mathbf{I}_2 = 2{,}5$ A. Da segunda equação nodal e das equações de restrição especificadas pelo transformador, temos $\mathbf{V}_1 = \sqrt{5}\,\underline{/63°}$ V e $\mathbf{V}_2 = 2\sqrt{5}\,\underline{/63°}$ V.

Avaliação da Aprendizagem

E10.17 Determine $\mathbf{I}_1$, $\mathbf{I}_2$, $\mathbf{V}_1$ e $\mathbf{V}_2$ no circuito na Fig. E10.17.

Resposta:

$\mathbf{I}_1 = 3{,}08\,\underline{/-13{,}7°}$ A;
$\mathbf{I}_2 = 1{,}54\,\underline{/166{,}3°}$ A;

$\mathbf{V}_1 = 0{,}85\,\underline{/20°}$ V;
$\mathbf{V}_2 = 1{,}71\,\underline{/-160°}$ V.

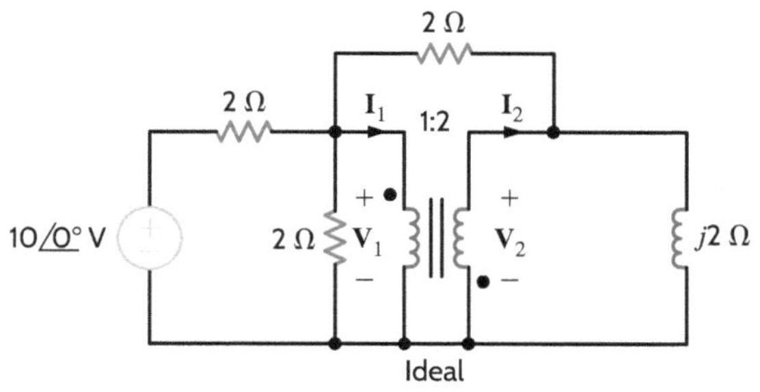

FIGURA E10.17

Antes de passarmos para o próximo tópico, retornemos à lei de Faraday. Para o transformador ideal, a lei de Faraday estabelece que $v_1(t) = N_1\frac{d\phi}{dt}$ e $v_2(t) = N_2\frac{d\phi}{dt}$. O que acontece se uma tensão CC for aplicada ao transformador? Nesse caso, o fluxo magnético ϕ é uma constante, $v_1 = v_2 = 0$, e o transformador não é muito útil. E se uma tensão CA for aplicada ao transformador? O fluxo magnético é senoidal e variante no tempo. Os transformadores permitem que o valor da tensão CA seja aumentado ou reduzido de forma fácil e eficiente; é muito mais difícil aumentar ou diminuir com eficiência o valor da tensão CC. A facilidade com que transformadores permitem a alteração da tensão é uma das principais razões pelas quais tensões e correntes CA são utilizadas para transmitir a maior parte da energia elétrica do mundo.

10.4 Considerações de Segurança

Transistores são amplamente utilizados nos modernos equipamentos eletrônicos para prover uma fonte de alimentação de baixa-tensão. Como exemplos, um nível de tensão comum em sistemas de computador é de 5 V CC, rádios portáteis usam 9 V CC e equipamentos militares e aeronáuticos operam em 28 V CC. Quando transformadores são usados para conectar esses circuitos transistorizados de baixa-tensão à linha de potência, geralmente há menor perigo de choque com esse sistema, uma vez que o transformador fornece isolamento elétrico da tensão de linha. No entanto, do ponto de vista da segurança, um transformador, embora útil em muitas situações, não é uma solução absoluta. Ao trabalhar com qualquer equipamento elétrico, devemos estar sempre atentos para minimizar os perigos de choque elétrico.

Em equipamentos de eletrônica de potência ou sistemas de potência, o risco é alto. Nesses casos, o problema reside na alta-tensão de uma fonte de baixa impedância; portanto, devemos nos lembrar constantemente de que a tensão de linha em nossas residências pode ser letal.

Considere, agora, o exemplo a seguir, que ilustra um perigo oculto que pode surpreender até mesmo o profissional experiente, com consequências devastadoras.

EXEMPLO 10.12

Duas residências adjacentes, *A* e *B*, são alimentadas por diferentes transformadores, como mostrado na **Fig. 10.25a**. Um pico de corrente na linha que alimenta a casa *B* causou a abertura do disjuntor *X*-*Y*. A casa *B* ficou sem energia. Na tentativa de ajudar seu vizinho, o morador da casa *A* se oferece para conectar um fio de extensão especializado entre um plugue na casa *A* e um plugue na casa *B*, como mostrado na **Fig. 10.25b**. Mais tarde, o técnico da concessionária de energia elétrica vem reconectar o disjuntor. O técnico corre algum risco nesta situação?

SOLUÇÃO Desconhecendo a conexão do cabo de extensão, o técnico acredita que não há tensão entre os pontos *X* e *Z*. No entanto, em virtude da conexão elétrica entre as duas residências, há 7.200 V rms entre os dois pontos, e o técnico pode ser gravemente ferido ou, até mesmo, morrer se entrar em contato com esta alta-tensão.

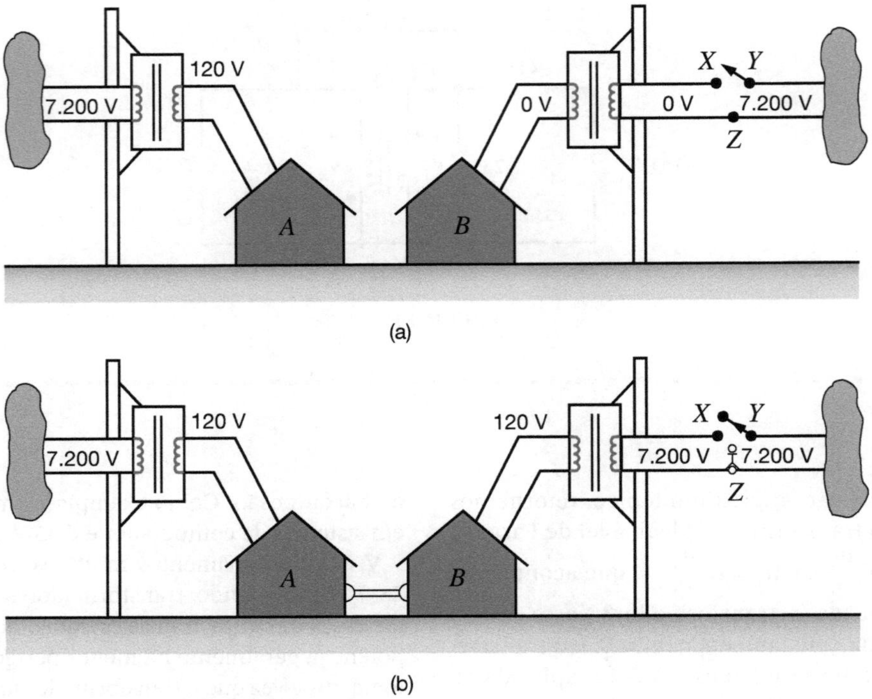

FIGURA 10.25 Diagramas usados no Exemplo 10.12 (tensões em rms).

10.5 Exemplos de Aplicação

Os exemplos a seguir demonstram várias aplicações de transformadores.

EXEMPLO DE APLICAÇÃO 10.13

Considere o problema de transmitir 24 MW por uma distância de 160,9 km usando uma linha de dois condutores. Determine o raio do condutor para que seja possível alcançar uma eficiência de transmissão de 95%, considerando apenas a resistência da linha, se a linha operar em (a) 240 V rms ou (b) 240 kV rms. Admita que a resistividade do condutor seja $\rho = 8 \times 10^{-8}$ Ωm.

SOLUÇÃO

a. A 240 V rms,

$$I = \frac{P}{V} = \frac{24\text{ M}}{240} = 100 \text{ kA rms}$$

Se

$$\eta = 95\%,$$

$$P_{\text{perda}} = 0{,}05(24\text{ M}) = 1{,}2\text{ MW} = I^2R$$

Portanto,

$$R = \frac{P_{\text{perda}}}{I^2} = \frac{1{,}2\text{ M}}{(100\text{k})^2} = 1{,}2 \times 10^{-4}\,\Omega$$

Dado que

$$R = \frac{\rho l}{A} = \frac{(8 \times 10^{-8})(2 \times 160{,}9 \times 10^3)}{A}$$

$$A = \frac{0{,}25744}{1{,}2 \times 10^{-4}} = 214{,}5\text{ m}^2 = \pi r^2$$

Logo,

$$r = 8{,}624\text{ m}$$

(que corresponde a um enorme condutor e totalmente impraticável!)

b. A 240 kV rms

$$I = 100\text{ A rms}$$

e

$$R = \frac{1{,}2 \times 10^6}{(100)^2} = 120\,\Omega$$

$$A = \frac{0{,}25744}{120} = 2{,}145 \times 10^{-4}\text{ m}$$

e

$$r = 0{,}8264\text{ cm}$$

(que representa um valor muito prático!)

O ponto importante deste exemplo é que a transmissão prática de energia elétrica em massa requer operação em alta-tensão. Isto requer um dispositivo econômico que possa converter eficientemente um nível de tensão em outro. Tal dispositivo é, como mostramos, o transformador de potência.

EXEMPLO DE APLICAÇÃO 10.14

O transformador local na **Fig. 10.26** fornece o último abaixamento de tensão em um sistema de distribuição de energia. Uma visão comum em postes de eletricidade em áreas residenciais é um transformador monofásico que, normalmente, tem uma linha de 13,8 kV rms para neutro em sua bobina primária, e uma derivação central na bobina secundária que fornece 120 e 240 V rms para atender a várias residências. Um exemplo típico deste transformador, comumente referido como "transformador pendurado", é mostrado na **Fig. 10.27**.

Determine a razão de espiras necessária para produzir a tensão secundária de 240 V rms. Admitindo que o transformador forneça uma corrente de 200 A rms para cada uma das 10 casas, defina a mínima potência do transformador e a máxima corrente no circuito primário.

SOLUÇÃO A razão de espiras é dada por

$$n = \frac{V_2}{V_1} = \frac{240}{13.800} = \frac{1}{57,5}$$

Seja I_R a máxima corrente por residência; então, a corrente máxima primária é

$$I_1 = nI_2 = n(10I_R) = 34,78 \text{ A rms}$$

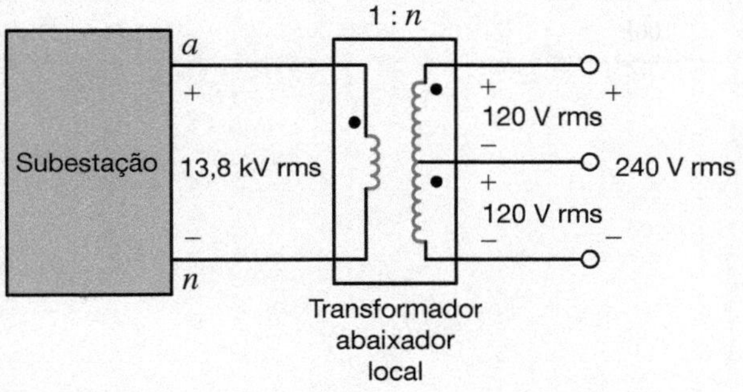

FIGURA 10.26 Subcircuito de um transformador local com derivação central.

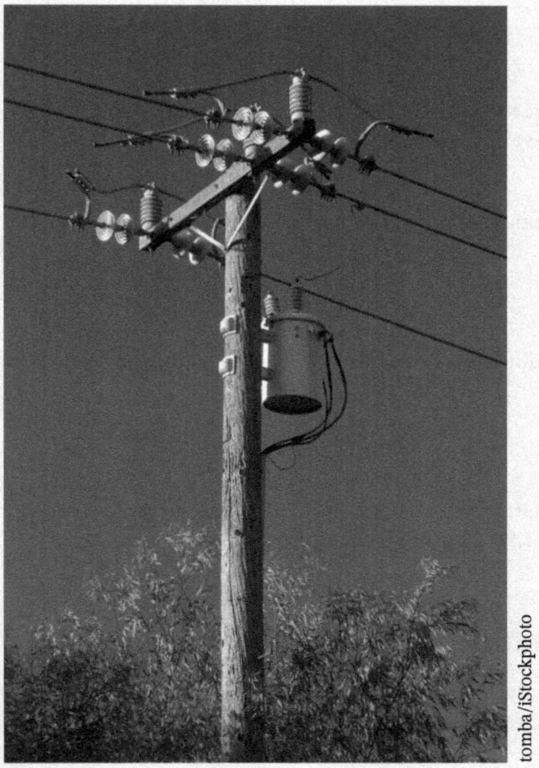

FIGURA 10.27 Transformador de concessionária de energia elétrica residencial.

A máxima potência fornecida ao primário é calculada como:

$$S_1 = V_1 I_1 = (13.800)(34,78) = 480 \text{ kVA}.$$

Portanto, o transformador deve ter uma potência nominal de pelo menos 480 kVA.

EXEMPLO DE APLICAÇÃO 10.15

Uma escova de dentes elétrica é inofensiva em sua base durante a noite. Embora não haja conexões elétricas diretas entre a base e a escova de dentes, as baterias internas estão sendo recarregadas. Como isso pode ser?

SOLUÇÃO Indutores mutuamente acoplados são a resposta! Uma bobina reside na base e é energizada por uma fonte CA. A segunda bobina fica no fundo da própria escova de dentes. Quando a escova de dentes é montada na base, as duas bobinas ficam fisicamente próximas e, portanto, mutuamente acopladas, como mostrado na **Fig. 10.28**.

Busque um projeto razoável para essas bobinas. Vamos assumir que: (1) as bobinas estejam fracamente acopladas, com um coeficiente de acoplamento $k = 0{,}25$; (2) a bobina na base seja acionada a $120\angle 0°$ V rms; (3) a bobina da escova de dentes deva gerar $6\angle 0°$ V a 100 mA rms para carregar a bateria. Para manter a potência "relativamente" baixa, limitaremos a corrente primária a apenas 0,5 A rms. Por fim, para simplificar a análise, admitiremos que $\mathbf{I}_1$ e $\mathbf{I}_2$ estejam em fase.

Primeiro, escreva as equações de malha para o nosso circuito

$$\begin{aligned}\mathbf{V}_1 &= j\omega L_1\mathbf{I}_1 - j\omega M\mathbf{I}_2\\ \mathbf{V}_2 &= j\omega M\mathbf{I}_1 - j\omega L_2\mathbf{I}_2\end{aligned} \qquad \textbf{10.34}$$

em que $\mathbf{V}_1 = 120\angle 0°$ V rms e $\mathbf{V}_2 = 6\angle 0°$ V rms. Definindo uma nova variável α tal que

$$L_2 = \alpha^2 L_1$$

podemos eliminar L_2 na Eq. (10.34). Assim,

$$\begin{aligned}\mathbf{V}_1 &= j\omega L_1\mathbf{I}_1 - j\omega k\alpha L_1\mathbf{I}_2\\ \mathbf{V}_2 &= j\omega k\alpha L_1\mathbf{I}_1 - j\omega \alpha^2 L_1\mathbf{I}_2\end{aligned} \qquad \textbf{10.35}$$

Dividindo uma das Eqs. (10.35) pela outra, podemos eliminar ω e L_1:

$$\frac{\mathbf{V}_1}{\mathbf{V}_2} = \frac{120}{6} = 20 = \frac{\mathbf{I}_1 - k\alpha\mathbf{I}_2}{k\alpha\mathbf{I}_1 - \alpha^2\mathbf{I}_2}$$

Substituindo os valores dos parâmetros de projeto especificados para $\mathbf{I}_1$, $\mathbf{I}_2$ e k, e resolvendo para α, obtemos

$$20I_2\alpha^2 - (20kI_1 + kI_2)\alpha + I_1 = 0$$

que fornece

$$\alpha = \begin{cases}0{,}246\\ 1{,}02\end{cases}$$

(Usamos a condição de que $\mathbf{I}_1$ e $\mathbf{I}_2$ estejam em fase para converter fasores de corrente em magnitudes.) Escolher o menor valor para α equivale a escolher um valor menor para L_2. Portanto, esta será nossa escolha, pois a bobina resultante terá número reduzido de espiras, reduzindo custo, peso e tamanho. A seguir, usando a Eq. (10.35), podemos calcular o produto ωL_1:

$$V_1 = \omega L_1(0{,}5) - \omega(0{,}25)(0{,}246)L_1(0{,}1) = 0{,}494\omega L_1$$

Para investigar o efeito de ω sobre L_1, use o valor de $\mathbf{V}_1$ e a relação entre os dois indutores, para o dado valor de α. Na **Tabela 10.1**, L_1 e L_2 foram calculados para diversos valores de ω. Uma excitação de 60 Hz requer valores muito elevados para as indutâncias, que são completamente impraticáveis. Portanto, a tabela pula toda a faixa de frequências audíveis (não há motivo para ouvir a recarga da escova de dentes), passando direto para 20 kHz. Nesta frequência, os valores de indutância são muito mais razoáveis, mas ainda elevados. No entanto, a 100 kHz, a indutância total é de apenas algumas centenas de microhenrys. Estes são valores muito razoáveis, que utilizaremos.

A pergunta final é a seguinte: a partir de uma senoide de 60 Hz da rede elétrica, como obter 100 kHz? Adicionamos um interruptor controlado por tensão, como mostrado na **Fig. 10.29**, que é ligado e desligado a uma taxa de 100 kHz. O resultado é uma tensão pulsada aplicada ao indutor a 100 kHz. Embora o sinal resultante não seja exatamente uma onda senoidal de 100 kHz, funciona.

TABELA 10.1 Alguns valores de frequência e as indutâncias correspondentes

Frequência (Hz)	Frequência (rad/s)	L_1	L_2
60	377	693 mH	39,0 mH
20k	126k	2,01 mH	117 μH
100k	628k	416 μH	23,4 μH

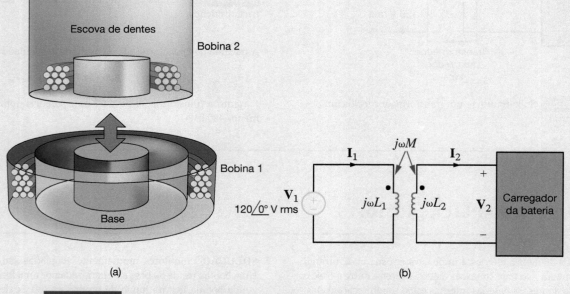

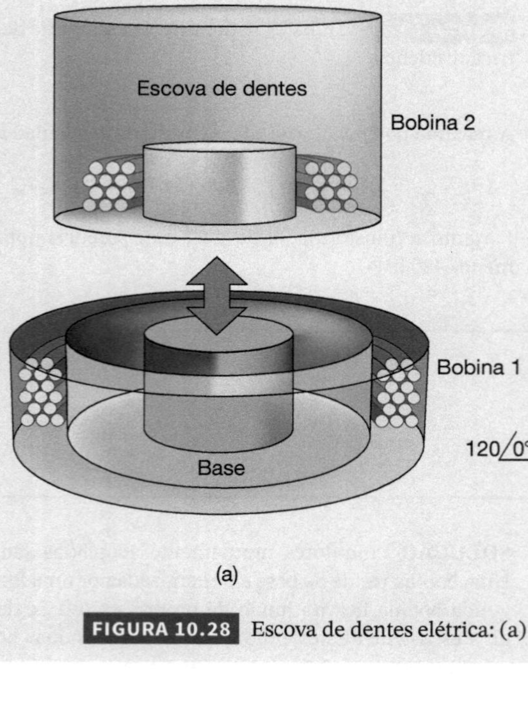

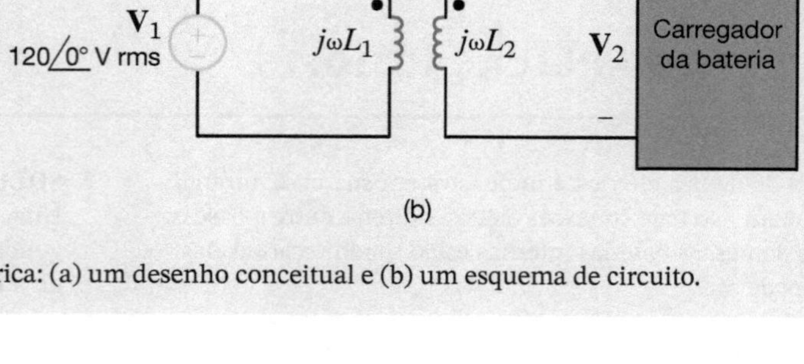

FIGURA 10.28 Escova de dentes elétrica: (a) um desenho conceitual e (b) um esquema de circuito.

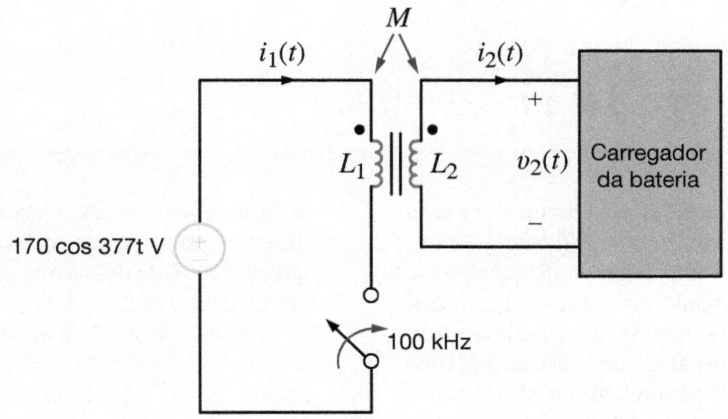

FIGURA 10.29 Uma chave, ligada e desligada a uma taxa de 100 kHz, pode emular uma entrada CA de alta frequência para a aplicação na escova de dentes.

EXEMPLO DE APLICAÇÃO 10.16

Conforme mostrado na **Fig. 10.30**, dois circuitos são posicionados próximos um do outro: um circuito CA de alta corrente e um circuito CC de baixa corrente. Como cada circuito constitui uma espira, devemos esperar um pouco de indutância em cada um. Por causa de sua proximidade, também poderíamos antecipar a ocorrência de algum acoplamento. Nesta situação particular, a indutância em cada espira é de 10 nH, e o coeficiente de acoplamento, $k = 0{,}1$. Consideremos dois cenários. No primeiro, o circuito CA contém um motor CA operando a 60 Hz. No segundo, o circuito CA modela um transmissor de rádio FM operando a 100 MHz. Determine o ruído induzido no circuito CC nos dois cenários. Qual deles produz o pior ruído acoplado indutivamente? Por quê?

SOLUÇÃO A tensão induzida no circuito CC é um ruído e conhecida por ser

$$\mathbf{V}_{\text{ruído}} = j\omega M \mathbf{I}_{\text{CA}} = j\omega k\sqrt{L_{\text{CA}} L_{\text{CC}}}\,\mathbf{I}_{\text{CA}}$$

Estamos preocupados apenas com a magnitude do ruído. Usando os parâmetros fornecidos para o modelo, a magnitude da tensão de ruído é dada por

$$V_{\text{ruído}} = 2\pi f(0{,}1)(10^{-8})(5) = 3{,}14 \times 10^{-8} f \text{ V}$$

Para o cenário do motor CA, $f = 60$ Hz, a tensão de ruído é de 1,88 μV – essencialmente zero, quando comparada com a entrada de 5 V CC. No entanto, para o modelo de um transmissor de rádio FM operando a 100 MHz, a tensão do ruído é de 3,14 V, que corresponde a mais de 60% do nível de 5 V CC!

Assim, vemos que o ruído induzido magneticamente é muito pior em situações de altas frequências. Não chega a ser uma surpresa, portanto, que grande cuidado deve ser tomado para “blindar” magneticamente circuitos de alta frequência e alta corrente.

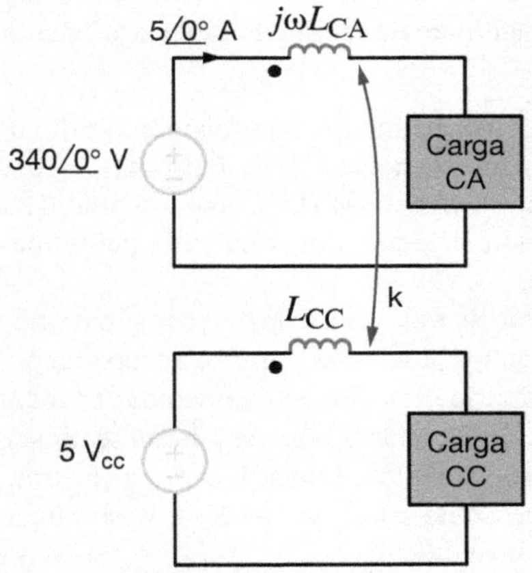

FIGURA 10.30 Um modelo de circuitos CA e CC suficientemente próximos para ocorrência de acoplamento.

10.6 Exemplos de Projeto

EXEMPLO DE PROJETO 10.17

Um transformador diferencial variável linear (comumente referido pelo acrônimo LVDT, de *Linear Variable Differential Transformer*) é comumente empregado em medições de movimento linear. LVDTs são úteis em uma grande variedade de aplicações, como medição de espessuras de finas lâminas de material e medição da deformação física de objetos sob carga mecânica. (Uma pesquisa na internet sobre LVDT listará uma infinidade de outras aplicações, com explicações e fotografias.) Como mostrado nas **Figs. 10.31a** e **b**, o LVDT é apenas um aparelho indutor acoplado com um enrolamento primário e dois enrolamentos secundários, enrolados e conectados de tal forma que suas tensões induzidas se subtraem.

Todos os três enrolamentos estão contidos em um cilindro oco que recebe uma haste, geralmente feita de aço ou ferro, que é fisicamente fixada ao que quer que esteja em movimento. A presença da haste aumenta drasticamente o coeficiente de acoplamento entre os enrolamentos. Investiguemos como a tensão de saída do LVDT está relacionada com o deslocamento e como o LVDT é acionado. Em seguida, projetaremos nosso próprio LVDT, acionado com 10 V rms, 2 kHz, de modo que, a 100% do deslocamento, a magnitude da tensão de saída seja igual à da tensão de entrada.

SOLUÇÃO Normalmente, o enrolamento primário do LVDT é excitado por uma senoide CA na faixa de 3 a 30 V rms em frequências entre 400 e 5.000 Hz. Como a tensão de saída pode ser medida diretamente com um voltímetro, nenhuma carga externa é necessária.

A posição de nulo para a haste é o ponto morto entre os enrolamentos secundários. Nessa posição, o acoplamento entre o enrolamento primário e os dois enrolamentos secundários são idênticos e a tensão de saída é zero. Se a haste se mover em qualquer direção, o acoplamento mudará linearmente, assim como a magnitude da tensão de saída. A direção de deslocamento é indicada pela fase relativa da saída.

O projeto LVDT tem início com o circuito na Fig. 10.31b, na qual o coeficiente de acoplamento mútuo para cada enrolamento secundário varia como mostrado na **Fig. 10.32**. Para obter uma relação linear entre deslocamento e tensão de saída, restringimos o deslocamento nominal àquela parte da Fig. 10.32 em que o coeficiente varia linearmente com o deslocamento. Portanto, neste projeto, 100% de deslocamento corresponderá a um coeficiente de acoplamento de 0,8.

Aplicando a LKT à malha do circuito primário, temos

$$\mathbf{V}_e = j\omega L_P \mathbf{I}_P + j\omega M_{13}\mathbf{I}_s - j\omega M_{12}\mathbf{I}_s \qquad \textbf{10.36}$$

Para a malha do circuito secundário, a LKT fornece

$$2(j\omega L_s)\mathbf{I}_s + j\omega M_{13}\mathbf{I}_P - j\omega M_{12}\mathbf{I}_P + \mathbf{V}_s = 0 \qquad \textbf{10.37}$$

Sem carga na saída, $\mathbf{I}_s = 0$ e as Eqs. (10.36) e (10.37) ficam reduzidas a

$$\mathbf{V}_e = j\omega L_P \mathbf{I}_P \quad \text{e} \quad \mathbf{V}_s = \mathbf{I}_P j\omega[M_{12} - M_{13}] \qquad \textbf{10.38}$$

Resolvendo essas equações para a tensão de saída e reconhecendo que $M_{1X} = k_{1X}\,[L_P L_S]^{0,5}$, obtemos

$$\mathbf{V}_s = \mathbf{V}_e\sqrt{\frac{L_S}{L_P}}[k_{12} - k_{13}] \qquad \textbf{10.39}$$

Podemos expressar os coeficientes de acoplamento para cada secundário em termos de porcentagem de deslocamento:

$$k_{12} = \begin{cases} 0{,}008x & \text{para } 0 < x < 100 \\ 0 & \text{para } x < 0 \end{cases}$$

$$k_{13} = \begin{cases} 0{,}008x & \text{para } -100 < x < 0 \\ 0 & \text{para } x > 0 \end{cases}$$

Por fim, admitindo que a tensão de entrada tenha ângulo de fase zero, a tensão de saída pode ser expressa como

$$\mathbf{V}_s = \mathbf{V}_e\sqrt{\frac{L_S}{L_P}}[0{,}008x] = \mathbf{V}_e\sqrt{\frac{L_S}{L_P}}[0{,}008x]\,\underline{/0^\circ} \quad 0 < x < 100$$

$$\mathbf{V}_s = \mathbf{V}_e\sqrt{\frac{L_S}{L_P}}[-0{,}008x] = \mathbf{V}_e\sqrt{\frac{L_S}{L_P}}[+0{,}008x]\,\underline{/-180^\circ} \quad -100 < x < 0 \qquad \textbf{10.40}$$

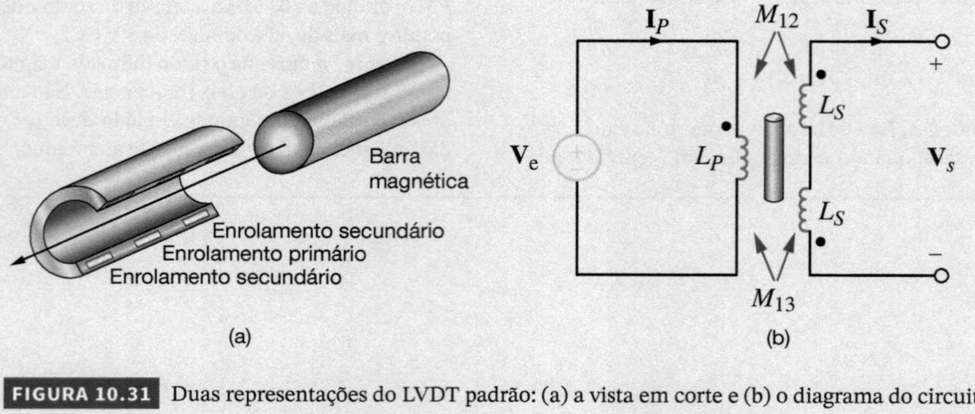

FIGURA 10.31 Duas representações do LVDT padrão: (a) a vista em corte e (b) o diagrama do circuito.

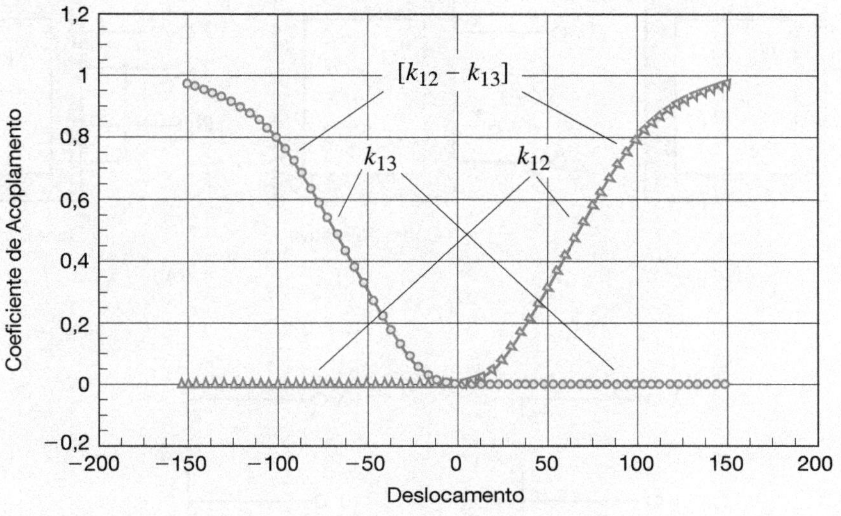

FIGURA 10.32 Coeficientes de acoplamento para cada enrolamento secundário e a diferença entre acoplamentos. É a diferença que determinará a magnitude da tensão de saída.

Notemos a diferença entre ângulos de fase para deslocamentos positivo e negativo.

Para completar a análise, devemos determinar a razão entre indutâncias secundária e primária. Com 100% de deslocamento, as magnitudes das tensões de entrada e de saída são iguais e $k = 0{,}8$. Usando esta informação na Eq. (10.40), vemos que a razão entre indutâncias deve ser $L_S/L_P = 1{,}25^2 = 1{,}5625$.

Para determinar os valores das indutâncias, consideraremos a corrente de entrada tolerável no circuito primário. Uma corrente relativamente pequena é preferível, pois uma corrente elevada exigiria um fio de grande diâmetro no enrolamento primário. Vamos escolher uma corrente primária de 25 mA rms, com excitação de 10 V rms a 2.000 Hz. Da Eq. (10.38), a indutância primária é calculada como

$$L_P = \frac{V_e}{\omega I_P} = \frac{10}{2\pi(2.000)(0{,}025)} = 31{,}8 \text{ mH}$$

que leva a uma indutância secundária de

$$L_S = 1{,}5625\, L_P = 49{,}7 \text{ mH}$$

A seleção das duas indutâncias completa este projeto.

O próximo exemplo ilustra o emprego de um transformador em uma configuração para prolongar a vida útil de um conjunto de lâmpadas para iluminação de árvores de Natal.

EXEMPLO DE PROJETO 10.18

Lâmpadas para iluminação de árvores de Natal normalmente funcionam a 120 V rms. No entanto, as lâmpadas terão vida útil muito mais longa se forem conectados a 108 V rms. Usando um transformador de 120 V–12 V, projetemos um autotransformador que forneça 108 V rms às lâmpadas.

SOLUÇÃO Os transformadores de dois enrolamentos que apresentamos até agora fornecem isolação elétrica entre os enrolamentos primário e secundário, como mostrado na **Fig. 10.33a**. Entretanto, é possível conectar os enrolamentos primário e secundário em série, criando um dispositivo de três terminais, conhecido como autotransformador, como ilustrado na **Fig. 10.33b** e representado na **Fig. 10.33c**. Como veremos, esta configuração apresenta algumas vantagens práticas com relação ao caso isolado. Esse arranjo de três terminais é essencialmente um enrolamento contínuo com uma derivação interna.

Para reduzir a tensão de 120 V rms para 108 V rms, as duas bobinas devem ser conectadas de modo que as tensões tenham sinais opostos, correspondendo a uma conexão subtrativa (Fig. 10.33b), como mostrado na **Fig. 10.34**. Nesta configuração, a tensão nas duas bobinas fica dada por:

$$V_s = V_1 - V_2 = 120 - 12 = 108 \text{ V rms}$$

e as lâmpadas são simplesmente conectadas às duas bobinas.

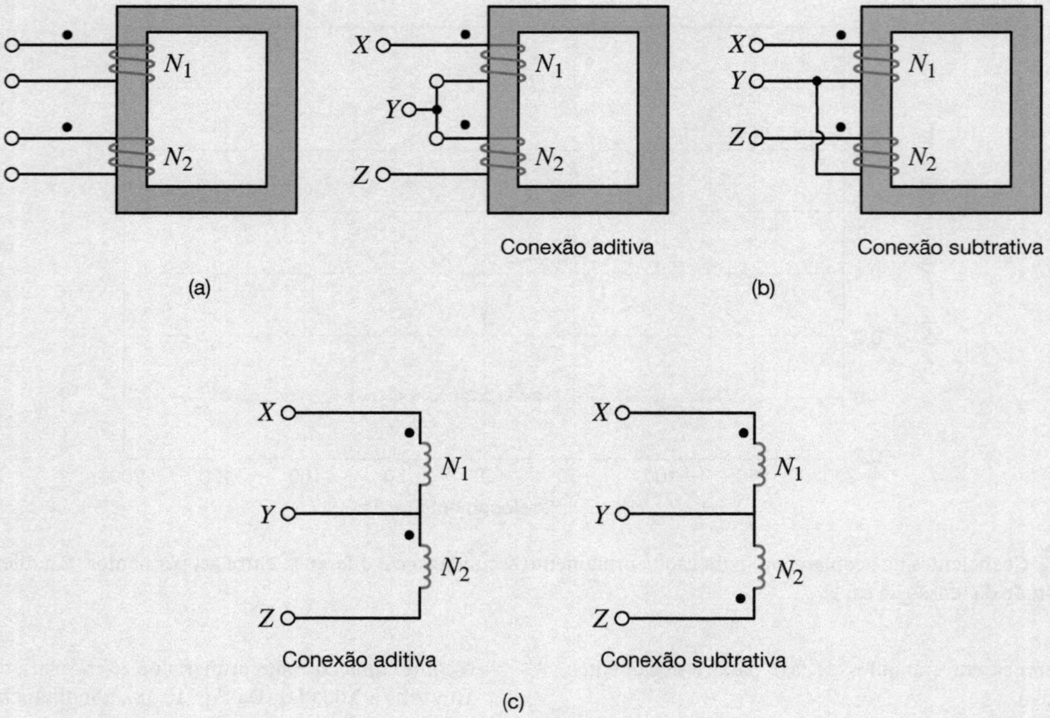

FIGURA 10.33 Autotransformador: (a) transformador comum com dois enrolamentos adjacentes; (b) transformador com dois enrolamentos interligados para criar um autotransformador com um único enrolamento e três terminais; (c) representação simbólica de (b).

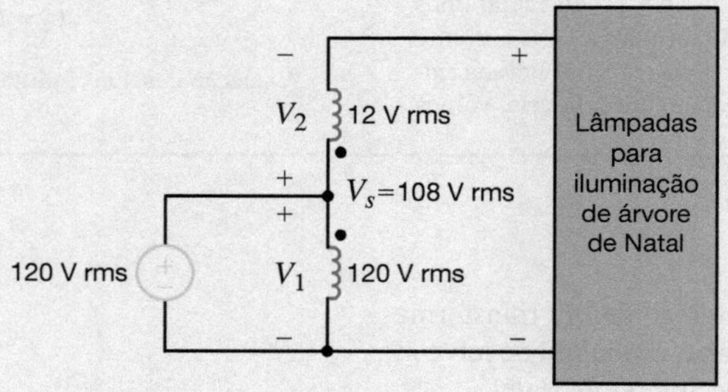

FIGURA 10.34 Autotransformador para reduzir a tensão de alimentação de lâmpadas para iluminação de árvore de Natal.

EXEMPLO DE PROJETO 10.19

Atualmente, inúmeros produtos eletrônicos são alimentados por conversores de CA para CC de baixa potência. (Essas unidades simplesmente convertem um sinal CA na entrada em um sinal CC constante na saída.) Tais dispositivos são chamados de transformadores de parede, ligados diretamente a uma tomada elétrica de 120 V rms, e, em geral, com tensão de saída CC na faixa de 5 a 18 V. Como mostrado na **Fig. 10.35**, existem três componentes básicos em um transformador de parede: um transformador simples, um conversor de CA para CC e um controlador. Considere o caso de um transformador de parede específico com uma saída CC de 9 V, potência máxima de 2 W e eficiência de apenas 60%. Para funcionamento adequado, o conversor de CA para CC requer uma de tensão de pico de entrada CA de 12 V. Vamos projetar o transformador selecionando a razão de espiras e a corrente nominal. Primeiro, consideremos a necessária razão de espiras para o transformador. Devemos determinar a relação de tensão, V_2/V_1. Das especificações, V_2 deve ter um valor de pico de pelo menos 12 V. Adicionemos uma margem de segurança e projetemos V_2 para um valor em torno de 13,5 V. Como V_1 é 120 V rms, seu valor de pico é 169,7 V. Portanto,

$$n = \frac{V_2}{V_1} = \frac{169,7}{13,5} = 12,6$$

Assim, a razão V_2/V_1 é 12,6. Usemos uma razão de espiras de 12,5:1, ou 25:2. Em seguida, consideremos o requisito de potência. A carga máxima é de 2 W. Com eficiência de 60%, a máxima potência de entrada para a unidade é

$$P_{\text{entrada}} = \frac{P_{\text{saída}}}{\eta} = \frac{2}{0,6} = 3,33 \text{ W}$$

A 120 V rms, a corrente de entrada é calculada como

$$I_{\text{entrada}} = \frac{P_{\text{entrada}}}{V_{\text{entrada}}} = \frac{3,33}{120} = 27,8 \text{ mA rms}$$

Portanto, a especificação de um transformador com razão de espiras de 25:2 e corrente nominal de 100 mA rms deve fornecer uma excelente margem de segurança.

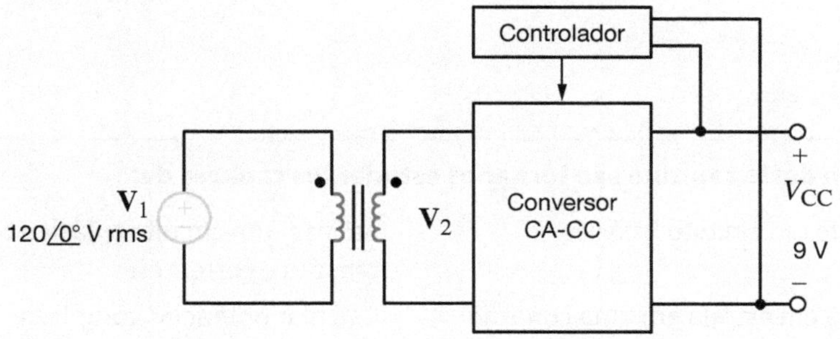

FIGURA 10.35 Diagrama de blocos para um transformador de parede simples. Esses dispositivos convertem tensões CA (normalmente, 120 V rms) em tensões CC com nível de potência bastante baixo.

Resumo

- ***Indutância mútua*** Indutância mútua ocorre quando indutores são posicionados próximos uns dos outros e compartilham um fluxo magnético comum.
- ***Convenção de pontos para indutância mútua*** A convenção de pontos governa o sinal da tensão induzida em uma bobina com base na direção da corrente em outra.
- ***Relação entre a indutância mútua e autoindutâncias de duas bobinas*** Uma análise de energia indica que $M = k\sqrt{L_1 L_2}$, em que o coeficiente de acoplamento k assume valores entre 0 e 1.
- ***Transformador ideal*** Em um transformador ideal, a permeabilidade do núcleo e a condutância do enrolamento são infinitas. A tensão e a corrente podem ser transformadas entre os terminais dos circuitos primário e secundário com base na razão de espiras entre os circuitos primário e o secundário.
- ***Convenção de pontos para transformadores ideais*** A convenção de pontos para transformadores ideais, assim como para indutâncias mútuas, especifica a maneira com que uma corrente em um enrolamento induz uma tensão em outro enrolamento.
- ***Circuitos equivalentes envolvendo transformadores ideais*** Com base na localização das incógnitas dos circuitos, para formar um único circuito contendo a incógnita desejada, tanto o circuito primário como o secundário podem ser refletidos para o outro lado do transformador. Tensões, correntes e impedâncias refletidas são uma função da convenção de pontos e da razão de espiras.

CAPÍTULO **11**

Circuitos Polifásicos

OBJETIVOS DE APRENDIZAGEM

Os objetivos de aprendizagem deste capítulo são tornar os estudantes capazes de:

- Descrever as características de um circuito trifásico balanceado.
- Transformar a conexão básica em estrela em uma conexão trifásica delta e vice-versa.
- Analisar um circuito trifásico balanceado para calcular tensões e correntes.
- Calcular potências complexas em circuitos trifásicos balanceados.

11.1 Circuitos Trifásicos

Neste capítulo, adicionamos uma nova dimensão ao estudo de circuitos CA em regime permanente. Até este ponto, lidamos com circuitos monofásicos. Agora, estenderemos as técnicas de análise a circuitos polifásicos ou, mais especificamente, a circuitos trifásicos (ou seja, circuitos com três fontes de tensão separadas por um terço de um ciclo no tempo).

Circuitos trifásicos são estudados por várias razões importantes. A geração e a transmissão de energia elétrica são feitas de forma mais vantajosa e econômica no modo polifásico do que no modo monofásico. Como resultado, a maior parte da energia elétrica é transmitida em circuitos polifásicos. No Brasil, a frequência do sistema de energia elétrica é de 60 Hz; em outros países, a frequência é de 50 Hz.

A geração de energia elétrica no modo polifásico é realizada com um gerador elétrico, que converte energia mecânica em energia elétrica. Essa energia mecânica pode ser produzida em uma barragem ou usina hidrelétrica, como mostrado na **Fig. 11.1**. Como ilustrado na **Fig. 11.2**, a água armazenada em um reservatório cai por meio de uma turbina para o rio, que se

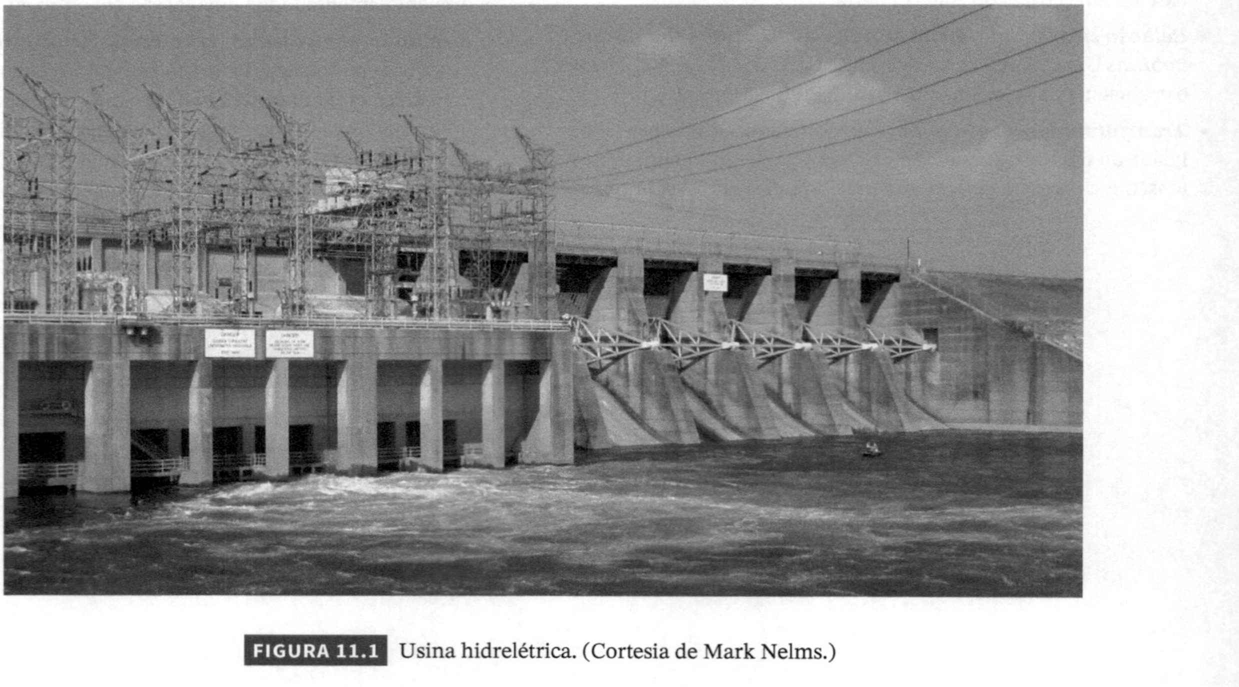

FIGURA 11.1 Usina hidrelétrica. (Cortesia de Mark Nelms.)

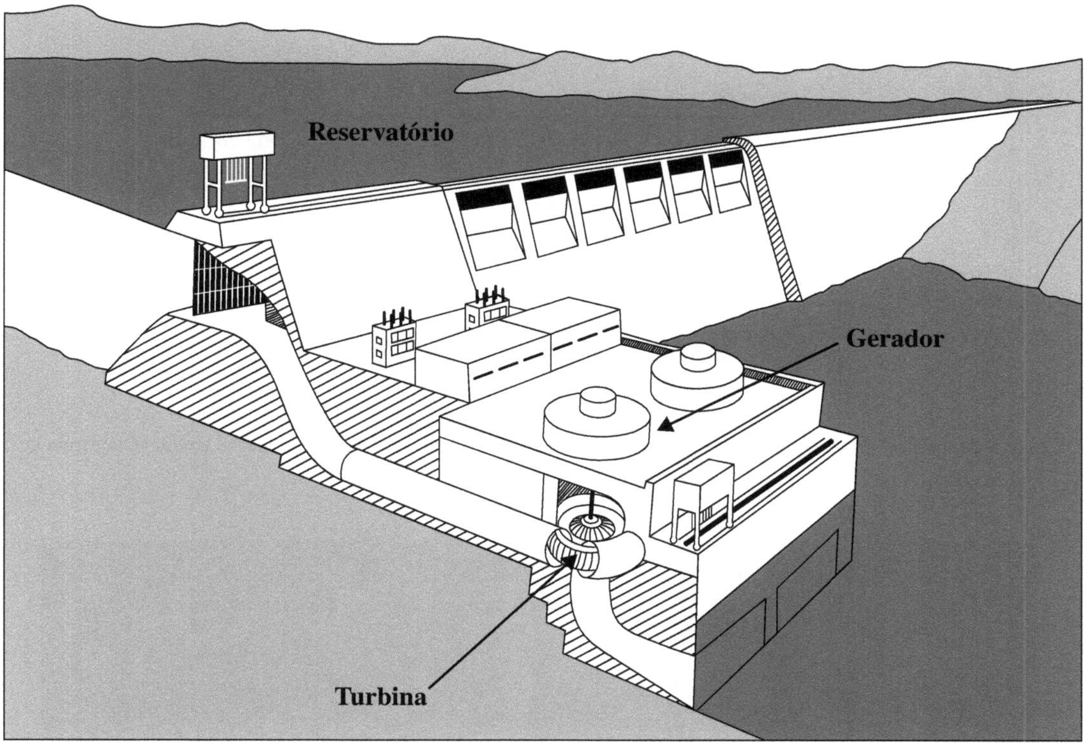

FIGURA 11.2 Diagrama de uma usina de geração hidrelétrica. (Diagrama cortesia da Southern Company.)

encontra mais abaixo. A turbina aciona o gerador elétrico para produzir tensões trifásicas. Na usina de geração de eletricidade por queima de combustível fóssil, ilustrada na **Fig. 11.3**, a turbina é acionada por vapor. No diagrama da **Fig. 11.4**, combustível e ar são queimados na caldeira, transformando água em vapor para acionar a turbina. A água de resfriamento circula pelo condensador e transforma a exaustão de vapor da turbina de volta ao estado líquido, completando o ciclo. A usina nuclear de geração de eletricidade mostrada na **Fig. 11.5** também utiliza vapor para acionar a turbina. O calor gerado pela fissão nuclear no reator produz o vapor.

Esses três tipos de usinas geradoras de eletricidade estão localizados nas proximidades de um corpo d'água, como um rio, e, geralmente, não estão próximas das cargas que consomem a

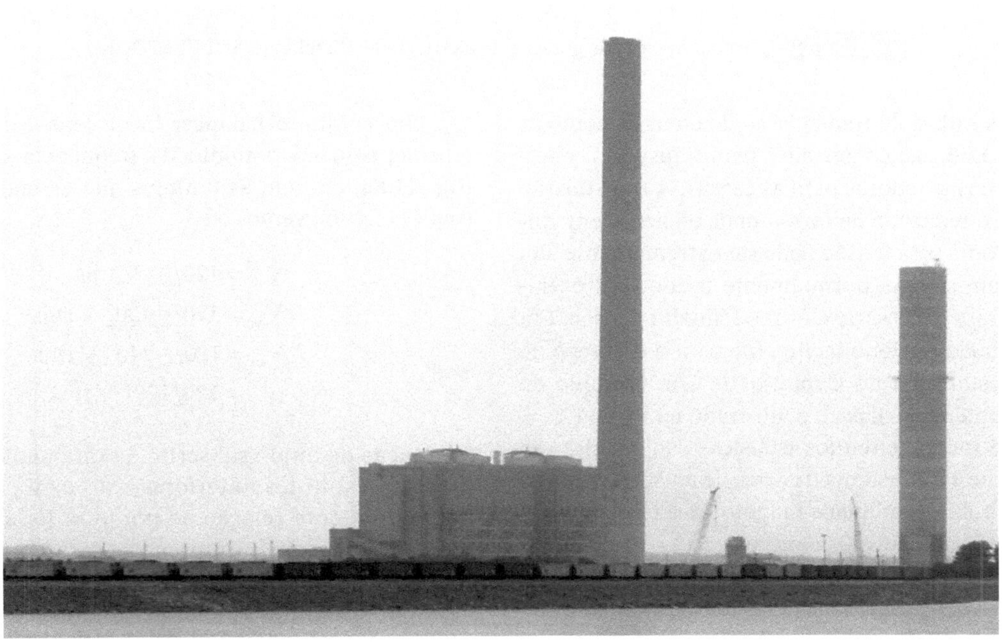

FIGURA 11.3 Usina de geração de eletricidade por queima de combustível fóssil. (Cortesia de Mark Nelms.)

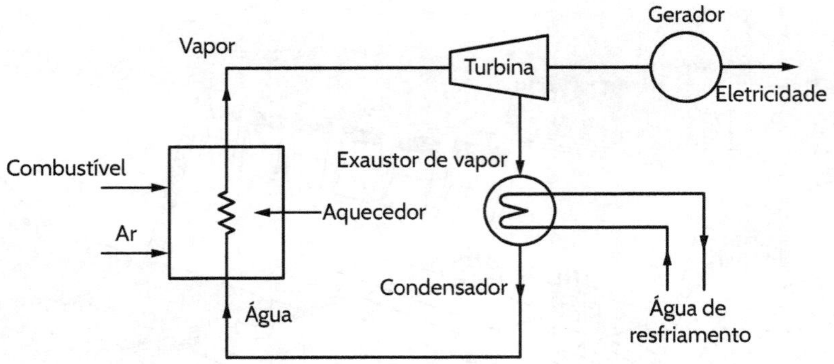

FIGURA 11.4 Diagrama conceitual de uma usina de geração de eletricidade por queima de combustível fóssil. (Diagrama cortesia da Southern Company.)

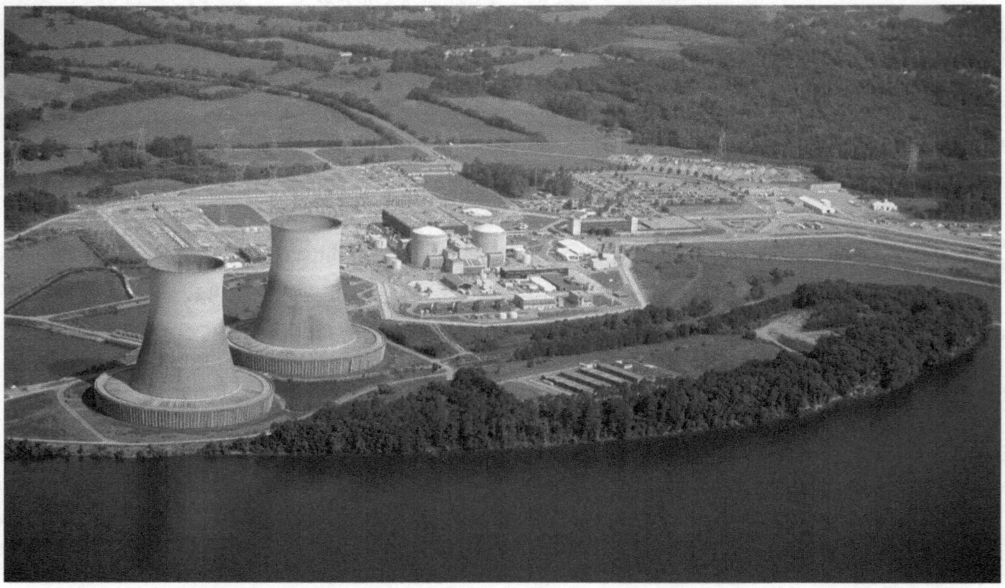

FIGURA 11.5 Usina nuclear de geração de eletricidade. (Stockbyte/SUPERSTOCK.)

energia elétrica. As linhas de transmissão de energia, como as mostradas na **Fig. 11.6**, são construídas para transportar energia elétrica das usinas geradoras para as cargas. A transmissão de energia elétrica é realizada de forma mais eficiente em tensões muito altas. Como essa tensão pode ser extremamente alta em comparação com o nível normalmente usado (por exemplo, nas residências), é necessário elevar e reduzir a tensão. Em sistemas CA, isso pode ser feito facilmente com o emprego de transformadores, estudados no Capítulo 10. Um exemplo de transformador de potência trifásico é mostrado na **Fig. 11.7**.

Como o nome indica, circuitos trifásicos são aqueles em que a função forçante é um sistema trifásico de tensões. Quando as três tensões senoidais têm iguais magnitude e frequência, e cada tensão está defasada de 120° com relação às outras duas, dizemos que as tensões estão *balanceadas*. Quando as cargas são tais que as correntes produzidas pelas tensões também são balanceadas, todo o circuito é chamado de *circuito trifásico balanceado*.

Um conjunto balanceado de tensões trifásicas pode ser representado no domínio da frequência como mostrado na **Fig. 11.8a**, em que assumimos que as magnitudes são 120 V rms. Da figura, vemos que

$$\begin{aligned} \mathbf{V}_{an} &= 120\underline{/0^\circ} \text{ V rms} \\ \mathbf{V}_{bn} &= 120\underline{/-120^\circ} \text{ V rms} \\ \mathbf{V}_{cn} &= 120\underline{/-240^\circ} \text{ V rms} \\ &= 120\underline{/120^\circ} \text{ V rms} \end{aligned} \quad \textbf{11.1}$$

A notação de duplo subscrito é exatamente a mesma empregada em capítulos anteriores; isto é, $\mathbf{V}_{an}$ significa a tensão no ponto a com relação ao ponto n. Essa notação de duplo subscrito também é empregada para correntes; ou seja, $\mathbf{I}_{an}$ representa a corrente de a para n. No caso de correntes, devemos ter muito cuidado e descrever o percurso preciso, pois, em um circuito, pode haver mais de um percurso entre dois pontos. Por exemplo, no caso de uma única malha, as

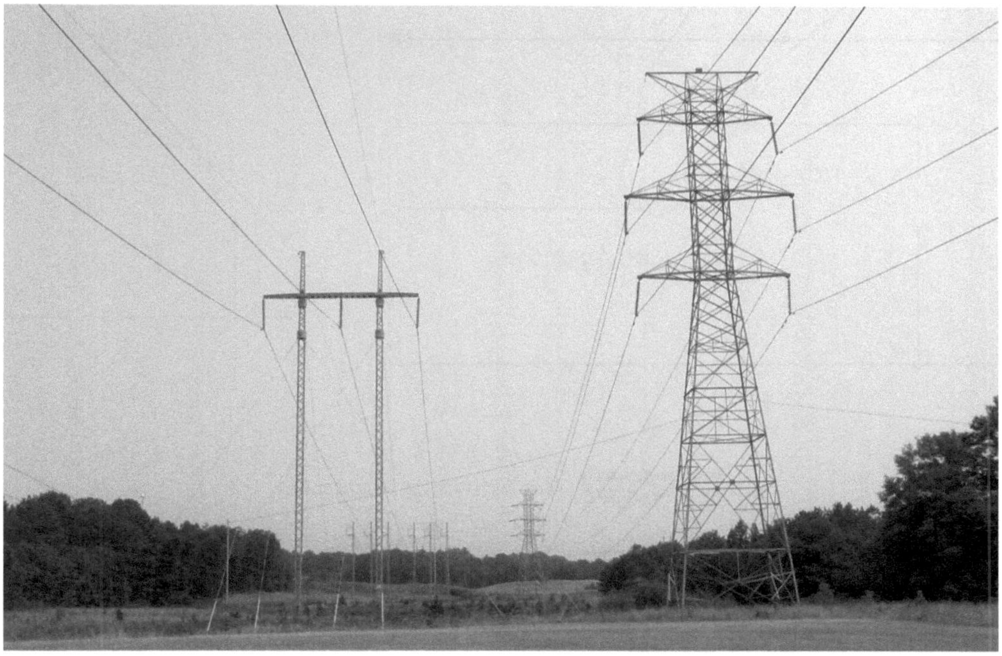

FIGURA 11.6 Linhas de transmissão de energia elétrica. (Cortesia de Mark Nelms.)

duas correntes possíveis nos dois percursos estarão defasadas de 180°.

As tensões fasoriais nas expressões anteriores podem ser expressas no domínio do tempo como:

$$\begin{aligned} v_{an}(t) &= 120\sqrt{2}\cos\omega t \text{ V} \\ v_{bn}(t) &= 120\sqrt{2}\cos(\omega t - 120°) \text{ V} \\ v_{cn}(t) &= 120\sqrt{2}\cos(\omega t - 240°) \text{ V} \end{aligned} \quad \textbf{11.2}$$

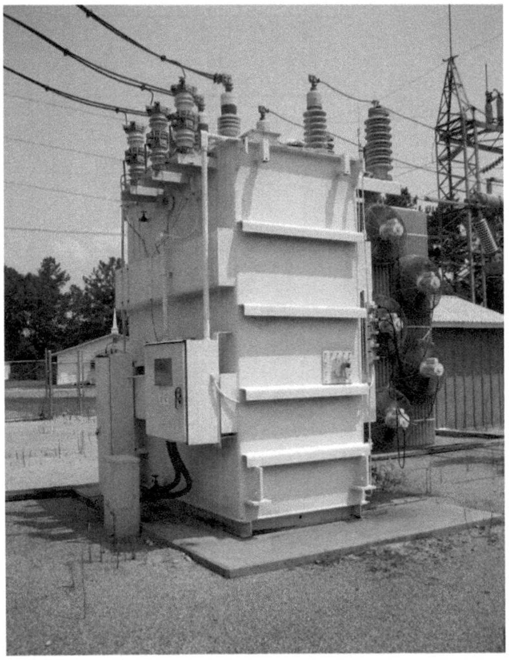

FIGURA 11.7 Um transformador de potência trifásico. (Cortesia de Jeremy Nelms, Talquin Electric Cooperative, Inc.)

Essas funções de tempo são representadas na **Fig. 11.8b**.

Por fim, examinemos a potência instantânea gerada por um sistema trifásico. Vamos admitir que as tensões na Fig. 11.8 sejam

$$\begin{aligned} v_{an}(t) &= V_m \cos\omega t \text{ V} \\ v_{bn}(t) &= V_m \cos(\omega t - 120°) \text{ V} \\ v_{cn}(t) &= V_m \cos(\omega t - 240°) \text{ V} \end{aligned} \quad \textbf{11.3}$$

Se a carga for balanceada, as correntes produzidas pelas fontes são

$$\begin{aligned} i_a(t) &= I_m \cos(\omega t - \theta) \text{ A} \\ i_b(t) &= I_m \cos(\omega t - \theta - 120°) \text{ A} \\ i_c(t) &= I_m \cos(\omega t - \theta - 240°) \text{ A} \end{aligned} \quad \textbf{11.4}$$

A potência instantânea produzida pelo sistema é

$$\begin{aligned} p(t) &= p_a(t) + p_b(t) + p_c(t) \\ &= V_m I_m[\cos\omega t\cos(\omega t - \theta) \\ &\quad + \cos(\omega t - 120°)\cos(\omega t - \theta - 120°) \\ &\quad + \cos(\omega t - 240°)\cos(\omega t - \theta - 240°)] \end{aligned} \quad \textbf{11.5}$$

Usando a seguinte identidade trigonométrica

$$\cos\alpha\cos\beta = \frac{1}{2}[\cos(\alpha - \beta) + \cos(\alpha + \beta)] \quad \textbf{11.6}$$

A Eq. (11.5) fica escrita como:

$$\begin{aligned} p(t) = \frac{V_m I_m}{2} &[\cos\theta + \cos(2\omega t - \theta) + \cos\theta \\ &+ \cos(2\omega t - \theta - 240°) + \cos\theta + \cos(2\omega t - \theta - 480°)] \end{aligned} \quad \textbf{11.7}$$

que pode ser reescrita como

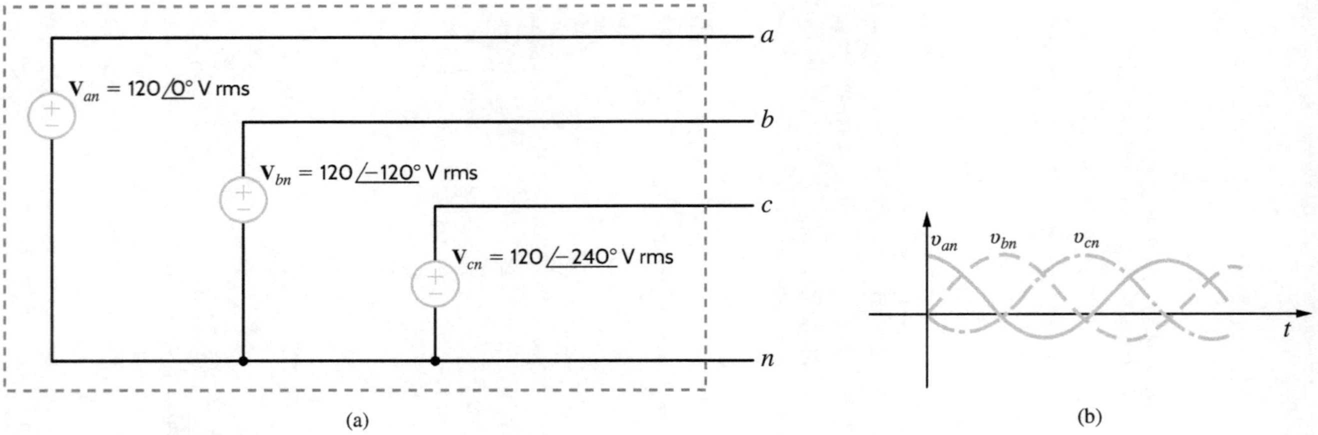

FIGURA 11.8 Tensões trifásicas balanceadas.

$$p(t) = \frac{V_m I_m}{2} [3 \cos \theta + \cos(2\omega t - \theta) + \cos(2\omega t - \theta - 120°) + \cos(2\omega t - \theta + 120°)] \quad \textbf{11.8}$$

Outra identidade trigonométrica nos permite simplificar a expressão anterior. A identidade, que provaremos mais adiante usando fasores, é

$$\cos \phi + \cos(\phi - 120°) + \cos(\phi + 120°) = 0 \quad \textbf{11.9}$$

Empregando esta identidade, a expressão para a potência fica escrita como:

$$p(t) = 3\frac{V_m I_m}{2} \cos \theta \text{ W} \quad \textbf{11.10}$$

Esta equação indica que a potência instantânea é sempre constante no tempo e não pulsante, como no caso monofásico. Portanto, a potência entregue por uma fonte de tensão trifásica é bastante estável; essa é outra importante razão pela qual a energia elétrica é gerada na forma trifásica.

11.2 Conexões Trifásicas

A mais importante fonte de tensão polifásica é, sem dúvida, a fonte trifásica balanceada. Essa fonte, como ilustrado na **Fig. 11.9**, tem as seguintes propriedades: as tensões das fases – isto é, a tensão entre cada linha *a*, *b* e *c* e o neutro *n* – são dadas por

$$\begin{aligned} \mathbf{V}_{an} &= V_p\angle 0° \\ \mathbf{V}_{bn} &= V_p\angle -120° \\ \mathbf{V}_{cn} &= V_p\angle +120° \end{aligned} \quad \textbf{11.11}$$

O diagrama fasorial para essas tensões é mostrado na **Fig. 11.10**. Dizemos que a sequência de fase deste conjunto é *abc* (chamada sequência de fase positiva), o que significa que $\mathbf{V}_{bn}$ está atrasado de 120° com relação a $\mathbf{V}_{an}$.

Padronizemos a notação de modo que as tensões sejam sempre identificadas como $\mathbf{V}_{an}$, $\mathbf{V}_{bn}$ e $\mathbf{V}_{cn}$ e vistas na ordem *abc*. Ademais, sem perda de generalidade, assumiremos que $\angle \mathbf{V}_{an} = 0°$.

Uma importante propriedade do conjunto balanceado de tensões é

$$\mathbf{V}_{an} + \mathbf{V}_{bn} + \mathbf{V}_{cn} = 0 \quad \textbf{11.12}$$

Esta propriedade pode ser vista comprovada decompondo os fasores de tensão nas componentes associadas aos eixos real e imaginário do plano complexo. E, também, pode ser demonstrada pela Eq. (11.9).

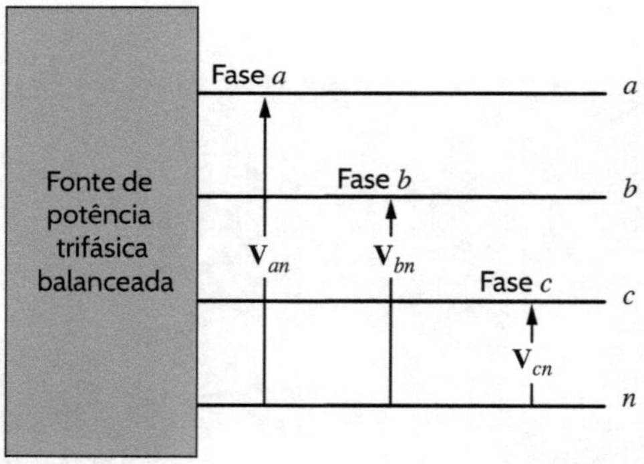

FIGURA 11.9 Fonte de tensão trifásica balanceada.

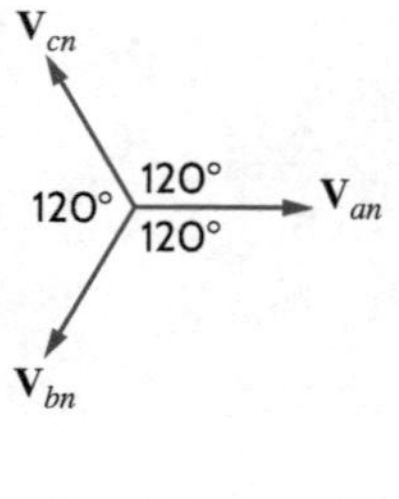

FIGURA 11.10 Diagrama fasorial para uma fonte de tensão trifásica balanceada.

Do ponto de vista do usuário que conecta uma carga à fonte de tensão trifásica balanceada, não importa como as tensões são geradas. Entretanto, é importante notar que, se as correntes de carga geradas pela conexão de uma carga à fonte de potência mostrada na Fig. 11.9 também forem *balanceadas*, existem duas possíveis configurações equivalentes para a carga. A carga equivalente pode ser considerada como conectada na configuração *estrela* (Y) ou na configuração *delta* (Δ). A configuração estrela balanceada é mostrada na **Fig. 11.11a** e, na forma equivalente, na **Fig. 11.11b**. A configuração em delta é mostrada na **Fig. 11.12a** e, na forma equivalente, na **Fig. 11.12b**. No caso da conexão em delta, não há linha neutra. Examinaremos a função da linha neutra na conexão em estrela e veremos que, em um sistema balanceado, a linha neutra não conduz corrente; portanto, para fins de análise, pode ser omitida.

As conexões em estrela e em delta têm suas vantagens. A conexão em estrela fornece acesso a duas tensões – entre linha e linha e entre linha e neutro, e um conveniente local para conexão ao terra para proteção do sistema. Ou seja, limita a magnitude das sobretensões. A conexão em delta mantém melhor balanceamento no caso de cargas desbalanceadas, sendo capaz de bloquear o terceiro harmônico.

11.3 Conexões Fonte/Carga

Como a fonte e a carga podem ser conectadas em Y ou em Δ, circuitos trifásicos balanceados podem ser conectados nas configurações Y-Y, Y-Δ, Δ-Y ou Δ-Δ. A abordagem que adotaremos para a análise de todos esses circuitos será "Pense em Y". Assim, primeiro, analisaremos a conexão Y-Y.

Conexão Estrela-Estrela Balanceada

Admita, agora, que fonte e carga estejam conectadas em estrela, como mostrado na **Fig. 11.13**. As tensões de fase com sequência de fase positiva são dadas por

$$\begin{aligned}\mathbf{V}_{an} &= V_f\angle 0^\circ \\ \mathbf{V}_{bn} &= V_f\angle -120^\circ \\ \mathbf{V}_{cn} &= V_f\angle +120^\circ\end{aligned} \qquad \textbf{11.13}$$

em que V_f, a tensão de fase, é a magnitude da tensão fasorial entre neutro e qualquer linha. As tensões entre *linha e linha* ou,

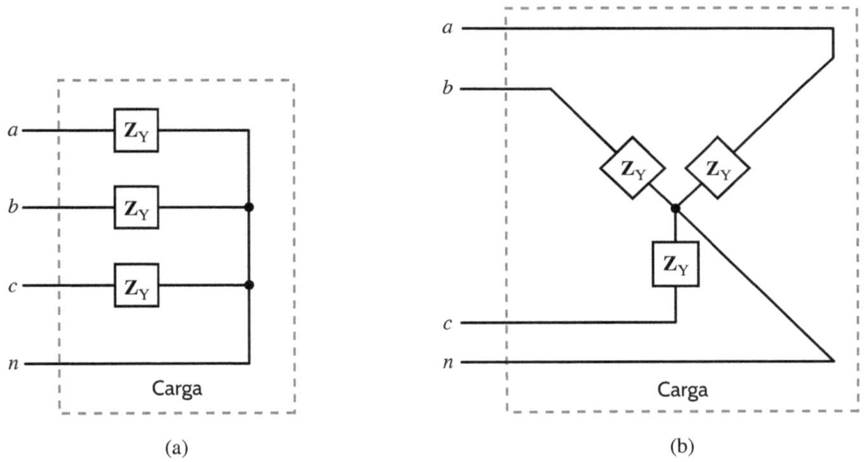

FIGURA 11.11 Cargas conectadas em estrela (Y).

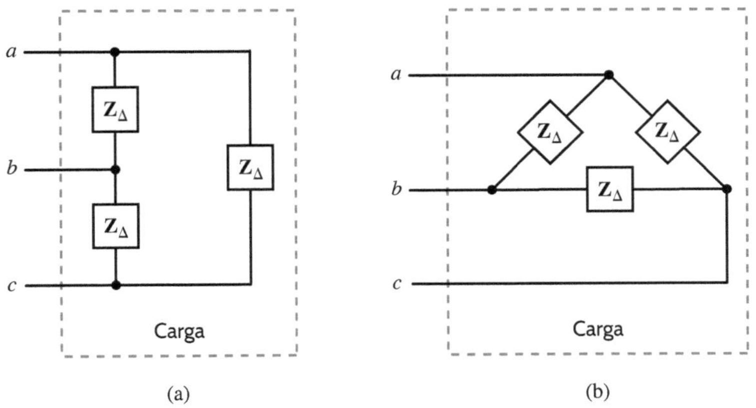

FIGURA 11.12 Cargas conectadas em delta (Δ).

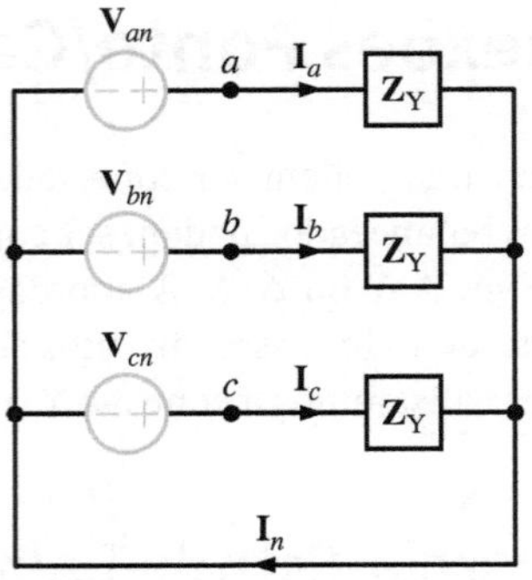

FIGURA 11.13 Conexão trifásica estrela-estrela balanceada.

simplesmente, *tensões de linha*, podem ser calculadas usando a LKT; por exemplo,

$$\begin{aligned}\mathbf{V}_{ab} &= \mathbf{V}_{an} - \mathbf{V}_{bn}\\ &= V_f\underline{/0^\circ} - V_f\underline{/-120^\circ}\\ &= V_f - V_f\left[-\frac{1}{2} - j\frac{\sqrt{3}}{2}\right]\\ &= V_f\left[\frac{3}{2} + j\frac{\sqrt{3}}{2}\right]\\ &= \sqrt{3}\,V_f\underline{/30^\circ}\end{aligned}$$

A adição de fasores é mostrada na **Fig. 11.14a** (ver **DICA 11.1**). De maneira semelhante, obtemos o conjunto de tensões entre linha e linha como

$$\begin{aligned}\mathbf{V}_{ab} &= \sqrt{3}\,V_f\underline{/30^\circ}\\ \mathbf{V}_{bc} &= \sqrt{3}\,V_f\underline{/-90^\circ}\\ \mathbf{V}_{ca} &= \sqrt{3}\,V_f\underline{/-210^\circ}\end{aligned} \quad \textbf{11.14}$$

DICA 11.1

Regras de conversão:

$\underline{/\mathbf{V}_{ab}} = \underline{/\mathbf{V}_{an}} + \mathbf{30^\circ}$

$V_{ab} = \sqrt{3}\,V_{an}$

Todas as tensões de linha, assim como as tensões de fase, são mostradas na **Fig. 11.14b**. Denotemos a magnitude das tensões de linha como V_L; portanto, para um sistema balanceado,

$$V_L = \sqrt{3}\,V_f \quad \textbf{11.15}$$

Assim, em um sistema conectado em estrela, a tensão da linha é igual a $\sqrt{3}$ vezes a tensão de fase.

Como mostrado na Fig. 11.13, a corrente de linha para a fase *a* é

$$\mathbf{I}_a = \frac{\mathbf{V}_{an}}{\mathbf{Z}_Y} = \frac{V_f\underline{/0^\circ}}{\mathbf{Z}_Y} \quad \textbf{11.16}$$

em que $\mathbf{I}_b$ e $\mathbf{I}_c$ têm a mesma magnitude, mas estão defasadas de 120° e 240°, respectivamente, com relação a $\mathbf{I}_a$.

A corrente de neutro $\mathbf{I}_n$ é dada por

$$\mathbf{I}_n = (\mathbf{I}_a + \mathbf{I}_b + \mathbf{I}_c) = 0 \quad \textbf{11.17}$$

Como não há corrente no neutro, este condutor pode estar conectado a uma impedância ou pode ser um circuito aberto ou um curto-circuito, sem alterar os resultados anteriores.

Conforme ilustrado pela conexão estrela-estrela na Fig. 11.13, a corrente na linha que conecta a fonte à carga é a mesma que a corrente de fase que flui pela impedância $\mathbf{Z}_Y$. Portanto, em uma *conexão estrela-estrela*,

$$I_L = I_Y \quad \textbf{11.18}$$

em que I_L é a magnitude da corrente na linha e I_Y, a magnitude da corrente em uma carga conectada em estrela.

Embora esse seja um sistema trifásico composto por três fontes e três cargas, podemos analisar uma única fase e utilizar a sequência de fases para obter as tensões e correntes nas outras duas fases. Este resultado advém diretamente da condição de balanceamento do sistema. Impedâncias podem estar presentes nas linhas; contudo, enquanto o sistema permanecer balanceado, basta analisar apenas uma fase. Se as impedâncias nas linhas *a*, *b* e *c* forem iguais, o sistema estará balanceado. Recordemos que o balanceamento do sistema não é afetado por nenhuma coisa que apareça na linha neutra; como a impedância na linha neutra é arbitrária, vamos admitir que seja zero (curto-circuito).

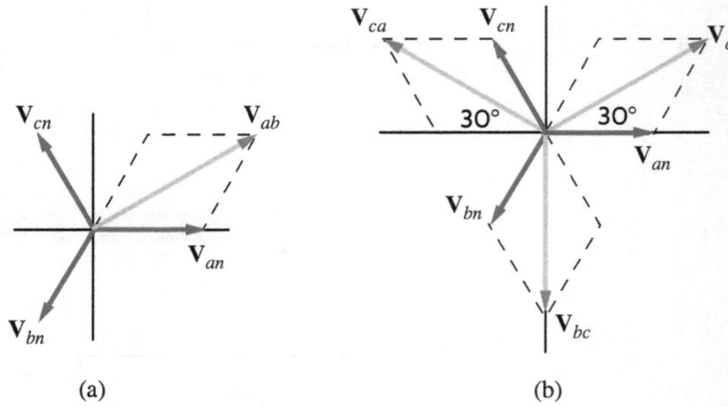

FIGURA 11.14 Representação fasorial das tensões de fase e de linha em um sistema estrela-estrela balanceado.

EXEMPLO 11.1

Uma fonte de tensão trifásica de sequência *abc* em configuração estrela balanceada tem uma tensão de linha de $\mathbf{V}_{ab}$ = 208 $\underline{/-30^\circ}$ rms. Determine as tensões de fase.

SOLUÇÃO A magnitude da tensão de fase é dada pela expressão

$$\begin{aligned}V_f &= \frac{208}{\sqrt{3}}\\ &= 120\text{ V rms}\end{aligned}$$

As relações de fase entre as tensões de linha e de fase são mostradas na Fig. 11.14 (ver **DICA 11.2**). A partir desta figura, notamos que

$$\mathbf{V}_{an} = 120\angle{-60°}\ \text{V rms}$$
$$\mathbf{V}_{bn} = 120\angle{-180°}\ \text{V rms}$$
$$\mathbf{V}_{cn} = 120\angle{+60°}\ \text{V rms}$$

Tais valores das magnitudes das tensões são bastante comuns; frequentemente, dizemos que o sistema elétrico em um prédio, por exemplo, é trifásico 208/120 V rms.

DICA 11.2

Fase de $\mathbf{V}_{an} = \angle\mathbf{V}_{an} = \angle\mathbf{V}_{ab} - 30°$

EXEMPLO 11.2

Uma carga trifásica conectada em estrela é alimentada por uma fonte trifásica em configuração estrela balanceada, com a sequência de fase *abc* e tensão de fase de 120 V rms. Admitindo que a impedância na linha e a impedância da carga por fase sejam de $1 + j1\ \Omega$ e $20 + j10\ \Omega$, respectivamente, determine o valor das correntes de linha e das tensões de carga.

SOLUÇÃO As tensões das fases são

$$\mathbf{V}_{an} = 120\angle{0°}\ \text{V rms}$$
$$\mathbf{V}_{bn} = 120\angle{-120°}\ \text{V rms}$$
$$\mathbf{V}_{cn} = 120\angle{+120°}\ \text{V rms}$$

O diagrama de circuito por fase é mostrado na **Fig. 11.15**. A corrente de linha para a fase *a* é

$$\mathbf{I}_{aA} = \frac{120\angle{0°}}{21 + j11} = 5{,}06\angle{-27{,}65°}\ \text{A rms}$$

A tensão de carga para a fase *a*, que denominaremos $\mathbf{V}_{AN}$, é

$$\mathbf{V}_{AN} = (5{,}06\angle{-27{,}65°})(20 + j10) = 113{,}15\angle{-1{,}08°}\ \text{V rms}$$

As correntes de linha (ver **DICA 11.3**) e tensões de carga correspondentes para as fases *b* e *c* são

$\mathbf{I}_{bB} = 5{,}06\ \angle{-147{,}65°}$ A rms $\qquad \mathbf{V}_{BN} = 113{,}15\ \angle{-121{,}08°}$ V rms

$\mathbf{I}_{cC} = 5{,}06\ \angle{-267{,}65°}$ A rms $\qquad \mathbf{V}_{CN} = 113{,}15\ \angle{-241{,}08°}$ V rms

DICA 11.3

$\angle\mathbf{I}_{bB} = \angle\mathbf{I}_{aA} - 120°$
$\angle\mathbf{I}_{cC} = \angle\mathbf{I}_{aA} + 120°$

Para esclarecer e reforçar nossa terminologia, a tensão de fase, V_f, é a magnitude do fasor correspondente à tensão entre o neutro e qualquer linha, enquanto a tensão da linha, V_L, é a magnitude do fasor correspondente à tensão entre duas linhas quaisquer. Assim, os valores de V_L e V_f dependem do ponto em que são calculados no sistema.

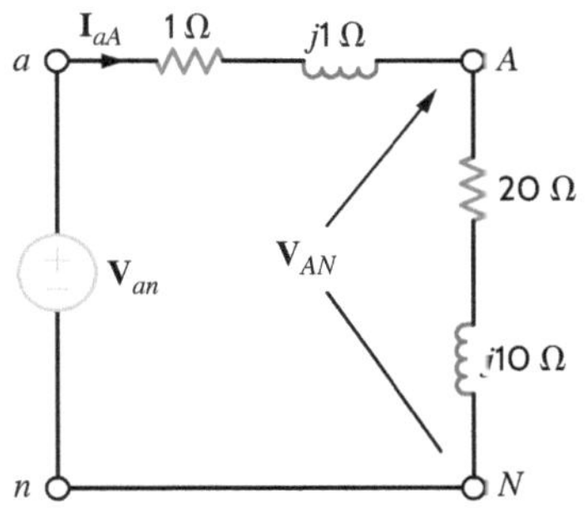

FIGURA 11.15 Diagrama de circuito por fase para o problema no Exemplo 11.2.

Avaliação da Aprendizagem

E11.1 Em uma tensão trifásica de sequência de fase *abc* em configuração estrela balanceada, a tensão na fase *a* é $\mathbf{V}_{an} = 120\angle{90°}$ V rms. Determine as tensões de linha para esta fonte.

Resposta:
$\mathbf{V}_{ab} = 208\angle{120°}$ V rms;
$\mathbf{V}_{bc} = 208\angle{0°}$ V rms;
$\mathbf{V}_{ca} = 208\angle{-120°}$ V rms.

E11.2 Em uma fonte de tensão trifásica de sequência de fase *abc* em configuração estrela balanceada, a tensão de linha de $\mathbf{V}_{ab} = 208\angle{0°}$ V rms. Determine as tensões de fase da fonte.

Resposta:
$\mathbf{V}_{an} = 120\angle{-30°}$ V rms;
$\mathbf{V}_{bn} = 120\angle{-150°}$ V rms;
$\mathbf{V}_{cn} = 120\angle{-270°}$ V rms.

E11.3 Uma carga trifásica conectada em estrela é alimentada por uma fonte trifásica em configuração estrela balanceada de sequência de fase *abc* mediante uma linha de transmissão com impedância de 1 + *j*1 Ω por fase. A impedância de carga é 8 + *j*3 Ω por fase. Admitindo uma tensão de carga para a fase de $104{,}02\underline{/26{,}6°}$ V rms (ou seja, $V_f = 104{,}02$ V rms nos terminais da carga), determine as tensões de fase da fonte.

Resposta:
$\mathbf{V}_{an} = 120\underline{/30°}$ V rms;
$\mathbf{V}_{bn} = 120\underline{/-90°}$ V rms;
$\mathbf{V}_{cn} = 120\underline{/-210°}$ V rms.

E11.4 Uma fonte em configuração estrela trifásica balanceada de sequência de fase positiva e tensão de fase de 277 V rms alimenta uma carga conectada em estrela balanceada. A impedância de carga por fase é de 60 − *j*40 Ω. Determine as correntes de linha no circuito para ângulo de fase de $\mathbf{V}_{an} = 0°$.

Resposta:
$\mathbf{I}_{aA} = 3{,}84\underline{/33{,}69°}$ A rms;
$\mathbf{I}_{bB} = 3{,}84\underline{/-86{,}31°}$ A rms;
$\mathbf{I}_{cC} = 3{,}84\underline{/153{,}69°}$ A rms.

E11.5 Um conjunto de tensões na sequência de fase *abc* alimenta um sistema trifásico estrela-estrela balanceado. As impedâncias de linha e de carga são 0,5 + *j*0,75 Ω e 20 − *j*24 Ω, respectivamente. Para uma tensão entre carga e fase *a* $\mathbf{V}_{AN} = 125\underline{/10°}$ V rms, determine as tensões de linha da entrada.

Resposta:
$\mathbf{V}_{ab} = 214{,}8\underline{/41{,}6°}$ V rms;
$\mathbf{V}_{bc} = 214{,}8\underline{/-78{,}4°}$ V rms;
$\mathbf{V}_{ca} = 214{,}8\underline{/161{,}6°}$ V rms.

E11.6 Em um sistema trifásico em configuração estrela-estrela, a potência total nas linhas é de 650 W. $V_{AN} = 117\underline{/15°}$ V rms e o fator de potência da carga é 0,88 adiantado. Para impedância da linha de 1 + *j*2 Ω, determine a impedância da carga.

Resposta:
$\mathbf{Z}_L = 7 - j3{,}78\ \Omega$.

A análise anterior indica que podemos tratar um circuito trifásico balanceado com base apenas em uma das fases e usar a relação de fase para determinar todas as tensões e correntes. Examinemos, agora, as situações em que a fonte ou a carga está conectada em delta (Δ).

Fonte Conectada em Delta

Considere a fonte conectada em delta mostrada na **Fig. 11.16a**. Observe que as fontes estão conectadas de linha a linha. Vimos anteriormente que a relação entre as tensões linha-linha e linha-neutro eram dadas pela Eq. (11.14), como ilustrado na Fig. 11.14 para tensões de sequência de fase *abc*. Portanto, se as fontes na configuração delta forem

$$\mathbf{V}_{ab} = V_L\underline{/0°}$$
$$\mathbf{V}_{bc} = V_L\underline{/-120°} \qquad \textbf{11.19}$$
$$\mathbf{V}_{ca} = V_L\underline{/+120°}$$

em que V_L é a magnitude da tensão de fase. As fontes equivalentes na configuração estrela mostradas na **Fig. 11.16b** são

$$\mathbf{V}_{an} = \frac{V_L}{\sqrt{3}}\underline{/-30°} = V_f\underline{/-30°}$$
$$\mathbf{V}_{bn} = \frac{V_L}{\sqrt{3}}\underline{/-150°} = V_f\underline{/-150°} \qquad \textbf{11.20}$$
$$\mathbf{V}_{cn} = \frac{V_L}{\sqrt{3}}\underline{/-270°} = V_f\underline{/+90°}$$

em que V_f é a magnitude da tensão de fase de uma fonte equivalente conectada em estrela. Portanto, no caso de um circuito com uma fonte conectada em delta, podemos facilmente converter a configuração da fonte de delta para estrela e aplicar todas as técnicas e análise discutidas anteriormente.

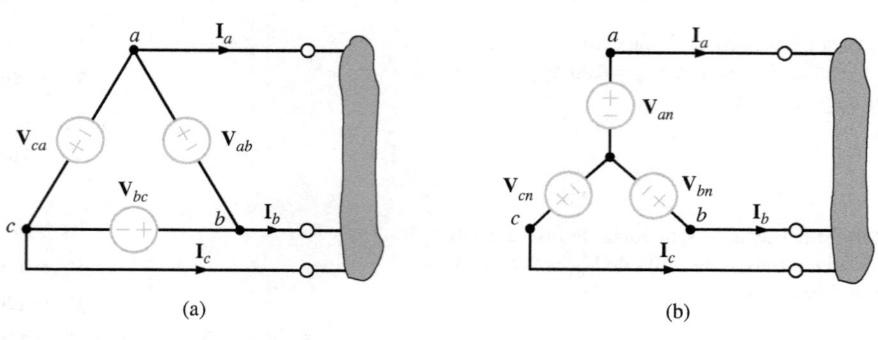

FIGURA 11.16 Fontes conectadas nas configurações delta e estrela.

Estratégia para a Solução de Problemas

Circuitos de Potência CA Trifásicos Balanceados

PASSO 1 Converter a conexão fonte/carga em uma conexão estrela-estrela, caso a fonte, a carga ou ambas estejam conectadas em delta, pois a conexão estrela-estrela pode ser facilmente usada para obter os fasores desconhecidos.

PASSO 2 Apenas os fasores desconhecidos para a fase *a* do circuito precisam ser determinados, pois o sistema trifásico está balanceado.

PASSO 3 Por fim, converter os fasores recém-calculados para os correspondentes fasores no sistema original.

EXEMPLO 11.3

Considere o circuito mostrado na **Fig. 11.17a**. Determine as correntes de linha e a magnitude da tensão de linha na carga.

SOLUÇÃO O diagrama monofásico do circuito é mostrado na **Fig. 11.17b**. A corrente de linha $\mathbf{I}_{aA}$ é

$$\mathbf{I}_{aA} = \frac{(208/\sqrt{3})\,\underline{/-30^\circ}}{12{,}1 + j4{,}2}$$
$$= 9{,}38\underline{/-49{,}14^\circ} \text{ A rms}$$

Com isso, $\mathbf{I}_{bB} = 9{,}38\underline{/-169{,}14^\circ}$ V rms e $\mathbf{I}_{cC} = 9{,}38\underline{/70{,}86^\circ}$ V rms. A tensão $\mathbf{V}_{AN}$ é, então, dada por

$$\mathbf{V}_{AN} = (9{,}38\underline{/-49{,}14^\circ})(12 + j4)$$
$$= 118{,}65\underline{/-30{,}71^\circ} \text{ V rms}$$

Portanto, a magnitude da tensão de linha na carga é

$$V_L = \sqrt{3}(118{,}65)$$
$$= 205{,}51 \text{ V rms}$$

A tensão de fase na fonte é $V_f = 208/\sqrt{3} = 120$ V rms, enquanto a tensão de fase na carga é $V_f = 205{,}51/\sqrt{3} = 118{,}65$ V rms. Devemos ter cuidado com a notação e especificar com clareza o ponto no circuito em que a tensão de fase ou de linha é medida.

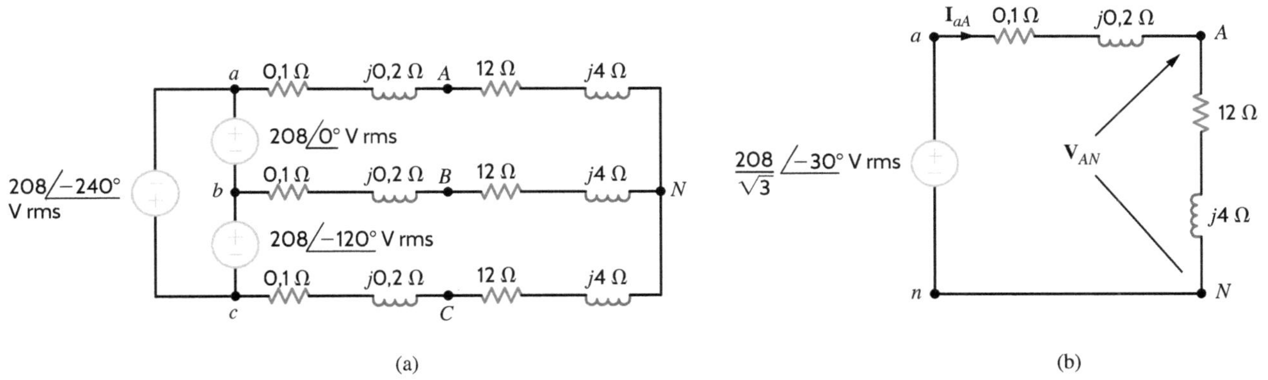

FIGURA 11.17 Circuito na configuração delta-estrela e um diagrama monofásico equivalente (para a fase *a*).

Avaliação da Aprendizagem

E11.7 Considere o circuito mostrado na Fig. E11.7. Calcule a magnitude das tensões de linha na carga.

Resposta:
$V_L = 205{,}2$ V rms.

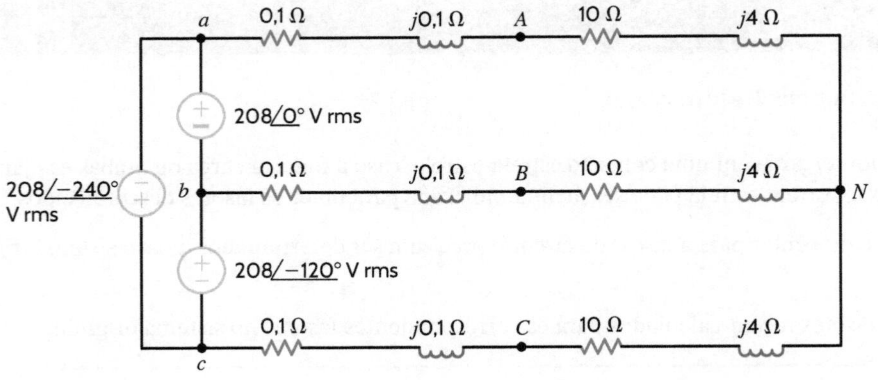

FIGURA E11.7

E11.8 Determine a magnitude da tensão de linha na carga na Fig. E11.8.

Resposta:

$V_L = 209{,}2$ V rms.

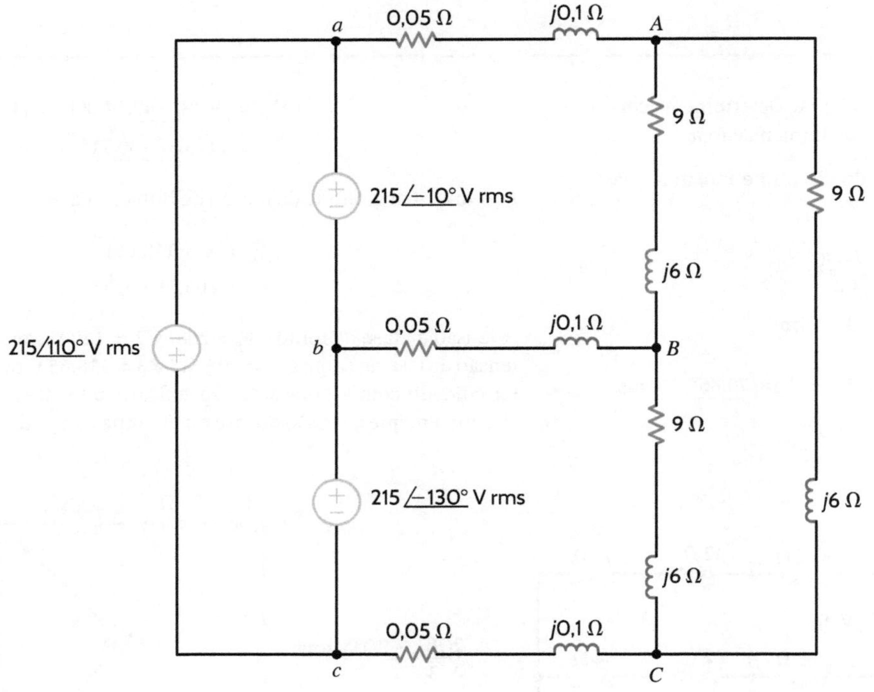

FIGURA E11.8

Carga Conectada em Delta

Considere, agora, a carga conectada em delta (Δ) mostrada na **Fig. 11.18**. Observe que, nesta conexão, a tensão de linha a linha é a tensão em cada impedância de carga.

Sejam as tensões de fase da fonte dadas por

$$\begin{aligned}\mathbf{V}_{an} &= V_f\underline{/0°}\\ \mathbf{V}_{bn} &= V_f\underline{/-120°}\\ \mathbf{V}_{cn} &= V_f\underline{/+120°}\end{aligned} \qquad \textbf{11.21}$$

As tensões de linha são, então, obtidas como

$$\begin{aligned}\mathbf{V}_{ab} &= \sqrt{3}\,V_f\underline{/30°} = V_L\underline{/30°} = \mathbf{V}_{AB}\\ \mathbf{V}_{bc} &= \sqrt{3}\,V_f\underline{/-90°} = V_L\underline{/-90°} = \mathbf{V}_{BC}\\ \mathbf{V}_{ca} &= \sqrt{3}\,V_f\underline{/-210°} = V_L\underline{/-210°} = \mathbf{V}_{CA}\end{aligned} \qquad \textbf{11.22}$$

em que V_L é a magnitude da tensão de linha tanto na carga conectada em delta como na fonte, uma vez que não há impedância de linha no circuito.

Da Fig. 11.18, vemos que, se $\mathbf{Z}_\Delta = Z_\Delta \underline{/\theta}$, as correntes de fase na carga são

$$\mathbf{I}_{AB} = \frac{\mathbf{V}_{AB}}{\mathbf{Z}_\Delta} \qquad \textbf{11.23}$$

em que $\mathbf{I}_{BC}$ e $\mathbf{I}_{CA}$ têm a mesma magnitude, mas guardam atraso de fase com relação a $\mathbf{I}_{AB}$ de 120° e 240°, respectivamente. A LKT pode, agora, ser empregada em conjunto com as correntes de fase para determinar as correntes de linha. Por exemplo,

$$\mathbf{I}_{aA} = \mathbf{I}_{AB} + \mathbf{I}_{AC}$$
$$= \mathbf{I}_{AB} - \mathbf{I}_{CA}$$

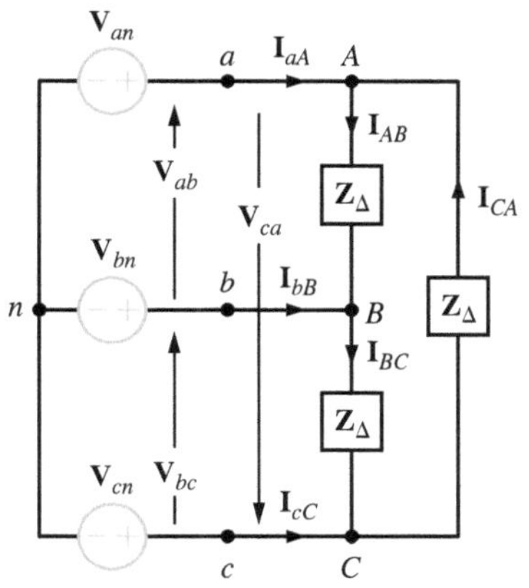

FIGURA 11.18 Sistema trifásico balanceado na configuração estrela-delta.

Entretanto, talvez seja mais fácil converter a carga balanceada conectada em delta em uma carga balanceada conectada em estrela usando a transformação delta-estrela (Δ–Y). Essa conversão é possível porque as transformações estrela-delta e delta-estrela descritas no Capítulo 2 também são válidas para impedância no domínio da frequência. No caso balanceado, as equações de transformação se reduzem a

$$\mathbf{Z}_Y = \frac{1}{3}\mathbf{Z}_\Delta$$

Assim, a corrente de linha $\mathbf{I}_{aA}$ é obtida simplesmente como

$$\mathbf{I}_{aA} = \frac{\mathbf{V}_{an}}{\mathbf{Z}_Y}$$

Por fim, usando a mesma abordagem empregada anteriormente para determinar a relação entre tensões de linha e tensões de fase em uma conexão Y–Y, podemos mostrar que a relação entre as *magnitudes* das correntes de fase em uma carga conectada em Δ e as correntes de linha é

$$I_L = \sqrt{3}\, I_\Delta \qquad \textbf{11.24}$$

EXEMPLO 11.4

Uma carga balanceada conectada em delta contém, em cada fase, um resistor de 10 Ω em série com um indutor de 20 mH. A fonte de tensão é trifásica na configuração estrela balanceada de sequência de fase *abc* em 60 Hz, com uma tensão $\mathbf{V}_{an} = 120\underline{/30°}$ V rms. Determine todas as correntes Δ e correntes de linha.

SOLUÇÃO A impedância por fase na carga delta é $\mathbf{Z}_\Delta = 10 + j7{,}54$ Ω. A tensão de linha $\mathbf{V}_{ab} = 120\sqrt{3}\underline{/60°}$ V rms. Como não há impedância de linha, $\mathbf{V}_{AB} = \mathbf{V}_{ab} = 120\sqrt{3}\underline{/60°}$ V rms Logo,

$$\mathbf{I}_{AB} = \frac{120\sqrt{3}\underline{/60°}}{10 + j7{,}54}$$
$$= 16{,}60\underline{/+22{,}98°} \text{ A rms}$$

Como $\mathbf{Z}_\Delta = 10 + j7{,}54$ Ω,

$$\mathbf{Z}_Y = \frac{1}{3}\mathbf{Z}_\Delta$$
$$= 3{,}33 + j2{,}51 \ \Omega$$

e a corrente de linha fica dada por

$$\mathbf{I}_{aA} = \frac{\mathbf{V}_{an}}{\mathbf{Z}_Y} = \frac{120\underline{/30°}}{3{,}33 + j2{,}51}$$
$$= \frac{120\underline{/30°}}{4{,}17\underline{/37{,}01°}}$$
$$= 28{,}78\underline{/-7{,}01°} \text{ A rms}$$

Portanto, as correntes de fase e de linha restantes são obtidas como

$$\mathbf{I}_{BC} = 16{,}60\,\underline{/-97{,}02°} \text{ A rms} \qquad \mathbf{I}_{bB} = 28{,}78\,\underline{/-127{,}01°} \text{ A rms}$$
$$\mathbf{I}_{CA} = 16{,}60\,\underline{/+142{,}98°} \text{ A rms} \qquad \mathbf{I}_{cC} = 28{,}78\,\underline{/+112{,}99°} \text{ A rms}$$

Em resumo, as relações entre tensão de linha e tensão de fase e entre corrente de linha e corrente de fase para as configurações Y e Δ são mostradas na **Fig. 11.19**. As correntes e tensões são mostradas para uma fase. As duas fases restantes têm a mesma magnitude, mas estão atrasadas de 120° e 240°, respectivamente.

Uma cuidadosa leitura da **Tabela 11.1** indica que as seguintes regras se aplicam à resolução de problemas com sistemas trifásicos balanceados:

- A fase das tensões e correntes em uma conexão Δ está adiantada de 30° com relação às correspondentes fases em uma conexão Y.
- A magnitude da tensão de linha ou, de forma equivalente, da tensão de fase da conexão Δ, é $\sqrt{3}$ vezes maior que a tensão de fase da conexão Y.
- A magnitude da corrente de linha ou, de forma equivalente, a corrente de fase da conexão Y, é $\sqrt{3}$ vezes maior que a da corrente de fase da conexão Δ.
- A impedância de carga na conexão Y é um terço da correspondente impedância na conexão Δ, e a fase é idêntica.

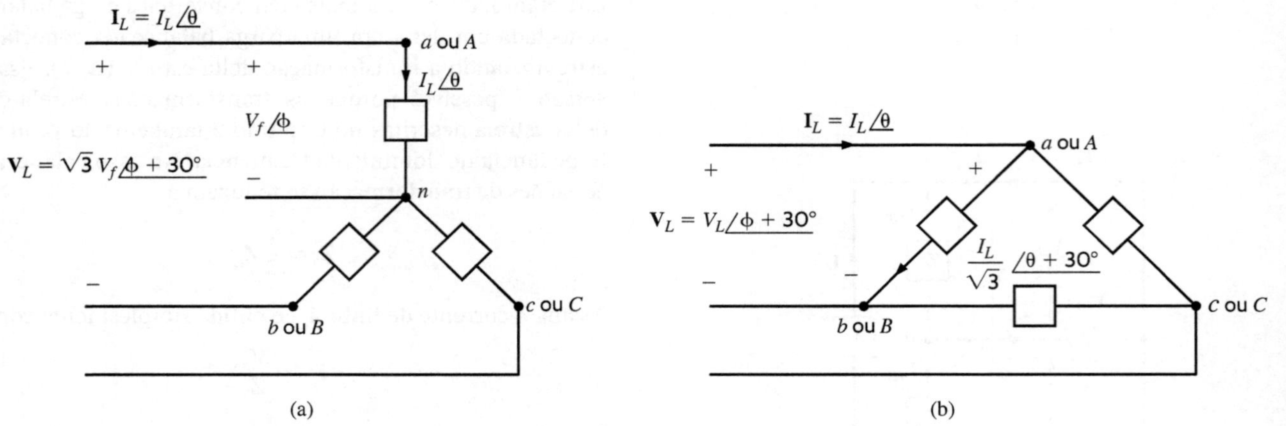

FIGURA 11.19 Relações de tensão e corrente para as configurações Y e Δ.

TABELA 11.1 Relações de tensão, corrente e impedância para as configurações Y e Δ

	Y	Δ
Tensão de linha	$\sqrt{3}\, V_f \underline{/\phi + 30°}$	$V_L \underline{/\phi + 30°}$
(V_{ab} ou V_{AB})	$= V_L \underline{/\phi + 30°}$	
Corrente de linha I_{aA}	$I_L \underline{/\theta}$	$I_L \underline{/\theta}$
Tensão de fase	$V_f \underline{/\phi}$ (V_{an} ou V_{AN})	$\sqrt{3}\, V_f \underline{/\phi + 30°}$
Corrente de fase	$I_L \underline{/\theta}$	$\frac{I_L}{\sqrt{3}} \underline{/\theta + 30°}$
Impedância de carga	$Z_Y \underline{/\phi - \theta}$	$3Z_Y \underline{/\phi - \theta}$

Avaliação da Aprendizagem

E11.9 Uma fonte de tensão trifásica balanceada de sequência de fase *abc* conectada em estrela fornece potência para uma carga balanceada conectada em delta. A corrente de linha para a fase *a* é $\mathbf{I}_{aA} = 12\underline{/40°}$ A rms. Determine as correntes de fase na carga conectada em delta.

Resposta:
$\mathbf{I}_{AB} = 6{,}93\underline{/70°}$ A rms;
$\mathbf{I}_{BC} = 6{,}93\underline{/-50°}$ A rms;
$\mathbf{I}_{CA} = 6{,}93\underline{/-170°}$ A rms.

E11.10 Encontre as correntes de linha e a potência absorvida pela carga conectada em delta na Fig. E11.10.

Resposta:
$\mathbf{I}_{aA} = 35{,}76\underline{/-34{,}74°}$ A rms;
$\mathbf{I}_{bB} = 35{,}76\underline{/-154{,}74°}$ A rms;
$\mathbf{I}_{cC} = 35{,}76\underline{/85{,}26°}$ A rms;
$17{,}29 - j6{,}92$ kVA.

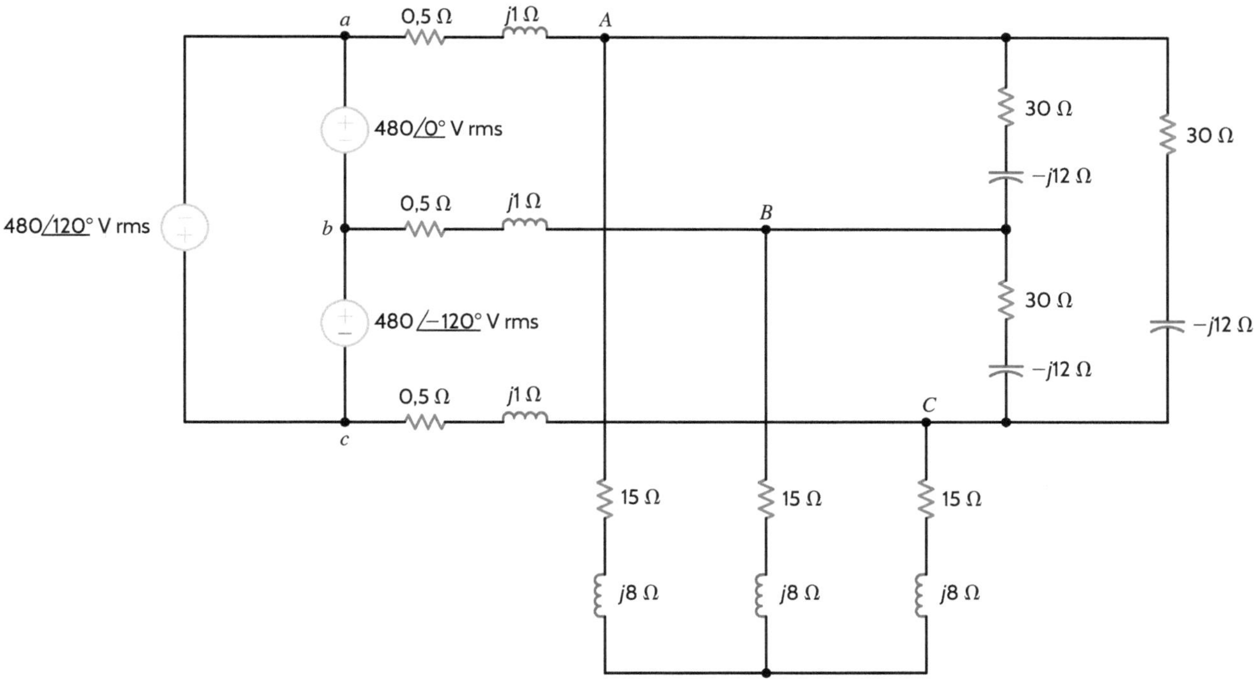

FIGURA E11.10

11.4 Relações de Potência

Esteja a carga conectada em estrela ou em delta, as potências real e reativa por fase são dadas por

$$P_f = V_f I_f \cos\theta$$
$$Q_f = V_f I_f \operatorname{sen}\theta \qquad \textbf{11.25}$$

em que θ é o ângulo entre a tensão de fase e a corrente de linha. Para um sistema conectado em Y, $I_f = I_L$ e $V_f = V_L/\sqrt{3}$, para um sistema conectado em Δ, $I_f = I_L/\sqrt{3}$ e $V_f = V_L$. Portanto,

$$P_f = \frac{V_L I_L}{\sqrt{3}}\cos\theta$$
$$Q_f = \frac{V_L I_L}{\sqrt{3}}\operatorname{sen}\theta \qquad \textbf{11.26}$$

As potências real e reativa totais para as três fases são, então, obtidas como

$$P_T = 3\,P_f = \sqrt{3}\,V_L I_L \cos\theta$$
$$Q_T = 3\,Q_f = \sqrt{3}\,V_L I_L \operatorname{sen}\theta \qquad \textbf{11.27}$$

e, portanto, a magnitude da potência complexa (potência aparente) é dada por

$$S_T = \sqrt{P_T^2 + Q_T^2}$$
$$= \sqrt{3}\,V_L I_L$$

e

$$\angle \mathbf{S}_T = \theta$$

EXEMPLO 11.5

Um sistema trifásico balanceado na configuração estrela-delta tem uma tensão de linha de 208 V rms. A potência real total absorvida pela carga é de 1.200 W. Para um fator de potência da carga atrasado com ângulo de 20°, determine a magnitude da corrente de linha e o valor da impedância da carga por fase na configuração delta.

SOLUÇÃO A corrente de linha pode ser obtida da Eq. (11.26). Como a potência real por fase é de 400 W, temos

$$400 = \frac{208 I_L}{\sqrt{3}}\cos 20°$$

$$I_L = 3{,}54 \text{ A rms}$$

A magnitude da corrente em cada ramo da carga conectada em delta é

$$I_\Delta = \frac{I_L}{\sqrt{3}}$$
$$= 2{,}05 \text{ A rms}$$

Portanto, a magnitude da impedância em delta em cada fase da carga é

$$|\mathbf{Z}_\Delta| = \frac{V_L}{I_\Delta} = \frac{208}{2{,}05} = 101{,}46\ \Omega$$

Como o ângulo do fator de potência é de 20° atrasado, a impedância da carga é

$$\mathbf{Z}_\Delta = 101{,}46\underline{/20°} = 95{,}34 + j34{,}70\ \Omega$$

EXEMPLO 11.6

Para o circuito do Exemplo 11.2, determine as potências real e reativa por fase na carga e as potências totais real, reativa e complexa na fonte.

SOLUÇÃO A partir dos dados do Exemplo 11.2, a potência complexa por fase na carga é

$$\begin{aligned}\mathbf{S}_{\text{carga}} &= \mathbf{VI}^* \\ &= (113{,}15\underline{/-1{,}08°})(5{,}06\underline{/27{,}65°}) \\ &= 572{,}54\underline{/26{,}57°} \\ &= 512{,}07 + j256{,}09\ \text{VA}\end{aligned}$$

Portanto, as potências real e reativa por fase na carga são 512,07 W e 256,09 var, respectivamente.

A potência complexa por fase na fonte é

$$\begin{aligned}\mathbf{S}_{\text{fonte}} &= \mathbf{VI}^* \\ &= (120\underline{/0°})(5{,}06\underline{/27{,}65°}) \\ &= 607{,}2\underline{/27{,}65°} \\ &= 537{,}86 + j281{,}78\ \text{VA}\end{aligned}$$

Assim, as potências totais real, reativa e aparente na fonte são 1.613,6 W, 845,2 var e 1.821,6 VA, respectivamente.

EXEMPLO 11.7

Uma fonte trifásica balanceada alimenta três cargas da seguinte forma:

Carga 1: 24 kW com fator de potência de 0,6 atrasado

Carga 2: 10 kW com fator de potência unitário

Carga 3: 12 kVA com fator de potência de 0,8 adiantado

Para a tensão de linha nas cargas de 208 V rms a 60 Hz, determine a corrente de linha e o fator de potência combinado das cargas (ver **DICA 11.4**).

SOLUÇÃO A partir dos dados, obtemos

$$\begin{aligned}\mathbf{S}_1 &= 24.000 + j32.000 \\ \mathbf{S}_2 &= 10.000 + j0 \\ \mathbf{S}_3 &= 12.000\underline{/-36{,}9°} = 9.600 - j7.200\end{aligned}$$

DICA 11.4

A soma de três potências complexas:
$\mathbf{S}_{\text{carga}} = \mathbf{S}_1 + \mathbf{S}_2 + \mathbf{S}_3$

Portanto,

$$\begin{aligned}\mathbf{S}_{\text{carga}} &= 43.600 + j24.800 \\ &= 50.160\underline{/29{,}63°}\ \text{VA}\end{aligned}$$

$$I_L = \frac{|\mathbf{S}_{\text{carga}}|}{\sqrt{3}\,V_L} = \frac{50.160}{208\sqrt{3}}$$

$$I_L = 139{,}23\ \text{A rms}$$

e o fator de potência combinado é

$$\begin{aligned}\text{FP}_{\text{carga}} &= \cos 29{,}63° \\ &= 0{,}869\ \text{atrasado}\end{aligned}$$

EXEMPLO 11.8

Para o sistema trifásico do Exemplo 11.7, determine a tensão da linha e o fator de potência na fonte com uma impedância de linha $\mathbf{Z}_{\text{linha}} = 0{,}05 + j0{,}02\ \Omega$ (ver **DICA 11.5**).

SOLUÇÃO A potência complexa absorvida pelas impedâncias de linha é

$$\begin{aligned}\mathbf{S}_{\text{linha}} &= 3(R_{\text{linha}}I_L^2 + jX_{\text{linha}}I_L^2)\\ &= 2.908 + j1.163 \text{ VA}\end{aligned}$$

DICA 11.5

A potência complexa para as três linhas é $\mathbf{S}_{\text{linha}} = 3I_L^2\mathbf{Z}_{\text{linha}}$

A potência complexa fornecida pela fonte é, então, calculada como

$$\begin{aligned}\mathbf{S}_F &= \mathbf{S}_{\text{carga}} + \mathbf{S}_{\text{linha}}\\ &= 43.600 + j24.800 + 2.908 + j1.163\\ &= 53.264 \underline{/29{,}17°} \text{ VA}\end{aligned}$$

A tensão de linha na fonte é obtida como

$$\begin{aligned}V_{L_F} &= \frac{S_F}{\sqrt{3}\,I_L}\\ &= 220{,}87 \text{ V rms}\end{aligned}$$

e o fator de potência na fonte como

$$\begin{aligned}\text{FP}_F &= \cos 29{,}17°\\ &= 0{,}873 \text{ atrasado}\end{aligned}$$

EXEMPLO 11.9

Considere o sistema trifásico mostrado na **Fig. 11.20**. Calcule a perda de potência real na resistência da linha para V_L = 500 kV rms e 50 kV rms.

SOLUÇÃO Para V_L = 500 kV rms, $I_L = \dfrac{S_{\text{carga}}}{\sqrt{3}V_L} = \dfrac{1.000}{\sqrt{3}(500)} =$ 1,155 kA rms, e a perda de potência real na linha é $P_{\text{linha}} = 3I_L^2R_{\text{linha}} = 3(1{,}155)^2(0{,}1) = 0{,}4$ MW.

Para V_L = 50 kV rms, $I_L = \dfrac{1.000}{\sqrt{3}(50)} = 11{,}55$ kA rms e

$P_{\text{linha}} = 3I_L^2R_{\text{linha}} = 3(11{,}55)^2(0{,}1) = 40$ MW

As perdas na linha em 50 kV rms são 100 vezes maiores do que as perdas em 500 kV rms. Este exemplo mostra que a transmissão de energia em tensões mais elevadas é mais eficiente tendo em vista às menores perdas. O transformador discutido no Capítulo 10 permite que os níveis de tensão em sistemas CA sejam alterados com facilidade. Geradores em usinas elétricas produzem tensões de linha de até 25 kV. Transformadores são utilizados para elevar essa tensão para transmissão das usinas aos centros de carga.

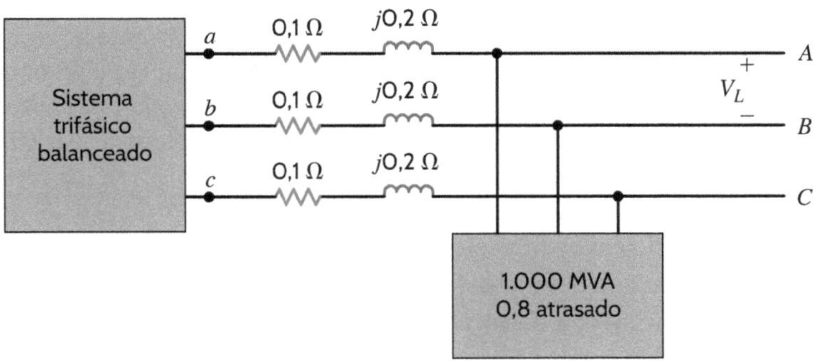

FIGURA 11.20 Sistema trifásico para cálculo de perdas de linha para diferentes tensões de carga.

Avaliação da Aprendizagem

E11.11 Um sistema trifásico balanceado em configuração estrela-estrela tem uma tensão de linha de 208 V rms. A potência real total absorvida pela carga é de 12 kW com FP = 0,8 atrasado. Determine a impedância por fase da carga.

Resposta:
$\mathbf{Z} = 2{,}88\underline{/36{,}87^\circ}\ \Omega$.

E11.12 Para o sistema balanceado em configuração estrela-estrela descrito na Avaliação da Aprendizagem E11.3, determine as potências real, reativa e complexa na fonte e na carga.

Resposta:
$\mathbf{S}_{\text{carga}} = 1.186{,}77 + j444{,}66$ VA;
$\mathbf{S}_{\text{fonte}} = 1.335{,}65 + j593{,}55$ VA.

E11.13 Uma linha de 480 V rms alimenta duas cargas trifásicas balanceadas. Para cargas classificadas como:

Carga 1: 5 kVA com fator de potência de 0,8 atrasado
Carga 2: 10 kVA com fator de potência de 0,9 atrasado

determine a magnitude da corrente de linha da fonte de 480 V rms.

Resposta:
$I_L = 17{,}97$ A rms.

E11.14 Para uma tensão da linha na carga de 480 V rms na Fig. E11.14, determine a tensão de linha e o fator de potência da fonte.

Resposta:
$V_L = 501{,}7$ V rms, FP = 0,9568 atrasado.

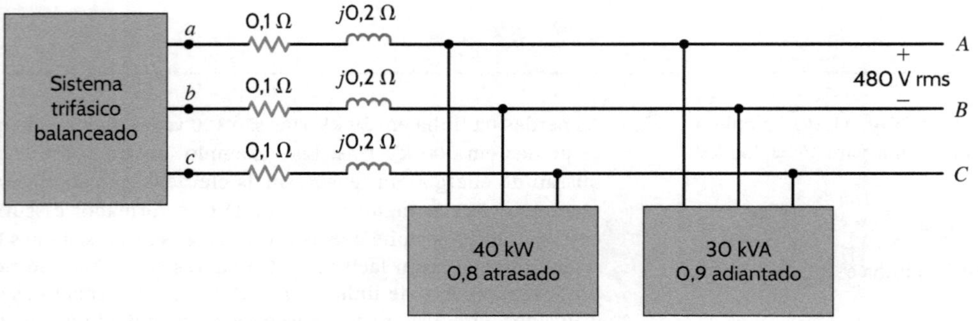

FIGURA E11.14

11.5 Correção do Fator de Potência

Na Seção 9.7, apresentamos uma técnica simples para aumentar o fator de potência de uma carga. O método envolvia a seleção criteriosa de um capacitor para ser conectado em paralelo com a carga. Em um sistema trifásico balanceado, a correção do fator de potência é realizada exatamente da mesma forma. Entretanto, é importante notar que a potência complexa $\mathbf{S}_{\text{capacitor}}$ especificada na Eq. (9.37) é obtida de três capacitores e, além disso, V_{rms} na equação é a tensão em cada capacitor. O exemplo a seguir ilustra a técnica (ver **DICA 11.6**).

DICA 11.6

Principais precauções para a correção do fator de potência trifásico:

- **Distinguir P_T e P_P.**
- **Usar a tensão V rms apropriada para conexões Y e Δ.**

EXEMPLO 11.10

No sistema trifásico balanceado mostrado na **Fig. 11.21**, a tensão da linha é 34,5 kV rms a 60 Hz. Determine os valores dos capacitores C para que a carga total tenha um fator de potência de 0,94 adiantado (ver **DICA 11.7**).

SOLUÇÃO Seguindo o desenvolvimento descrito na Seção 9.7 para a correção do fator de potência monofásico, obtemos

$$\mathbf{S}_{\text{antigo}} = 24\underline{/\cos^{-1} 0{,}78}\ \text{MVA}$$
$$= 18{,}72 + j15{,}02\ \text{MVA}$$

DICA 11.7

A potência reativa a ser fornecida pelo capacitor C é obtida da expressão

$$jQ_{\text{capacitor}} = -j\omega CV_{\text{rms}}^2$$

A tensão de fase para a conexão Y é

$$V_Y = \frac{34{,}5\text{k}}{\sqrt{3}}$$

e

$$\theta_{\text{novo}} = -\cos^{-1} 0{,}94$$
$$= -19{,}95°$$

Portanto,

$$\mathbf{S}_{\text{novo}} = 18{,}72 + j18{,}72 \tan(-19{,}95°)$$
$$= 18{,}72 - j6{,}80 \text{ MVA}$$

e

$$\mathbf{S}_{\text{capacitor}} = \mathbf{S}_{\text{novo}} - \mathbf{S}_{\text{antigo}}$$
$$= -j21{,}82 \text{ MVA}$$

Entretanto,

$$-j\omega C\, V_{\text{rms}}^2 = -j21{,}82 \text{ MVA}$$

e como a tensão de linha é de 34,5 kV rms, temos

$$(377)\left(\frac{34{,}5\text{k}}{\sqrt{3}}\right)^2 C = \frac{21{,}82}{3}\text{M}$$

Logo,

$$C = 48{,}6\ \mu\text{F}$$

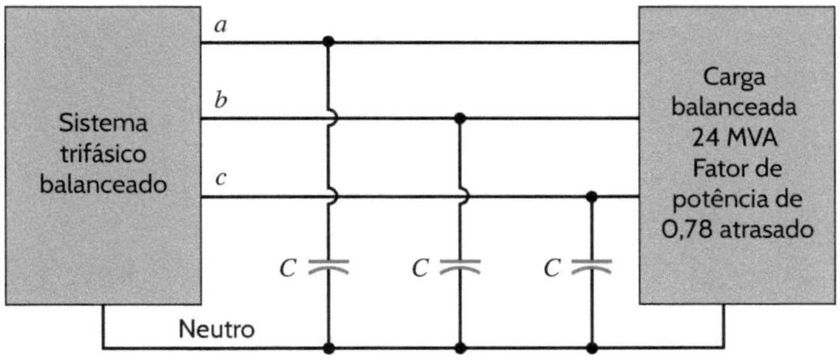

FIGURA 11.21 Circuito usado no Exemplo 11.10.

Avaliação da Aprendizagem

E11.15 Determine a capacitância C no Exemplo 11.10 para que a carga tenha um fator de potência de 0,90 atrasado.

Resposta: $C = 13{,}26\ \mu\text{F}$.

E11.16 Determine a capacitância C na Fig. E11.16 para que o fator de potência da fonte seja de 0,98 atrasado.

Resposta: $C = 14/\mu\text{F}$.

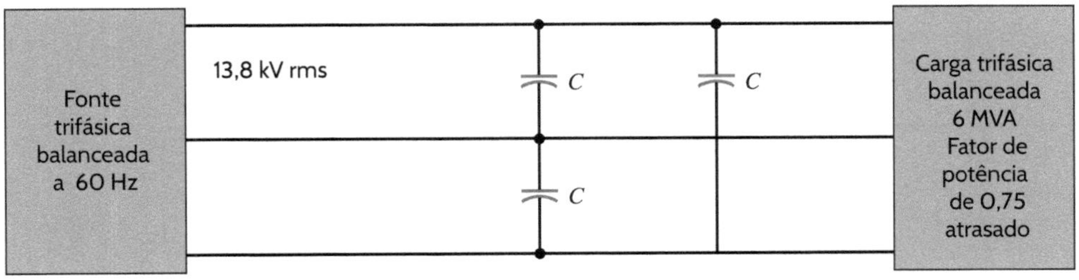

FIGURA E11.16

Por fim, lembramos que toda a discussão neste capítulo foi voltada a sistemas balanceados. Entretanto, é extremamente importante ressaltar que, em um sistema trifásico desbalanceado, o problema é muito mais complexo, em razão do acoplamento mútuo indutivo existente entre as fases de equipamentos de potência.

11.6 Exemplos de Aplicação

O primeiro dos três exemplos a seguir ilustra a forma com que o fluxo de potência é medido quando sistemas elétricos estão interconectados, para determinar quem fornece potência a quem. O último exemplo trata do método pelo qual capacitores são especificados pelo fabricante para a correção do fator de potência.

EXEMPLO DE APLICAÇÃO 11.11

Dois sistemas trifásicos balanceados, *X* e *Y*, são interconectados por linhas de impedância $\mathbf{Z}_{\text{linha}} = 1 + j2\ \Omega$. As tensões de linha são $\mathbf{V}_{ab} = 12\underline{/0°}$ kV rms e $\mathbf{V}_{AB} = 12\underline{/5°}$ kV rms, como mostrado na **Fig. 11.22a.** Determine qual dos sistemas é a fonte e qual é a carga, e a potência média fornecida pela fonte e absorvida pela carga.

SOLUÇÃO Uma vez desenhado o circuito por fase para o sistema, como mostrado na **Fig. 11.22b**, a análise é essencialmente a mesma do Exemplo 9.12.

O circuito na Fig. 11.22b indica que

$$\begin{aligned}\mathbf{I}_{aA} &= \frac{\mathbf{V}_{an} - \mathbf{V}_{AN}}{\mathbf{Z}_{\text{linha}}}\\ &= \frac{\frac{12.000}{\sqrt{3}}\underline{/-30°} - \frac{12.000}{\sqrt{3}}\underline{/-25°}}{\sqrt{5}\,\underline{/63{,}43°}}\\ &= 270{,}30\underline{/-180{,}93°}\text{ A rms}\end{aligned}$$

A potência média absorvida pelo sistema *Y* é

$$\begin{aligned}P_Y &= \sqrt{3}\,V_{AB}I_{aA}\cos(\theta_{\mathbf{V}_{an}} - \theta_{\mathbf{I}_{aA}})\\ &= \sqrt{3}\,(12.000)(270{,}30)\cos(-25° + 180{,}93°)\\ &= -5{,}130\text{ MW}\end{aligned}$$

Observe que o sistema *Y* não é a carga e, sim, a fonte, fornecendo 5,130 MW.

A potência média absorvida pelo sistema *X* é calculada como:

$$P_X = \sqrt{3}\,V_{ab}I_{Aa}\cos(\theta_{\mathbf{V}_{an}} - \theta_{\mathbf{I}_{aA}})$$

em que

$$\mathbf{I}_{Aa} = -\mathbf{I}_{aA} = 270{,}30\underline{/-0{,}93°}\text{ A rms}$$

Portanto,

$$\begin{aligned}P_X &= \sqrt{3}\,(12.000)(270{,}30)\cos(-30° + 0{,}93°)\\ &= 4{,}910\text{ MW}\end{aligned}$$

Por conseguinte, o sistema *X* é a carga.

A diferença entre a potência fornecida pelo sistema *Y* e a absorvida pelo sistema *X* é, obviamente, a potência absorvida pela resistência das três linhas.

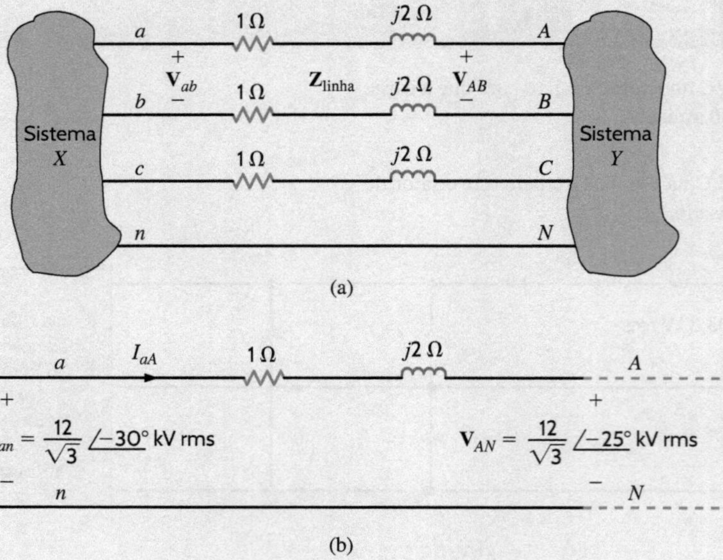

FIGURA 11.22 Circuitos usados no Exemplo 11.11: (a) sistema trifásico original, (b) circuito por fase.

O exemplo anterior ilustra um ponto interessante: a diferença de fase entre as duas extremidades da linha de potência determina a direção do fluxo de potência. Quando várias usinas de energia elétrica são interligadas para formar uma rede de distribuição, a diferença de fase nas linhas de transmissão interconectadas reflete a forma com que a potência é transferida entre as empresas.

EXEMPLO DE APLICAÇÃO 11.12

Examinemos, genericamente, o custo incremental da correção do fator de potência; especificamente, que valor de capacitância é necessário para melhorar o fator de potência em uma quantidade fixa, digamos 0,01?

SOLUÇÃO A resposta a esta pergunta depende principalmente de dois fatores: a potência aparente e o fator de potência original antes da correção. Essa dependência pode ser ilustrada a partir das equações para os fatores de potência antigo e novo e para seus correspondentes ângulos. Sabemos que

$$\mathrm{FP}_{\text{antigo}} = \cos(\theta_{\text{antigo}}) \qquad \tan(\theta_{\text{antigo}}) = \frac{Q_{\text{antigo}}}{P}$$
$$\mathrm{FP}_{\text{novo}} = \cos(\theta_{\text{novo}}) \qquad \tan(\theta_{\text{novo}}) = \frac{Q_{\text{antigo}} - Q_C}{P} \qquad \textbf{11.28}$$

Para uma diferença entre fatores de potência novo e antigo de 0,01, temos

$$\mathrm{FP}_{\text{novo}} - \mathrm{FP}_{\text{antigo}} = 0{,}01 \qquad \textbf{11.29}$$

Calculando a razão Q_C/P, uma vez que a potência reativa e a capacitância são proporcionais uma à outra, obtemos a potência reativa necessária por watt para melhorar o fator de potência em 0,01. Usando a Eq. (11.28), podemos escrever

$$\frac{Q_C}{P} = \frac{Q_{\text{antigo}}}{P} - \tan(\theta_{\text{novo}}) = \tan(\theta_{\text{antigo}}) - \tan(\theta_{\text{novo}}) \qquad \textbf{11.30}$$
$$= \tan[\operatorname{acos}(\mathrm{FP}_{\text{antigo}})] - \tan[\operatorname{acos}(\mathrm{FP}_{\text{novo}} + 0{,}01)]$$

Um gráfico da Eq. (11.30), mostrado na **Fig. 11.23**, tem algumas implicações bem interessantes. Primeira, a melhoria necessária para uma alteração de 0,01 no fator de potência é mínima quando o fator de potência original é de cerca de 0,81. Assim, uma melhoria incremental nesse ponto é menos dispendiosa. Segunda, à medida que o fator de potência original se aproxima da unidade, alterações no fator de potência passam a ter implementação mais custosa.

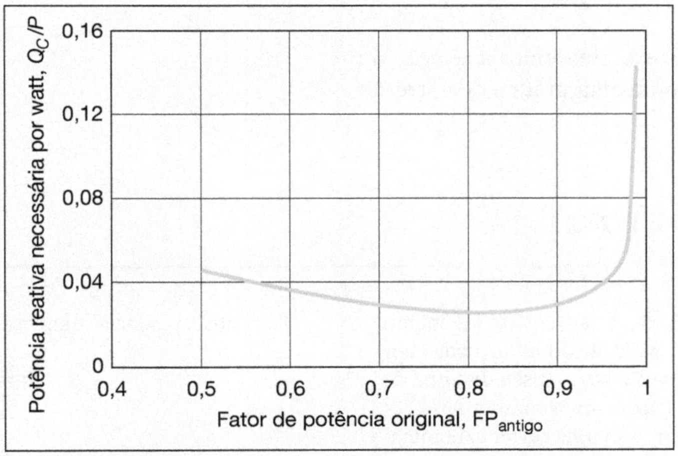

FIGURA 11.23 Gráfico da potência reativa necessária por watt para melhorar o fator de potência original em 0,01.

EXEMPLO DE APLICAÇÃO 11.13

A **Tabela 11.2** lista as classificações de tensão e potência para três capacitores de correção do fator de potência. Determine qual deles, se algum, pode ser empregado no Exemplo 11.10.

TABELA 11.2 Tensão nominal e potência reativa para capacitores de correção do fator de potência

Capacitor	Tensão nominal (kV)	*Q* nominal (Mvar)
1	10,0	4,0
2	50,0	25,0
3	20,0	7,5

SOLUÇÃO Na Fig. 11.21, vemos que a tensão nos capacitores é a tensão de linha para neutro:

$$V_{an} = \frac{V_{ab}}{\sqrt{3}} = \frac{34.500}{\sqrt{3}}$$

ou

$$V_{an} = 19,9 \text{ kV}$$

Portanto, somente os capacitores com tensões nominais maiores ou iguais a 19,9 kV podem ser utilizados nesta aplicação, o que elimina o capacitor 1. Determine, agora, as capacitâncias dos capacitores 2 e 3. Para o capacitor 2,

$$C_2 = \frac{Q}{\omega V^2} = \frac{25 \times 10^6}{(377)(50.000)^2}$$

ou

$$C_2 = 26,53 \ \mu\text{F}$$

que é muito menor do que os necessários 48,6 μF. A capacitância do capacitor 3 é

$$C_3 = \frac{Q}{\omega V^2} = \frac{7,5 \times 10^6}{(377)(20.000)^2}$$

ou

$$C_3 = 49,7 \ \mu\text{F}$$

que excede o valor exigido em menos de 2,5%. Sem dúvida, capacitor 3 é a melhor escolha.

11.7 Exemplos de Projeto

No primeiro exemplo desta seção, examinaremos a seleção do condutor e do capacitor em um problema prático de correção do fator de potência.

EXEMPLO DE PROJETO 11.14

Duas lojas, como ilustrado na **Fig. 11.24**, estão localizadas em um movimentado cruzamento de ruas. As lojas são alimentadas por uma fonte trifásica balanceada de 60 Hz com tensão de linha de 13,8 kV rms. A linha de potência é feita de um condutor #4ACSR (cabo de alumínio reforçado com aço) com uma corrente nominal de 170 A rms.

Uma terceira loja, também incluída na Fig. 11.24, deseja se instalar nesse cruzamento. Determine: (1) se o condutor #4ACSR permite a adição desta loja, e (2) o valor dos capacitores conectados em estrela necessários para alterar o fator de potência geral para as três lojas para 0,92 atrasado.

SOLUÇÃO

1. A potência complexa para cada uma das três cargas é

$$\mathbf{S}_1 = 700 \underline{/36,9°} = 560 + j420 \text{ kVA}$$
$$\mathbf{S}_2 = 1.000 \underline{/60°} = 500 + j866 \text{ kVA}$$
$$\mathbf{S}_3 = 800 \underline{/25,8°} = 720 + j349 \text{ kVA}$$

Portanto, a potência complexa total é

$$\mathbf{S}_T = \mathbf{S}_1 + \mathbf{S}_2 + \mathbf{S}_3$$
$$= 1.780 + j1.635$$
$$= 2.417 \underline{/42,57°} \text{ kVA}$$

Dado que

$$\mathbf{S}_T = \sqrt{3}\, V_L I_L$$

a corrente de linha é

$$I_L = \frac{(2.417)(10^3)}{\sqrt{3}(13,8)(10^3)}$$
$$= 101,1 \text{ A rms}$$

Como este valor está bem abaixo do valor nominal de 170 A rms, o condutor está corretamente dimensionado e pode-se adicionar a terceira loja com segurança.

2. O fator de potência combinado para as três cargas é obtido da expressão

$$\cos\theta = \text{FP} = \frac{1.780}{2.417} = 0{,}7365 \text{ atrasado}$$

Com a adição dos capacitores, desejamos alterar esse fator de potência para 0,92 atrasado. Este novo fator de potência corresponde a um θ_{novo} de 23,07°. Portanto, a nova potência complexa é dada por

$$\mathbf{S}_{novo} = 1.780 + j1.780 \tan(23{,}07°)$$
$$= 1.780 + j758{,}28 \text{ kVA}$$

Como ilustrado na Fig. 9.17, a diferença entre $\mathbf{S}_{novo}$ e $\mathbf{S}_T$ é a potência complexa fornecida pelo capacitor puramente reativo; logo,

$$\mathbf{S}_{capacitor} = jQ_C = \mathbf{S}_{novo} - \mathbf{S}_T$$

ou

$$jQ_C = j(758{,}28 - 1.635)$$
$$= -j876{,}72 \text{ kVA}$$

Assim,

$$-j\omega C V_{rms}^2 = \frac{-j876{,}72\text{k}}{3}$$

e

$$377\left(\frac{13{,}8 \times 10^3}{\sqrt{3}}\right)^2 C = \frac{876{,}72}{3} \times 10^3$$

Logo,

$$C = 12{,}2\ \mu\text{F}$$

Portanto, três capacitores deste valor conectados em estrela na carga produzirão um fator de potência total de 0,92 atrasado.

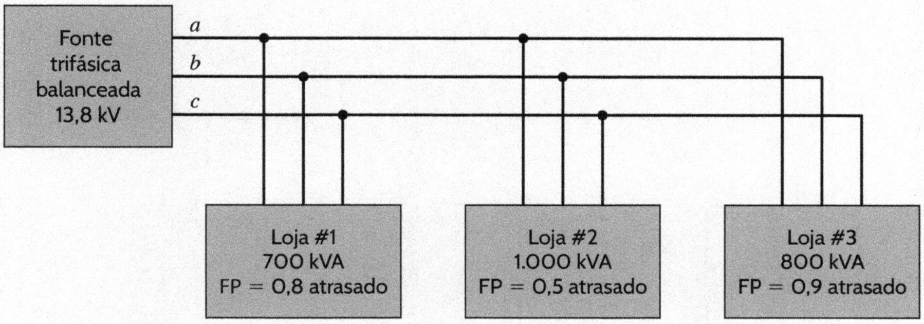

FIGURA 11.24 Circuito usado no Exemplo 11.14.

EXEMPLO DE PROJETO 11.15

Os circuitos de controle para equipamentos trifásicos de alta-tensão geralmente operam em tensões muito mais baixas. Por exemplo, uma fonte de alimentação de 10 kW pode operar com tensão de linha de 480 V rms, enquanto seu circuito de controle é alimentado por fontes de alimentação internas CC a ±5 V. Tensões mais baixas não apenas são de operação mais seguras, mas também permitem que engenheiros incorporem, com facilidade, amp-ops e dispositivos eletrônicos digitais ao sistema de controle. É conveniente que o circuito de controle possa ser testado sem a necessidade de ser conectado diretamente a uma fonte trifásica de 480 V rms. Portanto, projete um emulador trifásico de baixa potência que simule um sistema trifásico de baixa-tensão e baixo custo, e seja uma bancada de testes para o circuito de controle. O emulador deve gerar as relações de fase adequadas, mas com magnitude ajustável entre 1 e 4 volts de pico.

SOLUÇÃO O projeto, mostrado na **Fig. 11.25**, consistirá em três componentes: um ajustador de magnitude, um gerador de ângulo de fase e um gerador de fase B. A entrada CA é uma onda senoidal de 60 Hz com um pico de cerca de 5 V. Esta tensão pode ser gerada a partir de uma tomada comum de parede de 120 V rms com emprego de um transformador abaixador com razão de espiras de

$$n = \frac{120\sqrt{2}}{5} = 34:1$$

O circuito potenciômetro mostrado na **Fig. 11.26a** pode ser usado para fornecer o desejado ajuste de magnitude. Os resistores R_1 e R_2 fornecem os limites de tensão entre 1 e 4 V. Podemos usar a simples divisão de tensão para determinar as relações entre R_1, R_2 e R_p. Quando o contato é feito na parte inferior do potenciômetro na Fig. 11.26a, temos

$$V_1 = 1 = 5\left[\frac{R_2}{R_1 + R_2 + R_p}\right] \quad \Rightarrow \quad R_1 + R_p = 4R_2 \qquad \textbf{11.31}$$

e quando o contato é feito na parte superior,

$$V_1 = 4 = 5\left[\frac{R_2 + R_p}{R_1 + R_2 + R_p}\right] \quad \Rightarrow \quad R_2 + R_p = 4R_1 \qquad \textbf{11.32}$$

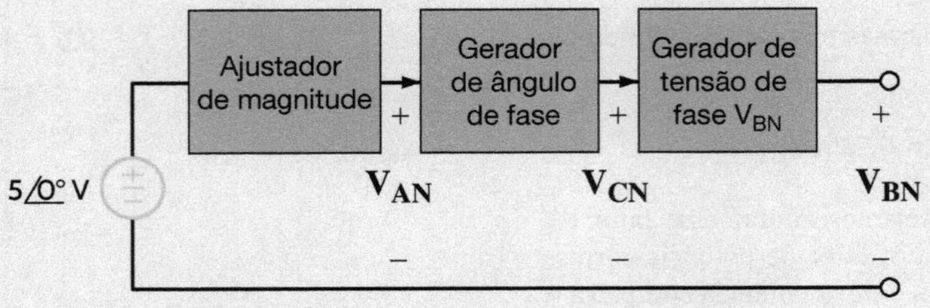

FIGURA 11.25 Diagrama de blocos para um emulador trifásico.

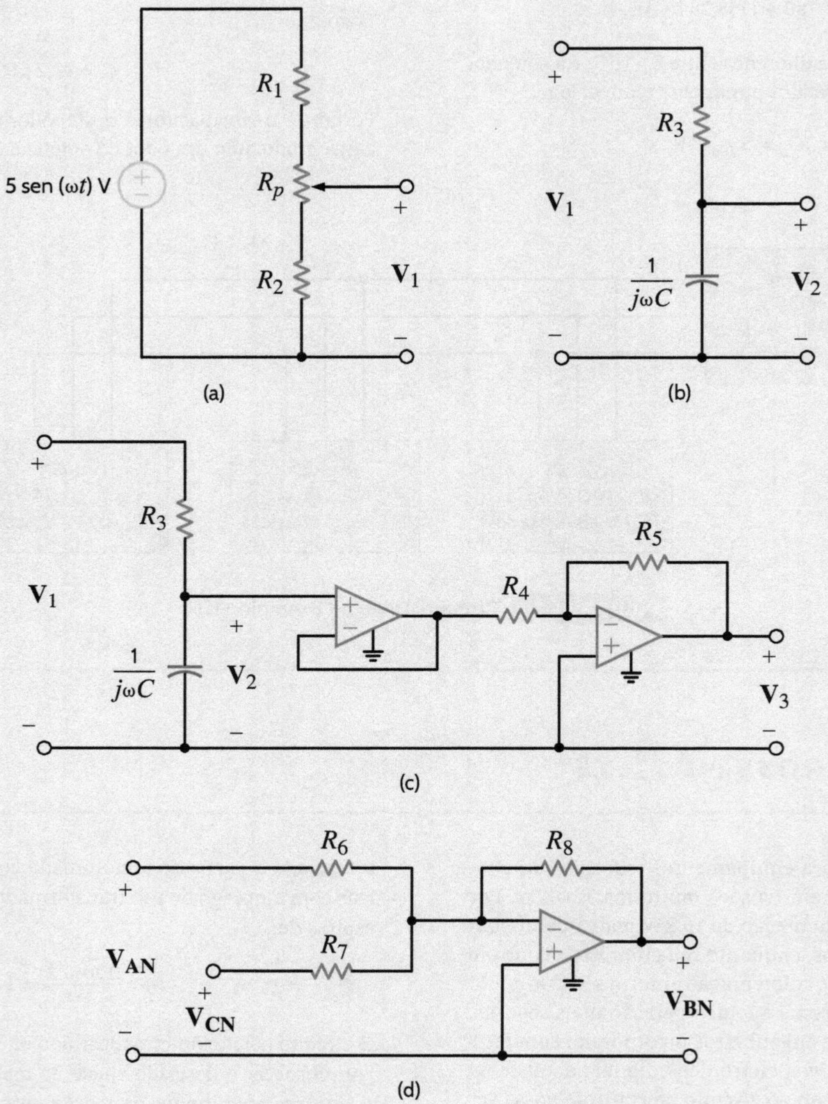

FIGURA 11.26 Subcircuitos internos do emulador trifásico: (a) ajustador de magnitude, (b) porção *RC* do gerador de ângulo de fase, (c) gerador de ângulo de fase completo e (d) gerador de tensão de fase $\mathbf{V}_{BN}$.

Resolvendo as Eqs. (11.31) e (11.32), obtemos $R_1 = R_2 = R_p/3$. Para determinar valores para esses resistores, basta escolher o valor de um deles. Sabemos que resistores são disponíveis em uma grande variedade de valores, em pequenos incrementos. Os potenciômetros, por sua vez, não o são. Os valores típicos de potenciômetros são 10, 20, 50, 100, 200, 500, ... 10k ... 100k, 200k, 500k, ... até cerca de 10 MΩ. Como o potenciômetro oferece menos opções de valores, escolha o de 10 kΩ, que resulta em $R_1 = R_2 = 3{,}3$ kΩ – um valor-padrão de resistor. Defina $\mathbf{V}_1$ como a tensão de fase $\mathbf{V}_{AN}$.

Em seguida, considere o gerador de ângulo de fase. Como capacitores são, em geral, fisicamente menores do que indutores, usemos o simples circuito *RC* na **Fig. 11.26b** para deslocar a fase de $\mathbf{V}_1$. Atribuindo um ângulo de fase de 0° a $\mathbf{V}_1$, sabemos que a fase de $\mathbf{V}_2$ deve estar entre 0 e −90°. Infelizmente, para gerar $\mathbf{V}_{CN}$ precisamos de um ângulo de fase de +120°. Se gerarmos um ângulo de fase de −60° e invertermos a resultante onda senoidal, produziremos um ângulo de fase equivalente a +120°! A inversão pode ser realizada com uma configuração de amp-op inversor. A geração de um ângulo de fase de −60° em $\mathbf{V}_2$ requer

$$\omega C R_3 = \tan(60°) = 1{,}732 \quad \Rightarrow \quad R_3 C = 4{,}59 \times 10^{-3}$$

Escolha um valor-padrão de 120 nF para C, resultando R_3 = 38,3 kΩ. Este é um valor-padrão, com tolerância de 1%. Usando esses valores, obtemos para $\mathbf{V}_2$:

$$\mathbf{V}_2 = \mathbf{V}_1\left[\frac{1}{1 + j\omega C R_3}\right] = \frac{\mathbf{V}_1}{2{,}0}\underline{/-60} \qquad \textbf{11.33}$$

Da Eq. (11.33), vemos que, para restaurar a magnitude de $\mathbf{V}_2$, o inversor também deve ter um ganho de 2. O circuito gerador de ângulo de fase completo é mostrado na **Fig. 11.26c**, em que R_4 = 10 kΩ e R_5 = 20 kΩ foram escolhidos para produzir o ganho necessário. Agora, $\mathbf{V}_3$ é usado para representar $\mathbf{V}_{CN}$. O adicional estágio *buffer* de ganho unitário isola o gerador de ângulo de fase *RC* das resistências associadas ao inversor. Dessa forma, o inversor não altera o ângulo de fase.

Por fim, devemos gerar a tensão de fase $\mathbf{V}_{BN}$. Como a soma das tensões trifásicas é zero, podemos escrever

$$\mathbf{V}_{BN} = -\mathbf{V}_{AN} - \mathbf{V}_{CN}$$

O simples amp-op somador na **Fig. 11.26d** realiza esta operação matemática. Para o somador,

$$\mathbf{V}_{BN} = -\left[\frac{R_8}{R_6}\right]\mathbf{V}_{AN} - \left[\frac{R_8}{R_7}\right]\mathbf{V}_{CN}$$

É necessário que $R_6 = R_7 = R_8$. Como já usamos alguns resistores de 10 kΩ, usemos mais três aqui. O circuito completo é mostrado na **Fig. 11.27**, em que mais um *buffer* de ganho unitário foi adicionado ao potenciômetro. Este *buffer* isola o gerador de ângulo de fase *RC* dos resistores do ajustador de magnitude.

Pode parecer que usamos amp-ops com muita liberalidade, em um total de quatro. No entanto, a maioria dos fabricantes de amplificadores operacionais fornecem amp-ops em configurações simples (apenas um amp-op), dupla (dois amp-ops) e quádrupla (ou quad – quatro amplificadores operacionais). Usando um amp-op quad, o circuito projetado exigirá apenas um circuito integrado. Como nota final, as tensões da fonte de alimentação do amp-op devem exceder a máxima tensão de entrada ou de saída nos terminais do amp-op, que é de 4 V. Portanto, especifiquemos fontes de +10 V.

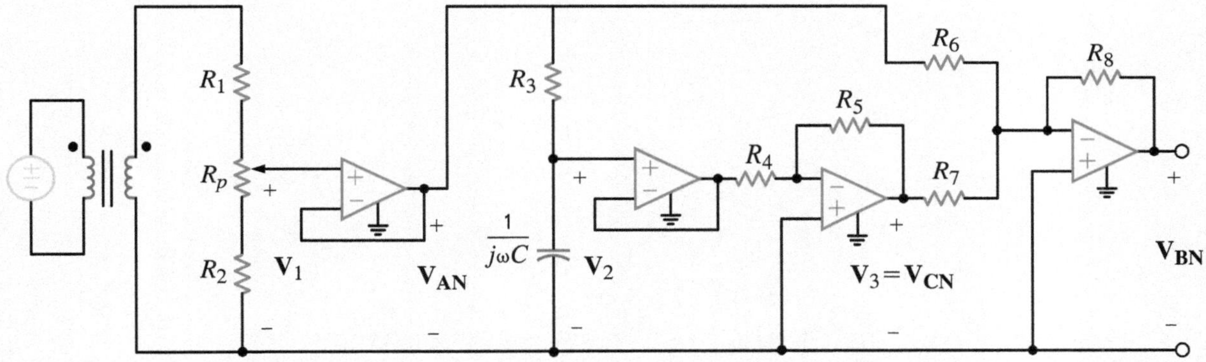

FIGURA 11.27 Circuito emulador trifásico completo com magnitude de tensão variável.

Resumo

- Uma importante vantagem do sistema trifásico balanceado é propiciar uma entrega de potência muito estável.
- Em face da condição balanceada, um circuito trifásico pode ser analisado com base em apenas uma fase, permitindo significativa redução de cálculos para a solução.
- Uma fonte de tensão trifásica balanceada tem três tensões senoidais de mesma magnitude e frequência, e cada tensão está defasada de 120° com relação às demais. Uma fonte de tensão balanceada de sequência de fase positiva é aquela em que $\mathbf{V}_{bn}$ está atrasada de 120° com relação a $\mathbf{V}_{an}$ e $\mathbf{V}_{cn}$ está atrasada de 120° com relação a $\mathbf{V}_{bn}$.
- As relações entre fontes conectadas em estrela e em delta são listadas na Tabela 11.1.
- A terminologia trifásica é apresentada na **Tabela 11.3**.
- Em um sistema balanceado, as tensões e correntes somam zero.

$$\mathbf{V}_{an} + \mathbf{V}_{bn} + \mathbf{V}_{cn} = 0$$

$$\mathbf{I}_a + \mathbf{I}_b + \mathbf{I}_c = 0 \quad \text{(não há corrente na linha neutra)}$$

e

$$\mathbf{V}_{ab} + \mathbf{V}_{bc} + \mathbf{V}_{ca} = 0$$

$$\mathbf{I}_{ab} + \mathbf{I}_{bc} + \mathbf{I}_{ca} = 0$$

- Os passos recomendados para a resolução de circuitos CA trifásicos balanceados são os seguintes:

1. Se a conexão da fonte/carga não for estrela-estrela, transformar o sistema para uma conexão estrela-estrela.
2. Determinar os fasores desconhecidos na conexão estrela-estrela com base apenas a fase *a*.
3. Converter os fasores recém-calculados de volta aos correspondentes fasores na conexão original.

- A correção do fator de potência em um sistema trifásico balanceado é realizada da mesma forma que no caso monofásico. Três capacitores são colocados em paralelo com a carga para reduzir a fase atrasada causada pela carga trifásica.

TABELA 11.3 Terminologia trifásica

Grandeza	Configuração estrela	Configuração delta
	Corrente de linha (I_L)	
$\mathbf{I}_a, \mathbf{I}_b, \mathbf{I}_c$	Corrente de fase (I_f)	
	Tensão entre linha e neutro (V_f)	
$\mathbf{V}_{an}, \mathbf{V}_{bn}, \mathbf{V}_{cn}$	Tensão de fase (V_f)	
$\mathbf{V}_{ab}, \mathbf{V}_{bc}, \mathbf{V}_{ca}$	Tensão entre linha e linha, fase e fase, e de linha (V_L)	
		Tensão de fase (V_f)
$\mathbf{I}_{ab}, \mathbf{I}_{bc}, \mathbf{I}_{ca}$		Corrente de fase (I_f)

CAPÍTULO 12

Resposta de Frequência de Circuitos

OBJETIVOS DE APRENDIZAGEM

Os objetivos de aprendizagem deste capítulo são tornar os estudantes capazes de:

- Calcular a resposta dos elementos básicos de circuitos, *R*, *L* e *C*, em qualquer frequência.
- Descrever os diferentes tipos de funções de circuitos e definir polos e zeros.
- Desenhar o diagrama de Bode para uma função de circuito, depois de calcular tensões, potências e correntes no circuito.
- Usar MATLAB para gerar o diagrama de Bode para um circuito.
- Analisar circuitos série e paralelo ressonantes para determinar tensões e correntes.
- Explicar os conceitos de escalamentos de magnitude e de frequência.
- Identificar os pontos – 3 dB em filtros básicos, como passa-baixa, passa-alta, passa-faixa e rejeita-faixa.
- Analisar filtros básicos e ativos para determinar tensões e correntes.

12.1 Análise de Resposta no Domínio da Frequência

Nos capítulos anteriores, analisamos a resposta de circuitos *RLC* a entradas senoidais. Em particular, consideramos entradas senoidais de 60 Hz. Neste capítulo, permitiremos que a frequência de excitação seja variável e analisaremos a resposta do circuito em função da frequência. Inicialmente, consideremos o efeito da variação de frequência em elementos já bastante conhecidos – resistor, indutor e capacitor. No domínio da frequência, a impedância do resistor mostrado na **Fig. 12.1a** é dada por

$$\mathbf{Z}_R = R = R \underline{/0^\circ}$$

A magnitude e a fase são constantes, ou seja, independem da frequência. Gráficos da magnitude e da fase de $\mathbf{Z}_R$ em função da frequência são mostrados nas **Figs. 12.1b** e **c**. Obviamente, este é um caso muito simples.

Para o indutor na **Fig. 12.2a**, a impedância $\mathbf{Z}_L$ no domínio da frequência é

$$\mathbf{Z}_L = j\omega L = \omega L \underline{/90^\circ}$$

A fase é constante a 90°, mas a magnitude de $\mathbf{Z}_L$ é diretamente proporcional à frequência. As **Figs. 12.2b** e **c** mostram gráficos da magnitude e da fase de $\mathbf{Z}_L$ em função da frequência. Em baixas frequências, a impedância do indutor é bem pequena. De fato, em CC, $\mathbf{Z}_L$ é zero, e o indutor é equivalente a um curto-circuito. Por outro lado, à medida que a frequência aumenta, a magnitude da impedância também aumenta.

Consideremos, agora, o capacitor da **Fig. 12.3a**. A impedância no domínio da frequência é dada por

$$\mathbf{Z}_C = \frac{1}{j\omega C} = \frac{1}{\omega C} \underline{/-90^\circ}$$

Novamente, a fase da impedância é constante com a frequência; entretanto, agora, a magnitude da impedância é inversamente proporcional à frequência, como mostrado nas **Figs. 12.3b** e **c**. A impedância tende a infinito, ou a um circuito aberto, quando ω tende a zero, e $\mathbf{Z}_C$ tende a zero quando ω tende a infinito.

Analisemos, a seguir, um circuito mais complexo: o circuito *RLC* série na **Fig. 12.4a**. A impedância equivalente é

$$\mathbf{Z}_{eq} = R + j\omega L + \frac{1}{j\omega C}$$

ou

$$\mathbf{Z}_{eq} = \frac{(j\omega)^2 LC + j\omega RC + 1}{j\omega C}$$

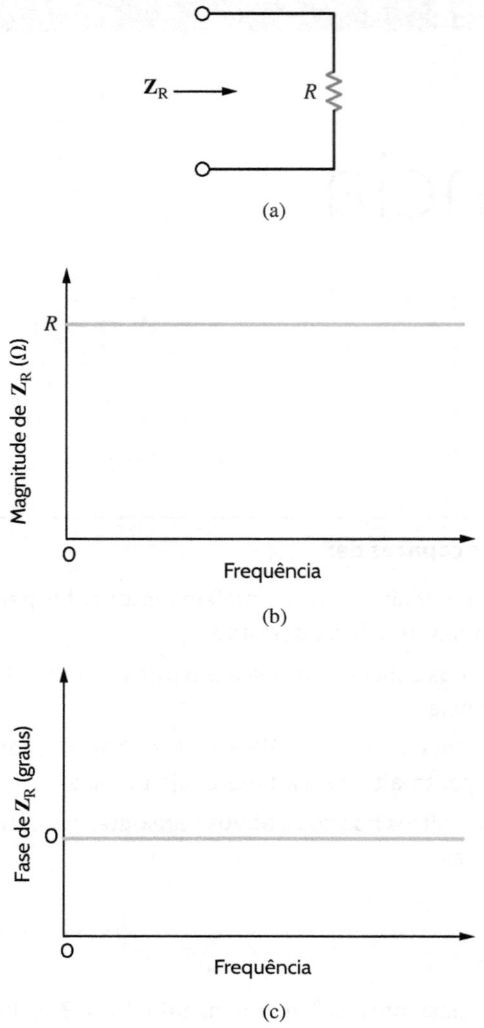

FIGURA 12.1 Impedância independente de frequência de um resistor.

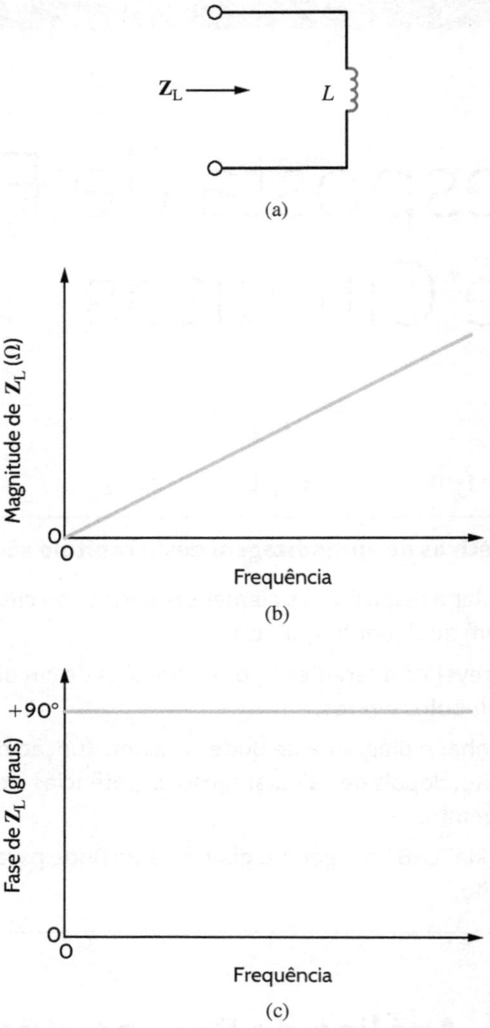

FIGURA 12.2 Impedância dependente da frequência de um indutor.

Gráficos da magnitude e da fase desta função são mostrados nas **Figs. 12.4b** e **c**.

Em frequências muito baixas, o capacitor é equivalente a um circuito aberto e, portanto, sua impedância é muito grande nessa faixa. Em altas frequências, o capacitor tem pouco efeito e a impedância do circuito é dominada pelo indutor, cuja impedância sempre aumenta com a frequência.

À medida que os circuitos se tornam mais complexos, as equações se tornam mais complicadas. Na tentativa de simplificá-las, façamos a substituição $j\omega = s$. (Essa substituição tem um significado mais importante, que descreveremos em capítulos subsequentes.) Com essa substituição, a expressão para $\mathbf{Z}_{eq}$ fica escrita como:

$$\mathbf{Z}_{eq} = \frac{s^2LC + sRC + 1}{sC}$$

Revisando os quatro circuitos analisados até agora, vemos que, em todos os casos, a impedância é a razão de dois polinômios em s, cuja forma geral é

$$\mathbf{H}(s) = \frac{N(s)}{D(s)} = \frac{a_m s^m + a_{m-1}s^{m-1} + \cdots + a_1 s + a_0}{b_n s^n + b_{n-1}s^{n-1} + \cdots + b_1 s + b_0} \qquad \textbf{12.1}$$

em que $N(s)$ e $D(s)$ são polinômios de graus m e n, respectivamente. Um aspecto extremamente importante da Eq. (12.1) é ser válida não apenas para impedâncias, mas também para todas as tensões, correntes, admitâncias e ganhos no circuito. A única restrição é que os valores de todos os elementos do circuito (resistores, capacitores, indutores e fontes dependentes) devem ser números reais.

Analisemos, a seguir, como a tensão em um elemento de um circuito *RLC* série varia com a frequência.

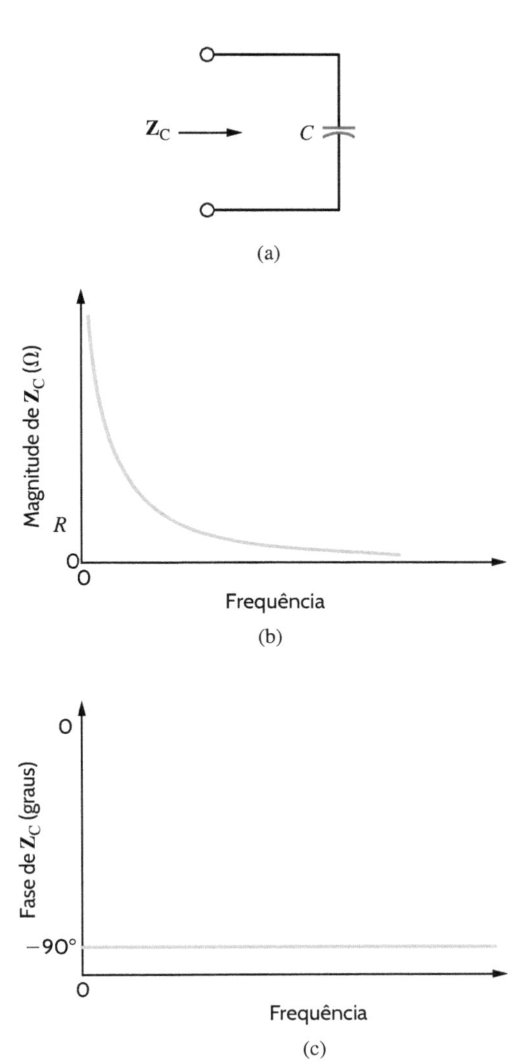

FIGURA 12.3 Impedância dependente da frequência de um capacitor.

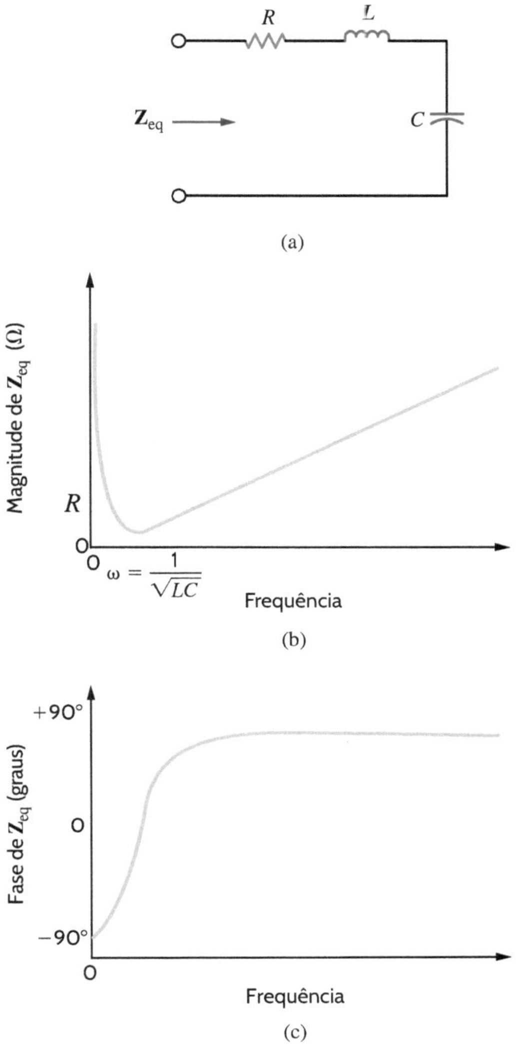

FIGURA 12.4 Impedância dependente da frequência de um circuito *RLC* série.

EXEMPLO 12.1

Considere o circuito na **Fig. 12.5a**. Determine a variação da tensão de saída em função da frequência, na faixa de 0 a 1 kHz.

SOLUÇÃO Usando a divisão de tensão, podemos expressar a saída como

$$\mathbf{V}_s = \left(\frac{R}{R + j\omega L + \dfrac{1}{j\omega C}}\right)\mathbf{V}_F$$

ou, de forma equivalente,

$$\mathbf{V}_s = \left(\frac{j\omega CR}{(j\omega)^2 LC + j\omega CR + 1}\right)\mathbf{V}_F$$

Usando os valores dos elementos, a equação fica escrita como

$$\mathbf{V}_s = \left(\frac{(j\omega)(37{,}95 \times 10^{-3})}{(j\omega)^2(2{,}53 \times 10^{-4}) + j\omega(37{,}95 \times 10^{-3}) + 1}\right)10\underline{/0^\circ}$$

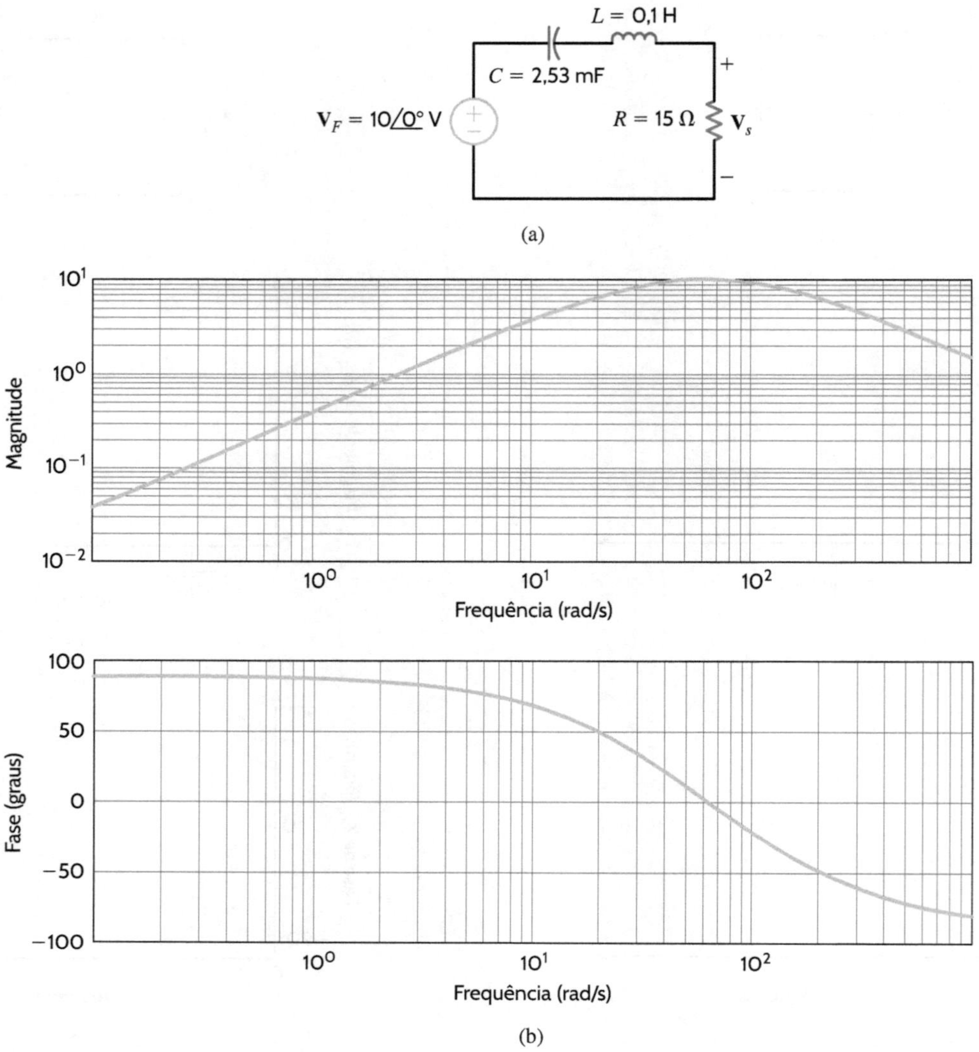

FIGURA 12.5 (a) Circuito e (b) gráficos da resposta de frequência.

As características de magnitude e de fase resultantes são representadas em gráficos semilogarítmicos (ou semilog), nos quais a frequência é marcada no eixo com escala logarítmica. Os gráficos para a função $\mathbf{V}_s$ são mostrados na **Fig. 12.5b**.

Em seções subsequentes, veremos que gráficos do tipo semilog são uma ferramenta muito útil na obtenção de informações sobre a resposta de frequência de circuitos.

Como uma aplicação inicial da análise e caracterização da resposta de frequência de circuitos, consideremos um amplificador estéreo. Em particular, consideremos, primeiro, a faixa de frequências na qual o amplificador deve funcionar e, em seguida, exatamente que tipo de resposta é desejado. A faixa de frequências do amplificador deve exceder a do ouvido humano, que é, aproximadamente, de 50 a 15.000 Hz. Assim, amplificadores estéreos típicos são projetados para operar na faixa de frequências de 50 a 20.000 Hz. Além disso, queremos preservar a fidelidade do sinal ao passar pelo amplificador. Assim, o sinal de saída deve ser uma réplica exata do sinal de entrada, multiplicada por um fator de ganho. Isso requer que, na especificada faixa de frequências de 50 a 20.000 Hz, o ganho independa da frequência. Um esboço ideal desse requisito para um ganho de 1.000 é mostrado na **Fig. 12.6**, em que a região central da banda é definida como a porção do gráfico em que o ganho é constante, e limitada por duas frequências, identificadas como f_{BAIXA} e f_{ALTA}. O eixo de frequências tem escala logarítmica e, portanto, a resposta de frequência do amplificador é representada em um gráfico semilog.

Um modelo para o amplificador descrito graficamente na Fig. 12.6 é mostrado na **Fig. 12.7a**, com o circuito equivalente no domínio da frequência na **Fig. 12.7b**.

Se a entrada for uma senoide em estado estacionário, a análise no domínio da frequência pode ser usada para determinar o ganho

$$\mathbf{G}_v(j\omega) = \frac{\mathbf{V}_s(j\omega)}{\mathbf{V}_F(j\omega)}$$

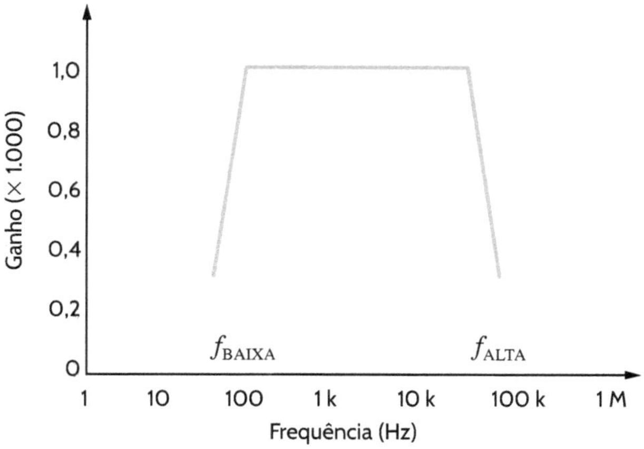

FIGURA 12.6 Requisitos de resposta de frequência do amplificador.

Com a substituição $s = j\omega$, o ganho pode ser expresso como

$$\mathbf{G}_v(s) = \frac{\mathbf{V}_s(s)}{\mathbf{V}_F(s)}$$

Usando a divisão de tensão, o ganho fica escrito como

$$\mathbf{G}_v(s) = \frac{\mathbf{V}_s(s)}{\mathbf{V}_F(s)} = \frac{\mathbf{V}_e(s)}{\mathbf{V}_F(s)}\frac{\mathbf{V}_s(s)}{\mathbf{V}_e(s)} = \left[\frac{R_e}{R_e + 1/sC_e}\right](1.000)\left[\frac{1/sC_s}{R_s + 1/sC_s}\right]$$

ou

$$\mathbf{G}_v(s) = \left[\frac{sC_e R_e}{1 + sC_e R_e}\right](1.000)\left[\frac{1}{1 + sC_s R_s}\right]$$

Usando os valores dos elementos na Fig. 12.7a, temos

$$\mathbf{G}_v(s) = \left[\frac{s}{s + 100\pi}\right](1.000)\left[\frac{40.000\pi}{s + 40.000\pi}\right]$$

em que 100π e 40.000π são os equivalentes de 50 e 20.000 Hz em radianos por segundo, respectivamente. Como $s = j\omega$, a função do circuito é, na verdade, complexa. Um gráfico exato da amplitude de $\mathbf{G}_v(s)$ é mostrado na **Fig. 12.8** sobreposto ao gráfico na Fig. 12.6. O gráfico exato exibe transições suaves em f_{BAIXA} e em f_{ALTA}; fora isso, as duas curvas apresentam razoável concordância.

Examine a expressão de $\mathbf{G}_v(s)$ mais de perto, com base no gráfico na Fig. 12.8.

Seja f uma frequência bem no interior da banda central; isto é,

$$f_{BAIXA} \ll f \ll f_{ALTA}$$

ou

$$100\pi \ll |s| \ll 40.000\pi$$

Nestas condições, a função do amplificador passa a

$$\mathbf{G}_v(s) \approx \left[\frac{s}{s}\right](1.000)\left[\frac{1}{1+0}\right]$$

ou

$$\mathbf{G}_v(s) = 1.000$$

Assim, bem no interior da banda central, o ganho é constante. Entretanto, se a frequência de excitação diminuir em direção a f_{BAIXA}, $|s|$ se torna comparável a 100π e

$$\mathbf{G}_v(s) \approx \left[\frac{s}{s + 100\pi}\right](1.000)$$

Como $R_eC_e = 1/100\pi$, C_e provoca a queda (*rolloff*) do ganho em baixas frequências. Da mesma forma, quando a frequência se aproxima de f_{ALTA}, o ganho é decorrente de C_s.

A partir deste exemplo de amplificador, introduzimos o conceito de circuitos dependentes da frequência e demonstramos que a resposta de frequência de um circuito tem origem nos elementos reativos no circuito.

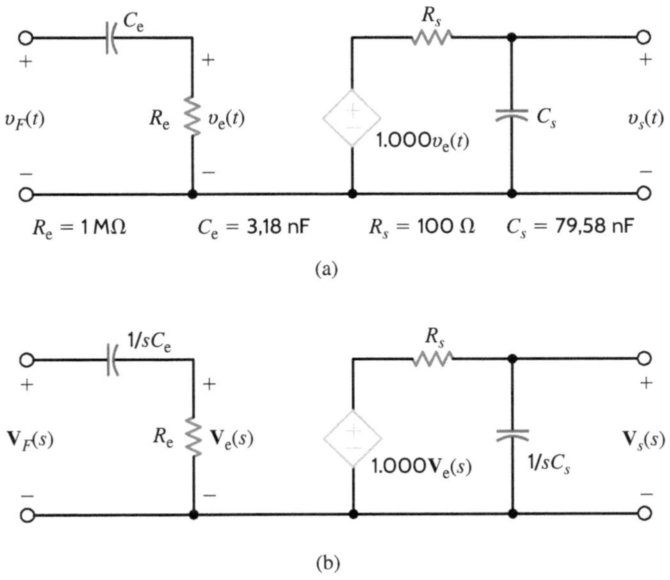

FIGURA 12.7 Circuito equivalente do amplificador.

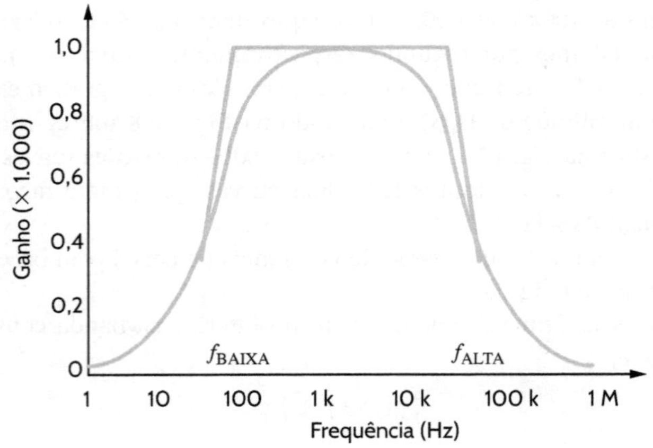

FIGURA 12.8 Gráficos exatos e aproximados para o ganho do amplificador em função da frequência.

Funções de Circuitos

Na seção anterior, introduzimos o termo *ganho de tensão*, $\mathbf{G}_v(s)$. Este termo é, na verdade, apenas uma das várias funções de circuitos, designadas geralmente como $\mathbf{H}(s)$, que definem a razão entre resposta e entrada. Como a função descreve uma reação em virtude de uma excitação em algum outro ponto do circuito, as funções de circuitos também são chamadas de *funções de transferência*. Além disso, as funções de transferência não se limitam às relações de tensão. Como, em circuitos elétricos, as entradas e saídas podem ser tensões ou correntes, existem quatro possíveis funções de circuitos, como listado na **Tabela 12.1**.

Existem, também, *funções do ponto de excitação*, que são impedâncias ou admitâncias definidas em um único par de terminais. Por exemplo, a impedância de entrada de um circuito é uma função do ponto de excitação.

TABELA 12.1 Funções de transferência de circuitos

Entrada	Saída	Função de transferência	Símbolo
Tensão	Tensão	Ganho de tensão	$\mathbf{G}_v(s)$
Corrente	Tensão	Transimpedância	$\mathbf{Z}(s)$
Corrente	Corrente	Ganho de corrente	$\mathbf{G}_i(s)$
Tensão	Corrente	Transadmitância	$\mathbf{Y}(s)$

EXEMPLO 12.2

Determine a admitância de transferência $[\mathbf{I}_2(s)/\mathbf{V}_1(s)]$ e o ganho de tensão do circuito mostrado na **Fig. 12.9**.

SOLUÇÃO As equações de malha para o circuito são

$$(R_1 + sL)\mathbf{I}_1(s) - sL\mathbf{I}_2(s) = \mathbf{V}_1(s)$$
$$-sL\mathbf{I}_1(s) + \left(R_2 + sL + \frac{1}{sC}\right)\mathbf{I}_2(s) = 0$$
$$\mathbf{V}_2(s) = \mathbf{I}_2(s)R_2$$

Resolvendo as equações para $\mathbf{I}_2(s)$, temos

$$\mathbf{I}_2(s) = \frac{sL\mathbf{V}_1(s)}{(R_1 + sL)(R_2 + sL + 1/sC) - s^2L^2}$$

Portanto, a admitância de transferência $[\mathbf{I}_2(s)/\mathbf{V}_1(s)]$ é

$$\mathbf{Y}_T(s) = \frac{\mathbf{I}_2(s)}{\mathbf{V}_1(s)} = \frac{LCs^2}{(R_1 + R_2)LCs^2 + (L + R_1R_2C)s + R_1}$$

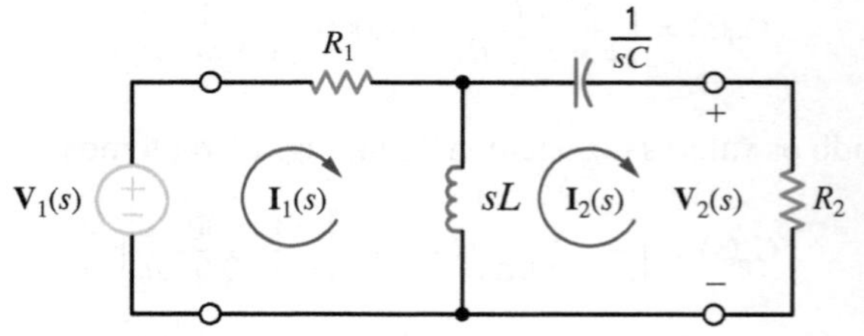

FIGURA 12.9 Circuito empregado no Exemplo 12.2.

e o ganho de tensão,

$$\mathbf{G}_v(s) = \frac{\mathbf{V}_2(s)}{\mathbf{V}_1(s)} = \frac{LCR_2s^2}{(R_1 + R_2)LCs^2 + (L + R_1R_2C)s + R_1}$$

Polos e Zeros

Como visto, a função de um circuito pode ser expressa como a razão de dois polinômios em s. Além disso, como os valores de elementos do circuito ou fontes controladas são números reais, os coeficientes dos dois polinômios também são reais. Portanto, expresse uma função de circuito na forma

$$\mathbf{H}(s) = \frac{N(s)}{D(s)} = \frac{a_m s^m + a_{m-1}s^{m-1} + \cdots + a_1 s + a_0}{b_n s^n + b_{n-1}s^{n-1} + \cdots + b_1 s + b_0} \quad \textbf{12.2}$$

em que $N(s)$ é o polinômio de grau m no numerador e $D(s)$, o polinômio de grau n no denominador. A Eq. (12.2) também pode ser escrita na forma

$$\mathbf{H}(s) = \frac{K_0(s - z_1)(s - z_2)\cdots(s - z_m)}{(s - p_1)(s - p_2)\cdots(s - p_n)} \quad \textbf{12.3}$$

em que K_0 é uma constante, $z_1, ..., z_m$ são as raízes de $N(s)$, e $p_1, ..., p_n$, as raízes de $D(s)$. Vemos que, se $s = z_1$, ou $z_2, ..., z_m$, $\mathbf{H}(s)$ se torna zero; por conseguinte, $z_1, ..., z_m$ são denominados zeros da função de transferência. Da mesma forma, se $s = p_1$, ou $p_2, ..., p_n$, $\mathbf{H}(s)$ se torna infinito; $p_1, ..., p_n$ são, então, denominados polos da função. Os zeros ou polos podem ser números complexos. Contudo, se forem complexos, devem ocorrer em pares conjugados, dado que os coeficientes dos polinômios são reais. A representação da função de circuito especificada na Eq. (12.3) é extremamente importante e, em geral, empregado para representar qualquer sistema linear invariante no tempo. A importância desta forma reside no fato de que as propriedades dinâmicas de um sistema podem ser obtidas a partir de um exame dos polos do sistema.

Avaliação da Aprendizagem

E12.1 Determine a impedância do ponto de excitação em $\mathbf{V}_F(s)$ no amplificador mostrado na Fig. 12.7b.

Resposta:

$$\mathbf{Z}(s) = R_e + \frac{1}{sC_e}$$
$$= \left[1 + \left(\frac{100\pi}{s}\right)\right] \text{M}\Omega$$

E12.2 Determine os valores dos polos e zeros em hertz e o valor de K_0 para o circuito amplificador na Fig. 12.7.

Resposta:

$z_1 = 0$ Hz (CC);

$p_1 = -50$ Hz;

$p_2 = -20.000$ Hz;

$K_0 = (4 \times 10^7)\pi$.

E12.3 Determine a função de transferência de tensão $\mathbf{V}_s(s)/\mathbf{V}_e(s)$ em função de s na **Fig. E12.3**.

Resposta:

$$\frac{s}{R_1C_2\left[s^2 + \frac{C_1R_2 + C_2R_2 + C_1R_1}{R_1R_2C_1C_2}s + \frac{1}{R_1R_2C_1C_2}\right]}$$

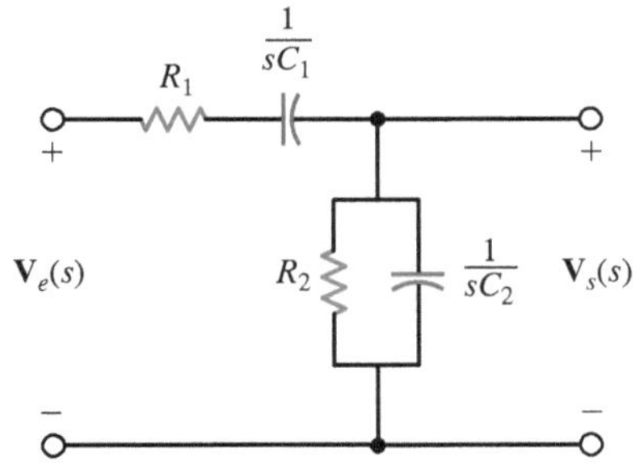

FIGURA E12.3

12.2 Análise no Domínio da Frequência de Excitações Senoidais

Embora, em casos específicos, um circuito opere em apenas uma frequência (por exemplo, um circuito do sistema elétrico público), em geral, se está interessado na resposta de um circuito em função da frequência. Em uma análise de estado estacionário senoidal, a função de um circuito pode ser expressa como

$$\mathbf{H}(j\omega) = M(\omega)e^{j\phi(\omega)} \qquad 12.4$$

em que $M(\omega) = |\mathbf{H}(j\omega)|$ e $\phi(\omega)$ é a fase. Um gráfico dessas duas funções, comumente denominadas *características de magnitude* e *de fase*, mostra como a resposta varia com a frequência de entrada ω. Analisemos, agora, como realizar uma análise no domínio da frequência simplesmente calculando valores da função em várias frequências na faixa de interesse.

Resposta de Frequência com Base em Diagramas de Bode

Representações gráficas das características de circuitos em escala semilogarítmica (isto é, uma escala linear para as ordenadas e uma escala logarítmica para as abscissas) são conhecidas como *diagramas de Bode* (em homenagem a Hendrik W. Bode). Este gráfico é uma ferramenta poderosa tanto na análise quanto no projeto de sistemas e circuitos que dependem da frequência, como filtros, sintonizadores e amplificadores. Em um diagrama de Bode, marcamos $20 \log_{10} M(\omega)$ em função de

$\log_{10}(\omega)$ e não $M(\omega)$ em função de ω. A vantagem desta técnica é que, em vez de traçar a característica do circuito ponto a ponto, podemos empregar aproximações em linha reta, obtendo, assim, a característica de forma muito eficiente. A ordenada do gráfico de magnitude é medida em decibel (dB). Esta unidade foi originalmente empregada para medir a razão de potências:

$$\text{quantidade de dB} = 10 \log_{10} \frac{P_2}{P_1} \qquad \textbf{12.5}$$

Se a potência for absorvida por dois resistores iguais, então

$$\begin{aligned}\text{quantidade de dB} &= 10 \log_{10} \frac{|\mathbf{V}_2|^2/R}{|\mathbf{V}_1|^2/R} = 10 \log_{10} \frac{|\mathbf{I}_2|^2 R}{|\mathbf{I}_1|^2 R} \qquad \textbf{12.6}\\ &= 20 \log_{10} \frac{|\mathbf{V}_2|}{|\mathbf{V}_1|} = 20 \log_{10} \frac{|\mathbf{I}_2|}{|\mathbf{I}_1|}\end{aligned}$$

O termo dB tornou-se tão popular que passou a ser usado, também, para relações entre tensões e entre correntes, como indicado na Eq. (12.6), sem considerar a impedância empregada em cada caso.

No caso de estado estacionário senoidal, $\mathbf{H}(j\omega)$ na Eq. (12.3) pode, em geral, ser expresso como

$$\mathbf{H}(j\omega) = \frac{K_0 (j\omega)^{\pm N}(1 + j\omega\tau_1)\left[1 + 2\zeta_3(j\omega\tau_3) + (j\omega\tau_3)^2\right]\cdots}{(1 + j\omega\tau_a)\left[1 + 2\zeta_b(j\omega\tau_b) + (j\omega\tau_b)^2\right]\cdots} \qquad \textbf{12.7}$$

Observemos que esta equação contém os seguintes fatores típicos:

1. Um fator independente de frequência $K_0 > 0$.
2. Polos ou zeros na origem, da forma $j\omega$; isto é, $(j\omega)^{+N}$ para zeros e $(j\omega)^{-N}$ para polos.
3. Polos ou zeros da forma $(1 + j\omega\tau)$.
4. Polos ou zeros quadráticos da forma $1 + 2\zeta(j\omega\tau) + (j\omega\tau)^2$.

Tomando o logaritmo da magnitude da função $\mathbf{H}(j\omega)$ na Eq. (12.7), temos

$$\begin{aligned}20 \log_{10}|\mathbf{H}(j\omega)| &= 20 \log_{10} K_0 \pm 20N \log_{10} |j\omega| \\ &+ 20 \log_{10} |1 + j\omega\tau_1| \\ &+ 20 \log_{10} \left|1 + 2\zeta_3(j\omega\tau_3) + (j\omega\tau_3)^2\right| \qquad \textbf{12.8}\\ &+ \cdots - 20 \log_{10}|1 + j\omega\tau_a| \\ &- 20 \log_{10} \left|1 + 2\zeta_b(j\omega\tau_b) + (j\omega\tau_b)^2\right| \cdots\end{aligned}$$

Aqui, usamos o fato de que o logaritmo do produto de dois ou mais termos é igual à soma dos logaritmos dos termos individuais, o logaritmo do quociente de dois termos é igual à diferença dos logaritmos dos termos individuais e $\log_{10} A^n = n\log_{10} A$.

O ângulo de fase de $\mathbf{H}(j\omega)$ é

$$\begin{aligned}\underline{/\mathbf{H}(j\omega)} &= 0 \pm N(90^\circ) + \tan^{-1}\omega\tau_1 + \tan^{-1}\left(\frac{2\zeta_3\omega\tau_3}{1 - \omega^2\tau_3^2}\right) \\ &+ \cdots - \tan^{-1}\omega\tau_a - \tan^{-1}\left(\frac{2\zeta_b\omega\tau_b}{1 - \omega^2\tau_b^2}\right)\cdots \qquad \textbf{12.9}\end{aligned}$$

Como as Eqs. (12.8) e (12.9) indicam, simplesmente traçamos um gráfico comum para cada fator separadamente e, depois, somamos os valores algebricamente para obter a característica total. Vamos examinar alguns dos termos individuais e ilustrar uma forma eficiente de representá-los em um diagrama de Bode.

Termo Constante

O termo $20 \log_{10} K_0$ representa uma magnitude constante com deslocamento de fase zero, como mostrado na **Fig. 12.10a.**

Polos ou Zeros na Origem

Polos ou zeros na origem são da forma $(j\omega)^{\pm N}$, em que o sinal + é usado para um zero e o sinal –, para um polo. A magnitude desta função é $\pm 20N \log_{10} \omega$, que é uma reta em papel semilog com inclinação de $\pm 20N$ dB/década; ou seja, o valor mudará em $20N$ cada vez que a frequência for multiplicada por 10, e a fase desta função é uma constante $\pm N(90^\circ)$. As características de magnitude e fase para polos e zeros na origem são mostradas nas **Figs. 12.10b** e **c**, respectivamente.

Polo ou Zero Simples

Aproximações lineares podem ser empregadas quando um polo ou zero simples, da forma $(1 + j\omega\tau)$, estiver presente na função

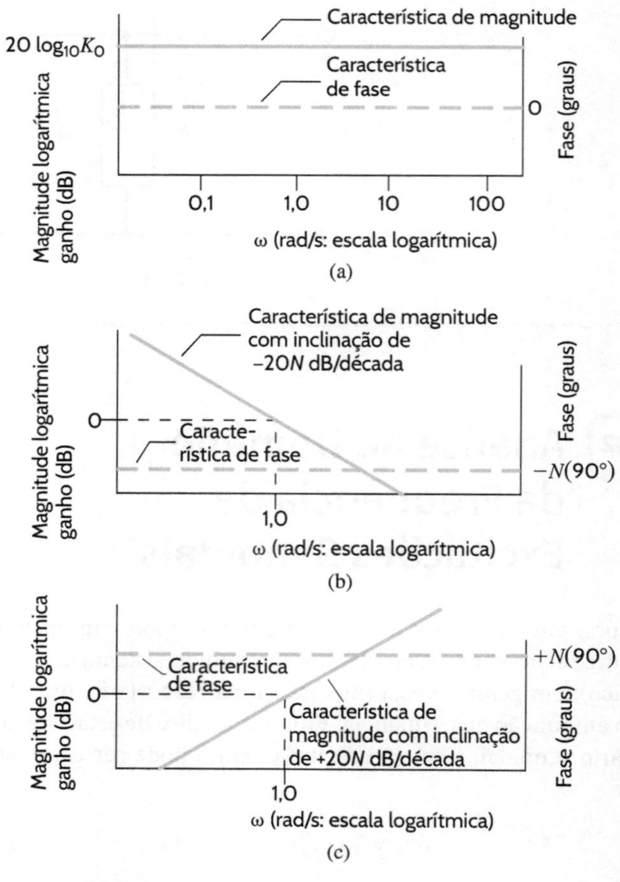

FIGURA 12.10 Características de magnitude e fase para um termo constante e para polos e zeros na origem.

do circuito. Para $\omega\tau \ll 1$, $(1 + j\omega\tau) \approx 1$ e, portanto, $20 \log_{10} |(1 + j\omega\tau)| = 20 \log_{10} 1 = 0$ dB. Da mesma forma, se $\omega\tau \gg 1$, $(1 + j\omega\tau) \approx j\omega\tau$ e, portanto, $20 \log_{10} |(1 + j\omega\tau)| \approx 20 \log_{10} \omega\tau$. Logo, para $\omega\tau \ll 1$, a resposta é 0 dB, e para $\omega\tau \gg 1$, a resposta tem uma inclinação igual à de um polo ou zero simples na origem. A interseção dessas duas assíntotas, uma para $\omega\tau \ll 1$ e outra para $\omega\tau \gg 1$, é o ponto em que $\omega\tau = 1$ ou $\omega = 1/\tau$, que é chamado de *frequência de quebra*. Nesta frequência de quebra, na qual $\omega = 1/\tau$, $20 \log_{10} |(1 + j1)| = 20 \log_{10}(2)^{1/2} = 3$ dB. Portanto, na frequência de quebra, a curva verdadeira se desvia das assíntotas em 3 dB. Podemos mostrar que, na metade e no dobro da frequência de quebra, os desvios são de 1 dB. O ângulo de fase associado a um polo ou zero simples é $\phi = \tan^{-1} \omega\tau$, que é uma simples curva da função arco tangente. Portanto, a defasagem é de 45° na frequência de quebra, e de 26,6° e 63,4° na metade e no dobro da frequência de quebra, respectivamente. A real curva de magnitude para um polo desta forma é mostrada na **Fig. 12.11a.** Para um zero, a curva de magnitude e a assíntota para $\omega\tau \gg 1$ têm uma inclinação positiva, e a curva de fase se estende de 0° a +90°, como mostrado na **Fig. 12.11b**. Se múltiplos polos ou zeros da forma $(1 + j\omega\tau)^N$ estiverem presentes, a inclinação da assíntota de alta frequência é multiplicada por N, o desvio entre a curva real e a assíntota na frequência de quebra será de $3N$ dB, e a curva de fase se estenderá de 0 a $N(90°)$, e será $N(45°)$ na frequência de quebra.

Polos ou Zeros Quadráticos

Polos ou zeros quadráticos são da forma $1 + 2\zeta(j\omega\tau) + (j\omega\tau)^2$. Este termo é uma função não apenas de ω, mas também do termo adimensional ζ, denominado *razão de amortecimento*. Se $\zeta > 1$ ou $\zeta = 1$, as raízes são reais e desiguais ou reais e iguais, respectivamente; esses dois casos já foram abordados. Se $\zeta < 1$, as raízes são complexas conjugadas, e é este caso que passaremos a examinar. Seguindo o argumento anterior para um polo ou zero simples, a magnitude logarítmica do fator quadrático é 0 dB para $\omega\tau \ll 1$. Para $\omega\tau \gg 1$,

$$20 \log_{10} \left|1 - (\omega\tau)^2 + 2j\zeta(\omega\tau)\right| \approx 20 \log_{10} \left|(\omega\tau)^2\right| = 40 \log_{10} |\omega\tau|$$

e, portanto, para $\omega\tau \gg 1$, a inclinação da curva de magnitude logarítmica é +40 dB/década para um zero quadrático e −40 dB/década para um polo quadrático. Entre os dois extremos, $\omega\tau \ll 1$ e $\omega\tau \gg 1$, o comportamento da função depende da razão de amortecimento ζ. A **Fig. 12.12a** ilustra a variação da curva de magnitude logarítmica para um polo quadrático em função da razão de amortecimento. A defasagem para o fator quadrático é $\tan^{-1} 2\zeta\omega\tau/[1 - (\omega\tau)^2]$. O gráfico de defasagem para polos quadráticos é mostrado na **Fig. 12.12b**. Neste caso, a fase passa de 0°, nas frequências para as quais $\omega\tau \ll 1$, para −180°, nas frequências para as quais $\omega\tau \gg 1$. Para zeros quadráticos, as

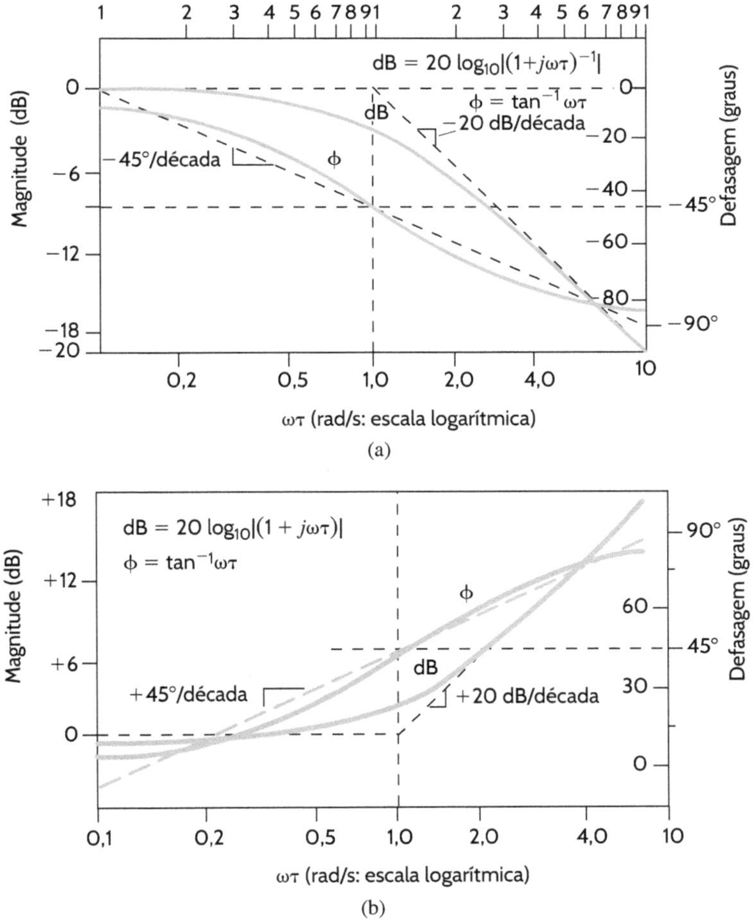

FIGURA 12.11 Gráfico de magnitude e fase (a) para um polo simples e (b) para um zero simples.

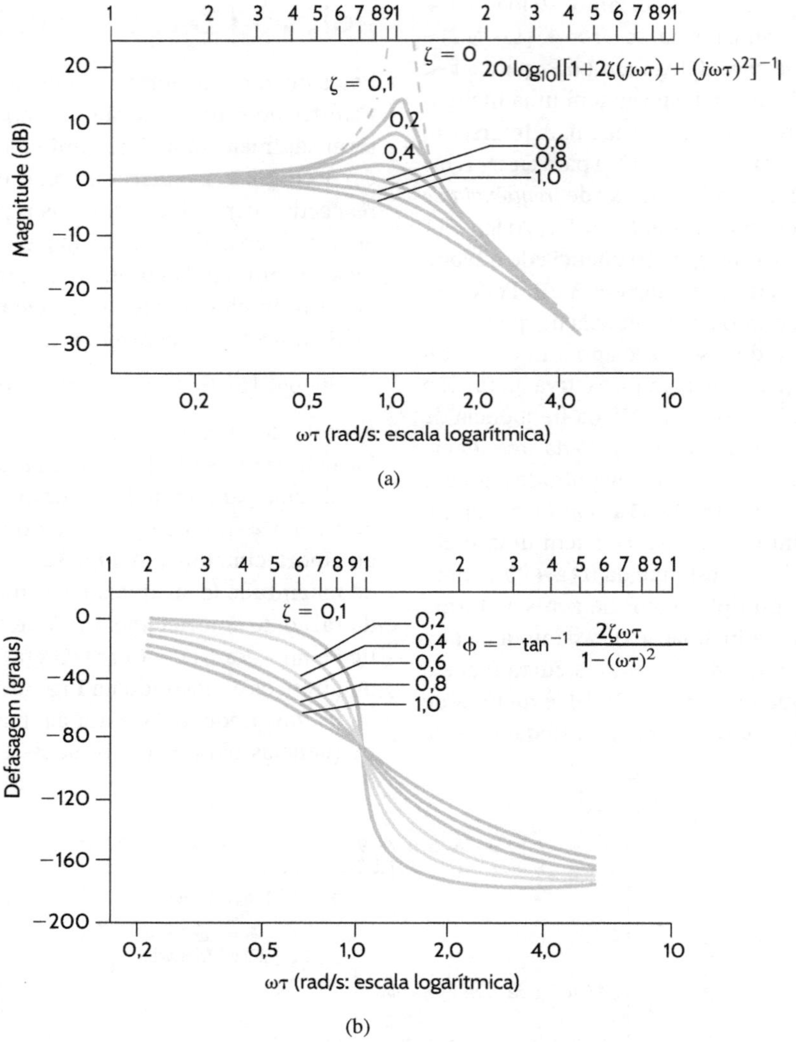

FIGURA 12.12 Características de magnitude e fase para polos quadráticos.

curvas de magnitude e fase são invertidas; ou seja, a curva de magnitude logarítmica tem uma inclinação de +40 dB/década para $\omega\tau \gg 1$, e a curva de defasagem é 0° para $\omega\tau \ll 1$ e +180° para $\omega\tau \gg 1$.

EXEMPLO 12.3

Geremos os gráficos de magnitude e fase para a função de transferência

$$\mathbf{G}_v(j\omega) = \frac{10(0{,}1j\omega + 1)}{(j\omega + 1)(0{,}02j\omega + 1)}$$

SOLUÇÃO Esta função está na forma padrão, pois cada termo é da forma $(j\omega\tau + 1)$. Para determinar a magnitude composta e as características de fase, trace as curvas para os termos assintóticos individuais e, depois, somemos essas curvas, como especificado nas Eqs. (12.8) e (12.9). Considere, primeiro, o gráfico da magnitude. Como $K_0 = 10$, $20 \log_{10} 10 = 20$ dB, que é uma constante e, portanto, independente da frequência, como mostrado na **Fig. 12.13a**. O zero da função de transferência contribui com um termo da forma $+20 \log_{10} |1 + 0{,}1j\omega|$, que é 0 dB para $0{,}1\omega \ll 1$, tem inclinação de +20 dB/década para $0{,}1\omega \gg 1$, e tem frequência de quebra em $\omega = 10$ rad/s. Os polos têm frequências de quebra em $\omega = 1$ rad/s e $\omega = 50$ rad/s. O polo com frequência de quebra em $\omega = 1$ rad/s contribui com um termo da forma $-20 \log_{10} |1 + j\omega|$, que é 0 dB para $\omega \ll 1$ e tem inclinação de −20 dB/década para $\omega \gg 1$. Um argumento semelhante se aplica ao polo com frequência de quebra em $\omega = 50$ rad/s. Esses fatores são representados individualmente no gráfico mostrado na Fig. 12.13a.

Considere, agora, as curvas individuais de fase. O termo K_0 não é função de ω e não contribui para a fase da função de transferência. A curva de fase para o zero é $+\tan^{-1} 0{,}1\omega$, que é uma curva da função arco tangente que se estende de 0°, para $0{,}1\omega \ll 1$, a +90°, para $0{,}1\omega \gg 1$, e tem fase de +45° na frequência de quebra. As curvas de fase para os dois polos são $-\tan^{-1} \omega$ e $-\tan^{-1}$

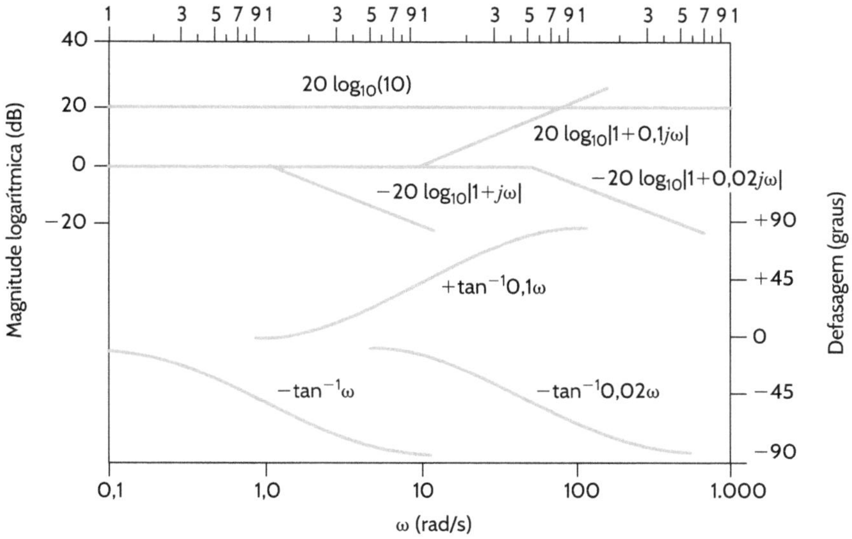

(a)

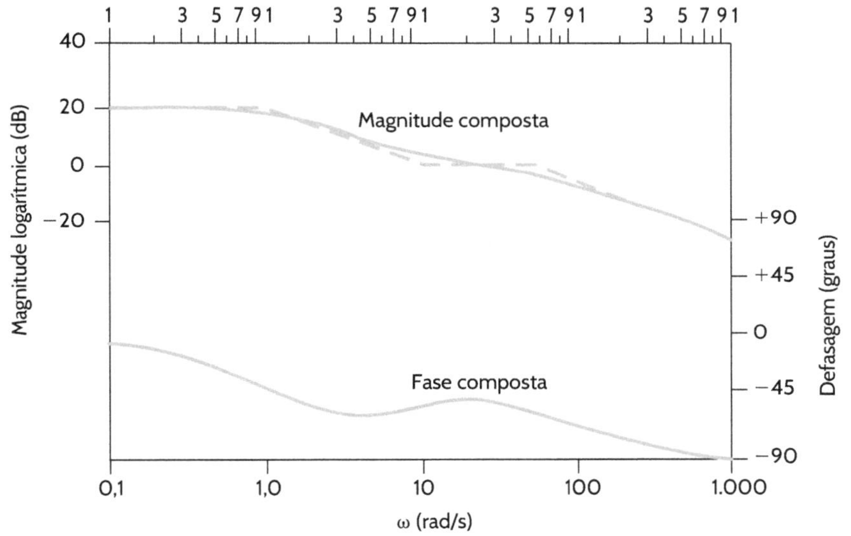

(b)

FIGURA 12.13 (a) Componentes de magnitude e fase para polos e zeros da função de transferência no Exemplo 12.3; (b) diagrama de Bode para a função de transferência no Exemplo 12.3.

$0{,}02\omega$. O termo $-\tan^{-1}\omega$ é 0° para $\omega \ll 1$, −90° para $\omega \gg 1$ e −45° na frequência de quebra $\omega = 1$ rad/s. A curva de fase para o polo restante é traçada de forma semelhante. As curvas individuais de fase também são mostradas na Fig. 12.13a.

Como especificado nas Eqs. (12.8) e (12.9), a magnitude e a fase compostas da função de transferência são obtidas simplesmente somando os termos individuais. As curvas compostas são mostradas na **Fig. 12.13b**. A diferença entre a correta curva de magnitude (linha sólida) e a aproximação em linha reta (linha tracejada) é de 3 dB nas frequências de quebra e de 1 dB nas metades e nos dobros dessas frequências.

EXEMPLO 12.4

Desenhe o diagrama de Bode para a seguinte função de transferência:

$$\mathbf{G}_v(j\omega) = \frac{25(j\omega + 1)}{(j\omega)^2(0{,}1j\omega + 1)}$$

SOLUÇÃO Mais uma vez, curvas para os termos individuais de magnitude e de fase são mostradas na **Fig. 12.14a.** A linha reta com inclinação de −40 dB/década é gerada pelo polo duplo na origem. Esta reta é um gráfico de $-40 \log_{10} \omega$ em função de ω e, portanto, passa por 0 dB em $\omega = 1$ rad/s. A fase para o polo duplo é a constante −180° para todas as frequências. As curvas para os termos restantes são traçadas como ilustrado no Exemplo 12.3.

Os gráficos compostos são mostrados na **Fig. 12.14b.** Novamente, esses gráficos são obtidos simplesmente somando as curvas para os termos individuais na Fig. 12.14a. Para frequências tais que $\omega \ll 1$, a inclinação da curva de magnitude é −40 dB/década. Em $\omega = 1$ rad/s, que é a frequência de quebra do zero, a curva de magnitude muda de inclinação para −20 dB/década. Em $\omega = 10$ rad/s, que é a frequência de quebra do polo, a inclinação da curva de magnitude muda de volta para −40 dB/década.

A curva de fase composta começa em −180°, em função do polo duplo na origem. Como a primeira frequência de quebra encontrada é zero, a curva de fase se desloca para −90°. No entanto, antes que a fase composta atinja −90°, o polo com frequência de quebra $\omega = 10$ rad/s começa a deslocar a curva composta de volta para −180°.

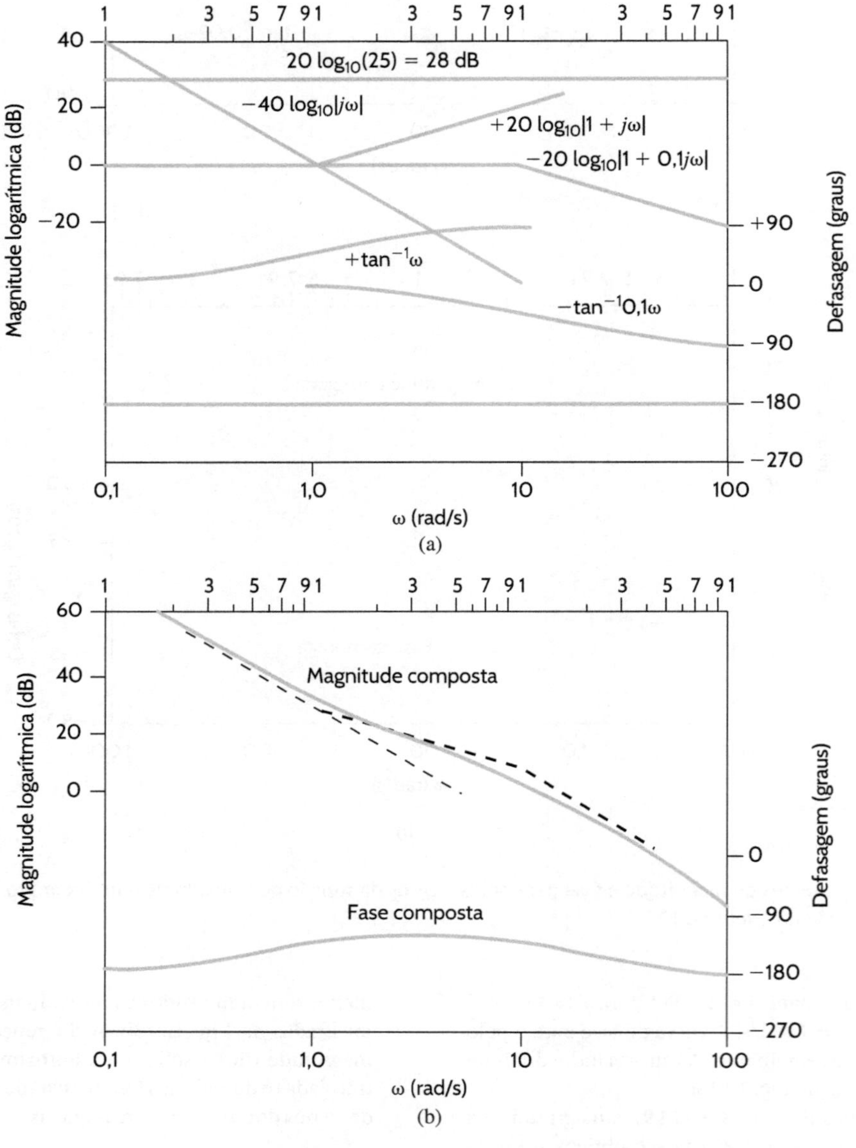

FIGURA 12.14 (a) Componentes de magnitude e fase para polos e zeros da função de transferência no Exemplo 12.4; (b) diagrama de Bode para a função de transferência no Exemplo 12.4.

O Exemplo 12.4 ilustra o procedimento para traçar diretamente curvas para termos da forma $K_0/(j\omega)$. Para termos desta forma, a inclinação inicial de $-20N$ dB/década cruzará o eixo de 0 dB com uma frequência de $(K_0)^{1/N}$ rad/s; ou seja, $-20 \log_{10} |K_0/(j\omega)^N| = 0$ dB implica em $K_0/(\omega)^N = 1$ e, portanto, $\omega = (K_0)^{1/N}$ rad/s. Observe que a inclinação projetada da curva de magnitude no Exemplo 12.4 intercepta o eixo de 0 dB em $\omega = (25)^{1/2} = 5$ rad/s.

De modo similar, podemos mostrar que, para termos da forma $K_0(j\omega)^N$, a inclinação inicial de $+20N$ dB/década cruzará o eixo de 0 dB na frequência $\omega = (1/K_0)^{1/N}$ rad/ s; ou seja, $+20 \log_{10} |K_0/(j\omega)^N| =$ 0 dB implica em $K_0/(\omega)^N = 1$ e, portanto, $\omega = (1/K_0)^{1/N}$ rad/s.

Aplicando os conceitos que acabamos de demonstrar, em geral, podemos traçar o gráfico da característica de magnitude logarítmica de uma função de transferência diretamente em uma única etapa.

Avaliação da Aprendizagem

E12.4 Esboce a curva da característica de magnitude do diagrama de Bode, identificando todas as inclinações e pontos críticos para a função

$$\mathbf{G}(j\omega) = \frac{10^4(j\omega + 2)}{(j\omega + 10)(j\omega + 100)}$$

Resposta:

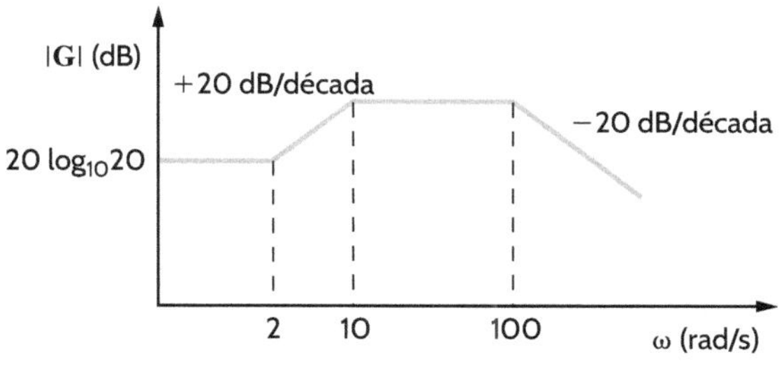

FIGURA E12.4

E12.5 Esboce a curva da característica de magnitude do diagrama de Bode para a função de transferência

$$\mathbf{H}(j\omega) = \frac{5(j\omega + 10)}{j\omega(j\omega + 100)}$$

Resposta:

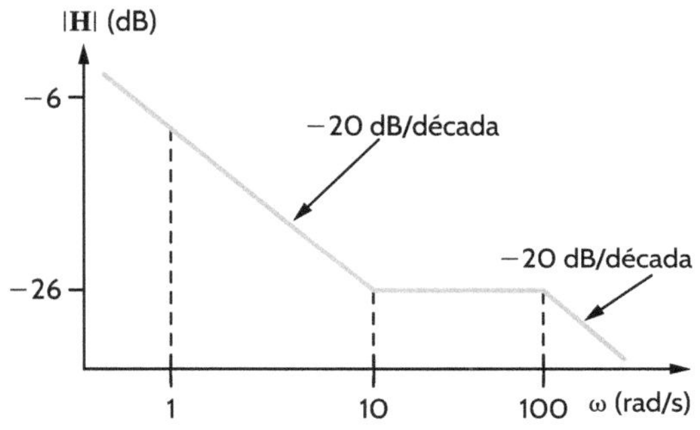

FIGURA E12.5

E12.6 Esboce a curva da característica de magnitude do diagrama de Bode, identificando todas as inclinações e pontos críticos para a função

$$\mathbf{G}(j\omega) = \frac{100(0{,}02j\omega + 1)}{(j\omega)^2}$$

Resposta:

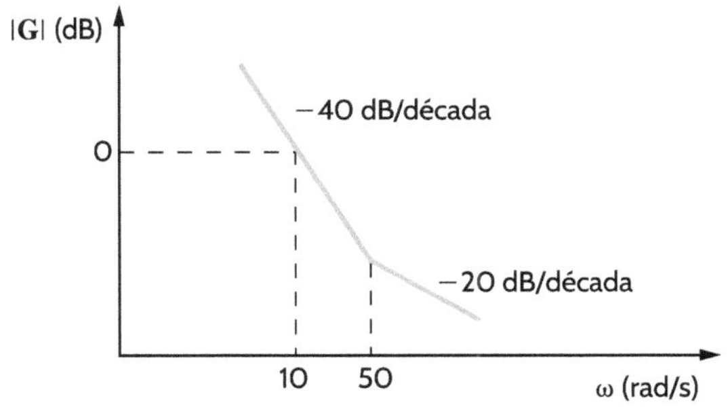

FIGURA E12.6

E12.7 Esboce a curva da característica de magnitude do diagrama de Bode, identificando todas as inclinações e pontos críticos para a função

$$\mathbf{G}(j\omega) = \frac{10j\omega}{(j\omega + 1)(j\omega + 10)}$$

Resposta:

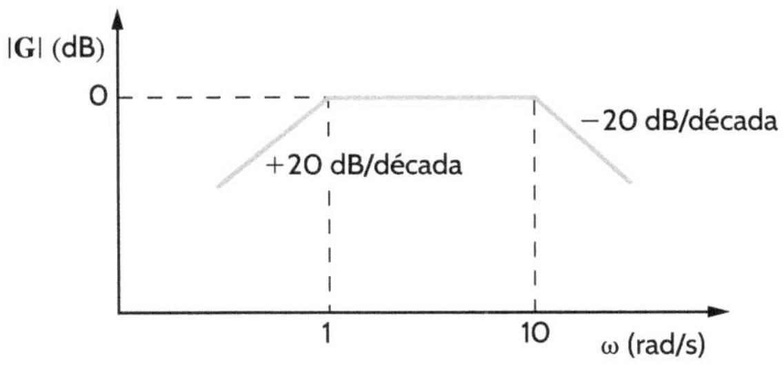

FIGURA E12.7

EXEMPLO 12.5

Vamos traçar o diagrama de Bode para a seguinte função de transferência:

$$\mathbf{G}_v(j\omega) = \frac{25j\omega}{(j\omega + 0{,}5)[(j\omega)^2 + 4j\omega + 100]}$$

SOLUÇÃO Expressando esta função na forma padrão, temos

$$\mathbf{G}_v(j\omega) = \frac{0{,}5j\omega}{(2j\omega + 1)[(j\omega/10)^2 + j\omega/25 + 1]}$$

O correspondente diagrama de Bode é mostrado na **Fig. 12.15.** A inclinação inicial de baixa frequência em razão do zero na origem é +20 dB/década, e essa inclinação intercepta a linha de 0 dB em $\omega = 1/K_0 = 2$ rad/s. Em $\omega = 0{,}5$ rad/s, a inclinação muda de +20 dB/década para 0 dB/década, em virtude da presença do polo com frequência de quebra em $\omega = 0{,}5$ rad/s. O termo quadrático tem frequência central em $\omega = 10$ rad/s (ou seja, $\tau = 1/10$). Como

$$2\zeta\tau = \frac{1}{25}$$

e

$$\tau = 0{,}1$$

obtemos

$$\zeta = 0{,}2$$

O desenho da curva na Fig. 12.12a, com razão de amortecimento $\zeta = 0{,}2$ na frequência central $\omega = 10$ rad/s, completa o gráfico da magnitude composta para a dada função de transferência.

A curva inicial de fase de baixa frequência é +90°, em função do zero na origem. Essa curva e a curva de fase para o polo simples e a curva de fase para o termo quadrático, como definido na Fig. 12.12b, são combinadas para produzir a curva de fase composta.

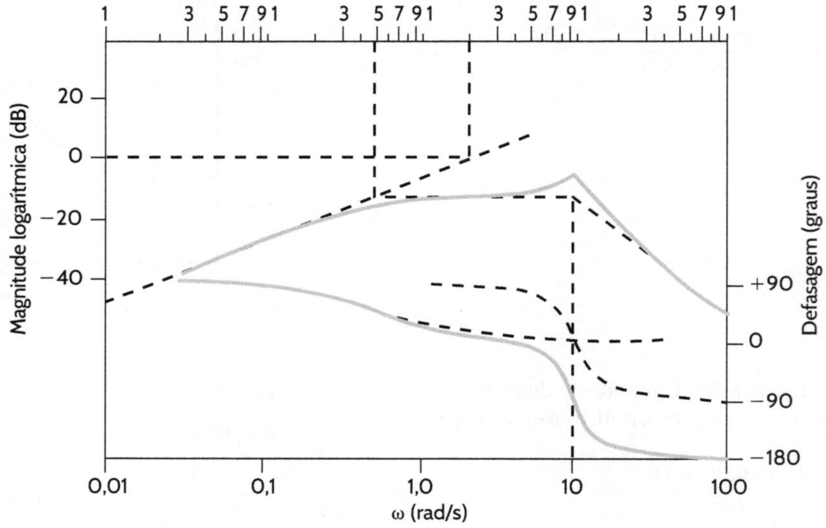

FIGURA 12.15 Diagrama de Bode para a função de transferência no Exemplo 12.5.

Avaliação da Aprendizagem

E12.8 Dada a seguinte função $\mathbf{G}(j\omega)$, esboce a curva da característica de magnitude do diagrama de Bode, identificando todas as inclinações e pontos críticos:

$$\mathbf{G}(j\omega) = \frac{0{,}2(j\omega + 1)}{j\omega[(j\omega/12)^2 + j\omega/36 + 1]}$$

Resposta:

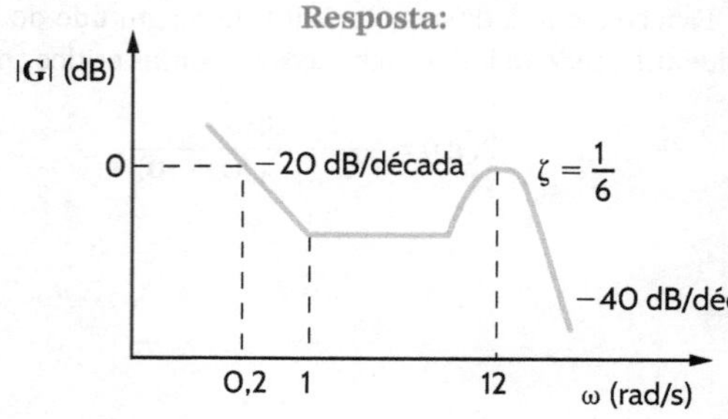

FIGURA E12.8

Geração de Diagramas de Bode com MATLAB

O uso de MATLAB para a geração de diagramas de Bode será explicado a cada etapa envolvida no processo, com base em um exemplo bastante complexo. Uma vez que esse processo envolve apenas alguns passos, o procedimento que apresentaremos pode ser empregado para a geração de diagrama de Bode para qualquer outra função de transferência. Vamos traçar o diagrama de Bode para a função de transferência

$$\mathbf{H}(j\omega) = \frac{2.500(10 + j\omega)}{j\omega(2 + j\omega)\left(2.500 + 30j\omega + (j\omega)^2\right)}$$

na faixa de frequências de 0,1 a 1.000 rad/s, usando 50 pontos por década. As etapas envolvidas na geração deste diagrama de Bode são descritas a seguir. Neste procedimento passo a passo, cada comando de MATLAB deve terminar com um ponto e vírgula.

Passo 1. Limpar a memória do MATLAB e fechar todas as figuras abertas.

```
>> clear all;
>> close all;
```

Passo 2. Abrir a figura número *i*, em que *i* é 1 para um único gráfico etc.

```
>> figure(1);
```

Passo 3. Criar um vetor **x** (para o eixo horizontal do gráfico) espaçado logaritmicamente; ou seja, o mesmo número de pontos por década, na faixa de frequências de *y* rad/s a *z* rad/s. A variável *w* representa ômega. Neste caso, usamos 200 pontos (4 décadas e 50 pontos/década) e traçamos o gráfico a partir de 0,1 rad/s; ou seja, de 10^{-1} a 1.000 rad/s (ou 10^3 rad/s).

```
>> w=logspace(-1,3,200);
```

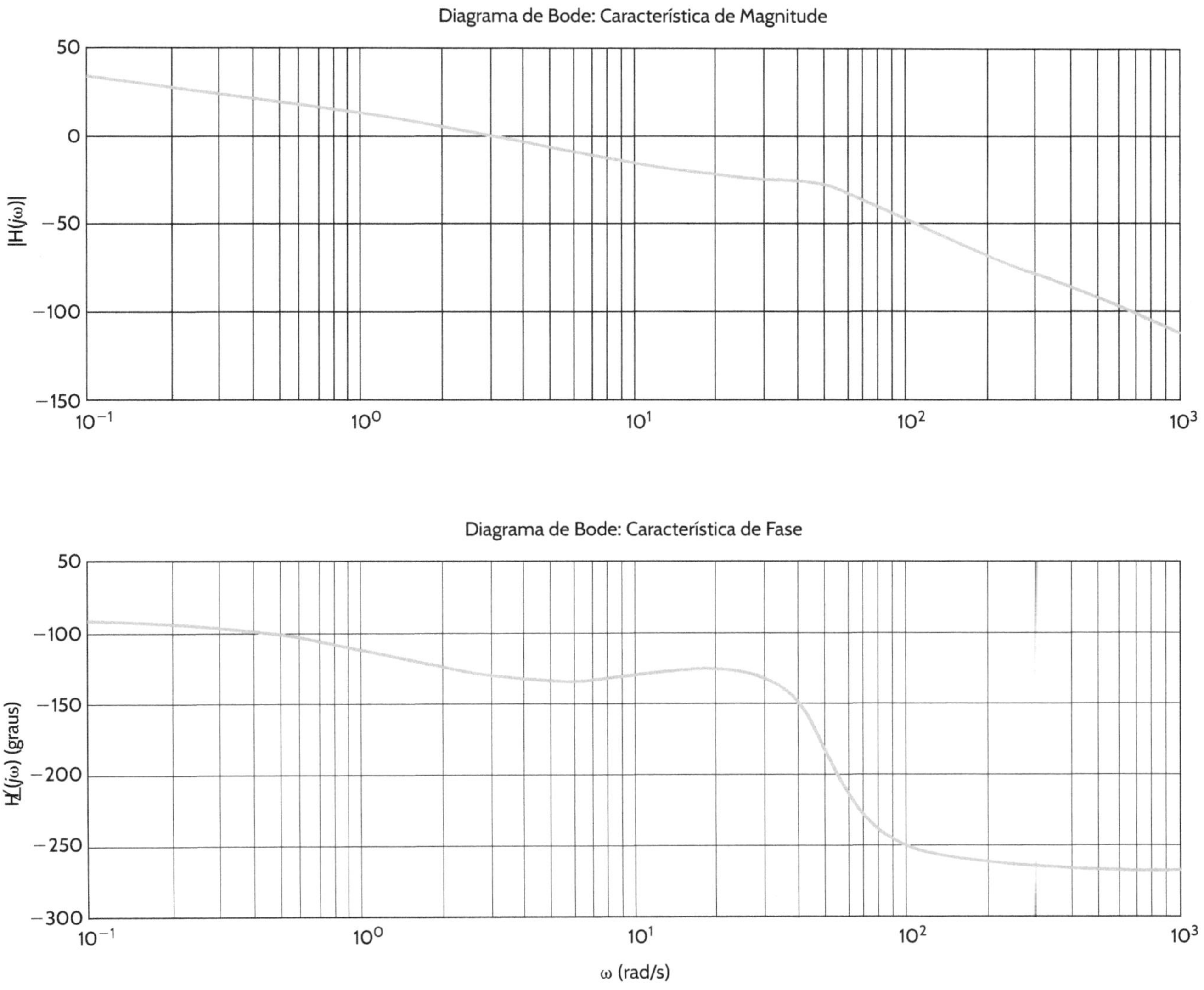

FIGURA 12.16 Diagramas de Bode gerados por MATLAB.

Passo 4. Definir a função de transferência, **H**($j\omega$), a ser representada por duas figuras: magnitude e fase. O operador . efetua operações algébricas em matrizes, elemento por elemento.

```
>> H=2500*(10+j*w)./
(j*w.*(2+j*w).*(2500+j*w*30+(j*w).^2));
```

Passo 5. Dividir a janela da figura em duas partes: a primeira, para o gráfico de magnitude e a segunda, para o gráfico de fase, como mostrado mais adiante.

O primeiro argumento no comando subplot especifica que há dois gráficos, uma coluna, e o segundo argumento neste comando se aplica à linha 1, ou seja, ao gráfico de magnitude.

```
>> subplot(2,1,1);
```

O próximo comando especifica que o gráfico é semilog, *w* é a variável e 20 $\log_{10}$ |**H**| é a ordenada.

```
>> semilogx(w,20*log10(abs(H)));
```

Os comandos de MATLAB a seguir ativam a grade, especificam que a ordenada deve ser identificada como |**H**($j\omega$)| e indicam que o título deste gráfico é "Diagrama de Bode: Característica de Magnitude". Observe que \omega indica o uso do símbolo ômega minúsculo, e tudo que estiver entre aspas simples é impresso.

```
>> grid;
>> ylabel('|H(j\omega)|');
>> title('Diagrama de Bode:
Característica de Magnitude');
```

O segundo comando subplot especifica que existem dois gráficos, uma coluna, e o terceiro argumento neste comando se aplica à linha 2, ou seja, o gráfico de fase.

```
>> subplot(2,1,2);
```

O próximo comando especifica que o gráfico é semilog, *w* é a variável e a ordenada é o ângulo de **H**; embora este ângulo seja normalmente dado em rad/s, aqui é convertido em graus. O uso da função "unwrap" elimina saltos de fase de +180° para −180°.

```
>> semilogx(w,unwrap(angle(H))*180/pi);
```

Os comandos a seguir ativam a grade para o gráfico, especificam que a variável é ômega em rad/s e a ordenada é o ângulo de **H**($j\omega$) em graus (circ é o pequeno círculo usado para representar graus) e que o título do gráfico é "Diagrama de Bode: Característica de Fase."

```
>> grid;
>> xlabel('\omega(rad/s)');
>> ylabel('\angleH(j\omega)(\circ)');
>> title('Diagrama de Bode:
Característica de Fase');
```

A saída de MATLAB é mostrada na **Fig. 12.16**.

Determinação da Função de Transferência a Partir do Diagrama de Bode

O exemplo ilustra o processo de determinação da função de transferência a partir de um diagrama de Bode.

EXEMPLO 12.6

Dada a característica de magnitude assintótica mostrada na **Fig. 12.17**, determine a função de transferência $\mathbf{G}_v(j\omega)$.

SOLUÇÃO Como a inclinação inicial é de 0 dB/década e o valor da magnitude é de 20 dB, o fator K_0 pode ser obtido da expressão

$$20 \text{ dB} = 20 \log_{10} K_0$$

Logo,

$$K_0 = 10$$

A inclinação de −20 dB/década a partir de $\omega = 0{,}1$ rad/s indica que o primeiro polo tem frequência de quebra em $\omega = 0{,}1$ rad/s e, portanto, um dos fatores no denominador é $(10j\omega + 1)$. A inclinação sofre alteração de +20 dB/década em $\omega = 0{,}5$ rad/s, indicando a presença de um zero com frequência de quebra em $\omega = 0{,}5$ rad/s; portanto, o numerador tem um fator de $(2j\omega + 1)$. Há dois polos adicionais, com frequências de quebra em $\omega = 2$ rad/s e em $\omega = 20$ rad/s. Logo, a função de transferência composta fica dada por:

$$\mathbf{G}_v(j\omega) = \frac{10(2j\omega + 1)}{(10j\omega + 1)(0{,}5j\omega + 1)(0{,}05j\omega + 1)}$$

Vale observar com atenção as implicações deste exemplo no projeto de circuitos.

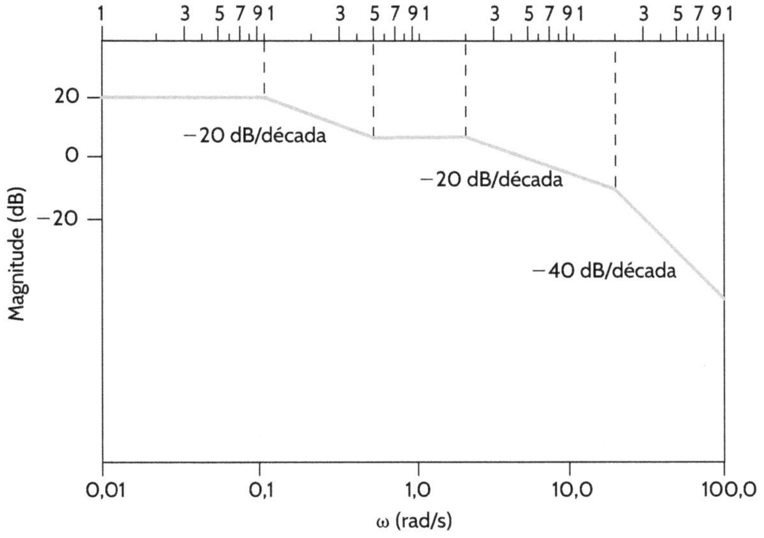

FIGURA 12.17 Gráfico de magnitude empregado no Exemplo 12.6.

Avaliação da Aprendizagem

E12.9 Determine a função de transferência $\mathbf{G}(j\omega)$ para a aproximação da característica de magnitude em linha reta mostrada na Fig. E12.9.

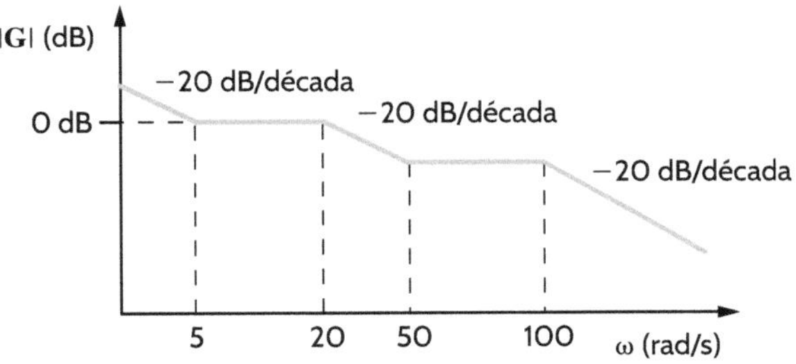

FIGURA E12.9

Resposta:

$$\mathbf{G}(j\omega) = \frac{5\left(\frac{j\omega}{5}+1\right)\left(\frac{j\omega}{50}+1\right)}{j\omega\left(\frac{j\omega}{20}+1\right)\left(\frac{j\omega}{100}+1\right)}.$$

E12.10 Determine $\mathbf{H}(j\omega)$ correspondente à característica de magnitude mostrada na Fig. E12.10.

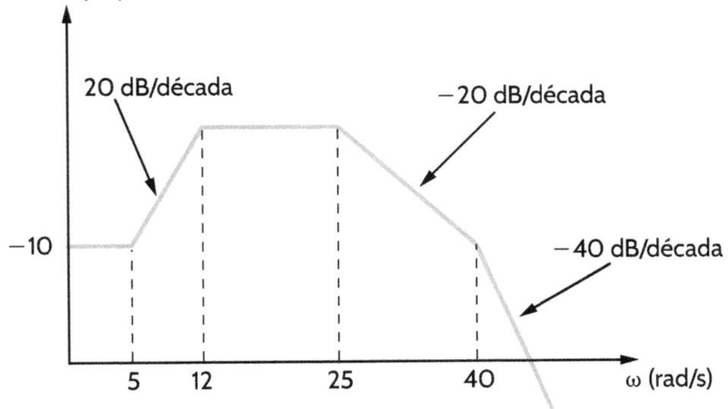

FIGURA E12.10

Resposta:

$$\mathbf{H}(j\omega) = \frac{0{,}3162\left(\frac{j\omega}{5}+1\right)}{\left(\frac{j\omega}{12}+1\right)\left(\frac{j\omega}{25}+1\right)\left(\frac{j\omega}{40}+1\right)}.$$

12.3 Circuitos Ressonantes

Ressonância Série

Um circuito com características de frequência extremamente importantes é mostrado na **Fig. 12.18**. A impedância de entrada para o circuito *RLC* série é dada por

$$\mathbf{Z}(j\omega) = R + j\omega L + \frac{1}{j\omega C} = R + j\left(\omega L - \frac{1}{\omega C}\right) \qquad \textbf{12.10}$$

O termo imaginário será zero se

$$\omega L = \frac{1}{\omega C}$$

O valor de ω que satisfaz esta equação é

$$\omega_0 = \frac{1}{\sqrt{LC}} \qquad \textbf{12.11}$$

Com este valor de ω, a impedância passa a

$$\mathbf{Z}(j\omega_0) = R \qquad \textbf{12.12}$$

Essa frequência ω_0, na qual a impedância do circuito é puramente real, também é chamada de *frequência de ressonância* e, nessa frequência, dizemos que o circuito está *em ressonância*. Ressonância é uma questão muito importante em projetos de engenharia. Por exemplo, engenheiros que projetaram o sistema de controle de atitude para os veículos Saturn tiveram de garantir que a frequência do sistema de controle não excitasse as frequências de flexão (de ressonância) do corpo do veículo. A excitação das frequências de flexão causaria oscilações que, se continuassem sem controle, resultariam em um acúmulo de tensão até que o veículo finalmente se partisse.

Ressonância também é um benefício, fornecendo volume sonoro e timbres ricos a instrumentos musicais de cordas e sopros.

Na ressonância, tensão e corrente estão em fase e, portanto, o ângulo de fase é zero e o fator de potência, unitário. Na ressonância, a impedância é mínima, o que, para uma dada tensão, implica corrente máxima. A **Fig. 12.19** ilustra a resposta de frequência do circuito *RLC* série. Em baixas frequências, a impedância do circuito série é dominada pelo termo capacitivo e em altas frequências, pelo termo indutivo.

Ressonância pode ser vista de outra perspectiva: a do diagrama fasorial. No circuito série, a corrente é comum a todos os elementos. Portanto, a corrente é tomada como referência. O diagrama fasorial mostrado na **Fig. 12.20** corresponde a três valores de frequência: $\omega < \omega_0$, $\omega = \omega_0$, $\omega > \omega_0$.

Quando $\omega < \omega_0$, $\mathbf{V}_C > \mathbf{V}_L$, θ_Z é negativo e a tensão $\mathbf{V}_1$ está atrasada com relação à corrente. Se $\omega = \omega_0$, $\mathbf{V}_L = \mathbf{V}_C$, θ_Z é zero e a tensão $\mathbf{V}_1$ está em fase com a corrente. Se $\omega > \omega_0$, $\mathbf{V}_L > \mathbf{V}_C$, θ_Z é positivo e a tensão $\mathbf{V}_1$ está adiantada com relação à corrente.

Para o circuito *RLC* série, definimos o que é comumente denominado *fator de qualidade Q* como

$$Q = \frac{\omega_0 L}{R} = \frac{1}{\omega_0 CR} = \frac{1}{R}\sqrt{\frac{L}{C}} \qquad \textbf{12.13}$$

Q é um fator muito importante em circuitos ressonantes, e suas implicações serão ilustradas no restante desta seção.

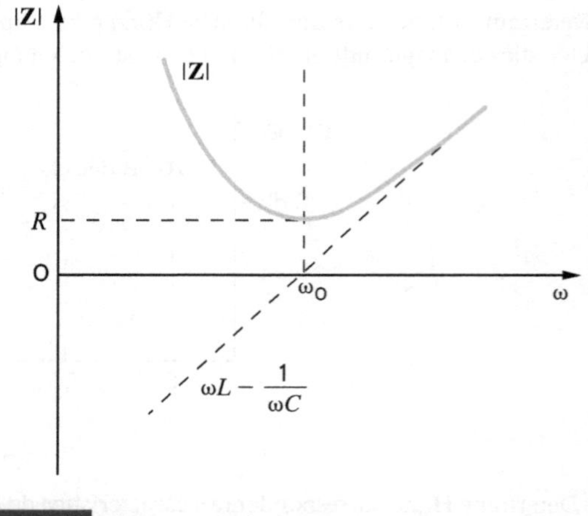

FIGURA 12.19 Resposta de frequência de um circuito *RLC* série.

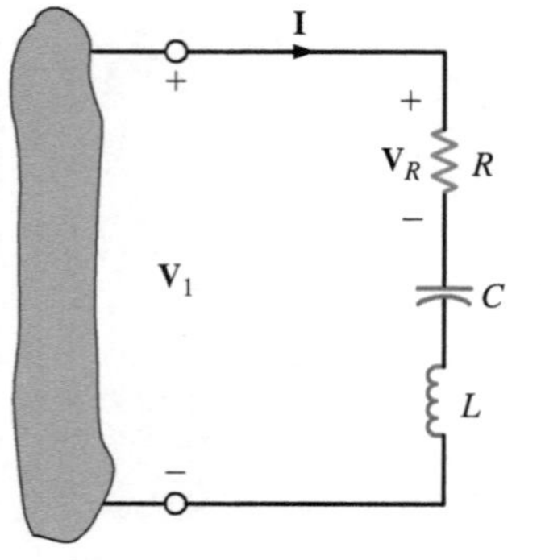

FIGURA 12.18 Circuito *RLC* série.

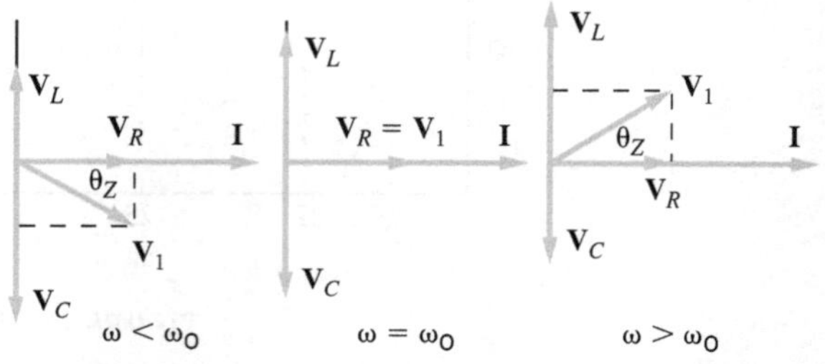

FIGURA 12.20 Diagramas fasoriais para o circuito *RLC* série.

EXEMPLO 12.7

Considere o circuito mostrado na **Fig. 12.21**. Determine a frequência de ressonância, a tensão em cada elemento em ressonância e o valor do fator de qualidade.

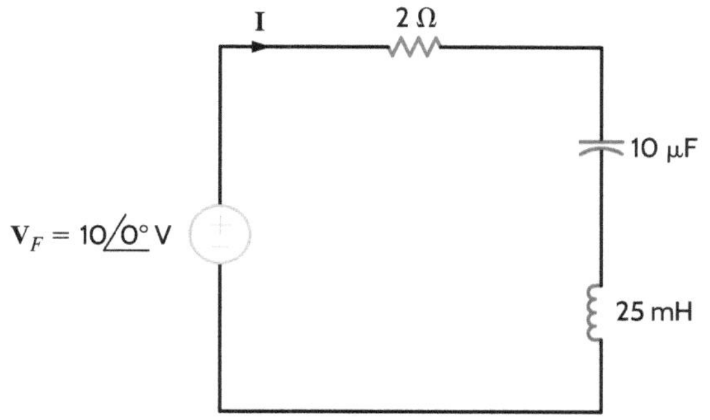

FIGURA 12.21 Circuito série.

SOLUÇÃO A frequência de ressonância é obtida a partir da expressão

$$\omega_0 = \frac{1}{\sqrt{LC}} = \frac{1}{\sqrt{(25)(10^{-3})(10)(10^{-6})}} = 2.000 \text{ rad/s}$$

Nesta frequência de ressonância,

$$\mathbf{I} = \frac{\mathbf{V}}{\mathbf{Z}} = \frac{\mathbf{V}}{R} = 5\underline{/0°} \text{ A}$$

Logo,

$$\mathbf{V}_R = (5\underline{/0°})(2) = 10\underline{/0°} \text{ V}$$
$$\mathbf{V}_L = j\omega_0 L\mathbf{I} = 250\underline{/90°} \text{ V}$$
$$\mathbf{V}_C = \frac{\mathbf{I}}{j\omega_0 C} = 250\underline{/-90°} \text{ V}$$

Comparemos as magnitudes das tensões no indutor e no capacitor com a da tensão de entrada. As tensões no indutor e no capacitor têm a mesma amplitude, mas estão defasadas de 180°. O diagrama fasorial para esta condição é mostrado na Fig. 12.20 para $\omega = \omega_0$. O fator de qualidade Q obtido da Eq. (12.13) é

$$Q = \frac{\omega_0 L}{R} = \frac{(2)(10^3)(25)(10^{-3})}{2} = 25$$

As tensões no indutor e no capacitor podem ser escritas em termos de Q como

$$|\mathbf{V}_L| = \omega_0 L\,|\mathbf{I}| = \frac{\omega_0 L}{R}|\mathbf{V}_F| = Q\,|\mathbf{V}_F|$$

e

$$|\mathbf{V}_C| = \frac{|\mathbf{I}|}{\omega_0 C} = \frac{1}{\omega_0 CR}\,|\mathbf{V}_F| = Q\,|\mathbf{V}_F|$$

Esta análise indica que, para uma dada corrente, as amplitudes das tensões de ressonância no indutor e no capacitor são iguais ao produto da amplitude da tensão aplicada por Q.

EXEMPLO 12.8

Em um laboratório de circuitos de um curso de graduação, os alunos são solicitados a construir um circuito *RLC* que seja ressonante em $f = 1.000$ Hz, dado um indutor de 0,02 H que tem um Q de 200. Um aluno produziu o circuito mostrado na **Fig. 12.22**, em que o valor da resistência interna do indutor é representado por R.

Admitindo que o capacitor escolhido para produzir a ressonância seja um capacitor de papel impregnado com óleo de 300 V, determine os parâmetros do circuito e o efeito dessa escolha do capacitor.

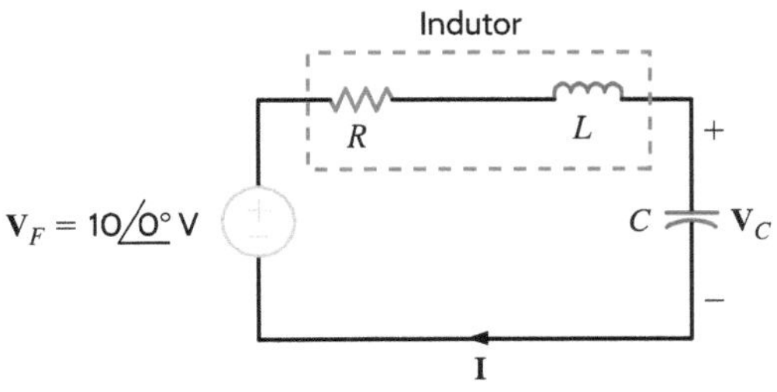

FIGURA 12.22 Circuito ressonante *RLC* série.

SOLUÇÃO Para ressonância em 1.000 Hz, o aluno calculou o necessário valor do capacitor usando a seguinte expressão

$$\omega_0 = 2\pi f_0 = \frac{1}{\sqrt{LC}}$$

obtendo o valor

$$C = 1{,}27\ \mu\text{F}$$

O aluno selecionou um capacitor de papel impregnado de óleo com tensão nominal de 300 V. O valor do resistor foi calculado usando a expressão para Q

$$Q = \frac{\omega_0 L}{R} = 200$$

ou

$$R = 1{,}59\ \Omega$$

Na ressonância, a corrente seria

$$\mathbf{I} = \frac{\mathbf{V}_F}{R}$$

ou

$$\mathbf{I} = 6{,}28\,\underline{/0^\circ}\text{ A}$$

Montado o circuito, a corrente medida apresentou o valor

$$\mathbf{I} \sim 1\,\underline{/0^\circ}\text{ mA}$$

Esta medição indicou claramente que a impedância vista pela fonte era de cerca de 10 kΩ de resistência, em vez de 1,59 Ω – uma diferença bastante drástica. Suspeitando que o capacitor selecionado era a fonte do problema, o aluno calculou qual deveria ser a tensão do capacitor. Se operado como desejado, na ressonância, a tensão no capacitor deveria ser

$$\mathbf{V}_C = \frac{\mathbf{V}_F}{R}\left(\frac{1}{j\omega C}\right) = Q\mathbf{V}_F$$

ou

$$\mathbf{V}_C = 2.000\,\underline{/-90^\circ}\text{ V}$$

que é mais de seis vezes a tensão nominal do capacitor! Essa sobretensão danificou o capacitor, que não funcionou corretamente. Quando um novo capacitor foi selecionado e a tensão da fonte foi reduzida por um fator de 10, o circuito funcionou corretamente como um circuito de alto Q.

Avaliação da Aprendizagem

E12.11 Dado o circuito na Fig. E12.11, determine o valor C que colocará o circuito em ressonância a 1.800 rad/s.

Resposta:
$C = 3{,}09\ \mu$F.

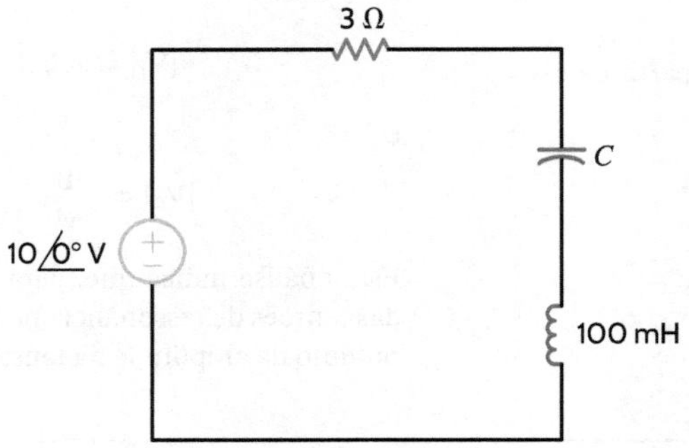

FIGURA E12.11

E12.12 Para o circuito em E12.11, determine o Q e a magnitude da tensão no capacitor.

Resposta:
$Q = 60$; $|\mathbf{V}_C| = 600$ V.

E12.13 Para uma frequência de ressonância do circuito na Fig. E12.13 de 10.000 rad/s, determine L. Calcule também a corrente na ressonância, $\omega_0/3$ e $3\omega_0$.

Resposta:
$L = 100\ \mu$H; $6\cos 10.000t$ A;
$5{,}294\cos(3.333t + 28{,}07^\circ)$ A;
$5{,}294\cos(30.000t - 28{,}07^\circ)$ A.

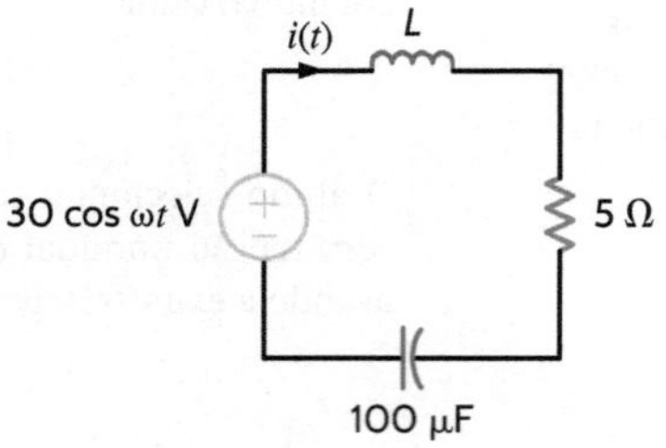

FIGURA E12.13

Vamos desenvolver uma expressão geral para a razão de $\mathbf{V}_R/\mathbf{V}_1$ para o circuito na Fig. 12.18 em termos de Q, ω e ω_0. A impedância do circuito, dada pela Eq. (12.10), pode ser usada para determinar a admitância, que pode ser expressa como

$$\mathbf{Y}(j\omega) = \frac{1}{R[1 + j(1/R)(\omega L - 1/\omega C)]}$$

$$= \frac{1}{R[1 + j(\omega L/R - 1/\omega CR)]}$$

$$= \frac{1}{R[1 + jQ(\omega L/RQ - 1/\omega CRQ)]} \quad \textbf{12.14}$$

Usando o fato de que $Q = \omega_0 L/R = 1/\omega_0 CR$, a Eq. (12.14) fica escrita como

$$\mathbf{Y}(j\omega) = \frac{1}{R[1 + jQ(\omega/\omega_0 - \omega_0/\omega)]} \quad \textbf{12.15}$$

Como $\mathbf{I} = \mathbf{YV}_1$ e a tensão no resistor é $\mathbf{V}_R = \mathbf{I}R$, temos

$$\frac{\mathbf{V}_R}{\mathbf{V}_1} = \mathbf{G}_v(j\omega) = \frac{1}{1 + jQ(\omega/\omega_0 - \omega_0/\omega)} \quad \textbf{12.16}$$

A magnitude e a fase são

$$M(\omega) = \frac{1}{[1 + Q^2(\omega/\omega_0 - \omega_0/\omega)^2]^{1/2}} \quad \textbf{12.17}$$

e

$$\phi(\omega) = -\tan^{-1} Q\left(\frac{\omega}{\omega_0} - \frac{\omega_0}{\omega}\right) \quad \textbf{12.18}$$

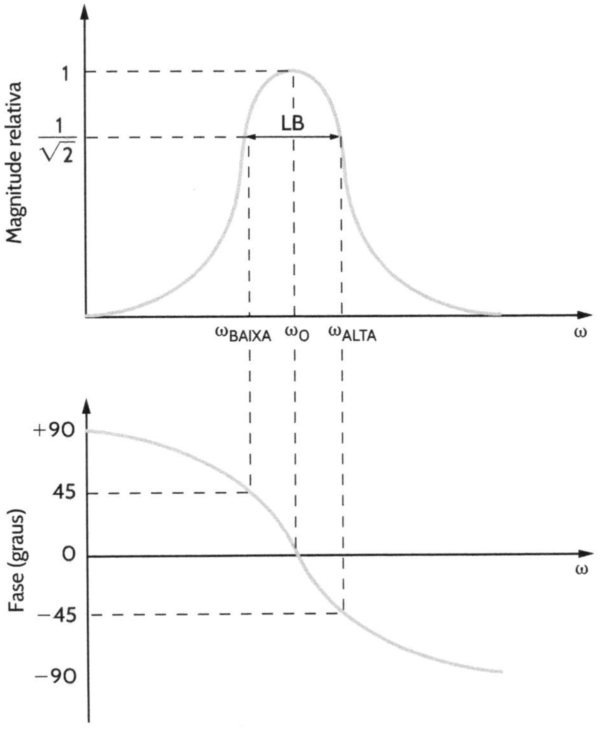

FIGURA 12.23 Curvas de magnitude e fase para as Eqs. (12.17) e (12.18).

Os gráficos para essas funções são mostrados na **Fig. 12.23.** Observe que o circuito tem a forma de um filtro passa-faixa. A largura de banda é definida como a diferença entre as duas frequências de meia potência. Como a potência é proporcional ao quadrado da magnitude, as frequências de meia potência são obtidas fixando a magnitude em $M(\omega) = 1/\sqrt{2}$; (ver **DICA 12.1**),

$$\left|\frac{1}{1 + jQ(\omega/\omega_0 - \omega_0/\omega)}\right| = \frac{1}{\sqrt{2}}$$

DICA 12.1

Frequências de meia potência e sua dependência de ω_0 e Q são dadas nestas equações.

Portanto,

$$Q\left(\frac{\omega}{\omega_0} - \frac{\omega_0}{\omega}\right) = \pm 1 \quad \textbf{12.19}$$

Resolvendo esta equação, obtemos quatro frequências,

$$\omega = \pm \frac{\omega_0}{2Q} \pm \omega_0 \sqrt{\left(\frac{1}{2Q}\right)^2 + 1} \quad \textbf{12.20}$$

Considerando somente os valores positivos, temos

$$\omega_{\text{BAIXA}} = \omega_0 \left[-\frac{1}{2Q} + \sqrt{\left(\frac{1}{2Q}\right)^2 + 1}\right] \quad \textbf{12.21}$$

$$\omega_{\text{ALTA}} = \omega_0 \left[\frac{1}{2Q} + \sqrt{\left(\frac{1}{2Q}\right)^2 + 1}\right]$$

A subtração dessas duas equações fornece a largura de banda, como mostrado na Fig. 12.23 (ver **DICA 12.2**):

$$\text{LB} = \omega_{\text{ALTA}} - \omega_{\text{BAIXA}} = \frac{\omega_0}{Q} \quad \textbf{12.22}$$

DICA 12.2

A largura de banda é a diferença entre as frequências de meia potência e é uma função de ω_0 e Q.

A multiplicação das duas equações resulta em

$$\omega_0^2 = \omega_{\text{BAIXA}}\omega_{\text{ALTA}} \quad \textbf{12.23}$$

Esse resultado mostra que a frequência de ressonância é a média geométrica das duas frequências de meia potência. Recordemos que as frequências de meia potência são os pontos em que a curva de magnitude logarítmica está 3 dB abaixo do valor máximo. Portanto, a diferença entre as frequências de 3 dB, que é, obviamente, a largura de banda, é frequentemente chamada de largura de banda de 3 dB.

A Eq. (12.13) indica a dependência de Q com relação a R. Um circuito série de alto Q tem um pequeno valor de R.

Avaliação da Aprendizagem

E12.14 Para o circuito na Fig. E12.11, calcule as duas frequências de meia potência e a largura de banda.

Resposta:
$\omega_{ALTA} = 1.815$ rad/s;
$\omega_{BAIXA} = 1.785$ rad/s;
LB = 30 rad/s.

A Eq. (12.22) mostra que a largura de banda é inversamente proporcional a Q. Portanto, a seletividade de frequência do circuito é determinada pelo valor de Q. Um circuito de alto Q tem uma pequena largura de banda e, por conseguinte, é muito seletivo. O modo como o fator de qualidade Q afeta a seletividade de frequência de um circuito é ilustrado graficamente na **Fig. 12.24**. Se um sinal que contém ampla faixa de frequência for passado por um circuito de alto Q, apenas as componentes de frequência dentro da largura de banda do circuito não serão atenuadas; ou seja, o circuito funciona como um filtro passa-banda.

O fator de qualidade Q tem um significado mais geral, que podemos explorar mediante a análise de energia do circuito série ressonante. Excitemos um circuito RLC série em sua frequência de ressonância, como mostrado na **Fig. 12.25**. Recordemos que, na ressonância, a impedância do circuito RLC é apenas R. Portanto, a corrente será $i(t) = (V_m/R)\cos\omega_0 t$ A. A tensão no capacitor é

$$\mathbf{V}_C = \frac{1}{j\omega_0 C}\mathbf{I} = \frac{1}{j\omega_0 C}\frac{V_m}{R}\angle 0° = \frac{V_m}{\omega_0 RC}\angle -90° \qquad \textbf{12.24}$$

e $v_C(t) = \dfrac{V_m}{\omega_0 RC}\cos(\omega_0 t - 90°) = \dfrac{V_m}{\omega_0 RC}\text{sen}\,\omega_0 t$ volts. No Capítulo 6, vimos que a energia armazenada em um indutor é $(1/2)Li^2$ e a energia armazenada em um capacitor, $(1/2)Cv^2$. Para o indutor:

$$w_L(t) = \frac{1}{2}Li^2(t) = \frac{1}{2}L\left(\frac{V_m}{R}\cos\omega_0 t\right)^2 = \frac{V_m^2 L}{2R^2}\cos^2\omega_0 t \text{ J} \qquad \textbf{12.25}$$

e para o capacitor:

$$w_C(t) = \frac{1}{2}Cv_C^2(t) = \frac{1}{2}C\left(\frac{V_m}{\omega_0 RC}\text{sen}\,\omega_0 t\right)^2 = \frac{V_m^2}{2\omega_0^2 R^2 C}\text{sen}^2\omega_0 t \text{ J} \qquad \textbf{12.26}$$

Na ressonânciae, $\omega_0^2 = 1/LC$, de modo que a energia armazenada no capacitor pode ser reescrita como

$$w_C(t) = \frac{V_m^2}{2\left(\frac{1}{LC}\right)R^2 C}\text{sen}^2\omega_0 t = \frac{V_m^2 \text{L}}{2R^2}\text{sen}^2\omega_0 t \text{ J} \qquad \textbf{12.27}$$

A energia total armazenada no circuito é $w_L(t) + w_C(t) = \dfrac{V_m^2\text{L}}{2R^2}(\cos^2\omega_0 t + \text{sen}^2\omega_0 t)$. Da trigonometria, sabemos que $\cos^2\omega_0 t + \text{sen}^2\omega_0 t = 1$; assim, a energia total armazenada é uma constante: $\dfrac{V_m^2\text{L}}{2R^2}$J.

Agora que determinamos que a energia total armazenada no circuito ressonante é uma constante, examinemos a energia armazenada no indutor e no capacitor. A **Fig. 12.26** mostra um gráfico da energia armazenada normalizada em cada elemento ao longo de dois períodos. Para obter a energia normalizada, as Eqs. (12.25) e (12.27) foram divididas por $\dfrac{V_m^2 L}{2R^2}$. Quando um circuito está em ressonância, há uma contínua troca de energia entre o campo magnético do indutor e o campo elétrico do capacitor. Essa troca de energia é como o movimento de um pêndulo. A energia armazenada no indutor começa em um valor máximo, cai para zero e depois retorna ao máximo; a energia armazenada no capacitor começa em zero, aumenta até um máximo e depois retorna a zero. Observe que, quando a energia armazenada no indutor é máxima, a energia armazenada no capacitor é zero e vice-versa. No primeiro semiciclo, o capacitor absorve energia na mesma taxa com que o indutor a libera; o oposto ocorre no semiciclo seguinte. Embora a energia armazenada em cada elemento varie continuamente, a energia total armazenada no circuito ressonante é constante e, portanto, não varia com o tempo.

A máxima energia armazenada no circuito RLC na ressonância é $W_S = \dfrac{V_m^2 L}{2R^2}$. Calcule a energia dissipada por ciclo neste circuito série ressonante, dada por

$$W_D = \int_0^T p_R\,dt = \int_0^T i^2(t)R\,dt = \int_0^T \left(\frac{V_m}{R}\cos^2\omega_0 t\right)^2 R\,dt = \frac{V_m^2 T}{2R} \qquad \textbf{12.28}$$

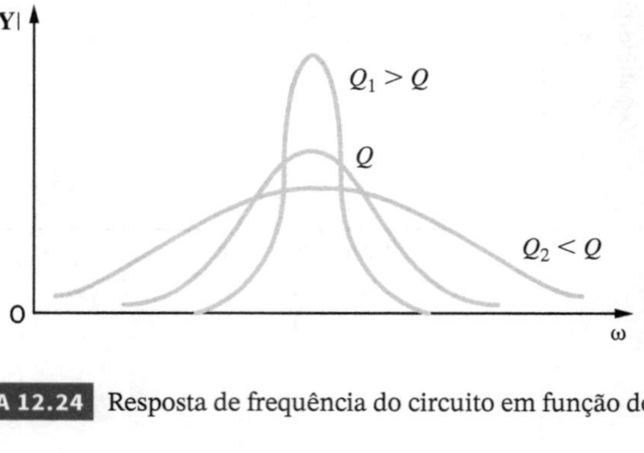

FIGURA 12.24 Resposta de frequência do circuito em função de Q.

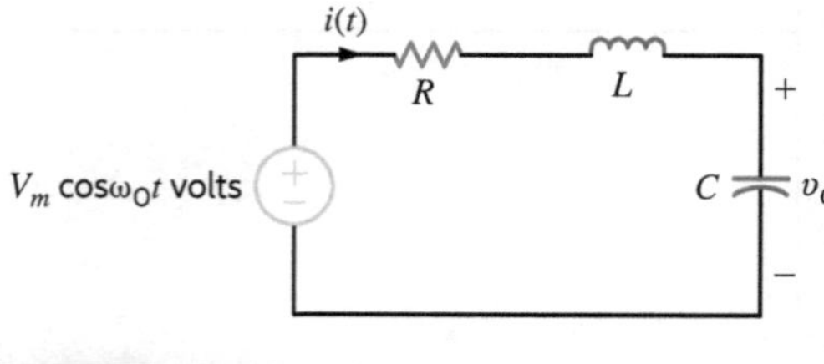

FIGURA 12.25 Circuito RLC série excitado em sua frequência de ressonância.

A razão entre W_S para W_D é

$$\frac{W_S}{W_D} = \frac{\frac{V_m^2 L}{2R^2}}{\frac{V_m^2 T}{2R}} = \frac{L}{RT} = \frac{L}{R\frac{2\pi}{\omega_0}} = \frac{\omega_0 L}{R(2\pi)} \qquad \textbf{12.29}$$

Anteriormente neste capítulo, definimos Q como $\omega_0 L/R$; logo, a Eq. (12.29) pode ser reescrita como

$$Q = 2\pi \frac{W_S}{W_D} \qquad \textbf{12.30}$$

A importância desta expressão para Q é o fato de ser aplicável a sistemas acústicos, elétricos e mecânicos; por isso, geralmente, é considerada a definição básica de Q.

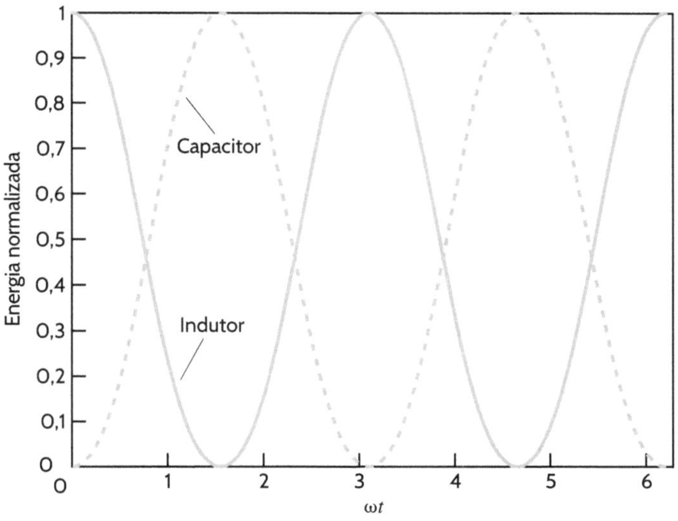

FIGURA 12.26 Transferência de energia em um circuito ressonante.

EXEMPLO 12.9

Dado um circuito série, com $R = 2\ \Omega$, $L = 2$ mH e $C = 5\ \mu$F, determine a frequência de ressonância, o fator de qualidade e a largura de banda do circuito. Em seguida, determine a mudança em Q e em LB se R for alterado de 2 para 0,2 Ω.

SOLUÇÃO Usando a Eq. (12.11), temos

$$\omega_0 = \frac{1}{\sqrt{LC}} = \frac{1}{[(2)(10^{-3})(5)(10^{-6})]^{1/2}}$$
$$= 10^4 \text{ rad/s}$$

Portanto, a frequência de ressonância em Hz é $10^4/2\pi = 1.592$ Hz.

O fator de qualidade é obtido como

$$Q = \frac{\omega_0 L}{R} = \frac{(10^4)(2)(10^{-3})}{2}$$
$$= 10$$

e a largura de banda como

$$\text{LB} = \frac{\omega_0}{Q} = \frac{10^4}{10}$$
$$= 10^3 \text{ rad/s}$$

Se R for alterado para $R = 0{,}2\ \Omega$, o novo valor de Q será 100 e o novo valor de LB será 10^2 rad/s.

Avaliação da Aprendizagem

E12.15 Um circuito série é composto de $R = 2\ \Omega$, $L = 40$ mH e $C = 100\ \mu$F. Determine a largura de banda desse circuito e sua frequência de ressonância.

Resposta:
LB = 50 rad/s;
$\omega_0 = 500$ rad/s.

E12.16 Um circuito RLC série tem os seguintes parâmetros: $R = 4\ \Omega$, $\omega_0 = 4.000$ rad/s e LB = 100 rad/s. Determine os valores de L e C.

Resposta:
$L = 40$ mH;
$C = 1{,}56\ \mu$F.

EXEMPLO 12.10

Determine os parâmetros R, L e C de modo que o circuito mostrado na **Fig. 12.27** funcione como um filtro passa-faixa com ω_0 de 1.000 rad/s e largura de banda de 100 rad/s.

SOLUÇÃO O ganho de tensão do circuito é dado por:

$$\mathbf{G}_v(j\omega) = \frac{(R/L)j\omega}{(j\omega)^2 + (R/L)j\omega + 1/LC}$$

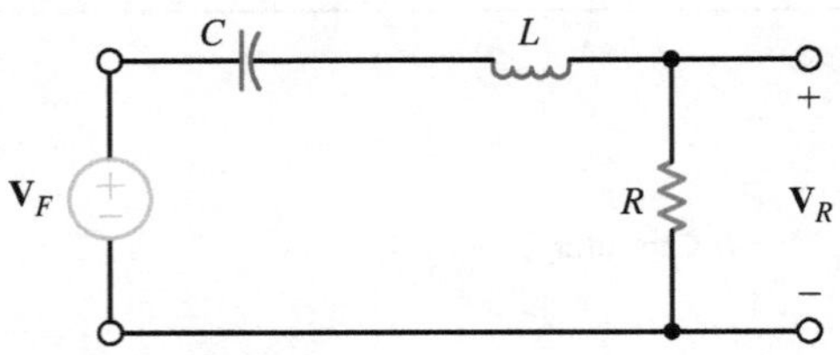

FIGURA 12.27 Circuito *RLC* série.

Logo,

$$\omega_0 = \frac{1}{\sqrt{LC}}$$

Dado que $\omega_0 = 10^3$ rad/s,

$$\frac{1}{\sqrt{LC}} = 10^6$$

A largura de banda é

$$\text{LB} = \frac{\omega_0}{Q}$$

Então,

$$Q = \frac{\omega_0}{\text{LB}} = \frac{1.000}{100}$$

$$= 10$$

No entanto,

$$Q = \frac{\omega_0 L}{R}$$

Portanto,

$$\frac{1.000L}{R} = 10$$

Obtivemos duas equações para os três parâmetros desconhecidos do circuito *R*, *L* e *C*. Escolhendo $C = 1\ \mu$F, temos

$$L = \frac{1}{10^6 C} = 1\ \text{H}$$

e

$$\frac{1.000(1)}{R} = 10$$

Logo,

$$R = 100\ \Omega$$

Portanto, os parâmetros são: $R = 100\ \Omega$, $L = 1$ H e $C = 1\ \mu$F, que produzem as desejadas características de filtro.

Nos Exemplos 12.7 e 12.8, vimos que, no circuito série ressonante, a tensão no capacitor ou no indutor pode ser bastante alta. Na verdade, essa tensão era igual a *Q* vezes a magnitude da tensão da fonte. Com isso em mente, reexamine esse circuito, como mostrado na **Fig. 12.28**. A tensão de saída do circuito é dada por:

$$\mathbf{V}_s = \left(\frac{1/j\omega C}{R + j\omega L + 1/j\omega C}\right)\mathbf{V}_F$$

que pode ser reescrita como

$$\mathbf{V}_s = \frac{\mathbf{V}_F}{1 - \omega^2 LC + j\omega CR}$$

A magnitude desta tensão é dada por

$$|\mathbf{V}_s| = \frac{|\mathbf{V}_F|}{\sqrt{(1 - \omega^2 LC)^2 + (\omega CR)^2}} \qquad 12.31$$

Em vista da discussão anterior, podemos supor que o valor máximo da tensão de saída ocorreria na frequência de ressonância ω_0. Vejamos se esta suposição está correta. A frequência na qual $|\mathbf{V}_s|$ é máximo é o valor de ω diferente de zero que satisfaz à equação

$$\frac{d|\mathbf{V}_s|}{d\omega} = 0 \qquad 12.32$$

Efetuando a operação indicada e resolvendo para $\omega_{máx}$ diferente de zero, obtemos

$$\omega_{máx} = \sqrt{\frac{1}{LC} - \frac{1}{2}\left(\frac{R}{L}\right)^2} \qquad 12.33$$

Empregando as relações $\omega_0^2 = 1/LC$ e $Q = \omega_0 L/R$, a expressão para $\omega_{máx}$ pode ser escrita como

$$\omega_{máx} = \sqrt{\omega_0^2 - \frac{1}{2}\left(\frac{\omega_0}{Q}\right)^2}$$

$$= \omega_0\sqrt{1 - \frac{1}{2Q^2}} \qquad 12.34$$

Fica evidente que $\omega_{máx} \neq \omega_0$; entretanto, ω_0 se aproxima muito de $\omega_{máx}$ se *Q* for alto. Além disso, se substituirmos a Eq. (12.34) na Eq. (12.31) e usarmos as relações $\omega_0^2 = 1/LC$ e $\omega_0^2 C^2 R^2 = 1/Q^2$, obtemos

$$|\mathbf{V}_s|_{máx} = \frac{Q|\mathbf{V}_F|}{\sqrt{1 - 1/4Q^2}} \qquad 12.35$$

Novamente, vemos que, se o circuito tiver alto *Q*, $|\mathbf{V}_s|_{máx} \approx Q|\mathbf{V}_F|$.

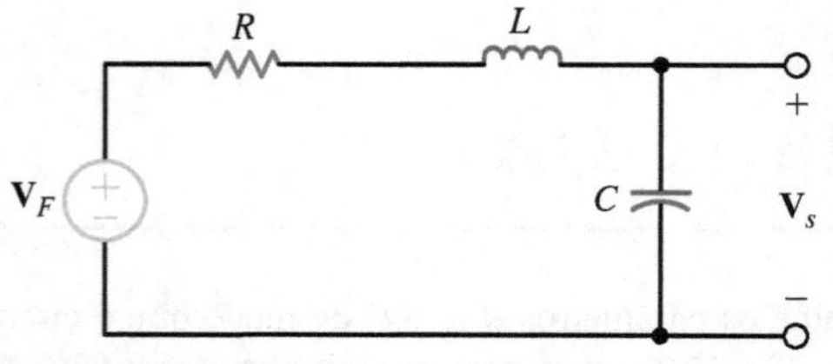

FIGURA 12.28 Circuito série ressonante.

EXEMPLO 12.11

Dada o circuito na Fig. 12.28, determine ω_0 e $\omega_{\text{máx}}$ para $R = 50\ \Omega$ e $R = 1\ \Omega$, com $L = 50$ mH e $C = 5\ \mu$F.

SOLUÇÃO Dos parâmetros do circuito, obtemos

$$\omega_0 = \frac{1}{\sqrt{LC}} = \frac{1}{\sqrt{(5)(10^{-2})(5)(10^{-6})}} = 2.000 \text{ rad/s}$$

Se $R = 50\ \Omega$, temos

$$Q = \frac{\omega_0 L}{R} = \frac{(2.000)(0{,}05)}{50} = 2$$

e

$$\omega_{\text{máx}} = \omega_0\sqrt{1 - \frac{1}{2Q^2}} = 2.000\sqrt{1 - \frac{1}{8}} = 1.871 \text{ rad/s}$$

Se $R = 1\ \Omega$, $Q = 100$ e $\omega_{\text{máx}} = 2.000$ rad/s.

Tracemos os gráficos das respostas de frequência do circuito para $R = 50\ \Omega$ e $R = 1\ \Omega$. Para isso, primeiro, escrevemos as correspondentes funções de transferência:

$$\frac{\mathbf{V}_s}{\mathbf{V}_F} = \frac{1}{2{,}5 \times 10^{-7}(j\omega)^2 + 2{,}5 \times 10^{-4}(j\omega) + 1}$$

para $R = 50\ \Omega$ e

$$\frac{\mathbf{V}_s}{\mathbf{V}_F} = \frac{1}{2{,}5 \times 10^{-7}(j\omega)^2 + 5 \times 10^{-6}(j\omega) + 1}$$

para $R = 1\ \Omega$. As características de magnitude e de fase para o circuito com $R = 50\ \Omega$ e $R = 1\ \Omega$ são mostradas nas **Figs. 12.29a** e **b**, respectivamente.

Observe que, quando o circuito tem baixo Q, a resposta de frequência não é seletiva e $\omega_0 \neq \omega_{\text{máx}}$. No entanto, para alto Q, a resposta de frequência é muito seletiva e $\omega_0 \simeq \omega_{\text{máx}}$.

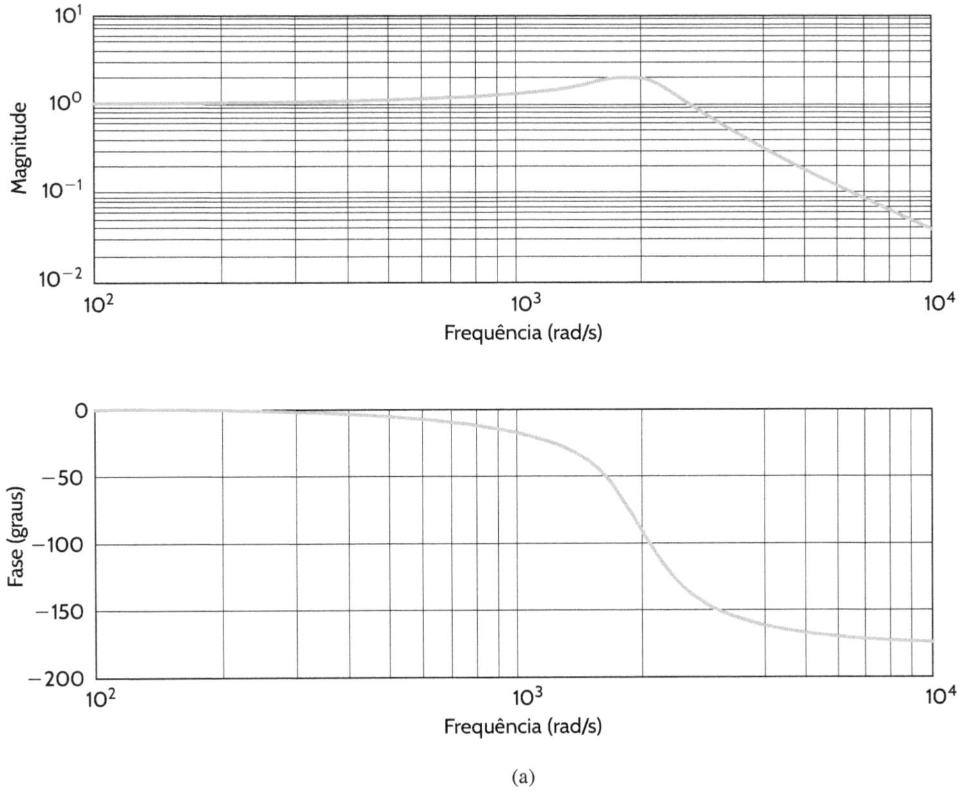

FIGURA 12.29 Gráficos das respostas de frequência do circuito na Fig. 12.28 com (a) $R = 50\ \Omega$ e (b) $R = 1\ \Omega$.

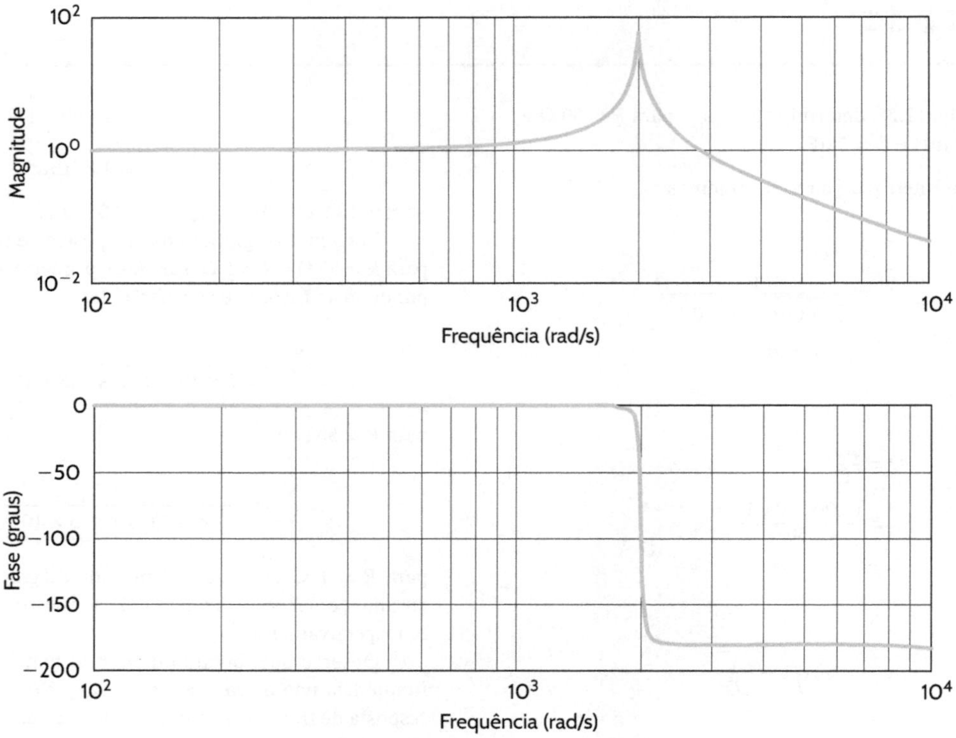

(b)

FIGURA 12.29 *(continuação)*

EXEMPLO 12.12

Em 1º de julho de 1940, a terceira ponte mais extensa dos Estados Unidos, a ponte Tacoma Narrows, foi aberta ao tráfego em Puget Sound, em Washington. Em 7 de novembro de 1940, a estrutura desabou no que se tornou o mais celebrado fracasso estrutural daquele século. Uma fotografia da ponte, tirada um pouco antes de se partir, enquanto oscilava para a frente e para trás, é mostrada na **Fig. 12.30**. Explicar o desastre em termos quantitativos é uma façanha para engenheiros civis e especialistas em estruturas, e várias teorias foram apresentadas. No entanto, o único denominador comum em cada explicação é que o vento que soprava na ponte fez com que toda a estrutura entrasse em ressonância a tal ponto que a ponte se partiu. Podemos assumir que o vento, flutuando em uma frequência próxima à frequência natural da ponte (0,2 Hz), levou a estrutura à ressonância. Assim, a ponte pode ser aproximadamente modelada como um sistema de segunda ordem. Projete um circuito *RLC* ressonante para demonstrar o movimento vertical da ponte e investigar o efeito da frequência do vento.

SOLUÇÃO O circuito *RLC* mostrado na **Fig. 12.31** é um sistema de segunda ordem, no qual $v_e(t)$ é análogo à deflexão vertical do piso da ponte (1 volt = 1 pé). Os valores de C, L, R_A e R_B podem ser calculados de dados obtidos no local e de modelos em escala:

$$\text{deflexão vertical na falha} \approx 4 \text{ pés}$$
$$\text{velocidade do vento na falha} \approx 42 \text{ mph}$$
$$\text{frequência de ressonância} = f_0 \approx 0{,}2 \text{ Hz}$$

A tensão de saída do circuito pode ser expressa como

$$\mathbf{V}_s(j\omega) = \frac{j\omega\left(\frac{R_B}{L}\right)\mathbf{V}_e(j\omega)}{-\omega^2 + j\omega\left(\frac{R_A + R_B}{L}\right) + \frac{1}{LC}}$$

da qual podemos extrair facilmente as seguintes expressões:

$$\omega_0 = \frac{1}{\sqrt{LC}} = 2\pi(0{,}2) \text{ rad/s}$$

$$2\zeta\omega_0 = \frac{R_A + R_B}{L}$$

e

$$\frac{\mathbf{V}_s(j\omega_0)}{\mathbf{V}_e(j\omega_0)} = \frac{R_B}{R_A + R_B} \approx \frac{4 \text{ pés}}{42 \text{ mph}}$$

Vamos escolher $R_B = 1\ \Omega$ e $R_A = 9{,}5\ \Omega$. Não tendo dados relativos à razão de amortecimento, ζ, selecionemos $L = 20$ H, resultando em $\zeta = 0{,}209$ e $Q = 2{,}39$, o que parece razoável para uma estrutura tão grande. Com essas escolhas, o valor do necessário capacitor é $C = 31{,}66$ mF. Com esses valores para os parâmetros do circuito, simule o efeito de ventos de 42 mph flutuando em 0,05, 0,1 e 0,2 Hz usando uma análise CA para essas três frequências.

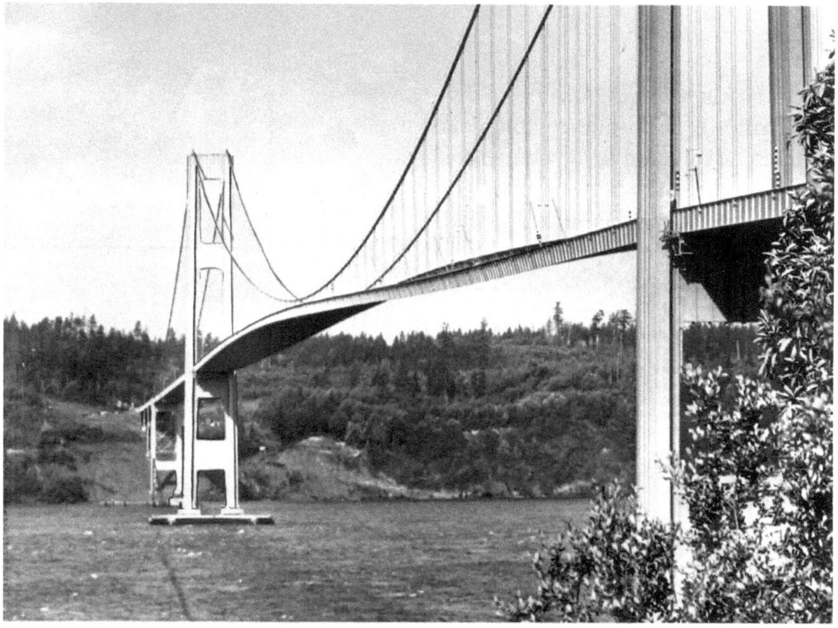

FIGURA 12.30 Ponte Tacoma Narrows entrando em colapso (AP Photo).

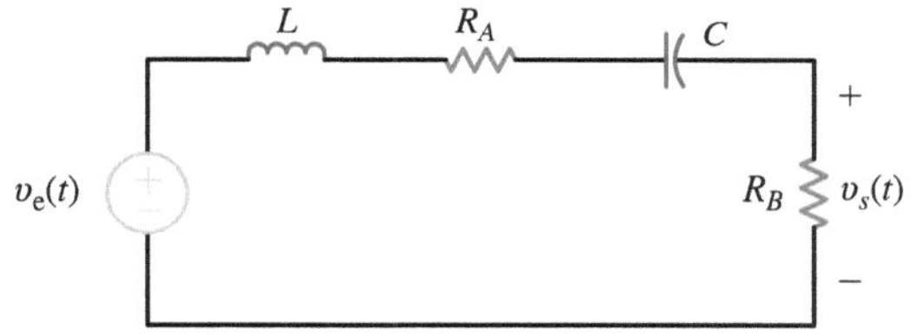

FIGURA 12.31 Circuito *RLC* ressonante para uma simples simulação da ruptura da ponte Tacoma Narrows.

Os resultados são mostrados na **Fig. 12.32**. Observe que, em 0,05 Hz, a deflexão vertical da ponte (1 pé/V) é de apenas 0,44 pé; em 0,1 Hz, a deflexão é de cerca de 1,07 pé. Por fim, em sua frequência de ressonância de 0,2 Hz, a ponte oscila 3,77 pés – falha catastrófica.

Aqui, usamos uma abordagem extremamente simplista para modelar algo tão complexo como a Ponte Tacoma Narrows. Contudo, revisitaremos esse evento no Capítulo 14 e o analisaremos com um modelo mais preciso (K. Y. Billah e R. H. Scalan, “Resonance, Tacoma Narrows Bridge Failure, and Undergraduate Physics Textbooks”, *American Journal of Physics*, 1991, v. 59, n. 2, p. 118-124).

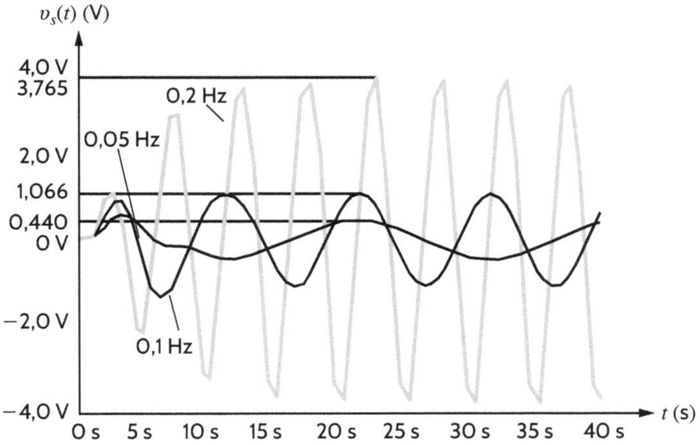

FIGURA 12.32 Deflexão vertical simulada (1 volt = 1 pé) para a ponte Tacoma Narrows, para frequências de flutuação de vento de 0,05, 0,1 e 0,2 Hz.

Ressonância Paralela

Em nossa apresentação de ressonância até aqui, focamos a discussão no circuito série ressonante. É claro que ressonância e todas suas implicações também se aplicam se os elementos *RLC* estiverem conectados em paralelo. De fato, os circuitos série e paralelo ressonantes apresentam muitas semelhanças, mas também algumas diferenças.

Consideremos o circuito mostrado na **Fig. 12.33.** A corrente da fonte $\mathbf{I}_F$ pode ser expressa como

$$\begin{aligned}\mathbf{I}_F &= \mathbf{I}_G + \mathbf{I}_C + \mathbf{I}_L \\ &= \mathbf{V}_F G + j\omega C\mathbf{V}_F + \frac{\mathbf{V}_F}{j\omega L} \\ &= \mathbf{V}_F\left[G + j\left(\omega C - \frac{1}{\omega L}\right)\right]\end{aligned}$$

Quando o circuito está em ressonância, temos

$$\mathbf{I}_F = G\mathbf{V}_F \qquad \textbf{12.36}$$

A admitância de entrada para o circuito *RLC* paralelo é dada por

$$\mathbf{Y}(j\omega) = G + j\omega C + \frac{1}{j\omega L} \qquad \textbf{12.37}$$

Na ressonância, a admitância do circuito paralelo é

$$\mathbf{Y}(j\omega_0) = G \qquad \textbf{12.38}$$

Ou seja, toda a corrente da fonte flui pela condutância *G*. Isso significa que não há corrente em *L* ou *C*? Definitivamente não! $\mathbf{I}_C$ e $\mathbf{I}_L$ são iguais em magnitude, mas defasadas de 180°. Portanto, $\mathbf{I}_x$, como mostrado na Fig. 12.33, é zero. Ademais, se $G = 0$, a corrente da fonte também é zero. Entretanto, o que realmente ocorre é uma troca de energia entre o campo elétrico do capacitor e o campo magnético do indutor. À medida que um aumenta, o outro diminui e vice-versa.

Análoga ao caso série ressonante, a resposta de frequência, mostrada na **Fig. 12.34a** para o circuito ressonante paralelo, revela que, em baixas frequências a admitância é dominada pelo termo indutivo e, em altas frequências, pelo termo capacitivo. Da mesma forma, o diagrama fasorial do circuito paralelo ressonante, mostrado na **Fig. 12.34b**, tem muito em comum com o do circuito série. Para $\omega < \omega_0$, o ângulo de fase da impedância, θ_Z, é positivo, indicando que, em frequências baixas, a indutância é dominante no circuito paralelo. Para $\omega > \omega_0$, θ_Z é negativo e a capacitância domina.

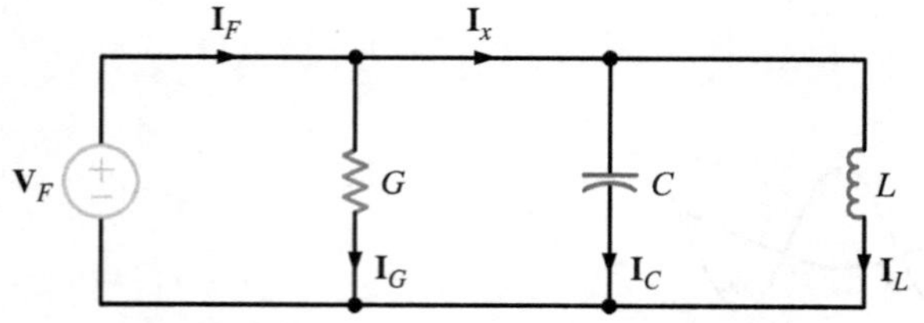

FIGURA 12.33 Circuito *RLC* paralelo.

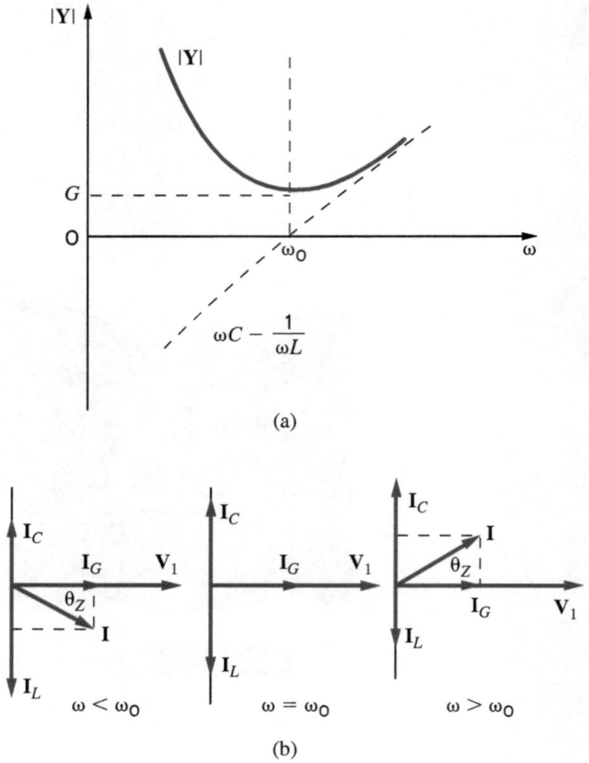

FIGURA 12.34 (a) Gráfico da admitância em função da frequência e (b) diagrama fasorial para o circuito paralelo ressonante.

A aplicação da definição geral de ressonância ao circuito paralelo ressonante leva a um resultado interessante:

$$Q = \frac{R}{\omega_0 L} = \frac{1}{G\omega_0 L} = R\omega_0 C = \frac{\omega_0 C}{G} \qquad \textbf{12.39}$$

Este resultado parece ser o recíproco de *Q* correspondente ao caso de circuito série. Entretanto, as correntes *RLC* no caso paralelo imitam as tensões no caso série:

$$|\mathbf{I}_C| = Q|\mathbf{I}_F| \qquad \textbf{12.40}$$

e

$$|\mathbf{I}_L| = Q|\mathbf{I}_F|$$

EXEMPLO 12.13

O circuito na Fig. 12.33 tem os seguintes parâmetros:

$\mathbf{V}_F = 120\,\underline{/0°}$ V, $\quad G = 0{,}01$ S, $\quad C = 600\ \mu$F $\quad$ e $\quad L = 120$ mH

Admitindo que a fonte opere na frequência de ressonância do circuito, calcule todas as correntes de ramo.

SOLUÇÃO A frequência de ressonância para o circuito é calculada como

$$\omega_0 = \frac{1}{\sqrt{LC}} = \frac{1}{\sqrt{(120)(10^{-3})(600)(10^{-6})}} = 117{,}85 \text{ rad/s}$$

Nesta frequência

$$\mathbf{Y}_C = j\omega_0 C = j7{,}07 \times 10^{-2} \text{ S}$$

e

$$\mathbf{Y}_L = -j\left(\frac{1}{\omega_0 L}\right) = -j7{,}07 \times 10^{-2} \text{ S}$$

Assim, as correntes de ramo são obtidas como

$$\mathbf{I}_G = G\mathbf{V}_F = 1{,}2 \underline{/0^\circ} \text{ A}$$
$$\mathbf{I}_C = \mathbf{Y}_C\mathbf{V}_F = 8{,}49 \underline{/90^\circ} \text{ A}$$
$$\mathbf{I}_L = \mathbf{Y}_L\mathbf{V}_F = 8{,}49 \underline{/-90^\circ} \text{ A}$$

e

$$\mathbf{I}_F = \mathbf{I}_G + \mathbf{I}_C + \mathbf{I}_L = \mathbf{I}_G = 1{,}2 \underline{/0^\circ} \text{ A}$$

Como essa análise indica, a fonte supre apenas as perdas no elemento resistivo. Além disso, a tensão e a corrente da fonte estão em fase e, portanto, o fator de potência é unitário.

EXEMPLO 12.14

Dado o circuito *RLC* paralelo na **Fig. 12.35**,

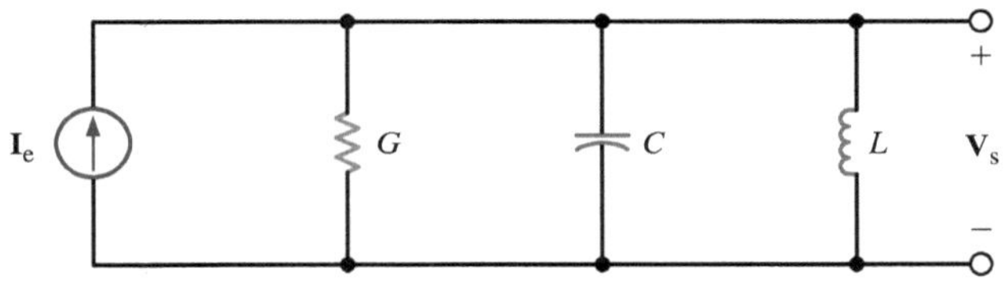

FIGURA 12.35 Circuito usado no Exemplo 12.14.

a. Determine a expressão para a frequência de ressonância, as frequências de meia potência, a largura de banda e o fator de qualidade para a característica de transferência $\mathbf{V}_s/\mathbf{I}_e$ em termos dos parâmetros do circuito *R*, *L* e *C*.

b. Calcule as grandezas na parte (a) com $R = 1$ kΩ, $L = 10$ mH e $C = 100$ μF.

SOLUÇÃO

a. A tensão de saída pode ser escrita como

$$\mathbf{V}_s = \frac{\mathbf{I}_e}{\mathbf{Y}_T}$$

Portanto, a magnitude da característica de transferência pode ser expressa como

$$\left|\frac{\mathbf{V}_s}{\mathbf{I}_e}\right| = \frac{1}{\sqrt{(1/R^2) + (\omega C - 1/\omega L)^2}}$$

A magnitude da característica de transferência é máxima na frequência de ressonância:

$$\omega_0 = \frac{1}{\sqrt{LC}} \qquad \textbf{12.41}$$

e, nesta frequência,

$$\left|\frac{\mathbf{V}_s}{\mathbf{I}_e}\right|_{\text{máx}} = R \qquad \textbf{12.42}$$

Como demonstrado anteriormente, nas frequências de meia potência, a magnitude é igual a $1/\sqrt{2}$ de seu valor máximo; por conseguinte, as frequências de meia potência podem ser obtidas a partir da expressão

$$\frac{1}{\sqrt{(1/R^2) + (\omega C - 1/\omega L)^2}} = \frac{R}{\sqrt{2}}$$

Resolvendo esta equação e tomando apenas os valores positivos de ω, obtemos

$$\omega_{\text{BAIXA}} = -\frac{1}{2RC} + \sqrt{\frac{1}{(2RC)^2} + \frac{1}{LC}} \qquad \textbf{12.43}$$

e

$$\omega_{\text{ALTA}} = \frac{1}{2RC} + \sqrt{\frac{1}{(2RC)^2} + \frac{1}{LC}} \qquad \textbf{12.44}$$

Subtraindo essas duas frequências de meia potência, obtemos a largura de banda:

$$\text{LB} = \omega_{\text{ALTA}} - \omega_{\text{BAIXA}} = \frac{1}{RC} \qquad \textbf{12.45}$$

Assim, o fator de qualidade é calculado como

$$Q = \frac{\omega_0}{\text{LB}} = \frac{RC}{\sqrt{LC}} = R\sqrt{\frac{C}{L}} \qquad \textbf{12.46}$$

As Eqs. (12.41), (12.45) e (12.46) nos permitem escrever as Eqs. (12.43) e (12.44) como

$$\omega_{\text{BAIXA}} = \omega_0\left[\frac{-1}{2Q} + \sqrt{\frac{1}{(2Q)^2} + 1}\right] \qquad \textbf{12.47}$$

$$\omega_{\text{ALTA}} = \omega_0\left[\frac{1}{2Q} + \sqrt{\frac{1}{(2Q)^2} + 1}\right] \qquad \textbf{12.48}$$

b. Usando os valores dados para os componentes do circuito, obtemos

$$\omega_0 = \frac{1}{\sqrt{(10^{-2})(10^{-4})}} = 10^3 \text{ rad/s}$$

As frequências de meia potência são:

$$\omega_{BAIXA} = \frac{-1}{(2)(10^3)(10^{-4})} + \sqrt{\frac{1}{[(2)(10^{-1})]^2} + 10^6}$$

$$= 995 \text{ rad/s}$$

e

$$\omega_{ALTA} = 1.005 \text{ rad/s}$$

Logo, a largura de banda é

$$LB = \omega_{ALTA} = \omega_{BAIXA} = 10 \text{ rad/s}$$

e

$$Q = 10^3\sqrt{\frac{10^{-4}}{10^{-2}}}$$

$$= 100$$

EXEMPLO 12.15

Duas estações de rádio, ZY261 e ZY251, transmitem em uma mesma área: ZY261 transmite em 100 MHz e ZY251, em 98 MHz. Um amplificador sintonizável de estágio único, como o mostrado na **Fig. 12.36**, pode ser usado como sintonizador para filtrar uma das estações. Contudo, amplificadores de estágio único têm baixa seletividade, em razão de suas grandes larguras de banda. Para reduzir a largura de banda (e aumentar o fator de qualidade) de amplificadores sintonizados de estágio único, engenheiros empregam uma técnica chamada sintonização síncrona. Neste processo, amplificadores sintonizados idênticos são conectados em cascata. Para demonstrar esse fenômeno, vamos traçar um diagrama de Bode para o amplificador mostrado na Fig. 12.36 quando sintonizado em ZY261 (100 MHz), usando um, dois, três e quatro estágios de amplificação.

SOLUÇÃO Usando o circuito do amplificador de estágio único mostrado na Fig. 12.36, podemos cascatear os estágios para formar um amplificador de quatro estágios com sintonização síncrona. Traçando a resposta de frequência na faixa de 90 a 110 MHz, obtemos o diagrama de Bode mostrado na **Fig. 12.37**.

Do diagrama de Bode na Fig. 12.37, vemos que o aumento do número de estágios, de fato, reduz a largura de banda sem alterar a frequência central. Por conseguinte, o fator de qualidade e a seletividade aumentam. Assim, à medida que adicionamos estágios, o ganho em 98 MHz (frequência da estação ZY251) diminui e essa estação é "dessintonizada".

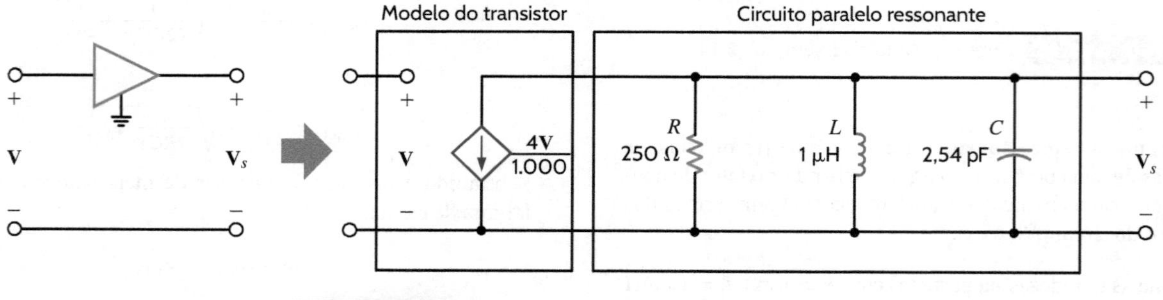

FIGURA 12.36 Amplificador sintonizado de estágio único.

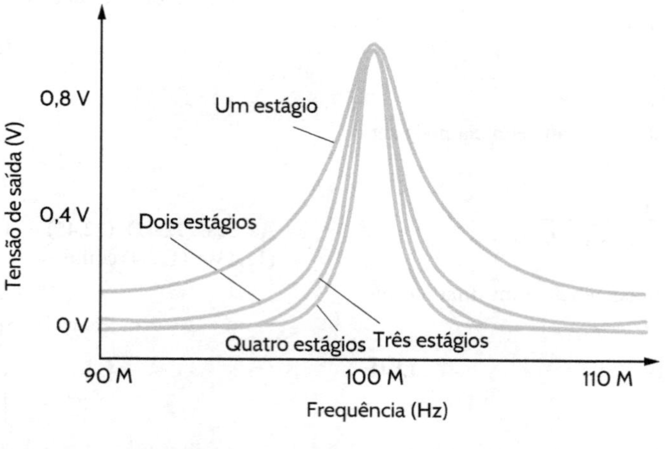

FIGURA 12.37 Diagramas de Bode para amplificadores sintonizados de um, dois, três e quatro estágios.

Avaliação da Aprendizagem

E12.17 Um circuito *RLC* paralelo tem os seguintes parâmetros: $R = 2$ kΩ, $L = 20$ mH e $C = 150\ \mu$F. Determine a frequência de ressonância, o fator de qualidade Q e a largura de banda do circuito.

Resposta:
$\omega_0 = 577$ rad/s; $Q = 173$;
LB = 3,33 rad/s.

E12.18 Um circuito *RLC* paralelo tem os seguintes parâmetros: $R = 6$ kΩ, LB = 1.000 rad/s e $Q = 120$. Determine os valores de L, C e ω_0.

Resposta:
$L = 417{,}5\ \mu$H; $C = 0{,}167\ \mu$F;
$\omega_0 = 119.760$ rad/s.

E12.19 O circuito ressonante *RLC* paralelo na Fig. E12.19 tem frequência de ressonância de 12.000 rad/s e admitância de 5 mS na ressonância. Calcule os valores de R e C.

Resposta:
$R = 200\ \Omega$; $C = 69{,}44$ nF.

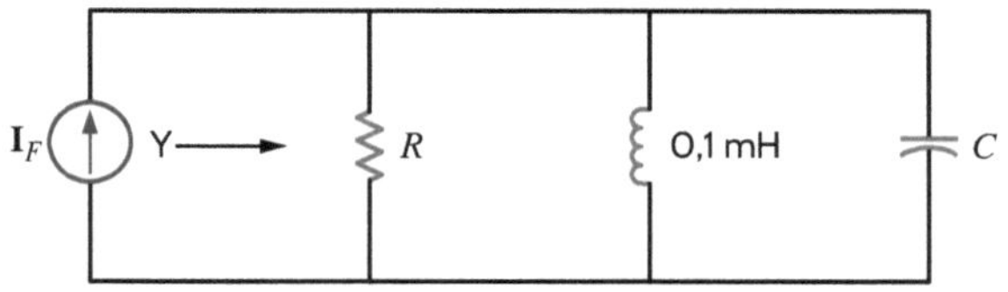

FIGURA E12.19

Em geral, a resistência do enrolamento de um indutor não pode ser desprezada e, portanto, um circuito ressonante paralelo mais prático é o mostrado na **Fig. 12.38**. A admitância de entrada deste circuito é

$$\mathbf{Y}(j\omega) = j\omega C + \frac{1}{R + j\omega L}$$

$$= j\omega C + \frac{R - j\omega L}{R^2 + \omega^2 L^2}$$

$$= \frac{R}{R^2 + \omega^2 L^2} + j\left(\omega C - \frac{\omega L}{R^2 + \omega^2 L^2}\right)$$

A frequência na qual a admitância é puramente real é

$$\omega_r C - \frac{\omega_r L}{R^2 + \omega_r^2 L^2} = 0$$

$$\omega_r = \sqrt{\frac{1}{LC} - \frac{R^2}{L^2}} \qquad \textbf{12.49}$$

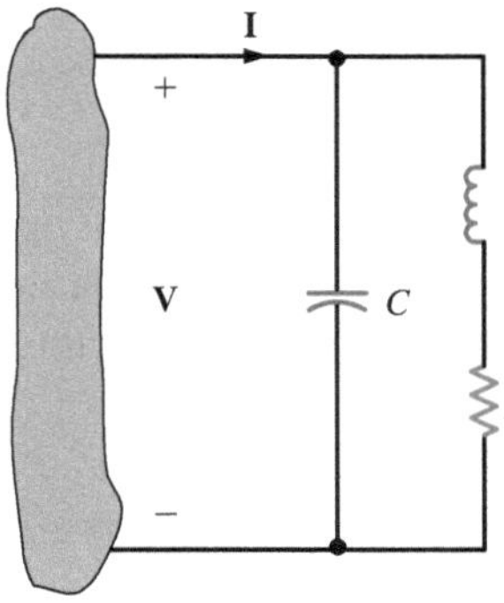

FIGURA 12.38 Circuito paralelo ressonante prático.

EXEMPLO 12.16

Dado o circuito tanque na **Fig. 12.39**, determine ω_0 e ω_r para $R = 50\ \Omega$ e $R = 5\ \Omega$.

SOLUÇÃO Usando os valores dos parâmetros do circuito, obtemos

$$\omega_0 = \frac{1}{\sqrt{LC}}$$

$$= \frac{1}{\sqrt{(0{,}05)(5)(10^{-6})}}$$

$$= 2.000 \text{ rad/s}$$

$$f_0 = 318{,}3 \text{ Hz}$$

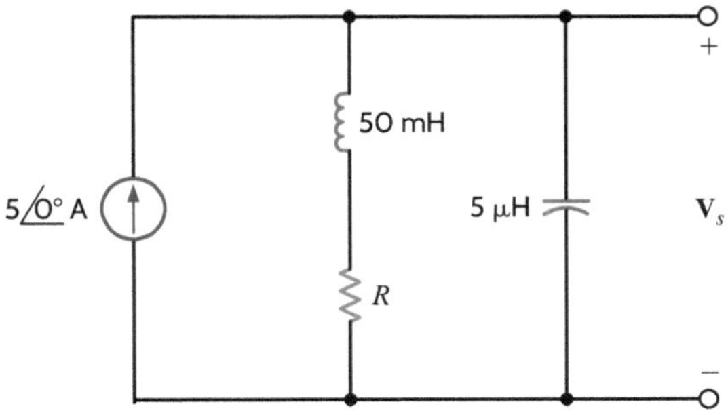

FIGURA 12.39 Circuito tanque usado no Exemplo 12.16.

Com $R = 50\ \Omega$, temos

$$\omega_r = \sqrt{\frac{1}{\sqrt{LC}} - \frac{R^2}{L^2}}$$

$$= \sqrt{\frac{1}{(0{,}05)(5)(10^{-6})} - \left(\frac{50}{0{,}05}\right)^2}$$

$$= 1.732 \text{ rad/s}$$

$$f_r = 275{,}7 \text{ Hz}$$

e com $R = 5\ \Omega$,

$$\omega_r = \sqrt{\frac{1}{(0{,}05)(5)(10^{-6})} - \left(\frac{5}{0{,}05}\right)^2}$$

$$= 1.997 \text{ rad/s}$$

$$f_r = 317{,}9 \text{ Hz}$$

Observe que, quando $R \to 0$, $\omega_r \to \omega_0$. Este fato também é ilustrado nas curvas de resposta de frequência nas **Figs. 12.40a** e **b**, que mostram a variação de $|\mathbf{V}_s|$ em função da frequência para $R = 50\ \Omega$ e $R = 5\ \Omega$, respectivamente.

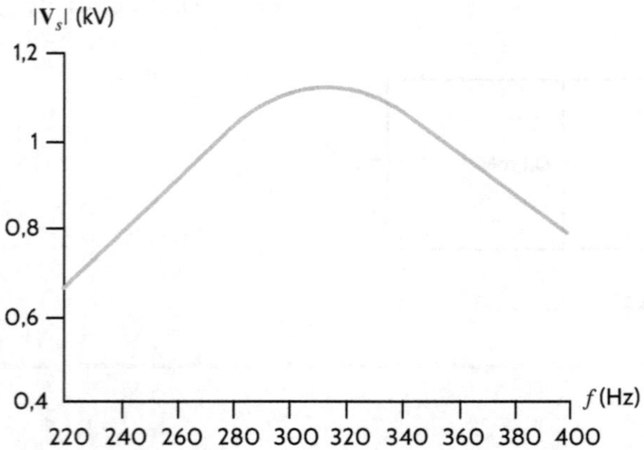

(a) $R = 50\ \Omega$

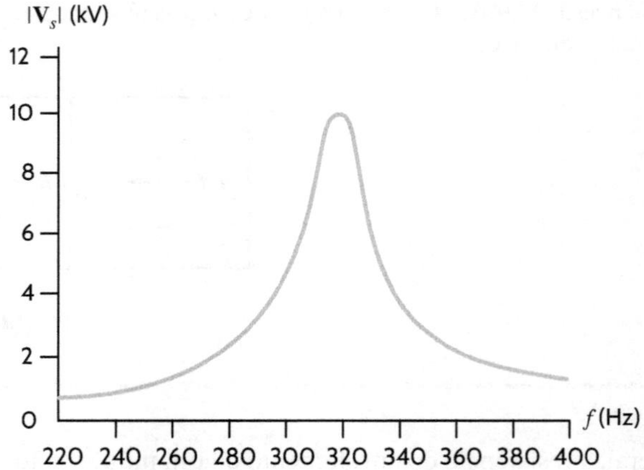

(b) $R = 5\ \Omega$

FIGURA 12.40 Curvas de resposta de frequência para o Exemplo 12.16.

A seguir, tentemos relacionar alguns dos resultados relativos à ressonância com os diagramas de Bode apresentados anteriormente. A admitância para o circuito série ressonante é

$$\mathbf{Y}(j\omega) = \frac{1}{R + j\omega L + 1/j\omega C}$$

$$= \frac{j\omega C}{(j\omega)^2 LC + j\omega CR + 1} \qquad \textbf{12.50}$$

A forma padrão para o fator quadrático é

$$(j\omega\tau)^2 + 2\zeta\omega\tau j + 1$$

em que $\tau = 1/\omega_0$; portanto, em geral, o fator quadrático pode ser escrito como

$$\frac{(j\omega)^2}{\omega_0^2} + \frac{2\zeta\omega}{\omega_0} j + 1 \qquad \textbf{12.51}$$

Comparando esta forma do fator quadrático com o denominador de $\mathbf{Y}(j\omega)$, obtemos

$$\omega_0^2 = \frac{1}{LC}$$

$$\frac{2\zeta}{\omega_0} = CR$$

Logo,

$$\zeta = \frac{R}{2}\sqrt{\frac{C}{L}}$$

Entretanto, da Eq. (12.13), temos

$$Q = \frac{1}{R}\sqrt{\frac{L}{C}}$$

ou seja,

$$Q = \frac{1}{2\zeta} \qquad \textbf{12.52}$$

Para ilustrar o significado desta equação, considere o diagrama de Bode para a função $\mathbf{Y}(j\omega)$. O gráfico tem uma inclinação inicial de ±20 dB/década em razão do zero na origem. Se $\zeta > 1$, os polos representados pelo fator quadrático no denominador simplesmente reduzem a resposta de frequência, como ilustrado na Fig. 12.12a. Em altas frequências, a inclinação da característica composta será de –20 dB/década. Quando $0 < \zeta < 1$, a resposta de frequência atingirá o valor de pico, como mostrado na Fig. 12.12a, e a agudeza do pico será controlada por ζ. Se ζ for muito pequeno, o pico da resposta de frequência é muito estreito, o Q do circuito é muito alto e o circuito é muito seletivo na filtragem do sinal de entrada. A Eq. (12.52) e a Fig. 12.24 ilustram as conexões entre a resposta de frequência, Q e ζ de um circuito.

12.4 Escalamento

Ao longo deste livro, empregamos vários exemplos para ilustrar os conceitos à medida que eram apresentados. Em muitos casos, os valores utilizados para os parâmetros de circuitos eram, do ponto de vista prático, irreais, embora possam ter simplificado a solução dos problemas. Nesta seção, mostraremos como ajustar os valores de parâmetros de circuitos para torná-los mais realistas; esse processo é denominado *escalamento*.

Existem duas maneiras de escalar um circuito: *escalamento de magnitude* ou *de impedância* e *escalamento de frequência* (ver **DICA 12.3**). Para escalar a magnitude de um circuito, basta multiplicar a impedância de cada elemento por um fator de escala K_M. Assim, um resistor R passa a $K_M R$. A multiplicação da impedância $j\omega L$ de um indutor por K_M produz um novo indutor $K_M L$, e a multiplicação da impedância $1/j\omega C$ de um capacitor por K_M produz um novo capacitor C/K_M. Portanto, no escalamento de magnitude,

$$\begin{aligned} R' &\to K_M R \\ L' &\to K_M L \\ C' &\to \frac{C}{K_M} \end{aligned} \qquad \textbf{12.53}$$

DICA 12.3

Escalamento de magnitude ou de impedância.

Como

$$\omega_0' = \frac{1}{\sqrt{L'C'}} = \frac{1}{\sqrt{K_M LC/K_M}} = \omega_0$$

Q' é dado por

$$Q' = \frac{\omega_0 L'}{R'} = \frac{\omega_0 K_M L}{K_M R} = Q$$

A frequência de ressonância, o fator de qualidade e, portanto, a largura de banda não são afetados pelo escalamento de magnitude.

No escalamento de frequência, o fator de escala é denotado como K_F (ver **DICA 12.4**). O resistor independe da frequência e, portanto, não é afetado por esse escalamento. O novo indutor L', que tem a mesma impedância na frequência escalada ω_1', deve satisfazer à equação

$$j\omega_1 L = j\omega_1' L'$$

DICA 12.4

Escalamento de frequência.

---

em que $\omega_1' = K_F\omega_1$. Portanto,

$$j\omega_1 L = jK_F\omega_1 L'$$

Logo, o novo valor do indutor é

$$L' = \frac{L}{K_F}$$

Usando um argumento semelhante, obtemos

$$C' = \frac{C}{K_F}$$

Assim, o escalamento de frequência por um fator K_F resulta em:

$$\begin{aligned} R' &\to R \\ L' &\to \frac{L}{K_F} \\ C' &\to \frac{C}{K_F} \end{aligned} \qquad \textbf{12.54}$$

Observe que

$$\omega_0' = \frac{1}{\sqrt{(L/K_F)(C/K_F)}} = K_F\omega_0$$

Logo,

$$Q' = \frac{K_F\omega_0 L}{RK_F} = Q$$

e

$$\text{LB}' = K_F(\text{LB})$$

Esses resultados mostram que a frequência de ressonância e a largura de banda do circuito são afetadas pelo escalamento de frequência.

EXEMPLO 12.17

Admitindo que os valores dos parâmetros do circuito na Fig. 12.38 sejam $R = 2\ \Omega$, $L = 1$ H e $C = 1/2$ F, determine os valores dos elementos ao aplicarmos ao circuito um escalamento de amplitude com fator $K_M = 10^2$ e um escalamento de frequência com fator $K_F = 10^2$.

SOLUÇÃO O escalamento de magnitude resulta em

$$\begin{aligned} R' &= 2K_M = 200\ \Omega \\ L' &= (1)K_M = 100\ \text{H} \\ C' &= \frac{1}{2}\frac{1}{K_M} = \frac{1}{200}\ \text{F} \end{aligned}$$

Aplicando o escalamento de frequência a esses valores, obtemos os valores finais:

$$\begin{aligned} R'' &= 200\ \Omega \\ L'' &= \frac{100}{K_F} = 100\ \mu\text{H} \\ C'' &= \frac{1}{200}\frac{1}{K_F} = 0{,}005\ \mu\text{F} \end{aligned}$$

Avaliação da Aprendizagem

E12.20 Em um circuito *RLC*, os valores dos parâmetros são: $R = 10\ \Omega$, $L = 1$ H e $C = 2$ F. Determine os valores dos elementos do circuito quando ao circuito é aplicado um escalamento de magnitude com fator de 100 e um escalamento de frequência com fator de 10.000.

Resposta:
$R = 1\ k\Omega$;
$L = 10$ mH; $C = 2\ \mu$F.

12.5 Circuitos de Filtros

Filtros passivos

Um circuito de filtro é, em geral, projetado para deixar passar sinais em uma dada faixa de frequências e rejeitar ou atenuar sinais cujo espectro de frequência esteja fora dessa faixa de passagem. Os filtros mais comuns são os filtros *passa-baixa*, que deixam passar baixas frequências e rejeitam frequências altas; filtros *passa-alta*, que deixam passar frequências altas e bloqueiam frequências baixas; filtros *passa-faixa*, que deixam passar determinada faixa de frequências e rejeitam todas as frequências fora da faixa; e filtros *rejeita-faixa*, que são projetados especificamente para rejeitar determinada faixa de frequências e deixar passar todas as outras frequências.

A característica de frequência ideal para um filtro passa-baixa é mostrada na **Fig. 12.41a**, juntamente com uma característica típica ou fisicamente realizável. Idealmente, gostaríamos que o filtro passa-baixa deixasse passar todas as frequências até alguma frequência ω_0 e não deixasse passar nenhuma frequência acima desse valor. Entretanto, não é possível projetar tal filtro com elementos de circuitos lineares. Portanto, devemos nos contentar em empregar filtros que possam, de fato, ser construídos em laboratório, que terão características de frequência não ideais.

Um simples circuito de filtros passa-baixa é mostrado na **Fig. 12.41b**. O ganho de tensão do circuito é dado por

$$\mathbf{G}_v(j\omega) = \frac{1}{1 + j\omega RC} \qquad 12.55$$

que pode ser reescrita como

$$\mathbf{G}_v(j\omega) = \frac{1}{1 + j\omega\tau} \qquad 12.56$$

em que $\tau = RC$ é a constante de tempo. A característica de amplitude é dada por

$$M(\omega) = \frac{1}{\left[1 + (\omega\tau)^2\right]^{1/2}} \qquad 12.57$$

e a característica de fase por

$$\phi(\omega) = -\tan^{-1}\omega\tau \qquad 12.58$$

Na frequência de quebra, $\omega = \frac{1}{\tau}$, a amplitude é calculada como

$$M\left(\omega = \frac{1}{\tau}\right) = \frac{1}{\sqrt{2}} \qquad 12.59$$

A frequência de quebra também é comumente chamada de *frequência de meia potência*. Este nome advém do fato de que, se o valor da tensão ou da corrente for igual a $1/\sqrt{2}$ de seu valor máximo, a potência, que é proporcional ao quadrado da tensão ou da corrente, será a metade de seu valor máximo.

A magnitude, em decibéis, e as curvas de fase para este simples circuito passa-baixa são mostradas na **Fig. 12.41c**. Observe

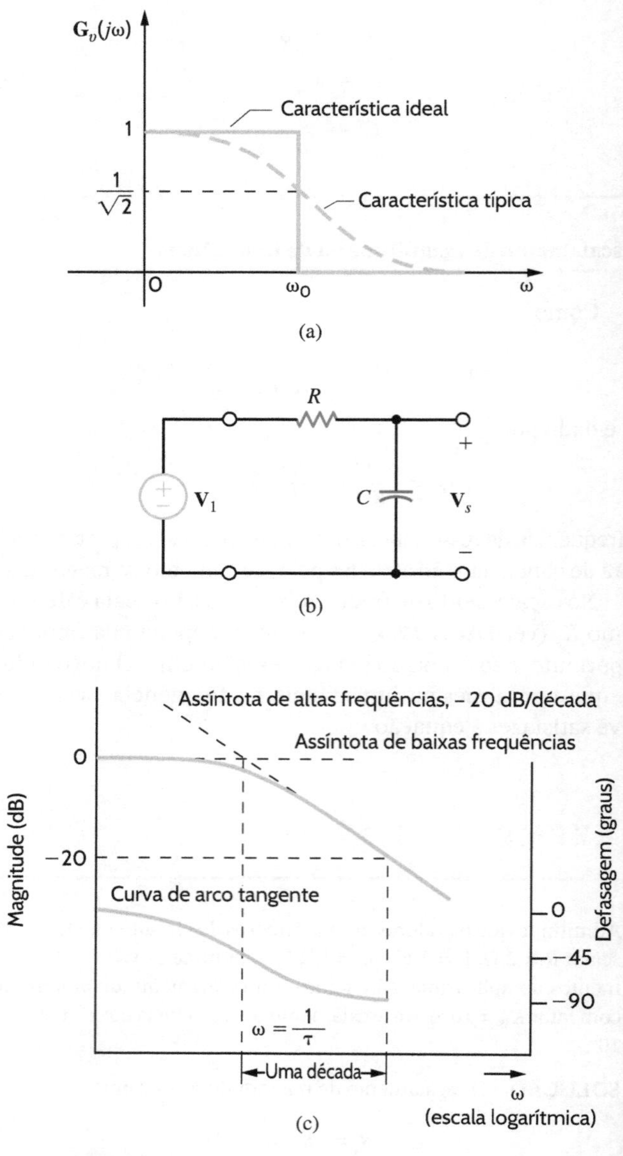

FIGURA 12.41 Circuito do filtro passa-baixa e suas características de frequência.

que a curva de magnitude é plana para baixas frequências e cai para altas frequências. A fase passa de 0°, em frequências baixas, para –90°, em frequências altas.

A característica de frequência ideal para um filtro passa-alta é mostrada na **Fig. 12.42a**, juntamente com uma característica típica que pode ser obtida com componentes de circuitos lineares. Idealmente, o filtro passa-alta deixa passar todas as frequências acima de alguma frequência ω_0 e nenhuma frequência abaixo desse valor.

Um simples circuito de filtro passa-alta é mostrado na **Fig. 12.42b.** Este é o mesmo circuito mostrado na Fig. 12.41b, exceto que a tensão de saída é tomada no resistor. O ganho de tensão para este circuito é calculado como

$$G_v(j\omega) = \frac{j\omega\tau}{1 + j\omega\tau} \qquad \textbf{12.60}$$

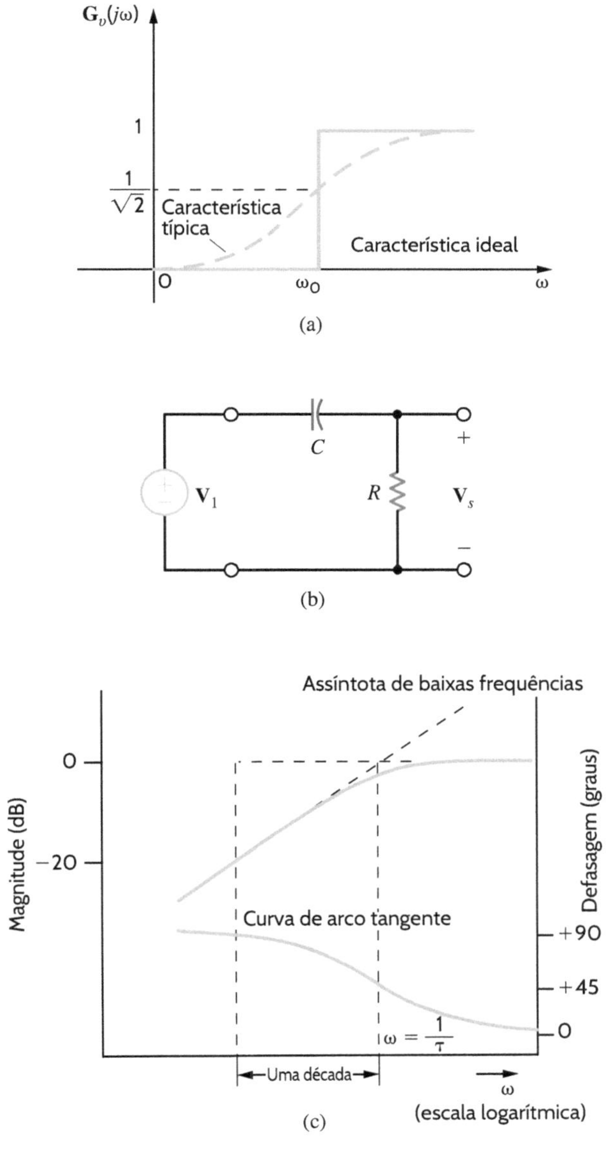

FIGURA 12.42 Circuito do filtro passa-alta e suas características de frequência.

em que, novamente, $\tau = RC$. A magnitude desta função é

$$M(\omega) = \frac{\omega\tau}{\left[1 + (\omega\tau)^2\right]^{1/2}} \qquad \textbf{12.61}$$

e a fase é

$$\phi(\omega) = \frac{\pi}{2} - \tan^{-1}\omega\tau \qquad \textbf{12.62}$$

A frequência de meia potência é $\omega = 1/\tau$, e a fase nessa frequência é de 45°.

As curvas de magnitude e fase para este filtro passa-alta são mostradas na **Fig. 12.42c**. Em baixas frequências, a curva de magnitude tem inclinação de +20 dB/década, em função do termo $\omega\tau$ no numerador da Eq. (12.61). Logo, na frequência de quebra, a curva começa a se achatar. A curva de fase é obtida da Eq. (12.62).

As características de amplitude ideais e típicas para simples filtros passa-faixa e rejeita-faixa são mostradas nas **Figs. 12.43a** e **b**, respectivamente. Circuitos simples capazes de realizar as características típicas de cada filtro são mostrados nas **Figs. 12.43c** e **d**. ω_0 é a frequência central da banda ou faixa de passagem ou rejeição e, também, a frequência na qual ocorre a amplitude máxima ou mínima. ω_{BAIXA} e ω_{ALTA} são, respectivamente, as frequências de quebra inferior e superior ou *frequências de corte*, na qual a amplitude é $1/\sqrt{2}$ de seu valor máximo. A largura da banda de passagem ou de rejeição é denominada *largura de banda* e dada por:

$$\text{LB} = \omega_{ALTA} - \omega_{BAIXA} \qquad \textbf{12.63}$$

Para ilustrar esses pontos, considere o filtro passa-faixa. A função de transferência de tensão é calculada como

$$\mathbf{G}_v(j\omega) = \frac{R}{R + j(\omega L - 1/\omega C)}$$

e, portanto, a característica de amplitude é

$$M(\omega) = \frac{RC\omega}{\sqrt{(RC\omega)^2 + (\omega^2 LC - 1)^2}}$$

Em baixas frequências,

$$M(\omega) \approx \frac{RC\omega}{1} \approx 0$$

Em altas frequências,

$$M(\omega) \approx \frac{RC\omega}{\omega^2 LC} \approx \frac{R}{\omega L} \approx 0$$

Na faixa intermediária de frequências $(RC\omega)^2 \gg (\omega^2 LC - 1)^2$, $M(\omega) \approx 1$. A característica de frequência para este filtro é mostrada na **Fig. 12.43e**. A frequência central é $\omega_0 = 1/\sqrt{LC}$. Na frequência de corte mais baixa, temos

$$\omega^2 LC - 1 = -RC\omega$$

ou

$$\omega^2 + \frac{R\omega}{L} - \omega_0^2 = 0$$

Resolvendo esta expressão para ω_{BAIXA}, obtemos

$$\omega_{BAIXA} = \frac{-(R/L) + \sqrt{(R/L)^2 + 4\omega_0^2}}{2}$$

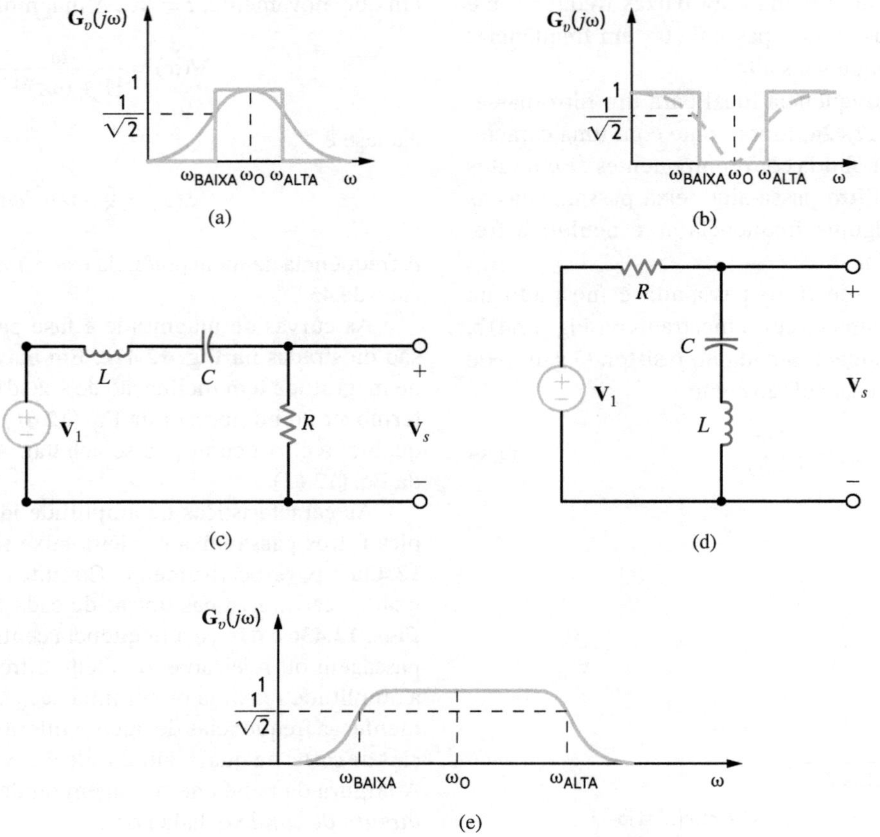

FIGURA 12.43 Filtros passa-faixa e rejeita-faixa e suas características de frequência.

Na frequência de corte superior,

$$\omega^2 LC - 1 = +RC\omega$$

ou

$$\omega^2 - \frac{R}{L}\omega - \omega_0^2 = 0$$

Resolvendo esta expressão para ω_{ALTA}, obtemos

$$\omega_{\text{ALTA}} = \frac{+(R/L) + \sqrt{(R/L)^2 + 4\omega_0^2}}{2}$$

Com isso, a largura de banda do filtro é calculada como

$$\text{LB} = \omega_{\text{ALTA}} - \omega_{\text{BAIXA}} = \frac{R}{L}$$

EXEMPLO 12.18

Considere o circuito variante com a frequência na **Fig. 12.44**. Dados os seguintes valores de parâmetros do circuito: $L = 159$ μH, $C = 159$ μF e $R = 10\ \Omega$, mostre que esse circuito pode ser usado para produzir um filtro passa-baixa, passa-alta ou passa-faixa.

SOLUÇÃO O ganho de tensão $\mathbf{V}_R/\mathbf{V}_F$ é calculado usando divisão de tensão:

$$\frac{\mathbf{V}_R}{\mathbf{V}_F} = \frac{R}{j\omega L + R + 1/(j\omega C)} = \frac{j\omega\left(\frac{R}{L}\right)}{(j\omega)^2 + j\omega\left(\frac{R}{L}\right) + \frac{1}{LC}}$$
$$= \frac{(62{,}9 \times 10^3)j\omega}{-\omega^2 + (62{,}9 \times 10^3)j\omega + 39{,}6 \times 10^6}$$

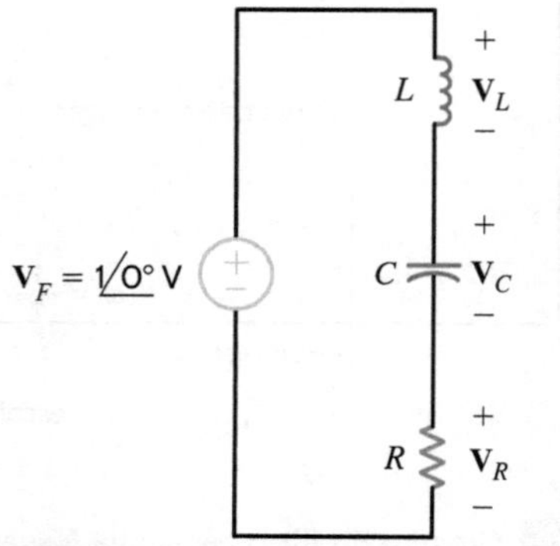

FIGURA 12.44 Circuito usado no Exemplo 12.18.

que é a função de transferência para um filtro passa-faixa. Na ressonância, $\omega^2 = 1/LC$; logo,

$$\frac{\mathbf{V}_R}{\mathbf{V}_F} = 1$$

Considere, agora o ganho $\mathbf{V}_L/\mathbf{V}_F$:

$$\frac{\mathbf{V}_L}{\mathbf{V}_F} = \frac{j\omega L}{j\omega L + R + 1/(j\omega C)} = \frac{-\omega^2}{(j\omega)^2 + j\omega\left(\frac{R}{L}\right) + \frac{1}{LC}}$$

$$= \frac{-\omega^2}{-\omega^2 + (62{,}9 \times 10^3)j\omega + 39{,}6 \times 10^6}$$

que é uma função de transferência de filtro passa-alta de segunda ordem. Na frequência de ressonância, temos

$$\frac{\mathbf{V}_L}{\mathbf{V}_F} = \frac{j\omega L}{R} = jQ = j0{,}1$$

De modo similar, para o ganho $\mathbf{V}_C/\mathbf{V}_F$ temos

$$\frac{\mathbf{V}_C}{\mathbf{V}_F} = \frac{1/(j\omega C)}{j\omega L + R + 1/(j\omega C)} = \frac{\frac{1}{LC}}{(j\omega)^2 + j\omega\left(\frac{R}{L}\right) + \frac{1}{LC}}$$

$$= \frac{39{,}6 \times 10^6}{-\omega^2 + (62{,}9 \times 10^3)j\omega + 39{,}6 \times 10^6}$$

que é uma função de transferência de filtro passa-baixa de segunda ordem. Na frequência de ressonância,

$$\frac{\mathbf{V}_C}{\mathbf{V}_F} = \frac{1}{j\omega CR} = -jQ = -j0{,}1$$

Assim, um circuito produz três filtros diferentes, dependendo de onde é tomada a saída. Isso pode ser visto nos diagramas de Bode mostrados na **Fig. 12.45** para cada uma das três tensões; na figura, $\mathbf{V}_F$ é tomado como $1 \underline{/0^\circ}$ V.

Sabemos que a lei das tensões de Kirchhoff deve ser sempre satisfeita. No diagrama de Bode, observe que $\mathbf{V}_R + \mathbf{V}_C + \mathbf{V}_L$ é igual a $\mathbf{V}_F$ em todas as frequências! Por fim, demonstremos a LKT somando as tensões $\mathbf{V}_R$, $\mathbf{V}_L$ e $\mathbf{V}_C$:

$$\mathbf{V}_L + \mathbf{V}_R + \mathbf{V}_C = \frac{\left((j\omega)^2 + j\omega\left(\frac{R}{L}\right) + \frac{1}{\sqrt{LC}}\right)\mathbf{V}_F}{(j\omega)^2 + j\omega\left(\frac{R}{L}\right) + \frac{1}{\sqrt{LC}}} = \mathbf{V}_F$$

Assim, embora $\mathbf{V}_F$ seja distribuído entre resistor, capacitor e indutor em uma forma que depende da frequência, a soma das três tensões reconstrói completamente $\mathbf{V}_F$.

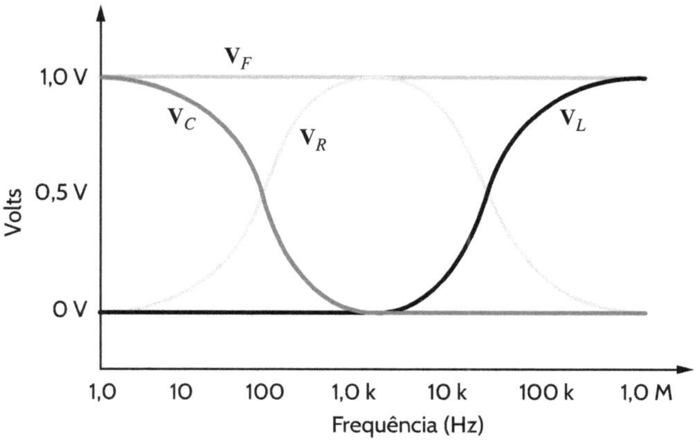

FIGURA 12.45 Diagramas de Bode para o circuito na Fig. 12.44.

EXEMPLO 12.19

Um sistema de transmissão telefônica sofre uma interferência de 60 Hz causada por linhas de energia elétrica próximas. Use o circuito na **Fig. 12.46** para projetar um filtro rejeita-faixa simples para eliminar essa interferência.

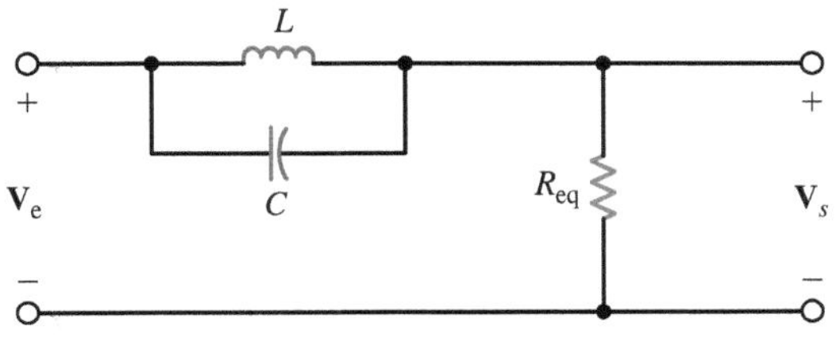

FIGURA 12.46 Circuito usado no Exemplo 12.19.

SOLUÇÃO O resistor R_{eq} representa a resistência equivalente do sistema telefônico à direita da combinação LC. A combinação paralela LC tem uma impedância equivalente dada por

$$\mathbf{Z} = (j\omega L)//(1/j\omega C) = \frac{(L/C)}{j\omega L + 1/(j\omega C)}$$

A função de transferência de tensão é calculada como

$$\frac{\mathbf{V}_s}{\mathbf{V}_e} = \frac{R_{eq}}{R_{eq} + \mathbf{Z}} = \frac{R_{eq}}{R_{eq} + \dfrac{(L/C)}{j\omega L + (1/j\omega C)}}$$

Esta expressão pode ser reescrita

$$\frac{\mathbf{V}_s}{\mathbf{V}_e} = \frac{(j\omega)^2 + \frac{1}{LC}}{(j\omega)^2 + \left(\frac{j\omega}{R_{eq}C}\right) + \frac{1}{LC}}$$

Observe que, na ressonância, o numerador e, por conseguinte, $\mathbf{V}_s$ vão a zero. Queremos que a ressonância ocorra em 60 Hz. Assim,

$$\omega_0 = \frac{1}{\sqrt{LC}} = 2\pi(60) = 120\pi$$

Selecionando C = 100 μF, o valor necessário para L é 70,3 mH – ambos são valores razoáveis. Para demonstrar a eficácia do filtro, tomemos como tensão de entrada uma superposição de duas senoides, uma de 60 Hz e outra de 1.000 Hz, na forma

$$v_e(t) = 1 \text{ sen}[(2\pi)60t] + 0{,}2 \text{ sen}[(2\pi)1.000t] \text{ V}$$

As formas de onda de entrada e saída são mostradas na **Fig. 12.47**. Observe que a tensão de saída, como desejado, não contém a interferência de 60 Hz.

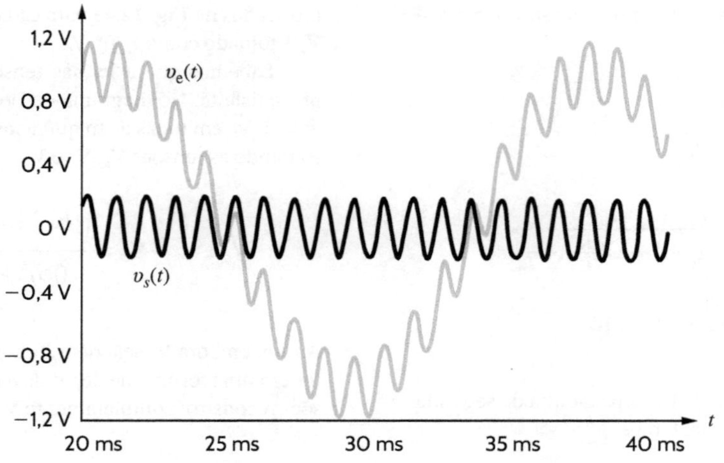

FIGURA 12.47 Análise transiente do circuito na Fig. 12.46.

Avaliação da Aprendizagem

E12.21 Para o circuito de filtro mostrado na **Fig. E12.21**, trace o gráfico da característica de magnitude do diagrama de Bode para $G_v(j\omega)$.

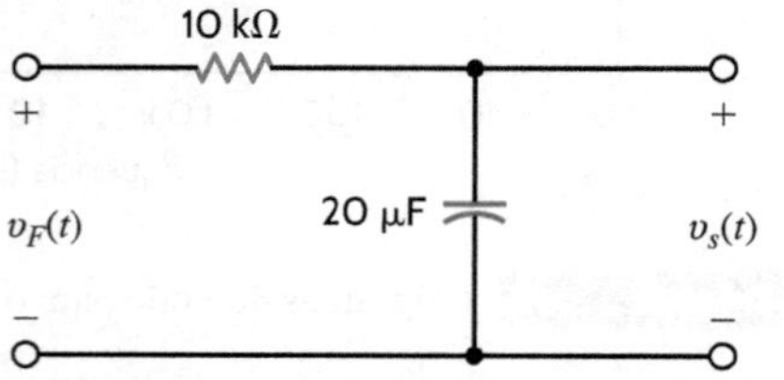

FIGURA E12.21

Resposta:

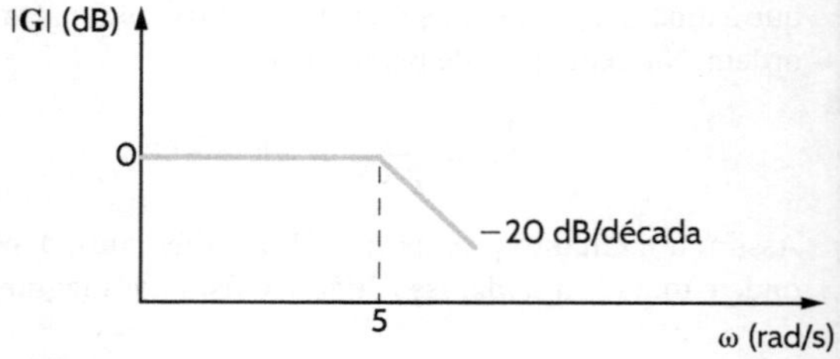

E12.22 Para o circuito de filtro mostrado na Fig. E12.22, trace o gráfico da característica de magnitude do diagrama de Bode para $G_v(j\omega)$.

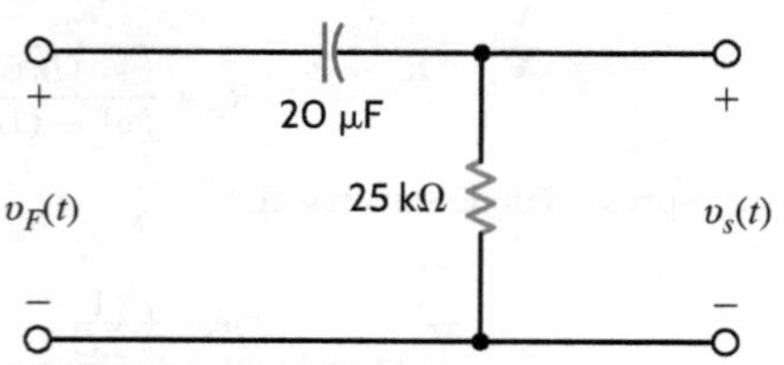

FIGURA E12.22

Resposta:

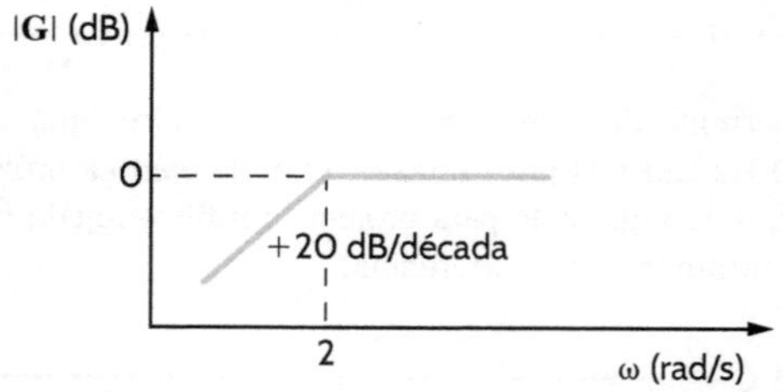

E12.23 Um circuito de filtro passa-faixa é mostrado na Fig. E12.23. Trace o gráfico da característica de magnitude do diagrama de Bode para $G_v(j\omega)$.

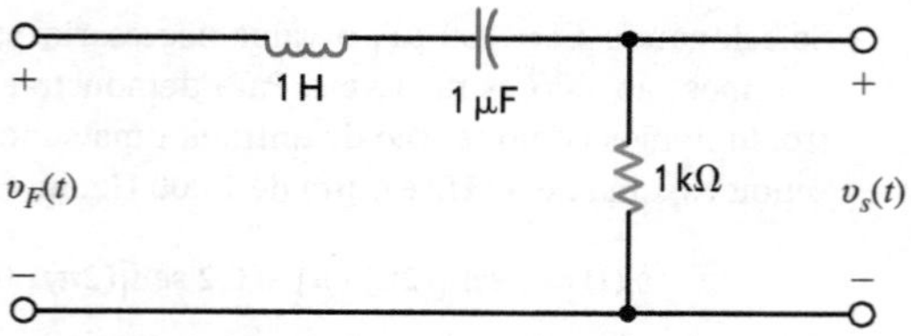

FIGURA E12.23

Resposta:

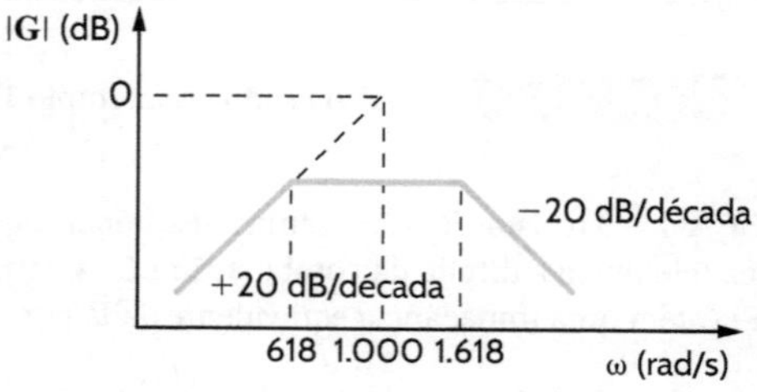

E12.24 Determine a função de transferência de tensão do circuito mostrado na Fig. E12.24 e identifique que tipo de filtro o circuito representa.

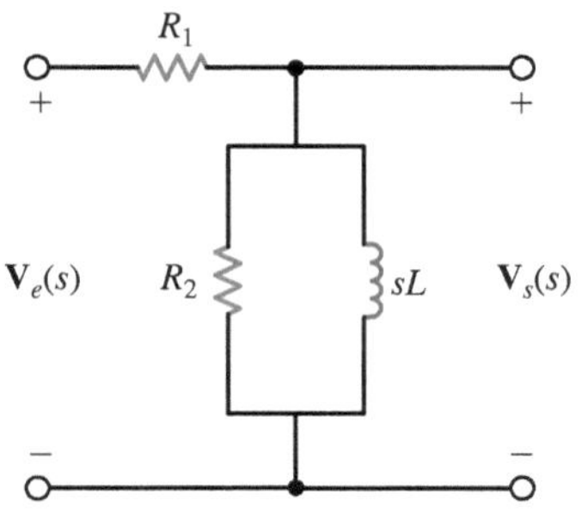

FIGURA E12.24

Resposta:

$$\frac{s\left(\frac{L}{R_1}\right)}{s\left[\frac{(R_1+R_2)L}{R_1R_2}\right]+1}$$; este é um filtro passa-alta.

Filtros Ativos

Na seção anterior, vimos que as quatro principais classes de filtros (*passa-baixa*, *passa-alta*, *passa-faixa* e *rejeita-faixa*) são realizáveis com circuitos de elementos passivos simples. No entanto, filtros passivos têm algumas sérias desvantagens. Um problema óbvio é a impossibilidade de produzir um circuito com ganho > 1, pois um circuito passivo não é capaz de adicionar energia a um sinal. Outra séria desvantagem de filtros passivos é a necessidade de várias topologias de elementos indutivos. Em geral, indutores são caros e não disponíveis em valores precisos. Ademais, indutores normalmente vêm em formatos estranhos (toroides, bobinas, de núcleo E etc.), o que dificulta seu uso nas modernas máquinas automatizadas de montagem de placas de circuito impresso. O emprego de amplificadores operacionais em circuitos lineares de realimentação permite a produção de todos os tipos de filtros primários usando apenas resistores, capacitores e os próprios circuitos integrados de amplificadores operacionais.

Os circuitos equivalentes para os amplificadores operacionais estudados no Capítulo 4 também são válidos no caso de estado estacionário senoidal, desde que substituamos os resistores auxiliares por impedâncias. Os circuitos equivalentes para os circuitos básicos de amplificador operacional inversor e não inversor são mostrados nas **Figs. 12.48a** e **b**, respectivamente. Características particulares do filtro são obtidas com criteriosa seleção das impedâncias $\mathbf{Z}_1$ e $\mathbf{Z}_2$.

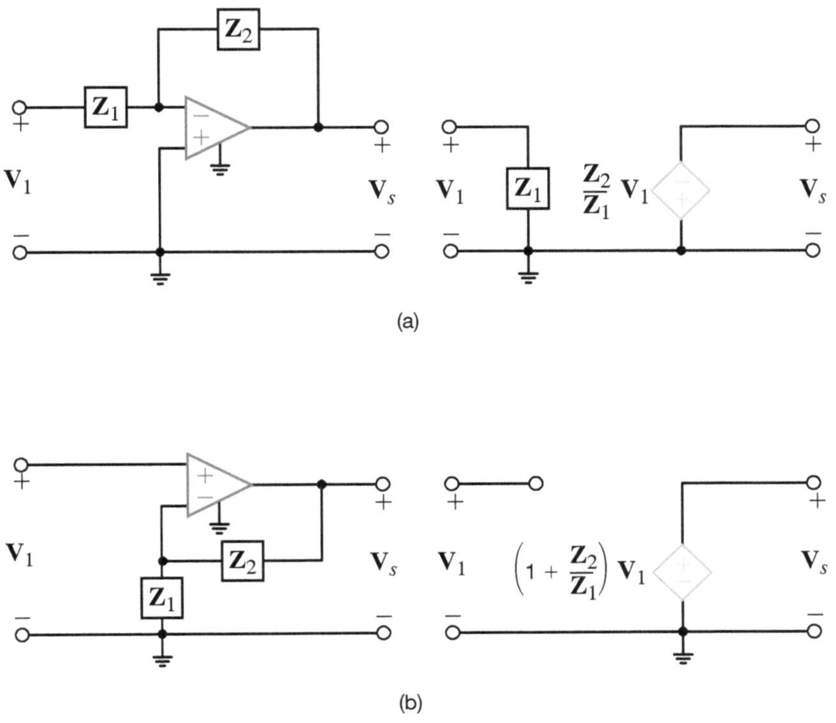

FIGURA 12.48 Circuitos equivalentes para os circuitos de amplificadores operacionais (a) inversores e (b) não inversores.

EXEMPLO 12.20

Determine as características de filtro do circuito mostrado na **Fig. 12.49**.

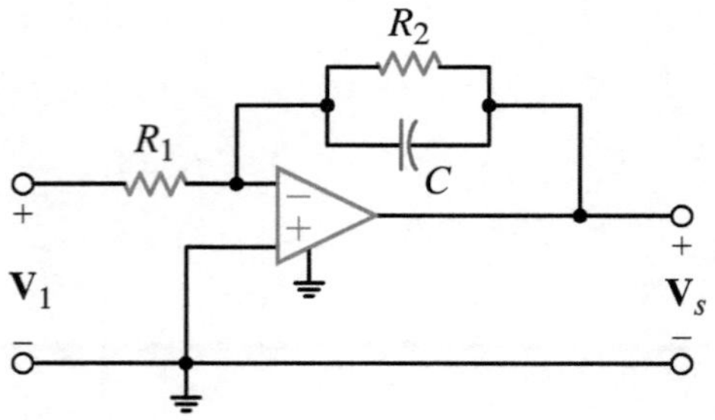

FIGURA 12.49 Circuito de filtro com amplificador operacional.

SOLUÇÃO As impedâncias, como ilustrado na Fig. 12.48a, são

$$\mathbf{Z}_1 = R_1$$

e

$$\mathbf{Z}_2 = \frac{R_2/j\omega C}{R_2 + 1/j\omega C} = \frac{R_2}{j\omega R_2 C + 1}$$

O ganho de tensão do circuito é calculado como

$$\mathbf{G}_v(j\omega) = \frac{\mathbf{V}_s(j\omega)}{\mathbf{V}_1(j\omega)} = \frac{-R_2/R_1}{j\omega R_2 C + 1}$$

Esta função de transferência corresponde a um filtro passa-baixa.

EXEMPLO 12.21

Mostre que a característica de amplitude para o circuito de filtro na **Fig. 12.50a** é a dada na **Fig. 12.50b**.

SOLUÇÃO Comparando este circuito com o da Fig. 12.48b, vemos que

$$\mathbf{Z}_1 = \frac{1}{j\omega C_1}$$

e

$$\mathbf{Z}_2 = \frac{R}{j\omega RC_2 + 1}$$

Portanto, o ganho de tensão para o circuito em função da frequência é obtido como

$$G_v(j\omega) = \frac{\mathbf{V}_s(j\omega)}{\mathbf{V}_1(j\omega)} = 1 + \frac{R/(j\omega RC_2 + 1)}{1/j\omega C_1}$$

$$= \frac{j\omega(RC_1 + RC_2) + 1}{j\omega RC_2 + 1}$$

$$= \frac{j\omega\tau_1 + 1}{j\omega\tau_2 + 1}$$

em que $\tau_1 = R(C_1 + C_2)$ e $\tau_2 = RC_2$. Como $\tau_1 > \tau_2$, a característica de amplitude tem a forma mostrada na Fig. 12.50b. Observe que o ganho nas baixas frequências é unitário, enquanto as altas frequências são amplificadas. A quantidade exata de amplificação é determinada pela seleção dos parâmetros do circuito.

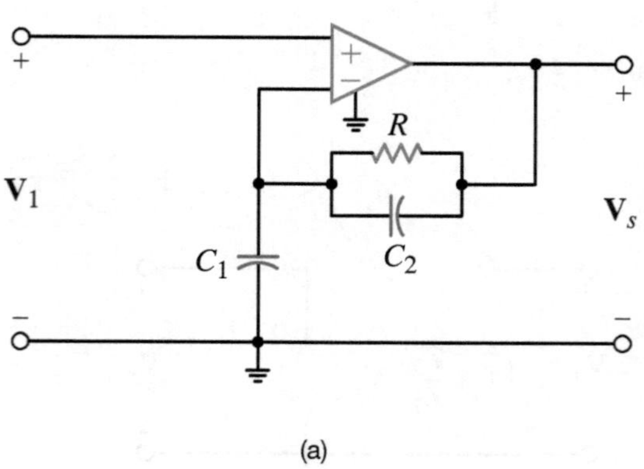

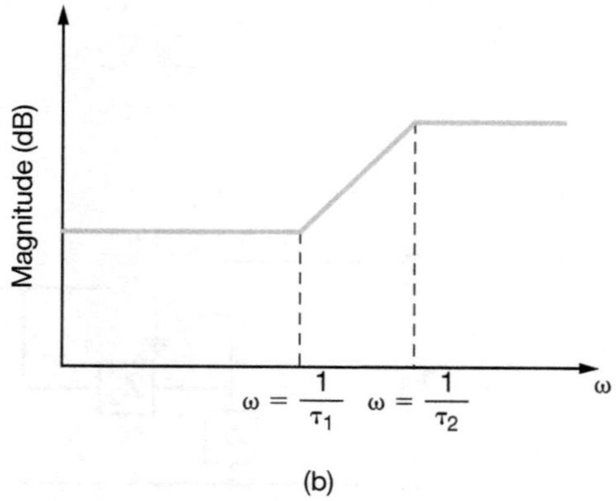

FIGURA 12.50 Circuito com amplificador operacional e sua característica de amplitude.

EXEMPLO 12.22

Um filtro passa-baixa é mostrado na **Fig. 12.51**, juntamente com o subcircuito do amplificador operacional. Trace o gráfico da resposta de frequência do filtro na faixa de 1 a 10.000 Hz.

SOLUÇÃO O gráfico de resposta de frequência, que pode ser determinado por qualquer método conveniente, é mostrado na **Fig. 12.52**.

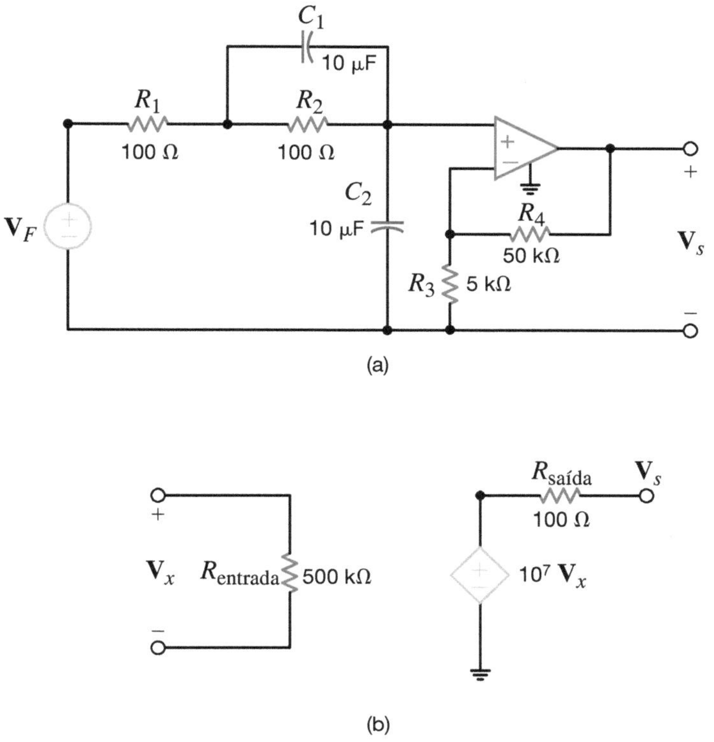

FIGURA 12.51 Circuito usado no Exemplo 12.22: (a) filtro passa-baixa; (b) subcircuito do amp-op.

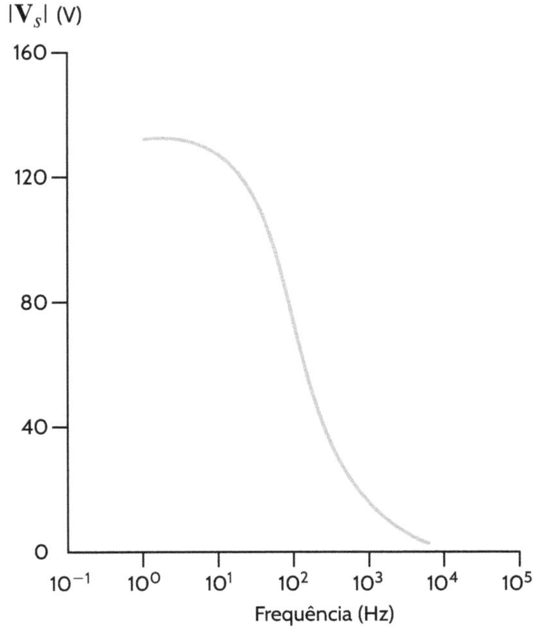

FIGURA 12.52 Gráfico de resposta de frequência do circuito no Exemplo 12.22.

EXEMPLO 12.23

Um circuito de filtro passa-alta é mostrado na **Fig. 12.53**, juntamente com o subcircuito do amp-op. Trace o gráfico da resposta de frequência do filtro na faixa de 1 a 100 kHz.

SOLUÇÃO O gráfico de resposta de frequência para este filtro passa-alta é mostrado na **Fig. 12.54**.

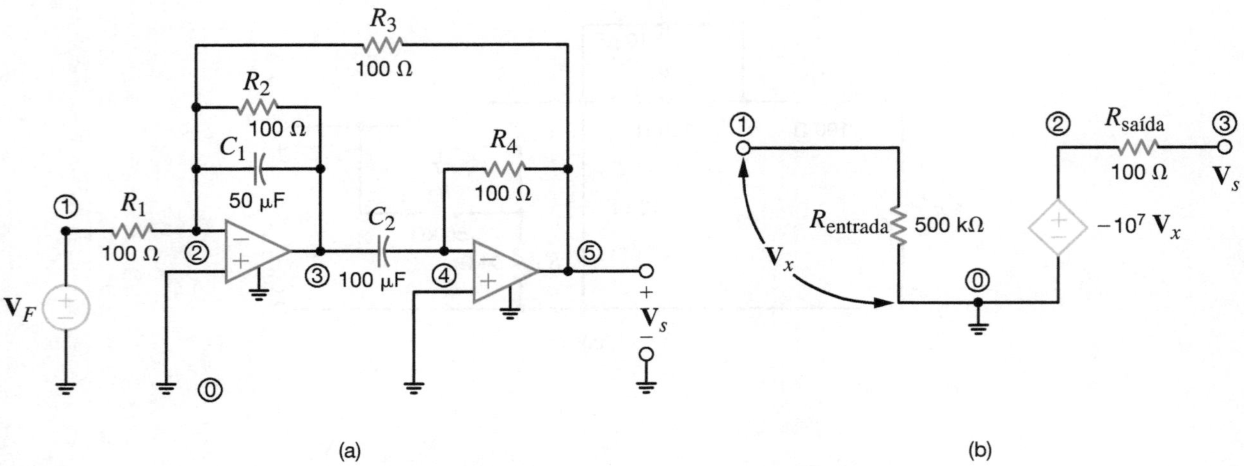

FIGURA 12.53 Circuitos usados no Exemplo 12.23: (a) filtro passa-alta; (b) subcircuito do amp-op.

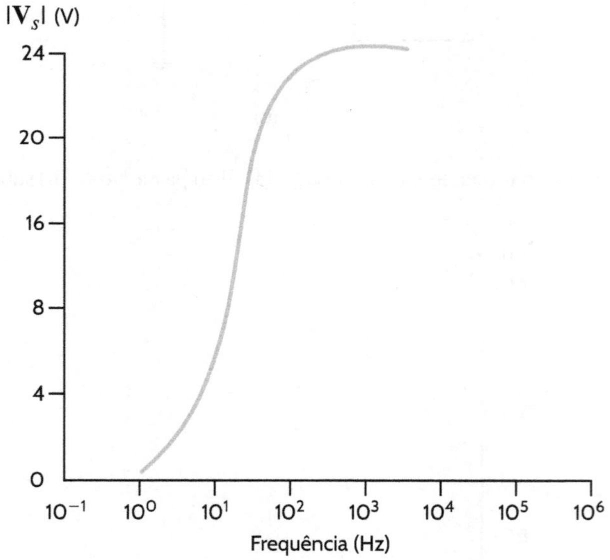

FIGURA 12.54 Gráfico de resposta de frequência do circuito no Exemplo 12.23.

Avaliação da Aprendizagem

E12.25 Dado o circuito de filtro mostrado na Fig. E12.25, determine a função de transferência $G_v(j\omega)$, trace a curva da característica de magnitude do diagrama de Bode para $G_v(j\omega)$ e identifique as características de filtro deste circuito.

Resposta:

$G_v(j\omega) = \dfrac{-j\omega CR_2}{1 + j\omega CR_1}$; este é um filtro passa-alta.

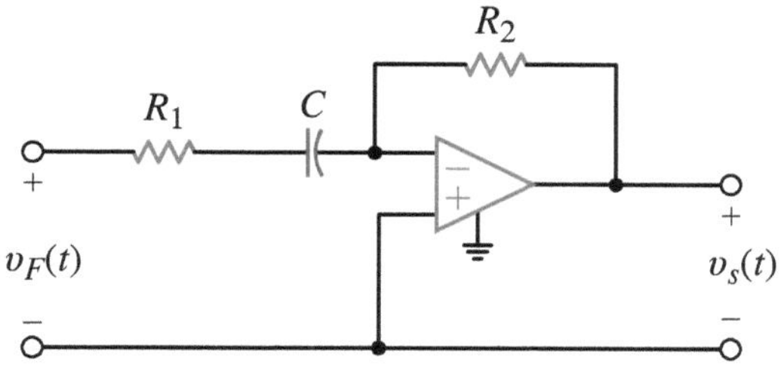

FIGURA E12.25

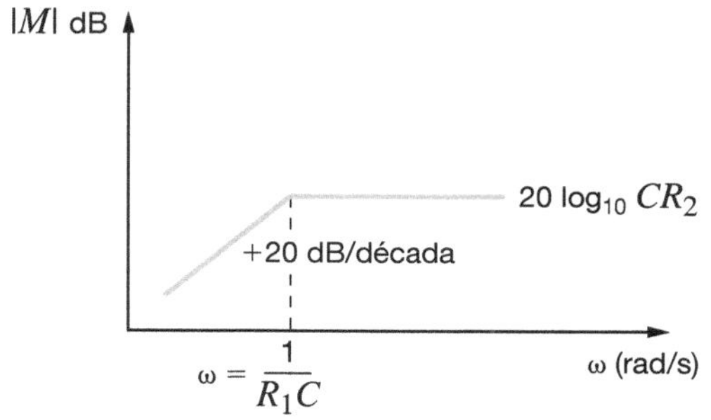

Todos os circuitos considerados até agora nesta seção são de filtros de primeira ordem. Ou seja, nenhum deles tinha mais que um polo e/ou um zero. Em muitas aplicações, há necessidade de gerar um circuito com seletividade de frequência maior do que a oferecida pelos circuitos de primeira ordem. O próximo passo, portanto, consiste em considerar a classe de filtros de segunda ordem. Para a maioria das aplicações de filtros ativos, caso uma ordem maior que dois seja desejável, em geral, empregamos dois ou mais circuitos de filtros ativos e os conectamos em série, de modo que a resposta total seja a desejada resposta de ordens superior. Isso é feito porque filtros de primeira e segunda ordens são bem compreendidos e facilmente implementados com circuitos com um único amp-op.

Filtros de segunda ordem, geralmente, têm uma função de transferência cujo denominador contém polos quadráticos da forma $s^2 + As + B$. Para circuitos passa-alta e passa-baixa, $B = \omega_c^2$ e $A = 2\zeta\omega_c$. Para esses circuitos, ω_c é a frequência de corte e ζ, a razão de amortecimento discutida anteriormente.

Para circuitos passa-faixa, $B = \omega_c^2$ e $A = \omega_0/Q$, sendo ω_0 a frequência central e Q, o fator de qualidade do circuito, com $Q = 1/2\zeta$. Q é uma medida da seletividade desses circuitos. A largura de banda é ω_0/Q, conforme discutido anteriormente.

A função de transferência de um filtro ativo passa-baixa de segunda ordem geralmente pode ser escrita como

$$\mathbf{H}(s) = \frac{H_0\omega_c^2}{s^2 + 2\zeta\omega_c s + \omega_c^2} \qquad \textbf{12.64}$$

em que H_0 é o ganho CC. Um circuito que exibe essa função de transferência é ilustrado na **Fig. 12.55** e tem a seguinte função de transferência:

$$\mathbf{H}(s) = \frac{\mathbf{V}_s(s)}{\mathbf{V}_e(s)} = \frac{-\left(\frac{R_3}{R_1}\right)\left(\frac{1}{R_3R_2C_1C_2}\right)}{s^2 + s\left(\frac{1}{R_1C_1} + \frac{1}{R_2C_1} + \frac{1}{R_3C_1}\right) + \frac{1}{R_3R_2C_1C_2}} \qquad \textbf{12.65}$$

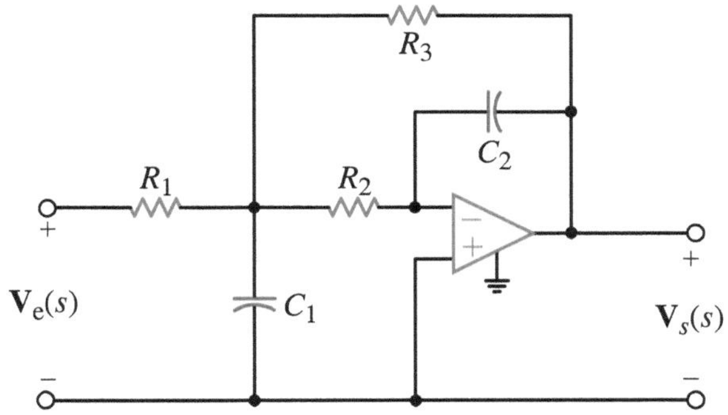

FIGURA 12.55 Filtro passa-baixa de segunda ordem.

EXEMPLO 12.24

Determine a razão de amortecimento, a frequência de corte e o ganho CC H_0 para o circuito na Fig. 12.55, para $R_1 = R_2 = R_3 = 5$ kΩ e $C_1 = C_2 = 0{,}1$ μF.

SOLUÇÃO Comparando as Eqs. (12.64) e (12.65), vemos que

$$\omega_c = \frac{1}{\sqrt{R_3R_2C_1C_2}}$$

$$2\zeta\omega_c = \frac{1}{C_1}\left(\frac{1}{R_1} + \frac{1}{R_2} + \frac{1}{R_3}\right)$$

Logo,

$$\zeta = \frac{1}{2}\sqrt{\frac{C_2}{C_1}}\left(\frac{1}{R_1} + \frac{1}{R_2} + \frac{1}{R_3}\right)\sqrt{R_2R_3}$$

E notamos que

$$H_o = -\frac{R_3}{R_1}$$

Substituindo os valores de parâmetro fornecidos na equação anterior, obtemos

$$\omega_0 = 2.000 \text{ rad/s}$$
$$\zeta = 1{,}5$$
e
$$H_o = -1$$

EXEMPLO 12.25

Vamos variar os capacitores C_1 e C_2 no Exemplo 12.24 para obter razões de amortecimento de 1,0, 0,75, 0,50 e 0,25, mantendo ω_c constante em 2.000 rad/s.

SOLUÇÃO Como mostrado na equação para a frequência de corte no Exemplo 12.24, se ω_c deve permanecer constante em 2.000 rad/s, o produto $C_1\,C_2$ também deve permanecer constante. Usando os valores de capacitâncias do Exemplo 12.24, temos

$$C_1 C_2 = (10)^{-4}$$

ou

$$C_2 = \frac{(10)^{-14}}{C_1}$$

Substituindo esta expressão na equação para a razão de amortecimento, obtemos

$$\zeta = \frac{\sqrt{10^{-14}}}{\sqrt{C_1}\sqrt{C_1}}\left[\frac{1}{2}\left(\frac{1}{R_1} + \frac{1}{R_2} + \frac{1}{R_3}\right)\right]\sqrt{R_2 R_3}$$
$$= \frac{(0{,}15)(10^{-6})}{C_1}$$

ou

$$C_1 = \frac{(0{,}15)(10^{-6})}{\zeta}$$

Portanto, para $\zeta = 1{,}0$, 0,75, 0,50 e 0,25, os valores correspondentes para C_1 são 0,15, 0,20, 0,30 e 0,6 μF, respectivamente. Os valores de C_2 que correspondem a esses valores de C_1 são 67, 50, 33 e 17 nF, respectivamente.

Este exemplo indica que podemos ajustar os parâmetros do circuito para obter uma dada resposta transiente, mantendo constante a frequência de corte do filtro. Como regra geral, para projetar filtros com características específicas, manipulamos os parâmetros do circuito de forma adequada.

EXEMPLO 12.26

Demonstre que a resposta transiente dos circuitos gerados no Exemplo 12.25 apresenta aumento de sobrevalor e de oscilação à medida que ζ diminui. Aplique uma função degrau de −1 V à entrada do circuito e empregue o modelo de amp-op com $R_e = \infty$ Ω, $R_s = 0$ Ω e $A = 10^5$.

SOLUÇÃO A resposta transiente para os quatro casos de amortecimento, incluindo os valores obtidos para os capacitores, pode ser calculada usando qualquer método conveniente.

Os resultados são mostrados na **Fig. 12.56**. As curvas indicam que $\zeta = 0{,}75$ pode ser um bom equilíbrio de projeto entre uma resposta rápida ao degrau e um sobrevalor mínimo.

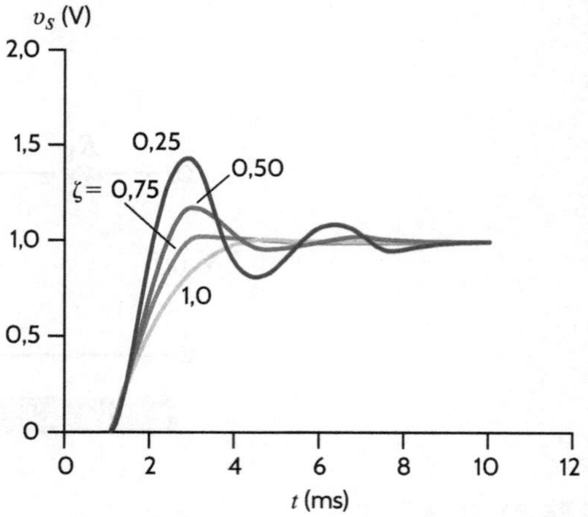

FIGURA 12.56 Análise transiente para o Exemplo 12.25.

Avaliação da Aprendizagem

E12.26 Verifique se a Eq. (12.65) é a função de transferência para o circuito da Fig. 12.55.

A função de transferência geral para o filtro passa-faixa de segunda ordem é

$$\frac{\mathbf{V}_s(s)}{\mathbf{V}_F(s)} = \frac{sH_o}{s^2 + \dfrac{\omega_0}{Q}s + \omega_0^2} \qquad \textbf{12.66}$$

Como discutido anteriormente, ω_0 é a frequência central da característica passa-faixa e Q, o fator de qualidade. Para filtros passa-baixa, H_0 era o ganho na banda passante ou ganho CC. Para um filtro passa-faixa, o ganho é máximo na frequência central ω_0. Para determinar esse ganho máximo, substituímos $s = j\omega_0$ na expressão anterior, obtendo

$$\frac{\mathbf{V}_s(j\omega_0)}{\mathbf{V}_F(j\omega_0)} = \frac{j\omega_0 H_o}{-\omega_0^2 + j\omega_0(\omega_0/Q) + \omega_0^2}$$

$$= \frac{QH_o}{\omega_0} \qquad \textbf{12.67}$$

Além disso, a diferença entre as frequências alta e baixa de meia potência (ou seja, $\omega_{ALTA} - \omega_{BAIXA}$) é, obviamente, a largura de banda

$$\omega_{ALTA} - \omega_{BAIXA} = \text{LB} = \frac{\omega_0}{Q} \qquad \textbf{12.68}$$

Q é uma medida da seletividade do filtro passa-faixa e, como a equação indica, à medida que Q aumenta, a largura de banda diminui.

Uma implementação de um filtro passa-faixa com amp-op é mostrada na **Fig. 12.57**. A função de transferência para este circuito é

$$\frac{\mathbf{V}_s(s)}{\mathbf{V}_F(s)} = \frac{-\left(\dfrac{1}{R_1C_1}\right)s}{s^2 + \left(\dfrac{1}{R_2C_1} + \dfrac{1}{R_2C_2}\right)s + \dfrac{1 + R_1/R_3}{R_1R_2C_1C_2}} \qquad \textbf{12.69}$$

A comparação desta expressão com a expressão mais geral para um filtro passa-faixa resulta nas seguintes definições:

$$\omega_0 = \left(\frac{1 + R_1/R_3}{R_1R_2C_1C_2}\right)^{1/2}$$

$$\frac{Q}{\omega_0} = \frac{R_2C_1C_2}{C_1 + C_2}$$

$$\frac{Q}{\omega_0}\omega_0 = \frac{R_2C_1C_2}{C_1 + C_2}\left(\frac{1 + R_1/R_3}{R_1R_2C_1C_2}\right)^{1/2} \qquad \textbf{12.70}$$

Essas expressões podem ser simplificadas, resultando em:

$$Q = \frac{(1 + R_1/R_3)^{1/2}}{1 + C_1/C_2}\left(\frac{R_2C_1}{R_1C_2}\right)^{1/2} \qquad \textbf{12.71}$$

$$\text{LB} = \frac{\omega_0}{Q} = \frac{1}{R_1}\left(\frac{1}{C_1} + \frac{1}{C_2}\right) \qquad \textbf{12.72}$$

e

$$\left.\frac{\mathbf{V}_s}{\mathbf{V}_F}\right|_{\omega=\omega_0} = \frac{QH_o}{\omega_0} = -\frac{R_2}{R_1}\left(\frac{1}{1 + C_1/C_2}\right) \qquad \textbf{12.73}$$

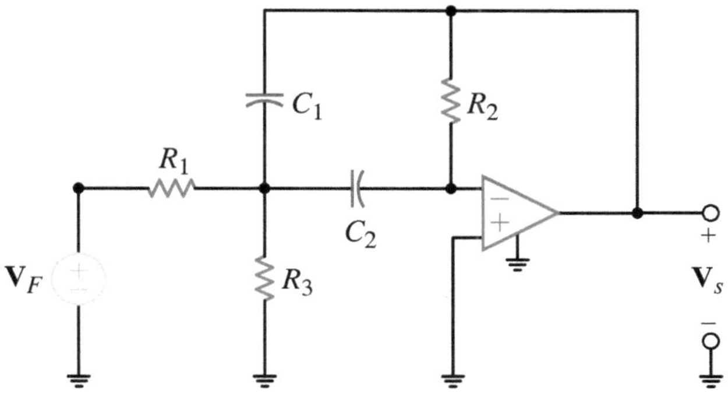

FIGURA 12.57 Filtro passa-faixa de segunda ordem.

EXEMPLO 12.27

Determinemos uma nova expressão para as Eqs. (12.70) a (12.73), com a condição $C_1 = C_2 = C$.

SOLUÇÃO Usando a condição proposta, vemos que as equações se reduzem a

$$\omega_0 = \frac{1}{C}\sqrt{\frac{1 + R_1/R_3}{R_1R_2}}$$

$$Q = \frac{1}{2}\sqrt{\frac{R_2}{R_1}}\sqrt{1 + \frac{R_1}{R_3}}$$

$$\text{LB} = \frac{2}{R_2C}$$

e

$$\left.\frac{\mathbf{V}_s}{\mathbf{V}_F}\right|_{\omega=\omega_0} = -\frac{R_2}{2R_1}$$

EXEMPLO 12.28

Usemos as equações do Exemplo 12.27 para projetar um filtro passa-faixa da forma mostrada na Fig. 12.57 com LB = 2.000 rad/s, $(\mathbf{V}_s/\mathbf{V}_F)(\omega_0) = -5$ e $Q = 3$. Adote $C = 0{,}1\ \mu$F e determine a frequência central do filtro.

SOLUÇÃO Utilizando as equações de filtro, obtemos

$$\text{LB} = \frac{2}{R_2 C}$$

$$2.000 = \frac{2}{R_2(10)^{-7}}$$

$$R_2 = 10\ \text{k}\Omega$$

$$\frac{\mathbf{V}_s}{\mathbf{V}_F}(\omega_0) = -\frac{R_2}{2R_1}$$

$$-5 = -\frac{10.000}{2R_1}$$

$$R_1 = 1\ \text{k}\Omega$$

e

$$Q = \frac{1}{2}\sqrt{\frac{R_2}{R_1}}\sqrt{1 + \frac{R_1}{R_3}}$$

$$3 = \frac{1}{2}\sqrt{\frac{10.000}{1.000}}\sqrt{1 + \frac{1.000}{R_3}}$$

ou

$$R_3 = 385\ \Omega$$

Portanto, $R_1 = 1$ kΩ, $R_2 = 10$ kΩ, $R_3 = 385$ Ω e $C = 0{,}1$ μF definem completamente o filtro passa-faixa mostrado na Fig. 12.57. A frequência central do filtro é

$$\omega_0 = \frac{1}{C}\sqrt{\frac{1 + R_1/R_3}{R_1 R_2}}$$

$$= \frac{1}{10^{-7}}\sqrt{\frac{1 + (1.000/385)}{(1.000)(10.000)}}$$

$$= 6.000\ \text{rad/s}$$

EXEMPLO 12.29

Determine o diagrama de Bode para o filtro projetado no Exemplo 12.28. Empregue o modelo de amp-op com $R_e = \infty$, $R_s = 0$ e $A = 10^5$, e trace o gráfico na faixa de frequências de 600 a 60 kHz.

SOLUÇÃO O circuito equivalente para o filtro é mostrado na **Fig. 12.58a** e o diagrama de Bode na **Fig. 12.58b**. Como pode ser obtido do gráfico, a frequência central é de 6 krad/s e LB = 2 krad/s.

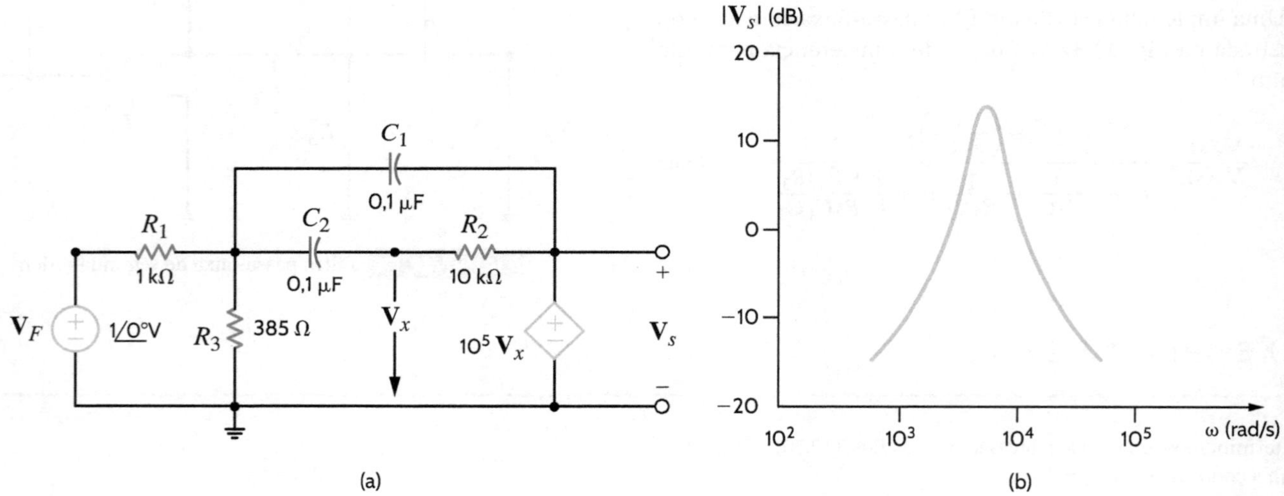

FIGURA 12.58 Figuras empregadas para o Exemplo 12.29: (a) circuito equivalente de filtro passa-faixa; (b) diagrama de Bode.

Avaliação da Aprendizagem

E12.27 Verifique se a Eq. (12.69) é a função de transferência para o filtro passa-faixa da Fig. 12.57.

Embora sejam muito populares e extremamente úteis em numerosas aplicações de filtros, amp-ops nem sempre são as melhores escolhas, em razão das limitações associadas a seus circuitos internos. Dois exemplos são filtros ativos de alta frequência e circuitos de baixa-tensão (< 3 V). Dada a evolução da tecnologia de comunicação sem fio (telefonia celular, redes Wi-Fi etc.), tais aplicações tendem a crescer em importância. Existe uma variante de amp-op, denominada *amplificador operacional de transcondutância* (OTA; do inglês, *operational transconductance amplifier*), que apresenta excelente desempenho nestes cenários e permite, por exemplo, a implementação de filtros muito avançados em um único chip. Neste texto, apresentaremos fundamentos e aplicações do OTA, incluindo multiplicadores analógicos, amplificadores com controle automático de ganho e os filtros mencionados anteriormente.

As vantagens do OTA com relação ao amp-op podem ser deduzidas dos diagramas na **Fig. 12.59**. No modelo de amp-op de três estágios, o estágio de entrada fornece uma grande resistência de entrada, converte a tensão diferencial de entrada $v_e(t)$ em uma tensão de um terminal (referenciada ao terra) e produz algum ganho de tensão. O estágio de ganho fornece a maior parte do ganho de tensão do amp-op. Por fim, o estágio de saída tem pouco ou nenhum ganho de tensão, mas apresenta baixa resistência de saída. Este modelo de três estágios retrata com precisão a estrutura física da maioria dos amp-ops.

Consideremos, agora, o modelo de um OTA de dois estágios. Como no amp-op, o estágio de entrada fornece uma elevada resistência de entrada e reduzido ganho de tensão. Ao contrário do amp-op, o estágio de ganho produz uma corrente de saída em vez de uma tensão. Como o sinal de saída é uma corrente, o ganho é dado em ampère por volt, ou transcondutância, em A/V ou siemen. Sem o estágio de saída, o OTA é mais compacto e consome menos energia do que o amp-op, além de apresentar uma elevada resistência total de saída R_s. O fato de todo o ganho do OTA poder ser obtido em um único estágio simplifica ainda mais a configuração interna, resultando em um amplificador simples, rápido e compacto, que pode ser replicado com eficiência diversas vezes em um único chip de silício. O símbolo esquemático para um OTA e um modelo mais simples são mostrados nas **Figs. 12.60a** e **b**, respectivamente.

Para comparar o desempenho do amplificador operacional e do OTA, considere os circuitos na **Fig. 12.61**. Para o amp-op, o ganho de tensão total é dado por

$$A = \frac{v_s}{v_e} = \left[\frac{R_e}{R_F + R_e}\right] A_V \left[\frac{R_L}{R_L + R_s}\right] \tag{12.74}$$

Idealmente, $R_e \to \infty$, $R_s \to 0$, e a tensão de saída independe dos componentes externos R_F e R_L. O ganho total do OTA é dado por

$$G_m = \frac{i_s}{v_e} = \left[\frac{R_e}{R_F + R_e}\right] g_m \left[\frac{R_s}{R_L + R_s}\right] \tag{12.75}$$

Em um OTA ideal, R_e e $R_s \to \infty$, resultando em uma transcondutância que independe de R_F e de R_L. Semelhanças e diferenças entre OTAs ideais e amp-ops ideais são listadas na **Tabela 12.2.**

Assim como amp-ops, OTAs podem ser usados para desenvolver circuitos matemáticos. Consideraremos três circuitos

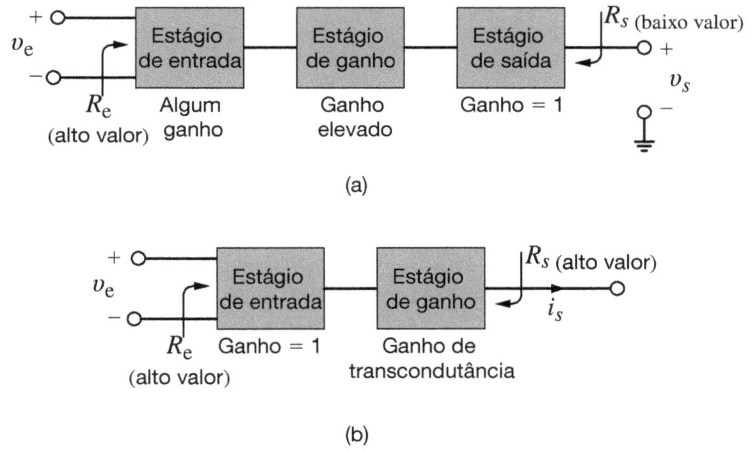

FIGURA 12.59 Diagramas de blocos que descrevem a construção física de (a) amplificador operacional e (b) OTA.

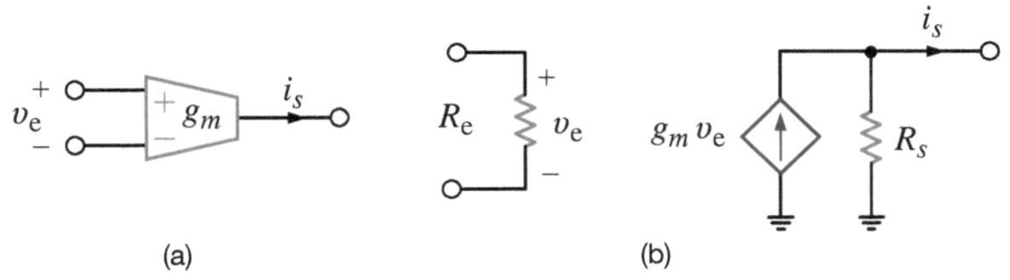

FIGURA 12.60 Símbolo esquemático de (a) um OTA e (b) um modelo simples.

com OTA muito empregados em filtros ativos: o integrador, o resistor simulado e o somador. Para simplificar a análise, assumimos que o OTA é ideal com resistências de entrada e saída infinitas. O integrador na **Fig. 12.62**, que forma o núcleo de filtros ativos baseados em OTA, pode ser analisado da seguinte forma:

$$i_s = g_m v_1 \quad v_s = \frac{1}{C}\int i_s dt \quad v_s = \frac{g_m}{C}\int v_1 dt \qquad \textbf{12.76}$$

Ou, no domínio da frequência,

$$\mathbf{I}_s = g_m \mathbf{V}_1 \quad \mathbf{V}_s = \frac{\mathbf{I}_s}{j\omega C} \quad \mathbf{V}_s = \frac{g_m}{j\omega C}\mathbf{V}_1 \qquad \textbf{12.77}$$

Um aspecto interessante da fabricação de CIs é que os resistores (especialmente resistores de grande valor, isto é, > 10 kΩ) são fisicamente muito grandes em comparação com outros dispositivos, como transistores. Ademais, produzir valores precisos é bastante difícil. Isso motivou os engenheiros a usarem OTAs para simular resistores. Um desses circuitos é o resistor aterrado, mostrado na **Fig. 12.63**. Aplicando as equações OTA ideais na Tabela 12.2,

$$i_s = g_m(0 - v_e) = -g_m v_e \quad i_e = -i_s \quad R_{eq} = \frac{v_e}{i_e} = \frac{1}{g_m} \qquad \textbf{12.78}$$

Um circuito somador simples é mostrado na **Fig. 12.64a**, na qual OTA número 3 é um resistor simulado. Com base na Eq. (12.78), produzimos o circuito equivalente na **Fig. 12.64b**. A análise é simples.

$$i_{s1} = g_{m1} v_1 \quad i_{s2} = g_{m2} v_2 \quad i_s = i_{s1} + i_{s2} \quad v_s = \frac{i_s}{g_{m3}}$$

$$= \frac{g_{m1}}{g_{m3}} v_1 + \frac{g_{m2}}{g_{m3}} v_2 \qquad \textbf{12.79}$$

Neste ponto, apresentaremos o último importante recurso de um OTA: programabilidade. A transcondutância, g_m, é controlada linearmente por uma corrente denominada corrente de polarização do amplificador, ou I_{ABC}, como indicado na **Fig. 12.65a**. Infelizmente, a entrada I_{ABC} não faz parte do sím-

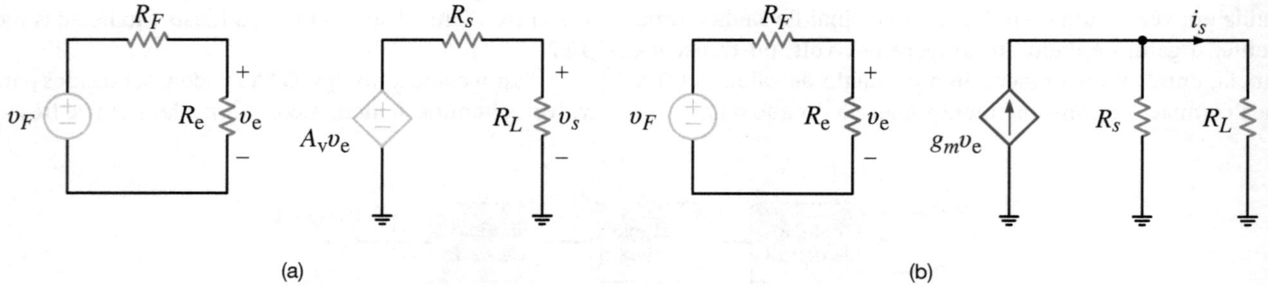

FIGURA 12.61 Circuitos simples que demonstram as características relativas de (a) amp-ops e (b) OTAs.

TABELA 12.2 Comparação das características de amp-ops e OTAs ideais

Tipo de amplificador	R_e ideal	R_s ideal	Ganho ideal	Corrente de entrada	Tensão de entrada
Amp-op	∞	0	∞	0	0
OTA	∞	∞	g_m	0	diferente de zero

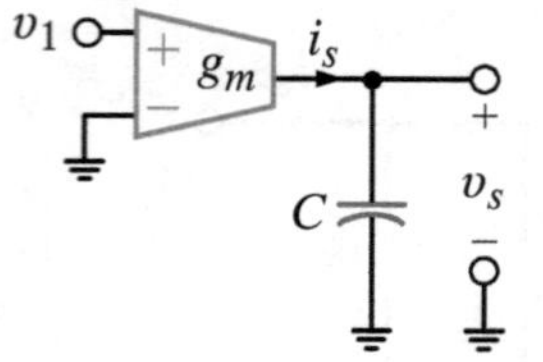

FIGURA 12.62 Integrador baseado em OTA.

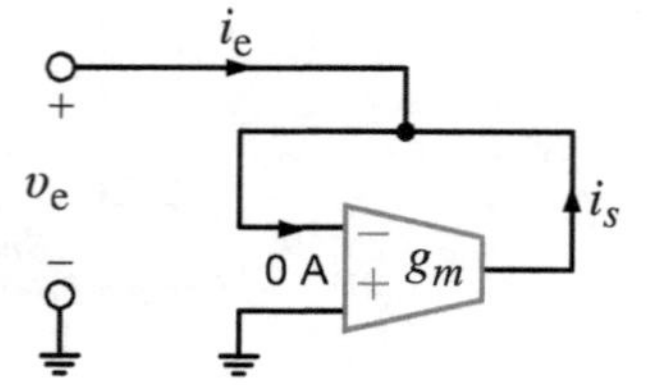

FIGURA 12.63 Um resistor simulado baseado em OTA.

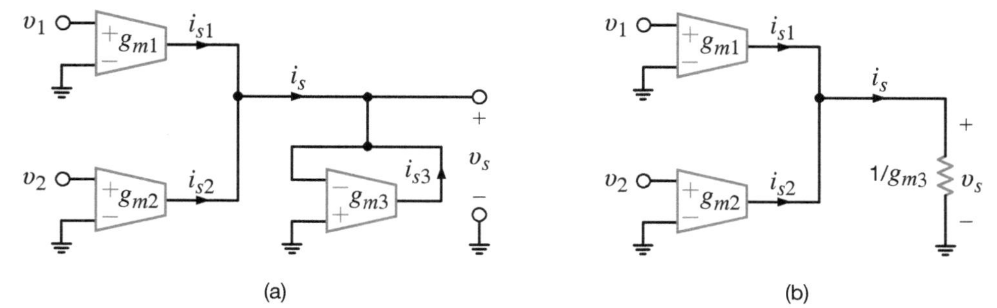

FIGURA 12.64 Somador de tensão baseado em OTA.

bolo esquemático. A dependência de g_m com relação a I_{ABC} é tipicamente de 20 S/A, mas a faixa de valores de g_m e seu valor máximo dependem do projeto do OTA. Valores típicos são 10 mS para o valor máximo de g_m, e 3 a 7 potências de dez, ou décadas, para a faixa de transcondutância. Por exemplo, se o valor máximo de g_m for 10 mS e a faixa de valores for 4 décadas, então o valor mínimo de g_m será 1 μS e o intervalo utilizável de I_{ABC}, de 0,05 μA a 0,5 mA.

A **Fig. 12.65b** mostra um meio simples para definir I_{ABC}. O resistor de ajuste de ganho, R_G, limita I_{ABC}:

$$I_{ABC} = \frac{V_{CC} - V_G}{R_G} \qquad \textbf{12.80}$$

em que V_{CC} é a fonte de alimentação positiva. Se a tensão no ponto marcado como V_G for conhecida, I_{ABC} pode ser definida por R_G. Infelizmente, diferentes fabricantes projetam seus OTAs com diferentes valores de V_G, que são listados na folha de dados do amplificador. Aqui, assumiremos que V_G é zero volt.

$$I_{ABC} = \frac{V_{CC}}{R_G} \qquad \textbf{12.81}$$

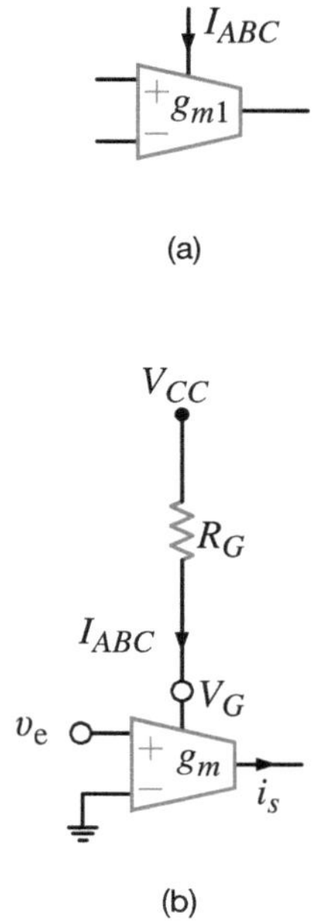

FIGURA 12.65 Símbolo esquemático modificado de um OTA mostrando (a) a corrente de polarização de entrada do amplificador e (b) ajuste de I_{ABC} com um único resistor.

EXEMPLO 12.30

Um OTA ideal tem sensibilidade $g_m - I_{ABC}$ de 20, g_m máximo de 4 mS e faixa de valores de g_m de 4 décadas. Usando o circuito da Fig. 12.63, produza uma resistência equivalente de 25 kΩ e calcule os valores de g_m e de I_{ABC}.

SOLUÇÃO Da Eq. (12.78), a resistência equivalente é $R_{eq} = 1/g_m = 25$ kΩ, resultando em $g_m = 40$ μS. Como $g_m = 20\ I_{ABC}$, a corrente de polarização do amplificador necessária é $I_{ABC} = 2$ μA.

EXEMPLO 12.31

O circuito na **Fig. 12.66** é um resistor simulado flutuante. Para um OTA ideal, determine uma expressão para $R_{eq} = v_1/i_1$. Empregando o OTA descrito no Exemplo 12.30, produza uma resistência de 80 kΩ. Repita para um resistor de 10 MΩ.

SOLUÇÃO Para o OTA 1, temos $i_{s1} = g_{m1}(-v_1)$ e $i_1 = -i_{s1}$. Assim, $R_{eq} = v_1/i_1 = 1/g_{m1}$. Devemos considerar também a corrente de retorno, contribuída pelo OTA 2, em que $i_{s2} = g_{m2}(v_1)$ e $i_{s2} = i_1$. Agora, $R_{eq} = v_1/i_1 = 1/g_{m2}$. Para operação adequada, devemos garantir que $g_{m1} = g_{m2}$.

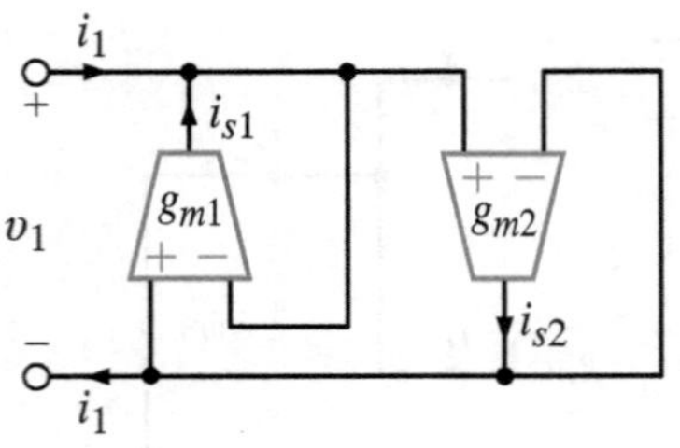

FIGURA 12.66 Resistor simulado flutuante.

Para $R_{eq} = 1/g_m = 80$ kΩ, temos $g_{m1} = g_{m2} = g_m = 12{,}5$ μS. Como $g_m = 20I_{ABC}$, a necessária corrente de polarização para os dois OTAs é $I_{ABC} = 0{,}625$ μA. Considerando, agora, $R_{eq} = 1/g_m = 10$ MΩ, a transcondutância passa $g_m = 0{,}1$ μS. No entanto, o mínimo valor de g_m para esses OTAs é especificado em 0,4 μS. Devemos buscar OTAs adequados ou um circuito melhor.

EXEMPLO 12.32

Usando o somador na Fig. 12.64 e os OTAs especificados no Exemplo 12.30, produza a seguinte função:

$$v_s = 10v_1 + 2v_2$$

e, também, essa outra função

$$v_s = 10v_1 - 2v_2$$

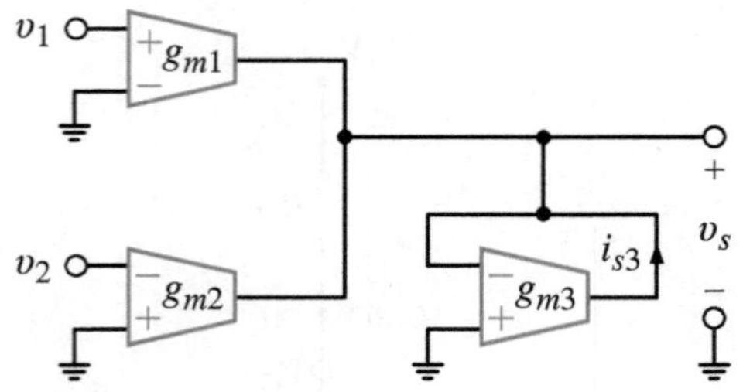

FIGURA 12.67 Pequena modificação do somador na Fig. 12.64 produz este circuito de subtração.

SOLUÇÃO Comparando a Eq. (12.79) com a função desejada, vemos que $g_{m1}/g_{m3} = 10$ e $g_{m2}/g_{m3} = 2$. Com apenas duas equações e três incógnitas, devemos escolher um valor para g_m. Escolhendo, arbitrariamente, $g_{m3} = 0{,}1$ mS, obtemos $g_{m1} = 1$ mS e $g_{m2} = 0{,}2$ mS. As correspondentes correntes de polarização são $I_{ABC1} = 50$ μA, $I_{ABC2} = 10$ μA, e $I_{ABC3} = 5$ μA.

Para o segundo caso, simplesmente invertemos o sinal de v_2, como mostrado na **Fig. 12.67**. Esta é mais uma vantagem do OTA com relação a amp-ops. Novamente, escolhendo $g_{m3} = 0{,}1$ mS, obtemos a mesma corrente de polarização do primeiro caso.

Como o ganho de um OTA é controlado por I_{ABC}, é possível projetar um multiplicador analógico cuja saída seja o produto de duas tensões? Isso é mostrado na **Fig. 12.68**, na qual a corrente de saída pode ser escrita como

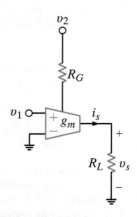

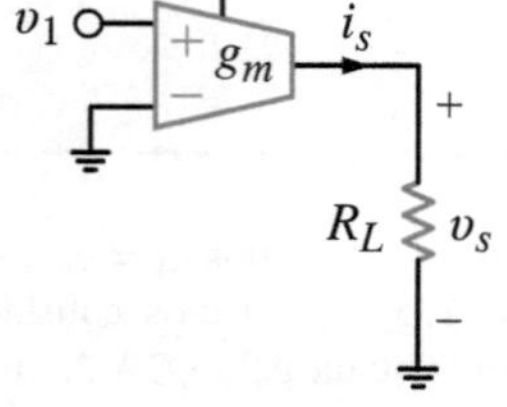

FIGURA 12.68 Multiplicador analógico de dois quadrantes.

$$i_s = v_1 g_m = v_1(20I_{ABC}) = 20v_1\left[\frac{v_2}{R_G}\right] \quad \textbf{12.82}$$

e a tensão de saída como

$$v_s = i_s R_L = 20\left[\frac{R_L}{R_G}\right]v_1 v_2 \quad \textbf{12.83}$$

A razão entre resistores é usada para definir o fator de escala para a tensão de saída. Usando tensões de alimentação ±, V_{CC} e V_{EE}, vemos que o multiplicador pode suportar tensões positivas e negativas em v_1 e em v_s; no entanto, v_2 deve fornecer uma corrente I_{ABC} positiva no ponto de corrente de polarização. Assim, v_2 deve ser positivo. Este tipo de multiplicador, em que apenas uma entrada pode ser positiva ou negativa, é denominado multiplicador de dois quadrantes. Quando as duas entradas podem ser de qualquer sinal, a classificação é de multiplicador de quatro quadrantes.

Considere um passeio de carro, de ida e volta, da cidade para o campo. No percurso, passamos pela antena da mesma estação de rádio FM que ouvimos no rádio do carro. Sabemos que a antena do carro recebe um sinal mais intenso quando estamos mais perto da antena, mas o volume do rádio é o mesmo, estejamos perto ou longe da antena. Como o carro sabe onde está antena?

Claro, o carro não tem ideia de onde está a antena da estação FM. O que ocorre é que amplificação do sinal entre a antena do carro e os alto-falantes do rádio é controlada com base na intensidade do sinal recebido – uma técnica chamada controle automático de ganho, ou CAG.[1] O circuito na **Fig. 12.69** mostra como isso pode ser implementado com OTAs. Há duas características críticas aqui. Primeira, o ganho do OTA 1 depende de sua própria tensão de saída, de modo que um aumento em v_s causa uma diminuição no ganho. Isso é chamado de controle automático de ganho. Segunda, g_{m1} deve ser uma função da magnitude de v_s e não de seu valor instantâneo. Um subcircuito denominado detector de pico executa essa função. Embora seu funcionamento interno esteja além do escopo deste livro, devemos entender a utilidade deste subcircuito.

Enquanto o OTA 1 fornece ganho variável, o OTA 2 ajusta o ganho para produzir uma tensão de saída dependente dela própria:

$$v_s = i_s R_L = v_e g_{m1} R_L = v_e R_L (20 I_{ABC1}) = \\ = 20 v_e R_L g_{m2}(V_{CC} - |v_s|) = Av_e - Bv_e|v_s| \qquad \textbf{12.84}$$

Vemos que a tensão de saída tem dois termos, ambos proporcionais a v_e. No segundo termo, em que a constante de proporcionalidade depende do próprio v_s, é que ocorre o controle automático do ganho. Resolvendo a Eq. (12.84) para v_s, vemos com mais clareza o impacto do CAG. (Para facilitar o entendimento, por ora, deixamos de lado o operador de valor absoluto. Contudo, o detector de pico ainda é necessário.)

$$v_s = \frac{Av_e}{1 + Bv_e} \qquad \textbf{12.85}$$

Quando o sinal recebido v_e é de baixa intensidade (estamos longe da antena da estação FM), o denominador se aproxima da unidade e a saída é aproximadamente Av_e. No entanto, à medida que nos aproximamos da antena, v_e aumenta e o denominador cresce até $Bv_e >> 1$. Agora, v_s se aproxima da razão A/B, que, essencialmente, independe do sinal recebido, e o volume do rádio é menos sensível à distância até a antena!

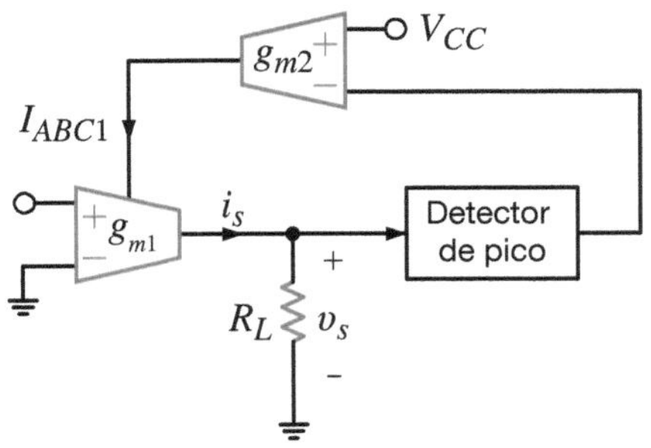

FIGURA 12.69 Amplificador com controle automático de ganho implementado usando dois OTAs. Um terceiro OTA pode ser usado para implementar o resistor de carga, se desejado.

Usando os subcircuitos nas Figs. 12.62 e 12.63, podemos criar filtros ativos chamados filtros OTA-C, que contêm apenas OTAs e capacitores. A falta de resistores torna os filtros OTA-C ideais para implementações em chip único ou monolítico. Como introdução, considere o circuito na **Fig. 12.70**. Para OTAs ideais, a função de transferência pode ser determinada da seguinte forma:

$$\mathbf{I}_{s1} = g_{m1}\mathbf{V}_{e1} \quad \mathbf{I}_{s2} = -g_{m2}\mathbf{V}_s \quad \mathbf{I}_C = \mathbf{V}_s(j\omega C) = \\ = \mathbf{I}_{s1} + \mathbf{I}_{s2} \quad \mathbf{V}_s = \frac{\mathbf{I}_{s1} + \mathbf{I}_{s2}}{j\omega C} = \frac{g_{m1}}{j\omega C}\mathbf{V}_{e1} - \frac{g_{m2}}{j\omega C}\mathbf{V}_s$$

Resolvendo a função de transferência, obtemos a função passa-baixa:

$$\frac{\mathbf{V}_s}{\mathbf{V}_{e1}} = \frac{g_{m1}/g_{m2}}{\dfrac{j\omega C}{g_{m2}} + 1} \qquad \textbf{12.86}$$

Da Eq. (12.86), vemos que o circuito é um filtro passa-baixa de primeira ordem, cujo diagrama de Bode assintótico é mostrado na **Fig. 12.71**. Tanto a frequência de canto, $f_C = g_{m2}/(2\pi C)$, quanto o ganho CC, $A_{CC} = g_{m1}/g_{m2}$, são programáveis.

Em filtros OTA-C monolíticos, capacitores e OTAs são fabricados em um único chip. Valores típicos do capacitor do OTA variam de cerca de 1 a 50 pF.

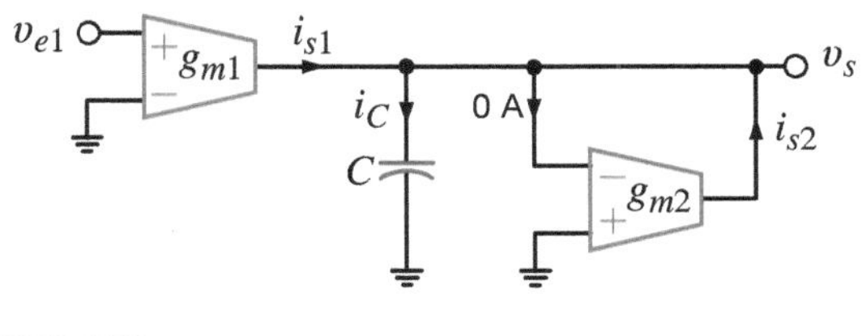

FIGURA 12.70 Um filtro OTA-C passa-baixa simples de primeira ordem.

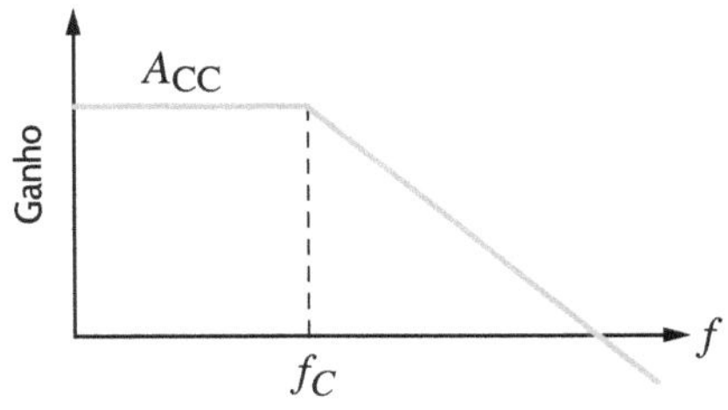

FIGURA 12.71 Diagrama de Bode assintótico para um filtro passa-baixa de primeira ordem.

[1]N. T.: Também conhecido pelo acrônimo do correspondente termo em inglês: AGC, de *automatic gain control*.

EXEMPLO 12.33

O filtro passa-baixa na Fig. 12.70 é implementado usando um capacitor de 25 pF e OTAs com sensibilidade $g_m - I_{ABC}$ de 20, g_m máximo de 1 mS e 3 décadas de faixa de valores. Determine as necessárias correntes de polarização para a função de transferência do filtro:

$$\frac{\mathbf{V}_s}{\mathbf{V}_e} = \frac{4}{\dfrac{j\omega}{2\pi(10^5)} + 1} \qquad \textbf{12.87}$$

SOLUÇÃO Comparando a Eq. (12.86) com a função desejada, $g_{m2}/C = (2\pi)10^5$. Para $C = 25$ pF, $g_{m2} = 15{,}7$ μS. Como $g_m = 20 I_{ABC}$, a corrente de polarização para o OTA 2 é $I_{ABC2} = 0{,}785$ μA. Por fim, $g_{m1}/g_{m2} = 4$ resulta em $I_{ABC1} = 3{,}14$ μA.

Das dezenas de topologias de filtros baseados em OTAs, uma muito popular é a do filtro biquad de dois integradores. O termo *biquad* é a abreviação de biquadrático, o que, na terminologia de filtros, significa que o ganho do filtro é uma razão de duas funções quadráticas, na forma

$$\frac{\mathbf{V}_s}{\mathbf{V}_e} = \frac{A(j\omega)^2 + B(j\omega) + C}{(j\omega)^2 + \dfrac{\omega_o}{Q}(j\omega) + \omega_o^2} \qquad \textbf{12.88}$$

Com a seleção de valores apropriados para *A*, *B* e *C*, as funções passa-baixa, passa-faixa e passa-alta podem ser criadas, conforme listado na **Tabela 12.3**. A **Fig. 12.72** mostra o biquad de dois integradores mais popular usado na prática – o filtro Tow-Thomas. Assumindo OTAs ideais, podemos obter a função de transferência do filtro. Para o OTA 1, um integrador, obtemos

$$\frac{\mathbf{V}_{s1}}{\mathbf{V}_{e1} - \mathbf{V}_{s2}} = \frac{g_{m1}}{j\omega C_1}$$

A corrente de saída do OTA 2 é

$$\mathbf{I}_{s2} = g_{m2}[\mathbf{V}_{s1} - \mathbf{V}_{e2}]$$

Aplicando a LKC ao segundo nó de saída, obtemos

$$\mathbf{I}_{s3} + \mathbf{I}_{s2} = (j\omega C_2)\mathbf{V}_{s2}$$

em que

$$\mathbf{I}_{s3} = [\mathbf{V}_{e3} - \mathbf{V}_{s2}]g_{m3}$$

Resolvendo para $\mathbf{V}_{s1}$ e $\mathbf{V}_{s2}$, temos

$$\mathbf{V}_{s1} = \frac{\left[\dfrac{j\omega C_2}{g_{m2}} + \dfrac{g_{m3}}{g_{m2}}\right]\mathbf{V}_{e1} + \mathbf{V}_{e2} - \left[\dfrac{g_{m3}}{g_{m2}}\right]\mathbf{V}_{e3}}{\left[\dfrac{C_1C_2}{g_{m1}g_{m2}}\right](j\omega)^2 + \left[\dfrac{g_{m3}C_1}{g_{m2}g_{m1}}\right](j\omega) + 1}$$

e

$$\mathbf{V}_{s2} = \frac{\mathbf{V}_{e1} - \left[\dfrac{j\omega C_1}{g_{m1}}\right]\mathbf{V}_{e2}\left[\dfrac{j\omega C_1 g_{m3}}{g_{m1}g_{m2}}\right]\mathbf{V}_{e3}}{\left[\dfrac{C_1C_2}{g_{m1}g_{m2}}\right](j\omega)^2 + \left[\dfrac{g_{m3}C_1}{g_{m2}g_{m1}}\right](j\omega) + 1} \qquad \textbf{12.89}$$

TABELA 12.3 Várias possibilidades de filtro biquad Tow-Thomas

Tipo de filtro	A	B	C
Passa-baixa	0	0	diferente de zero
Passa-faixa	0	diferente de zero	0
Passa-alta	diferente de zero	0	0

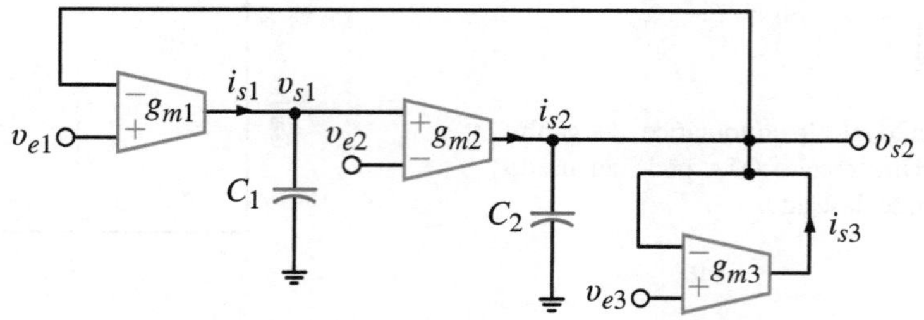

FIGURA 12.72 Filtro biquad Tow-Thomas OTA-C.

Vale notar que este circuito simples permite a implementação de filtros passa-baixa e passa-faixa, dependendo apenas do ponto em que a entrada é aplicada! A **Tabela 12.4** lista as possibilidades. Comparando as Eqs. (12.88) e (12.89), as equações de projeto para ω_0, Q e largura de banda podem ser escritas como

$$\omega_s = \sqrt{\frac{g_{m1}g_{m2}}{C_1C_2}} \quad \frac{\omega_s}{Q} = \text{LB} = \frac{g_{m3}}{C_2} \quad Q = \sqrt{\frac{g_{m1}g_{m2}}{g_{m3}^2}}\sqrt{\frac{C_2}{C_1}} \qquad \textbf{12.90}$$

Considere um filtro passa-faixa Tow-Thomas. Da Eq. (12.90), com $g_{m1} = g_{m2} = g_m$ e $C_1 = C_2 = C$, as seguintes relações são facilmente obtidas:

$$\omega_s = \frac{g_m}{C} = \frac{k}{C}I_{ABC} \quad \frac{\omega_s}{Q} = \text{LB} = \frac{g_{m3}}{C} = \frac{k}{C}I_{ABC3} \quad Q = \frac{g_m}{g_{m3}} = \frac{I_{ABC}}{I_{ABC3}} \qquad \textbf{12.91}$$

em que k é a sensibilidade $g_m - I_{ABC}$. Com base na Eq. (12.91), temos um eficiente controle sobre as características do filtro. Em particular, o ajuste de I_{ABC} com I_{ABC3} fixa permite o escalamento direto da frequência central e de Q, sem afetar a largura de banda. O ajuste de I_{ABC3} altera apenas a largura de banda, mas não a frequência central. Por fim, o ajuste de todas as três correntes de polarização permite o escalamento da frequência central e da largura de banda na mesma proporção, resultando em um fator Q constante.

TABELA 12.4 Combinações de passa-baixa e passa-faixa para o filtro biquad Tow-Thomas na Figura 12.72

Tipo de filtro	Entrada	Saída	Sinal
	v_{e2}	v_{s1}	positivo
Passa-baixa	v_{e3}	v_{s1}	negativo
	v_{e1}	v_{s2}	positivo
Passa-faixa	v_{e2}	v_{s2}	negativo
	v_{e3}	v_{s2}	positivo

EXEMPLO 12.34

Usando as especificações do OTA no Exemplo 12.30 e capacitores de 5 pF, projete um filtro passa-baixa Tow-Thomas com frequência de canto de 6 MHz, $Q = 5$ e ganho CC de 1.

SOLUÇÃO Usando o par entrada-saída $v_{e1} - v_{e2}$, com $g_{m1} = g_{m2} = g_m$ e $C_1 = C_2$, podemos aplicar a Eq. (12.91):

$$g_m = \omega_0 C = (2\pi)(6 \times 10^6)(5 \times 10^{-12}) = 188{,}5\ \mu\text{S} \quad g_{m3} = \frac{g_m}{Q} = 37{,}7\ \mu\text{S}$$

As correntes de polarização necessárias são

$$I_{ABC1} = I_{ABC2} = \frac{g_m}{20} = 9{,}425\ \mu\text{A} \quad I_{ABC3} = \frac{g_{m3}}{20} = 1{,}885\ \mu\text{A}$$

A partir do diagrama de Bode mostrado na **Fig. 12.73**, vemos que a frequência de canto é, de fato, 6 MHz.

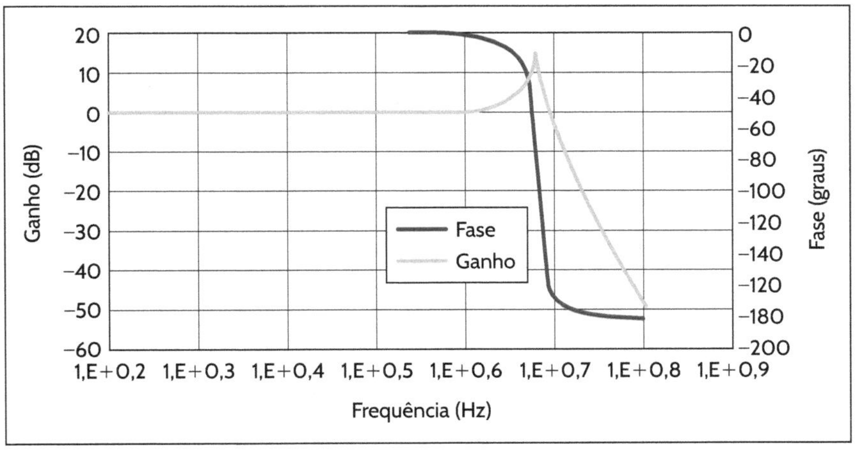

FIGURA 12.73 Diagrama de Bode do filtro passa-baixa Tow-Thomas no Exemplo 12.34.

12.6 Exemplos de Aplicação

EXEMPLO DE APLICAÇÃO 12.35

O conversor CA-CC na **Fig. 12.74a** foi projetado para uso em uma calculadora portátil. Idealmente, o circuito deve converter uma tensão senoidal de 120 V rms em uma saída de 9 V CC. Na verdade, a saída tem a forma

$$v_s(t) = 9 + 0{,}5 \text{ sen } 377t \text{ V}$$

Use um filtro passa-baixa para reduzir a componente de 60 Hz de $v_s(t)$.

SOLUÇÃO O circuito equivalente de Thévenin para o conversor é mostrado na **Fig. 12.74b**. Conectando um capacitor aos terminais de saída, como na **Fig. 12.74c**, criamos um filtro passa-baixa na saída. A função de transferência do conversor com filtro é escrita como

$$\frac{\mathbf{V}_{SF}}{\mathbf{V}_{Th}} = \frac{1}{1 + sR_{Th}C}$$

e tem um polo na frequência $f = 1/2\pi R_{Th}C$. Para obter uma atenuação significativa em 60 Hz, optamos por colocar o polo em 6 Hz, resultando na equação

$$\frac{1}{2\pi R_{Th}C} = 6$$

ou

$$C = 53{,}05 \ \mu\text{F}$$

Usamos uma simulação transiente do conversor para verificar seu desempenho.

A **Fig. 12.74d** mostra a saída sem filtragem, $v_s(t)$, e com filtragem, $v_{SF}(t)$. O filtro, de fato, reduziu a indesejada componente em 60 Hz por um fator de seis, aproximadamente.

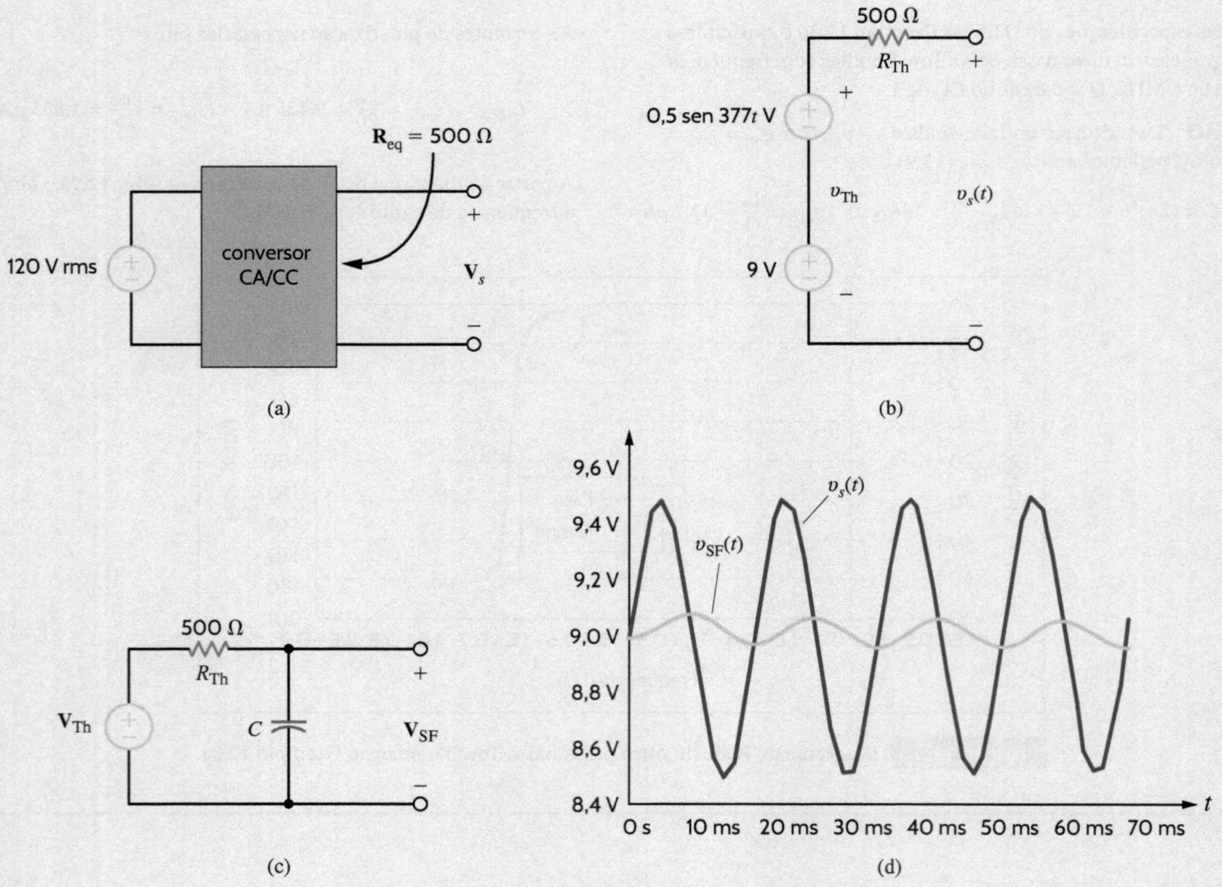

FIGURA 12.74 Circuitos e gráficos de saída para conversor CA-CC.

EXEMPLO DE APLICAÇÃO 12.36

A antena de um rádio FM capta estações em toda a faixa de frequências FM – aproximadamente, de 87,5 a 108 MHz. O circuito do rádio deve ter a capacidade de, primeiro, rejeitar todas as estações, exceto aquela que o ouvinte deseja escutar, e, segundo, amplificar o fraco sinal da antena. Um amplificador sintonizado incorporando ressonância paralela pode realizar essas duas tarefas simultaneamente.

O circuito da **Fig. 12.75a** é um modelo de circuito para um amplificador transistorizado sintonizado de estágio único, no qual o resistor, o capacitor e o indutor são elementos discretos. Determine a função de transferência $\mathbf{V}_s(s)/\mathbf{V}_A(s)$, em que $\mathbf{V}_A(s)$ é a tensão da antena e o valor de C é para ganho máximo em 91,1 MHz. Por fim, simule os resultados.

Como $\mathbf{V}(s) = \mathbf{V}_A(s)$, a função de transferência é escrita como

$$\frac{\mathbf{V}_s(s)}{\mathbf{V}_A(s)} = -\frac{4}{1.000}\left[R//sL//\frac{1}{sC}\right]$$

$$\frac{\mathbf{V}_s(s)}{\mathbf{V}_A(s)} = -\frac{4}{1.000}\left[\frac{s/C}{s^2 + \frac{s}{RC} + \frac{1}{LC}}\right]$$

O circuito ressonante paralelo é, na verdade, um filtro passa-faixa. O ganho máximo ocorre na frequência central, f_0. Esta condição corresponde a um valor mínimo no denominador. Isolando o polinômio no denominador, $D(s)$, e substituindo $s = j\omega$, temos

$$\mathbf{D}(j\omega) = \frac{R}{LC} - \omega^2 + \frac{j\omega}{C}$$

cujo valor mínimo ocorre quando a parte real se anula, ou

$$\frac{1}{LC} - \omega_0^2 = 0$$

produzindo uma frequência central

$$\omega_0 = \frac{1}{\sqrt{LC}}$$

Assim, para uma frequência central de 91,1 MHz, temos

$$2\pi(91{,}1 \times 10^6) = \frac{1}{\sqrt{LC}}$$

e o valor necessário do capacitor é

$$C = 3{,}05 \text{ pF}$$

O diagrama de Bode para o amplificador sintonizado, como mostrado na **Fig. 12.75b**, confirma o projeto, uma vez que a frequência central é de 91,1 MHz, como especificado.

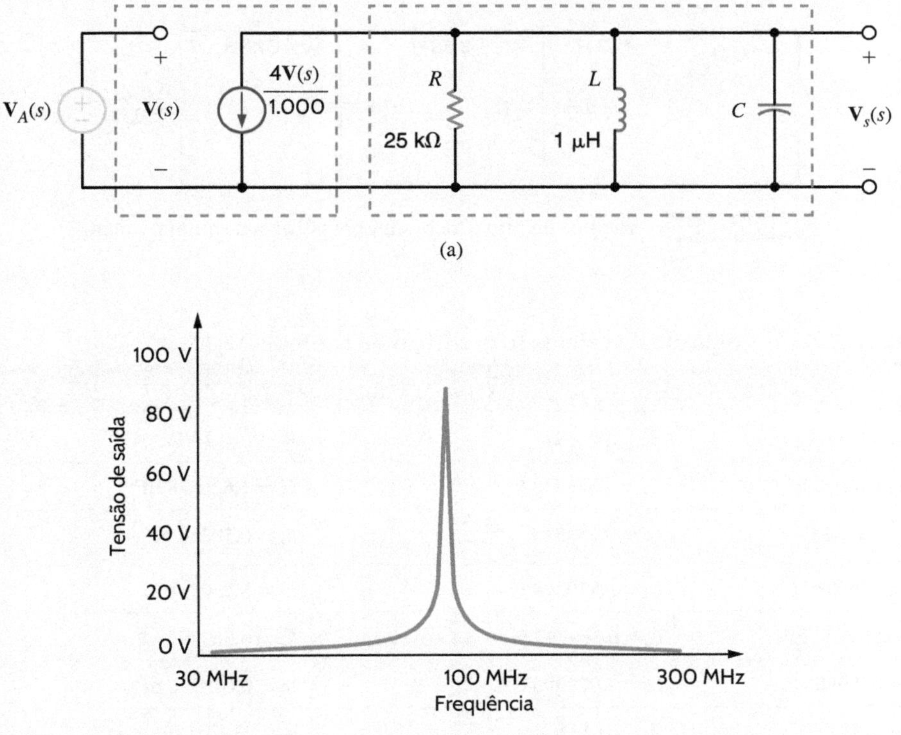

FIGURA 12.75 Circuito e diagrama de Bode para o amplificador sintonizado ressonante paralelo.

Neste estudo de filtros, vimos, até aqui, que indutores desempenham um papel fundamental. Entretanto, em geral, esses elementos são grandes e pesados, especialmente quando comparados com chips de circuitos integrados. Por conseguinte, para contornar o uso de indutores, projetistas de circuitos costumam empregar componentes eletrônicos, como amp-ops e OTAs. Essa abordagem pode, de fato, exigir um número maior de componentes, mas vale a pena, pois resistores, capacitores e os referidos elementos eletrônicos são implementáveis com facilidade em circuitos integrados de larga escala.

EXEMPLO DE APLICAÇÃO 12.37

Consideremos o circuito escada na **Fig. 12.76**. Este circuito é, na verdade, um protótipo de um filtro passa-baixa de Chebyshev de quinta ordem, com uma frequência da banda passante $\omega_0 = 1$ rad/s. A resposta de frequência do filtro é mostrada na **Fig. 12.77**.

Este filtro contém três indutores. Portanto, desenvolva uma implementação do filtro que não contenha indutores. Refizemos o projeto do filtro com OTAs, e a implementação do circuito equivalente é mostrada na **Fig. 12.78**.

Após escalamentos da frequência do filtro de $\omega_0 = 1$ rad/s para 1 M rad/s e das resistências de entrada e de saída de 1 Ω para 1 kΩ, os valores dos resultantes elementos são listados na **Tabela 12.5**. Observe que, em implementações baseadas em OTAs, indutores são substituídos por capacitores com os mesmos valores numéricos, mas a unidade é farad, em vez de henry.

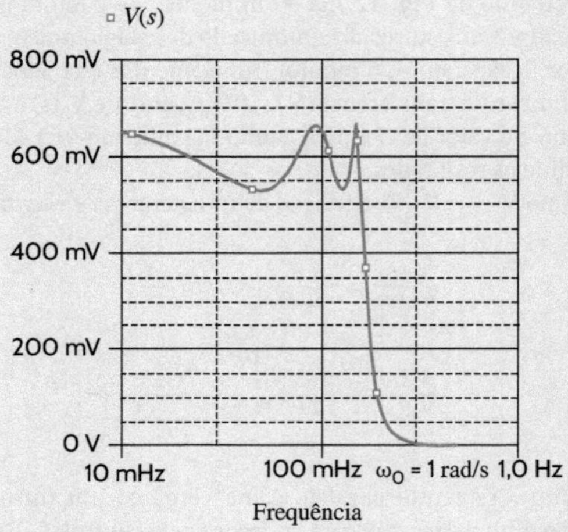

FIGURA 12.77 Resposta de frequência do filtro na Fig. 12.76.

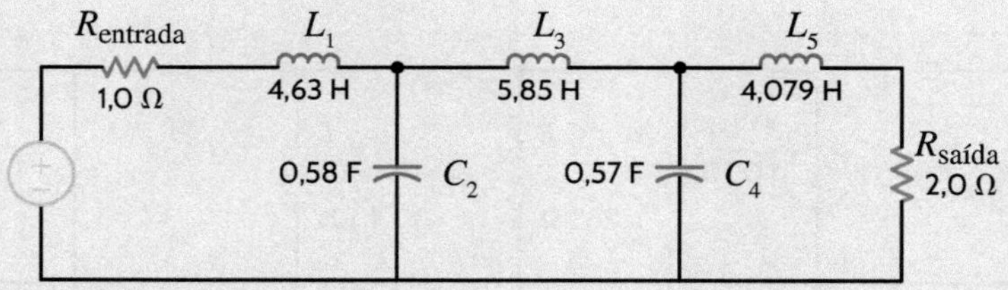

FIGURA 12.76 Protótipo de filtro Chebyshev passa-baixa de quinta ordem.

TABELA 12.5 Conjunto de valores para o filtro no Exemplo 12.37

Protótipo LC	Protótipo com OTAs	Implementação final
$R_{entrada} = 1\ \Omega$	$R_{entrada} = 1\ \Omega$	$R_{entrada} = 1\ k\Omega$
$L_1 = 4{,}626548$ H	$L_1 = 4{,}626548$ F	$L_1 = 4{,}626548$ nF
$C_1 = 0{,}58354$ F	$L_1 = 0{,}58354$ F	$L_1 = 0{,}58354$ nF
$L_3 = 5{,}850298$ H	$L_3 = 5{,}850298$ F	$L_3 = 5{,}850298$ nF
$L_4 = 0{,}569797$ F	$L_4 = 0{,}569797$ F	$L_4 = 0{,}569797$ nF
$L_5 = 4{,}078996$ H	$L_5 = 4{,}078996$ F	$L_5 = 4{,}078996$ nF
$R_{saída} = 2\ \Omega$	$R_{saída} = 2\ \Omega$	$R_{saída} = 2\ k\Omega$

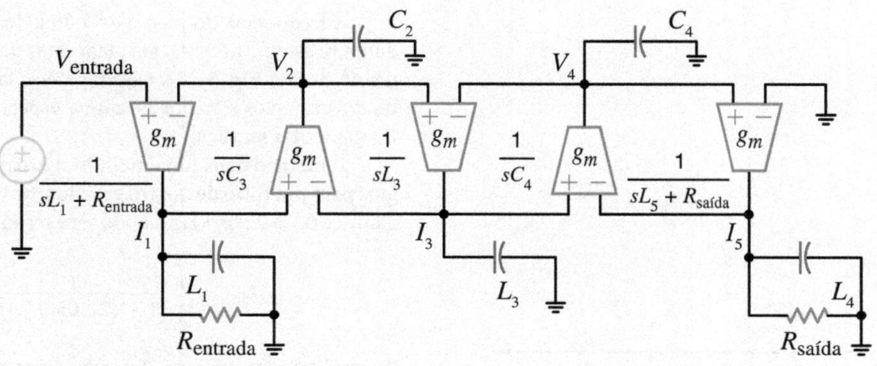

FIGURA 12.78 Implementação do filtro Chebyshev passa-baixa de quinta ordem mostrado na Fig. 12.76 utilizando OTAs, sem indutores.

12.7 Exemplos de Projeto

Ao longo deste capítulo, apresentamos vários exemplos de projeto. Nesta seção, vamos considerar mais alguns que também têm implicações práticas.

EXEMPLO DE PROJETO 12.38

Discos compactos (CDs) tornaram-se um meio muito popular para gravar e reproduzir música. CDs armazenam informações de forma digital; isto é, a música é amostrada a uma taxa muito alta, e as amostras são gravadas no disco. O truque é amostrar tão rapidamente que a reprodução soe contínua. A taxa padrão de amostragem da indústria é de 44,1 kHz – uma amostra a cada 22,7 μs.

Um importante aspecto da conversão analógico-digital que ocorre na unidade de gravação de um CD é denominado critério de Nyquist. Este critério estabelece que, na conversão analógica, as componentes de sinal em frequências acima da metade da taxa de amostragem (22,05 kHz, neste caso) não podem ser reproduzidas com fidelidade. Portanto, técnicos de gravação filtram essas frequências antes que a amostragem seja feita, proporcionando maior fidelidade ao ouvinte.

Projete uma série de filtros passa-baixa para realizar essa tarefa.

SOLUÇÃO Admita que, por exemplo, as especificações para o filtro sejam ganho unitário em CC e 20 dB de atenuação em 22,05 kHz. Considere, primeiro, o filtro *RC* simples na **Fig. 12.79**.

A função de transferência é facilmente escrita como

$$\mathbf{G}_{v1}(s) = \frac{\mathbf{V}_{s1}}{\mathbf{V}_e} = \frac{1}{1 + sRC}$$

Como uma função de transferência unipolar atenua a 20 dB/década, devemos colocar a frequência do polo uma década antes do ponto de –20 dB em 22,05 kHz.

Desta forma,

$$f_p = \frac{1}{2\pi RC} = 2{,}205 \text{ kHz}$$

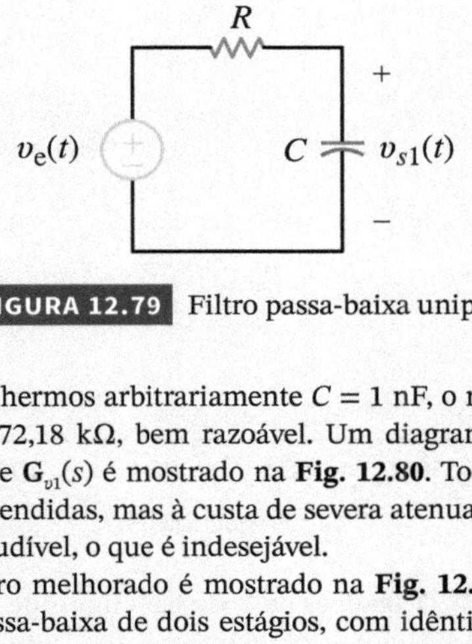

FIGURA 12.79 Filtro passa-baixa unipolar.

Se escolhermos arbitrariamente $C = 1$ nF, o resultante valor para R será 72,18 kΩ, bem razoável. Um diagrama de Bode da magnitude de $\mathbf{G}_{v1}(s)$ é mostrado na **Fig. 12.80.** Todas as especificações são atendidas, mas à custa de severa atenuação na faixa de frequência audível, o que é indesejável.

Um filtro melhorado é mostrado na **Fig. 12.81.** Trata-se de um filtro passa-baixa de dois estágios, com idênticos estágios de filtragem separados por um *buffer* de ganho unitário.

A presença do amp-op nos permite considerar os estágios de forma independente. Assim, a função de transferência fica escrita como:

$$\mathbf{G}_{v2}(s) = \frac{\mathbf{V}_{s2}}{\mathbf{V}_e} = \frac{1}{[1 + sRC]^2}$$

Para determinar as frequências necessárias dos polos, empregue a equação para $\mathbf{G}_{v2}(s)$ em 22,05 kHz, pois sabemos que, nesta frequência, o ganho deve ser 0,1 (atenuação de 20 dB). Substituindo $s = j\omega$, podemos expressar a magnitude de $\mathbf{G}_{v2}(s)$ como

$$|\mathbf{G}_{v2}| = \left\{ \frac{1}{1 + (22.050/f_p)^2} \right\} = 0{,}1$$

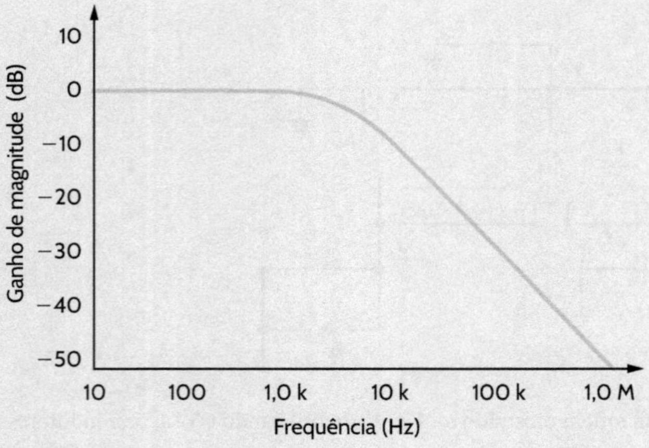

FIGURA 12.80 Diagrama de Bode para o filtro unipolar.

A frequência do polo é de 7,35 kHz, e o valor do correspondente resistor, 21,65 kΩ. Os diagramas de Bode para $\mathbf{G}_{v1}$ e $\mathbf{G}_{v2}$ são mostrados na **Fig. 12.82**. Observe que a largura de banda do filtro de dois estágios é maior do que a especificada, o que melhora a fidelidade da gravação.

Tentemos mais uma melhoria: expandir o filtro de dois estágios para um filtro de quatro estágios. Novamente, a magnitude do ganho é 0,1 a 22,05 kHz e pode ser escrita como

$$|\mathbf{G}_{v3}| = \left\{ \frac{1}{\left[1 + \left(22.050/f_p\right)^2\right]^2} \right\} = 0{,}1$$

As resultantes frequências dos polos ocorrem em 15 kHz, e o valor do necessário resistor é 10,61 kΩ. A **Fig. 12.83** mostra os três diagramas de Bode. Obviamente, o filtro de quatro estágios, com a maior largura de banda, é a melhor opção (descontando qualquer custo extra associado aos adicionais elementos de circuito ativos e passivos).

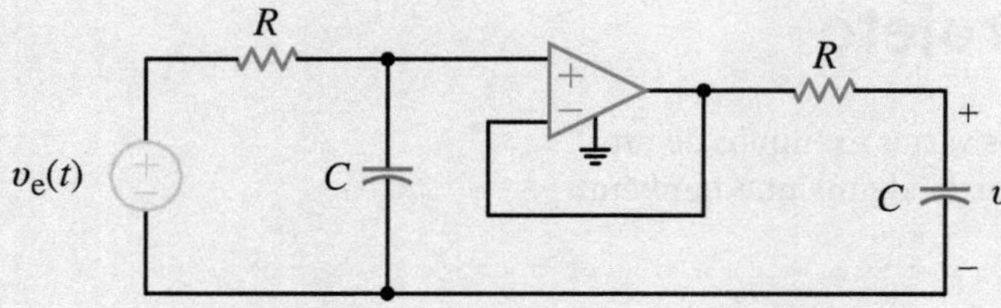

FIGURA 12.81 Filtro com *buffer* de dois estágios.

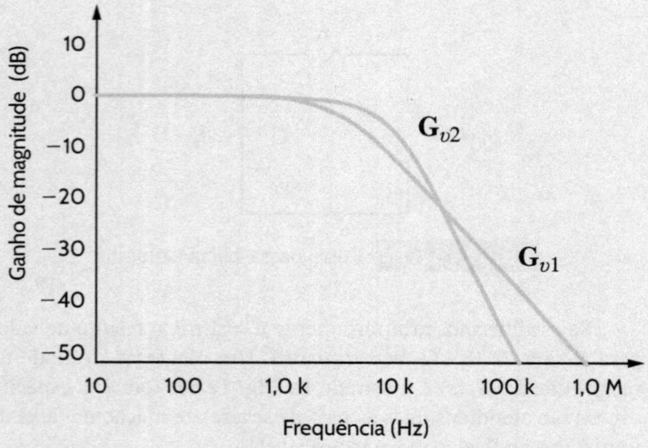

FIGURA 12.82 Diagramas de Bode para filtros de um e dois estágios.

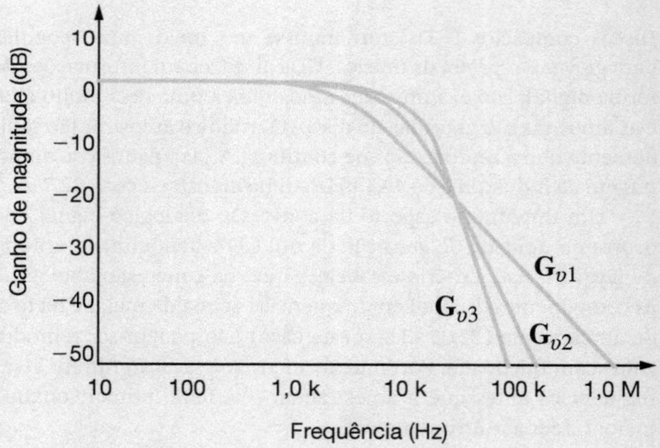

FIGURA 12.83 Diagramas de Bode para filtros de um, dois e quatro estágios.

EXEMPLO DE PROJETO 12.39

O circuito na **Fig. 12.84a** é denominado filtro notch. A partir do esboço de diagrama de Bode na **Fig. 12.84b**, vemos que o ganho da função de transferência é zero na frequência de rejeição, f_n, e unitário nas frequências acima e abaixo de f_n. Projete um filtro notch para remover um irritante zumbido de 60 Hz da tensão de saída de um toca-fitas e trace o correspondente diagrama de Bode.

SOLUÇÃO A **Fig. 12.84c** mostra um diagrama em blocos para a implementação do filtro. A saída do toca-fita contém a música desejada e o indesejado zumbido. Após a filtragem, a tensão $\mathbf{V}_{amp}$ não terá uma componente de 60 Hz e apresentará alguma atenuação em frequências em torno de 60 Hz. Um circuito equivalente para o diagrama em blocos, incluindo um equivalente de Thévenin para o toca-fitas e uma resistência equivalente para o amplificador de potência, é mostrado na **Fig. 12.84d**. Aplicando a divisão de tensão, calculamos a função de transferência como

$$\frac{\mathbf{V}_{amp}}{\mathbf{V}_{toca\text{-}fitas}} = \frac{R_{amp}}{R_{amp} + R_{toca\text{-}fitas} + \left(sL//\frac{1}{Cs}\right)}$$

Após alguma manipulação, a função de transferência pode ser escrita como

$$\frac{\mathbf{V}_{amp}}{\mathbf{V}_{toca\text{-}fitas}} = \frac{R_{amp}}{R_{amp} + R_{toca\text{-}fitas}}\left[\frac{s^2LC + 1}{s^2LC + s\left(\frac{L}{R_{toca\text{-}fitas} + R_{amp}}\right) + 1}\right]$$

Vemos que a função de transferência contém dois zeros e dois polos. Substituindo $s = j\omega$, as frequências dos zeros, ω_z, são determinadas como

$$\omega_z = \pm\frac{1}{\sqrt{LC}}$$

Obviamente, gostaríamos que as frequências dos zeros ocorressem em 60 Hz. Escolhendo, arbitrariamente, $C = 10$ μF, obtemos $L = 0{,}704$ H.

O diagrama de Bode na **Fig. 12.84e** confirma que, de fato, há transmissão zero em 60 Hz.

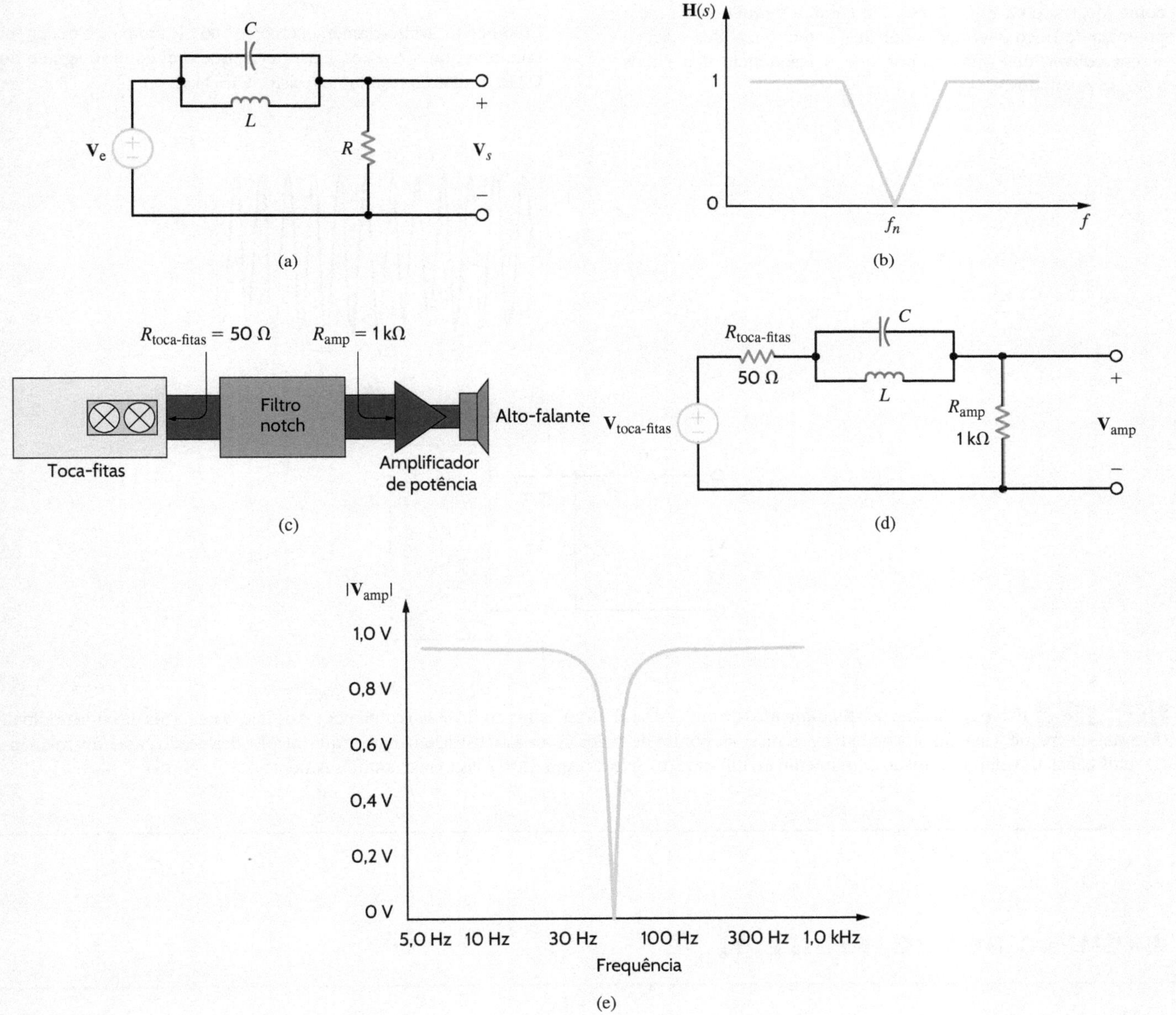

FIGURA 12.84 Circuitos e diagramas de Bode para filtro notch de 60 Hz.

EXEMPLO DE PROJETO 12.40

Um campo de rápido crescimento na engenharia elétrica é o de circuitos de modo misto, que combinam redes digitais e analógicas para produzir um sistema maior. Um importante componente desses sistemas é o conversor analógico-digital, CAD (ADC; do inglês, *analog-to-digital converter*). Este componente "mede" uma tensão analógica e a converte a uma representação digital. Se essas conversões forem feitas com suficiente rapidez, o resultado será uma sequência de pontos de dados, como mostrado na **Fig. 12.85a**. A conexão dos pontos revela o sinal analógico original, $v_A(t)$. Infelizmente, como visto na **Fig. 12.85b**, sinais indesejados, como $v_B(t)$, em frequências mais altas também podem ter o mesmo conjunto de pontos de dados. Esse fenômeno é chamado de falseamento (ou *aliasing*) e pode ser evitado com o emprego de um filtro passa-baixa, chamado de filtro antifalseamento (ou anti*aliasing*), antes do CAD, como mostrado na **Fig. 12.85c**. Em geral, a frequência de meia potência do filtro deve ser maior que a frequência dos sinais a serem convertidos, mas menor que a frequência dos sinais a serem rejeitados.

Projete um filtro antifalseamento, com frequência de meia potência em 100 Hz, que nos permita converter um sinal analógico de 60 Hz. Neste projeto, assumiremos que o CAD tem resistência de entrada infinita.

SOLUÇÃO Admitindo que o CAD tenha resistência de entrada infinita, vemos que a função de transferência para o filtro é bastante simples:

$$\frac{\mathbf{V}_s}{\mathbf{V}_e} = \frac{\frac{1}{j\omega C}}{R + \frac{1}{j\omega C}} = \frac{1}{1 + j\omega RC}$$

A frequência de meia potência é calculada como

$$f_P = \frac{1}{2\pi RC} = 100 \text{ Hz}$$

Escolhendo, arbitrariamente, C como 100 nF, um pouco maior em tamanho que o resistor, mas menor que o circuito integrado do CAD, o valor do resultante resistor é 15,9 kΩ.

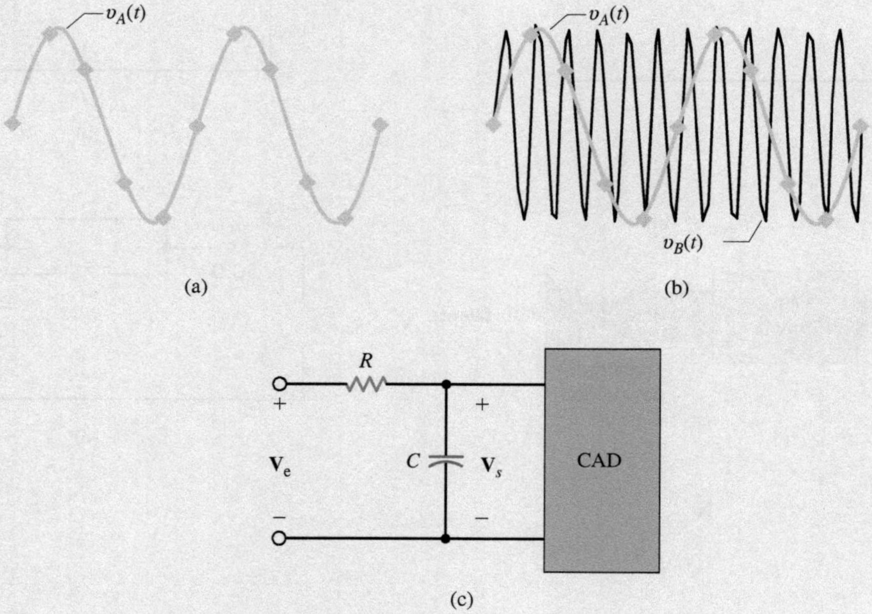

FIGURA 12.85 Breve explicação dos fundamentos de um CAD. (a) As amostras do CAD são como pontos de dados na forma de onda original. (b) Sinais de frequência mais alta podem ter os mesmos pontos de dados. Após a amostragem, parece que $v_B(t)$ foi deslocado para uma frequência mais baixa, um efeito chamado falseamento ou *aliasing*. (c) Solução, um filtro passa-baixa antifalseamento.

EXEMPLO DE PROJETO 12.41

O circuito na **Fig. 12.86a** é um amplificador de baixo custo que amplifica apenas sinais de áudio de baixa frequência, como ilustrado pelo esboço do diagrama de Bode na **Fig. 12.86b**. Determine a função de transferência $\mathbf{V}_s/\mathbf{V}_e$ quando a chave está aberta. Em seguida, a partir desta função de transferência e da Fig. 12.86b, selecione valores apropriados para R_1 e R_2. Qual é o valor resultante para f_p?

SOLUÇÃO Com a chave aberta, para escrever a função de transferência, podemos usar a expressão para configuração clássica de um amplificador operacional não inversor, obtendo

$$\frac{\mathbf{V}_s}{\mathbf{V}_e} = 1 + \frac{\mathbf{Z}_2}{\mathbf{Z}_1}$$

em que $\mathbf{Z}_1 = R_1$ e $\mathbf{Z}_2$ é a combinação paralela de R_2 e $1/j\omega C$. $\mathbf{Z}_2$ pode ser escrita como

$$\mathbf{Z}_2 = R_2 // \frac{1}{j\omega C} = \frac{R_2}{1 + j\omega R_2 C}$$

e a função de transferência, como

$$\frac{\mathbf{V}_s}{\mathbf{V}_e} = 1 + \frac{\dfrac{R_2}{1 + j\omega R_2 C}}{R_1} = \frac{R_1 + R_2 + j\omega R_1 R_2 C}{R_1(1 + j\omega R_2 C)} = \left[\frac{R_1 + R_2}{R_1}\right]\left[\frac{1 + j\omega R_p C}{1 + j\omega R_2 C}\right] \qquad \textbf{12.92}$$

em que $R_p = R_1 // R_2$. O circuito tem um zero em $1/R_pC$ e um polo em $1/R_2C$. Dado que R_p deve ser menor que R_2, a frequência do zero deve ser maior que a frequência do polo; portanto, o esboço de diagrama na Fig. 12.85b é apropriado.

Determine, agora, os valores dos componentes. Em CC ($\omega = 0$), o ganho deve ser de 6 dB, o que corresponde a um fator de 2. Da Eq. (12.92), temos

$$\frac{\mathbf{V}_s}{\mathbf{V}_e}(j0) = \frac{R_1 + R_2}{R_1} = 2$$

Assim, $R_1 = R_2$ e $R_p = R_1/2$. Da Fig. 12.85b, a frequência do zero é 500 Hz; com esta informação, determinamos R_p como

$$\frac{1}{R_p C} = 2\pi(500) \Rightarrow R_p = \frac{1}{1.000\pi C} = 3{,}18 \text{ k}\Omega$$

Com isso, obtemos $R_1 = R_2 = 2R_p = 6{,}37$ kΩ. Por fim, a frequência do polo é

$$\frac{1}{2\pi R_2 C} = 250 \text{ Hz}$$

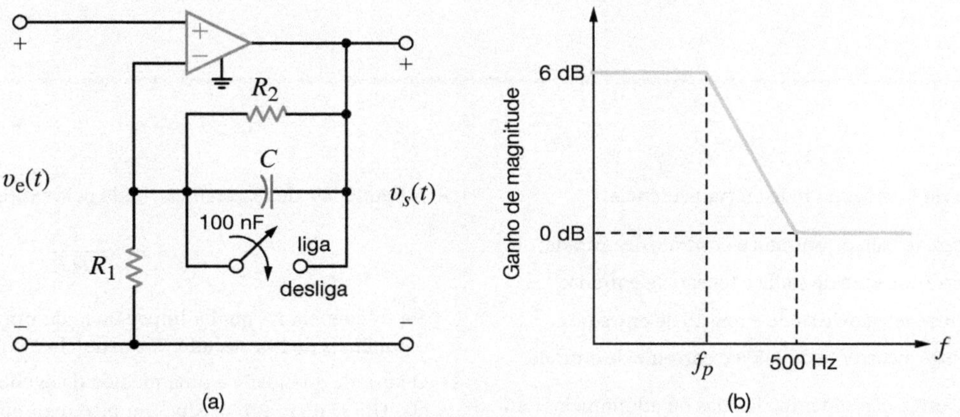

FIGURA 12.86 Um circuito "amplificador de graves" (a) e um esboço de seu diagrama de Bode de magnitude (b).

EXEMPLO DE PROJETO 12.42

Um audiófilo observou que seu toca-fitas tem a limitada resposta de alta frequência mostrada na **Fig. 12.87a**. Ansioso, a ponto de perder o sono, ele decide inserir um circuito "amplificador de agudos" entre o toca-fitas e o amplificador principal, cuja função de transferência é mostrada na **Fig. 12.87b**. A passagem do sinal de áudio do toca-fitas pelo amplificador de agudos deve produzir uma resposta "plana" até cerca de 20 kHz. O audiófilo, então, projetou o circuito na **Fig. 12.87c**. Mostre que a função de transferência do circuito tem a forma correta e, para operação adequada, selecione valores para R_1 e R_2.

SOLUÇÃO Reconhecendo que o circuito tem uma configuração de ganho não inversor, a transferência é dada por

$$\frac{\mathbf{V}_s}{\mathbf{V}_e} = 1 + \frac{\mathbf{Z}_2}{\mathbf{Z}_1} \qquad \textbf{12.93}$$

em que $\mathbf{Z}_2$ é R_2 e $\mathbf{Z}_1$, a combinação em série de R_1 e $1/j\omega C$. Substituindo esses valores na Eq. (12.93), obtemos

$$\frac{\mathbf{V}_s}{\mathbf{V}_e} = 1 + \frac{R_2}{R_1 + \dfrac{1}{j\omega C}} = \frac{1 + j\omega C(R_1 + R_2)}{1 + j\omega C R_1}$$

Como a frequência do polo deve ser de 20 kHz,

$$f_P = 2 \times 10^4 = \frac{1}{2\pi C R_1} \Rightarrow R_1 = 7{,}96 \text{ k}\Omega$$

A frequência do zero é de 8 kHz; portanto,

$$f_z = 8 \times 10^3 = \frac{1}{2\pi C(R_1 + R_2)} \Rightarrow R_1 + R_2 = 19{,}9 \text{ k}\Omega$$

Logo, R_2 é 12,0 kΩ.

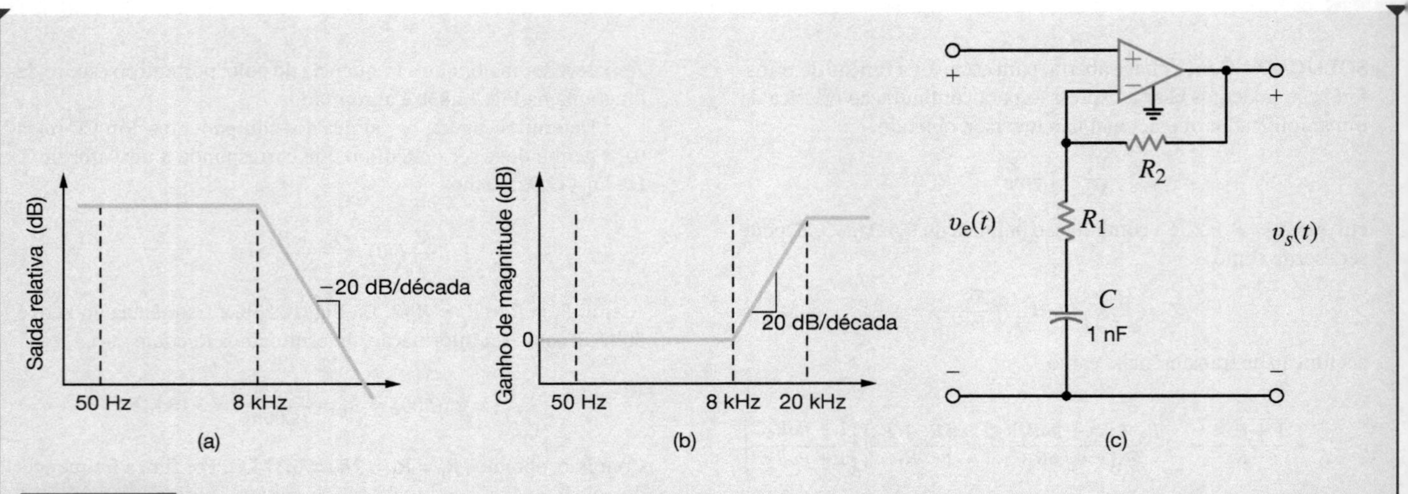

FIGURA 12.87 Correção de uma resposta de áudio deficiente. (a) Resposta original, (b) função de transferência de correção e (c) implementação do circuito.

Resumo

- Existem quatro tipos de funções de rede ou transferência:

  1. $\mathbf{Z}(j\omega)$: razão entre tensão de entrada e corrente de entrada;

  2. $\mathbf{Y}(j\omega)$: razão entre corrente de saída e tensão de entrada;

  3. $\mathbf{G}_v(j\omega)$: razão entre tensão de saída e tensão de entrada;

  4. $\mathbf{G}_i(j\omega)$: razão entre a corrente de saída e corrente de entrada.

- Funções de ponto de excitação são impedâncias ou admitâncias definidas em um único par de terminais, como a impedância de entrada de um circuito.
- Quando a função do circuito é expressa na forma

$$\mathbf{H}(s) = \frac{N(s)}{D(s)}$$

as raízes de $N(s)$ tornam $\mathbf{H}(s)$ igual a zero e são denominadas zeros da função; as raízes de $D(s)$ tornam $\mathbf{H}(s)$ infinito e são denominadas polos da função.

- Diagramas de Bode são gráficos em escala semilog da magnitude e da fase de uma função de transferência em função da frequência. Aproximações em linha reta podem ser usadas para esboçar rapidamente a característica de magnitude. Quando necessário, o erro entre a característica real e a aproximação em linha reta pode ser calculado.
- A frequência de ressonância, dada pela expressão

$$\omega_0 = \frac{1}{\sqrt{LC}}$$

é a frequência na qual a impedância de um circuito *RLC* série ou a admitância de um circuito *RLC* paralelo é puramente real.

- O fator de qualidade é uma medida da agudeza do pico da ressonância. Um Q mais alto produz um pico mais agudo. Para circuitos *RLC* série, $Q = (1/R)\sqrt{L/C}$. Para circuitos *RLC* paralelos, $Q = R\sqrt{C/L}$.
- As frequências de meia potência, corte ou quebra são aquelas em que o valor da característica de magnitude do gráfico de Bode é igual a $1/\sqrt{2}$ do valor máximo.
- Em circuitos passivos, os valores de parâmetros dos elementos podem ser escalados em magnitude e em frequência.
- Os quatro tipos comuns de filtros são passa-baixa, passa-alta, passa-faixa e rejeita-faixa.
- A largura de banda de um filtro passa-faixa ou rejeita-faixa é a diferença entre as frequências dos pontos de meia potência; ou seja,

$$\text{LB} = \omega_{\text{ALTA}} - \omega_{\text{BAIXA}}$$

Para um circuito *RLC* série, $\text{LB} = R/L$. Para um circuito *RLC* paralelo, $\text{LB} = 1/RC$.

CAPÍTULO 13

Transformada de Laplace

OBJETIVOS DE APRENDIZAGEM

Os objetivos de aprendizagem deste capítulo são tornar os estudantes capazes de:

- Determinar a transformada de Laplace de sinais comumente encontrados em circuitos elétricos.
- Calcular a transformada inversa de Laplace usando expansão em frações parciais.
- Descrever o conceito de convolução.
- Aplicar os teoremas do valor inicial e do valor final para determinar tensões e correntes em um circuito CA.
- Usar a transformada de Laplace para analisar circuitos transientes.

13.1 Definição

A transformada de Laplace de uma função variante no tempo $f(t)$ é definida pela equação

$$\mathscr{L}[f(t)] = \mathbf{F}(s) = \int_0^\infty f(t)e^{-st}\,dt \qquad \mathbf{13.1}$$

em que s é a frequência complexa

$$s = \sigma + j\omega \qquad \mathbf{13.2}$$

e assumimos que a função $f(t)$ tenha a propriedade

$$f(t) = 0 \quad \text{para } t < 0$$

A transformada de Laplace é unilateral ($0 \leq t < \infty$), em contraste com a transformada de Fourier (ver Capítulo 15), que é bilateral ($-\infty < t < \infty$). Na análise de circuitos usando a transformada de Laplace, focaremos a atenção no intervalo de tempo $t \geq 0$. O funcionamento ou operação do circuito antes de $t = 0$ é definido pelas condições iniciais; portanto, as análises tratam do funcionamento do circuito para $t \geq 0$.

Para que uma função $f(t)$ tenha uma transformada de Laplace, é necessário que satisfaça à condição

$$\int_0^\infty e^{-\sigma t}\,|f(t)|\,dt < \infty \qquad \mathbf{13.3}$$

para algum valor real de σ. Em razão do fator de convergência $e^{-\sigma t}$, várias funções importantes têm transformadas de Laplace, embora não tenham transformadas de Fourier. Todas as entradas que aplicaremos aos circuitos têm transformadas de Laplace. Funções que não têm transformadas de Laplace (por exemplo, e^{t^2}) não são de interesse na análise de circuitos.

A transformada inversa de Laplace, que é análoga à transformada inversa de Fourier, é definida pela relação

$$\mathscr{L}^{-1}[\mathbf{F}(s)] = f(t) = \frac{1}{2\pi j}\int_{\sigma_1 - j\infty}^{\sigma_1 + j\infty} \mathbf{F}(s)e^{st}\,ds \qquad \mathbf{13.4}$$

em que σ_1 é real e $\sigma_1 > \sigma$ na Eq. (13.3).

Como o cálculo dessa integral é baseado na teoria de variáveis complexas, evitaremos seu uso. Como, então, podemos converter uma solução no domínio da frequência complexa de volta ao domínio do tempo? A transformada de Laplace tem uma propriedade de unicidade: para uma dada $f(t)$, existe uma única transformada $\mathbf{F}(s)$. Em outras palavras, duas funções diferentes, $f_1(t)$ e $f_2(t)$, não podem ter a mesma transformada $\mathbf{F}(s)$. O procedimento que adotaremos será usar a Eq. (13.1) para determinar a transformada de Laplace para algumas funções de uso comum em circuitos elétricos e armazená-las em uma tabela de pares de transformação. Usaremos uma expansão em frações parciais para quebrar a solução complexa no domínio da frequência em um grupo de termos para os quais possamos empregar a tabela de pares de transformadas e identificar, para cada termo, uma função variante no tempo.

13.2 Duas Importantes Funções Singulares

Duas funções singulares são muito importantes na análise de circuitos: (1) a função degrau unitário, $u(t)$, discutida no Capítulo 7, e (2) o impulso unitário ou função delta, $\delta(t)$. Estas funções são chamadas de *funções singulares*, porque ou não são finitas ou não possuem derivadas finitas em todos os pontos. São modelos matemáticos para sinais empregados na análise de circuitos.

A *função degrau unitário* $u(t)$ mostrada na **Fig. 13.1a** foi definida na Seção 7.2 como

$$u(t) = \begin{cases} 0 & t < 0 \\ 1 & t > 0 \end{cases}$$

Recordemos que a analogia física dessa função, como ressaltado anteriormente, corresponde a fechar uma chave em $t = 0$ e conectar uma fonte de tensão de 1 V ou uma fonte de corrente de 1 A a determinado circuito. O Exemplo 13.1 ilustra o cálculo da transformada de Laplace para funções degrau unitário.

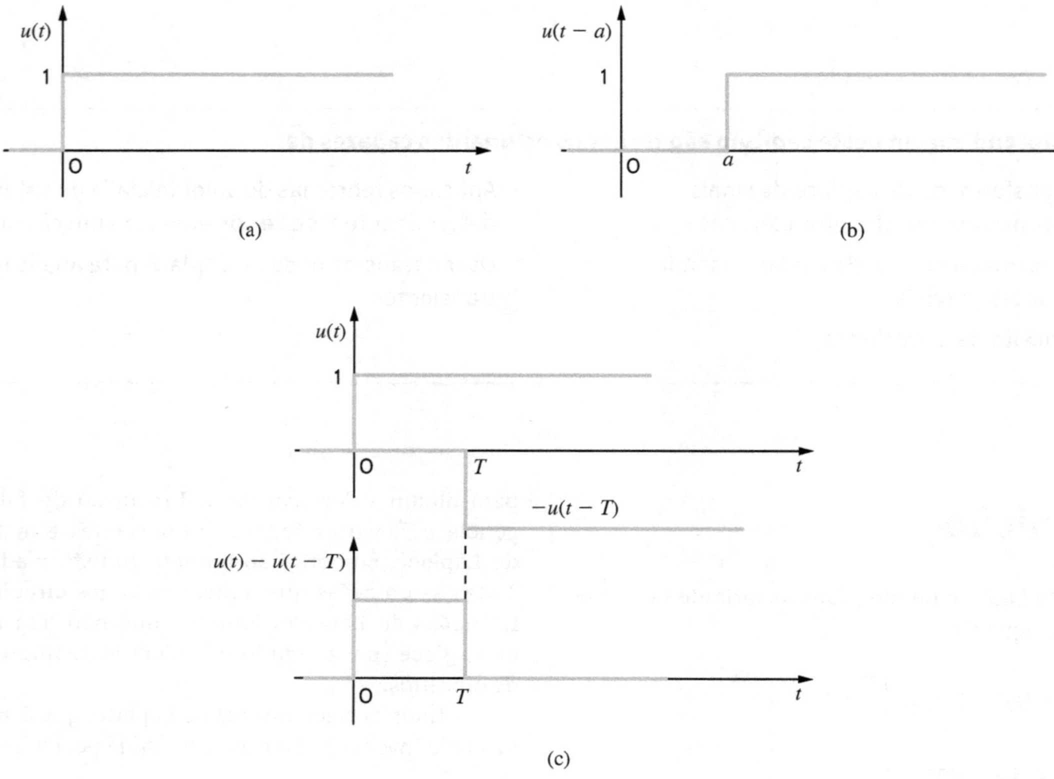

FIGURA 13.1 Representações da função degrau unitário.

EXEMPLO 13.1

Determinemos a transformada de Laplace para as formas de onda na Fig. 13.1.

SOLUÇÃO A transformada de Laplace para a função degrau unitário na Fig. 13.1a é escrita como

$$\begin{aligned}\mathbf{F}(s) &= \int_0^\infty u(t)e^{-st}\,dt \\ &= \int_0^\infty 1e^{-st}\,dt \\ &= -\frac{1}{s}e^{-st}\Big|_0^\infty \\ &= \frac{1}{s} \quad \sigma > 0\end{aligned}$$

Portanto,

$$\mathcal{L}[u(t)] = \mathbf{F}(s) = \frac{1}{s}$$

A transformada de Laplace da função degrau unitário deslocada no tempo, mostrada na **Fig. 13.1b**, é escrita como

$$\mathbf{F}(s) = \int_0^\infty u(t-a)e^{-st}\,dt$$

Observe que

$$u(t-a) = \begin{cases} 1 & a < t < \infty \\ a & t < a \end{cases}$$

Logo,

$$\begin{aligned}\mathbf{F}(s) &= \int_a^\infty e^{-st}\,dt \\ &= \frac{e^{-as}}{s} \quad \sigma > 0\end{aligned}$$

Por fim, a transformada de Laplace do pulso mostrado na **Fig. 13.1c** é dada por

$$\mathbf{F}(s) = \int_0^\infty [u(t) - u(t - T)]e^{-st}\,dt$$
$$= \frac{1 - e^{-Ts}}{s} \quad \sigma > 0$$

A função impulso unitário pode ser representada como o limite do pulso retangular mostrado na **Fig. 13.2a** quando $a \to 0$. A função é definida como:

$$\delta(t - t_0) = 0 \quad t \neq t_0$$
$$\int_{t_0-\varepsilon}^{t_0+\varepsilon} \delta(t - t_0)\,dt = 1 \quad \varepsilon > 0$$

O impulso unitário é zero para todo t, exceto em $t = t_0$, em que é indefinido, e a área sob a curva é unitária (também denominada *intensidade*). Representamos a função impulso unitário como mostrado na **Fig. 13.2b**.

Uma importante propriedade da função impulso unitário é conhecida como *propriedade de amostragem*, descrita pela seguinte integral:

$$\int_{t_1}^{t_2} f(t)\delta(t - t_0)\,dt = \begin{cases} f(t_0) & t_1 < t_0 < t_2 \\ 0 & t_0 < t_1,\ t_0 > t_2 \end{cases}$$

Nesta expressão, t_0 é finito e $f(t)$, uma função contínua em t_0. Este resultado indica que função impulso unitário simplesmente amostra o valor de $f(t)$ em $t = t_0$.

Uma vez que definimos a função impulso unitário, considere a seguinte questão: qual é a utilidade da função impulso unitário? Certamente, em um sistema físico, não é possível produzir um sinal de tensão ou de corrente com largura zero e altura infinita. Para engenheiros, a função impulso unitário é uma conveniente função matemática que pode ser utilizada para modelar um processo físico. Por exemplo, um raio é um evento de curta duração. Se estivéssemos analisando um sistema que foi atingido por um raio, poderíamos modelar o raio como uma função impulso unitário. Outro exemplo é o processo de amostragem em que um conversor analógico-digital (CAD) é utilizado para converter um sinal de variação temporal em valores que podem ser usados em um computador. Um CAD captura valores do sinal temporal em determinados instantes de tempo. A propriedade de amostragem da função impulso unitário na Fig. 13.2 é muito útil na modelagem do processo de amostragem.

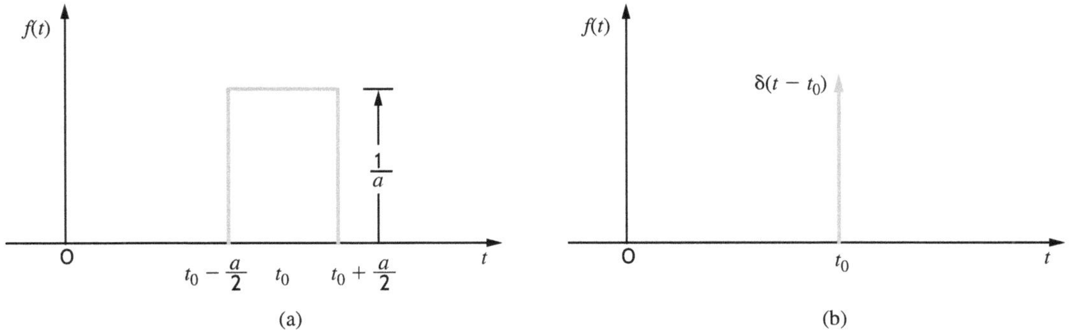

FIGURA 13.2 Representações da função impulso unitário.

EXEMPLO 13.2

Determinemos a transformada de Laplace de uma função impulso.

SOLUÇÃO A transformada de Laplace da função impulso é escrita como

$$\mathbf{F}(s) = \int_0^\infty \delta(t - t_0)e^{-st}\,dt$$

Usando a propriedade de amostragem da função delta, obtemos

$$\mathscr{L}[\delta(t - t_0)] = e^{-t_0 s}$$

No limite, quando $t_0 \to 0$, $e^{-t_0 s} \to 1$; logo,

$$\mathscr{L}[\delta(t)] = \mathbf{F}(s) = 1$$

13.3 Pares de Transformadas

Ilustraremos, agora, o desenvolvimento de vários pares de transformadas básicas que são muito úteis na análise de circuitos.

EXEMPLO 13.3

Calculemos a transformada de Laplace de $f(t) = t$ (ver **DICA 13.1**).

DICA 13.1
$$t \leftrightarrow \frac{1}{s^2}$$

SOLUÇÃO A transformada de Laplace da função $f(t) = t$ é escrita como

$$\mathbf{F}(s) = \int_0^\infty te^{-st}\,dt$$

Para integração da função por partes, usemos

$$u = t \quad \text{e} \quad dv = e^{-st}\,dt$$

Assim,

$$du = dt \quad \text{e} \quad v = \int e^{-st}\,dt = -\frac{1}{s}e^{-st}$$

Portanto,

$$\begin{aligned}\mathbf{F}(s) &= \frac{-t}{s}e^{-st}\Big|_0^\infty + \int_0^\infty \frac{e^{-st}}{s}\,dt \\ &= \frac{1}{s^2} \quad \sigma > 0\end{aligned}$$

EXEMPLO 13.4

Determine a transformada de Laplace da função cosseno (ver **DICA 13.2**).

DICA 13.2
$$\cos \omega t \leftrightarrow \frac{s}{s^2 + \omega^2}$$

SOLUÇÃO A transformada de Laplace para a função cosseno é dada por

$$\begin{aligned}\mathbf{F}(s) &= \int_0^\infty \cos \omega t\, e^{-st}\,dt \\ &= \int_0^\infty \frac{e^{+j\omega t} + e^{-j\omega t}}{2} e^{-st}\,dt \\ &= \int_0^\infty \frac{e^{-(s-j\omega)t} + e^{-(s+j\omega)t}}{2}\,dt \\ &= \frac{1}{2}\left(\frac{1}{s-j\omega} + \frac{1}{s+j\omega}\right) \quad \sigma > 0 \\ &= \frac{s}{s^2+\omega^2}\end{aligned}$$

Uma lista de úteis pares de transformadas de Laplace é apresentada na **Tabela 13.1**.

Conhecidos os pares de transformadas, podemos passar do domínio do tempo ao domínio da frequência complexa e vice-versa sem apelar para as Eqs. (13.1) e (13.4).

Avaliação da Aprendizagem

E13.1 Para $f(t) = e^{-at}$, mostre que $\mathbf{F}(s) = 1/(s + a)$.

E13.2 Para $f(t) = \text{sen}\,\omega t$, mostre que $\mathbf{F}(s) = \omega/(s^2 + \omega^2)$.

TABELA 13.1 Tabela de pares de transformadas de Laplace

$f(t)$	$F(s)$
$\delta(t)$	1
$u(t)$	$\frac{1}{s}$
e^{-at}	$\frac{1}{s+a}$
t	$\frac{1}{s^2}$
$\frac{t^n}{n!}$	$\frac{1}{s^{n+1}}$
te^{-at}	$\frac{1}{(s+a)^2}$
$\frac{t^n e^{-at}}{n!}$	$\frac{1}{(s+a)^{n+1}}$
$\operatorname{sen} bt$	$\frac{b}{s^2+b^2}$
$\cos bt$	$\frac{s}{s^2+b^2}$
$e^{-at}\operatorname{sen} bt$	$\frac{b}{(s+a)^2+b^2}$
$e^{-at}\cos bt$	$\frac{s+a}{(s+a)^2+b^2}$

13.4 Propriedades da Transformada

Diversos teoremas descrevem importantes propriedades da transformada de Laplace. Vamos demonstrar três desses teoremas e, em seguida, fornecer uma lista concisa de outros e, por meio de vários exemplos, ilustrar a utilidade dos teoremas.

O *teorema de escalamento no tempo* afirma que

$$\mathcal{L}[f(at)] = \frac{1}{a}\mathbf{F}\left(\frac{s}{a}\right) \quad a > 0 \qquad \textbf{13.5}$$

A *transformada de Laplace* de $f(at)$ é dada por

$$\mathcal{L}[f(at)] = \int_0^\infty f(at)e^{-st}\,dt$$

Aplicando a mudança de variável $\lambda = at$, temos $d\lambda = a\,dt$ e

$$\mathcal{L}[f(at)] = \int_0^\infty f(\lambda)e^{-(\lambda/a)s}\frac{d\lambda}{a}$$

$$= \frac{1}{a}\int_0^\infty f(\lambda)e^{-(s/a)\lambda}\,d\lambda$$

$$= \frac{1}{a}\mathbf{F}\left(\frac{s}{a}\right) \quad a > 0$$

O *teorema do deslocamento no tempo* afirma que

$$\mathcal{L}[f(t-t_0)u(t-t_0)] = e^{-t_0 s}\mathbf{F}(s) \quad t_0 \geq 0 \qquad \textbf{13.6}$$

Este teorema é ilustrado a seguir:

$$\mathcal{L}[f(t-t_0)u(t-t_0)] = \int_0^\infty f(t-t_0)u(t-t_0)e^{-st}\,dt$$

$$= \int_{t_0}^\infty f(t-t_0)e^{-st}\,dt$$

Aplicando a mudança de variável $\lambda = t - t_0$, temos $d\lambda = dt$ e

$$\mathcal{L}[f(t-t_0)u(t-t_0)] = \int_0^\infty f(\lambda)\,e^{-s(\lambda+t_0)}\,d\lambda$$

$$= e^{-t_0 s}\int_0^\infty f(\lambda)\,e^{-s\lambda}\,d\lambda$$

$$= e^{-t_0 s}\mathbf{F}(s) \quad t_0 \geq 0$$

O *teorema do deslocamento na frequência*, ou *da modulação*, afirma que

$$\mathcal{L}[e^{-at}f(t)] = \mathbf{F}(s+a) \qquad \textbf{13.7}$$

Por definição,

$$\mathcal{L}[e^{-at}f(t)] = \int_0^\infty e^{-at}f(t)e^{-st}\,dt$$

$$= \int_0^\infty f(t)\,e^{-(s+a)t}\,dt$$

$$= \mathbf{F}(s+a)$$

Os três teoremas que demonstramos, juntamente com outras importantes propriedades, são listados de forma concisa na **Tabela 13.2**. Apresentaremos, agora, vários exemplos simples que ilustram como tais propriedades podem ser usadas.

EXEMPLO 13.5

Use a transformada de Laplace de cos ωt para determinar a transformada de Laplace de $e^{-at}\cos\omega t$.

SOLUÇÃO Como a transformada de Laplace de cos ωt é conhecida

$$\mathcal{L}[\cos\omega t] = \frac{s}{s^2+\omega^2}$$

empregando a propriedade número 5, obtemos

$$\mathcal{L}[e^{-at}\cos\omega t] = \frac{s+a}{(s+a)^2+\omega^2}$$

TABELA 13.2 Algumas propriedades úteis da transformada de Laplace

Propriedades	$f(t)$	$\mathbf{F}(s)$
1. Escalamento de magnitude	$Af(t)$	$A\mathbf{F}(s)$
2. Adição/subtração	$f_1(t) \pm f_2(t)$	$\mathbf{F}_1(s) \pm \mathbf{F}_2(s)$
3. Escalamento no tempo	$f(at)$	$\frac{1}{a}\mathbf{F}\left(\frac{s}{a}\right), a > 0$
4. Deslocamento no tempo	$f(t - t_0)u(t - t_0), t \geq 0$	$e^{-t_0 s}\mathbf{F}(s)$
	$f(t)u(t - t_0)$	$e^{-t_0 s}\mathscr{L}[f(t + t_0)]$
5. Deslocamento na frequência	$e^{-at}f(t)$	$\mathbf{F}(s + a)$
6. Diferenciação	$\frac{d^n f(t)}{dt^n}$	$s^n\mathbf{F}(s) - s^{n-1}f(0) - s^{n-2}f^1(0) \cdots - s^0 f^{n-1}(0)$
7. Multiplicação por t	$tf(t)$	$\frac{-d\mathbf{F}(s)}{ds}$
	$t^n f(t)$	$(-1)^n \frac{d^n\mathbf{F}(s)}{ds^n}$
8. Divisão por t	$\frac{f(t)}{t}$	$\int_s^\infty \mathbf{F}(\lambda)\,d\lambda$
9. Integração	$\int_0^t f(\lambda)\,d\lambda$	$\frac{1}{s}\mathbf{F}(s)$
10. Convolução	$\int_0^t f_1(\lambda)f_2(t - \lambda)\,d\lambda$	$\mathbf{F}_1(s)\mathbf{F}_2(s)$

EXEMPLO 13.6

Demonstre a propriedade número 8.

SOLUÇÃO Para $f(t) = te^{-at}$, temos

$$\mathbf{F}(\lambda) = \frac{1}{(\lambda + a)^2}$$

Com isso,

$$\int_s^\infty \mathbf{F}(\lambda)\,d\lambda = \int_s^\infty \frac{1}{(\lambda + a)^2}d\lambda = \frac{-1}{\lambda + a}\bigg|_s^\infty = \frac{1}{s + a}$$

Logo,

$$f_1(t) = \frac{f(t)}{t} = \frac{te^{-at}}{t} = e^{-at} \qquad \text{e} \qquad \mathbf{F}_1(s) = \frac{1}{s + a}$$

EXEMPLO 13.7

Empreguemos a transformada de Laplace para resolver a equação

$$\frac{dy(t)}{dt} + 2y(t) + \int_0^t y(\lambda)e^{-2(t-\lambda)}d\lambda = 10u(t) \qquad y(0) = 0$$

SOLUÇÃO Aplicando as propriedades números 6 e 10, obtemos

$$s\mathbf{Y}(s) + 2\mathbf{Y}(s) + \frac{\mathbf{Y}(s)}{s + 2} = \frac{10}{s}$$

$$\mathbf{Y}(s)\left(s + 2 + \frac{1}{s + 2}\right) = \frac{10}{s}$$

$$\mathbf{Y}(s) = \frac{10(s + 2)}{s(s^2 + 4s + 5)}$$

Esta é a solução, no domínio s, da equação íntegro-diferencial linear de coeficiente constante. Contudo, o que buscamos é a solução $y(t)$ no domínio do tempo. $y(t)$ é obtido realizando a transformada inversa, que é o tema da próxima seção, e a solução $y(t)$ é obtida no Exemplo 13.9.

Avaliação da Aprendizagem

E13.3 Calcule $\mathbf{F}(s)$ para $f(t) = \frac{1}{2}(t - 4e^{-2t})$.

Resposta: $\mathbf{F}(s) = \frac{1}{2s^2} - \frac{2}{s+2}$.

E13.4 Para $f(t) = te^{-(t-1)}u(t-1) - e^{-(t-1)}u(t-1)$, determine $\mathbf{F}(s)$ usando o teorema do deslocamento no tempo.

Resposta: $\mathbf{F}(s) = \frac{e^{-s}}{(s+1)^2}$.

E13.5 Calcule $\mathbf{F}(s)$ para $f(t) = e^{-4t}(t - e^{-t})$. Use a propriedade número 2.

Resposta: $\mathbf{F}(s) = \frac{1}{(s+4)^2} - \frac{1}{s+5}$.

13.5 Cálculo da Transformada Inversa

Antes de iniciarmos a discussão deste tema, vamos delinear o procedimento adotado na aplicação da transformada de Laplace à análise de circuitos. Primeiro, o problema no domínio do tempo é transformado para o domínio da frequência complexa (ou seja, domínio s). Em seguida, as equações do circuito são resolvidas algebricamente no domínio da frequência complexa. Por fim, a solução no domínio s é transformada de volta ao domínio do tempo. Discutiremos, agora esta última operação.

A solução algébrica das equações do circuito no domínio da frequência complexa resulta em uma função racional de s da forma

$$\mathbf{F}(s) = \frac{\mathbf{P}(s)}{\mathbf{Q}(s)} = \frac{a_m s^m + a_{m-1}s^{m-1} + \cdots + a_1 s + a_0}{b_n s^n + b_{n-1}s^{n-1} + \cdots + b_1 s + b_0} \quad \textbf{13.8}$$

As raízes do polinômio $\mathbf{P}(s)$ (os valores $-z_1, -z_2, \ldots, -z_m$) são denominadas *zeros* da função $\mathbf{F}(s)$, uma vez que, nesses valores de s, $\mathbf{F}(s) = 0$. Da mesma forma, as raízes do polinômio $\mathbf{Q}(s)$ (os valores $-p_1, -p_2, \ldots, -p_n$) são denominadas *polos* de $\mathbf{F}(s)$, dado que, nesses valores de s, $\mathbf{F}(s)$ se torna infinito.

Se $\mathbf{F}(s)$ for uma função racional própria de s, então $n > m$. Contudo, se não for este o caso, basta dividir $\mathbf{P}(s)$ por $\mathbf{Q}(s)$, obtendo um quociente e um resto:

$$\frac{\mathbf{P}(s)}{\mathbf{Q}(s)} = C_{m-n}s^{m-n} + \cdots + C_2 s^2 + C_1 s + C_0 + \frac{\mathbf{P}_1(s)}{\mathbf{Q}(s)} \quad \textbf{13.9}$$

Nesta expressão, $\mathbf{P}_1(s)/\mathbf{Q}(s)$ é uma função racional própria de s. Examinemos as possíveis formas das raízes de $\mathbf{Q}(s)$:

1. Se $\mathbf{Q}(s)$ tiver raízes simples, $\mathbf{P}_1(s)/\mathbf{Q}(s)$ pode ser expresso na forma de frações parciais como

$$\frac{\mathbf{P}_1(s)}{\mathbf{Q}(s)} = \frac{K_1}{s+p_1} + \frac{K_2}{s+p_2} + \cdots + \frac{K_n}{s+p_n} \quad \textbf{13.10}$$

2. Se $\mathbf{Q}(s)$ tiver raízes complexas simples, estas aparecerão em pares de complexos conjugados, e a expansão de $\mathbf{P}_1(s)/\mathbf{Q}(s)$ em frações parciais para cada par de raízes complexas conjugadas fica escrita como

$$\frac{\mathbf{P}_1(s)}{\mathbf{Q}_1(s)(s+\alpha-j\beta)(s+\alpha+j\beta)} = \frac{K_1}{s+\alpha-j\beta} + \frac{K_1^*}{s+\alpha+j\beta} + \cdots \quad \textbf{13.11}$$

em que $\mathbf{Q}(s) = \mathbf{Q}_1(s)(s+\alpha-j\beta)(s+\alpha+j\beta)$ e K_1^* é o complexo conjugado de K_1.

3. Se $\mathbf{Q}(s)$ tiver uma raiz de multiplicidade r, a expansão de cada raiz em frações parciais terá a forma

$$\frac{\mathbf{P}_1(s)}{\mathbf{Q}_1(s)(s+p_1)^r} = \frac{K_{11}}{(s+p_1)} + \frac{K_{12}}{(s+p_1)^2} + \cdots + \frac{K_{1r}}{(s+p_1)^r} + \cdots \quad \textbf{13.12}$$

A importância das expansões em frações parciais decorre do fato de que, uma vez que a função $\mathbf{F}(s)$ tenha sido expressa desta forma, a transformada inversa de Laplace de cada termo pode ser obtida de pares de transformadas conhecidas e tabeladas. Com isso, a soma dessas transformadas inversas de Laplace é a desejada função de variação temporal, $f(t) = \mathcal{L}^{-1}[\mathbf{F}(s)]$.

Polos Simples

Vamos admitir que todos os polos de $\mathbf{F}(s)$ sejam simples, de modo que a expansão de $\mathbf{F}(s)$ em frações parciais tenha a forma

$$\mathbf{F}(s) = \frac{\mathbf{P}(s)}{\mathbf{Q}(s)} = \frac{K_1}{s+p_1} + \frac{K_2}{s+p_2} + \cdots + \frac{K_n}{s+p_n} \quad \textbf{13.13}$$

Podemos, então, determinar cada constante K_i multiplicando os dois lados desta equação por $(s + p_i)$ e calculando o valor da equação em $s = -p_i$:

$$\left.\frac{(s+p_i)\mathbf{P}(s)}{\mathbf{Q}(s)}\right|_{s=-pi} = 0 + \cdots + 0 + K_i + 0 + \cdots + 0$$
$$i = 1, 2, \ldots, n \quad \textbf{13.14}$$

Uma vez que todas as constantes K_i tenham sido determinadas, a função temporal $f(t) = \mathcal{L}^{-1}[\mathbf{F}(s)]$ pode ser obtida usando o par de transformadas de Laplace:

$$\mathcal{L}^{-1}\left[\frac{1}{s+a}\right] = e^{-at} \quad \textbf{13.15}$$

EXEMPLO 13.8

Dada a transformada

$$\mathbf{F}(s) = \frac{12(s+1)(s+3)}{s(s+2)(s+4)(s+5)}$$

determine a função $f(t) = \mathcal{L}^{-1}[\mathbf{F}(s)]$.

SOLUÇÃO Expandindo $\mathbf{F}(s)$ em frações parciais, obtemos

$$\frac{12(s+1)(s+3)}{s(s+2)(s+4)(s+5)} = \frac{K_0}{s} + \frac{K_1}{s+2} + \frac{K_2}{s+4} + \frac{K_3}{s+5}$$

Para determinar K_0, multiplicamos os dois lados da equação por s, obtendo a equação

$$\frac{12(s+1)(s+3)}{(s+2)(s+4)(s+5)} = K_0 + \frac{K_1 s}{s+2} + \frac{K_2 s}{s+4} + \frac{K_3 s}{s+5}$$

Calculando o valor equação em $s = 0$, temos

$$\frac{(12)(1)(3)}{(2)(4)(5)} = K_0 + 0 + 0 + 0$$

ou

$$K_0 = \frac{36}{40}$$

De modo similar,

$$(s+2)\mathbf{F}(s)\Big|_{s=-2} = \frac{12(s+1)(s+3)}{s(s+4)(s+5)}\Big|_{s=-2} = K_1$$

ou

$$K_1 = 1$$

Repetindo a abordagem para os outros termos, obtemos $K_2 = \frac{36}{8}$ e $K_3 = -\frac{32}{5}$. Assim, $\mathbf{F}(s)$ pode ser escrita como

$$\mathbf{F}(s) = \frac{36/40}{s} + \frac{1}{s+2} + \frac{36/8}{s+4} - \frac{32/5}{s+5}$$

Logo, $f(t) = \mathcal{L}^{-1}[\mathbf{F}(s)]$ é calculada como

$$f(t) = \left(\frac{36}{40} + 1e^{-2t} + \frac{36}{8}e^{-4t} - \frac{32}{5}e^{-5t}\right)u(t)$$

Avaliação da Aprendizagem

E13.6 Determine $f(t)$ para $\mathbf{F}(s) = 10(s+6)/(s+1)(s+3)$.

Resposta:
$f(t) = (25e^{-t} - 15e^{-3t})u(t)$.

E13.7 Para $\mathbf{F}(s) = 12(s+2)/s(s+1)$, determine $f(t)$.

Resposta:
$f(t) = (24 - 12e^{-t})u(t)$.

E13.8 Para $\mathbf{F}(s) = \frac{s^2+5s+1}{s(s+1)(s+4)}$, determine $f(t)$.

Resposta:
$f(t) = (0{,}25 + e^{-t} - 0{,}25e^{-4t})u(t)$.

Polos Complexos Conjugados

Vamos admitir que $\mathbf{F}(s)$ tenha um par de polos complexos conjugados. A expansão de $\mathbf{F}(s)$ em frações parciais pode, então, ser escrita como

$$\mathbf{F}(s) = \frac{\mathbf{P}_1(s)}{\mathbf{Q}_1(s)(s+\alpha-j\beta)(s+\alpha+j\beta)}$$

$$= \frac{K_1}{s+\alpha-j\beta} + \frac{K_1^*}{s+\alpha+j\beta} + \cdots \qquad \mathbf{13.16}$$

A constante K_1 pode ser determinada empregando o mesmo procedimento usado para polos simples:

$$(s+\alpha-j\beta)\mathbf{F}(s)\Big|_{s=-\alpha+j\beta} = K_1 \qquad \mathbf{13.17}$$

Neste caso, em geral, K_1 é um número complexo e pode ser expresso como $|K_1|\ \underline{/\theta}$ e seu complexo conjugado, como $K_1^* = |K_1|\ \underline{/-\theta}$. Assim, a expansão de $\mathbf{F}(s)$ em frações parciais é expressa na forma

$$\mathbf{F}(s) = \frac{|K_1|\ \underline{/\theta}}{s+\alpha-j\beta} + \frac{|K_1|\ \underline{/-\theta}}{s+\alpha-j\beta} + \cdots \qquad \mathbf{13.18}$$

$$= \frac{|K_1|e^{j\theta}}{s+\alpha-j\beta} + \frac{|K_1|e^{-j\theta}}{s+\alpha+j\beta} + \cdots$$

A função temporal correspondente tem a forma (ver **DICA 13.3**)

$$f(t) = \mathcal{L}^{-1}[\mathbf{F}(s)] = |K_1|e^{j\theta}e^{-(\alpha-j\beta)t} + |K_1|e^{-j\theta}e^{-(\alpha+j\beta)t} + \cdots$$

$$= |K_1|e^{-\alpha t}\left[e^{j(\beta t+\theta)} + e^{-j(\beta t+\theta)}\right] + \cdots \qquad \mathbf{13.19}$$

$$= 2|K_1|e^{-\alpha t}\cos(\beta t+\theta) + \cdots$$

DICA 13.3

Lembrar que

$$\cos x = \frac{e^{jx}+e^{-jx}}{2}$$

EXEMPLO 13.9

Determine a função temporal $y(t)$ para a transformada

$$\mathbf{Y}(s) = \frac{10(s+2)}{s(s^2+4s+5)}$$

SOLUÇÃO Expandindo a função dada em frações parciais, obtemos

$$\frac{10(s+2)}{s(s+2-j1)(s+2+j1)} = \frac{K_0}{s} + \frac{K_1}{s+2-j1} + \frac{K_1^*}{s+2-j1}$$

$$\left.\frac{10(s+2)}{s^2+4s+5}\right|_{s=0} = K_0$$

$$4 = K_0$$

De modo semelhante,

$$\left.\frac{10(s+2)}{s(s+2+j1)}\right|_{s=-2+j1} = K_1$$

$$2{,}236\,\underline{/-153{,}43^\circ} = K_1$$

Logo,

$$2{,}236\,\underline{/153{,}43^\circ} = K_1^*$$

A expansão de $\mathbf{Y}(s)$ em frações parciais é, então, escrita como

$$\mathbf{Y}(s) = \frac{4}{s} + \frac{2{,}236\,\underline{/-153{,}43^\circ}}{s+2-j1} + \frac{2{,}236\,\underline{/153{,}43^\circ}}{s+2+j1}$$

Com isso,

$$y(t) = [4 + 4{,}472e^{-2t}\cos(t - 153{,}43^\circ)]\,u(t)$$

Avaliação da Aprendizagem

E13.9 Determine $f(t)$ para $\mathbf{F}(s) = s/(s^2+4s+8)$.

Resposta: $f(t) = 1{,}41e^{-2t}\cos(2t+45^\circ)u(t)$.

E13.10 Dada a transformada $\mathbf{F}(s) = \dfrac{4(s+3)}{(s+1)(s^2+2s+5)}$, determine $f(t)$.

Resposta: $f(t) = (2e^{-t} + 2\sqrt{2}e^{-t}$ $\cos(2t - 135^\circ))u(t)$.

Múltiplos Polos

Admita que $\mathbf{F}(s)$ tenha um polo de multiplicidade r. Expandindo $\mathbf{F}(s)$ em frações parciais, obtemos

$$\begin{aligned}\mathbf{F}(s) &= \frac{\mathbf{P}_1(s)}{\mathbf{Q}_1(s)(s+p_1)^r} \\ &= \frac{K_{11}}{s+p_1} + \frac{K_{12}}{(s+p_1)^2} + \cdots + \frac{K_{1r}}{(s+p_1)^r} + \cdots\end{aligned} \quad \mathbf{13.20}$$

Empregando o mesmo procedimento usado para um polo simples, determinamos a constante K_{1r} como

$$\left.(s+p_1)^r\mathbf{F}(s)\right|_{s=-p_1} = K_{1r} \quad \mathbf{13.21}$$

Para calcular K_{1r-1}, multiplicamos $\mathbf{F}(s)$ por $(s+p_1)^r$, como fizemos para determinar K_{1r}. Contudo, antes de calcular seu valor em $s = -p_1$, derivamos a equação com relação a s. Podemos provar que essa operação resulta em K_{1r-1} multiplicando os dois lados da Eq. (13.20) por $(s+p_1)^r$ e derivando com relação a s. Assim, no cálculo do valor da equação em $s = -p_1$, o único termo que permanece no lado direito da equação é K_{1r-1}; logo,

$$\left.\frac{d}{ds}[(s+p_1)^r\mathbf{F}(s)]\right|_{s=-p_1} = K_{1r-1} \quad \mathbf{13.22}$$

O termo K_{1r-2} pode ser calculado de maneira semelhante; a equação correspondente é

$$\left.\frac{d^2}{ds^2}[(s+p_1)^r\mathbf{F}(s)]\right|_{s=-p_1} = (2!)K_{1r-2} \quad \mathbf{13.23}$$

A expressão geral para esse caso é

$$K_{1j} = \frac{1}{(r-j)!}\frac{d^{r-j}}{ds^{r-j}}\left.[(s+p_1)^r\mathbf{F}(s)]\right|_{s=-p_1} \quad \mathbf{13.24}$$

Vamos ilustrar esse procedimento com um exemplo.

EXEMPLO 13.10

Dada a seguinte transformada $\mathbf{F}(s)$, determine a correspondente função temporal $f(t) = \mathscr{L}^{-1}[\mathbf{F}(s)]$.

$$\mathbf{F}(s) = \frac{10(s+3)}{(s+1)^3(s+2)}$$

Expandindo $\mathbf{F}(s)$ frações parciais, obtemos

$$\mathbf{F}(s) = \frac{10(s+3)}{(s+1)^3(s+2)}$$

$$= \frac{K_{11}}{s+1} + \frac{K_{12}}{(s+1)^2} + \frac{K_{13}}{(s+1)^3} + \frac{K_2}{s+2}$$

Logo,

$$(s+1)^3\mathbf{F}(s)\Big|_{s=-1} = K_{13}$$

$$20 = K_{13}$$

K_{12} é determinado pela equação

$$\frac{d}{ds}[(s+1)^3\mathbf{F}(s)]\Big|_{s=-1} = K_{12}$$

$$\frac{-10}{(s+2)^2}\Big|_{s=-1} = -10 = K_{12}$$

De forma semelhante, K_{11} é calculado a partir da equação

$$\frac{d^2}{ds^2}[(s+1)^3\mathbf{F}(s)]\Big|_{s=-1} = 2K_{11}$$

$$\frac{20}{(s+2)^3}\Big|_{s=-1} = 20 = 2K_{11}$$

Portanto,

$$10 = K_{11}$$

Além disso,

$$(s+2)\mathbf{F}(s)\Big|_{s=-2} = K_2$$

$$-10 = K_2$$

Assim, $\mathbf{F}(s)$ pode ser expressa como

$$\mathbf{F}(s) = \frac{10}{s+1} - \frac{10}{(s+1)^2} + \frac{20}{(s+1)^3} - \frac{10}{s+2}$$

Empregamos, agora, o par de transformadas

$$\mathscr{L}^{-1}\left[\frac{1}{(s+a)^{n+1}}\right] = \frac{t^n}{n!}e^{-at}$$

Com isso,

$$f(t) = (10e^{-t} - 10te^{-t} + 10t^2e^{-t} - 10e^{-2t})u(t)$$

Avaliação da Aprendizagem

E13.11 Determine $f(t)$ para $\mathbf{F}(s) = s/(s+1)^2$.

Resposta: $f(t) = (e^{-t} - te^{-t})u(t)$.

E13.12 Para $\mathbf{F}(s) = (s+2)/s^2(s+1)$, determine $f(t)$.

Resposta: $f(t) = (-1 + 2t + e^{-t})u(t)$.

E13.13 Para $\mathbf{F}(s) = \dfrac{100}{s^3(s+5)}$, determine $f(t)$.

Resposta: $f(t) = (0{,}8 - 4t + 10t^2 - 0{,}8e^{-5t})u(t)$.

No Capítulo 7, discutimos a equação característica para um circuito transiente de segunda ordem. O polinômio $\mathbf{Q}(s) = 0$ é a equação característica do circuito. As raízes da equação característica, também denominadas polos de $\mathbf{F}(s)$, determinam o tempo de resposta do circuito. Se $\mathbf{Q}(s) = 0$ tiver raízes simples, a resposta temporal será caracterizada por funções exponenciais decrescentes. Raízes múltiplas produzem uma resposta temporal que contém termos exponenciais decrescentes como e^{-at}, te^{-at} e t^2e^{-at}. Raízes complexas conjugadas simples produzem uma resposta temporal na forma de uma função senoidal cuja amplitude cai exponencialmente. Observe que todas essas respostas temporais caem a zero com o tempo. Vamos admitir que a resposta do circuito contenha um termo como $3e^{2t}$. Um gráfico revela que, para $t > 0$, essa função aumenta ilimitadamente. Caso um circuito seja caracterizado por esse tipo de resposta, precisaremos de proteção para os olhos para vê-lo sendo destruído diante de nós!

Anteriormente, na Eq. (13.8), definimos $\mathbf{F}(s)$ como a razão de dois polinômios. Consideremos $m = n$ nesta equação. Com isso, na Eq. (13.9), apenas C_0 é diferente de zero. Recordemos que expandimos $\mathbf{P}_1(s)/\mathbf{Q}(s)$ em frações parciais e usamos a tabela de pares de transformadas de Laplace para determinar a correspondente função temporal para cada termo na expansão. O que fazemos com esta constante C_0? Consultando a Tabela 13.1 de pares de transformadas, notamos que a transformada de Laplace da função impulso unitário é uma constante. Por conseguinte, a resposta do circuito deveria incluir uma função impulso unitário. Contudo, sabemos que funções impulso unitário não existem em sistemas físicos; portanto, para sistemas físicos, $m < n$.

13.6 Integral de Convolução

Convolução é um conceito muito importante e encontra ampla aplicação na análise de circuitos e sistemas. Primeiro, ilustremos a conexão existente entre a integral de convolução e a transformada de Laplace. Em seguida, indiquemos a forma em que a integral de convolução é aplicada na análise de circuitos.

A propriedade número 10 na Tabela 13.2 nos informa o seguinte.

Se

$$f(t) = f_1(t) \otimes f_2(t) = \int_0^t f_1(t-\lambda) f_2(\lambda)\, d\lambda = \int_0^t f_1(\lambda) f_2(t-\lambda)\, d\lambda \quad \textbf{13.25}$$

e

$$\mathcal{L}[f(t)] = \mathbf{F}(s),\ \mathcal{L}[f_1(t)] = \mathbf{F}_1(s) \quad \text{e} \quad \mathcal{L}[f_2(t)] = \mathbf{F}_2(s)$$

Com isso,

$$\mathbf{F}(s) = \mathbf{F}_1(s)\mathbf{F}_2(s) \quad \textbf{13.26}$$

Iniciamos a demonstração com a definição

$$\mathcal{L}[f(t)] = \int_0^\infty \left[\int_0^t f_1(t-\lambda) f_2(\lambda)\, d\lambda \right] e^{-st}\, dt$$

Para que a função tenha o formato apropriado, acrescentamos ao integrando da integral entre colchetes a função degrau unitário $u(t - \lambda)$. Podemos fazer isso porque

$$u(t-\lambda) = \begin{cases} 1 & \text{para } \lambda < t \\ 0 & \text{para } \lambda > t \end{cases} \quad \textbf{13.27}$$

A primeira condição da Eq. (13.27) garante que a inserção da função degrau unitário afeta o integrando no intervalo de integração. A segunda condição da Eq. (13.27) nos permite mudar o limite superior de integração de t para ∞. Portanto,

$$\mathcal{L}[f(t)] = \int_0^\infty \left[\int_0^\infty f_1(t-\lambda) u(t-\lambda) f_2(\lambda)\, d\lambda \right] e^{-st}\, dt$$

Esta expressão que pode ser reescrita como

$$\mathcal{L}[f(t)] = \int_0^\infty f_2(\lambda) \left[\int_0^\infty f_1(t-\lambda) u(t-\lambda) e^{-st}\, dt \right] d\lambda$$

Observe que a integral entre colchetes é o teorema do deslocamento no tempo descrito pela Eq. (13.5). Assim, a equação pode ser escrita como

$$\begin{aligned} \mathcal{L}[f(t)] &= \int_0^\infty f_2(\lambda)\mathbf{F}_1(s) e^{-s\lambda}\, d\lambda \\ &= \mathbf{F}_1(s) \int_0^\infty f_2(\lambda) e^{-s\lambda}\, d\lambda \\ &= \mathbf{F}_1(s)\mathbf{F}_2(s) \end{aligned}$$

A convolução no domínio do tempo corresponde à multiplicação no domínio da frequência.

Vamos ilustrar o uso desta propriedade no cálculo de uma transformada inversa de Laplace.

EXEMPLO 13.11

A função de transferência para um circuito é dada pela expressão

$$\mathbf{H}(s) = \frac{\mathbf{V}_s(s)}{\mathbf{V}_e(s)} = \frac{10}{s+5}$$

A entrada é uma função de degrau unitário $\mathbf{V}_e(s) = \frac{1}{s}$. Empregue a convolução para determinar a tensão de saída $v_s(t)$.

SOLUÇÃO Como $\mathbf{H}(s) = \frac{10}{(s+5)}$, $h(t) = 10e^{-5t}$ e, portanto,

$$\begin{aligned} v_s(t) &= \int_0^t 10u(\lambda) e^{-5(t-\lambda)}\, d\lambda \\ &= 10e^{-5t} \int_0^t e^{5\lambda}\, d\lambda \\ &= \frac{10e^{-5t}}{5}[e^{5t} - 1] \\ &= 2[1 - e^{-5t}]u(t) \text{ V} \end{aligned}$$

Para comparação, determine $v_s(t)$ a partir de $\mathbf{H}(s)$ e $\mathbf{V}_e(s)$ usando o método de expansão em frações parciais. $\mathbf{V}_s(s)$ pode ser escrita como

$$\begin{aligned} \mathbf{V}_s(s) &= \mathbf{H}(s)\mathbf{V}_e(s) \\ &= \frac{10}{s(s+5)} = \frac{K_0}{s} + \frac{K_1}{s+5} \end{aligned}$$

Calculando os valores das constantes, temos $K_0 = 2$ e $K_1 = -2$. Portanto,

$$\mathbf{V}_s(s) = \frac{2}{s} - \frac{2}{s+5}$$

Logo,

$$v_s(t) = 2[1 - \mathrm{e}^{-5t}]u(t) \text{ V}$$

Embora possamos empregar a convolução para calcular uma transformada inversa de Laplace, o Exemplo 13.11, apesar de ser simples, mostra que essa abordagem é muito pobre. Se a função $\mathbf{F}(s)$ for muito complicada, a matemática pode se tornar trabalhosa. A convolução, por outro lado, é uma ferramenta muito poderosa e útil. Por exemplo, se conhecermos a resposta de um circuito ao impulso, a convolução nos permite determinar a resposta desse circuito a uma entrada que pode até ser disponível apenas como uma curva experimental obtida em laboratório. Em outras palavras, a convolução nos permite obter a resposta de um circuito a entradas que não podem ser escritas como expressões analíticas, mas podem ser simuladas em um computador digital. Ademais, podemos usar a convolução para modelar um circuito, que nos seja completamente desconhecido, e empregar esse modelo para determinar a resposta do circuito a algum sinal de entrada.

EXEMPLO 13.12

Para demonstrar o poder da convolução, suponha um modelo para um filtro passa-faixa linear, tratado como uma "caixa-preta" e mostrado como um bloco na **Fig. 13.3.** Não temos detalhes sobre o circuito do filtro – não dispomos de diagrama de circuito, de uma lista de componentes nem de valores de componentes. Em consequência, o modelo de filtro deve ser baseado em medições. Usando nosso conhecimento de convolução e da transformada de Laplace, vamos discutir apropriadas técnicas de medição, o modelo resultante e como empregar o modelo em simulações.

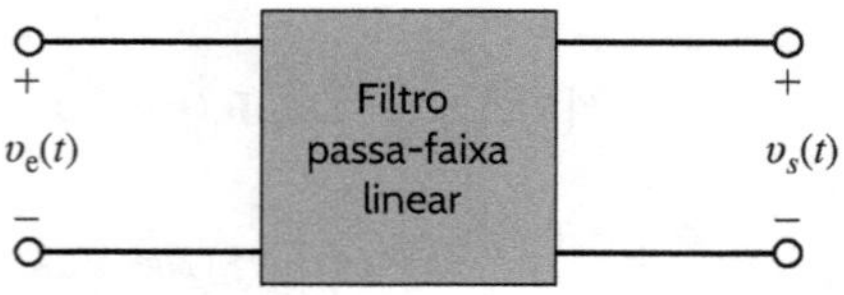

FIGURA 13.3 Diagrama conceitual de um filtro passa-faixa.

SOLUÇÃO Como o filtro é linear, $v_s(t)$ pode ser escrita

$$v_s(t) = h(t) \otimes v_e(t) \qquad \textbf{13.28}$$

Assim, usemos a função $h(t)$ como modelo para o filtro. Para determinar $h(t)$, devemos aplicar alguma tensão $v_e(t)$, medir a resposta $v_s(t)$ e efetuar os cálculos necessários. Uma opção óbvia para $v_e(t)$ é a função impulso $\delta(t)$; com isso, $\mathbf{V}_e(s)$ é igual a 1 e a saída, o desejado modelo $h(t)$:

$$v_s(t) = h(t)$$

Infelizmente, a criação de um impulso adequado, com amplitude infinita e largura zero no laboratório não é uma tarefa trivial. É muito mais fácil e mais comum aplicar uma função degrau, como 10 $u(t)$. Nesse caso, $\mathbf{V}_e(s) = 10/s$, e a saída pode ser expressa no domínio s como

$$\mathbf{V}_s(s) = \mathbf{H}(s)\left[\frac{10}{s}\right]$$

ou

$$\mathbf{H}(s) = \left[\frac{s}{10}\right]\mathbf{V}_s(s)$$

Como multiplicar por s equivale a derivar no tempo, $h(t)$ é escrita como

$$h(t) = \left[\frac{1}{10}\right]\frac{dv_s(t)}{dt} \qquad \textbf{13.29}$$

Portanto, $h(t)$ pode ser obtida da derivada da resposta do filtro a uma entrada em degrau!

No laboratório, a entrada 10 $u(t)$ foi aplicada ao filtro e a tensão de saída foi medida com um osciloscópio digital. Pontos de dados de tempo e $v_s(t)$ foram adquiridos a cada 50 μs, no intervalo de 0 a 50 ms; ou seja, foram colhidas 1.000 amostras da saída. O osciloscópio digital formata os dados como um arquivo de texto, que pode ser transferido para um computador pessoal, no qual os dados podem ser processados. [Em outras palavras, isto nos permite determinar a derivada na Eq. (13.29), $dv_s(t)/dt$.] Os resultados são listados na **Tabela 13.3.** A segunda e a terceira colunas na tabela indicam o tempo decorrido e a tensão de saída para as primeiras cinco amostras de dados. Para produzir $h(t)$, a derivada foi calculada numericamente usando o simples algoritmo,

$$\frac{dv_s(t)}{dt} \approx \frac{\Delta V_s}{\Delta t} = \frac{V_s[(n+1)T_A] - V_s[nT_A]}{T_A}$$

em que T_A é intervalo tempo entre amostragens, 50 μs, e n é a ordem da amostra. Alguns resultados para $h(t)$ são listados na quarta coluna da tabela. Agora, $h(t)$ existe como uma tabela de pontos de dados, e o modelo para filtro está completo.

Para testar o modelo, $h(t)$, incluímos na função $v_e(t)$ uma combinação de componentes CC e senoidais:

$$v_e(t) = \begin{cases} 1 \text{ sen}[(2\pi)100t] + 1 \text{ sen}[(2\pi)1.234t] + 4 & 0 \le t < 25 \text{ ms} \\ 0 & t \ge 25 \text{ ms} \end{cases} \qquad \textbf{13.30}$$

Qual será o desempenho do filtro? Qual será a forma da tensão de saída? Para responder a estas perguntas, devemos calcular a convolução de $h(t)$ e $v_e(t)$. Um arquivo de dados para $v_e(t)$ pode ser criado simplesmente calculando valores da função na Eq. (13.30) a cada 50 μs. Esta convolução pode ser realizada usando qualquer método computacional conveniente.

Os resultantes gráficos de $v_s(t)$ e de $v_e(t)$ são mostrados na **Fig. 13.4.** Um exame da forma de onda de saída indica que a componente de 100 Hz de $v_e(t)$ é amplificada e as componentes de CC e de 1.234 Hz, atenuadas. Ou seja, $v_s(t)$ tem amplitude de, aproximadamente, 3 V e um valor médio próximo de zero. Isso confirma que o circuito funciona como um filtro passa-faixa. Recorde que essas formas de onda não foram medidas: são resultados de simulação obtidos com o modelo $h(t)$.

TABELA 13.3 **As primeiras cinco amostras de dados da resposta ao degrau e valores correspondentes de $h(t)$**

n	Tempo (s)	Resposta à função degrau (v)	$h(t)$
0	0,00E+00	0,00E+00	3,02E+02
1	5,00E−05	1,51E−01	8,98E+02
2	1,00E−04	6,00E−01	9,72E+02
3	1,50E−04	1,09E+00	9,56E+02
4	2,00E−04	1,56E+00	9,38E+02

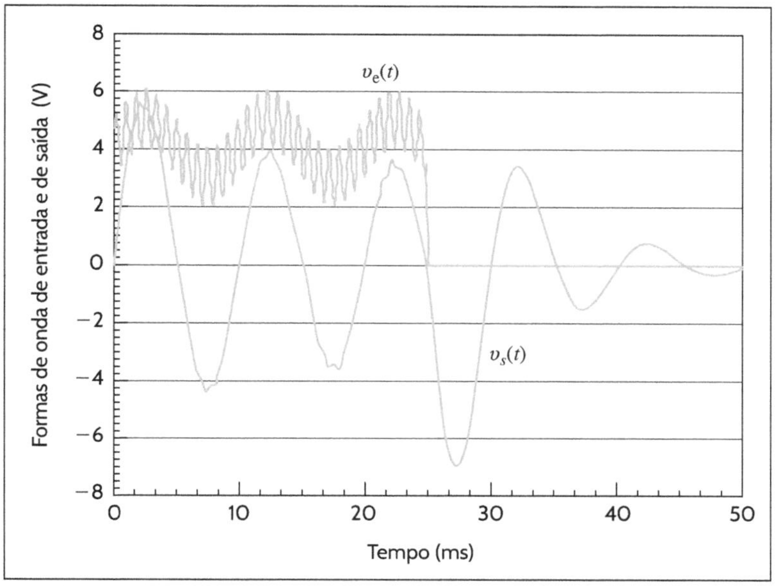

FIGURA 13.4 Os gráficos das formas de onda de entrada e de saída revelam a natureza do filtro passa-faixa – particularmente, a atenuação de componentes CC e de frequências mais altas.

13.7 Teoremas dos Valores Inicial e Final

Considere a determinação do valor inicial ou final de uma resposta de circuito no domínio do tempo a partir da correspondente transformada de Laplace no domínio s, sem calcular a transformada inversa. Se determinarmos a função $f(t) = \mathscr{L}^{-1}[\mathbf{F}(s)]$, podemos obter os valores inicial e final examinando os comportamentos de $f(t)$ quando $t \to 0$ e quando $t \to \infty$, respectivamente. Entretanto, seria muito conveniente se pudéssemos simplesmente determinar os valores inicial e final de $f(t)$ a partir de $\mathbf{F}(s)$, sem ter que calcular a transformada inversa. Os teoremas dos valores inicial e final nos permitem fazer exatamente isso.

O *teorema do valor inicial* afirma que

$$\lim_{t \to 0} f(t) = \lim_{s \to \infty} s\mathbf{F}(s) \qquad \textbf{13.31}$$

desde que $f(t)$ e sua derivada de primeira ordem sejam transformáveis.

A prova deste teorema emprega a transformada de Laplace da função $df(t)/dt$:

$$\int_0^{\infty} \frac{df(t)}{dt} e^{-st}\, dt = s\mathbf{F}(s) - f(0)$$

Tomando o limite dos dois lados da expressão quando $s \to \infty$, obtemos

$$\lim_{s \to \infty} \int_0^{\infty} \frac{df(t)}{dt} e^{-st}\, dt = \lim_{s \to \infty} [s\mathbf{F}(s) - f(0)]$$

Mas, dado que,

$$\int_0^{\infty} \frac{df(t)}{dt} \lim_{s \to \infty} e^{-st}\, dt = 0$$

temos

$$f(0) = \lim_{s \to \infty} s\mathbf{F}(s)$$

Ou seja,

$$\lim_{t \to 0} f(t) = \lim_{s \to \infty} s\mathbf{F}(s)$$

O *teorema do valor final* afirma que

$$\lim_{t \to \infty} f(t) = \lim_{s \to 0} s\mathbf{F}(s) \qquad \textbf{13.32}$$

desde que $f(t)$ e sua derivada de primeira ordem sejam transformáveis, e que $f(\infty)$ exista. Este último requisito significa que os polos de $\mathbf{F}(s)$ devem ter partes reais negativas, a menos que exista um polo simples em $s = 0$.

A prova deste teorema também envolve a transformada de Laplace da função $df(t)/dt$:

$$\int_0^{\infty} \frac{df(t)}{dt} e^{-st}\, dt = s\mathbf{F}(s) - f(0)$$

Tomando o limite dos dois lados da expressão quando $s \to 0$, temos

$$\lim_{s \to 0} \int_0^{\infty} \frac{df(t)}{dt} e^{-st}\, dt = \lim_{s \to 0} [s\mathbf{F}(s) - f(0)]$$

Portanto,

$$\int_0^\infty \frac{df(t)}{dt}\,dt = \lim_{s\to 0}\,[s\mathbf{F}(s) - f(0)]$$

e

$$f(\infty) - f(0) = \lim_{s\to 0} s\mathbf{F}(s) - f(0)$$

Logo,

$$f(\infty) = \lim_{t\to\infty} f(t) = \lim_{s\to 0} s\mathbf{F}(s)$$

EXEMPLO 13.13

Determinemos os valores inicial e final para a função

$$\mathbf{F}(s) = \frac{10(s+1)}{s(s^2+2s+2)}$$

cuja função temporal associada é:

$$f(t) = 5 + 5\sqrt{2}\,e^{-t}\cos(t - 135°)u(t)$$

Aplicando o teorema do valor inicial, temos

$$f(0) = \lim_{s\to\infty} s\mathbf{F}(s) = \lim_{s\to\infty} \frac{10(s+1)}{s^2+2s+2} = 0$$

Os polos de $\mathbf{F}(s)$ ocorrem em $s = 0$ e $s = -1 \pm j1$, o que indica que o teorema do valor final é aplicável aqui. Desta forma,

$$f(\infty) = \lim_{s\to\infty} s\mathbf{F}(s) = \lim_{s\to 0} \frac{10(s+1)}{s^2+2s+2} = 5$$

Esses valores podem ser obtidos diretamente da função temporal $f(t)$ associada.

13.8 Resolução de Equações Diferenciais com Transformadas de Laplace

Como um prenúncio ao Capítulo 14, em que empregaremos o potencial e a versatilidade da transformada de Laplace em uma variedade de problemas de análise de circuitos, demonstraremos como as técnicas descritas neste capítulo podem ser usadas na solução de um problema de circuito. aplicando-as à resolução da equação diferencial que descreve o circuito.

EXEMPLO 13.14

Consideremos o circuito mostrado na **Fig. 13.5a**. Admita que o circuito se encontre em estado estacionário antes de $t = 0$. Determine a corrente $i(t)$ para $t > 0$.

SOLUÇÃO O circuito em estado estacionário, antes de $t = 0$, é mostrado na **Fig. 13.5b**, uma vez que o indutor age como um curto-circuito para CC e o capacitor, como um circuito aberto para CC. Da Fig. 13.5b, vemos que $i(0) = 4$ A e $v_C(0) = 4$ V. Para $t > 0$, a equação da LKT para o circuito é escrita como:

$$12u(t) = 2i(t) + 1\,\frac{di(t)}{dt} + \frac{1}{0{,}1}\int_0^t i(x)\,dx + v_C(0)$$

Usando os resultados do Exemplo 13.1 e as propriedades 7 e 10 na Tabela 13.2, podemos expressar a transformada como:

$$\frac{12}{s} = 2\mathbf{I}(s) + s\mathbf{I}(s) - i(0) + \frac{10}{s}\mathbf{I}(s) + \frac{v_C(0)}{s}$$

Aplicando as condições iniciais, a equação passa a:

$$\frac{12}{s} = \mathbf{I}(s)\left(2 + s + \frac{10}{s}\right) - 4 + \frac{4}{s}$$

ou

$$\mathbf{I}(s) = \frac{4(s+2)}{s^2+2s+10} = \frac{4(s+2)}{(s+1-j3)(s+1+j3)}$$

Logo,

$$K_1 = \left.\frac{4(s+2)}{s+1+j3}\right|_{s=-1+j3} = 2{,}11\underline{/-18{,}4°}$$

Portanto,

$$i(t) = 2(2{,}11)e^{-t}\cos(3t - 18{,}4°)u(t)\text{ A}$$

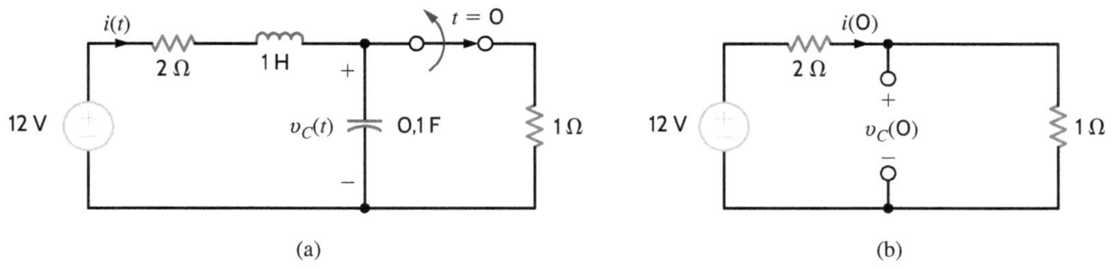

FIGURA 13.5 Circuitos usados no Exemplo 13.14.

Fica claro que esta expressão satisfaz à condição inicial $i(0) = 4$ A.

Na introdução deste capítulo, afirmamos que a transformada de Laplace produziria as respostas naturais e forçadas de um circuito. A solução para este problema contém apenas um termo. Este termo corresponde à resposta forçada ou à resposta natural? Recordemos que a resposta forçada sempre tem a mesma forma da função forçante ou fonte. Para este problema, a fonte é uma tensão CC; logo, a resposta forçada deve ser uma constante. Na verdade, a resposta forçada desse circuito é zero e a resposta natural, a função cosseno amortecida. Uma resposta forçada zero faz sentido? Sim! Examinando o circuito, vemos que o capacitor é carregado até a tensão da fonte. Quando a tensão do capacitor atinge a tensão da fonte, a corrente se torna zero.

Avaliação da Aprendizagem

E13.14 Determine os valores inicial e final da função $f(t)$ cuja transformada $\mathbf{F}(s) = \mathscr{L}[f(t)]$ é dada pela expressão

$$\mathbf{F}(s) = \frac{(s+1)^2}{s(s+2)(s^2+2s+2)}$$

Resposta:

$f(0) = 0$ e $f(\infty) = \frac{1}{4}$.

E13.15 Determine os valores inicial e final da função temporal $f(t)$ cuja transformada $\mathbf{F}(s) = \frac{8s^2 - 20s + 500}{s(s^2 + 4s + 50)}$.

Resposta:

$f(0) = 8; f(\infty) = 10.$

E13.16 Use a transformada de Laplace para obter $y(t)$ quando

$$\frac{dy}{dt} + 4y(t) + 4\int_0^t y(x)dx = 10u(t), y(0) = 10$$

Resposta:

$y(t) = (10e^{-2t} - 10te^{-2t})u(t).$

Estratégia para a Solução de Problemas

Transformada de Laplace e Circuitos Transientes

PASSO 1 Admitir que o circuito tenha atingido o estado estacionário antes da alteração do estado de uma chave. Desenhar o circuito válido para $t = 0^-$, substituindo capacitores por circuitos abertos e indutores por curtos-circuitos. Determinar as condições iniciais: tensões nos capacitores e correntes nos indutores. Recordar que

$$v_C(0-) = v_C(0+) = v_C(0) \text{ e } i_L(0-) = i_L(0+) = i_L(0).$$

PASSO 2 Desenhar o circuito válido para $t > 0$. Usar técnicas de análise de circuito para obter a equação diferencial ou íntegro-diferencial que descreve o funcionamento do circuito.

PASSO 3 Converter esta equação diferencial/íntegro-diferencial em uma equação algébrica usando a transformada de Laplace.

PASSO 4 Resolver a resultante equação algébrica para a variável de interesse. O resultado será uma razão entre polinômios na variável complexa s.

PASSO 5 Calcular uma transformada de Laplace inversa para obter a resposta do circuito no domínio do tempo.

Avaliação da Aprendizagem

E13.17 Admitindo que o circuito na Fig. E13.17 esteja em estado estacionário antes de $t = 0$, termine $i(t)$ para $t > 0$.

Resposta:
$i(t) = (3 - e^{-2t})u(t)$ A.

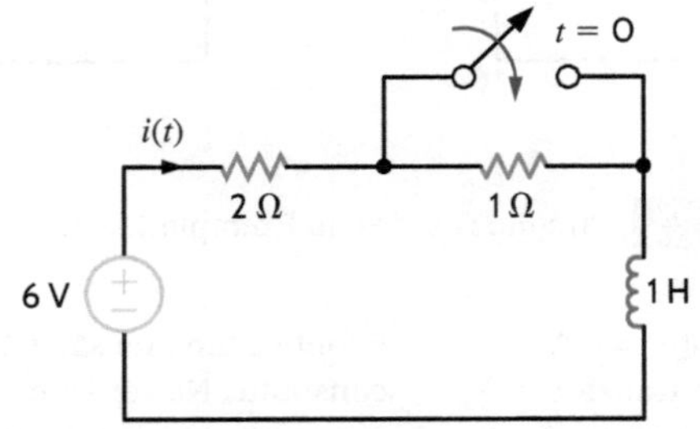

FIGURA E13.17

E13.18 No circuito da Fig. E13.18, a chave é aberta em $t = 0$. Use transformadas de Laplace para encontrar $v_s(t)$ para $t > 0$.

Resposta:
$v_s(t) = (12 - 5e^{-66,67t})u(t)$ V.

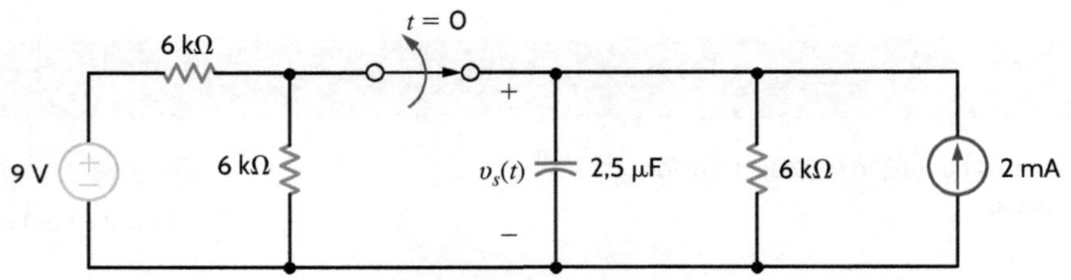

FIGURA E13.18

E13.19 No circuito da Fig. E13.19, a chave é aberta em $t = 0$. Use transformadas de Laplace para determinar $i(t)$ para $t > 0$.

Resposta:
$i(t) = (-0,274e^{-0,172t} + 9,274e^{-5,828t})$ $u(t)$ A.

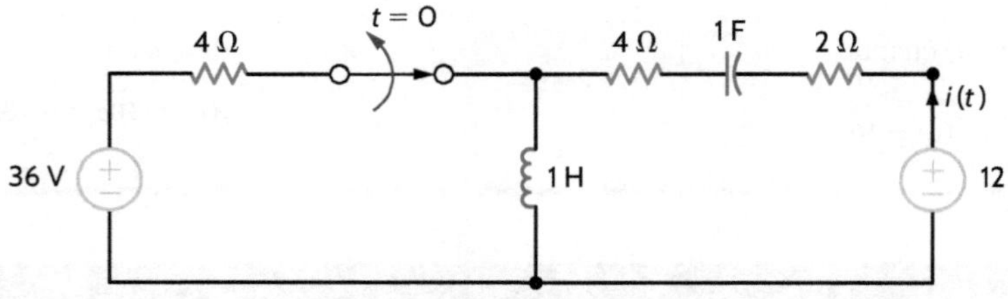

FIGURA E13.19

Resumo

- Ao aplicar a transformada de Laplace, uma equação íntegro-diferencial no domínio do tempo é convertida em uma equação algébrica no domínio *s*, que inclui as condições iniciais. As incógnitas são calculadas no domínio *s* e o resultado, convertido de volta ao domínio do tempo.
- A transformada de Laplace é definida pela expressão

$$\mathscr{L}[f(t)] = \mathbf{F}(s) = \int_0^\infty f(t)e^{-st}\,dt$$

- Pares de transformadas de Laplace, como os listados na Tabela 13.1, podem ser usados para efetuar a conversão entre os domínios do tempo e da frequência e vice-versa.
- As propriedades da transformada de Laplace, listadas na Tabela 13.2, são úteis para calcular a transformada de Laplace e sua inversa.
- A expansão de uma função no domínio *s* em frações parciais permite que a função seja convertida ao domínio do tempo com uso

dos pares de transformadas listados na Tabela 13.1 e das propriedades listadas na Tabela 13.2.

- A convolução de duas funções no domínio do tempo corresponde a uma simples multiplicação das duas funções no domínio *s*.
- Os valores inicial e final de uma função no domínio do tempo podem ser obtidos a partir de correspondente transformada de Laplace no domínio da frequência.

CAPÍTULO 14

Aplicação da Transformada de Laplace à Análise de Circuitos

OBJETIVOS DE APRENDIZAGEM

Os objetivos de aprendizagem deste capítulo são tornar os estudantes capazes de:

- Determinar a representação de elementos básicos de circuitos no domínio *s*, incluindo as condições iniciais.
- Representar um circuito elétrico no domínio *s*.
- Aplicar técnicas de análise de circuitos para determinar tensões e correntes no domínio *s*.
- Usar a transformada inversa de Laplace para determinar tensões e correntes no domínio do tempo.
- Determinar a função de transferência de circuitos no domínio *s*.
- Calcular a resposta de um circuito à função degrau unitário e à função impulso, usando uma função de transferência.
- Determinar a resposta de regime permanente de um circuito a uma fonte senoidal, usando uma função de transferência.

14.1 Resolução de Circuitos com a Transformada de Laplace

Para ilustrar a utilidade da transformada de Laplace na análise de circuitos, considere o circuito *RL* série mostrado na **Fig. 14.1**. Em particular, determine a corrente, $i(t)$.

Usando a lei de Kirchhoff para tensões, podemos escrever a equação diferencial do circuito no domínio do tempo como:

$$v_F(t) = L\left(\frac{di(t)}{dt}\right) + Ri(t)$$

A equação diferencial complementar é

$$L\left(\frac{di(t)}{dt}\right) + Ri(t) = 0 \qquad \textbf{14.1}$$

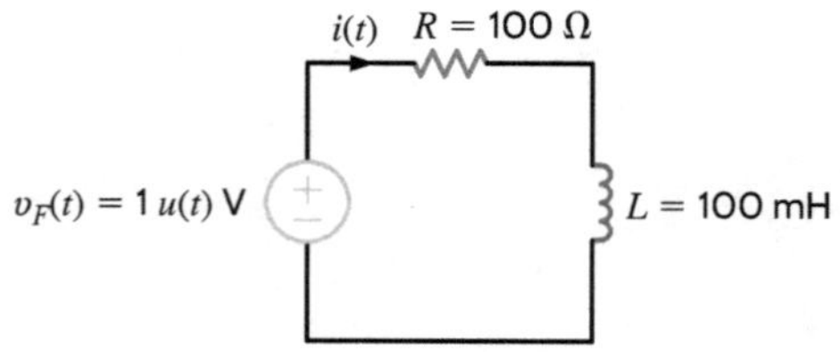

FIGURA 14.1 Circuito *RL* série.

cuja solução é dada por:

$$i_C(t) = K_C e^{-\alpha t}$$

Substituindo $i_C(t)$ na equação complementar, obtemos a relação

$$R - \alpha L = 0$$

ou

$$\alpha = \frac{R}{L} = 1.000$$

A solução particular tem a mesma forma da função forçante $v_F(t)$:

$$i_p(t) = K_p$$

Substituindo $i_p(t)$ na equação diferencial original, temos

$$1 = RK_p$$

ou

$$K_p = 1/R = 1/100$$

A solução final é a soma de $i_p(t)$ e $i_C(t)$,

$$i(t) = K_p + K_C e^{-\alpha t} = \frac{1}{100} + K_C e^{-1.000t}$$

Para determinar o valor de K_C, devemos usar o valor da corrente em algum particular instante de tempo. Para $t < 0$, a função degrau unitário é zero, assim como a corrente. Em $t = 0$, o degrau unitário passa a um; no entanto, o indutor força a corrente a permanecer instantaneamente em zero. Portanto, em $t = 0$, podemos escrever

$$i(0) = 0 = K_p + K_C$$

ou

$$K_C = -K_p = -\frac{1}{100}$$

Assim, a corrente é

$$i(t) = 10(1 - e^{-1.000t})u(t) \text{ mA}$$

Tentemos, agora, uma abordagem diferente para a solução do mesmo problema. Use a Tabela 13.2 para calcular a transformada de Laplace dos dois lados da Eq. (14.1):

$$\mathscr{L}[v_F(t)] = \mathbf{V}_F(s) = L[s\mathbf{I}(s) - i(0)] + R\mathbf{I}(s)$$

Como o valor inicial da corrente para o indutor é $i(0) = 0$, esta equação passa a

$$\mathscr{L}[v_F(t)] = \mathbf{V}_F(s) = L[s\mathbf{I}(s)] + R\mathbf{I}(s)$$

Com isso, o circuito não é mais representado por uma equação diferencial no domínio do tempo, mas por uma equação algébrica no domínio s. Resolvendo esta equação para $\mathbf{I}(s)$, podemos escrever

$$\mathbf{I}(s) = \frac{\mathbf{V}_F(s)}{sL + R} = \frac{1}{s[sL + R]}$$

Para determinar a corrente $i(t)$, use a transformada inversa de Laplace. Primeiro, expressemos $\mathbf{I}(s)$ como uma soma de produtos parciais:

$$\mathbf{I}(s) = \frac{1/L}{s\left[s + \frac{R}{L}\right]} = \frac{1}{sR} - \frac{1}{R\left[s + \frac{R}{L}\right]}$$

A transformada inversa é calculada como

$$i(t) = \frac{1}{R}(1 - e^{-Rt/L})$$

Dados os valores dos elementos do circuito na Fig. 14.1, a corrente é

$$i(t) = 10(1 - e^{-1.000t})u(t) \text{ mA}$$

que é exatamente a mesma expressão obtida com a abordagem da equação diferencial. Vale notar que, com a abordagem da transformada de Laplace, a solução completa é determinada em uma etapa.

Mostramos que a transformada de Laplace pode ser usada para transformar uma equação diferencial em uma equação algébrica. Como as relações tensão-corrente para resistores, capacitores e indutores envolvem apenas constantes, derivadas e integrais, com esta abordagem, podemos representar e resolver qualquer circuito no domínio s.

14.2 Modelos de Elementos de Circuitos

A técnica da transformada de Laplace empregada anteriormente implica que as características terminais de elementos do circuito podem ser expressas como expressões algébricas no domínio s. Vamos examinar essas características para resistores, capacitores e indutores.

No domínio do tempo e usando a convenção passiva de sinais, a relação tensão-corrente para um resistor é escrita como

$$v(t) = Ri(t) \qquad \textbf{14.2}$$

Usando a transformada de Laplace, vemos que, no domínio s, essa relação fica dada por

$$\mathbf{V}(s) = R\mathbf{I}(s) \qquad \textbf{14.3}$$

As representações desse elemento no domínio do tempo e no domínio da frequência complexa são mostradas na **Fig. 14.2a**.

No domínio do tempo e usando a convenção passiva de sinais, as relações para um capacitor são escritas como:

$$v(t) = \frac{1}{C}\int_0^t i(x)\,dx + v(0) \qquad \textbf{14.4}$$

$$i(t) = C\frac{dv(t)}{dt} \qquad \textbf{14.5}$$

No domínio s, as equações para o capacitor são, então, dadas por:

$$\mathbf{V}(s) = \frac{\mathbf{I}(s)}{sC} + \frac{v(0)}{s} \qquad \textbf{14.6}$$

$$\mathbf{I}(s) = sC\mathbf{V}(s) - Cv(0) \qquad \textbf{14.7}$$

e a representação desse elemento no domínio s é mostrada na **Fig. 14.2b**.

No domínio do tempo e usando a convenção passiva de sinais, as relações tensão-corrente para um indutor são escritas como

$$v(t) = L\frac{di(t)}{dt} \qquad \textbf{14.8}$$

$$i(t) = \frac{1}{L}\int_0^t v(x)\,dx + i(0) \qquad \textbf{14.9}$$

No domínio s, essas relações são, então, dadas por:

$$\mathbf{V}(s) = sL\mathbf{I}(s) - Li(0) \qquad \textbf{14.10}$$

$$\mathbf{I}(s) = \frac{\mathbf{V}(s)}{sL} + \frac{i(0)}{s} \qquad \textbf{14.11}$$

A representação deste elemento no domínio s é mostrada na **Fig. 14.2c**.

No domínio do tempo e usando a convenção passiva de sinais, as relações tensão-corrente para os indutores acoplados mostrados na **Fig. 14.2d** são escritas como:

$$v_1(t) = L_1 \frac{di_1(t)}{dt} + M\frac{di_2(t)}{dt}$$
$$v_2(t) = L_2 \frac{di_2(t)}{dt} + M\frac{di_1(t)}{dt} \quad \textbf{14.12}$$

No domínio *s*, estas relações são dadas por:

$$\mathbf{V}_1(s) = L_1 s\mathbf{I}_1(s) - L_1 i_1(0) + Ms\mathbf{I}_2(s) - Mi_2(0)$$
$$\mathbf{V}_2(s) = L_2 s\mathbf{I}_2(s) - L_2 i_2(0) + Ms\mathbf{I}_1(s) - Mi_1(0) \quad \textbf{14.13}$$

Fontes de tensão e de corrente independentes e dependentes também podem ser representadas por suas transformadas:

$$\mathbf{V}_1(s) = \mathscr{L}[v_1(t)]$$
$$\mathbf{I}_2(s) = \mathscr{L}[i_2(t)] \quad \textbf{14.14}$$

Se $v_1(t) = Ai_2(t)$, o que representa uma fonte de tensão controlada por corrente, então

$$\mathbf{V}_1(s) = A\mathbf{I}_2(s) \quad \textbf{14.15}$$

No circuito transformado, devemos respeitar a direção das fontes de corrente e a polaridade das fontes de tensão que resultam das condições iniciais. Uma inversão da polaridade da tensão inicial ou da direção da corrente inicial no circuito original implica a inversão, no circuito transformado, das fontes resultantes da condição inicial.

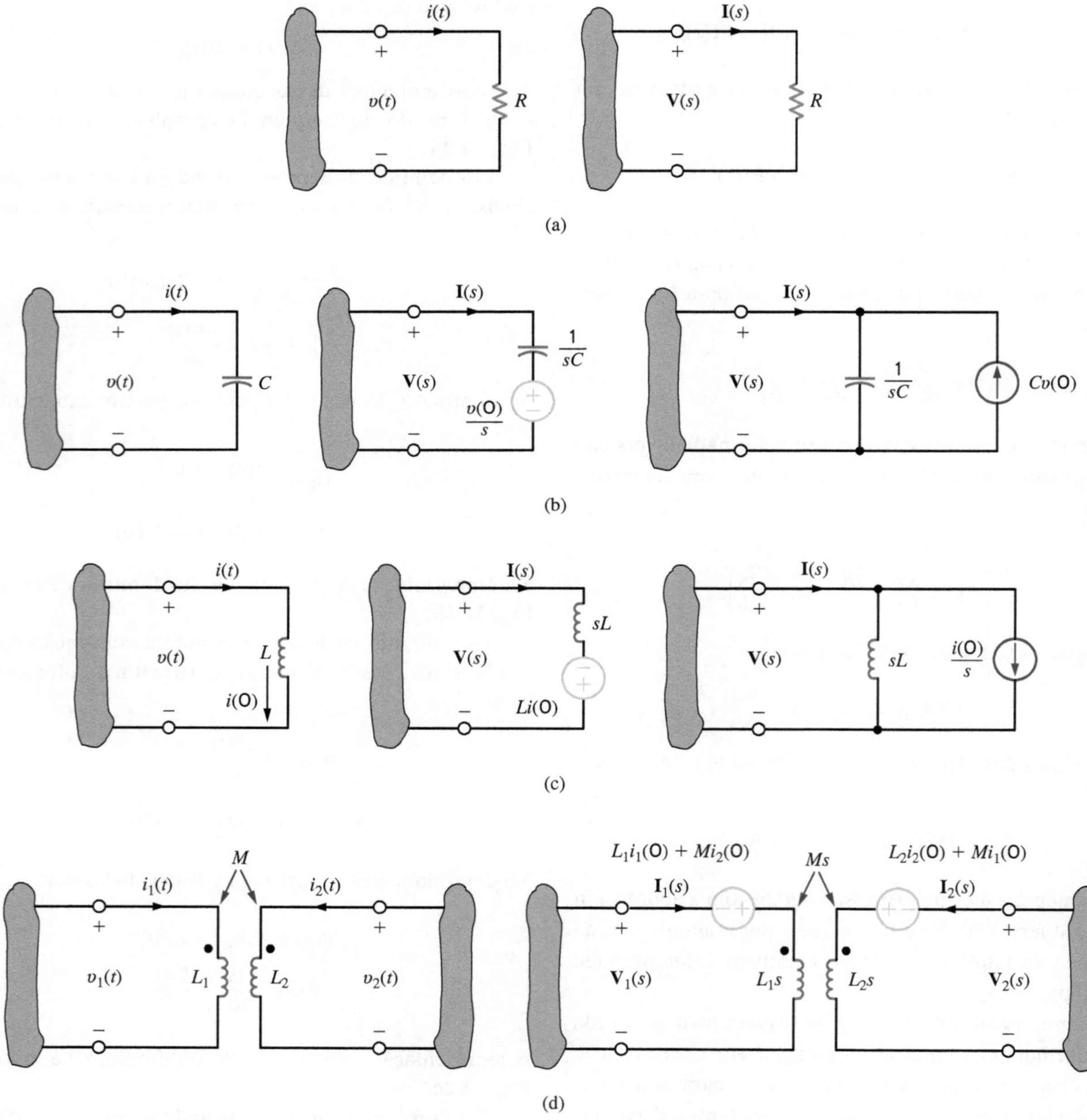

FIGURA 14.2 Representações de elementos de circuitos no domínio do tempo e no domínio *s*.

Estratégia para a Solução de Problemas

Circuitos no Domínio *s*

PASSO 1 Determinar tensões iniciais em capacitores e correntes iniciais em indutores. Isso pode exigir a análise de um circuito válido para $t < 0$, desenhado com todos os capacitores substituídos por circuitos abertos e todos os indutores, por curtos-circuitos.

PASSO 2 Desenhar um circuito no domínio *s* substituindo todos os elementos do circuito pelas correspondentes representações no domínio *s*. Certificar-se de incluir as condições iniciais para capacitores e indutores, caso sejam diferentes de zero.

PASSO 3 Aplicar as técnicas de análise de circuitos apresentadas neste livro para determinar as tensões e/ou correntes apropriadas. Tensões e/ou correntes serão descritas por uma razão de polinômios em *s*.

PASSO 4 Efetuar uma transformada inversa de Laplace para converter as tensões e/ou correntes de volta ao domínio do tempo.

14.3 Técnicas de Análise

Agora que temos as representações de elementos de circuitos no domínio *s*, estamos em condições de analisar um circuito com base no circuito transformado.

EXEMPLO 14.1

Dado o circuito na **Fig. 14.3a**, desenhe o circuito equivalente no domínio *s* e calcule a tensão de saída nos domínios *s* e do tempo.

SOLUÇÃO O circuito no domínio *s* é mostrado na **Fig. 14.3b**. Podemos escrever a tensão de saída como

$$\mathbf{V}_s(s) = \left[R // \frac{1}{sC}\right] \mathbf{I}_F(s)$$

ou

$$\mathbf{V}_s(s) = \left[\frac{1/C}{s + (1/RC)}\right] \mathbf{I}_F(s)$$

Usando os valores dos elementos em $\mathbf{V}_s(s)$, temos

$$\mathbf{V}_s(s) = \left(\frac{40.000}{s+4}\right)\left(\frac{0{,}003}{s+1}\right) = \frac{120}{(s+4)(s+1)}$$

Expandindo $\mathbf{V}_s(s)$ em frações parciais, obtemos

$$\mathbf{V}_s(s) = \frac{120}{(s+4)(s+1)} = \frac{40}{s+1} - \frac{40}{s+4}$$

A representação da tensão de saída no domínio do tempo é obtida com aplicação da transformada inversa de Laplace:

$$v_s(t) = 40[e^{-t} - e^{-4t}]u(t) \text{ V}$$

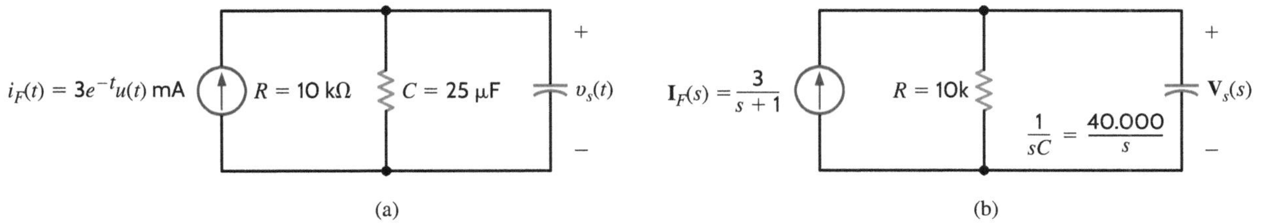

FIGURA 14.3 Representações de um circuito *RC* paralelo no domínio do tempo e no domínio *s*.

Uma vez que demonstramos o uso da transformada de Laplace na solução de um circuito simples, considere o caso mais geral. Na Fig. 14.2, mostramos dois modelos para capacitores e indutores quando condições iniciais estão presentes.

Veja, agora, um exemplo para ilustrar o uso desses modelos na dedução de equações de nó e de malha para o circuito.

DICA 14.1

As equações empregam a mesma convenção usada na análise CC.

EXEMPLO 14.2

Dados os circuitos nas **Figs. 14.4a** e **b**, escreva as equações de malha no domínio *s* para o circuito na Fig. 14.4a e as equações de nó no domínio *s* para o circuito na Fig. 14.4b.

SOLUÇÃO O circuito transformado correspondente ao circuito na Fig. 14.4a é mostrado na **Fig. 14.4c** (ver **DICA 14.1**). As equações de malha para este circuito são escritas como:

$$\left(R_1 + \frac{1}{sC_1} + \frac{1}{sC_2} + sL_1\right)\mathbf{I}_1(s) - \left(\frac{1}{sC_2} + sL_1\right)\mathbf{I}_2(s) = \mathbf{V}_A(s) - \frac{v_1(0)}{s} + \frac{v_2(0)}{s} - L_1 i_1(0)$$

$$\left(\frac{1}{sC_2} + sL_1\right)\mathbf{I}_1(s) + \left(\frac{1}{sC_2} + sL_1 + sL_2 + R_2\right)\mathbf{I}_2(s) = L_1 i_1(0) - \frac{v_2(0)}{s} - L_2 i_2(0) + \mathbf{V}_B(s)$$

O circuito transformado correspondente ao circuito na Fig. 14.4b é mostrado na **Fig. 14.4d.** As equações de nós para este circuito no domínio *s* são escritas como:

$$\left(G_1 + \frac{1}{sL_1} + sC_1 + \frac{1}{sL_2}\right)\mathbf{V}_1(s) - \left(\frac{1}{sL_2} + sC_1\right)\mathbf{V}_2(s) = \mathbf{I}_A(s) - \frac{i_1(0)}{s} + \frac{i_2(0)}{s} - C_1 v_1(0)$$

$$-\left(\frac{1}{sL_2} + sC_1\right)\mathbf{V}_1(s) + \left(\frac{1}{sL_2} + sC_1 + G_2 + sC_2\right)\mathbf{V}_2(s) = C_1 v_1(0) - \frac{i_2(0)}{s} - C_2 v_2(0) - \mathbf{I}_B(s)$$

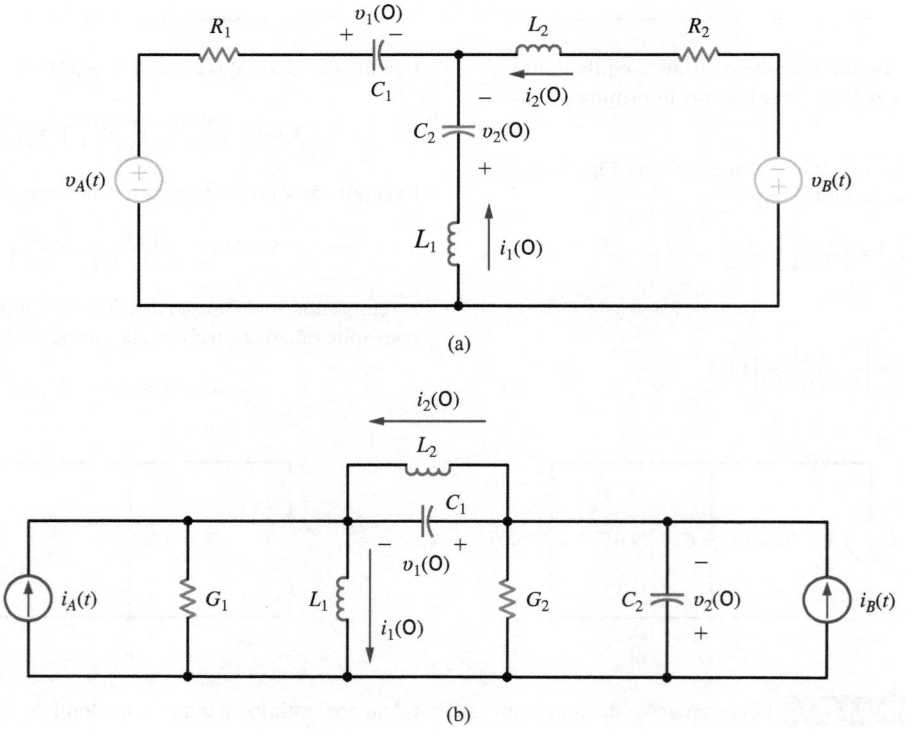

FIGURA 14.4 Circuitos usados no Exemplo 14.2.

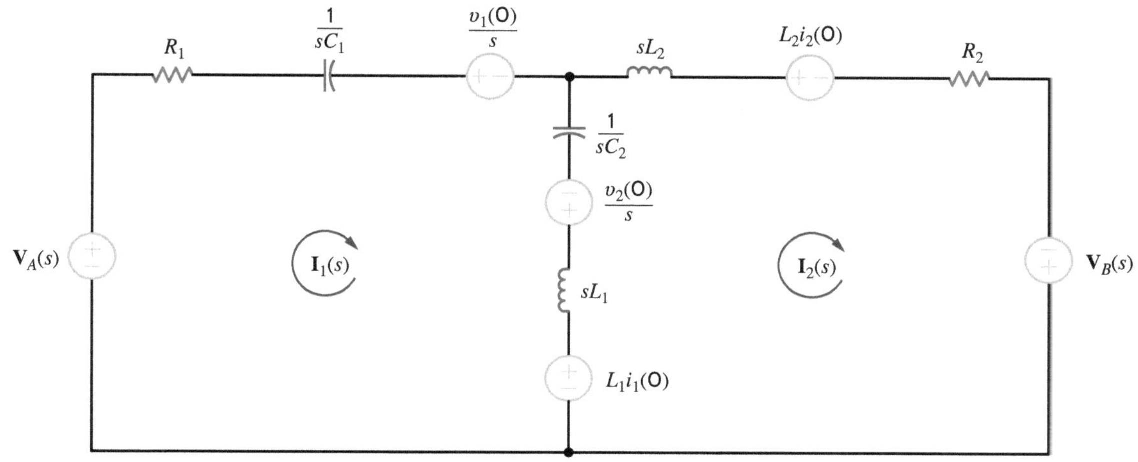

(c)

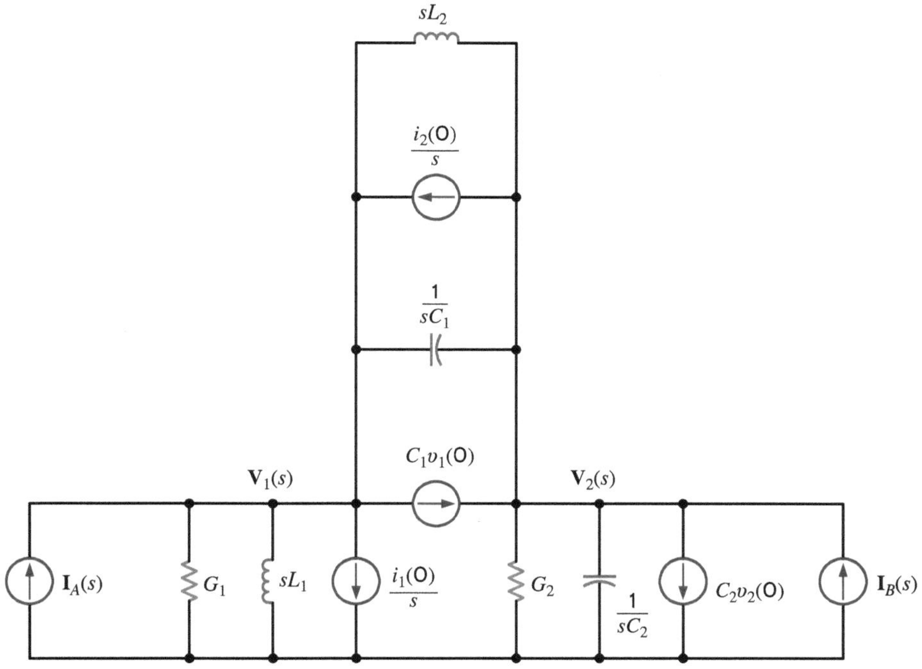

(d)

FIGURA 14.4 (continuação)

No Exemplo 14.2, ilustramos como empregar as representações dos elementos do circuito, indutor e capacitor, no domínio s quando condições iniciais estão presentes. Nos exemplos a seguir, ilustraremos o uso de várias técnicas de análise para obter a resposta completa de um circuito transformado. Para os exemplos, os circuitos foram escolhidos especificamente para demonstrar a aplicação da transformada de Laplace a circuitos com diferentes elementos passivos e ativos.

EXEMPLO 14.3

Para o circuito na **Fig. 14.5a**, determine a tensão de saída $v_s(t)$.

SOLUÇÃO Como uma revisão das técnicas de análise apresentadas anteriormente neste texto, resolveremos este problema usando análise nodal, análise de malha, superposição, troca de fontes, teorema de Thévenin e teorema de Norton.

O circuito transformado é mostrado na **Fig. 14.5b**. Na análise nodal, em vez de aplicar a LKC aos nós identificados como $\mathbf{V}_1(s)$

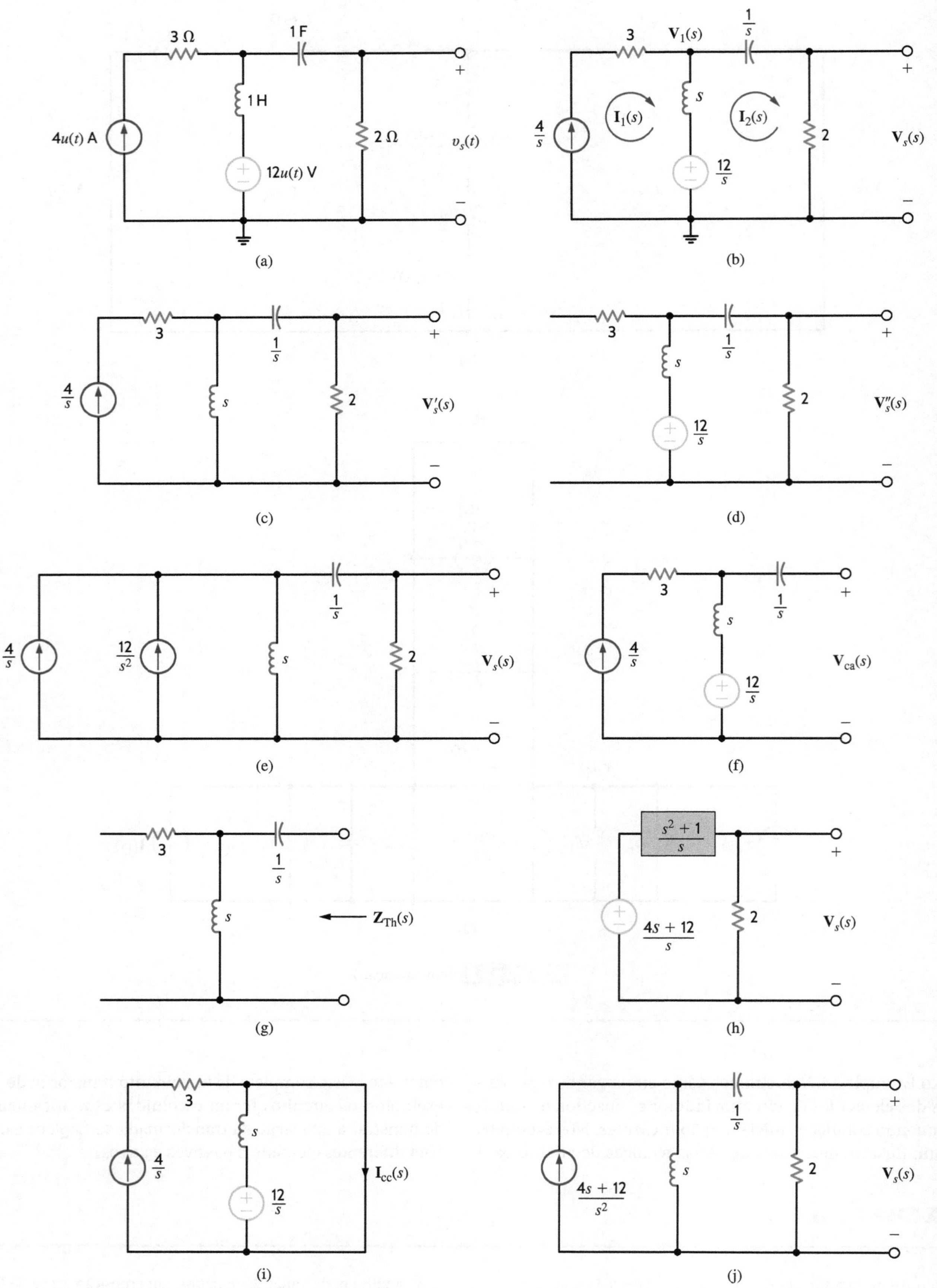

FIGURA 14.5 Circuitos usados no Exemplo 14.3.

e $\mathbf{V}_s(s)$, a aplicaremos apenas ao primeiro nó e, para determinar $\mathbf{V}_s(s)$, usaremos divisão de tensão.

A aplicação da LKC ao nó $\mathbf{V}_1(s)$ resulta em:

$$-\frac{4}{s}+\frac{\mathbf{V}_1(s)-\frac{12}{s}}{s}+\frac{\mathbf{V}_1(s)}{\frac{1}{s}+2}=0$$

Resolvendo para $\mathbf{V}_1(s)$, obtemos

$$\mathbf{V}_1(s)=\frac{4(s+3)(2s+1)}{s(s^2+2s+1)}$$

Empregando, agora, a divisão de tensão, temos

$$\mathbf{V}_s(s)=\mathbf{V}_1(s)\left[\frac{2}{\frac{1}{s}+2}\right]=\mathbf{V}_1(s)\left(\frac{2s}{2s+1}\right)$$
$$=\frac{8(s+3)}{(s+1)^2}$$

Para a análise de malha, notamos que a corrente $\mathbf{I}_1(s)$ percorre a fonte de corrente; portanto, aplicação da LKT à malha da direita resulta em

$$\frac{12}{s}-[\mathbf{I}_2(s)-\mathbf{I}_1(s)]s-\frac{\mathbf{I}_2(s)}{s}-2\mathbf{I}_2(s)=0$$

Como $\mathbf{I}_1(s)=4/s$, obtemos

$$\mathbf{I}_2(s)=\frac{4(s+3)}{(s+1)^2}$$

Assim,

$$\mathbf{V}_s(s)=\frac{8(s+3)}{(s+1)^2}$$

O resistor de 3 Ω não aparece nestas equações e, também, não aparecerá em outras análises. Por quê?

Ao usar a superposição, primeiro, consideramos que apenas a fonte de corrente esteja ativa, como mostrado na **Fig. 14.5c**. Aplicando divisão de corrente, obtemos

$$\mathbf{V}_s'(s)=\left[\frac{\frac{4}{s}(s)}{s+\frac{1}{s}+2}\right](2)$$
$$=\frac{8s}{s^2+2s+1}$$

Quando apenas a fonte de tensão está ativa, como mostrado na **Fig. 14.5d**, temos

$$\mathbf{V}_s''(s)=\left[\frac{\frac{12}{s}}{s+\frac{1}{s}+2}\right](2)$$
$$=\frac{24}{s^2+2s+1}$$

Com isso,

$$\mathbf{V}_s(s)=\mathbf{V}_s'(s)+\mathbf{V}_s''(s)$$
$$=\frac{8(s+3)}{(s+1)^2}$$

Ao aplicar a troca de fontes, transformamos a fonte de tensão e o indutor em série em uma fonte de corrente com o indutor em paralelo, como mostrado na **Fig. 14.5e**. Somando as fontes de corrente e aplicando divisão de corrente, obtemos

$$\mathbf{V}_s(s)=\left(\frac{12}{s^2}+\frac{4}{s}\right)\left[\frac{s}{s+\frac{1}{s}+2}\right](2)$$
$$=\frac{\left(\frac{12}{s}+4\right)(2)}{s+\frac{1}{s}+2}$$
$$\mathbf{V}_s(s)=\frac{8(s+3)}{(s+1)^2}$$

Para aplicar o teorema de Thévenin, primeiro, determinamos a tensão de circuito aberto mostrada na **Fig. 14.5f.** $\mathbf{V}_{ca}(s)$ é calculada como

$$\mathbf{V}_{ca}(s)=\left(\frac{4}{s}\right)(s)+\frac{12}{s}$$
$$=\frac{4s+12}{s}$$

A impedância equivalente de Thévenin derivada da **Fig. 14.5g** é

$$\mathbf{Z}_{Th}(s)=\frac{1}{s}+s$$
$$=\frac{s^2+1}{s}$$

Agora, conectando o circuito equivalente de Thévenin à carga, obtemos o circuito mostrado na **Fig. 14.5h**. Aplicando divisão de tensão, temos

$$\mathbf{V}_s(s)=\frac{4s+12}{s}\left[\frac{2}{\frac{s^2+1}{s}+2}\right]$$
$$=\frac{8(s+3)}{(s+1)^2}$$

Na aplicação do teorema de Norton, por simplicidade, partimos o circuito à direita da primeira malha. Assim, a corrente de curto-circuito é obtida do circuito da **Fig. 14.5i**, ou seja:

$$\mathbf{I}_{cc}(s)=\frac{\frac{12}{s}}{s}+\frac{4}{s}$$
$$=\frac{4s+12}{s^2}$$

A impedância equivalente de Thévenin nesta aplicação do teorema de Norton é $\mathbf{Z}_{Th}(s)=s$. Conectando o circuito equivalente de Norton ao restante do circuito original, obtemos o circuito na **Fig. 14.5j**. Com isso, calculamos

$$\mathbf{V}_s(s)=\frac{4s+12}{s^2}\left[\frac{s}{s+\frac{1}{s}+2}\right](2)$$
$$=\frac{8(s+3)}{(s+1)^2}$$

Por fim, $\mathbf{V}_s(s)$ pode ser transformada em $v_s(t)$. $\mathbf{V}_s(s)$ pode ser escrita como

$$\mathbf{V}_s(s)=\frac{8(s+3)}{(s+1)^2}=\frac{K_{11}}{(s+1)^2}+\frac{K_{12}}{s+1}$$

Determinando as constantes, obtemos

$$8(s+3)|_{s=-1}=K_{11}$$
$$16=K_{11}$$

e

$$\frac{d}{ds}[8(s+3)]\Big|_{s=-1}=K_{12}$$
$$8=K_{12}$$

Logo,

$$v_s(t)=(16te^{-t}+8e^{-t})u(t)\text{ V}$$

EXEMPLO 14.4

Considere o circuito mostrado na **Fig. 14.6a**. Determine a tensão de saída $v_s(t)$.

SOLUÇÃO Examinando o problema, notamos duas coisas. Primeira, como a fonte $12u(t)$ está conectada entre $v_1(t)$ e $v_2(t)$, temos um supernó. Segunda, se $v_2(t)$ for conhecida, $v_s(t)$ pode ser facilmente calculada por divisão de tensão. Portanto, para a resolução do problema, usemos análise nodal em conjunto com divisão de tensão. Em seguida, para fins de comparação, determine $v_s(t)$ usando o teorema de Thévenin.

O circuito transformado é mostrado na **Fig. 14.6b**. Aplicando a LKC ao supernó, obtemos (ver **DICA 14.2**)

DICA 14.2

Somar as correntes que saem do supernó.

$$\frac{\mathbf{V}_1(s)}{2} + \mathbf{V}_1(s)\frac{s}{2} - 2\mathbf{I}(s) + \frac{\mathbf{V}_2(s)}{s+1} = 0$$

Mas,

$$\mathbf{I}(s) = -\frac{\mathbf{V}_1(s)}{2}$$

e

$$\mathbf{V}_1(s) = \mathbf{V}_2(s) - \frac{12}{s}$$

Substituindo as duas últimas equações na primeira, obtemos

$$\left[\mathbf{V}_2(s) - \frac{12}{s}\right]\frac{s+3}{2} + \frac{\mathbf{V}_2(s)}{s+1} = 0$$

ou

$$\mathbf{V}_2(s) = \frac{12(s+1)(s+3)}{s(s^2+4s+5)}$$

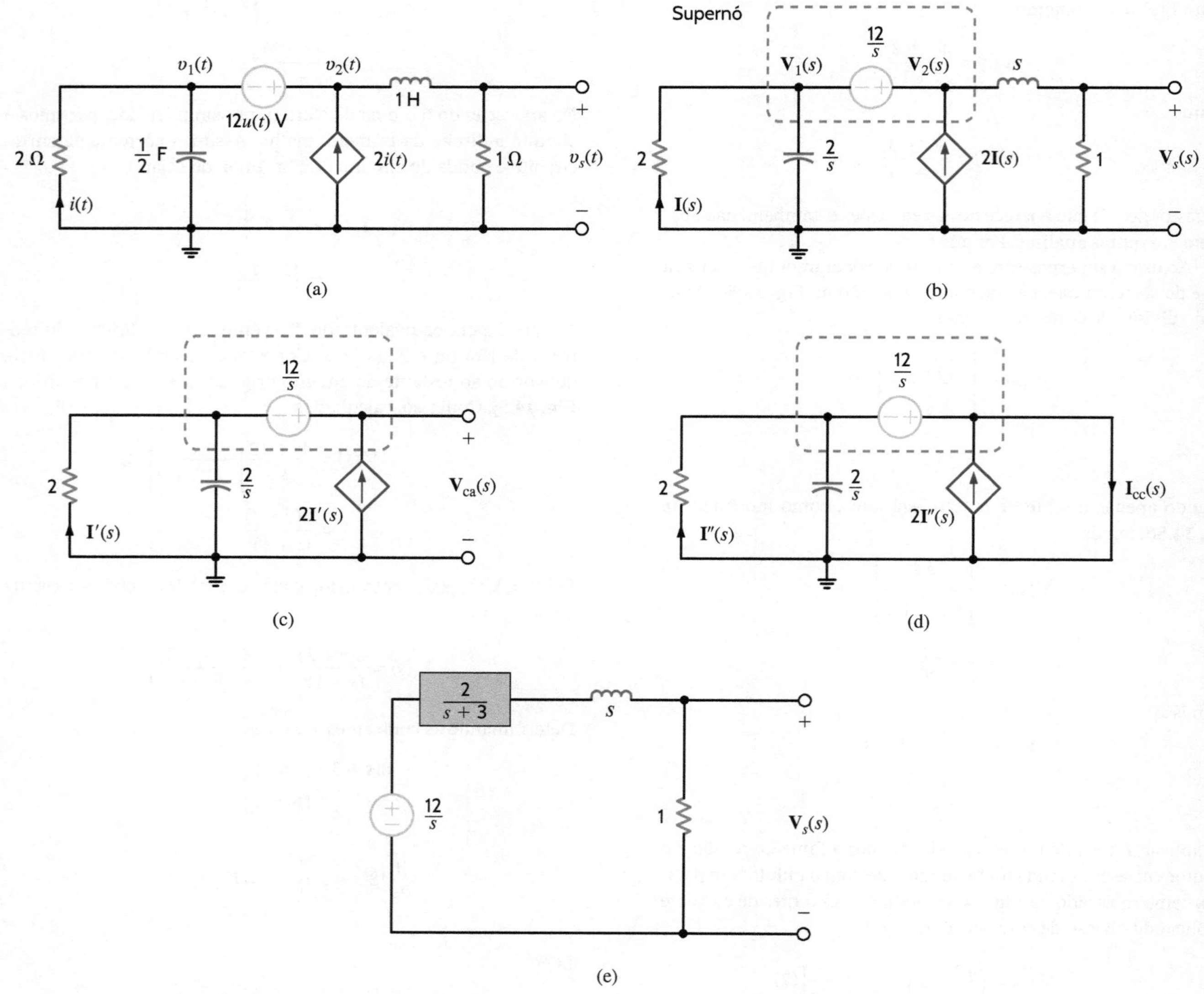

FIGURA 14.6 Circuitos usados no Exemplo 14.4.

Aplicando divisão de tensão, temos

$$\mathbf{V}_s(s) = \mathbf{V}_2(s)\,\frac{1}{s+1} = \frac{12(s+3)}{s(s^2+4s+5)}$$

Para aplicar o teorema de Thévenin, partimos o circuito à direita da fonte de corrente dependente, como mostrado na **Fig. 14.6c**. A LKC aplicada ao supernó resulta em

$$\frac{\mathbf{V}_{ca}(s) - \frac{12}{s}}{2} + \frac{\mathbf{V}_{ca}(s) - \frac{12}{s}}{\frac{2}{s}} - 2\mathbf{I}'(s) = 0$$

em que

$$\mathbf{I}'(s) = -\left(\frac{\mathbf{V}_{ca}(s) - \frac{12}{s}}{2}\right)$$

Resolvendo essas equações para $\mathbf{V}_{ca}(s)$, temos

$$\mathbf{V}_{ca}(s) = \frac{12}{s}$$

A corrente de curto-circuito é determinada do circuito na **Fig. 14.6d** como

$$\mathbf{I}_{cc}(s) = 2\mathbf{I}''(s) + \frac{\frac{12}{s}}{\frac{(2)\left(\frac{2}{s}\right)}{2+\frac{2}{s}}}$$

em que

$$\mathbf{I}''(s) = \frac{\frac{12}{s}}{2}$$

Resolvendo estas equações para $\mathbf{I}_{cc}(s)$, obtemos

$$\mathbf{I}_{cc}(s) = \frac{6(s+3)}{s}$$

A impedância equivalente de Thévenin é, então, calculada como

$$\mathbf{Z}_{Th}(s) = \frac{\mathbf{V}_{ca}(s)}{\mathbf{I}_{cc}(s)} = \frac{\frac{12}{s}}{\frac{6(s+3)}{s}} = \frac{2}{s+3}$$

Conectando, agora, o circuito equivalente de Thévenin ao restante do circuito original, obtemos o circuito mostrado na **Fig. 14.6e**. Usando divisão de tensão,

$$\mathbf{V}_s(s) = \frac{1}{\frac{2}{s+3} + s + 1}\left(\frac{12}{s}\right) = \frac{12(s+3)}{s(s^2+4s+5)}$$

ou

$$\mathbf{V}_s(s) = \frac{12(s+3)}{s(s+2-j1)(s+2+j1)}$$

Para calcular a transformada inversa de Laplace, esta função é escrita como

$$\frac{12(s+3)}{s(s+2-j1)(s+2+j1)} = \frac{K_0}{s} + \frac{K_1}{s+2-j1} + \frac{K_1^*}{s+2+j1}$$

As constantes são calculadas como

$$\left.\frac{12(s+3)}{s^2+4s+5}\right|_{s=0} = K_0$$

$$\frac{36}{5} = K_0$$

e

$$\left.\frac{12(s+3)}{s(s+2+j1)}\right|_{s=-2+j1} = K_1$$

$$3{,}79\underline{/161{,}57^\circ} = K_1$$

Portanto,

$$v_s(t) = \left[7{,}2 + 7{,}58e^{-2t}\cos(t + 161{,}57^\circ)\right]u(t)\ \text{V}$$

Avaliação da Aprendizagem

E14.1 Aplique análise nodal e determine $i_s(t)$ no circuito na Fig. E14.1.

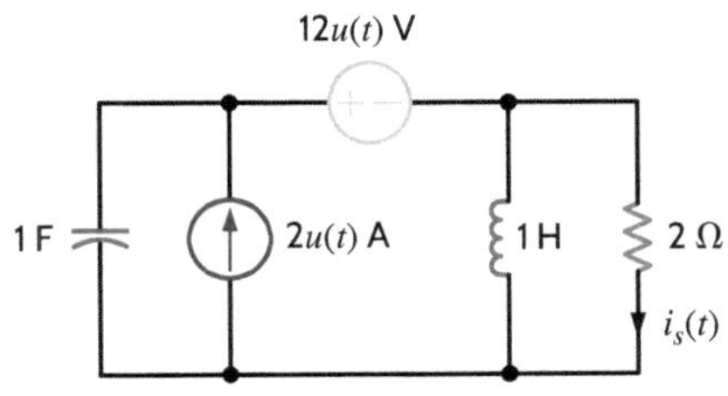

FIGURA E14.1

Resposta:

$i_s(t) = 6{,}53e^{-t/4}\cos\left[(\sqrt{15}/4)t - 156{,}72^\circ\right]u(t)$ A.

E14.2 Aplique análise nodal determine $v_s(t)$ para $t > 0$ na Fig. E14.2.

Resposta:

$v_s(t) = (10{,}64e^{-0{,}75t}\cos(0{,}97t - 19{,}84^\circ))u(t)$ V.

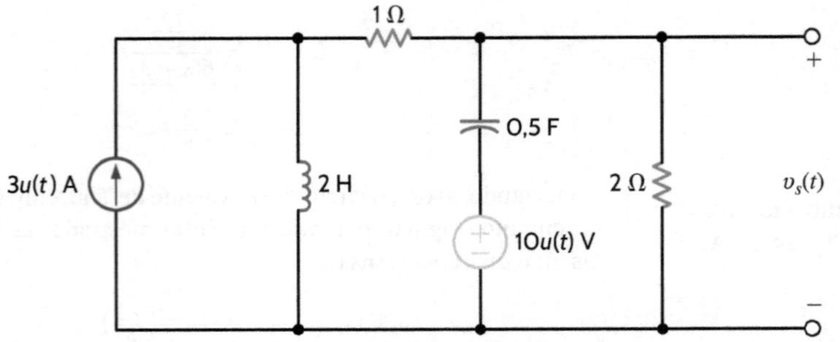

FIGURA E14.2

E14.3 Usando análise de malhas, determine $v_s(t)$ no circuito na Fig. E14.3.

Resposta:

$v_s(t) = (4 - 8{,}93e^{-3{,}73t} + 4{,}93e^{-0{,}27t})u(t)$ V.

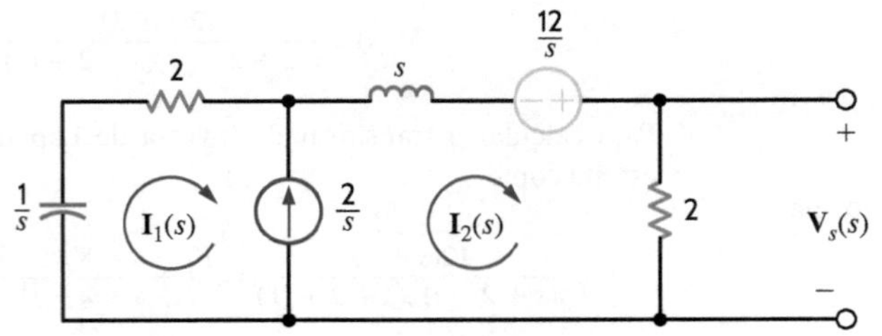

FIGURA E14.3

E14.4 Aplique análise de malhas e determine $v_s(t)$ para $t > 0$ no circuito na Fig. E14.2.

Resposta:

$v_s(t) = (10{,}64e^{-0{,}75t} \cos(0{,}97t - 19{,}84°))u(t)$ V.

E14.5 Use o teorema de Thévenin para determinar $v_s(t)$ para $t > 0$ na Fig. E14.2.

Resposta:

$v_s(t) = (10{,}64e^{-0{,}75t} \cos(0{,}97t - 19{,}84°))u(t)$ V.

E14.6 Use o teorema de Thévenin para determinar $v_s(t)$ para t > 0 na Fig. E14.6.

Resposta:

$v_s(t) = (21{,}5 + 12{,}29e^{-1{,}267t})u(t)$ V.

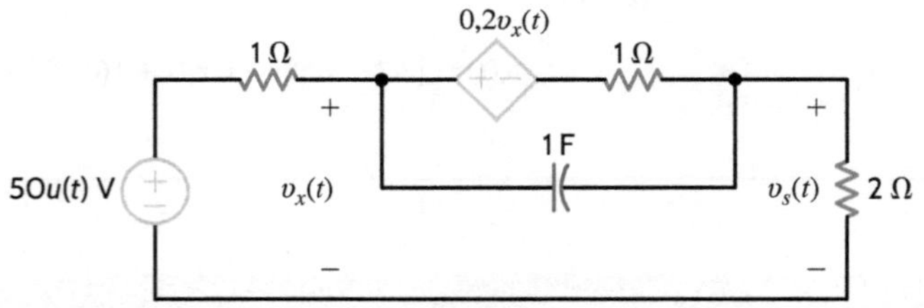

FIGURA E14.6

Vamos ilustrar, agora, o uso da transformada de Laplace na análise transiente de circuitos, como os do Capítulo 7. A abordagem adotada na solução dos problemas consiste em, primeiro, determinar as condições iniciais para os capacitores e indutores no circuito e, em seguida, empregar os modelos de elementos especificados no início deste capítulo, juntamente com as técnicas de análise de circuitos. O exemplo a seguir demonstra a abordagem.

EXEMPLO 14.5

Determinemos a tensão de saída para $t > 0$ no circuito mostrado na **Fig. 14.7a**.

SOLUÇÃO Em $t = 0$, a tensão inicial no capacitor é 1 V e a corrente inicial no indutor, 1 A. O circuito para $t > 0$ é mostrado na

Fig. 14.7b com as condições iniciais. O circuito transformado é mostrado na **Fig. 14.7c**.

As equações de malha para o circuito transformado são

$$(s+1)\mathbf{I}_1(s) - s\mathbf{I}_2(s) = \frac{4}{s} + 1$$

$$-s\mathbf{I}_1(s) + \left(s + \frac{2}{s} + 1\right)\mathbf{I}_2(s) = \frac{-1}{s} - 1$$

que podem ser escritas na forma matricial como

$$\begin{bmatrix} s+1 & -s \\ -s & \dfrac{s^2+s+2}{s} \end{bmatrix} \begin{bmatrix} \mathbf{I}_1(s) \\ \mathbf{I}_2(s) \end{bmatrix} = \begin{bmatrix} \dfrac{s+4}{s} \\ \dfrac{-(s+1)}{s} \end{bmatrix}$$

Resolvendo as equações para as correntes, obtemos

$$\begin{bmatrix} \mathbf{I}_1(s) \\ \mathbf{I}_2(s) \end{bmatrix} = \begin{bmatrix} s+1 & -s \\ -s & \dfrac{s^2+s+2}{s} \end{bmatrix} \begin{bmatrix} \dfrac{s+4}{s} \\ \dfrac{-(s+1)}{s} \end{bmatrix}$$

$$= \frac{s}{2s^2+3s+2} \begin{bmatrix} \dfrac{s^2+s+2}{s} & s \\ s & s+1 \end{bmatrix} \begin{bmatrix} \dfrac{s+4}{s} \\ \dfrac{-(s+1)}{s} \end{bmatrix}$$

$$= \begin{bmatrix} \dfrac{4s^2+6s+8}{s(2s^2+3s+2)} \\ \dfrac{2s-1}{2s^2+3s+2} \end{bmatrix}$$

A tensão de saída é calculada como:

$$\mathbf{V}_s(s) = \frac{2}{s}\mathbf{I}_2(s) + \frac{1}{s}$$

$$= \frac{2}{s}\left(\frac{2s-1}{2s^2+3s+2}\right) + \frac{1}{s}$$

$$= \frac{s + \frac{7}{2}}{s^2 + \frac{3}{2}s + 1}$$

Expandindo esta função em frações parciais, temos:

$$\frac{s + \frac{7}{2}}{s^2 + \frac{3}{2}s + 1} = \frac{K_1}{s + \frac{3}{4} - j(\sqrt{7}/4)} + \frac{K_1^*}{s + \frac{3}{4} + j(\sqrt{7}/4)}$$

As constantes são calculadas como:

$$\left.\frac{s + \frac{7}{2}}{s + \frac{3}{4} + j(\sqrt{7}/4)}\right|_{s = -(3/4) + j(\sqrt{7}/4)} = K_1$$

$$2{,}14\angle -76{,}5° = K_1$$

Logo,

$$v_s(t) = \left[4{,}29e^{-(3/4)t}\cos\left(\frac{\sqrt{7}}{4}t - 76{,}5°\right)\right]u(t) \text{ V}$$

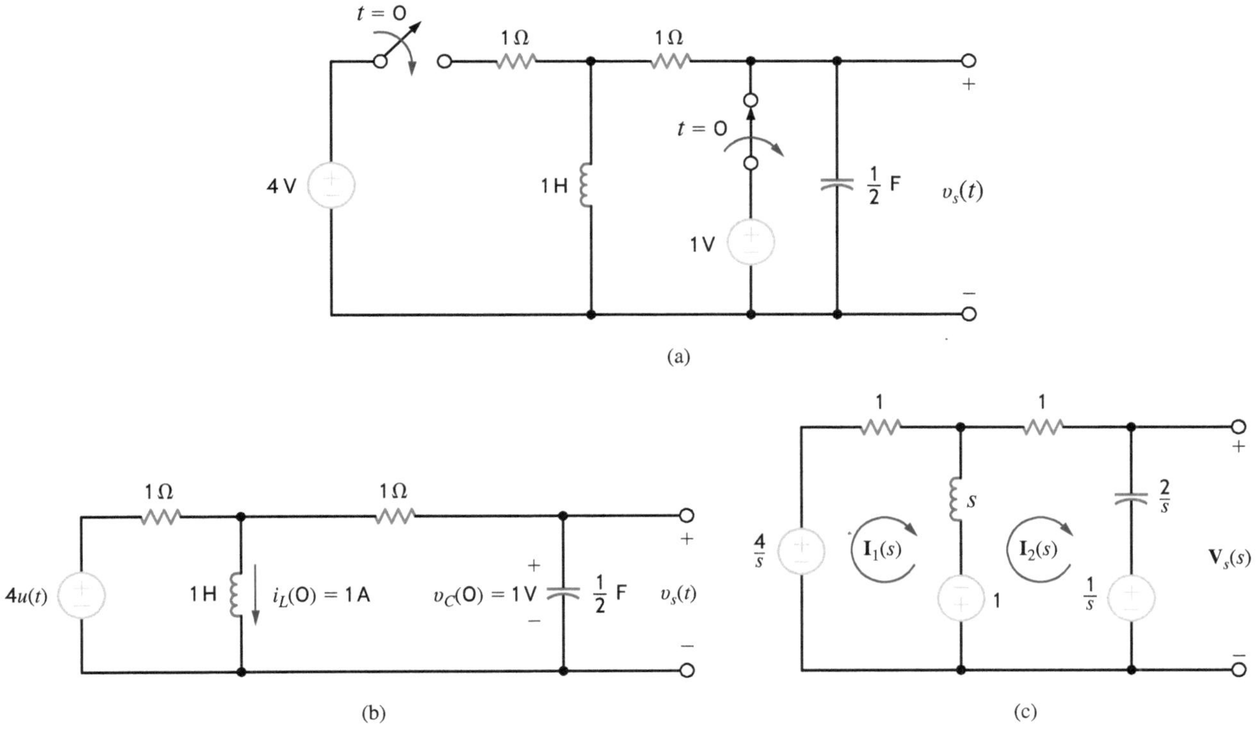

FIGURA 14.7 Circuitos empregados no Exemplo 14.5.

Avaliação da Aprendizagem

E14.7 Resolver a Avaliação da Aprendizagem E7.3 usando transformadas de Laplace.

Resposta:

$i_1(t) = (1e^{-9t})u(t)$ A.

E14.8 Resolver a Avaliação da Aprendizagem E7.6 usando transformadas de Laplace.

Resposta:

$v_s(t) = \left(6 - \frac{10}{3}e^{-2t}\right)u(t)$ V.

E14.9 Determinar $i_s(t)$ para $t > 0$ na Fig. E14.9.

Resposta:

$i_s(t) = (-2e^{-2t} + e^{-4t})u(t)$ A.

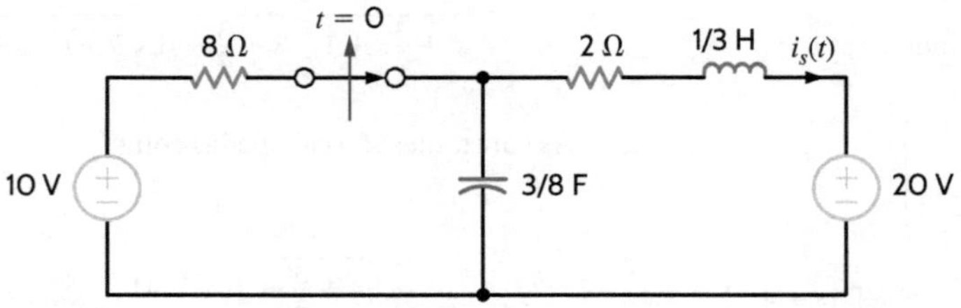

FIGURA E14.9

E14.10 Encontre $v_s(t)$ para $t > 0$ na Fig. E14.10.

Resposta:

$v_s(t) = (-2{,}93e^{-4{,}13t} - 9{,}07e^{-14{,}54t})u(t)$ V.

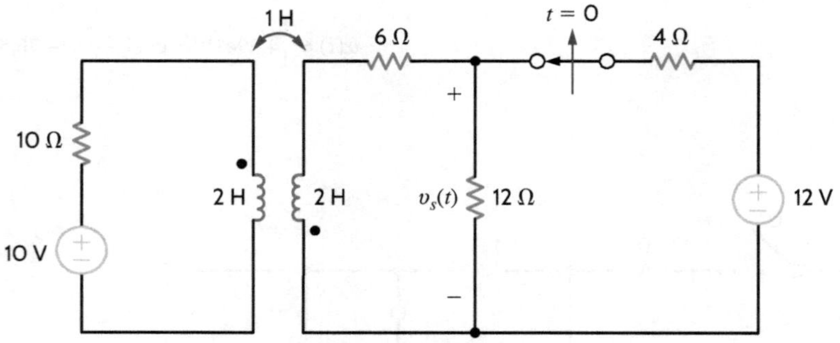

FIGURA E14.10

E14.11 A tensão de entrada para o circuito na Fig. E14.11 é dada no gráfico. Determine a tensão de saída $v_s(t)$.

Resposta:

$v_s(t) = [(4 - 4e^{-1{,}5t})u(t) - (4 - 4e^{-1{,}5(t-1)})u(t-1)]$V.

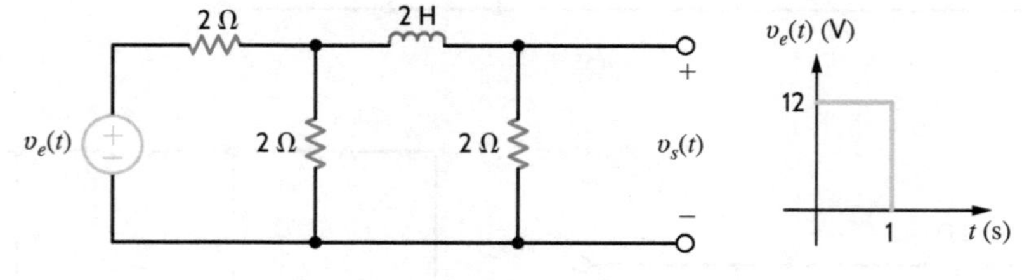

FIGURA E14.11

14.4 Função de Transferência

No Capítulo 12, apresentamos o conceito de função de circuito ou de transferência. Esta função, essencialmente, nada mais é do que a razão entre alguma variável de saída e alguma variável de entrada. Quando as duas variáveis são tensões, a função de transferência é um ganho de tensão. Quando as duas variáveis são correntes, a função de transferência é um ganho de corrente. Quando uma variável é uma tensão e a outra, uma corrente, a função de transferência representa uma admitância ou impedância de transferência.

Na dedução de uma função de transferência, todas as condições iniciais são iguais a zero. Ademais, se a saída for gerada por mais de uma fonte de entrada, a superposição pode ser empregada juntamente com a função de transferência correspondente a cada fonte.

Para apresentar este conceito de maneira mais formal, vamos admitir que a relação entrada/saída para um circuito linear seja

$$b_n \frac{d^n y_s(t)}{dt^n} + b_{n-1} \frac{d^{n-1} y_s(t)}{dt^{n-1}} + \cdots + b_1 \frac{dy_s(t)}{dt} + b_0 y_s(t)$$
$$= a_m \frac{d^m x_e(t)}{dt^m} + a_{m-1} \frac{d^{m-1} x_e(t)}{dt^{m-1}} + \cdots + a_1 \frac{dx_e(t)}{dt} + a_0 x_e(t)$$

Com todas as condições iniciais iguais a zero, a transformada de Laplace da equação é calculada como:

$$(b_n s^n + b_{n-1} s^{n-1} + \cdots + b_1 s + b_0)\mathbf{Y}_s(s)$$
$$= (a_m s^m + a_{m-1} s^{m-1} + \cdots + a_1 s + a_0)\mathbf{X}_e(s)$$

ou

$$\frac{\mathbf{Y}_s(s)}{\mathbf{X}_e(s)} = \frac{a_m s^m + a_{m-1} s^{m-1} + \cdots + a_1 s + a_0}{b_n s^n + b_{n-1} s^{n-1} + \cdots + b_1 s + b_0}$$

Essa razão entre $\mathbf{Y}_s(s)$ e $\mathbf{X}_e(s)$ é chamada de *função de (do) circuito* ou *de transferência*, que denotamos como $\mathbf{H}(s)$:

$$\frac{\mathbf{Y}_s(s)}{\mathbf{X}_e(s)} = \mathbf{H}(s)$$

ou

$$\mathbf{Y}_s(s) = \mathbf{H}(s)\mathbf{X}_e(s) \qquad \textbf{14.16}$$

Esta equação afirma que a resposta de saída $\mathbf{Y}_s(s)$ é igual à função do circuito multiplicada pela entrada $\mathbf{X}_e(s)$. Se $x_e(t) = \delta(t)$ e, portanto, $\mathbf{X}_e(s) = 1$, a resposta ao impulso é igual à transformada inversa de Laplace da função do circuito. Este é um conceito extremamente importante, pois significa que, se conhecermos a resposta ao impulso de um circuito, podemos determinar sua resposta a alguma outra função forçante usando a Eq. (14.16).

Neste ponto, vale a pena revisarmos brevemente a resposta natural de circuitos de primeira e de segunda ordens. Demonstramos no Capítulo 7 que, se apenas um único elemento de armazenamento estiver presente, a resposta natural de um circuito a uma condição inicial é sempre da forma

$$x(t) = X_0 e^{-t/\tau}$$

em que $x(t)$ pode ser $v(t)$ ou $i(t)$, X_0 é o valor inicial de $x(t)$, e τ é a constante de tempo do circuito. Vimos, também, que a resposta natural de um circuito de segunda ordem é controlada pelas raízes da *equação característica*, que tem a forma

$$s^2 + 2\zeta\omega_0 s + \omega_0^2 = 0$$

em que ζ é a *razão de amortecimento* e ω_0, a *frequência natural não amortecida*. Esses dois fatores básicos, ζ e ω_0, controlam a resposta do circuito, e existem três casos de interesse, ilustrados na **Fig. 14.8**.

Caso 1, $\zeta > 1$: Circuito Superamortecido

As raízes da equação característica são $s_1, s_2 = -\zeta\omega_0 \pm \omega_0\sqrt{\zeta^2 - 1}$, portanto, a resposta do circuito tem a forma

$$x(t) = K_1 e^{-\left(\zeta\omega_0 + \omega_0\sqrt{\zeta^2-1}\right)t} + K_2 e^{-\left(\zeta\omega_0 - \omega_0\sqrt{\zeta^2-1}\right)t}$$

Caso 2, $\zeta < 1$: Circuito Subamortecido

As raízes da equação característica são $s_1, s_2 = -\zeta\omega_0 \pm j\omega_0\sqrt{1 - \zeta^2}$, portanto, a resposta do circuito tem a forma

$$x(t) = Ke^{-\zeta\omega_0 t}\cos\left(\omega_0\sqrt{1-\zeta^2}\,t + \phi\right)$$

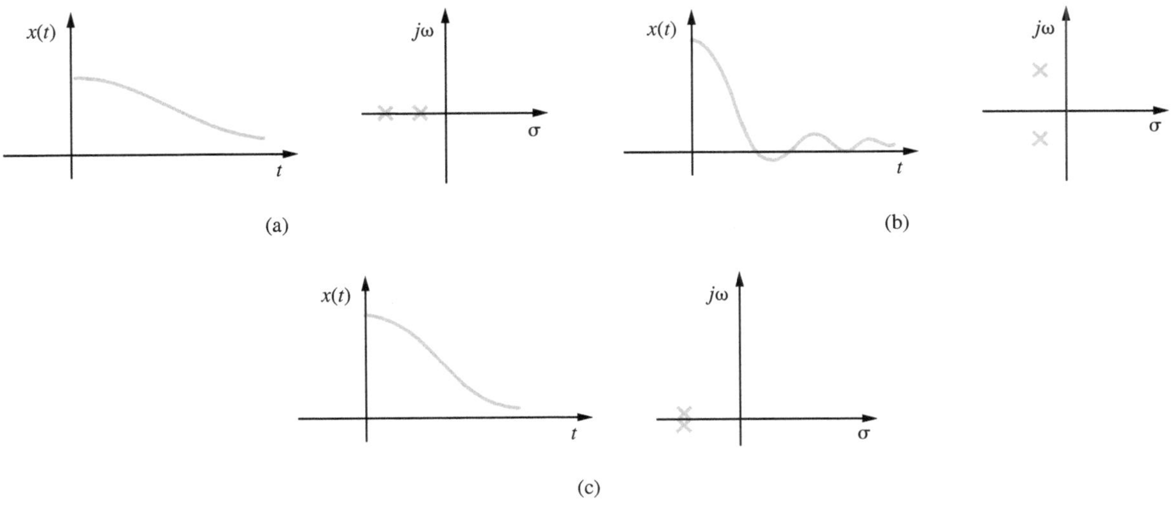

FIGURA 14.8 Resposta natural de um circuito de segunda ordem e localizações dos polos do circuito para os três casos: (a) superamortecido, (b) subamortecido e (c) criticamente amortecido.

Caso 3, $\zeta = 1$: Circuito Criticamente Amortecido

As raízes da equação característica são $s_1, s_2 = -\omega_0$; portanto, a resposta do circuito tem a forma

$$x(t) = K_1 t e^{-\omega_0 t} + K_2 e^{-\omega_0 t}$$

Vale notar que a equação característica é o denominador da função de transferência $\mathbf{H}(s)$, e que as raízes desta equação – que são os polos do circuito – determinam a forma da resposta natural do circuito.

Um método conveniente para exibir os polos e zeros de um circuito graficamente é o uso de um diagrama de polos e zeros. Um diagrama de polos e zeros de uma função pode ser obtido usando o chamado *plano complexo* ou *plano s*. No plano complexo, a abscissa é σ e a ordenada, $j\omega$. Zeros são representados pelo símbolo 0 e polos, pelo símbolo ×. Embora nosso interesse seja apenas voltado a polos e zeros finitos especificados pela resposta ou função do circuito, devemos salientar que uma função racional deve ter o mesmo número de polos e zeros. Portanto, se $n > m$, existem $n - m$ zeros no infinito; se $n < m$, existem $m - n$ polos no infinito. Um engenheiro de sistemas é capaz de entender muito do funcionamento de um circuito ou sistema simplesmente examinando o correspondente diagrama de polos e zeros.

Podemos observar na Fig. 14.8 que, quando os polos do circuito são reais e desiguais, a resposta é lenta e, portanto, $x(t)$ leva muito tempo para chegar a zero. Quando os polos do circuito são complexos conjugados, a resposta é rápida; no entanto, a resposta alcança um sobrevalor (*overshoot*) e, eventualmente, é amortecida. A fronteira entre os casos superamortecido e subamortecido corresponde ao caso criticamente amortecido, em que as raízes são reais e iguais. Nesse caso, a resposta transiente desaparece tão rapidamente quanto possível, sem alcançar um sobrevalor.

EXEMPLO 14.6

Considere que a resposta de um circuito ao impulso seja $h(t) = e^{-t}$ e determine a resposta $v_s(t)$ a uma entrada $v_e(t) = 10e^{-2t}\,u(t)$ V.

SOLUÇÃO As variáveis transformadas correspondentes são

$$\mathbf{H}(s) = \frac{1}{s+1}$$

$$\mathbf{V}_e(s) = \frac{10}{s+2}$$

Portanto,

$$\mathbf{V}_s(s) = \mathbf{H}(s)\mathbf{V}_e(s) = \frac{10}{(s+1)(s+2)}$$

Logo,

$$v_s(t) = 10(e^{-t} - e^{-2t})u(t)\text{ V}$$

A importância de funções de transferência reside no fato de fornecerem a um engenheiro de sistemas muita informação sobre o funcionamento de um dado sistema, cujas propriedades dinâmicas são regidas por seus polos.

EXEMPLO 14.7

Vamos deduzir a função de transferência $\mathbf{V}_s(s)/\mathbf{V}_e(s)$ para o circuito na **Fig. 14.9a**.

A variável de saída é a tensão em um capacitor variável e a tensão de entrada, um degrau unitário. O circuito transformado é mostrado na **Fig. 14.9b**. As equações de malha para o circuito são escritas como

$$2\mathbf{I}_1(s) - \mathbf{I}_2(s) = \mathbf{V}_e(s)$$

$$-\mathbf{I}_1(s) + \left(s + \frac{1}{sC} + 1\right)\mathbf{I}_2(s) = 0$$

e a equação de saída como

$$\mathbf{V}_s(s) = \frac{1}{sC}\mathbf{I}_2(s)$$

A partir dessas equações, obtemos a função de transferência:

$$\frac{\mathbf{V}_s(s)}{\mathbf{V}_e(s)} = \frac{1/2C}{s^2 + \frac{1}{2}s + 1/C}$$

Como a função de transferência depende do valor do capacitor, examine a função de transferência e a resposta de saída para três valores do capacitor.

a. $C = 8$ F

$$\frac{\mathbf{V}_s(s)}{\mathbf{V}_e(s)} = \frac{\frac{1}{16}}{\left(s^2 + \frac{1}{2}s + \frac{1}{8}\right)} = \frac{\frac{1}{16}}{\left(s + \frac{1}{4} - j\frac{1}{4}\right)\left(s + \frac{1}{4} + j\frac{1}{4}\right)}$$

A resposta de saída é dada por:

$$\mathbf{V}_s(s) = \frac{\frac{1}{16}}{s\left(s + \frac{1}{4} - j\frac{1}{4}\right)\left(s + \frac{1}{4} + j\frac{1}{4}\right)}$$

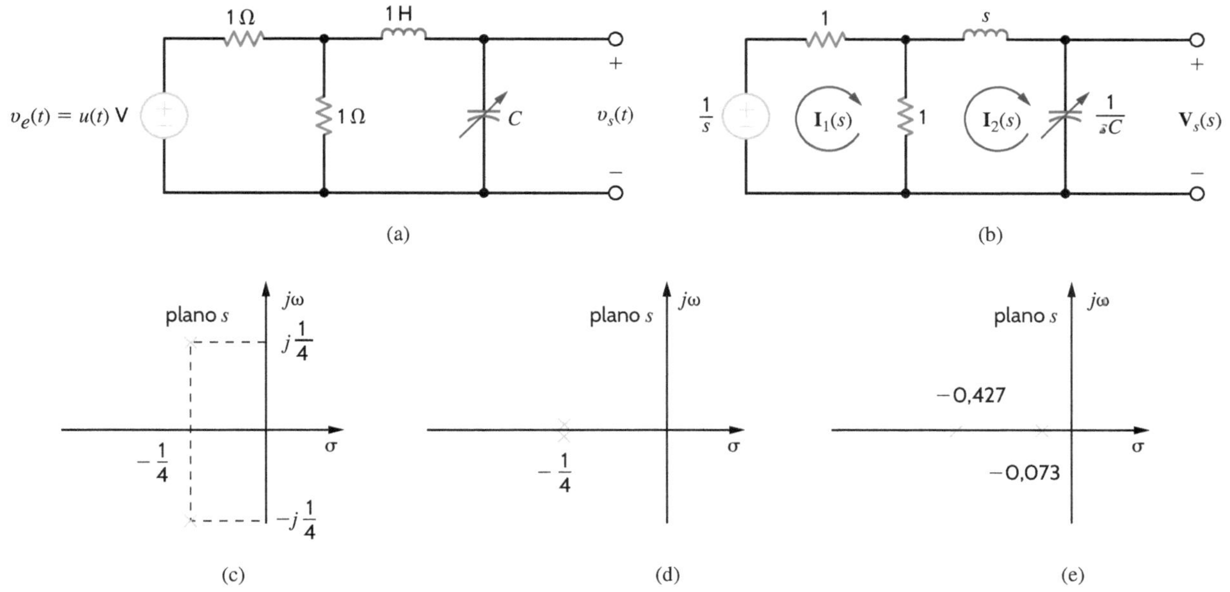

FIGURA 14.9 Circuitos e diagramas de polos e zeros usados no Exemplo 14.7.

Como vimos no Capítulo 7, os polos da função de transferência, que são as raízes da equação característica, são complexos conjugados, como mostrado na **Fig. 14.9c**; portanto, a resposta de saída é *subamortecida*. A resposta de saída em função do tempo é escrita como

$$v_s(t) = \left[\frac{1}{2} + \frac{1}{\sqrt{2}} e^{-t/4} \cos\left(\frac{t}{4} + 135°\right)\right] u(t) \text{ V}$$

Observe que, para grandes valores do tempo, as oscilações transientes, representadas pelo segundo termo na resposta, tornam-se desprezíveis e a saída se estabiliza em um valor de 1/2 V. Isso também pode ser visto diretamente do circuito, pois, para grandes valores do tempo, a entrada se parece a uma fonte CC, o indutor atua como um curto-circuito, o capacitor atua como um circuito aberto e os resistores formam um divisor de tensão.

b. $C = 16$ F

$$\frac{\mathbf{V}_s(s)}{\mathbf{V}_e(s)} = \frac{\frac{1}{32}}{s^2 + \frac{1}{2}s + \frac{1}{16}} = \frac{\frac{1}{32}}{\left(s + \frac{1}{4}\right)^2}$$

A resposta de saída é dada por:

$$\mathbf{V}_s(s) = \frac{\frac{1}{32}}{s\left(s + \frac{1}{4}\right)^2}$$

Uma vez que os polos da função de transferência são reais e iguais, como mostrado na **Fig. 14.9d**, a resposta de saída é *criticamente amortecida*. $v_s(t) = \mathscr{L}^{-1}[\mathbf{V}_s(s)]$ é calculada como

$$v_s(t) = \left[\frac{1}{2} - \left(\frac{t}{8} + \frac{1}{2}\right)e^{-t/4}\right] u(t) \text{ V}$$

c. $C = 32$ F

$$\frac{\mathbf{V}_s(s)}{\mathbf{V}_e(s)} = \frac{\frac{1}{64}}{s^2 + \frac{1}{2}s + \frac{1}{32}} = \frac{\frac{1}{64}}{(s + 0{,}427)(s + 0{,}073)}$$

A resposta de saída é dada por

$$\mathbf{V}_s(s) = \frac{\frac{1}{64}}{s(s + 0{,}427)(s + 0{,}073)}$$

Os polos da função de transferência são reais e distintos, como mostrado na **Fig. 14.9e**; portanto, a resposta de saída é *superamortecida*. A resposta em função do tempo é obtida como:

$$v_s(t) = (0{,}5 + 0{,}103e^{-0{,}427t} - 0{,}603e^{-0{,}073t})u(t) \text{ V}$$

Embora os valores selecionados para os parâmetros do circuito não sejam muito práticos, escalamentos de magnitude e de frequência, como descrito no Capítulo 12, podem ser aplicados aqui.

Avaliação da Aprendizagem

E14.12 A resposta de um circuito ao impulso unitário é $10/9(e^{-t} - e^{-10t})$; determine a resposta do circuito ao degrau unitário.

Resposta:

$$x(t) = \left(1 - \frac{10}{9}e^{-t} + \frac{1}{9}e^{-10t}\right)u(t).$$

E14.13 A função de transferência de um circuito é dada por

$$\mathbf{H}(s) = \frac{s+10}{s^2+4s+8}$$

Determine o diagrama de polos zeros de $\mathbf{H}(s)$, o tipo de amortecimento exibido pelo circuito e a resposta do circuito ao degrau unitário.

Resposta:

O circuito é subamortecido;

$$x(t) = \left[\frac{10}{8} + 1{,}46e^{-2t}\cos(2t - 210{,}96°)\right]u(t).$$

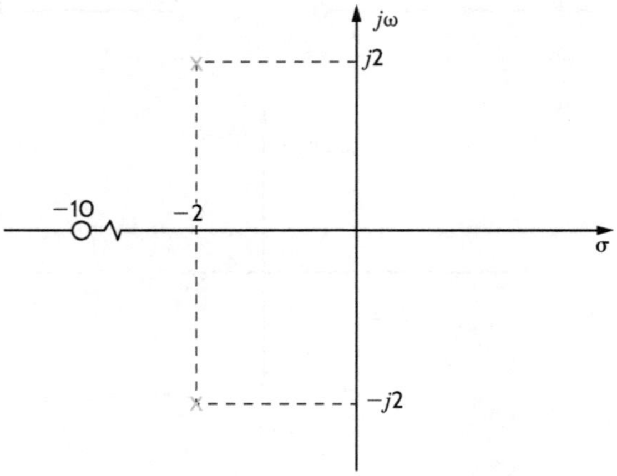

FIGURA E14.13

EXEMPLO 14.8

Para o circuito da **Fig. 14.10a**, determine (a) a função de transferência, (b) o tipo de amortecimento exibido pelo circuito e (c) a resposta do circuito ao degrau unitário.

SOLUÇÃO Lembre-se de que a tensão nos terminais de entrada do amplificador operacional é zero; portanto, a aplicação da LKC ao nó identificado como $\mathbf{V}_1(s)$ na **Fig. 14.10b** resulta na seguinte equação:

$$\frac{\mathbf{V}_F(s) - \mathbf{V}_1(s)}{1} = s\mathbf{V}_1(s) + \frac{\mathbf{V}_1(s) - \mathbf{V}_s(s)}{1} + \frac{\mathbf{V}_1(s)}{1}$$

Como a corrente no terminal de entrada negativo do amplificador operacional é zero, a LKC requer

$$s\mathbf{V}_s(s) = -\frac{\mathbf{V}_1(s)}{1}$$

A combinação das duas equações resulta na função de transferência

$$\frac{\mathbf{V}_s(s)}{\mathbf{V}_F(s)} = \frac{-1}{s^2+3s+1}$$

que pode ser expressa na forma

$$\frac{\mathbf{V}_s(s)}{\mathbf{V}_F(s)} = \frac{-1}{(s+2{,}62)(s+0{,}38)}$$

Como as raízes são reais e desiguais, a resposta ao degrau do circuito é superamortecida. A resposta ao degrau é

$$\mathbf{V}_s(s) = \frac{-1}{s(s+2{,}62)(s+0{,}38)}$$
$$= \frac{-1}{s} + \frac{-0{,}17}{s+2{,}62} + \frac{1{,}17}{s+0{,}38}$$

Portanto,

$$v_s(t) = (-1 - 0{,}17e^{-2{,}62t} + 1{,}17e^{-0{,}38t})u(t)\ \text{V}$$

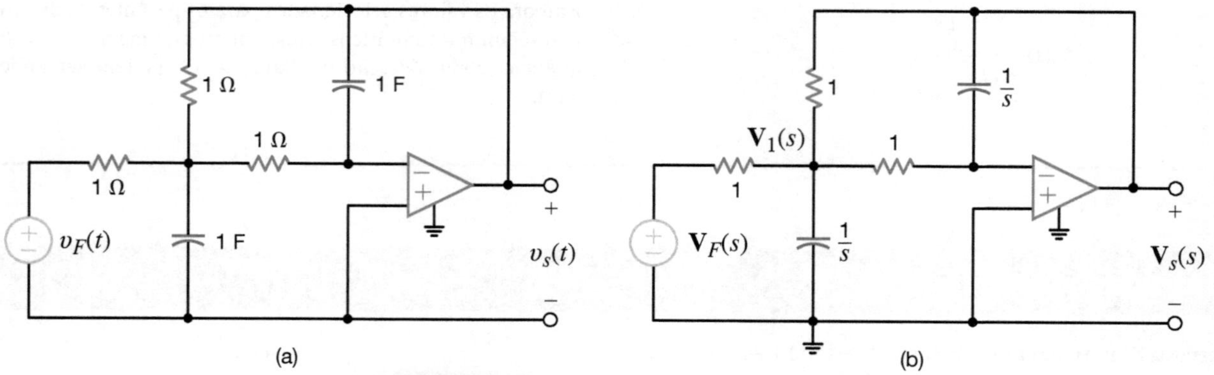

FIGURA 14.10 Circuitos usados no Exemplo 14.8.

Avaliação da Aprendizagem

E14.14 Determine a função de transferência para o circuito na Fig. E14.14.

Resposta:

$$-\frac{1}{R_1C_1}\frac{s-\frac{1}{R_2C_2}}{s\left(s+\frac{C_1+C_2}{R_2C_1C_2}\right)}.$$

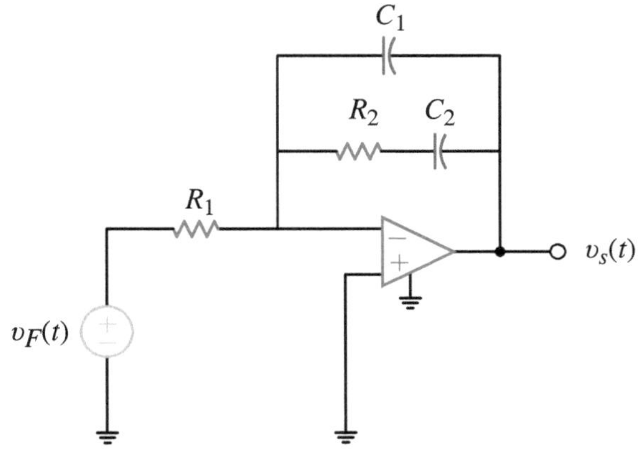

FIGURA E14.14

EXEMPLO 14.9

O circuito na **Fig. 14.11** é um filtro passa-baixa real. Na instalação, notamos que a resposta de saída do filtro a pulsos apresenta forte oscilação. Alteremos o filtro para torná-lo criticamente amortecido.

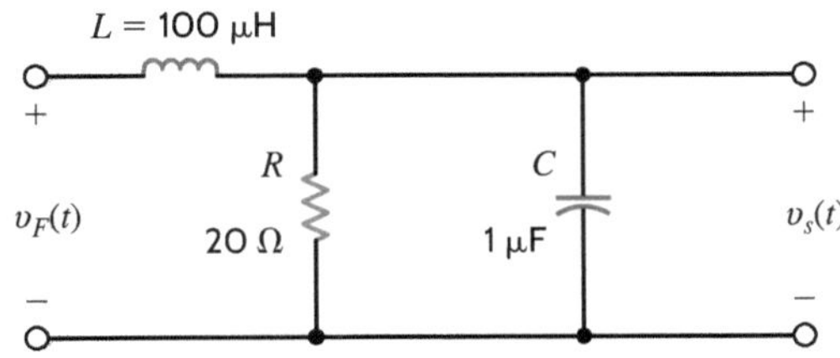

FIGURA 14.11 Um filtro passa-baixa de segunda ordem.

SOLUÇÃO Primeiro, devemos determinar a correspondente função de transferência,

$$\mathbf{H}(s)=\frac{\mathbf{V}_S}{\mathbf{V}_F}=\frac{\frac{R}{1+sRC}}{\frac{R}{1+sRC}+sL}=\frac{\frac{1}{LC}}{s^2+\frac{s}{RC}+\frac{1}{LC}} \quad \textbf{14.17}$$

em que o termo $\frac{R}{1+sRC}$ é a combinação em paralelo do resistor e do capacitor. Usando os dados valores de componentes, a função de transferência fica escrita como:

$$\mathbf{H}(s)=\frac{10^{10}}{s^2+(5\times 10^4)s+10^{10}} \quad \textbf{14.18}$$

A frequência de ressonância e a razão de amortecimento são, então, dadas por:

$$\omega_0=\frac{1}{\sqrt{LC}}=10^5 \text{ rad/s} \quad \text{e} \quad 2\zeta\omega_0=\frac{1}{RC}$$

$$\Rightarrow \zeta=\frac{5\times 10^4}{2\omega_0}=\frac{5\times 10^4}{2\times 10^5}=0{,}25 \quad \textbf{14.19}$$

O circuito é, de fato, subamortecido. Da Eq. (14.19), vemos que, para aumentar a razão de amortecimento por um fator de 4 para 1,0, o valor de R deve ser reduzido pelo mesmo fator, ou seja, de 4 para 5 Ω. Isso pode ser feito adicionando um resistor, R_X, em paralelo com R, como mostrado na **Fig. 14.12**. O necessário valor do resistor pode ser obtido resolvendo a Eq. (14.20) para R_X:

$$R_{eq}=5=\frac{RR_X}{R+R_X}=\frac{20R_X}{20+R_X} \quad \textbf{14.20}$$

A solução é $R_X = 6{,}67$ Ω.

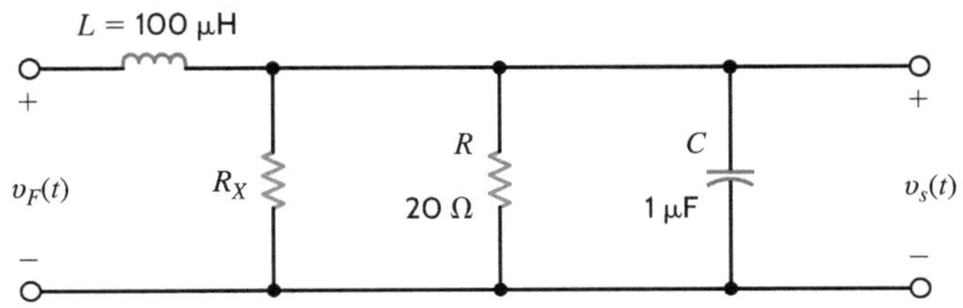

FIGURA 14.12 Adição de um resistor para alterar a razão de amortecimento do circuito.

EXEMPLO 14.10

A *Recording Industry Association of America* (RIAA) usa filtros padronizados de gravação e reprodução para melhorar a qualidade das gravações de discos fonográficos. Esse processo é demonstrado na **Fig. 14.13**. Durante uma sessão de gravação, o sinal de voz ou música passa pelo filtro de gravação, o que atenua o conteúdo de graves. Este sinal filtrado é, então, gravado no vinil. Na reprodução, o conjunto de agulha do toca-discos detecta a mensagem gravada e reproduz o sinal filtrado, que segue para o filtro de reprodução. O objetivo do filtro de reprodução é enfatizar o conteúdo de graves e reconstruir o original sinal de voz/música. Em seguida, o sinal reconstruído pode ser amplificado e enviado para os alto-falantes.

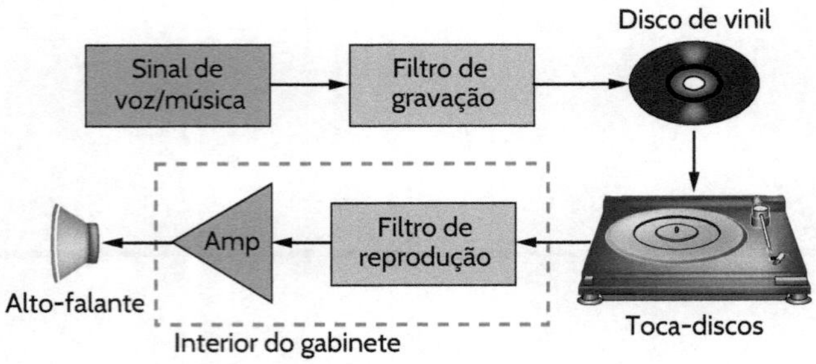

FIGURA 14.13 Diagrama em blocos para gravação e reprodução de discos fonográficos.

Examinemos os diagramas de polos e zeros para os filtros de gravação e reprodução.

SOLUÇÃO A função de transferência do filtro de gravação é dada por:

$$\mathbf{G}_{vG}(s) = \frac{K(1 + s\tau_{z1})(1 + s\tau_{z2})}{1 + s\tau_p}$$

em que as constantes de tempo são $\tau_{z1} = 75$ μs, $\tau_{z2} = 3.180$ μs e $\tau_p = 318$ μs; K é uma constante escolhida para que $\mathbf{G}_{vG}(s)$ tenha magnitude 1 em 1.000 Hz. As correspondentes frequências dos zeros e do polo, em radianos/segundo, são calculadas como:

$$\omega_{z1} = 1/\tau_{z1} = 13{,}33 \text{ krad/s}$$
$$\omega_{z2} = 1/\tau_{z2} = 313{,}46 \text{ rad/s}$$
$$\omega_p = 1/\tau_p = 3{,}14 \text{ krad/s}$$

A **Fig. 14.14a** mostra o diagrama de polos e zeros do filtro de gravação.

A função de transferência do filtro de reprodução é o recíproco da função de transferência do filtro de gravação:

$$\mathbf{G}_{vR}(s) = \frac{1}{\mathbf{G}_{vG}(s)} = \frac{A_o(1 + s\tau_z)}{(1 + s\tau_{p1})(1 + s\tau_{p2})}$$

em que as constantes de tempo, agora, são $\tau_{p1} = 75$ μs, $\tau_{p2} = 3.180$ μs, $\tau_z = 318$ μs e A_o é $1/K$. Frequências dos polos e do zero, em radianos/segundo, são obtidas como:

$$\omega_{p1} = 1/\tau_{z1} = 13{,}33 \text{ krad/s}$$
$$\omega_{p2} = 1/\tau_{z2} = 313{,}46 \text{ rad/s}$$
$$\omega_z = 1/\tau_p = 3{,}14 \text{ krad/s}$$

O correspondente diagrama de polos e zeros é mostrado na **Fig. 14.14b**. Antes de seguir para o amplificador, o sinal de voz/música passa por ambos os filtros. No domínio *s*, isso equivale a multiplicar $\mathbf{V}_F(s)$ por $\mathbf{G}_{vG}(s)$ e $\mathbf{G}_{vR}(s)$. Para obter o diagrama de polos e zeros final, basta sobrepor os diagramas de polos e zeros dos dois filtros, como mostrado na **Fig. 14.14c**. Em cada frequência de polo há um zero e vice-versa. Os pares polos-zeros cancelam-se mutuamente, produzindo um diagrama de polos e zeros que não contém polos nem zeros. Este efeito pode ser comprovado matematicamente multiplicando as duas funções de transferência, $\mathbf{G}_{vG}(s)\mathbf{G}_{vR}(s)$, cujo resultado independente de *s*. Assim, o original sinal de voz/música é reconstruído e a fidelidade, preservada.

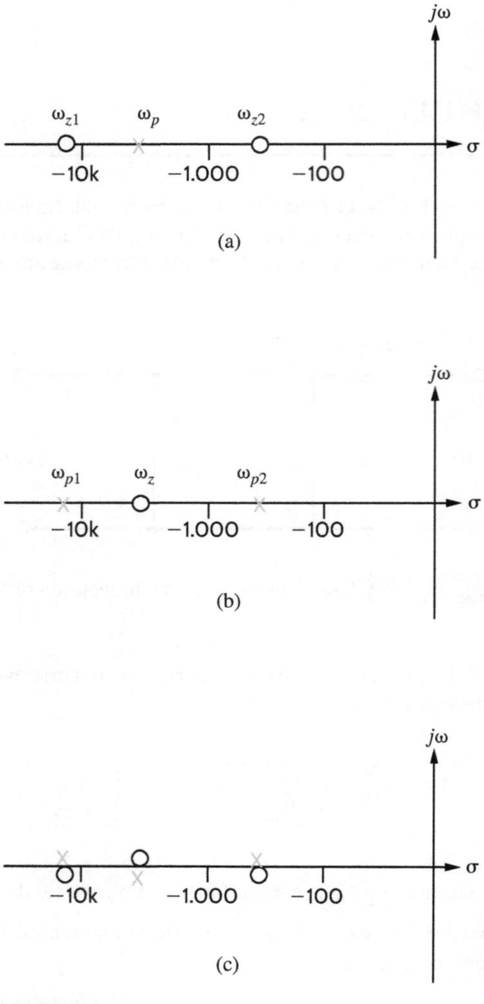

FIGURA 14.14 Diagramas de polos e zeros para filtros fonográficos da RIAA.

EXEMPLO 14.11

Em uma grande rede de computadores, dois computadores transferem dados digitais em uma linha de transmissão a uma taxa de 1.000 bits/s. Na **Fig. 14.15**, a forma de onda da tensão v_{dados}, que se alterna entre os valores "alto" e "baixo", representa uma possível sequência de bits. No ambiente, há uma fonte de ruído de 100 kHz (628 krad/s) que corrompe os dados.

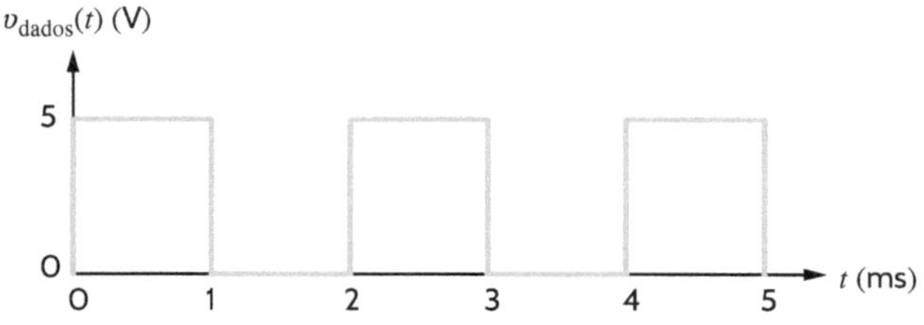

FIGURA 14.15 Forma de onda de dados digitais de 1.000 bits/s.

É necessário eliminar o ruído de alta frequência sem afetar a forma de onda de dados. Posicionemos o filtro ativo passa-baixa de segunda ordem, mostrado na **Fig. 14.16**, no percurso de dados, de modo que os sinais de dados e ruído passem por ele.

SOLUÇÃO A função de transferência do filtro é escrita como:

$$\mathbf{G}_v(s) = \frac{\mathbf{V}_s(s)}{\mathbf{V}_{\text{dados}}(s)} = \frac{-\left(\frac{R_3}{R_1}\right)\left(\frac{1}{R_2R_3C_1C_2}\right)}{s^2 + s\left(\frac{1}{R_1C_1} + \frac{1}{R_2C_1} + \frac{1}{R_3C_1}\right) + \frac{1}{R_2R_3C_1C_2}}$$

Para simplificar o trabalho, tomemos $R_1 = R_2 = R_3 = R$. Do Capítulo 12, sabemos que a equação característica de um sistema de segunda ordem pode ser expressa como:

$$s^2 + 2s\zeta\omega_0 + \omega_0^2 = 0$$

Comparando as duas equações anteriores, temos

$$\omega_0 = \frac{1}{R\sqrt{C_1C_2}}$$

$$2\zeta\omega_0 = \frac{3}{RC_1}$$

Logo,

$$\zeta = \frac{3}{2}\sqrt{\frac{C_2}{C_1}}$$

Os polos do filtro ocorrem em

$$s_1, s_2 = -\zeta\omega_0 \pm \omega_0\sqrt{\zeta^2 - 1}$$

Para eliminar o ruído de 100 kHz, pelo menos um polo deve ocorrer bem abaixo de 100 kHz, como mostrado no diagrama de Bode esboçado na **Fig. 14.17**. Posicionando um polo bem abaixo de 100 kHz, o ganho do filtro será baixo em 100 kHz, filtrando o ruído.

Se escolhermos arbitrariamente um sistema superamortecido com $\omega_0 = 25$ krad/s e $\zeta = 2$, o filtro resultante é superamortecido com polos em $s_1 = -6{,}7$ krad/s e $s_2 = -93{,}3$ krad/s. O diagrama de polos e zeros para o filtro é mostrado na **Fig. 14.18**.

Escolhendo $R = 40$ kΩ, podemos escrever

$$\omega_0 = 25.000 = \frac{1}{40.000\sqrt{C_1C_2}}$$

ou

$$C_1C_2 = 10^{-18}$$

e

$$\zeta = 2 = \frac{3}{2}\sqrt{\frac{C_2}{C_1}}$$

que pode ser expressa como

$$\frac{C_2}{C_1} = \frac{16}{9}$$

Resolvendo para C_1 e C_2, obtemos

$$C_1 = 0{,}75 \text{ nF}$$

$$C_2 = 1{,}33 \text{ nF}$$

O circuito usado para simular o filtro é mostrado na **Fig. 14.19**. A fonte senoidal tem frequência de 100 kHz e é utilizada para representar a fonte de ruído.

Gráficos para a entrada do filtro e a tensão de saída para 2 ms são mostrados na **Fig. 14.20**. Observe que a saída, de fato, contém muito menos ruído de 100 kHz. Além disso, os tempos de subida e de descida do sinal de dados são mais longos na ten-

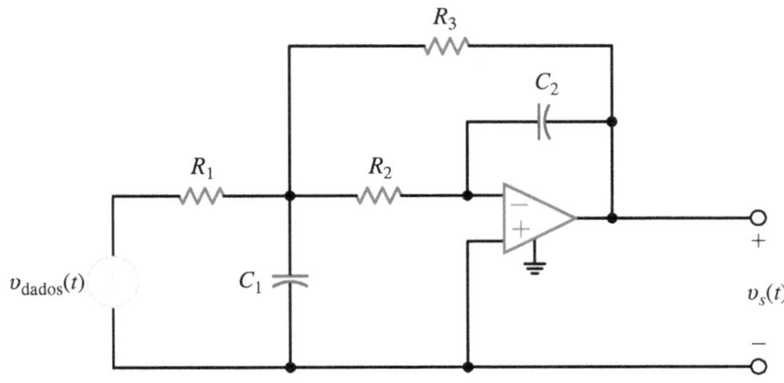

FIGURA 14.16 Filtro passa-baixa de segunda ordem.

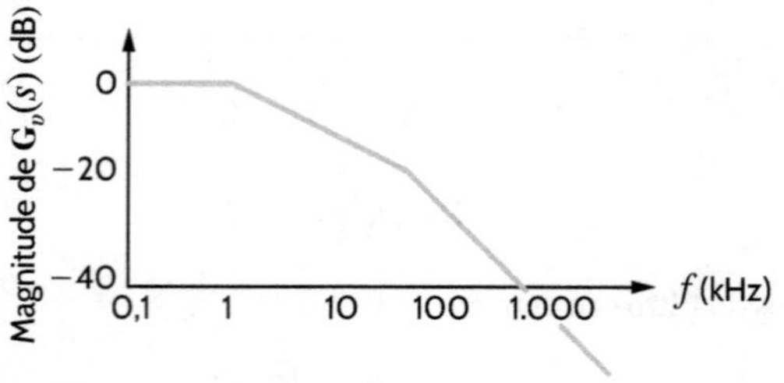

FIGURA 14.17 Esboço do diagrama de Bode para um filtro de segunda ordem.

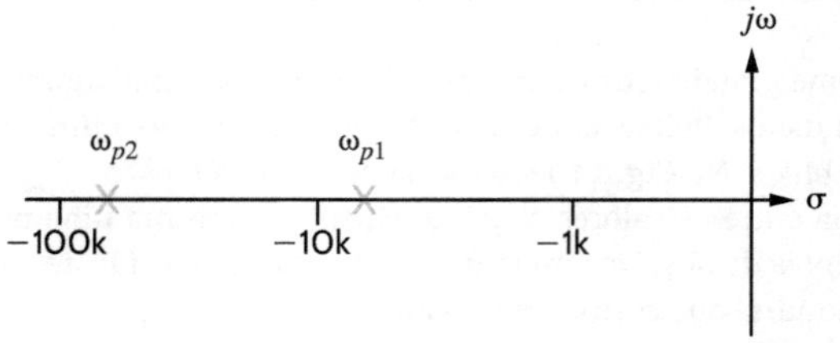

FIGURA 14.18 Diagrama de polos e zeros para o filtro passa-baixa.

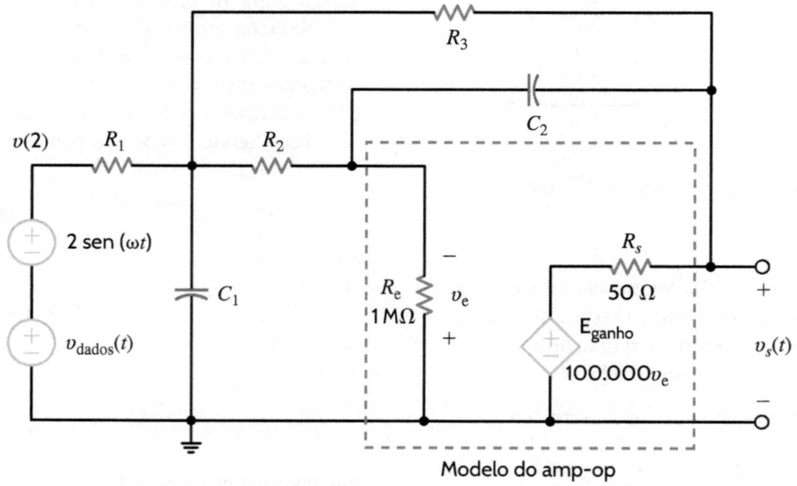

FIGURA 14.19 Circuito para filtro de segunda ordem.

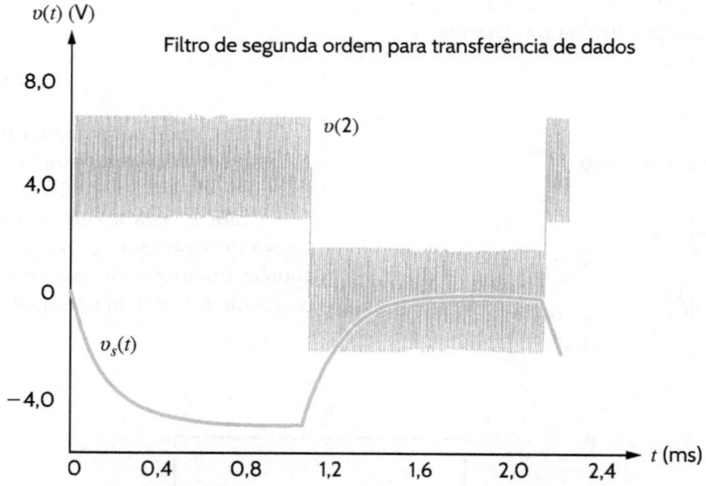

FIGURA 14.20 Saída simulada para o nó 2 e $v_s(t)$.

são de saída. Apesar dessa resposta mais lenta, a tensão de saída é suficientemente rápida para acompanhar a taxa de transferência de 1.000 bits/s.

Vamos aumentar a taxa de transferência de dados de 1.000 para 25.000 bits/s, como mostrado na **Fig. 14.21**. Gráficos dos sinais totais de entrada e saída são mostrados na **Fig. 14.22** para 200 μs. Agora, a saída não é capaz de acompanhar a entrada, e as informações de dados são perdidas. Investiguemos por que isso ocorre. Sabemos que o filtro é de segunda ordem, com polos em s_1 e s_2. Representando a entrada de dados como uma função degrau de 5 V, a tensão de saída é obtida como

$$\mathbf{V}_s(s) = \mathbf{G}_v(s)\left(\frac{5}{s}\right) = \frac{K}{(s+s_1)(s+s_2)}\left(\frac{5}{s}\right)$$

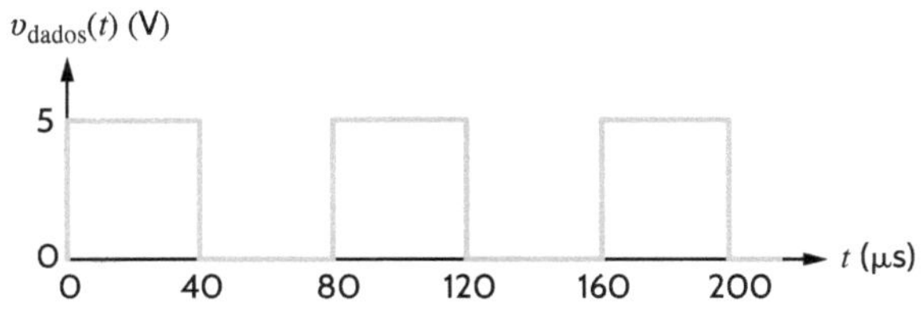

FIGURA 14.21 Forma de onda do sinal digital de 25.000 bits/s.

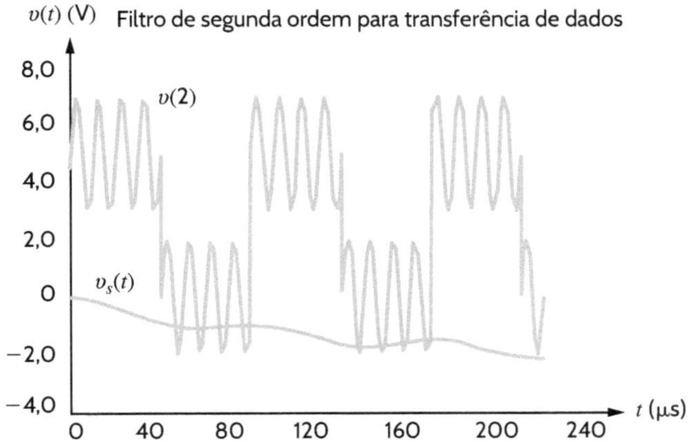

FIGURA 14.22 Saída simulada para o nó 2 e $v_s(t)$ com taxa de transferência de dados de 25.000 bits/s.

em que K é uma constante. Como o filtro é superamortecido, s_1 e s_2 são reais e positivos. Expandindo $\mathbf{V}_s(s)$ em frações parciais, temos

$$\mathbf{V}_s(s) = \frac{K_1}{s} + \frac{K_2}{(s + s_1)} + \frac{K_3}{(s + s_2)}$$

A correspondente expressão no domínio do tempo é calculada como

$$v_s(t) = \left[K_1 + K_2 e^{-s_1 t} + K_3 e^{-s_2 t}\right] u(t)\ \text{V}$$

em que K_1, K_2 e K_3 são constantes reais. As constantes de tempo exponenciais são os recíprocos das frequências dos polos:

$$\tau_1 = \frac{1}{s_1} = \frac{1}{6{,}7\text{k}} = 149\ \mu\text{s}$$

$$\tau_2 = \frac{1}{s_2} = \frac{1}{93{,}3\text{k}} = 10{,}7\ \mu\text{s}$$

Como as exponenciais atingem o estado estacionário em, aproximadamente, 5τ, a exponencial associada a τ_2 afeta a saída por cerca de 50 μs e a exponencial τ_1 atingirá o estado estacionário após cerca de 750 μs. Na Fig. 14.21, vemos que, a uma taxa de transferência de dados de 25.000 bits/s, cada bit (um valor de tensão "alto" ou "baixo") ocupa um intervalo de tempo de 40 μs. Portanto, a exponencial associada a s_1 e, por conseguinte, $v_s(t)$, ainda está longe de sua condição de estado estacionário quando o próximo bit é transmitido. Em suma, o valor de s_1 é muito pequeno.

Vamos ajustar esta situação aumentando as frequências dos polos e usando um sistema criticamente amortecido, $\zeta = 1$. Selecionando $\omega_0 = 125$ krad/s, os polos ocorrem em $s_1 = s_2 = -125$ krad/s ou 19,9 kHz – ambos abaixo do ruído de 100 kHz a ser filtrado. A **Fig. 14.23** mostra as novas posições dos polos, que foram movidos para a esquerda das posições anteriores; esperemos que isso resulte em uma resposta mais rápida ao trem de pulsos v_{dados}.

Agora, as expressões para ω_0 e ζ são

$$\omega_0 = 125.000 = \frac{1}{40.000\sqrt{C_1 C_2}}$$

ou

$$C_1 C_2 = 4 \times 10^{-20}$$

e

$$\zeta = 1 = \frac{3}{2}\sqrt{\frac{C_2}{C_1}}$$

Logo,

$$\frac{C_2}{C_1} = \frac{4}{9}$$

Resolvendo para C_1 e C_2, temos

$$C_1 = 300\ \text{pF}$$

$$C_2 = 133{,}3\ \text{pF}$$

Uma simulação feita com esses novos valores de capacitores fornece os dados de entrada-saída mostrados na **Fig. 14.24**. Agora, a tensão de saída atinge os níveis "alto" e "baixo" um pouco antes de v_{dados} fazer a próxima transição, e o ruído de 100 kHz ainda é bastante reduzido.

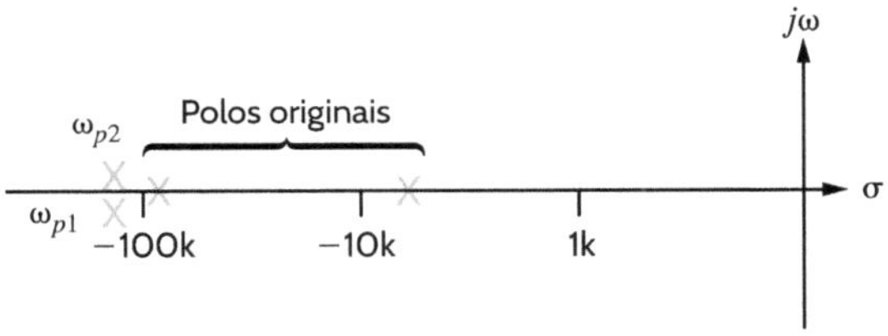

FIGURA 14.23 Diagrama de polos e zeros para os sistemas original e criticamente amortecido.

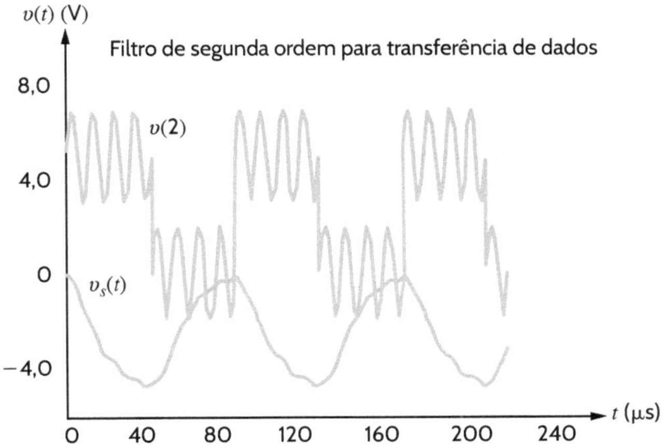

FIGURA 14.24 Saídas simuladas para o nó 2 e $v_s(t)$ para o sistema criticamente amortecido.

Como vimos anteriormente, a equação característica de um circuito subamortecido de segunda ordem tem a forma

$$s^2 + 2\zeta\omega_0 s + \omega_0^2 = 0$$

As raízes desta equação, que são os polos do circuito, são dadas por:

$$s_1, s_2 = -\zeta\omega_0 \pm j\omega_0\sqrt{1 - \zeta^2}$$

Quando representadas no plano s, as raízes s_1 e s_2, geralmente, aparecem como mostrado na **Fig. 14.25**, em que

$$\zeta = \text{razão de amortecimento}$$
$$\omega_0 = \text{frequência natural não amortecida}$$

e

$$\zeta = \cos\theta$$

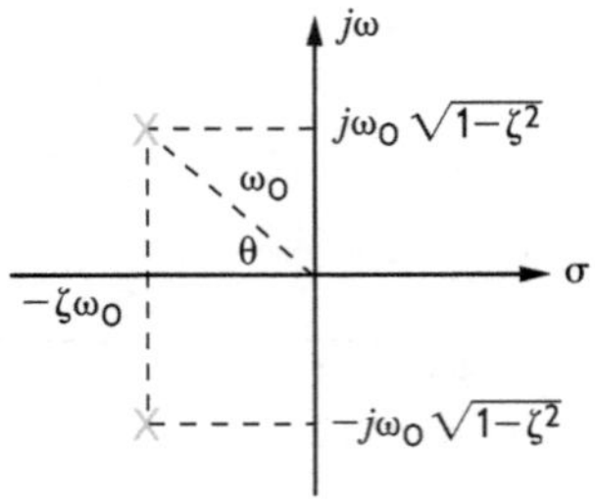

FIGURA 14.25 Localizações dos polos para um circuito subamortecido de segunda ordem.

A razão de amortecimento e a frequência natural não amortecida são exatamente as mesmas grandezas empregadas no Capítulo 12 ao determinar a resposta de frequência de um circuito. Estas mesmas grandezas determinam a resposta transiente do circuito.

EXEMPLO 14.12

Examine o efeito que a localização do polo no plano s tem sobre a resposta transiente do circuito *RLC* série de segunda ordem representado na **Fig. 14.26**.

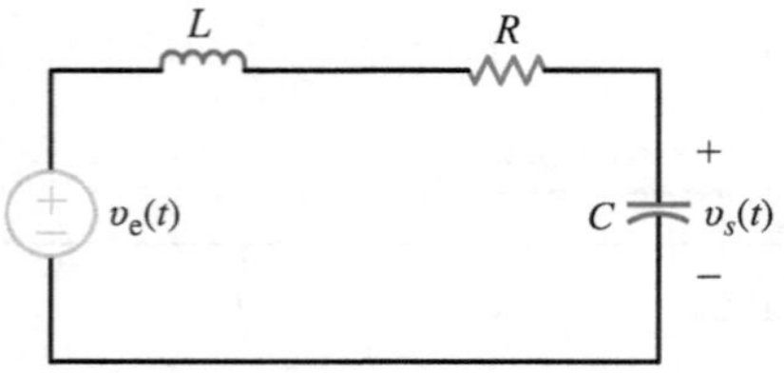

FIGURA 14.26 Circuito *RLC* série.

SOLUÇÃO A função de transferência de ganho de tensão é dada por:

$$\mathbf{G}_v(s) = \frac{\frac{1}{LC}}{s^2 + s\left(\frac{R}{L}\right) + \frac{1}{LC}} = \frac{\omega_0^2}{s^2 + 2\zeta\omega_0 s + \omega_0^2}$$

Para esta análise, tomemos ω_0 = 2.000 rad/s para ζ = 0,25, 0,50, 0,75 e 1,0. Da equação anterior, vemos que

$$LC = \frac{1}{\omega_0^2} = 2{,}5 \times 10^{-7}$$

e

$$R = 2\zeta\sqrt{\frac{L}{C}}$$

Escolhendo, arbitrariamente, L = 10 mH, obtemos C = 25 μF. Além disso, para ζ = 0,25, 0,50, 0,75 e 1,0, temos R = 10 Ω, 20 Ω, 30 Ω e 40 Ω, respectivamente. Na faixa de valores de ζ, o circuito varia de subamortecido a criticamente amortecido. Os polos de sistemas subamortecidos são complexos. Para os valores considerados de ζ, as partes real e imaginária e a magnitude dos polos de $\mathbf{G}_v(s)$ são listadas na **Tabela 14.1**.

A **Fig. 14.27** mostra os diagramas de polos e zeros para cada valor de ζ. Primeiro, vemos que todos os polos residem em uma circunferência; assim, as magnitudes dos polos são constantes, consistente com a Tabela 14.1. Segundo, à medida que ζ diminui, a parte real do polo diminui e a parte imaginária aumenta. De fato, quando ζ vai a zero, os polos se tornam imaginários.

Curvas de respostas simuladas a uma excitação transiente em degrau unitário são mostradas na **Fig. 14.28**, para os quatro valores de R. Vemos que, à medida que ζ diminui, o sobrevalor na tensão de saída aumenta. Ademais, quando o circuito está criticamente amortecido (ζ = 1), não há sobrevalor. Na maioria das aplicações, o excessivo sobrevalor não é desejado. Para corrigir isso, a razão de amortecimento, ζ, deve ser aumentada; para este circuito, isto implicaria o aumento do valor do resistor.

TABELA 14.1 Localizações dos polos para ζ = 0,25 a 1,0

Razão de amortecimento	Parte real	Parte imaginária	Magnitude
1,00	2.000,0	0,0	2.000,0
0,75	1.500,0	1.322,9	2.000,0
0,50	1.000,0	1.732,1	2.000,0
0,25	500,0	1.936,5	2.000,0

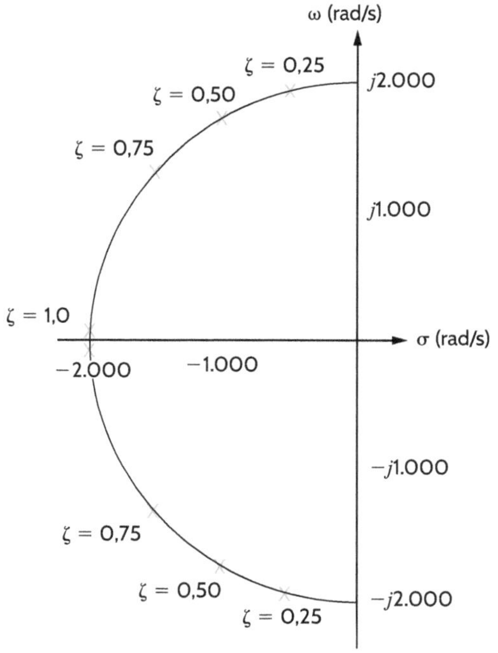

FIGURA 14.27 Diagramas de polos e zeros para $\zeta = 0{,}25$ a 1,0.

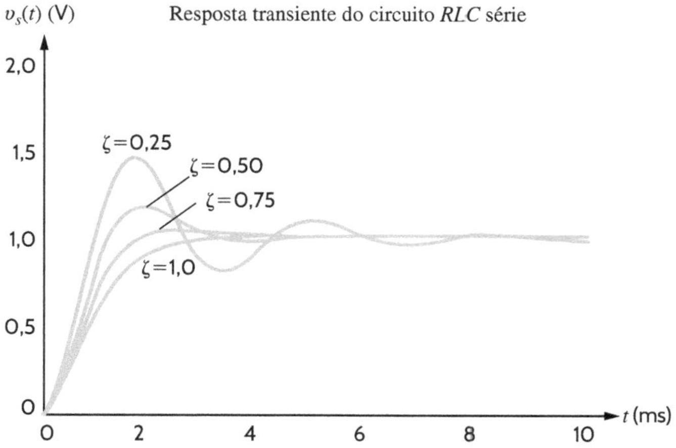

FIGURA 14.28 Resposta transiente de saída para $\zeta = 0{,}25$ a 1,0.

EXEMPLO 14.13

Vamos revisitar o desastre da ponte Tacoma Narrows, examinado no Exemplo 12.12. Uma fotografia da ponte quando desmoronou é mostrada na **Fig. 14.29**.

No Capítulo 12, assumimos que o colapso da ponte fora causado por ventos que oscilavam em uma frequência próxima à frequência de ressonância da ponte (0,2 Hz). Vimos que poderíamos criar um circuito *RLC*, representado na Fig. 12.31, que ressoasse a 0,2 Hz e tivesse uma tensão de saída proporcional à deflexão vertical da ponte. Esse tipo de ressonância forçada jamais aconteceu em Tacoma Narrows. O verdadeiro culpado

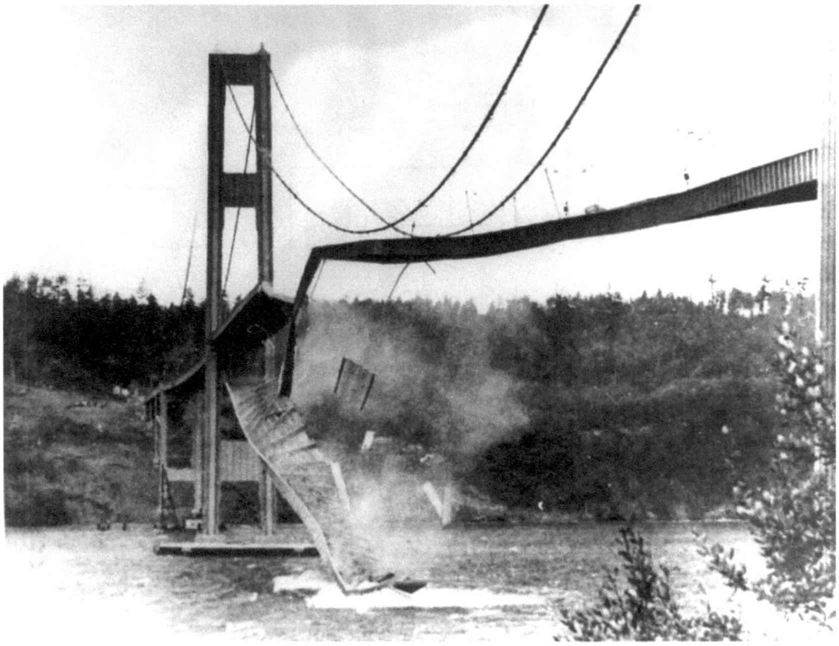

FIGURA 14.29 Ponte Tacoma Narrows quando colapsou em 7 de novembro de 1940. (AP Photo/nap.)

não foram as flutuações do vento, mas a própria ponte. Isso é explicado no artigo "Resonance, Tacoma Narrows Bridge Failure, and Undergraduate Physics Textbooks", de K. Y. Billah e R. H. Scalan, publicado no *American Journal of Physics*, v. 59, n. 2 (1991), p. 118-124. Neste artigo, os autores concluem que as mudanças na velocidade do vento afetaram os coeficientes da equação diferencial de segunda ordem que modela o estado de ressonância. Em particular, concluíram que a razão de amortecimento, ζ, dependia da velocidade do vento e era dada, aproximadamente, por

$$\zeta = 0{,}00460 - 0{,}00013U \qquad \textbf{14.21}$$

em que U é a velocidade do vento em mph. Na **Fig. 14.30**, vemos que ζ se torna negativo em velocidades de vento superiores a 35 mph – um ponto que demonstraremos adiante. Billah e Scalan relatam, ainda, que a ponte ressoou em um modo de torção, o que pode ser observado na Fig. 12.30 e é descrito pela equação diferencial

$$\frac{d^2\theta(t)}{dt^2} + 2\zeta\omega_0\frac{d\theta(t)}{dt} + \omega_0^2\theta(t) = 0$$

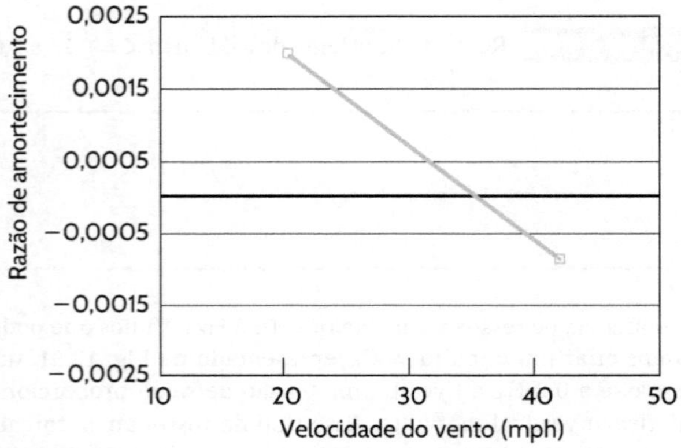

FIGURA 14.30 Razão de amortecimento em função da velocidade do vento para o modelo de torção de segunda ordem da ponte Tacoma Narrows.

ou

$$\ddot{\theta} + 2\zeta\omega_0\dot{\theta} + \omega_0^2\theta = 0 \qquad \textbf{14.22}$$

em que $\theta(t)$ é o ângulo de torção em graus e a velocidade do vento está implícita em ζ por meio da Eq. (14.21). Billah e Scalan listam os seguintes dados obtidos por observação direta no local da ponte ou por meio de experimentos posteriores com modelo em escala:

Velocidade do vento no colapso ≈ 42 mph
Torção no colapso ≈ ±12°
Tempo até o colapso ≈ 45 minutos

Iniciemos as oscilações de torção com uma condição inicial $\theta(0)$ e vejamos se as oscilações da ponte diminuem ou aumentam com o tempo. Projetemos, agora, um circuito que simule o verdadeiro desastre de Tacoma Narrows.

SOLUÇÃO Primeiro, resolva a Eq. (14.22) para $\ddot{\theta}(t)$:

$$\ddot{\theta} = -2\zeta\omega_0\dot{\theta} - \omega_0^2\theta$$

$$\ddot{\theta} = -2(2\pi)(0{,}2)(0{,}0046 - 0{,}00013U)\dot{\theta} - [2(2\pi)(0{,}2)]^2\theta \qquad \textbf{14.23}$$

ou

$$\ddot{\theta} = -(0{,}01156 - 0{,}00033U)\dot{\theta} - 1{,}579\theta$$

Modelemos esta equação para que produza uma tensão proporcional a $\ddot{\theta}(t)$. Podemos fazer isso usando o circuito amp-op integrador mostrado na **Fig. 14.31**.

Para uma melhor compreensão do funcionamento do circuito, primeiro, façamos a tensão v_α proporcional a $\ddot{\theta}(t)$, de modo que 1 V represente 1 grau/s². Assim, a saída do primeiro integrador, v_ω, deve ser

$$v_\omega = -\frac{1}{R_\omega C_\omega}\int v_\alpha\, dt$$

ou, dado que $R_\omega = 1\ \Omega$ e $C_\omega = 1$ F,

$$v_\omega = -\int v_\alpha\, dt$$

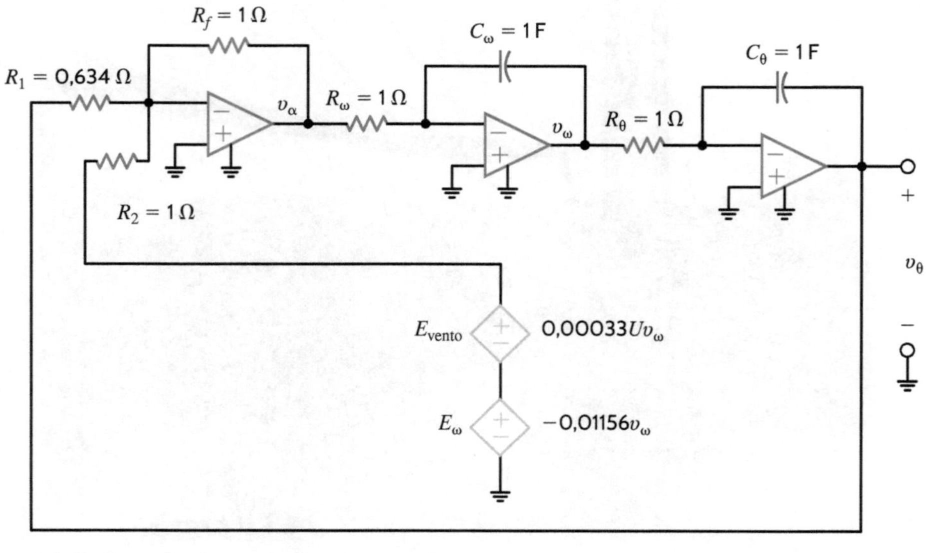

FIGURA 14.31 Diagrama de circuito para simulação do colapso da ponte Tacoma Narrows.

Assim, v_ω é proporcional a $-\ddot{\theta}(t)$ e 1 V corresponde a −1 grau/s. Da mesma forma, a saída do segundo integrador deve ser

$$v_\theta = -\int v_\omega\, dt$$

em que $v_\theta(t)$ é proporcional a $\theta(t)$ e 1 V corresponde a 1 grau. As saídas dos integradores são, então, realimentadas como entradas para o amp-op somador. As fontes dependentes, E_ω e E_{vento}, recriam o coeficiente de $\dot{\theta}(t)$ na Eq. (14.21); ou seja,

$$2\zeta\omega_0 = (2)(0{,}2)(2\pi)\zeta = 0{,}01156 - 0{,}00033U$$

Para simular várias velocidades do vento, basta alterar o fator de ganho E_{vento}. Por fim, resolva o circuito para $v_\alpha(t)$:

$$v_\alpha(t) = -\left(\frac{R_f}{R_2}\right)(E_\omega - E_{\text{vento}}) - \left(\frac{R_f}{R_1}\right)v_\theta$$

Para que esta expressão reproduza a Eq. (14.23), temos:

$$\frac{R_f}{R_1} = \omega_0^2 = [2\pi(0{,}2)]^2 = 1{,}579$$

e

$$\frac{R_f}{R_2}[E_\omega - E_{\text{vento}}] = 2\zeta\omega_0$$

ou

$$\frac{R_f}{R_2} = 1$$

Assim, se $R_f = R_2 = 1\ \Omega$ e $R_1 = 0{,}634\ \Omega$, o circuito simulará o movimento de torção da ponte. Iniciemos as oscilações de torção com uma condição inicial $\theta(0)$ e vejamos se as oscilações da ponte diminuem ou aumentam com o tempo.

Para a primeira simulação, considere ventos com velocidade de 20 mph e um grau de torção da ponte. A correspondente tensão de saída é mostrada na **Fig. 14.32**. A ponte sofre torções a uma frequência de 0,2 Hz e as oscilações caem exponencialmente, indicando uma situação não destrutiva.

A **Fig. 14.33** mostra a saída para ventos de 35 mph e uma torção inicial da ponte de um grau. Com esses dados, as oscilações não aumentam nem diminuem, indicando que a razão de amortecimento é zero.

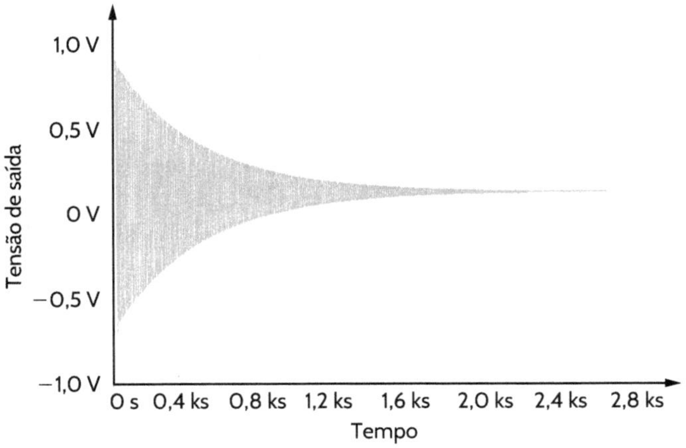

FIGURA 14.32 Simulação da ponte Tacoma Narrows para ventos com velocidade de 20 mph e condição inicial de torção da ponte de um grau.

Por último, a simulação foi feita para ventos com velocidade de 42 mph e um grau de torção inicial da ponte; o resultado é mostrado na **Fig. 14.34**. A torção cresce continuamente, até que, após 45 minutos, a ponte sofre torções de ±12,5 graus, o que corresponde aos valores relatados por Billah e Scalan para colapso.

A dependência da razão de amortecimento com relação à velocidade do vento também pode ser demonstrada investigando como os polos do sistema mudam com o vento. A equação característica do sistema é escrita como:

$$s^2 + 2\zeta\omega_0 s + \omega_0^2 = 0$$

ou

$$s^2 + (0{,}01156 - 0{,}00033U)s + 1{,}579 = 0$$

As raízes da equação característica fornecem as localizações dos polos. A **Fig. 14.35** mostra os polos do sistema correspondentes a ventos com velocidades de 20, 35 e 42 mph. A 20 mph, a situação estável é mostrada na Fig. 14.32, e os polos encontram-se na metade esquerda do plano *s*. A 35 mph ($\zeta = 0$), os polos estão no

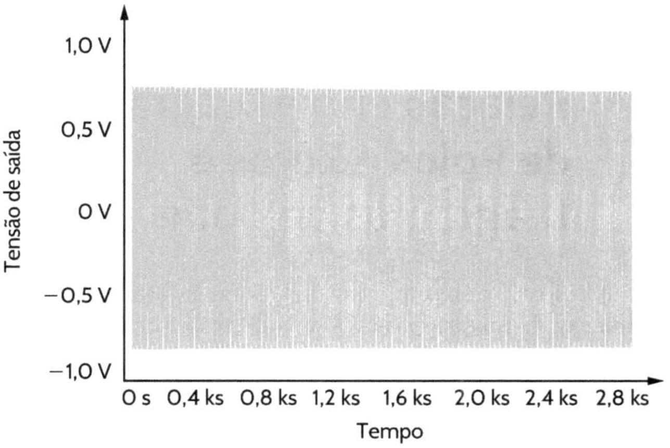

FIGURA 14.33 Simulação da ponte Tacoma Narrows para ventos com velocidade de 35 mph e condição inicial de torção da ponte de um grau.

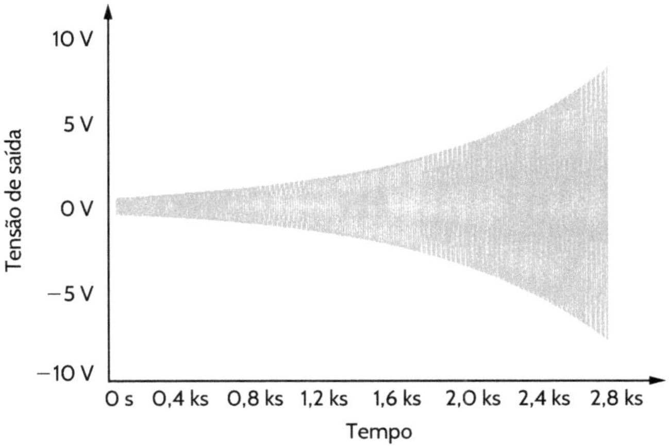

FIGURA 14.34 Simulação da ponte Tacoma Narrows para ventos com velocidade de 42 mph e condição inicial de torção da ponte de um grau.

eixo $j\omega$ e o sistema é oscilatório, como mostrado na Fig. 14.33. Por fim, a 42 mph, os polos encontram-se na metade direita do plano s e, pela Fig. 14.34, sabemos que este é um sistema instável. Essa relação entre as localizações dos polos e a resposta transitória vale para todos os sistemas: polos do semiplano direito resultam em sistemas instáveis.

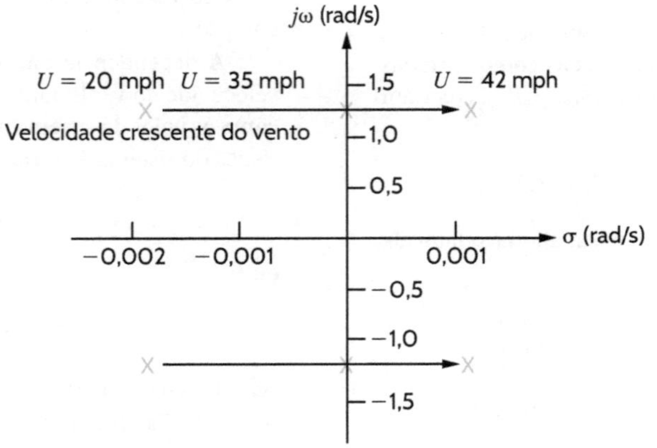

FIGURA 14.35 Diagrama de polos e zeros para o modelo de segunda ordem da ponte Tacoma Narrows, para ventos com velocidades de 20, 35 e 42 mph.

14.5 Relação entre Diagramas de Polos e Zeros e Diagramas de Bode

No Capítulo 12, apresentamos diagramas de Bode como uma ferramenta de análise para estudos da resposta de frequência senoidal. Investiguemos, agora, a relação entre diagramas de polos e zeros no plano s e diagramas de Bode. Como exemplo, considere a função de transferência do filtro passa-alta *RLC* representado na **Fig. 14.36**.

A função de transferência é escrita como:

$$\mathbf{G}_v(s) = \frac{sL}{sL + R + \frac{1}{sC}} = \frac{s^2}{s^2 + s\left(\frac{R}{L}\right) + \frac{1}{LC}}$$

Usando os valores dos elementos, reescrevemos a função de transferência como:

$$\mathbf{G}_v(s) = \frac{s^2}{s^2 + 2s + 5} = \frac{s^2}{(s + 1 + j2)(s + 1 - j2)}$$

Vemos que a função de transferência tem dois zeros na origem ($s = 0$) e dois polos complexos conjugados $s = -1 \pm j2$. O diagrama padrão de polos e zeros para esta função é mostrado na **Fig. 14.37a**. Um gráfico tridimensional da magnitude de $\mathbf{G}_v(s)$ no plano s é mostrado na **Fig. 14.37b**. Um exame cuidadoso desta figura revela que, quando $s = 0$, $\mathbf{G}_v(s) = 0$, e quando $s = -1 \pm j2$, a função é infinita.

Recordemos que um diagrama de Bode da magnitude de uma função de transferência é, na realidade, um gráfico da magnitude do ganho *versus* a frequência. O domínio da frequência, em que $s = j\omega$, corresponde ao eixo $j\omega$ no plano s, quando a parte real de s, σ, é fixada em zero. Assim, o domínio da frequência corresponde diretamente àquela parte do domínio s em que $\sigma = 0$, como ilustrado pelo gráfico tridimensional na **Fig. 14.37c**.

Para obter o diagrama de Bode, primeiro, giremos a Fig. 14.37c de modo que o eixo real fique perpendicular à página, como mostrado na **Fig. 14.37d**. O máximo da função de transferência ocorre em $\omega = \sqrt{5} = 2{,}24$ rad/s, que é a magnitude das frequências dos polos complexos. Além disso, a simetria dos polos com relação ao eixo real fica bem aparente. Como resultado dessa simetria, a análise pode ficar restrita, sem perda de informação, a valores de $j\omega$ no lado positivo do eixo imaginário. Este gráfico para $\omega \geq 0$ é mostrado na **Fig. 14.37e**, em que a frequência é marcada em Hz, e não em rad/s. Finalmente, convertendo a magnitude da função de transferência para dB e usando escala logarítmica para o eixo de frequências, obtemos o diagrama de Bode na **Fig. 14.37f**.

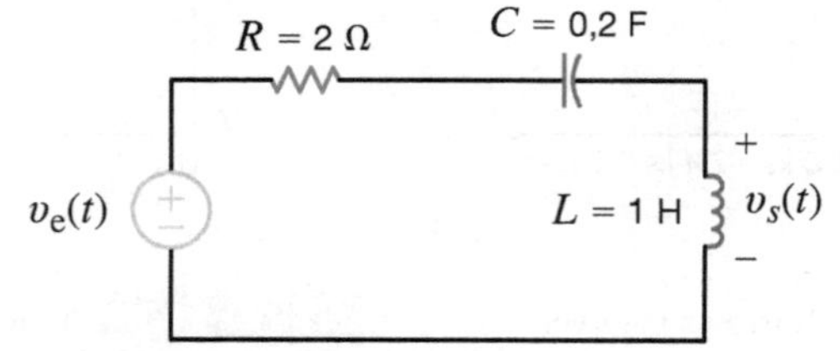

FIGURA 14.36 Filtro passa-alta *RLC*.

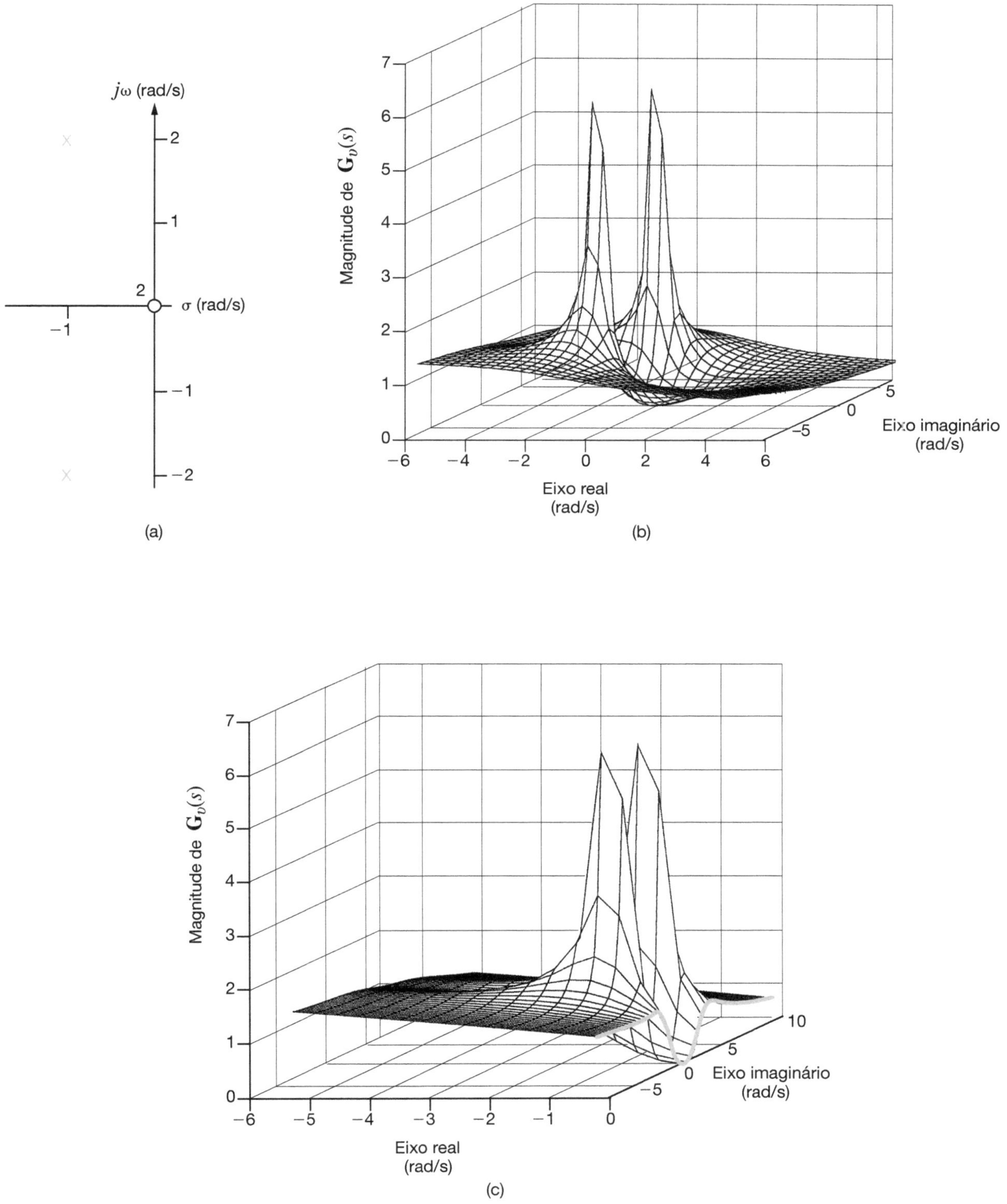

FIGURA 14.37 Figuras usadas para demonstrar a relação entre diagramas de polos e zeros e diagramas de Bode (*continua*).

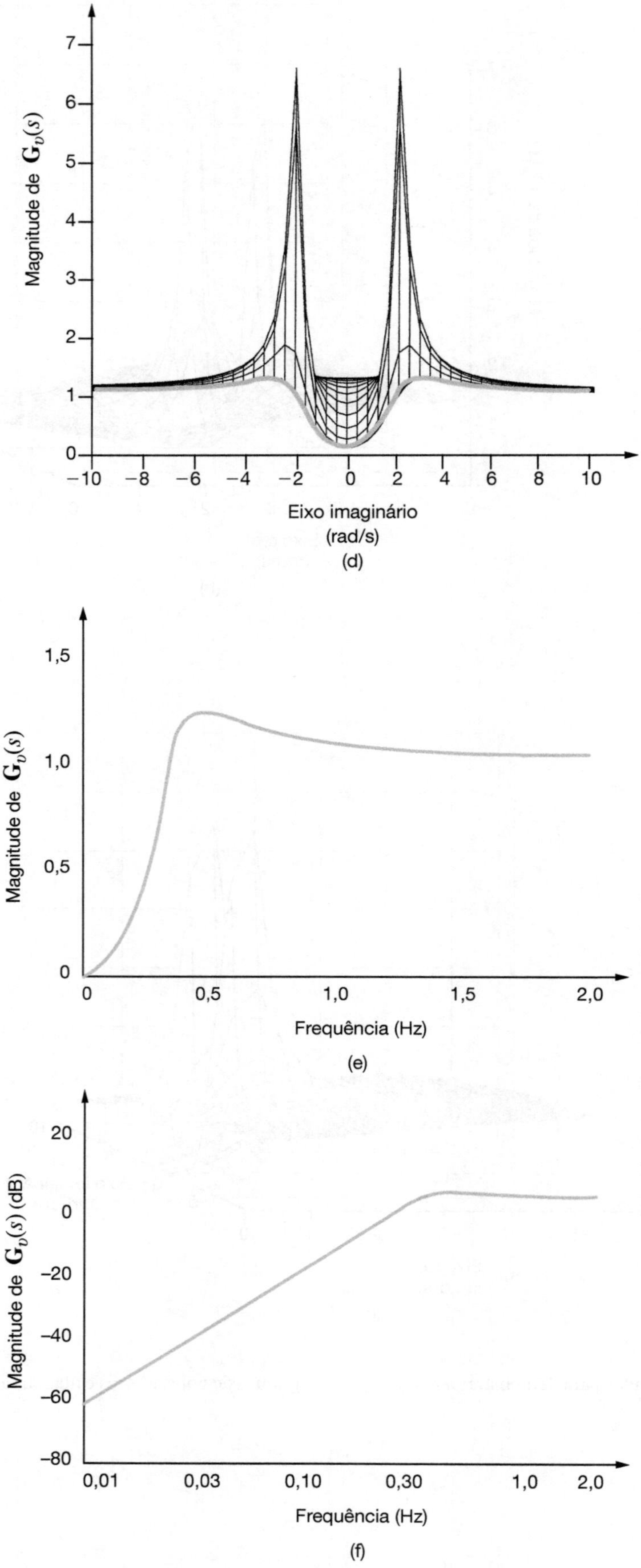

FIGURA 14.37 (continuação)

14.6 Resposta de Estado Estacionário

Na Seção 14.3, por meio de vários exemplos, demonstramos o poder da técnica da transformada de Laplace na determinação da resposta completa de um circuito. Esta resposta completa é composta de termos transientes, que desaparecem quando $t \to \infty$, e de termos em estado estacionário (ou regime permanente), que estão presentes em todos os instantes (ver **DICA 14.3**). Examinemos um método para determinar diretamente a resposta de regime permanente de um circuito. Recordemos dos exemplos anteriores que a resposta do circuito pode ser escrita como

$$\mathbf{Y}(s) = \mathbf{H}(s)\mathbf{X}(s) \qquad \textbf{14.24}$$

em que $\mathbf{Y}(s)$ é a saída ou resposta, $\mathbf{X}(s)$ é a entrada ou função forçante, e $\mathbf{H}(s)$ é a função do circuito ou função de transferência definida na Seção 12.1. A parte transiente da resposta $\mathbf{Y}(s)$ resulta dos polos de $\mathbf{H}(s)$, e a porção de estado estacionário da resposta, dos polos da entrada ou função forçante.

Como um paralelo direto à resposta senoidal de um circuito, como descrito na Seção 8.2, vamos admitir que a função forçante tenha a forma

$$x(t) = X_M e^{j\omega_0 t} \qquad \textbf{14.25}$$

Aplicando a identidade de Euler, esta expressão pode ser escrita como

$$x(t) = X_M \cos \omega_0 t + jX_M \operatorname{sen} \omega_0 t \qquad \textbf{14.26}$$

A transformada de Laplace da Eq. (14.25) é dada por

$$\mathbf{X}(s) = \frac{X_M}{s - j\omega_0} \qquad \textbf{14.27}$$

DICA 14.3

Os termos transientes desaparecem no estado estacionário.

Logo,

$$\mathbf{Y}(s) = \mathbf{H}(s)\left(\frac{X_M}{s - j\omega_0}\right) \qquad \textbf{14.28}$$

Neste ponto, admita que $\mathbf{H}(s)$ não tenha polos da forma $(s - j\omega_k)$. Contudo, se for este o caso, teremos dificuldade em obter a resposta de estado estacionário.

Expandindo a Eq. (14.28) em frações parciais, temos

$$\mathbf{Y}(s) = \frac{X_M \mathbf{H}(j\omega_0)}{s - j\omega_0} + \text{termos que ocorrem em razão dos polos de } \mathbf{H}(s) \qquad \textbf{14.29}$$

O primeiro termo no lado direito desta expressão pode ser escrito como

$$\mathbf{Y}(s) = \frac{X_M |\mathbf{H}(j\omega_0)| e^{j\phi(j\omega_0)}}{s - j\omega_0} + \cdots \qquad \textbf{14.30}$$

pois $\mathbf{H}(j\omega_0)$ é uma grandeza complexa com magnitude e fase que dependem de $j\omega_0$.

Tomando a transformada inversa de Laplace da Eq. (14.30), temos

$$\begin{aligned} y(t) &= X_M |\mathbf{H}(j\omega_0)| e^{j\omega_0 t} e^{j\phi(j\omega_0)} + \cdots \\ &= X_M |\mathbf{H}(j\omega_0)| e^{(j\omega_0 t + \phi(j\omega_0))} + \cdots \end{aligned} \qquad \textbf{14.31}$$

Por conseguinte, a resposta de estado estacionário é obtida como

$$y_{ee}(t) = X_M |\mathbf{H}(j\omega_0)| e^{j(\omega_0 t + \phi(j\omega_0))} \qquad \textbf{14.32}$$

Como a função forçante real é $X_M \cos \omega_0(t)$, que é a parte real de $X_M e^{j\omega_0 t}$, a resposta de estado estacionário é a parte real da Eq. (14.32):

$$y_{ee}(t) = X_M |\mathbf{H}(j\omega_0)| \cos [\omega_0 t + \phi(j\omega_0)] \qquad \textbf{14.33}$$

Em geral, a função forçante pode ter um ângulo de fase θ. Neste caso, basta adicionar θ a $\phi(j\omega_0)$, de modo que a fase resultante da resposta fique dada por $\phi(j\omega_0) + \theta$.

EXEMPLO 14.14

Para o circuito representado na **Fig. 14.38a**, determine a tensão em regime permanente (ou estado estacionário) $v_{see}(t)$ para $t > 0$, para condições iniciais iguais a zero.

SOLUÇÃO Como ilustrado anteriormente, esse problema pode ser resolvido usando diferentes técnicas, como equações de nós, equações de malhas, transformação de fonte e teorema de Thévenin. Empregue equações de nós para obter a solução. O circuito transformado usando os valores de impedância para os parâmetros é representado na **Fig. 14.38b**. As equações de nós para este circuito são escritas como:

$$\begin{aligned} \left(\frac{1}{2} + \frac{1}{s} + \frac{s}{2}\right)\mathbf{V}_1(s) - \left(\frac{s}{2}\right)\mathbf{V}_s(s) &= \frac{1}{2}\mathbf{V}_e(s) \\ -\left(\frac{s}{2}\right)\mathbf{V}_1(s) + \left(\frac{s}{2} + 1\right)\mathbf{V}_s(s) &= 0 \end{aligned}$$

Resolvendo essas equações para $\mathbf{V}_s(s)$, obtemos

$$\mathbf{V}_s(s) = \frac{s^2}{3s^2 + 4s + 4}\mathbf{V}_e(s)$$

Esta equação está na forma da Eq. (14.24), em que $\mathbf{H}(s)$ é

$$\mathbf{H}(s) = \frac{s^2}{3s^2 + 4s + 4}$$

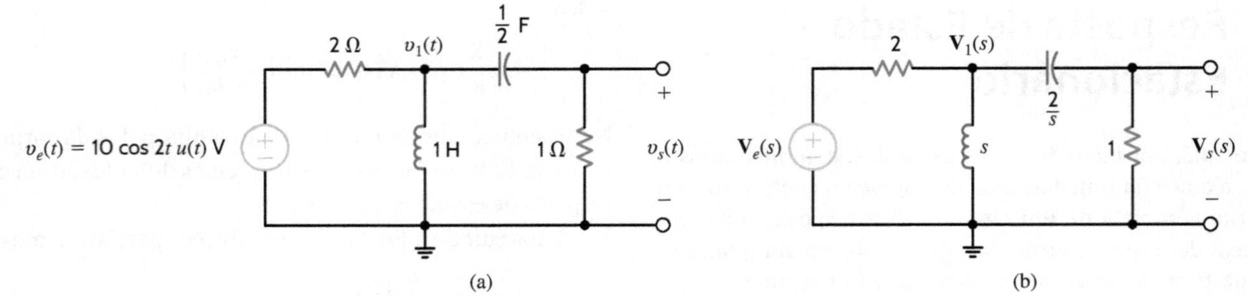

FIGURA 14.38 Circuitos usados no Exemplo 14.14.

Como a função forçante é $10 \cos 2t\, u(t)$, então $V_M = 10$ e $\omega_0 = 2$. Logo,

$$\mathbf{H}(j2) = \frac{(j2)^2}{3(j2)^2 + 4(j2) + 4} = 0{,}354\, \underline{/45^\circ}$$

Ou seja:

$$|\mathbf{H}(j2)| = 0{,}354$$
$$\phi(j2) = 45^\circ$$

Com isso, a resposta de estado estacionário é obtida como:

$$v_{see}(t) = V_M |\mathbf{H}(j2)| \cos[2t + \phi(j2)] = 3{,}54 \cos(2t + 45^\circ) \text{ V}$$

A resposta completa (transiente mais estado estacionário) pode ser obtida a partir da expressão:

$$\mathbf{V}_s(s) = \frac{s^2}{3s^2 + 4s + 4} \mathbf{V}_e(s) = \frac{s^2}{3s^2 + 4s + 4}\left(\frac{10s}{s^2 + 4}\right) = \frac{10s^3}{(s^2 + 4)(3s^2 + 4s + 4)}$$

Calculando a transformada inversa de Laplace desta função, usando as técnicas apresentadas no Capítulo 13, obtemos

$$v_s(t) = 3{,}54 \cos(2t + 45^\circ) + 1{,}44e^{-(2/3)t} \cos\left(\frac{2\sqrt{2}}{3}t - 55^\circ\right) \text{ V}$$

Vemos que, quando $t \to \infty$, o segundo termo tende a zero e, portanto, a resposta de estado estacionário é

$$v_{see}(t) = 3{,}54 \cos(2t + 45^\circ) \text{ V}$$

Este resultado pode ser facilmente verificado por meio de análise fasorial.

Avaliação da Aprendizagem

E14.15 Determine a tensão de regime permanente $v_{see}(t)$ no circuito na Fig. E14.15 para $t > 0$, com condições iniciais no circuito iguais a zero.

Resposta:
$v_{see}(t) = 3{,}95 \cos(2t - 99{,}46^\circ)$ V.

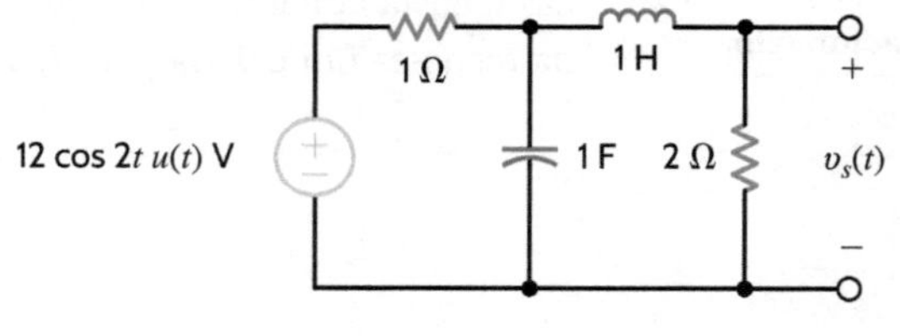

FIGURA E14.15

E14.16 Determine a resposta de estado estacionário $v_{see}(t)$ na Fig. E14.16.

Resposta:
$v_{see}(t) = 2{,}98 \cos(2t + 153{,}43^\circ)$ V.

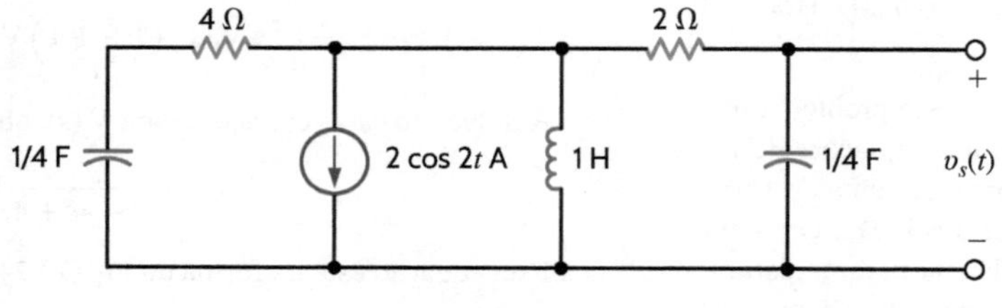

FIGURA E14.16

EXEMPLO DE PROJETO 14.15

O circuito representado na **Fig. 14.39** é denominado oscilador com ponte de Wien. A tensão de saída é uma onda senoidal cuja frequência pode ser sintonizada. Projete este circuito para uma frequência de oscilação de 10 kHz.

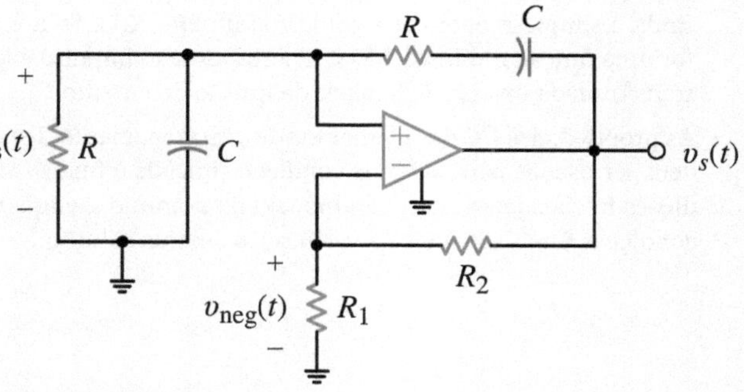

FIGURA 14.39 O oscilador com ponte de Wien clássico.

SOLUÇÃO Este circuito parece estranho por dois motivos. Primeiro, não há sinal de entrada! Segundo, não há um circuito amp-op no qual a saída seja conectada de volta ao terminal de entrada não inversor. Entretanto, sabemos que, com o amp-op funcionando corretamente, as correntes de entrada são zero e a diferença de tensão entre os dois terminais de entrada também é zero. Empregue estas restrições para escrever duas funções de transferência que relacionem a *saída* do amp-op com cada uma de suas *entradas*.

A primeira função de transferência é definida como

$$\mathbf{H}_{neg}(s) = \frac{\mathbf{V}_{neg}}{\mathbf{V}_s} = \frac{R_1}{R_1 + R_2} \qquad \textbf{14.34}$$

e a segunda como

$$\mathbf{H}_{pos}(s) = \frac{\mathbf{V}_{pos}}{\mathbf{V}_s} = \frac{\mathbf{Z}_1}{\mathbf{Z}_1 + \mathbf{Z}_2} \qquad \textbf{14.35}$$

em que $\mathbf{Z}_1$ é o circuito *RC* paralelo e $\mathbf{Z}_2$, o circuito *RC* série. Logo,

$$\mathbf{Z}_1 = \frac{R/sC}{(1/sC) + R} = \frac{R}{1 + sRC} \quad \text{e} \quad \mathbf{Z}_2 = R + \frac{1}{sC} = \frac{1 + sRC}{sC} \qquad \textbf{14.36}$$

Substituindo a Eq. (14.36) em (14.35), obtemos

$$\mathbf{H}_{pos}(s) = \frac{\mathbf{V}_{pos}}{\mathbf{V}_s} = \frac{\dfrac{R}{1 + sRC}}{\dfrac{R}{1 + sRC} + \dfrac{1 + sRC}{sC}} = \frac{sRC}{s^2(RC)^2 + 3sRC + 1} \qquad \textbf{14.37}$$

Como a tensão nas entradas do amp-op é zero, $\mathbf{V}_{neg} = \mathbf{V}_{pos}$ e, portanto, $\mathbf{H}_{pos}(s) = \mathbf{H}_{neg}(s)$! Note que, na Eq. (14.34), $\mathbf{H}_{neg}(s)$ é apenas uma relação entre resistores e, portanto, é real. O amp-op força que o mesmo seja válido também para $\mathbf{H}_{pos}(s)$ na frequência de oscilação! Vejamos, agora, a Eq. (14.37), cujo numerador é puramente imaginário. Como $\mathbf{H}_{pos}(s)$ deve ser real, seu denominador também deve ser puramente imaginário. Assim, obtemos

$$(j\omega)^2(RC)^2 + 1 = 0 \Rightarrow \omega = \frac{1}{RC} \Rightarrow f = \frac{1}{2\pi RC}$$

Escolhendo, arbitrariamente, $C = 10$ nF, temos

$$R = \frac{1}{2\pi Cf} = \frac{1}{2\pi(10^{-8})(10^4)} = 1{,}59 \text{ k}\Omega$$

Devemos determinar, ainda, valores para R_1 e R_2. Considere novamente o fato de que $\mathbf{H}_{pos}(s) = \mathbf{H}_{neg}(s)$. Em 10 kHz,

$$\mathbf{H}_{pos}(s) = \frac{sRC}{s^2(RC)^2 + 3sRC + 1} = \frac{sRC}{3sRC} = \frac{1}{3}$$

O mesmo deve valer para $\mathbf{H}_{neg}(s)$:

$$\mathbf{H}_{neg}(s) = \frac{R_1}{R_1 + R_2} = \frac{1}{3}$$

A única solução possível é $R_2 = 2R_1$. Escolhendo, arbitrariamente, $R_1 = R = 1{,}59$ kΩ, obtemos $R_2 = 3{,}18$ kΩ.

O que acontece se, no circuito construído, $\mathbf{H}_{pos}(s)$ não for igual a $\mathbf{H}_{neg}(s)$? Se $\mathbf{H}_{neg}(s)$ tiver a maior amplitude, as oscilações desaparecerão. Se $\mathbf{H}_{pos}(s)$ tiver a maior amplitude, as oscilações crescerão até que a saída do amp-op atinja os limites da fonte de alimentação. Nesse ponto, a saída é mais uma onda quadrada do que uma senoide. Como é fisicamente impossível garantir que $\mathbf{H}_{pos}(s)$ e $\mathbf{H}_{neg}(s)$ sejam exatamente iguais em 10 kHz, os engenheiros, geralmente, substituem R_2 por um resistor não linear cuja resistência diminui com o aumento da temperatura. Desta forma, se as oscilações de saída começarem a crescer, mais potência é dissipada nesse resistor não linear, diminuindo seu valor. Essa diminuição na resistência aumentará a amplitude de $\mathbf{H}_{neg}(s)$ e trará o oscilador de volta a um ponto de operação balanceado.

Resumo

- O uso de modelos de elementos de circuito no domínio *s* permite que sejam descritos por equações algébricas, em vez de equações diferenciais.
- Todas as técnicas de análise CC, incluindo os teoremas de circuitos, são aplicáveis no domínio *s*. Uma vez que a solução no domínio *s* tenha sido obtida, a transformada inversa de Laplace é usada para obter uma solução no domínio do tempo.
- As raízes da equação característica do circuito (ou seja, os polos) determinam o tipo de resposta do circuito. Um gráfico dessas raízes na metade esquerda do plano *s* fornece uma indicação imediata do comportamento do circuito. A relação entre o diagrama de polos e zeros e o diagrama de Bode proporciona mais informações.
- A função de transferência (função do circuito) para um circuito é expressa como

$$\mathbf{H}(s) = \frac{\mathbf{Y}(s)}{\mathbf{X}(s)}$$

em que $\mathbf{Y}(s)$ é a resposta do circuito e $\mathbf{X}(s)$, a função forçante de entrada. Se a função de transferência for conhecida, a resposta de saída é simplesmente dada pelo produto $\mathbf{H}(s)\mathbf{X}(s)$. Se a entrada for uma função impulso, $\mathbf{X}(s) = 1$, a resposta ao impulso é igual à transformada inversa de Laplace da função do circuito.

- As propriedades CC dos elementos de armazenamento, L e C, podem ser usadas para obter as condições iniciais e finais. As condições iniciais fazem parte do modelo no domínio s, enquanto as condições finais são úteis na verificação de uma solução.
- A solução em transformada de Laplace para a resposta do circuito é composta por termos transientes, que desaparecem quando $t \to \infty$, e por termos de estado estacionário, que estão presentes em todos os instantes.
- A resposta do circuito pode ser expressa como

$$\mathbf{Y}(s) = \mathbf{H}(s)\mathbf{X}(s)$$

A porção transiente da resposta $\mathbf{Y}(s)$ resulta dos polos de $\mathbf{H}(s)$, e a porção de estado estacionário da resposta resulta dos polos da função forçante $\mathbf{X}(s)$.

CAPÍTULO 15

Técnicas de Análise de Fourier

OBJETIVOS DE APRENDIZAGEM

Os objetivos de aprendizagem deste capítulo são tornar os estudantes capazes de:

- Calcular as séries trigonométrica e exponencial de Fourier para um sinal periódico.
- Descrever efeitos da simetria da forma de onda nos coeficientes de uma série trigonométrica de Fourier.
- Usar o pacote de software PSpice para determinar a série de Fourier para um sinal periódico.
- Calcular a resposta de regime permanente de um circuito elétrico excitado por um sinal periódico de tensão ou corrente.
- Analisar circuitos elétricos excitados por sinais periódicos de tensão ou corrente para determinar a potência média.
- Determinar os pares de transformadas de Fourier para sinais típicos na análise de circuitos elétricos.
- Usar a transformada de Fourier para calcular a resposta de um circuito elétrico.
- Aplicar o teorema de Parseval para calcular o conteúdo total de energia de um sinal.

15.1 Série de Fourier

Uma função é periódica se satisfizer a relação

$$f(t) = f(t + nT_0), \quad n = \pm 1, \pm 2, \pm 3, \ldots$$

para cada valor de t, sendo T_0 o período. Como mostramos nos capítulos anteriores, a função senoidal é uma função periódica muito importante. Diversas outras funções periódicas também encontram aplicação na engenharia elétrica. Por exemplo, geradores de sinais de laboratório produzem os sinais de trem de pulsos e de onda quadrada nas **Figs. 15.1a** e **b**, respectivamente, muito usados na testagem de circuitos. O osciloscópio é outro instrumento de laboratório, em que a varredura do feixe de elétrons na face do tubo de raios catódicos é controlada por um sinal triangular da forma mostrada na **Fig. 15.1c**.

As técnicas que exploraremos são baseadas no trabalho de Jean Baptiste Joseph Fourier. Embora as análises que apresentaremos sejam limitadas a circuitos elétricos, é importante ressaltar que as técnicas empregadas podem ser aplicadas a uma grande variedade de problemas de Engenharia. Na verdade, as técnicas de análise apresentadas aqui são fruto do trabalho de Fourier com fluxo de calor.

Em seu trabalho, Fourier demonstrou que uma função periódica $f(t)$ poderia ser expressa como uma soma de funções senoidais. Além disso, se uma função periódica for expressa como uma soma de funções linearmente independentes, cada função na soma deve ser periódica e com o mesmo período. Levando em conta estes dois resultados, uma função periódica $f(t)$ pode ser expressa na forma

$$f(t) = a_0 + \sum_{n=1}^{\infty} D_n \cos(n\omega_0 t + \theta_n) \qquad \textbf{15.1}$$

em que $\omega_0 = 2\pi/T_0$, e a_0 é o valor médio da forma de onda. Um exame desta expressão revela que nela estão incluídas todas as formas de onda senoidais periódicas com período T_0. Por exemplo, para $n = 1$, um ciclo cobre T_0 segundos e $D_1 \cos(\omega_0 t + \theta_1)$ é a componente *fundamental*. Para $n = 2$, dois ciclos ocorrem no intervalo de T_0 segundos, e o termo $D_2 \cos(2\omega_0 t + \theta_2)$ é chamado de componente de *segundo harmônico*. Em geral, para $n = k$, k ciclos ocorrem no intervalo de T_0 segundos, e $D_k \cos(k\omega_0 t + \theta_k)$ é a *componente de k-ésimo harmônico*.

Como a função $\cos(n\omega_0 t + \theta_k)$ pode ser escrita na forma exponencial usando a identidade de Euler ou como a soma de termos cosseno e seno da forma $\cos n\omega_0 t$ e $\text{sen}\, n\omega_0 t$, como demonstrado no Capítulo 8, a série na Eq. (15.1) pode ser escrita como

$$f(t) = a_0 + \sum_{\substack{n=-\infty \\ n \neq 0}}^{\infty} \mathbf{c}_n e^{jn\omega_0 t} = \sum_{n=-\infty}^{\infty} \mathbf{c}_n e^{jn\omega_0 t} \qquad \textbf{15.2}$$

Empregando a relação de parte real como uma transformação entre os domínios do tempo e da frequência, podemos expressar $f(t)$ como

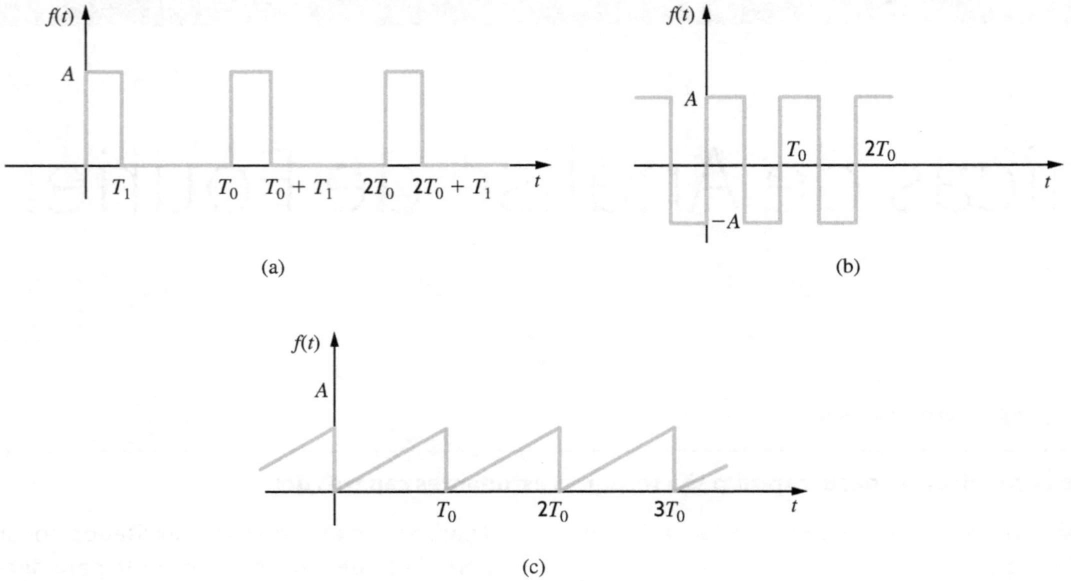

FIGURA 15.1 Alguns sinais periódicos úteis.

$$f(t) = a_0 + \sum_{n=1}^{\infty} \text{Re}\left[(D_n\underline{/\theta_n})e^{jn\omega_0 t}\right] \qquad \textbf{15.3}$$

$$= a_0 + \sum_{n=1}^{\infty} \text{Re}(2\mathbf{c}_n e^{jn\omega_0 t}) \qquad \textbf{15.4}$$

$$= a_0 + \sum_{n=1}^{\infty} \text{Re}\left[(a_n - jb_n)e^{jn\omega_0 t}\right] \qquad \textbf{15.5}$$

$$= a_0 + \sum_{n=1}^{\infty} (a_n \cos n\omega_0 t + b_n \text{ sen } n\omega_0 t) \qquad \textbf{15.6}$$

Essas equações permitem a escrita da série de Fourier em várias formas equivalentes. O *fasor* para o n-ésimo harmônico é obtido como

$$D_n\underline{/\theta_n} = 2\mathbf{c}_n = a_n - jb_n \qquad \textbf{15.7}$$

A abordagem que adotaremos consiste em representar uma entrada periódica não senoidal por uma soma de funções exponenciais complexas, que, em função da identidade de Euler, é equivalente a uma soma de senos e cossenos. Assim, na análise de sistemas lineares, usaremos (1) a propriedade de superposição de sistemas lineares e (2) o fato de que a resposta de regime permanente de um sistema linear invariante no tempo a uma entrada senoidal de frequência ω_0 é uma função senoidal de mesma frequência.

Para ilustrar como um sinal periódico não senoidal pode ser representado por uma série de Fourier, consideremos a função periódica representada na **Fig. 15.2a**. Nas **Figs. 15.2b–d**, podemos ver o impacto que o uso de um número específico de termos na série tem na representação da função original. Fica aparente que a representação em série se aproxima mais da função original à medida que o número de termos na série aumenta.

Série Exponencial de Fourier

Qualquer sinal periódico fisicamente realizável pode ser representado no intervalo $t_1 < t < t_1 + T_0$ pela *série exponencial de Fourier*:

$$f(t) = \sum_{n=-\infty}^{\infty} \mathbf{c}_n e^{jn\omega_0 t} \qquad \textbf{15.8}$$

em que os fatores c_n são os coeficientes complexos (fasores) de Fourier. Para determinar esses coeficientes, multiplicamos os dois lados da Eq. (15.8) por $e^{-jk\omega_0 t}$[1] e integramos no intervalo de t_1 a $t_1 + T_0$:

$$\int_{t_1}^{t_1+T_0} f(t)e^{-jk\omega_0 t}\,dt = \int_{t_1}^{t_1+T_0} \left(\sum_{n=-\infty}^{\infty} \mathbf{c}_n e^{jn\omega_0 t}\right) e^{-jk\omega_0 t}\,dt$$

$$= \mathbf{c}_k T_0$$

Como

$$\int_{t_1}^{t_1+T_0} e^{j(n-k)\omega_0 t}\,dt = \begin{cases} 0 & \text{para } n \neq k \\ T_0 & \text{para } n = k \end{cases}$$

Os coeficientes de Fourier são determinados pela equação

$$\mathbf{c}_n = \frac{1}{T_0}\int_{t_1}^{t_1+T_0} f(t)e^{-jn\omega_0 t}\,dt \qquad \textbf{15.9}$$

O Exemplo 15.1 ilustra como representar um sinal periódico por uma série exponencial de Fourier.

[1]N. T.: Pela identidade de Euler, esta exponencial é sempre diferente de zero, o que permite a referida multiplicação.

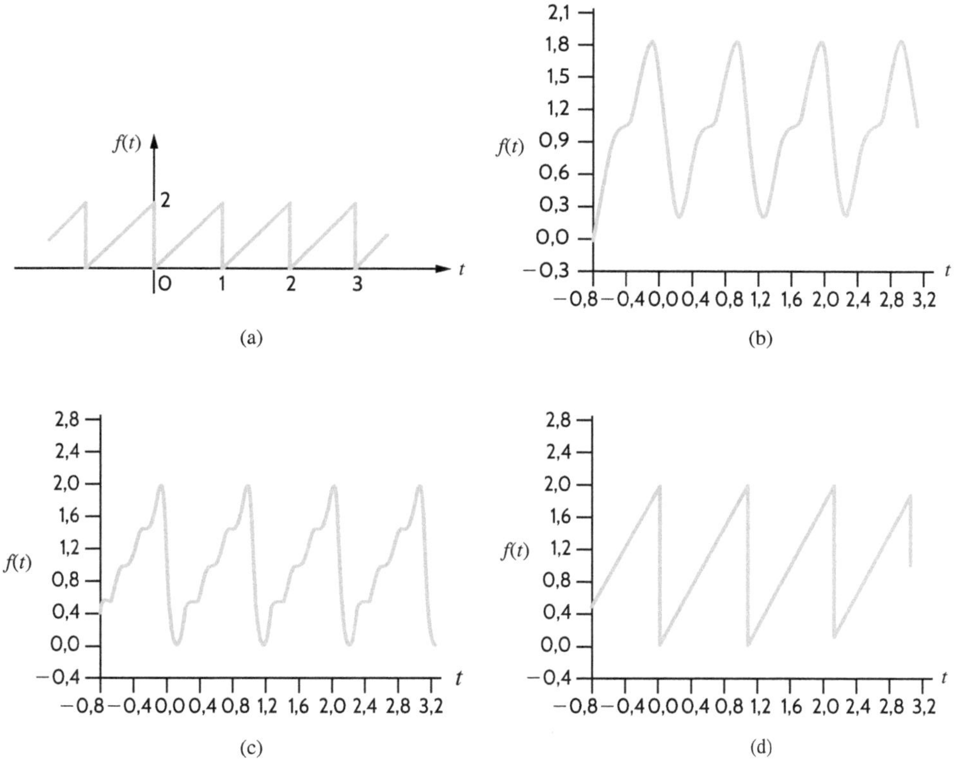

FIGURA 15.2 Função periódica (a) e sua representação em série exponencial de Fourier com (b) 2 termos, (c) 4 termos e (d) 100 termos.

EXEMPLO 15.1

Determine a série exponencial de Fourier para a forma de onda periódica de tensão representada na **Fig. 15.3**.

SOLUÇÃO Os coeficientes de Fourier são determinados pela Eq. (15.9), integrada ao longo de um período completo da forma de onda,

$$\begin{aligned}
\mathbf{c}_n &= \frac{1}{T}\int_{-T/2}^{T/2} f(t)e^{-jn\omega_0 t}\,dt \\
&= \frac{1}{T}\int_{-T/2}^{-T/4} -Ve^{-jn\omega_0 t}\,dt \\
&\quad + \int_{-T/4}^{T/4} Ve^{-jn\omega_0 t}\,dt + \int_{T/4}^{T/2} -Ve^{-jn\omega_0 t}\,dt \\
&= \frac{V}{jn\omega_0 T}\left[+e^{-jn\omega_0 t}\Big|_{-T/2}^{-T/4} - e^{-jn\omega_0 t}\Big|_{-T/4}^{T/4} + e^{-jn\omega_0 t}\Big|_{T/2}^{T/4}\right] \\
&= \frac{V}{jn\omega_0 T}\left(2e^{jn\pi/2} - 2e^{-jn\pi/2} + e^{-jn\pi} - e^{+jn\pi}\right) \\
&= \frac{V}{n\omega_0 T}\left[4\ \mathrm{sen}\,\frac{n\pi}{2} - 2\ \mathrm{sen}\,(n\pi)\right] \\
&= 0 \quad \text{para } n \text{ par} \\
&= \frac{2V}{n\pi}\,\mathrm{sen}\,\frac{n\pi}{2} \quad \text{para } n \text{ ímpar}
\end{aligned}$$

$\mathbf{c}_0$ corresponde ao valor médio da forma de onda. Este termo pode ser calculado usando a equação original para $\mathbf{c}_n$:

$$\begin{aligned}
c_0 &= \frac{1}{T}\int_{-\frac{T}{2}}^{\frac{T}{2}} v(t)\,dt \\
&= \frac{1}{T}\left[\int_{\frac{T}{2}}^{-\frac{T}{4}} -V\,dt + \int_{-\frac{T}{4}}^{\frac{T}{4}} V\,dt + \int_{\frac{T}{4}}^{\frac{T}{2}} -V\,dt\right] \\
&= \frac{1}{T}\left[-\frac{VT}{4} + \frac{VT}{2} - \frac{VT}{4}\right] = 0
\end{aligned}$$

Portanto,

$$v(t) = \sum_{\substack{n=-\infty \\ n\neq 0 \\ n\ \text{ímpar}}}^{\infty} \frac{2V}{n\pi}\,\mathrm{sen}\frac{n\pi}{2}\,e^{jn\omega_0 t}$$

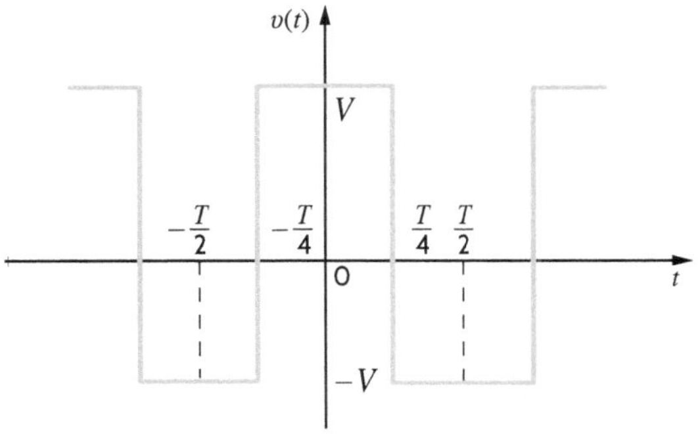

FIGURA 15.3 Forma de onda periódica de tensão.

Esta equação pode ser escrita como:

$$v(t) = \sum_{\substack{n=1 \\ n\,\text{ímpar}}}^{\infty} \frac{2V}{n\pi} \text{sen}\frac{n\pi}{2} e^{jn\omega_0 t} + \sum_{\substack{n=-1 \\ n\,\text{ímpar}}}^{-\infty} \frac{2V}{n\pi} \text{sen}\frac{n\pi}{2} e^{jn\omega_0 t}$$

$$= \sum_{\substack{n=1 \\ n\,\text{ímpar}}}^{\infty} \left(\frac{2V}{n\pi} \text{sen}\frac{n\pi}{2}\right) e^{jn\omega_0 t} + \left(\frac{2V}{n\pi} \text{sen}\frac{n\pi}{2}\right)^* e^{-jn\omega_0 t}$$

Como a soma de um número complexo e seu conjugado é igual a duas vezes a parte real do número, $v(t)$ pode ser escrita como

$$v(t) = \sum_{\substack{n=1 \\ n\,\text{ímpar}}}^{\infty} 2\,\text{Re}\left(\frac{2V}{n\pi} \text{sen}\frac{n\pi}{2} e^{jn\omega_0 t}\right)$$

ou

$$v(t) = \sum_{\substack{n=1 \\ n\,\text{ímpar}}}^{\infty} \frac{4V}{n\pi} \text{sen}\frac{n\pi}{2} \cos n\omega_0 t$$

Este mesmo resultado pode ser obtido integrando a Eq. (15.9) no intervalo de $-T/4$ a $3T/4$.

Avaliação da Aprendizagem

E15.1 Calcule os coeficientes de Fourier para a forma de onda na Fig. E15.1.

Resposta:

$\mathbf{c}_n = \dfrac{1 - e^{-jn\pi}}{j2\pi n}$; $\mathbf{c}_0 = \dfrac{1}{2}$.

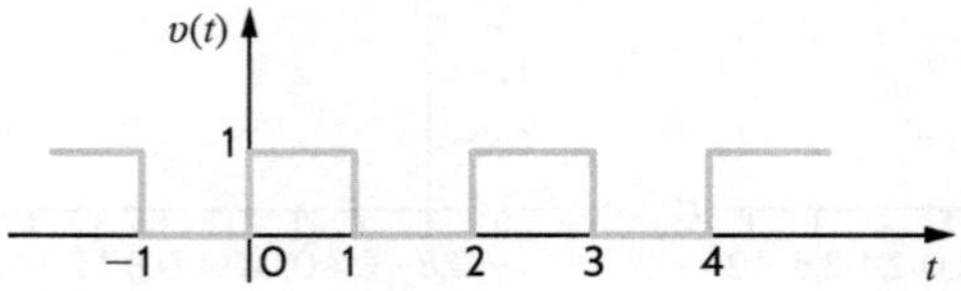

FIGURA E15.1

E15.2 Calcule os coeficientes de Fourier para a forma de onda na Fig. E15.2.

Resposta:

$\mathbf{c}_n = \dfrac{2}{n\pi}\left(2\,\text{sen}\dfrac{2\pi n}{3} - \text{sen}\dfrac{n\pi}{3}\right)$;

$\mathbf{c}_0 = 2$.

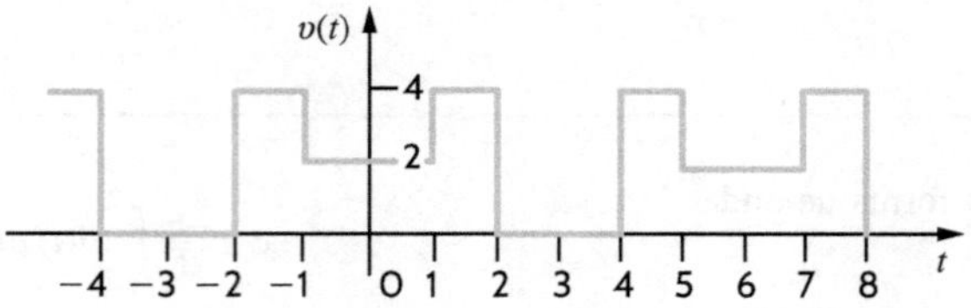

FIGURA E15.2

E15.3 Determine a série exponencial de Fourier para a forma de onda mostrada na Fig. E15.3.

Resposta:

$v(t) = \ldots + 0{,}225e^{j135°}e^{-j1{,}5\pi t} + 0{,}159e^{j90°}e^{-j\pi t} + 0{,}675e^{j45°}e^{-j0{,}5\pi t} + 0{,}25 + 0{,}675e^{-j45°}e^{j0{,}5\pi t} + 0{,}159e^{-j90°}e^{j\pi t} + 0{,}225e^{-j135°}e^{j1{,}5\pi t} + \ldots$ V.

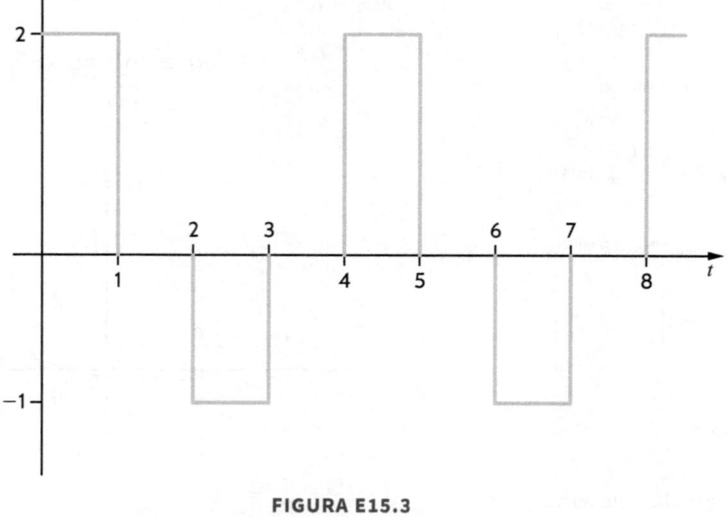

FIGURA E15.3

Série Trigonométrica de Fourier

Examine, agora, outra forma da série de Fourier. Começando com

$$2\mathbf{c}_n = a_n - jb_n \qquad \textbf{15.10}$$

vamos examinar o termo $2\mathbf{c}_n$, separando-o em suas partes real e imaginária. Da Eq. (15.9), temos

$$2\mathbf{c}_n = \frac{2}{T_0}\int_{t_1}^{t_1+T_0} f(t)e^{-jn\omega_0 t}\,dt \qquad \textbf{15.11}$$

Usando a identidade de Euler, podemos escrever esta equação na forma

$$2\mathbf{c}_n = \frac{2}{T_0}\int_{t_1}^{t_1+T_0} f(t)\,(\cos n\omega_0 t - j \operatorname{sen} n\omega_0 t)\,dt$$

$$= \frac{2}{T_0}\int_{t_1}^{t_1+T_0} f(t)\cos n\omega_0 t\,dt - j\frac{2}{T_0}\int_{t_1}^{t_1+T_0} f(t)\operatorname{sen} n\omega_0 t\,dt$$

Da Eq. (15.10), temos

$$a_n = \frac{2}{T_0}\int_{t_1}^{t_1+T_0} f(t)\cos n\omega_0 t\,dt \qquad \textbf{15.12}$$

$$b_n = \frac{2}{T_0}\int_{t_1}^{t_1+T_0} f(t)\operatorname{sen} n\omega_0 t\,dt \qquad \textbf{15.13}$$

Estes são os coeficientes da série de Fourier descritos pela Eq. (15.6), que é a *série trigonométrica de Fourier*. Essas equações são deduzidas diretamente na maioria dos livros-texto usando as propriedades de ortogonalidade das funções cosseno e seno. Podemos, agora, calcular os coeficientes $\mathbf{c}_n$, a_n, b_n; a relação

$$2\mathbf{c}_n = D_n\underline{/\theta_n} \qquad \textbf{15.14}$$

nos permite calcular os coeficientes para a *série de cossenos de Fourier*, descrita pela Eq. (15.1). Esta forma da série de Fourier é particularmente útil, pois permite que cada harmônico da função seja representado como um fasor.

Da Eq. (15.9), vemos que $\mathbf{c}_0$, escrito como a_0, é dado por

$$a_0 = \frac{1}{T}\int_{t_1}^{t_1+T_0} f(t)\,dt \qquad \textbf{15.15}$$

Este é o valor médio do sinal $f(t)$, que, muitas vezes, pode ser calculado diretamente da forma de onda.

Simetria e a Série Trigonométrica de Fourier

As propriedades de simetria de um sinal (caso existam) permitem a simplificação dos cálculos dos coeficientes de Fourier. Há três tipos de simetria: (1) simetria de função par, (2) simetria de função ímpar e (3) simetria de meia-onda.

Simetria de Função Par Uma função é par quando

$$f(t) = f(-t) \qquad \textbf{15.16}$$

Uma função par é simétrica com relação ao eixo vertical, e um exemplo notável é a função cos $n\omega_0 t$. A forma de onda na Fig. 15.3 também exibe simetria de função par. Determine, agora, as expressões para os coeficientes de Fourier para uma função que satisfaça à Eq. (15.16).

Na Eq. (15.15), façamos $t_1 = -T_0/2$, obtendo

$$a_0 = \frac{1}{T_0}\int_{-T_0/2}^{T_0/2} f(t)\,dt$$

Esta expressão pode ser escrita como

$$a_0 = \frac{1}{T_0}\int_{-T_0/2}^{0} f(t)\,dt + \frac{1}{T_0}\int_{0}^{T_0/2} f(t)\,dt$$

Aplicando uma mudança de variável na primeira integral (ou seja, escrevendo $t = -x$), obtemos $f(-x) = f(x)$, $dt = -dx$, e o intervalo de integração vai de $x = T_0/2$ a 0. Com isso, a equação anterior passa a

$$a_0 = \frac{1}{T_0}\int_{T_0/2}^{0} f(x)(-dx) + \frac{1}{T_0}\int_{0}^{T_0/2} f(t)\,dt$$

$$= \frac{1}{T_0}\int_{0}^{T_0/2} f(x)\,dx + \frac{1}{T_0}\int_{0}^{T_0/2} f(t)\,dt \qquad \textbf{15.17}$$

$$= \frac{2}{T_0}\int_{0}^{T_0/2} f(t)\,dt$$

Os outros coeficientes de Fourier são calculados de maneira semelhante. O coeficiente a_n pode ser escrito na forma

$$a_n = \frac{2}{T_0}\int_{-T_0/2}^{0} f(t)\cos n\omega_0 t\,dt + \frac{2}{T_0}\int_{0}^{T_0/2} f(t)\cos n\omega_0 t\,dt$$

Aplicando a mudança de variável que levou à Eq. (15.17), podemos expressar a equação anterior como

$$a_n = \frac{2}{T_0}\int_{T_0/2}^{0} f(x)\cos(-n\omega_0 x)(-dx) + \frac{2}{T_0}\int_{0}^{T_0/2} f(t)\cos n\omega_0 t\,dt$$

$$= \frac{2}{T_0}\int_{0}^{T_0/2} f(x)\cos n\omega_0 x\,dx + \frac{2}{T_0}\int_{0}^{T_0/2} f(t)\cos n\omega_0 t\,dt$$

$$a_n = \frac{4}{T_0}\int_{0}^{T_0/2} f(t)\cos n\omega_0 t\,dt \qquad \textbf{15.18}$$

Seguindo o desenvolvimento anterior, podemos escrever a equação para o coeficiente b_n como

$$b_n = \frac{2}{T_0}\int_{-T_0/2}^{0} f(t)\operatorname{sen} n\omega_0 t\,dt + \int_{0}^{T_0/2} f(t)\operatorname{sen} n\omega_0 t\,dt$$

Aplicando novamente a mesma mudança variável, obtemos

$$b_n = \frac{2}{T_0}\int_{T_0/2}^{0} f(x)\operatorname{sen}(-n\omega_0 x)(-dx) + \frac{2}{T_0}\int_{0}^{T_0/2} f(t)\operatorname{sen} n\omega_0 t\,dt$$

$$= \frac{-2}{T_0}\int_{0}^{T_0/2} f(x)\operatorname{sen} n\omega_0 x\,dx + \frac{2}{T_0}\int_{0}^{T_0/2} f(t)\operatorname{sen} n\omega_0 t\,dt$$

$$b_n = 0 \qquad \textbf{15.19}$$

A análise anterior indica que a série de Fourier para uma função periódica par consiste apenas em um termo constante e termos em cosseno. Logo, para $f(t)$ par, $b_n = 0$ e, das Eqs. (15.10) e (15.14), os coeficientes $\mathbf{c}_n$ são reais e os ângulos θ_n, múltiplos inteiros de 180°.

Simetria de Função Ímpar Uma função é ímpar quando

$$f(t) = -f(-t) \qquad \textbf{15.20}$$

Um exemplo de função ímpar é sem $n\omega_0 t$. Outro exemplo é a forma de onda na **Fig. 15.4a**. Seguindo o desenvolvimento matemático que levou às Eqs. (15.17) a (15.19), podemos mostrar que, para uma função ímpar, os coeficientes de Fourier são dados por

$$a_0 = 0 \qquad \textbf{15.21}$$

$$a_n = 0 \quad \text{para todo } n > 0 \qquad \textbf{15.22}$$

$$b_n = \frac{4}{T_0}\int_0^{T_0/2} f(t)\,\text{sen}\,n\omega_0 t\,dt \qquad \textbf{15.23}$$

Portanto, para $f(t)$ ímpar, $a_n = 0$ e, a partir das Eqs. (15.10) e (15.14), os coeficientes $\mathbf{c}_n$ são imaginários puros e os ângulos θ_n, múltiplos ímpares de 90°.

Simetria de Meia-Onda Uma função tem *simetria de meia-onda* se

$$f(t) = -f\left(t - \frac{T_0}{2}\right) \qquad \textbf{15.24}$$

Basicamente, esta equação afirma que cada semiciclo é uma versão invertida do semiciclo adjacente; ou seja, a forma de onda de $-T_0/2$ a 0 invertida é idêntica à forma de onda de 0 a $T_0/2$. As formas de onda mostradas nas **Figs. 15.4a** e **c** têm simetria de meia-onda.

Para este caso, podemos deduzir as expressões para os coeficientes de Fourier repetindo o desenvolvimento matemático que resultou nas equações para funções de simetria par: basta aplicar a mudança de variável $t = x + T_0/2$ e usar a Eq. (15.24). Esse desenvolvimento resulta nas seguintes equações:

$$a_0 = 0 \qquad \textbf{15.25}$$

$$a_n = b_n = 0 \qquad \text{para } n \text{ par} \qquad \textbf{15.26}$$

$$a_n = \frac{4}{T_0}\int_0^{T_0/2} f(t)\cos n\omega_0 t\,dt \qquad \text{para } n \text{ ímpar} \qquad \textbf{15.27}$$

$$b_n = \frac{4}{T_0}\int_0^{T_0/2} f(t)\,\text{sen}\,n\omega_0 t\,dt \qquad \text{para } n \text{ ímpar} \qquad \textbf{15.28}$$

As seguintes equações são úteis no cálculo dos coeficientes da série trigonométrica de Fourier:

$$\int \text{sen}\,ax\,dx = -\frac{1}{a}\cos ax$$

$$\int \cos ax\,dx = \frac{1}{a}\,\text{sen}\,ax$$

$$\int x\,\text{sen}\,ax\,dx = \frac{1}{a^2}\,\text{sen}\,ax - \frac{1}{a}\,x\cos ax \qquad \textbf{15.29}$$

$$\int x\cos ax\,dx = \frac{1}{a^2}\cos ax + \frac{1}{a}\,x\,\text{sen}\,ax$$

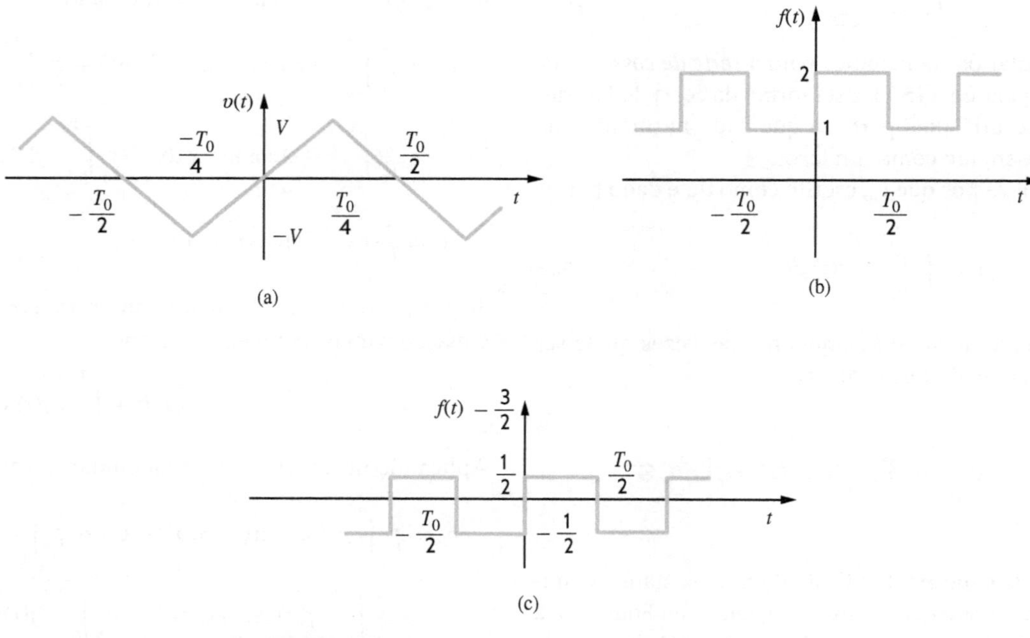

FIGURA 15.4 Três formas de onda; (a) e (c) têm simetria de meia-onda.

EXEMPLO 15.2

Determinemos a série trigonométrica de Fourier para o sinal periódico representado na Fig. 15.3.

SOLUÇÃO A forma de onda exibe simetria de função par; portanto,

$$a_0 = 0$$

$$b_n = 0 \quad \text{para todo } n$$

A forma de onda exibe simetria de meia-onda; logo,

$$a_n = 0 \quad \text{para todo } n \text{ par}$$

Por conseguinte,

$$a_n = \frac{4}{T_0}\int_0^{T/2} f(t)\cos n\omega_0 t\, dt \quad \text{para todo } n \text{ ímpar}$$

$$= \frac{4}{T}\left(\int_0^{T/4} V\cos n\omega_0 t\, dt - \int_{T/4}^{T/2} V\cos n\omega_0 t\, dt\right)$$

$$= \frac{4V}{n\omega_0 T}\left(\text{sen}\, n\omega_0 t\,\Big|_0^{T/4} - \text{sen}\, n\omega_0 t\,\Big|_{T/4}^{T/2}\right)$$

$$= \frac{4V}{n\omega_0 T}\left(\text{sen}\,\frac{n\pi}{2} - \text{sen}\, n\pi + \text{sen}\,\frac{n\pi}{2}\right)$$

$$= \frac{8V}{n2\pi}\,\text{sen}\,\frac{n\pi}{2} \quad \text{para todo } n \text{ ímpar}$$

$$= \frac{4V}{n\pi}\,\text{sen}\,\frac{n\pi}{2} \quad \text{para todo } n \text{ ímpar}$$

Sugerimos que o leitor compare este resultado com o obtido no Exemplo 15.1.

EXEMPLO 15.3

Determine a expansão em série trigonométrica de Fourier da forma de onda representada na Fig. 15.4a.

SOLUÇÃO A função exibe simetria de função ímpar e, também, simetria de meia-onda. Portanto, basta determinar apenas os coeficientes b_n para n ímpar. Notando que

$$v(t) = \begin{cases} \dfrac{4Vt}{T_0} & 0 \le t \le T_0/4 \\ 2V - \dfrac{4Vt}{T_0} & T_0/4 < t \le T_0/2 \end{cases}$$

os coeficientes b_n são calculados como

$$b_n = \frac{4}{T_0}\int_0^{T_0/4} \frac{4Vt}{T_0}\,\text{sen}\, n\omega_0 t\, dt + \frac{4}{T_0}\int_{T_0/4}^{T_0/2}\left(2V - \frac{4Vt}{T_0}\right)\text{sen}\, n\omega_0 t\, dt$$

O cálculo dessas integrais é simples, mas trabalhoso; o resultado é

$$b_n = \frac{8V}{n^2\pi^2}\,\text{sen}\,\frac{n\pi}{2} \quad \text{para } n \text{ ímpar}$$

Portanto, a expansão em série de Fourier é

$$v(t) = \sum_{\substack{n=1 \\ n\,\text{ímpar}}}^{\infty} \frac{8V}{n^2\pi^2}\,\text{sen}\frac{n\pi}{2}\,\text{sen}\, n\omega_0 t$$

EXEMPLO 15.4

Determinemos a expansão em série trigonométrica de Fourier da forma de onda representada na **Fig. 15.4b**.

SOLUÇÃO Esta forma de onda tem um valor médio de 3/2. Portanto, em vez de determinar a expansão de $f(t)$ em série de Fourier, determinaremos a série de Fourier para $f(t) - 3/2$, que é a forma de onda mostrada na Fig. 15.4c. A última forma de onda tem simetria de meia-onda e, também, é ímpar; assim:

$$b_n = \frac{4}{T_0}\int_0^{T_0/2} \frac{1}{2}\,\text{sen}\, n\omega_0 t\, dt$$

$$= \frac{2}{T_0}\left(\frac{-1}{n\omega_0}\cos n\omega_0 t\,\Big|_0^{T_0/2}\right)$$

$$= \frac{-2}{n\omega_0 T_0}(\cos n\pi - 1)$$

$$= \frac{2}{n\pi} \quad \text{para } n \text{ ímpar}$$

Portanto, a expansão de $f(t) - 3/2$ em série de Fourier é dada por

$$f(t) - \frac{3}{2} = \sum_{\substack{n=1 \\ n\,\text{ímpar}}}^{\infty} \frac{2}{n\pi}\,\text{sen}\, n\omega_0 t$$

ou

$$f(t) = \frac{3}{2} + \sum_{\substack{n=1 \\ n\,\text{ímpar}}}^{\infty} \frac{2}{n\pi}\,\text{sen}\, n\omega_0 t$$

EXEMPLO 15.5

Fontes elétricas, como baterias, painéis solares e células de combustível, produzem uma tensão de saída CC. Uma carga elétrica que requeira uma tensão CA pode ser alimentada por uma fonte CC usando um dispositivo denominado inversor, que converte uma tensão CC em uma tensão CA. Inversores são capazes de produzir tensões CA monofásicas ou trifásicas. Inversores monofásicos são frequentemente classificados como inversores de ondas senoidais puras ou inversores de ondas senoidais modificadas. A saída de um inversor de onda senoidal pura é mostrada na **Fig. 15.5**. Essa forma de onda foi discutida no Capítulo 8 e é descrita por $v(t) = 170$ sen $377t$ volts. A **Fig. 15.6** mostra a tensão de saída de um inversor de onda senoidal modificada. Esta forma de onda tem mais aspecto de uma onda quadrada do que de uma onda senoidal.

Para determinar os componentes de Fourier da tensão de saída do inversor de onda senoidal modificada, usemos a forma de onda representada na **Fig. 15.7**. Esta forma de onda consiste em um pulso positivo de largura t_δ centrado em $T/4$ e um pulso negativo de mesma largura centrado em $3T/4$. Um exame da figura revela que a forma de onda é uma função ímpar com simetria de meia-onda. Portanto,

$$a_0 = 0$$

$$a_n = 0 \quad \text{para todo } n$$

$$b_n = 0 \quad \text{para } n \text{ par}$$

Podemos determinar os coeficientes b_n para n ímpar usando

$$b_n = \frac{4}{T_0}\int_0^{T_0/2} f(t) \text{ sen } n\omega_0 t\, dt$$

A forma de onda tem valor V_e entre $t = T/4 - \delta/2$ e $t = T/4 + \delta/2$ e é zero em qualquer outro instante no intervalo de 0 a $T/2$. Logo,

$$b_n = \frac{4}{T}\int_{T/4 - t_\delta/2}^{T/4 + t_\delta/2} V_e \text{ sen } n\omega_0 t\, dt$$

$$b_n = \frac{4V_e}{T}\int_{T/4 - t_\delta/2}^{T/4 + t_\delta/2} \text{sen } n\omega_0 t\, dt$$

Integrando, obtemos

$$b_n = \frac{4V_e}{n\omega_0 T}\Big[-\cos n\omega_0 t\Big]_{T/4 - t_\delta/2}^{T/4 + t_\delta/2}$$

Lembrando que $\omega_0 T = 2\pi$ e calculando os valores da função nos limites de integração, temos

$$b_n = \frac{2V_e}{\pi}\left[-\cos\left(\frac{n\omega_0 T}{4} + \frac{n\omega_0 t_\delta}{2}\right) + \cos\left(\frac{n\omega_0 T}{4} - \frac{n\omega_0 t_\delta}{2}\right)\right]$$

A expressão entre colchetes é $-\cos(\alpha + \beta) + \cos(\alpha - \beta)$. Usando identidades trigonométricas apropriadas, este termo é calculado como:

$$-\cos(\alpha+\beta) + \cos(\alpha-\beta) = -\cos\alpha\cos\beta + \text{sen}\,\alpha\,\text{sen}\,\beta + \cos\alpha\cos\beta + \text{sen}\,\alpha\,\text{sen}\,\beta$$

$$-\cos(\alpha+\beta) + \cos(\alpha-\beta) = 2\,\text{sen}\,\alpha\,\text{sen}\,\beta$$

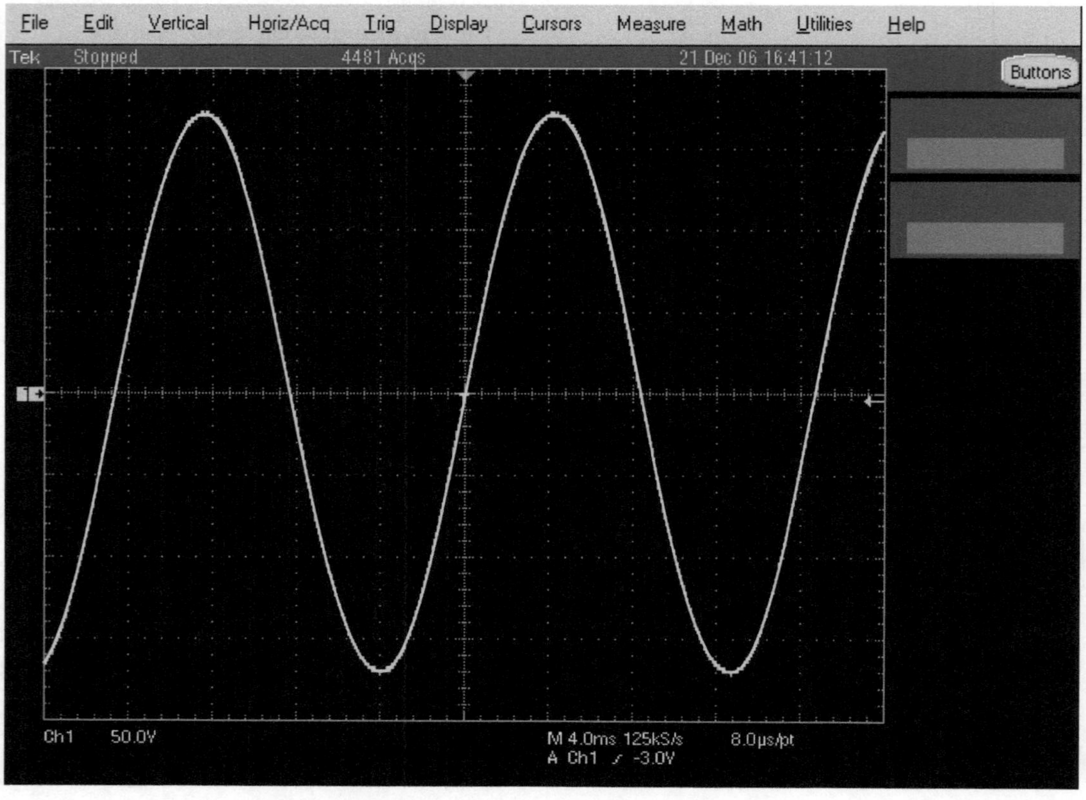

FIGURA 15.5 Tensão de saída de um inversor de onda senoidal pura.

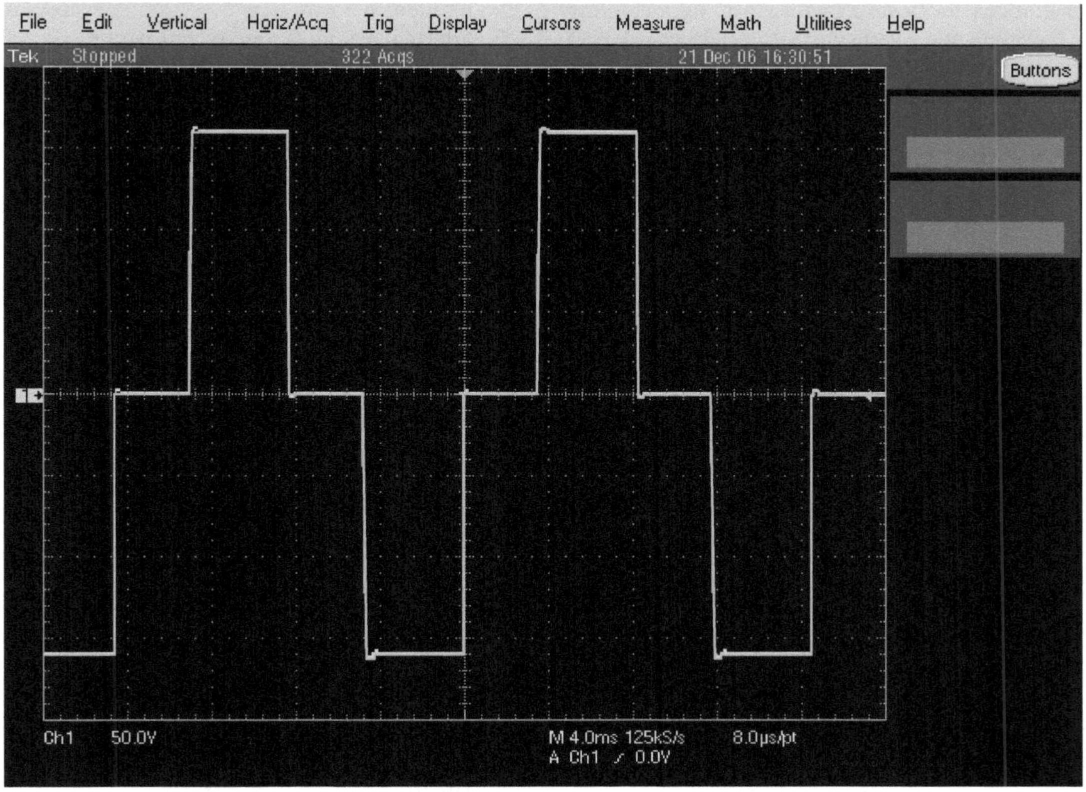

FIGURA 15.6 Tensão de saída para um inversor de onda senoidal modificada.

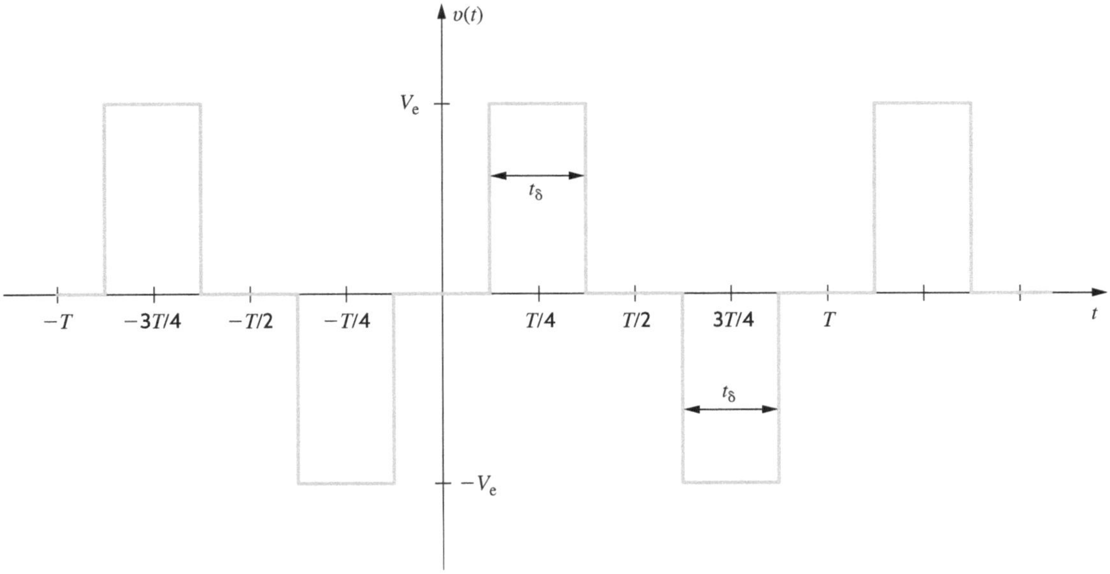

FIGURA 15.7 Forma de onda para determinar os componentes de Fourier da tensão de saída do inversor de onda senoidal modificada.

A expressão para b_n, válida para n ímpar, fica escrita como

$$b_n = \frac{4V_e}{n\pi}\left[\text{sen}\left(\frac{n\omega_0 T}{4}\right)\text{sen}\left(\frac{n\omega_0 t_\delta}{2}\right)\right]$$

Definindo $\omega_0 t_\delta = \delta$ e utilizando $\omega_0 T = 2\pi$, temos

$$b_n = \frac{4V_e}{n\pi}\left[\text{sen}\left(\frac{n\pi}{2}\right)\text{sen}\left(\frac{n\delta}{2}\right)\right]$$

Usando esta expressão, podemos escrever

$$b_1 = \frac{4V_e}{\pi}\text{sen}\left(\frac{\pi}{2}\right)\text{sen}\left(\frac{\delta}{2}\right) = \frac{4V_e}{\pi}\text{sen}\left(\frac{\delta}{2}\right)$$

$$b_3 = \frac{4V_e}{3\pi}\text{sen}\left(\frac{3\pi}{2}\right)\text{sen}\left(\frac{3\delta}{2}\right) = -\frac{4V_e}{3\pi}\text{sen}\left(\frac{3\delta}{2}\right)$$

$$b_5 = \frac{4V_e}{5\pi}\text{sen}\left(\frac{5\pi}{2}\right)\text{sen}\left(\frac{5\delta}{2}\right) = \frac{4V_e}{5\pi}\text{sen}\left(\frac{5\delta}{2}\right)$$

Tracemos um gráfico para mostrar a variação do valor absoluto de b_1, b_3 e b_5 à medida que δ varia entre 0° e 180°, com $V_e = 1$ volt, como mostrado na **Fig. 15.8**. Vemos que b_1 – o coeficiente do primeiro harmônico ou fundamental – é zero para $\delta = 0°$ e atinge um valor máximo de $4/\pi = 1{,}273$ volt para $\delta = 180°$. Um exame deste gráfico revela que o valor absoluto do terceiro harmônico é zero para $\delta = 120°$. A expressão para b_3 contém o termo sen(3δ/2), que é zero para $\delta = 120°$. Se escolhêssemos $\delta = 72°$, a amplitude do quinto harmônico seria zero. Este exemplo ilustra que é possível eliminar um harmônico da série de Fourier para a tensão de saída por adequada seleção do ângulo δ.

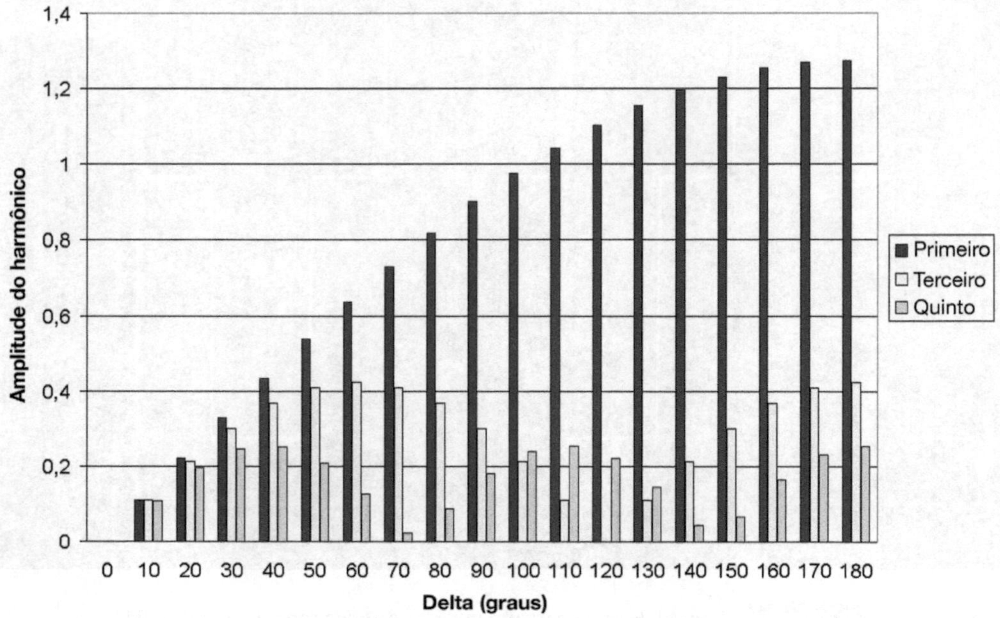

FIGURA 15.8 Gráfico de amplitude de harmônicos em função do ângulo δ.

Avaliação da Aprendizagem

E15.4 Determine o tipo de simetria exibido pela forma de onda nas Figs. E15.2 e E15.4.

Resposta:

Fig. E15.2: simetria par;

Fig. E15.4: simetria de meia-onda.

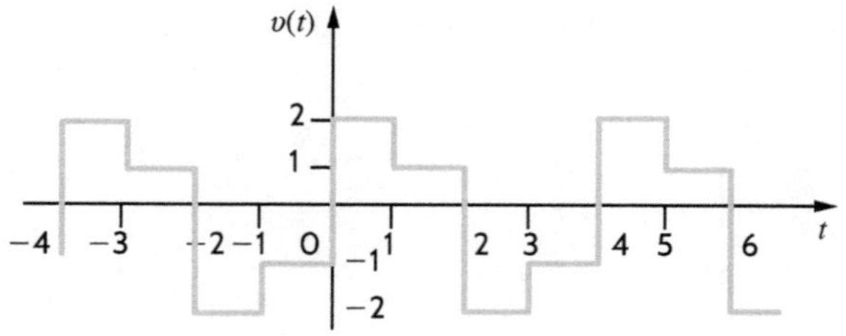

FIGURA E15.4

E15.5 Determine a série trigonométrica de Fourier para a forma de onda de tensão na Fig. E15.2.

Resposta:

$$v(t) = 2 + \sum_{n=1}^{\infty} \frac{4}{n\pi}\left(2\,\text{sen}\,\frac{2\pi n}{3} - \text{sen}\,\frac{n\pi}{3}\right)\cos\frac{n\pi}{3}t.$$

E15.6 Determine a série trigonométrica de Fourier para a forma de onda de tensão na Fig. E15.4.

Resposta:

$$v(t) = \sum_{\substack{n=1 \\ n\,\text{ímpar}}}^{\infty} \frac{2}{n\pi}\,\text{sen}\frac{n\pi}{2}\cos\frac{n\pi}{2}t + \frac{2}{n\pi}(2 - \cos n\pi)\,\text{sen}\frac{n\pi}{2}t.$$

E15.7 Determine a série trigonométrica de Fourier para a forma de onda mostrada na Fig. E15.3.

Resposta:
$v(t) = 0{,}25 + 0{,}955 \cos(0{,}5\pi t) +$
$0{,}955 \text{ sen }(0{,}5\pi t) + 0{,}318 \text{ sen }(\pi t) -$
$0{,}318 \cos(1{,}5\pi t) + 0{,}318 \text{ sen }(1{,}5\pi t) + \ldots$ V.

Deslocamento no Tempo

Examinemos, agora, o efeito de deslocamentos no tempo em uma forma de onda periódica $f(t)$ definida pela equação

$$f(t) = \sum_{n=-\infty}^{\infty} \mathbf{c}_n e^{jn\omega_0 t}$$

Vemos que

$$f(t - t_0) = \sum_{n=-\infty}^{\infty} \mathbf{c}_n e^{jn\omega_0(t - t_0)}$$

$$f(t - t_0) = \sum_{n=-\infty}^{\infty} \left(\mathbf{c}_n e^{-jn\omega_0 t_0}\right) e^{jn\omega_0 t} \qquad \textbf{15.30}$$

Uma vez que $e^{-jn\omega_0 t_0}$ corresponde a um deslocamento de fase, os coeficientes de Fourier da função deslocada no tempo são os próprios coeficientes de Fourier da função original, com fase deslocada de um valor diretamente proporcional à frequência. Portanto, um deslocamento no tempo corresponde a um deslocamento de fase no domínio da frequência.

EXEMPLO 15.6

Vamos atrasar a forma de onda na Fig. 15.3 por um quarto de período e, então, calcular a série de Fourier.

SOLUÇÃO A forma de onda na Fig. 15.3 com atraso de $T_0/4$ é mostrada na **Fig. 15.9**. Como o atraso temporal é $T_0/4$,

$$n\omega_0 t_d = n\frac{2\pi}{T_0}\frac{T_0}{4} = n\frac{\pi}{2} = n\,90°$$

Portanto, usando a Eq. (15.30) e os resultados do Exemplo 15.1, os coeficientes de Fourier para a forma de onda deslocada no tempo são calculados como

$$\mathbf{c}_n = \frac{2V}{n\pi} \text{sen } \frac{n\pi}{2} \underline{/-n\,90°} \quad n \text{ ímpar}$$

Com isso,

$$v(t) = \sum_{\substack{n=1 \\ n \text{ ímpar}}}^{\infty} \frac{4V}{n\pi} \text{sen} \frac{n\pi}{2} \cos(n\omega_0 t - n\,90°)$$

Calculando os coeficientes de Fourier para a forma de onda deslocada no tempo na Fig. 15.9, obtemos

$$\mathbf{c}_n = \frac{1}{T_0}\int_{-T_0/2}^{T_0/2} f(t) e^{-jn\omega_0 t}\,dt$$

$$= \frac{1}{T_0}\int_{-T_0/2}^{0} - Ve^{-jn\omega_0 t}\,dt + \frac{1}{T_0}\int_{0}^{T_0/2} Ve^{-jn\omega_0 t}\,dt$$

$$= \frac{2V}{jn\pi} \quad \text{para } n \text{ ímpar}$$

Logo,

$$\mathbf{c}_n = \frac{2V}{n\pi} \underline{/-90°} \quad n \text{ ímpar}$$

Como n é ímpar, pode-se mostrar que essa expressão é equivalente à obtida anteriormente.

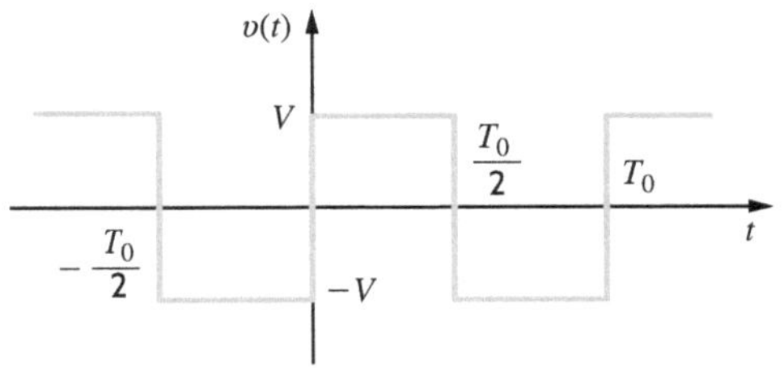

FIGURA 15.9 Forma de onda na Fig. 15.3 deslocada de $T_0/4$ no tempo.

Em geral, podemos calcular o deslocamento de fase em graus usando a expressão

$$\text{deslocamento de fase (graus)} = \omega_0 t_d = (360°)\frac{t_d}{T_0} \qquad \textbf{15.31}$$

Assim, um deslocamento de um quarto de período no tempo corresponde a um deslocamento de fase de 90°.

Como outro aspecto interessante de deslocamentos no tempo, consideremos uma função $f_1(t)$ que é diferente de zero no intervalo $0 \le t \le T_0/2$ e é zero no intervalo $T_0/2 < t \le T_0$. Para fins de ilustração, tomemos $f_1(t)$ como a forma de onda triangular mostrada na **Fig. 15.10a**. $f_1(t - T_0/2)$ é representada na **Fig. 15.10b**. A função $f(t)$ definida como

$$f(t) = f_1(t) - f_1\left(t - \frac{T_0}{2}\right) \qquad \textbf{15.32}$$

é mostrada na **Fig. 15.10c**. Vemos que $f(t)$ tem simetria de meia-onda. Além disso, se $f_1(t)$ for expressa como

$$f_1(t) = \sum_{n=-\infty}^{\infty} \mathbf{c}_n e^{-jn\omega_0 t}$$

então,

$$f(t) = f_1(t) - f_1\left(t - \frac{T_0}{2}\right) = \sum_{n=-\infty}^{\infty} \mathbf{c}_n(1 - e^{-jn\pi})e^{jn\omega_0 t}$$

$$= \begin{cases} \sum_{n=-\infty}^{\infty} 2\mathbf{c}_n e^{jn\omega_0 t} & n \text{ ímpar} \\ 0 & n \text{ par} \end{cases} \qquad \textbf{15.33}$$

Vemos, então, que qualquer função com simetria de meia-onda pode ser expressa na forma da Eq. (15.32), cuja série de Fourier é dada pela Eq. (15.33), e os coeficientes $\mathbf{c}_n$ são os coeficientes de Fourier para $f_1(t)$.

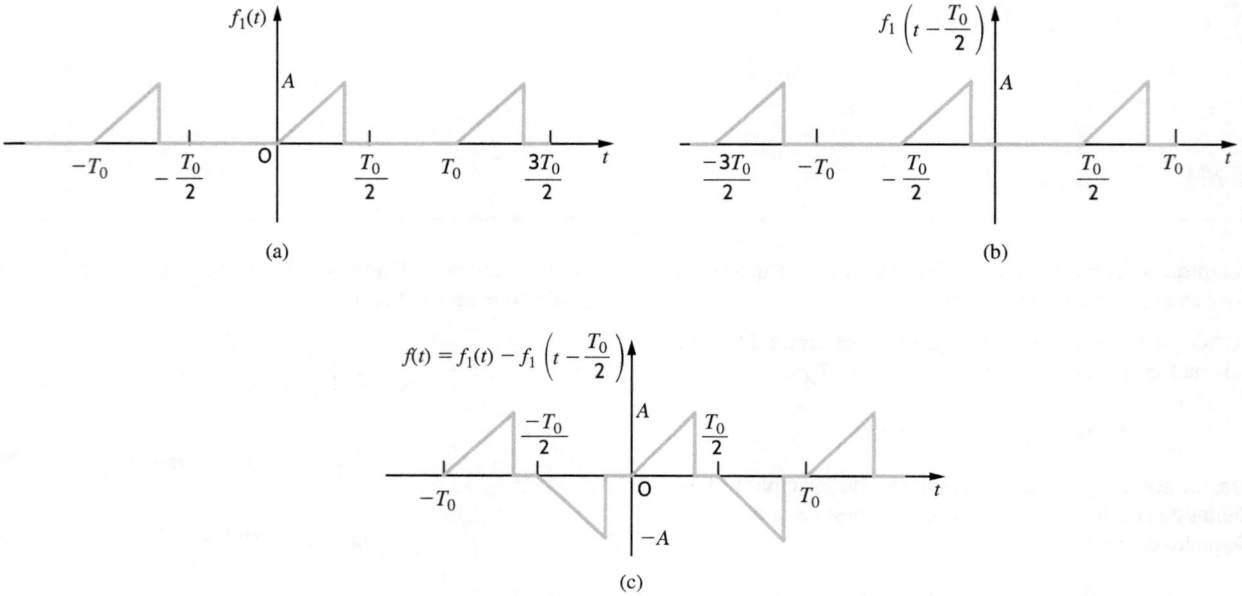

FIGURA 15.10 Formas de onda que ilustram a geração de simetria de meia-onda.

Avaliação da Aprendizagem

E15.8 Aplicando à forma de onda da Fig. E15.1 um atraso temporal de 1 s, obtemos a forma de onda na Fig. E15.8. Calcule os coeficientes da série exponencial de Fourier para a forma de onda na Fig. E15.8 e mostre que diferem dos coeficientes para a forma de onda na Fig. E15.1 por um ângulo $n(180°)$.

Resposta:

$\mathbf{c}_0 = \frac{1}{2}$; $\mathbf{c}_n = -\left(\frac{1 - e^{-jn\pi}}{j2\pi n}\right)$.

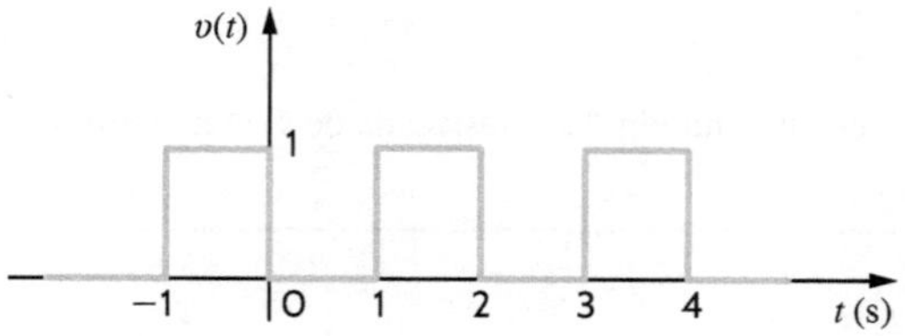

FIGURA E15.8

Geração de Formas de Onda

A magnitude dos harmônicos em uma série de Fourier para uma dada forma de onda independe da escala de tempo. Portanto, as equações para diversas formas de onda podem ser dadas em forma de tabela, sem especificar uma escala de tempo. A **Tabela 15.1** lista um conjunto de ondas periódicas de uso frequente na engenharia, para as quais a propriedade de simetria foi usada para simplificar o cálculo dos coeficientes. Essas formas de onda podem ser usadas para gerar outras formas de onda. A intensidade de uma onda pode ser ajustada alterando a componente do valor médio; o tempo pode ser deslocado, ajustando os ângulos dos harmônicos; e duas formas de onda podem ser superpostas para produzir uma terceira forma de onda. Por exemplo, as formas de onda nas **Figs. 15.11a** e **b** podem ser superpostas para produzir a forma de onda na **Fig. 15.11c**.

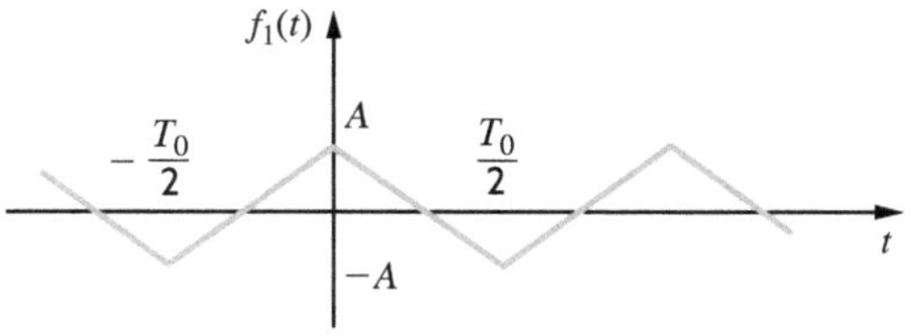

(a)

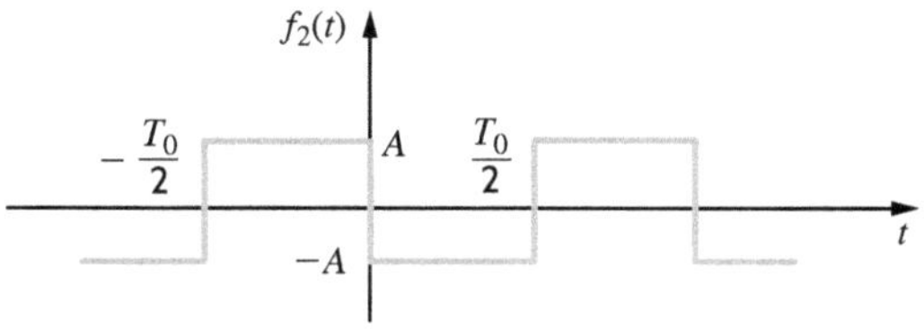

(b)

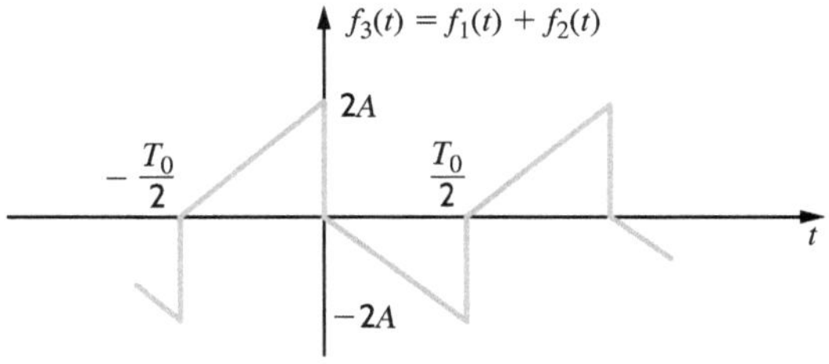

(c)

FIGURA 15.11 Exemplo de geração de forma de onda.

TABELA 15.1 Série de Fourier para algumas formas de onda comuns

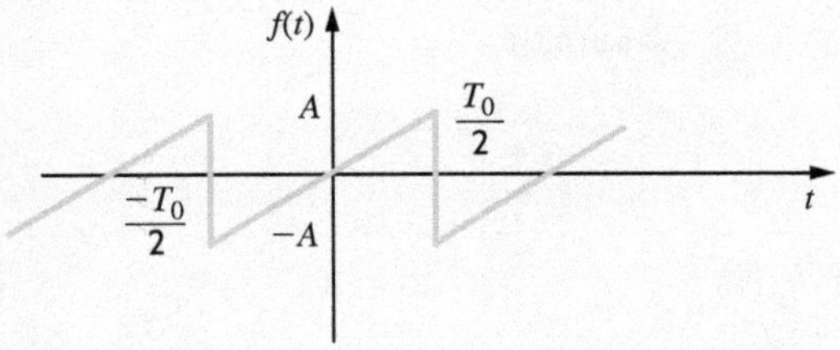	$f(t) = \sum_{n=1}^{\infty} (-1)^{n+1} \frac{2A}{n\pi} \operatorname{sen} n\omega_0 t$
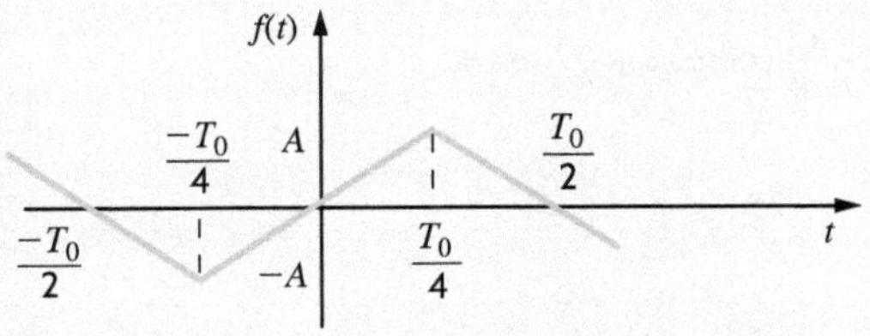	$f(t) = \sum_{\substack{n=1 \\ n \text{ ímpar}}}^{\infty} \frac{8A}{n^2\pi^2} \operatorname{sen} \frac{n\pi}{2} \operatorname{sen} n\omega_0 t$
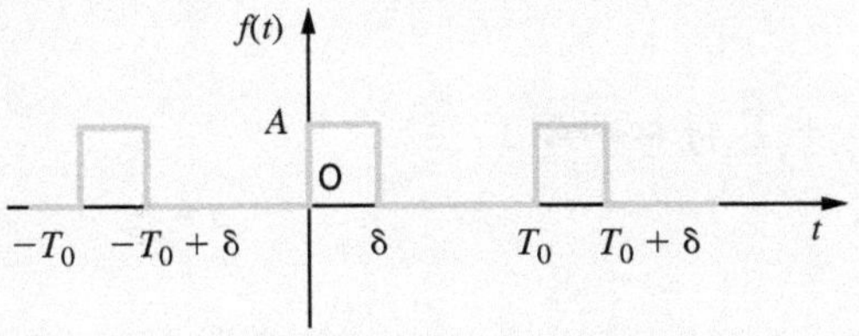	$f(t) = \sum_{n=-\infty}^{\infty} \frac{A}{n\pi} \operatorname{sen} \frac{n\pi\delta}{T_0} e^{jn\omega_0[t-(\delta/2)]}$

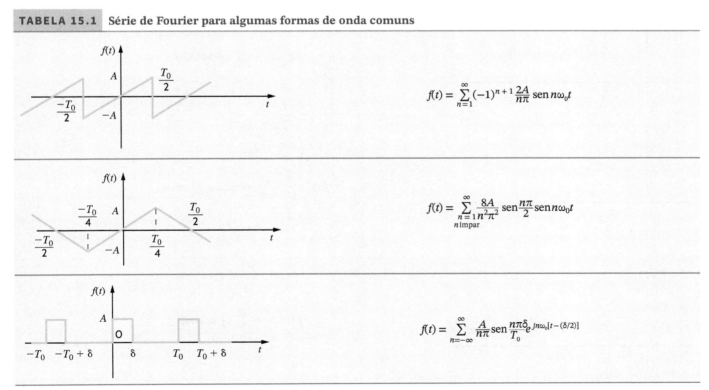

(continua)

TABELA 15.1 **Série de Fourier para algumas formas de onda comuns (*continuação*)**

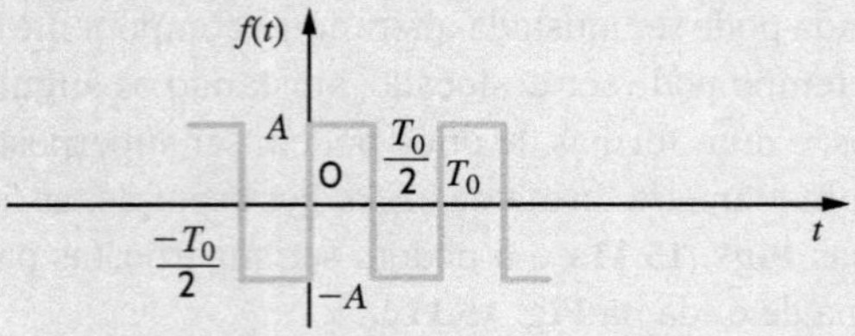	$f(t) = \sum_{\substack{n=1 \\ n\,\text{ímpar}}}^{\infty} \frac{4A}{n\pi} \operatorname{sen} n\omega_0 t$
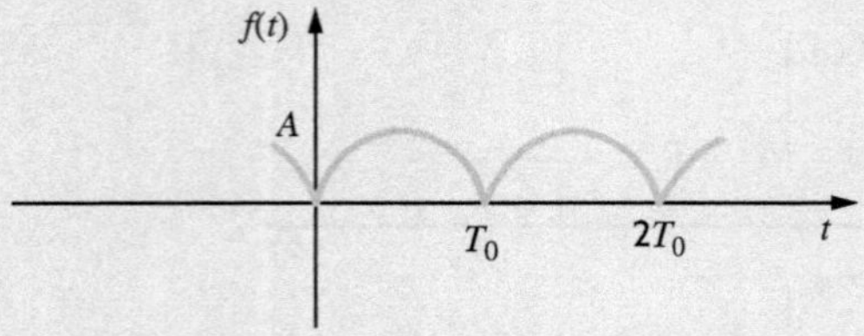	$f(t) = \frac{2A}{\pi} + \sum_{n=1}^{\infty} \frac{4A}{\pi(1-4n^2)} \cos n\omega_0 t$
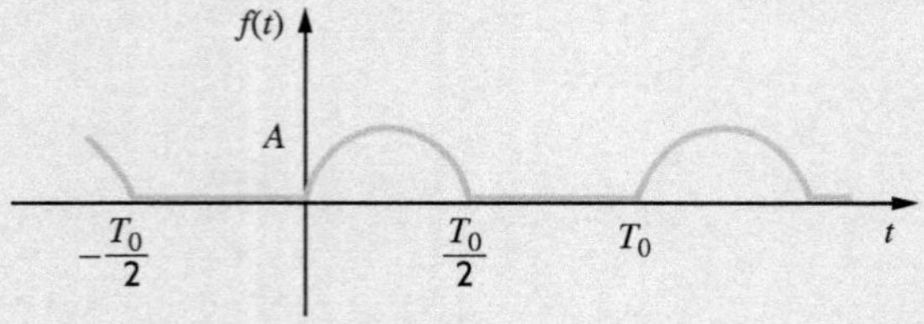	$f(t) = \frac{A}{\pi} + \frac{A}{2} \operatorname{sen} \omega_0 t + \sum_{\substack{n=2 \\ n\,\text{par}}}^{\infty} \frac{2A}{\pi(1-n^2)} \cos n\omega_0 t$
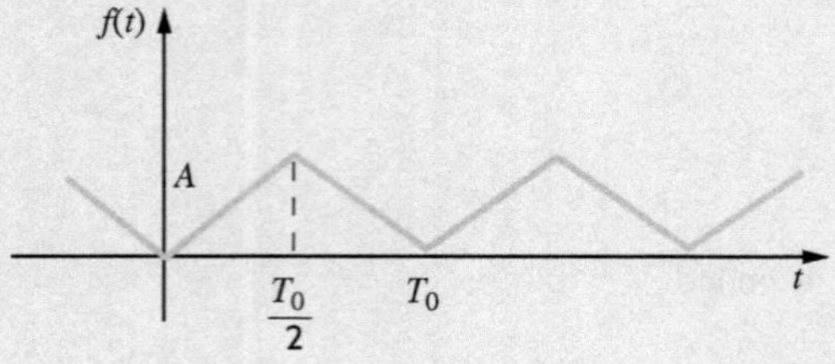	$f(t) = \frac{A}{2} + \sum_{\substack{n=-\infty \\ n\neq 0 \\ n\,\text{ímpar}}}^{\infty} \frac{-2A}{n^2\pi^2} e^{jn\omega_0 t}$
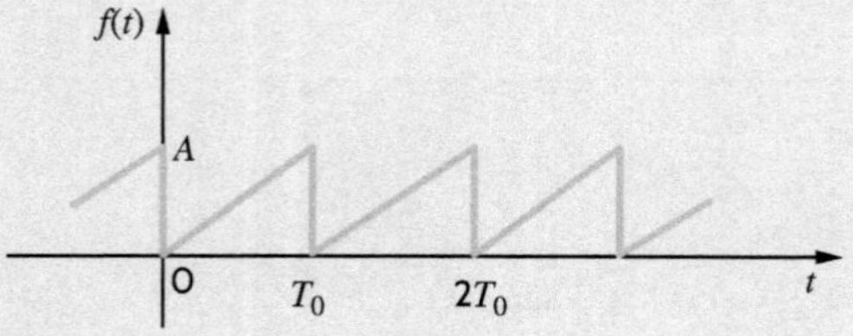	$f(t) = \frac{A}{2} + \sum_{n=1}^{\infty} \frac{-A}{n\pi} \operatorname{sen} n\omega_0 t$
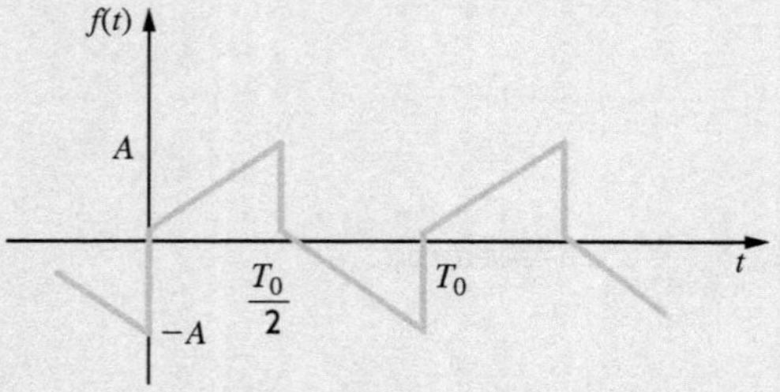	$f(t) = \sum_{n=1}^{\infty} \frac{-4A}{\pi^2 n^2} \cos n\omega_0 t + \frac{2A}{\pi n} \operatorname{sen} n\omega_0 t$
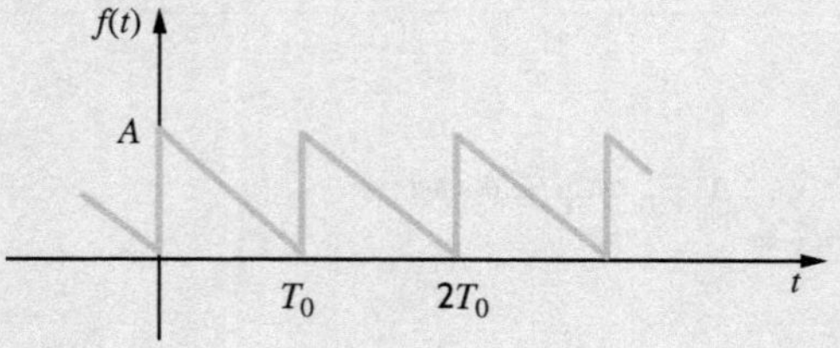	$f(t) = \frac{A}{2} + \sum_{n=1}^{\infty} \frac{A}{\pi n} \operatorname{sen} n\omega_0 t$

(*continua*)

TABELA 15.1 Série de Fourier para algumas formas de onda comuns (*continuação*)

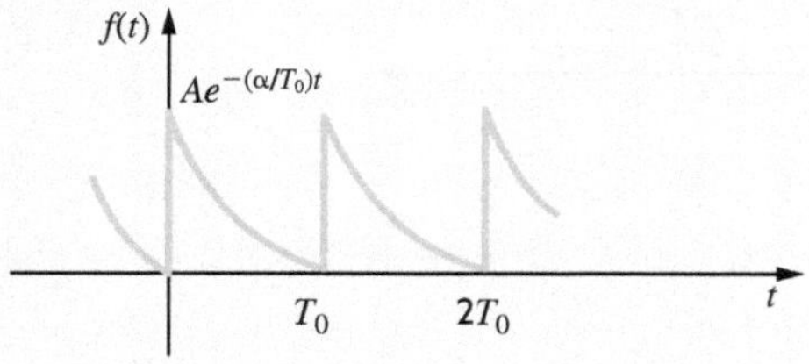

$$f(t) = \sum_{n=-\infty}^{\infty} \frac{A(1 - e^{-\alpha})}{\alpha + j2\pi n} e^{jn\omega_0 t}$$

Avaliação da Aprendizagem

E15.9 Duas formas de onda periódicas são representadas na Fig. E15.9. Calcule a série exponencial de Fourier para cada forma de onda e, em seguida, some os resultados para obter a série de Fourier para a forma de onda da Fig. E15.2.

Resposta:

$$v_1(t) = \frac{2}{3} + \sum_{\substack{n=-\infty \\ n \neq 0}}^{\infty} \frac{2}{n\pi} \operatorname{sen} \frac{n\pi}{3} e^{jn\omega_0 t};$$

$$v_2(t) = \frac{4}{3} + \sum_{n=-\infty}^{\infty} -\frac{4}{n\pi} \left(\operatorname{sen} \frac{n\pi}{3} - \operatorname{sen} \frac{2n\pi}{3}\right) e^{jn\omega_0 t}.$$

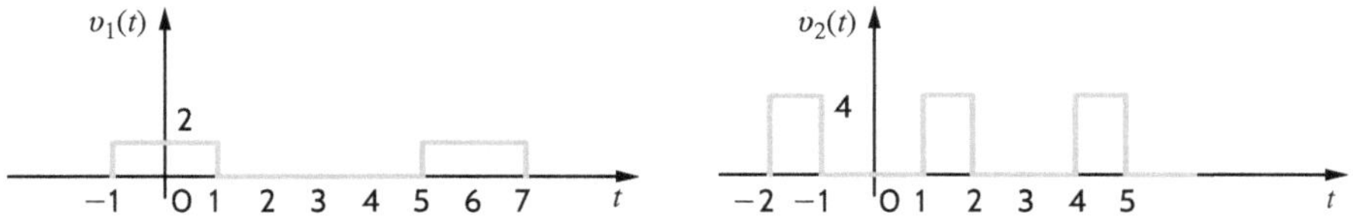

FIGURA E15.9

Espectro de Frequências

O *espectro de frequências* da função $f(t)$ expresso como uma série de Fourier consiste em um gráfico da amplitude dos harmônicos *versus* a frequência, denominado *espectro de amplitude*, e um gráfico da fase dos harmônicos *versus* frequência, denominado *espectro de fase*. Como os componentes de frequência são discretos, os espectros são chamados de *espectros de linhas*. Estes espectros ilustram o conteúdo de frequências do sinal. Gráficos dos espectros de amplitude e de fase são baseados nas Eqs. (15.1), (15.3) e (15.7), e representam a amplitude e a fase do sinal em frequências específicas.

EXEMPLO 15.7

A série de Fourier para a forma de onda do tipo triangular mostrada na Fig. 15.11c, com $A = 5$, é dada pela equação

$$v(t) = \sum_{\substack{n=1 \\ n\,\text{ímpar}}}^{\infty} \left(\frac{20}{n\pi} \operatorname{sen} n\omega_0 t - \frac{40}{n^2\pi^2} \cos n\omega_0 t\right)$$

SOLUÇÃO Marque em um gráfico os quatro primeiros termos dos espectros de amplitude e fase para este sinal. Como $D_n \underline{/\theta_n} = a_n - jb_n$, os quatro primeiros termos para este sinal são

$$D_1 \underline{/\theta_1} = -\frac{40}{\pi^2} - j\frac{20}{\pi} = 7{,}5 \underline{/-122^\circ}$$

$$D_3 \underline{/\theta_3} = -\frac{40}{9\pi^2} - j\frac{20}{3\pi} = 2{,}2 \underline{/-102^\circ}$$

$$D_5 \underline{/\theta_5} = -\frac{40}{25\pi^2} - j\frac{20}{5\pi} = 1{,}3 \underline{/-97^\circ}$$

$$D_7 \underline{/\theta_7} = -\frac{40}{49\pi^2} - j\frac{20}{7\pi} = 0{,}91 \underline{/-95^\circ}$$

Os gráficos da amplitude e fase em função de ω são mostrados na **Fig. 15.12**.

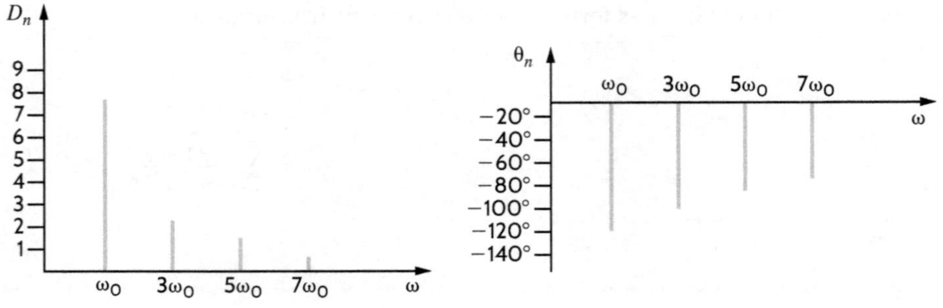

FIGURA 15.12 Espectros de amplitude e de fase.

EXEMPLO 15.8

O circuito mostrado na **Fig. 15.13** é um filtro notch. Na frequência de ressonância, o circuito em *LC* série tem impedância efetiva zero e, como resultado, qualquer sinal nessa frequência é curto-circuitado. Por esta razão, o filtro é também referido como armadilha.

Considere o seguinte cenário. Um sistema operando a 1 kHz captou ruído em uma frequência fundamental de 10 kHz e parcelas de segundo e terceiro harmônicos. Dadas essas informações, projete um filtro que elimine o ruído e os harmônicos que o acompanham.

SOLUÇÃO A chave para o projeto da armadilha é definição da frequência de ressonância do ramo *LC* série como a frequência a ser eliminada. Como há três componentes de frequência a remover, 10, 20 e 30 kHz, vamos usar três ramos *LC* diferentes, como mostrado na **Fig. 15.14**, e definir L_1C_1 para o bloqueio do ruído em 10 kHz, L_2C_2 e L_3C_3 para o bloqueio dos harmônicos em 20 e em 30 kHz, respectivamente. Escolhendo, arbitrariamente, o valor de todos os indutores como 10 μH e calculando o valor de cada capacitor, obtemos

$$C_1 = \frac{1}{(2\pi)^2 f^2 L} = \frac{1}{(2\pi)^2(10^8)(10^{-5})} = 25{,}3\ \mu\text{F}$$

$$C_2 = \frac{1}{(2\pi)^2(4 \times 10^8)(10^{-5})} = 6{,}34\ \mu\text{F}$$

$$C_3 = \frac{1}{(2\pi)^2(9 \times 10^8)(10^{-5})} = 2{,}81\ \mu\text{F}$$

As três armadilhas mostradas na Fig. 15.14 devem eliminar o ruído e seus harmônicos.

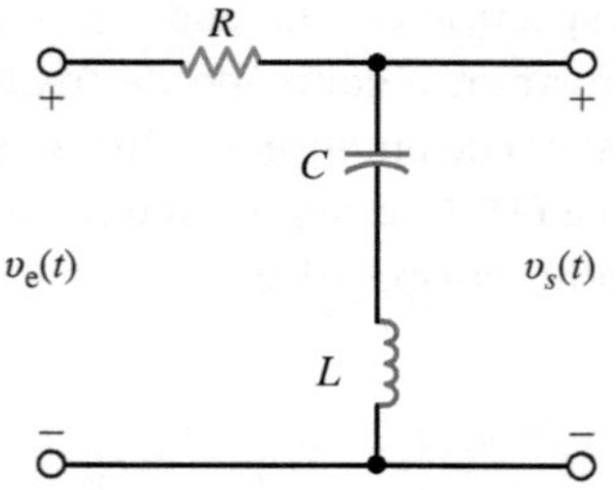

FIGURA 15.13 Um filtro notch, ou armadilha, baseado em um ramo *LC* série.

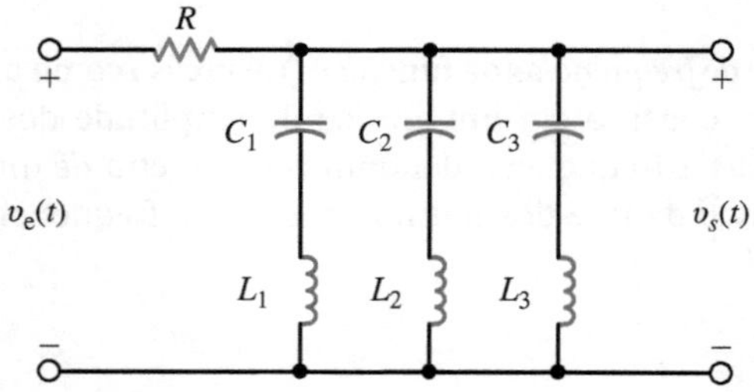

FIGURA 15.14 O filtro notch na Fig. 15.13 expandido para remover três componentes de frequências diferentes.

Avaliação da Aprendizagem

E15.10 Determine a série trigonométrica de Fourier para a forma de onda de tensão na Fig. E15.10 e marque em gráficos os quatro primeiros termos dos espectros de amplitude e de fase para este sinal.

Resposta:

$a_0 = 1/2$;
$D_1 = -j(1/\pi)$;
$D_2 = -j(1/2\pi)$;
$D_3 = -j(1/3\pi)$;
$D_4 = -j(1/4\pi)$.

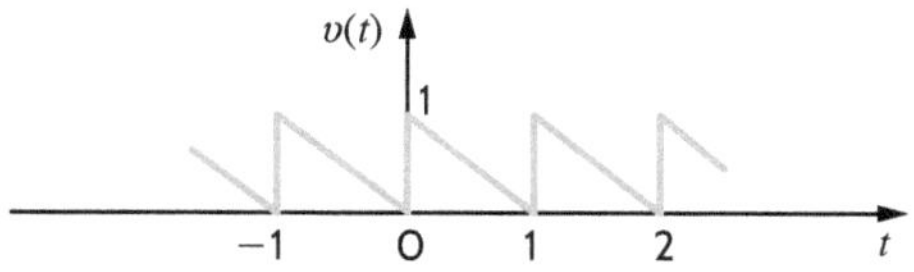

FIGURA E15.10

E15.11 O espectro de linha discreta para uma função periódica é mostrado na Fig. E15.11. Determine a expressão para $f(t)$.

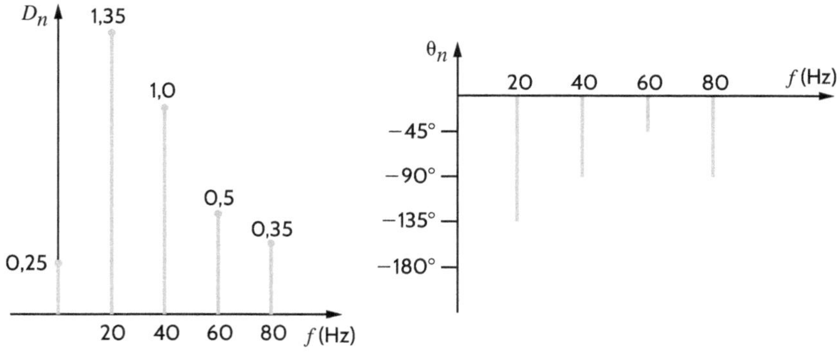

FIGURA E15.11

Resposta:

$f(t) = 0{,}25 + 1{,}35\cos(40\pi t - 135°) + \cos(80\pi t - 90°) + 0{,}5\cos(120\pi t - 45°) + 0{,}35\cos(160\pi t - 90°)$.

Resposta de Circuitos em Regime Permanente

Quando um sinal periódico é aplicado a um circuito, a resposta de tensão ou corrente em regime permanente (ou estado estacionário) em algum ponto do circuito pode ser determinada da seguinte forma. Primeiro, a função forçante periódica é expandida em uma série de Fourier. Se a função forçante for uma tensão, a entrada para o circuito pode ser expressa na forma

$$v(t) = v_0 + v_1(t) + v_2(t) + \cdots$$

e representada no domínio do tempo como mostrado na **Fig. 15.15**. Cada fonte tem suas próprias amplitude e frequência. Em seguida, é determinada a resposta do circuito a cada componente da série de Fourier de entrada; ou seja, resposta do circuito a cada fonte é determinada com aplicação da análise fasorial no domínio da frequência. A resposta do circuito a cada fonte no domínio da frequência é, então, transformada para o domínio do tempo. Por fim, as soluções no domínio do tempo correspondentes são superpostas para produzir a série de Fourier para a resposta total do circuito em *regime permanente*.

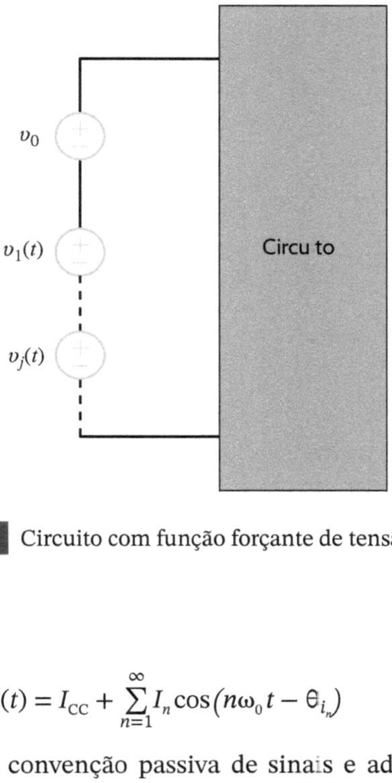

FIGURA 15.15 Circuito com função forçante de tensão periódica.

Potência Média

Mostramos que, quando um circuito linear é excitado com um sinal periódico não senoidal, as tensões e correntes no circuito são da forma

$$v(t) = V_{CC} + \sum_{n=1}^{\infty} V_n \cos(n\omega_0 t - \theta_{v_n})$$

e

$$i(t) = I_{CC} + \sum_{n=1}^{\infty} I_n \cos(n\omega_0 t - \theta_{i_n})$$

Empregando a convenção passiva de sinais e admitindo que tensão e corrente em um elemento sejam dadas pelas equações anteriores, da Eq. (9.6) obtemos

$$P = \frac{1}{T}\int_{t_0}^{t_0+T} p(t)\,dt$$
$$= \frac{1}{T}\int_{t_0}^{t_0+T} v(t)i(t)\,dt \qquad \textbf{15.34}$$

O integrando envolve o produto de duas séries infinitas. Entretanto, a determinação da potência média é mais fácil do que parece. Primeiro, observe que, integrando o produto $V_{CC}I_{CC}$ em um período e dividindo o resultado pelo período, obtemos novamente $V_{CC}I_{CC}$. Segundo, a integral do produto de V_{CC} por qualquer harmônico da corrente ou do produto de I_{CC} por qualquer harmônico da tensão ao longo de um período resulta em zero. Terceiro, a integral do produto de quaisquer dois harmônicos *distintos* de tensão e de corrente em um período também resulta em zero. Por fim, termos diferentes de zero resultam apenas de produtos de tensão e corrente na *mesma* frequência. Assim, usando o desenvolvimento matemático que segue a Eq. (9.6), obtemos

$$P = V_{CC}I_{CC} + \sum_{n=1}^{\infty} \frac{V_n I_n}{2} \cos(\theta_{v_n} - \theta_{i_n}) \qquad 15.35$$

EXEMPLO 15.9

Determine a tensão de estado estacionário $v_s(t)$ na **Fig. 15.16** para a tensão de entrada $v(t)$ dada pela expressão

$$v(t) = \sum_{\substack{n=1 \\ n \text{ ímpar}}}^{\infty} \left(\frac{20}{n\pi} \operatorname{sen} 2nt - \frac{40}{n^2\pi^2} \cos 2nt \right) \text{V}$$

SOLUÇÃO Esta fonte não tem termo constante; portanto, seu valor CC é zero. As amplitudes e fases para os quatro primeiros termos deste sinal são dadas no Exemplo 15.7. Logo, o sinal $v(t)$ pode ser escrito como

$$v(t) = 7{,}5 \cos(2t - 122°) + 2{,}2 \cos(6t - 102°) + 1{,}3 \cos(10t - 97°) + 0{,}91 \cos(14t - 95°) + \cdots$$

Do circuito, vemos que

$$\mathbf{I} = \frac{\mathbf{V}}{2 + \dfrac{2/j\omega}{2 + 1/j\omega}} = \frac{\mathbf{V}(1 + 2j\omega)}{4 + 4j\omega}$$

$$\mathbf{I}_1 = \frac{\mathbf{I}(1/j\omega)}{2 + 1/j\omega} = \frac{\mathbf{I}}{1 + 2j\omega}$$

$$\mathbf{V}_s = (1)\mathbf{I}_1 = 1 \cdot \frac{\mathbf{V}(1 + 2j\omega)}{4 + 4j\omega} \frac{1}{1 + 2j\omega} = \frac{\mathbf{V}}{4 + 4j\omega}$$

Como $\omega_0 = 2$, temos

$$\mathbf{V}_s(n) = \frac{\mathbf{V}(n)}{4 + j8n}$$

As componentes da saída correspondentes às componentes da fonte de entrada são calculadas como

$$\mathbf{V}_s(\omega_0) = \frac{7{,}5\angle{-122°}}{4 + j8} = 0{,}84\angle{-185{,}4°} \text{ V}$$

$$\mathbf{V}_s(3\omega_0) = \frac{2{,}2\angle{-102°}}{4 + j24} = 0{,}09\angle{-182{,}5°} \text{ V}$$

$$\mathbf{V}_s(5\omega_0) = \frac{1{,}3\angle{-97°}}{4 + j40} = 0{,}03\angle{-181{,}3°} \text{ V}$$

$$\mathbf{V}_s(7\omega_0) = \frac{0{,}91\angle{-95°}}{4 + j56} = 0{,}016\angle{-181°} \text{ V}$$

Assim, a tensão de saída em regime permanente $v_s(t)$ pode ser escrita como

$$v_s(t) = 0{,}84 \cos(2t - 185{,}4°) + 0{,}09 \cos(6t - 182{,}5°) + 0{,}03 \cos(10t - 181{,}3°) + 0{,}016 \cos(14t - 181°) + \cdots \text{ V}$$

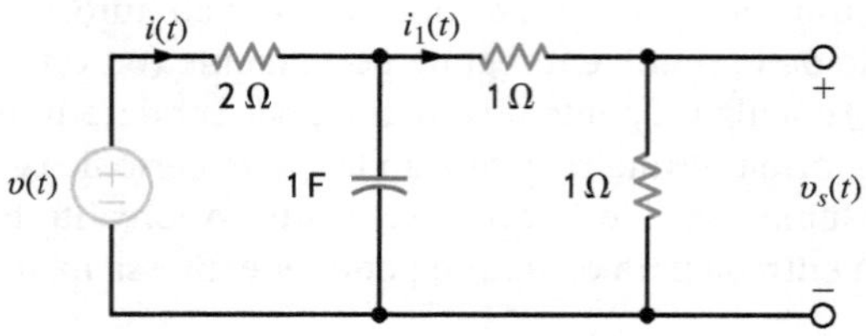

FIGURA 15.16 Circuito *RC* empregado no Exemplo 15.9.

EXEMPLO 15.10

No circuito na **Fig. 15.17**, $v(t) = 42 + 16 \cos(377t + 30°) + 12 \cos(754t - 20°)$ V. Calcule a corrente $i(t)$ e a potência média absorvida pelo circuito.

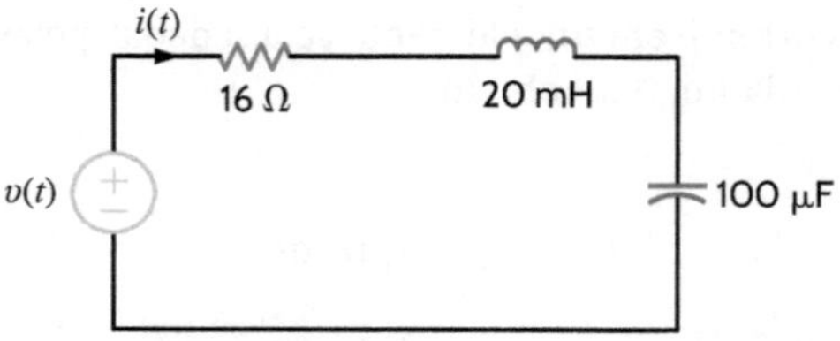

FIGURA 15.17 Circuito usado no Exemplo 15.10.

SOLUÇÃO O capacitor atua como um circuito aberto para CC e, portanto, $I_{CC} = 0$. Em $\omega = 377$ rad/s,

$$\frac{1}{j\omega C} = \frac{1}{j(377)(100)(10)^{-6}} = -j26{,}53\ \Omega$$

$$j\omega L = j(377)(20)10^{-3} = j7{,}54\ \Omega$$

Logo,

$$\mathbf{I}_{377} = \frac{16\angle{30°}}{16 + j7{,}54 - j26{,}53} = 0{,}64\angle{79{,}88°} \text{ A}$$

Em $\omega = 754$ rad/s,

$$\frac{1}{j\omega C} = \frac{1}{j(754)(100)(10)^{-6}} = -j13{,}26\ \Omega$$

$$j\omega L = j(754)(20)10^{-3} = j15{,}08\ \Omega$$

Portanto,

$$\mathbf{I}_{754} = \frac{12\,\underline{/20^\circ}}{16 + j15{,}08 - j13{,}26} = 0{,}75\,\underline{/-26{,}49^\circ}\ \text{A}$$

Assim, a corrente $i(t)$ é calculada como

$$i(t) = 0{,}64\cos(377t + 79{,}88^\circ) + 0{,}75\cos(754t + 26{,}49^\circ)\ \text{A}$$

e a potência média absorvida pelo circuito como

$$P = (42)(0) + \frac{(16)(0{,}64)}{2}\cos(30^\circ - 79{,}88^\circ) + \frac{(12)(0{,}75)}{2}\cos(-20^\circ + 26{,}49^\circ) = 7{,}77\ \text{W}$$

Estratégia para a Solução de Problemas

Resposta em Estado Estacionário a Funções Forçantes Periódicas

PASSO 1 Determinar a série de Fourier para a função forçante periódica, que fica expressa como uma soma de funções senoidais harmonicamente relacionadas.

PASSO 2 Usar a análise fasorial para determinar a resposta do circuito a cada função senoidal agindo sozinha.

PASSO 3 Calcular a solução no domínio do tempo correspondente a cada fonte agindo sozinha e usar superposição para obter a resposta total do circuito em regime permanente.

PASSO 4 Para calcular a potência média dissipada em um elemento do circuito, determinar a potência média dissipada nesse elemento em razão de cada fonte agindo sozinha e, em seguida, usar superposição para obter a dissipação total de potência resultante da função forçante periódica.

Avaliação da Aprendizagem

E15.12 Determine a expressão em regime permanente para a corrente $i(t)$ na Fig. E15.12 para tensão de entrada $v_F(t)$ dada pela expressão

$$v_F(t) = \frac{20}{\pi} + \sum_{n=1}^{\infty} \frac{-40}{\pi(4n^2 - 1)}\cos 2nt\ \text{V}$$

Resposta:
$$i(t) = 2{,}12 + \sum_{n=1}^{\infty} \frac{-40}{\pi(4n^2 - 1)}\frac{1}{A_n}\cos(2nt - \theta_n)\ \text{A}.$$

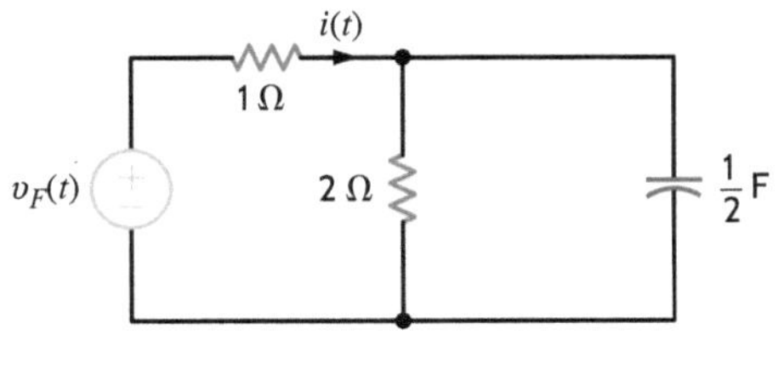

FIGURA E15.12

E15.13 Nos terminais de entrada de um circuito, a tensão $v(t)$ e a corrente $i(t)$ são dadas pelas seguintes expressões:

$$v(t) = 64 + 36\cos(377t + 60^\circ) - 24\cos(754t + 102^\circ)\ \text{V}$$

$$i(t) = 1{,}8\cos(377t + 45^\circ) + 1{,}2\cos(754t + 100^\circ)\ \text{A}$$

Calcule a potência média absorvida pelo circuito.

Resposta:
$P = 16{,}91$ W.

E15.14 Determine os três primeiros termos da corrente em regime permanente $i(t)$ na Fig. E15.14 para tensão de entrada dada por

$$v(t) = \frac{30}{\pi} + 15\,\text{sen}\,10t + \sum_{\substack{n=1 \\ n\,\text{par}}}^{\infty} \frac{60}{\pi(1-n^2)}\cos 10nt\ \text{V}.$$

Resposta:
$i(t) = 3{,}18 + 4{,}12\cos(10t + 106°) + 1{,}45\cos(20t + 166°)$ A.

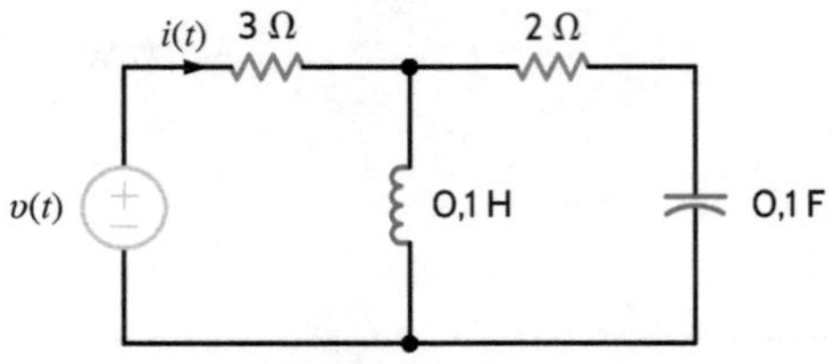

FIGURA E15.14

E15.15 Calcule a potência média absorvida pelo circuito na Fig. E15.15 com

$$v(t) = 20 + 5\cos 377t + 3{,}5\cos(754t - 20°)\ \text{V e}$$
$$i(t) = 1{,}2\cos(377t - 30°) + 0{,}8\cos(754t + 45°)\ \text{A}$$

Resposta:
$P = 3{,}19$ W.

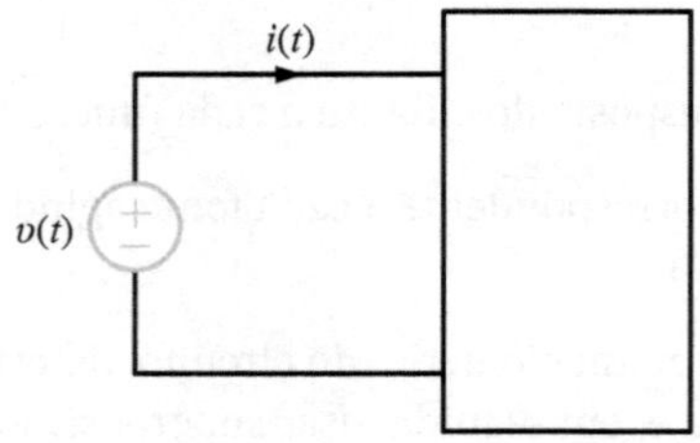

FIGURA E15.15

15.2 Transformada de Fourier

As seções anteriores deste capítulo mostraram que a série exponencial de Fourier pode ser usada para representar um sinal periódico para todos os instantes de tempo. Consideremos, agora, uma técnica para representar um sinal aperiódico para todos os instantes de tempo.

Suponha um sinal aperiódico $f(t)$, como mostrado na **Fig. 15.18a**. Vamos, agora, construir um novo sinal $f_p(t)$ que reproduza $f(t)$ no intervalo $-T/2$ a $T/2$ e seja *periódico* com período T, como mostrado na **Fig. 15.18b**. Como $f_p(t)$ é periódico, pode ser representado no intervalo $-\infty$ a ∞ por uma série exponencial de Fourier

$$f_p(t) = \sum_{n=-\infty}^{\infty} \mathbf{c}_n e^{jn\omega_0 t} \qquad 15.36$$

em que

$$\mathbf{c}_n = \frac{1}{T}\int_{-T/2}^{T/2} f_p(t)e^{-jn\omega_0 t}\,dt \qquad 15.37$$

e

$$\omega_0 = \frac{2\pi}{T} \qquad 15.38$$

Neste ponto, notamos que, se tomarmos o limite da função $f_p(t)$ quando $T \to \infty$, o sinal periódico na Fig. 15.18b se aproxima do sinal aperiódico na Fig. 15.18a; ou seja, os sinais repetitivos

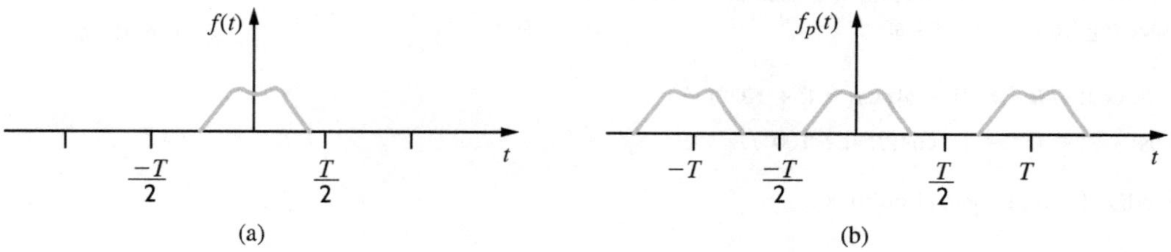

FIGURA 15.18 Sinais aperiódicos e periódicos.

centrados em $-T$ e $+T$ na Fig. 15.18b são movidos para o infinito.

O espectro de linhas para o sinal periódico existe em frequências harmônicas ($n\omega_0$), e o espaçamento incremental entre harmônicos adjacentes é

$$\Delta\omega = (n+1)\omega_0 - n\omega_0 = \omega_0 = \frac{2\pi}{T} \tag{15.39}$$

À medida que $T \to \infty$, as linhas no espectro de frequências para $f_p(t)$ se tornam cada vez mais próximas, $\Delta\omega$ se aproxima do diferencial $d\omega$ e $n\omega_0$ pode assumir qualquer valor de ω. Nestas condições, o espectro de linhas torna-se um espectro contínuo. Como, à medida que $T \to \infty$, $\mathbf{c}_n \to 0$ na Eq. (15.37), examinemos o produto $\mathbf{c}_n T$, em que

$$\mathbf{c}_n T = \int_{-T/2}^{T/2} f_p(t) e^{-jn\omega_0 t}\, dt$$

No limite, quando $T \to \infty$,

$$\lim_{T\to\infty} (\mathbf{c}_n T) = \lim_{T\to\infty} \int_{-T/2}^{T/2} f_p(t) e^{-jn\omega_0 t}\, dt$$

Tendo em vista a discussão anterior, este limite pode ser escrito como

$$\lim_{T\to\infty} (\mathbf{c}_n T) = \int_{-\infty}^{\infty} f(t) e^{-j\omega t}\, dt$$

Esta integral é a transformada de Fourier de $f(t)$, que denotaremos como $\mathbf{F}(\omega)$:

$$\mathbf{F}(\omega) = \int_{-\infty}^{\infty} f(t) e^{-j\omega t}\, dt \tag{15.40}$$

Da mesma forma, $f_p(t)$ pode ser expressa como

$$\begin{aligned} f_p(t) &= \sum_{n=-\infty}^{\infty} \mathbf{c}_n e^{jn\omega_0 t} \\ &= \sum_{n=-\infty}^{\infty} (\mathbf{c}_n T) e^{jn\omega_0 t} \frac{1}{T} \\ &= \sum_{n=-\infty}^{\infty} (\mathbf{c}_n T) e^{jn\omega_0 t} \frac{\Delta\omega}{2\pi} \end{aligned}$$

No limite, quando $T \to \infty$, temos

$$f(t) = \frac{1}{2\pi} \int_{-\infty}^{\infty} \mathbf{F}(\omega) e^{j\omega t}\, d\omega \tag{15.41}$$

As Eqs. (15.40) e (15.41) constituem o *par de transformadas de Fourier*. Como $\mathbf{F}(\omega)$ é a transformada de Fourier de $f(t)$ e $f(t)$ é a transformada inversa de Fourier de $\mathbf{F}(\omega)$, o par de transformadas é normalmente expresso na forma

$$\mathbf{F}(\omega) = \mathcal{F}[f(t)] = \int_{-\infty}^{\infty} f(t) e^{-j\omega t}\, dt \tag{15.42}$$

$$f(t) = \mathcal{F}^{-1}[\mathbf{F}(\omega)] = \frac{1}{2\pi} \int_{-\infty}^{\infty} \mathbf{F}(\omega) e^{j\omega t}\, d\omega \tag{15.43}$$

Alguns Pares Importantes de Transformadas

Existem vários pares de transformadas de Fourier importantes. Nos Exemplos 15.11 a 15.13, deduzimos alguns e listamos uma amostra dos mais comuns em forma de tabela.

EXEMPLO 15.11

Vamos calcular a transformada de Fourier para o pulso de tensão mostrado na **Fig. 15.19a.**

SOLUÇÃO Usando a Eq. (15.42), a transformada de Fourier é escrita como

$$\begin{aligned} \mathbf{F}(\omega) &= \int_{-\delta/2}^{\delta/2} V e^{-j\omega t}\, dt \\ &= \frac{V}{-j\omega} e^{-j\omega t} \Big|_{-\delta/2}^{\delta/2} \\ &= V \frac{e^{-j\omega\delta/2} - e^{+j\omega\delta/2}}{-j\omega} \\ &= V\delta \frac{\text{sen}\,(\omega\delta/2)}{\omega\delta/2} \end{aligned}$$

Portanto, a transformada de Fourier para a função

$$f(t) = \begin{cases} 0 & -\infty < t \le -\dfrac{\delta}{2} \\ V & -\dfrac{\delta}{2} < t \le \dfrac{\delta}{2} \\ 0 & \dfrac{\delta}{2} < t < \infty \end{cases}$$

é calculada como

$$\mathbf{F}(\omega) = V\delta \frac{\text{sen}\,(\omega\delta/2)}{\omega\delta/2}$$

Um gráfico desta função é mostrado na **Fig. 15.19c**. Exploremos este exemplo um pouco mais. Considere o trem de pulsos mostrado na **Fig. 15.19b**. Aplicando as técnicas demonstradas anteriormente, podemos mostrar que os coeficientes de Fourier para esta forma de onda são dados por

$$\mathbf{c}_n = \frac{V\delta}{T_0} \frac{\text{sen}\,(n\omega_0\delta/2)}{n\omega_0\delta/2}$$

O espectro de linhas para $T_0 = 5\delta$ é mostrado na **Fig. 15.19d.**

As equações e figuras neste exemplo indicam que, quando $T_0 \to \infty$ e a função periódica se torna aperiódica, as linhas no espectro discreto tornam-se mais densas enquanto a amplitude diminui, e o espectro de amplitude passa de um espectro de linhas para um espectro contínuo. Observe que o envelope do espectro discreto tem a mesma forma que o espectro contínuo. Como a série de Fourier representa a amplitude e a fase do sinal em frequências específicas, a transformada de Fourier também especifica o conteúdo de frequências de um sinal.

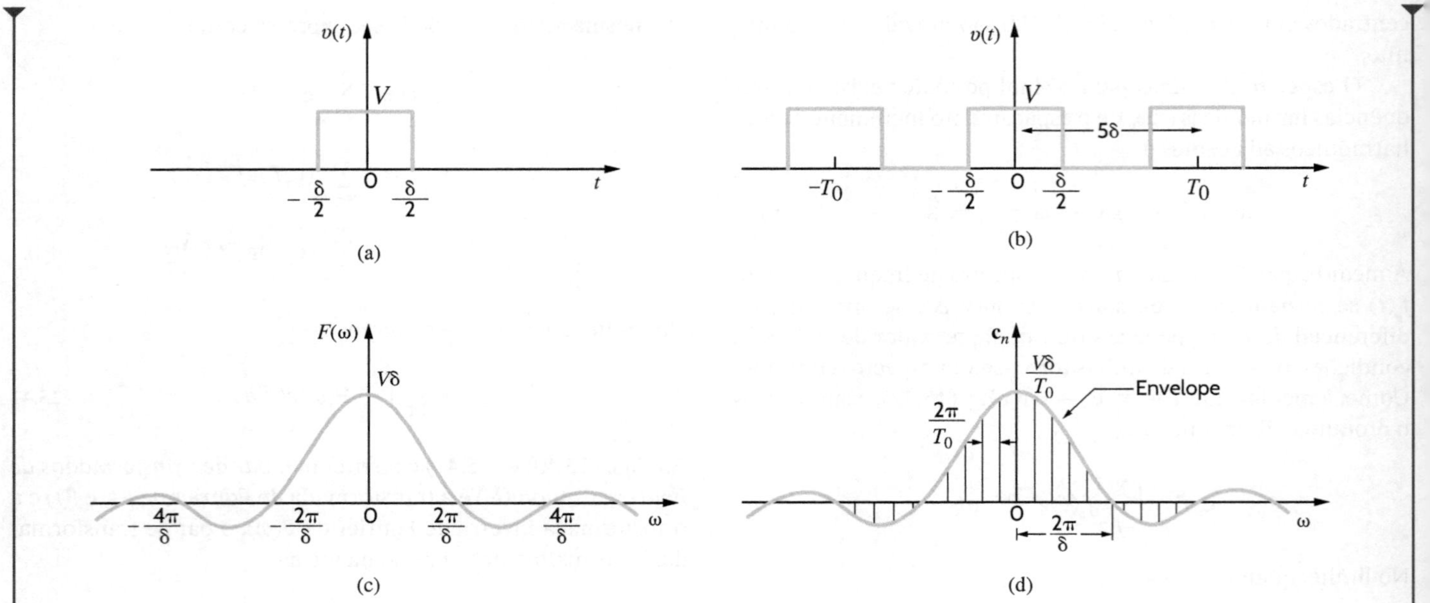

FIGURA 15.19 Pulsos e seus espectros.

EXEMPLO 15.12

Determine a transformada de Fourier para a função impulso unitário $\delta(t)$.

SOLUÇÃO A transformada de Fourier da função impulso unitário $\delta(t - a)$ é

$$\mathbf{F}(\omega) = \int_{-\infty}^{\infty} \delta(t-a)e^{-j\omega t}\,dt$$

Usando a propriedade de amostragem do impulso unitário, obtemos

$$\mathbf{F}(\omega) = e^{-j\omega a}$$

Para $a = 0$, temos

$$\mathbf{F}(\omega) = 1$$

Vemos, então, que $\mathbf{F}(\omega)$ para $f(t) = \delta(t)$ é *constante para todas as frequências*. Esta é uma propriedade importante, como veremos mais adiante.

EXEMPLO 15.13

Determine a transformada de Fourier da função $f(t) = e^{j\omega_0 t}$.

SOLUÇÃO Neste caso, se $\mathbf{F}(\omega) = 2\pi\delta(\omega - \omega_0)$, temos

$$f(t) = \frac{1}{2\pi}\int_{-\infty}^{\infty} 2\pi\delta(\omega - \omega_0)e^{j\omega t}\,d\omega$$
$$= e^{j\omega_0 t}$$

Portanto, $f(t) = e^{j\omega_0 t}$ e $\mathbf{F}(\omega) = 2\pi\delta(\omega - \omega_0)$ representam um par de transformadas de Fourier.

Avaliação da Aprendizagem

E15.16 Para $f(t) = \text{sen}\,\omega_0 t$, determine $F(\omega)$.

Resposta:
$\mathbf{F}(\omega) = \pi j[\delta(\omega + \omega_0) - \delta(\omega - \omega_0)]$.

EXEMPLO 15.14

No rádio AM (modulação em amplitude), existem duas formas de onda muito importantes – o sinal, $s(t)$, e a onda portadora. Todas as informações que desejamos transmitir (voz, música e assim por diante) estão contidas na forma de onda do sinal, que é essencialmente transportada pela portadora. Portanto, a transformada de Fourier de $s(t)$ contém frequências de cerca de 50 a 20.000 Hz. A portadora, $p(t)$, é uma senoide que oscila em uma frequência muito maior do que as contidas em $s(t)$. Por exemplo, as regras e regulamentos da *Federal Communications Commission* (FCC) alocaram a faixa de frequências de 540 kHz a 1,7 MHz para frequências de portadoras de estações de rádio AM nos Estados Unidos. Mesmo a alocação de frequência de portadora mais baixa possível de 540 kHz é muito maior do que as frequências de áudio em $s(t)$. Na verdade, quando transmite suas letras de identificação e frequência, uma estação de rádio informa a frequência da portadora a ela alocada pela FCC!

Em casos simples, o sinal, $s(t)$, é modificado para produzir uma tensão da forma

$$v(t) = [A + s(t)] \cos(\omega_p t)$$

em que A é uma constante e ω_p, a frequência da portadora em rad/s. Esta tensão $v(t)$, com o sinal nela "codificado", é enviada para a antena e transmitida ao público, cujos rádios "captam" uma fraca réplica da forma de onda $v(t)$.

Tracemos gráficos de amplitude das transformadas de Fourier das formas de onda $s(t)$ e $v(t)$, para $s(t)$ dado por

$$s(t) = \cos(2\pi f_a t)$$

em que f_a é 1.000 Hz, a frequência portadora é 900 kHz e a constante A, unitária.

SOLUÇÃO A transformada de Fourier de $s(t)$ é calculada como

$$\mathbf{S}(\omega) = \mathcal{F}[\cos(\omega_a t)] = \pi\delta(\omega - \omega_a) + \pi\delta(\omega + \omega_a)$$

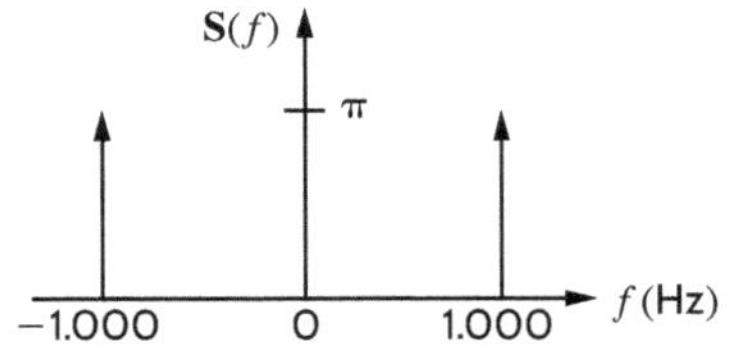

FIGURA 15.20 Amplitude da transformada de Fourier de $s(t)$ em função da frequência.

e representada na **Fig. 15.20**.

A tensão $v(t)$ pode ser expressa na forma

$$v(t) = [1 + s(t)] \cos(\omega_p t) = \cos(\omega_p t) + s(t) \cos(\omega_p t)$$

A transformada de Fourier da portadora é calculada como

$$\mathcal{F}[\cos(\omega_p t)] = \pi\delta(\omega - \omega_p) + \pi\delta(\omega + \omega_p)$$

O termo $s(t) \cos(\omega_p t)$ pode ser escrito como

$$s(t) \cos(\omega_p t) = s(t)\left\{\frac{e^{j\omega_p t} + e^{-j\omega_p t}}{2}\right\}$$

Usando a propriedade de modulação dada na **Tabela 15.3**, podemos expressar a transformada de Fourier de $s(t) \cos(\omega_p t)$ como

$$\mathcal{F}[s(t) \cos(\omega_p t)] = \frac{1}{2}\{\mathbf{S}(\omega - \omega_p) + \mathbf{S}(\omega + \omega_p)\}$$

Empregando $\mathbf{S}(\omega)$, obtemos

$$\mathcal{F}[s(t) \cos(\omega_p t)] = \mathcal{F}[\cos(\omega_a t) \cos(\omega_p t)]$$
$$= \frac{\pi}{2}\{\delta(\omega - \omega_a - \omega_p) + \delta(\omega + \omega_a - \omega_p)$$
$$+ \delta(\omega - \omega_a + \omega_p) + \delta(\omega + \omega_a + \omega_p)\}$$

Por fim, a transformada de Fourier de $v(t)$ é calculada como

$$\mathbf{V}(\omega) = \frac{\pi}{2}\{2\delta(\omega - \omega_p) + 2\delta(\omega + \omega_p) + \delta(\omega - \omega_a - \omega_p)$$
$$+ \delta(\omega + \omega_a - \omega_p) + \delta(\omega - \omega_a + \omega_p) + \delta(\omega + \omega_a + \omega_p)\}$$

e mostrada na **Fig. 15.21**. Observe que $\mathbf{S}(\omega)$ é centrado na frequência da portadora. Este é o efeito da modulação.

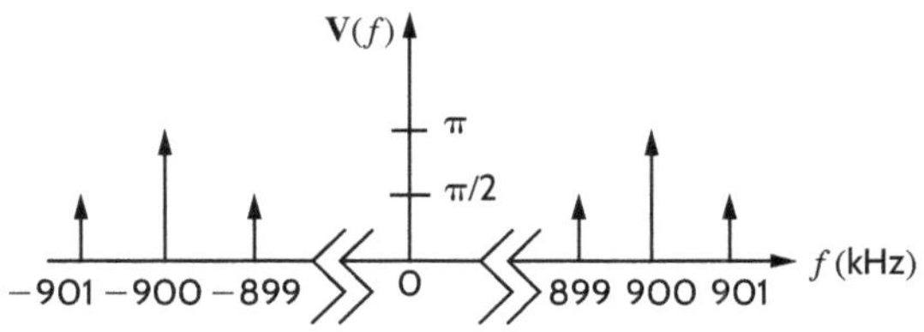

FIGURA 15.21 Transformada de Fourier da forma de onda transmitida $v(t)$ em função da frequência.

Vários pares úteis de transformadas de Fourier são listados na **Tabela 15.2**.

TABELA 15.2 Pares de transformadas de Fourier

$f(t)$	$F(\omega)$
$\delta(t-a)$	$e^{-j\omega a}$
A	$2\pi A\delta(\omega)$
$e^{j\omega_0 t}$	$2\pi\delta(\omega-\omega_0)$
$\cos \omega_0 t$	$\pi\delta(\omega-\omega_0)+\pi\delta(\omega+\omega_0)$
$\text{sen}\ \omega_0 t$	$j\pi\delta(\omega+\omega_0)-j\pi\delta(\omega-\omega_0)$
$e^{-at}u(t),\ a>0$	$\dfrac{1}{a+j\omega}$
$e^{-\alpha\lvert t\rvert},\ a>0$	$\dfrac{2a}{a^2+\omega^2}$
$e^{-at}\cos \omega_0 t u(t),\ a>0$	$\dfrac{j\omega+a}{(j\omega+a)^2+\omega_0^2}$
$e^{-at}\,\text{sen}\ \omega_0 t u(t),\ a>0$	$\dfrac{\omega_0}{(j\omega+a)^2+\omega_0^2}$

Algumas Propriedades da Transformada de Fourier

A transformada de Fourier definida pela equação

$$\mathbf{F}(\omega)=\int_{-\infty}^{\infty} f(t)e^{-j\omega t}\,dt$$

tem uma série de propriedades importantes. A **Tabela 15.3** fornece uma pequena lista dessas propriedades.

As provas dessas propriedades são, em geral, simples. Como exemplo, demonstremos a propriedade de convolução no tempo.

Para $\mathcal{F}[f_1(t)]=\mathbf{F}_1(\omega)$ e $\mathcal{F}[f_2(t)]=\mathbf{F}_2(\omega)$, temos

$$\mathcal{F}\left[\int_{-\infty}^{\infty} f_1(x)f_2(t-x)\,dx\right]=\int_{t=-\infty}^{\infty}\int_{x=-\infty}^{\infty} f_1(x)f_2(t-x)\,dx\,e^{-j\omega t}\,dt$$

$$=\int_{x=-\infty}^{\infty} f_1(x)\int_{t=-\infty}^{\infty} f_2(t-x)\,e^{-j\omega t}\,dt\,dx$$

A aplicação da mudança de variável $u=t-x$ resulta em

$$\mathcal{F}\left[\int_{-\infty}^{\infty} f_1(x)f_2(t-x)\,dx\right]=\int_{x=-\infty}^{\infty} f_1(x)\int_{u=-\infty}^{\infty} f_2(u)\,e^{-j\omega(u+x)}\,du\,dx$$

$$=\int_{x=-\infty}^{\infty} f_1(x)e^{-j\omega x}\int_{u=-\infty}^{\infty} f_2(u)\,e^{-j\omega u}\,du\,dx$$

$$=\mathbf{F}_1(\omega)\mathbf{F}_2(\omega) \qquad \textbf{15.44}$$

Examine a propriedade de convolução no tempo da transformada de Fourier. Com referência à **Fig. 15.22**, esta propriedade afirma que, se $\mathbf{V}_e(\omega)=\mathcal{F}[v_e(t)]$, $\mathbf{H}(\omega)=\mathcal{F}[h(t)]$ e $\mathbf{V}_s(\omega)=\mathcal{F}[v_s(t)]$, então

$$\mathbf{V}_s(\omega)=\mathbf{H}(\omega)\mathbf{V}_e(\omega) \qquad \textbf{15.45}$$

em que $\mathbf{V}_e(\omega)$ representa o sinal de entrada, $\mathbf{H}(\omega)$ é a função de transferência do circuito e $\mathbf{V}_s(\omega)$ é o sinal de saída. Na Eq. (15.45), as condições iniciais do circuito são nulas.

TABELA 15.3 Propriedades da transformada de Fourier

$f(t)$	$F(\omega)$	Propriedade
$Af(t)$	$A\mathbf{F}(\omega)$	Linearidade
$f_1(t)\pm f_2(t)$	$\mathbf{F}_1(\omega)\pm\mathbf{F}_2(\omega)$	
$f(at)$	$\frac{1}{a}\mathbf{F}\left(\frac{\omega}{a}\right),\ a>0$	Escalamento no tempo
$f(t-t_0)$	$e^{-j\omega t_0}\mathbf{F}(\omega)$	Deslocamento no tempo
$e^{j\omega t_0}f(t)$	$\mathbf{F}(\omega-\omega_0)$	Modulação
$\dfrac{d^n f(t)}{dt^n}$	$(j\omega)^n\mathbf{F}(\omega)$	
$t^n f(t)$	$(j)^n\dfrac{d^n\mathbf{F}(\omega)}{d\omega^n}$	Diferenciação
$\int_{-\infty}^{\infty} f_1(x)f_2(t-x)\,dx$	$\mathbf{F}_1(\omega)\mathbf{F}_2(\omega)$	
$f_1(t)f_2(t)$	$\frac{1}{2\pi}\int_{-\infty}^{\infty}\mathbf{F}_1(x)\mathbf{F}_2(\omega-x)\,dx$	Convolução

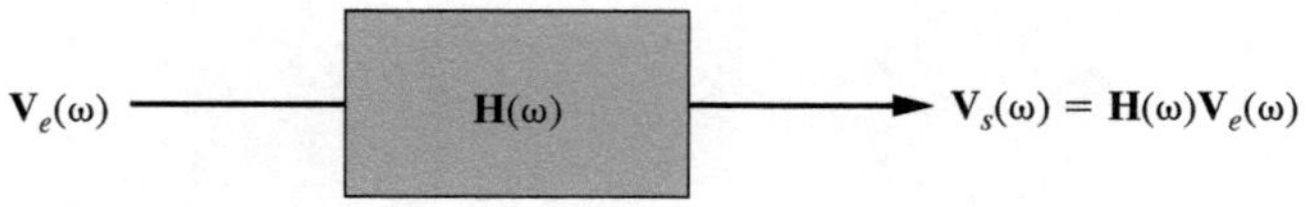

FIGURA 15.22 Representação da propriedade de convolução do tempo.

Avaliação da Aprendizagem

E15.17 Determine a saída $v_s(t)$ na Fig. E15.17 para o sinal $v_e(t) = e^{-t}u(t)$ V, resposta do circuito ao impulso $h(t) = e^{-2t}u(t)$, e com todas as condições iniciais nulas.

Resposta:
$v_s(t) = (e^{-t} - e^{-2t})u(t)$ V.

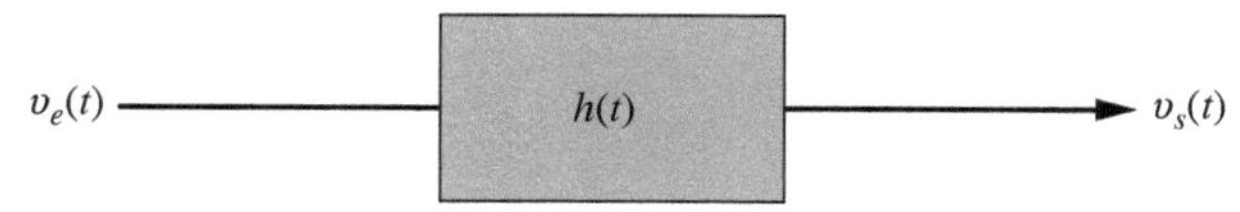

FIGURA E15.17

E15.18 Use a técnica da transformada para calcular $v_s(t)$ na Fig. E15.18 para $v(t) = 15 \cos 10t$ V.

Resposta:

$v_s(t) = 4{,}12 \cos (10t + 74°)$ V.

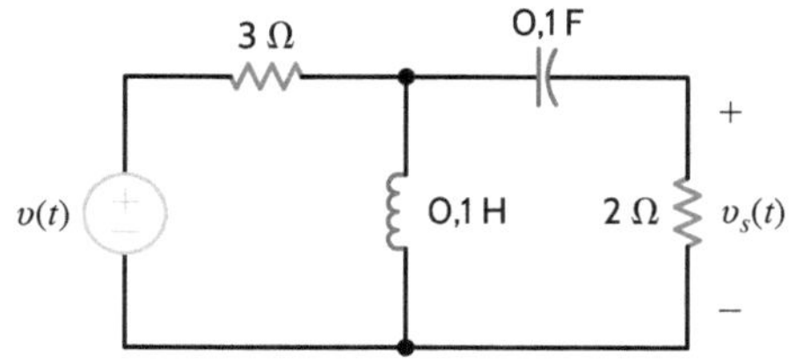

FIGURA E15.18

Teorema de Parseval

Uma asserção matemática do teorema de Parseval é

$$\int_{-\infty}^{\infty} f^2(t)\, dt = \frac{1}{2\pi} \int_{-\infty}^{\infty} |\mathbf{F}(\omega)|^2 d\omega \qquad \textbf{15.46}$$

Essa relação pode ser facilmente deduzida da seguinte forma:

$$\int_{-\infty}^{\infty} f^2(t)\, dt = \int_{-\infty}^{\infty} f(t) \frac{1}{2\pi} \int_{-\infty}^{\infty} \mathbf{F}(\omega) e^{j\omega t}\, d\omega\, dt$$

$$= \frac{1}{2\pi} \int_{-\infty}^{\infty} \mathbf{F}(\omega) \int_{-\infty}^{\infty} f(t) e^{-j(-\omega)t}\, dt\, d\omega$$

$$= \int_{-\infty}^{\infty} \frac{1}{2\pi} \mathbf{F}(\omega)\mathbf{F}(-\omega)\, d\omega$$

$$= \int_{-\infty}^{\infty} \frac{1}{2\pi} \mathbf{F}(\omega)\mathbf{F}^*(\omega)\, d\omega$$

$$= \int_{-\infty}^{\infty} \frac{1}{2\pi} |\mathbf{F}(\omega)|^2\, d\omega$$

A importância do teorema de Parseval pode ser percebida imaginando que $f(t)$ representa a corrente em um resistor de 1 Ω. Como $f^2(t)$ corresponde à potência e a integral da potência ao longo do tempo é energia, a Eq. (15.46) mostra que podemos calcular essa energia de 1 Ω, ou energia normalizada, no domínio do tempo ou no domínio da frequência.

EXEMPLO 15.15

Usando a técnica da transformada, determine $v_s(t)$ na **Fig. 15.23** para (a) $v_e(t) = 5e^{-2t}u(t)$ V e (b) $v_e(t) = 5\cos 2t$ V.

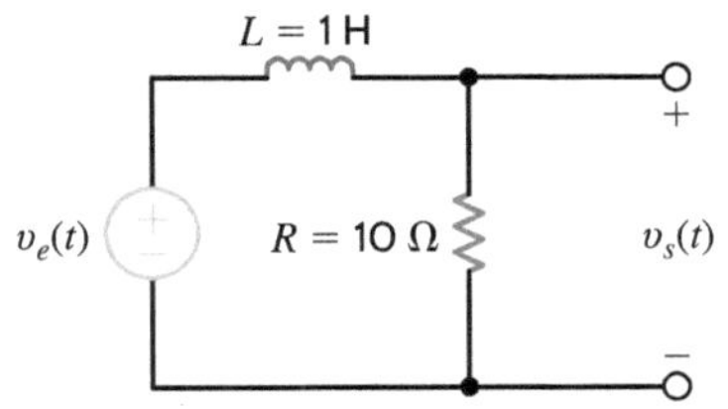

FIGURA 15.23 Circuito *RL* simples.

SOLUÇÃO **a.** Neste caso, como $v_e(t) = 5e^{-2t}u(t)$ V, temos

$$\mathbf{V}_e(\omega) = \frac{5}{2 + j\omega} \text{ V}$$

$\mathbf{H}(\omega)$ para este circuito é calculada como

$$\mathbf{H}(\omega) = \frac{R}{R + j\omega L}$$

$$= \frac{10}{10 + j\omega}$$

Da Eq. (15.45),

$$\mathbf{V}_s(\omega) = \mathbf{H}(\omega)\mathbf{V}_e(\omega)$$
$$= \frac{50}{(2 + j\omega)(10 + j\omega)}$$
$$= \frac{50}{8}\left(\frac{1}{2 + j\omega} - \frac{1}{10 + j\omega}\right)$$

Portanto, da Tabela 15.2, vemos que

$$v_s(t) = 6{,}25[e^{-2t}u(t) - e^{-10t}u(t)] \text{ V}$$

b. Neste caso, como $v_e(t) = 5\cos 2t$,

$$\mathbf{V}_e(\omega) = 5\pi\delta(\omega - 2) + 5\pi\delta(\omega + 2) \text{ V}$$

A tensão de saída no domínio da frequência é calculada como

$$\mathbf{V}_s(\omega) = \frac{50\pi[\delta(\omega - 2) + \delta(\omega + 2)]}{(10 + j\omega)}$$

Calculando a transformada inversa de Fourier, temos

$$v_s(t) = \mathcal{F}^{-1}[\mathbf{V}_s(\omega)] = \frac{1}{2\pi}\int_{-\infty}^{\infty} 50\pi \frac{\delta(\omega - 2) + \delta(\omega + 2)}{10 + j\omega} e^{j\omega t}\, d\omega$$

Empregando a propriedade de amostragem da função de impulso unitário, obtemos

$$v_s(t) = 25\left(\frac{e^{j2t}}{10 + j2} + \frac{e^{-j2t}}{10 - j2}\right)$$
$$= 25\left(\frac{e^{j2t}}{10{,}2e^{j11{,}31°}} + \frac{e^{-j2t}}{10{,}2e^{-j11{,}31°}}\right)$$
$$= 4{,}90\cos(2t - 11{,}31°) \text{ V}$$

Este resultado pode ser facilmente confirmado usando a análise fasorial.

EXEMPLO 15.16

Considere o circuito mostrado na **Fig. 15.24a.** Esse circuito representa um filtro passa-baixa simples, como visto no Capítulo 12. Para verificar o impacto deste circuito no sinal de entrada, examine as características de frequência do sinal de saída e a relação entre a energia de 1 Ω ou normalizada na entrada e na saída do circuito.

SOLUÇÃO A função de transferência do circuito é calculada como

$$\mathbf{H}(\omega) = \frac{1/RC}{1/RC + j\omega} = \frac{5}{5 + j\omega} = \frac{1}{1 + 0{,}2j\omega}$$

A transformada de Fourier do sinal de entrada é dada por

$$\mathbf{V}_e(\omega) = \frac{20}{20 + j\omega} = \frac{1}{1 + 0{,}05j\omega}$$

Usando a Eq. (15.45), a transformada de Fourier da saída é calculada como

$$\mathbf{V}_s(\omega) = \frac{1}{(1 + 0{,}2j\omega)(1 + 0{,}05j\omega)}$$

Aplicando as técnicas do Capítulo 12, traçamos os gráficos de magnitude (em dB) em linha reta (característica de frequência) para essas funções, mostrados nas **Figs. 15.24b–d**. Vemos que o filtro passa-baixa deixa passar as frequências baixas do sinal de entrada e atenua as frequências altas.

A energia normalizada na entrada do filtro é dada por

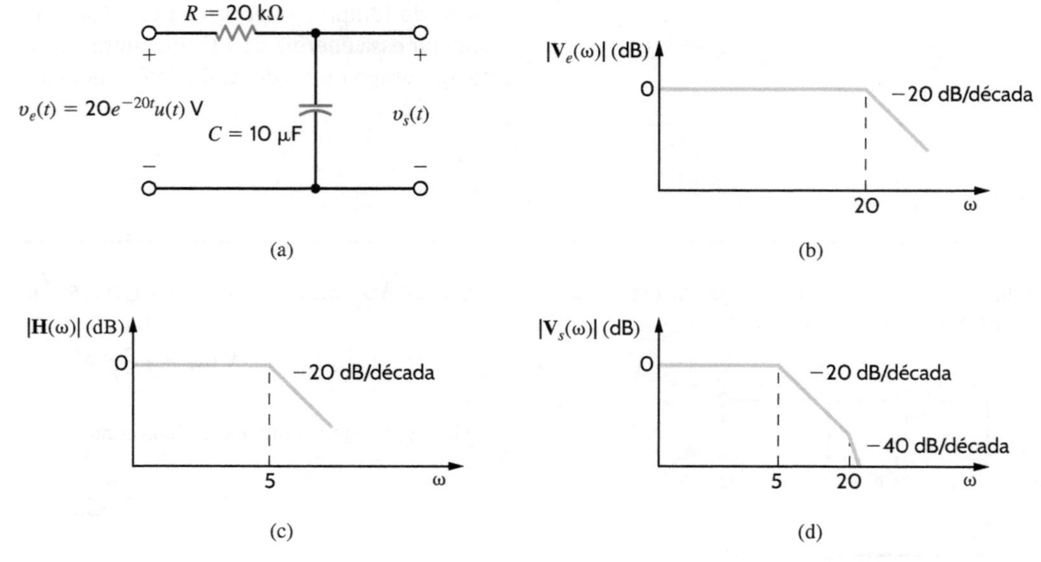

FIGURA 15.24 Filtro passa-baixa, sua característica de frequência e seus espectros de saída.

$$W_e = \int_0^{\infty} (20e^{-20t})^2\, dt$$

$$= \frac{400}{-40} e^{-40t} \Big|_0^{\infty}$$

$$= 10 \text{ J}$$

A energia normalizada na saída do filtro pode ser calculada usando o teorema de Parseval. Como

$$\mathbf{V}_s(\omega) = \frac{100}{(5 + j\omega)(20 + j\omega)}$$

e

$$|\mathbf{V}_s(\omega)|^2 = \frac{10^4}{(\omega^2 + 25)(\omega^2 + 400)}$$

$|\mathbf{V}_s(\omega)|^2$ é uma função par da frequência; portanto,

$$W_s = 2\left(\frac{1}{2\pi}\right) \int_0^{\infty} \frac{10^4\, d\omega}{(\omega^2 + 25)(\omega^2 + 400)}$$

Expandindo o integrando em frações parciais

$$\frac{10^4}{(\omega^2 + 25)(\omega^2 + 400)} = \frac{10^4/375}{\omega^2 + 25} - \frac{10^4/375}{\omega^2 + 400}$$

obtemos

$$W_s = \frac{1}{\pi}\left(\int_0^{\infty} \frac{10^4/375}{\omega^2 + 25}\, d\omega - \int_0^{\infty} \frac{10^4/375}{\omega^2 + 400}\, d\omega\right)$$

$$= \frac{10^4}{375}\left(\frac{1}{\pi}\right)\left[\frac{1}{5}\left(\frac{\pi}{2}\right) - \frac{1}{20}\left(\frac{\pi}{2}\right)\right]$$

$$= 2{,}0 \text{ J}$$

Avaliação da Aprendizagem

E15.19 Calcule o conteúdo total de energia de 1 Ω do sinal $v_e(t) = e^{-2t}\, u(t)$ V usando as abordagens no domínio do tempo e no domínio da frequência.

Resposta: $W = 0{,}25$ J.

E15.20 Calcule o conteúdo de energia de 1 Ω do sinal $v_e(t) = e^{-2t}\, u(t)$ V na faixa de frequências de 0 a 1 rad/s.

Resposta: $W = 0{,}07$ J.

E15.21 Determine o conteúdo total de energia 1 Ω da saída $v_s(t)$ na Fig. E15.21 para $v_e(t) = 5e^{2t}\, u(t)$ V.

Resposta: $W = 5{,}21$ J.

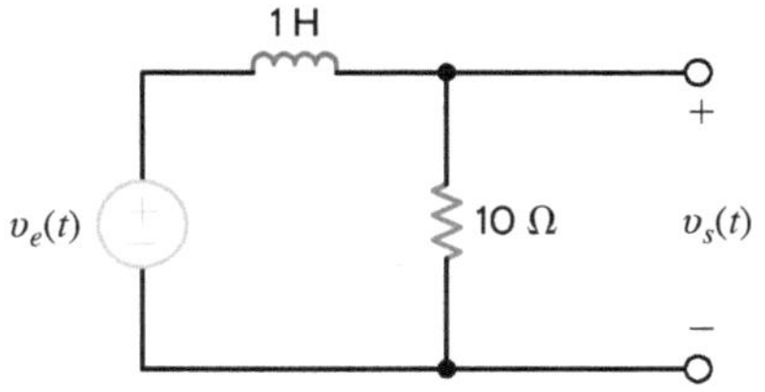

FIGURA E15.21

O Exemplo 15.16 explorou o efeito de $\mathbf{H}(\omega)$ no espectro de frequências do sinal de entrada. Em geral, $\mathbf{H}(\omega)$ pode ser selecionado para moldar esse espectro de alguma forma prescrita. Como ilustração desse efeito, considere os espectros de frequências ideais da **Fig. 15.25**. A **Fig. 15.25a** mostra um espectro de magnitude de entrada ideal $|\mathbf{V}_e(\omega)|$. $|\mathbf{H}(\omega)|$ e o espectro de magnitude de saída $|\mathbf{V}_s(\omega)|$, relacionados pela Eq. (15.45), são mostrados nas **Figs. 15.25b–e** para filtros passa-baixa, passa-alta, passa-faixa e rejeita-faixa *ideais*, respectivamente.

Vimos que, usando o teorema de Parseval, podemos calcular o conteúdo total de energia de um sinal seguindo uma abordagem no domínio do tempo ou no domínio da frequência. No entanto, a abordagem no domínio da frequência é mais flexível, pois permite a determinação do conteúdo de energia de um sinal em alguma faixa de frequências de interesse.

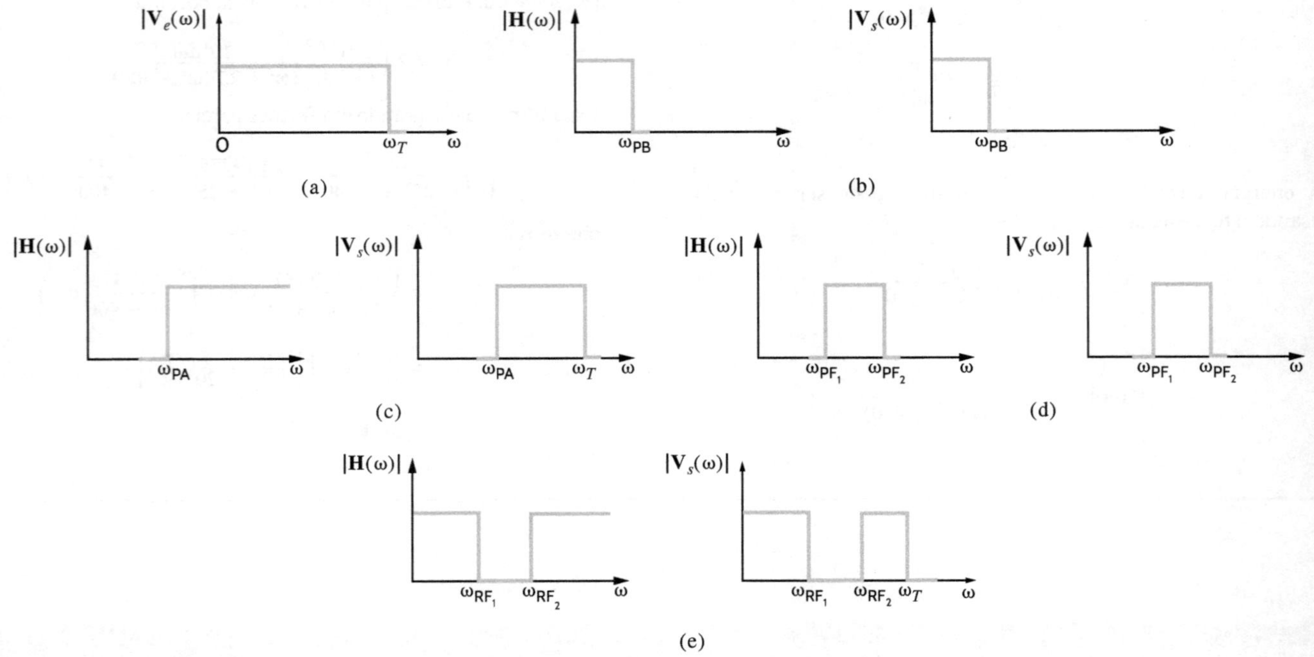

FIGURA 15.25 Espectros de frequências para entrada e saída de filtros passa-baixa, passa-alta, passa-faixa e rejeita-faixa ideais.

15.3 Exemplo de Aplicação

EXEMPLO DE APLICAÇÃO 15.17

Harmônicos podem ser bastante prejudiciais em um sistema de distribuição de energia. Como exemplo, considere o cenário ilustrado na **Fig. 15.26**, em que uma carga trifásica não linear gera correntes harmônicas nas linhas. A **Tabela 15.4** mostra a magnitude da corrente para cada um dos harmônicos. Admitindo que a resistência de cada linha seja de 0,2 Ω, qual é a perda total de potência no sistema? Além disso, que parcela da perda de potência é causada pelo conteúdo harmônico?

SOLUÇÃO A perda de potência em uma linha, em qualquer frequência, é dada por

$$P_{\text{linha}} = \frac{I^2_{\text{linha}}}{2} R_{\text{linha}}$$

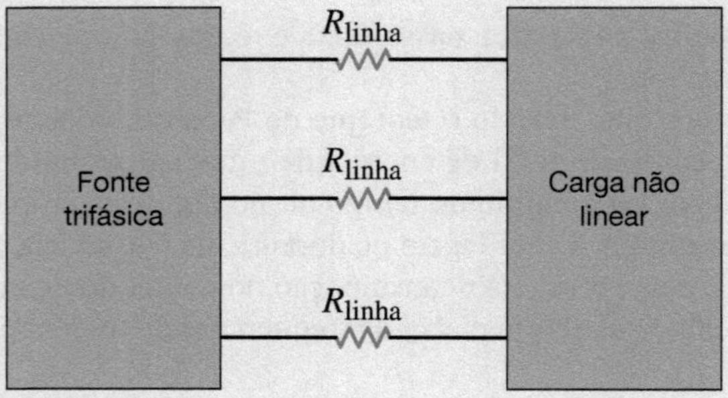

FIGURA 15.26 Modelo simples para um sistema de distribuição trifásico conectado a uma carga não linear.

TABELA 15.4 Conteúdo de corrente de linha harmônica para uma carga não linear

Harmônico	Magnitude (A)
Fundamental	100
1º	5
2º	30
3º	1
4º	10

Usando esta equação, podemos calcular a perda de potência em uma linha para a frequência fundamental e para cada harmônico. Os resultados deste cálculo são listados na **Tabela 15.5**. A potência perdida em cada linha é simplesmente a soma de cada uma das potências listadas na Tabela 15.5. Como se trata de um sistema trifásico, a potência total perdida nas linhas é calculada como

$$P_{\text{total}} = 3[1.000 + 0{,}5 + 90 + 0{,}1 + 10] = 3.301{,}8 \text{ W}$$

Vemos que os harmônicos são responsáveis por 301,8 W ou 9,14% da potência total perdida.

TABELA 15.5 **Perda de potência de linha na frequência fundamental e em cada harmônico**

Harmônico	P (W)
Fundamental	1.000
1º	0,5
2º	90
3º	0,1
4º	10

15.4 Exemplos de Projeto

EXEMPLO DE PROJETO 15.18

Duas estações de rádio AM próximas transmitem nas seguintes frequências portadoras

$$f_1 = 900 \text{ kHz}$$

e

$$f_2 = 960 \text{ kHz}$$

Para simplificar a análise, admita que os sinais de informação, $s_1(t)$ e $s_2(t)$, sejam idênticos. Por conseguinte, as respectivas transformadas de Fourier $\mathbf{S}_1(\omega)$ e $\mathbf{S}_2(\omega)$ também são idênticas. Um esboço do possível aspecto das transformadas é mostrado na **Fig. 15.27**.

As formas de onda de transmissão são dadas por

$$v_1(t) = [1 + s_1(t)]\cos(\omega_1 t)$$

e

$$v_2(t) = [1 + s_2(t)]\cos(\omega_2 t)$$

Uma antena nas proximidades "captará" as duas transmissões. Assumindo que $v_1(t)$ e $v_2(t)$ tenham igual intensidade na antena, a tensão recebida é escrita como

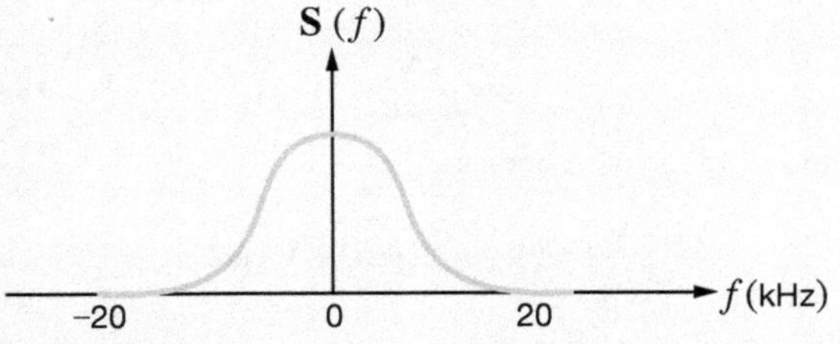

FIGURA 15.27 Esboço de uma transformada de Fourier de um sinal arbitrário de rádio AM.

$$v_r(t) = K[v_1(t) + v_2(t)]$$

em que K é uma constante muito menor que 1. (Tensões típicas nos terminais de antenas estão na faixa de μV a mV.) Um esboço da transformada de Fourier de $v_r(t)$ é mostrado na **Fig. 15.28**.

Antes de passar $v_r(t)$ para os circuitos de amplificação e decodificação, devemos primeiro empregar um sintonizador para selecionar uma dada estação. Projete um filtro passa-faixa *RLC* que contenha um capacitor variável, que atuará como sintonizador. Este circuito é mostrado na **Fig. 15.29**.

SOLUÇÃO A função de transferência é facilmente calculada como

$$\mathbf{G}_v(s) = \frac{\mathbf{V}_s(s)}{\mathbf{V}_e(s)} = \frac{s\left(\frac{R}{L}\right)}{s^2 + s\left(\frac{R}{L}\right) + \frac{1}{LC}}$$

Como visto no Capítulo 12, a frequência central e a largura de banda do filtro podem ser expressas em hertz como

$$f_o = \frac{1}{2\pi\sqrt{LC}}$$

e

$$\text{LB} = \frac{1}{2\pi}\frac{R}{L}$$

Como as duas frequências portadoras estão separadas por apenas 60 kHz, a largura de banda do filtro deve ser inferior a 60 kHz. Escolha, arbitrariamente, uma largura de banda de 10 kHz e R = 10 Ω. Com base nessa escolha, o projeto do filtro consiste na determinação dos valores de L e de C. Da expressão para largura de banda, temos

$$L = \frac{1}{2\pi}\frac{R}{\text{LB}}$$

ou

$$L = 159{,}2\ \mu\text{H}$$

Para a frequência central de 900 kHz, o valor de C é calculado como

$$C = \frac{1}{L[2\pi f_o]^2}$$

ou

$$C = 196{,}4 \text{ pF}$$

Para sintonizar em 960 kHz, basta apenas alterar o valor de C para 172,6 pF, e a largura de banda permanece inalterada. Um diagrama de Bode da magnitude de $G_v(s)$ sintonizado em 960 kHz é mostrado na **Fig. 15.30**. Observe que a transmissão em 900 kHz, embora atenuada, não é completamente eliminada. Se isso for um problema, podemos estreitar a largura de banda ajustando os valores de R e/ou de L ou projetar um filtro sintonizador mais complexo.

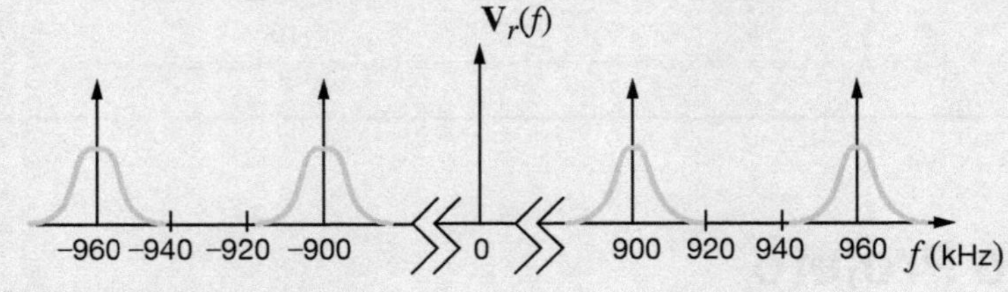

FIGURA 15.28 Transformada de Fourier da forma de onda da antena $v_r(t)$.

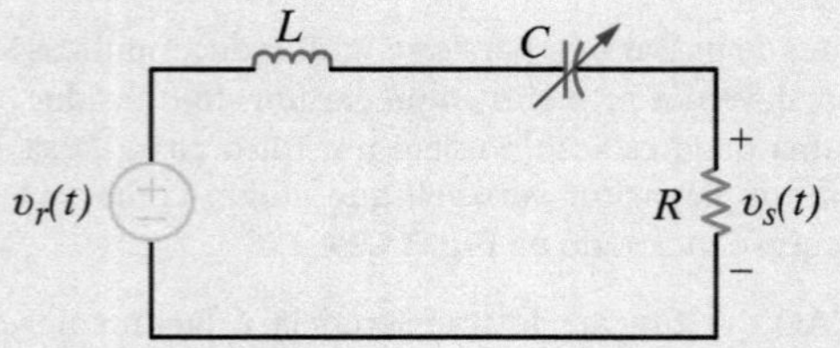

FIGURA 15.29 Circuito sintonizador de filtro passa-faixa *RLC*.

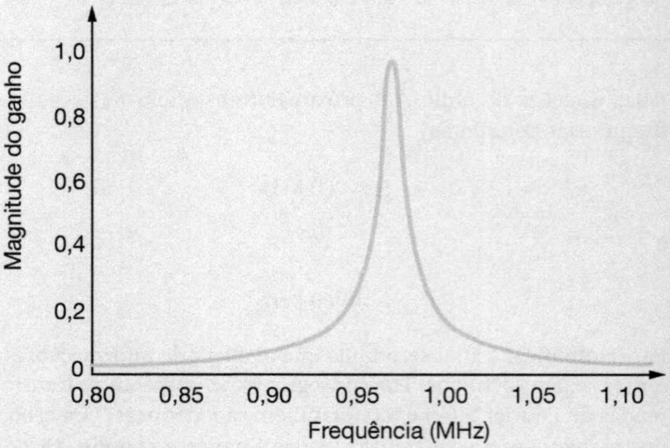

FIGURA 15.30 Diagrama de Bode para o circuito sintonizador *RLC* da Fig. 15.29.

EXEMPLO DE PROJETO 15.19

O sinal expresso na Eq. (15.47) descreve um sinal de 10 kHz repleto de um ruído que tem duas componentes de frequência – 1 e 100 kHz. Da equação, vemos que a amplitude do sinal é apenas 1/10 da amplitude das componentes do ruído. Use o circuito na **Fig. 15.31** para projetar um filtro passa-faixa para que a amplitude do sinal seja 100 vezes maior do que a das componentes do ruído. Admita que os amp-ops sejam ideais.

$$v_F(t) = 0{,}1 \text{ sen}\left[(2\pi)10^3 t\right] + 0{,}01 \text{ sen}\left[(2\pi)10^4 t\right] + 0{,}1 \text{ sen}\left[(2\pi)10^5 t\right] \text{ V} \quad \textbf{15.47}$$

SOLUÇÃO O filtro passa-faixa na Fig. 15.31 consiste em dois estágios idênticos em cascata. Basta que determinemos o ganho de um único estágio, $\mathbf{A}_1(j\omega)$, pois o ganho total é

$$\mathbf{A}(j\omega) = \mathbf{A}_1(j\omega)\mathbf{A}_1(j\omega) = [\mathbf{A}_1(j\omega)]^2$$

Aplicando a LKC na entrada inversora do primeiro amp-op, temos

$$\mathbf{V}_A j\omega C = \frac{-\mathbf{V}_s}{R_2}$$

ou

$$\mathbf{V}_A = \frac{-\mathbf{V}_s}{j\omega C R_2} \quad \textbf{15.48}$$

Aplicando a LKC ao nó A, temos

$$\frac{\mathbf{V}_F - \mathbf{V_A}}{R_1} = (\mathbf{V}_A - \mathbf{V}_s)j\omega C + \mathbf{V_A} j\omega C$$

Multiplicando os dois lados desta equação por R_1 e agrupando termos, obtemos

$$\mathbf{V}_F = \mathbf{V}_A[2j\omega C R_1 + 1] - \mathbf{V}_s j\omega C R_1$$

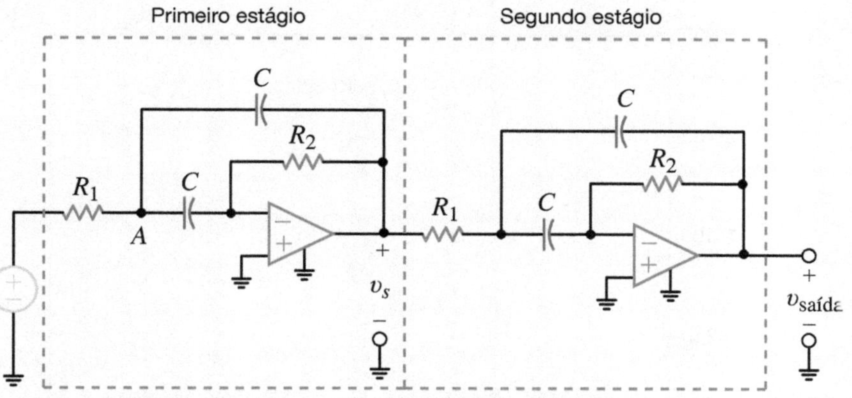

FIGURA 15.31 Filtro passa-faixa de quarta ordem com dois estágios.

Usando a Eq. (15.48) e resolvendo a equação resultante para o ganho $\mathbf{A}_1(j\omega) = \mathbf{V}_s/\mathbf{V}_F$, temos

$$\mathbf{A}_1(j\omega) = \frac{\mathbf{V}_s}{\mathbf{V}_F} = \frac{-j\omega CR_2}{-\omega^2 C^2 R_1 R_2 + j\omega 2CR_1 + 1}$$

Por fim, reorganizamos a expressão de ganho na forma

$$\frac{\mathbf{V}_s}{\mathbf{V}_F} = \frac{-\left[\frac{1}{CR_1}\right]j\omega}{-\omega^2 + \left[\frac{2}{CR_2}\right]j\omega + \frac{1}{C^2R_1R_2}} \qquad \textbf{15.49}$$

que corresponde à forma geral para o ganho de um filtro passa-faixa, dado pela expressão

$$\frac{\mathbf{V}_s}{\mathbf{V}_F} = \frac{A_o\left[\frac{\omega_0}{Q}\right]j\omega}{-\omega^2 + \left[\frac{\omega_0}{Q}\right]j\omega + \omega_0^2} \qquad \textbf{15.50}$$

Comparando as Eqs. (15.49) e (15.50), temos

$$\omega_0 = \frac{1}{C\sqrt{R_1R_2}} \qquad \frac{\omega_0}{Q} = \frac{2}{CR_2}$$
$$Q = \frac{1}{2}\sqrt{\frac{R_2}{R_1}} \qquad A_o = \frac{-R_2}{2R_1} \qquad \textbf{15.51}$$

Existem dois requisitos para o desempenho do filtro. Primeiro, dadas as amplitudes de sinal e de ruído na entrada do filtro, a obtenção da desejada razão entre as componentes de sinal e de ruído na saída requer que a razão entre o ganho na frequência central, A_0, e os ganhos em 1 e 100 kHz seja 1.000/1. Segundo, os ganhos em 1 e 100 kHz devem ser iguais, pois, em um eixo logarítmico, o ganho passa-faixa é simétrico com relação à frequência central. Assim, vamos focar apenas o ganho em 1 kHz. Da Eq. (15.50), a razão do ganho de estágio único em ω_0 e $\omega_0/10$ é

$$\frac{A(\omega_0)}{A(\omega_0/10)} = \frac{-A_o}{\dfrac{\dfrac{-A_o\omega_0^2}{10Q}}{\left|\omega_0^2 - \dfrac{\omega_0^2}{100} + j\dfrac{\omega_0^2}{10Q}\right|}}$$

$$= \frac{\left|\omega_0^2 - \dfrac{\omega_0^2}{100} + j\dfrac{\omega_0^2}{10Q}\right|}{\dfrac{\omega_0^2}{10Q}} = \sqrt{1.000}$$

Para simplificar, admita que $\omega_0^2 \gg \omega_0^2/100$. Calculando o valor de Q, obtemos

$$\sqrt{100Q^2 + 1} = \sqrt{1.000}$$

ou, empregando a Eq. (15.51),

$$Q \approx \sqrt{10} = \frac{1}{2}\sqrt{\frac{R_2}{R_1}}$$

Assim, o requisito para o ganho resulta em $R_2 = 40R_1$. Escolhendo, arbitrariamente, $R_1 = 1$ kΩ, o valor de R_2 é de 40 kΩ. O segundo requisito é que $\omega_0/2\pi$ seja igual a 10 kHz. Da Eq. (15.51) e dos valores dos resistores, temos

$$\omega_0 = (2\pi)10^4 = \frac{1}{C\sqrt{R_1R_2}} = \frac{1}{10^3\sqrt{40}C}$$

que fornece $C = 2{,}5$ nF.

O diagrama de Bode correspondente é mostrado na **Fig. 15.32a**; com a frequência central em 10 kHz, o ganho em 10 kHz é aproximadamente 400 e os ganhos em 1 e 100 kHz são 0,4 – uma razão de 1.000/1. Os resultados de uma análise transiente da tensão de saída são mostrados na **Fig. 15.32b** para 10 ciclos do sinal de 10 kHz. A forma de onda é uma onda senoidal de 4 V oscilando em 10 kHz, com pouca distorção visível.

As componentes de Fourier da saída são obtidas calculando a transformada rápida de Fourier (*fast Fourier transform* – FFT) e, a partir do resultado no gráfico mostrado na **Fig. 15.32c**, confirmamos que a amplitude do sinal é 1.000 vezes maior do que a das componentes de ruído. Vale mencionar que a FFT na Fig. 15.32c é o resultado de uma simulação transiente de 5 ms (ou seja, 50 ciclos a 10 kHz). Em geral, quanto mais ciclos forem considerados na análise transiente, melhor será a resolução de frequência da FFT. Amp-ops com ganhos de 10^6 e trilhos de alimentação de ±15 V foram usados na simulação.

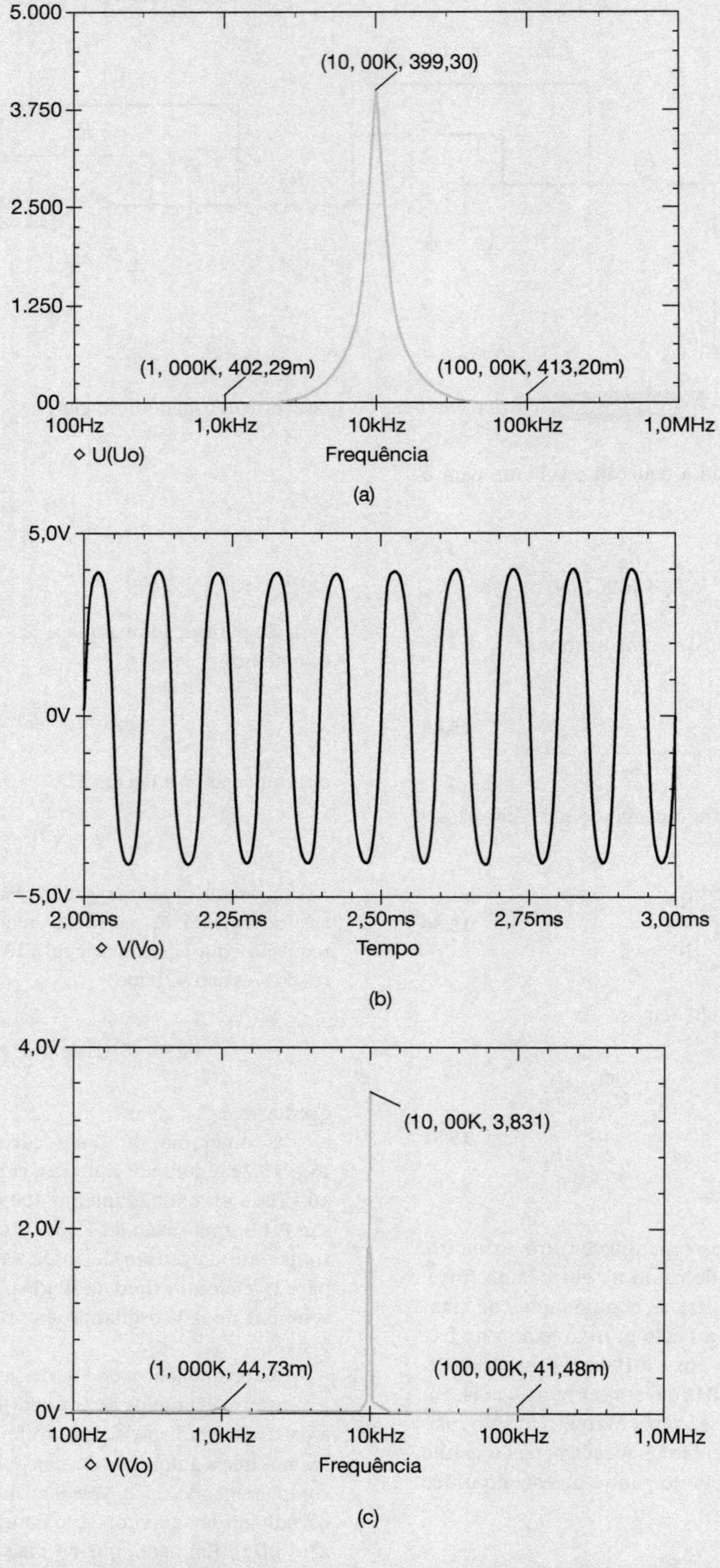

FIGURA 15.32 (a) Resultados de uma análise de frequência mostrando a amplificação do sinal sobre o ruído, (b) resultados de simulação transiente e (c) a correspondente FFT.

EXEMPLO DE PROJETO 15.20

O circuito mostrado na **Fig. 15.33** é um filtro notch. Na frequência de ressonância, o circuito *LC* série tem impedância efetiva zero e, por conseguinte, qualquer sinal nessa frequência é curto-circuitado. Por esta razão, este tipo de filtro também é referido como armadilha.

Considere o seguinte cenário. Um sistema que opera em 1 kHz captou ruído em uma frequência fundamental de 10 kHz e algum lixo de segundo e terceiro harmônicos. Dadas essas informações, projete um filtro que elimine o ruído e os harmônicos que o acompanham.

SOLUÇÃO A chave para o projeto da armadilha consiste em definir a frequência de ressonância do ramo *LC* série como a frequência a ser eliminada. Como há três componentes de frequência a serem removidas, 10, 20 e 30 kHz, vamos usar três ramos *LC* distintos, como mostrado na **Fig. 15.34**, e L_1C_1 para o bloqueio do ruído em 10 kHz, L_2C_2 e L_3C_3 para o bloqueio dos harmônicos em 20 kHz e em 30 kHz, respectivamente. Definindo arbitrariamente o valor de todos os indutores como 10 μH e calculando o valor de cada capacitor, obtemos

$$C_1 = \frac{1}{(2\pi)^2 f^2 L} = 1/(2\pi)^2(10^8)(10^{-5}) = 25{,}3\ \mu\text{F}$$

$$C_2 = 1/(2\pi)^2(4 \times 10^8)(10^{-5}) = 6{,}34\ \mu\text{F}$$

$$C_3 = \frac{1}{(2\pi)^2(9 \times 10^8)(10^{-5})} = 2{,}81\ \mu\text{F}$$

As três armadilhas mostradas na Fig. 15.34 devem eliminar o ruído e seus harmônicos.

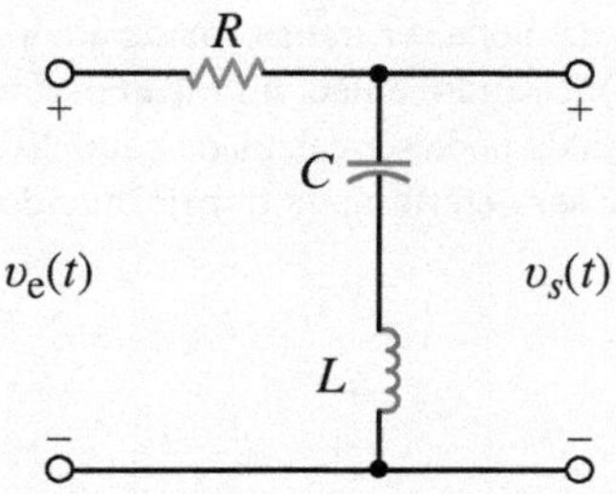

FIGURA 15.33 Filtro notch, ou armadilha, baseado em um ramo *LC* série.

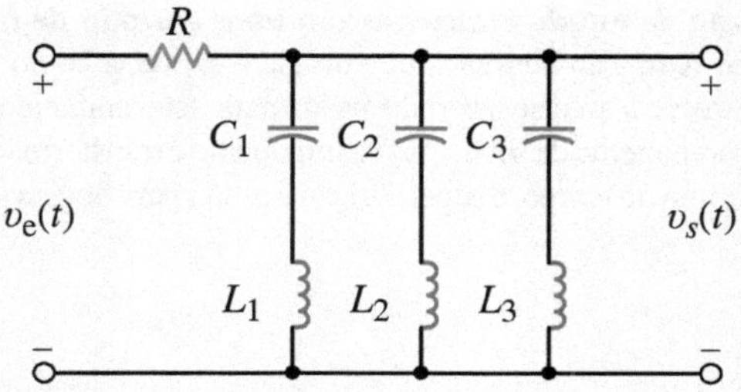

FIGURA 15.34 O filtro notch na Fig. 15.33 expandido para remover três componentes de frequência diferentes.

Resumo

- Uma função periódica, sua representação em uma série de Fourier e algumas das propriedades úteis de uma série de Fourier são descritas a seguir.
- ***Uma função periódica***

$$f(t) = f(t + nT_0), \quad n = 1, 2, 3, \ldots \text{ e } T_0 \text{ é o período}$$

- ***Série exponencial de Fourier para uma função periódica***

$$f(t) = \sum_{n=-\infty}^{\infty} \mathbf{c}_n e^{jn\omega_0 t}, \qquad \mathbf{c}_n = \frac{1}{T_0}\int_{t_1}^{t_1+T_0} f(t)e^{-jn\omega_0 t}\, dt$$

- ***Série trigonométrica de Fourier para uma função periódica***

$$f(t) = a_0 + \sum_{n=1}^{\infty} (a_n \cos n\omega_0 t + b_n \operatorname{sen} n\omega_0 t)$$

$$a_n = \frac{2}{T_0}\int_{t_1}^{t_1+T_0} f(t)\cos n\omega_0 t\, dt,$$

$$b_n = \frac{2}{T_0}\int_{t_1}^{t_1+T_0} f(t)\operatorname{sen} n\omega_0 t\, dt$$

e

$$a_0 = \frac{1}{T_0}\int_{t_1}^{t_1+T_0} f(t)\, dt$$

- ***Simetria par de uma função periódica***

$$f(t) = f(-t)$$

$$a_n = \frac{4}{T_0}\int_0^{T_0/2} f(t)\cos n\omega_0 t\, dt,$$

$$b_n = 0,$$

com

$$a_0 = \frac{2}{T_0}\int_0^{T_0/2} f(t)\, dt$$

- ***Simetria ímpar de uma função periódica***

$$f(t) = -f(-t)$$

$$a_n = 0, \quad b_n = \frac{4}{T_0}\int_0^{T_0/2} f(t)\,\text{sen}\, n\omega_0 t\, dt \quad \text{e} \quad a_0 = 0$$

- ***Simetria de meia-onda de uma função periódica***

$$f(t) = -f(t - T_0/2)$$

$$a_n = b_n = 0, \quad \text{para } n \text{ par}$$

$$a_n = \frac{4}{T_0}\int_0^{T_0/2} f(t)\cos n\omega_0 t\, dt \quad \text{para } n \text{ ímpar}$$

$$b_n = \frac{4}{T_0}\int_0^{T_0/2} f(t)\,\text{sen}\, n\omega_0 t\, dt \quad \text{para } n \text{ ímpar e } a_0 = 0$$

- ***Deslocamento de uma função periódica no tempo***

$$f(t - t_0) = \sum_{n=-\infty}^{\infty} (\mathbf{c}_n e^{-jn\omega_0 t_0}) e^{jn\omega_0 t}$$

- ***Espectro de frequências de uma função periódica*** Uma série de Fourier contém componentes discretas de frequência, chamadas espectro de linhas.
- ***Resposta de estado estacionário a uma entrada de função periódica*** A função periódica de entrada é expressa como uma série de Fourier, e a análise fasorial é usada para determinar a resposta de cada componente da série. Cada componente é transformada de volta ao domínio do tempo, e superposição é usada para obter a saída total.

A transformada de Fourier, suas características e propriedades, e seu uso na análise de circuitos, são descritos a seguir.

- ***Transformada de Fourier para uma função aperiódica***

$$\mathbf{F}(\omega) = \int_{-\infty}^{\infty} f(t)e^{-j\omega t} \quad \text{e} \quad f(t) = \frac{1}{2\pi}\int_{-\infty}^{\infty} \mathbf{F}(\omega)e^{-j\omega t} d\omega$$

- ***Pares de transformadas de Fourier e suas propriedades*** Os pares de transformadas de Fourier listados na Tabela 15.2 e as propriedades relacionadas na Tabela 15.3 podem ser usados em conjunto para transformar funções no domínio do tempo para o domínio da frequência e vice-versa.
- ***Teorema de Parseval para determinar o conteúdo de energia de um sinal***

$$\int_{-\infty}^{\infty} f^2(t)\, dt = \frac{1}{2\pi}\int_{-\infty}^{\infty} |\mathbf{F}(\omega)|^2\, d\omega$$

- ***Resposta de um circuito a uma entrada aperiódica*** Uma entrada aperiódica $x(t)$ pode ser transformada ao domínio da frequência como $\mathbf{X}(\omega)$. Usando, então, a função de transferência do circuito $\mathbf{H}(\omega)$, a saída pode ser calculada como $\mathbf{Y}(\omega) = \mathbf{H}(\omega)\mathbf{X}(\omega)$. A saída $y(t)$ pode ser determinada transformando $\mathbf{Y}(\omega)$ ao domínio do tempo.

CAPÍTULO 16

Circuitos de Duas Portas

OBJETIVOS DE APRENDIZAGEM

Os objetivos de aprendizagem deste capítulo são tornar os estudantes capazes de:

- Calcular parâmetros de admitância, impedância, híbridos e de transmissão para circuitos de duas portas.
- Efetuar conversões entre parâmetros de admitância, impedância, híbrido e de transmissão.
- Descrever a interconexão de circuitos de duas portas para formar circuitos mais complicados.

16.1 Parâmetros de Admitância

Dizemos que o circuito linear na **Fig. 16.1a** tem uma única porta – ou seja, um único par de terminais. O par de terminais *A–B* que constitui esta porta pode representar um único elemento (por exemplo, *R*, *L* ou *C*), ou pode ser alguma interconexão desses elementos. O circuito linear na **Fig. 16.1b** é um circuito de duas portas. Como regra geral, os terminais *A–B* representam a porta de entrada e os terminais *C–D*, a porta de saída.

A **Fig. 16.2** ilustra como tensões e correntes são, em geral, identificadas em um circuito de duas portas: os terminais superiores são positivos com relação aos terminais inferiores, e as correntes entram nas duas portas pelos terminais superiores. Como a LKC deve ser satisfeita em cada porta, a corrente da porta sai pelo terminal inferior. Em vista de o circuito ser linear e não conter fontes independentes, o princípio da superposição pode ser aplicado para a determinação da corrente $\mathbf{I}_1$, que pode ser escrita como a soma de duas componentes, uma em função de $\mathbf{V}_1$ e outra resultante de $\mathbf{V}_2$. Usando este princípio, podemos escrever

$$\mathbf{I}_1 = \mathbf{y}_{11}\mathbf{V}_1 + \mathbf{y}_{12}\mathbf{V}_2$$

em que $\mathbf{y}_{11}$ e $\mathbf{y}_{12}$ são, essencialmente, constantes de proporcionalidade, cuja unidade é siemens. De maneira semelhante, $\mathbf{I}_2$ pode ser escrito como

$$\mathbf{I}_2 = \mathbf{y}_{21}\mathbf{V}_1 + \mathbf{y}_{22}\mathbf{V}_2$$

Portanto, as duas equações que descrevem o circuito de duas portas são

$$\begin{aligned}\mathbf{I}_1 &= \mathbf{y}_{11}\mathbf{V}_1 + \mathbf{y}_{12}\mathbf{V}_2\\ \mathbf{I}_2 &= \mathbf{y}_{21}\mathbf{V}_1 + \mathbf{y}_{22}\mathbf{V}_2\end{aligned} \qquad \textbf{16.1}$$

ou em forma matricial,[1]

$$\begin{bmatrix}\mathbf{I}_1\\ \mathbf{I}_2\end{bmatrix} = \begin{bmatrix}\mathbf{y}_{11} & \mathbf{y}_{12}\\ \mathbf{y}_{21} & \mathbf{y}_{22}\end{bmatrix}\begin{bmatrix}\mathbf{V}_1\\ \mathbf{V}_2\end{bmatrix}$$

O subscrito 1 se refere à porta de entrada e o subscrito 2, à porta de saída. As equações descrevem os *parâmetros Y* ou *parâmetros de admitância* de um circuito. Conhecidos os parâmetros $\mathbf{y}_{11}$, $\mathbf{y}_{12}$, $\mathbf{y}_{21}$ e $\mathbf{y}_{22}$, a relação entrada/saída do circuito de duas portas está completamente definida.

Os parâmetros Y podem ser determinados da Eq. (16.1) da seguinte maneira: vemos nas equações que $\mathbf{y}_{11}$ é igual à razão entre $\mathbf{I}_1$ e $\mathbf{V}_1$ quando a saída é curto-circuitada (ou seja, $\mathbf{V}_2 = 0$).

$$\mathbf{y}_{11} = \left.\frac{\mathbf{I}_1}{\mathbf{V}_1}\right|_{\mathbf{V}_2=0} \qquad \textbf{16.2}$$

Como $\mathbf{y}_{11}$ é uma admitância (dada em siemens) na entrada do circuito com a saída em curto-circuito, é denominada *admitância de entrada de curto-circuito*. As equações indicam que os outros parâmetros Y podem ser determinados de modo semelhante:

$$\begin{aligned}\mathbf{y}_{12} &= \left.\frac{\mathbf{I}_1}{\mathbf{V}_2}\right|_{\mathbf{V}_1=0}\\ \mathbf{y}_{21} &= \left.\frac{\mathbf{I}_2}{\mathbf{V}_1}\right|_{\mathbf{V}_2=0}\\ \mathbf{y}_{22} &= \left.\frac{\mathbf{I}_2}{\mathbf{V}_2}\right|_{\mathbf{V}_1=0}\end{aligned} \qquad \textbf{16.3}$$

$\mathbf{y}_{12}$ e $\mathbf{y}_{21}$ são denominadas *admitâncias de transferência de curto-circuito*, e $\mathbf{y}_{22}$, *admitância de saída de curto-circuito*. Como um grupo, os parâmetros Y são referidos como *parâmetros de*

[1]N. T.: Esta matriz é comumente conhecida como matriz admitância ou matriz de admitâncias.

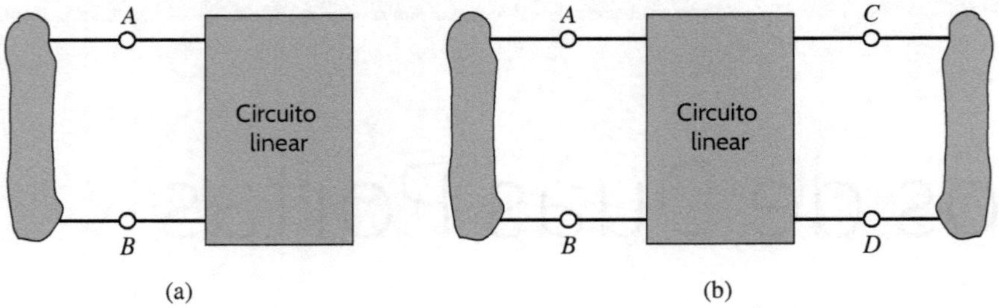

FIGURA 16.1 (a) Circuito de uma única porta; (b) circuito de duas portas.

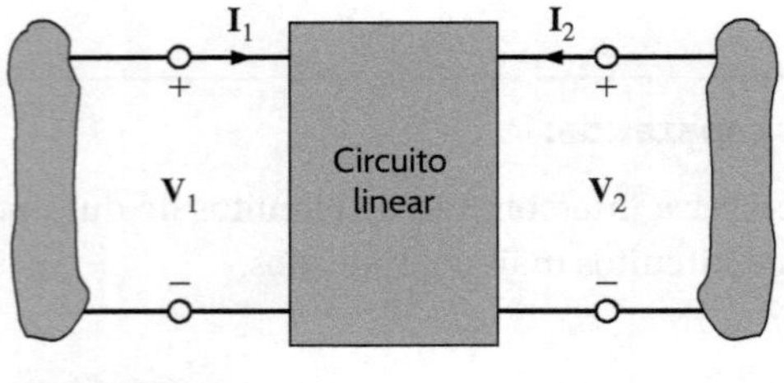

FIGURA 16.2 Circuito generalizado de duas portas.

admitância de curto-circuito. Aplicando as definições anteriores, esses parâmetros podem ser determinados experimentalmente para um circuito de duas portas cuja configuração real seja desconhecida.

EXEMPLO 16.1

Determine os parâmetros Y para o circuito de duas portas mostrado na **Fig. 16.3a**. Uma vez que esses parâmetros sejam conhecidos, calcule a corrente em uma carga de 4 Ω conectada à porta de saída quando uma fonte de corrente de 2 A é aplicada na porta de entrada.

SOLUÇÃO Na **Fig. 16.3b**, vemos que

$$\mathbf{I}_1 = \mathbf{V}_1\left(\frac{1}{1} + \frac{1}{2}\right)$$

Logo,

$$\mathbf{y}_{11} = \frac{3}{2}\,\text{S}$$

Como mostrado na **Fig. 16.3c**,

$$\mathbf{I}_1 = -\frac{\mathbf{V}_2}{2}$$

Assim,

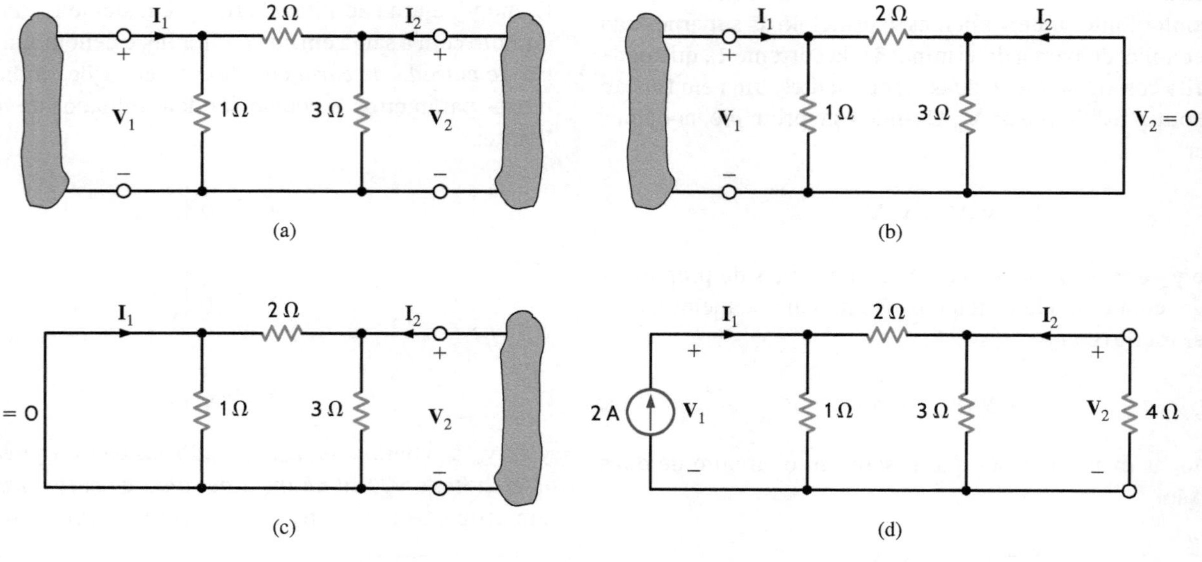

FIGURA 16.3 Circuitos empregados no Exemplo 16.1.

$$\mathbf{y}_{12} = -\frac{1}{2}\text{ S}$$

A admitância $\mathbf{y}_{21}$ é calculada a partir na Fig. 16.3b usando a equação

$$\mathbf{I}_2 = -\frac{\mathbf{V}_1}{2}$$

Logo,

$$\mathbf{y}_{21} = -\frac{1}{2}\text{ S}$$

Por fim, $\mathbf{y}_{22}$ pode ser calculada da Fig. 16.3c usando

$$\mathbf{I}_2 = \mathbf{V}_2\left(\frac{1}{3} + \frac{1}{2}\right)$$

e

$$\mathbf{y}_{22} = \frac{5}{6}\text{ S}$$

Portanto, as equações que descrevem as duas portas são

$$\mathbf{I}_1 = \frac{3}{2}\mathbf{V}_1 - \frac{1}{2}\mathbf{V}_2 \qquad \mathbf{I}_2 = -\frac{1}{2}\mathbf{V}_1 + \frac{5}{6}\mathbf{V}_2$$

Essas equações podem ser empregadas para determinar a operação do circuito de duas portas para um dado conjunto de condições nos terminais. Aqui, examinaremos as condições nos terminais mostradas na **Fig. 16.3d**. Nesta figura, notamos que

$$\mathbf{I}_1 = 2\text{ A} \quad \text{e} \quad \mathbf{V}_2 = -4\mathbf{I}_2$$

Combinando estas condições com as equações de duas portas, obtemos

$$2 = \frac{3}{2}\mathbf{V}_1 - \frac{1}{2}\mathbf{V}_2$$

$$0 = -\frac{1}{2}\mathbf{V}_1 + \frac{13}{12}\mathbf{V}_2$$

ou, na forma matricial,

$$\begin{bmatrix} \frac{3}{2} & -\frac{1}{2} \\ -\frac{1}{2} & \frac{13}{12} \end{bmatrix}\begin{bmatrix} \mathbf{V}_1 \\ \mathbf{V}_2 \end{bmatrix} = \begin{bmatrix} 2 \\ 0 \end{bmatrix}$$

Fica evidente que essas equações são simplesmente as equações nodais para o circuito na Fig. 16.3d. Resolvendo as equações, obtemos $\mathbf{V}_2 = 8/11$ V e $\mathbf{I}_2 = -2/11$ A.

Avaliação da Aprendizagem

E16.1 Determine os parâmetros Y para o circuito de duas portas representado na Fig. E16.1.

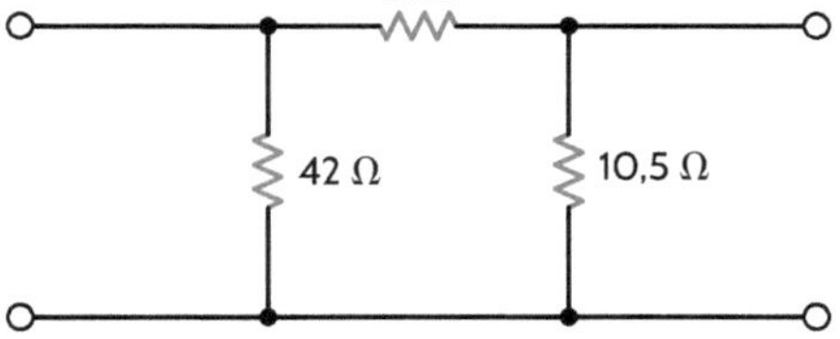

FIGURA E16.1

Resposta:
$\mathbf{y}_{11} = \frac{1}{14}$ S;
$\mathbf{y}_{12} = \mathbf{y}_{21} = -\frac{1}{21}$ S;
$\mathbf{y}_{22} = \frac{1}{7}$ S.

E16.2 Com uma fonte de 10 A conectada à entrada do circuito de duas portas na Fig. E16.1, determine a corrente em um resistor de 5 Ω conectado à porta de saída.

Resposta:
$\mathbf{I}_2 = -4{,}29$ A.

E16.3 Determine os parâmetros Y para o circuito de duas portas representado na Fig. E16.3.

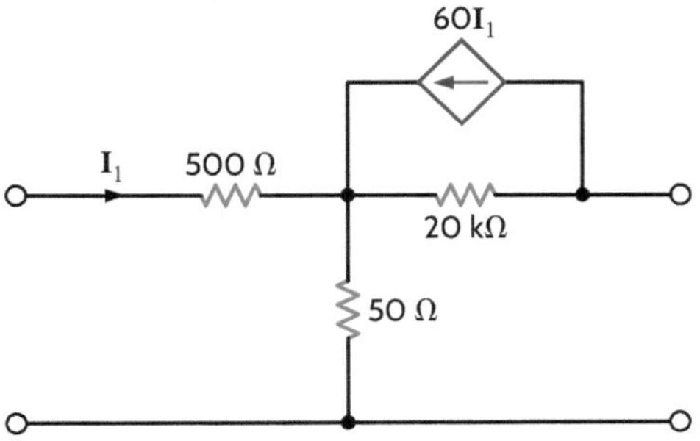

FIGURA E16.3

Resposta:
$\mathbf{y}_{11} = 282{,}2\ \mu$S;
$\mathbf{y}_{12} = -704$ nS;
$\mathbf{y}_{21} = 16{,}9$ mS;
$\mathbf{y}_{22} = 7{,}74\ \mu$S.

16.2 Parâmetros de Impedância

Vamos admitir, novamente, que o circuito de duas portas é um circuito linear e não contém fontes independentes. Com isso, aplicando superposição, podemos escrever as tensões de entrada e de saída como a soma de duas componentes, uma em função de $\mathbf{I}_1$ e outra em razão de $\mathbf{I}_2$:

$$\begin{aligned} \mathbf{V}_1 &= \mathbf{z}_{11}\mathbf{I}_1 + \mathbf{z}_{12}\mathbf{I}_2 \\ \mathbf{V}_2 &= \mathbf{z}_{21}\mathbf{I}_1 + \mathbf{z}_{22}\mathbf{I}_2 \end{aligned} \tag{16.4}$$

Essas equações que descrevem o circuito de duas portas podem, também, ser escritas na forma matricial[2] como

$$\begin{bmatrix} \mathbf{V}_1 \\ \mathbf{V}_2 \end{bmatrix} = \begin{bmatrix} \mathbf{Z}_{11} & \mathbf{Z}_{21} \\ \mathbf{Z}_{12} & \mathbf{Z}_{22} \end{bmatrix} \begin{bmatrix} \mathbf{I}_1 \\ \mathbf{I}_2 \end{bmatrix} \tag{16.5}$$

Assim como os parâmetros Y, esses *parâmetros Z* podem ser determinados da seguinte forma:

$$\begin{aligned} \mathbf{z}_{11} &= \left.\frac{\mathbf{V}_1}{\mathbf{I}_1}\right|_{\mathbf{I}_2=0} \\ \mathbf{z}_{12} &= \left.\frac{\mathbf{V}_1}{\mathbf{I}_2}\right|_{\mathbf{I}_1=0} \\ \mathbf{z}_{21} &= \left.\frac{\mathbf{V}_2}{\mathbf{I}_1}\right|_{\mathbf{I}_2=0} \\ \mathbf{z}_{22} &= \left.\frac{\mathbf{V}_2}{\mathbf{I}_2}\right|_{\mathbf{I}_1=0} \end{aligned} \tag{16.6}$$

Nas equações anteriores, a definição de $\mathbf{I}_1$ ou $\mathbf{I}_2 = 0$ equivale a abrir o circuito da porta de entrada ou de saída. Por conseguinte, os parâmetros Z são denominados *parâmetros de impedância de circuito aberto*. $\mathbf{z}_{11}$ é a *impedância de entrada de circuito aberto* e $\mathbf{z}_{22}$, a *impedância de saída de circuito aberto*. $\mathbf{z}_{12}$ e $\mathbf{z}_{21}$ são denominadas *impedâncias de transferência de circuito aberto.*

EXEMPLO 16.2

Determine os parâmetros Z para o circuito na **Fig. 16.4a**. Uma vez que os parâmetros sejam conhecidos, vamos usá-los para calcular a corrente em um resistor de 4 Ω conectado aos terminais de saída, com uma fonte de $12\,\underline{/0^\circ}$ V e impedância interna de $1 + j0$ Ω conectada à entrada.

SOLUÇÃO Na Fig. 16.4a, notamos que

$$\begin{aligned} \mathbf{z}_{11} &= 2 - j4\ \Omega \\ \mathbf{z}_{12} &= -j4\ \Omega \\ \mathbf{z}_{21} &= -j4\ \Omega \\ \mathbf{z}_{22} &= -j4 + j2 = -j2\ \Omega \end{aligned}$$

As equações para o circuito de duas portas são, então, escritas como

$$\mathbf{V}_1 = (2 - j4)\mathbf{I}_1 - j4\mathbf{I}_2$$

$$\mathbf{V}_2 = -j4\mathbf{I}_1 - j2\mathbf{I}_2$$

As condições terminais para o circuito mostrado na **Fig. 16.4b** são

$$\begin{aligned} \mathbf{V}_1 &= 12\,\underline{/0^\circ} - (1)\mathbf{I}_1 \\ \mathbf{V}_2 &= -4\mathbf{I}_2 \end{aligned}$$

Combinando estas condições com as equações de duas portas, obtemos

$$\begin{aligned} 12\,\underline{/0^\circ} &= (3 - j4)\mathbf{I}_1 - j4\mathbf{I}_2 \\ 0 &= -j4\mathbf{I}_1 + (4 - j2)\mathbf{I}_2 \end{aligned}$$

Estas equações são as equações de malha para o circuito. Resolvendo as equações para $\mathbf{I}_2$, obtemos $\mathbf{I}_2 = 1{,}61\,\underline{/137{,}73^\circ}$ A, que é a corrente na carga de 4 Ω.

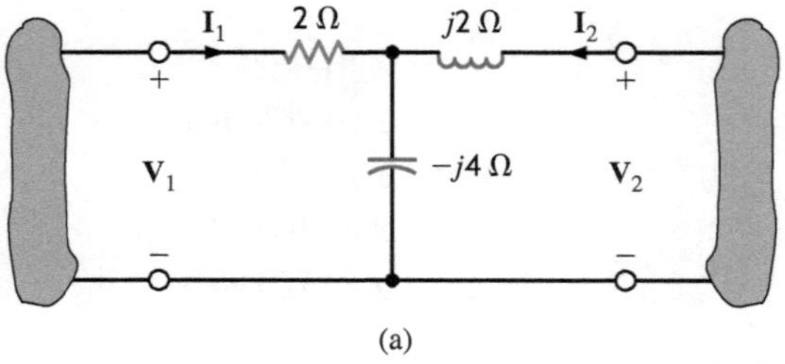

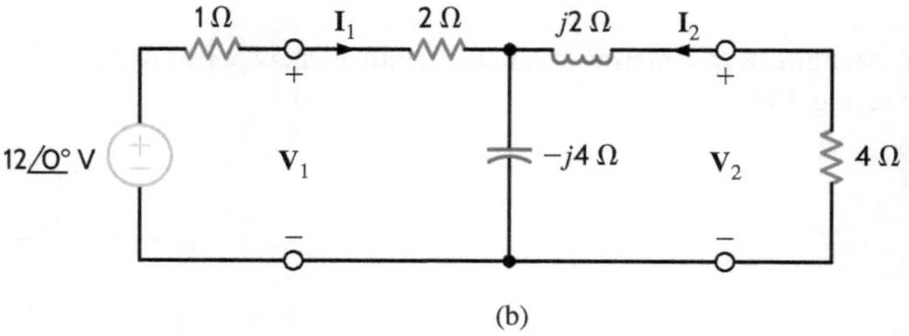

FIGURA 16.4 Circuitos empregados no Exemplo 16.2.

[2] N. T.: Esta matriz é comumente referida como matriz impedância ou matriz de impedância.

Avaliação da Aprendizagem

E16.4 Determine os parâmetros Z para o circuito na Fig. E16.4. Em seguida, calcule a corrente em uma carga de 4 Ω, com uma fonte de $12\,\underline{/0^\circ}$ V conectada na porta de entrada.

Resposta:

$\mathbf{I}_2 = -0{,}73\,\underline{/0^\circ}$ A.

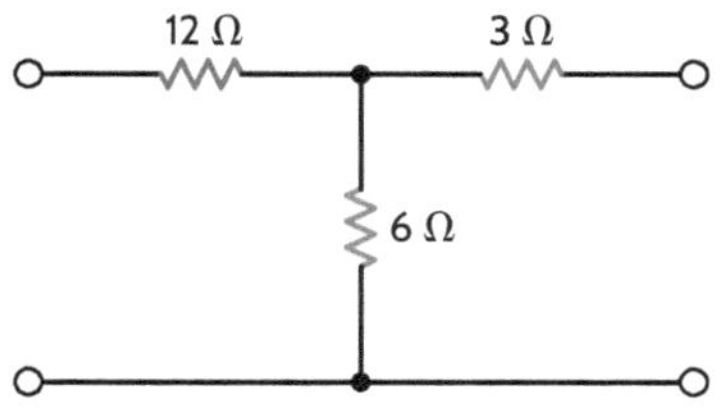

FIGURA E16.4

E16.5 Determine os parâmetros Z para o circuito de duas portas mostrado na Fig. E16.5.

Resposta:

$\mathbf{z}_{11} = 15\ \Omega$; $\mathbf{z}_{12} = 5\ \Omega$;

$\mathbf{z}_{21} = 5 - j8\ \Omega$;

$\mathbf{z}_{22} = 5 - j4\ \Omega$.

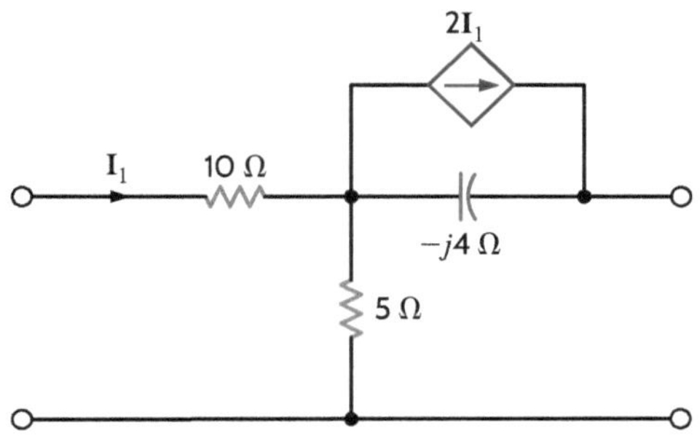

FIGURA E16.5

16.3 Parâmetros Híbridos

Com base no procedimento para a determinação dos parâmetros Y e Z, podemos obter os denominados *parâmetros híbridos*. No par de equações que definem esses parâmetros, $\mathbf{V}_1$ e $\mathbf{I}_2$ são as variáveis independentes. Portanto, as equações de duas portas para os parâmetros híbridos são

$$\begin{aligned}\mathbf{V}_1 &= \mathbf{h}_{11}\mathbf{I}_1 + \mathbf{h}_{12}\mathbf{V}_2\\ \mathbf{I}_2 &= \mathbf{h}_{21}\mathbf{I}_1 + \mathbf{h}_{22}\mathbf{V}_2\end{aligned} \qquad \textbf{16.7}$$

ou, na forma matricial,

$$\begin{bmatrix}\mathbf{V}_1\\ \mathbf{I}_2\end{bmatrix} = \begin{bmatrix}\mathbf{h}_{11} & \mathbf{h}_{12}\\ \mathbf{h}_{21} & \mathbf{h}_{22}\end{bmatrix}\begin{bmatrix}\mathbf{I}_1\\ \mathbf{V}_2\end{bmatrix} \qquad \textbf{16.8}$$

Esses parâmetros são particularmente importantes na análise de circuitos com transistores. Os parâmetros são determinados por meio das seguintes equações:

$$\begin{aligned}\mathbf{h}_{11} &= \left.\frac{\mathbf{V}_1}{\mathbf{I}_1}\right|_{\mathbf{V}_2=0}\\ \mathbf{h}_{12} &= \left.\frac{\mathbf{V}_1}{\mathbf{V}_2}\right|_{\mathbf{I}_1=0}\\ \mathbf{h}_{21} &= \left.\frac{\mathbf{I}_2}{\mathbf{I}_1}\right|_{\mathbf{V}_2=0}\\ \mathbf{h}_{22} &= \left.\frac{\mathbf{I}_2}{\mathbf{V}_2}\right|_{\mathbf{I}_1=0}\end{aligned} \qquad \textbf{16.9}$$

Os parâmetros $\mathbf{h}_{11}$, $\mathbf{h}_{12}$, $\mathbf{h}_{21}$ e $\mathbf{h}_{22}$ representam, respectivamente, a *impedância de entrada de curto-circuito*, o *ganho de tensão reversa de circuito aberto*, o *ganho de corrente direta de curto-circuito* e a *admitância de saída de circuito aberto*. Em virtude dessa mistura, os parâmetros são chamados de *parâmetros híbridos*. Na análise de circuitos com transistores, os parâmetros $\mathbf{h}_{11}$, $\mathbf{h}_{12}$, $\mathbf{h}_{21}$ e $\mathbf{h}_{22}$ são, em geral, identificados como $\mathbf{h}_i$, $\mathbf{h}_r$, $\mathbf{h}_f$ e $\mathbf{h}_o$, respectivamente.

EXEMPLO 16.3

Um circuito equivalente para o amp-op na **Fig. 16.5a** é mostrado na **Fig. 16.5b**. Determine os parâmetros híbridos para este circuito.

SOLUÇÃO O parâmetro $\mathbf{h}_{11}$ é deduzido da **Fig. 16.5c**. Com a saída em curto, $\mathbf{h}_{11}$ depende apenas de R_i, R_1 e R_2:

$$\mathbf{h}_{11} = R_i + \frac{R_1 R_2}{R_1 + R_2}$$

A **Fig. 16.5d** é usada no cálculo de $\mathbf{h}_{12}$. Como $\mathbf{I}_1 = 0$, $\mathbf{V}_i = 0$ e a relação entre $\mathbf{V}_1$ e $\mathbf{V}_2$ é a de um simples divisor de tensão:

$$\mathbf{V}_1 = \frac{\mathbf{V}_2 R_1}{R_1 + R_2}$$

Logo,

$$\mathbf{h}_{12} = \frac{R_1}{R_1 + R_2}$$

A LKT e a LKC podem ser aplicadas à Fig. 16.5c para a determinação de $\mathbf{h}_{21}$. As duas equações que relacionam $\mathbf{I}_2$ a $\mathbf{I}_1$ são

$$\mathbf{V}_i = \mathbf{I}_1 R_i$$

$$\mathbf{I}_2 = \frac{-A\mathbf{V}_i}{R_o} - \frac{\mathbf{I}_1 R_1}{R_1 + R_2}$$

Assim,

$$\mathbf{h}_{21} = -\left(\frac{AR_i}{R_o} + \frac{R_1}{R_1 + R_2}\right)$$

Por fim, da Fig. 16.5d, vemos que a relação entre $\mathbf{I}_2$ e $\mathbf{V}_2$ é

$$\frac{\mathbf{V}_2}{\mathbf{I}_2} = \frac{R_o(R_1 + R_2)}{R_o + R_1 + R_2}$$

$\mathbf{h}_{22}$ é, então, calculado como

$$\mathbf{h}_{22} = \frac{R_o + R_1 + R_2}{R_o(R_1 + R_2)}$$

As equações do circuito são:

$$\mathbf{V}_1 = \left(R_i + \frac{R_1 R_2}{R_1 + R_2}\right)\mathbf{I}_1 + \frac{R_1}{R_1 + R_2}\mathbf{V}_2$$

$$\mathbf{I}_2 = -\left(\frac{AR_i}{R_o} + \frac{R_1}{R_1 + R_2}\right)\mathbf{I}_1 + \frac{R_o + R_1 + R_2}{R_o(R_1 + R_2)}\mathbf{V}_2$$

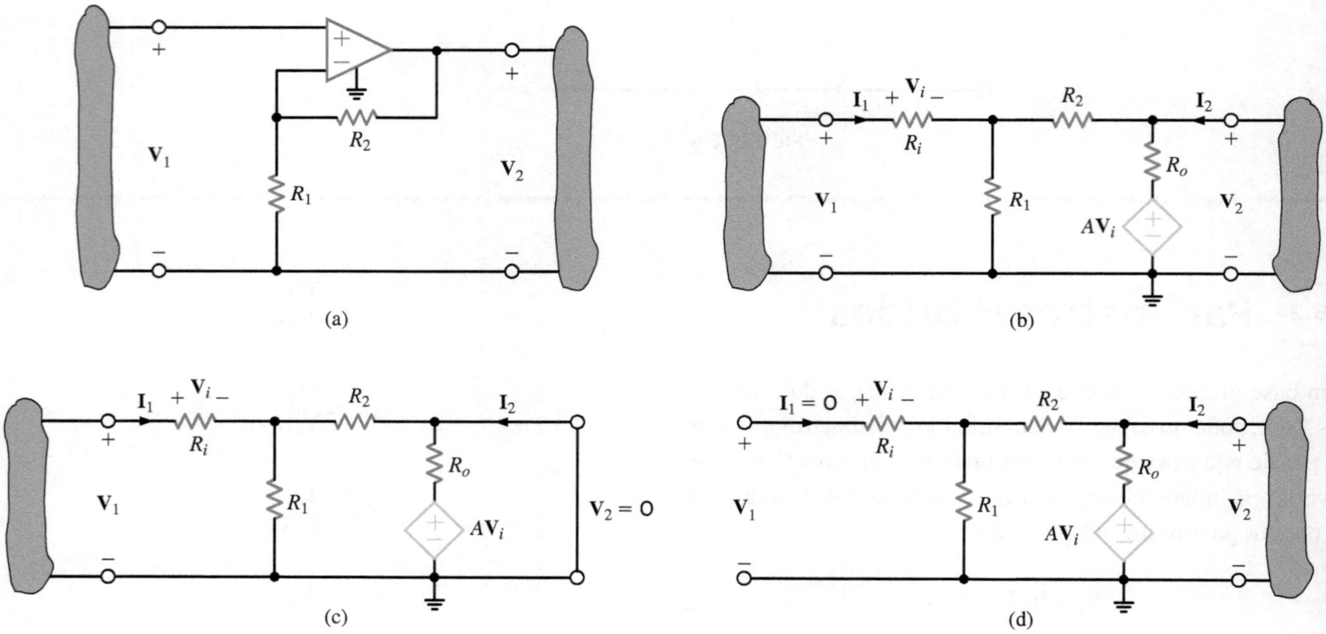

FIGURA 16.5 Circuitos empregados no Exemplo 16.3.

Avaliação da Aprendizagem

E16.6 Encontre os parâmetros híbridos para o circuito mostrado na Fig. E16.4.

Resposta:

$\mathbf{h}_{11} = 14\ \Omega$; $\mathbf{h}_{12} = \frac{2}{3}$; $\mathbf{h}_{21} = -\frac{2}{3}$; $\mathbf{h}_{22} = \frac{1}{9}$ S.

E16.7 Com uma carga de 4 Ω conectada à porta de saída do circuito examinado na Avaliação da Aprendizagem E16.6, determine a impedância de entrada das duas portas com a carga conectada.

Resposta:

$\mathbf{Z}_i = 15{,}23\ \Omega$.

E16.8 Determine os parâmetros híbridos para o circuito de duas portas mostrado na Fig. E16.3.

Resposta:

$\mathbf{h}_{11} = 3.543{,}6\ \Omega$;

$\mathbf{h}_{12} = 2{,}49 \times 10^{-3}$; $\mathbf{h}_{21} = 59{,}85$;

$\mathbf{h}_{22} = 49{,}88\ \mu\text{S}$.

16.4 Parâmetros de Transmissão

Os últimos parâmetros que discutiremos são denominados *parâmetros de transmissão* e definidos pelas equações

$$\mathbf{V}_1 = \mathbf{A}\mathbf{V}_2 - \mathbf{B}\mathbf{I}_2 \qquad \textbf{16.10}$$
$$\mathbf{I}_1 = \mathbf{C}\mathbf{V}_2 - \mathbf{D}\mathbf{I}_2$$

ou, na forma matricial,

$$\begin{bmatrix}\mathbf{V}_1\\ \mathbf{I}_1\end{bmatrix} = \begin{bmatrix}\mathbf{A} & \mathbf{B}\\ \mathbf{C} & \mathbf{D}\end{bmatrix}\begin{bmatrix}\mathbf{V}_2\\ -\mathbf{I}_2\end{bmatrix} \qquad \textbf{16.11}$$

Esses parâmetros são muito úteis na análise de circuitos conectados em cascata, como demonstraremos mais adiante. Os parâmetros são determinados por meio das seguintes equações

$$\mathbf{A} = \left.\frac{\mathbf{V}_1}{\mathbf{V}_2}\right|_{\mathbf{I}_2=0}$$

$$\mathbf{B} = \left.\frac{\mathbf{V}_1}{-\mathbf{I}_2}\right|_{\mathbf{V}_2=0} \qquad \textbf{16.12}$$

$$\mathbf{C} = \left.\frac{\mathbf{I}_1}{\mathbf{V}_2}\right|_{\mathbf{I}_2=0}$$

$$\mathbf{D} = \left.\frac{\mathbf{I}_1}{-\mathbf{I}_2}\right|_{\mathbf{V}_2=0}$$

A, **B**, **C** e **D** representam, respectivamente, a *tensão de circuito aberto*, a *impedância de transferência de curto-circuito negativa*, a *admitância de transferência de circuito aberto* e a *razão de corrente de curto-circuito negativa*. Por questões óbvias, os parâmetros de transmissão são comumente chamados *parâmetros ABCD* e a correspondente matriz, de *matriz ABCD*.

EXEMPLO 16.4

Determine os parâmetros de transmissão para o circuito na **Fig. 16.6**.

SOLUÇÃO Considere a relação entre as variáveis sob as condições indicadas nos parâmetros na Eq. (16.12). Por exemplo, com $\mathbf{I}_2 = 0$, $\mathbf{V}_2$ pode ser escrito como

$$\mathbf{V}_2 = \frac{\mathbf{V}_1}{1 + 1/j\omega}\left(\frac{1}{j\omega}\right)$$

ou

$$\mathbf{A} = \left.\frac{\mathbf{V}_1}{\mathbf{V}_2}\right|_{\mathbf{I}_2=0} = 1 + j\omega$$

Da mesma forma, com $\mathbf{V}_2 = 0$, a relação entre $\mathbf{I}_2$ e $\mathbf{V}_1$ é obtida como:

$$-\mathbf{I}_2 = \frac{\mathbf{V}_1}{1 + \dfrac{1/j\omega}{1 + 1/j\omega}}\left(\frac{1/j\omega}{1 + 1/j\omega}\right)$$

ou

$$\mathbf{B} = \frac{\mathbf{V}_1}{-\mathbf{I}_2} = 2 + j\omega$$

De modo semelhante, podemos mostrar que $\mathbf{C} = j\omega$ e $\mathbf{D} = 1 + j\omega$.

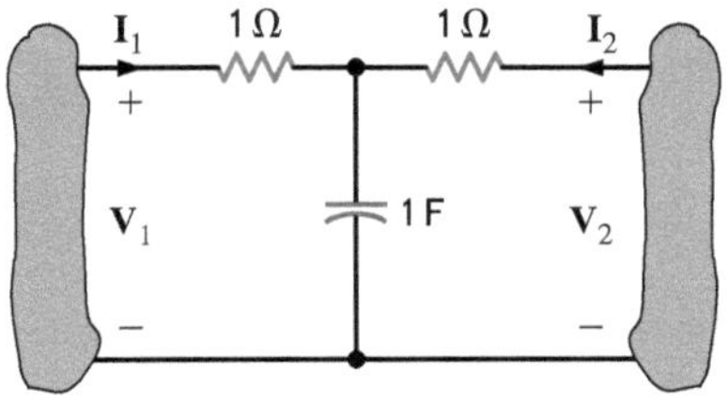

FIGURA 16.6 Circuito usado no Exemplo 16.4.

Avaliação da Aprendizagem

E16.9 Calcule os parâmetros de transmissão para o circuito de duas portas na Fig. E16.1.

Resposta:
$\mathbf{A} = 3$; $\mathbf{B} = 21\ \Omega$;
$\mathbf{C} = \frac{1}{6}$ S; $\mathbf{D} = \frac{3}{2}$.

E16.10 Calcule os parâmetros de transmissão para o circuito de duas portas representado na Fig. E16.5.

Resposta:
$\mathbf{A} = 0{,}843 + j1{,}348$;
$\mathbf{B} = 4{,}61 + j3{,}37\ \Omega$;
$\mathbf{C} = 0{,}056 + j0{,}09$ S;
$\mathbf{D} = 0{,}64 + j0{,}225$.

E16.11 Determine $\mathbf{V}_F$ com $\mathbf{V}_2 = 220\,\underline{/0^\circ}$ V rms no circuito mostrado na Fig. E16.11.

Resposta:
$\mathbf{V}_F = 1.015{,}9\,\underline{/-137{,}63^\circ}$ V rms.

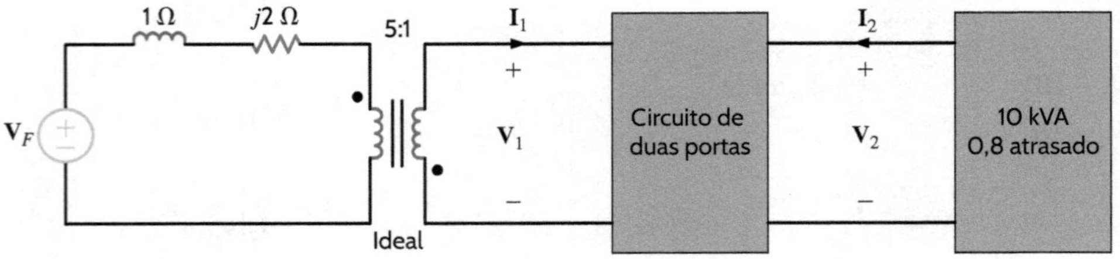

FIGURA E16.11

$$\begin{bmatrix}\mathbf{V}_1\\ \mathbf{I}_1\end{bmatrix} = \begin{bmatrix}0{,}333 + j0{,}333 & -(1{,}333 + j6)\\ j0{,}1667 & -(0{,}333 + j0{,}333)\end{bmatrix}\begin{bmatrix}\mathbf{V}_2\\ \mathbf{I}_2\end{bmatrix}$$

16.5 Conversões de Parâmetros

Caso todos os parâmetros de duas portas para um circuito existam, é possível relacionar um conjunto de parâmetros a outro, pois os parâmetros inter-relacionam as variáveis $\mathbf{V}_1$, $\mathbf{I}_1$, $\mathbf{V}_2$ e $\mathbf{I}_2$.

A **Tabela 16.1** lista todas as fórmulas de conversão que relacionam um conjunto de parâmetros de duas portas a outro. Na tabela, Δ_Z, Δ_Y, Δ_H e Δ_T referem-se aos determinantes das matrizes para os parâmetros Z, Y, híbridos e ABCD, respectivamente. Portanto, dado um conjunto de parâmetros para um circuito, podemos usar a Tabela 16.1 para determinar outros.

TABELA 16.1 Fórmulas de conversão entre parâmetros de duas portas

$\begin{bmatrix}\mathbf{z}_{11} & \mathbf{z}_{12}\\ \mathbf{z}_{21} & \mathbf{z}_{22}\end{bmatrix}$	$\begin{bmatrix}\frac{\mathbf{y}_{22}}{\Delta_Y} & \frac{-\mathbf{y}_{12}}{\Delta_Y}\\ \frac{-\mathbf{y}_{21}}{\Delta_Y} & \frac{\mathbf{y}_{11}}{\Delta_Y}\end{bmatrix}$	$\begin{bmatrix}\frac{\mathbf{A}}{\mathbf{C}} & \frac{\Delta_T}{\mathbf{C}}\\ \frac{1}{\mathbf{C}} & \frac{\mathbf{D}}{\mathbf{C}}\end{bmatrix}$	$\begin{bmatrix}\frac{\Delta_H}{\mathbf{h}_{22}} & \frac{\mathbf{h}_{12}}{\mathbf{h}_{22}}\\ \frac{-\mathbf{h}_{21}}{\mathbf{h}_{22}} & \frac{1}{\mathbf{h}_{22}}\end{bmatrix}$
$\begin{bmatrix}\frac{\mathbf{z}_{22}}{\Delta_Z} & \frac{-\mathbf{z}_{12}}{\Delta_Z}\\ \frac{-\mathbf{z}_{21}}{\Delta_Z} & \frac{\mathbf{z}_{11}}{\Delta_Z}\end{bmatrix}$	$\begin{bmatrix}\mathbf{y}_{11} & \mathbf{y}_{12}\\ \mathbf{y}_{21} & \mathbf{y}_{22}\end{bmatrix}$	$\begin{bmatrix}\frac{\mathbf{D}}{\mathbf{B}} & \frac{-\Delta_T}{\mathbf{B}}\\ -\frac{1}{\mathbf{B}} & \frac{\mathbf{A}}{\mathbf{B}}\end{bmatrix}$	$\begin{bmatrix}\frac{1}{\mathbf{h}_{11}} & \frac{-\mathbf{h}_{12}}{\mathbf{h}_{11}}\\ \frac{\mathbf{h}_{21}}{\mathbf{h}_{11}} & \frac{\Delta_H}{\mathbf{h}_{11}}\end{bmatrix}$
$\begin{bmatrix}\frac{\mathbf{z}_{11}}{\mathbf{z}_{21}} & \frac{\Delta_z}{\mathbf{z}_{21}}\\ \frac{1}{\mathbf{z}_{21}} & \frac{\mathbf{z}_{22}}{\mathbf{z}_{21}}\end{bmatrix}$	$\begin{bmatrix}\frac{-\mathbf{y}_{22}}{\mathbf{y}_{21}} & \frac{-1}{\mathbf{y}_{21}}\\ \frac{-\Delta_y}{\mathbf{y}_{21}} & \frac{-\mathbf{y}_{11}}{\mathbf{y}_{21}}\end{bmatrix}$	$\begin{bmatrix}\mathbf{A} & \mathbf{B}\\ \mathbf{C} & \mathbf{D}\end{bmatrix}$	$\begin{bmatrix}\frac{-\Delta_H}{\mathbf{h}_{21}} & \frac{-\mathbf{h}_{11}}{\mathbf{h}_{21}}\\ \frac{-\mathbf{h}_{22}}{\mathbf{h}_{21}} & \frac{-1}{\mathbf{h}_{21}}\end{bmatrix}$
$\begin{bmatrix}\frac{\Delta_Z}{\mathbf{z}_{22}} & \frac{\mathbf{z}_{12}}{\mathbf{z}_{22}}\\ \frac{-\mathbf{z}_{21}}{\mathbf{z}_{22}} & \frac{1}{\mathbf{z}_{22}}\end{bmatrix}$	$\begin{bmatrix}\frac{1}{\mathbf{y}_{11}} & \frac{-\mathbf{y}_{12}}{\mathbf{y}_{11}}\\ \frac{\mathbf{y}_{21}}{\mathbf{y}_{11}} & \frac{\Delta_Y}{\mathbf{y}_{11}}\end{bmatrix}$	$\begin{bmatrix}\frac{\mathbf{B}}{\mathbf{D}} & \frac{\Delta_T}{\mathbf{D}}\\ -\frac{1}{\mathbf{D}} & \frac{\mathbf{C}}{\mathbf{D}}\end{bmatrix}$	$\begin{bmatrix}\mathbf{h}_{11} & \mathbf{h}_{12}\\ \mathbf{h}_{21} & \mathbf{h}_{22}\end{bmatrix}$

Avaliação da Aprendizagem

E16.12 Determine os parâmetros Y para um circuito de duas portas cujos parâmetros Z são

$$\mathbf{Z} = \begin{bmatrix} 18 & 6 \\ 6 & 9 \end{bmatrix}$$

Resposta:
$\mathbf{y}_{11} = \frac{1}{14}$ S; $\mathbf{y}_{12} = \mathbf{y}_{21} = -\frac{1}{21}$ S;
$\mathbf{y}_{22} = \frac{1}{7}$ S.

16.6 Interconexão de Circuitos de Duas Portas

A interconexão de circuitos de duas portas é importante, pois, no projeto de sistemas complexos, geralmente é muito mais fácil projetar vários subsistemas mais simples que possam ser interconectados para formar o sistema completo. Se cada subsistema for tratado como um circuito de duas portas, as técnicas de interconexão descritas nesta seção ajudam a identificar a forma com que o sistema completo pode ser analisado e/ou projetado. A seguir, ilustraremos técnicas para tratar um circuito como uma combinação de subcircuitos. Analisaremos um circuito de duas portas como uma interconexão de outros circuitos de duas portas mais simples. Embora duas portas possam ser interconectadas de várias maneiras, trataremos apenas estes três tipos de conexões: paralela, série e em cascata.

Para que sejam válidas, as interconexões de duas portas devem satisfazer certos requisitos específicos descritos no livro *Network Analysis and Synthesis*, de L. Weinberg (McGraw-Hill, 1962). Os exemplos a seguir ilustrarão as técnicas de interconexão.

No caso de interconexão paralela, um circuito de duas portas N é composto de dois circuitos de duas portas N_a e N_b conectados como mostrado na **Fig. 16.7**. *Desde que as características de terminais dos dois circuitos N_a e N_b não sejam alteradas pela interconexão ilustrada na figura*, os parâmetros Y para o circuito total são obtidos como

$$\begin{bmatrix} \mathbf{y}_{11} & \mathbf{y}_{12} \\ \mathbf{y}_{21} & \mathbf{y}_{22} \end{bmatrix} = \begin{bmatrix} \mathbf{y}_{11a} + \mathbf{y}_{11b} & \mathbf{y}_{12a} + \mathbf{y}_{12b} \\ \mathbf{y}_{21a} + \mathbf{y}_{21b} & \mathbf{y}_{22a} + \mathbf{y}_{22b} \end{bmatrix} \quad \textbf{16.13}$$

Portanto, para determinar os parâmetros Y para o circuito total, basta somar os parâmetros Y dos dois circuitos N_a e N_b.

De modo semelhante, em um circuito de duas portas N composto pela conexão em série de N_a e N_b, como mostrado na **Fig. 16.8**, *desde que as características de terminais dos dois circuitos N_a e N_b não sejam alteradas pela interconexão em série*, os parâmetros Z para o circuito total são obtidos como

$$\begin{bmatrix} \mathbf{z}_{11} & \mathbf{z}_{12} \\ \mathbf{z}_{21} & \mathbf{z}_{22} \end{bmatrix} = \begin{bmatrix} \mathbf{z}_{11a} + \mathbf{z}_{11b} & \mathbf{z}_{12a} + \mathbf{z}_{12b} \\ \mathbf{z}_{21a} + \mathbf{z}_{21b} & \mathbf{z}_{22a} + \mathbf{z}_{22b} \end{bmatrix} \quad \textbf{16.14}$$

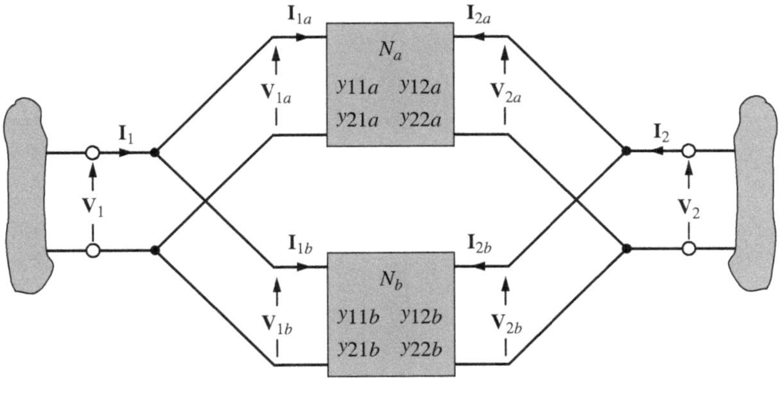

FIGURA 16.7 Interconexão paralela de dois circuitos de duas portas.

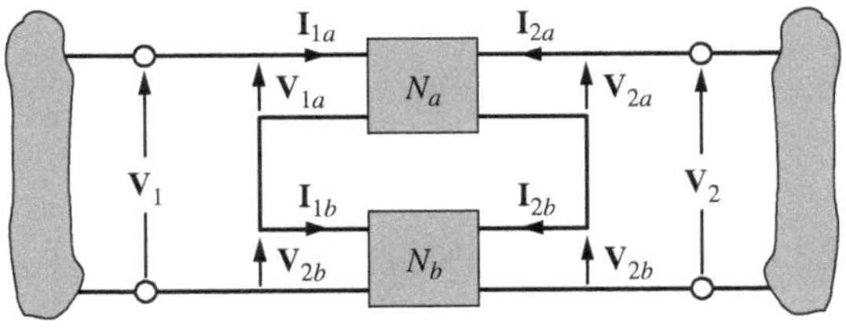

FIGURA 16.8 Interconexão em série de dois circuitos de duas portas.

Por conseguinte, os parâmetros Z para o circuito total são iguais à soma dos parâmetros Z para os circuitos N_a e N_b.

Por fim, em um circuito de duas portas N composto por uma interconexão em cascata de N_a e N_b, como mostrado na **Fig. 16.9**, as equações para o circuito total são calculadas como

$$\begin{bmatrix}\mathbf{V}_1\\ \mathbf{I}_1\end{bmatrix} = \begin{bmatrix}\mathbf{A}_a & \mathbf{B}_a\\ \mathbf{C}_a & \mathbf{D}_a\end{bmatrix}\begin{bmatrix}\mathbf{A}_b & \mathbf{B}_b\\ \mathbf{C}_b & \mathbf{D}_b\end{bmatrix}\begin{bmatrix}\mathbf{V}_2\\ -\mathbf{I}_2\end{bmatrix} \qquad \textbf{16.15}$$

Assim, os parâmetros de transmissão para o circuito total são determinados por multiplicação de matrizes, como indicado anteriormente. A ordem da multiplicação das matrizes é importante e realizada na ordem em que os circuitos são interconectados.

A interconexão em cascata é muito útil. Muitos sistemas grandes podem ser modelados como a interligação em cascata de vários estágios, o que simplifica a análise. Por exemplo, o sinal muito fraco captado por uma antena de rádio passa por vários estágios sucessivos de amplificação – cada um dos quais pode ser modelado como um subcircuito de duas portas. Ademais, ao contrário dos outros esquemas de interconexão, na obtenção dos parâmetros de duas portas do circuito resultante de uma interconexão em cascata de N_a e de N_b, nenhuma restrição é imposta aos parâmetros desses subcircuitos.

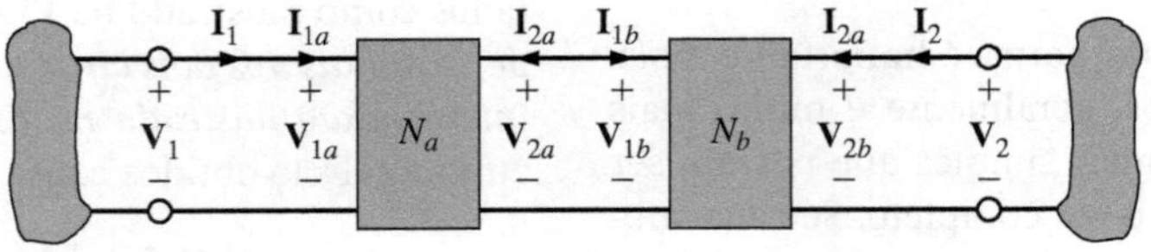

FIGURA 16.9 Interconexão em cascata de dois circuitos de duas portas.

EXEMPLO 16.5

Determine os parâmetros Y para o circuito representado na **Fig. 16.10a**, modelando-o como uma combinação paralela de dois circuitos, como mostrado na **Fig. 16.10b**. Identifique o circuito capacitivo como N_a e o circuito resistivo, como N_b.

SOLUÇÃO Os parâmetros Y para N_a são

$$\mathbf{y}_{11a} = j\frac{1}{2}\,\text{S} \qquad \mathbf{y}_{12a} = -j\frac{1}{2}\,\text{S}$$

$$\mathbf{y}_{21a} = -j\frac{1}{2}\,\text{S} \qquad \mathbf{y}_{22a} = j\frac{1}{2}\,\text{S}$$

e para N_b, são

$$\mathbf{y}_{11b} = \frac{3}{5}\,\text{S} \qquad \mathbf{y}_{12b} = -\frac{1}{5}\,\text{S}$$

$$\mathbf{y}_{21b} = -\frac{1}{5}\,\text{S} \qquad \mathbf{y}_{22b} = \frac{2}{5}\,\text{S}$$

Portanto, os parâmetros Y para o circuito na Fig. 16.10 são

$$\mathbf{y}_{11} = \frac{3}{5} + j\frac{1}{2}\,\text{S} \qquad \mathbf{y}_{12} = -\left(\frac{1}{5} + j\frac{1}{2}\right)\text{S}$$

$$\mathbf{y}_{21} = -\left(\frac{1}{5} + j\frac{1}{2}\right)\text{S} \qquad \mathbf{y}_{22} = \frac{2}{5} + j\frac{1}{2}\,\text{S}$$

Para comprovar como esta abordagem simplifica a análise, basta tentar determinar os parâmetros Y para o circuito na Fig. 16.10a diretamente.

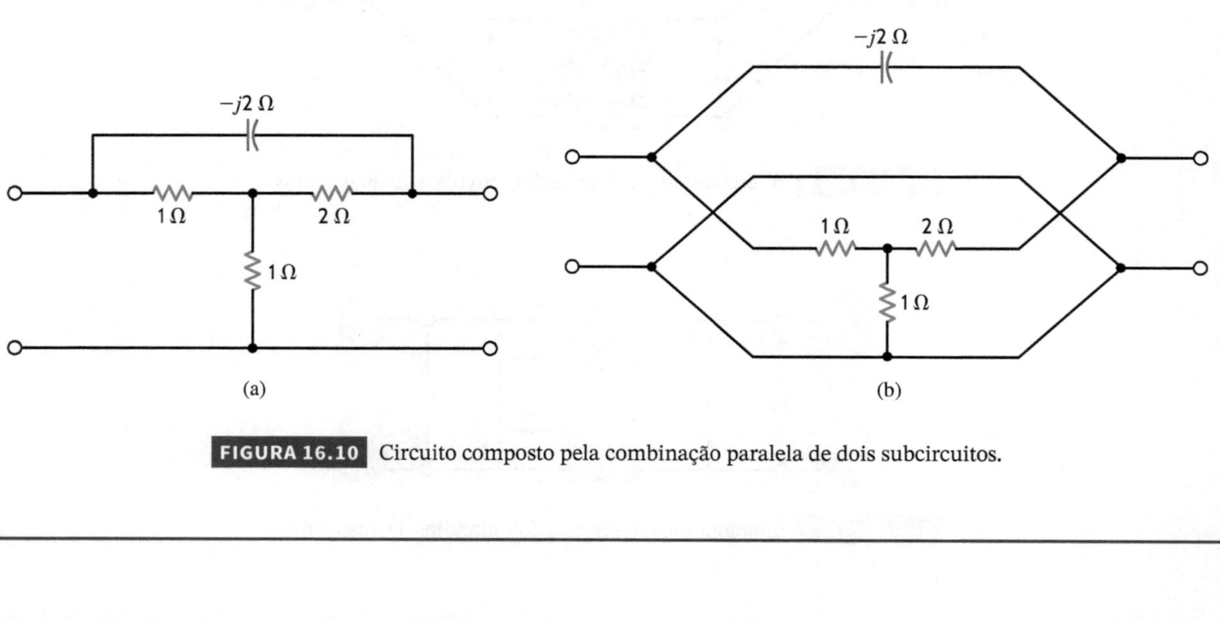

FIGURA 16.10 Circuito composto pela combinação paralela de dois subcircuitos.

EXEMPLO 16.6

Determine os parâmetros Z para o circuito representado na Fig. 16.10a. O circuito é redesenhado na **Fig. 16.11** como uma interconexão série de dois subcircuitos. Identifique o superior como N_a e o inferior, como N_b.

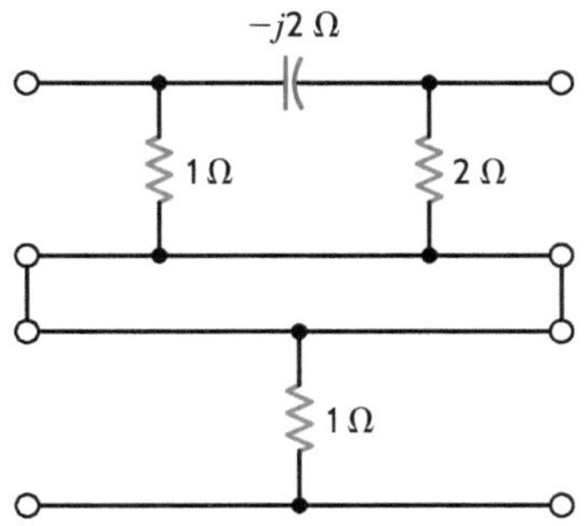

FIGURA 16.11 Circuito na Fig. 16.10a redesenhado como uma interconexão série de dois subcircuitos.

SOLUÇÃO Os parâmetros Z para N_a são

$$\mathbf{z}_{11a} = \frac{2-2j}{3-2j}\,\Omega \qquad \mathbf{z}_{12a} = \frac{2}{3-2j}\,\Omega$$

$$\mathbf{z}_{21a} = \frac{2}{3-2j}\,\Omega \qquad \mathbf{z}_{22a} = \frac{2-4j}{3-2j}\,\Omega$$

e para N_b são

$$\mathbf{z}_{11b} = \mathbf{z}_{12b} = \mathbf{z}_{21b} = \mathbf{z}_{22b} = 1\,\Omega$$

Assim, os parâmetros Z para o circuito total são

$$\mathbf{z}_{11} = \frac{5-4j}{3-2j}\,\Omega \qquad \mathbf{z}_{12} = \frac{5-2j}{3-2j}\,\Omega$$

$$\mathbf{z}_{21} = \frac{5-2j}{3-2j}\,\Omega \qquad \mathbf{z}_{22} = \frac{5-6j}{3-2j}\,\Omega$$

Aplicando as fórmulas de conversão da Tabela 16.1, estes resultados podem ser facilmente comprovados comparando-os com os obtidos no Exemplo 16.5.

EXEMPLO 16.7

Determine os parâmetros de duas portas do circuito na **Fig. 16.12** modelando-o como uma conexão em cascata de dois subcircuitos, como mostrado na Fig. 16.6.

SOLUÇÃO Os parâmetros ABCD para circuitos T idênticos foram calculados no Exemplo 16.4 como

$$\mathbf{A} = 1 + j\omega \qquad \mathbf{B} = 2 + j\omega$$

$$\mathbf{C} = j\omega \qquad \mathbf{D} = 1 + j\omega$$

Portanto, os parâmetros de transmissão para o circuito total são

$$\begin{bmatrix} \mathbf{A} & \mathbf{B} \\ \mathbf{C} & \mathbf{D} \end{bmatrix} = \begin{bmatrix} 1+j\omega & 2+j\omega \\ j\omega & 1+j\omega \end{bmatrix} \begin{bmatrix} 1+j\omega & 2+j\omega \\ j\omega & 1+j\omega \end{bmatrix}$$

Efetuando a multiplicação das matrizes, obtemos

$$\begin{bmatrix} \mathbf{A} & \mathbf{B} \\ \mathbf{C} & \mathbf{D} \end{bmatrix} = \begin{bmatrix} 1+4j\omega-2\omega^2 & 4+6j\omega-2\omega^2 \\ 2j\omega-2\omega^2 & 1+4j\omega-2\omega^2 \end{bmatrix}$$

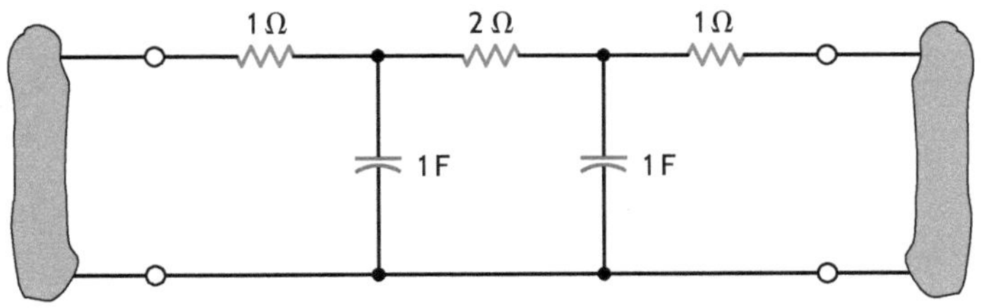

FIGURA 16.12 Circuito usado no Exemplo 16.7.

EXEMPLO 16.8

A **Fig. 16.13** mostra um modelo por fase usado na análise de linhas de transmissão de alta-tensão trifásica. Em sistemas deste tipo, em geral, são conhecidas a tensão e a corrente nos terminais de recepção, e as condições nos terminais de transmissão devem ser determinadas. Os parâmetros de transmissão se encaixam perfeitamente nesse cenário. Assim, determine os parâmetros de transmissão para um adequado modelo de linha de transmissão e, com as dadas tensões, potência e fator de potência nos terminais de recepção, calcule a corrente nestes terminais, tensão e corrente nos terminais de transmissão e a eficiência de transmissão. Por fim, trace um gráfico da eficiência em função do fator de potência.

SOLUÇÃO Para uma linha de transmissão com 150 milhas de comprimento, valores razoáveis para os elementos do circuito π do modelo de linha de transmissão são $C = 1{,}326\ \mu\text{F}$, $R = 9{,}0\ \Omega$ e

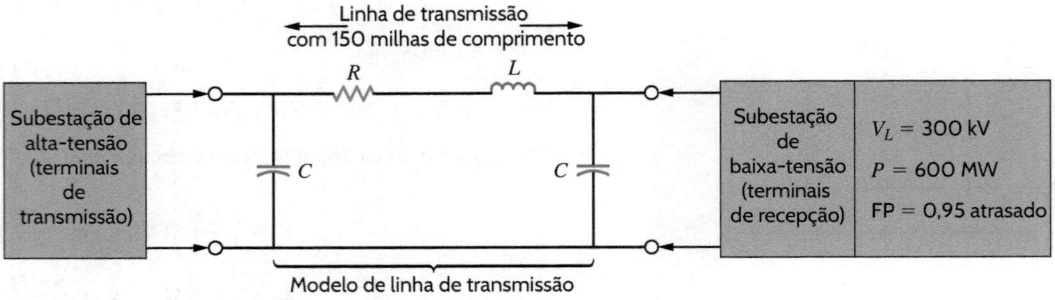

FIGURA 16.13 Modelo de circuito π para linhas de transmissão de alta-tensão.

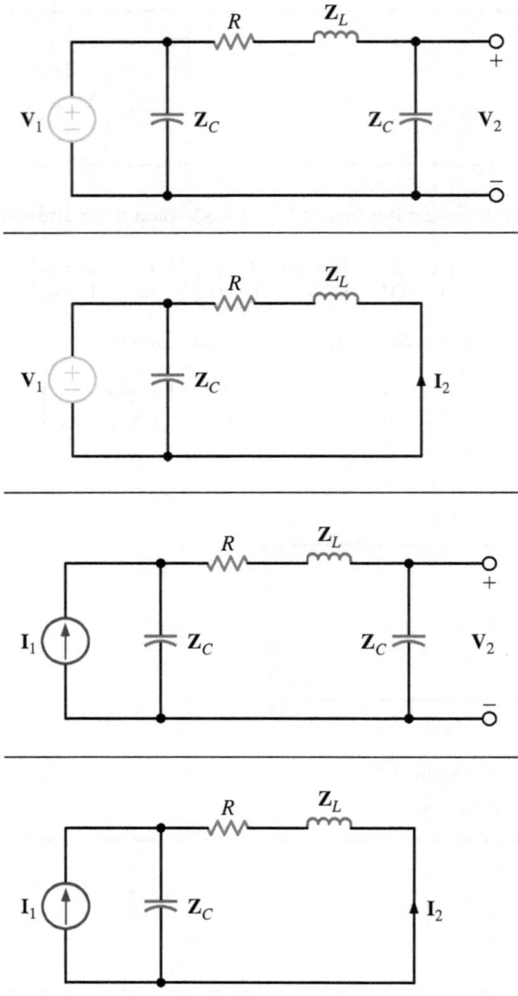

$$\left.\frac{\mathbf{V}_2}{\mathbf{V}_1}\right|_{\mathbf{I}_2=0} = \frac{\mathbf{Z}_C}{\mathbf{Z}_C + \mathbf{Z}_L + R}$$

$$\mathbf{A} = \left.\frac{\mathbf{V}_1}{\mathbf{V}_2}\right|_{\mathbf{I}_2=0} = \frac{\mathbf{Z}_C + \mathbf{Z}_L + R}{\mathbf{Z}_C} = 0{,}9590\ \underline{/0{,}27^\circ}$$

$$\left.\frac{-\mathbf{I}_2}{\mathbf{V}_1}\right|_{\mathbf{V}_2=0} = \frac{1}{\mathbf{Z}_L + R}$$

$$\mathbf{B} = \left.\frac{\mathbf{V}_1}{-\mathbf{I}_2}\right|_{\mathbf{V}_2=0} = \mathbf{Z}_L + R = 100{,}00\ \underline{/84{,}84^\circ}\ \Omega$$

$$\left.\frac{\mathbf{V}_2}{\mathbf{I}_1}\right|_{\mathbf{I}_2=0} = \frac{\mathbf{Z}_C^2}{2\mathbf{Z}_C + \mathbf{Z}_L + R}$$

$$\mathbf{C} = \left.\frac{\mathbf{V}_2}{\mathbf{I}_1}\right|_{\mathbf{I}_2=0} = \frac{2\mathbf{Z}_C + \mathbf{Z}_L + R}{\mathbf{Z}_C^2} = 975{,}10\ \underline{/90{,}13^\circ}\ \mu\text{S}$$

$$\left.\frac{-\mathbf{I}_2}{\mathbf{I}_1}\right|_{\mathbf{V}_2=0} = \frac{\mathbf{Z}_C}{\mathbf{Z}_C + \mathbf{Z}_L + R}$$

$$\mathbf{D} = \left.\frac{\mathbf{I}_1}{-\mathbf{I}_2}\right|_{\mathbf{V}_2=0} = \frac{\mathbf{Z}_C + \mathbf{Z}_L + R}{\mathbf{Z}_C} = 0{,}950\ \underline{/0{,}27^\circ}$$

FIGURA 16.14 Circuitos equivalentes usados para determinar os parâmetros de transmissão.

$L = 264{,}18$ mH. Os parâmetros de transmissão podem ser facilmente calculados usando os circuitos na **Fig. 16.14**. Em 60 Hz, os parâmetros de transmissão são

$$\mathbf{A} = 0{,}9590\,\underline{/0{,}27°} \qquad \mathbf{C} = 975{,}10\,\underline{/90{,}13°}\ \mu\text{S}$$
$$\mathbf{B} = 100{,}00\,\underline{/84{,}84°}\ \Omega \qquad \mathbf{D} = 0{,}9590\,\underline{/0{,}27°}$$

Para usar os parâmetros de transmissão, é necessário conhecer a corrente nos terminais de recepção, $\mathbf{I}_2$. Usando a análise de circuitos trifásicos padrão descrita no Capítulo 11, calculamos a corrente de linha como

$$\mathbf{I}_2 = -\frac{600\underline{/\cos^{-1}(\text{FP})}}{\sqrt{3}(300)(\text{FP})} = -1{,}215\,\underline{/-18{,}19°}\ \text{kA}$$

em que admitimos que a tensão linha-neutro (isto é, fase) nos terminais de recepção, $\mathbf{V}_2$, tem fase zero. Agora, podemos usar os parâmetros de transmissão para determinar a tensão e a potência nos terminais de transmissão. Como a tensão linha-neutro nos terminais de recepção é $300/\sqrt{3} = 173{,}21$ kV, os resultados são

$$\mathbf{V}_1 = \mathbf{A}\mathbf{V}_2 - \mathbf{B}\mathbf{I}_2 = (0{,}9590\underline{/0{,}27°})(173{,}21\underline{/0°})$$
$$+ (100{,}00\underline{/84{,}84°})(1{,}215\underline{/-18{,}19°}) = 241{,}92\underline{/27{,}67°}\ \text{kV}$$

$$\mathbf{I}_1 = \mathbf{C}\mathbf{V}_2 - \mathbf{D}\mathbf{I}_2 = (975{,}10 \times 10^{-6}\underline{/90{,}13°})(173{,}21)\underline{/0°})$$
$$+ (0{,}9590\underline{/0{,}27°})(1{,}215\underline{/-18{,}19°}) = 1{,}12\underline{/-9{,}71°}\ \text{kA}$$

Nos terminais de transmissão, o fator de potência e a potência são calculados como

$$\text{FP} = \cos(27{,}67 - (-9{,}71)) = \cos(37{,}38) = 0{,}80 \text{ atrasado}$$
$$P_1 = 3V_1I_1(\text{FP}) = (3)(241{,}92)(1{,}12)(0{,}80) = 650{,}28 \text{ MW}$$

Por fim, a eficiência de transmissão é obtida como

$$\eta = \frac{P_2}{P_1} = \frac{600}{650{,}28} = 92{,}3\%$$

Toda essa análise pode ser programada com facilidade em uma planilha de Excel. Um gráfico da eficiência de transmissão em função do fator de potência nos terminais de recepção é mostrado na **Fig. 16.15**. Vemos que, à medida que o fator de potência diminui, a eficiência de transmissão cai, o que aumenta o custo de produção para a concessionária de energia elétrica. Exatamente por isso as concessionárias incentivam que clientes industriais operem o mais próximo possível do fator de potência unitário.

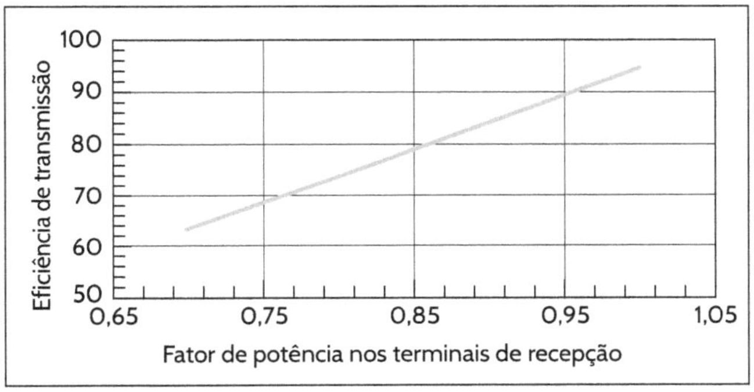

FIGURA 16.15 Resultados de simulação com Microsoft Excel, mostrando o efeito que o fator de potência nos terminais de recepção tem sobre a eficiência da transmissão. Como a simulação em Excel usou mais dígitos significativos, há pequenas diferenças entre os valores no gráfico e os do texto.

Resumo

- Quatro dos parâmetros de uso mais comum na análise de circuitos de duas portas são os parâmetros de admitância, de impedância, híbridos e de transmissão.
- Se todos os parâmetros de duas portas de um circuito existirem, um conjunto de fórmulas de conversão pode ser usado para relacionar um conjunto de parâmetros de duas portas a outro.
- Na interconexão de circuitos de duas portas, em uma conexão paralela, os parâmetros Y são somados; em uma conexão série, os parâmetros Z são somados; em uma conexão em cascata, os parâmetros de transmissão na forma matricial são multiplicados.

APÊNDICE

Números Complexos

O leitor, provavelmente, já leu sobre números complexos e seu uso em outros textos; portanto, aqui, apresentamos apenas uma rápida revisão dos elementos empregados neste livro.

A.1 Representação de Números Complexos

Números complexos são representados em três formas: *exponencial*, *polar* e *retangular*. Na forma exponencial, um número complexo **A** é escrito como

$$\mathbf{A} = ze^{j\theta} \tag{1}$$

A grandeza real não negativa z é a *amplitude*, *magnitude* ou *módulo* de **A**; a grandeza real θ é o *ângulo de fase* (ou simplesmente *fase*) de **A**; j é a *unidade imaginária* $j = \sqrt{-1}$, de modo que $j^2 = -1$, $j^3 = -\sqrt{-1} = -j$ e assim por diante. Como indicado no corpo principal do texto, θ é expresso em radianos ou graus.

A *forma polar* de um número complexo **A**, simbolicamente equivalente à forma exponencial, é escrita como

$$\mathbf{A} = z\underline{/\theta} \tag{2}$$

Neste caso, a expressão $e^{j\theta}$ é substituída pelo símbolo de ângulo $\underline{/\theta}$. A representação de um número complexo **A** por uma magnitude z em um dado ângulo θ sugere uma representação em coordenadas polares, em um plano complexo.

A representação retangular de um número complexo é escrita como

$$\mathbf{A} = x + jy \tag{3}$$

em que os números reais x e y são, respectivamente, a parte real e a parte imaginária de **A**, e usualmente representadas como

$$\begin{aligned} x &= \text{Re}\,(\mathbf{A}) \\ y &= \text{Im}\,(\mathbf{A}) \end{aligned} \tag{4}$$

O número complexo $\mathbf{A} = x + jy$ pode ser representado graficamente no plano complexo como mostrado na **Fig. A.1**. A parte imaginária de **A**, y, é real; $x + jy$ posiciona um único ponto no plano complexo, que também pode ser descrito por uma magnitude z, que é a distância em linha reta da origem ao ponto, e um ângulo θ, que é o ângulo entre o eixo real positivo e a reta que liga o ponto à origem.

As relações entre as várias representações de **A** podem ser entendidas com aplicação da identidade de Euler:

$$e^{j\theta} = \cos\theta + j\,\text{sen}\,\theta \tag{5}$$

Usando esta identidade, o número complexo **A** pode ser escrito como

$$\mathbf{A} = ze^{j\theta} = z\cos\theta + jz\,\text{sen}\,\theta \tag{6}$$

que, como mostrado na Fig. A.1, equivale a

$$\mathbf{A} = x + jy$$

Igualando as partes real e imaginária dessas duas equações, temos

$$\begin{aligned} x &= z\cos\theta \\ y &= z\,\text{sen}\,\theta \end{aligned} \tag{7}$$

A partir dessas equações, obtemos

$$x^2 + y^2 = z^2\cos^2\theta + z^2\,\text{sen}^2\,\theta = z^2$$

Logo,

$$z = \sqrt{x^2 + y^2} \geq 0 \tag{8}$$

Além disso,

$$\frac{z\,\text{sen}\,\theta}{z\cos\theta} = \tan\theta = \frac{y}{x}$$

Com isso,

$$\theta = \tan^{-1}\frac{y}{x} \tag{9}$$

As relações entre as três representações de um número complexo são as apresentadas na tabela adiante.

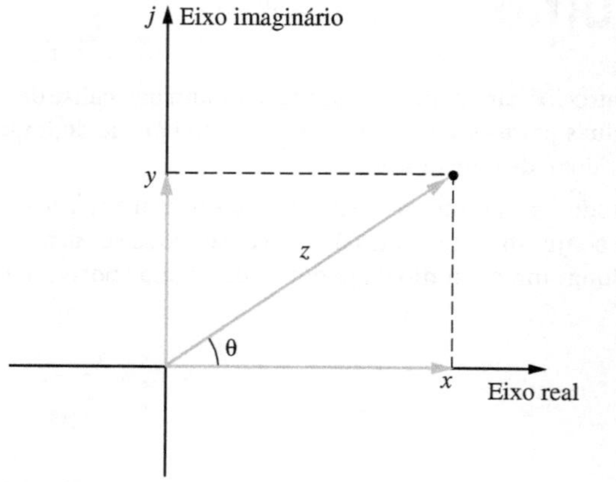

FIGURA A.1 Representação de um número complexo no plano complexo.

Exponencial	Polar	Retangular
$ze^{j\theta}$	$z\underline{/\theta}$	$x + jy$
$\theta = \tan^{-1}\frac{y}{x}$	$\theta = \tan^{-1}\frac{y}{x}$	$x = z\cos\theta$
$z = \sqrt{x^2 + y^2}$	$z = \sqrt{x^2 + y^2}$	$y = z \text{ sen } \theta$

EXEMPLO A.1

Seja **A** um número complexo na forma polar: $\mathbf{A} = 10\underline{/30}°$; expresse **A** nas formas exponencial e retangular.

$$\mathbf{A} = 10\underline{/30}° = 10e^{j30°} = 10[\cos 30° + j \text{ sen } 30°] = 8{,}66 + j5{,}0$$

EXEMPLO A.2

Expresse o número complexo $\mathbf{A} = 4 + j3$ nas formas exponencial e polar. Além disso, expressemos $-\mathbf{A}$ nas formas exponencial e polar.

$$\mathbf{A} = 4 + j3 = \sqrt{4^2 + 3^2}\tan^{-1}\frac{3}{4}$$
$$= 5\underline{/36{,}9°}$$

E, também,

$$-\mathbf{A} = -5\underline{/36{,}9°} = 5\underline{/36{,}9° + 180°} = 5\underline{/216{,}9°} = 5e^{j216{,}9°}$$

ou

$$-\mathbf{A} = -5\underline{/36{,}9°} = 5\underline{/36{,}9° - 180°} = 5\underline{/-143{,}1°} = 5e^{-j143{,}1°}$$

A.2 Operações Matemáticas

Veremos, agora, que as operações de adição, subtração, multiplicação e divisão se aplicam a números complexos da mesma maneira que se aplicam a números reais. Antes de prosseguir com esta ilustração, vamos examinar duas definições importantes.

Dois números complexos **A** e **B** definidos como

$$\mathbf{A} = z_1 e^{j\theta_1} = z_1\underline{/\theta_1} = x_1 + jy_1$$
$$\mathbf{B} = z_2 e^{j\theta_2} = z_2\underline{/\theta_2} = x_2 + jy_2$$

são *iguais*, se e somente se, $x_1 = x_2$ e $y_1 = y_2$ ou $z_1 = z_2$ e $\theta_1 = \theta_2 \pm n360°$, em que $n = 0, 1, 2, 3,...$

EXEMPLO A.3

Para $\mathbf{A} = 2 + j3$, $\mathbf{B} = 2 - j3$, $\mathbf{C} = 4\underline{/30°}$ e $\mathbf{D} = 4\underline{/750°}$, vemos que: $\mathbf{A} \neq \mathbf{B}$, mas $\mathbf{C} = \mathbf{D}$, pois $30° = 30° + 2(360°)$.

O *complexo conjugado*, $\mathbf{A}^*$, de um número complexo $\mathbf{A} = x + jy$ é definido como

$$\mathbf{A}^* = x - jy \tag{10}$$

ou seja, para obter o complexo conjugado, j é substituído por $-j$ na forma retangular (ou na forma polar). O módulo de $\mathbf{A}^*$ é o mesmo de **A**, pois

$$z = \sqrt{x^2 + (-y)^2} = \sqrt{x^2 + y^2}$$

Contudo, o ângulo de fase passa a

$$\tan^{-1}\frac{-y}{x} = -\theta$$

Por conseguinte, nas formas exponencial e polar, o complexo conjugado é escrito como

$$\mathbf{A}^* = ze^{-j\theta} = z\underline{/-\theta} \tag{11}$$

E vale a relação

$$(\mathbf{A}^*)^* = \mathbf{A} \tag{12}$$

EXEMPLO A.4

Com $\mathbf{A} = 10\underline{/30°}$ e $\mathbf{B} = 4 + j3$, temos: $\mathbf{A}^* = 10\underline{/-30°}$ e $\mathbf{B}^* = 4 - j3$.
$(\mathbf{A}^*)^* = 10\underline{/30°} = \mathbf{A}$ e $(\mathbf{B}^*)^* = 4 + j3 = \mathbf{B}$.

Adição

A soma de dois números complexos $\mathbf{A} = x_1 + jy_1$ e $\mathbf{B} = x_2 + jy_2$ é dada por

$$\begin{aligned}\mathbf{A} + \mathbf{B} &= x_1 + jy_1 + x_2 + jy_2 \\ &= (x_1 + x_2) + j(y_1 + y_2)\end{aligned} \tag{13}$$

Portanto, para obter as partes real e imaginária do número complexo resultante, somamos as partes reais individuais e somamos as partes imaginárias individuais. A operação de adição pode ser ilustrada graficamente representando cada número complexo como um vetor no plano complexo e, em seguida, realizando a adição vetorial. Esta abordagem gráfica é mostrada na **Fig. A.2**. A adição de vetores é realizada traçando os vetores de ponta a ponta ou simplesmente completando o paralelogramo.

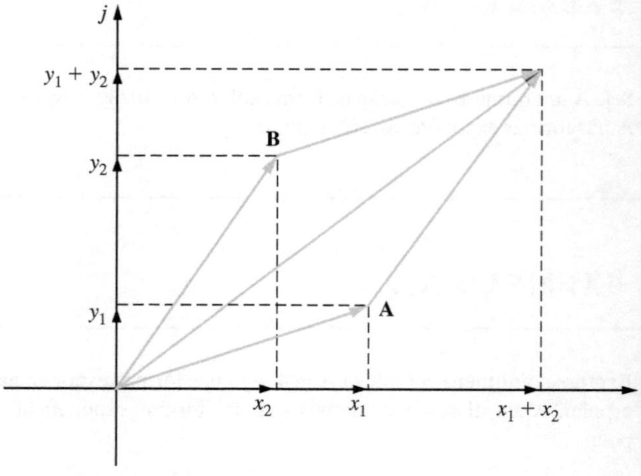

FIGURA A.2 Adição vetorial de números complexos.

EXEMPLO A.5

Dados os números complexos $\mathbf{A} = 4 + j1$, $\mathbf{B} = 3 - j2$ e $\mathbf{C} = -2 - j4$, calcule $\mathbf{A} + \mathbf{B}$ e $\mathbf{A} + \mathbf{C}$ (**Fig. A.3**).

$$\begin{aligned}\mathbf{A} + \mathbf{B} &= (4 + j1) + (3 - j2) \\ &= 7 - j1 \\ \mathbf{A} + \mathbf{C} &= (4 + j1) + (-2 - j4) \\ &= 2 - j3\end{aligned}$$

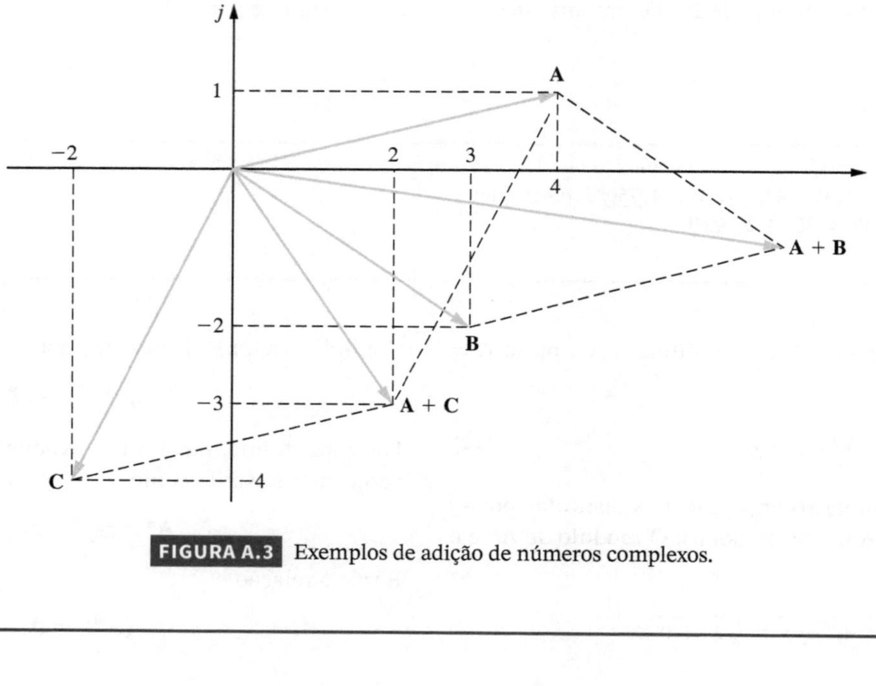

FIGURA A.3 Exemplos de adição de números complexos.

EXEMPLO A.6

Calcule a soma **A** + **B**, com $\mathbf{A} = 5\underline{/36{,}9^\circ}$ e $\mathbf{B} = 5\underline{/53{,}1^\circ}$.

Devemos, primeiro, converter da forma polar para a retangular.

$$\mathbf{A} = 5\underline{/36{,}9^\circ} = 4 + j3$$

$$\mathbf{B} = 5\underline{/53{,}1^\circ} = 3 + j4$$

Logo,

$$\begin{aligned}\mathbf{A} + \mathbf{B} &= 4 + j3 + 3 + j4 = 7 + j7 \\ &= 9{,}9\underline{/45^\circ}\end{aligned}$$

Subtração

A diferença entre dois números complexos $\mathbf{A} = x_1 + jy_1$ e $\mathbf{B} = x_2 + jy_2$ é dada por

$$\begin{aligned}\mathbf{A} - \mathbf{B} &= (x_1 + jy_1) - (x_2 + jy_2) \\ &= (x_1 - x_2) + j(y_1 - y_2)\end{aligned} \quad \textbf{(14)}$$

Para obter as partes real e imaginária do número complexo resultante, subtraímos as partes reais individuais e subtraímos as partes imaginárias individuais. Como um sinal negativo corresponde a uma mudança de fase de 180°, a técnica gráfica para calcular a subtração (**A** − **B**) consiste em representar **A** e **B** como vetores no plano complexo, girar o vetor **B** de 180° e somá-lo ao vetor **A**.

EXEMPLO A.7

Dados $\mathbf{A} = 3 + j1$ e $\mathbf{B} = 2 - j2$, calcule a diferença **A** − **B**.

$$\begin{aligned}\mathbf{A} - \mathbf{B} &= (3 + j1) - (2 - j2) \\ &= 1 + j3\end{aligned}$$

A solução gráfica é mostrada na **Fig. A.4**.

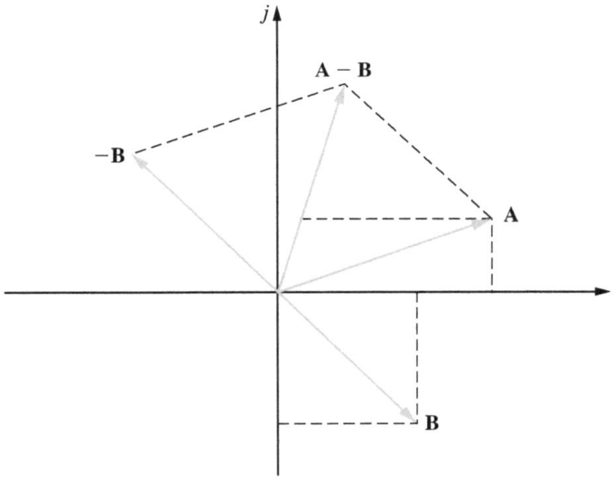

FIGURA A.4 Exemplo de subtração de números complexos.

EXEMPLO A.8

Calcule a diferença **A** – **B**, com $\mathbf{A} = 5\underline{/36{,}9^\circ}$ e $\mathbf{B} = 5\underline{/53{,}1^\circ}$.

Convertendo os dois números da forma polar para a retangular, temos

$$\mathbf{A} = 5\underline{/36{,}9^\circ} = 4 + j3$$

$$\mathbf{B} = 5\underline{/53{,}1^\circ} = 3 + j4$$

Logo,

$$\mathbf{A} - \mathbf{B} = (4 + j3) - (3 + j4) = 1 - j1 = \sqrt{2}\ \underline{/-45^\circ}$$

EXEMPLO A.9

Dado o número complexo $\mathbf{A} = 5\angle 36{,}9°$, calcule $\mathbf{A}^*$, $\mathbf{A} + \mathbf{A}^*$ e $\mathbf{A} - \mathbf{A}^*$.

Com $\mathbf{A} = 5\angle 36{,}9° = 4 + j3$, $\mathbf{A}^* = 5\angle -36{,}9° = 4 - j3$. Assim, $\mathbf{A} + \mathbf{A}^* = 8$ e $\mathbf{A} - \mathbf{A}^* = j6$.

A adição e a subtração de números complexos são operações diretas quando os números estão expressos na forma retangular. A soma de um número complexo com seu complexo conjugado é um número real, e a diferença entre um número complexo e seu complexo conjugado é um número imaginário.[1]

Multiplicação

O produto de dois números complexos $\mathbf{A} = z_1e^{j\theta_1} = z_1\angle\theta_1 = x_1 + jy_1$ e $\mathbf{B} = z_2e^{j\theta_2} = z_2\angle\theta_2 = x^2 + jy_2$ é dado por

$$\mathbf{AB} = (z_1e^{j\theta_1})(z_2e^{j\theta_2}) = z_1z_2e^{j(\theta_1+\theta_2)} = z_1z_2\angle\theta_1+\theta_2 \tag{15}$$

ou

$$\begin{aligned}\mathbf{AB} &= (x_1 + jy_1)(x_2 + jy_2)\\ &= x_1x_2 + jx_1y_2 + jx_2y_1 + j^2y_1y_2\\ &= (x_1x_2 - y_1y_2) + j(x_1y_2 + x_2y_1)\end{aligned} \tag{16}$$

Quando os dois números complexos estão na forma exponencial ou polar, a multiplicação é prontamente realizada multiplicando suas magnitudes e somando seus ângulos de fase. Quando os números estão expressos na forma retangular, a multiplicação é direta, embora um pouco mais trabalhosa.

O produto de um número complexo e seu conjugado é um número real:

$$\mathbf{AA}^* = (ze^{j\theta})(ze^{-j\theta}) = z^2e^{j0} = z^2\angle 0° = z^2 \tag{17}$$

O número real resultante é o quadrado da magnitude do número complexo.

EXEMPLO A.10

Com $\mathbf{A} = 10\angle 30°$ e $\mathbf{B} = 5\angle 15°$, os produtos $\mathbf{AB}$ e $\mathbf{AA}^*$ são calculados como

$$\mathbf{AB} = (10\angle 30°)(5\angle 15°) = 50\angle 45°$$

e

$$\mathbf{AA}^* = (10\angle 30°)(10\angle -30°) = 100\angle 0° = 100$$

EXEMPLO A.11

Dados $\mathbf{A} = 5\angle 36{,}9°$ e $\mathbf{B} = 5\angle 53{,}1°$, calcule o produto $\mathbf{AB}$ nas formas polar e retangular.

$$\mathbf{AB} = (5\angle 36{,}9°)(5\angle 53{,}1°) = 25\angle 90°$$

$$\begin{aligned}&= (4 + j3)(3 + j4)\\ &= 12 + j16 + j9 + j^2 12\\ &= 25j\\ &= 25\angle 90°\end{aligned}$$

Divisão

O quociente de dois números complexos $\mathbf{A} = z_1e^{j\theta_1} = z_1\angle\theta_1 = x_1 + jy_1$ e $\mathbf{B} = z_2e^{j\theta_2} = z_2\angle\theta_2 = x_2 + jy_2$ é dado por[2]

$$\frac{\mathbf{A}}{\mathbf{B}} = \frac{z_1e^{j\theta_1}}{z_2e^{j\theta_2}} = \frac{z_1}{z_2}e^{j(\theta_1-\theta_2)} = \frac{z_1}{z_2}\angle\theta_1-\theta_2 \tag{18}$$

Quando os números estão na forma exponencial ou polar, para calcular a divisão basta dividir as magnitudes e subtrair os ângulos de fase, como antes mostrado. Quando os números estão na forma retangular ou a resposta for desejada na forma retangular, a divisão é calculada como

$$\frac{\mathbf{A}}{\mathbf{B}} = \frac{x_1 + jy_1}{x_2 + jy_2}$$

[1]N. T.: Na verdade, o resultado da soma de um número complexo **A** com seu conjugado é o dobro da parte real de **A**. O resultado da diferença entre um número complexo **A** e seu conjugado é o dobro da parte imaginária de **A** multiplicado por *j*.

[2]N. T.: Obviamente, esta operação requer $\mathbf{B} \neq 0$.

Denominador e numerador são multiplicados por **B***:

$$\frac{\mathbf{AB^*}}{\mathbf{BB^*}} = \frac{(x_1 + jy_1)(x_2 - jy_2)}{(x_2 + jy_2)(x_2 - jy_2)}$$

$$= \frac{x_1x_2 + y_1y_2}{x_2^2 + y_2^2} + j\frac{x_2y_1 - x_1y_2}{x_2^2 + y_2^2} \qquad \textbf{(19)}$$

Nesta forma, o denominador é real e o quociente é dado na forma retangular.

EXEMPLO A.12

Dados $\mathbf{A} = 10\underline{/30^\circ}$ e $\mathbf{B} = 5\underline{/53{,}1^\circ}$, determinemos o quociente **A**/**B** nas formas polar e retangular,

$$\frac{\mathbf{A}}{\mathbf{B}} = \frac{\mathbf{AB^*}}{\mathbf{BB^*}} = \frac{8{,}66 + j5}{3 + j4}\,\frac{3 - j4}{3 - j4} \qquad \text{ou} \qquad \frac{\mathbf{A}}{\mathbf{B}} = \frac{10\underline{/30^\circ}}{5\underline{/53{,}1^\circ}}$$

$$= \frac{(8{,}66 + j5)(3 - j4)}{3^2 + 4^2}$$

$$= \frac{45{,}98 - j19{,}64}{25}$$

$$= 1{,}84 - j0{,}79$$

$$= 2\underline{/-23{,}1^\circ}$$

$$= 1{,}84 - j0{,}79$$

Para finalizar, considere o exemplo a seguir, que requer o uso de muitas das técnicas apresentadas aqui.

EXEMPLO A.13

Dados $\mathbf{A} = 10\underline{/30^\circ}$, $\mathbf{B} = 2 + j2$, $\mathbf{C} = 4 + j3$ e $\mathbf{D} = 4\underline{/10^\circ}$, expresse **AB**/(**C** + **D**) na forma retangular.

$$\frac{\mathbf{AB}}{\mathbf{C} + \mathbf{D}} = \frac{(10\underline{/30^\circ})(2 + j2)}{(4 + j3) + (4\underline{/10^\circ})}$$

$$= \frac{(10\underline{/30^\circ})(2\sqrt{2}\,\underline{/45^\circ})}{4 + j3 + 3{,}94 + j0{,}69}$$

$$= \frac{20\sqrt{2}\,\underline{/75^\circ}}{7{,}94 + j3{,}69}$$

$$= \frac{20\sqrt{2}\,\underline{/75^\circ}}{8{,}75\,\underline{/24{,}93^\circ}}$$

$$= 3{,}23\underline{/50{,}07^\circ}$$

$$= 2{,}07 + j2{,}48$$

ÍNDICE ALFABÉTICO

2023
1 2 3 4 5 6 7 8 9 10